解法と演習
工学・理学系
大学院入試問題
〈数学・物理学〉[第2版]

陳　啓浩　=共著
姫野俊一

数理工学社

第2版にあたって

　初版を出版して以来十数年を経過したが内容が工学系に偏っており分野も狭かったため，新たに，偏微分方程式，特殊関数，変分法，統計力学・物性，電磁気学，光学，量子力学・原子核，天文宇宙の問題を追加した．また**工学系のみならず理学系**にも対応できるようにし，**一冊で数学及び物理**に対応できるように大幅に改訂を行った．誤りがないように努めたつもりであるが，多少存在するかもしれない．そのような箇所についてはご教示を賜ることができれば幸いである．

　最後に，有益な助言を戴いた北海道情報大学の関正治名誉教授（工博），解答をチェックして戴いた北海道大学大学院生（桐越研光さん，佐々木大哉さん，村田達志さん，中田康仁さん）の皆さん，問題を提供して戴いた方々，参考にさせて戴いた文献の著者，数理工学社の方々に心から感謝を申し上げる．

　　2018年春　　　　　　　　　　　　　　　　　　　　　　　　　　著　者

はじめに

　近年，大学院入学(院)者の割合が増加しているのは喜ばしいことであるが，国立大学大学院でも，特定大学(大学院)出身者のみを未受験で入学(院)させているところがある．これは教育の機会均等の観点から望ましくないばかりでなく，未受験者に血税を投入するのは納税者に対して申し開きが立たないであろう．入院するには受診・検査が前提だからである．

　本書では，全ての受験(入院)者に公平な教育の機会を与えるため，全国の主要大学院工学系研究科修士課程の数学，物理学(一般力学，弾性力学・流体力学，熱力学)の最近の院試の過去問(理学系研究科のものを一部含む)の他，各種国家試験問題も加えて情報公開し，ほとんどの問題に解答例を付した．(博士課程入試では，修士課程入試問題とほぼ同一問題を課すか，または国立大でもその大学の修士出身者のみ未受験で入学させているところが多い．したがって，本書で間に合うであろう．) 院試問題には大学名を，国家公務員試験問題には(公)を，弁理士試験問題には(弁)を，電気主任技術者試験問題には(電)を，放射線取扱主任者試験問題には(放)を付した (*は類題，†は改題を示す)．平易な問題から難問まで含まれており，問題の種類も多岐に渡るため，多少誤りがあるかもしれない．そのような箇所については，読者の御教示(または院試問題提供)を賜ることができれば幸いである．

　最後に，本書の出版の機会を与え協力して戴いた，田島伸彦氏，竹田直氏をはじめとするサイエンス社・数理工学社の方々，助言を戴いた北海道情報大学の関正治教授(工博)，[院試]問題を提供して戴いた方々，解答に協力して戴いた方々，参考にさせて戴いた文献の著者に心からお礼を申し上げる．

　2003 年春

　　　　　　　院試を受験してノーベル賞級の科学技術者になろう！

著　者

　──［執筆担当］──────────────────────
　陳　啓浩　：第 1 部（1 編〜5 編）
　姫野俊一　：第 2 部（6 編〜8 編）

目　　次

第1部　数　学

第1編　線形代数 …………………………………… 2
1.1　行列式　*2*
1.2　ベクトルと行列　*3*
1.3　連立1次方程式　*5*
1.4　行列の固有値と固有ベクトル　*5*
1.5　実2次形式とエルミート形式　*7*
1.6　行列の解析的取扱い　*7*
● 例　　　題 …………………………………… 8
■ 問 題 研 究 …………………………………… 14

第2編　微分積分，常微分方程式 …………………… 22
2.1　1変数の関数の微分・積分学　*22*
2.2　多変数の関数の微分・積分学　*28*
2.3　重積分　*30*
2.4　常微分方程式　*32*
2.5　数列と級数　*34*
● 例　　　題 …………………………………… 37
■ 問 題 研 究 …………………………………… 40

第3編　ラプラス変換，フーリエ解析，偏微分方程式，
　　　　　特殊関数，変分法 ……………………… 45
3.1　ラプラス変換　*45*
3.2　フーリエ解析　*46*
3.3　偏微分方程式　*49*
3.4　特殊関数　*50*
3.5　変分法　*55*
● 例　　　題 …………………………………… 58
■ 問 題 研 究 …………………………………… 62

第4編　複素関数論 …………………………………… 69
4.1　正則関数　*69*
4.2　関数の級数展開　*70*

4.3　特異点，留数と留数定理　*71*
　　4.4　等角写像　*73*
　●例　　題 **74**
　■問題研究 **77**

第5編　確　　率 **80**
　　5.1　事象の確率　*80*
　　5.2　確率変数　*81*
　　5.3　確率変数の平均値，分散と共分散　*83*
　●例　　題 **86**
　■問題研究 **90**

第2部　物理学

第6編　一 般 力 学 **94**
　　6.1　質点・質点系の力学　*94*
　　6.2　剛体の力学　*95*
　　6.3　解析力学　*96*
　　6.4　振動　*97*
　●例　　題 **99**
　■問題研究 **104**

第7編　連続体力学 **116**
　　7.1　弾性力学　*116*
　　7.2　流体力学　*117*
　●例　　題 **121**
　■問題研究 **125**

第8編　熱　力　学 **136**
　　8.1　熱力学第1法則　*136*
　　8.2　熱力学第2法則とエントロピー　*137*
　　8.3　熱力学関数　*139*
　　8.4　熱力学第3法則（ネルンスト・プランクの定理）　*140*
　　8.5　相平衡　*140*
　●例　　題 **141**
　■問題研究 **146**

第9編　統計力学・物性 … 153
9.1　統計力学　*153*
9.2　物性物理　*156*
● 例　　　題 … 160
■ 問 題 研 究 … 166

第10編　電磁気学 … 175
10.1　静電場　*175*
10.2　静磁場　*177*
10.3　定常電流　*179*
10.4　定常電流のつくる磁場　*180*
10.5　電磁誘導　*180*
10.6　交流回路　*181*
10.7　荷電粒子の力学　*182*
10.8　電磁波　*183*
● 例　　　題 … 187
■ 問 題 研 究 … 195

第11編　光　　学 … 204
11.1　波動光学　*204*
11.2　偏光　*206*
11.3　幾何光学　*207*
11.4　量子光学　*207*
● 例　　　題 … 208
■ 問 題 研 究 … 215

第12編　量子力学・原子核 … 222
12.1　量子力学　*222*
● 例　　　題 … 227
■ 問 題 研 究 … 237

第13編　天文宇宙 … 246
13.1　天文宇宙物理学　*246*
● 例　　　題 … 249
■ 問 題 研 究 … 256

問題解答

- □ 第1編の解答 265
- □ 第2編の解答 293
- □ 第3編の解答 315
- □ 第4編の解答 337
- □ 第5編の解答 344
- □ 第6編の解答 356
- □ 第7編の解答 385
- □ 第8編の解答 405
- □ 第9編の解答 420
- □ 第10編の解答 440
- □ 第11編の解答 458
- □ 第12編の解答 471
- □ 第13編の解答 486

索 引 501

第1部 数　学

- 第1編　線形代数
- 第2編　微分積分，常微分方程式
- 第3編　ラプラス変換，フーリエ解析，偏微分方程式，特殊関数，変分法
- 第4編　複素関数論
- 第5編　確率

第 1 編

線 形 代 数

1.1 行列式
1.1.1 行列式の定義
n^2 個の数 a_{ij} $(1 \leq i, j \leq n)$ からなる値が

$$\sum_{i_1, i_2, \cdots, i_n} \varepsilon \begin{pmatrix} 1 & 2 & \cdots & n \\ i_1 & i_2 & \cdots & i_n \end{pmatrix} a_{1i_1} a_{2i_2} \cdots a_{ni_n}$$

を $\det(a_{ij}) = \begin{vmatrix} a_{11} & a_{12} & \cdots & a_{1n} \\ a_{21} & a_{22} & \cdots & a_{2n} \\ \multicolumn{4}{c}{\dotfill} \\ a_{n1} & a_{n2} & \cdots & a_{nn} \end{vmatrix}$ で表し n 次の行列式という. ここで,

$$\varepsilon \begin{pmatrix} 1 & 2 & \cdots & n \\ i_1 & i_2 & \cdots & i_n \end{pmatrix} = \begin{cases} 1 & \begin{pmatrix} 1 & 2 & \cdots & n \\ i_1 & i_2 & \cdots & i_n \end{pmatrix} \text{が偶置換} \\ 0 & \begin{pmatrix} 1 & 2 & \cdots & n \\ i_1 & i_2 & \cdots & i_n \end{pmatrix} \text{が奇置換} \end{cases}$$

1.1.2 行列式の性質
(1) $\det(a_{ij}) = \det(a_{ji})$.
(2) $\det(a'_{ij})$ が $\det(a_{ij})$ のある 2 行（あるいは 2 列）を交換して得られる行列式であるとすると, $\det(a'_{ij}) = -\det(a_{ij})$.
(3) $\det(a'_{ij})$ が $\det(a_{ij})$ のある行（あるいはある列）に定数 c をかけて得られる行列式であるとすると, $\det(a'_{ij}) = c \det(a_{ij})$.
(4) $\det(a_{ij})$ のある 2 行（あるいはある 2 列）が相等とすると, $\det(a_{ij}) = 0$.
(5) $\det(a'_{ij})$ が $\det(a_{ij})$ のある行（あるいはある列）に他の行（あるいは列）の定数倍を加えて得られる行列式であるとすると, $\det(a'_{ij}) = \det(a_{ij})$.

1.1.3 行列式の展開
n 次の行列式 $\det(a_{ij})$ から第 i 行と第 j 列を取り除いて得られる $n-1$ 次の行列式を $\det(a_{ij})$ の a_{ij} についての小行列式という. 小行列式に $(-1)^{i+j}$ をかけたものを a_{ij} の余因子といい, Δ_{ij} で表す. よって

$$\det(a_{ij}) = \sum_{j=1}^{n} a_{ij} \Delta_{ij} = \sum_{i=1}^{n} a_{ij} \Delta_{ij}$$

そのほかに,
$$0 = \sum_{j=1}^{n} a_{ij}\Delta_{kj} \quad (i \neq k) = \sum_{i=1}^{n} a_{ij}\Delta_{ik} \quad (j \neq k)$$

1.2 ベクトルと行列
1.2.1 ベクトルの定義
n 個の順序づけられた数 $a_1, a_2, \cdots, a_n$ の組を n 次元のベクトルといい,$[a_1, a_2, \cdots, a_n]$（行ベクトル）あるいは $\begin{bmatrix} a_1 \\ a_2 \\ \vdots \\ a_n \end{bmatrix}$ （列ベクトル）で表す.

1.2.2 ベクトルの1次結合, 1次独立と1次従属
ベクトル $\boldsymbol{x}_1, \boldsymbol{x}_2, \cdots, \boldsymbol{x}_n$ に対して, 定数 $c_1, c_2, \cdots, c_n$ が存在して, $\boldsymbol{x} = c_1\boldsymbol{x}_1 + c_2\boldsymbol{x}_2 + \cdots + c_n\boldsymbol{x}_n$ が成立すれば, $\boldsymbol{x}$ を $\boldsymbol{x}_1, \boldsymbol{x}_2, \cdots, \boldsymbol{x}_n$ の1次結合（あるいは線形結合）という.

ベクトル $\boldsymbol{x}_1, \boldsymbol{x}_2, \cdots, \boldsymbol{x}_n$ に対して, $c_1\boldsymbol{x}_1 + c_2\boldsymbol{x}_2 + \cdots + c_n\boldsymbol{x}_n = \boldsymbol{0}$（$c_1, c_2, \cdots, c_n$ は定数）において, $c_1 = c_2 = \cdots = c_n = 0$ のみが成立するとき, $\boldsymbol{x}_1, \boldsymbol{x}_2, \cdots, \boldsymbol{x}_n$ を1次独立（あるいは線形独立）といい, 少なくとも1つは0でない $c_1, c_2, \cdots, c_n$ が存在するとき, $\boldsymbol{x}_1, \boldsymbol{x}_2, \cdots, \boldsymbol{x}_n$ を1次従属（あるいは線形従属）という.

1.2.3 ベクトルの組のランク
ベクトル $\boldsymbol{x}_1, \boldsymbol{x}_2, \cdots, \boldsymbol{x}_n$ の1次独立なベクトルの最大個数をベクトルの組 $\boldsymbol{x}_1, \boldsymbol{x}_2, \cdots, \boldsymbol{x}_n$ についてのランクといい, $\mathrm{rank}\{\boldsymbol{x}_1, \boldsymbol{x}_2, \cdots, \boldsymbol{x}_n\}$ で表す.

1.2.4 行列の定義
mn 個の数 a_{ij}（$1 \leq i \leq m, 1 \leq j \leq n$）を横 m 行, 縦 n 列の長方形に並べたもの
$$A = [a_{ij}]_{m \times n} = \begin{bmatrix} a_{11} & a_{12} & \cdots & a_{1n} \\ a_{21} & a_{22} & \cdots & a_{2n} \\ \cdots\cdots\cdots\cdots\cdots\cdots\cdots \\ a_{m1} & a_{m2} & \cdots & a_{mn} \end{bmatrix}$$
を $m \times n$ 行列という. 特に, $m = n$ であるとき, A を n 次の正方行列といい, これに対応する行列式を $\det A$ あるいは $|A|$ で表す.

$m \times n$ 行列 $A = [a_{ij}]$ と $B = [b_{ij}]$ に対して, $a_{ij} = b_{ij}$（$i = 1, 2, \cdots, m, j = 1, 2, \cdots, n$）が成立するとき, A, B は等しいといい, $A = B$ で表す.

1.2.5 行列の演算の定義
（i）加法と減法 $A = [a_{ij}], B = [b_{ij}]$ が $m \times n$ 行列であるとすると, $A \pm B = [a_{ij} \pm b_{ij}]$.

（ii）スカラー乗法 $A = [a_{ij}]$ とすると, $cA = [ca_{ij}]$（c はスカラー）.

この定義により, n 次正方行列 A に対して, $\det(cA) = c^n \det A$ が成立する.

(iii) 乗法　$A = [a_{ij}]$, $B = [b_{ij}]$ がそれぞれ $m \times l$, $l \times n$ 行列であるとすると，$AB = C = [c_{ij}]$ は $m \times n$ 行列で，その要素は

$$c_{ij} = \sum_{k=1}^{l} a_{ik}b_{kj} \quad (i = 1, 2, \cdots, m, \ j = 1, 2, \cdots, n)$$

この定義により，A, B がともに n 次正方行列であるとき，$|AB| = |A||B|$ が成立する．

(iv) 転置行列と共役転置行列

$A = [a_{ij}]$ が $m \times n$ 行列であるとき，$[a_{ji}]$ を A の転置行列といい，A^T で表す．A^T は $n \times m$ 行列である．

$A = [a_{ij}]$ が $m \times n$ 行列であるとき，$[\bar{a}_{ji}]$ を A の共役転置行列といい，A^* で表す．A^* は $n \times m$ 行列である．

1.2.6　行列の基本変形

$A = [a_{ij}]_{m \times n}$ とする．次の 3 種類の変形を行列 A の基本行変形という．
（i）　A の 2 行を交換する．
（ii）　A のある行に 0 でない定数をかける．
（iii）　A のある行に他の行の定数倍を加える．

また，次の 3 種類の変形を行列 A の基本列変形という．
（i）　A の 2 列を交換する．
（ii）　A のある列に 0 でない数をかける．
（iii）　A のある列に他の列の定数倍を加える．

行列 A の基本行変形と基本列変形を行列 A の基本変形という．行列 B が行列 A に基本変形を施し得られた行列であるとき，$A \to B$ とかく．

1.2.7　逆行列

（i）　逆行列の定義　n 次正方行列 A に対して，$AX = XA = E$ (E は単位行列) を満たす n 次正方行列 X を行列 A の逆行列といい，A^{-1} で表す．行列 A の逆行列 A^{-1} が存在する必要十分条件は $|A| \neq 0$ である．

（ii）　逆行列の演算　$A = [a_{ij}]_{n \times n}$ とすると，$A^{-1} = \dfrac{1}{|A|}[\Delta_{ji}]_{n \times n}$．

$A = [a_{ij}]_{n \times n}$ とすると，$[A \vdots E]$ に基本行変形を施し $[E \vdots B]$ となるとき，$A^{-1} = B$．

1.2.8　行列のランク

行列 A の行ベクトルあるいは列ベクトルの組のランクを A のランクといい，rank A で表す．明らかに
（i）rank $A = A$ に基本変形を施して得られる標準形の対角線上に並ぶ 1 の個数
　　　　　 $= A$ の 0 でない小行列式の最大次数
　　　　　 $= A$ の 1 次独立な行ベクトルあるいは列ベクトルの最大個数
（ii）　rank $A^T =$ rank A
（iii）　$A \to B$ のとき，rank $A =$ rank B

1.2.9　特殊な行列
（ｉ）　対称行列　$A^T = A$ を満たす正方行列 A を対称行列という．
（ⅱ）　交代行列　$A^T = -A$ を満たす正方行列 A を交代行列（あるいは歪対称行列）という．
（ⅲ）　エルミート行列　$A^* = A$ を満たす正方行列 A をエルミート行列という．
（ⅳ）　歪エルミート行列　$A^* = -A$ を満たす正方行列 A を歪エルミート行列という．
（ⅴ）　直交行列　$AA^T = E$ を満たす実正方行列 A を直交行列という．
（ⅵ）　ユニタリー行列　$AA^* = E$ を満たす正方行列 A をユニタリー行列という．

1.3　連立 1 次方程式
1.3.1　基本的な概念
$m \times n$ 行列 $A = [a_{ij}]$, m 次元ベクトル $\boldsymbol{b} = [b_1, b_2, \cdots, b_m]^T$ に対して，

$$A\boldsymbol{x} = \boldsymbol{b} \quad (\text{ここで，} \quad \boldsymbol{x} = [x_1, x_2, \cdots, x_n]^T) \tag{1.1}$$

を n 次元連立 1 次方程式といい，$A, B = [A \vdots \boldsymbol{b}]$ をそれぞれ係数行列と拡大係数行列という．$\boldsymbol{b} = \boldsymbol{0}$ のとき，(1.1) は

$$A\boldsymbol{x} = \boldsymbol{0} \tag{1.2}$$

となり，(1.2) を (1.1) に対応する斉次方程式という．

1.3.2　解の判定
(1.1) が解をもつ必要十分条件は，rank A = rank B である．さらに，rank $A < n$ ならば，(1.1) は無限個の解をもつ．rank $A = n$ ならば，(1.1) はただ 1 つの解をもつ．特に，$m = n$ の場合，この一意な解は $\boldsymbol{x} = A^{-1}\boldsymbol{b}$ である．

rank $A = n$ のとき，(1.2) は自明な解 $\boldsymbol{x} = \boldsymbol{0}$ のみをもつ．rank $A < n$ のとき，(1.2) は $r = n -$ rank A 個の 1 次独立な解 $\boldsymbol{x}_1, \boldsymbol{x}_2, \cdots, \boldsymbol{x}_r$ をもち，(1.2) の一般解は

$$\boldsymbol{x} = c_1\boldsymbol{x}_1 + c_2\boldsymbol{x}_2 + \cdots + c_r\boldsymbol{x}_r \quad (c_1, c_2, \cdots, c_r \text{は任意定数})$$

rank A = rank $B < n$ のとき，(1.1) の一般解は $\boldsymbol{x}_0 + \boldsymbol{x}$ である．ここで，$\boldsymbol{x}_0$ は (1.1) の特殊解で，$\boldsymbol{x}$ は (1.2) の一般解である．

1.4　行列の固有値と固有ベクトル
1.4.1　固有値と固有ベクトルの定義
n 次の正方行列 A に対して，$A\boldsymbol{x} = \lambda\boldsymbol{x}$ $(\boldsymbol{x} \neq \boldsymbol{0})$ を満たす λ を A の固有値といい，$\boldsymbol{x}$ を固有値 λ に対応する A の固有ベクトルという．

A の固有値は固有多項式 $|A - \lambda E|$ の根である．固有値 λ_0 に対応する A の固有ベクトルは連立 1 次方程式 $(A - \lambda_0 E)\boldsymbol{x} = \boldsymbol{0}$ の解 $\boldsymbol{x}$ である．

1.4.2 固有値の性質

（ⅰ）多項式 $f(x)$ に対して，$\lambda_1, \lambda_2, \cdots, \lambda_n$ が n 次の正方行列 A の固有値であるとすると，$f(\lambda_1), f(\lambda_2), \cdots, f(\lambda_n)$ は $f(A)$ の固有値である．

（ⅱ）$\varphi(\lambda) = |A - \lambda E|$ が正方行列 A の固有多項式であるとすると，$\varphi(A) = 0$．

（ⅲ）正方行列 A の互いに異なる固有値に対応する固有ベクトルは 1 次独立である．

1.4.3 正方行列の対角化

n 次の正則行列 C（$|C| \neq 0$）が存在して

$$C^{-1}AC = \begin{bmatrix} \lambda_1 & & & \\ & \lambda_2 & & \\ & & \ddots & \\ & & & \lambda_n \end{bmatrix} \tag{1.3}$$

となるならば，n 次の正方行列 A は対角化可能であるという．

n 次の正方行列 A が対角化可能であるための必要十分条件は，A が n 個の 1 次独立な固有ベクトルをもつことである．特に，A が n 個の互いに異なる固有値をもつとき，A は対角化可能である．

n 次の正方行列 A が n 個の 1 次独立な固有ベクトル $\boldsymbol{\alpha}_1, \boldsymbol{\alpha}_2, \cdots, \boldsymbol{\alpha}_n$ をもつとき，

$$C = \begin{bmatrix} \boldsymbol{\alpha}_1 & \boldsymbol{\alpha}_2 & \ldots & \boldsymbol{\alpha}_n \end{bmatrix}$$

とおくと，(1.3) が成立する．ここで，$\lambda_1, \lambda_2, \cdots, \lambda_n$ は A の n 個の固有値で，$\boldsymbol{\alpha}_1, \boldsymbol{\alpha}_2, \cdots, \boldsymbol{\alpha}_n$ はそれぞれ $\lambda_1, \lambda_2, \cdots, \lambda_n$ に対応する A の固有ベクトルである．

1.4.4 実対称行列とエルミート行列

A が n 次の実対称行列であるとき，A の n 個の固有値 $\lambda_1, \lambda_2, \cdots, \lambda_n$ はすべて実数で，かつ直交行列 P が存在して次が成立する．

$$P^T A P = \begin{bmatrix} \lambda_1 & & & \\ & \lambda_2 & & \\ & & \ddots & \\ & & & \lambda_n \end{bmatrix} \tag{1.4}$$

A が n 次のエルミート行列であるとき，ユニタリー行列 U が存在して，

$$U^* A U = \begin{bmatrix} \lambda_1 & & & \\ & \lambda_2 & & \\ & & \ddots & \\ & & & \lambda_n \end{bmatrix} \tag{1.5}$$

ここで，$\lambda_1, \lambda_2, \cdots, \lambda_n$ は A の n 個の固有値．

1.5 実 2 次形式とエルミート形式
1.5.1 実 2 次形式
A が n 次の実対称行列であるとき,$f(x_1, x_2, \cdots, x_n) = \boldsymbol{x}^T A \boldsymbol{x}$ ($\boldsymbol{x} = [x_1, x_2, \cdots, x_n]^T$) を実 2 次形式という.$\boldsymbol{x} = P\boldsymbol{y}$ (ここで,P は (1.4) を満たす直交行列) で,$\boldsymbol{y} = [y_1, y_2, \cdots, y_n]^T$ とおくと,

$$f(x_1, x_2, \cdots, x_n) = \lambda_1 y_1^2 + \lambda_2 y_2^2 + \cdots + \lambda_n y_n^2 \tag{1.6}$$

が成立する.$\lambda_1 y_1^2 + \lambda_2 y_2^2 + \cdots + \lambda_n y_n^2$ を $f(x_1, x_2, \cdots, x_n)$ の標準形という.

1.5.2 エルミート形式
A が n 次のエルミート行列であるとき,

$$f(x_1, x_2, \cdots, x_n) = \boldsymbol{x}^T A \boldsymbol{x} \quad (\boldsymbol{x} = [x_1, x_2, \cdots, x_n]^T)$$

をエルミート形式という.$\boldsymbol{x} = U\boldsymbol{y}$ (ここで U は (1.5) を満たすユニタリー行列) で,$\boldsymbol{y} = [y_1, y_2, \cdots, y_n]^T$ とおくと,$x(x_1, x_2, \cdots, x_n) = \lambda_1 y_1 \bar{y}_1 + \lambda_2 y_2 \bar{y}_2 + \cdots + \lambda_n y_n \bar{y}_n$ が成立する.

1.6 行列の解析的取扱い
1.6.1 行列の無限列と級数
(1) 無限列 $m \times n$ 行列の列 $\{A^{(k)}\} = \left\{[a_{ij}^{(k)}]_{m \times n}\right\}$ に対して,$\lim_{k \to \infty} a_{ij}^{(k)} = a_{ij}$ ($1 \leq i \leq m, 1 \leq j \leq n$) が成立するとき,$A = [a_{ij}]_{m \times n}$ を $\{A^{(k)}\}$ の極限といい,$\lim_{k \to \infty} A^{(k)} = A$ とかく.

(2) 級数 $m \times n$ 行列の列 $\{A^{(k)}\}$ に対して,$\lim_{n \to \infty} \sum_{k=1}^{n} A^{(k)} = A$ のとき,行列の級数 $\sum_{n=1}^{\infty} A^{(n)}$ が収束するという.A をこの行列の級数の和といい,$\sum_{n=1}^{\infty} A^{(n)} = A$ とかく.

(3) べき級数 $\sum_{n=0}^{\infty} a_n A^n$ を正方行列 A についてのべき級数という.ここで,$a_0, a_1, a_2, \cdots, a_n, \cdots$ はすべて定数である.特に,$\exp A = e^A = \sum_{n=0}^{\infty} \frac{1}{n!} A^n$

1.6.2 行列の極限,微分と積分
$m \times n$ 行列 $A(t) = [a_{ij}(t)]_{m \times n}$ に対して,その極限,微分と積分は次のように定義される.

$$\lim_{t \to a} A(t) = \left[\lim_{t \to a} a_{ij}(t)\right]_{m \times n}, \quad \frac{d}{dt} A(t) = [a'_{ij}(t)]_{m \times n},$$

$$\int_a^t A(\tau) d\tau = \left[\int_a^t a_{ij}(\tau) d\tau\right]_{m \times n}$$

―― 例題 1.1 ――

(1) 次の性質を示せ.

$$\begin{vmatrix} x & a & a \\ a-1 & x & a \\ a & a-1 & a \end{vmatrix} = \begin{vmatrix} x-a & 0 & a \\ -1 & x-a & a \\ 0 & -1 & a \end{vmatrix} = a\sum_{i=0}^{2}(x-a)^i$$

(2) $n \times n$ $(n \geq 2)$ 行列の行列式に関して以下の性質を示せ.

$$\begin{vmatrix} x & a & a & \ldots & a & a \\ a-1 & x & a & \ldots & a & a \\ a & a-1 & x & \ldots & a & a \\ \vdots & \vdots & \vdots & & \vdots & \vdots \\ a & a & a & \ldots & x & a \\ a & a & a & \ldots & a-1 & a \end{vmatrix} = a\sum_{i=0}^{n-1}(x-a)^i \qquad \text{(東大)}$$

【解答】(1)

$$\begin{vmatrix} x & a & a \\ a-1 & x & a \\ a & a-1 & a \end{vmatrix}$$

$$= \begin{vmatrix} x-a & 0 & a \\ -1 & x-a & a \\ 0 & -1 & a \end{vmatrix}$$

$$= a\begin{vmatrix} x-a & 0 & 1 \\ -1 & x-a & 1 \\ 0 & -1 & 1 \end{vmatrix}$$

$$= a\left((-1)\cdot(-1)^{3+2}\begin{vmatrix} x-a & 1 \\ -1 & 1 \end{vmatrix} + 1\cdot(-1)^{3+3}\begin{vmatrix} x-a & 0 \\ -1 & x-a \end{vmatrix}\right)$$

$$= a(1 + (x-a) + (x-a)^2)$$

$$= a\sum_{i=0}^{2}(x-a)^i$$

(2) 明らかに

$$\begin{vmatrix} x & a & a & \ldots & a & a & a \\ a-1 & x & a & \ldots & a & a & a \\ a & a-1 & x & \ldots & a & a & a \\ \vdots & \vdots & \vdots & & \vdots & \vdots & \vdots \\ a & a & a & \ldots & x & a & a \\ a & a & a & \ldots & a-1 & x & a \\ a & a & a & \ldots & a & a-1 & a \end{vmatrix}$$

$$
=\begin{vmatrix} x-a & 0 & 0 & \ldots & 0 & 0 & a \\ -1 & x-a & 0 & \ldots & 0 & 0 & a \\ 0 & -1 & x-a & \ldots & 0 & 0 & a \\ \vdots & \vdots & \vdots & & \vdots & \vdots & \vdots \\ 0 & 0 & 0 & \ldots & x-a & 0 & a \\ 0 & 0 & 0 & \ldots & -1 & x-a & a \\ 0 & 0 & 0 & \ldots & 0 & -1 & a \end{vmatrix}
$$

$$
= a \begin{vmatrix} x-a & 0 & 0 & \ldots & 0 & 0 & 1 \\ -1 & x-a & 0 & \ldots & 0 & 0 & 1 \\ 0 & -1 & x-a & \ldots & 0 & 0 & 1 \\ \vdots & \vdots & \vdots & & \vdots & \vdots & \vdots \\ 0 & 0 & 0 & \ldots & x-a & 0 & 1 \\ 0 & 0 & 0 & \ldots & -1 & x-a & 1 \\ 0 & 0 & 0 & \ldots & 0 & -1 & 1 \end{vmatrix} \quad \text{①}
$$

$$
D_n = \begin{vmatrix} x-a & 0 & 0 & \ldots & 0 & 0 & 1 \\ -1 & x-a & 0 & \ldots & 0 & 0 & 1 \\ 0 & -1 & x-a & \ldots & 0 & 0 & 1 \\ \vdots & \vdots & \vdots & & \vdots & \vdots & \vdots \\ 0 & 0 & 0 & \ldots & x-a & 0 & 1 \\ 0 & 0 & 0 & \ldots & -1 & x-a & 1 \\ 0 & 0 & 0 & \ldots & 0 & -1 & 1 \end{vmatrix}
$$

とおくと, D_n を第 n 行に関して展開すれば

$$
D_n = (-1) \cdot (-1)^{n+(n-1)} \begin{vmatrix} x-a & 0 & 0 & \ldots & 0 & 0 & 1 \\ -1 & x-a & 0 & \ldots & 0 & 0 & 1 \\ 0 & -1 & x-a & \ldots & 0 & 0 & 1 \\ \vdots & \vdots & \vdots & & \vdots & \vdots & \vdots \\ 0 & 0 & 0 & \ldots & -1 & x-a & 1 \\ 0 & 0 & 0 & \ldots & 0 & -1 & 1 \end{vmatrix}
$$
$$
(n-1 \text{ 次行列式})
$$

$$
+ 1 \cdot (-1)^{n+n} \begin{vmatrix} x-a & 0 & 0 & \ldots & 0 & 0 & 0 \\ -1 & x-a & 0 & \ldots & 0 & 0 & 0 \\ 0 & -1 & x-a & \ldots & 0 & 0 & 0 \\ \vdots & \vdots & \vdots & & \vdots & \vdots & \vdots \\ 0 & 0 & 0 & \ldots & -1 & x-a & 0 \\ 0 & 0 & 0 & \ldots & 0 & -1 & x-a \end{vmatrix}
$$
$$
(n-1 \text{ 次行列式})
$$

$$
= D_{n-1} + (x-a)^{n-1}
$$

すなわち，
$$D_n = D_{n-1} + (x-a)^{n-1} \qquad ②$$

漸化式②により
$$D_4 = D_3 + (x-a)^3,$$
$$D_5 = D_4 + (x-a)^4,$$
$$\cdots\cdots$$
$$D_{n-1} = D_{n-2} + (x-a)^{n-2},$$
$$D_n = D_{n-1} + (x-a)^{n-1}$$

すなわち，
$$(D_4 + D_5 + \cdots + D_{n-1}) + D_n = D_3 + (D_4 + \cdots + D_{n-1}) + \sum_{i=3}^{n-1}(x-a)^i$$

よって，
$$D_n = D_3 + \sum_{i=3}^{n-1}(x-a)^i$$
$$= \sum_{i=0}^{2}(x-a)^i + \sum_{i=3}^{n-1}(x-a)^i \quad ((1) \text{ を利用})$$
$$= \sum_{i=0}^{n-1}(x-a)^i \qquad ③$$

が得られる．③を①に代入して，
$$\begin{vmatrix} x & a & a & \cdots & a & a \\ a-1 & x & a & \cdots & a & a \\ a & a-1 & x & & a & a \\ \vdots & \vdots & \vdots & & \vdots & \vdots \\ a & a & a & \cdots & x & a \\ a & a & a & \cdots & a-1 & a \end{vmatrix} = a\sum_{i=0}^{n-1}(x-a)^i$$

が証明された．

例題 1.2

A は実数を要素とする $n \times n$ 対称行列とする．以下の各問に答えよ．

(1) A の異なる 2 つの固有値 k_1, k_2 の固有ベクトルをそれぞれ $\boldsymbol{x}_1, \boldsymbol{x}_2$ とするとき，$\boldsymbol{x}_1$ と $\boldsymbol{x}_2$ が直交することを示せ．

(2) A の固有値はすべて実数であることを示せ．

(3) A の各行 i $(i = 1, 2, \cdots, n)$ の要素が次の関係を満たすとする．
$$a_{ii} = -\sum_{i \neq j} a_{ij}$$
ここで，記号 $\sum_{i \neq j}$ は $1 \leq j \leq n$ $(j \neq i)$ なるすべての j についての和を表す．

(a) $\det A = 0$ であることを示せ．

(b) $\boldsymbol{x}^T A \boldsymbol{x} = -\sum_{i<j} a_{ij}(x_i - x_j)^2$ であることを証明せよ．ただし，
$$\boldsymbol{x} = \begin{bmatrix} x_1 \\ x_2 \\ \vdots \\ x_n \end{bmatrix}$$
で，$\boldsymbol{x}^T$ は $\boldsymbol{x}$ の転置行列である．また，記号 $\sum_{i<j}$ は $1 \leq i < j \leq n$ なるすべての i, j についての和を表す． (名大)

【解答】 (1) $\boldsymbol{x}_1$ と $\boldsymbol{x}_2$ はそれぞれ A の固有値 k_1, k_2 に対応する固有ベクトルであるから，
$$A\boldsymbol{x}_1 = k_1 \boldsymbol{x}_1,$$
$$A\boldsymbol{x}_2 = k_2 \boldsymbol{x}_2$$
よって，
$$\begin{aligned} k_1 \boldsymbol{x}_1^T \boldsymbol{x}_2 &= (k_1 \boldsymbol{x}_1)^T \boldsymbol{x}_2 = (A\boldsymbol{x}_1)^T \boldsymbol{x}_2 \\ &= \boldsymbol{x}_1^T (A^T \boldsymbol{x}_2) = \boldsymbol{x}_1^T (A \boldsymbol{x}_2) \\ &= \boldsymbol{x}_1^T (k_2 \boldsymbol{x}_2) = k_2 \boldsymbol{x}_1^T \boldsymbol{x}_2 \end{aligned}$$
すなわち，
$$(k_1 - k_2) \boldsymbol{x}_1^T \boldsymbol{x}_2 = 0$$
仮定により，k_1, k_2 は互いに異なる数であるから，

$$x_1^T x_2 = 0$$

したがって，x_1 と x_2 が直交することが証明された．

(2) λ は A の任意の固有値で，x が A の λ に対応する固有ベクトルであるとき，

$$Ax = \lambda x \qquad ①$$

よって，

$$(Ax)^H = \lambda^* x^H \qquad ②$$

ここで，A^H, x^H はそれぞれ行列 A，ベクトル x の共役転置を表す．$A^H = A$ であるから，②は

$$x^H A = \lambda^* x^H \qquad ③$$

と書き直すことができる．①と③により，

$$\lambda(x^H x) = x^H(\lambda x) = x^H(Ax)$$
$$= (x^H A)x = \lambda^*(x^H x)$$

すなわち，

$$(\lambda - \lambda^*)(x^H x) = 0$$

固有ベクトル $x \neq 0$ であるから，$x^H x \neq 0$．よって，$\lambda = \lambda^*$．すなわち，A の固有値はすべて実数である．

(3) (a) A の要素は関係

$$a_{ii} = -\sum_{i \neq j} a_{ij} \quad (i = 1, 2, \cdots, n)$$

を満たすから，

$$\det A = \begin{vmatrix} a_{11} & a_{12} & \cdots & a_{1n} \\ a_{21} & a_{22} & \cdots & a_{2n} \\ \cdots\cdots\cdots\cdots\cdots\cdots \\ a_{n1} & a_{n2} & \cdots & a_{nn} \end{vmatrix} \quad \begin{pmatrix} \text{第 1 列に第 2 列，第 3 列，}\cdots\text{，第 n 列を} \\ \text{加える} \end{pmatrix}$$

$$= \begin{vmatrix} 0 & a_{12} & \cdots & a_{1n} \\ 0 & a_{22} & \cdots & a_{2n} \\ \cdots\cdots\cdots\cdots\cdots\cdots \\ 0 & a_{n2} & \cdots & a_{nn} \end{vmatrix} = 0$$

(b) $\boldsymbol{x}^T A \boldsymbol{x} = a_{11}x_1{}^2 + 2a_{12}x_1x_2 + 2a_{13}x_1x_3 + \cdots + 2a_{1n}x_1x_n$
$\qquad\qquad\quad + a_{22}x_2{}^2 + 2a_{23}x_2x_3 + \cdots + 2a_{2n}x_2x_n$
$\qquad\qquad\qquad + a_{33}x_3{}^2 + \cdots + 2a_{3n}x_3x_n$
$\qquad\qquad\qquad\quad + \cdots\cdots\cdots$
$\qquad\qquad\qquad\qquad + a_{nn}x_n{}^2$

$= -(a_{12} + a_{13} + \cdots + a_{1n})x_1{}^2 + 2a_{12}x_1x_2 + \cdots + 2a_{1n}x_1x_n$
$\quad - (a_{21} + a_{23} + \cdots + a_{2n})x_2{}^2 + 2a_{23}x_2x_3 + \cdots + 2a_{2n}x_2x_n$
$\quad - (a_{31} + a_{32} + a_{34} + \cdots + a_{3n})x_3{}^2 + 2a_{34}x_3x_4 + \cdots + 2a_{3n}x_3x_n$
$\qquad\qquad\qquad\qquad\qquad\qquad + 2a_{3n}x_3x_n$
$\quad \cdots\cdots\cdots$
$\quad - (a_{n1} + a_{n2} + \cdots + a_{nn-1})x_n{}^2$

$= (-a_{12}x_1{}^2 + 2a_{12}x_1x_2 - a_{12}x_2{}^2)$
$\quad + (-a_{13}x_1{}^2 + 2a_{13}x_1x_3 - a_{13}x_3{}^2) + \cdots$
$\quad + (-a_{1n}x_1{}^2 + 2a_{1n}x_1x_n - a_{1n}x_n{}^2) + \cdots$
$\quad + (-a_{23}x_2{}^2 + 2a_{23}x_2x_3 - a_{23}x_3{}^2) + \cdots$
$\quad + (-a_{2n}x_2{}^2 + 2a_{2n}x_2x_n - a_{2n}x_n{}^2) + \cdots$
$\quad + (-a_{n-1,n}x_{n-1}{}^2 + 2a_{n-1,n}x_{n-1}x_n - a_nx_n{}^2)$

$= -\displaystyle\sum_{i<j} a_{ij}(x_i - x_j)^2$

問題研究

1.1 n 次正方行列 $P = (p_{ij})$ において，すべての行列成分が非負 ($p_{ij} \geq 0$) であり，かつ次の条件を満たすとする．このとき，以下の問に答えよ．

$$\sum_{j=1}^{n} p_{ij} = 1 \quad (i = 1, 2, \cdots, n)$$

(1) 上記条件を満たす 2 つの行列 P, Q に対して，その積の行列 $R = PQ$ を考える．このとき，行列 $R = (r_{ij})$ も $\sum_{j=1}^{n} r_{ij} = 1$ $(i = 1, 2, \cdots, n)$ となることを示せ．
(2) 行列 P が，1 を固有値として持つことを示せ．
(3) 行列 P のすべての固有値の絶対値が 1 以下であることを示せ． (東大，名大 *)

1.2 m と n を正の整数とする．ただし，$m > n$ とする．m 行 n 列の実数行列 A を考える．A の階数が n であるとき，以下の問に答えよ．
(1) $A^T A$ は対称行列であることを示せ．ただし，A^T は A の転置行列である．
(2) 任意の実数列ベクトル $\boldsymbol{x} \neq \boldsymbol{0}$ に対して $\boldsymbol{x}^T C \boldsymbol{x} > 0$ が成立するような実対称行列 C を正定値行列と呼ぶ．$A^T A$ は正定値行列であることを示せ．
(3) 正定値行列のすべての固有値が正となることを示し，これを用いて正定値行列は逆行列を持つことを示せ． (東大†，慶大 *)

1.3 n 次 (n は自然数) の正方行列 X に対して e^X を以下のように定義する．

$$e^X = \sum_{n=0}^{\infty} \frac{X^n}{n!}$$

n 次の正方行列 X, Y, A に対して，次の問に答えよ．
(1) Y の行列式は 0 でないとすると $e^{YXY^{-1}} = Y e^X Y^{-1}$ となることを示せ．
(2) 実変数 t に依存しない行列を A とし，n 次の複素数ベクトルを $\boldsymbol{x} = \boldsymbol{x}(t)$ とする．このとき，微分方程式

$$\frac{d\boldsymbol{x}}{dt} = A\boldsymbol{x} \quad \quad (\text{I})$$

の解を A と $t = 0$ でのベクトル $\boldsymbol{x}(0)$ を用いて求めよ．
(3) (2)で，行列 A が相異なる固有値 λ_i $(i = 1, 2, 3, \cdots, n)$ と，それに対応する固有ベクトルをもつとする．このとき，微分方程式(I)の解 $\boldsymbol{x}(t)$ を固有値と固有ベクトルと $\boldsymbol{x}(0)$ を用いて求めよ． (東大，京大 *)

1.4 行列 A に関する以下の問に答えよ．

$$A = \begin{bmatrix} -9 & 2 & 6 \\ 5 & 0 & -3 \\ -16 & 4 & 11 \end{bmatrix}$$

(1) 固有値をすべて求めよ．
(2) 最小の固有値に対する固有ベクトルを求めよ．

(3) ケーリー・ハミルトンの定理を利用して，以下の行列 B の成分を計算せよ．ただし，E は単位行列である．
$$B = A^8 - 2A^7 - A^6 + 3A^5 - 2A^4 - A^3 + 2A^2 + A - 2E \qquad \text{(東大)}$$

1.5 $\mathbf{0}$ でない 3 つの実数ベクトル $\mathbf{a}_1, \mathbf{a}_2, \mathbf{a}_3$ に対して，行列 A を次のように定義する．
$$A = \begin{bmatrix} |\mathbf{a}_1|^2 & \mathbf{a}_1 \cdot \mathbf{a}_2 & \mathbf{a}_1 \cdot \mathbf{a}_3 \\ \mathbf{a}_1 \cdot \mathbf{a}_2 & |\mathbf{a}_2|^2 & \mathbf{a}_2 \cdot \mathbf{a}_3 \\ \mathbf{a}_1 \cdot \mathbf{a}_3 & \mathbf{a}_2 \cdot \mathbf{a}_3 & |\mathbf{a}_3|^2 \end{bmatrix}$$
ここで，$|\mathbf{a}|$ は，$\mathbf{a}$ の長さを表し，$\mathbf{a} \cdot \mathbf{b}$ は $\mathbf{a}$ と $\mathbf{b}$ の内積を表す．このとき，以下の問に答えよ．ただし，(1)，(2)，(3) においては，$\mathbf{a}_1 = [1, -1, 0, 1], \mathbf{a}_2 = [1, 1, -1, 0]$，$\mathbf{a}_3 = [1, -3, 1, 2]$ とする．

(1) 行列 A の各要素を計算せよ．また，固有値を求めよ．
(2) 行列 A の行列式 $\det A$ を求めよ．
(3) 任意の実数ベクトル $[x_1, x_2, x_3]$ に対して，
$$[x_1, x_2, x_3] A \begin{bmatrix} x_1 \\ x_2 \\ x_3 \end{bmatrix} \geq 0$$
であることを証明せよ．また，等号が成立する必要十分条件を示せ．
(4) $\mathbf{a}_1, \mathbf{a}_2, \mathbf{a}_3$ が線形独立でないとき，$\det A = 0$ であることを証明せよ．
(5) $\det A = 0$ であるとき，$\mathbf{a}_1, \mathbf{a}_2, \mathbf{a}_3$ が線形独立でないことを証明せよ． (東大[†]，阪大[*])

1.6 次の行列 A に対して，以下の問に答えよ．ただし a は実数であり，$i = \sqrt{-1}$ である．
$$A = \begin{bmatrix} a & i & 0 \\ -i & 2a & -i \\ 0 & i & a \end{bmatrix}$$

(1) 行列 A の固有値を求めよ．
(2) 固有値がすべて正となる a の範囲を求めよ．
(3) $a = 1$ とし，行列 A を $U^{-1}AU$ の変換により対角化する．このときの行列 U を求めよ．
(東大，阪大[*])

1.7 (1) 漸化式 $24x_n = 26x_{n-1} - 9x_{n-2} + x_{n-3}$ $(n \geq 3)$ について，以下の問に答えよ．
（a） $y_n = x_{n-1}, z_n = y_{n-1}$ とおいて，この漸化式を
$$\begin{bmatrix} x_n \\ y_n \\ z_n \end{bmatrix} = A \begin{bmatrix} x_{n-1} \\ y_{n-1} \\ z_{n-1} \end{bmatrix}$$
と表現するとき，行列 A を求めよ．
（b） A の固有値，固有ベクトルを求めよ．固有ベクトルは，一番目の要素を 1 とせよ．
（c） A^n を求めよ．
（d） この漸化式の初期値を $x_0 = 0, x_1 = 0, x_2 = 1$ として x_n を求めよ．

(2) 漸化式 $4x_n = 6x_{n-1} - 4x_{n-2} + x_{n-3}$ $(n \geq 3)$ について，以下の問に答えよ．
  (a) 問(1)の(a)と同様の行列 A を求めよ．
  (b) A の固有値，固有ベクトルを求めよ．固有ベクトルは，一番目の要素を1とせよ．
  (c) この漸化式の初期値を $x_0 = 0, x_1 = 0, x_2 = 1$ としたとき，n が大きくなるに連れて x_n の値がどう推移するか特徴を述べ，その根拠を示せ． (東大，北大 *)

1.8 実対称行列の固有値と固有ベクトルについて，以下の問に答えよ．
(1) 実対称行列

$$\begin{bmatrix} 5 & 1 & 1 \\ 1 & 5 & -1 \\ 1 & -1 & 5 \end{bmatrix}$$

の固有値と，それぞれの固有値に対応する単位固有ベクトルを求めよ．

(2) A は $n \times n$ の実対称行列とする．A の固有値はすべて実数になることを示せ．

(3) A は $n \times n$ の実対称行列とする．A の固有値が互いに相異なる値を持つとき，対応する固有ベクトルは直交することを示せ．

(4) $\boldsymbol{R}^n$ は n 次元実ベクトル空間とする．A は $n \times n$ 実対称行列とし，0 でない任意の $\boldsymbol{x} \in \boldsymbol{R}^n$ に対して以下の条件を満たすとする．

$$\boldsymbol{x}^T A \boldsymbol{x} > 0$$

ここで，$\boldsymbol{x}^T$ は $\boldsymbol{x}$ の転置を表す．このとき，A の固有値はすべて正であることを示せ．ただし，A の単位固有ベクトルが $\boldsymbol{R}^n$ の正規直交基底となることは既知として用いてよい． (東大，東大 *)

1.9 次の行列 A について，以下の問に答えよ．

$$A = \begin{bmatrix} -1 & -3 & 3 \\ 0 & 1 & 0 \\ 0 & -1 & 2 \end{bmatrix}$$

(1) 行列 A のすべての固有値と各固有値に対応する固有ベクトルを求めよ．ただし，固有ベクトルは大きさ1の単位固有ベクトルで示すこと．

(2) 適当な実正則行列 P によって，$P^{-1}AP$ は対角行列になる．P および $P^{-1}AP$ を求めよ．

(3) A^n を求めよ． (東大，東大 *)

1.10 (1) 次の行列 A の固有値と固有ベクトルを求めよ．

$$A = \begin{bmatrix} 0 & 1 & 0 \\ -2 & -3 & 1 \\ 0 & 0 & -0.5 \end{bmatrix}$$

(2) (1)の行列 A の固有値を $\lambda_1, \lambda_2, \lambda_3$，固有ベクトルを $\boldsymbol{t}_1, \boldsymbol{t}_2, \boldsymbol{t}_3$ と表したとき，行列 $T = [\boldsymbol{t}_1 \; \boldsymbol{t}_2 \; \boldsymbol{t}_3]$ を用いると，$T^{-1}AT = \Lambda$ であることを証明し，Λ を求めよ．ここで，T^{-1} は T の逆行列，Λ は対角行列である．

(3) 次の n 次正方行列 B の固有多項式 $|\lambda I - B|$ を求めよ．ここで，$|\ |$ は行列式，λ は変数，I は単位行列，$a_i\ (i=1\sim n)$ は実数である．

$$B = \begin{bmatrix} 0 & 1 & 0 & \cdots & \cdots & 0 \\ 0 & 0 & 1 & 0 & & \vdots \\ \vdots & & \ddots & \ddots & \ddots & \vdots \\ \vdots & \vdots & & & 1 & 0 \\ 0 & 0 & \cdots & & 0 & 1 \\ -a_1 & -a_2 & \cdots & \cdots & -a_{n-1} & -a_n \end{bmatrix}$$

(4) (3)の行列 B に関し，固有値を $\lambda_i\ (i=1\sim n)$ と表したとき，

$$|B| = \prod_{i=1}^{n}\lambda_i = (-1)^n a_1, \quad \operatorname{Tr} B = \sum_{i=1}^{n}\lambda_i = -a_n$$

であることを示せ．ここで，Tr はトレースである．

(5) (3)の行列 B において，固有値が $\lambda_i \ne \lambda_j\ (i,j=1\sim n, i\ne j)$ のとき，行列 B は次の Vandermonde 行列 V で対角化されることを示せ．

$$V = \begin{bmatrix} 1 & 1 & \cdots & 1 \\ \lambda_1 & \lambda_2 & \cdots & \lambda_n \\ \lambda_1^2 & \lambda_2^2 & \cdots & \lambda_n^2 \\ & & \cdots & \\ \lambda_1^{n-1} & \lambda_2^{n-1} & \cdots & \lambda_n^{n-1} \end{bmatrix}$$

(6) 以上の結果を用いて，(1)の行列 A を(3)の行列 B の形に変形せよ．　　　（東大，東大*）

1.11 次の行列 A について考える．

$$A = \begin{bmatrix} 0 & -1 & -1 \\ -1 & 0 & -1 \\ -1 & -1 & \alpha \end{bmatrix}$$

ここで，α は 0 以上の実数（$\alpha \ge 0$）とする．以下の問に答えよ．

(1) $\alpha = 5/2$ のとき，行列 A のすべての固有値と，対応する大きさ 1 の固有ベクトルを求めよ．

(2) α が任意の正の実数（$\alpha > 0$）のとき，行列 A の固有値を $\lambda_1, \lambda_2, \lambda_3$ とする．

（a）$\lambda_1, \lambda_2, \lambda_3$ を α の式で表し，これらがすべて実数であることを示せ．

（b）$\displaystyle\lim_{\alpha \to \infty} \frac{\max(\lambda_1, \lambda_2, \lambda_3)}{\alpha}$ を求めよ．ただし $\max(\lambda_1, \lambda_2, \lambda_3)$ は $\lambda_1, \lambda_2, \lambda_3$ の最大値とする．

(c) $\displaystyle\lim_{\alpha\to\infty}\frac{\min(\lambda_1,\lambda_2,\lambda_3)}{\alpha}$ を求めよ．ただし $\min(\lambda_1,\lambda_2,\lambda_3)$ は $\lambda_1,\lambda_2,\lambda_3$ の最小値とする．

(3) $\alpha=0$ のとき，A^n の行列要素を求めよ．ただし，n は正の整数である． (東大)

1.12 次の実対称行列 A について，以下の問に答えよ．

$$A=\begin{bmatrix}2 & -1 & 0\\ -1 & 3 & -1\\ 0 & -1 & 2\end{bmatrix} \qquad(\mathrm{I})$$

(1) 行列 A のすべての固有値と，これらに対応する固有ベクトルを求めよ．
(2) A^n を求めよ．ただし，n は自然数とする．
(3) λ を $\det(\lambda I - A)\neq 0$ を満たす実数とする．ただし，I は 3×3 の単位行列であり，$\det(\lambda I - A)$ は $(\lambda I - A)$ の行列式を表す．ここで，ベクトル $\boldsymbol{x}$ を一次方程式

$$(\lambda I - A)\boldsymbol{x}=\boldsymbol{b} \qquad(\mathrm{II})$$

の解とする．ただし

$$\boldsymbol{b}=\begin{bmatrix}3\\ -1\\ 1\end{bmatrix} \qquad(\mathrm{III})$$

である．このとき，$\boldsymbol{x}^T\boldsymbol{x}$ が以下の式で表されることを示せ．

$$\boldsymbol{x}^T\boldsymbol{x}=\frac{3}{(\lambda-1)^2}+\frac{2}{(\lambda-2)^2}+\frac{6}{(\lambda-4)^2} \qquad(\mathrm{IV})$$

ここで，$\boldsymbol{x}^T$ は $\boldsymbol{x}$ を転置したベクトルである． (東大)

1.13 3次元ベクトル $\boldsymbol{x}_n$ は漸化式

$$\boldsymbol{x}_n = A\boldsymbol{x}_{n-1}+\boldsymbol{u}\quad(n=1,2,\cdots) \qquad(\mathrm{I})$$

を満たすものとする．ただし

$$A=\begin{bmatrix}1 & 0 & 0\\ 0 & 1 & a\\ 0 & a & a^2\end{bmatrix},\quad \boldsymbol{u}=\begin{bmatrix}b\\ c\\ 0\end{bmatrix},\quad \boldsymbol{x}_0=\begin{bmatrix}0\\ 0\\ d\end{bmatrix} \qquad(\mathrm{II})$$

である．a,b,c,d は実数の定数であり，$a\neq 0$ とする．以下の問に答えよ．
(1) 行列 A の固有値を a で表せ．
(2) A の固有ベクトル $\boldsymbol{p},\boldsymbol{q},\boldsymbol{r}$ を a で表せ．ただし，$\boldsymbol{p}$ と $\boldsymbol{r}$ をそれぞれ最大固有値と最小固有値に対応させ，$\|\boldsymbol{p}\|=\|\boldsymbol{r}\|=\frac{1}{\sqrt{a^2+1}},\|\boldsymbol{q}\|=1$ となるようにせよ．
(3) $\boldsymbol{u}$ および $\boldsymbol{x}_0$ を $\boldsymbol{p},\boldsymbol{q},\boldsymbol{r}$ の線形和で表せ．
(4) $\boldsymbol{x}_n=\alpha_n\boldsymbol{p}+\beta_n\boldsymbol{q}+\gamma_n\boldsymbol{r}$ $\qquad(\mathrm{III})$
とする．$\alpha_n,\beta_n,\gamma_n$ を $\alpha_{n-1},\beta_{n-1},\gamma_{n-1}$ を用いて表せ．
(5) $\boldsymbol{x}_n$ を求めよ． (東大†)

1.14 (1) 2つの2次正方行列

$$A = \frac{1}{\sqrt{2}}\begin{bmatrix} 1 & -1 \\ 1 & 1 \end{bmatrix}, \quad B = \frac{1}{2}\begin{bmatrix} \sqrt{3} & -1 \\ 1 & \sqrt{3} \end{bmatrix} \quad \text{(I)}$$

から,以下のような規則で行列 M_n $(n=0,1,2,\cdots)$ を生成する.先ず,$M_0 = B$, $M_1 = A$ と定義し,次に一般の $n \geq 2$ については

$$M_n = M_{n-1}M_{n-2} \quad \text{(II)}$$

という漸化式により行列 M_n を定義する.このとき,以下の設問に答えよ.

(a) 一般の n について,M_n が次の性質を満たすことを示せ.ただし,E は2次の単位行列である.
　　(i) $\det M_n = 1$　　(ii) $\operatorname{Tr} M_n = \operatorname{Tr}(M_n)^{-1}$
　　(iii) $M_n + (M_n)^{-1} = (\operatorname{Tr} M_n)E$

以下では,$x_n = \operatorname{Tr} M_n$ が満たす性質を調べる.

(b) $M_{n+1} + (M_{n-2})^{-1}$ を M_n と M_{n-1} で表せ.また,それを用いて,x_n が漸化式

$$x_{n+1} = x_n x_{n-1} - x_{n-2} \quad \text{(III)}$$

を満たすことを示せ.

(c) 式(III)の漸化式を用いて,x_n, x_{n+1}, x_{n+2} から構成される

$$I_n = x_{n+2}^2 + x_{n+1}^2 + x_n^2 - x_{n+2}x_{n+1}x_n \quad \text{(IV)}$$

が n に依存しない量であることを証明せよ.また,その値を求めよ.

(2) 次の N 次正方行列 C を考える.

$$C = \begin{bmatrix} 0 & b_1 & & & O \\ b_1 & 0 & b_2 & & \\ & b_2 & 0 & \ddots & \\ & & \ddots & \ddots & b_{N-1} \\ O & & & b_{N-1} & 0 \end{bmatrix} \quad \text{(V)}$$

すなわち,$C_{i,i+1} = C_{i+1,i} = b_i$ $(i=1,2,\cdots,N-1)$ であり,これら以外の成分はすべて0であるものとする.また,すべての i について,$b_i > 0$ であるとする.このとき,以下の設問に答えよ.

(a) $N=3$ の場合について,行列 C の固有値すべてを求めよ.
(b) 列ベクトル $\boldsymbol{v} = [v_1, v_2, \cdots, v_N]^T$ が,行列 C の固有ベクトルであるとき,$v_1 \neq 0$ であることを証明せよ.　　　　　　　　　　　　　　　　　　　　　　　　　　(東大)

1.15 (1) n 次の正方行列 A に対して,変数 x に対する方程式

$$\det(xE - A) = 0 \quad \text{(I)}$$

を特性方程式,左辺を特性多項式と呼ぶ.ただし,E は単位行列である.以下では $n=2$ の場合を考える.

(a) 特性方程式を，$\operatorname{Tr} A, \det A$ を用いて表せ．
(b) 特性多項式において x に行列 A を代入して得られる行列はゼロ行列であり，このため A^N（ただし，$N = 2, 3, \cdots$）は A のより低い冪の線形結合で表される．このことを用いて，$\det A = 1$ の場合には，

$$U_N(\xi) - 2\xi U_{N-1}(\xi) + U_{N-2}(\xi) = 0 \tag{II}$$

という漸化式を満たす関数列 $U_N(\xi)$ により，A^N が

$$A^N = U_{N-1}(\xi)A - U_{N-2}(\xi)E \tag{III}$$

のように表されることを示せ．ここで $\xi = \frac{1}{2}\operatorname{Tr} A$ である．

(2) 次に，$a \leq x \leq b$ で

$$Lu(x) \equiv \frac{d}{dx}\left[p(x)\frac{du(x)}{dx}\right] \tag{IV}$$

により定義された 2 階微分演算子 L を考える．ここで $p(x)$ は x の実関数であり，$p(a) = p(b) = 0$ を満たすものとする．このとき，

$$\int_a^b v^*(x) Lu(x) dx = \int_a^b u(x)(Lv(x))^* dx \tag{V}$$

が成り立つことを示せ．ただし $u(x)$ と $v(x)$ は x の複素関数である．

(3) 式 (IV) で定義された演算子 L に対して，2 階微分方程式

$$Lu(x) = \lambda w(x) u(x) \tag{VI}$$

を考える．ただし，$w(x)$ は x の実関数であり，$a < x < b$ において正の値をとる．この微分方程式が成立すれば，λ は実数であることを示せ．
また，$\lambda = \lambda_1$ に対する微分方程式 (VI) の解を $u_1(x)$，$\lambda = \lambda_2$ に対する解を $u_2(x)$ としたときに，$\lambda_1 \neq \lambda_2$ であれば

$$\int_a^b u_1(x) u_2^*(x) w(x) dx = 0 \tag{VII}$$

であることを示せ．

(4) 上記の設問 (1) における $U_N(x)$ は，$-1 \leq x \leq 1$ において

$$(1-x^2)\frac{d^2}{dx^2}U_N(x) - 3x\frac{d}{dx}U_N(x) + N(N+2)U_N(x) = 0 \tag{VIII}$$

という微分方程式を満たすことが知られている．この微分方程式が，式 (IV) において $p(x)$ を適当に選んだ L により与えられる方程式 (VI) の形になることを示せ．さらに，$M \neq N$ に対して

$$\int_{-1}^1 U_M(x) U_N(x)(1-x^2)^{1/2} dx \tag{IX}$$

を，解答の筋道を示した上で求めよ． (東大)

1.16 次の n (≥ 3) 次元正方行列 $A(\varepsilon, t)$ について，設問 (1) から (5) に答えよ．

$$A(\varepsilon, t) \equiv \begin{bmatrix} \varepsilon & t & & & & t \\ t & \varepsilon & t & & & \\ & t & \varepsilon & \ddots & & \\ & & \ddots & \ddots & t & \\ & & & t & \varepsilon & t \\ t & & & & t & \varepsilon \end{bmatrix}$$

すなわち，$A_{i,i} = \varepsilon$ $(i = 1, 2, \cdots, n)$, $A_{i,i+1} = A_{i+1,i} = t$ $(i = 1, 2, \cdots, n-1)$, $A_{n,1} = A_{1,n} = t$ であり，これら以外の成分はすべて 0 であるものとする．また，ε, t は実数，特に $t > 0$ であるとする．

(1) 任意の n 個の実数 $x_1, x_2, \cdots, x_n$ を成分に持つ n 次元縦ベクトルに対して，

$$P \begin{bmatrix} x_1 \\ x_2 \\ x_3 \\ \vdots \\ x_{n-1} \\ x_n \end{bmatrix} = \begin{bmatrix} x_2 \\ x_3 \\ x_4 \\ \vdots \\ x_n \\ x_1 \end{bmatrix}$$

となるような行列 P を具体的に成分で表せ．

(2) $PA - AP$ を求めよ．

(3) P の互いに線形独立な n 個の固有縦ベクトル，$\boldsymbol{u}_1, \boldsymbol{u}_2, \cdots, \boldsymbol{u}_n$，および，それぞれの固有値を求めよ．

(4) P の 2 つの互いに異なる固有値に対応する固有縦ベクトルを $\boldsymbol{x}, \boldsymbol{y}$ とする．このとき，$\boldsymbol{x}^\dagger A \boldsymbol{y} = 0$ であることを示せ．ここで，$\boldsymbol{x}^\dagger \equiv {}^T\boldsymbol{x}^*$ は $\boldsymbol{x}$ のエルミート共役である[著者注]．

(5) $D \equiv U^\dagger A U$ が対角行列であるような行列 U と，そのときの D とを求めよ． (東大[†])

[著者注] $A(\varepsilon, t)$ の t と紛らわしいので転置 transpose は T と変更した．

第 2 編

微分積分，常微分方程式

2.1　1 変数の関数の微分・積分学

2.1.1　関数の極限と連続

(1)　関数の極限の定義

A を実数として，関数 $f(x)$ が点 a の近傍（点 a を含まない）において定義されているとする．任意の $\varepsilon > 0$ に対して，$\delta > 0$ が存在して，$0 < |x - a| < \delta$ を満たすべての x について，$|f(x) - A| < \varepsilon$ が成立すれば，A は x が a に近づくときの $f(x)$ の極限であるといい，$\lim_{x \to a} f(x) = A$ あるいは $f(x) \to A \ (x \to a)$ で表す．

(2)　関数の極限の性質

(i)　$\lim_{x \to a} f(x) = A, \ \lim_{x \to a} g(x) = B$ のとき

$$\lim_{x \to a}(f(x) \pm g(x)) = A \pm B, \quad \lim_{x \to a} f(x)g(x) = AB$$

(ii)　$\lim_{x \to a} f(x) = A, \ \lim_{x \to a} g(x) = B \neq 0$ のとき

$$\lim_{x \to a} \frac{f(x)}{g(x)} = \frac{A}{B}$$

(iii)　$\lim_{x \to 0} f(x) = b, \ \lim_{u \to b} g(u) = A$ のとき，$\lim_{x \to a} g(f(x)) = A$

(3)　重要な極限

(i)　$\lim_{x \to 0} \dfrac{\sin x}{x} = 1$

(ii)　$\lim_{x \to \infty} \left(1 + \dfrac{1}{x}\right)^x = e$ あるいは $\lim_{x \to 0}(1 + x)^{\frac{1}{x}} = e$

(iii)　$\lim_{x \to 0} \dfrac{e^x - 1}{x} = 1$

(iv)　$\lim_{x \to 0} \dfrac{\log(1 + x)}{x} = 1$

(v)　$\lim_{x \to 0} \dfrac{(1 + x)^\mu - 1}{x} = \mu$

(4) 関数の連続の定義

関数 $f(x)$ が点 a の近傍において定義されているとする．$\lim_{x \to a} f(x) = f(a)$ が成立するとき，$f(x)$ は点 a で連続であるという．関数 $f(x)$ が区間 I の各点で連続ならば，$f(x)$ は I において連続であるという．

2.1.2 関数の微分法
(1) 導関数の定義

関数 $f(x)$ が点 a の近傍において定義されているとする．

$$\lim_{x \to a} \frac{f(x) - f(a)}{x - a}$$

が存在するならば，$f(x)$ は点 a で微分可能であるといい，この極限値を点 a での $f(x)$ の微分係数といい，$f'(a)$ で表す．

関数 $f(x)$ が，区間 I の各点 a で微分可能であるとき，各点 a に対して微分係数 $f'(a)$ を対応させる関数を $f(x)$ の導関数といい，$f'(x)$ で表す．導関数を求めることを微分するという．

(2) 微分の基本的な性質

(ⅰ) $f(x), g(x)$ が微分可能ならば，

$$(cf(x))' = cf'(x) \quad (c \text{ は定数})$$
$$(f(x) \pm g(x))' = f'(x) \pm g'(x)$$
$$(f(x)g(x))' = f'(x)g(x) + f(x)g'(x)$$
$$\left(\frac{f(x)}{g(x)}\right)' = \frac{f'(x)g(x) - f(x)g'(x)}{g^2(x)}$$

(ⅱ) $y = g(u)$ と $u = f(x)$ が微分可能ならば，

$$\frac{dg(f(x))}{dx} = \left.\frac{dg(u)}{du}\right|_{u=f(x)} \cdot \frac{df(x)}{dx}$$

(ⅲ) $x = \varphi(t)$ と $y = \psi(t)$ (t は媒介変数) が微分可能ならば，

$$\frac{dy}{dx} = \frac{\psi'(t)}{\varphi'(t)}$$

(ⅳ) $x = \varphi(y)$ は $y = f(x)$ の逆関数であるとすると，

$$\frac{d\varphi(y)}{dy} = 1 \bigg/ \frac{df(x)}{dx}$$

(3) 基本的な関数の導関数

$c' = 0$ (c は定数), $\quad (x^\alpha)' = \alpha x^{\alpha-1}$ (α は定数)

$(e^x)' = e^x, \quad (\log|x|)' = \dfrac{1}{x}$

$(\sin x)' = \cos x \qquad\qquad (\cos x)' = -\sin x$

$(\tan x)' = \sec^2 x \qquad\qquad (\cot x)' = -\operatorname{cosec}^2 x$

$(\sin^{-1} x)' = \dfrac{1}{\sqrt{1-x^2}} \qquad (\cos^{-1} x)' = -\dfrac{1}{\sqrt{1-x^2}}$

$(\tan^{-1} x)' = \dfrac{1}{1+x^2} \qquad (\cot^{-1} x)' = -\dfrac{1}{1+x^2}$

$(\sinh x)' = \cosh x \qquad\qquad (\cosh x)' = \sinh x$

$(\sinh^{-1} x)' = \dfrac{1}{\sqrt{x^2+1}} \qquad (\cosh^{-1} x)' = \dfrac{1}{\sqrt{x^2-1}}$

(4) 高階導関数

区間 (a,b) において定義されている関数 $f(x)$ の導関数 $f'(x)$ が (a,b) において微分可能ならば, $f'(x)$ の導関数を $f(x)$ の 2 階導関数といい, $f''(x)$ で表す. $f(x)$ の k 階導関数 $f^{(k)}(x)$ が定義され微分可能であるとき, $f^{(k)}(x)$ の導関数を $f(x)$ の $k+1$ 階導関数といい, $f^{(k+1)}(x)$ で表す.

(5) 平均値の定理

ロルの定理：閉区間 $[a,b]$ において連続な関数 $f(x)$ が開区間 (a,b) において微分可能であり, $f(a) = f(b)$ を満たすならば, $f'(\xi) = 0$ となる $\xi \in (a,b)$ が存在する.

ラグランジュの平均値定理：閉区間 $[a,b]$ において連続な関数 $f(x)$ が開区間 (a,b) において微分可能ならば,

$$f(\xi) = \frac{f(b) - f(a)}{b - a}$$

となる $\xi \in (a,b)$ が存在する.

コーシーの平均値定理：閉区間 $[a,b]$ において連続な関数 $f(x)$ と $g(x)$ が開区間 (a,b) において微分可能であり, $g'(x) \neq 0$ とすると

$$\frac{f'(\xi)}{g'(\xi)} = \frac{f(b) - f(a)}{g(b) - g(a)}$$

となる $\xi \in (a,b)$ が存在する.

(6) 関数の極値

点 a を含む開区間 (α, β) において微分可能な関数 $f(x)$ は $f'(a) = 0$ を満たすとする. (α, a) で $f'(x) > 0$ かつ (a, β) で $f'(x) < 0$ が成立すれば, $f(x)$ は点 a で極大となる. 不等号の向きが逆のときは極小となる.

点 a での 2 回微分可能な関数 $f(x)$ が $f'(a) = 0$ かつ $f''(a) \neq 0$ を満たすとする. $f''(a) < 0$ ならば, $f(x)$ は点 a で極大となる. 不等号の向きが逆のときは極小となる.

(7) 不定形の極限（ロピタルの定理）

$\lim_{x\to a} f(x) = \lim_{x\to a} g(x) = 0$ かつ $\lim_{x\to a}\dfrac{f'(x)}{g'(x)}$ が存在するかまたは $\lim_{x\to a}\dfrac{f'(x)}{g'(x)} = \infty$ のとき，

$$\lim_{x\to a}\frac{f(x)}{g(x)} = \lim_{x\to a}\frac{f'(x)}{g'(x)}$$

$\lim_{x\to a} f(x) = \lim_{x\to a} g(x) = 0$ かつ $\lim_{x\to a}\dfrac{f'(x)}{g'(x)}$ が存在するかまたは $\lim_{x\to a}\dfrac{f'(x)}{g'(x)} = \infty$ のとき，

$$\lim_{x\to a}\frac{f(x)}{g(x)} = \lim_{x\to a}\frac{f'(x)}{g'(x)}$$

2.1.3 関数の積分法

(1) 不定積分の定義

$F'(x) = f(x)$ を満たす関数 $F(x)$ を関数 $f(x)$ の原始関数という．$f(x)$ の原始関数の集まりは $F(x) + C$（C は積分定数）の形で，$f(x)$ の不定積分といい，$\int f(x)dx$ で表す．

(2) 不定積分の基本的な性質

(i) $\displaystyle\int (f(x) \pm g(x))dx = \int f(x)dx \pm \int g(x)dx$

(ii) $\displaystyle\int kf(x)dx = k\int f(x)dx$ （k は定数）

(iii) $\displaystyle\int f'(x)dx = f(x) + C$

(iv) $\displaystyle\frac{d}{dx}\int f(x)dx = f(x)$

(3) 基本的な関数の不定積分

$$\int x^\alpha dx = \frac{1}{\alpha+1}x^{\alpha+1} + C \quad (\alpha \neq -1)$$

$$\int \frac{1}{x}dx = \log|x| + C \qquad \int e^x dx = e^x + C$$

$$\int \sin x\, dx = -\cos x + C \qquad \int \cos x\, dx = \sin x + C$$

$$\int \sec^2 x\, dx = \tan x + C \qquad \int \operatorname{cosec}^2 x\, dx = -\cot x + C$$

$$\int \frac{1}{1+x^2}dx = \tan^{-1} x + C$$

$$\int \frac{1}{\sqrt{1-x^2}}dx = \sin^{-1} x + C$$

(4) 基本的な不定積分法
（ i ） 置換法
$$\int f(x)dx = \int f(\varphi(t))\varphi'(t)dt \ (x = \varphi(t) \text{ とおく})$$
$$\int f(\varphi(x)\varphi'(x))dx = \int f(t)dt \ (t = \varphi(x) \text{ とおく})$$
（ ii ） 部分積分法
$$\int f(x)g'(x)dx = f(x)g(x) - \int f'(x)g(x)dx$$

(5) 定積分の定義

区間 $[a,b]$ において，$a = x_0 < x_1 < x_2 < \cdots < x_{k-1} < x_k \cdots < x_{n-1} < x_n = b$ のような分点 x_k $(k = 1, 2, 3, \cdots, n-1)$ をとり，$[a,b]$ を n 個の小区間 $[x_{k-1}, x_k]$ $(k = 1, 2, \cdots, n)$ に分割する．各 k に対して $\delta_k = x_k - x_{k-1}$ とおき，$[x_{k-1}, x_k]$ から任意の点 ξ_k を選び，$\sum_{k=1}^{n} f(\xi_k)\delta_k$ となる和をつくる．$\delta = \max\{\delta_1, \delta_2, \cdots, \delta_n\}$ とおき

$$\lim_{\delta \to 0} \sum_{k=1}^{n} f(\xi_k)\delta_k$$

が存在すれば，この極限値を区間 $[a,b]$ における $f(x)$ の定積分といい，$\int_a^b f(x)dx$ で表す．さらに，$a \geq b$ に対して，

$$\int_a^b f(x)dx = \begin{cases} -\int_b^a f(x)dx, & a > b \\ 0, & a = b \end{cases}$$

を定義する．

(6) 定積分の基本的な性質

（ i ） $\int_a^b (f(x) \pm g(x))dx = \int_a^b f(x)dx \pm \int_a^b g(x)dx$

（ ii ） $\int_a^b kf(x)dx = k\int_a^b f(x)dx$ （k は定数）

（ iii ） $c \in [a,b]$ に対して $\int_a^b f(x)dx = \int_a^c f(x)dx + \int_c^b f(x)dx$

（ iv ） $f(x) \leq g(x)$ および $a \leq b$ ならば $\int_a^b f(x)dx \leq \int_a^b g(x)dx$

（ v ） $f(x)$ が $[a,b]$ において連続ならば，$\xi \in [a,b]$ が存在して

$$\int_a^b f(x)dx = f(\xi)(b-a)$$

が成立する.

（vi） $f(x)$ が $[a,b]$ において連続ならば，$x \in (a,b)$ に対して

$$\frac{d}{dx}\int_a^x f(t)dt = f(x)$$

が成立する.

（7） 積分学の基本定理

$f(x)$ が $[a,b]$ において連続とし，$F(x)$ を $f(x)$ の原始関数の1つとすれば，

$$\int_a^b f(x)dx = F(b) - F(a) \equiv F(x)\Big|_a^b$$

が成立する.

（8） 基本的な定積分法

（ⅰ） 置換法

$x = \varphi(t)$ $(\alpha \leq t \leq \beta, a = \varphi(\alpha), b = \varphi(\beta))$ のとき，

$$\int_a^b f(x)dx = \int_\alpha^\beta f(\varphi(t))\varphi'(t)dt$$

（ⅱ） 部分積分法

$$\int_a^b f(x)g'(x)dx = f(x)g(x)\Big|_a^b - \int_a^b f'(x)g(x)dx$$

（9） 定積分の応用

（ⅰ） 面積計算

曲線 $y = f(x)$, $y = g(x)$ $(g(x) \leq f(x), x \in [a,b])$，直線 $x = a, x = b$ によって囲まれた面積 A は

$$A = \int_a^b (f(x) - g(x))dx$$

曲線 $r = f(\theta)$，半直線 $\theta = \alpha, \theta = \beta$ $(\alpha \leq \beta)$ によって囲まれた面積 A は

$$A = \frac{1}{2}\int_\alpha^\beta f^2(\theta)d\theta$$

（ⅱ） 曲線の長さの計算

曲線 $y = f(x)$ $(x \in [a,b])$ の長さ L は $L = \int_a^b \sqrt{1 + (f'(x))^2}dx$

曲線 $x = x(t), y = y(t)$ $(t \in [\alpha,\beta])$ の長さ L は $L = \int_\alpha^\beta \sqrt{(x'(t))^2 + (y'(t))^2}dt$

曲線 $r = f(\theta)$ $(\theta \in [\alpha,\beta])$ の長さ L は

$$L = \int_\alpha^\beta \sqrt{(f(\theta))^2 + (f'(\theta))^2} d\theta$$

(iii) 回転体の表面積と体積の計算

y 軸を回転軸とする曲線 $y = f(x)$ $(x \in [a,b])$ の回転体の表面積 S は

$$S = 2\pi \int_a^b f(x)\sqrt{1 + (f'(x))^2} dx$$

この回転体の体積 V は $V = \pi \int_a^b (f(x))^2 dx$

(10) 広義の積分

(i) $\displaystyle\int_a^\infty f(x)dx = \lim_{b \to \infty} \int_a^b f(x)dx \qquad \int_{-\infty}^b f(x)dx = \lim_{a \to -\infty} \int_a^b f(x)dx$

$$\int_{-\infty}^\infty f(x)dx = \lim_{\substack{a \to -\infty \\ b \to \infty}} \int_a^b f(x)dx$$

(ii) $\displaystyle\lim_{x \to a^+} f(x) = \infty$ のとき, $\displaystyle\int_a^b f(x)dx = \lim_{\varepsilon \to 0^+} \int_{a+\varepsilon}^b f(x)dx$

$\displaystyle\lim_{x \to b^-} f(x) = \infty$ のとき, $\displaystyle\int_a^b f(x)dx = \lim_{\varepsilon \to 0^+} \int_a^{b-\varepsilon} f(x)dx$

$\displaystyle\lim_{\substack{x \to c \\ c \in (a,b)}} f(x) = \infty$ のとき,

$$\int_a^b f(x)dx = \lim_{\varepsilon_1 \to 0^+} \int_a^{c-\varepsilon_1} f(x)dx + \lim_{\varepsilon_2 \to 0^+} \int_{c+\varepsilon_2}^b f(x)dx$$

2.2 多変数の関数の微分・積分学
2.2.1 2変数の関数の極限と連続

(1) 関数の極限の定義

A を実数として, 2変数の関数 $f(x,y)$ が点 (a,b) の近傍 (点 (a,b) を含まない) において定義されているとする. 任意の $\varepsilon > 0$ に対して, $\delta > 0$ が存在して,

$$0 < ((x-a)^2 + (y-b)^2)^{\frac{1}{2}} < \delta$$

を満たすすべての点 (x,y) に対して $|f(x,y) - A| < \varepsilon$ が成立すれば, A は点 (x,y) が点 (a,b) に近づくときの $f(x,y)$ の極限であるといい, $\displaystyle\lim_{(x,y) \to (a,b)} f(x,y) = A$ あるいは $f(x,y) \to A$ $((x,y) \to (a,b))$ とかく.

(2) 関数の連続の定義

2変数の関数 $f(x,y)$ が点 (a,b) の近傍において定義されているとする.

$$\lim_{(x,y) \to (a,b)} f(x,y) = f(a,b)$$

が成立すれば，$f(x,y)$ は点 (a,b) で連続であるという．

$f(x,y)$ が領域 D の各点で連続ならば，$f(x,y)$ は D において連続であるという．

2.2.2　2 変数の関数の微分法

(1)　偏導関数

2 変数の関数 $f(x,y)$ が点 (a,b) の近傍において定義されているとする．

$$\lim_{x \to a} \frac{f(x,b) - f(a,b)}{x - a}$$

が存在すれば，$f(x,y)$ は点 (a,b) で x に関して偏微分可能であるといい，この極限値を関数 $f(x,y)$ の点 (a,b) における x についての偏微分係数といい，$f_x(a,b)$ あるいは $\dfrac{\partial f(a,b)}{\partial x}$ で表す．

$$\lim_{y \to b} \frac{f(a,y) - f(a,b)}{y - b}$$

が存在すれば，$f(x,y)$ は点 (a,b) で y に関して偏微分可能であるといい，この極限値を関数 $f(x,y)$ の点 (a,b) における y についての偏微分係数といい，$f_y(a,b)$ あるいは $\dfrac{\partial f(a,b)}{\partial y}$ で表す．

領域 D の各点 (x,y) に，その点における x についての偏微分係数を対応させることにより定まる関数を x についての $f(x,y)$ の偏導関数といい，$f_x(x,y)$ あるいは $\dfrac{\partial f(x,y)}{\partial x}$ で表す．y について $f(x,y)$ の偏導関数も同様に定義されて，$f_y(x,y)$ あるいは $\dfrac{\partial f(x,y)}{\partial y}$ で表す．

関数の偏導関数を求めることを偏微分するという．

(2)　全微分

2 変数の関数 $z = f(x,y)$ が点 (x,y) の近傍において定義されているとする．

$$f(x+h, y+k) - f(x,y) = A(x,y)h + B(x,y)k + \varepsilon(h,k)\sqrt{h^2 + k^2}$$

$\left(\text{ここで，} \lim_{(h,k) \to (0,0)} \varepsilon(h,k) = 0 \right)$ が成立すれば，$f(x,y)$ は点 (x,y) で全微分可能といい，

$$A(x,y)dx + B(x,y)dy$$

を $f(x,y)$ の点 (x,y) での全微分という．これを dz あるいは $df(x,y)$ で表す．

$f_x(x,y)$ と $f_y(x,y)$ が点 (x,y) の近傍において連続ならば，

$$dz = f_x(x,y)dx + f_y(x,y)dy$$

2.2.3 高階偏導関数

$f_x(x,y), f_y(x,y)$ が x および y についてさらに偏微分可能ならば,次の 4 つの偏導関数が存在する.

$$\frac{\partial f_x}{\partial x},\quad \frac{\partial f_x}{\partial y},\quad \frac{\partial f_y}{\partial x},\quad \frac{\partial f_y}{\partial y}$$

これらを $f(x,y)$ の 2 階偏導関数といい,それぞれ

$$f_{xx}=\frac{\partial^2 f}{\partial x^2},\quad f_{xy}=\frac{\partial^2 f}{\partial x \partial y},\quad f_{yx}=\frac{\partial^2 f}{\partial y \partial x},\quad f_{yy}=\frac{\partial^2 f}{\partial y^2}$$

で表す. 3 階以上の偏導関数についても同様に定義される.

2.2.4 合成関数と陰関数の偏微分法

関数 $z=f(u,v)$, $u=u(x,y)$, $v=v(x,y)$ が x および y について微分可能ならば,合成関数 $z=f(u(x,y), v(x,y))$ も x および y について微分可能かつ

$$\frac{\partial z}{\partial x}=\frac{\partial f}{\partial u}\frac{\partial u}{\partial x}+\frac{\partial f}{\partial v}\frac{\partial v}{\partial x},\quad \frac{\partial z}{\partial y}=\frac{\partial f}{\partial u}\frac{\partial u}{\partial y}+\frac{\partial f}{\partial v}\frac{\partial v}{\partial y}$$

また,$z=f(x,y)$ は方程式 $F(x,y,z)=0$ を満たす陰関数であるとすると,

$$\frac{\partial z}{\partial x}=-\frac{\dfrac{\partial F}{\partial x}}{\dfrac{\partial F}{\partial z}},\quad \frac{\partial z}{\partial y}=-\frac{\dfrac{\partial F}{\partial y}}{\dfrac{\partial F}{\partial z}}$$

2.2.5 2 変数の関数の極値と条件付き極値

点 (a,b) での 2 回偏微分可能な 2 変数の関数 $f(x,y)$ が $f_x(a,b)=f_y(a,b)=0$ かつ

$$D(a,b)\equiv f_{xx}(a,b)f_{yy}(a,b)-f_{xy}^2(a,b)\neq 0$$

を満たすとする. $D(a,b)>0$ かつ $f_{xx}(a,b)<0$ ならば,$f(a,b)$ は極大値である. $D(a,b)>0$ かつ $f_{xx}(a,b)>0$ ならば,$f(a,b)$ は極小値である.

$g(x,y)=0$ の条件の下に 2 変数の関数 $f(x,y)$ の極値を求めるには,

$$F(x,y,\lambda)=f(x,y)-\lambda g(x,y)$$

とおき,$\dfrac{\partial F}{\partial x}=0, \dfrac{\partial F}{\partial y}=0, g(x,y)=0$ となる連立方程式から解 x_0, y_0 を求めて,$f(x_0,y_0)$ が極値であるかどうか調べる.

2.3 重積分

2.3.1 2 重積分と 3 重積分の定義

平面の有界閉領域 A において関数 $f(x,y)$ が定義されているとする. A を含む長方形 $B=\{(x,y)\mid a\leq x\leq b\,;\,c\leq y\leq d\}$ をとり,

$$a = x_0 < x_1 < \cdots < x_{i-1} < x_i < \cdots < x_m = b,$$
$$c = y_0 < y_1 < \cdots < y_{j-1} < y_j < \cdots < y_n = d$$

となるような分点 (x_i, y_j) により B を mn 個の小さな長方形 $w_{ij} = \{(x,y) \mid x_{i-1} \leq x \leq x_i,\ y_{j-1} \leq y \leq y_j\}$ に分割する．各 i, j に対して，$\delta_i = x_i - x_{i-1}$, $\delta'_j = y_j - y_{j-1}$, $s_{ij} = \delta_i \delta'_j$ とおき，w_{ij} から任意の点 (ξ_i, η_j) を選び，$\displaystyle\sum_{\substack{1 \leq i \leq m \\ 1 \leq j \leq n}} f(\xi_i, \eta_j) s_{ij}$ となる和をつくる．$\delta = \max\{\delta_1, \delta_2, \cdots, \delta_m, \delta'_1, \delta'_2, \cdots, \delta'_n\}$ とおき，

$$\lim_{\delta \to 0} \sum_{\substack{1 \leq i \leq m \\ 1 \leq j \leq n}} f(\xi_i, \eta_j) s_{ij}$$

が存在するとき，この極限値を A における $f(x, y)$ の 2 重積分といい，

$$\iint_A f(x, y) dx dy$$

空間の有界閉領域 A において関数 $g(x, y, z)$ が定義されているとする．A を含む直方体 $B = \{(x, y, z) \mid a \leq x \leq b,\ c \leq y \leq d,\ e \leq z \leq f\}$ をとり，

$$a = x_0 < x_1 < \cdots < x_{i-1} < x_i < \cdots < x_l = b,$$
$$c = y_0 < y_1 < \cdots < y_{j-1} < y_j < \cdots < y_m = d,$$
$$e = z_0 < z_1 < \cdots < z_{k-1} < z_k < \cdots < z_n = f$$

となるような分点 (x_i, y_j, z_k) により B を lmn 個の小さな直方体 $w_{ijk} = \{(x, y, z) \mid x_{i-1} \leq x \leq x_i,\ y_{j-1} \leq y \leq y_j,\ z_{k-1} \leq z \leq z_k\}$ に分割する．各 i, j, k に対して，$\delta_i = x_i - x_{i-1}$, $\delta'_j = y_j - y_{j-1}$, $\delta''_k = z_k - z_{k-1}$, $s_{ijk} = \delta_i \delta'_j \delta''_k$ とおき，w_{ijk} から任意の点 (ξ_i, η_j, ζ_k) を選び，

$$\sum_{\substack{1 \leq i \leq l \\ 1 \leq j \leq m \\ 1 \leq k \leq n}} f(\xi_i, \eta_j, \zeta_k) s_{ijk}$$

となる和をつくる．$\delta = \max\{\delta_1, \cdots, \delta_l, \delta'_1, \cdots, \delta'_m, \delta''_1, \cdots, \delta''_n\}$ とおき，

$$\lim_{\delta \to 0} \sum_{\substack{1 \leq i \leq l \\ 1 \leq j \leq m \\ 1 \leq k \leq n}} f(\xi_i, \eta_j, \zeta_k) s_{ijk}$$

が存在するとき，この極限値を A における $f(x, y, z)$ の 3 重積分といい，

$$\iiint_A f(x, y, z) dx dy dz$$

2.3.2 2重積分と3重積分の演算

$A = \{(x,y) \mid a \leq x \leq b,\ \varphi_1(x) \leq y \leq \varphi_2(x)\}$ のとき,

$$\iint_A f(x,y)dxdy = \int_a^b dx \int_{\varphi_1(x)}^{\varphi_2(x)} f(x,y)dy$$

$A = \{(x,y) \mid \psi_1(y) \leq x \leq \psi_2(y),\ c \leq y \leq d\}$ のとき,

$$\iint_A f(x,y)dxdy = \int_c^d dy \int_{\psi_1(y)}^{\psi_2(y)} f(x,y)dx$$

$A = \{(x,y,z) \mid a \leq x \leq b,\ \varphi_1(x) \leq y \leq \varphi_2(x),\ \psi_1(x,y) \leq z \leq \psi_2(x,y)\}$ のとき,

$$\iiint_A f(x,y,z)dxdydz = \int_a^b dx \int_{\varphi_1(x)}^{\varphi_2(x)} dy \int_{\psi_1(x,y)}^{\psi_2(x,y)} f(x,y,z)dz$$

2.4 常微分方程式

2.4.1 1階常微分方程式

(1) 変数分離形の微分方程式

$\dfrac{dy}{dx} = f(x)g(y)$ の形の微分方程式を変数分離形の微分方程式といい,この一般解は

$$\int \frac{dy}{g(y)} = \int f(x)dx$$

(2) 同次形の微分方程式

$\dfrac{dy}{dx} = f\left(\dfrac{y}{x}\right)$ の形の微分方程式を同次形の微分方程式という.$u = \dfrac{y}{x}$ とおくと,変数分離形の微分方程式となり,(1)で与えられた方法によってこの同次形の微分方程式の一般解を求めることができる.

(3) 1階線形微分方程式

$\dfrac{dy}{dx} + P(x)y = Q(x)$ ($P(x), Q(x)$ は既知関数) の形の微分方程式を1階線形微分方程式といい,この一般解は

$$y = e^{-\int P(x)dx}\left(C + \int Q(x)e^{\int P(x)dx}dx\right) \quad (C \text{ は任意定数})$$

(4) ベルヌーイの微分方程式

$\dfrac{dy}{dx} + P(x)y = Q(x)y^n$ ($n \neq 0, 1$) の形の微分方程式をベルヌーイの微分方程式という.$u = y^{1-n}$ とおくと,1階線形微分方程式となり,(3)で与えられた方法によってこのベルヌーイの微分方程式の一般解を求めることができる.

2.4.2 高階常微分方程式

(1) 特殊な2階微分方程式

（ⅰ） $y'' = f(x)$. この一般解は $y = \int dx \int f(x)dx + C_1 x + C_2$（$C_1, C_2$ はともに任意定数）

（ⅱ） $y'' = f(x, y')$. $p = y'$ とおくと，1階微分方程式 $\dfrac{dp}{dx} = f(x, p)$ となり，1階微分方程式の方法でこの2階微分方程式の一般解を求めることができる．

（ⅲ） $y'' = f(y, y')$. $p = y'$ とおくと，$p\dfrac{dp}{dy} = f(y, p)$ となり，1階微分方程式の方法でこの2階微分方程式の一般解を求めることができる．

(2) 2階線形微分方程式

$$y'' + P(x)y' + Q(x)y = f(x) \tag{2.1}$$

（ここで，$P(x), Q(x), f(x)$ はすべて既知関数）の形の微分方程式を2階線形微分方程式という．

$$y'' + P(x)y' + Q(x)y = 0 \tag{2.2}$$

を (2.1) に対応する2階斉次線形微分方程式という．

$u_1(x), u_2(x)$ が (2.2) の2つの1次独立な解ならば，(2.2) の一般解は

$$y = C_1 u_1(x) + C_2 u_2(x) \quad (C_1, C_2 は任意定数)$$

$u(x)$ が (2.2) の一般解で，$y_0(x)$ が (2.1) の1つの特殊解ならば，(2.1) の一般解は

$$y = u(x) + y_0(x)$$

(3) 定係数2階線形微分方程式

$$y'' + py' + qy = f(x) \quad (p, q は定数で，f(x) は既知関数) \tag{2.3}$$

の形の微分方程式を定係数2階線形微分方程式という．これに対応する2階斉次線形微分方程式は

$$y'' + py' + qy = 0 \tag{2.4}$$

である．方程式 $\lambda^2 + p\lambda + q = 0$ を (2.4) の特性方程式という．この特性方程式の根を λ_1, λ_2 とすると，次のことが成立する．

（ⅰ） λ_1, λ_2 が $\lambda_1 \neq \lambda_2$ となる実根であるとき，(2.4) の一般解は

$$y = C_1 e^{\lambda_1 x} + C_2 e^{\lambda_2 x} \quad (C_1, C_2 は任意定数) \tag{2.5}$$

（ⅱ） λ_1, λ_2 が $\lambda_1 = \lambda_2$ となる実根であるとき，(2.4) の一般解は

$$y = (C_1 + C_2 x)e^{\lambda_1 x} \quad (C_1, C_2 \text{は任意定数}) \tag{2.6}$$

(iii) $\lambda_1 = \alpha + i\beta, \lambda_2 = \alpha - i\beta \ (\beta \neq 0)$ が複素数根であるとき, (2.4) の一般解は

$$y = e^{\alpha x}(C_1 \cos \beta x + C_2 \sin \beta x) \quad (C_1, C_2 \text{は任意定数}) \tag{2.7}$$

$f(x) = e^{\lambda x} P_m(x)$ ($P_m(x)$ は m 次多項式) に対して, (2.3) は次の形の特殊解 y_0 をもつ.

$$y_0 = e^{\lambda x} x^r Q_m(x)$$

ここで, r は特性方程式の根 λ の重複度, $Q_m(x)$ は m 次多項式である.

$$f(x) = e^{\lambda x}(P_m(x) \cos \omega x + Q_n(x) \sin \omega x)$$
$$(P_m(x), Q_n(x) \text{はそれぞれ } m, n \text{ 次多項式})$$

に対して, (2.3) は次の形の特殊解 y_0 をもつ.

$$y_0 = e^{\lambda x} x^r (R_l(x) \cos \omega x + S_l(x) \sin \omega x)$$

ここで, $\lambda + i\omega$ が特性方程式の根であるとき $r = 1$, $\lambda + i\omega$ が特性方程式の根でなければ $r = 0$. ここで, $l = \max\{m, n\}$, $R_l(x), S_l(x)$ はともに l 次多項式.

2.5 数列と級数

2.5.1 数列

(1) 数列の収束と発散の定義

数列 $\{a_n\}$ と実数 a について, 任意の $\varepsilon > 0$ に対して, 自然数 N が存在して, $n > N$ となるすべての自然数 n について, $|a_n - a| < \varepsilon$ が成立すれば, $\{a_n\}$ は a に収束するといい, $\lim_{n \to \infty} a_n = a$ あるいは $a_n \to a \ (n \to \infty)$ で表す. 収束しない数列は発散するという.

(2) コーシーの収束条件定理

数列 $\{a_n\}$ が収束するための必要十分条件は, 任意の $\varepsilon > 0$ に対して, 自然数 N が存在して, $m, n > N$ を満たすすべての自然数 m, n について, $|a_m - a_n| < \varepsilon$ が成立することである.

(3) 数列の収束の判定定理

(ⅰ) 上に有界な単調増加である数列 $\{a_n\}$ は収束する. また, 下に有界な単調減少である数列 $\{b_n\}$ は収束する.

(ⅱ) $\lim_{n \to \infty} b_n = \lim_{n \to \infty} c_n = a$ かつ $b_n \leq a_n \leq c_n \ (n = 1, 2, \cdots)$ を満たす数列 $\{a_n\}$ は a に収束する.

2.5.2 級数

(1) 級数の収束と発散の定義

級数 $\sum_{n=1}^{\infty} a_n$ に対して，$s_n = \sum_{i=1}^{n} a_i$ とおき，数列 $\{s_n\}$ が s に収束するとき，$\sum_{n=1}^{\infty} a_n$ は収束するという．s をこの級数の和といい，$\sum_{n=1}^{\infty} a_n = s$ と書く．数列 $\{s_n\}$ が発散するとき，$\sum_{n=1}^{\infty} a_n$ は発散するという．

(2) 級数の収束の必要条件

級数 $\sum_{n=1}^{\infty} a_n$ が収束するとき，$\lim_{n \to \infty} a_n = 0$ が成立する．

(3) コーシーの収束条件定理

級数 $\sum_{n=1}^{\infty} a_n$ が収束するための必要十分条件は，任意の $\varepsilon > 0$ に対して，自然数 N が存在して，$n > m > N$ を満たすすべての自然数 m, n について，$\left|\sum_{i=m}^{n} a_i\right| < \varepsilon$ が成立することである．

(4) 正項級数の収束の判定数

（ⅰ） 比較判定法

正項級数 $\sum_{n=1}^{\infty} a_n, \sum_{n=1}^{\infty} b_n$ に対して，定数 $c > 0$ が存在し，$a_n \leq cb_n$ $(n = 1, 2, \cdots)$ が成立すれば，$\sum_{n=1}^{\infty} b_n$ が収束するとき $\sum_{n=1}^{\infty} a_n$ も収束し，$\sum_{n=1}^{\infty} a_n$ が発散するとき $\sum_{n=1}^{\infty} b_n$ も発散する．

（ⅱ） ダランベールの判定法

正項級数 $\sum_{n=1}^{\infty} a_n$ に対して，$\lim_{n \to \infty} \frac{a_{n+1}}{a_n} = r$ とすると，$\sum_{n=1}^{\infty} a_n$ は，$r < 1$ のとき収束し，$r > 1$ のとき発散する．

（ⅲ） コーシーの判定法

正項級数 $\sum_{n=1}^{\infty} a_n$ に対して，$\lim_{n \to \infty} \sqrt[n]{a_n} = r$ とすると，$\sum_{n=1}^{\infty} a_n$ は，$r < 1$ のとき収束し，$r > 1$ のとき発散する．

(5) 等比級数と p-級数の収束と発散

等比級数 $\sum_{n=1}^{\infty} aq^{n-1}$ は，$|q| < 1$ のとき収束し，$|q| \geq 1$ のとき発散する．

p-級数 $\sum_{n=1}^{\infty} \frac{1}{n^p}$ は，$p > 1$ のとき収束し，$p \leq 1$ のとき発散する．

(6) 交代級数の収束定理（ライプニッツの定理）

次の条件を満たす交代級数 $\sum_{n=1}^{\infty}(-1)^{n-1}a_n$ $(a_n>0, n=1,2,\cdots)$ は収束する.

$\{a_n\}$ が単調減少で, $\lim_{n\to\infty}a_n=0$

(7) 級数の絶対収束と条件収束

級数 $\sum_{n=1}^{\infty}a_n$ に対して, $\sum_{n=1}^{\infty}|a_n|$ が収束するとき, $\sum_{n=1}^{\infty}a_n$ を絶対収束級数という.

級数 $\sum_{n=1}^{\infty}a_n$ は収束するが $\sum_{n=1}^{\infty}|a_n|$ が発散するとき, $\sum_{n=1}^{\infty}a_n$ を条件収束級数という.

(8) べき級数

(i) べき級数 $\sum_{n=0}^{\infty}a_n x^n$ の収束半径は,

$$R=\lim_{n\to\infty}\left|\frac{a_n}{a_{n+1}}\right| \quad \text{あるいは} \quad R=\lim_{n\to\infty}\frac{1}{\sqrt[n]{|a_n|}}.$$

(ii) べき級数の解析的性質

べき級数 $\sum_{n=0}^{\infty}a_n x^n$ の収束域の点 x_0 に対して, 次の各式が成立する.

$$\lim_{x\to x_0}\sum_{n=0}^{\infty}a_n x^n=\sum_{n=0}^{\infty}a_n x_0^n, \quad \left(\sum_{n=0}^{\infty}a_n x^n\right)'\bigg|_{x=x_0}=\sum_{n=1}^{\infty}na_n x_0^{n-1}$$

$$\int_0^{x_0}\sum_{n=0}^{\infty}a_n x^n dx=\sum_{n=1}^{\infty}\frac{a_n}{n+1}x_0^{n+1}$$

(9) 関数の展開

$$e^x=\sum_{n=0}^{\infty}\frac{1}{n!}x^n \quad (-\infty<x<\infty)$$

$$\sin x=\sum_{n=0}^{\infty}(-1)^n\frac{1}{(2n+1)!}x^{2n+1} \quad (-\infty<x<\infty)$$

$$\cos x=\sum_{n=0}^{\infty}(-1)^n\frac{1}{(2n)!}x^{2n} \quad (-\infty<x<\infty)$$

$$\frac{1}{1-x}=\sum_{n=0}^{\infty}x^n \quad (-1<x<1)$$

$$\log(1+x)=\sum_{n=1}^{\infty}(-1)^{n-1}\frac{x^n}{n} \quad (-1<x\leq 1)$$

$$(1+x)^\alpha=1+\sum_{n=1}^{\infty}\frac{\alpha(\alpha-1)\cdots(\alpha-n+1)}{n!}x^n \quad (-1<x<1)$$

---- **例題 2.1** ----

次の問に答えよ.

(1) 次の関数について,dy/dx を求めよ.
$$x = \frac{1-t^2}{1+t^2}, \quad y = \frac{2t}{1+t^2}$$

(2) $D : x^2 + y^2 \leq 1 \ (x \geq 0, y \geq 0)$ における次の重積分の値を求めよ.
$$\iint_D xy\,dx\,dy \qquad \text{(都立大)}$$

【解答】(1) $\displaystyle \frac{dy}{dx} = \frac{\dfrac{d}{dt}\left(\dfrac{2t}{1+t^2}\right)}{\dfrac{d}{dt}\left(\dfrac{1-t^2}{1+t^2}\right)}$

$\displaystyle = \frac{\dfrac{2(1-t^2)}{(1+t^2)^2}}{\dfrac{-4t}{(1+t^2)^2}}$

$\displaystyle = \frac{t^2-1}{2t}$

(2) $\displaystyle \iint_D xy\,dx\,dy = \iint_D r\cos\theta \cdot r\sin\theta \cdot r\,dr\,d\theta$ (ここで,$x = r\cos\theta, y = r\sin\theta$)

$\displaystyle = \int_0^{\frac{\pi}{2}} \sin\theta\cos\theta\,d\theta \int_0^1 r^3\,dr$

$\displaystyle = \left[\frac{1}{2}\sin^2\theta\right]_0^{\frac{\pi}{2}} \cdot \left[\frac{1}{4}r^4\right]_0^1$

$\displaystyle = \frac{1}{2} \cdot \frac{1}{4}$

$\displaystyle = \frac{1}{8}$

―― 例題 2.2 ――

$\boldsymbol{R}^2$ 上の関数
$$f(x,y) = (x^2+y^2)^2 - 2(x^2-y^2)$$
について，すべての臨界点 ($df=0$ となる点) とそこでの f の値を求め，またその臨界点で f が極大か極小か鞍点かを調べよ．　　　　　　　　　　(津田塾大)

【解答】 臨界点は
$$df = \frac{\partial f}{\partial x}dx + \frac{\partial f}{\partial y}dy = 0$$
となる点であるから，
$$f(x,y) = (x^2+y^2)^2 - 2(x^2-y^2)$$
について，すべての臨界点は連立方程式
$$\begin{cases} \dfrac{\partial f}{\partial x} = 4x(x^2+y^2-1) = 0 \\ \dfrac{\partial f}{\partial y} = 4y(x^2+y^2+1) = 0 \end{cases}$$
の解，すなわち，$(x,y) = (-1,0), (1,0), (0,0)$ である．

$$\begin{aligned}\Delta &= \left(\frac{\partial^2 f}{\partial x \partial y}\right)^2 - \frac{\partial^2 f}{\partial x^2} \cdot \frac{\partial^2 f}{\partial y^2} \\ &= (8xy)^2 - 4(x^2+y^2-1+2x^2) \cdot 4(x^2+y^2+1+2y^2) \\ &= 16(4x^2y^2 - (3x^2+y^2-1)(x^2+3y^2+1))\end{aligned}$$

であるから，

$$\Delta\Big|_{(-1,0)} = -64 \quad \left(\frac{\partial^2 f}{\partial x^2}\Big|_{(-1,0)} = 4(3x^2+y^2-1)\Big|_{(-1,0)} > 0\right)$$

$$\Delta\Big|_{(1,0)} = -64 \quad \left(\frac{\partial^2 f}{\partial x^2}\Big|_{(1,0)} = 4(3x^2+y^2-1)\Big|_{(1,0)} > 0\right)$$

したがって，臨界点 $(-1,0), (1,0)$ はともに極小点で，極小値は
$$f(-1,0) = f(1,0) = -1$$

次に，$\Delta\Big|_{(0,0)} = 0, f(0,0) = 0$，そして，$(0,0)$ の領域中に $f(x,y)$ に正の値をとらせる点はあり，負の値をとらせる点もある．したがって，臨界点 $(0,0)$ は鞍点である．

---- 例題 2.3 ----

$y = px + f(p)$ ただし, $p = \dfrac{dy}{dx}$ なる微分方程式を考える.

(1) $f(p) = p$ とする. 一般解を求めよ.
(2) $f(p) = \sqrt{1+p^2}$ とする. 微分方程式の両辺を x で微分することにより一般解と特異解を求めよ.

(九大)

【解答】 (1) $f(p) = p$ のとき, 与えられた微分方程式は次の通りとなる.

$$y = px + p$$

すなわち, $\dfrac{dy}{y} = \dfrac{dx}{x+1}$

よって, この微分方程式の一般解は $y = C(x+1)$

ここで, C は任意定数.

(2) $f(p) = \sqrt{1+p^2}$ のとき, 与えられた微分方程式は次の通りとなる.

$$y = px + \sqrt{1+p^2} \qquad ①$$

①の両辺 x で微分すれば,

$$p = x\dfrac{dp}{dx} + p + \dfrac{p}{\sqrt{1+p^2}}\dfrac{dp}{dx}$$

すなわち, $\left(x + \dfrac{p}{\sqrt{1+p^2}}\right)\dfrac{dp}{dx} = 0$ となる. よって,

$$\dfrac{dp}{dx} = 0 \qquad ②$$

$$x + \dfrac{p}{\sqrt{1+p^2}} = 0 \qquad ③$$

②の解は,

$$y = C_1 x + C_2$$

これは, 互いに独立な任意定数 C_1, C_2 を含むから, ①の一般解である.

$p = \dfrac{dy}{dx}$ を③に代入して, $\dfrac{dy}{dx} = \pm\dfrac{x}{\sqrt{1-x^2}}$ が得られる. この微分方程式を解けば,

$$y = \pm\sqrt{1-x^2} + C$$

これは, 1つの任意定数 C のみを含むから, ①の特異解である.

問題研究

2.1 平面上の直交座標系（xy座標系）における曲線を表す関数について，以下に答えよ．
(1) 曲線上の任意の点の座標を (ξ, η) とする．
  (a) 点 (ξ, η) における接線の x 切片を，ξ, η および接線の傾き $d\eta/d\xi$ で表せ．
  (b) 接点 (ξ, η) と接線の x 切片との距離を，ξ, η および接線の傾き $d\eta/d\xi$ で表せ．
(2) 曲線上の任意の点とその点における接線の x 切片との距離が 1 となるような曲線を考える．
  (a) そのような曲線を表す微分方程式を導け．
  (b) 微分方程式を解くために，
  $$y(t) = 1/\cosh t = \{(e^t + e^{-t})/2\}^{-1} \quad (\text{I})$$
  で $y(t)$ を定義する．
   (i) dy/dt を $\cosh t$ と $\sinh t$ で表せ．
   (ii) $\sqrt{1-y^2}/y$ を $\sinh t$ で表せ．
   (iii) $d\tanh t/dt$ を $\cosh t$ で表せ．
  (c) このような曲線のうち，定点 $(0,1)$ を通る曲線は，
  $$x = t - \tanh t, \quad y = 1/\cosh t \quad (\text{II})$$
  と媒介変数 t を使って表せることを示せ．
(3) 媒介変数を使って表した曲線上の任意の点 $(\xi(t), \eta(t))$ における法線を
  $$y = \alpha(t)x + \beta(t) \quad (\text{III})$$
  とする．
  (a) $\alpha(t)$ および $\beta(t)$ を，ξ, η および接線の傾き $d\eta/d\xi$ で表せ．
  (b) 式(II)で表される曲線について，$\alpha(t)$ および $\beta(t)$ を媒介変数 t を使って表せ．
  (c) 媒介変数 t を変化させてできる法線群の包絡線を，$\alpha(t), \beta(t), d\alpha/dt$ および $d\beta/dt$ を使って媒介表示せよ．
  (d) 式(II)で表される曲線の法線群の包絡線を，媒介変数 t を消去して，x の関数として明示せよ． (東大)

2.2 (1) 自然対数の底 e を $e = \lim_{n\to\infty}(1+1/n)^n$ と定義する．ただし，n は正の整数とする．このとき，実数 x についての関数 e^x について次の問に答えよ．
  (a) この定義を用いて e^x の微分が $de^x/dx = e^x$ となることを示せ．
  (b) $x = 0$ の周りに e^x を Taylor 展開せよ．
(2) 変数が虚数の場合を考える．
  (a) e^{ix} を三角関数 $\sin x, \cos x$ を用いて表せ．x は実数，i は虚数単位とする．
  (b) θ を実数として，$\sin 5\theta$ と $\cos 5\theta$ を $\sin\theta$ と $\cos\theta$ を用いて表せ．
  (c) i^i の実部と虚部を求めよ． (東大)

2.3 関数 $f(x,y,z) = x^2 + 2y^2 + 2z^2 + 2xy + 2xz$ の極値を，
$$g(x,y,z) = x^2 + y^2 + z^2 = 1$$
の条件のもとで求めることを考える．以下の設問に答えよ．
(1) 曲面 $f(x,y,z) = C$（C は定数）上の点 (x,y,z) において，この曲面に垂直なベクトル $\bm{n}(x,y,z)$ を求めよ．（ベクトル $\bm{n}$ は，規格化する必要はない．）
(2) 点 $X = (x,y,z)$ で関数 $f(x,y,z)$ は極値 M をとるならば，点 X では曲面 $f(x,y,z) = M$ と曲面 $g(x,y,z) = 1$ はどのような関係になっているか．
(3) (1)と(2)の結果を利用して $g(x,y,z) = 1$ の条件のもとで，関数 $f(x,y,z)$ の極大値，極小値と極値を与える (x,y,z) を求めよ．（これは Lagrange の未定乗数法に他ならない．）
(東大，九大 *，阪大 *，早大 *)

2.4 次の定積分を求めよ．
(1) $\displaystyle\int_{-\infty}^{\infty}\int_{-\infty}^{\infty} e^{-3x^2-2xy-3y^2}\,dxdy$ (2) $\displaystyle\int_{1}^{e^{\pi/2}} \sin(\log x)\,dx$ (東大)

2.5 x-y 平面上で $x = r\cos\theta$, $y = r\sin\theta$ とし，$r = a\cos n\theta$ （a は定数で $a > 0$, $0 \leq \theta \leq \pi$, n は自然数）と表される曲線 C について考える．以下の問に答えよ．
(1) $n = 1$ の場合の曲線 C について考える．
  (a) 曲線 C 上で $\theta = \pi/6, \pi/3, 2\pi/3$ となる点の座標 (x,y) をそれぞれ求めよ．
  (b) 曲線 C 上で $\theta = \theta_1$ となる点における単位接線ベクトルを求めよ．
(2) 曲線 C 上で $r = 0$ となる点における曲線 C の接線を考える．
  (a) $r = 0$ となる θ を n を用いて表せ．
  (b) 接線の本数を求めよ．
  (c) それぞれの接線が x 軸となす角を求めよ．
(3) $n = 3$ の場合の曲線 C について考える．
  (a) 曲線 C の概形を描け．
  (b) 曲線 C に囲まれた領域と，$x^2 + y^2 \leq (a/2)^2$ とが重なる部分の面積を求めよ．
(東大)

2.6 直交座標系 xyz において，式(I)で定義される領域 A，式(II)で定義される領域 B，式(III)で定義される領域 C について，以下の問に答えよ．ただし $r > 0$ とする．
$$x^2 + y^2 \leq r^2 \quad \text{(I)}$$
$$y^2 + z^2 \leq r^2 \quad \text{(II)}$$
$$z^2 + x^2 \leq r^2 \quad \text{(III)}$$
領域 A と領域 B の交差する領域を D とする．
(1) 領域 D を平面 $y = t$ で切ったときの切り口の面積を求めよ．ただし $0 \leq t \leq r$ とする．
(2) 領域 D の体積と表面積を求めよ． (東大[†])

2.7 xy 平面上に $A(-1, 0)$，点 $B(1, 0)$ および点 $P(x, y)$ がある．距離 AP と距離 BP の積が一定値 s $(s > 0)$ のとき，点 P の描く軌跡を曲線 C とする．以下の問に答えよ．
(1) $s = 5/4$ および $s = 3/4$ の場合の曲線 C の概形をそれぞれ描け．

(2) 曲線 C 上で y の取り得る最大値を s の関数として求めよ．
(3) $x \geq 0$ において，$s=1$ の場合の曲線 C で囲まれた領域 D を考える．
　(a) 領域 D が直線 $x=\sqrt{3}y$ によって 2 つに分割されるとき，2 つの領域の面積をそれぞれ求めよ．
　(b) 領域 D を x 軸の周りに回転してできる立体の表面積を求めよ．

(東大，東工大 *，東北大 *)

2.8 n を自然数とする不定積分 I_n を次のように定義する．

$$I_n = \int \frac{1}{(x^2+a^2)^n} dx \tag{I}$$

ここで，a は 0 でない実定数とする．以下の問に答えよ．
(1) I_{n+1} を I_n を用いた漸化式で表せ．
(2) I_1, I_2 をそれぞれ求めよ．積分定数は省略せよ．
(3) 次の不定積分を求めよ．積分定数は省略せよ．

$$\int \frac{4x^4+2x^3+10x^2+3x+9}{(x+1)(x^2+2)^2} dx \tag{II}$$

(東大，東工大 *)

2.9 図 1 のように xyz 空間の $z>0$ の領域で，半球 $x^2+y^2+z^2=a^2$ と円柱 $x^2+y^2=ax$ が交わっている $(a>0)$．半球と円柱の交線が作る閉曲線を w とし，閉曲線 w で囲まれた半球面上の灰色の領域を D とする．極座標 (r,θ,φ) を図 2 のように定義し，以下の問に答えよ．
(1) 以下の問に答えて，閉曲線 w の長さを求めよ．
　(a) 半球面上の点 (x,y,z) を a,θ,φ を用いて表せ．
　(b) 閉曲線 w 上の点 (x,y,z) を a,φ を用いて表せ．
　(c) 閉曲線 w の長さは，w の線積分 $\oint_w ds$ で与えられる．この線積分の線要素 ds を $ds=f(\varphi)d\varphi$ と変数変換するとき，$f(\varphi)$ を求めよ．
　(d) 閉曲線 w の長さを求めよ．必要なら，以下で定義される完全楕円積分 $E(k)$ を用いて答えてよい．

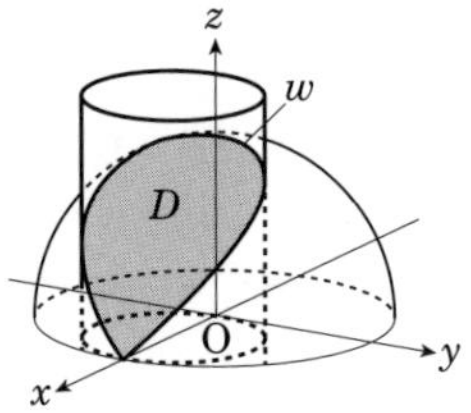

$$E(k) = \int_0^{\pi/2} \sqrt{1-k^2\sin^2 t}\, dt$$

(2) 以下の問に答えて，領域 D の面積を求めよ．
　(a) 領域 D の面積は，D の面積分 $\iint_D dS$ で与えられる．この面積分の面積要素 dS は $dS=g(\theta)d\theta d\varphi$ と変数変換できる．このとき $g(\theta)$ を求めよ．
　(b) 領域 D の面積を求めよ．

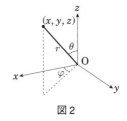

図 1

図 2

(東大，東工大 *，首大 *)

2.10 正の整数 n に対し $(\lambda)_n = \lambda(\lambda+1)(\lambda+2)\cdots(\lambda+n-1)$ と記す．x を変数とするベキ級数

$$F(a,b,c;x) = 1 + \frac{ab}{1!\,c}x + \frac{a(a+1)b(b+1)}{2!\,c(c+1)}x^2 + \cdots + \frac{(a)_n(b)_n}{n!\,(c)_n}x^n + \cdots$$

について，次の (1)〜(3) の問に答えよ．ただし，a, b, c は正の定数とする．
(1) $F(a, b, c; x)$ の収束半径 R を求めよ．
以下，$|x| < R$ とする．
(2) $y = F(a, b, c; x)$ に対し，x のベキ級数として，
$$x(1-x)y'' + (c - (a+b+1)x)y' = a_0 + a_1 x + \cdots + a_n x^n + \cdots$$
と表したとき，a_0, a_1 を求めよ．
(3) $y = F(a, b, c; x)$ の満たす 2 階線形常微分方程式を求めよ．

(名工大，富大 *，津田大 *)

2.11 $x > 0$ における微分方程式
$$x\frac{d^2y}{dx^2} + (x+4)\frac{dy}{dx} + 3y = 4x + 4 \tag{I}$$
を考える．以下の各問に答えよ．
(1) $v = x^r$ が
$$x\frac{d^2v}{dx^2} + (x+4)\frac{dv}{dx} + 3v = 0 \tag{II}$$
の解であるような r の値を求めよ．
(2) (1) で得られた r に対して $y = x^r u$ とおくとき，u が満たす微分方程式を求めよ．また，$u = x^4$ は，得られた微分方程式の解であることを示せ．
(3) (2) で得られた微分方程式を満たす du/dx の一般解を求めよ．
(4) y の一般解を求めよ． (東大)

2.12 微分方程式 $a\dfrac{d^2y}{dx^2} + b\dfrac{dy}{dx} + cy = f(x)$ について，以下の問に答えよ．ただし，a, b, c は実定数とし，$a > 0, c > 0$ とする．
(1) $f(x) = 0$ の場合の一般解を求めよ．
(2) (1) で得られた一般解において，$x \to \infty$ となるときに y の値が x の関数としてどのように振舞うかを示せ．
(3) $f(x) = P_0 \sin \omega x$ の場合の特解を求めよ．ただし，P_0 および ω は正の実定数とする．
(4) (3) の微分方程式において，$b > 0$ とする．このとき変数 y は，x の値が十分大きい場合，一定の振幅 A で振動する．その振幅 A が ω の関数として最大値を取るための a, b, c の条件，およびそのときの振幅 A の最大値とそれを与える ω を求めよ．

(東大，東北大 *，鹿大 *，九大 *，阪大 *，名大 *)

2.13 以下の問に答えよ．
(1) (a) 微分方程式 $\dfrac{dy}{dx} - \dfrac{1+4x}{2x^2-x}y + \dfrac{1}{2x^2-x}y^2 + \dfrac{4x}{2x^2-x} = 0$ の特解は $y = a$ である．定数 a を求めよ．
(b) $y = a + \dfrac{1}{v(x)}$ を用いて，(a) の微分方程式を解け．
(2) 微分方程式 $y = x\dfrac{4(dy/dx)^2 - 1}{8(dy/dx)}$ を，x で微分することによって解け．

(東大，長崎大 *)

2.14 次の微分方程式について，以下の設問に答えよ．
$$\frac{dy}{dt} + f(t)y = g(t)y^2 \qquad (\mathrm{I})$$
(1) $w(t) = 1/y(t)$ を用いて，式（I）を線形微分方程式に変形せよ．さらに $f(t) = 0$, $g(t) = \sin t$ であるとき，一般解 $y(t)$ を求めよ．

(2) $f(t) = t$, $g(t) = e^{(1/2)t^2} \sin t$ であるとき，一般解 $y(t)$ を求めよ．

(3) (1)において $y(0) = 1/\alpha$（ここで α は実数の定数，$\alpha \ne 0$）であるとき，$z = e^{it}$ とおいて $\int_0^{2\pi} y(t)dt$ を求めよ．ただし $i = \sqrt{-1}$ とする． (東大)

2.15 以下の常微分方程式の一般解 $y = f(x)$ をそれぞれ求めよ．

(1) $y\dfrac{dy}{dx} = e^{-x}$ (2) $\dfrac{dy}{dx} = x + y$ (3) $\dfrac{d^2y}{dx^2} - \left(\dfrac{dy}{dx}\right)^2 = 0$

(4) $\dfrac{d^2y}{dx^2} + 2\dfrac{dy}{dx} + 2y = 0$

(5) $\dfrac{d^2y}{dx^2} + 2\dfrac{dy}{dx} + 2y = xe^{-2x}$

(6) $\dfrac{d^2y}{dx^2} + 2\dfrac{dy}{dx} + 2y = 2e^x \cos x$ (東大[†]，電通大[*]，東工大[*])

2.16 次に示すそれぞれの微分方程式に関する問に答えよ．ただし，$y' = dy/dx$ である．

(1) $x - y - 1 = (x + 3y - 1)y'$ の解を求めよ．
ただし，解は $f(x, y) = c$ の形で表せ．なお，c は定数である．

(2) $y' + 2xy = 2x$ の解を求めよ．ただし，解は $y = y(x)$ の形で表せ．

(3) $\begin{bmatrix} y_1' \\ y_2' \end{bmatrix} = \begin{bmatrix} -2 & -1 \\ -2 & -3 \end{bmatrix} \begin{bmatrix} y_1 \\ y_2 \end{bmatrix} + \begin{bmatrix} 1 \\ 1 \end{bmatrix} u(x)$. このとき，$x > 0$ の領域で解 $y_1(x)$ と $y_2(x)$ を求めよ．ただし，$y_1(0+) = y_2(0+) = 0$，また $u(x)$ は下記で定義する関数とする．

$$u(x) = \begin{cases} 1 & (x \ge 0) \\ 0 & (x < 0) \end{cases}$$ (東大)

2.17 以下の設問に答えよ．変数 x は実数であり，関数 y, y_1, y_2 は実関数である．

(1) 微分方程式 $\dfrac{dy}{dx} = -\alpha y$ を満たす関数 $y(x)$ を求めよ．$y(b) = A$ とする．α, b, A は実定数である．

(2) 連立微分方程式 $\dfrac{dy_1}{dx} = -\alpha y_1$，$\dfrac{dy_2}{dx} = \beta y_1 - \gamma y_2$ を満たす関数 $y_1(x), y_2(x)$ を求めよ．$y_1(0) = A, y_2(0) = 0$ とする．α, β, γ, A は正の実定数であり，$\alpha \ne \gamma$ とする．$y_1(x), y_2(x)$ の符号はどうなるか述べよ．

(3) 連立微分方程式 $\dfrac{dy_1}{dx} = -cy_1 + \sqrt{3}cy_2$，$\dfrac{dy_2}{dx} = \sqrt{3}cy_1 - 3cy_2$ を満たす関数 $y_1(x), y_2(x)$ を求めよ．ここで，c は実定数であり，$y_1(0) = \dfrac{\sqrt{3}-1}{2}, y_2(0) = \dfrac{\sqrt{3}+1}{2}$ とする．

(4) 非斉次微分方程式 $\dfrac{dy}{dx} = -\alpha(1-\beta y)y$ を満たす関数 $y(x)$ を求めよ．α, β は正定数である．$y(0) = A$ とする．ここで，A は正定数である． (東大，理大[*]，茶大[*])

第3編

ラプラス変換，フーリエ解析，偏微分方程式，特殊関数，変分法

3.1 ラプラス変換
3.1.1 ラプラス変換の定義
$f(x)$ が $t > 0$ において定義されている関数で，s が複素数であるとき，

$$\int_0^\infty f(t)e^{-st}dt$$

を $f(t)$ のラプラス変換といい，$\mathcal{L}[f(t)]$ で表す．

$F(s)$ を $f(t)$ のラプラス変換とすると，$\dfrac{1}{2\pi i}\displaystyle\int_{a-i\infty}^{a+i\infty} F(s)e^{st}ds$ を $F(s)$ のラプラス逆変換といい，$\mathcal{L}^{-1}[F(s)]$ で表す．

3.1.2 ラプラス変換の性質
定数 a, b，ラプラス変換 $F(s) = \mathcal{L}[f(t)], G(s) = \mathcal{L}[g(t)]$ に対して，

(i) $\mathcal{L}[af(t) + bg(t)] = aF(s) + bG(s)$

(ii) $\mathcal{L}[f(at)] = \dfrac{1}{a} F\left(\dfrac{s}{a}\right) \quad (a > 0)$

(iii) $\mathcal{L}[e^{at}f(t)] = F(s-a)$

(iv) $\mathcal{L}[f(t+a)] = e^{as}F(s)$

(v) $\mathcal{L}[f'(t)] = sF(s) - f(0),$
$\mathcal{L}[f^{(n)}(t)] = s^n F(s) - s^{n-1}f(0) - s^{n-2}f'(0) - \cdots - f^{(n-1)}(0)$

(vi) $\mathcal{L}[t^n f(t)] = (-1)^n \dfrac{d^n F(s)}{ds^n}$

(vii) $\mathcal{L}\left[\dfrac{f(t)}{t}\right] = \displaystyle\int_s^\infty F(s)ds$

(viii) $\mathcal{L}[tf'(t)] = -sF'(s) - F(s)$

(ix) $\mathcal{L}\left[\displaystyle\int_0^t f(t)dt\right] = \dfrac{F(s)}{s} + \dfrac{f^{-1}(0)}{s},\ $ ここで，$f^{-1}(0) = \displaystyle\lim_{t\to 0}\int_0^t f(\tau)d\tau$

(x) $\displaystyle\lim_{s\to\infty} sF(s) = \lim_{t\to 0} f(t),\ \lim_{s\to 0} sF(s) = \lim_{t\to\infty} f(t)$

(xi) $t > 0$ で定義されている関数 $f(t), g(t)$ に対して，
$\mathcal{L}[(f*g)(t)] = F(s)G(s), \quad $ここで $(f*g)(t) = \displaystyle\int_0^t f(\tau)g(t-\tau)d\tau$

3.1.3 基本的なラプラス変換公式

（ⅰ）　$\mathcal{L}[t^n] = \dfrac{n!}{s^{n+1}}$　$(n = 0, 1, \cdots)$

（ⅱ）　$\mathcal{L}[e^{at}] = \dfrac{1}{s-a}$　　　　　　　（ⅲ）　$\mathcal{L}[t^n e^{at}] = \dfrac{n!}{(s-a)^{n+1}}$

（ⅳ）　$\mathcal{L}[\cos\omega t] = \dfrac{s}{s^2 + \omega^2}$　　　　　（ⅴ）　$\mathcal{L}[\sin\omega t] = \dfrac{\omega}{s^2 + \omega^2}$

（ⅵ）　$\mathcal{L}[e^{at}\cos\omega t] = \dfrac{s-a}{(s-a)^2 + \omega^2}$　　（ⅶ）　$\mathcal{L}[e^{at}\sin\omega t] = \dfrac{\omega}{(s-a)^2 + \omega^2}$

（ⅷ）　$\mathcal{L}[\cosh\omega t] = \dfrac{s}{s^2 - \omega^2}$　　　　（ⅸ）　$\mathcal{L}[\sinh\omega t] = \dfrac{\omega}{s^2 - \omega^2}$

（ⅹ）　$\mathcal{L}[\delta(t)] = 1$，ここで，$\delta(t)$ はデルタ関数

（ⅺ）　$\mathcal{L}[u(t)] = \dfrac{1}{s}$，ここで，$u(t) = \begin{cases} 1, & t \geq 0 \\ 0, & t < 0 \end{cases}$

3.1.4 ラプラス逆変換の演算

$$f(s) = \frac{P(s)}{Q(s)} = \frac{a_m s^m + a_{m-1} s^{m-1} + \cdots + a_0}{b_n s^n + b_{n-1} s^{n-1} + \cdots + b_0}$$

（ここで，$P(s)$ と $Q(s)$ は既約多項式）とする．

（ⅰ）　$m < n$ の場合，$Q(s)$ の零点が $s_1, s_2, \cdots, s_n$ であるとき，

$$\mathcal{L}^{-1}[F(s)] = \sum_{k=1}^{n} \mathrm{Res}\,[F(s)e^{st}; s_k]$$

（ⅱ）　$m \geq n$ の場合

$$F(s) = \frac{P_0(s)}{Q(s)} + A_0 + A_1 s + \cdots + A_r s^r$$

と書けて（ここで，$[P_0(s)$ の次数$] < [Q(s)$ の次数$]$ で，$P_0(s)$ と $Q(s)$ は既約多項式である），

$$\mathcal{L}^{-1}[F(s)] = \mathcal{L}^{-1}\left[\frac{P_0(s)}{Q(s)}\right] + A_0 \delta(t) + A_1 \delta'(t) + \cdots + A_r \delta^{(r)}(t)$$

ここで，$\delta^{(i)}(t)$ は $\delta(t)$ の i 階微分係数 $(i = 1, 2, \cdots, r)$．

3.2 フーリエ解析
3.2.1 フーリエ級数
（1）　区間 $[-\pi, \pi]$ におけるフーリエ級数

区間 $[-\pi, \pi]$ において区間的に滑らかな関数 $f(x)$ は次のようなフーリエ級数に展開される．

$$f(x) = \frac{a_0}{2} + \sum_{n=1}^{\infty}(a_n \cos nx + b_n \sin nx)$$

ここで、

$$a_0 = \frac{1}{\pi}\int_{-\pi}^{\pi} f(x)dx,$$

$$a_n = \frac{1}{\pi}\int_{-\pi}^{\pi} f(x)\cos nx dx, \quad b_n = \frac{1}{\pi}\int_{-\pi}^{\pi} f(x)\sin nx dx \quad (n = 1, 2, \cdots)$$

あるいは、$f(x) = \sum_{n=-\infty}^{\infty} c_n e^{inx}$

ここで、

$$c_n = \frac{1}{2}(a_n - ib_n) = \frac{1}{2\pi}\int_{-\pi}^{\pi} f(x)e^{-inx}dx \quad (n = 0, 1, 2, \cdots)$$

$$c_n = c_{-n} \quad (n = \cdots, -2, -1)$$

(2) 区間 $[-l, l]$ におけるフーリエ級数

区間 $[-l, l]$ において区間的に滑らかな関数は次のようなフーリエ級数に展開される.

$$f(x) = \frac{a_0}{2} + \sum_{n=1}^{\infty}\left(a_n \cos \frac{n\pi}{l}x + b_n \sin \frac{n\pi}{l}x\right)$$

ここで、

$$a_0 = \frac{1}{l}\int_{-l}^{l} f(x)dx$$

$$a_n = \frac{1}{l}\int_{-l}^{l} f(x)\cos \frac{n\pi}{l}x dx, \quad b_n = \frac{1}{l}\int_{-l}^{l} f(x)\sin \frac{n\pi}{l}x dx \quad (n = 1, 2, \cdots)$$

あるいは $f(x) = \sum_{n=-\infty}^{\infty} c_n e^{i\frac{n\pi}{l}x}$

ここで、

$$c_n = \frac{1}{2}(a_n - ib_n) = \frac{1}{2l}\int_{-l}^{l} f(x)e^{-i\frac{n\pi}{l}x}dx \quad (n = 0, 1, 2, \cdots)$$

$$c_n = c_{-n} \quad (n = \cdots, -2, -1)$$

(3) パーシバルの等式

周期 2π の関数 $f(x)$ が区間的に滑らかならば、$\frac{1}{2\pi}\int_{-\pi}^{\pi} |f(x)|^2 dx = \sum_{n=-\infty}^{\infty} |c_n|^2$

ここで、$f(x) = \sum_{n=-\infty}^{\infty} c_n e^{inx}$.

3.2.2 フーリエ変換
(1) フーリエ変換の定義

関数 $f(x)$ が区間 $(-\infty, \infty)$ で区間的に滑らかで，$\int_{-\infty}^{\infty} |f(x)|dx < \infty$ のとき，

$$\int_{-\infty}^{\infty} f(x)e^{-i\omega x}dx$$

を $f(x)$ のフーリエ変換といい，$\mathcal{F}[f(x)]$ で表す．

$F(\omega)$ を $f(x)$ のフーリエ変換とすると，$\dfrac{1}{2\pi}\int_{-\infty}^{\infty} f(t)e^{i\omega t}dt$ を $F(\omega)$ のフーリエ逆変換といい，$\mathcal{F}^{-1}[F(\omega)]$ で表す．

(2) フーリエ変換の性質

定数 $a, b, F(\omega) = \mathcal{F}[f(x)], G(\omega) = \mathcal{F}[g(x)]$ とすると，

(ⅰ) $\mathcal{F}[af(x) + bg(x)] = aF(\omega) + bG(\omega)$

(ⅱ) $\mathcal{F}[f(ax)] = \dfrac{1}{|a|}F\left(\dfrac{\omega}{a}\right) \quad (a \neq 0)$

(ⅲ) $\mathcal{F}[e^{iax}f(x)] = F(\omega - a)$ 　　(ⅳ) $\mathcal{F}[f(x+a)] = e^{ia\omega}F(\omega)$

(ⅴ) $\mathcal{F}[f'(x)] = i\omega F(\omega)$ 　　　　(ⅵ) $\mathcal{F}[xf(x)] = i\dfrac{d^n F(\omega)}{d\omega^n}$

(ⅶ) $\mathcal{F}\left[\int_{-\infty}^{x} f(t)dt\right] = \dfrac{1}{i\omega}F(\omega)$ 　(ⅷ) $\mathcal{F}[F(x)] = 2\pi f(-\omega)$

(ⅸ) $\mathcal{F}[(f*g)(x)] = \dfrac{1}{2\pi}F(\omega)G(\omega),$ ここで，$(f*g)(x) = \int_{-\infty}^{\infty} f(\tau)g(t-\tau)d\tau$

(3) 基本的なフーリエ変換公式

(ⅰ) $\mathcal{F}[\delta(x)] = 1$ 　　(ⅱ) $\mathcal{F}[1] = 2\pi\delta(\omega)$

(ⅲ) $\mathcal{F}[f(x)] = E\sin\dfrac{\omega\tau}{2}\Big/\dfrac{\omega}{2},$ ここで，$f(x) = \begin{cases} E, & |x| \leq \dfrac{\tau}{2} \\ 0, & |x| > \dfrac{\tau}{2} \end{cases}$

(ⅳ) $\mathcal{F}[e^{-\beta x}u(x)] = \dfrac{1}{\beta + i\omega}$

(ⅴ) $\mathcal{F}[\cos\omega_0 t] = \pi[\delta(\omega + \omega_0) + \delta(\omega - \omega_0)]$

(ⅵ) $\mathcal{F}[\sin\omega_0 t] = \pi i[\delta(\omega + \omega_0) - \delta(\omega - \omega_0)]$

(ⅶ) $\mathcal{F}[u(t)] = \dfrac{1}{i\omega} + \pi\delta(\omega).$

(4) パーシバルの等式

$F(\omega) = \mathcal{F}[f(x)]$ とすると，$\int_{-\infty}^{\infty} |f(x)|^2 dx = \dfrac{1}{2\pi}\int_{-\infty}^{\infty} |F(\omega)|^2 d\omega$

3.3 偏微分方程式
3.3.1 1階偏微分方程式
(1) 偏微分方程式

独立変数 $x_1, x_2, \cdots, x_n$ と，それらの関数 $z(x_1, x_2, \cdots, x_n)$ およびその偏導関数を含む方程式

$$F\left(x_i, y, \frac{\partial z}{\partial x_i}, \frac{\partial^2 z}{\partial x_i \partial x_j}, \frac{\partial^3 z}{\partial x_i \partial x_j \partial x_k}, \cdots\right) = 0$$

を偏微分方程式，その中に含まれる最高階偏導関数の階数を，偏微分方程式の階数と呼ぶ．

(2) 1階偏微分方程式

独立変数 $x_1 \equiv x$, $x_2 \equiv y$, 未知関数を $z(x,y)$, $\dfrac{\partial z}{\partial x} = p$, $\dfrac{\partial z}{\partial y} = q$ とおくと，1階偏微分方程式は次のように表される：

$$F(x, y, z, p, q) = 0$$

(3) 1階準線形偏微分方程式

$$P(x,y,z)p + Q(x,y,z)q = R(x,y,z)$$

の形の偏微分方程式をラグランジュの偏微分方程式ともいう．これを解くには，まず

$$\frac{dx}{P} = \frac{dy}{Q} = \frac{dz}{R}$$

を解く．その解 $u(x,y,z) = a$, $v(x,y,z) = b$ と，任意の2変数の積 f からつくった $f(u,v) = 0$ が求める一般解である．

3.3.2 2階偏微分方程式
(1) 独立変数を x, y, 未知関数を $z(x,y)$, $\dfrac{\partial z}{\partial x} = p$, $\dfrac{\partial z}{\partial y} = q$, $\dfrac{\partial^2 z}{\partial x^2} = r$, $\dfrac{\partial^2 z}{\partial x \partial y} = s$, $\dfrac{\partial^2 z}{\partial y^2} = t$ とおくと，2階偏微分方程式は次のように表される．

$$F(x, y, z, p, q, r, s, t) = 0$$

または

$$A\frac{\partial^2 z}{\partial x^2} + 2B\frac{\partial^2 z}{\partial x \partial y} + C\frac{\partial^2 z}{\partial y^2} + D\frac{\partial z}{\partial x} + E\frac{\partial z}{\partial y} + Fz + G(x,y) = 0 \quad (A \sim F：係数)$$

$G = 0$ の場合を斉次，$G \neq 0$ の場合を非斉次という．適当な変数変換を行えば，判別式 $\Delta(x,y) = B^2 - AC$ により，以下のような標準形に分離される．

(2) 双曲形（$\Delta > 0$）

（ⅰ）標準形 $\dfrac{\partial^2 z}{\partial x^2} - \dfrac{\partial^2 z}{\partial y^2} = F_1\left(x, y, z, \dfrac{\partial z}{\partial x}, \dfrac{\partial z}{\partial y}\right)$

（ⅱ）波動方程式 $u_{tt}(x,t) = a^2 u_{tt}(x,t)$

(3) 放物形 ($\Delta = 0$)

（ⅰ）標準形　$\dfrac{\partial^2 z}{\partial x^2}$ または $\dfrac{\partial^2 z}{\partial y^2} = F_2\left(x, y, z, \dfrac{\partial z}{\partial x}, \dfrac{\partial z}{\partial y}\right)$

（ⅱ）熱伝導（または拡散）方程式　$u_t(x,t) = k u_{xx}(x,t)$

(4) 楕円形 ($\Delta < 0$)

（ⅰ）標準形　$\dfrac{\partial^2 z}{\partial x^2}$ または $\dfrac{\partial^2 z}{\partial y^2} = F_3\left(x, y, z, \dfrac{\partial z}{\partial x}, \dfrac{\partial z}{\partial y}\right)$

（ⅱ）ラプラスの方程式　$u_{xx}(x,y) + u_{yy}(x,y) = 0$

（ⅲ）ポアッソンの方程式　$u_{xx}(x,y) + u_{yy}(x,y) = f(x,y)$

(5) 変数分離形

2階偏微分方程式の一つで，$u(x,t) = X(x)T(t)$ のように変数分離を行えば，フーリエ級数等を用いて解くことができる．ラプラス変換，グリーン関数を用いて解くことも解法の一つである．

3.4 特殊関数

3.4.1 べき級数による常微分方程式の解法

(1) 関数 $f(x)$ が $x = a$ の近傍で $x - a$ のべき級数展開可能であるとき，$f(x)$ は $x = a$ で解析的であるという．線形微分方程式

$$y^{(n)} + P_1(x) y^{(n-1)} + \cdots + P_{n-1}(x) y' + P_n(x) y = X(x)$$

において，$P_1(x), \cdots, P_n(x)$ および $X(x)$ がすべて解析的であるような点 $x = a$ をその微分方程式の正則点または通常点，その他の点を特異点という．

(2) 正則点をもつ場合

$$y = \sum_{n=0}^{\infty} C_n (x-a)^n$$

を与えられた微分方程式に代入し，未定係数法により C_n を求める．

(3) 確定特異点をもつ場合

（ⅰ）斉次線形微分方程式

$$y^{(n)} + P_1(x) y^{(n-1)} + \cdots + P_{n-1}(x) y' + P_n(x) y = 0 \tag{3.1}$$

において，$P_1(x), \cdots, P_n(x)$ の中には $x = a$ で解析的でないものが存在するが，

$$(x-a) P_1(x), \quad (x-a)^2 P_2(x), \quad \cdots, \quad (x-a)^n P_n(x)$$

がすべて $x = a$ で解析的であるとき，$x = a$ をこの微分方程式の確定特異点または正則特異点という．

（ⅱ）斉次微分方程式 (3.1) の解は

$$y = (x-a)^\lambda \sum_{n=0}^{\infty} C_n (x-a)^n \quad (C_0 \neq 0)$$

を与えられた微分方程式に代入し，未定係数法により，λ, C_n を求める．

3.4.2 ガウス，クンメルの微分方程式と超幾何関数，合流型超幾何関数
(1) 超幾何関数

$$x(1-x)\frac{d^2y}{dx^2} + \{\gamma - (\alpha+\beta+1)x\}\frac{dy}{dx} - \alpha\beta y = 0 \quad (\alpha,\beta,\gamma:\text{定数}) \quad (3.2)$$

をガウスの超幾何微分方程式という．(3.2) の特解

$$F(\alpha,\beta,\gamma;x) = \sum_{k=0}^{\infty} \frac{\alpha(\alpha+1)\cdots(\alpha+k-1)\beta(\beta+1)\cdots(\beta+k-1)}{k!\gamma(\gamma+1)\cdots(\gamma+k-1)}x^k$$

$$(\gamma \neq 0, -1, -2, \cdots)$$

を超幾何関数（級数）という．(3.2) の一般解は
（ⅰ） $\gamma \neq$ 整数の場合

$$y = c_1 F(\alpha,\beta,\gamma;x) + c_1 x^{1-\gamma} F(\alpha-\gamma+1, \beta-\gamma+2, 2-\gamma; x)$$

$$(|x|<1,\quad c_1,c_2:\text{定数})$$

（ⅱ） $\alpha+\beta+1-\gamma \neq$ 整数の場合

$$y = c_1 F(\alpha,\beta,\alpha+\beta+1-\gamma; 1-x)$$
$$+ c_2(1-x)^{\gamma-\alpha-\beta} F(\gamma-\beta, \gamma-\alpha, \gamma+1-\alpha-\beta; 1-x)$$

$$(|1-x|<1,\quad c_1,c_2:\text{定数})$$

(2) 合流型超幾何関数

$$x\frac{d^2x}{dx^2} + (\gamma-x)\frac{dy}{dx} - \alpha y = 0 \quad (\alpha,\gamma:\text{定数}) \quad (3.3)$$

をクンメルの合流型超幾何微分方程式という．(3.3) の特解

$$F(\alpha,\gamma;x) = \lim_{\beta\to\infty} F(\alpha,\beta,\gamma;x/\beta) = \sum_{k=0}^{\infty} \frac{\alpha(\alpha+1)\cdots(\alpha+k-1)}{k!\gamma(\gamma+1)\cdots(\gamma+k-1)}x^k$$

を合流型超幾何関数（級数）という．(3.3) の一般解は，$\gamma \neq$ 整数の場合

$$y = c_1 F(\alpha,\beta;x) + c_2 x^{1-\gamma} F(\alpha+1-\gamma, 2-\gamma; x) \quad (c_1,c_2:\text{定数})$$

3.4.3 ルジャンドルの微分方程式と球関数
(1) ルジャンドル（球）関数

$$(x^2-1)\frac{d^2y}{dx^2} + 2x\frac{dy}{dx} - \nu(\nu+1)y = 0 \quad (\nu:\text{定数}) \quad (3.4)$$

をルジャンドルの微分方程式という．(3.4) の一般解は
（ⅰ） $|x|<1, \nu \neq 0$，正整数の場合

$$y = c_1 p_\nu(x) + c_2 q_\nu(x)$$

ただし,

$$p_\nu(x) = 1 + \sum_{k=1}^{\infty} \frac{(-1)^k \nu(\nu-2)\cdots(\nu-2k+2)(\nu+1)(\nu+3)\cdots(\nu+2k-1)}{(2k)!} x^{2k}$$

$$q_\nu(x) = x + \sum_{k=1}^{\infty} \frac{(-1)^k(\nu-1)(\nu-3)\cdots(\nu-2k+1)(\nu+2)(\nu+4)\cdots(\nu+2k)}{(2k+1)!} x^{2k+1}$$

（ii） $|x|<1, \nu=0,$ 正整数 $(\equiv n)$ の場合

$$y = c_1 P_n(x) + c_2 Q_n(x) \quad (c_1, c_2 : \text{定数}) \tag{3.5}$$

ただし,

$$P_n(x) = \begin{cases} p_n(x)/p_n(1) & (n : \text{偶数}) \\ q_n(x)/q_n(1) & (n : \text{奇数}) \end{cases},$$

$$Q_n(x) = \begin{cases} q_n(x)p_n(1) & (n : \text{偶数}) \\ -p_n(x)q_n(1) & (n : \text{奇数}) \end{cases}$$

$$p_n(1) = (-1)^{n/2} 2^n \left\{ \left(\frac{n}{2}\right)! \right\}^2 / n \quad (n : \text{偶数})$$

$$q_n(1) = (-1)^{(n-1)/2} 2^{n-1} \left\{ \left(\frac{n-1}{2}\right)! \right\}^2 / n! \quad (n : \text{奇数})$$

（iii） $|x|>1, \nu=$ 正整数 $(\equiv n)$ の場合
一般解は (3.5) と同形である．ただし

$$P_n(x) = \frac{(2n)!}{2^n (n!)^2} x^n \times \left\{ 1 + \sum_{k=1}^{\infty} \frac{(-1)^k n(n-1)\cdots(n-2k+1)}{2 \cdot 4 \cdots 2k(2n-1)(2n-3)\cdots(2n-2k+1)} x^{-2k} \right\}$$

$$Q_n(x) = \frac{2^n (n!)^2}{(2n+1)!} \frac{1}{x^{n+1}} \times \left\{ 1 + \sum_{k=1}^{\infty} \frac{(n+1)(n+2)\cdots(n+2k)}{2^k k!(2n+3)(2n+5)\cdots(2n+2k+1)} \frac{1}{x^{2k}} \right\}$$

$P_\nu(x), Q_\nu(x)$ をそれぞれ, ν 次の第 1 種ルジャンドル関数, ν 次の第 2 種ルジャンドル関数という.

(2) ロドリグの公式, マーフィの公式

$$P_n(x) = \frac{1}{n!2^n}\frac{d^n}{dx^n}(x^2-1)^n \qquad (\text{ロドリグの公式})$$

$$(n=0,\ \text{正整数})$$

$$= F\left(n+1, -n, 1; \frac{1}{2}(1-x)\right) \quad (\text{マーフィの公式})$$

(3) 直交性 $\displaystyle\int_{-1}^{1} P_m(x)P_n(x)dx = \frac{2}{2n+1}\delta_{mn}$

(4) 母関数展開 $\displaystyle (1-2xt+t^2)^{1/2} = \sum_{n=0}^{\infty} P_n(x)t^n$

3.4.4 ベッセルの微分方程式と円柱関数
(1) ベッセル（円柱）関数

$$x^2\frac{d^2y}{dx^2} + x\frac{dy}{dx} + (x^2-\nu^2)y = 0 \quad (\nu:\text{定数}) \tag{3.6}$$

をベッセルの微分方程式という．(3.6) の一般解は
（ⅰ）$\nu \neq 0$，正整数の場合

$$y = C_1 J_\nu(x) + C_2 J_{-\nu}(x) \quad (C_1, C_2:\text{定数})$$

ただし，

$$J_\nu(x) = \sum_{k=0}^{\infty} \frac{(-1)^k}{k!\Gamma(\nu+k+1)} \left(\frac{x}{2}\right)^{\nu+2k} = \left(\frac{x}{2}\right)^\nu \frac{e^{-ix}}{\Gamma(\nu+1)} F\left(\nu+\frac{1}{2}, 2\nu+1; 2ix\right)$$

$\Gamma(\mu) = \displaystyle\int_0^\infty x^{\mu-1}e^{-x}dx$ はガンマ関数で，$\Gamma(\mu+1) = \mu\Gamma(\mu)$．

（ⅱ）$\nu = $ すべての数の場合

$$y = C_1 J_\nu(x) + C_2 Y_\nu(x) \quad (C_1, C_2:\text{定数})$$

ただし，

$$Y_\nu(x) = N_\nu(x) = \frac{J_\nu(x)\cos\nu\pi - J_{-\nu}(x)}{\sin\nu\pi}$$

$J_\nu(x)$ を ν 次の第 1 種ベッセル関数，$Y_\nu(x)$，$N_\nu(x)$ をそれぞれ ν 次の第 2 種ベッセル関数，ノイマン関数という．

（ⅲ）$\nu = 0$，正整数（$\equiv n$）の場合

$$Y_n(x) = \frac{2}{\pi}\left(\gamma + \log\frac{x}{2}\right)J_n(x) - \frac{2}{\pi}\sum_{k=0}^{h-1}\frac{(n-k-1)!}{k!}\left(\frac{x}{2}\right)^{-n+2k}$$

$$- \frac{1}{\pi}\sum_{k=0}^{\infty}\frac{(-1)^k}{k!(n+k)!}\left(\frac{x}{2}\right)^{n+2k}\{\phi(k) + \phi(n+k)\}$$

ただし, $\phi(k) = 1 + \dfrac{1}{2} + \cdots + \dfrac{1}{k}, \phi(0) = 0$ で, $\gamma = 0.577\cdots$ はオイラー定数, $n = 0$ のときは第 2 項 $= 0$ とする.

$$H_\nu^{(1)}(x) = J_\nu(x) + iY_\nu(x), \quad H_\nu^{(2)}(x) = J_\nu(x) - iY_\nu(x)$$

をそれぞれ, (ν 次の) 第 1 種ハンケル関数, 第 2 種ハンケル関数, まとめて第 3 種ベッセル関数という.

(2) 漸化式 $\dfrac{d}{dx}\{x^{\pm\nu} J_\nu(x)\} = \pm x^{\pm\nu} J_{\nu\mp}(x)$

(3) 母関数展開 $e^{x/2(t-1/t)} = \displaystyle\sum_{n=-\infty}^{\infty} J_n(x) t^n$

3.4.5 エルミートの微分方程式とエルミートの多項式

$$\frac{d^2 x}{dx^2} - 2x\frac{dy}{dx} + 2\nu y = 0 \quad (\nu : 定数) \tag{3.7}$$

をエルミートの微分方程式という. $\nu = 0$, 正整数 ($\equiv n$) の場合, (3.7) の特解

$$H_n(x) = (-1)^n e^{x^2} \frac{d^n}{dx^n}(e^{-x^2}) = \sum_{k=0}^{[n/2]} (-1)^k \frac{n!}{k!(n-2k)!}(2x)^{n-2k}$$

$$H_{2n}(x) = (-1)^n \frac{(2n)!}{n!} F\left(-n, \frac{1}{2}; x^2\right)$$

$$H_{2n+1}(x) = 2(-1)^n \frac{(2n+1)!}{n!} x F\left(-n, \frac{3}{2}; x^2\right)$$

をエルミートの多項式という. ただし $[n/2]$ は $n/2$ を越えない最大の整数 (ガウスの記号).

3.4.6 ラゲールの微分方程式とラゲールの多項式

$$x\frac{d^2 y}{dx^2} + (1-x)\frac{dy}{dx} + \nu y = 0 \quad (\nu : 定数) \tag{3.8}$$

をラゲールの微分方程式という. $\nu = 0$, 正整数 ($\equiv n$) の場合, (3.8) の特解

$$L_n(x) = e^x \frac{d^n}{dx^n}(x^n e^{-x}) = \sum_{k=0}^{\infty} (-1)^k \binom{n}{k} \frac{n!}{k!} x^k = \Gamma(1+n) F(-n, 1; x)$$

をラゲールの多項式という.

3.4.7 楕円積分と楕円関数

$$\begin{aligned} y &= \int_0^x \frac{dx}{\sqrt{1-x^2}} = \sin^{-1} x \quad (\text{または } x = \sin y) \\ \frac{\pi}{2} &= \int_0^1 \frac{dx}{\sqrt{1-x^2}} \end{aligned} \tag{3.9}$$

を拡張した,

要　項

$$y = \int_0^x \frac{dx}{\sqrt{(1-x^2)(1-k^2x^2)}} = \mathrm{sn}^{-1}(x,k) \quad \left(\begin{array}{l}\text{または，}\ x = \mathrm{sn}(y,k) \\ \qquad\qquad = \mathrm{sn}\, y \end{array}\right)$$

$$K(k) = \int_0^1 \frac{dx}{\sqrt{(1-x^2)(1-k^2x^2)}} \quad (0 < k < 1)$$

を楕円積分といい，特に前者 y を第 1 種楕円積分，後者 K を第 1 種完全楕円積分という．$x = \sin\theta$ とおけば，(3.9) は

$$y = \int_0^\theta \frac{d\theta}{\sqrt{1 - k^2\sin\theta}} \quad \left(\begin{array}{l}\text{または，}\ \theta = amy, \quad x = \sin(amy) \\ \qquad\qquad\qquad\qquad\ = \mathrm{sn}\, y \end{array}\right)$$

$$K(k) = \int_0^{\pi/2} \frac{d\theta}{\sqrt{1 - k^2\sin^2\theta}}$$

と表される．$\cos^2 y + \sin^2 y = 1, \tan y = \sin y / \cos y$ に対応して

$$\mathrm{cn}^2 y + \mathrm{sn}^2 y = 1, \quad \mathrm{dn}^2 y + k^2 \mathrm{sn}^2 y = 1, \quad \mathrm{tn}\, y = \mathrm{sn}\, y / \mathrm{cn}\, y$$

なる関数を導入し，$\mathrm{sn}\, y, \mathrm{cn}\, y, \mathrm{dn}\, y$ をヤコビの楕円関数という．

3.4.8　ガンマ関数，ベータ関数

$$\Gamma(z) = \int_0^\infty e^{-t} t^{z-1} dt \quad (\mathrm{Re}(z) > 0)$$

$$B(p,q) = \int_0^1 x^{p-1}(1-x)^{q-1} dx \quad (p, q > 0)$$

をそれぞれガンマ関数（オイラーの第 2 積分），ベータ関数（オイラーの第 1 積分）という．

3.5　変分法
3.5.1　オイラーの方程式

(1)　1 個の従属変数 y，1 個の独立変数 x，被積分関数が 1 階導関数を含む場合 $x, y, y'\ (= dy/dx)$ の与えられた関数 $F(x, y, y')$ に対し，汎関数

$$J[y] = \int_{x_1}^{x_2} F(x, y, y') dx$$

を停留値（極値，鞍点等）とするような関数（停留関数）$y = y(x)$ を求める方法を変分法という．ただし，積分の両端における境界条件 $y(x_1) = y_1, y(x_2) = y_2$ は指定されているものとする．第 1 変分

$$\delta J[y] = \int_{x_1}^{x_2} (F_y \delta y + F_{y'} \delta y') dx = [F_{y'} \delta y]_{x_1}^{x_2} + \int_{x_1}^{x_2} \left(F_y - \frac{d}{dx} F_{y'}\right) dy dx$$

からオイラーの方程式（オイラー・ラグランジュの方程式）

$$\frac{\partial F}{\partial y} - \frac{d}{dx}\left(\frac{\partial F}{\partial y'}\right) = 0 \tag{3.10}$$

が導かれる．(3.10) を解き，境界条件を満足させれば停留関数が得られる．

(2) 1個の従属変数 y，1個の独立変数 x，被積分関数が高階導関数 $y', y'', \cdots, y^{(n)}$ を含む場合

$$J[y] = \int_{x_1}^{x_2} F(x, y, y', y'', \cdots, y^{(n)}) dx \quad \left(y^{(n)} = \frac{d^n y}{dx^n} \right)$$

$$\frac{\partial F}{\partial y} - \frac{d}{dx}\left(\frac{\partial F}{\partial y'}\right) + \frac{d^2}{dx^2}\left(\frac{\partial F}{\partial y''}\right) - \cdots + (-1)^n \frac{d^n}{dx^n}\left(\frac{\partial F}{\partial y^{(n)}}\right) = 0$$

(3) n 個の従属変数 $y_1, y_2, \cdots, y_n$，1個の独立変数 x，1階導関数 $y'_k = dy_k/dx$ ($k = 1, 2, \cdots, n$) を含む場合

$$J[y_1, y_2, \cdots, y_n] = \int_{x_1}^{x_2} F(x, y_1, y_2, \cdots, y_n, y'_1, y'_2, \cdots, y'_n) dx$$

$$\frac{\partial F}{\partial y_k} - \frac{d}{dx}\left(\frac{\partial F}{\partial y'_k}\right) = 0 \quad (k = 1, 2, \cdots, n)$$

(4) n 個の従属変数 $y, z, \cdots$，1個の独立変数 x，被積分関数が高階導関数を含む場合

$$J[y, z, \cdots] = \int_{x_1}^{x_2} F(x, y, z, \cdots, y', z', \cdots, y^{(n)}, z^{(n)}, \cdots)$$

$$\frac{\partial F}{\partial y} = \frac{d}{dx}\left(\frac{\partial F}{\partial y'}\right) + \frac{d^2}{dx^2}\left(\frac{\partial F}{\partial y''}\right) + \cdots + (-1)^n \frac{d^n}{dx^n}\left(\frac{\partial F}{\partial y^{(n)}}\right) = 0$$

$$\frac{\partial F}{\partial z} - \frac{d}{dx}\left(\frac{\partial F}{\partial z'}\right) + \frac{d^2}{dx^2}\left(\frac{\partial F}{\partial z''}\right) + \cdots + (-1)^n \frac{d^n}{dx^n}\left(\frac{\partial F}{\partial z^{(n)}}\right) = 0$$

……

(5) 1個の従属変数 u，2個の独立変数 x, y，偏導関数を含む場合

$$J[u] = \int_{u_1}^{u_2} \int_{y_1}^{y_2} F(x, y, u, u_x, u_y, u_{xx}, u_{xy}, u_{yy})$$

$$F_u - \frac{\partial}{\partial x} F_{u_x} - \frac{\partial}{\partial y} F_{u_y} + \frac{\partial^2}{\partial x^2} F_{u_{xx}} + 2\frac{\partial^2}{\partial x \partial y} F_{u_{xy}} + \frac{\partial^2}{\partial y^2} F_{u_{yy}} = 0$$

ただし，$F_u = \dfrac{\partial F}{\partial u}$, $F_{u_{xx}} = \dfrac{\partial F}{\partial u_{xx}}$, $F_{u_{xy}} = \dfrac{\partial F}{\partial u_{xy}}$, $F_{u_{yy}} = \dfrac{\partial F}{\partial u_{yy}}$ とする．

(6) 等周問題（条件付き変分問題）

境界条件の他に

$$I[y] = \int_{x_1}^{x_2} G(x, y, y') dx = C \quad (C : 定数)$$

の付加条件のもとに，積分

$$J[y] = \int_{x_1}^{x_2} F(x, y, y')dx$$

の停留値を求めることを等周問題という．この場合，

$$H(x, y, y') \equiv F(x, y, y') - \lambda G(x, y, y')$$

に対するオイラー方程式

$$\frac{\partial H}{\partial y} - \frac{d}{dx}\left(\frac{\partial H}{\partial y'}\right) = 0$$

と付加条件から $y = y(x)$ と λ を決定する．

3.5.2 直接法

オイラー方程式によらないで，あるパラメータ（変分パラメータ）を含んだ近似関数（試行関数）$y(x)$ を仮定し，停留値を求める方法を直接法という．試行関数を適当な関数系 $\{\phi_j(x)\}$ によって

$$y(x) = \sum_{j=0}^{n} c_i \phi_j(x) \quad (c_j : 変分パラメータ)$$

と展開する方法をリッツの方法といい，直接法の一つである．

$$\frac{\partial J[y]}{\partial c_j} = 0 \quad (j = 0, 1, 2, \cdots, n)$$

とおいて得られる連立方程式を解いて c_j を決定する．この他にガレルキン法等がある．

― 例題 3.1 ―

(1) $f(t) = u(t-a)(t-a)^2$ $(a > 0)$ のラプラス変換を求めよ．ただし，$u(t-a)$ は単位階段関数で
$$u(t-a) = \begin{cases} 1 & (t > a) \\ 0 & (t < a) \end{cases}$$
で定義される．

(2) $\sin \omega t$, $\cos \omega t$ のラプラス変換を求めよ．

(3) ラプラス変換を用いて，次の微積分方程式を満たす $f(t)$ を求めよ．
$$f'(t) + 2f(t) + \int_0^t f(t-\tau)e^{-2\tau}d\tau + 4e^{-2t} = 0$$
ただし，$t \geq 0$ および $f(0) = 1$ とする．　　　　　　　　　　(京大)

【解説】 (1) $f(t)$ のラプラス変換を $\mathcal{L}[f(t)]$ とすると，
$$\begin{aligned} \mathcal{L}[f(t)] &= \mathcal{L}[u(t-a)(t-a)^2] \\ &= \int_0^\infty u(t-a)(t-a)^2 e^{-st} dt \\ &= e^{-sa} \int_{-a}^\infty u(\tau)\tau^2 e^{-s\tau} d\tau \quad (\text{ここで，} \tau = t-a) \\ &= e^{-sa} \int_0^\infty \tau^2 e^{-s\tau} d\tau \\ &= -\frac{2}{s^3} e^{-as} \end{aligned}$$

(2) $$\begin{aligned} \mathcal{L}[\sin \omega t] &= \int_0^\infty \sin \omega t \, e^{-st} dt \\ &= \frac{1}{2i} \int_0^\infty (e^{-(s-i\omega)t} - e^{-(s+i\omega)t}) dt \\ &= \frac{1}{2i} \left(\frac{1}{s-i\omega} - \frac{1}{s+i\omega} \right) \\ &= \frac{\omega}{s^2 + \omega^2} \end{aligned}$$

$$\begin{aligned}
\mathcal{L}[\cos\omega t] &= \int_0^\infty \cos\omega t\, e^{-st} dt \\
&= \frac{1}{2}\int_0^\infty (e^{-(s-i\omega)t} + e^{-(s+i\omega)t}) dt \\
&= \frac{1}{2}\left(\frac{1}{s-i\omega} + \frac{1}{s+i\omega}\right) \\
&= \frac{s}{s^2+\omega^2}
\end{aligned}$$

(3) $\mathcal{L}(s) = \mathcal{L}[f(t)]$ とおき,与えられた微積分方程式の両辺をラプラス変換すると,

$$s\mathcal{L}(s) - f(0) + 2\mathcal{L}(s) + \mathcal{L}(s)\cdot\frac{1}{2+s} + \frac{4}{2+s} = 0$$

$f(0) = 1$ を利用すれば,

$$\left(s + 2 + \frac{1}{2+s}\right)\mathcal{L}(s) = 1 - \frac{4}{2+s}$$

すなわち,

$$\mathcal{L}(s) = \frac{(s+2)-4}{(s+2)^2+1} = \frac{s+2}{(s+2)^2+1} - 4\cdot\frac{1}{(s+2)^2+1}$$

が得られる.したがって,(2)により,

$$\begin{aligned}
f(t) &= \mathcal{L}^{-1}\left[\frac{s+2}{(s+2)^2+1}\right] - 4\mathcal{L}^{-1}\left[\frac{1}{(s+2)^2+1}\right] \\
&= e^{-2t}(\cos t - 4\sin t)
\end{aligned}$$

ここで,$\mathcal{L}^{-1}[g(s)]$ は $g(s)$ のラプラス逆変換である.

例題 3.2

周期 2π のフーリエ級数について以下の問に答えよ．

(1) x^2 を区間 $-\pi \leq x \leq \pi$ で，フーリエ級数展開せよ．

(2) (1)で得られた関係式より，

$$\sum_{n=1}^{\infty} \frac{\cos nx}{n^2} \quad (0 \leq x \leq 2\pi)$$

を，x の多項式で表せ（**ヒント**：一旦，$x+\pi = y$ とおいて計算せよ）．

(3) (2)で得られた関係式より，

$$\sum_{n=1}^{\infty} \frac{\sin nx}{n^3} \quad (0 \leq x \leq 2\pi)$$

を x の多項式で表せ． (阪大)

【解説】(1) $a_0 = \dfrac{1}{\pi}\displaystyle\int_{-\pi}^{\pi} x^2 dx = \dfrac{2}{\pi}\displaystyle\int_{0}^{\pi} x^2 dx = \dfrac{2}{3}\pi^2$

$n = 1, 2, \cdots$ に対して

$$\begin{aligned}
a_n &= \frac{1}{\pi}\int_{-\pi}^{\pi} x^2 \cos nx\, dx \\
&= \frac{2}{\pi}\int_{0}^{\pi} x^2 \cos nx\, dx \\
&= \frac{2}{\pi n}\int_{0}^{\pi} x^2 d\sin nx \\
&= \frac{2}{\pi n}\left[x^2 \sin nx \Big|_{0}^{\pi} - 2\int_{0}^{\pi} x \sin nx\, dx\right] \\
&= \frac{4}{\pi n^2}\int_{0}^{\pi} x d\cos nx \\
&= \frac{4}{\pi n^2}\left[x \cos nx \Big|_{0}^{\pi} - \int_{0}^{\pi} \cos nx\, dx\right] \\
&= (-1)^n \frac{4}{n^2} \\
b_n &= \frac{1}{\pi}\int_{-\pi}^{\pi} x^2 \sin nx\, dx = 0
\end{aligned}$$

よって，x^2 のフーリエ級数展開は

$$x^2 = \frac{a_0}{2} + \sum_{n=1}^{\infty}(a_n \cos nx + b_n \sin nx)$$

$$= \frac{1}{3}\pi^2 + \sum_{n=1}^{\infty}(-1)^n \frac{4}{n^2}\cos nx \quad (-\pi \leq x \leq \pi) \qquad \text{①}$$

(2) $y = x + \pi$ とおくと，①は，$y \in [0, 2\pi]$ に対して

$$(y-\pi)^2 = \frac{1}{3}\pi^2 + \sum_{n=1}^{\infty}(-1)^n \frac{4}{n^2}\cos n(y-\pi)$$

$$= \frac{1}{3}\pi^2 + \sum_{n=1}^{\infty}\frac{4}{n^2}\cos ny$$

したがって，

$$\sum_{n=1}^{\infty}\frac{\cos ny}{n^2} = \frac{1}{4}\left(y^2 - 2\pi y + \frac{2}{3}\pi^2\right)$$

すなわち，

$$\sum_{n=1}^{\infty}\frac{\cos nx}{n^2} = \frac{1}{4}\left(x^2 - 2\pi x + \frac{2}{3}\pi^2\right) \quad (0 \leq x \leq 2\pi) \qquad \text{②}$$

(3) ②の両辺を x について積分すれば，

$$\int_0^x \sum_{n=1}^{\infty}\frac{\cos nt}{n^2}dt = \frac{1}{4}\int_0^x \left(t^2 - 2\pi t + \frac{2}{3}\pi^2\right)dt$$

が得られる．よって，

$$\sum_{n=1}^{\infty}\int_0^x \frac{\cos nt}{n^2}dt = \frac{1}{12}(x^3 - 3\pi x^2 + 2\pi^2 x)$$

したがって，

$$\sum_{n=1}^{\infty}\frac{\sin nx}{n^3} = \frac{1}{12}(x^3 - 3\pi x^2 + 2\pi^2 x)$$

問題研究

3.1 a と ω が実数であり，かつ $a > 0$ の場合，次の定積分を実行せよ．

(1) $\displaystyle\int_0^\infty e^{-ax} \sin\omega x \, dx$　　(2) $\displaystyle\int_0^\infty e^{-ax} \cos\omega x \, dx$　　　　　　　　　（東大[†]，山形大[*]）

3.2 偏微分方程式 $\dfrac{\partial^2 f}{\partial x \partial y} + \dfrac{\partial f}{\partial y} = x$ の一般解 $f(x,y)$ を求めよ．　　　　　　　（京大）

3.3 $x(t)$ のフーリエ変換 $X(\omega)$ は以下のように定義される．

$$X(\omega) = \int_{-\infty}^\infty x(t) e^{-i\omega t} dt$$

ここで，e は自然対数の底，i は虚数単位である．下図に示すように $x_a(t)$ と $y_b(t)$ を定義し，$z_{ab}(t) = \displaystyle\int_{-\infty}^\infty x_a(\tau) y_b(t - \tau) d\tau$ と定める．

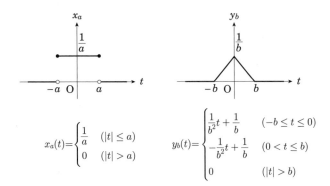

$$x_a(t) = \begin{cases} \dfrac{1}{a} & (|t| \leq a) \\ 0 & (|t| > a) \end{cases} \qquad y_b(t) = \begin{cases} \dfrac{1}{b^2}t + \dfrac{1}{b} & (-b \leq t \leq 0) \\ -\dfrac{1}{b^2}t + \dfrac{1}{b} & (0 < t \leq b) \\ 0 & (|t| > b) \end{cases}$$

このとき，以下の問に答えよ．

(1) $x_a(t)$，$y_b(t)$ それぞれのフーリエ変換 $X_a(\omega)$，$Y_b(\omega)$ を求め，$a = b = 1$ のとき概形を図示し，それらの極限 $X_0(\omega) = \lim_{a \to 0} X_a(\omega)$ と $Y_0(\omega) = \lim_{b \to 0} Y_b(\omega)$ を求めよ．

(2) $y_b(t - \tau)$ のフーリエ変換 $Y_{b\tau}(\omega)$ を求めよ．

(3) $z_{ab}(t)$ が偶関数となることを示し，$a = b = 1$ のとき $z_{11}(t)$ の概形を図示せよ．

　　　　　　　　　　　　　　　　　　　　　　（東大[†]，京大[*]，阪大[*]，名大[*]，神戸大[*]，金大[*]）

3.4 (1) $y(x, t)$ に対する偏微分方程式

$$\frac{\partial^2 y}{\partial t^2} - \frac{\partial^2 y}{\partial x^2} + \lambda^2 y = 0 \qquad\qquad\qquad (\text{I})$$

を考える．（λ は正の定数とする．）

(a) 初期条件，$y(x, 0) = \cos kx$，$\left.\dfrac{\partial y(x,t)}{\partial t}\right|_{t=0} = 0$ の下で，$y(x, t)$ を求めよ．（k は正の定数とする．）ただし，この条件のとき，解が $y(x, t) = f(t) g(x)$ と書けることを用いてもよい．

(b) 設問(a)で得られた解を，x 軸の正の方向に進む波と負の方向に進む波との 2 つに分解せよ．

(2) 次に
$$\frac{\partial^2 y}{\partial t^2} - \frac{\partial^2 y}{\partial x^2} + 2\lambda^2(y^3 - y) = 0 \tag{II}$$
を考える．（λ は正の定数とする．）

(a) まず，t に依存しない解 $y(x,t) = u(x)$ を考える．$u(x)$ に対する微分方程式
$$-\frac{d^2 u}{dx^2} + 2\lambda^2(u^3 - u) = 0 \tag{III}$$
の両辺に du/dx をかけて，その積分を求めることにより
$$\frac{du}{dx} = \pm\lambda\sqrt{u^4 - 2u^2 + A} \tag{IV}$$
が成立することを示せ．ここで，A は積分定数である．

(b) 設問(a)の $u(x)$ が満たす境界条件を
$$\lim_{x\to\infty} u(x) = 1, \quad \lim_{x\to-\infty} u(x) = -1 \tag{V}$$
とする．このとき A の値を求めよ．

(c) 設問(b)の境界条件の下で $u(x)$ を求めよ．ただし $|u(x)| \leq 1$, $u(0) = 0$ としてよい．

(d) 次に，(III)を満たす $u(x)$ を用いて $y(x,t) = u(x) + z(x,t)$ とおき，z が満たす偏微分方程式を求めよ．ただし z は微小であるとして，z^2, z^3 に比例する項は無視してよい．

(e) (III)を使って，設問(d)で求めた z の偏微分方程式の 1 つの解が
$$z_0(x,t) = e^{i\omega t}\frac{du}{dx} \tag{VI}$$
で与えられることを示せ．また，そのときの ω の値を求めよ． (東大)

3.5 実数 t および x の複素関数 $f(t,x)$ が
$$\frac{\partial f(t,x)}{\partial t} = \lambda\frac{\partial^2 f(t,x)}{\partial x^2} + S(t,x) \tag{I}$$
という微分方程式を満たすとする．ただし λ は正の実定数，$S(t,x)$ は与えられた関数である．$f(t,x)$ は x に関してフーリエ変換可能な関数であるとして，以下の設問に答えよ．

(1) $S(t,x) = 0$ のとき，方程式(I)の一般解は
$$f(t,x) = \int_{-\infty}^{\infty} \frac{dk}{2\pi}\tilde{f}(k)\exp(-\lambda k^2 t - ikx) \tag{II}$$
という形に表されることを示せ．ただし，$\tilde{f}(k)$ は k の関数である．

(2) 関数 $G(t,x,t',x')$ が

$$\frac{\partial G(t,x,t',x')}{\partial t} = \lambda \frac{\partial^2 G(t,x,t',x')}{\partial x^2} + \delta(t-t')\delta(x-x') \qquad \text{(III)}$$

という方程式を満たすとする．ただし，$\delta(x)$ はデルタ関数である．このとき

$$f(t,x) = \int_{-\infty}^{\infty} dt' \int_{-\infty}^{\infty} dx' G(t,x,t',x') S(t',x') \qquad \text{(IV)}$$

という関数が方程式(I)の解となることを示せ．

(3) 複素定数 C と α を適切に選べば

$$G(t,x,t',x') = C \int_{-\infty}^{\infty} \frac{d\omega}{2\pi} \int_{-\infty}^{\infty} \frac{dk}{2\pi} \frac{e^{i\omega(t-t')-ik(x-x')}}{\omega - i\alpha\lambda k^2} \qquad \text{(V)}$$

という関数は方程式(III)を満たすことを示せ．また，そのような C と α を求めよ．

(4) 式(V)において，先ず ω についての積分を，$t < t'$ および $t > t'$ それぞれの場合について行え．ただし，設問(3)で得られた C と α の値を用いること．

(5) さらに式(V)の k についての積分を行い，$t < t'$ および $t > t'$ それぞれの場合について，具体的な関数形を求めよ．ただし，必要であれば

$$\int_{-\infty}^{\infty} dx e^{-x^2} = \sqrt{\pi} \qquad \text{(VI)}$$

という公式を用いよ．

(6) 関数 $S(t,x)$ が

$$S(t,x) = \delta(t)\cos(px) \qquad \text{(VII)}$$

という形で与えられているとする．ただし，p は実定数である．このとき $t < 0$ で $f(t,x) = 0$ となるような $f(t,x)$ を求めよ．また，与えられた関数 $f(t,x)$ について，t をある正の値に固定した場合の最大値と，その最大値を与える x を求めよ．

(東大，阪大 *)

3.6 以下の設問に答えよ．変数 x や t は実数であり，関数 y は実関数である．偏微分方程式

$$\frac{\partial y}{\partial t} = \frac{\partial^2 y}{\partial x^2}$$

の解 $y(x,t)$ を見つけたい．境界条件としては，実定数 $a > 0$ に対し，$x \leq -a$ および $x \geq a$ では $y(x,t) = 0$ とする．$-a < x < a$ で微分可能な解を1つ以上示せ．ただし，$y = $ 定数なる解は考慮しない．

(東大)

3.7 $u(x,t)$ に対する放物型偏微分方程式

$$\frac{\partial u(x,t)}{\partial t} = D \frac{\partial^2 u(x,t)}{\partial x^2} \qquad \text{(I)}$$

(ただし，D は正の定数，$0 \leq x \leq 1, 0 \leq t$) を，境界条件

$$u(0,t) = u(1,t) = 0$$

と初期条件

$$u(x,0) = u_0(x)$$

の下で解くことを考える．以下の(1)〜(4)に答えよ．
(1) $u(x,t) = A(x)B(t)$ とおき，偏微分方程式（I）から A, B それぞれについての線形常微分方程式を導け．
(2) (1)で導いた2つの常微分方程式から得られる偏微分方程式（I）の解で，境界条件を満たすものをすべて求めよ．
(3) $u_0(x)$ が

$$u_0(x) = \sum_{k=0}^{\infty} \{E_k \sin(k\pi x) + F_k \cos(k\pi x)\}$$

で与えられるときに，$u(x,t)$ を求めよ．ただし，E_k, F_k は定数とする．
(4) (3)の結果を用いて，$u_0(x) = \dfrac{1}{2} - \left|x - \dfrac{1}{2}\right|$ のときに $u(x,t)$ を求めよ． (東大)

3.8 実関数 $f(t)$ のフーリエ変換を

$$g(\omega) = \int_{-\infty}^{\infty} f(t)\exp(2\pi i\omega t)dt$$

として定義する．以下の実関数 $f(t)$ のフーリエ変換を求めよ．ただし，a は正の実数とし，また，$\int_{-\infty}^{\infty} \exp(-x^2)dx = \sqrt{\pi}$ は既知としてよい．

(1) $f(t) = \begin{cases} 0 & (t < -a/2 \text{ の場合}) \\ 1 & (-a/2 \leq t \leq a/2 \text{ の場合}) \\ 0 & (a/2 < t \text{ の場合}) \end{cases}$

(2) $f(t) = \begin{cases} 0 & (t < -a \text{ の場合}) \\ a+t & (-a \leq t < 0 \text{ の場合}) \\ a-t & (0 \leq t \leq a \text{ の場合}) \\ 0 & (a < t \text{ の場合}) \end{cases}$

(3) $f(t) = \dfrac{1}{a\sqrt{\pi}}\exp\left(-\dfrac{t^2}{a^2}\right)$ (4) $f(t) = \dfrac{1}{\pi}\dfrac{a}{t^2+a^2}$ (東大)

3.9 次の弦振動（偏微分）方程式

$$\frac{\partial^2 y}{\partial t^2} = \left(\frac{5}{2}\right)^2 \frac{\partial^2 y}{\partial x^2} \tag{I}$$

について，以下の設問に答えよ．ここで，y は独立変数 (x,t) の関数である．
(1) 次の式（II）が方程式（I）の解であることを示せ．

$$y(x,t) = F(2x+5t) + G(2x-5t) \tag{II}$$

ただし，F は変数 $(2x+5t)$ の，G は変数 $(2x-5t)$ のそれぞれ2階連続微分可能な任意の関数である．
(2) 以下の境界条件および初期条件のもとで，方程式（I）の特解を求めよ．

$$\begin{cases} y(0,t) = 0 \\ y(\pi,t) = 0 \\ y(x,0) = \sin 2x \\ \dfrac{\partial y}{\partial t}(x,0) = 0 \end{cases} \quad \text{(III)}$$

(東大，法大 *，青学大 *，立命大 *)

3.10 正の実数に対して，$\Gamma(p) \equiv \int_0^\infty x^{p-1} e^{-x} dx$ を定義する．また，n は自然数を表すものとする．以下の問(1)～(5)に答えよ．

(1) $\Gamma(p+1) = p\Gamma(p)$ となることを証明せよ．

(2) $\displaystyle\int_{-\infty}^{\infty}\int_{-\infty}^{\infty} e^{-(x^2+y^2)} dx dy = \pi$ となることを導出した上で，次式が成り立つことを示せ．

$$\int_0^\infty e^{-x^2} dx = \frac{\sqrt{\pi}}{2}$$

(3) (2)の結果を用いて，$\Gamma(1/2)$ を求めよ．

(4) $\Gamma(n) = (n-1)!$ となることを示せ．

(5) $e^{-x} = \lim_{n\to\infty} \left(1 - \dfrac{x}{n}\right)^n$ であることを用いて，

$$\Gamma(p) = \lim_{n\to\infty} \frac{1 \cdot 2 \cdot 3 \cdots n}{p(p+1)(p+2)(p+3)\cdots(p+n)} n^p$$

となることを証明せよ． (東大，九大 *，早大 *)

3.11 特殊関数に関する以下の問いに答えよ．答えの導出や証明では途中の計算過程を省略せずに記述すること．

(1) ガンマ関数は

$$\Gamma(x) = \int_0^\infty e^{-t} t^{x-1} dt \quad \text{(I)}$$

と定義される．ここで x は正の実数である．

 (a) $\Gamma(x+1) = x\Gamma(x)$ であることを示せ．

 (b) n が正の整数のとき，$\Gamma(n+1) = n!$

(2) ベータ関数は

$$B(x,y) = \int_0^1 t^{x-1}(1-t)^{y-1} dt \quad \text{(II)}$$

と定義される．ここで x, y は正の整数である．また，ベータ関数とガンマ関数の間には以下の関係が成り立っている．

$$B(x,y) = \frac{\Gamma(x)\Gamma(y)}{\Gamma(x+y)} \quad \text{(III)}$$

以下では，m, n をゼロまたは正の整数とする．また $0! = 1$ とする．

(a) 積分 $I_1 = \int_{-1}^{1} (1+u)^m (1-u)^n du$ を階乗を用いて表せ.

(b) 積分 $I_2 = \int_0^{\pi/2} \sin^n \theta \, d\theta$ をベータ関数で表せ.

(c) (b)の結果を用いて，$\Gamma(1/2)$ の値を求めよ.

(d) $\Gamma(n+1/2)$ を $n!$, $(2n)!$ を用いて表せ. (東大，北大 *，東工大 *，京大 *)

3.12 以下の式(I)で定義される多項式 $P_n(x)$ を考える．ここで，n は非負整数，x, t は実数であり，$|x| \leq 1, |t| < 1$ とする.

$$(1 - 2xt + t^2)^{-1/2} = \sum_{n=0}^{\infty} P_n(x) t^n \tag{I}$$

以下の問(1)〜(5)に答えよ.

(1) $P_n(1) = 1$ であることを示せ.

(2) $P_n(-x) = (-1)^n P_n(x)$ となることを示せ.

(3) 式(I)の両辺を t に関して微分することにより，次の漸化式が成立することを示せ.

$$(n+1) P_{n+1}(x) - (2n+1) x P_n(x) + n P_{n-1}(x) = 0 \tag{II}$$

(4) 式(I)の両辺を x に関して微分することにより，次式が成立することを示せ.

$$\frac{d}{dx} P_{n+1}(x) + \frac{d}{dx} P_{n-1}(x) = 2x \frac{d}{dx} P_n(x) + P_n(x) \tag{III}$$

(5) (a) 式(II)と式(III)を用いて，次の2つの式が成立することを示せ.

$$\frac{d}{dx} P_{n-1}(x) = -n P_n(x) + x \frac{d}{dx} P_n(x) \tag{IV}$$

$$\frac{d}{dx} P_{n+1}(x) = x \frac{d}{dx} P_n(x) + (n+1) P_n(x) \tag{V}$$

(b) 式(IV)と式(V)を用いて，$P_n(x)$ が次の微分方程式を満たすことを示せ.

$$\frac{d}{dx} \left\{ (1-x^2) \frac{d}{dx} P_n(x) \right\} + n(n+1) P_n(x) = 0 \tag{VI}$$

(c) 式(VI)を用いて，$m \neq n$ のとき，以下の式が成立することを示せ（m は非負整数）.

$$\int_{-1}^{1} P_n(x) P_m(x) dx = 0 \tag{VII}$$ (東大)

3.13 任意の実関数 $f(x)$ について

$$\int_{-\infty}^{\infty} f(x) \delta(x - x_0) dx = f(x_0)$$

を満たす $\delta(x)$ をデルタ関数と定義する．デルタ関数が以下の性質を持つことを示せ.

(1) $\delta(ax) = \dfrac{1}{|a|} \delta(x)$

ただし，a は実定数 ($a \neq 0$) とする．

(2) $\quad \delta(z - g(x)) = \sum_i \delta(x - x_i) \dfrac{1}{|g'(x_i)|}$

ただし，z は実定数，$g(x)$ は実関数，$g'(x)$ は $g(x)$ の1次微分であり，x_i は $z = g(x)$ の実数解とする．ここで，x_i は必ず1つ以上存在するものとし，かつ $|g'(x_i)| \neq 0$ とする．なお，$\displaystyle\sum_i$ はすべての実数解についての和を表す．

(3) $\quad \delta((x-a)(x-b)) = |a-b|^{-1}\{\delta(x-a) + \delta(x-b)\}$

ただし，$a \neq b$ とする． (東大 [†])

3.14 $[-1,1]$ を定義域とする関数列 $f_0(x) = 1$, $f_n(x) = \dfrac{d^n}{dx^n}(x^2-1)^n$ $(n=1,2,\cdots)$ について以下の問題に答えよ．

(1) 上記の微分を実行し，$f_1(x)$, $f_2(x)$, $f_3(x)$ を x の多項式として表せ．

(2) $\displaystyle\int_{-1}^{1} f_m(x) f_n(x) dx = C\delta_{nm}$ と表せることを証明し，C の値を求めよ．

ただし，δ_{nm} は，$n = m$ のときのみ1の値をとり，その他の場合は0の値をとる関数である．また，m, n は整数で $m, n \geq 0$ とする．計算に際しては，以下の関係を用いよ．

$$\int_{-1}^{1}(1-x^2)^n dx = 2^{2n+1}\dfrac{n!\,n!}{(2n+1)!}$$

(東大，阪大 *，首大 *)

3.15 y は2階微分までが連続な x の実関数であり，$y' = dy/dx$ とするとき，次の汎関数

$$I(y) = \int_{x_1}^{x_2} F(x, y, y') dx \tag{I}$$

の極値を与える $y(x)$ を求めたい．以下の問に答えよ．

(1) 任意の微分可能な関数 $\eta(x)$ に対して，$Y(x) = y(x) + k\eta(x)$ とおく．実数 k が微小であるとき ($|k| \ll 1$)，$\delta I = I(Y) - I(y)$ を k について展開し，1次の項まで示せ．

(2) 式(I)の積分範囲両端において，$y(x_1) = y_1$, $y(x_2) = y_2$ が満たされるとする．式(I)の結果を用いて，$I(y)$ の極値を与える条件を，F, x, y, y' の式で表せ．

(3) 式(I)の積分範囲の端点のうち，$y(x_1) = y_1$ のみが与えられているとき，$I(y)$ の極値を与える条件を求めよ．

(4) $F(x, y, y') = y'^2 + y^2$, $x_1 = 0$, $x_2 = 1$, $y(x_1) = 1$ のとき，$I(y)$ の極値を与える関数 $y(x)$ を求めよ．

(東大)

第 4 編

複素関数論

4.1 正則関数
4.1.1 正則関数の定義
複素関数 $f(z)$ が点 a の近傍において定義されているとする.
$$\lim_{z \to a} \frac{f(z) - f(a)}{z - a}$$
が存在すれば, $f(z)$ は点 a で微分可能であるという. また, その極限値を点 a での $f(z)$ の微分係数といい, $f'(a)$ で表す. $f(z)$ が点 a の近傍あるいは領域 D の各点で微分可能ならば, $f(z)$ は点 a あるいは D において正則であるという.

4.1.2 正則関数の特質
(1) 関数 $f(z) = u(x,y) + iv(x,y)$ が領域 D において正則である必要十分条件は, 次の (i) と (ii) が成立することである.
(i) u_x, u_y, v_x, v_y が D において連続である.
(ii) $u_x = v_y, u_y = -v_x$ (コーシー・リーマンの関係) が D において成立する.
(2) 関数 $f(z) = u(x,y) + iv(x,y)$ が領域 D において正則であるとすると,
$$\frac{d}{dz}f(z) = \frac{\partial u}{\partial x} + i\frac{\partial v}{\partial x} = \frac{\partial v}{\partial y} - i\frac{\partial u}{\partial y}$$

(3) 関数 $w = f(z)$ が点 a で正則で, 関数 $g(w)$ が点 $b = f(a)$ で正則ならば, 合成関数 $F(z) = g(f(z))$ も点 a で正則で,
$$\frac{d}{dz}F(z) = \left.\frac{d}{dw}g(w)\right|_{w=f(z)} \cdot \frac{d}{dz}f(z)$$
が成立する.

4.1.3 正則関数の積分
(1) コーシーの積分定理
関数 $f(z)$ が単連結領域 D 内において正則ならば, D 内において任意の閉曲線 C に対して
$$\oint_C f(z)dz = 0$$
が成立する.

閉曲線 C の内部に閉曲線 C_k $(k=1,2,\cdots,n)$ があり，C_k が互いに交鎖または包含しないとき，C の内部とすべての C_k の外部からなる領域 D 内において正則，$\bar{D}$ 上において連続ならば，

$$\oint_C f(z)dz = \sum_{k=1}^{n} \oint_{C_k} f(z)dz$$

(2) コーシー積分公式

関数 $f(z)$ が単連結領域 D において正則ならば，D 内の任意の閉曲線 C 内の点 a に対して，

$$f(a) = \frac{1}{2\pi i} \oint_C \frac{f(z)}{z-a}dz$$

および，

$$f^{(k)}(a) = \frac{k!}{2\pi i} \oint_C \frac{f(z)}{(z-a)^{k+1}}dz \quad (k=1,2,\cdots)$$

が成立する．

4.2 関数の級数展開

4.2.1 テイラー展開

関数 $f(z)$ が円領域 $|z-a| < R$ で正則ならば，次のテイラー展開が成立する．

$$f(z) = \sum_{n=0}^{\infty} a_n (z-a)^n$$

ここで，

$$a_n = \frac{f^{(n)}(a)}{n!} = \frac{1}{2\pi i} \oint_{|z-a|=\rho} \frac{f(z)}{(z-a)^{n+1}}dz, \quad 0 < \rho < R$$

4.2.2 ローラン展開

関数 $f(z)$ が環状の領域 $r < |z-a| < R$ において正則ならば，次のローラン展開が成立する．

$$f(z) = \sum_{n=-\infty}^{\infty} c_n (z-a)^n$$

ここで，

$$c_n = \frac{1}{2\pi i} \oint_{|z-a|=\rho} \frac{f(z)}{(z-a)^{n+1}}dz, \quad r < \rho < R$$

4.3 特異点,留数と留数定理
4.3.1 特異点と留数
(1) 特異点

$f(z)$ の正則でない点を $f(z)$ の特異点といい,ある $R > 0$ に対して,$f(z)$ が $|z-a| < R$ において正則でないが,$0 < |z-a| < R$ において正則であるとき,a を $f(z)$ の孤立特異点という.

(2) 孤立特異点の分類

点 a での関数 $f(z)$ のローラン展開は

$$f(z) = \sum_{n=-\infty}^{\infty} c_n(z-a)^n \qquad (4.1)$$

であるとする.

(i) 除き得る特異点

(4.1) の $c_n \ (n = \cdots, -2, -1)$ がすべて 0 であるとき,点 a を $f(z)$ の除き得る特異点という.

(ii) 極

(4.1) の $c_n \ (n = \cdots, -2, -1)$ の中に,0 でないものが有限個だけあるとき,点 a を $f(z)$ の極という.特に,(4.1) が次のような形をもつとき,点 a を $f(z)$ の k 位の極という.

$$f(z) = \sum_{n=-k}^{\infty} c_n(z-a)^n \quad (k > 0, \quad c_{-k} \neq 0)$$

(iii) 真性特異点

(4.1) の $c_n \ (n = \cdots, -2, -1)$ の中に,0 でないものが無限個あるとき,点 a を $f(z)$ の真性特異点という.

(3) 留数

関数 $f(z)$ が環状の領域 $0 < |z-a| < R$ で正則ならば,

$$\frac{1}{2\pi i} \oint_{|z-a|=r} f(z)dz \quad (0 < r < R)$$

を点 a における $f(z)$ の留数といい,$\mathrm{Res}(f(z); a)$ で表す.

点 a での関数 $f(z)$ のローラン展開が

$$\sum_{n=-\infty}^{\infty} c_n(z-a)^n$$

であるとすると,$\mathrm{Res}(f(z); a) = c_{-1}$

特に,

(i) a が関数 $f(z)$ の除き得る特異点であるとき,$\mathrm{Res}(f(z); a) = 0$

（ii） a が関数 $f(z)$ の k 位の極であるとき，

$$\operatorname{Res}(f(z);\ a) = \frac{1}{(k-1)!} \lim_{z \to a} \frac{d^{k-1}}{dz^{k-1}}((z-a)^k f(z))$$

4.3.2 留数定理と定積分への応用

(1) 留数定理

閉曲線 C で囲まれた領域を D とおき，関数 $f(z)$ が $\bar{D}$ 上において有限個の点 $a_1, a_2, \cdots, a_n \in D$ を除いて正則ならば，次式が成立する．

$$\oint_C f(z)dz = \sum_{k=1}^{n} \operatorname{Res}(f(z);\ a_k)$$

(2) 定積分への応用

（ i ） $f(x) = \dfrac{P(x)}{Q(x)}$ （ここで，$P(x), Q(x)$ はそれぞれ m 次と n 次多項式で，$n \geq m+2$，かつすべての実数 x に対して，$Q(x) \neq 0$) とすると，

$$\int_{-\infty}^{\infty} f(x)dx = 2\pi i \sum_{k=1}^{l} \operatorname{Res}(f(z);\ \alpha_k)$$

ここで，$\alpha_i\ (i=1,2,\cdots,l)$ は，$\operatorname{Im}\alpha_i > 0$ となる $f(z)$ の特異点である．

（ii） $f(x) = \dfrac{P(x)}{Q(x)}$ （ここで，$P(x), Q(x)$ はそれぞれ m 次と n 次多項式で，$n \geq m+1$，かつすべての実数 x に対して，$Q(x) \neq 0$) とすると，$t > 0$ に対して

$$\int_{-\infty}^{\infty} e^{itx} f(x)dx = 2\pi i \sum_{k=1}^{l} \operatorname{Res}(e^{itz} f(z);\ \alpha_k),$$

$$\int_{-\infty}^{\infty} f(x) \cos tx\, dx = \operatorname{Re}\left(2\pi i \sum_{k=1}^{l} \operatorname{Res}(e^{itz} f(z);\ \alpha_k)\right),$$

$$\int_{-\infty}^{\infty} f(x) \sin tx\, dx = \operatorname{Im}\left(2\pi i \sum_{k=1}^{l} \operatorname{Res}(e^{itz} f(z);\ \alpha_k)\right),$$

ここで，$\alpha_i\ (i=1,2,\cdots,l)$ は，$\operatorname{Im}\alpha_i > 0$ となる $e^{itz} f(z)$ の特異点である．

(iii) $f(\cos\theta, \sin\theta)$ が $\cos\theta, \sin\theta$ の有理関数であるとき，

$$\int_0^{2\pi} f(\cos\theta, \sin\theta)d\theta = 2\pi i \sum_{k=1}^{l} \operatorname{Res}\left(f\left(\frac{1}{2}(z+z^{-1}), \frac{1}{2i}(z-z^{-1})\right)\frac{1}{iz};\ \alpha_k\right)$$

ここで，$\alpha_k\ (k=1,2,\cdots,l)$ はすべて単位円内 $|z|<1$ における特異点である．

4.4 等角写像
4.4.1 写像と等角写像
z 平面上の領域 D と w 平面上の領域 D' との間の 1 対 1 対応を与える複素関数 $w = f(z)$ を D から D' への写像（あるいは変換）という．C_1, C_2 を点 z_0 を通る 2 つの滑らかな z 平面上の曲線として，Γ_1, Γ_2 を関数 $w = f(z)$ によるそれらの w 平面上の像とする．z_0 で C_1, C_2 の接線のなす角が $w_0 = f(z_0)$ で Γ_1, Γ_2 の接線のなす角に向きも含めて等しくなるとき，$w = f(z)$ を z_0 での等角写像という．

4.4.2 1次変換
関数 $w = \dfrac{az+b}{cz+d}$ $(ad - bc \neq 0)$ を 1 次変換という，1 次変換は，点 $-\dfrac{d}{c}$ と ∞ を除いて等角写像である．

z 平面上の点 z_1, z_2, z_3 を w 平面上の点 w_1, w_2, w_3 に対応させる 1 次変換は

$$\frac{w-w_1}{w-w_2} : \frac{w_3-w_1}{w_3-w_2} = \frac{z-z_1}{z-z_2} : \frac{z_3-z_1}{z_3-z_2}$$

単位円内 $|z| < 1$ を単位円内 $|w| < 1$ へ対応させ，条件 $f(z_0) = 0, \arg f'(z_0) = \alpha$ を満たす 1 次変換は

$$w = e^{i\alpha} \frac{z - z_0}{1 - \bar{z}_0 z} \quad (|z_0| < 1)$$

上半平面 $\mathrm{Im}\, z > 0$ を単位円内 $|w| < 1$ へ対応させ，条件 $f(z_0) = 0$, $\arg f'(z_0) = \alpha$ を満たす 1 次変換は

$$w = e^{i\alpha} \frac{z - z_0}{z - \bar{z}_0} \quad (\mathrm{Im}\, z_0 > 0)$$

上半平面 $\mathrm{Im}\, z > 0$ を上半平面 $\mathrm{Im}\, w > 0$ へ対応させる 1 次変換は

$$w = \frac{az+b}{cz+d}$$

ここで，a, b, c, d はすべて実数で，$ad - bc > 0$．

4.4.3 べき関数と指数関数の写像
（ⅰ）べき関数 $w = z^n$ は角領域 $0 < \arg z < \alpha < \dfrac{2\pi}{n}$ を角領域 $0 < \arg w < n\alpha$ へ対応させる等角写像である．

（ⅱ）指数関数 $w = e^z$ は帯状領域 $0 < \mathrm{Im}\, z < 2\pi$ を角領域 $0 < \arg w < 2\pi$ へ対応させる写像である．

例題 4.1

次の積分について以下の問題に答えよ．

$$P_n = \frac{1}{2\pi}\int_0^{2\pi} \frac{e^{in\theta}}{1-2a\cos\theta+a^2}d\theta$$
$$(n=0,1,2,\cdots,\quad 0<a<1,\quad i^2=-1)$$

(1) $z=e^{i\theta}$ とおいて P_n を複素積分の形に変形せよ．
(2) (1)の結果を利用して P_n の値を求めよ．
(3) (2)で求めた P_n に対して，複素数 z の級数 $\displaystyle\sum_{n=0}^{\infty} P_n z^n$ の収束領域を示して，その値を求めよ． (九大)

【解答】(1)
$$P_n = \frac{1}{2\pi}\int_0^{2\pi}\frac{e^{in\theta}}{1-2a\cos\theta+a^2}d\theta$$
$$= \frac{1}{2\pi}\int_0^{2\pi}\frac{(e^{i\theta})^n}{1-2a\cdot\dfrac{e^{i\theta}+e^{-i\theta}}{2}+a^2}\frac{de^{i\theta}}{ie^{i\theta}}$$
$$= \frac{-1}{2\pi i}\int_{|z|=1}\frac{z^n}{az^2-(1+a^2)z+a}dz$$

(2) 関数 $f(z)=\dfrac{z^n}{az^2-(1+a^2)z+a}$ は領域 $|z|\leq 1$ 上に 1 つだけの特異点 $z=a$ (1位の極) があるから，留数定理により，(1)から，

$$P_n = -\mathrm{Res}(f(z);\ a)$$
$$= -\left.\frac{z^n}{(az^2-(1+a^2)z+a)'}\right|_{z=a}$$
$$= \frac{a^n}{1-a^2}$$

(3) (2)により，
$$\sum_{n=0}^{\infty} P_n z^n = \sum_{n=0}^{\infty}\frac{a^n}{1-a^2}z^n$$
$$= \frac{1}{1-a^2}\sum_{n=0}^{\infty}(az)^n$$
$$= \frac{1}{(1-a^2)(1-az)}\quad\left(|z|<\frac{1}{a}\right)$$

例題 4.2

複素関数に関する以下の問に答えよ．ただし i は虚数単位を表す．

(1) 複素数 z が $|z|=1$ を満たしながら原点のまわりを正の向きに回転するとき，
$$w = z + \frac{2}{z}$$
を満たす複素数 w はどんな図形上をどのように動くか．

(2) 次の各曲線に沿って，$\int_C (2x+iy)dz$ を求めよ．ただし z を複素数とし，その実部を x，虚部を y とする．
 (i) 直線 $C: z = t + it \quad (0 \leq t \leq 1)$
 (ii) 折れ線 $C: z = \begin{cases} t & (0 \leq t \leq 1) \\ 1 - i + it & (1 \leq t \leq 2) \end{cases}$

(3) 留数定理を用いて，
$$\int_C \frac{1}{z^6+1} dz$$
を求めよ．ただし $C: |z-1|=1$ （ただし正の方向に回転）とする．

(4) 留数定理を応用して，次の実関数の積分を行え．
$$\int_0^\infty \frac{dx}{(x^2+a^2)^2} \quad (a > 0) \tag{京大}$$

【解答】 (1) $z = e^{i\theta}$ （ここで，θ は 0 から 2π まで変化している）とおくと，
$$w = z + \frac{2}{z} = e^{i\theta} + 2e^{-i\theta} = 3\cos\theta - i\sin\theta$$

$w = u + iv$（ここで，u, v はともに実変数である）とおくと，
$$u = 3\cos\theta, \quad v = -\sin\theta$$

すなわち，
$$\frac{u^2}{3^2} + v^2 = 1 \qquad ①$$

したがって，θ が 0 から 2π まで変化するとき，複素数 w は①で表される楕円に沿って点 a から順に点 b, c, d を過ぎて点 a にもどる（上図参照）．ここで，図上の点 a, b, c, d はそれぞれ $\theta = 0, \dfrac{\pi}{2}, \pi, \dfrac{3\pi}{2}$ に対応する．

(2) （ i ） $\displaystyle\int_{\substack{C:z=t+it\\0\leq t\leq 1}}(2x+iy)dz = \int_0^1 (2+i)t\cdot(1+i)dt$

$\displaystyle\qquad\qquad\qquad\qquad\qquad = (2+i)(1+i)\frac{1}{2}t^2\bigg|_0^1 = \frac{1}{2}+\frac{3}{2}i$

（ii） $\displaystyle\int_C (2x+iy)dz = \int_{\substack{C_1:z=t\\0\leq t\leq 1}}(2x+iy)dz + \int_{\substack{C_2:z=1-i+it\\1\leq t\leq 2}}(2x+iy)dz$

$\displaystyle\qquad\qquad\qquad = \int_0^1 2t\,dt + \int_1^2 (2(1-i)+it)i\,dt = \frac{3}{2}+2i$

(3) 関数 $(z^6+1)^{-1}$ は領域 $|z-1|=1$ で特異点（1位の極）$z=e^{-\frac{\pi}{6}i},\ e^{\frac{\pi}{6}i}$ のみをもつから，

$$\int_{C:|z-1|=1}\frac{1}{z^6+1}dz = 2\pi i\left\{\mathrm{Res}\left(\frac{1}{z^6+1};\ e^{-\frac{\pi}{6}i}\right) + \mathrm{Res}\left(\frac{1}{z^6+1};\ e^{\frac{\pi}{6}i}\right)\right\}$$

$$= 2\pi i\cdot\frac{1}{5}\left(e^{\frac{5}{6}\pi i}+e^{-\frac{5}{6}\pi i}\right)$$

$$= \frac{4\pi i}{5}\cos\frac{5\pi}{6} = -\frac{2\sqrt{3}\pi}{5}i$$

(4) $\displaystyle\int_0^\infty\frac{dx}{(x^2+a^2)^2} = \frac{1}{2}\int_{-\infty}^\infty\frac{dx}{(x^2+a^2)^2} = \frac{1}{2}\lim_{R\to\infty}\int_C\frac{dz}{(z^2+a^2)^2}$ ②

上の式の右辺の積分曲線 C は上の半円周 $|z|=R$（$\mathrm{Im}\,z\geq 0$）および実軸上にある直線 $z=x$（$-R\leq x\leq R$）からなる正の向きの閉曲線である．ここで，R は十分大きい実数である．関数 $\dfrac{1}{(z^2+a^2)^2}$ は閉曲線 C に囲まれる領域上で特異点（2位の極）ia のみをもつから，

$$\int_C\frac{dz}{(z^2+a^2)^2} = 2\pi i\mathrm{Res}\left(\frac{1}{(z^2+a^2)^2};\ ia\right)$$

$$= 2\pi i\cdot\lim_{z\to ia}\frac{d}{dz}\left((z-ia)^2\frac{1}{(z^2+a^2)^2}\right)$$

$$= 2\pi i\cdot\lim_{z\to ia}\frac{d}{dz}\frac{1}{(z+ia)^2} = 2\pi i\lim_{z\to ia}\frac{-2}{(z+ia)^3} = \frac{\pi}{2a^3}$$

すなわち，

$$\int_C\frac{dz}{(z^2+a^2)^2} = \frac{\pi}{2a^3} \qquad\qquad ③$$

③を②に代入すれば，$\displaystyle\int_0^\infty\frac{dx}{(x^2+a^2)^2} = \frac{\pi}{4a^3}$ が得られる．

問 題 研 究

4.1 線形分数変換 $w = \dfrac{z+1}{z-1}$ により，複素平面上の領域 $D_1 = \{z \mid |z| < 1\}$ および $D_2 = \{z \mid \operatorname{Re} z < 0\}$ がそれぞれどのような領域に変換されるかを示せ．ただし，$\operatorname{Re} z$ は複素数 z の実部を表す． (東大)

4.2 z, z_0 は複素数で，$i = \sqrt{-1}$ とする．以下の問に答えよ．

(1) 複素平面上で z_0 を中心とする半径 $r > 0$ の円周上を反時計回りに 1 周する積分路 C_1 について，次の積分を計算せよ．
$$I_1 = \oint_{C_1} (z - z_0)^{-1} dz$$

(2) 複素平面上で $|z| = 2$ の円周上を反時計回りに 1 周する積分路 C_2 について，次の積分を計算せよ．
$$I_2 = \oint_{C_2} \frac{z}{z^2 + 1} dz$$
(東大)

4.3 複素関数
$$f(z) = \frac{\log(z+i)}{z^2+1} \quad \text{と} \quad g(z) = \frac{\log(z-i)}{z^2+1}$$
を考え，以下の問に答えよ．ただし，$\log z = \log_e |z| + i \operatorname{Arg}(z) + 2mi\pi$ $(-\pi < \operatorname{Arg}(z) \leq \pi, m = 0, \pm 1, \pm 2, \cdots)$ である．また，i は虚数単位とし，e は自然対数の底とする．

(1) 図 1 に示す半径 R $(R > 1)$ の上半円周 C_1 と直径 C_2 からなる経路を反時計回りに一周する積分路 C について，C に囲まれる領域にある $f(z)$ の極とその留数を求めよ．

(2) 積分 $\displaystyle\int_C f(z) dz$ を求めよ．

(3) 上半円周 C_1 上 $(z = Re^{i\theta}, 0 \leq \theta \leq \pi, R > 1)$ において次の不等式を示せ．
$$\left| \int_{C_1} \frac{\log(z+i)}{z^2+i} dz \right| < \pi R \frac{\log_e(R+1) + \dfrac{3\pi}{2}}{R^2 - 1} \quad (\text{I})$$

ただし，必要なら $|\log(Re^{i\theta} + i)| < \log_e(R+1) + \dfrac{3\pi}{2}$ を用いてよい．

(4) 図 2 に示す半径 $R(R > 1)$ の下半円周 Γ_1 と直径 Γ_2 からなる経路を反時計回りに一周する積分路 Γ について，積分 $\displaystyle\oint_\Gamma g(z) dz$ を求めよ．

(5) 次式を証明せよ．
$$\int_0^\infty \frac{\log_e(x^2+1)}{x^2+1} dx = \pi \log_e 2 \quad (\text{II})$$

ただし，必要なら $\displaystyle\int_{C_1} f(z) dz \xrightarrow[R \to \infty]{} 0$ と $\displaystyle\int_{\Gamma_1} g(z) dz \xrightarrow[R \to \infty]{} 0$ を用いてよい．

(6) (5)の結果を用いて次の定積分を求めよ．

$$I = \int_0^{\pi/2} \log_e(\cos\theta)d\theta \qquad \text{(III)} \quad \text{(東大，津田大 *)}$$

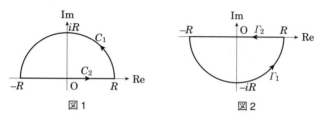

図1　図2

4.4 複素数についての以下の問に答えよ．ただし，i は虚数単位とする．z 平面（$z = x + iy$）上で定義された次の有理関数について，

$$f(z) = \frac{1}{(z-1)z(z+2)}$$

(1) z 平面上の領域 $1 < |z-1| < 3$ における $f(z)$ のローラン展開を求めよ．

(2) 閉曲線 $|z-1| = 2$ を反時計方向に回る積分路 C に対して，$\displaystyle\oint_C f(z)dz$ を求めよ．

（東大，電通大 *，立命館大 *，国公 *）

4.5 z 平面（$z = x + iy$）上で定義された次の有理関数について，以下の問に答えよ．

$$g(z) = \frac{z^2}{z^4 + 1}$$

(1) $g(z)$ の極のうち，上半平面にあるものをすべて求めよ．

(2) $g(z)$ に対して留数定理を適用して，次の定積分の値を求めよ．

$$\int_{-\infty}^{\infty} \frac{x^2}{x^4 + 1}dx \qquad \text{(東大，東北大 *)}$$

4.6 留数定理を用いて次の積分の値を求めよ．

$$\int_0^{\pi} \frac{\cos 4\theta}{1 + \cos^2\theta}d\theta \qquad \text{(東大，東大 *)}$$

4.7 複素平面上で，中心が $(1,0)$，半径 1 の円の上の 1 点を z とする．この z が原点を除くこの円周上を動くとき，$w = 1/z$ という関係で結びついた w は複素平面上でどのような図形を描くか． （東大，東大 *）

4.8 下図のような扇形（中心角 $\pi/4$，半径 R）の周に沿って，複素関数 $\exp(-z^2)$ を積分することを考える．ここで，$z = x + iy$ は複素数，x, y は実数，i は虚数単位である．この積分について，以下の問に答えよ．必要なら，公式

$$\int_0^{\infty} \exp(-x^2)dx = \frac{\sqrt{\pi}}{2}$$

を使ってよい．

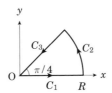

(1) 円弧 C_2 に沿った積分の値が, $R \to \infty$ のとき, 0 になることを証明せよ.

(2) 閉曲線 $C = C_1 + C_2 + C_3$ に沿った積分を利用して, 次の 2 つの積分を計算せよ.

$$\int_0^\infty \cos(x^2)dx, \quad \int_0^\infty \sin(x^2)dx \quad (阪大, 京大^*, 東北大^*, 茶大^*, 立教大^*)$$

4.9 (1) コーシーの積分公式[注]を利用して

$$\int_{|z|=1} \left(z + \frac{1}{z}\right)^{2n} \frac{dz}{z}$$

を求めよ.

(2) この結果を用いて次の公式を導け.

$$\int_0^{2\pi} \cos^{2n}\theta \, d\theta = 2\pi \frac{1 \cdot 3 \cdots (2n-1)}{2 \cdot 4 \cdots 2n}$$

[注] コーシーの積分公式: $\int_C \dfrac{f(z)}{z-a}dz = 2\pi i f(a)$, 点 a は経路 C の内部の点, $f(z)$ はこの領域内で正則. さらに $\int_C \dfrac{f(z)}{(z-a)^{(n+1)}}dz = \dfrac{2\pi i}{n!}\dfrac{d^n f(z)}{dz^n}\bigg|_{z=a}$ $(n \geq 0)$ が成り立つ.

(京大)

第5編

確率

5.1 事象の確率
5.1.1 確率の性質
事象 A, B に対して，次のことが成立する．
(i) $0 \leq P(A) \leq 1$
(ii) $P(\emptyset) = 0, P(\Omega) = 1$. ここで，$\emptyset$ は空事象で，Ω は全事象である．
(iii) $A \subset B$ のとき，$P(A) \leq P(B)$

5.1.2 条件付き確率
事象 A_2 の起こるもとで事象 A_1 の起こる確率を条件付き確率といい，$P(A_1 \mid A_2)$ で表す．$P(A_2) > 0$ のとき，

$$P(A_1 \mid A_2) = \frac{P(A_1 \cap A_2)}{P(A_2)}$$

と定義される．

5.1.3 確率の基本的な演算公式
事象 A, A_1, A_2, A_3, B に対して，次のことが成立する．
(i) $P(A^c) = 1 - P(A)$. ここで，A^c は A の余事象である．
(ii) $P(A_1 \cup A_2) = P(A_1) + P(A_2) - P(A_1 \cap A_2)$

特に，A_1, A_2 が排反事象（すなわち，$A_1 \cap A_2 = \emptyset$）であるとき，

$$P(A_1 \cup A_2) = P(A_1) + P(A_2)$$

(iii) $P(A_1 \cup A_2 \cup A_3) = P(A_1) + P(A_2) + P(A_3) - P(A_1 \cap A_2) - P(A_1 \cap A_3)$
$\qquad - P(A_2 \cap A_3) + P(A_1 \cap A_2 \cap A_3)$

特に，A_1, A_2, A_3 が排反事象（すなわち，$A_1 \cap A_2 = A_1 \cap A_3 = A_2 \cap A_3 = \emptyset$）であるとき

$$P(A_1 \cup A_2 \cup A_3) = P(A_1) + P(A_2) + P(A_3)$$

(iv) $A \subset B$ のとき，$P(A \setminus B) = P(A) - P(B)$. ここで，$A \setminus B = A \cap B^c$ は A と B の差事象である．

(v) $P(AB) = \begin{cases} P(A \mid B)P(B), & P(B) > 0 \\ P(B \mid A)P(A), & P(A) > 0 \end{cases}$

特に，A と B が独立であるとき，$P(AB) = P(A)P(B)$

5.2 確率変数
5.2.1 1次元確率変数

(1) **離散確率変数** 確率変数 X のとる値が有限個あるいは可算個の値に限られれば，X を離散確率変数といい，$P\{X = x_i\} = p_i$ ($i = 1, 2, \cdots, n$ あるいは $i = 1, 2, \cdots$) を X の確率分布という．ここで，$\sum_i p_i = 1$．

(2) **連続確率変数** 確率変数 X に対して，非負値をとる関数 $f(x)$ が存在し任意の実数 a, b ($a < b$) について確率

$$P\{a < X \leq b\} = \int_a^b f(x)dx$$

が成立すれば，X を連続確率変数といい，$f(x)$ を X の確率密度関数という．明らかに，$\int_{-\infty}^{\infty} f(x)dx = 1$

(3) **分布関数** 確率変数 X および任意の実数 x に対して，

$$F(x) = P\{X \leq x\}$$

を X の分布関数という．離散確率変数 X に対して，X の分布関数は

$$F(x) = \sum_{x_i \leq x} p_i$$

連続確率変数 X に対して，X の分布関数は

$$F(x) = \int_{-\infty}^{x} f(t)dt$$

(4) **主要な確率分布**

（i） **2項分布 $B(n, p)$** 確率変数 X のとる値が $0, 1, 2, \cdots, n$ で，確率分布が

$$P\{X = k\} = {}_n\mathrm{C}_k p^k (1-p)^{n-k} \quad (k = 0, 1, 2, \cdots, n, \quad 0 < p < 1)$$

のとき，X は n, p をパラメータとする2項分布に従うといい，$X \sim B(n, p)$ で表す．

（ii） **ポアソン分布 $P(\lambda)$** 確率変数 X のとる値が $0, 1, 2, \cdots$ で，確率分布が

$$P\{X = n\} = \frac{\lambda^n}{n!}e^{-\lambda} \quad (n = 0, 1, 2, \cdots, \quad \lambda > 0)$$

のとき，X は λ をパラメータとするポアソン分布に従うといい，$X \sim P(\lambda)$ で表す．

（iii） **一様分布** 確率変数 X の確率密度関数が

$$f(x) = \begin{cases} \dfrac{1}{b-a} & (a \leq x \leq b) \\ 0 & (その他) \end{cases}$$

のとき，X は a,b をパラメータとする一様分布に従うといい，$X \sim U[a,b]$ で表す．
 (iv) 指数分布　確率変数 X の確率密度関数が
$$f(x) = \begin{cases} \lambda e^{-\lambda x} & (x \geq 0) \\ 0 & (x < 0) \end{cases} \quad (\lambda > 0)$$

のとき，X は λ をパラメータとする指数分布に従うといい，$X \sim \mathrm{Exp}(\lambda)$ で表す．
 (v) 正規分布　確率変数 X の確率密度関数が
$$f(x) = \frac{1}{\sqrt{2\pi}\sigma} \exp\left(-\frac{(x-\mu)^2}{2\sigma^2}\right) \quad (-\infty < x < \infty, \quad \sigma > 0)$$

のとき，X は μ, σ^2 をパラメータとする正規分布に従うといい，$X \sim N(\mu, \sigma^2)$ で表す．

5.2.2　2次元確率変数

(1) 離散確率変数　2次元確率変数 (X,Y) のとる有限組あるいは可算組の値に限るとき，(X,Y) を離散確率変数という．
$$P\{X = x_i, Y = y_j\} = p_{ij}$$
$$(i = 1, 2, \cdots, m, \quad j = 1, 2, \cdots, n \quad \text{あるいは} \quad i, j = 1, 2, \cdots)$$

を (X,Y) の確率分布という．ここで，$\sum_{i,j} p_{ij} = 1$

(2) 連続確率変数　2次元確率変数 (X,Y) に対して，非負値をとる関数 $f(x,y)$ が存在し，任意の実数 $a,b,c,d\ (a<b, c<d)$ について，
$$P\{a < X \leq b, c < Y \leq d\} = \iint_{\substack{a<x\leq b\\c<y\leq d}} f(x,y)dxdy$$

が成立するとき，(X,Y) を連続確率変数という．明らかに，
$$\int_{-\infty}^{\infty}\int_{-\infty}^{\infty} f(x,y)dxdy = 1$$

(3) 分布関数　2次元確率変数 (X,Y) および任意の実数 x,y に対して，確率
$$F(x,y) = P\{X \leq x, Y \leq y\}$$

を (X,Y) の分布関数という．

離散確率変数 (X,Y) に対して，(X,Y) の分布関数は
$$F(x,y) = \sum_{\substack{x_i \leq x\\y_j \leq y}} p_{ij}$$

連続確率変数 (X,Y) に対して，(X,Y) の分布関数は
$$F(x,y) = \int_{-\infty}^{x}\int_{-\infty}^{y} f(s,t)dsdt$$

(4) 周辺分布　2次元離散確率変数 (X, Y) の確率分布を

$$P\{X = x_i, Y = y_j\} = p_{ij}$$
$$(i = 1, 2, \cdots, m, \quad j = 1, 2, \cdots, n \quad \text{あるいは} \quad i, j = 1, 2, \cdots)$$

とすると，X についての周辺確率分布は

$$P\{X = x_i\} = \sum_j p_{ij} \quad (i = 1, 2, \cdots, m \quad \text{あるいは} \quad i = 1, 2, \cdots)$$

Y についての周辺確率分布は

$$P\{Y = y_j\} = \sum_i p_{ij} \quad (j = 1, 2, \cdots, n \quad \text{あるいは} \quad j = 1, 2, \cdots)$$

2次元連続確率変数 (X, Y) の確率密度関数を $f(x, y)$ とすると，

$$X \text{ についての周辺確率密度関数} \quad f_1(x) = \int_{-\infty}^{\infty} f(x, y) dy$$

$$Y \text{ についての周辺確率密度関数} \quad f_2(y) = \int_{-\infty}^{\infty} f(x, y) dx$$

2次元確率変数の分布関数が $F(x, y)$ であるとき，X についての分布関数は $F_1(x) = F(x, \infty)$，Y についての分布関数は $F_2(y) = F(\infty, y)$．

(5) 確率変数の独立性　確率変数 X, Y の分布関数がそれぞれ $F_1(x), F_2(y)$ で，2次元確率変数 (X, Y) の分布関数が $F(x, y)$ であるとき，任意の (x, y) に対して $F(x, y) = F(x)F(y)$ が成立すれば，X, Y は独立であるという．

5.3　確率変数の平均値，分散と共分散

5.3.1　平均値

(1) 平均値の定義　離散確率変数 X の確率分布は

$$P\{X = x_i\} = p_i \quad (i = 1, 2, \cdots, n \quad \text{あるいは} \quad i = 1, 2, \cdots)$$

であるとき，X の平均値は

$$E(X) = \sum_i x_i p_i$$

連続確率変数 X の確率密度関数が $f(x)$ であるとき，X の平均値は

$$E(X) = \int_{-\infty}^{\infty} x f(x) dx$$

(2) 平均値の性質　確率変数 X, Y に対して，
(i) 　$E(c) = c$ 　（c は定数）
(ii) 　$E(aX + bY) = aE(X) + bE(Y)$ 　（a, b は定数）
(iii) 　X, Y が独立であるとき，$E(XY) = E(X)E(Y)$

(iv) 関数 $g(x)$ に対して,

$$E(g(X)) = \begin{cases} \displaystyle\sum_i g(x_i)p_i, \\ \qquad X \text{ は確率分布 } P\{X = x_i\} = p_i \text{ をもつ離散確率変数} \\ \displaystyle\int_{-\infty}^{\infty} g(x)f(x)dx, \\ \qquad X \text{ は確率密度関数 } f(x) \text{ をもつ連続確率変数} \end{cases}$$

(3) 主要な確率変数の平均値

$X \sim B(n, p)$ のとき, $E(X) = np$

$X \sim P(\lambda)$ のとき, $E(X) = \lambda$

$X \sim U[a, b]$ のとき, $E(X) = \dfrac{1}{2}(a + b)$

$X \sim E(\lambda)$ のとき, $E(X) = \dfrac{1}{\lambda}$

$X \sim N(\mu, \sigma^2)$ のとき, $E(X) = \mu$

5.3.2 分散と標準偏差

(1) 分散の定義

確率変数 X の $E((X - E(X))^2)$ を X の分散といい, σ_X^2 あるいは $V(X)$ で表す.

(2) 分散の性質　確率変数 X, Y に対して,

(i) $V(c) = 0$ (c は定数)

(ii) $V(cX) = c^2 V(X)$ (c は定数)

(iii) X, Y が独立であるとき, $V(X + Y) = V(X) + V(Y)$

(iv) $V(X) = E(X^2) - (E(X))^2$

(3) 主要な確率変数の分散

$X \sim B(n, p)$ のとき, $V(X) = np(1 - p)$

$X \sim P(\lambda)$ のとき, $V(X) = \lambda$

$X \sim U[a, b]$ のとき, $V(X) = \dfrac{1}{12}(b - a)^2$

$X \sim \mathrm{Exp}(\lambda)$ のとき, $V(X) = \dfrac{1}{\lambda^2}$

$X \sim N(\mu, \sigma^2)$ のとき, $V(X) = \sigma^2$

(4) 標準偏差　確率変数 X の $\sqrt{V(X)}$ を X の標準偏差といい, σ_X で表す.

5.3.3 共分散,相関係数

(1) **共分散の定義** 2次元確率変数 (X,Y) の $E\left((X-E(X))(Y-E(Y))\right)$ を X と Y の共分散といい,$\mathrm{cov}(X,Y)$ あるいは σ_{XY} で表す.ここで,

$$E\left((X-E(X))(Y-E(Y))\right)$$
$$=\begin{cases} \displaystyle\sum_{i,j}(x_i-E(X))(y_j-E(Y))p_{ij} \\ \quad (X,Y) \text{は確率分布 } P\{X=x_i,Y=y_j\}=p_{ij}\text{をもつ離散確率変数} \\ \displaystyle\int_{-\infty}^{\infty}\int_{-\infty}^{\infty}(x-E(X))(y-E(Y))f(x,y)dxdy \\ \quad (X,Y) \text{は確率密度関数 } f(x,y)\text{をもつ連続確率変数} \end{cases}$$

(2) **共分散の性質** 確率変数 X,Y に対して
(i) $\mathrm{cov}(X,Y)=\mathrm{cov}(Y,X)$
(ii) $\mathrm{cov}(aX,bY)=ab\,\mathrm{cov}(X,Y)$
(iii) $V(X+Y)=V(X)+V(Y)+2\,\mathrm{cov}(X,Y)$
(iv) X,Y が独立であるとき,$\mathrm{cov}(X,Y)=0$
(v) $\mathrm{cov}(X,Y)=E(XY)-E(X)E(Y)$

(3) **相関係数** 確率変数 X,Y の標準偏差 σ_X,σ_Y が $\sigma_X\neq 0$,$\sigma_Y\neq 0$ のとき,

$$\rho=\frac{\sigma_{XY}}{\sigma_X\sigma_Y}$$

を X と Y の相関係数という.

X,Y が独立であるとき,$\rho=0$(すなわち,X,Y に相関がない).

例題 5.1

独立な確率変数 $X_1, \cdots, X_n$ が，各々確率 $1/2$ で値 $+1, -1$ をとるとする．よって，$E(X_i) = 0$ で，$X = X_1 + \cdots + X_n$ とおくと，$E(X) = 0$ となる．次の Chernoff 不等式は，$X_1 + \cdots + X_n$ が十分大きな正の値をとる確率が非常に小さいということを示している．

$$P\{X \geq an\} \leq e^{-a^2 n/2} \quad (\text{ただし}, a > 0 \text{と仮定する})$$

以下の設問に答えよ．

(1) ある t に対して，$E(e^{tX})$ を求めよ．

(2) e^x のテイラー展開を用いて，

$$\frac{1}{2}(e^t + e^{-t}) \leq e^{t^2/2}$$

が成り立つことを示せ．

(3) 有限個の非負の値をとる確率変数 Y と正数 b に対して，

$$P\{Y \geq b\} \leq \frac{E(Y)}{b}$$

が成り立つことを示せ．

[ヒント] 関数 f を

$$f(y) = \begin{cases} 1 & (y \geq b \text{の場合}) \\ 0 & (y < b \text{の場合}) \end{cases}$$

と定義すれば，$P\{Y \geq b\} = E(f(Y))$ である．

(4) $t > 0$ のとき，$X \geq an$ と $e^{tX} \geq e^{tan}$ が同値であることを用いて，Chernoff の不等式を証明せよ． (名大)

【解説】(1) 与えられた条件により，$e^{tX_1}, e^{tX_2}, \cdots, e^{tX_n}$ は独立であり，$i = 1, 2, \cdots, n$ に対して，

$$E(e^{tX_i}) = \frac{1}{2}(e^t + e^{-t})$$

よって，

$$\begin{aligned}
E(e^{tX}) &= E(e^{tX_1} \cdot e^{tX_2} \cdot \cdots \cdot e^{tX_n}) \\
&= E(e^{tX_1}) \cdot E(e^{tX_2}) \cdot \cdots \cdot E(e^{tX_n}) \\
&= \frac{1}{2^n}(e^t + e^{-t})^n
\end{aligned}$$

(2) $\dfrac{1}{2}(e^t + e^{-t}) = \dfrac{1}{2}\left(\sum_{n=0}^{\infty} \dfrac{1}{n!}t^n + \sum_{n=0}^{\infty} \dfrac{(-1)^n}{n!}t^n\right)$

$= \sum_{n=0}^{\infty} \dfrac{1}{(2n)!}t^{2n} \leq \sum_{n=0}^{\infty} \dfrac{1}{2^n n!}(t^2)^n = e^{t^2/2}$

(3) 関数 f を

$$f(y) = \begin{cases} 1 & (y \geq b \text{ の場合}) \\ 0 & (y < b \text{ の場合}) \end{cases}$$

と定義すれば,

$$E(f(Y)) = \int_{-\infty}^{\infty} f(y)dF_Y(y) = \int_{y \geq b} dF_Y(y) = P\{Y \geq b\} \qquad ①$$

ここで, $F_Y(y)$ は確率変数 Y の分布関数である. 一方, f の定義により, $y/b \geq 1$ の場合, $f(y) = 1$, すなわち, $y/b \geq f(y)$ が成立する. よって,

$$\dfrac{E(Y)}{b} = E\left(\dfrac{Y}{b}\right) \geq E(f(Y)) \qquad ②$$

①と②により,

$$P\{Y \geq b\} \leq \dfrac{E(Y)}{b}$$

が成立する.

(4) (1), (2)および(3)により,

$$P\{X \geq an\} = P\{e^{tX} \geq e^{tan}\}$$

$$\leq \dfrac{E(e^{tX})}{e^{tan}} = \dfrac{\left(\dfrac{1}{2}(e^t + e^{-t})\right)^n}{e^{tan}}$$

$$\leq \dfrac{e^{nt^2/2}}{e^{tan}} = \dfrac{e^{n \cdot \frac{1}{2}(x^2+a^2)}}{e^{n \cdot ta}} \cdot e^{-na^2/2}$$

すなわち,

$$P\{X \geq an\} \leq \dfrac{e^{n \cdot \frac{1}{2}(x^2+a^2)}}{e^{n \cdot ta}} \cdot e^{-na^2/2} \qquad ③$$

③の中の t を a とおくと,

$$P\{X \geq an\} \leq e^{-na^2/2}$$

よって, Chernoff の不等式が証明された.

例題 5.2

確率変数 X と Y が平均値 η_X, η_Y, 標準偏差 σ_X, σ_Y, 相関係数 r_{XY} をもつ同時正規分布するとする．このとき，確率変数

$$Z = aX + bY, \quad W = aX - bY \quad (a, b \text{ は定数})$$

について次の問に答えよ．
(1) W の分散 σ_W^2 を求めよ．
(2) Z と W の積 ZW の期待値を求めよ．
(3) Z と W の共分散 C_{ZW} および相関関数 r_{ZW} を求めよ．
(4) Z と W の同時確率密度関数を求めよ． (阪大)

【解説】 (1) W の分散は

$$\sigma_W^2 = V(aX - bY)$$
$$= a^2 V(X) + b^2 V(Y) - 2ab \operatorname{cov}(X, Y)$$

ここで，$V(X), V(Y)$ はそれぞれ確率変数 X, Y の分散であり，$\operatorname{cov}(X, Y)$ は X と Y の共分散である．明らかに，

$$V(X) = \sigma_X^2, \quad V(Y) = \sigma_Y^2, \quad \operatorname{cov}(X, Y) = r_{XY} \sigma_X \sigma_Y$$

よって，

$$\sigma_W^2 = a^2 \sigma_X^2 + b^2 \sigma_Y^2 - 2ab r_{XY} \sigma_X \sigma_Y$$

(同様に $\sigma_Z^2 = a^2 \sigma_X^2 + b^2 \sigma_Y^2 + 2ab r_{XY} \sigma_X \sigma_Y$．)

(2) ZW の期待値は

$$E(ZW) = E(a^2 X^2 - b^2 Y^2) = a^2 E(X^2) - b^2 E(Y^2)$$

ここで,

$$E(X^2) = V(X) + (E(X))^2 = \sigma_X^2 + \eta_X^2,$$
$$E(Y^2) = V(Y) + (E(Y))^2 = \sigma_Y^2 + \eta_Y^2$$

よって,

$$E(ZW) = a^2 (\sigma_X^2 + \eta_X^2) - b^2 (\sigma_Y^2 + \eta_Y^2)$$

(3) Z と W の共分散は

$$C_{ZW} = E((Z - E(Z))(W - E(W)))$$
$$= E((a(X - \eta_X) + b(Y - \eta_Y))(a(X - \eta_X) - b(Y - \eta_Y)))$$
$$= a^2 E((X - \eta_X)^2) - b^2 E((Y - \eta_Y)^2)$$
$$= a^2 \sigma_X^2 - b^2 \sigma_Y^2$$

Z と W の相関係数は

$$r_{ZW} = C_{ZW}/\sqrt{V(Z)V(W)}$$
$$= \frac{a^2\sigma_X^2 - b^2\sigma_Y^2}{\sigma_Z \sigma_W}$$
$$= \frac{a^2\sigma_X^2 - b^2\sigma_Y^2}{\sqrt{(a^2\sigma_X^2 + b^2\sigma_Y^2 + 2ab\sigma_X\sigma_Y)(a^2\sigma_X^2 + b^2\sigma_Y^2 - 2ab\sigma_X\sigma_Y)}}$$

(4) 仮定により, 2 次元確率変数 (Z, W) は正規分布に従う. よって, Z と W の同時確率密度関数は

$$f(Z, W) = \frac{1}{2\pi\sqrt{1-\rho^2}} \exp\left[-\frac{1}{2(1-\rho^2)}\left(\left(\frac{Z-\mu_1}{\sigma_1}\right)^2\right.\right.$$
$$\left.\left. -2\rho\left(\frac{Z-\mu_1}{\sigma_1}\right)\left(\frac{W-\mu_2}{\sigma_2}\right) + \left(\frac{W-\mu_2}{\sigma_2}\right)^2\right)\right]$$

ここで,

$$\mu_1 = E(Z) = a\eta_X + b\eta_Y, \quad \mu_2 = E(W) = a\eta_X - b\eta_Y,$$
$$\sigma_1^2 = \sigma_Z^2 = a^2\sigma_X^2 + b^2\sigma_Y^2 + 2abr_{XY}\sigma_X\sigma_Y,$$
$$\sigma_2^2 = \sigma_W^2 = a^2\sigma_X^2 + b^2\sigma_Y^2 - 2abr_{XY}\sigma_X\sigma_Y,$$
$$\rho = r_{ZW} = \frac{a^2\sigma_X^2 - b^2\sigma_Y^2}{\sigma_Z\sigma_W}$$
$$= \frac{a^2\sigma_X^2 - b^2\sigma_Y^2}{\sqrt{(a^2\sigma_X^2 + b^2\sigma_Y^2 + 2ab\sigma_X\sigma_Y)(a^2\sigma_X^2 + b^2\sigma_Y^2 - 2ab\sigma_X\sigma_Y)}}$$

問題研究

5.1 分布関数が $f(x_1)$, $g(x_2)$ $(-\infty < x < \infty)$ で与えられる変数 x_1, x_2 があるとき，和 $x_1 + x_2$ の分布関数を求めよ． (東大†，東大*)

5.2 (1) 下記ローレンツ分布に従う変数 x_1, x_2 があるとき，和 $x_1 + x_2$ の特性関数を求めよ．

(2) 規格化されたローレンツ分布 $g(x) = \dfrac{1}{\pi} \dfrac{a}{x^2 + a^2}$ $(a > 0$ は定数，$-\infty < x < \infty)$ に従う変数 x_1, x_2 があるとき，和 $x_1 + x_2$ の分布関数を求めよ． (東大†，東大*)

5.3 正規分布 $P(x) = \dfrac{1}{\sqrt{2\pi}\,\sigma} \exp\left(-\dfrac{x^2}{2\sigma^2}\right)$ $(-\infty < x < \infty, \sigma > 0)$ に従う 2 つの独立な確率変数 x, y の和 $x + y$ が従う確率分布関数と，商 x/y が従う確率分布関数を求めよ．また，それぞれの分布を $P(x)$ と比較し，その違いを簡潔に述べよ． (東大)

5.4 ある確率分布関数 P に従う 2 つの独立な確率変数 x, y がある．その積 $s = xy$ は以下の確率分布関数 $Q(s)$ に，また，商 $t = x/y$ は以下の確率分布関数 $R(t)$ に従うことを示せ．

$$Q(s) = \int \frac{1}{|x|} P(x) P\left(\frac{s}{x}\right) dx, \quad R(t) = \int |x| P(x) P(tx) dx$$

ここで，$P(x)$ は上式の被積分関数を発散させないものとする． (東大)

5.5 (1) 平均 0，分散 σ^2 の正規分布 $f(x) = \dfrac{1}{\sqrt{2\pi}\,\sigma} \exp\left(-\dfrac{x^2}{2\sigma^2}\right)$ の半値幅 FWHM (full width at half maximum) と σ の関係を導け．

(2) x_1, x_2, x_3 がそれぞれ平均 0，分散 σ^2 の正規分布に従うとき，$R = \sqrt{x_1^2 + x_2^2 + x_3^2}$ の分布関数を求め，その分布関数の値が最大となる R の値を求めよ． (東大，東工大*)

5.6 確率分布

$$p(n : \lambda) = \frac{\lambda^n}{n!} e^{-\lambda} \quad (\lambda > 0, n = 0, 1, 2, \cdots) \tag{I}$$

に対して，次を定義するとき，以下の問に答えよ．

$$C_k = \sum_{n=0}^{\infty} n^k p(n : \lambda) \tag{II}$$

(1) C_0 と C_1 を求めよ．

(2) $C_k = \lambda C_{k-1} + \lambda \frac{\partial}{\partial \lambda} C_{k-1}$ が成り立つことを証明せよ．

(3) $V = \sum_{n=0}^{\infty} (n - \lambda)^2 p(n : \lambda)$ を求めよ． (東大)

5.7 確率分布について以下の(1)〜(3)に答えよ．以下では確率分布の平均を μ，分散を σ^2 と表す．答えの導出や証明では途中の計算過程を省略せずに記述すること．

(1) 1 回の試行で事象 A が起きる確率を p とする．

(a) n 回試行するときに A が x 回起きる確率関数 B_x を求めよ．

(b) 上で求めた確率関数を二項分布という．確率変数 X が二項分布に従うとき，X の平均と分散を求めよ．

(2) ポアソン分布 $P_x = \dfrac{\mu^x}{x!}e^{-\mu}$ について以下の問に答えよ．
   (a) μ が有限で n が大きい極限で，二項分布 B_x がポアソン分布になることを示せ．
   (b) 確率分布 X がポアソン分布に従うとき，X の平均と分散が等しくなることを示せ．

(3) 正規分布 $G(x) = Ce^{-(x-\mu)^2/2\sigma^2}$ について以下の問に答えよ．
   (a) 規格化定数 C を求めよ．
   (b) n が大きい極限で，二項分布 B_x が正規分布になることを示せ．ここで B_x は x の連続関数とみなしてよいとする． (東大，北大 *，首大 *，総研大 *)

5.8 離散的な確率変数 N の分布はパラメータ λ のポアソン分布である．
$$P\{N = n\} = \frac{\lambda^n}{n!}e^{-\lambda}, \quad n = 0, 1, 2, \cdots \quad (\mathrm{I})$$
また，離散的な確率変数 X の N に関する条件付分布が次のように与えられている．p, q は $p + q = 1, p > 0, q > 0$ の条件を満たすとき，次の(1)〜(5)の問に答えよ．
$$P\{X = k \mid N = n\} = \begin{cases} {}_n\mathrm{C}_k p^k q^{n-k} & (k = 0, 1, \cdots, n, n = 0, 1, \cdots) \\ 0 & (\text{その他}) \end{cases} \quad (\mathrm{II})$$

(1) $(N-1)(N-2)$ の期待値 $E\left((N-1)(N-2)\right) = E\left(N(N-1)\right) - 2E(N) + 2$ を求めよ．

(2) 2つの事象 A, B について，$P(A \mid B)$ を事象 B に関する事象 A の条件付確率としたとき，$P(A \cap B), P(B), P(A \mid B)$ の3つの確率の間にはどのような関係があるか．

(3) 前問(2)の結果を用いて，2つの事象 $\{X = k\}$ と $\{N = n\}$ の同時事象
$$\{X = k\} \cap \{N = n\} = \{X = k, N = n\}$$
の確率 $P\{X = k, N = n\}$ を式(I)，(II)を用いて書き表せ．k と n の範囲に注意せよ．

(4) $P\{X = k\}$ の確率はどのようになるか．前問(3)の結果を用いて，次の和の計算を行え．また，このことから期待値 $E(X)$ はどのようになるか．
$$P\{X = k\} = \sum_{n=k}^{\infty} P\{X = k, N = n\}$$

(5) $X \cdot (N-1)(N-2)$ の期待値 $E(X \cdot (N-1)(N-2))$ を次の計算を行うことで求めよ．またこれを用いて，共分散 $\mathrm{Cov}(X, (N-1)(N-2))$ を求めよ．%
$$E(X \cdot (N-1)(N-2)) = \sum_{n=0}^{\infty}\sum_{k=0}^{n} k \cdot (n-1)(n-2) \cdot P\{X = k, N = n\} \quad (\text{名工大})$$

第2部
物理学

- 第6編　一 般 力 学
- 第7編　連続体力学
- 第8編　熱　力　学
- 第9編　統計力学・物性
- 第10編　電 磁 気 学
- 第11編　光　　学
- 第12編　量子力学・原子核
- 第13編　天 文 宇 宙

第 6 編

一般力学

6.1 質点・質点系の力学
6.1.1 質点の運動方程式
(1) ニュートンの式は

$$ma = F \quad (a：加速度) \tag{6.1}$$

自然座標では

$$m\dot{v} = F_t, \quad \frac{mv^2}{\rho} = F_n, \quad 0 = F_b \quad (\text{t：接線, n：主法線, b：陪法線}) \tag{6.2}$$

平面極座標では，

$$m(\ddot{r} - r\dot{\theta}^2) = F_r, \quad m\frac{1}{r}\frac{d}{dt}(r^2\dot{\theta}) = F_\theta \tag{6.3}$$

(2) 運動量を $p = mv$ とすると，$\dfrac{dp}{dt} = F$ \hfill (6.4)

角運動量を $L = r \times p$ とすると，

$$\frac{dL}{dt} = N \quad (N = r \times F：力のモーメント) \tag{6.5}$$

6.1.2 惑星運動
軌道の式は極座標で

$$r = \frac{l}{1 + \varepsilon\cos(\theta + \alpha)}, \quad \text{ただし}, \quad l = \frac{h^2}{GM}, \quad \varepsilon = \sqrt{1 + \frac{2Eh^2}{G^2mM^2}} \tag{6.6}$$

$$\begin{pmatrix} M：太陽質量, \ m：惑星質量, \ E：エネルギー, \\ h：面積速度の2倍, \ G：万有引力定数, \ \alpha：積分定数 \end{pmatrix}$$

6.1.3 中心力による散乱
衝突係数を b，入射粒子流の強さを I とすると，b と $b + db$ の間から入射し，角 ϕ と $\phi + d\phi$ の間の方向に飛び去る粒子数は

$$\tau \cdot 2\pi b db = -\sigma(\phi) I \cdot 2\pi \sin\phi d\phi \quad (\Omega = 2\pi \sin\phi d\phi：立体角) \tag{6.7}$$

これから，散乱の微分断面積 $\sigma(\phi)$ は $\sigma(\phi) = -\dfrac{b}{\sin\phi}\dfrac{db}{d\phi}$ （散乱公式） \hfill (6.8)

全断面積は $\sigma = \displaystyle\int \sigma(\phi) d\Omega$ \hfill (6.8)′

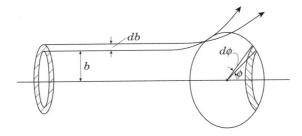

6.1.4 相対運動
(1) 並進座標系 慣性系に対して加速度 a_0 で並進運動する座標系で
$$ma' = F - ma_0 \tag{6.9}$$
(2) 回転座標系 原点を固定し,角速度 ω で回転する座標系で
$$ma' = F - 2m\omega \times v' - m\dot{\omega} \times r + m\omega^2 \rho \tag{6.10}$$
(ρ:回転軸からの距離, $-2m\omega \times v'$:コリオリ力, $m\omega^2\rho$:遠心力)

6.1.5 質点系の運動
全質量を M,全角運動量を L,質量中心を r_c,外力を F_i,外力のモーメントを N_i とすると,
$$M\frac{d^2 r_c}{dt^2} = \sum F_i \tag{6.11}$$
$$\frac{dL}{dt} = \sum N_i \tag{6.12}$$

6.1.6 質量が変化する物体の運動
運動中の物体に物体が付着したり,物体内から物質が噴出されるとき,物体の質量を $m(t)$,速度を v,付着または噴出する物質の相対速度を v',そのとき働く外力を F とすると,$m\dfrac{dv}{dt} = F + \dfrac{dm}{dt}v'$ (6.13)
特に,静止していた物が付着したり,噴出された物が静止したりするときは,$v' = -v$ から, $\dfrac{d(mv)}{dt} = F$ (6.14)

6.2 剛体の力学
6.2.1 剛体の運動方程式
剛体の質量を M,重心の位置を r_G,外力を F,ある固定点に関する角運動量を L,外力のモーメントを N,重心の周りの相対運動の角運動量を L',重心の周りの外力のモーメントを N' とすると,
$$\text{重心並進}: M\frac{d^2 r_G}{dt^2} = \sum F \tag{6.15}$$

回転：
$$\frac{d\boldsymbol{L}}{dt} = \sum \boldsymbol{N} \quad （固定点周り） \tag{6.16a}$$

$$\frac{d\boldsymbol{L}'}{dt} = \sum \boldsymbol{N}' \quad （重心周り） \tag{6.16b}$$

6.2.2 角運動量

座標系 xyz に関する慣性モーメントを I_{xx}, I_{yy}, I_{zz}，慣性乗積を I_{xy}, I_{yz}, I_{zx}，角速度を $\omega_x, \omega_y, \omega_z$ とすると，角運動量の成分は

$$L_x = I_{xx}\omega_x + I_{xy}\omega_y + I_{xz}\omega_z \quad \text{など} \tag{6.17}$$

$$I_{xx} = \int \rho(y^2 + z^2)dv \quad (\rho：密度) \quad \text{など} \tag{6.17}'$$

慣性乗積が全て 0 になる座標軸（x_1, x_2, x_3 軸）を慣性主軸，このときの慣性モーメント I_1, I_2, I_3 を主慣性モーメントと呼ぶ．

6.2.3 衝撃運動

力積 $\bar{\boldsymbol{F}}$，力積モーメント $\boldsymbol{N}, \boldsymbol{N}'$ が働くとき，

$$M\Delta\dot{\boldsymbol{r}}_{\text{G}} = \bar{\boldsymbol{F}} = \int \boldsymbol{F}dt \tag{6.18}$$

$$\Delta\boldsymbol{L} = \bar{\boldsymbol{N}} = \int \boldsymbol{N}dt, \quad \Delta\boldsymbol{L}' = \bar{\boldsymbol{N}}' = \int \boldsymbol{N}'dt \tag{6.19}$$

このとき，$\Delta L_x = I_x\Delta\omega_x + I_{xy}\Delta\omega_y + I_{xz}\Delta\omega_z$ など $\tag{6.20}$

6.2.4 オイラーの運動方程式

剛体が角速度 $\boldsymbol{\omega}$ で回転しているとき，角運動量 $\boldsymbol{L}$ を慣性系，物体系で微分した値を添字で示すと，

$$\left(\frac{d\boldsymbol{L}}{dt}\right)_{慣性系} = \left(\frac{d\boldsymbol{L}}{dt}\right)_{物体系} + \boldsymbol{\omega} \times \boldsymbol{L} \tag{6.21}$$

(6.16) より，$\left(\dfrac{d\boldsymbol{L}}{dt}\right)_{物体系} + \boldsymbol{\omega} \times \boldsymbol{L} = \boldsymbol{N}$（オイラーの運動方程式） $\tag{6.22}$

慣性主軸方向の成分でかくと，

$$\begin{cases} I_1\dot{\omega}_1 - (I_2 - I_3)\omega_2\omega_3 = N_1 \\ I_2\dot{\omega}_2 - (I_3 - I_1)\omega_3\omega_1 = N_2 \\ I_3\dot{\omega}_3 - (I_1 - I_2)\omega_1\omega_2 = N_3 \end{cases} \tag{6.23}$$

6.3 解析力学

6.3.1 ラグランジュの方程式

(1) T を運動エネルギーとすると，運動方程式は

$$\frac{d}{dt}\left(\frac{\partial T}{\partial \dot{q}_{\text{r}}}\right) - \frac{\partial T}{\partial q_{\text{r}}} = Q_{\text{r}} \quad （ラグランジュの方程式） \tag{6.24}$$

(2) 力がポテンシャル U をもつとき，$Q_{\text{r}} = -\partial U/dq_{\text{r}}$ で，(6.24) は

$$\frac{d}{dt}\left(\frac{\partial L}{\partial \dot{q}_{\mathrm{r}}}\right) - \frac{\partial L}{\partial q_{\mathrm{r}}} = 0 \tag{6.25}$$

ただし，$L = T - U$（ラグランジアン） (6.26)

6.4 振動

6.4.1 単振子

糸の長さ l の単振子の運動方程式は $m\ddot{\theta} = -\dfrac{mg}{l}\sin\theta$ (6.27)

初期条件を $t = 0$ で $\theta = \theta_0, \dot{\theta} = v_0/l$ とすると，

$$\begin{cases} \sin\dfrac{\theta}{2} = \sqrt{\dfrac{v_0^2 + 2gl(1-\cos\theta_0)}{4gl}}\,\mathrm{sn}\left\{\sqrt{\dfrac{g}{l}}(t+t_0),\ \sqrt{\dfrac{v_0^2 + 2gl(1-\cos\theta_0)}{4gl}}\right\} \\ T = 4\sqrt{\dfrac{l}{g}}\,K\left(\sqrt{\dfrac{v_0^2 + 2gl(1-\cos\theta_0)}{4gl}}\right) \end{cases} \tag{6.28}$$

ただし，sn：ヤコビの楕円関数，K：第1種完全楕円関数．$\theta \ll 1$ のとき，

$$m\ddot{\theta} = -\frac{mg}{l}\theta \tag{6.29}$$

$$\begin{cases} \theta = a\cos(\omega t + \alpha) \\ T = 2\pi\sqrt{\dfrac{l}{g}},\quad a = \sqrt{\theta_0^2 + \dfrac{v_0^2}{gl}},\quad \alpha = \tan^{-1}\dfrac{v_0}{\theta_0\sqrt{gl}} \end{cases} \tag{6.30}$$

6.4.2 減衰振動

単振動に速度に比例する抵抗が加わった場合の運動方程式（抵抗力 $2mk'\dot{x}$）は

$$m\ddot{x} = -m\omega^2 x - 2mk'\dot{x} \tag{6.31}$$

$\omega > k'$ のとき，

$$x = ae^{-k't}\cos(\sqrt{\omega^2 - k'^2}\,t + \alpha) \quad (a, \alpha：積分定数) \tag{6.32}$$

$\omega < k'$ のとき，

$$x = e^{-k't}\{a\exp(-\sqrt{k'^2 - \omega^2}\,t) + b\exp(\sqrt{k'^2 - \omega^2}\,t)\} \tag{6.33}$$

$(a, b：積分定数, k'：対数減衰率)$

6.4.3 強制振動

単振動に振動する力（角速度 ω_0）が加わった場合の運動方程式は

$$m\ddot{x} = -m\omega^2 x + ma_0\omega_0^2\cos\omega_0 t \tag{6.34}$$

$\omega \neq \omega_0$ のとき, $x = a\cos(\omega t + \alpha) + \dfrac{a_0(\omega_0/\omega)^2}{\{1-(\omega_0/\omega)^2\}}\omega\omega_0 t$ (6.35)

$\omega = \omega_0$ のとき, $x = a\cos(\omega t + \alpha) + \dfrac{1}{2}a_0\omega_0 t \sin\omega_0 t$ (6.36)

6.4.4 減衰がある場合の強制振動
運動方程式は
$$m\ddot{x} = -m\omega^2 x + ma_0\omega_0^2 \cos\omega_0 t - 2mk'\dot{x} \tag{6.37}$$

$\omega > k'$ のとき,
$$\begin{aligned}x = ae^{-k't}\cos(\sqrt{\omega^2 - k'^2}\,t + \alpha) &+ \frac{a_0(\omega_0/\omega)^2}{\sqrt{\{1-(\omega_0/\omega)^2\}^2 + (2k'\omega_0/\omega^2)^2}}\\ &\times \cos\left[\omega_0 t - \tan^{-1}\left\{\frac{2k'\omega_0/\omega^2}{1-(\omega_0/\omega)^2}\right\}\right]\end{aligned} \tag{6.38}$$

6.4.5 規準振動
質点系のラグランジアンが
$$L = \sum_i \frac{1}{2}m_i \dot{q}_i^2 - \sum_i \frac{1}{2}c_{ii}q_i^2 - \sum_{i>j=1} c_{ij}q_i q_j, \quad c_{ij} = c_{ji} \tag{6.39}$$

の場合の運動方程式は
$$m_i\ddot{q}_i + \sum_{j=1} c_{ij}q_j = 0 \quad (i = 1,\cdots,f) \tag{6.40}$$

$q_i = a_i \exp(i\omega t)$ とおくと, δ_{ij} をクロネッカーのデルタとして
$$\sum_i \{m_i\omega^2 \delta_{ij} - c_{ij}\}a_j = 0 \quad (i = 1,\cdots,f) \tag{6.41}$$

(6.41) が解をもつためには, $\det|m_i\omega^2 \delta_{ij} - c_{ij}| = 0$ (永年方程式) (6.42)

(6.40) の一般解は $q_i = \displaystyle\sum_{j=1} a_i^j \exp(i\omega_j t)$ (6.43)

ただし, ω_j: j 番目の規準振動の角周波数, a_i^j: ω_j に対する (6.41) の解.

例題6.1

ポテンシャル $U(r) = -\dfrac{k}{r}$ によって導かれる中心力のもとでの質量 m の粒子の運動を考える．k は正の定数で r は粒子の位置ベクトル $\boldsymbol{r}$ の絶対値である．

(1) 運動方程式を求めよ．
(2) 角運動量
$$\boldsymbol{l} = \boldsymbol{r} \times m\dot{\boldsymbol{r}}$$
が保存されることを示せ．
(3) ベクトル
$$\boldsymbol{A} = \dot{\boldsymbol{r}} \times \boldsymbol{l} - k\dfrac{\boldsymbol{r}}{r}$$
が保存されることを示せ．また，$\boldsymbol{A}, \boldsymbol{r}, \dot{\boldsymbol{r}}$ が同一平面内にあることを示せ．

(東北大)

【解答】 (1) 力を $F(r)$ とすると，
$$F(r) = -\frac{\partial U(r)}{\partial r} = -\frac{\partial}{\partial r}\left(-\frac{k}{r}\right) = k\frac{\partial}{\partial r}(r^{-1}) = -\frac{k}{r^2} \qquad ①$$

ゆえに運動方程式は
$$m\frac{d^2 r}{dt^2} = F(r) = -\frac{k}{r^2}$$

または
$$m\frac{d^2}{dt^2}(\boldsymbol{r}_0 r) = -\frac{k}{r^2}\boldsymbol{r}_0, \quad m\frac{d^2 \boldsymbol{r}}{dt^2} = -k\frac{\boldsymbol{r}}{r^3} \qquad ②$$

ただし， $\boldsymbol{r}_0 = \dfrac{\boldsymbol{r}}{r}$ ②′

(2) ②の両辺と $\boldsymbol{r}$ との外積をとると，
$$\text{左辺} = m(\boldsymbol{r} \times \ddot{\boldsymbol{r}}) = m(\boldsymbol{r} \times \ddot{\boldsymbol{r}} + \boldsymbol{0}) = m(\boldsymbol{r} \times \ddot{\boldsymbol{r}} + \dot{\boldsymbol{r}} \times \dot{\boldsymbol{r}})$$
$$= m\frac{d}{dt}(\boldsymbol{r} \times \dot{\boldsymbol{r}}) \qquad ③$$
$$\text{右辺} = -\frac{k}{r^3}\boldsymbol{r} \times \boldsymbol{r} = \boldsymbol{0} \qquad ④$$

③，④より，
$$\frac{d}{dt}(\boldsymbol{r} \times m\dot{\boldsymbol{r}}) = \boldsymbol{0} \qquad ⑤$$
$$\therefore \ \boldsymbol{l} = \boldsymbol{r} \times m\dot{\boldsymbol{r}} = \text{const.} \qquad ⑥$$

ゆえに，l が保存される．

(3) ②と l との外積をとり，ベクトル3重積公式を使うと，

$$\text{右辺} = -k\frac{1}{r^3}\{\boldsymbol{r} \times (\boldsymbol{r} \times m\dot{\boldsymbol{r}})\} = -k\frac{m}{r^3}\{\boldsymbol{r}(\boldsymbol{r}\cdot\dot{\boldsymbol{r}}) - \dot{\boldsymbol{r}}(\boldsymbol{r}\cdot\boldsymbol{r})\}$$

$$= -k\frac{m}{r^3}\{\boldsymbol{r}(r\boldsymbol{r}_0\cdot\dot{r}\boldsymbol{r}_0) - r^2\dot{\boldsymbol{r}}\} = -k\frac{m}{r^3}(r\boldsymbol{r}\dot{r} - r^2\dot{\boldsymbol{r}})$$

$$= k\frac{m}{r^2}(r\dot{\boldsymbol{r}} - \dot{r}\boldsymbol{r})$$

$$= km\frac{d}{dt}\left(\frac{\boldsymbol{r}}{r}\right) \qquad\qquad ⑦$$

$$\text{左辺} = m\frac{d^2}{dt^2}(\boldsymbol{r}\times\boldsymbol{l}) = m\frac{d}{dt}(\dot{\boldsymbol{r}}\times\boldsymbol{l}) \quad (\because\ ⑥) \qquad ⑧$$

⑦，⑧より，

$$km\frac{d}{dt}\left(\frac{\boldsymbol{r}}{r}\right) = m\frac{d}{dt}(\dot{\boldsymbol{r}}\times\boldsymbol{l}), \quad \frac{d}{dt}\left(\dot{\boldsymbol{r}}\times\boldsymbol{l} - k\frac{\boldsymbol{r}}{r}\right) = \boldsymbol{0} \qquad ⑨$$

$$\therefore\ \boldsymbol{A} = \dot{\boldsymbol{r}}\times\boldsymbol{l} - k\frac{\boldsymbol{r}}{r} = \text{const.} \qquad\qquad ⑩$$

ゆえに，$\boldsymbol{A}$ が保存される．一方，⑥より $\boldsymbol{l}$ は $\boldsymbol{r}$ と $\dot{\boldsymbol{r}}$ の張る平面（軌道平面）に垂直．また，⑥と⑩との内積をとると，

$$\boldsymbol{A}\cdot\boldsymbol{l} = \left(\dot{\boldsymbol{r}}\times\boldsymbol{l} - k\frac{\boldsymbol{r}}{r}\right)\cdot\boldsymbol{l}$$

$$= (\dot{\boldsymbol{r}}\times\boldsymbol{l})\cdot\boldsymbol{l} - \frac{k}{r}\boldsymbol{r}\cdot\boldsymbol{l}$$

$$= (\dot{\boldsymbol{r}}\times\boldsymbol{l})\cdot\boldsymbol{l}$$

$$= \dot{\boldsymbol{r}}(\boldsymbol{l}\times\boldsymbol{l}) = 0 \quad (\boldsymbol{A}\text{ は }\boldsymbol{l}\text{ と垂直}) \qquad ⑪$$

また，⑥，⑩より，

$$\boldsymbol{A} = m\dot{\boldsymbol{r}}\times(\boldsymbol{r}\times\dot{\boldsymbol{r}}) - k\frac{\boldsymbol{r}}{r} = m\{\boldsymbol{r}(\dot{\boldsymbol{r}}\cdot\dot{\boldsymbol{r}}) - \dot{\boldsymbol{r}}(\dot{\boldsymbol{r}}\cdot\boldsymbol{r})\} - k\frac{\boldsymbol{r}}{r}$$

$$= m\{\boldsymbol{r}(\dot{r})^2 - -r^2\dot{r}\boldsymbol{r}\} - k\frac{\boldsymbol{r}}{r} = m\dot{r}(\dot{r}\boldsymbol{r} - r\dot{\boldsymbol{r}}) - k\frac{\boldsymbol{r}}{r}$$

$$= \left\{m(\dot{r})^2 - \frac{k}{r}\right\}\boldsymbol{r} - m\dot{r}r\dot{\boldsymbol{r}} \qquad\qquad ⑫$$

ゆえに，$\boldsymbol{A}, \boldsymbol{r}, \dot{\boldsymbol{r}}$ は同一平面内にある．

例題 6.2

一様密度 ρ で半径 R の静止した球を考える．ニュートンの重力定数を G として以下の設問に答えよ．

(1) この球が単位質量に対して及ぼす重力ポテンシャルを，球の中心 O からの距離 r の関数として，$0 < r \leq R$ と $R < r$ のそれぞれの場合について求めよ．

(2) この球の表面上に相異なる 2 点 A, B をとる．すると線分 AB は球の内部を貫通する．いま，点 A と点 B を結ぶ細いトンネルをこの線分に沿って掘ったとする．このとき，トンネル AB 内を動く質量 m の質点のラグランジアンを，AB の中心 C から距離 x を変数として求めよ．ただし線分 OC の長さを l とする．また，トンネルと質点の間には摩擦はないものとし，トンネルは十分細いので設問 (1) で求めたポテンシャルの計算がそのまま適用できるものとせよ．

(3) この質点の運動方程式を求めよ．

(4) 点 A を初速度 0 で出発したとき，この質点の運動周期を求めよ．

(5) 地球をこのような球で近似することにしよう．すなわち，密度は一様であるとみなし，自転を無視する．点 A を大阪，点 B を東京としたとき，大阪を初速度 0 で出発した質点がこのトンネルを通って東京に着くのは何分後か．地球の半径を 6.4×10^3 km とし，地表における重力加速度を $9.8 \,\mathrm{m/s^2}$ として計算せよ． （阪大，東大 *，首大 *，立命大 *，総研大 *）

【解答】 (1) 球の中心を原点に取り，z 軸上の点 $P(0, 0, r)$ における重力ポテンシャルを求める．極座標を採用する．球内の点 $Q(r'\sin\theta\cos\varphi, r'\sin\theta\sin\varphi, r'\cos\theta)$ の体積要素

$$d\boldsymbol{r}'^3 = dr' r' d\theta\, r'\sin\theta\, d\varphi$$

が P に作るポテンシャルは，

$$-G\frac{\rho(\boldsymbol{r}')}{|\boldsymbol{r}-\boldsymbol{r}'|}d\boldsymbol{r}'^3$$

ここで，質量密度 $\rho(\boldsymbol{r}')$ は $\boldsymbol{r}'$ に依存しないとすると，点 P の（全）ポテンシャルは，

$$U(r) \equiv -G\rho \int \frac{1}{|\boldsymbol{r}-\boldsymbol{r}'|}d\boldsymbol{r}'^3$$

$$U(r) = -G\rho \int_0^{2\pi}\int_0^{\pi}\int_0^R \frac{1}{\sqrt{r^2+r'^2-2rr'\cos\theta}} r'^2 dr' \sin\theta\, d\theta d\varphi$$

$$= -G\rho \int_0^{2\pi} d\varphi \int_0^R r'^2 dr' \int_0^{\pi} \frac{d(-\cos\theta)}{\sqrt{r^2+r'^2-2rr'\cos\theta}}$$

ここで,公式
$$(\sqrt{A-2BX})' = \frac{1}{2}(A-BX)^{-1/2}(-2B) = \frac{-B}{\sqrt{A-2BX}}$$
$$\int \frac{-1}{\sqrt{A-2BX}}dX = \frac{1}{B}\sqrt{A-2BX}$$
を用いると,
$$U(r) = -2\pi G\rho \int_0^R dr' r'^2 \left[\frac{1}{rr'}\sqrt{r^2+r'^2-2rr'\cos\theta}\right]_0^\pi$$
$$= -2\pi G\rho \frac{1}{r}\int_0^R dr' r' \left(\sqrt{r^2+r'^2+2rr'} - \sqrt{r^2+r'^2-2rr'}\right)$$
$$= -\frac{2\pi G\rho}{r}\int_0^R dr' r' (|r+r'| - |r-r'|)$$

ここで,$|r+r'| - |r-r'| = \begin{cases} 2r' & (r > r') \\ 2r & (r \leq r') \end{cases}$ だから,

（i） $R \leq r$ の場合,$r > r'$ だから,球内を積分し,
$$U(r) = -2\pi \frac{G\rho}{r}\int_0^R dr' 2r'^2 = -2\pi \frac{G\rho}{r}\left[2\frac{r'^3}{3}\right]_0^R = -\frac{G\frac{4\pi R^3}{3}\rho}{r}$$

（ii） $0 \leq r < R$ の場合,$r > r'$（球）,$r \leq r'$（球殻）に分けて積分し,
$$U(r) = -2\pi\frac{G\rho}{r}\left(\int_0^r dr' 2r'^2 + \int_r^R dr' 2rr'\right)$$
$$= -2\pi\frac{G\rho}{r}\cdot 2\left(\left[\frac{r'^3}{3}\right]_0^r + r\left[\frac{r'^2}{2}\right]_r^R\right)$$
$$= -4\pi\frac{G\rho}{r}\left(\frac{1}{3}r^3 + \frac{1}{2}rR^2 - \frac{1}{2}r^3\right)$$
$$= -4\pi\frac{G\rho}{r}\left(\frac{1}{2}rR^2 - \frac{1}{6}r^3\right) = \frac{2\pi}{3}G\rho r^2 - 2\pi G\rho R^2 \quad ①$$

(2) トンネル内 $0 \leq r \leq R$ では,①より,質点のポテンシャルは,
$$U = \left(\frac{2\pi}{3}G\rho r^2 - 2\pi G\rho R^2\right)m$$
ただし,$r^2 = x^2 + l^2$
ラグランジアンは,
$$L = \frac{1}{2}m\dot{x}^2 - U = \frac{1}{2}m\dot{x}^2 - \left\{\frac{2\pi}{3}G\rho(x^2+l^2) - 2\pi G\rho R^2\right\}m$$

(3) 運動方程式 $\dfrac{d}{dt}\dfrac{\partial L}{\partial \dot x} - \dfrac{\partial L}{\partial x} = 0$ において，$\dfrac{\partial L}{\partial \dot x} = m\dot x$, $\dfrac{\partial L}{\partial x} = -\dfrac{4\pi}{3}G\rho m x$ だから，

$$m\ddot x + \dfrac{4\pi}{3}G\rho m x = 0, \quad \ddot x = -\dfrac{4\pi}{3}G\rho x \qquad ②$$

(4) ②の解は，A, φ を定数として，

$$x(t) = A\cos(\omega t + \varphi), \quad \dot x(t) = -\omega A\sin(\omega t + \varphi) \quad \left(\omega^2 = \dfrac{4\pi G\rho}{3}\right)$$

初期条件 $x(0) = \sqrt{R^2 - l^2}$, $\dot x(0) = 0$ を代入すると，

$$-\omega A\sin\varphi = 0 \to \varphi = 0, \quad A\cos\varphi = \sqrt{R^2 - l^2} \to A = \sqrt{R^2 - l^2}$$
$$x(t) = \sqrt{R^2 - l^2}\cos\omega t$$

周期は，

$$T = \dfrac{2\pi}{\omega} = 2\pi\sqrt{\dfrac{3}{4\pi G\rho}}$$

(5) 質量 m に地球から働く力が重力だから，

$$G\dfrac{\dfrac{4\pi R^3}{3}\rho m}{R^2} = mg, \quad G\rho = \dfrac{3g}{4\pi R}$$

$$\therefore \quad T = 2\pi\sqrt{\dfrac{3}{4\pi G\rho}} = 2\pi\sqrt{\dfrac{3}{4\pi}\dfrac{4\pi R}{3g}}$$
$$= \sqrt{\dfrac{4\pi^2 R}{g}} = \sqrt{\dfrac{4 \times 3.14^2 \times 6.4 \times 10^6}{9.8}}$$
$$\cong 5.08 \times 10^3\,[\text{s}] = 84.6[分]$$

東京に着くのはこの半分の約 42 分後．

[参考文献] 姫野：演習大学院入試問題［物理学 I］〈第 3 版〉

問 題 研 究

6.1 図に示すような，長さ l の糸と集中質量 m から成る振子と，糸と集中質量 $2m$ から成る振子が，ばね定数 k のばねで連結されている系を考える．2 つの振子は重力場中で水平な天井から吊り下げられており，静止状態では垂直に位置している．振子の糸の重さとばねの重さは無視でき，2 つの振子は図の面内で微小振動すると仮定する．振子の釣合いの位置からの角度を θ_1, θ_2 とする．以下の問に答えよ．

(1) 系の運動方程式を導け．
(2) 系の固有角周波数を求めよ．
(3) 各固有角周波数における振幅比を求めよ．

(東北大†，早大*，農工大*，硫大*)

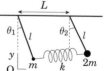

6.2 図のような xy 平面内を運動する二重振子を考える．ここで，鉛直下向きを y 軸の正の向きとする．原点 O と質点 1，質点 1 と質点 2 は，長さがそれぞれ l_1, l_2 の質量が無視できる糸でつながれている．質点 1，質点 2 の質量はそれぞれ m_1, m_2 とする．空気抵抗や摩擦，糸のたわみは無視できるとする．また，任意の変数 q の時間微分を $\dot{q}$ と表す．重力加速度を g として，以下の設問に答えよ．

(1) この系のラグランジアンを，m_1, m_2 とデカルト座標系における質点の座標 $(x_1, y_1), (x_2, y_2)$，およびそれらの時間微分 $\dot{x}_1, \dot{y}_1, \dot{x}_2, \dot{y}_2$ を用いて表せ．

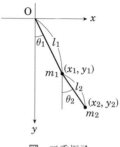

図　二重振子

(2) x_1, y_1, x_2, y_2 を，l_1, l_2，およびそれぞれの糸の鉛直下向きからの角度 θ_1, θ_2 を用いて表せ．

以下，振動が微小（$|\theta_1| \ll 1, |\theta_2| \ll 1$）である場合を考え，$\theta_1, \theta_2, \dot{\theta}_1, \dot{\theta}_2$ について 3 次以上の項を無視する．

(3) この場合，ラグランジアンは定数を除いて以下の式で表されることを示せ．
$$L = \frac{1}{2}(m_1 + m_2)l_1^2 \dot{\theta}_1^2 + \frac{1}{2}m_2 l_2^2 \dot{\theta}_2^2 + m_2 l_1 l_2 \dot{\theta}_1 \dot{\theta}_2 - \frac{1}{2}(m_1 + m_2)g l_1 \theta_1^2 - \frac{1}{2}m_2 g l_2 \theta_2^2$$

(4) 設問(3)で与えられたラグランジアンから θ_1, θ_2 に関する運動方程式を導け．

(5) ω をこの系の固有角振動数とするとき，運動方程式は，$\theta_1(t) = a_1 \cos\omega t, \theta_2(t) = a_2 \cos\omega t$ の形の解を持つ．ここで，a_1, a_2 は時間によらない係数である．このことを用いて，固有角振動数 ω を g, m_1, m_2, l_1, l_2 で表せ．

次に m_1 が m_2 に比べて非常に大きい（$m_1 \gg m_2$）状況を考えよう．

(6) $|l_1 - l_2|$ が $\sqrt{m_2/m_1}(l_1 + l_2)$ に比べて十分に大きく，後者が前者に対して無視できるとき，固有角振動数は m_1, m_2 を含まない形で表される．このとき，すべての固有角振動数と対応する固有モードの係数の組 (a_1, a_2) を求めよ．

(東大，京大*，九大*，北大*)

6.3 図のように，質量を持った微粒子から成るガスを噴射することによって加速するロケッ

トの運動を考える．ロケットは外力を受けることなく，x 軸上を運動するものとする．ガスはロケットから見て常に一定の速度 $-v_{\text{gas}}$ ($v_{\text{gas}} > 0$) で進行方向と逆向きに噴射され，各時刻におけるガスの噴射量は，ロケットが常に一定の加速度 α をもって運動するように自動的に調整されるものとする．また，ある慣性系に静止した観測者が観測するロケットの速度を対地速度と呼ぶことにし，以下で用いる座標系はこの慣性系における直交座標であるとする．光速を c として，以下の設問に答えよ．

(1) 運動量保存則を用いることにより，時刻 t におけるロケットの質量 $m(t)$ の変化率 $\dfrac{dm}{dt}$ (< 0) を求めよ．

(2) $t = 0$ におけるロケットの速度を 0，質量を m_0 としたとき，$m(t)$ を t の関数として求めよ．

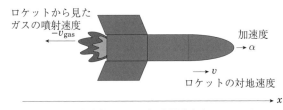

図　ガスを噴射しながら加速運動をするロケット

ロケットが加速を続けて光速になると，相対論的効果が重要になるので，以下では特殊相対論によって考える．先ず，特殊相対論における速度と加速度について整理しておこう．微小間隔離れた 2 つの時空点

$$(x^0, x^1, x^2, x^3) = (ct, x, y, z), \quad (x^0 + dx^0, x^1 + dx^1, x^2, x^3) = (ct + cdt, x + dx, y, z)$$

の時空間隔 ds^2 は，

$$ds^2 = -c^2 dt^2 + dx^2 \tag{I}$$

で与えられる．その間をロケットが運動する際に要する固有時間 $d\tau$ は，

$$d\tau = \sqrt{-ds^2}/c \tag{II}$$

と書ける．このロケットの 4 元速度ベクトル u^μ と 4 元加速度ベクトル a^μ の各成分は，それぞれ

$$u^\mu = \frac{dx^\mu}{d\tau}, \quad a^\mu = \frac{d^2 x^\mu}{d\tau^2} = \frac{du^\mu}{d\tau} \quad (\mu = 0, 1, 2, 3) \tag{III}$$

で与えられるが，いま x 軸上の運動を考えているので，$u^2 = u^3 = 0$，$a^2 = a^3 = 0$ である．ロケットの対地速度を $\dfrac{dx}{dt} = v$ と書くことにすると，$d\tau$ と dt の間には $d\tau = \boxed{\text{イ}}\, dt$ という関係が成り立つ．2 つの 4 元ベクトル p^μ と q^μ のスカラー積を

$$p^\mu \odot q^\mu \equiv -p^0 q^0 + p^1 q^1 + p^2 q^2 + p^3 q^3 \tag{IV}$$

によって定義すると，$u^\mu \odot u^\mu = \boxed{\text{ロ}}$，$u^\mu \odot a^\mu = \boxed{\text{ハ}}$ が成り立つことがわかる．

また，$a^\mu \odot a^\mu = \alpha^2 \ (\alpha > 0)$ とおくと，a^0 と $a^1 \ (>0)$ は，α, u^0, u^1 などを用いて $a^0 = \boxed{二}, a^1 = \boxed{ホ}$ と表せるので，α はロケットの静止系で見たロケットの加速度（固有加速度）であることがわかる．いまこの α が一定値を取っている場合を考えている．

(3) 上の説明文中の $\boxed{イ}$ から $\boxed{ホ}$ に入る適切な数式あるいは値を答えよ．
(4) v を固有時間 τ の関数として求めよ．ただし，$\tau = 0$ で $v = 0$ とする．
(5) 微小時間中に，静止質量 dm' のガスをロケットから見て速度 $-v_{\text{gas}}$ で噴射した結果，ロケットの静止質量は m から $m + dm$ に，対地速度は v から $v + dv$ に変化したとする．このとき dm, dm', dv はいずれも微小量であるとして，4元運動量の保存則を微小量の 1 次まで求めよ．ただし，ガスの対地速度を v' とする．
(6) 以上の結果を用いて，ロケットの質量を固有時間 τ の関数として表せ．またその結果を設問(2)の答えと比較して，その意味を論ぜよ．ただし，相対論的な速度の変換則

$$-v_{\text{gas}} = \frac{v' - v}{1 - vv'/c^2} \tag{V}$$

を用いてよい．

(東大)

6.4 質量 M を持った恒星（位置ベクトル $\bm{r}_1$）の周りを質量 m（位置ベクトル $\bm{r}_2$）を持った惑星が公転している．互いの間には重力のみが働き，外力は存在しないと仮定する．万有引力定数を G とする．以下の問に答えよ．四角い枠で示された部分については，[ ] の中に入る数式または数を答えよ．

(1) これらの 2 つの天体の運動は，重心の等速運動と，換算質量 $\mu \equiv \dfrac{mM}{m+M}$ を持った仮想的な惑星の恒星に対する相対運動に分解できることを示せ．
(2) 惑星の質量 m が恒星の質量 M に比べてはるかに小さいときは，重心は $\bm{r}_1$ の近くにあり，換算質量は m に近いことを示せ．

このように $M + m \approx M, \mu \approx m$ と近似できる場合について，恒星に対する惑星の相対運動を考えよう．以下では，m は換算質量を表し，恒星に対する惑星の相対位置ベクトルを $\bm{r}_2 - \bm{r}_1 \equiv \bm{r}$ と定義する．動径方向の単位ベクトル $\bm{e}_r$ とそれと直交する単位ベクトル $\bm{e}_\theta$ を基底とする極座標を考える．惑星の速度ベクトルは $\dfrac{d\bm{r}}{dt} = \dfrac{d(r\bm{e}_r)}{dt} = \dot{r}\bm{e}_r + r\dot{\bm{e}}_r = \dot{r}\bm{e}_r + r\dot{\theta}\bm{e}_\theta$ で表される．

(3) 惑星の角運動量を h とすると $h = [3\text{--}1]$ と書ける．惑星の恒星に対する位置ベクトル $\bm{r}$ が単位時間に掃く面積を面積速度と呼ぶが，面積速度を惑星の角運動量の大きさ h で表すと，$[3\text{--}2]$ となる．加速度ベクトルは，$\dfrac{d^2\bm{r}}{dt^2} = [3\text{--}3]\,\bm{e}_r + [3\text{--}4]\,\bm{e}_\theta$ となる．よって，動径方向とそれに直交する方向の成分についての運動方程式は，それぞれ，

$$m\,[3\text{--}3] = [3\text{--}5] \tag{I}$$
$$m\,[3\text{--}4] = [3\text{--}6] \tag{II}$$

となる．

(4) (II)を積分し，面積速度と角運動量 h が一定になること（ケプラーの第 2 法則）を示せ．
(5) 角運動量 h が一定であることを用いて，(I)からエネルギー保存則を導くと，

$$\frac{m}{2}\left(\frac{dr}{dt}\right)^2 + [5\text{--}1] - \frac{GMm}{r} = E \tag{III}$$

と書ける（[5-1] は，h, m, r を使って表すこと）．ただし，全エネルギーを E とした．

(6) ここで，惑星が描く軌道が，恒星を1つの焦点とする楕円になること（ケプラーの第1法則）を導こう．角運動量が一定であることを用いて，(III) の第1項の時間による微分を角度 θ による微分に変換すると，

$$[6\text{-}1] + [5\text{-}1] - \frac{GMm}{r} = E \tag{IV}$$

この微分方程式は，r と θ の関係を与える．よって，r を θ について解くことによって，惑星の軌道が得られる．

ここで，$1/r = u$ と変数を変換すると，u と θ の間の微分方程式を得ることができる．これは，以下のように整理できる．

$$\pm \frac{1}{\sqrt{[6\text{-}2] - (u - [6\text{-}3])^2}} = d\theta \tag{V}$$

これを積分すると，

$$\pm \cos^{-1}\left(\frac{u - [6\text{-}3]}{\sqrt{[6\text{-}2]}}\right) = \theta \tag{VI}$$

が得られる．ただし，積分定数がゼロになるように角度の基準をとった．r について整理すると，1つの解として

$$r = \frac{[6\text{-}4]}{1 + [6\text{-}5]\cos\theta} \tag{VII}$$

が得られる．一般に，平面上のある1点（焦点と呼ぶ）とそれを通る基準線を考える．その点からの距離を r，基準線からの角度を θ とし，e, l を定数とし，

$$r = \frac{l}{1 + e\cos\theta} \quad (0 \leq e < 1) \tag{VIII}$$

を満たす点をつなぐと，それは楕円になる．ここで，e は離心率，l は半直弦と呼ばれる．$e = 0$ が円に対応し，e が1に近づくほど，扁平した楕円になる．惑星の描く軌道 (VII) は，$l = [6\text{-}4], e = [6\text{-}5]$ とすると，楕円の式 (VIII) に他ならないことが分かる．

(7) 次に，「惑星の公転周期の二乗が軌道長半径の三乗に比例する」というケプラーの第3法則が成立することを導こう．

その基準として，楕円の性質について復習する．右図のように長半径 a，短半径 b の楕円を考える．焦点 F を原点とした極座標をとると，この楕円は式 (VIII) で表される．また，楕円の性質として，「2つの焦点 F, F′ からの距離の和が一定」ということが挙げられる．右図の楕円上の点 A または C を考えると，その距離の和が $2a$ であることが直ちに分かるだろう．一方，式 (VIII) を使って，FA, F′A という長さを l と e で表すこともできる．これから a, l, e の間の関係式が得られ，それは

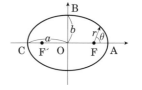

$$a = [7\text{-}1] \tag{IX}$$

となる.原点 O から焦点 F までの距離 OF を a と e を使って表すと [7–2] となる.上図の点 B に注目する.BF + BF′ = $2a$ だから,$2\sqrt{b^2 + [7–2]^2} = 2a$ である.式(IX)を用いて e を消去し,b を a, l で表すことができる.

$$b = [7\text{–}3] \tag{X}$$

さて,楕円の面積は πab だから公転周期を T として,面積速度は

$$[3\text{–}2] = \frac{\pi ab}{T} \tag{XI}$$

と書ける.(X)を用いて,さらに l が [6–4] で表されることを用いると,

$$T = [7\text{–}4] \tag{XII}$$

となり,ケプラーの第3法則が得られた. (東大†)

6.5 太陽と地球からなる力学系がある.太陽と地球は共通重心の周りをそれぞれ円軌道で周回するものとする.この系で運動する人工惑星について,太陽と地球との相対位置を変えずに公転できる点が 5 箇所存在することが知られている.ラグランジュ点 (L_1–L_5) と呼ばれるこれらの点では,太陽と地球の引力の合力と,この系と同じ交点周期で公転する人工衛星の遠心力が釣り合っ

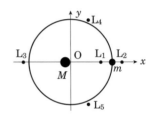

ている.右図は,太陽,地球,5つのラグランジュ点の位置関係の概略を示したものである.太陽と地球を通る直線を x 軸,軌道面内にあって x 軸に垂直な方向を y 軸,共通重心 O を原点とする.図を参考にして,以下の(1)〜(3)に答えよ.なお,万有引力定数を G,太陽と地球の質量をそれぞれ M, m とし,太陽と地球間の距離を R とする.人工衛星の質量は無視できるものとする.

(1) 地球の公転角速度を求めよ.
(2) x 軸上には3つのラグランジュ点が存在する.これらを L_1, L_2, L_3 とし,その x 座標を順に x_1, x_2, x_3 とする.x_1, x_2, x_3 がそれぞれ満たす条件式を記せ.
(3) x 軸から外れた位置には2つのラグランジュ点が存在する.これらを L_4, L_5 とし,座標を順に $(x_4, y_4), (x_5, y_5)$ とする.これらの座標を求めよ. (東大,東大*,総研大*)

6.6 (1) 単位ベクトル $\boldsymbol{n}$ を軸として角速度 $\boldsymbol{\omega}$ で回転している座標系の直交底ベクトルを $\boldsymbol{i}', \boldsymbol{j}', \boldsymbol{k}'$ とするとき,ベクトル $\boldsymbol{A} = A_{x'}\boldsymbol{i}' + A_{y'}\boldsymbol{j}' + A_{z'}\boldsymbol{k}'$ の時間変化が

$$\frac{d\boldsymbol{A}}{dt} = \frac{dA_{x'}}{dt}\boldsymbol{i}' + \frac{dA_{y'}}{dt}\boldsymbol{j}' + \frac{dA_{z'}}{dt}\boldsymbol{k}' + \boldsymbol{\omega} \times \boldsymbol{A}, \quad \boldsymbol{\omega} = \omega \boldsymbol{n}$$

となることを用いて,一定の角速度 $\boldsymbol{\omega}$ で回転する座標系におけるニュートンの運動方程式を導き,遠心力とコリオリの力を求めよ.
(2) バケツの水を鉛直線の周りに一定の角速度 $\boldsymbol{\omega}$ で回転させるとき,水面は遠心力によって放物面となることを示せ.ただし重力加速度を g とせよ.
(3) 赤道上で,高さ h の所から初速ゼロで地面に落下する質点はコリオリの力でどれだけずれるか.$h = 490\,\mathrm{m}$ のときのずれの大きさはどれ程か.簡単のため空気の抵抗は無視で

(4) A君は(3)の問題をコリオリの力を使わないで次のように考えた．地球の半径をR，自転の角速度をωとすると，慣性系で見たとき，h上空の質点の水平速度は$(R+h)\omega$，地面の水平速度は$R\omega$だから，結局高さhの点から水平初速度$h\omega$で発射された質点が放物線を描いて地上に到達するまでの水平距離に等しいと考えた．その距離を求めよ．しかしこの距離はコリオリの力を用いた(3)の結果と一致しない．その理由を考察せよ．

(東大，東大*，公*)

6.7 質点とみなすことのできる質量mの球Aの運動について考える．重力加速度はgとする．図のように45度に傾斜した斜面Bが水平な地面に接している．地面から高さh_0の位置から球Aを初速0で落下させたところ，高さh_1の位置で斜面Bに衝突した．以下の問に答えよ．衝突は鏡面反射で，その際の反発係数は1とする．

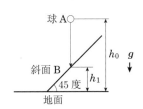

(1) 斜面Bに衝突した直後の球Aの速さを求めよ．
(2) 斜面Bに一度衝突した後，球Aが再び斜面Bに衝突しない条件を求めよ．
(3) 球Aが斜面Bに一度衝突した後に地面に着地した．あるh_0に対して，着地点が初期位置から水平方向に最も離れる距離とh_1の関係と，この条件で着地したときの球Aの速度が地面となす角を求めよ．

(東大†)

6.8 半頂角45°，底面半径$2R_0$の円錐面を考える．円錐面は，図に示すように頂点を下にして軸が鉛直になるように置かれている．円錐面の頂点には小さな穴が開けてあり，両端に質量mの質点，質点2が取り付けられた細い糸が通してある．穴の直径は十分に小さく，摩擦，糸の質量，太さ，伸びはすべて無視できるものとする．重力加速度をgとして，以下の問に答えよ．

(1) 質点1が円錐面上を半径R_0，速度v_0で水平に等速円運動をしている．このときの質点1の速度v_0を求めよ．

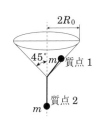

(2) (1)の状態で質点2に鉛直方向の摂動を与えたところ，その後，質点2は上下に微小振動を始めた．

　(a) 質点1の座標を，円錐面頂点を原点とし，h軸を鉛直上向きにとる円柱座標(h, r, θ)で表したとき，質点1の運動が以下の微分方程式で記述される．係数a, bを求めよ．

$$\frac{d^2 r}{dt^2} + ar\left(\frac{d\theta}{dt}\right)^2 + bg = 0 \qquad (\mathrm{I})$$

　(b) 質点1のr座標を$r = R_0 + \varepsilon$とおいて微小変位εに関する微分方程式を導き，微小振動の周期を求めよ．

(東大†)

6.9 半径a，質量Mの，密度が一様な球の運動について考える．以下では球と床は剛体として，それぞれの変形はないものとする．水平方向にx軸，鉛直上向きにy軸を取り，重力加速度はgであるとする．力積は，球の重心Gを通る鉛直面（xy面）内で働くとする．以下の問に答えよ．

(1) 球の重心を通る軸回りの慣性モーメントI_0をaとMで表せ．また，答えに至る過程

も記せ．

(2) 図1に示すように，水平な床1の上に静止している球の高さ h の点に，x軸方向の力積 P を加えた．床1と球の間に摩擦がないとして，球が滑らずに転がるときの高さ $h = h_0$ を求めよ．

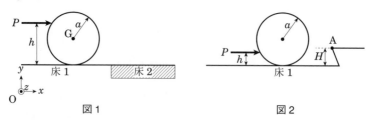

図1　　　　　図2

(3) 図2に示すように，水平な床1の上に静止している球の高さ $h = \frac{1}{2}a$ の点に[著者注]，x軸方向の力積 P を加えた．この球はある高さ $H \geq H_m$ の段差を上ることができない．角運動量保存則を用いて，H_m を求めよ．また，球が段差を上りきるために必要な力積 P の最小値 P_m を求めよ．ただし，球は段差上の角点 A で段差と接触するものとし，段差を上りきるまで，球と点 A の間は離れず，滑らないものとする．また，床1と球の間の摩擦はないものとする．　　　　（東大†, 東大*, 神戸大*, 早大*）

6.10 図1のような寸法の，おもりと腕と針からなるやじろべえがある．このやじろべえの針の先端（支点）は台座に接していて，おもりは質量 m の質点と見なすことができ，腕と針の部分の質量は無視できるほど小さい．また，やじろべえのおもりと腕と針は同一平面上にあり，おもりと腕は針に対して対称で，運動によるやじろべえの変形や支点のずれはないものとする．

初期状態では針は鉛直で，やじろべえは静止している．いま，支点を原点として鉛直に z 軸をとる．また，腕と針とおもりが yz 面内に配置するように y 軸をとり，y 軸および z 軸と垂直に x 軸をとる．針と z 軸とのなす角を θ として，x 軸あるいは y 軸を回転軸とした場合の運動について考える．なお，(6)以外ではやじろべえの運動に摩擦や抵抗はないものとして，以下の問に答えよ．また，重力加速度は g とし，θ が微小角度（すなわち $|\theta| \ll 1$）の場合は $\sin\theta \cong \theta$ と近似してよい．

(1) 初期状態での重心の座標は $(0, 0, -3l/2)$ である．重心の位置を考慮し，やじろべえを任意の方向に微小角度（θ_0）傾けたときの位置エネルギー U を，初期状態を基準として求めよ．また，そのことから，このやじろべえが安定で倒れることがないことを簡潔に説明せよ．

(2) このやじろべえの x 軸および y 軸を回転軸とした場合の慣性モーメントをそれぞれ求めよ．

(3) このやじろべえに力を加え，支点を中心に x 軸を回転軸として微小角度傾ける．このとき，やじろべえを x 軸の周りに回転させる向きに働く力のモーメントの大きさを求め，θ についての運動方程式を示せ．

(4) x 軸を回転軸とした振動の周期を求めよ．
(5) 同様に，支点を中心に y 軸を回転軸として微小角度傾けたとき，θ についての運動方程式を示し，振動の周期を求めよ．
(6) このやじろべえの運動に，空気抵抗がある場合を考えよう．なお，空気抵抗はおもりの速度に比例するとし，その比例定数を μ とする．（つまり，抵抗力 $\boldsymbol{f}$ は，速度ベクトル $\boldsymbol{v}$ を用いると，$\boldsymbol{f} = -\mu \boldsymbol{v}$ である．）このやじろべえを微小角度 (θ)，x 軸あるいは y 軸を回転軸として傾けるとする．やじろべえが振動せずに初期状態 ($\theta = 0$) に近づくとき，μ はどのような範囲となるか，x 軸および y 軸を回転軸とした場合について，それぞれ示せ．

次に，図 2 のように，やじろべえの頭部として，質量が M（ただし $M < 3m$）で長さ l の均質な円柱を取り付けた場合を考える．ただし，支点を中心とした運動に対する頭部の x 軸を回転軸とした慣性モーメントを I とし，やじろべえの運動に摩擦や抵抗はないものとする．

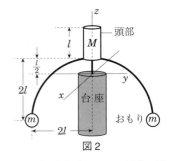

図 2

(7) 図 2 のやじろべえの x 軸を回転軸とした振動に対するラグランジアンを θ および $\dot{\theta}$ の関数として表せ．
(8) x 軸を回転軸とした微小振動について，オイラーラグランジュ方程式を示し，振動の周期を求めよ． (阪大，学大*)

6.11 誘導モータとは電磁誘導現象を利用したモータである．一般的な誘導モータでは，交流を与えて回転磁場（向きが回転する磁場）を発生させ，内部にある回転子を回転させる仕組みとなっている．回転子の軸には負荷が機械的に接続されており，負荷に力のモーメントを伝えて仕事をする．この問題では，誘導モータの動作原理を考察しよう．

回転子として，一巻きの閉じた正方形コイル 2 個を使用する．コイルの導線の単位長さ当たりの電気抵抗を ρ，一辺の長さを b とする．2 個のコイルは形状・材料が同等であり，それぞれコイル P，コイル Q と呼ぶ．回転磁場は大きさ B_0 が一定で，z 軸の周りに一定の角速度 $\Omega (>0)$ で回転しているとする．すなわち，時間 t における磁束密度の x, y, z 成分 B_x, B_y, B_z は，$(B_x, B_y, B_z) = (B_0 \cos \Omega t, B_0 \sin \Omega t, 0)$ と書ける．

(1) はじめに，図 1 のようにコイル P のみを回転磁場中に設置する．コイル P の中心は原点に一致しており，z 軸の周りに回転できるとする．コイル P の法線ベクトル $\boldsymbol{n}_P$ とコイル P を流れる電流 J_P の正の向きを図 1 のように定義する．コイルと磁場の向きの関係は，z 軸の正の向きから見ると図 2 のようになり，磁場 $\boldsymbol{B}$ の向きから測った $\boldsymbol{n}_P$ の角度を θ として，以下，これを相対角と呼ぶ．相対角 θ の時間微分 $\dot{\theta}$ を相対角速度と呼ぶ．コイル P が発生する磁場は無視できるとして，以下の問に答えよ．
  (a) コイル P を貫く磁束 Φ を相対角 θ の関数として書け．
  (b) コイル P に流れる電流 J_P を相対角 θ と相対角速度 $\dot{\theta}$ の関数として表せ．
  (c) 磁場がコイル P に及ぼす力のモーメントの z 成分 N_B を求めよ．
(2) 次に，コイル Q を図 3 のように P と一体化し，1 つの回転子とする．ただし，2 つのコ

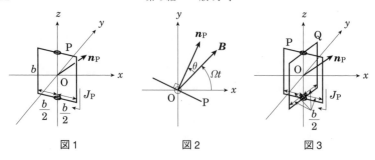

図1　　　　　　　図2　　　　　　　図3

イルは電気的に互いに絶縁されている．回転軸は z 軸である．上辺同士，下辺同士は，直交させる．コイル P と Q の中心は原点に一致している．回転子の向きを記述するため，I と同様に，磁場 B の向きから測った，コイル P の法線ベクトル n_P の角度を相対角 θ と定義する．それぞれのコイルが発生する磁場は無視できるとして，以下の問に答えよ．

(a) 回転子には，回転軸の周りに，磁場が及ぼす力のモーメントが働く．さらに，回転軸につながった負荷による力のモーメントが働く．負荷による力のモーメントは，z 成分のみであり，一定値 N_l (<0) であるとする．回転子の z 軸の周りの慣性モーメントを I として，回転子の運動方程式を，相対角 θ の満たすべき微分方程式として記せ．

(b) (a)で求めた微分方程式を用いて，相対角速度 $\dot\theta$ を時間の関数として求めよ．$t = 0$ では $\dot\theta = 0$ とする．

(c) 十分長い時間が経過した後に，回転子は慣性系でどのような回転運動をしているか．N_l に対する依存性を含めて 100 字以内で説明せよ．　　　　　　(阪大†，電験*)

6.12 原点に向かう中心力 $F(r)$ (r は原点からの距離) による，質点 m をもつ質点の平面上の運動を考えよう．

(1) $U = -\int F(r)dr$ で定義されるポテンシャルエネルギーを導入する．平面極座標 (r, θ) を用いて系のラグランジアンを書き下し，動径 (r) 方向の運動方程式を導け．

(2) 角運動量 $h \equiv mr^2\dot\theta$ が保存することを示せ．

(3) 質点の軌道を表す方程式が，$u \equiv 1/r$ を用いて

$$\frac{d^2u}{d\theta^2} + u = -\frac{mF(1/u)}{h^2u^2} \quad\quad (\mathrm{I})$$

と書けることを示せ．

まず，中心力が次で与えられる場合を考える．

$$F(r) = -\frac{km}{r^2} \quad (k \text{ は正の定数}) \quad\quad (\mathrm{II})$$

(4) 軌道を表す式 $r = r(\theta)$ を求め，$u = 1/r \propto (1 + e\cos\theta)$ (e は 0 または正の実数) の形に書けることを示せ．

(5) 軌道が楕円となるとき，e は楕円軌道の離心率を表す．質点の全エネルギー E を，角運

動量 h, 定数 k, m および e を用いて表し, 軌道が楕円となるための E に対する条件を求めよ. また, 角運動量を与えたとき, 全エネルギーが最小となるのは円軌道のときであることを示せ.

(6) 軌道が円軌道となるとき, その半径は, 有効ポテンシャル (重力ポテンシャルと遠心力によるポテンシャルの和) が極小となる半径であることを示し, その半径を h を用いて表せ.

次に, 中心力が次で与えられる場合を考える.

$$F(r) = -\frac{km}{r^2} - \frac{\varepsilon m}{r^4} \quad (k\text{ および }\varepsilon\text{ は正の定数}) \tag{III}$$

(7) 安定な円軌道が存在する (有効ポテンシャルが極小となる点が存在する) ためには, 角運動量は $h > h_0$ (h_0 はある定数) でなければならないことを示し, h_0 を求めよ. またそのとき ($h = h_0$ のとき) の円軌道半径を求めよ.

(8) 軌道が (7) で求めた半径よりずっと大きな長半径をもち, かつ ε が小さな正の値 ($0 < \varepsilon \ll kr^2$) のときを考える. このとき, 軌道は楕円軌道からわずかにずれる (図参照). 軌道半径が最大となる角度は, 1周期ごとにずれることを示し, そのずれの角度 ($\Delta\theta$) を求めよ. なお, 単位はラジアンとする. また, 軌道を楕円で近似したときの離心率は 1 より十分小さいとする.

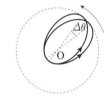

(京大, 東大 *)

6.13 線形対称3原子分子に基づいたモデルを考察する. 分子の平衡形状では, 質量 m の2つの分子は, 質量 M の1つの原子の両側に対称に置かれている (図参照). 3つの原子はすべて, 一直線上にあり, 平衡距離は b で表される. 簡単のため, 分子の並びに沿った運動のみを考え, 実際の複雑な原子間ポテンシャルは3つの原子を結合する力定数 k の2つのバネによって近似されるとする. 図に示すように, x_1, x_2 および x_3 の3つの座標は, 線上の3つの原子の位置を示す. 平衡位置に相対的な各原子に対する座標 η_1, η_2 および η_3 を導入しよう. ここでは, 微小振動のみを考える.

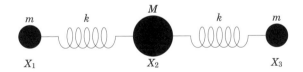

(1) ポテンシャル・エネルギー, 運動エネルギーおよびこの系のラグランジアンを求めよ.
(2) この系のラグランジュ方程式を求めよ.
(3) $\eta_j = A_j e^{-i\omega t}$ の形の振動解を試みよう. この解を運動方程式に代入した後, 振幅係数 A_j に対する方程式を求めよ.
(4) ω に対する3つの非負解を求めよ.
(5) 各基準モードに対し, 3つの原子の相対振幅を求め, これらの運動を図示せよ.

(京大 †)

[**著者注**] 原文は英文であったため和文に翻訳した.

6.14 2つの星の運動を考えよう．この系を2重星と呼ぼう．2重星系の運動は万有引力に従って運動する2つの質点の運動と同じとみなすことができる．それぞれの星を星1（質量 m_1，座標 r_1），星2（質量 m_2，座標 r_2）と呼ぶ．
(1) 万有引力定数を G として，両星間の重力ポテンシャルエネルギー ψ を書け．
(2) 2重星系のラグランジアン L を書け．
(3) 慣性中心座標 R と相対座標 $r = r_2 - r_1$ を用いてラグランジアンを書け．
(4) 慣性中心の運動方程式を導いて解け．
(5) 相対座標の運動方程式を求めよ．
(6) 相対運動の軌道は，楕円，放物線，または双曲線になることが知られている．今，特別な場合として半径 a の円軌道のとき，角速度 Ω を求めよ．また，相対運動の全エネルギーを求めよ．
(7) 今，相対運動が円軌道である2重星の片方（星1）が急に爆発して，星の一部が吹っ飛び，質量が m_1 から $m_1'(<m_1)$ になったとしよう．この後の両星の運動は一般には複雑であるが，次のような簡単化をして考えよう．爆発は，極めて等方で，ほとんど瞬間的に起こったので，星1と星2の位置と速度は変わらず，星2の質量も変わらず，星1の質量が減っただけとみなせるとする．また，爆発で飛び散った物質は急速に遠方に遠ざかったので，両星に影響を及ぼさない．したがって両星の爆発後の運動は万有引力に従って運動する2つの質点の運動とみなすことが再び成り立つとする．このとき，
　(a) 爆発後の両星の慣性中心の速度を求めよ．
　(b) 爆発後の星1，星2の慣性中心に対する相対速度をそれぞれ求めよ．
　(c) 相対運動のエネルギーを求めて，爆発後に両星が束縛されない条件を求めよ．
(京大)

6.15 質量の無視できる伸び縮みしない長さ l の糸の一端を固定し，他端に質量 m の質点をつけて重力のもとで運動させる（球面振り子）．以下の問に答えよ．
(1) ラグランジュ関数を，固定点を原点とする球座標を用いて表せ．
(球の半径 l は定数なので，一般座標は天頂角 θ と方位角 ϕ である．)
(2) ϕ はラグランジュ関数に陽に現れない（循環座標）．ϕ に正準共役な運動量 h は保存量であることを示せ．また，その物理的意味を述べよ．
(3) 保存される力学的エネルギー E は，h を用いると，θ とその時間についての導関数 $\dot\theta$ の関数として表すことができる．その形を示せ．
(4) (3)を用いて，θ の時間変化を求めることができる．その方針を説明せよ． (東北大)

6.16 右図のように2つの支点 O，O' をもつ剛体振子（Katerの可逆振子）を用いて重力加速度 g の測定を行った．ただし剛体の重心 G は，2つの支点を結ぶ直線上にあり，G の位置はおもりの調整で変化させることができる．OG，O'G の距離を，それぞれ h, h' とする（$h+h' = L$：一定）．
(1) 支点 O の周りの慣性モーメントを I，振り子の質量を M としたとき，ある条件のもとで振子運動の周期 T は，次式で表されることを示せ．

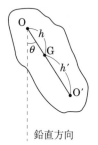

鉛直方向

$$T = 2\pi\sqrt{\frac{I}{Mgh}} \qquad (\text{I})$$

(2) 重心の周りの慣性モーメントを I_G とすると，(I)式の I は平行軸の定理を用いて $I = I_G + Mh^2$ と表せる．直線 OG 上には，O 以外に同じ振動周期 T をもつ支点 O″ が存在するが，このとき，下の条件が満たされることを示せ．ただし GO″ $= h''$ とする．

$$h + h'' = \frac{gT^2}{4\pi^2} \qquad (\text{II})$$

(3) Kater 振子による g の測定では，G の位置を変化させて，(2) の O″ を O′ に一致させる．g を求めるのに式(II)の条件の T を使う利点は何か．また実際の測定で注意すべき点は何か． (阪大†)

第 7 編

連続体力学

7.1 弾性力学
7.1.1 弾性体の応力
x_k 軸に垂直な面に作用する応力の x_l 軸方向成分を T_{kl} とすると,

$$T_{kl} = T_{lk} \tag{7.1}$$

法線ベクトルが $\boldsymbol{n} = [n_1, n_2, n_3]$ であるような面に作用する力の x_k 軸方向成分は

$$T_k = \sum_l T_{kl} n_l \tag{7.2}$$

7.1.2 連続体の運動方程式
密度を ρ, 加速度を $\boldsymbol{a}$, 単位質量あたりの外力を $\boldsymbol{K}$, 応力テンソルを T_{kl} とすると,

$$\rho a_k = \sum_l \frac{\partial T_{kl}}{\partial x_l} + \rho K_k \tag{7.3}$$

7.1.3 弾性体のひずみと応力
拡張されたフックの法則は

$$T_{kl} = \sum_{i,j} c_{kl,ij} e_{ij} \quad \text{ただし, } c_{kl,ij} \text{ は弾性定数.} \tag{7.4}$$

7.1.4 弾性体のひずみのエネルギー
応力 T_{kl} が作用し, ひずみ e_{kl} が δe_{kl} だけ増加するときの仕事は

$$\delta W = \sum_{k,l} T_{kl} \delta e_{kl} \tag{7.5}$$

$$W = \frac{1}{2} \sum_{k,l,i,j} c_{kl,ij} e_{kl} e_{ij} \tag{7.6}$$

7.1.5 等方体の弾性定数

$$T_{kl} = \lambda \delta_{kl} \left(\sum_k e_{kk} \right) + 2\mu e_{kl} \quad \text{ただし, } \lambda, \mu : \text{ラーメの定数.} \tag{7.7}$$

$$\text{ヤング率 } E = \frac{T \, (\text{伸ばす力})}{\Delta l / l \, (\text{伸びの割合})} = \frac{\mu(3\lambda + 2\mu)}{\lambda + \mu} \tag{7.8}$$

$$\text{ポアソン比 } \sigma = \frac{-\Delta l'/l' \, (\text{横の縮みの割合})}{\Delta l/l \, (\text{縦の伸びの割合})} = \frac{\lambda}{2(\lambda + \mu)} \tag{7.9}$$

体積弾性率 $k = \dfrac{p\,(圧力)}{\Delta V/V\,(体積縮小の割合)} = \lambda + \dfrac{2}{3}\mu$ (7.10)

剛性率 $\mu = \dfrac{T\,(接線力)}{\rho\,(ずりの角)} = \mu\,(ラーメの定数)$ (7.11)

7.1.6 等方弾性体の運動方程式

$$\rho\dfrac{\partial^2 \boldsymbol{u}}{\partial t^2} = (\lambda + \mu)\,\mathrm{grad}\,(\mathrm{div}\,\boldsymbol{u}) + \mu\nabla^2 u + p\boldsymbol{K} \quad (\boldsymbol{u}:変位ベクトル) \tag{7.12}$$

7.1.7 弾性体の振動

細い棒の縦振動:$\rho = \dfrac{\partial^2 u}{\partial t^2} = E\dfrac{\partial^2 u}{\partial x^2}$ (ρ:密度, E:ヤング率)

棒の横振動:$\rho = \dfrac{\partial^2 u}{\partial t^2} + E\kappa^2\dfrac{\partial^4 u}{\partial x^4} = 0$ (ρ:密度, κ:回転半径)

弦の横振動:$\dfrac{\partial^2 y}{\partial t^2} = \dfrac{T}{\rho}\dfrac{\partial^2 y}{\partial x^2}$ (ρ:線密度, y:横変位)

つり下げられたひもの振動:$\rho\dfrac{\partial^2 y}{\partial t^2} = \dfrac{\partial}{\partial x}\left(T\dfrac{\partial y}{\partial x}\right)$ (ρ:線密度, y:変位)

膜の振動:$\dfrac{\partial^2 z}{\partial t^2} = \dfrac{T}{\rho}\left(\dfrac{\partial^2 z}{\partial x^2} + \dfrac{\partial^2 z}{\partial y^2}\right)$ (ρ:面密度, z:垂直変位)

7.2 流体力学

7.2.1 流体力学の方程式

連続の方程式は $\dfrac{\partial \rho}{\partial t} + \mathrm{div}\,(\rho \boldsymbol{v}) = 0$ (7.13)

ナビエ・ストークスの方程式は

$$\rho\dfrac{D\boldsymbol{v}}{Dt} = -\mathrm{grad}\,p + \eta\left\{\dfrac{1}{3}\mathrm{grad}\,(\mathrm{div}\,\boldsymbol{v}) + \boldsymbol{\nabla}^2 \boldsymbol{v}\right\} + \rho\boldsymbol{K} \tag{7.14}$$

ただし,$\rho = f(p, T)$:密度,$\boldsymbol{v}$:流れの速度,p:圧力,η:粘性率,
$\boldsymbol{K}$:単位質量あたりの外力,T:絶体温度.

7.2.2 完全流体

(1) 基礎方程式 粘性のない ($\eta = 0$) 流体を完全流体と呼び,連続の方程式は

$$\dfrac{\partial \rho}{\partial t} + \mathrm{div}\,(\rho \boldsymbol{v}) = 0 \tag{7.15}$$

オイラーの方程式は,(7.14) で $\eta = 0$ とおき,

$$\rho\dfrac{D\boldsymbol{v}}{Dt} = -\mathrm{grad}\,p + \rho\boldsymbol{K} \tag{7.16}$$

(2) 渦と渦定理 流体の流れの速度 $\boldsymbol{v}$ が与えられたとき,

$$\boldsymbol{\omega} = \mathrm{rot}\,\boldsymbol{v} \tag{7.17}$$

を渦度と呼び，$\boldsymbol{\omega} \neq \boldsymbol{0}$ のとき渦運動，$\boldsymbol{\omega} = \boldsymbol{0}$ のとき渦なし運動という．

(3) 循環と循環定理　流れの速度 $\boldsymbol{v}$ が与えられたとき，ある閉曲線（線要素 $d\boldsymbol{s}$）に沿ってとった積分

$$\Gamma = \oint \boldsymbol{v} \cdot d\boldsymbol{s} \tag{7.18}$$

をその閉曲線についての循環という．ストークスの定理より，

$$\Gamma = \int (\text{rot } \boldsymbol{v})_n dS = \int (\boldsymbol{\omega})_n dS \quad (dS: \text{面積素要}, \ n: \text{法線}) \tag{7.19}$$

(4) 定常流とベルヌーイの定理　外力 $\boldsymbol{K}$ がポテンシャル U_p をもつとき，完全流体の定常流 ($\partial/\partial t = 0$) について，流線に沿って，渦線に沿って，次式が成立する．

$$\frac{1}{2}v^2 + P + U_\text{p} = \text{一定} \quad \left(P = \int \frac{dp}{\rho}\right) \tag{7.20}$$

重力下，$\rho = $ 一定 のとき，

$$\frac{1}{2}\rho v^2 + \rho gh + p = \text{一定} \quad (\text{ベルヌーイの定理}) \tag{7.21}$$

(5) 渦なし流　渦なし流では rot $\boldsymbol{v} = 0$ であるから，$\boldsymbol{v}$ は速度ポテンシャル ϕ をもち，

$$\boldsymbol{v} = \text{grad } \phi \tag{7.22}$$

(6) 渦なし非圧縮流体中の物体に働く力　物体表面での圧力を p，表面の面積要素を dS，法線ベクトルを $\boldsymbol{n}$ とすると，流れから物体に働く力 $\boldsymbol{F}$ は，

$$\boldsymbol{F} = -\int p\boldsymbol{n} dS \tag{7.23}$$

(7) 2 次元渦なし非圧縮定常流

(ⅰ) 複素速度ポテンシャル　$x_1 x_2$ 平面での 2 次元的な渦なし (rot $\boldsymbol{v} = 0$) 非圧縮 ($\rho = $ 一定) 定常流 ($\partial/\partial t = 0$) を考える．速度ポテンシャルを ϕ，流れの関数を ψ とし，$z = x_1 + ix_2$ を考えると，

$$\frac{\partial \phi}{\partial x_1} = \frac{\partial \psi}{\partial x_2}, \quad \frac{\partial \phi}{\partial x_2} = -\frac{\partial \psi}{\partial x_1} \quad (\text{コーシー・リーマンの関係式}) \tag{7.24}$$

$$f(z) = \phi(x, y) + i\psi(x, y) \quad (\text{複素速度ポテンシャル}) \tag{7.25}$$

(ⅱ) ブラジウスの公式　複素ポテンシャルが f である流れ中に置かれた物体に作用する力 $\boldsymbol{F}(F_1, F_2)$ と原点の周りのモーメント M について，

$$\text{ブラジウスの第 1 公式}: F_1 - iF_2 = \frac{i}{2} \oint \left(\frac{df}{dz}\right)^2 dz \tag{7.26}$$

要　項

ブラジウスの第2公式：$M = -\dfrac{\rho}{2}\mathrm{Re}\oint\left(\dfrac{\partial f}{\partial z}\right)^2 z\,dz$ (7.27)

(iii) クッタ・ジューコフスキーの定理　一様な流れ V 中に物体が置かれた場合，物体の周りの循環を Γ とすると，

抵抗：$D = 0 \quad (= F_1)$ (7.28)

揚力：$L = -\rho V \Gamma \quad (= F_2)$ (7.29)

(iv) ジューコフスキ変換　$z = \zeta + \dfrac{a^2}{\zeta} \quad (a > 0)$ (7.30)

ζ-面の半径 a の円は，z-面では長さ $4a$ の平板に対応する．

7.2.3 高速気流

圧縮性（$\rho \neq$ 一定）完全流体（$\eta = 0$）として取り扱われる．

(1) 音波　静止している一様流体中に微小変動を与えると，縦波（音波）が発生して伝わり，音速は，

$$c = \sqrt{\left(\dfrac{\partial p}{\partial \rho}\right)_0} \quad \text{（添字 0 は一様な静止状態を示す）}$$ (7.31)

(2) 超音速流　流速を v，音速を c とすると，$M = v/c$ をマッハ数と呼び，$M < 1$ のときを亜音速，$M > 1$ のときを超音速，$M \fallingdotseq 1$ のときを遷音速という．

(3) 衝撃波　不連続面の両側の物理量の間の関係は

質量：$\rho_1 u_1 = \rho_2 u_2 \equiv Q$ (7.32)

圧力：$p_1 - p_2 = Q(u_2 - u_1)$ (7.33)

エネルギー：$\left(E_2 + \dfrac{1}{2}u_2^2 - E_1 - \dfrac{1}{2}u_1^2\right)Q = \left(\dfrac{p_1}{\rho_1} - \dfrac{p_2}{\rho_2}\right)Q$ (7.34)

ただし，E：内部エネルギー．

7.2.4 粘性流体

非圧縮性（$\rho =$ 一定）粘性（$\eta \neq 0$）流体の場合が取り扱われる．

(1) 基礎方程式

$\mathrm{div}\,\boldsymbol{v} = 0$ (7.35)

$\rho\dfrac{D\boldsymbol{v}}{Dt} = -\mathrm{grad}\,p + \eta\nabla^2\boldsymbol{v} + \rho\boldsymbol{K}$ (7.36)

運動粘性率 $\nu = \eta/\rho$ を用いると，$\dfrac{D\boldsymbol{v}}{Dt} = -\dfrac{1}{\rho}\mathrm{grad}\,p + \nu\nabla^2\boldsymbol{v} + \boldsymbol{K}$ (7.37)

(2) レイノルズの相似法則　流れの特徴となる長さ l と速さ V を選ぶとき，次の無次元数 R をレイノルズ数といい，流れの特徴を集約する数である．

$R = \dfrac{\rho V l}{\eta}$ (7.38)

(3) **ポアズィユの流れ** 水平な円筒中の非圧縮性流体の定常流をポアズィユの流れという．流量 Q は

$$Q = -\frac{dp}{dx}\frac{\pi a^4 \rho}{8\eta} \quad \left(\frac{dp}{dx} : 圧力勾配, a : 円管半径\right) \tag{7.39}$$

(4) **ストークス近似** レイノルズ数の小さい流れで，(7.36) で慣性項

$$\sum_h v_h \frac{\partial \boldsymbol{v}}{\partial x_h}$$

を捨てて，

$$\frac{D\boldsymbol{v}}{Dt} \fallingdotseq \frac{\partial \boldsymbol{v}}{\partial t}$$

と近似する近似をストークス近似という．この場合，半径 a の球を速さ V の一様な流れ中に置くときの抵抗は次のようになる．

ストークスの抵抗法則：$D = 6\pi a \eta V$ (7.40)

7.2.5 プラズマの基本パラメータ

電子プラズマ角周波数：$\omega_{\rm pe} = \left(\dfrac{ne^2}{\varepsilon_0 m}\right)^{1/2}$ (m：電子質量, n：電子密度)

電子サイクロトロン角周波数：$\omega_{\rm ce} = \dfrac{eB}{m}$

デバイ長：$\lambda_{\rm D} = \left(\dfrac{\varepsilon_0 kT_{\rm e}}{ne^2}\right)^{1/2}$ ($T_{\rm e}$：電子温度)

ラーモア半径：$r_{\rm L} = \dfrac{mv_\perp}{eB}$ ($v_\perp$：磁場に垂直な速度)

アルベーン速度：$v_{\rm A} = \dfrac{B}{(\mu_0 \rho)^{1/2}}$ (ρ：質量密度)

イオン音速：$v_{\rm s} = \left(\dfrac{kT_{\rm e}}{M}\right)^{1/2}$ (M：イオン質量（イオン温度 $T_i = 0$))

$\boldsymbol{E} \times \boldsymbol{B}$ ドリフト：$v_{\rm E} = \dfrac{E}{B}$

電子熱速度：$v_{\rm the} = \left(\dfrac{2kT_{\rm e}}{m}\right)^{1/2}$

プラズマ圧 / 磁気圧：$\beta = \dfrac{nkT}{B^2/2\mu_0}$ (n：粒子密度)

例題 7.1

長さが l の質量を無視できる弾性糸に，質量 m の多数の質点を等間隔 a で結びつけ，張力 S で x 方向に引っ張っておく．これを垂直な方向（y 方向）に横振動させる場合に発生する波動について，以下の問に答えよ．ただし，重力の効果は無視してよい．

(1) 両端から離れた n 番目の質点が，両脇の質点から受ける y 方向の力について考える．n 番目の質点の平衡状態からの微小変位を y_n と表示するとき，働く力を y_{n-1}, y_n, y_{n+1} で表し，運動方程式をかけ．ただし，n と $n-1$ 番目および n と $n+1$ 番目の質点を結ぶ線分と x 方向のなす角は十分小さいものとする．

(2) 次に，質点の変位を連続近似する．n 番目の質点の位置を x として，変位を $y(x,t)$ と表す．このとき，$n-1, n+1$ 番目の質点の変位はそれぞれ $y(x-a,t), y(x+a,t)$ となることに注意して，a を微小量として扱いこれらの新しい式をテイラー展開してこの系の波動方程式を求めよ．

(3) ここで，質点の数を無限に増加すると，一様な線密度 $\sigma (= m/a)$ をもつ弦の横振動の伝搬を扱っていることになる．このとき，この系全体の運動エネルギーは，$K = \dfrac{\sigma}{2} \displaystyle\int_0^l \left(\dfrac{dy}{dt}\right)^2 dx$ で与えられることを示せ．また，正弦波動の場合の角周波数 ω と波数 k の関係を，σ と S を用いて表せ．

(東北大，ウィスコンシン大*)

【解答】 (1) 次ページの図において，題意より，角度 θ_1, θ_2 は十分小さいから，n 番目の質点の運動方程式は

$$m\frac{d^2 y_n(t)}{dt^2} = S\sin\theta_2 - S\sin\theta_1 = S\tan\theta_2 - S\tan\theta_1$$
$$= S\left\{\frac{y_{n+1}(t) - y_n(t)}{a}\right\} - S\left\{\frac{y_n(t) - y_{n-1}(t)}{a}\right\} \quad ①$$

(2) ①より（t 省略），$\dfrac{d^2 y_n}{dt^2} = \dfrac{S}{ma}\{(y_{n+1} - y_n) - (y_n - y_{n-1})\}$ ②

題意より，$y_n(t) \leftrightarrow y(x,t)$, $y_{n-1}(t) \leftrightarrow y(x-a,t)$, $y_{n+1}(t) \leftrightarrow y(x+a,t)$ と対応させ，テイラー展開を用いると，

$$y(x+a) = y(x) + y'(x)a + \frac{y''(x)}{2!}a^2 + \cdots$$
$$\therefore\ y(x+a) - y(x) = y'(x)a + \frac{y''(x)}{2}a^2 + \cdots \quad ③$$

同様にして $y(x-a) - y(x) = -y'(x)a + \dfrac{y''(x)}{2}a^2 + \cdots$ ④

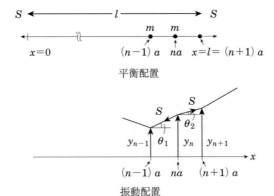

平衡配置

振動配置

③, ④の辺々加え, $a \ll 1$ とすると,

$$y(x+a) - y(x) - \{y(x) - y(x-a)\} = y''(x)a^2 + \cdots \fallingdotseq y''(x)a^2 \qquad ⑤$$

⑤を②に代入すると $\dfrac{d^2 y(x,t)}{dt^2} = \dfrac{S}{ma} \cdot a^2 y''(x,t) = \dfrac{S}{m} \cdot a y''(x,t) \qquad ⑥$

(3) $x \sim x+dx$ の間にある弦の微小部分の運動エネルギー $\dfrac{1}{2} \sigma dx \left(\dfrac{dy}{dt} \right)^2$ を弦の全長にわたって加え合わせると, 系全体の運動エネルギーは

$$K = \frac{1}{2} \sigma \int_0^l \left(\frac{\partial y}{\partial t} \right)^2 dx \qquad ⑦$$

⑥より, $m/a = \sigma$ とおくと,

$$\frac{d^2 y(x,t)}{dt^2} = \frac{S}{\sigma} \frac{d^2 y(x,t)}{dx^2} = c^2 \frac{d^2 y(x,t)}{dx^2} \quad (\text{ただし,} \ c = \sqrt{S/\sigma}) \qquad ⑧$$

ここで, $y(x,t) = A(x) \cos(\omega t + \varphi)$ とおくと,

$$\frac{\partial^2 y}{\partial t^2} = -\omega^2 y = -\omega^2 A \cos(\omega t + \varphi) \qquad ⑨$$

$$\frac{\partial^2 y}{\partial x^2} = \cos(\omega t + \varphi) \frac{d^2 A(x)}{dx^2} \qquad ⑩$$

⑨, ⑩を⑧に代入すると,

$$-\omega^2 A(x) \cos(\omega t + \varphi) = c^2 \cos(\omega t + \varphi) \frac{d^2 A(x)}{dx^2} \quad \therefore \quad \frac{d^2 A(x)}{dx^2} = -\frac{\omega^2}{c^2} A(x) \qquad ⑪$$

この解は $A(x) = A \sin kx + B \cos kx \quad \therefore \quad A''(x) = -k^2 A(x) \qquad ⑫$

⑪, ⑫を比較すると $k = \dfrac{\omega}{c} = \omega \sqrt{\dfrac{\sigma}{S}}$

例題 7.2

2次元非圧縮性粘性流体の式は，以下のように記述できる．

連続の式：
$$\frac{\partial u}{\partial x} + \frac{\partial v}{\partial y} = 0$$

ナビエ・ストークスの式：
$$\frac{\partial u}{\partial t} + u\frac{\partial u}{\partial x} + v\frac{\partial u}{\partial y} = -\frac{1}{\rho}\frac{\partial p}{\partial x} + \frac{\mu}{\rho}\left(\frac{\partial^2 u}{\partial x^2} + \frac{\partial^2 u}{\partial y^2}\right)$$

$$\frac{\partial v}{\partial t} + u\frac{\partial v}{\partial x} + v\frac{\partial v}{\partial y} = -\frac{1}{\rho}\frac{\partial p}{\partial y} + \frac{\mu}{\rho}\left(\frac{\partial^2 v}{\partial x^2} + \frac{\partial^2 v}{\partial y^2}\right)$$

ここで，x, y は直交座標，u, v は x および y 方向における速度，p は圧力，ρ は密度，μ は粘性係数である．

次に，下図に示されているような幅 $2h$ の平行平板間を流れる十分に発達した層流について考える．ここで，流れは定常流であり，図に示されているように速度は x 方向成分のみである．圧力 p は x のみの関数とし，$\dfrac{dp}{dx}$ は負の値とする．

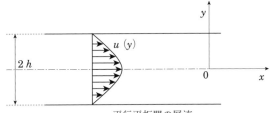

平行平板間の層流

(1) 与えられた仮定に基づき，解くべき微分方程式を簡略化し，かつ境界条件を記述せよ．
(2) 圧力勾配 $\dfrac{dp}{dx}$ は一定値（既知）として速度 u を y の関数として表せ．
(3) 平行平板内を通る x 方向流量 Q（紙面に垂直方向単位幅あたり）を求めよ．
(4) 最大速度 $u_{\max}$ を求めよ．
(5) x 方向に垂直な断面における平均速度 u_{av} を求めよ． (弁，京大 *)

【解答】 (1) 流速は x 方向成分 u のみで，$u = u(y)$ であるので，連続の式は自動的に満たされる．流れは定常 $\partial/\partial t = 0$ であるから，ナビエ・ストークスの方程式の x, y 成分はそれぞれ

$$\frac{\partial u}{\partial t} + u\frac{\partial u}{\partial x} + v\frac{\partial u}{\partial y} = 0 = -\frac{1}{\rho}\frac{\partial p}{\partial x} + \frac{\mu}{\rho}\frac{\partial^2 u}{\partial y^2} \qquad ①$$

$$\frac{\partial v}{\partial t} + u\frac{\partial v}{\partial x} + v\frac{dv}{dy} = 0 = -\frac{1}{\rho}\frac{\partial p}{\partial y} \qquad ②$$

境界条件は $u(y=h) = u(y=-h) = 0$ ③

(2) ②から，p は x のみの関数となる．したがって，①で $\partial p/\partial x$ も x のみの関数となる．一方，$\partial^2 u/\partial y^2$ は y のみの関数であるので，①が成立するのは右辺第 1 項と第 2 項ともに定数のときのみである．①を y について積分すると，

$$\frac{\partial u}{\partial y} = \frac{1}{\rho\nu}\frac{\partial p}{\partial x}\cdot y + C_1 \quad \left(\nu = \frac{\mu}{\rho}\right) \qquad ④$$

$$u = \frac{1}{2}\frac{1}{\rho\nu}\frac{\partial p}{\partial x}y^2 + C_1 y + C_0 \equiv C_2 y^2 + C_1 y + C_0 \qquad ⑤$$

$$C_2 = \frac{1}{2\rho\nu}\frac{\partial p}{\partial x} \qquad ⑥$$

⑤に③を代入すると， $\begin{cases} 0 = C_2 h^2 + C_1 h + C_0 & ⑦ \\ 0 = C_2 h^2 - C_1 h + C_0 & ⑧ \end{cases}$

⑦＋⑧，⑦－⑧ より，

$$\begin{cases} 0 = 2C_2 h^2 + 2C_0, & C_0 = -C_2 h^2 \\ 0 = 2C_1 h, & C_1 = 0 \end{cases} \qquad ⑨$$

⑨を⑥に代入して，

$$u = C_2 y^2 - C_2 h^2 = -C_2(h^2 - y^2) = -\frac{1}{2\rho\nu}\frac{\partial p}{\partial x}(h^2 - y^2)$$

$$= -\frac{h^2}{2\mu}\frac{\partial p}{\partial x}\left(1 - \frac{y^2}{h^2}\right) \qquad ⑩$$

(3) $Q = \rho\displaystyle\int_{-h}^{h} u\,dy = -\rho\int_{-h}^{h}\frac{h^2}{2\rho\nu}\frac{\partial p}{\partial u}\left(1 - \frac{y^2}{h^2}\right)dy$

$$= -\frac{h^2}{\nu}\frac{\partial p}{\partial x}\left[y - \frac{y^3}{3h^2}\right]_0^h = -\frac{h^2}{\nu}\frac{\partial p}{\partial x}\cdot\frac{2h}{3} = -\frac{2h^3\rho}{3\mu}\frac{\partial p}{\partial x} \qquad ⑪$$

(4) $u_{\max} = -\dfrac{h^2}{2\mu}\dfrac{\partial p}{\partial x}$ ⑫

(5) $u_{\mathrm{av}} = -\dfrac{h^2}{2\rho\nu}\dfrac{\partial p}{\partial x}\dfrac{\displaystyle\int_{-h}^{h}\left(1 - \frac{y^2}{h^2}\right)dy}{\displaystyle\int_{-h}^{h}dy} = -\dfrac{h^2}{2\rho\nu}\dfrac{\partial p}{\partial x}\dfrac{2\left[h - \dfrac{h^3}{3h^2}\right]}{2h}$

$$= -\frac{h^2}{2\rho\nu}\frac{\partial p}{\partial x}\cdot\frac{2}{3} = -\frac{h^2}{3\mu}\frac{\partial p}{\partial x}$$

[注] これはポアズィユ（Poiseuills）の流れと呼ばれる．

問題研究

7.1 図のような長方形の薄い膜の振動を考える。辺の長さをそれぞれ a, b とし、4つの辺はどこでも変位がないように固定されている。このとき、膜に垂直な方向の変位 $u(x, y, t)$ は以下のような形に書ける。

$$u = A\sin(k_x x)\sin(k_y y)\sin(\omega t)$$

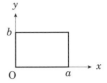

ここで、A は振幅、ω は角振動数を表す。以下の問に答えよ。

(1) 以下の波動方程式

$$\frac{1}{c^2}\frac{\partial^2 u}{\partial t^2} = \left(\frac{\partial^2}{\partial x^2} + \frac{\partial^2}{\partial y^2}\right)u$$

を用いて、角振動数 ω を k_x, k_y を使って表せ。ただし、c は波の速さを表す。

(2) 境界条件から k_x, k_y に課される条件を導き、取り得る角振動数 ω_{mn} （振動モード）の値を自然数 m, n を使って表せ。

(3) $a = 2b$ のとき、振動モード ω_{mn} について角振動数が小さいものから順番に (m, n) の組を6個挙げよ。

(4) (3)のそれぞれの場合について、振幅がゼロになっている位置を xy 平面内に実線で図示せよ。また、ある時刻において変位が正、負の領域をそれぞれ $+, -$ で示せ。

(5) 振動モード ω_{mn} に対応した変位を $u_{mn}(x,y) = \sin(k_{x,m}x)\sin(k_{y,n}y)$ と書くと、ある時刻における任意の変位 $f(x, y)$ は $u_{mn}(x, y)$ を用いて

$$f(x, y) = \sum_{m=1}^{\infty}\sum_{n=1}^{\infty} c_{mn} u_{mn}(x, y)$$

と表すことができる。$f(x, y)$ を用いて c_{mn} の値を決める式を導け。また、変位が $f(x, y) = Dx(x-a)y(y-b)$ （D : 定数）と書けるとき c_{mn} の値を求めよ。必要があれば以下の公式を用いてよい。

$$\int x\sin x\,dx = \sin x - x\cos x, \quad \int x^2\sin x\,dx = 2x\sin x - (x^2 - 2)\cos x$$

(神戸大)

7.2 原点を中心とし、周辺を固定した半径 a の薄い円形膜の振動を考えよう。平衡位置からの変位を u とする。極座標を用い $u = u(r, \theta, t)$ とするとき、円形膜の振動は波動方程式

$$\frac{\partial^2 u}{\partial t^2} = \frac{\partial^2 u}{\partial r^2} + \frac{1}{r}\frac{\partial u}{\partial r} + \frac{1}{r^2}\frac{\partial^2 u}{\partial \theta^2}$$

に従う（簡単のため方程式に現れる係数を1とおいた）。

境界条件 $u(a, \theta, t) = 0$ と初期条件

$$u(r,\theta,0) = F(r,\theta), \quad \left[\frac{\partial u(r,\theta,t)}{\partial t}\right]_{t=0} = 0$$

を満たす波動方程式の解を変数分離の方法で求めよ． (東大†，東大*)

7.3 電荷 $\pm q$ を持つ 2 種類の荷電粒子からできたプラズマを考える．それぞれの荷電粒子の数と質量 m は等しく，プラズマは全体として電気的に中性であるとする．温度 T でプラズマが熱平衡にあるとき，プラズマは局所的にも中性となり，運動量 p を持つそれぞれの荷電粒子はマクスウェル・ボルツマン分布，

$$f_0(\boldsymbol{p}) = \frac{n_0}{(2\pi m k_\mathrm{B} T)^{3/2}} \exp\left(-\frac{\boldsymbol{p}^2}{2 m k_\mathrm{B} T}\right) \quad (\mathrm{I})$$

に従って空間的に一様に分布する．ここで，k_B はボルツマン定数で，規格化因子は，式（I）の運動量積分がそれぞれの荷電粒子の密度 n_0 と等しくなるようにとった．以下の問に答えよ．

(1) 座標の原点 ($r = 0$) に正のテスト電荷 q_0 を置くと，その周りでプラズマの分極が起こり十分遠方でテスト電荷は遮蔽される．プラズマ中の荷電粒子の新しい平衡分布 $f_\pm(\boldsymbol{p},\boldsymbol{r})$ は，テスト電荷の周りにできる静電ポテンシャルを $\phi(\boldsymbol{r})$ とすると，

$$f_\pm(\boldsymbol{p},\boldsymbol{r}) = f_0(\boldsymbol{p}) \exp\left(-\frac{V_\pm(\boldsymbol{r})}{k_\mathrm{B} T}\right)$$

となる．ここで $V_\pm(\boldsymbol{r}) = \pm q\phi(\boldsymbol{r})$ は荷電粒子のポテンシャル・エネルギーである．$q\phi/k_\mathrm{B} T$ の大きさが 1 より十分小さいとしてその冪で展開し，その 1 次までの近似で，プラズマ中に分極によって生じる誘導電荷密度

$$\delta\rho(\boldsymbol{r}) = \int d^3 p \left(q f_+(\boldsymbol{p},\boldsymbol{r}) - q f_-(\boldsymbol{p},\boldsymbol{r})\right)$$

を計算せよ．

(2) 前問の結果を用いて，電荷密度 $\rho(\boldsymbol{r})$ の作る静電ポテンシャルに対するポアッソンの方程式

$$\nabla^2 \phi = -\frac{\rho(\boldsymbol{r})}{\varepsilon_0}$$

から，$\phi(\boldsymbol{r})$ が微分方程式

$$\nabla^2 \phi - \kappa^2 \phi = -\frac{q_0}{\varepsilon_0} \delta(\boldsymbol{r})$$

を満たすことを示し，κ (> 0) の値を求めよ．ここで，ε_0 は電気定数（真空の誘電率）である．また，この微分方程式の $r \to \infty$ で有限な解が $\phi(\boldsymbol{r}) = q_0 e^{-\kappa r}/(4\pi\varepsilon_0 r)$ となることを用いて，r が大きいところでの電場の強さ E の振る舞いを，同じ電荷が真空中で作る電場と比較して説明せよ． (東大，京大*)

7.4 一様な膜が一様等方な張力 T で平面状に張られている．膜の面密度は一定値 ρ で，厚さは無視できるとする．

静止している際の膜上に直交座標 (x,y) を取る．x 軸，y 軸に垂直な方向に z 軸をとる．

この膜の z 方向への変位による運動を考える．静止状態で場所 (x,y) の膜の部分の，時刻 t での z 方向の変位を $z(x,y,t)$ とする．膜は無限に広いものとする．

(1) 微小領域での運動法則から，この膜の運動方程式が

$$\rho \frac{\partial^2 z(x,y,t)}{\partial t^2} = T\triangle_2 z(x,y,t) \qquad (\mathrm{I})$$

とかけることを示せ．ここで $\triangle_2$ は 2 次元でのラプラス演算子を表す．

(2) この膜を伝わる波数ベクトル $\boldsymbol{k}=[k_x,k_y]$ の平面波を表す変位 $z(x,y,t)$ をかけ．ただし波の振幅を A とする．

(3) (2)の平面波が進行方向に直交する単位長さ，単位時間あたりに輸送するエネルギーを求めよ．

(4) 変位 $z(x,y,t)$ とその時間偏微分 $\partial z(x,y,t)/\partial t$ を一般座標，一般速度として，この膜の運動のラグランジュ形式による記述を考える．ラグランジュ関数密度 $\mathcal{L}$ を一般に

$$\mathcal{L} = \frac{\rho}{2}\left(\frac{\partial z(x,y,t)}{\partial t}\right)^2 - U\left(\frac{\partial z(x,y,t)}{\partial x}, \frac{\partial z(x,y,t)}{\partial y}\right) \qquad (\mathrm{II})$$

とおき，ラグランジュ関数 L を

$$L\left(z, \frac{\partial z}{\partial t}\right) = \int_S \mathcal{L}\, dS \qquad (\mathrm{III})$$

とする．ここで U は $\partial z/\partial x, \partial z/\partial y$ に依存するある関数，積分領域 S は膜全体である．時刻 t_0, t_1 (ただし $t_0 < t_1$ とする) での変位場 $z(x,y,t_0), z(x,y,t_1)$ を固定し，課せられた境界条件を満たす任意の運動 $z(x,y,t)$ に対し，作用 S を

$$S = \int_{t_0}^{t_1} L\, dt \qquad (\mathrm{IV})$$

とする．この作用に対する最小作用の原理

$$\delta_{z(x,y,t)} S = 0 \qquad (\mathrm{V})$$

からオイラー・ラグランジュ方程式を求めよ．ただし $|(x,y)| \to \infty$ の極限で，$z(x,y,t)$ もその微分も 0 となるとする．

(5) 変位場 $z(x,y,t)$ に正準共役な運動量場 $\pi(x,y,t)$ を求めよ．

(6) ハミルトン関数密度 $\mathcal{H}$ を求めよ．

(7) (4)で求めたオイラー・ラグランジュ方程式が(1)で求めた運動方程式(I)となるような関数 U を 1 つあげよ． (東大，東工大*，公*)

7.5 19 世紀にクントの考案した実験を行って鉄のヤング率 E を測定しよう．図のように鉄の棒 AB の中点 C を固定する．B 端にはコルク栓を固着し，AC のほぼ中心付近を鉄棒に沿って摩擦して，棒に縦振動を起こさせる．その振動がコルク栓 B を通してガラス管 DE に伝達されるとき，コルク栓 F を動かして BF 間の長さを調節すると棒の縦振動と管内の縦振

動は共鳴して定常波が発生する．このとき，あらかじめガラス管内に散布してあったコルク粉によって，BF 間の定常波の腹と節に対応した規則的な縞模様が現れる．

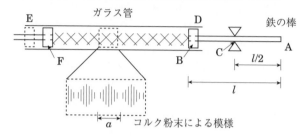

(1) 鉄の棒 AB には基本音の定常波が生じたとする．鉄棒に沿った定常波の変位の様子を A, B, C それぞれの位置での腹と節との関係がわかるように図示せよ．

(2) (1)と同様にガラス管中の定常波についても B, F で腹となるか節となるかを考慮し図示せよ．このとき BF 間の節と腹の数は適当な整数を選んでよい．

(3) 鉄の棒 AB に生じた縦波の速度 v は，ヤング率 E と密度 ρ から $v = \sqrt{E/\rho}$ とかける．(1)の考察から縦波の波長と棒の長さ l との関係を求め，基本音の振動数 f を E, ρ と l で表せ．

(4) BF 間につくられた腹と腹または節と節の間隔を a とし，ガラス管中の音速を v_s としたとき，共鳴条件を考慮して，ヤング率 E を求める式を導出せよ．

(5) $l = 100\,\mathrm{cm}$ の鉄の棒を用いて $a = 70\,\mathrm{mm}$ の結果を得た．鉄の密度を $8\,\mathrm{g/cm^3}$，音速を $350\,\mathrm{m/s}$ として，鉄のヤング率 $[\mathrm{N/m^2}]$ を求めよ．

(6) ヤング率 E を 1% 以下の精度で決定したい．このとき a の測定精度を何% 以下にしなければならないか．ただし，測定精度を決定する要因は a のみとする． (東大)

7.6 電磁場内での荷電粒子の運動は，宇宙や実験室などにおけるプラズマの力学を考えるための基礎となるものである．荷電粒子の質量を m，電荷を q，速度を v とするとき，以下の (1)〜(3)に答えよ．

(1) まず，荷電粒子が一様な静磁場 $\boldsymbol{B}$ 中において非相対論的な速度で運動する場合を考える．電場はないものとする．
 (a) 荷電粒子の運動方程式をベクトル式でかけ．
 (b) (a) において，速度ベクトルを $\boldsymbol{B}$ に垂直な成分 $v_\perp$ と平行な成分 $v_{//}$ に分け，それぞれの運動方程式を書け．
 (c) 荷電粒子の $\boldsymbol{B}$ に垂直な平面上の射影点の運動が等速円運動であることを示し，その半径 r と角速度 ω を求めよ．
 (d) 荷電粒子が正電荷イオンである場合の運動を 3 次元的に図示せよ．ただし，$\boldsymbol{B}$ は z 軸の正の方向にとるものとする．

(2) 今度は，一様な静磁場 $\boldsymbol{B}$ に加えて一様な静電場（$\boldsymbol{E} \neq 0$）がある場合の，荷電粒子の非相対論的運動を考える．
 (a) 荷電粒子の運動方程式をベクトル式で書け．
 (b) これ以降(d)までは，磁場と電場の x, y, z 成分が $\boldsymbol{B} = (0, 0, B)$, $\boldsymbol{E} = (E, 0, 0)$

であるとし，荷電粒子は電荷 $q = -e$ の電子であるとする．このとき，運動方程式の z 成分を書き，電子が B 方向にどのような運動をするかを述べよ．
(c) 運動方程式を解いて，電子の速度の x 成分 v_x および y 成分 v_y の時間発展を求めよ．ただし，$t = 0$ において $v_x = 0, v_y = v_0$ とする．
(d) (b)，(c)の結果に基づき，電子が3次元的にどのような運動をするかを述べよ．

(3) 今度は，一様な静磁場 B の中で荷電粒子が相対論的な運動をする場合を考える．電場はないものとする．この場合の運動方程式は以下の式となる．ここで m_0 は静止質量，$\beta = v/c$（v は v の絶対値，c は光速度）である．

$$\frac{d}{dt}\left(\frac{m_0 \boldsymbol{v}}{\sqrt{1-\beta^2}}\right) = q\boldsymbol{v} \times \boldsymbol{B} \tag{I}$$

$$\frac{d}{dt}\left(\frac{m_0 c^2}{\sqrt{1-\beta^2}}\right) = (q\boldsymbol{v} \times \boldsymbol{B}) \cdot \boldsymbol{v} \tag{II}$$

このとき，B に垂直な平面上の射影点の運動は，(1)と同様に等速円運動であることを示せ．また，その半径 r を求め，角速度 ω の v への依存性を表す式を導け．

(東大，東大*)

7.7 中性気体を電離し，電子とイオンが自由に動き回れるようにした状態をプラズマという．簡単のため磁場はない場合を考える．プラズマ中では，電子密度は n_e，カットオフ密度を n_c として屈折率は $\alpha = \sqrt{1 - n_e/n_c}$ と表されることを利用して，電子密度を測定することができる．ここでカットオフ密度とは，プラズマに入射した周波数 $f = \omega/(2\pi)$ の電磁波が伝搬可能な密度の上限値で，$n_c = m_e \varepsilon_0 \omega^2 / e^2$ で与えられる．ただし，$m_e = 9.1 \times 10^{-31}$ kg は電子の質量，$e = 1.6 \times 10^{-19}$ C は電気素量，$\varepsilon_0 = 8.9 \times 10^{-12}$ F/m は電気定数（真空の誘電率）である．プラズマ中の電磁波の波数は光速 $c = 3.0 \times 10^8$ m/s を用いて $k = \alpha \omega/c$ と表せる．電磁波は直線偏光であり，電場の偏光方向の成分は複素表示で $E(\boldsymbol{x}, t) = E_0 \exp(i\boldsymbol{k} \cdot \boldsymbol{x} - i\omega t)$ と表すものとする．以下の設問に答えよ．

(1) 無限に広い半空間（$z > 0$）は一様な電子密度 n_e のプラズマ状態，$z \leq 0$ の領域は真空とし，電磁波は z 軸に沿って真空側からプラズマに入射する場合を考える．$n_e < n_c$ の場合と，$n_e > n_c$ の場合について，$z > 0$ における電場の振舞いを説明せよ．いずれの場合も電場変化の特徴的な長さを明示すること．

(2) 半径 a の円柱状の領域がプラズマ状態となっている場合を考え，図1のように円柱断面の中心を原点とし，直径方向に z 軸をとる．電磁波はプラズマ外部から z 軸に沿って入射し，プラズマ領域内の原点を通過して反対側に抜けて行くとする．プラズマ領域中の電子密度の半径 r 方向の分布を $n(r)$ とし，電磁波の波長およびビーム半径は a に比べて十分小さいとする．このとき波数

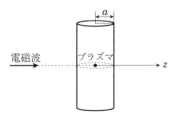

図1 円柱状のプラズマ領域を電磁波が通過する様子

k はプラズマ領域中の位置に存在するので,電磁波がプラズマを横切る際位相変化は $\int_{-a}^{a} k\,dz$ で与えられる.$n_e(r) \ll n_c$ が成り立つとき,プラズマを通過した場合の位相変化 ϕ_p と,同じ経路にプラズマが存在せず真空の場合の位相変化 ϕ_v の差 $\Delta\phi = \phi_v - \phi_p$ を $n_e(r)/n_c$ の 1 次までの近似で求めよ.

(3) (2)の実験において,$n_e(r) = n_{e0}\left\{1 - (r/a)^2\right\}$ とする.半径 $a = 0.1\,\mathrm{m}$,中心電子密度 $n_{e0} = 1 \times 10^{19}\,\mathrm{m}^{-3}$ の場合,$\Delta\phi$ を用いて電子密度の線積分値を測るのに適切な電磁波の周波数の下限は何で決まるか説明し,その周波数のオーダー(桁)を求めよ.さらに,この周波数の電磁波を用いて得られる $\Delta\phi$ をラジアン単位で求め,有効数字 1 桁で表せ.

(4) 図2のように,干渉計を組む.プラズマを通過せず真空中を通過した電磁波(参照波)およびプラズマを通過した電磁波(プローブ波)が検出器に到達したとき,それぞれの電場は $E_1 \exp(-i\omega t)$ および $E_2 \exp(-i\omega t + i\Delta\phi)$ と表せるものとする.検出器の出力はこれらの重ね合わさった電場 E_t の振幅の 2 乗 $|E_t|^2$ に比例する.$|E_t|^2$ を求めよ.

(5) 実際の実験では,電子密度の時間変化にともない $\Delta\phi$ は時間変化し,また信号にはさまざまなノイズが重畳される.(4)の実験の場合,(a)位相変化に関係ない成分の時間変動と,位相変化に依存する成分の時間変動の区別が困難なこと,(b)位相変化の方向(正負)が区別できないことが問題となる.これらは,参照波の角周波数 ω_1 とプローブ波の角周波数 ω_2 をずらすことで解決できる.検出器で得られる信号を式で示し,(a)および(b)が解決できる理由をそれぞれ述べよ.また解決のためには,角周波数 $\Delta\omega = |\omega_2 - \omega_1|$ と位相差の時間変化 $|d(\Delta\phi)/dt|$ の大小関係はどうでなければならないかを述べよ.検出器の周波数応答は $\Delta\omega$ に比べ十分速いとする. (東大,東大*)

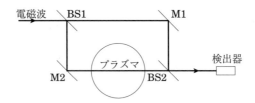

図2 干渉計の概念図.BS1, BS2 はビームスプリッター,M1, M2 は鏡を表す.

7.8 地球大気の上層部には,太陽紫外線や宇宙線によって一部イオン化した層(電離層と呼ばれる)が複数存在する.この層が地表から放射される電波を反射するため,短波ラジオ放送などの電波が地表のかなり遠方まで到達できる.この電離層に関する下記の問に解答せよ.(実際の電離層では地磁気の影響を考慮する必要があるがこの問題では無視する)

(1) 電離層をプラズマ(電離ガス)として扱う.荷電粒子のうち陽イオンは十分重いため静止しており,電子のみが運動できると仮定する.真空中の誘電率を ε_0,透磁率を μ_0 とし,この電離ガスの透磁率も真空中と同じ μ_0 とする.電磁波によるもの以外には電場と磁場は存在しないとする.

(a) 電子の質量を m,電荷を $-e$,速度を $\boldsymbol{v}$ として,電場 $\boldsymbol{E}$,磁束密度 $\boldsymbol{B}$ 中で電子

に関する運動方程式をベクトル表示で書け.

(b) 電磁波の電場 $\boldsymbol{E}$ が時間的に $e^{-i\omega t}$ で変化しているとき,電子の速度 $\boldsymbol{v}(t)$ を電場 $\boldsymbol{E}$ を用いて表せ.なお,ω は角周波数であり,電子が電磁波の磁場から受ける力は無視できる.電子の平均速度をゼロとする.

(c) この電子の運動によって電離ガス中に電流が発生する.これを考慮して Maxwell の方程式のうち $\nabla \times \boldsymbol{B} = \cdots$ の方程式の右辺を電場 $\boldsymbol{E}$ に比例する形で表せ.ただし電子の数密度を n_e とせよ.

(c) の解答を見ると,プラズマ中の電子によって誘電率が真空中とは異なる値に実効的に変化したと考えられる.この実効的な誘電率 ε がゼロになるときの ω は次の形になる.この ω_p をプラズマ振動の角振動数という.

$$\omega = \sqrt{\frac{n_e e^2}{m\varepsilon_0}} \ (\equiv \omega_p)$$

(2) 上の結果を用いれば,電離層のプラズマを巨視的な誘電体とみなすことができる.そこで真空と誘電体の境界面における平面電磁波の透過と反射を考える.真空(誘電率 ε_0,透磁率 μ_0)と平面境界で接する誘電体(誘電率 ε,透磁率 μ_0)に,真空側から境界面と鉛直方向に進行する平面電磁波が入射し,透過波と反射波が生じている.

(a) 平面境界における電場と磁束密度に関する境界条件は下の(I)から(IV)の式で書ける.境界面の法線方向を n,接線方向を t,真空側の電場,磁束密度をそれぞれ $\boldsymbol{E}$,$\boldsymbol{B}$,誘電体内の電場,磁束密度をそれぞれ $\boldsymbol{E}'$,$\boldsymbol{B}'$ とした.(I)から(IV)の境界条件はそれぞれどの Maxwell 方程式から導かれるのかを書け.必要に応じて電束密度 $\boldsymbol{D}$ や磁場 $\boldsymbol{H}$ も用いてよい.なお境界条件および Maxwell 方程式自体を導出する必要はない.

$$\varepsilon_0 E_n = \varepsilon E'_n \qquad \text{(I)}$$
$$E_t = E'_t \qquad \text{(II)}$$
$$B_n = B'_n \qquad \text{(III)}$$
$$B_t = B'_t \qquad \text{(IV)}$$

平面電磁波の入射方向を z 軸,真空と誘電体の境界面を $z=0$ とする.入射波,透過波,反射波の電場,磁場はそれぞれ

入射波:$\boldsymbol{E}_1 = (E_1, 0, 0)e^{i(kz-\omega t)}$, $\boldsymbol{B}_1 = (0, \sqrt{\varepsilon_0 \mu_0}\, E_1, 0)e^{i(kz-\omega t)}$

透過波:$\boldsymbol{E}_2 = (E_2, 0, 0)e^{i(k'z-\omega t)}$, $\boldsymbol{B}_2 = (0, \sqrt{\varepsilon \mu_0}\, E_2, 0)e^{i(k'z-\omega t)}$

反射波:$\boldsymbol{E}_3 = (E_3, 0, 0)e^{i(-kz-\omega t)}$, $\boldsymbol{B}_3 = (0, -\sqrt{\varepsilon_0 \mu_0}\, E_3, 0)e^{i(-kz-\omega t)}$

と書ける.ただし k,k' はそれぞれ,真空中および誘電体中における電磁波の波数で,$k = \omega/c$,$k' = k\sqrt{\varepsilon/\varepsilon_0}$,$1/c = \sqrt{\varepsilon_0 \mu_0}$,$c$ は光速である.

(b) (2)の(a)の境界条件を用いて,E_2/E_1,E_3/E_1 を求めよ.

(c) 境界面では全反射が生じる場合がある．透過波，反射波それぞれについて Poynting ベクトル S の z 成分を求め，実効的な誘電率 ε がどのような条件を満たすときに全反射が生じるかを述べよ．

(d) (1)の(b)では磁場から電子が受ける力を無視できると仮定したが，電子に平面電磁波の電場と磁場のみが作用する場合，$|v| \ll c$ ならばこの仮定が妥当であることを示せ．

(3) 実際に地上から電波を発射する実験を行ったところ，地表から真上に振動数 f の電波を発射すると，全反射して時間 T 後に地上に戻ってきた．

(a) 電離層は一層だけと仮定し電離層の高度 h を T を用いて書け．また(2)の(c)で求めた全反射の条件を使って電子密度 n_e を f を用いて書け．

(b) この実験を振動数 2 MHz で行ったところ，発射後 0.8 ミリ秒で戻ってきた．電離層の高度を有効数字 2 桁，電子密度を有効数字 1 桁で計算せよ．以下の基礎物理定数を用いよ．

素電荷	$e : 1.6 \times 10^{-19}$ C
電子の質量	$m : 9 \times 10^{-31}$ kg
真空中の誘電率	$\varepsilon_0 : 9 \times 10^{-12}$ F/m
光速	$c : 3 \times 10^8$ m/s

(阪大，東工大 *)

7.9 一様な密度を持つ星間物質中において，爆発エネルギー E_0 を持つ超新星爆発が起きた後，星間物質中を衝撃波が伝播していく問題を考える．図のように，衝撃波面の静止系で見たときの衝撃波上流の流体速度，質量密度，圧力を v_1, ρ_1, p_1 と

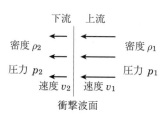

図 衝撃波面の静止系で見たときの上流と下流の物理量

し，衝撃波下流の量を v_2, ρ_2, p_2 とする（$v_1, v_2 > 0$）．強い衝撃波の極限では，以下の Rankin-Hugonioit の関係式が成り立つことを示せ．

$$\frac{\rho_2}{\rho_1} = \frac{v_1}{v_2} = \frac{\gamma+1}{\gamma-1} \tag{I}$$

$$\frac{p_2}{p_1} = \frac{2\gamma M_1^2}{\gamma+1} \tag{II}$$

ここで，$M_1 \equiv v_1/c_1$ は上流にとっての衝撃波速度のマッハ数であり，$c_1 = (\gamma p_1/\rho_1)^{1/2}$ は上流での音速である．また，γ は断熱指数（比熱比）である．　　　　　　(京大 †，東大 *)

7.10 一様な電場 $E = (0, 0, E)$ と，それに垂直な一様磁場 $B = (0, B, 0)$ の存在する空間における，荷電粒子の運動を考える．ただし，$E > 0, B > 0$，荷電粒子の電荷を q，質量を m とする．電荷 q は正または負とする．また，粒子の初速度は $v = (v_0, 0, 0)$ とし，$|v_0/c| \ll 1$ を満たすものとする．c は光速である．

(1) 荷電粒子の運動方程式を書け.
(2) 荷電粒子の速度を求め，時間の関数として表せ.
(3) 荷電粒子の初期の位置を，原点 $(0,0,0)$ に選んだとき，軌道の形を，次の 2 つの場合について図示せよ.
  (a) $v_0 = -E/B$
  (b) $v_0 = 0$
(4) 次に，磁場はそのままにして一様な電場の代わりに，一様な重力場（重力加速度 $g = (0, 0, -g)$）を与える．このときの荷電粒子の運動方程式を解き，旋回中心の動く向きに注意して，運動の特徴を述べよ． (京大[†]，東大[*])

7.11 管の中の定常流を考える．簡単のため，流れの性質は管の中心軸に沿った座標 (x) にのみ依存するとし，管の断面積 A は x のみの関数 $A(x)$ とする．このとき，流れの連続の式，運動方程式は，以下のようになる．

$$\frac{1}{A}\frac{d}{dx}(A\rho v) = 0 \tag{I}$$

$$\rho v \frac{dv}{dx} + \frac{dp}{dx} = 0 \tag{II}$$

ただし，$\rho(x)$ は質量密度，$p(x)$ は圧力，$v(x)$ は速度である．また，流れは断熱的であるとすると，以下の式が成り立つ．

$$\frac{d}{dx}(p\rho^{-\gamma}) = 0 \tag{III}$$

ここで，$\gamma = C_p/C_v$ は比熱比であり，単原子理想気体では $5/3$ である．(C_p, C_v は，それぞれ，定圧比熱，定積比熱である．）上記の方程式を積分しよう．まず，方程式(I)と(III)の積分は容易に以下のように求まる．

$$A\rho v = f = const \tag{IV}$$

$$p\rho^{-\gamma} = K = const \tag{V}$$

(1) 運動方程式(II)の積分を求めよ（ベルヌーイの定理）．また，その物理的意味を述べよ．

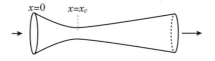

以下では，有限の長さの管を考える．このとき，左端を高圧，右端を低圧とすると，左端から右端へ流れが発生する．右端（出口）における流れの速度が超音速となるためには，管の断面積が x と共に減少し，あるところ $(x = x_c)$ で $dA/dx = 0$ となり，再び増大するようになっている必要がある．そのような管（上図参照）をラバール管といい，ロケットやジェット機の噴射における超音速の生成に使われる[著者注]．以下の問に答えよ．

(2) 流れの初速 v_0 が音速以下であり，かつ，$dA/dx < 0$ ならば，流れの速さの 2 乗は x と共に単調増加する $(dv^2/dx > 0)$ ことを示せ．ただし，音速 c は $c = \sqrt{\gamma p/\rho}$ と表さ

れる.
(3) 流れの速さが音速に等しくなることができるのは，$dA/dx = 0$ の場合のみであることを示せ.
(4) 速さの2乗の勾配 (dv^2/dx) の符号がどうなるか，以下の場合に分けて答えよ.
　(a) $x < x_c, v > c$
　(b) $x < x_c, v < c$
　(c) $x > x_c, v > c$
　(d) $x > x_c, v < c$
また，この結果に基づいて，解曲線のあらましを図示せよ．図は縦軸に v/c をとり，横軸に x をとること．ただし，c は x における音速とする.
(5) ラバール管の左端（入口）では流れの初速 v_0 はそこでの音速 c_0 に比べて十分小さい（$v_0 \ll c_0$）とし，右端（出口）では，流れの速さ（終速）v_1 はそこでの音速 c_1 より十分大きい（$v_1 \gg c_1$）とする．終速 v_1 を，比熱比と c_0 で表せ． (京大)

[著者注] ラバール管は宇宙の研究，真空ポンプにも使われている.

7.12 2次元ポテンシャル流れ場において，図のような速度 U_∞ の一様流中に置かれた楕円の周りの流れを求めたい．以下の問に答えよ.

なお，写像関数

$$z = \zeta + \frac{a^2}{\zeta} \quad (z = x + iy, \quad \zeta = \xi + i\eta, \quad i = \sqrt{-1})$$

は，a が正の実数のとき，ζ 平面上の半径 $b(>a)$ の円を z 平面上の楕円に写像する関数である.

(1) 写像された z 平面上の楕円の式およびその焦点を求めよ.
(2) ζ 平面上における半径 b の円の周りの流れの複素ポテンシャルを ζ の関数として表せ.
(3) 点 A の速度および圧力を求めよ．ただし，流体の密度を ρ，無限前方の圧力を p_∞ とせよ． (弁，東工大 *，東大 *)

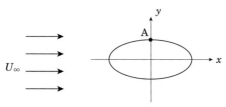

7.13 z 方向磁界（B_z）中の正イオン，電子の運動について以下の問に答えよ．電荷素量を e，イオンと電子の質量を m_i, m_e，イオンの価電子数を Z とする．また，正イオン，電子は下図のような座標系においてともに初速度 v_{y0} を有している.

(1) イオンと電子について各々旋回運動の様子を図示し（$m_i > m_e$ を考慮せよ），旋回半径を求めよ.
(2) (1)において y 方向に電界 E_y が存在するとする．回転半径の変化に注目して同様に旋回運動の様子（概略でよい）を図示し，なぜそうなるのか定性的に説明せよ.

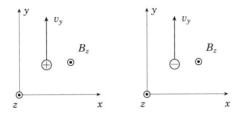

(3) (2)のとき，イオン，電子について成り立つ運動方程式を電界 E_y，イオン速度 v_i，電子速度 v_e，磁界 B_z の各ベクトルを用いて記述せよ．

(4) 速度 v_i, v_e は等速運動の速度 v_{id}, v_{ed} と旋回運動の速度 v_{ic}, v_{ec} に分解できると仮定し，ベクトル v_{id}, v_{ed} を求めよ．必要があればスカラー3重積

$$A \cdot (B \times C) = B \cdot (C \times A) = C \cdot (A \times B)$$

ベクトル3重積

$$A \times (B \times C) = B(A \cdot C) - C(A \cdot B)$$

の公式を用いよ．

(5) (4)のとき，旋回運動の初速度の変化に注目して，イオンと電子の旋回半径は(1)に比べどう変化するかを求めよ． (東大，東大*，東北大*，広大*)

第 8 編

熱 力 学

8.1 熱力学第 1 法則
8.1.1 体系または系
非常に多くの分子や原子,または素粒子からなる集団を体系または系という.外部と完全に遮断された系を孤立系という.外部との間に物質の出入りがない系,出入りがある系を,それぞれ閉じた系,開いた系という.

8.1.2 熱力学変数と状態量
熱平衡状態($t \to \infty$ 状態)を指定するために用いられる変数を熱力学変数といい,熱平衡状態について一定の値をもつ物理量を状態量という.

状態量のうち,平衡状態を変えることなく系を分割または倍加するとき,全体の分量に比例して変化する量を示量変数といい,分割した系に共通して同じ平衡状態を表し,同じ値をもつ量を示強変数という.

8.1.3 熱力学第 1 法則
系に外部から与えられる仕事量 W と熱量 Q の和は状態 A, B のみによって定まり,途中の過程には無関係である.A, B によって決まる内部エネルギーを U_A, U_B とすると,

$$U_B - U_A = W + Q \tag{8.1}$$

8.1.4 内部エネルギー
系全体としての運動エネルギーなどを除き,系の内部に蓄えられるエネルギーを内部エネルギーという.第 1 法則で,互いに限りなく近い状態の内部エネルギーの変化は

$$dU = d'W + d'Q \tag{8.2}$$

8.1.5 熱容量・比熱
系に微小熱量 $d'Q$ を準静的(系が常に外部と平衡状態を保ちながら変化する理想的な過程)に与えたとき,温度が dT だけ上昇したとすると,

$$C = \frac{d'Q}{dT} \quad (熱容量) \tag{8.3}$$

特に,1 モルについての値をモル比熱または分子熱(原子熱),1g についての値を比熱という.また

$$\begin{cases} C_V = \left(\dfrac{\partial' Q}{\partial T}\right)_V & \text{(等積熱容量)} \\ C_p = \left(\dfrac{\partial' Q}{\partial T}\right)_p & \text{(等圧熱容量)} \end{cases} \tag{8.4}$$

8.1.6 状態方程式
圧力 p, 体積 V, 温度 T の間に

$$T = f(p, V) \quad \text{(状態方程式)} \tag{8.5}$$

という関係がある.

8.1.7 理想気体
理想気体では, 内部エネルギーが温度だけの関数となり, ボイル・シャルルの方程式

$$pV = NRT \quad (N : \text{モル数}) \tag{8.6}$$

が満たされる. ここで, R を気体定数, R/N_a をボルツマン定数 k_B といい,

$$\begin{cases} R = 8.314 \times 10 \ [\text{J mol}^{-1}\text{deg}^{-1}] = 1.987 \ [\text{cal mol}^{-1}\text{deg}^{-1}] \\ \dfrac{R}{N_a} = k_B = 1.380 \times 10^{-23} \ [\text{J deg}^{-1}] = 8.616 \ [\text{eV deg}^{-1}] \\ N_a = 6.023 \times 10^{23} \ [\text{mol}^{-1}] \quad \text{(アボガドロ数)} \end{cases} \tag{8.7}$$

マイヤーの関係 : $C_p - C_V = R$ （1 モル） $\tag{8.8}$
ポアソンの式 : $pV^\gamma = $ 一定 $(\gamma = C_p/C_V)$ $\tag{8.9}$

$$C_V = \begin{cases} \dfrac{2}{3}R & \text{(単原子分子気体)} \\ \dfrac{5}{2}R & \text{(2 原子分子気体)} \\ 3R & \text{(多原子分子気体)} \end{cases} \tag{8.10}$$

8.2 熱力学第 2 法則とエントロピー
8.2.1 可逆過程と不可逆過程
注目している系の状態が A から A' に変わるとき, 外部の状態が B から B' に変わったとする. 何らかの方法で A' から A に戻し, 同時に外部の状態を B' から B に戻すことができるとき, $(A, B) \to (A', B')$ を可逆過程という. 可逆でない全ての過程を不可逆過程という.

8.2.2 熱力学第 2 法則
(1) クラウジウスの原理

熱が低温の物体から高温の物体へ, 他の何の変化も残さずに自然に移ることはあり得ない.

(2) トムソンの原理

温度の一様な物体から熱を吸収してそれを全部仕事に変え，それ以外に何の変化も残さないことは不可能である．

8.2.3 クラウジウスの不等式（等式）

注目している系が 1 つのサイクル（循環過程）を行う間に，温度 $T_1, T_2, \cdots, T_n$ の n 個の熱源のうち i 番目の熱源 R_i から吸収した熱量を Q_i とすると，

$$\sum_{i=1}^{n} \frac{Q_i}{T_i} \leq 0 \tag{8.11}$$

変化が連続のとき，

$$\oint \frac{d'Q}{T} \leq 0 \tag{8.12}$$

等号は可逆サイクルのときに成り立つ．

8.2.4 エントロピー

ある熱平衡状態 O を基準とし，他の熱平衡状態 A のエントロピー $S(A)$ を積分

$$S(A) = \int_O^A \frac{d'Q}{T} \tag{8.13}$$

で定義する．第 1 法則を用いてこの微分を表すと，

$$dS = \frac{d'Q}{T} = \frac{dU + pdV}{T} \tag{8.14}$$

8.2.5 エントロピーによる第 2 法則の表現

エントロピーの変化は，

$$\begin{cases} dS > \dfrac{d'Q}{T} & （不可逆過程のとき） \\ dS = \dfrac{d'Q}{T} & （可逆過程のとき） \end{cases} \tag{8.15}$$

8.2.6 カルノー・サイクル

(1) ある作業物質（系）が 2 つの熱源 R_1, R_2 から熱量 Q_1, Q_2 を取り，外部に仕事 $W = Q_1 + Q_2$ を行って準静的に働く可逆サイクル．

(2) 効率

R_1 を高温熱源，R_2 を低温熱源とすると，$Q_2 < 0, \ Q_1 > 0$ で，効率 η は

$$\eta = \frac{W}{Q_1} = 1 - \frac{|Q_2|}{Q_1} = 1 - \frac{T_2}{T_1} \tag{8.16}$$

8.2.7 オットー・サイクル

$$\eta = 1 - \frac{T_A}{T_B} = 1 - \frac{T_D}{T_C} \tag{8.17}$$

8.2.8 スターリング・サイクル

$$\eta = 1 - \frac{T_2}{T_1} \tag{8.18}$$

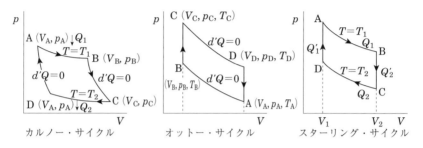

カルノー・サイクル　　オットー・サイクル　　スターリング・サイクル

8.3 熱力学関数
8.3.1 熱力学関数

熱平衡状態の系の性質を決めるものは，体積，圧力，エントロピーのうちのいずれか2つの関数として表される示量性の状態量で，これを熱力学関数という．

ヘルムホルツの自由エネルギー	$F \equiv U - TS$	(8.19)
ギブスの自由エネルギー	$G \equiv F + pV$	(8.20)
エンタルピー	$H \equiv G - ST = U + pV$	(8.21)

8.3.2 マクスウェルの関係式

U, F, G, H の微分より，

$$dU = \left(\frac{\partial U}{\partial V}\right)_S dV + \left(\frac{\partial U}{\partial S}\right)_V dS = -pdV + TdS \tag{8.22}$$

$$dF = \left(\frac{\partial F}{\partial T}\right)_V dT + \left(\frac{\partial F}{\partial V}\right)_T dV = -SdT - pdV \tag{8.23}$$

$$dG = \left(\frac{\partial G}{\partial T}\right)_p dT + \left(\frac{\partial G}{\partial p}\right)_T dp = -SdT + Vdp \tag{8.24}$$

$$dH = \left(\frac{\partial H}{\partial S}\right)_p dS + \left(\frac{\partial H}{\partial p}\right)_S dp = TdS + Vdp \tag{8.25}$$

$dZ = Xdx + Ydy$ のとき，

$$\left(\frac{\partial X}{\partial y}\right)_x = \left(\frac{\partial Y}{\partial x}\right)_y \tag{8.26}$$

であるから，(8.22)〜(8.25) より，次のマクスウェルの関係が成立する．

$$\begin{cases} \left(\dfrac{\partial p}{\partial S}\right)_V = -\left(\dfrac{\partial T}{\partial V}\right)_S, & \left(\dfrac{\partial S}{\partial V}\right)_T = \left(\dfrac{\partial p}{\partial T}\right)_V \\ \left(\dfrac{\partial S}{\partial p}\right)_V = \left(\dfrac{\partial V}{\partial T}\right)_p, & \left(\dfrac{\partial T}{\partial p}\right)_S = \left(\dfrac{\partial V}{\partial S}\right)_p \end{cases} \quad (8.27)$$

8.4　熱力学第3法則（ネルンスト・プランクの定理）

化学的に一様で有限な密度をもつエントロピーは，温度が絶対零度に近づくに従い，圧力，密度によらず一定値に近づく．

$$\lim_{T \to 0} S = S_0 \quad (一定) \qquad (8.28)$$

8.5　相平衡

8.5.1　2相の平衡

2つの相の境界層の両側で圧力も温度もともに等しいとき，$p' = p'' = p, T' = T'' = T$ で，2相のギブスの自由エネルギーが等しいのが平衡条件．

$$G' = G'' \quad \text{または} \quad \mu' = \mu'' \qquad (8.29)$$

ただし，$\mu = \left(\dfrac{\partial U}{\partial N}\right)_{S,V}$ は化学ポテンシャル（N：粒子数）．

8.5.2　クラペイロン・クラウジウスの式

$$\frac{dp}{dT} = \frac{\Delta S}{\Delta V} = \frac{L}{T \Delta V} \qquad (8.30)$$

ただし，$\Delta S, \Delta V, L$ はそれぞれ相転移時のエントロピー，モル体積変化，潜熱．

例題 8.1

理想気体の状態方程式は $PV = nRT$ で表される．ここで，P は圧力，V は体積，n はモル数，R は気体定数，T は温度である．さらに R とボルツマン定数 k，アボガドロ定数 N_A には以下の関係がある．

$$R = kN_A \tag{I}$$

$Z \equiv \dfrac{PV}{nRT}$ にて定義される圧縮因子 Z は，理想気体の場合に 1 となる．一方，不完全気体の圧縮因子 Z は，$\dfrac{n}{V}$ を用いた冪級数表現であるビリアル展開によって，次式で表される．

$$Z = 1 + \frac{n}{V}B(T) + \left(\frac{n}{V}\right)^2 C(T) + \left(\frac{n}{V}\right)^3 D(T) + \cdots \tag{II}$$

上式の $B(T), C(T), D(T)$ をそれぞれ第 2 ビリアル係数，第 3 ビリアル係数，第 4 ビリアル係数という．

(1) 第 2 ビリアル係数 $B(T)$ は温度 T の関数であり，気体の分子間ポテンシャル $\phi(r)$ と以下の関係を有する．

$$B(T) = 2\pi N_A \int_0^\infty \left[1 - \exp\left(-\frac{\phi(r)}{kT}\right)\right] r^2 dr \tag{III}$$

σ, ε_0 を正の定数とし，気体の分子間ポテンシャル $\phi(r)$ が分子間距離 r に対して以下で与えられる場合，

$$r < \sigma \text{ のとき } \quad \phi(r) = \infty \tag{IV}$$

$$r \geq \sigma \text{ のとき } \quad \phi(r) = -\varepsilon_0 \left(\frac{\sigma}{r}\right)^6 \tag{V}$$

第 2 ビリアル係数 $B(T)$ を求めよ．このとき，気相が維持される条件を利用してよい．

(2) 不完全気体を表現する van der Waals の状態方程式は，次式である．

$$\left(P + \frac{an^2}{V^2}\right)\left(\frac{V}{n} - b\right) = RT \tag{VI}$$

ここで，パラメータ a, b は気体固有の正の定数である．上式をビリアル展開し，第 2 ビリアル係数 $B(T)$ と第 3 ビリアル係数 $C(T)$ を求めよ．

(3) (1) と (2) で導出された第 2 ビリアル係数 $B(T)$ を関係付けて，パラメータ a, b を導出せよ． (東大[†])

【解答】 (1) 与式 (III)〜(V) より ((V) で一般に (6) → m と置く)，

$$B(T) = 2\pi N_A \int_0^\infty \left[1 - \exp\left\{-\frac{\phi(r)}{kT}\right\}\right] r^2 dr$$

$$= -2\pi N_A \int_0^\infty \left[\exp\left\{-\frac{\phi(r)}{kT}\right\} - 1\right] r^2 dr$$

ここで, $e^x = 1 + x + \frac{1}{2!}x^2 + \cdots + \frac{1}{s!}x^s + \cdots$ を用いて,

$$I \equiv \int_0^\infty \left[\exp\left\{-\frac{1}{kT}\phi(r)\right\} - 1\right] r^2 dr$$

$$= \int_0^\sigma \left\{\exp\left(-\frac{1}{kT}\infty\right) - 1\right\} r^2 dr + \int_\sigma^\infty \left[\exp\left\{\frac{\varepsilon_0}{kT}\left(\frac{\sigma}{r}\right)^m\right\} - 1\right] r^2 dr$$

$$= -\int_0^\sigma r^2 dr + \int_\sigma^\infty \left\{\sum_{s=1}^\infty \frac{1}{s!}\left(\frac{\varepsilon_0}{kT}\right)^s \left(\frac{\sigma}{r}\right)^{ms}\right\} r^2 dr$$

$$= -\left[\frac{r^3}{3}\right]_0^\sigma + \sum_{s=1}^\infty \frac{1}{s!}\left(\frac{\varepsilon_0}{kT}\right)^s \sigma^{ms} \int_\sigma^\infty r^{-ms+2} dr$$

$$= -\frac{\sigma^3}{3} + \sum_{s=1}^\infty \frac{1}{s!}\left(\frac{\varepsilon_0}{kT}\right)^s \sigma^{ms} \left[\frac{r^{-ms+3}}{-ms+3}\right]_\sigma^\infty$$

$$= -\frac{\sigma^3}{3} + \sum_{s=1}^\infty \frac{1}{s!}\left(\frac{\varepsilon_0}{kT}\right)^s \sigma^{ms} \frac{\sigma^{-ms+3}}{ms-3}$$

$$\therefore \quad B(T) = 2\pi N_A \left\{\frac{\sigma^3}{3} - \sum_{s=1}^\infty \frac{1}{s!}\left(\frac{\varepsilon_0}{kT}\right)^s \sigma^{ms} \frac{\sigma^{-ms+3}}{ms-3}\right\}$$

$$= \frac{2\pi N_A \sigma^3}{3}\left\{1 - \sum_{s=1}^\infty \frac{3}{s!(ms-3)}\left(\frac{\varepsilon_0}{kT}\right)^s\right\}$$

$$= \frac{2\pi N_A \sigma^3}{3}\left\{1 - \sum_{s=1}^\infty \frac{1}{s!(2s-1)}\left(\frac{\varepsilon_0}{kT}\right)^s\right\} \quad ①$$

(2) van der Waals の状態方程式(VI) より,

$$P = \frac{nRT}{V-nb} - \frac{an^2}{V^2}$$

$$Z = \frac{PV}{nRT} = \frac{V}{V-nb} - \frac{an}{RTV} = \frac{V}{V\left(1-\frac{nb}{V}\right)} - \frac{an}{RTV}$$

$$\cong 1 + \frac{nb}{V} + \left(\frac{nb}{V}\right)^2 + \cdots - \frac{an}{RTV} = 1 + \left(b - \frac{a}{RT}\right)\frac{n}{V} + b^2\left(\frac{n}{V}\right)^2 + \cdots$$

(2)と比較すると, $B(T) = b - \frac{a}{RT}$, $C(T) = b^2$ ②

(3) ②の第1式と比較するため, ①で高温 ($\varepsilon_0/kT \ll 1$) の場合を考えると,

$$B \cong \frac{2\pi N_A \sigma^3}{3}\left(1 - \frac{\varepsilon_0}{kT}\right)$$

$$\therefore \quad a \leftrightarrow \frac{2\pi N_A \sigma^3 \varepsilon_0}{3}, \quad b \leftrightarrow \frac{2\pi N_A \sigma^3}{3}$$

例題 8.2

気体が理想気体の状態方程式に従って状態変化し，気体の物性値は状態によらず一定であるとして，以下の問に答えよ．ただし，γ：比熱比，P：圧力，V：体積，S：エントロピー，とする．

(1) 以下に示すマクスウェルの関係式を用いて，気体が等エントロピー変化する際に，$P \cdot V^\gamma$ が一定に保たれることを示せ．

$$\left(\frac{\partial S}{\partial V}\right)_T = \left(\frac{\partial P}{\partial T}\right)_V$$

次に，下図のような周囲大気に対して吸排気するガスタービン（ブレイトンサイクル）を考える．すなわち理想的な場合には，状態①から②は等エントロピー圧縮，状態②から③は等圧加熱，状態③から④は等エントロピー膨張とする．ここで，

圧力比：$\pi (= P_2/P_1)$

温度比：$\tau (= T_3/T_1)$

圧縮機断熱効率：$\eta_C = \dfrac{\text{等エントロピー圧縮に要する仕事}}{\text{圧縮機が実際に要する仕事}}$

タービン断熱効率：$\eta_T = \dfrac{\text{タービンから実際に得られる仕事}}{\text{等エントロピー膨張で得られる仕事}}$

とする．なお，添字 1, 2, 3, … は，状態①，②，③，… での値とする．また，圧縮および膨張の過程においては，直接外部との熱のやり取りはないものとする．

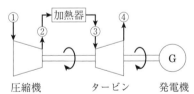

(2) 理想的なサイクル（$\eta_C = \eta_T = 1$）の T（温度）$- S$（エントロピー）線図を描き，①〜④に対応する点を示せ．また，この理想サイクルの熱効率を，π と γ を用いて，導出の過程も含めて示せ．

(東大†，東工大*，立命大*，電験*)

【解答】 (1) エントロピー S を T と V で表すと，

$$dS = \left(\frac{\partial S}{\partial T}\right)_V dT + \left(\frac{\partial S}{\partial V}\right)_T dV \qquad ①$$

定積熱容量 C_V の定義は，$C_V = \left(\dfrac{\partial Q}{\partial T}\right)_V = T\left(\dfrac{\partial S}{\partial T}\right)_V$ ②

与えられたマクウェルの関係式に状態方程式（1モル）$PV = RT$ を用いると，

$$\left(\frac{\partial S}{\partial V}\right)_T = \left(\frac{\partial P}{\partial T}\right)_V = \frac{R}{V} \qquad ③$$

断熱変化（等エントロピー）を考えると，$d'Q = 0$ だから，

$$dS = \frac{d'Q}{T} = 0 \qquad ④$$

①～④より，$0 = \dfrac{C_V}{T}dT + R\dfrac{1}{V}dV$

これを積分すると，

$$C_V \log T + R \log V = \log T^{C_V} V^R = K_1,$$
$$\log TV^{R/C_V} = K_2 \quad (K_1, K_2 : 定数) \qquad ⑤$$

ここで，マイヤーの関係式

$$C_P - C_V = R, \quad \frac{R}{C_V} = \frac{C_P}{C_V} - 1 = \gamma - 1 \quad (\gamma = C_P/C_V : 比熱比) \qquad ⑥$$

⑤，⑥より，$\log TV^{\gamma-1} = K_2, \quad TV^{\gamma-1} = K_3 \quad (K_3 : 定数) \qquad ⑦$

②，⑦から T を消去すると，$\dfrac{PV}{R}V^{\gamma-1} = \dfrac{PV^\gamma}{R} = K_3 \quad \therefore \quad PV^\gamma = const$

[**別解**] 第一法則に，断熱条件 $d'Q = 0$ を代入すると，

$$dU = d'Q - PdV = -PdV \qquad ⑧$$

モル比熱を C_V とすると（定積比熱の定義），$dU = C_V dT \qquad ⑨$

状態方程式より，$PV = RT, P = \dfrac{RT}{V} \qquad ⑩$

⑨，⑩を⑧に代入すると，$C_V dT = -\dfrac{RT}{V}dV, \dfrac{dT}{T} + \dfrac{R}{C_V}\dfrac{dV}{V} = 0$

両辺を積分すると，$\log T + \dfrac{R}{C_V} \log V = \log TV^{R/C_V} = const$

マイヤーの関係式 $C_P - C_V = R$，比熱比 $C_P/C_V = \gamma$ を用いると，

$$TV^{\frac{C_P-C_V}{C_V}} = TV^{\gamma-1} = \frac{PV}{R}V^{\gamma-1} = \frac{PV^\gamma}{R} = const \quad \therefore \quad PV^\gamma = const$$

(2) ブレイトンサイクルの T-S 線図は図のようになる．

圧縮仕事を Wc とすると，状態1から状態2への断熱変化過程（等エントロピー）での仕事だから[注]，$PV^\gamma = K_1, TV^{\gamma-1} = K_2,$

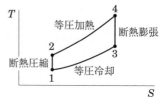

$V = K_1^{\frac{1}{\gamma}} P^{-\frac{1}{\gamma}}, T\left(K_1^{\frac{1}{\gamma}} P^{-\frac{1}{\gamma}}\right)^{\gamma-1} = K_1^{\frac{\gamma-1}{\gamma}} TP^{-\frac{\gamma-1}{\gamma}} = K_2, P \propto T^{\frac{\gamma}{\gamma-1}}$ を用いると,

$$W_C = \int_1^2 V\,dP = \int_1^2 K_1^{\frac{1}{\gamma}} P^{-\frac{1}{\gamma}}\,dP = K_1^{\frac{1}{\gamma}} \left[\frac{P^{1-\frac{1}{\gamma}}}{1-\frac{1}{\gamma}}\right]_1^2 = \frac{K_1^{\frac{1}{\gamma}}\gamma}{\gamma-1}\left(P_2^{\frac{\gamma-1}{\gamma}} - P_1^{\frac{\gamma-1}{\gamma}}\right)$$

$$= \frac{K_1^{\frac{1}{\gamma}}\gamma P_1^{\frac{\gamma-1}{\gamma}}}{\gamma-1}\left\{\left(\frac{P_2}{P_1}\right)^{\frac{\gamma-1}{\gamma}} - 1\right\} = \frac{\gamma(P_1 V_1^\gamma)^{\frac{1}{\gamma}} P_1^{\frac{\gamma-1}{\gamma}}}{\gamma-1}\left\{\left(\frac{P_2}{P_1}\right)^{\frac{\gamma-1}{\gamma}} - 1\right\}$$

$$= \frac{\gamma P_1 V_1}{\gamma-1}\left[\left\{\left(\frac{T_2}{T_1}\right)^{\frac{\gamma}{\gamma-1}}\right\}^{\frac{\gamma-1}{\gamma}} - 1\right] = \frac{\gamma R T_1}{\gamma-1}\left(\frac{T_2}{T_1} - 1\right) = \frac{\gamma R}{\gamma-1}(T_2 - T_1)$$

$$= \frac{\frac{C_P}{C_V}(C_P - C_V)}{\frac{C_P}{C_V} - 1}(T_2 - T_1) = C_P(T_2 - T_1) \qquad \text{⑪}$$

タービン仕事を W_T とすると, 状態 3 から状態 4 への断熱変化過程での (外部への) 仕事は, 上と同様にして,

$$W_T = -\int_3^4 V\,dP = \frac{\gamma P_4 V_4}{\gamma-1}\left\{\left(\frac{P_3}{P_4}\right)^{\frac{\gamma-1}{\gamma}} - 1\right\}$$

$$= \frac{\gamma R T_4}{\gamma-1}\left(\frac{T_3}{T_4} - 1\right) = C_P(T_3 - T_4) \qquad \text{⑫}$$

⑫−⑪より, $W_T - W_C = C_P(T_3 - T_4 - T_2 + T_1)$ ⑬

与えられる熱量を Q_H とすると, $Q_H = C_P(T_3 - T_2)$ ⑭

⑬, ⑭より, 熱効率 η は,

$$\eta = \frac{W_T - W_C}{Q_H} = \frac{-T_4 + T_3 - T_2 + T_1}{T_3 - T_2} = 1 - \frac{T_4 - T_1}{T_3 - T_2} \qquad \text{⑮}$$

状態 1 から状態 2 への変化は断熱過程だから, $\pi = P_2/P_1$ を用いると,

$$\frac{T_1}{T_2} = \left(\frac{1}{\pi}\right)^{\frac{\gamma-1}{\gamma}}, \quad T_1 = T_2\left(\frac{1}{\pi}\right)^{\frac{\gamma-1}{\gamma}} \qquad \text{⑯}$$

同様にして, 状態 3 から状態 4 への変化は断熱過程だから,

$$\frac{T_4}{T_3} = \left(\frac{1}{\pi}\right)^{\frac{\gamma-1}{\gamma}}, \quad T_4 = T_3\left(\frac{1}{\pi}\right)^{\frac{\gamma-1}{\gamma}} \qquad \text{⑰}$$

⑯, ⑰を⑮に代入すると,

$$\eta = 1 - \frac{\left(\frac{1}{\pi}\right)^{\frac{\gamma-1}{\gamma}}(T_3 - T_2)}{(T_3 - T_2)} = 1 - \left(\frac{1}{\pi}\right)^{\frac{\gamma-1}{\gamma}}$$

問題研究

8.1 式(I)に示すファン・デル・ワールスの状態方程式に従う1モルの気体分子がある．圧力 p，体積 V，絶対温度 T は気体が液化しない範囲にあるとし，体積 V は b より十分大きいものとする．

$$\left(p + \frac{a}{V^2}\right)(V-b) = RT \tag{I}$$

R は気体定数，a と b は，それぞれ分子間力と分子体積に関係する正の定数である．この気体の内部エネルギーを U とし，エントロピーを S とする．この気体が可逆過程によって変化すると，熱力学第一法則より，式(II)が成り立つ．

$$dU = TdS - pdV \tag{II}$$

以下の問に答えよ．ただし，気体の定容比熱 C_V を一定とする．

(1) マクスウェルの関係式の1つである

$$\left(\frac{\partial S}{\partial V}\right)_T = \left(\frac{\partial p}{\partial T}\right)_V \tag{III}$$

を導出せよ．必要であれば，ヘルムホルツの自由エネルギー $F = U - TS$ を用いてもよい．

(2) 温度一定の条件の下で気体が収縮または膨張すると，この気体の内部エネルギーの変化は，次式で表される．式(IV)が成り立つことを示せ．

$$\left(\frac{\partial U}{\partial V}\right)_T = T\left(\frac{\partial p}{\partial T}\right)_V - p \tag{IV}$$

(3) 式(I)に従う気体1モルを作動流体とし，絶対温度 T_2 における等温膨張（状態 A → 状態 B），断熱膨張（状態 B → 状態 C），絶対温度 T_1 における等温圧縮（状態 C → 状態 D），断熱圧縮（状態 D → 状態 A）の4つの可逆過程からなるサイクルがある．ここで，状態 A, B, C, D での体積を V_A, V_B, V_C, V_D とする．このサイクルはカルノーサイクルと呼ばれ，横軸に S，縦軸に T をとると，図に示されるような変化をする．状態 A から状態 B の等温膨張過程において，気体が受け取る熱量を，V_A, V_B, T_2 を用いて表せ．また，状態 C から状態 D の等温圧縮過程で気体が受け取る熱量を V_C, V_D, T_1 を用いて表せ．

(4) (3)のサイクルにおいて，温度比 T_1/T_2 を V_B, V_C を用いて表せ．

(5) (3)のサイクルの熱効率 η を求めよ．また，作動流体を理想気体とした場合と比べた熱効率の優劣を述べよ．

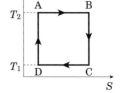

(東大†，東大*，阪大*，北教大*)

8.2 気体が様々な条件で膨張する過程について考える．1モルあたりの内部エネルギーおよび体積をそれぞれ U, V，絶対温度を T，圧力を p，気体定数を R とする．また，モル定積比熱を C_V，モル定圧比熱を C_p とし，これらは条件に依らず一定値をとるものとする．

(1) 理想気体では以下の関係式が成立することを示せ．
$$C_p - C_V = R \tag{I}$$

(2) 圧力 p_0, 体積 V_0 のある理想気体の準静的断熱膨張過程, または準静的等温膨張過程を考える．これらの2つの過程における p と V の関係 (断熱線, および等温線) を, 違いが明確になるように模式的に図示せよ．準静的断熱膨張過程では, 以下のポアソンの式が成り立つことを示せ．
$$pV^{(C_p/C_V)} = \text{一定} \tag{II}$$

(3) 理想気体が真空間に対して断熱的に自由膨張する過程を考える．このとき, 膨張過程前後において気体の温度が同一であることを説明せよ．これが不可逆過程であることを示せ．

(4) 状態方程式 $(p + a/V^2)(V - b) = RT$ に従うファン・デル・ワールス気体の断熱自由膨張過程について考える．ここで a および b は気体固有の正の定数である．体積 V_4 の状態にある気体が, 体積 V_5 となるまで断熱的に自由膨張した際の温度変化量 ΔT を, V_4, V_5, R, a, b および C_V のうち必要なものを用いて表せ．また, この温度変化が生じる理由をファン・デル・ワールス気体の性質から説明せよ．なお, 必要に応じて以下の関係式を用いてもよい．
$$\left(\frac{\partial U}{\partial V}\right)_T = T\left(\frac{\partial p}{\partial T}\right)_V - p \tag{III} \quad \text{(東大}^\dagger\text{)}$$

8.3 一般に物質は, 固体, 液体, 気体の3つの相 (状態) を持つ．図は A, B の相を持つ物質の概念を示したもので, 温度 T と圧力 P によって平衡状でどの相が安定に存在するかを示す．どの相が安定に存在するかは, 化学ポテンシャル (単位モル当たりの Gibbs の自由エネルギー) $g(T, P)$ の大小に依存する．境界線上では A, B 2つの相が共存し, A と B の化学ポテンシャルを $g_A(T, P)$, $g_B(T, P)$ として $g_A(T, P) = g_B(T, P)$ となっている．図で, 境界線上のある点 (T, P) とこの点からわずかに離れた $(T + dT, P + dP)$ の2点間の $g(T, P)$ の微小変化は $dg = vdP - sdT$ と表される．ただし, v と s はそれぞれ単位モル当たりの体積とエントロピーを表す．

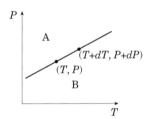

図 2つの相 A, B を持つ物質の相図

(1) 境界線の傾き dP/dT は Clapeyron-Clausius の式
$$\frac{dP}{dT} = \frac{q_{AB}}{T(v_B - v_A)}$$
で表されることを示せ．ただし, q_{AB} は単位モル当たりの潜熱 (A から B に相変化させるために加える熱量), v_A, v_B はそれぞれ, 相 A, B での単位モル当たりの体積を表す．

(2) 水 (液体) と氷 (固体) の境界線は, 相図で負の傾きを持っている $(dP/dT < 0)$．このことの意味するところを簡潔に説明せよ．

(3) 氷,水,水蒸気の相図の概略を描け.ただし,横軸を T,縦軸を P とせよ.
(4) 水(液体)と水蒸気(気体)の境界線(蒸気圧曲線)を考える.1 気圧における水の沸点は 100°C であり,そのときの気化熱が 41 kJ/mol であるとして,蒸気圧曲線の傾き dP/dT を有効数字一桁で求めよ.ただし,水蒸気は理想気体であるとする.

(東大,東北大 *,東工大 *)

8.4 体積 $0.10\,\mathrm{m^3}$,温度 300 K,1.0 mol の窒素を,体積 $1.0\,\mathrm{m^3}$ に自由膨張させる.この過程は断熱的であり,窒素への熱の出入りはないものとして,以下の設問に答えよ.窒素は理想気体の方程式 $PV = nRT$ またはファン・デル・ワールスの状態方程式

$$\left(P + \frac{an^2}{V^2}\right)(V - nb) = nRT$$

に従い,窒素の定積熱容量 C_V は $\frac{5}{2}nR$ で与えられるものとする.ただし,$P\,[\mathrm{Pa}]$ は気体の圧力,$V\,[\mathrm{m^3}]$ は気体の体積,$n\,[\mathrm{mol}]$ は気体のモル数,$T\,[\mathrm{K}]$ は気体の温度,気体定数 R は 8.3 J/mol/K である.また,窒素では $a = 0.14\,\mathrm{Pa \cdot m^6/mol^2}$,$b = 3.9 \times 10^{-5}\,\mathrm{m^3/mol}$ とする.必要があれば,$\log 2 \cong 0.69$,$\log 3 \cong 1.1$,$\log 5 \cong 1.6$ を用いよ.

(1) 窒素が理想気体の状態方程式に従うものとして,自由膨張した後の温度を求めよ.
(2) 窒素が理想気体の状態方程式に従うものとして,自由膨張する過程によるエントロピーの増加量を有効数字一桁で求めよ.答えを導出する過程も示すこと.
(3) 窒素がファン・デル・ワールスの状態方程式に従う場合,Maxwell の関係式 $\left(\frac{\partial S}{\partial V}\right)_T = \left(\frac{\partial P}{\partial T}\right)_V$ を用いて,

$$\left(\frac{\partial T}{\partial V}\right)_U = -\frac{an^2}{C_V V^2}$$

となることを示せ.ただし,U は気体の内部エネルギー,S は気体のエントロピーとする.
(4) 窒素がファン・デル・ワールスの状態方程式に従うものとして,(3) の結果を利用して,上記の自由膨張する過程による温度の変化幅を有効数字一桁で求めよ.答えを導出する過程も示すこと.

(東大)

8.5 気体のエントロピー変化に関する以下の設問に答えよ.

まず,シリンダーの中に入っている理想気体 1 モルの系を考え,次の 3 つの準静的(可逆的)プロセスからなるサイクルを行った時のエントロピー変化について考察する.

(A) 圧力 P_1,体積 V_1,温度 T_1 の初期状態から体積を一定に保ったまま圧力が P_2,温度 T_2 になるまで暖める.
(B) 次に温度を T_2 に保ったまま圧力が P_1 に戻るまで膨張させる.
(C) 最後に圧力を P_1 に保ったまま元の体積 V_1 になるまで冷却する.

(1) (A)〜(C) のプロセスを横軸に体積 V,縦軸に圧力 P をとったダイアグラムで示せ.
(2) (A)〜(C) の各プロセスにおける気体のエントロピー変化量 $\Delta S = \int \frac{\delta Q}{T}$($\delta Q$ は系に加えられた熱量を表す)を理想気体の定積モル比熱 C_V,定圧モル比熱 C_P,圧力比

$\dfrac{P_2}{P_1}$ を，気体定数 R を用いて表せ．

(3) サイクルが一巡したとき，エントロピーに変化がないことを確認せよ．

次に，理想気体でない実在気体 1 モルを準静的に状態変化させたときのエントロピー変化量について考察する．エントロピー変化量は直接測定できないが，熱力学関数を用いて測定可能な量（温度，体積，圧力，比熱等）に関係づけることにより求めることができる．ここでは，ある気体 X のエントロピー変化を，実測値から得られた状態方程式と定積比熱より，以下の手順で求める．

(4) 一般に気体が準静的に状態変化するとき，エントロピー S，体積 V，圧力 P，温度 T の間に以下の関係式（マクスウェルの関係式）が成り立つ．

$$\left(\frac{\partial S}{\partial V}\right)_T = \left(\frac{\partial P}{\partial T}\right)_V \tag{I}$$

この関係式（I）を導出せよ．

(5) 1 モルの気体が準静的に状態変化するとき，気体のエントロピーの変化 dS は，温度 T，体積 V を独立変数として，以下の式（II）で記述できることを示せ．上記のマクスウェルの関係式（I）を用いてよい．C_V' はこの気体の定積モル比熱を表す関数である．

$$dS = \frac{C_V'}{T}dT + \left(\frac{\partial P}{\partial T}\right)_V dV \tag{II}$$

(6) 1 モルの気体 X を解析したところ，$V > B$ の範囲で状態方程式が $P(V - B) = RT$，定積モル比熱 C_V' が $C_V' = a + bT + cT^2$ と表される（B, a, b, c は定数，R は気体定数）ことが分かった．この気体を温度 T_1，体積 V_1 から温度 T_2，体積 $V_2 (V_1, V_2 > B)$ に準静的に変化させたときのエントロピー変化量を求めよ． (東大)

8.6 低温熱源（温度 T_0 [K]）と高温熱源（温度 $2T_0$ [K]）を用いる再生ガスサイクル（準静的過程）について考えよう．このサイクルでは，先ず状態 1 から状態 2 まで低温熱源下（温度 T_0）で等温圧縮した後に，状態 2 から状態 3 まで等積加熱し，次に状態 3 から状態 4 まで高温熱源下（温度 $2T_0$）で等温膨張させ，状態 4 から等積冷却で状態 1 に戻る．このサイクルの特徴は，等積冷却で放出する熱をそのまま等積加熱で吸収する熱に再生利用することで，熱効率を実質的に向上できる点にある．なお，作動ガスは，質量 m [kg]，ガス定数 R [J/(kg·K)]，定積比熱 c_V [J/(kg·K)] の理想気体とし，サイクルにおけるシリンダの最小体積が V_0 [m³]，最大体積は $6V_0$ [m³] とする．また，熱の符号は，熱が系に入る場合を正，出る場合を負と定義する．仕事の符号は，系が仕事をする場合を正，仕事をされる場合を負とする．

(1) このサイクルの p–V 線図（圧力–体積線分）と T–S 線図（温度–エントロピー線図）を示せ．なお，定性的でよいので各状態変化の特徴が分かるような図とし，各状態を図中に点と番号で記すこと．

(2) 状態 1 から状態 2，状態 2 から状態 3，状態 3 から状態 4，状態 4 から状態 1 の各過程で出入りする熱量 $Q_{12}, Q_{23}, Q_{34}, Q_{41}$（単位はすべて [J]）およびエントロピーの変化 $\Delta S_{12}, \Delta S_{23}, \Delta S_{34}, \Delta S_{41}$（単位はすべて [J/K]）を求めよ．ただし，$T_0, m, R, c_V$ の中から必要なものを用いて示すこと．

(3) このサイクルの仕事 W [J] および実質的な熱効率 η を求めよ．ただし，T_0, m, R, c_V の中から必要なものを用いて示すこと．

(4) 次に，状態 2 から状態 3 の等積加熱過程が，状態 2 から状態 3′ の等圧加熱過程に変わり，状態 3′ から状態 4 まで高温熱源下（温度 $2T_0$）で等温膨張する場合を想定する．このとき等圧加熱での吸収熱を等積冷却での放出熱のみでは補えないため，不足する熱量を外部から供給する必要がある．この不足する熱量 Q' [J] を求めよ．ただし，T_0, m, R, c_V の中から必要なものを用いて示すこと．

(5) (4)で示したサイクルの仕事 W' [J] および実質的な熱効率 η' を求めよ．ただし，T_0, m, R, c_V の中から必要なものを用いて示すこと．　　　　（名工大，東大 *，新大 *，北教大 *）

8.7 質量 1 kg，ガス定数 R [J/(kg·K)]，比熱比 κ の理想気体を作動流体とする閉じたサイクル（準静的過程）について考える．このガスサイクルでは，状態 1（圧力 p_1 [Pa]，体積 V_1 [m^3]，温度 T_1 [K]）から状態 2（圧力 p_2 [Pa]，体積 V_2 [m^3]，温度 T_2 [K]）まで可逆断熱過程（等エントロピー過程）で圧縮した後に，状態 2 から状態 3（圧力 p_3 [Pa]，体積 V_3 [m^3]，温度 T_3 [K]）まで等積加熱し，次に状態 3 から状態 4（圧力 p_4 [Pa]，体積 V_4 [m^3]，温度 T_4 [K]）まで可逆断熱過程（等エントロピー過程）で膨張させ，状態 4 から等積冷却で状態 1 に戻る．ここで，サイクルの特性を示すパラメータとして，圧縮比 $\varepsilon = V_1/V_2$ および温度比 $\tau = T_3/T_1$ を定義する．なお，熱の符号は，熱が系に入る場合を正，出る場合を負とする．仕事の符号は，系が仕事をする場合を正，仕事をされる場合を負とする．

(1) 状態 2 での温度 T_2 を，κ, ε, T_1 のみを用いて示せ．
(2) 状態 4 での体積 V_3 を $\kappa, \varepsilon, \tau, V_1$ のみを用いて示せ．
(3) 状態 4 での温度 T_4 を $\kappa, \varepsilon, \tau, T_1$ のみを用いて示せ．
(4) 状態 2 から状態 3，状態 4 から状態 1 の各過程で出入りする熱 Q_{23}, Q_{41}（単位はすべて [J]）を求めよ．ただし，$\kappa, \varepsilon, \tau, R, T_1$ のみを用いて示すこと．
(5) 状態 2 から状態 3 の過程でのエントロピーの変化 ΔS_{23}（単位は [J/K]）を求めよ．ただし，$\kappa, \varepsilon, \tau, R$ のみを用いて示すこと．

一般に，熱機関では可逆断熱変化の実現が難しく熱の出入りが生じる．以下では，状態 3 から状態 4 の可逆断熱過程が，ポリトロープ指数を n ($n > \kappa$) とするポリトロープ過程となり，状態 4 が状態 4′（圧力 $p_{4'}$ [Pa]，体積 V_4 [m^3]，温度 $T_{4'}$ [K]）にずれてサイクルを構成する場合を考える．ただし，$p_{4'} > p_1$ ($T_{4'} > T_1$) とする．

(6) 状態 4′ における温度 $T_{4'}$ を求めよ．ただし，$n, \kappa, \varepsilon, \tau, T_1$ のみを用いて示すこと．
(7) 状態 3 から状態 4′ の過程での仕事 $W_{34'}$ [J] を，$n, \kappa, \varepsilon, \tau, R, T_1$ のみを用いて示せ．
(8) 状態 3 から状態 4′ の過程でのエントロピー変化 $\Delta S_{34'}$ [J/K] を，$n, \kappa, \varepsilon, \tau, R$ のみを用いて示せ．　　　　（名工大，北大 *，弁理 *）

8.8 ファン・デル・ワールスの状態方程式(ⅰ)について，以下の問に答えよ．

$$\left(p + \frac{a}{V_m^2}\right)(V_m - b) = RT \tag{ⅰ}$$

ただし，p は圧力，V_m はモル体積，T は絶対温度，R は気体定数，a は分子間ポテンシャルに関係する正の定数，b は分子サイズに関係する正の定数である．

(1) 図を参考に，臨界点 (p_c, V_c, T_c) において成り立つ 3 つの式を示せ．

(2) 上記の設問で求めた式を連立させて解き，p_c, V_c, T_c を求めよ．
(3) 圧縮因子 Z は理想気体からのずれを表すパラメータであり，次式で定義される．
$$Z \equiv \frac{pV_m}{RT} \quad\quad\text{(ii)}$$
ファン・デル・ワールス状態方程式が成り立つ場合の圧縮因子を示せ．

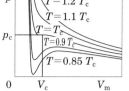

(4) 臨界点における圧縮因子を求めよ．
(5) 対臨界値は次式で定義される．
$$p_r \equiv \frac{p}{p_c}, \quad V_r \equiv \frac{V_m}{V_c}, \quad T_r \equiv \frac{T}{T_c} \quad\quad\text{(iii)}$$
ファン・デル・ワールス状態方程式を対臨界値を用いて書き表せ．

(東大，東大*，東工大*，MIT*)

8.9 右図はオットーサイクルの P–V 線図を示す．

作動媒体である空気を理想気体とみなすことができるとして，以下の問に答えよ．

ただし，圧縮比 $\varepsilon = V_1/V_2$，圧力比 $\xi = P_3/P_2$ とし，空気の気体定数を R，比熱比を γ，質量を M とする．

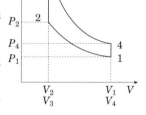

(1) 図中の $1 \to 2, 2 \to 3, 3 \to 4, 4 \to 1$ の変化を何と呼ぶか．
(2) 図中の点 1, 2, 3, 4 の温度をそれぞれ T_1, T_2, T_3, T_4 とするとき，T_1, T_2, T_3 を $T_4, \varepsilon, \xi, \gamma$ を用いて表せ．ただし，全ての記号を用いるとは限らない．
(3) この機関の理論熱効率 η を ε, ξ, γ を用いて表せ．ただし，全ての記号を用いるとは限らない．
(4) このサイクルの平均有効圧力 P_m を $P_4, \varepsilon, \xi, \gamma$ を用いて表せ．ただし，全ての記号を用いるとは限らない．
(5) このサイクルの T–S 線図をかけ．
(6) 図中の点 1, 3, 4 におけるエントロピーをそれぞれ S_1, S_3, S_4 とするとき，S_1, S_3 を $S_4, \varepsilon, \xi, \gamma, R, M$ を用いて表せ．ただし，全ての記号を用いるとは限らない．

(弁，弁*，東大*，北大*)

8.10 理想気体ではエンタルピーは圧力に依存することなく温度のみの関数であり，状態方程式や熱容量の関係式も簡略化される．ここでは理想気体とは限らぬ一般の物質について，そのエンタルピーが圧力に依存しない場合，状態方程式や熱容量の関係式がどのような形で表されるかを以下のようにして調べる．

いま，物質の出入りのない閉じた系に理想気体とは限らぬ物質があり，相変化を含まぬ準静的な変化を行うものとする．圧力 P，体積 V，温度 T，エンタルピー H，エントロピー S とするとき，以下の問に答えよ．
(1) エントロピー S の変化 dS について次の関係式（ⅰ）を導け．

$$dS = \frac{1}{T}(dH - VdP) \qquad (\mathrm{i})$$

(2) 圧力 P，温度 T を独立な状態量とした場合のエントロピー S の全微分形と（ⅰ）式を用いることにより，次の（ⅱ）式が成立することを証明せよ．

$$\left(\frac{\partial H}{\partial P}\right)_T = V - T\left(\frac{\partial V}{\partial T}\right)_P \qquad (\mathrm{ii})$$

必要なら次の関係を用いよ．

$$\frac{\partial^2 S}{\partial P \partial T} = \frac{\partial^2 S}{\partial T \partial P}, \quad \frac{\partial^2 H}{\partial P \partial T} = \frac{\partial^2 H}{\partial T \partial P}$$

(3) エンタルピー H が圧力 P に依存しないとき，（ⅱ）式より状態方程式は $f(P)$ を P のみの関数として

$$V = f(P)T \qquad (\mathrm{iii})$$

とかけることを示せ．

(4) 定圧熱容量 C_p，定積熱容量 C_V とするとき，エンタルピー H の圧力 P への依存性にかかわらず一般に次式（ⅳ）が成立することを証明せよ．

$$C_p - C_V = \left(\frac{\partial P}{\partial T}\right)_V \left\{V - \left(\frac{\partial H}{\partial P}\right)_T\right\} \qquad (\mathrm{iv})$$

熱容量 C_p, C_V をエンタルピー H，圧力 P，温度 T を用いて表し，それに圧力 P，温度 T を独立な状態量とした場合のエンタルピー H の全微分を変形して代入すれば導きやすい．

(5) エンタルピー H が圧力 P に依存しないとき，定圧熱容量 C_p と定積熱容量 C_V の差は（ⅳ）式より V/T のみの関数で表せることを示せ．ただし，（ⅲ）式は P について

$$P = g\left(\frac{V}{T}\right) \qquad (\mathrm{v})$$

のように V/T で微分可能な関数 g として解けるものとする． （東大，東大*）

第 9 編

統計力学・物性

9.1 統計力学

9.1.1 気体運動論とマクスウェルの速度分布則

N 個の理想気体のうち，速度成分が (v_x, v_y, v_z) と $(v_x + dv_x, v_y + dv_y, v_z + dv_z)$ の間にある数は $Nf(v_x, v_y, v_z)dv_x\,dv_y\,dv_z$ で，分布関数は，

$$f(v_x, v_y, v_z) = \left(\frac{m}{2\pi kT}\right)^{3/2} e^{-m(v_x^2 + v_y^2 + v_z^2)/2kT} \tag{9.1}$$

$$\int f(v_x, v_y, v_z) dv_x\, dv_y\, dv_z = 1$$

9.1.2 ミクロカノニカル分布

孤立した力学系が熱平衡にある場合を表す確率分布．

$$\begin{aligned}
f(P) &= 一定 = 1 / \int_{E<H<E+\delta E} d\Gamma \quad \text{(古典論，Γ：位相空間)} \\
f(l) &= 一定 = 1 / \sum_{E<E_l<E+\delta E} 1 \quad \text{(量子論)}
\end{aligned} \tag{9.2}$$

物理量 $A(p,q)$ の平均値：$\bar{A} = \dfrac{\int A(p,q)\rho_E(p,q)dp\,dq}{\int \rho_E(p,q)dp\,dq}$ （ρ_E：分布関数） \quad (9.3)

9.1.3 状態密度と状態数

エネルギーが E と $E + \delta E$ の間にある状態数（熱力学的重率）：W

$$\left.\begin{aligned}
W(E, \delta E) &\equiv \Omega(E)\delta E \quad (\Omega(E)：状態密度) \\
&= \int_{E<H<E+\delta E} d\Gamma / \{h^{3\Sigma N_i} \prod_i N_i!\} \quad \text{(古典論)} \\
&= \sum_{E<E_l<E+\delta E} 1 \quad \text{(量子論)}
\end{aligned}\right\} \tag{9.4}$$

（N_i：第 i 種粒子の数）

エネルギーが 0 と E の間にある状態数：$\Omega_0(E)$

$$\left.\begin{aligned}
\Omega_0(E) &= \int_{H\leq E} d\Gamma / \{h^{3\Sigma N_i} \prod_i N_i!\} \quad \text{(古典論)} \\
&= \sum_{0\leq E_l \leq E} 1 \quad \text{(量子論)}
\end{aligned}\right\} \tag{9.5}$$

状態密度：$\Omega(E) = \dfrac{d}{dE}\Omega_0(E)$ \quad (9.6)

9.1.4 孤立系のエントロピー

ボルツマンの関係式：$S(E) = k \log W(E)$　　(W：熱力学的重率)　　(9.7)

9.1.5 カノニカル分布

温度一定の熱浴と熱的に接触して平衡にある系を表す分布.

古典論の場合,

$$\text{分布関数}: \rho(p,q) = \frac{1}{\prod_i N_i! h^{3\Sigma N_i}} e^{-\beta H(p,q)} / Z \quad (\beta = 1/kT) \tag{9.8}$$

$$\text{分配関数（状態和）}: Z = \frac{1}{\prod_i N_i! h^{3\Sigma N_i}} \int e^{-\beta H(p,q)} dp\, dq \tag{9.9}$$

量子論の場合,

$$\text{分布関数}: \rho(l) = \frac{e^{-\beta E_l}}{Z} \tag{9.10}$$

$$\text{分配関数}: Z = \sum_l e^{-\beta E_l} = \text{Tr}\, e^{-\beta H(p,q)} \tag{9.11}$$

9.1.6 カノニカル分布における熱力学関数

$$\text{ヘルムホルツの自由エネルギー}: F = -kT \log Z \tag{9.12}$$

$$\text{エントロピー}: S = -\left(\frac{\partial F}{\partial T}\right)_V = k\left\{\log Z + \frac{T}{Z}\left(\frac{\partial Z}{\partial T}\right)_{V,\{N_i\}}\right\} \tag{9.13}$$

$$\text{内部エネルギー}: U = kT^2 \frac{\partial}{\partial T} \log Z \tag{9.14}$$

9.1.7 グランドカノニカル分布

熱浴および物質の供給源と接触して熱平衡にある系を表す分布.

古典論の場合,

$$\text{分布関数}: \rho_N(p,q) = \frac{1}{\prod_i N_i! h^{3\Sigma N_i}} e^{\beta\{\sum_i \mu_i N_i - H_N(p_i,q_i)\}} / \Xi \tag{9.15}$$

$$\text{大分配関数}: \Xi = \sum_{N_1=0}^{\infty} \sum_{N_2=0}^{\infty} \cdots \frac{1}{\prod_i N_i! h^{3\Sigma N_i}} \int e^{\beta\{\sum_i \mu_i N_i - H_N(p_i,q_i)\}} dp\, dq \tag{9.16}$$

量子論の場合,

$$\text{分布関数}: \rho_N(l) = \frac{e^{\beta(\sum_i \mu_i N_i - E_{N,l})}}{\Xi} \tag{9.17}$$

$$\text{大分配関数}: \Xi = \sum_{N_1=0}^{\infty} \sum_{N_2=0}^{\infty} \cdots \sum_l e^{\beta(\sum_i \mu_i N_i - E_{N,l})} \tag{9.18}$$

要 項

9.1.8 フェルミ分布, ボース分布, ボルツマン分布

フェルミ-ディラック分布: $n(\varepsilon) = \dfrac{1}{e^{\beta(\varepsilon-\mu)}+1}$ (スピンが半整数) (9.19)

ボース-アインシュタイン分布 $n(\varepsilon) = \dfrac{1}{e^{\beta(\varepsilon-\mu)}-1}$ (スピンが整数) (9.20)

ボルツマン分布: $n(\varepsilon) = e^{\beta(\mu-\varepsilon)} \left(\dfrac{N}{V} \ll \left(\dfrac{2\pi mkT}{h^2} \right)^{3/2} \right)$ (9.21)

9.1.9 密度行列

(1) 密度行列の定義

系の状態を記述する波動関数（規格直交系）を $\psi_{\alpha'}, \psi_{\alpha''}, \cdots$ とする：

$$\langle \alpha' | \alpha'' \rangle \equiv (\psi_{\alpha'} \psi_{\alpha''}) = \delta_{\alpha'\alpha''} \tag{9.22}$$

考える系が ψ_α を占める確率を w_α とするとき, この系の統計的性質は, 密度行列または統計演算子

$$\rho \equiv \sum_\alpha w_\alpha \psi_\alpha \psi_\alpha^* = \sum_\alpha |\alpha\rangle w_\alpha \langle \alpha| \tag{9.23}$$

$$\sum_\alpha w_\alpha = 1 \tag{9.24}$$

で表される.

他の規格直交系 $\varphi_n = |n\rangle$ $(n=1,2,\cdots)$ による密度行列の表現：

$$\langle n|\rho|m\rangle = \sum_\alpha \langle n|\alpha\rangle w_\alpha \langle \alpha|m\rangle \tag{9.25}$$

$$\mathrm{Tr}\,\rho = \sum_n \langle n|\rho|n\rangle = \sum_n \sum_\alpha \langle n|\alpha\rangle w_\alpha \langle \alpha|n\rangle = \sum_\alpha w_\alpha = 1 \tag{9.26}$$

$$\langle A \rangle = \sum_\alpha w_\alpha \langle \alpha|A|\alpha\rangle = \mathrm{Tr}(\rho A) \tag{9.27}$$

ミクロカノニカル分布における密度行列：

$$\rho_E = \sum_{E<E_l<E+\delta E} \varphi_l \varphi_l^* / W(E,\delta E) = \sum_{E<E_l<E+\delta E} |l\rangle\langle l| / W(E,\delta E) \tag{9.28}$$
$$H\varphi_l = E_l \varphi_l$$

カノニカル分布における密度行列：

$$\rho = \dfrac{e^{-\beta H}}{\mathrm{Tr}\,e^{-\beta H}} \equiv \dfrac{\sum_l e^{-\beta E_l} \varphi_l \varphi_l^*}{\sum_l e^{-\beta E_l}} = \dfrac{\sum_l e^{-\beta E_l}|l\rangle\langle l|}{Z} \tag{9.29}$$
$$H\varphi_l = E_l \varphi_l$$

9.1.10 イジングモデル

N 個のスピン系のエネルギー

$$E = -\frac{1}{2}J\sum_{\langle i,k\rangle}\mu_i\mu_k, \quad \mu_i = \pm 1, \quad J > 0 \tag{9.30}$$

ただし，$\sum_{\langle i,k\rangle}$：最近接スピンについての和．

あるいは，

$$E = -\frac{1}{2}J(N_{++} + N_{--} - N_{+-}) \tag{9.31}$$

N_{++}, N_{--}, N_{+-}：$(++), (--), (+-)$ となっている最近接スピン対の数．

9.1.11 ボルツマン方程式

粒子が $(\boldsymbol{x}, \boldsymbol{x}+d\boldsymbol{x}), (\boldsymbol{v}, \boldsymbol{v}+d\boldsymbol{v})$ にある確率を $f(\boldsymbol{x},\boldsymbol{v})d\boldsymbol{x}\,d\boldsymbol{v}$ とおくと，

$$\frac{\partial f}{\partial t} + \boldsymbol{v}\cdot\frac{\partial f}{\partial \boldsymbol{x}} + \frac{\boldsymbol{F}}{m}\cdot\frac{\partial f}{\partial \boldsymbol{v}} = \left(\frac{\partial f}{\partial t}\right)_{衝突} \tag{9.32}$$

9.2 物性物理

9.2.1 ブリユアン帯

ボルン-カルマンの周期性条件：

$$\exp(i\boldsymbol{k}\cdot N_i\boldsymbol{a}_i) = 1 \quad (i=1,2,3) \tag{9.33}$$

から，$\boldsymbol{k}\cdot\boldsymbol{a}_i = \dfrac{2\pi m_i}{N_i} \quad \left(-\dfrac{N_i}{2} < m_i \leq \dfrac{N_i}{2}\right) \tag{9.34}$

N_i：$\boldsymbol{a}_i$ 方向の格子点の数．

$$\boldsymbol{k} = \frac{m_1}{N_1}\boldsymbol{b}_1 + \frac{m_2}{N_2}\boldsymbol{b}_2 + \frac{m_3}{N_3}\boldsymbol{b}_3 \tag{9.35}$$

$\boldsymbol{k}$ 空間の密度：

$$\frac{V}{(2\pi)^3} \quad (V：結晶の体積) \tag{9.36}$$

ブリユアン帯：逆格子空間の原点と逆格子点を結ぶ線分の垂直 2 等分面で囲まれた領域．その最小のものを第 1 ブリユアン帯という．

9.2.2 アインシュタイン模型

すべての原子が独立に ω で振動する．

$$E = 3N\frac{\hbar\omega}{e^{\hbar\omega/kT}-1} \quad (N：結晶中の原子数) \tag{9.37}$$

$$C_V = 3Nk\frac{e^{\Theta_{\rm E}/T}}{(e^{\Theta_{\rm E}/T}-1)^2}\left(\frac{\Theta_{\rm E}}{T}\right), \quad \Theta_{\rm E} = \frac{\hbar\omega}{k} \tag{9.38}$$

要　項

9.2.3　デバイ模型

$$E = \int_0^\infty \frac{\hbar\omega}{e^{\hbar\omega/kT}-1} g(\omega)\, d\omega, \quad g(\omega) = \frac{V}{2\pi^2 c^3}\omega^2 \quad (\omega \leqq \omega_D) \tag{9.39}$$

$$\int_0^\infty g(\omega)d\omega = 3N$$

$$C_V = 9Nk\left(\frac{T}{\Theta_D}\right)^3 \int_0^{\Theta_D/T} \frac{\xi^4 e^\xi d\xi}{(e^\xi-1)^2}, \quad \xi = \frac{\hbar\omega}{kT}, \quad \Theta_D = \frac{\hbar\omega_D}{k} \tag{9.40}$$

9.2.4　ブロッホ関数

$$V(\boldsymbol{r}+\boldsymbol{R}_l) = V(\boldsymbol{r}) \quad (V: \text{ポテンシャル}) \tag{9.41}$$

のとき，ブロッホの関数

$$\psi_j(\boldsymbol{r},k) = e^{i\boldsymbol{k}\cdot\boldsymbol{r}} u_{jk}(\boldsymbol{r}) \tag{9.42}$$

を導入し，

$$u_{jk}(\boldsymbol{r}+\boldsymbol{R}_l) = u_{jk}(\boldsymbol{r}) \tag{9.43}$$

9.2.5　金属（半導体）の状態密度

$$g(E) = \frac{1}{2\pi^2}\left(\frac{2m}{\hbar^2}\right)^{3/2} E^{1/2} \tag{9.44}$$

9.2.6　ブラッグ回折

$$2d\sin\theta = n\lambda \quad (d: \text{原子面間距離},\ n: \text{整数}) \tag{9.45}$$

9.2.7　ゼーマン効果

$$\Delta E = \frac{e\hbar}{2m} g M_J B \tag{9.46}$$

ただし，

$$g = 1 + \frac{J(J+1)+S(S+1)-L(L+1)}{2J(J+1)} \quad (\text{ランデの } g \text{ 因子}) \tag{9.47}$$

$$M_J = -J, -J+1, \cdots, J$$

9.2.8　半導体

(1)　真性半導体

$$\text{電子密度}: n_e = \int_{E_g}^\infty g_e(E) f_e(E) dE \fallingdotseq 2(2\pi m_e kT/h^2)^{3/2} e^{(E_F-E)/kT} \tag{9.48}$$

$$\text{正孔密度}: n_h = \int_{-\infty}^0 g_h(E) f_h(E) dE \fallingdotseq 2(2\pi m_h kT/h^2)^{3/2} e^{-E_F/kT} \tag{9.49}$$

ただし，E_F：フェルミ準位，

E_g：エネルギー・ギャップ．

$$E_F = \frac{E_g}{2} + \frac{3}{4}kT\log\frac{m_h}{m_e} \tag{9.50}$$

(2) ホール効果

z 方向磁束密度 B_z，x 方向電流密度 j_x，y 方向電場 E_y とすると，

ホール電場：$E_y = R_H j_x B_z$ (9.51)

ただし，$R_H \equiv \dfrac{E_y}{j_x B_z} = \begin{cases} -1/en_e \\ +1/en_h \end{cases}$ （ホール係数） (9.52)

(3) 不純物半導体

n 型：電流の担体が主にドナー（5族）から給供された電子．
p 型：電流の担体が主にアクセプタ（3族）から給供された正孔．

9.2.9 磁性体

(1) 常磁性

磁場 H，磁気モーメント M に対するランジュバンの公式は，古典論では，

$$M = N\mu\overline{\cos\theta} = N\mu L(\mu H/kT) \tag{9.53}$$

ただし，N：粒子数，μ：1個の粒子のもつ磁気能率，θ：μ と H のなす角，$L(x)$ はランジュバン関数で，$L(x) \equiv \coth x - \dfrac{1}{x} = \begin{cases} x/3 & |x| \ll 1 \\ 1 & x \gg 1 \end{cases}$

帯磁率は，$\chi = \lim_{H \to 0}\dfrac{M}{H} = \dfrac{N\mu^2}{3kT}$ （キュリーの法則） (9.54)

量子論では，$\chi = \dfrac{Ng^2\mu_B^2 S(S+1)}{3kT}$ (9.55)

ただし，S：スピン，g：g 因子，$\mu_B = e\hbar/2mc$：ボーア磁子．

9.2.10 スピン系のハミルトニアン

(1) ハイゼンベルクの交換相互作用

$$-2\sum_{j>i} J_{ij} S_i \cdot S_j \tag{9.56}$$

J_{ij}：交換積分，S_i：軌道縮重のないイオン i の全スピン．

(9.56) を

$$-2J \sum_{\langle nn \rangle} S_i \cdot S_j \tag{9.57}$$

と近似する．ただし，

J : i と j が最近接のときの J_{ij} の値（すべて等しいとする）

$\sum_{\langle nn \rangle}$: 最近接原子間のみの和

9.2.11 強磁性（分子場近似）

キュリー温度（$H=0$ とき，$M=0$ になる温度）T_C 以上の帯磁率は，

$$\chi = \frac{C}{T-\theta} \quad \text{（キュリー-ワイスの法則）} \tag{9.58}$$

ただし，$\theta = T_C = 2J_z S(S+1)/3k$, $C = N(g\mu_B)^2 S(S+1)/3k$（キュリーの定数）

9.2.12 誘電体

(1) 誘電率と分極率

均一，等方的な媒質において，誘電率は，

$$\varepsilon = \frac{D}{E} = \varepsilon_0 + \frac{P}{\varepsilon_0 E} = \varepsilon_0 + \chi_e \tag{9.59}$$

ただし，χ_e：感受率.

$$\boldsymbol{P} = \sum_i N_i \boldsymbol{p}_i = \sum_i \boldsymbol{E}^i_{\text{loc}} N_i \alpha_i \tag{9.60}$$

分極率は，$\alpha_i = \dfrac{P_i}{E^i_{\text{loc}}} \tag{9.61}$

ただし，i：原子またはイオンの種類，N_i：単位体積当たりの数，$\boldsymbol{E}_{\text{loc}}$：局所電場.

(2) 永久双極子をもつ分子結晶

双極子が自由に回転できる場合（転移温度 T_C 以上），

$$P = N\mu \overline{\cos\theta} = N\mu L\left(\frac{\mu E}{kT}\right) \fallingdotseq \frac{N\mu^2 E}{3kT} \tag{9.62}$$

ただし，N：分子の数，μ：双極子モーメント，L：ランジュバン関数.

9.2.13 超伝導

(1) マイスナー効果

ある種の金属では臨界温度 T_C 以下で電気抵抗が 0 になる．この現象を超伝導といい，磁化率は，$\chi_m = -\mu_0$

(2) 臨界磁界

超伝導は外部から磁界を加えると臨界磁界 $H_C(T) = H_{C0}\left\{1 - \left(\dfrac{T}{T_{C0}}\right)^2\right\}$ で超伝導が破壊されて常伝導に転移する．

ただし，H_{C0}：絶対零度の臨界磁界，T_{C0}：零磁界の臨界温度.

例題 9.1

常磁性体に外部磁場 H をかけると磁化 M が誘起される．H が十分に小さいとき $M = \chi H$ であり，比例係数 χ を磁化率と呼ぶ．磁気天秤の方法を用いて磁化率を測定し，物質中の原子の微視的電子状態を考察する．以下の設問に答えよ．真空中の透磁率は $\mu_0 = 1.26 \times 10^{-6}\,\mathrm{N\cdot A^{-2}}$，ボーア磁子は $\mu_\mathrm{B} = 9.27 \times 10^{-24}\,\mathrm{J\cdot T^{-1}}$，ボルツマン定数は $k_\mathrm{B} = 1.38 \times 10^{-23}\,\mathrm{J\cdot K^{-1}}$ とする．

(1) 図に示すように，x 方向に磁場を発生する電磁石中に天秤の片側に吊り下げた磁化率 χ，体積 v の常磁性試料を置いた．磁場 H_x をかけたことによる試料のエネルギー変化を μ_0, χ, v, H_x を用いて表せ．

(2) 図において，x 方向の磁場 H_x は試料付近で y 方向（上下）の位置に依存してごくわずかに変化する．試料位置を $y = 0$ とすると，磁場の y 依存性は $H_x(y) = H_0 - \alpha y$ で近似される．ここで $\alpha > 0$ は定数であり，$H_0 > 0$ の場合を考える．磁化が誘起された試料は y 方向の磁場勾配のもとで力 f を受ける．(1)の結果を用いて y 方向の力 f の大きさと上下の向きを求めよ．大きさは $\mu_0, \chi, v, H_0, \alpha$ を用いて表せ．試料の大きさ程度の領域では $|\alpha y|$ は H_0 より十分に小さいものとする．

(3) (2)の設定における f を天秤により精密に測定し，磁化率を求める．天秤の反対の端に小さな永久磁石を吊るし，周囲に引き戻しコイルを置く．$H_0 = 0$ のとき，試料位置 $y = 0$ で天秤を平衡させた．磁場 $H_0 \neq 0$ をかけると，試料に力 f が加わる．このとき，引き戻しコイルに電流 I を流すことにより，永久磁石に y 方向の力を加え，天秤が動かないようにした．平衡を保つのに必要な電流 I は力 f と比例するように設計されている．磁化率 χ_R と体積 v_R が既知の常磁性の較正試料 R をセットし，磁場 H_0 をゆっくりと変化させた．引き戻しコイルの電流 I は磁場 H_0 に対してほぼ線形に増加し，$I = AH_0$ であった．次に磁化率未知の体積 v の常磁性試料 X について同じ測定を行い，$I = BH_0$ を得た．これらの事実をもとに，試料 X の磁化率 χ を求めよ．解答は $\chi_\mathrm{R}, v_\mathrm{R}, v, A, B$ を用いて表せ．

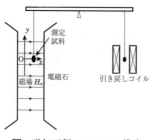

図　磁気天秤システムの構成

数密度 N_m のほぼ孤立した磁性イオンを含む試料の磁化率 χ は，温度 T の関数としてキュリー則 $\chi(T) = N_\mathrm{m}(p_\mathrm{eff}\mu_\mathrm{B})^2\mu_0/(3k_\mathrm{B}T)$ に従う．$p_\mathrm{eff}\mu_\mathrm{B}$ は磁性イオンの有効磁気モーメントの大きさである．磁気モーメントが電子スピンの寄与のみから成る場合，全電子スピン $\boldsymbol{S}$ の量子数 S と g 因子を用いて $p_\mathrm{eff}^2 = g^2 S(S+1)$ である．

表 数密度 N_m の Gd^{3+} イオンを含む常磁性体試料の磁化率の温度依存性

$T(\mathrm{K})$	$\chi/N_\mathrm{m}(\mathrm{m}^3)$
50	3.30×10^{-30}
100	1.65×10^{-30}
200	0.83×10^{-30}
300	0.55×10^{-30}

(4) 表に磁気天秤を用いて測定した Gd^{3+} イオン（数密度 N_m）を含む試料の χ/N_m のデータを示す．χ が温度の逆数に比例することがわかるように，縦軸と横軸の物理量を工夫して表のデータをプロットせよ．またキュリー則の式を用いて，p_eff^2 を有効数字 2 桁で求めよ．

(5) Gd^{3+} イオンは，軌道角運動量の量子数 $l=3$ の $4f$ 軌道に 7 個の電子が収容され，磁気モーメントを有する．電子の上下 2 種類のスピン状態と方位量子数 $l_z = 3, 2, 1, 0, -1, -2, -3$ の 7 種類の軌道状態への配位は以下のフント則によって決まる．

(A) 各電子スピン $\boldsymbol{s}$ の和 $\boldsymbol{S}$（全電子スピン）の量子数 S が最大．

(B) A の条件のもとで各電子の軌道角運動量 $\boldsymbol{l}$ の和 $\boldsymbol{L}$ の量子数 L が最大．

(C) A, B の条件のもとで全角運動量の量子数 $J = |L-S|$ の状態が基底状態．（全電子数が収容可能電子数の半分以下の場合．）

Gd^{3+} イオンの磁気モーメントが電子スピンの寄与だけから成ることを示せ．Gd^{3+} イオンの全電子スピンの量子数 S から予想される p_eff^2 を (4) の実験結果と比較せよ．ここで $g=2$ とする．

(東大)

【解答】 (1) 磁場のエネルギー変化は，$U = -\int \frac{1}{2} BH\, dv$ ①

一方 $B = \mu_0 H + M$ （$M = \chi_\mathrm{m} H$, χ_m：磁化率）
これを①に代入すると，

$$U = -\frac{1}{2}\int (\mu_0 H + \chi_\mathrm{m} H) H\, dv$$
$$= -\frac{1}{2}\int (\mu_0 H^2 + \chi_\mathrm{m} H^2) dv = -\frac{1}{2}(\mu_0 H^2 + \chi_\mathrm{m} H^2) v$$
$$= -\frac{1}{2}\mu_0 H^2 \left(1 + \frac{\chi_\mathrm{m}}{\mu_0}\right) v = -\frac{1}{2}\mu_0 H_x^2 (1 + \bar{\chi}_\mathrm{m}) v$$

$\bar{\chi}_\mathrm{m} \to \chi$ として，$U = -\frac{1}{2}\mu_0 H_x^2 (1 + \chi) v$ ②

［注］ 本問の磁化率 χ は霜田の演習書の比磁化率 $\bar{\chi}_\mathrm{m}$ に対応．他の表記（解答）もあり得る

(2) y 点の磁場は，$H_x(y) = H_0 - \alpha y \ (H_0 \gg |\alpha y|)$ ③

③を②に代入し，y で微分すると，

$$f = -\frac{\partial U}{\partial y}\bigg|_{y=0} = \frac{\partial}{\partial y}\left[\frac{1}{2}\mu_0(H_0 - \alpha y)^2(1+\chi)v\right]\bigg|_{y=0}$$

$$= \frac{1}{2}\mu_0 2(H_0 - \alpha y)(-\alpha)(1+\chi)v\bigg|_{y=0}$$

$$= -\mu_0 H_0 \alpha (1+\chi)v$$

方向は下向き．

(3) 題意より，$I \propto f, I \propto H_0, f \propto H_0$ だから，

$$(1+\chi)Av = (1+\chi_R)Bv_R \quad \therefore \ \chi = \frac{Bv_R}{Av}(1+\chi_R) - 1$$

(4) キュリーの法則より，

$$\frac{\chi(T)}{N_m} = \frac{p_{\text{eff}}^2 \mu_B^2 \mu_0}{3k_B}\frac{1}{T} \quad ④$$

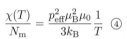

表より，$\dfrac{\chi(T)}{N_m}$ を $\dfrac{1}{T}$ に対してプロットすると，図のようになる．

④，図の勾配より，

$$\frac{p_{\text{eff}}^2 \mu_B^2 \mu_0}{3k_B} \cong 1.65 \times 10^{-28} \ [\text{m}^3 \cdot \text{K}]$$

$$\therefore \ p_{\text{eff}}^2 \cong 1.65 \times 10^{-28} \times \frac{3 \times 1.38 \times 10^{-23}}{(9.27 \times 10^{-24})^2 \times 1.26 \times 10^{-6}}$$

$$\cong 0.063 \times 10^{-28-23+48+6} = 63$$

(5) $l = 3, l_z = 3, 2, 1, 0, -1, -2, -3$ より，

$$S = \sum s = \frac{1}{2} \times 7 = \frac{7}{2}, \quad L = \sum l_z = 0, \quad J = |L-S| = \left|0 - \frac{7}{2}\right| = \frac{7}{2}$$

が決まる．$L = 0$ だから，磁気モーメントはスピンの寄与によるものと考えられる．$g = 2$ を与式に代入すると，

$$p_{\text{eff}}^2 = g^2 S(S+1) = 4 \times \frac{7}{2}\left(\frac{7}{2}+1\right) = 63$$

となり，実験値とほぼ一致する．

例題 9.2

磁化 M を持つ磁性体が磁場 H の中にある.一般に磁性体の内部エネルギーの微小変化は,温度を T,エントロピーを S,圧力を P,体積を V として,$dU = T\,dS + H\,dM - P\,dV$ と書ける.ここでは固体を考え,体積変化は小さいとして無視する.この場合,内部エネルギーの微小変化は $dU = T\,dS + H\,dM$ となる.以下の問に答えよ.

(1) (a) $F = U - TS$ で定義される Helmholtz の自由エネルギーの微小変化を求めよ.
  (b) 独立変数が T と M の場合,Maxwell の関係式
  $\left(\dfrac{\partial H}{\partial T}\right)_M = -\left(\dfrac{\partial S}{\partial M}\right)_T$ が成り立つことを示せ.

(2) 一般に常磁性体は高温でキュリー則を満たす.$M = \left(\dfrac{a}{T}\right)H$ ($a : a > 0$ である定数)とし,キュリー則を満たす磁性体の内部エネルギー U と M 一定での熱容量 C_M が M に依存しないことを示せ.(独立変数として T と M を用いよ.)

(3) 簡単のため $C_M = \dfrac{b}{T^2}$ ($b : b > 0$ である定数)と仮定しよう.系のエントロピー,Helmholtz の自由エネルギー F,H 一定での熱容量 C_H,断熱帯磁率 χ_S を求めよ.ただし,$T = T_0$ で $S = S_0$,$F = F_0$ とする.

(4) いま,上記の系が外部磁場 H_0 の中にあり,$T = T_0$ であるとする.断熱的に外部磁場をゼロにしたとき,温度はいくらになるか.

(5) 通常,常磁性体は低温でスピンが整列した秩序相に転移する.図のような相図が得られているものとする.いま点 A は 2 相の共存曲線上にあるとする.

  (a) Gibbs の自由エネルギーを $G = U - TS - HM$ と定義する.共存曲線上を動く限り 2 相の Gibbs の自由エネルギーの微小変化 dG は一致しなければならない.いま点 A の近傍で相 I,相 II がそれぞれエントロピー S_I,S_{II},磁化 M_I,M_{II} を持っているとする.$\dfrac{dH}{dT}$ を S_I,S_{II},M_I,M_{II} を用いて表せ.
  (Clausius-Clapeyron の式)
  (b) 図中の点 A において 1 次の相転移をするとし,$S_I > S_{II}$ であるとする.M_I と M_{II} はどのような関係にあるかを示せ. (京大)

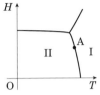

【解答】 (1) (a) $F = U - TS$,$dU = T\,dS + H\,dM$ より,

$dF = dU - T\,dS - S\,dT = (T\,dS + H\,dM) - T\,dS - S\,dT$
$\quad = -S\,dT + H\,dM$ ①

(b) ①を偏微分し，微分の順序を交換すると，

$$\frac{\partial^2 F}{\partial T \partial M} = \left(\frac{\partial H}{\partial T}\right)_M \qquad ②$$

$$\frac{\partial^2 F}{\partial M \partial T} = -\left(\frac{\partial S}{\partial M}\right)_T \qquad ③$$

② = ③ より，$\left(\dfrac{\partial H}{\partial T}\right)_M = -\left(\dfrac{\partial S}{\partial M}\right)_T \qquad ④$

(2) $dU = T\, dS + H\, dM$ だから，

$$\left(\frac{\partial U}{\partial M}\right)_T = T\left(\frac{\partial S}{\partial M}\right)_T + H = -T\left(\frac{\partial H}{\partial T}\right)_M + H \quad (\because ④)$$

$$= -\frac{TM}{a} + H = 0 \quad \left(\because M = \frac{aH}{T}, H = \frac{MT}{a}, \left(\frac{\partial H}{\partial T}\right)_M = \frac{T}{a}\right)$$

よって，内部エネルギー U は M に依存しない．また，これを用いると，

$$C_M = \left(\frac{\partial U}{\partial T}\right)_M, \quad \left(\frac{\partial C_M}{\partial M}\right)_T = \left(\frac{\partial}{\partial M}\right)_T \left(\frac{\partial U}{\partial T}\right)_M = \left(\frac{\partial}{\partial T}\right)_M \left(\frac{\partial U}{\partial M}\right)_T = 0$$

よって，C_M も M に依存しない．

(3) $\left(\dfrac{\partial U}{\partial T}\right)_M = C_M = \dfrac{b}{T^2}$．これを積分すると，$U = -\dfrac{b}{T} + const$

$T = T_0$ で $U_0 = F_0 + T_0 S_0$, $U_0 = -\dfrac{b}{T_0} + const$ だから，$const = \dfrac{b}{T_0} + F_0 + T_0 S_0$．

$$\therefore \quad U = \left(\frac{b}{T_0} - \frac{b}{T}\right) + (F_0 + T_0 S_0) \qquad ⑤$$

また，$\left(\dfrac{\partial Q}{\partial T}\right)_M = T\left(\dfrac{\partial S}{\partial T}\right)_M = C_M = \dfrac{b}{T^2} \qquad ⑥$

⑥より，$\left(\dfrac{\partial S}{\partial T}\right)_M = \dfrac{b}{T^3}$, $S = -\dfrac{b}{2T^2} + const$, $S_0 = -\dfrac{b}{2T_0^2} + const$

$$\therefore \quad S = S_0 + \left(\frac{b}{2T_0^2} - \frac{b}{2T^2}\right) \qquad ⑦$$

⑤, ⑦を自由エネルギーの式に代入すると，

$$F = U - TS = F_0 + (T_0 - T)S_0 - \frac{b}{2T_0^2 T}(T - T_0)^2$$

また，$C_H = \left(\dfrac{\partial Q}{\partial T}\right)_H = T\left(\dfrac{\partial S}{\partial T}\right)_H = \left(\dfrac{\partial U}{\partial T}\right)_H - H\left(\dfrac{\partial M}{\partial T}\right)_H$

ここで，⑤より，$\left(\dfrac{\partial U}{\partial T}\right)_H = \dfrac{b}{T^2}$

キュリーの法則 $M = \dfrac{aH}{T}$ より, $\left(\dfrac{\partial M}{\partial T}\right)_H = -\dfrac{aH}{T^2}$, $H\left(\dfrac{\partial M}{\partial T}\right)_H = -\dfrac{M^2}{a}$

$\therefore \quad C_H = \dfrac{b}{T^2} + \dfrac{M^2}{a}, \quad \chi_S = \dfrac{\partial M}{\partial H} = \dfrac{a}{T}$

(4) 断熱 $d'Q = T\,dS = 0$ だから, $dU = H\,dM$. これから, $\left(\dfrac{\partial U}{\partial M}\right)_S = H$

ここで, $dU = \left(\dfrac{\partial U}{\partial T}\right)_M dT + \left(\dfrac{\partial U}{\partial M}\right)_T dM = \left(\dfrac{\partial U}{\partial T}\right)_M dT$ だから,

$$H = \left(\dfrac{\partial U}{\partial M}\right)_S = \left(\dfrac{\partial T}{\partial M}\right)_S \left(\dfrac{\partial U}{\partial T}\right)_M$$
$$= \left(\dfrac{\partial T}{\partial M}\right)_S C_M = \dfrac{b}{T^2}\left(\dfrac{\partial T}{\partial M}\right)_S \quad (\because \text{⑥}) \qquad \text{⑧}$$

一方, キュリーの式を微分すると, $\left(\dfrac{\partial M}{\partial T}\right)_S = -\dfrac{a}{T^2}H + \dfrac{a}{T}\left(\dfrac{\partial H}{\partial T}\right)_S$ ⑨

⑧, ⑨から $\left(\dfrac{\partial M}{\partial T}\right)_S$ を消去すると,

$$H\left\{-\dfrac{a}{T^2}H + \dfrac{a}{T}\left(\dfrac{\partial H}{\partial T}\right)_S\right\} = \dfrac{b}{T^2}, \quad aHT\dfrac{\partial H}{\partial T} = b + aH^2$$

磁場がゼロのときの温度を T_1 とすると,

$$\int_{H_0}^{0} \dfrac{aH}{aH^2 + b}dH = \dfrac{1}{2}\int_{H_0}^{0} \dfrac{2H}{H^2 + \frac{b}{a}}dH = \dfrac{1}{2}\left[\log\left(H^2 + \dfrac{b}{a}\right)\right]_{H_0}^{0}$$
$$= \dfrac{1}{2}\log\dfrac{\frac{b}{a}}{H_0^2 + \frac{b}{a}} = \log\dfrac{1}{\sqrt{1 + \frac{a}{b}H_0^2}} = \int_{T_0}^{T_1}\dfrac{dT}{T} = \log\dfrac{T_1}{T_0}$$

$$\therefore \quad T_1 = \dfrac{T_0}{\sqrt{1 + \frac{a}{b}H_0^2}}$$

(5) (a) 2相の dG は一致するから, $dG_\text{I} = dG_\text{II}$. よって,

$$dG = dU - T\,dS - S\,dT - H\,dM - M\,dH$$
$$= T\,dS + H\,dM - T\,dS - S\,dT - H\,dM - M\,dH = -S\,dT - M\,dH$$

より, $-S_\text{I}dT - M_\text{I}dH = -S_\text{II}dT - M_\text{II}dH \quad \therefore \quad \dfrac{dH}{dT} = -\dfrac{S_\text{II} - S_\text{I}}{M_\text{II} - M_\text{II}}$

(b) $S_\text{I} > S_\text{II}$, 図より $\dfrac{dH}{dT} < 0$ だから, $M_\text{I} > M_\text{II}$

問題研究

9.1 xy 平面上の 2 次元内に閉じ込められたフェルミ粒子系のグランドカノニカル分布を考える．空間は，一辺の長さが L の正方形として周期境界条件を採用する．以下の設問ではスピンの自由度は考えない．先ず，質量 m の自由フェルミ粒子系を考える．

(1) フェルミ粒子の持つ波数を $\bm{k} = [k_x, k_y]$ とし，1 粒子の固有エネルギー ε_k を求めよ．さらに，この固有エネルギーの低い方から順に N_0 番目までフェルミ粒子を詰めたとする．このときの固有エネルギーの最大の値を求めよ．ただし N_0 は十分大きな数とせよ．

(2) このフェルミ粒子系の大分配関数

$$\Xi(T, \mu) = \sum_{N=0}^{\infty} \sum_{\{n_k\}} e^{-\beta(E_N - \mu N)} \qquad (\mathrm{I})$$

を k の取り得る値についての積の形に変形せよ．ここで $\beta = 1/(k_B T)$, k_B はボルツマン定数，T は絶対温度，μ は化学ポテンシャルである．また n_k は波数 k を持つ粒子の数を表し，$\{n_k\}$ に関する和は，$N = \sum_k n_k$ を満たすすべての可能な $\{n_k\}$ の組合せについての和である．また，E_N は $\{n_k\}$ に依存する全エネルギーで，$E_N = \sum_k n_k \varepsilon_k$ で与えられる．

(3) グランドカノニカル分布において，全粒子の期待値 $\bar{N}$ に関して

$$\bar{N} = \sum_k f(\varepsilon_k) \qquad (\mathrm{II})$$

が成り立つことを示せ．ここで $f(\varepsilon_k)$ はフェルミ分布関数である．さらに，L が十分大きいとして，(II)式の k に関する和をエネルギー積分の形に書き直して積分を実行せよ．

(4) フェルミ分布関数の概形を用いて，低温の極限における比熱が温度 T に比例する理由を定性的に説明せよ．

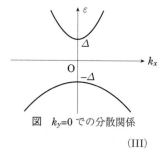

図 $k_y = 0$ での分散関係

次に，1 つの波数 $\bm{k}$ に対して，エネルギーが負の状態とエネルギーが正の状態があるようなフェルミ粒子系を考える（図）．エネルギーが負の分散関係と正の分散関係は，それぞれ

$$\varepsilon_{1k} = -\Delta - \frac{\hbar^2 |\bm{k}|^2}{2M}, \quad \varepsilon_{2k} = \Delta + \frac{\hbar^2 |\bm{k}|^2}{2m} \qquad (\mathrm{III})$$

であるとする．絶対零度では，負のエネルギー状態に粒子が完全に詰まっていて，正のエネルギー状態には粒子が存在しないとする．

(5) $0 < k_B T \ll \Delta$ の温度領域において，粒子の分布がどのようになるかを定性的に説明せよ．

(6) 負のエネルギー状態のフェルミ粒子の粒子数の期待値を $\bar{N}_1(T)$ と書く．ただし，2次元の波数 k の絶対値には上限 K があるとし，絶対零度では

$$\bar{N}_1(0) = \sum_{|k|<K} 1$$

と書けるとする．(5)と同じ温度領域において，μ を温度の関数として求めよ．ただし，K は十分大きいとしてよい． (東大)

9.2 高分子鎖について図のようなモデルを考えよう．高分子鎖の始点は，二次元正方格子の原点 $(x,y)=(0,0)$ に固定されている．また，高分子鎖を構成するモノマー（単量体）の間をつなぐ手の長さは $\sqrt{2}$ で，それぞれの手は右斜上45度あるいは左斜上45度のいずれかの方向にのみ伸びることができるものとする．

y 軸方向の長さが L（モノマー数が $L+1$）の高分子鎖を考えると，その取りうる配位の総数は 2^L である．そのうち，終点が (x,L) である配位の数を $C(x,L)$ とすると，$C(x,L)$ と $C(x,L+1)$ との間には，以下の漸化式が成り立つ．

$$C(x,L+1) = C(x-1,L) + C(x+1,L) \quad (\text{I})$$

(1) $C(x,L)$ が以下で与えられることを示せ．

図 高分子鎖のモデル

$$C(x,L) = \begin{cases} \dfrac{L!}{((L-x)/2)!((L+x)/2)!} & ((L+x) \text{ が偶数，かつ } |x| \leq L \text{ のとき}) \\ 0 & (\text{それ以外のとき}) \end{cases}$$
$$\quad (\text{II})$$

(2) x に関する $C(x,L)$ のフーリエ変換

$$\tilde{C}(k,L) = \sum_{x=-\infty}^{\infty} e^{-ikx} C(x,L), \quad C(x,L) = \frac{1}{2\pi} \int_{-\pi}^{\pi} e^{ikx} \tilde{C}(k,L) dk \quad (\text{III})$$

を導入する．式(I)から $\tilde{C}(x,L)$ に関する漸化式を導け．

(3) $L=0$ における初期条件と上で求めた漸化式から，$\tilde{C}(k,L)$ の表式を導け．

(4) $k^2 L$ を一定に保ったままで，L を十分大きくすることを考える．$\log \tilde{C}(k,L)$ を k に関して2次まで展開し，$C(x,L)$ の漸近形を求めよ．必要であれば，ガウス積分の公式

$$\int_{-\infty}^{\infty} e^{-ax^2} dx = \sqrt{\pi/a} \quad (\text{ただし，} a \text{ は正の実数})\text{を用いてよい．}$$

終点のモノマーに電荷 q を与える．それ以外のモノマーは電気的に中性とする．x 軸の正の向きに大きさ E の静電場を印加した状況を考える．y 軸方向の長さが L の系が，温度 T の熱浴に接し，熱平衡状態にあるとき，以下の設問に答えよ．ただし，ボルツマン定数を k_B とする．また，L は(4)の近似が使えるほどは大きくないとする．

(5) この系の分配関数を求めよ．

(6) 終点のモノマーの x 軸方向の位置の期待値 $\langle x \rangle$ を T と E の関数として求めよ．

(東大，東大*)

9.3 電気回路に関する以下の問いに答えよ．答えの導出や証明では途中の計算過程を省略せずに記述すること．

(1) 下図のような抵抗（抵抗値 R），コイル（インダクタンス L），コンデンサ（静電容量 C），交流電源（電圧 V）から成る交流回路を考える．

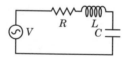

この回路の方程式は，電荷 q，角振動数 ω，時間 t を用いて以下のように書ける．

$$V = L\frac{d^2q}{dt^2} + R\frac{dq}{dt} + \frac{q}{C} \tag{I}$$

(a) 電源 $V = \hat{V}e^{i\omega t}$，$q = \hat{q}e^{i\omega t}$ として，この方程式の解 q を求めよ．ここで i は虚数単位である．さらに，$\omega_0 = 1/\sqrt{LC}$ として解を整理し，C の無い形にせよ．

(b) $|V_C(\omega)|^2 \equiv |\hat{q}|^2/C^2 = \hat{q}\hat{q}^*/C^2$ とする．ここで * は複素共役を表す．$\omega_0 = 10\,\text{Hz}$，$R/L = 0.1\,\text{s}^{-1}$，$|\hat{V}|^2/(L^2C^2) = 1\,\text{V}^2\text{s}^{-4}$ であるとき，横軸 ω に対して縦軸に $|V_C(\omega)|^2$ をとり，$\omega = 0 \sim 11\,\text{Hz}$ の範囲で，おおよそのその形を図示せよ．

(2) 次に右図のように，単純化された交流回路が熱浴と接して温度が一定に保たれている系を考える．

この回路の全エネルギーは，コイル（インダクタンス L），コンデンサ（静電容量 C）を用いて以下のように書ける．

$$E = \frac{LI^2}{2} + \frac{q^2}{2C} \tag{II}$$

ただし，電流 $I = dq/dt$ である．以下の問に答えよ．

(a) ばね定数 K，質量 m の 1 次元調和振動子のハミルトニアンは，以下のように書ける．

$$H = \frac{m}{2}\left(\frac{dx}{dt}\right)^2 + \frac{K}{2}x^2 \tag{III}$$

この系を量子化した場合の固有エネルギー準位はプランク定数 $\hbar = h/(2\pi)$ と，0 または正の整数 n を用いて，以下のようになる．

$$\varepsilon_n = \left(n + \frac{1}{2}\right)\hbar\sqrt{\frac{K}{m}} \tag{IV}$$

これをヒントにして，この回路の固有エネルギー準位 E_n をプランク定数と L と C を用いて答えよ．

(b) この回路の絶対温度 T における分配関数 $Z(T)$ を，$\omega_0 = 1/\sqrt{LC}$ とボルツマン定数 k_B を用いて求めよ．なお，分配関数 $Z(T)$ は，固有エネルギー準位 E_n を用いて，

$$Z(T) = \sum_{n=0}^{\infty} e^{-E_n/k_B T} \qquad (\text{V})$$

で与えられる．和を表す Σ 記号を用いないで解答すること．

(c) 温度 T におけるこの回路のエネルギーの平均値 $\langle E \rangle$ を求めよ．

(d) コイルに蓄えられる平均エネルギーは，次式で表される．

$$\left\langle \frac{LI^2}{2} \right\rangle = \frac{\hbar \omega_0}{4} \coth\left(\frac{\hbar \omega_0}{2k_B T} \right) \qquad (\text{VI})$$

ここで，$\coth N = \dfrac{\cosh N}{\sinh N} = \dfrac{e^N + e^{-N}}{e^N - e^{-N}}$ (VII)

量子力学の効果により，温度 $T = 0\,\mathrm{K}$ の極限においても，この回路は有限のエネルギーを持つ．この系では $\omega_0/(2\pi) = 1.5 \times 10^2\,\mathrm{GHz}$, $L = 5.0 \times 10^{-13}\,\mathrm{H}$（ヘンリー）であるとき，コイルに流れる電流の平均値 $\sqrt{\langle I^2 \rangle}$ を有効数字 2 桁で求めよ．必要ならば，$k_B = 1.38 \times 10^{-23}\,\mathrm{J/K}$, $h = 6.63 \times 10^{-34}\,\mathrm{Js}$ を用いてよい．

(東大)

9.4 自然長 a のバネと質量 m の質点から成る系が，温度 T の平衡状態にある場合について考える．バネ定数は $m\omega^2$ であり，$\omega > 0$ とする．

先ず，N 個の質点がそれぞれ独立にバネと結合し，互いに独立な調和振動子系をなす場合を考える（図1）．系のハミルトニアンは，j 番目の質点の位置を x_j，運動量を p_j として

$$H = \sum_{j=1}^{N} \left(\frac{1}{2m} p_j^2 + \frac{m\omega^2}{2}(x_j - a)^2 \right) \qquad (\text{I})$$

(1) この系を古典力学的に考えた場合，質点 1 個当たりの内部エネルギー U，比熱 C を求めよ．また，1 番目の質点の位置の平均 $\langle x_1 \rangle$，位置の分散 $\langle x_1^2 \rangle - \langle x_1 \rangle^2$ を求めよ．必要なら，次の公式を用いてよい．

$$\int_{-\infty}^{\infty} e^{-\alpha x^2} dx = \sqrt{\frac{\pi}{\alpha}}, \quad \int_{-\infty}^{\infty} x^2 e^{-\alpha x^2} dx = \frac{1}{2\alpha}\sqrt{\frac{\pi}{\alpha}} \quad (\alpha > 0) \qquad (\text{II})$$

(2) この系を量子力学的に考えた場合，質点 1 個当たりの内部エネルギー U_Q，比熱 C_Q を求めよ．また，1 番目の質点の位置の平均，位置の分散を求めよ．温度が高い極限と低い極限において，比熱 C_Q と (1) の結果 C を比較せよ．必要なら，次の関係を用いてよい．量子力学での調和振動子（位置座標 X, 運動量 P) の固有ベクトル $|n\rangle$ ($n = 0, 1, 2, \cdots$) の固有値は

$$H|n\rangle = \left(\frac{1}{2m} P^2 + \frac{m\omega^2}{2} X^2 \right) |n\rangle = \hbar\omega \left(n + \frac{1}{2} \right) |n\rangle \qquad (\text{III})$$

で与えられる．ここで固有ベクトル $|n\rangle$ は完全規格直交系をなすとする．また，位置の演算子 X に対して次であるとしてよい．

$$X|n\rangle = \sqrt{\frac{\hbar}{2m\omega}} \left(\sqrt{n}|n-1\rangle + \sqrt{n+1}|n+1\rangle \right), \quad n > 0, \quad X|0\rangle = \sqrt{\frac{\hbar}{2m\omega}}|1\rangle$$

$$(\text{IV})$$

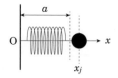

図1：j 番目の調和振動子

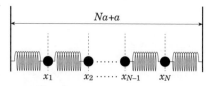

図2：N 個の質点を $N+1$ 個のバネで結合した1次元連成振動子系. 両端は全体の自然長で固定されている.

次に, N 個の質点を $N+1$ 個のバネで1次元的に結合した場合について考える（図2）. 運動は1次元的であり, 質点の位置をそれぞれ $x_1, x_2, \cdots, x_N$, 運動量を $p_1, p_2, \cdots, p_N$ とする. 系のハミルトニアンは次で与えられる.

$$H = \frac{m\omega^2}{2}(x_1-a)^2 + \frac{1}{2m}p_1^2 + \frac{m\omega^2}{2}(x_2-x_1-a)^2 + \frac{1}{2m}p_2^2 + \cdots$$
$$+ \frac{m\omega^2}{2}(x_N-x_{N-1}-a)^2 + \frac{1}{2m}p_N^2 + \frac{m\omega^2}{2}\{(N+1)a-x_N-a\}^2 \quad \text{(V)}$$

(3) この系は N 個の独立な基準振動の和で表される. それぞれの基準振動の固有振動数が以下で与えられることを示せ.

$$\omega_l = \omega\sqrt{2-2\cos\left(\frac{l}{N+1}\pi\right)}, \quad l=1,2,\cdots,N \quad \text{(VI)}$$

(4) この系を古典力学的に考えた場合, 質点1個当たりの比熱 C_1 を求めよ.

(5) この系を量子力学的に考えた場合, 質点1個当たりの比熱 C_{1Q} は, N が非常に大きく, かつ低温の極限では温度のべきに比例する. つまり, $C_{1Q} \cong AT^b$ の形に表される. べき b と係数 A を求めよ. 必要なら, 次の公式を用いてよい.

$$\int_0^\infty \frac{x}{e^x-1}dx = \frac{1}{2}\int_0^\infty \frac{x^2 e^x}{(e^x-1)^2}dx = \frac{\pi^2}{6} \quad \text{(VII)} \quad \text{(東大, 名大*)}$$

9.5 物質中の電子（質量 m）の状態を考えよう. 電子スピンは, z 軸を量子化軸とし $s_z = \pm 1/2$ の2方向しか取れない状態にある. この電子の集まり（"電子系"と呼ぶ）をスピンを持つ自由粒子の系と考える. 以下では電子の電荷の効果は無視する. この電子系は N 個の電子から成り, 体積 V の容器に入っているとする. 電子の1粒子状態は運動量空間に一様な密度 $V/(2\pi\hbar)^3$ で分布している. スピン自由度も考慮すると, 密度は $2V/(2\pi\hbar)^3$ となる. 絶対零度では, 電子は3次元運動量空間において原点を中心に描いた半径 p_F の球の内部の

状態を満たし，p_F の大きさは内部の状態数が全電子数 N に等しいという条件から求めることができる．p_F をフェルミ運動量，$\varepsilon_\mathrm{F} = p_\mathrm{F}^2/(2m)$ をフェルミエネルギーと呼ぶ．

(1) フェルミ運動量 p_F とフェルミエネルギー ε_F を $N, V, m, \hbar$ を用いて求めよ．また，$D(\varepsilon_\mathrm{F}) = dN/d\varepsilon_\mathrm{F}$ で定義される状態密度 $D(\varepsilon_\mathrm{F})$ を求めよ．

(2) 絶対零度における電子系の全運動エネルギー U_0 は $N, \varepsilon_\mathrm{F}$ を用いて

$$U_0 = \int_0^{\varepsilon_\mathrm{F}} \varepsilon D(\varepsilon) d\varepsilon = a_0 N \varepsilon_\mathrm{F}$$

と表される．a_0 の値を求めよ．

(3) フェルミ気体とみなせる電子系の圧力は $P = -(dU_0/dV)$ で定義されるとし，電子系の PV を U_0 を用いて表せ．ただし，全粒子数 N は一定とする．

次に，フェルミ縮退をしている N 電子系の絶対温度における磁化 M を以下の手順で求めよう．電子スピン $s_z = \pm 1/2$ は磁気モーメント $\mp\mu_\mathrm{B}$ を持ち，外部磁場 B (> 0) の下でのゼーマンエネルギーは $\pm \mu_\mathrm{B} B$ である．磁場 B における $s_z = 1/2$ の電子，$s_z = -1/2$ の電子の数をそれぞれ $N^+ = N(1-\alpha)/2, N^- = N(1+\alpha)/2$ とする（$\alpha > 0$）．

(4) 有限磁場での $s_z = 1/2$ の電子系が持つ運動エネルギー E^+ を，磁場 $B = 0$ のときのフェルミエネルギー ε_F，および N, α を用いて表せ．同様に，$s_z = -1/2$ の電子系が持つ運動エネルギー E^- を求めよ．

(5) 電子系の全ゼーマンエネルギー E_Z を $N, B, \mu_\mathrm{B}, \alpha$ を用いて表せ．

(6) 電子系の全エネルギーを $E_\mathrm{tot} = E^+ + E^- + E_Z$ とする．$\mu_\mathrm{B} B \ll \varepsilon_\mathrm{F}$ のとき E_tot は $\alpha \ll 1$ で最小値をとる．E_tot を最小にする α を求め，これに対応する電子系の磁化 M を $\varepsilon_\mathrm{F}, N, B, \mu_\mathrm{B}$ を用いて表せ．

さらに，この N 電子系の電子間に次のような相互作用が働くとする．すなわちスピンが平行な電子間の相互作用エネルギーを $-J(J \geq 0)$ とし，スピンが反平行な電子間には相互作用は働かないとする．

(7) $N \gg 1$ の条件下で，$s_z = 1/2$ の電子間に働く全相互作用エネルギーはどのように表されるか．J, N, α を用いて表示せよ．

(8) 電子系の全エネルギー E_tot に，スピン間に働く相互作用も考慮した全エネルギーを $\tilde{E}_\mathrm{tot}$ とする．$\mu_\mathrm{B} B \ll \varepsilon_\mathrm{F}, NJ \ll \varepsilon_\mathrm{F}$ のとき $\tilde{E}_\mathrm{tot}$ は $\alpha \ll 1$ で最小値をとる．$\tilde{E}_\mathrm{tot}$ を最小にする α を求め，対応する磁化 M を $\varepsilon_\mathrm{F}, N, B, \mu_\mathrm{B}, J$ を用いて表せ．　　　　　　　（京大）

9.6 上下 2 方向しか向くことができないイジング・スピンを考えよう．簡単のためスピン磁気モーメントを 1 として扱う．

スピンが外部磁場 H 中に置かれている．スピンは状態 $s = \pm 1$ に応じて，エネルギー $-sH$ をとるとする．

(1) 温度 T のもとでのスピンの磁化 M およびエントロピー S を求めよ．

(2) 外部磁場の絶対値 $|H|$ が小さい極限で，M および S の H 依存性を，各々 H に関する 3 次項および 2 次項まで求めよ．

(3) 有限温度において，M および S が H に依存する様子を図示せよ．

次に，相互作用している 2 個のイジング・スピン $\{s_1, s_2\}$ が外部磁場 H 中に置かれた状況

を考える．この場合のエネルギーは

$$E = -Js_1s_2 - (s_1 + s_2)H$$

と表されるとする．相互作用パラメータ J が $J = 0, J = J_0, J = -J_0$（J_0 は正の定数）を持つ3つの系を考えよう．

(4) これら3つの系について，外部磁場がない場合（$H = 0$）のエントロピーの値を示し，それらの大小関係を論じよ．

(5) これらの3つの系について，同じ温度，同じ磁場 H（> 0）のもとで生じる磁化 M の大小関係を，物理的考察により推定せよ．

次に，N（$\gg 1$）個のスピンが互いに同じ強さ J/N（> 0）で相互作用している平均場結合系を考えよう．各スピンが受けている平均場 H_eff は，系の全スピンの平均値を $m = \dfrac{1}{N}\sum_{j=1}^{N} s_j$ とおくと，$H_\text{eff} \approx Jm$ と表すことができる．

(6) 温度 T で，平均場 Jm の中で各スピンの磁化が，全スピンの平均値 m に等しいとおいたセルフ・コンシステント（自己無撞着）方程式を書き下せ．

(7) 系を高温から冷やしていくとき，自発磁化（$m \neq 0$）が生じ始める臨界温度 T_c を求めよ．

(京大，東大 *，新大 *)

9.7 (1) 非常に多くの N 個の相互作用の無視できる粒子からなる系を考える．各粒子は，独立に基底状態（エネルギー 0），または励起状態（エネルギー ε）のいずれかの状態をとることができる．この粒子系が熱源（温度 T）と接触し，熱平衡状態にあるものとする．この粒子系について，粒子数一定として以下の問に答えよ．

(a) 分配関数 Z を求めよ．

(b) 内部エネルギー U を求めよ．

(c) 熱容量 C を求めよ．また，高温の極限（$T \gg \varepsilon/k_B$）と低温の極限（$T \ll \varepsilon/k_B$）における熱容量を求めよ．ここで，k_B はボルツマン定数である．この結果をもとに，熱容量の温度に対する変化の概略をグラフに示せ．

(d) エントロピーを温度 T の関数として求めよ．

(2) 非常に多くの総数 N 個の相互作用の無視できる粒子からなる系を考える．個々の粒子の運動として許される量子状態をエネルギーの等しいグループに分け，j 番目のグループに含まれる状態の数を c_j（$\gg 1$），その状態にある粒子数を n_j（$\gg 1$），エネルギーを ε_j，全系のエネルギーを E とする．粒子系がフェルミ粒子，ボース粒子の場合について，それぞれ以下の問に答えよ．

(a) j 番目のグループに含まれる状態の数 c_j，その状態にある粒子数 n_j を用いて，このグループにおいて統計的に許される場合の数 W_j を求めよ．また，それぞれのグループが独立した系と見なせることから，全粒子系の統計的に許される場合の数 W を求めよ．

(b) スターリングの近似式（$N \gg 1$ のとき $\log_e N! \approx N \log_e N - N$）を用いて，問 (2)(a) の結果から全粒子系のエントロピー S を求めよ．

(c) j 番目のグループに含まれる状態にある粒子の平均数 $\langle n_j \rangle = n_j/c_j$ を導入して，

問(2)(b)で求めた全粒子系のエントロピー S を c_j と $\langle n_j \rangle$ の関数として表した上で，全粒子系にある粒子の総数 N と全系のエネルギー E が一定であるという条件の下で，エントロピー S が極大値をとるような $\langle n_j \rangle$ を求めよ．ただし，ラグランジェの未定定数法を用いよ．その際，未定定数は体積一定のもとでの熱力学的恒等式 $T\,dS = dE - \mu\,dN$ から定めよ．ここで T は温度，μ は化学ポテンシャルである． (京大)

9.8 古典力学に従う N 粒子系を考える．体系は体積 V の容器内にあり全エネルギーは次のように運動エネルギーとポテンシャルエネルギーに分けられる．

$$H = K + U$$
$$K = \sum_{j=1}^{N} \frac{1}{2m}(p_{xj}^2 + p_{yj}^2 + p_{zj}^2), \quad U = \frac{1}{2}\sum_{i \neq j}\varphi(|r_i - r_j|)$$

この系の統計的性質は分配関数

$$Z(N,T,V) = \frac{1}{N!h^{3N}}\int_V \cdots \int_V dr_1 \cdots dr_N \int \cdots \int dp_1 \cdots dp_N \exp\left(-\frac{1}{k_\mathrm{B}T}H\right)$$

を計算することによって記述できる．ここで $\phi(r)$ は2体相互作用ポテンシャルであり，h はプランク定数である．

(1) 分配関数における2つの因子 $\dfrac{1}{N!}$ と $\dfrac{1}{h^{3N}}$ の存在は量子力学から正当化されるのであるが，その物理的意味を述べよ．また相互作用のない理想気体における自由エネルギーを具体的に計算せよ．そして状態方程式と内部エネルギーを求めよ．

(2) 図に示すような相互作用のある場合の近似計算を考えよう．まず2体ポテンシャルは近距離 $r < a$ では強い斥力部分を持つので，各粒子の動ける実効的体積は

$$V_\mathrm{eff} = V - Nv_0$$

のように減少する．ここで $v_0\,(\cong a^3)$ は一粒子当たりの排除体積である．次に2体ポテンシャルは遠距離 $r > a$ で弱い引力部分を持つので，全ポテンシャルエネルギー U の引力部分は

$$U_{ap} = -A\varepsilon v_0 N^2/V$$

と近似できる．ここで $-\varepsilon$ は $\phi(r)$ の最小値であり，$n = N/V$ は密度である．A は1の程度の定数であるが以下では簡単のため1とおく．

上記2つの近似の物理的意味を述べよ．そして分配関数の表式で，体積を V_eff にポテンシャルエネルギーを U_{ap} に置き換えて自由エネルギーを計算すると

$$F = F_\mathrm{ideal} - Nk_\mathrm{B}T\log(1 - v_0 n) - \varepsilon v_0 N^2/V$$

が得られることを示せ．ここで F_ideal は理想気体系での自由エネルギーである．

(3) 上で述べた近似理論により van der Waals の状態方程式が導出されることを示せ．（ここでは p は圧力） (京大†)

9.9 統計熱力学を学ぶ際,系と熱浴を分ける考え方やその設定方法にとまどう場合がある.ここでは分布関数の導出を行いながら,系と熱浴の設定の重要性を再認識する.相互作用のない,同一粒子が N_0 個ある状態を考える(全エネルギーを U_0 とする).この状態を以下のように熱浴と系に分ける.すなわち,系には N 個の粒子があり(熱浴には $N_0 - N$ 個),系にはエネルギー E_S の量子状態 S にあるとする(熱浴のエネルギーは $U_0 - E_S$).系と熱浴は粒子の移動を許す熱平衡状態にあるものとする.以下でボルツマン定数を k_B とし,系のエネルギーの原点を 0 とする.

系がこの特定の量子状態 S をとる確率 $P(N, E_S)$ を考える.$P(N, E_S)$ は,系と熱浴がとりうる状態数の積に比例するが,上のように系の粒子数と量子状態を決めた場合,系のとりうる状態数は 1 である.したがって $P(N, E_S)$ は熱浴がとりうる場合の数に比例する.

(1) 熱浴のエントロピー $\sigma(N_0 - N, U_0 - E_S)$ を使って[注] $P(N, E_S)$ を書き下せ.ただし比例定数を C とする.ここで $N_0 \gg N$ かつ $U_0 \gg E_S$ なので,(1)で求めた右辺を N_0 と U_0 の周りで展開すると,

$$P(N, E_S) = C \exp(\sigma(N_0, U_0)) \exp(-N(\partial\sigma/\partial N_0)_{U_0} - E_S(\partial\sigma/\partial U_0)_{N_0})$$

となる.

(2) 温度 T と化学ポテンシャル μ の定義を使い,$P(N, E_S)$ を大きな分配関数 Z(ギブス和,大きな状態和とも呼ばれる),T および μ を用いて書け.その際,導出過程も書くこと.ここで $P(N, E_S)$ はすべての粒子数 N と量子状態 S について和をとると 1 になることを用いよ.また Z は次式のように定義されており,和はすべての粒子数 N(0 も含む)と量子状態 S について実行するものとする.

$$Z = \sum_N \sum_S \exp((N\mu - E_S)/k_B T)$$

フェルミ粒子の分布関数を導出する.今までは N 粒子系の量子状態を考えたが,以下では系のエネルギーは,1粒子エネルギー準位を占有する粒子数 N と,その準位のエネルギー ε との積で書けるものとする(このように系をとることで Z の計算が非常に簡単になる).フェルミ粒子の場合,ある準位 ε を占有する粒子数は,0 または 1 個(ここではスピン量子数については考えない)なので,それに対応した系のエネルギーはそれぞれ 0 と ε になる.

(3) フェルミ粒子系の Z を求めよ.

(4) 分布関数 $f(\varepsilon)$ の定義を 25 字以内で述べ,フェルミ粒子系の分布関数を定義式から導け.同様の方法でボーズ粒子系の分布関数を導出せよ.その際,導出過程も書くこと.熱浴は充分大きく,実質的に N_0 を無限大にしてもよいとする.

[注] 通常のエントロピーは $S = k_B \sigma$ で定義される場合が多い.　　　　　(京大)

第 10 編

電 磁 気 学

10.1　静電場
10.1.1　クーロンの法則と電場，電位

クーロン力：$\bm{F} = \dfrac{q_1 q_2}{4\pi\varepsilon_0 r^2} \dfrac{\bm{r}}{r}$　（q_1, q_2：電荷，ε_0：真空の誘電率） (10.1)

$\bm{F} = q\bm{E}$　（$\bm{E}$：電場） (10.2)

$\bm{E} = -\mathrm{grad}\, V$　（V：電位） (10.3)

$\mathrm{rot}\, \bm{E} = 0$ (10.4)

$V_\mathrm{A} - V_\mathrm{B} = -\displaystyle\int_\mathrm{B}^\mathrm{A} \bm{E} \cdot d\bm{r}$　（(10.3)～(10.5) は等価） (10.5)

$V_r = -\displaystyle\int_\infty^r \bm{E} \cdot d\bm{r}$ (10.6)

10.1.2　ストークスの定理

$$\oint \bm{E} \cdot d\bm{s} = \int (\mathrm{rot}\, \bm{E}) \cdot d\bm{S} \tag{10.7}$$

10.1.3　ガウスの発散定理

(1)　$\displaystyle\int \bm{E} \cdot d\bm{S} = Q/\varepsilon$　（積分型，Q：電荷） (10.8)

　　$\mathrm{div}\, \bm{E} = \rho/\varepsilon$　（微分型，ρ：電荷密度） (10.9)

(2)　点電荷による電場，電位

$$\bm{E} = \dfrac{q}{4\pi\varepsilon_0 r^2} \dfrac{\bm{r}}{r}, \quad V = \dfrac{q}{4\pi\varepsilon_0 r} \tag{10.10}$$

10.1.4　ポアッソンの方程式

$\mathrm{rot}\, \bm{E} = 0$, $\mathrm{div}\, \bm{D} = \rho$　($\bm{D} = \varepsilon \bm{E}$) より，$\nabla^2 V = -\rho/\varepsilon$ (10.11)

(10.11) の特解：$V(\bm{r}) = \dfrac{1}{4\pi\varepsilon} \displaystyle\int \dfrac{\rho(\bm{r}')}{|\bm{r} - \bm{r}'|} dv'$ (10.12)

10.1.5　電気映像（鏡像）

(1)　接地導体平面の場合：位置 Q にある点電荷 q の映像点 Q$'$，映像電荷 q' を次のようにとる．

$q' = -q, \quad \overline{\mathrm{OQ}'} = \overline{\mathrm{OQ}}$ (10.13)

(2) 接地導体球の場合：半径 a の球の中心を O, 点電荷 q の位置を Q とすると, $\overline{\mathrm{OQ}}$ 上の位置 Q′, 映像電荷 q' を次のようにとる.

$$q' = -aq/\overline{\mathrm{OQ}}, \quad \overline{\mathrm{OQ'}} = a^2/\overline{\mathrm{OQ}} \tag{10.14}$$

接地していない場合は中心 O にも $-q'$ をおく.

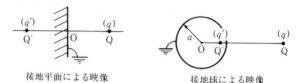

接地平面による映像　　接地球による映像

10.1.6 導体と静電容量

(1) 静電容量

$$Q = CV \quad (C: 静電容量) \tag{10.15}$$

$$Q_i = \sum_j C_{ij} V_j, \quad V_i = \sum_j P_{ij} Q_j \quad (C_{ij}: 容量係数, \ P_{ij}: 電位係数) \tag{10.16}$$

(2) コンデンサー

(a) 平行平板コンデンサーの静電容量 : $C \fallingdotseq \dfrac{\varepsilon S}{d}$　(S : 面積, d : 間隔) (10.17)

(b) コンデンサーの接続

$$並列: C = \sum_i C_i, \quad 直列: \frac{1}{C} = \sum_i \frac{1}{C_i} \tag{10.18}$$

(3) 静電エネルギー

静電エネルギー密度 : $u = \dfrac{1}{2}\varepsilon \bm{E}^2 = \dfrac{1}{2}\bm{E}\cdot\bm{D} = \dfrac{\bm{D}^2}{2\varepsilon}$ (10.19)

導体系のエネルギー : $U = \dfrac{1}{2}\sum_i Q_i V_i = \dfrac{1}{2}\sum_{ij} C_{ij} V_i V_j = \dfrac{1}{2}\sum_{ij} P_{ij} Q_i Q_j$

(10.20)

平行平板コンデンサーのエネルギー : $U = \dfrac{1}{2}QV = \dfrac{1}{2}CV^2 = \dfrac{1}{2}\dfrac{Q^2}{C}$　(10.21)

(4) 導体に働く力

Q を一定に保つとき,

$$F_x = -\left(\frac{\partial U}{\partial x}\right)_Q = -\frac{\partial}{\partial x}\left(\frac{Q^2}{2C}\right) = \frac{Q^2}{2C^2}\frac{\partial C}{\partial x} \tag{10.22}$$

V を一定に保つとき, $F_x = \left(\dfrac{\partial U}{\partial x}\right)_V = \dfrac{1}{2}V^2 \dfrac{\partial C}{\partial x}$ (10.23)

10.1.7 誘電体

(1) 誘電分極

誘電分極：$\boldsymbol{P} = \chi_e \boldsymbol{E}$ （χ_e：電気感受率） (10.24)

比電気感受率：$\bar{\chi}_e = \chi_e/\varepsilon_0$ （ε_0：真空の誘電率） (10.25)

電束密度：$\boldsymbol{D} = \varepsilon_0 \boldsymbol{E} + \boldsymbol{P} = \varepsilon_0 \boldsymbol{E} + \chi_e \boldsymbol{E} = (\varepsilon_0 + \chi_e)\boldsymbol{E}$ (10.26)

誘電率：$\varepsilon = \varepsilon_0 + \chi_e$ (10.27)

とおくと，$\boldsymbol{D} = \varepsilon \boldsymbol{E}$ （ε：誘電率） (10.28)

比誘電率：$\bar{\varepsilon} = \varepsilon/\varepsilon_0 = 1 + \bar{\chi}_e$ (10.29)

(2) 誘電体表面での境界条件

媒質の境界で

$\boldsymbol{n} \times (\boldsymbol{E}_2 - \boldsymbol{E}_1) = \boldsymbol{0}$　　　　（$\boldsymbol{n}$：$1 \to 2$ 方向法線，ρ_s：面積荷密度） (10.30)

$\boldsymbol{n} \cdot (\boldsymbol{D}_2 - \boldsymbol{D}_1) = \rho_s$ (10.31)

特に 2 が導体のとき，$\boldsymbol{E}_1 \times \boldsymbol{n} = \boldsymbol{0}, \ \boldsymbol{D}_1 \cdot \boldsymbol{n} = \rho_s$ (10.32)

(3) 誘電体に働く力

電気双極子モーメント：$\boldsymbol{p} = \int \boldsymbol{P} dv$ (10.33)

力のモーメント：$\boldsymbol{N} = \boldsymbol{p} \times \boldsymbol{E}$ (10.34)

不均一電場から受ける力：$\boldsymbol{F} = (\boldsymbol{p} \cdot \nabla)E$ (10.35)

(4) マクスウェルの応力

$$T_{/\!/} = \frac{\varepsilon_0}{2} E^2, \quad T_\perp = -\frac{\varepsilon_0}{2} E^2 \qquad (10.36)$$

10.2 静磁場

10.2.1 クーロンの法則と磁場，磁位

クーロン力：$\boldsymbol{F} = \dfrac{q_{m1}q_{m2}}{4\pi\mu_0 r^2}\dfrac{\boldsymbol{r}}{r}$ （q_{m1}, q_{m2}：磁荷，μ_0：真空の透磁率） (10.37)

$\boldsymbol{F} = q_m \boldsymbol{H}$ （$\boldsymbol{H}$：磁場） (10.38)

$\boldsymbol{H} = -\mathrm{grad}\, V_m$ （V_m：磁位） (10.39)

$V_{mQ} - V_{mP} = -\displaystyle\int_P^Q \boldsymbol{H} \cdot d\boldsymbol{s}$ (10.40)

$V_m = -\displaystyle\int_\infty^r \boldsymbol{H} \cdot d\boldsymbol{s}$ (10.41)

10.2.2 ガウスの発散定理

$\displaystyle\int \boldsymbol{H} \cdot d\boldsymbol{S} = \sum q_m/\mu$ （積分型） (10.42)

$$\operatorname{div} \boldsymbol{H} = r_\mathrm{m}/\mu \quad \text{(微分型)} \tag{10.43}$$

10.2.3 磁性体

(1) 磁気双極子（磁石）

磁気モーメント

$$\boldsymbol{m} = q_\mathrm{m} \boldsymbol{l} \tag{10.44}$$

のつくる磁位，磁場は，

$$V_\mathrm{m} = \frac{m \cos\theta}{4\pi\mu_0 r^2} = \frac{\boldsymbol{m} \cdot \boldsymbol{r}}{4\pi\mu_0 r^3} = -\frac{1}{4\pi\mu_0} \boldsymbol{m} \cdot \operatorname{grad}\left(\frac{1}{r}\right) \tag{10.45}$$

$$H_r = \frac{m}{4\pi\mu_0} \frac{2\cos\theta}{r^3}, \quad H_\theta = \frac{m}{4\pi\mu_0} \frac{\sin\theta}{r^3} \tag{10.46}$$

(2) 磁化の強さ

磁化の強さ：$M = m/v$ （v：体積） \hfill (10.47)

磁束密度：$\boldsymbol{B} = \mu_0 \boldsymbol{H} + \boldsymbol{M}$ \hfill (10.48)

$\boldsymbol{B}$ は湧出しをもたない：$\displaystyle\int \boldsymbol{B} \cdot d\boldsymbol{S} = 0$ （積分型） \hfill (10.49)

$$\operatorname{div} \boldsymbol{B} = 0 \quad \text{(微分型)} \tag{10.50}$$

(3) 磁化曲線

$$\boldsymbol{M} = \chi_\mathrm{m} \boldsymbol{H} \quad (\chi_\mathrm{m}：磁化率) \tag{10.51}$$

比磁化率：$\overline{\chi_\mathrm{m}} = \chi_\mathrm{m}/\mu_0$ \hfill (10.52)

磁束密度：$\boldsymbol{B} = \mu \boldsymbol{H}$ （μ：透磁率） \hfill (10.53)

透磁率：$\mu = \mu_0 + \chi_\mathrm{m}$ \hfill (10.54)

比透磁率：$\bar{\mu} = \mu/\mu_0 = 1 + \bar{\chi}_\mathrm{m}$ \hfill (10.55)

(4) 磁気回路

磁束：$\varPhi = \displaystyle\int \boldsymbol{B} \cdot d\boldsymbol{S}$ \hfill (10.56)

起磁力：$V_\mathrm{m} = NI = R_\mathrm{m} \varPhi$ （N：巻数，I：電流） \hfill (10.57)

リラクタンス：$R_\mathrm{m} = \displaystyle\oint \frac{ds}{\mu S}$ \hfill (10.58)

10.2.4 磁気双極子（磁石）に作用する力

力のモーメント：$\boldsymbol{N} = \boldsymbol{m} \times \boldsymbol{H}$ （$\boldsymbol{m}$：磁気モーメント） \hfill (10.59)

ポテンシャル・エネルギー：$U = -\boldsymbol{m} \cdot \boldsymbol{H}$ \hfill (10.60)

不均一磁場による力：$\boldsymbol{F} = (\boldsymbol{m} \cdot \nabla)\boldsymbol{H}$ \hfill (10.61)

10.2.5 磁性体のエネルギーとマクスウェルの応力

磁気エネルギー密度：$u = \dfrac{1}{2}\boldsymbol{H} \cdot \boldsymbol{B} = \dfrac{1}{2}\mu \boldsymbol{H}^2 = \dfrac{\boldsymbol{B}^2}{2\mu}$ (10.62)

マクスウェルの応力：$T_{/\!/} = \dfrac{1}{2}\mu_0 H^2, \quad T_{\perp} = -\dfrac{1}{2}\mu_0 H^2$ (10.63)

10.2.6 磁石系のポテンシャル・エネルギー

(1) 外部磁場 $\boldsymbol{H}_0$ 中の磁石のエネルギー：$U = -\boldsymbol{m} \cdot \boldsymbol{H}_0$ (10.64)

(2) 磁石系のエネルギー：$U = -\sum\limits_{i} m_i \boldsymbol{H}_i'$ (10.65)

　　　　　($\boldsymbol{H}_i'$：m_i の位置にそれ以外の磁石がつくる磁場)

10.3　定常電流

10.3.1　電流

電流：$I = -\dfrac{dQ}{dt}, \quad \dfrac{\partial \rho}{\partial t} + \operatorname{div} \boldsymbol{i} = 0 \quad$（電荷保存則） (10.66)

電流密度：$\boldsymbol{i} = qn\bar{\boldsymbol{v}} = \rho \bar{\boldsymbol{v}}$ (10.67)

ただし，Q：電荷，ρ：電荷密度，n：粒子密度，$\bar{\boldsymbol{v}}$：粒子平均速度

10.3.2　オームの法則，抵抗

$\quad I = V/R$ (10.68)

$\quad \boldsymbol{i} = \sigma \boldsymbol{E} = \boldsymbol{E}/\rho \quad$（$\sigma$：電気伝導率，$\rho$：比抵抗（抵抗率）） (10.69)

$\quad$抵抗：$R = \rho l/S = l/\sigma S \quad$（$S$：断面積，$l$：長さ） (10.70)

10.3.3　キルヒホッフの法則

任意の分岐点で，$\sum\limits_{k=1}^{n} I_k = 0 \quad$（$n$：導線数） (10.71)

任意の閉回路で，$\sum\limits_{k} R_k I_k = \sum\limits_{k} E_k \quad$（$R_k I_k$：電圧降下，$E_k$：起動力） (10.72)

10.3.4　ジュールの法則

電力：$P = VI = RI^2 = V^2/R$ (10.73)

10.3.5　抵抗の接続

直列：$R = \sum\limits_{i} R_i, \quad$ 並列：$\dfrac{1}{R} = \sum\limits_{i} \dfrac{1}{R_i}$ (10.74)

（交流のとき，$R \to \dot{Z}$：インピーダンス）

10.4 定常電流のつくる磁場

10.4.1 アンペアの定理

$$\oint \boldsymbol{H} \cdot d\boldsymbol{s} = I \quad \text{(積分型)} \tag{10.75}$$

$$\mathrm{rot}\,\boldsymbol{H} = \boldsymbol{i} \quad \text{(微分型)} \tag{10.76}$$

10.4.2 ビオ-サバールの法則

$$d\boldsymbol{H} = \frac{I d\boldsymbol{s} \times \boldsymbol{r}}{4\pi r^3}, \quad dH = \frac{I \sin\theta}{4\pi r^2} ds \tag{10.77}$$

10.4.3 等価磁石の方法

磁位 : $V_\mathrm{m} = \dfrac{I}{4\pi}\omega$, 磁場 : $\boldsymbol{H} = -\mathrm{grad}\,V_\mathrm{m}$ (ω : 立体角)
$$\tag{10.78}$$

磁気モーメント :
$$m = MtS = \mu_0 IS \quad (M : 磁化,\ t : 厚さ,\ S : 面積)$$

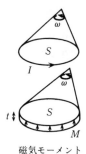

磁気モーメント

10.4.4 定常電磁場の境界条件

$$\boldsymbol{n} \times (\boldsymbol{H}_2 - \boldsymbol{H}_1) = \boldsymbol{i}_\mathrm{s} \tag{10.79}$$

$$\boldsymbol{n} \cdot (\boldsymbol{B}_2 - \boldsymbol{B}_1) = 0 \tag{10.80}$$

($\boldsymbol{n}$: $1 \to 2$ 方向法線, $\boldsymbol{i}_\mathrm{s}$: 面電流密度)

10.4.5 ベクトル・ポテンシャル

$$\begin{aligned} d\boldsymbol{A} &= \mu_0 \frac{I d\boldsymbol{s}}{4\pi r} = \mu_0 \frac{\boldsymbol{i}}{4\pi r} dv \\ \boldsymbol{B} &= \mathrm{rot}\,\boldsymbol{A} \end{aligned} \tag{10.81}$$

($\boldsymbol{A}$: ベクトル・ポテンシャル)

10.4.6 電流に作用する力

$$d\boldsymbol{F} = \boldsymbol{I} \times \boldsymbol{B} ds = I d\boldsymbol{s} \times \boldsymbol{B} = \boldsymbol{i} \times \boldsymbol{B} dv \tag{10.82}$$

10.5 電磁誘導

10.5.1 ファラデーの電磁誘導の法則

(1) $\quad V_\mathrm{e} = \oint \boldsymbol{E} \cdot d\boldsymbol{s} = -\dfrac{d\phi}{dt} \quad$ (積分型) $\tag{10.83}$

$\quad \mathrm{rot}\,\boldsymbol{E} = -\dfrac{\partial \boldsymbol{B}}{\partial t} \quad$ (微分型) $\tag{10.84}$

(2) 導体を動かしたときの電場

$$\boldsymbol{E} = \boldsymbol{E}_\mathrm{s} - \frac{\partial \boldsymbol{A}}{\partial t} + \boldsymbol{v} \times \boldsymbol{B} \quad (\boldsymbol{E}_\mathrm{s} : 静電場) \tag{10.85}$$

要　項　　　　　　　　181

10.5.2　インダクタンス

鎖交磁束：$\Phi_i = \sum_j L_{ij} I_j$ （10.86）

自己インダクタンス：L_{ii}，　相互インダクタンス：$L_{ij} = L_{ji}$

誘導起電力：$V_{ij} = -L_{ij}\dfrac{dI_j}{dt}$ （10.87）

10.5.3　ノイマンの公式

$$L_{ij} = \frac{\mu}{4\pi}\oint\oint \frac{d\boldsymbol{s}_i \cdot d\boldsymbol{s}_j}{r_{ij}} = \frac{\mu}{4\pi}\oint\oint \frac{\cos\theta ds_i\, ds_j}{r_{ij}} \quad (i \neq j) \tag{10.88}$$

10.5.4　電磁エネルギー

回路のエネルギー：$U = \dfrac{1}{2}LI^2$ （10.89）

回路系のエネルギー：$U = \dfrac{1}{2}\sum I_h \Phi_h = \dfrac{1}{2}\sum L_{ij}I_i I_j$ （10.90）

磁場のエネルギー密度：$u = \dfrac{1}{2}\boldsymbol{B}\cdot\boldsymbol{H} = \dfrac{1}{2}\mu \boldsymbol{H}^2$ （10.91）

磁場のエネルギーによるインダクタンスの計算：

$$\frac{1}{2}LI^2 = \frac{1}{2}\int BH\, dv \tag{10.92}$$

10.6　交流回路

10.6.1　交流のベクトル，複素数表示

複素数

$$\dot{I} = I_\mathrm{m}e^{j\alpha} = x + jy, \quad I_\mathrm{m}^2 = x^2 + y^2, \quad \tan\alpha = \frac{y}{x} \tag{10.93}$$

で表すと，電流の瞬時値は

$$\begin{aligned}i &= \mathrm{Re}\,[\dot{I}e^{j\omega t}] = \mathrm{Re}\,[(x+jy)(\cos\omega t + j\sin\omega t)]\\ &= I_\mathrm{m}\cos\alpha\cos\omega t - I_\mathrm{m}\sin\alpha\sin\omega t = I_\mathrm{m}\cos(\omega t + \alpha)\end{aligned} \tag{10.94}$$

10.6.2　インピーダンスとアドミタンス

インピーダンス：$\dot{Z} = \dfrac{\dot{V}}{\dot{I}} = R + jX$ （X：リアクタンス）

（10.95）

アドミタンス：$\dot{Y} = \dfrac{1}{\dot{Z}} = G + jB$ （G：コンダクタンス，B：サセプタンス）

10.6.3 RLC 直列回路

$$E = RI + \frac{1}{C}\int I\,dt + L\frac{dI}{dt}, \quad I = \frac{dQ}{dt} \tag{10.96}$$

$E = \dot{E}e^{j\omega t}, I = \dot{I}e^{j(\omega t+\varphi)}$ に対して,

$$\dot{Z} = R + j\omega L + \frac{1}{j\omega C} = R + j\omega L\left(1 - \frac{\omega_0^2}{\omega^2}\right) = |\dot{Z}|e^{j\varphi},$$

$$\omega_0 = \frac{1}{\sqrt{LC}}(共振角周波), \quad \tan\varphi = \frac{\omega L - \frac{1}{\omega C}}{R}, \quad Q = \frac{\omega_0}{\Delta\omega} \fallingdotseq \frac{\omega_0 L}{R}(Q\text{値}) \tag{10.97}$$

10.6.4 分布定数回路

L, C, R, G（単位長当たりの値）が連続的に分布している回路では，各点の電流 I，電圧 V は次式に従う．

$$C\frac{\partial V}{\partial t} = -\frac{\partial I}{\partial z} - GV, \quad L\frac{\partial I}{\partial t} + RI = -\frac{\partial V}{\partial z}$$

解は，$\begin{cases} V = e^{i\omega t}(Ae^{-\gamma z} + Be^{+\gamma z}) \\ I = e^{i\omega t}\dfrac{1}{\zeta}(Ae^{-\gamma z} - Be^{+\gamma z}) \end{cases}, \quad \zeta = \sqrt{\dfrac{R+i\omega L}{G+i\omega C}}$ （特性インピーダンス）

$$\tag{10.98}$$

10.7 荷電粒子の力学

10.7.1 ローレンツ力

ローレンツ力：$\boldsymbol{F} = q(\boldsymbol{E} + \boldsymbol{v}\times\boldsymbol{B})$ \hfill (10.99)

運動方程式：$m\dfrac{d^2\boldsymbol{r}}{dt^2} = \boldsymbol{F}' + q(\boldsymbol{E}+\boldsymbol{v}\times\boldsymbol{B})$ （$\boldsymbol{F}'$：電磁場以外の力） \hfill (10.100)

10.7.2 電磁場中の荷電粒子のラグランジアン，ハミルトニアン

$$\begin{cases} L = \dfrac{1}{2}m\boldsymbol{v}^2 + q\boldsymbol{A}\cdot\boldsymbol{v} - q\varphi(\boldsymbol{r}) - U(\boldsymbol{r}) \\ H = \dfrac{1}{2m}(\boldsymbol{p} - q\boldsymbol{A})^2 + q\varphi(\boldsymbol{r}) + U(\boldsymbol{r}) \end{cases} \tag{10.101}$$

ただし，$U(\boldsymbol{r})$：位置エネルギー，$\varphi(\boldsymbol{r})$：スカラー・ポテンシャル

10.7.3 一様定磁場中での運動

$$m\ddot{\boldsymbol{r}} = q\dot{\boldsymbol{r}}\times\boldsymbol{B} \tag{10.102}$$

初期条件：$t=0$ で $\boldsymbol{r}=\boldsymbol{r}_0, \dot{\boldsymbol{r}}=\boldsymbol{v}_0$

$$m\ddot{x} = q\dot{y}B, \quad m\ddot{y} = -q\dot{x}B, \quad m\ddot{z} = 0 \tag{10.103}$$

$$\begin{cases} x = x_0 + \dfrac{mv_{0x}}{qB}\sin\left(\dfrac{qB}{m}t\right) \\ y = \left(y_0 - \dfrac{mv_{0x}}{qB}\right) + \dfrac{mv_{0x}}{qB}\cos\left(\dfrac{qB}{m}t\right) \\ z = z_0 + v_{0x}t \end{cases} \tag{10.104}$$

10.7.4　一様な定電磁場中での運動

$$m\ddot{\boldsymbol{r}} = q(\boldsymbol{E} + \dot{\boldsymbol{r}} \times \boldsymbol{B}) \tag{10.105}$$

初期条件 : $t=0$ で $\boldsymbol{r} = \boldsymbol{r}_0$, $\dot{\boldsymbol{r}} = \boldsymbol{v}_0$
$\boldsymbol{B} : (0,0,B)$, $\boldsymbol{E} : (E_\perp, 0, E_{//})$ になるような座標軸を選ぶと，

$$\begin{cases} \ddot{x} = \dfrac{qB}{m}\dot{y} + \dfrac{q}{m}E_\perp \\ \ddot{y} = -\dfrac{qB}{m}\dot{x} \\ \ddot{z} = -\dfrac{q}{m}E_{//} \end{cases} \tag{10.106}$$

$$\begin{cases} x = x_0 + \dfrac{2m}{qB}\sqrt{v_{0x}^2 + \left(v_{0y} + \dfrac{E_\perp}{B}\right)^2}\sin\left(\dfrac{qB}{2m}t\right)\cos\left(\dfrac{qB}{2m}t - \alpha\right) \\ y = y_0 - \dfrac{E_\perp}{B}t - \dfrac{2m}{qB}\sqrt{v_{0x}^2 + \left(v_{0y} + \dfrac{E_\perp}{B}\right)^2}\sin\left(\dfrac{qB}{2m}t\right)\sin\left(\dfrac{qB}{2m}t - \alpha\right) \\ z = z_0 + v_{0z}t + \dfrac{qE_{//}}{2m}t^2, \qquad \text{ここで } \alpha = \tan^{-1}\dfrac{v_{0y} + \dfrac{E_\perp}{B}}{v_{0x}} \end{cases} \tag{10.107}$$

10.8　電磁波
10.8.1　マクスウェルの方程式
(1)　積分型

$$\oint \boldsymbol{E} \cdot d\boldsymbol{s} = -\int \dfrac{\partial \boldsymbol{B}}{\partial t} \cdot d\boldsymbol{S} \tag{10.108}$$

$$\oint \boldsymbol{H} \cdot d\boldsymbol{s} = \int \left(\boldsymbol{i} + \dfrac{\partial \boldsymbol{D}}{\partial t}\right) \cdot d\boldsymbol{S} \tag{10.109}$$

$$\int \boldsymbol{D} \cdot d\boldsymbol{S} = \int \rho\, dv \tag{10.110}$$

$$\int \boldsymbol{B} \cdot d\boldsymbol{S} = 0 \tag{10.111}$$

(2) 微分型

$$\mathrm{rot}\, \boldsymbol{E} = -\frac{\partial \boldsymbol{B}}{\partial t} \tag{10.112}$$

$$\mathrm{rot}\, \boldsymbol{H} = \boldsymbol{i} + \frac{\partial \boldsymbol{D}}{\partial t} \tag{10.113}$$

$$\mathrm{div}\, \boldsymbol{D} = \rho \tag{10.114}$$

$$\mathrm{div}\, \boldsymbol{B} = 0 \tag{10.115}$$

$$\boldsymbol{D} = \varepsilon \boldsymbol{E}, \quad \boldsymbol{B} = \mu \boldsymbol{H}, \quad \boldsymbol{i} = \sigma \boldsymbol{E} \quad (\text{等方性物質})$$

10.8.2 電磁波

(1) 電磁波のエネルギーと速度

$$\text{エネルギー密度}: u = \frac{1}{2}(\varepsilon \boldsymbol{E}^2 + \mu \boldsymbol{H}^2) = \frac{1}{2}(\boldsymbol{E} \cdot \boldsymbol{D} + \boldsymbol{H} \cdot \boldsymbol{B}) \tag{10.116}$$

$$\text{ポインティングベクトル}: \quad \boldsymbol{S} = \boldsymbol{E} \times \boldsymbol{H} \tag{10.117}$$

$$\begin{aligned}\text{媒質中の電磁波の速度}: v &= \frac{1}{\sqrt{\varepsilon\mu}} = \frac{c}{n} \\ \text{真空中の電磁波の速度}: c &= \frac{1}{\sqrt{\varepsilon_0 \mu_0}}\end{aligned} \tag{10.118}$$

(2) 平面波

(a) $\begin{cases} E_{1y} = \mu A \omega^2 \, e^{-ikz} \\ H_{1x} = -Ak\omega \, e^{-ikz} \end{cases} \begin{cases} E_{2x} = Ak\omega \, e^{-ikz} \\ H_{2y} = Ak^2 \, e^{-ikz}/\mu \end{cases}$ (10.119)

(b) $\dfrac{E}{H} = Z = \sqrt{\dfrac{\mu}{\varepsilon}}$ (電波インピーダンス) (10.120)

(3) 電磁波の反射と屈折の境界条件

面電荷密度, 面電流密度がなければ, $\boldsymbol{n}$ を $1 \to 2$ 方向法線として,

$$\boldsymbol{n} \times (\boldsymbol{E}_2 - \boldsymbol{E}_1) = \boldsymbol{0} \quad \text{または} \quad E_{1t} = E_{2t} \tag{10.121}$$

$$\boldsymbol{n} \cdot (\boldsymbol{D}_2 - \boldsymbol{D}_1) = 0 \quad \text{または} \quad D_{1n} = D_{2n} \tag{10.122}$$

$$\boldsymbol{n} \times (\boldsymbol{H}_2 - \boldsymbol{H}_1) = \boldsymbol{0} \quad \text{または} \quad H_{1t} = H_{2t} \tag{10.123}$$

$$\boldsymbol{n} \cdot (\boldsymbol{B}_2 - \boldsymbol{B}_1) = 0 \quad \text{または} \quad B_{1n} = B_{2n} \tag{10.124}$$

(4) スネルの法則

(a) $\theta_\mathrm{i} = \theta_\mathrm{r}, \quad \dfrac{\sin \theta_\mathrm{i}}{\sin \theta_\mathrm{t}} = \dfrac{n_2}{n_1} \equiv n_{12}$ (10.125)

(b) 入射波: $\boldsymbol{E}_\mathrm{i} = \boldsymbol{E}_\mathrm{i}^0 \, e^{i(\omega t - \boldsymbol{k}_\mathrm{i} \cdot \boldsymbol{r})}, \quad \boldsymbol{B}_\mathrm{i} = \mu_1 n_1 \dfrac{\boldsymbol{k}_\mathrm{i}}{k_\mathrm{i}} \times \boldsymbol{E}_\mathrm{i}$ (10.126)

反射波: $\boldsymbol{E}_\mathrm{r} = \boldsymbol{E}_\mathrm{r}^0 \, e^{i(\omega t - \boldsymbol{k}_\mathrm{r} \cdot \boldsymbol{r})}, \quad \boldsymbol{B}_\mathrm{r} = \mu_1 n_1 \dfrac{\boldsymbol{k}_\mathrm{r}}{k_\mathrm{r}} \times \boldsymbol{E}_\mathrm{r}$ (10.127)

透過波: $\boldsymbol{E}_\mathrm{t} = \boldsymbol{E}_\mathrm{t}^0 \, e^{i(\omega t - \boldsymbol{k}_\mathrm{t} \cdot \boldsymbol{r})}, \quad \boldsymbol{B}_\mathrm{t} = \mu_2 n_2 \dfrac{\boldsymbol{k}_\mathrm{t}}{k_\mathrm{t}} \times \boldsymbol{E}_\mathrm{t}$ (10.128)

(5) フレネルの公式

平面波が境界面に入射し，入射角を θ_i，反射角を θ_r，屈折率を θ_t とするとき，電場ベクトル中の複素振幅を $\boldsymbol{E}_\mathrm{i}^0, \boldsymbol{E}_\mathrm{r}^0, \boldsymbol{E}_\mathrm{t}^0$ にとり，入射面に平行 (p)，垂直 (s) な成分に分け，境界面で $\boldsymbol{E}, \boldsymbol{H}$ の接線成分が連続であることを用いれば，

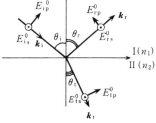

$$\frac{E_\mathrm{rp}^0}{E_\mathrm{ip}^0} = \frac{\tan(\theta_\mathrm{i} - \theta_\mathrm{t})}{\tan(\theta_\mathrm{i} + \theta_\mathrm{t})}, \\ \frac{E_\mathrm{tp}^0}{E_\mathrm{ip}^0} = \frac{2\cos\theta_\mathrm{i}\sin\theta_\mathrm{t}}{\sin(\theta_\mathrm{i} + \theta_\mathrm{t})\cos(\theta_\mathrm{i} - \theta_\mathrm{t})} \tag{10.129}$$

$$反射率:R_\mathrm{p} = \frac{|E_\mathrm{rp}^0|^2}{|E_\mathrm{ip}^0|^2} = \frac{\tan^2(\theta_\mathrm{i} - \theta_\mathrm{t})}{\tan^2(\theta_\mathrm{i} + \theta_\mathrm{t})} \\ 透過率:T_\mathrm{p} = \frac{|E_\mathrm{tp}^0|^2}{|E_\mathrm{ip}^0|^2}\sqrt{\frac{\varepsilon_2}{\varepsilon_1}\frac{\cos\theta_\mathrm{t}}{\cos\theta_\mathrm{i}}} = \frac{\sin 2\theta_\mathrm{i}\sin 2\theta_\mathrm{t}}{\sin^2(\theta_\mathrm{i} + \theta_\mathrm{t})\cos^2(\theta_\mathrm{i} - \theta_\mathrm{t})} \tag{10.130}$$

(6) 遅延ポテンシャル

V をスカラー・ポテンシャル，$\boldsymbol{A}$ をベクトル・ポテンシャルとすると，

$$\boldsymbol{E} = -\mathrm{grad}\,V - \frac{\partial \boldsymbol{A}}{\partial t} \tag{10.131}$$

$$\boldsymbol{B} = \mathrm{rot}\,\boldsymbol{A} \tag{10.132}$$

$$\mathrm{div}\,\boldsymbol{A} + \varepsilon_0\mu_0\frac{\partial V}{\partial t} = 0 \quad (ローレンツ・ゲージ) \tag{10.133}$$

なる制限をつけると（$\mathrm{div}\,\boldsymbol{A} = 0$ のとき，クーロン・ゲージ），

$$\Delta \boldsymbol{A} - \varepsilon_0\mu_0\frac{\partial^2 V}{\partial t^2} = -\frac{\rho}{\varepsilon_0} \tag{10.134}$$

$$\Delta \boldsymbol{A} - \varepsilon_0\mu_0\frac{\partial^2 \boldsymbol{A}}{\partial t^2} = -\mu_0 \boldsymbol{i} \tag{10.135}$$

(10.131), (10.135) の解（遅延ポテンシャル）は，$c^2 = 1/\varepsilon_0\mu_0$ として，

$$d\boldsymbol{A}(t) = \frac{\mu_0}{4\pi}\frac{\boldsymbol{i}(t - r/c)}{r}dv, \quad dV(t) = \frac{\rho(t - r/c)}{4\pi\varepsilon_0 r}dv \tag{10.136}$$

(7) 電気双極子放射

$$\boldsymbol{N} = i\omega \boldsymbol{p}, \quad \boldsymbol{p} = \boldsymbol{p}_0 e^{i\omega t}, \quad p_0 = |\boldsymbol{p}_0| = Il/\omega \tag{10.137}$$

$\boldsymbol{N}$：放射ベクトル，$\boldsymbol{p}$：双極子モーメント（z 方向），I：アンテナ電流，l：等価アンテナの実効値とすると，

$$E_r = \frac{p_0 k^3}{4\pi\varepsilon}e^{-ikR}\cos\theta\left\{\frac{2i}{(kR)^2} + \frac{2}{(kR)^3}\right\} \tag{10.138}$$

$$E_\theta = -\frac{p_0 k^3}{4\pi\varepsilon} e^{-ikR} \sin\theta \left\{ \frac{i}{kR} - \frac{i}{(kR)^2} - \frac{1}{(kR)^3} \right\} \tag{10.139}$$

$$H_\varphi = \frac{i\omega p_0 k^2}{4\pi} e^{-ikR} \sin\theta \left\{ \frac{i}{kR} + \frac{1}{(kR)^2} \right\} \tag{10.140}$$

ポインティング・ベクトル（$\bm{n}:\bm{R}$ 方向単位ベクトル）は，

$$\bm{S} = \bm{n} \frac{\omega^4}{16\pi^2 \varepsilon v^3 R^2} |\bm{p}_0|^2 \sin^2\theta \cos^2\theta(kR - \omega t) \quad (v = \omega/k) \tag{10.141}$$

放射されるパワーは，$P = R^2 \int \bar{S} d\Omega$ から，$I_{\text{eff}}^2 = I^2/2$ として，

$$P = \frac{\omega^4}{12\pi\varepsilon v^3} |\bm{p}_0|^2 = \frac{2\pi}{3\varepsilon v} \left(\frac{l}{\lambda}\right)^2 I_{\text{eff}}^2 \tag{10.142}$$

(8) リエナール-ウィーヒェルトのポテンシャル

リエナール-ウィーヒェルトのポテンシャルは，$\bm{r}$ を粒子から観測者へのベクトルとすると，

$$V = \frac{1}{4\pi\varepsilon_0} \frac{q}{s}, \quad \bm{A} = \frac{\mu_0}{4\pi} \frac{q\bm{v}}{s} \tag{10.143}$$

$$\left(s = r - \frac{\bm{r}\cdot\bm{v}}{c}\right)$$

(9) 運動する荷電粒子からの電磁波の放出

ポインティング・ベクトルは，

$$\bm{S} = \frac{q^2}{16\pi^2 \varepsilon_0 c^3} \frac{1}{s^6} \left| \bm{r} \times \left\{ \left(\bm{r} - \frac{r\bm{v}}{c}\right) \times \frac{d\bm{v}}{dt} \right\} \right|^2 \frac{\bm{r}}{r} \tag{10.144}$$

パワーは，

$$P = \begin{cases} \dfrac{q^2}{6\pi\varepsilon_0 c^3} \dfrac{\left|\dfrac{d\bm{v}}{dt}\right|^2 - \dfrac{1}{c^2}\left|\bm{v}\times\dfrac{d\bm{v}}{dt}\right|^2}{(1-\beta^2)^3} & (\bm{v}: \text{任意}) \\ \dfrac{q^2}{6\pi\varepsilon_0 c^3} \left|\dfrac{d\bm{v}}{dt}\right|^2 & (v/c \ll 1) \end{cases} \tag{10.145}$$

(10) 制動放射

$\dot{\bm{v}}//\bm{v}$ のとき，パワーは，$d\Omega$ を立体角とすると，

$$P(\theta) = \frac{q^2 \dot{v}^2}{16\pi^2 \varepsilon_0 c^3} \frac{\sin^2\theta}{\{1-(v/c)\cos\theta\}^5} d\Omega \tag{10.146}$$

例題 10.1

媒質中の Maxwell 方程式は以下のように表される.

$$\nabla \cdot \boldsymbol{D} = \rho \qquad \text{(I)}$$
$$\nabla \cdot \boldsymbol{B} = 0 \qquad \text{(II)}$$
$$\nabla \times \boldsymbol{E} = -\frac{\partial \boldsymbol{B}}{\partial t} \qquad \text{(III)}$$
$$\nabla \times \boldsymbol{H} = \boldsymbol{j} + \frac{\partial \boldsymbol{D}}{\partial t} \qquad \text{(IV)}$$

ここで ρ および $\boldsymbol{j}$ は真電荷密度および真電流密度であり,原子や分子に束縛された電荷の寄与や変位電流は含まない.以下では線形応答する一様で等方的な媒質中の電磁場を考える.その場合,スカラー定数 ε (誘電率), μ (透磁率), および σ (電気伝導度) を用いて, $\boldsymbol{D} = \varepsilon \boldsymbol{E}$, $\boldsymbol{H} = \boldsymbol{B}/\mu$, $\boldsymbol{j} = \sigma \boldsymbol{E}$ と書ける.誘電体中では $\varepsilon = \varepsilon_d$ (実数), $\sigma = 0$ とし,導体中では $\varepsilon = \varepsilon_m$ (実数), $\sigma = \sigma_m$ (実数) とする.透磁率はいずれの媒質中でも μ_0 (実数) とする.必要であれば,任意のベクトル $\boldsymbol{V}$ についての公式 $\nabla \times (\nabla \times \boldsymbol{V}) = \nabla (\nabla \cdot \boldsymbol{V}) - \nabla^2 \boldsymbol{V}$ を使ってよい.

(1) 全領域が誘電体でみたされている場合を考える.この媒質中を $+z$ 方向に伝搬する平面電磁波の電場は,複素表示を用いて $\boldsymbol{E}_0 \exp(ikz - i\omega t)$ と表される.(ただし物理量はその実部で表される.) この形の有限振幅の波が存在するための条件を ω と k の間の関係式として示せ.またこの波の位相速度を求めよ.

(2) 全領域が導体で満たされている場合を考える.この媒質中で波の伝搬を表す $\boldsymbol{E}$ に関する方程式を $\boldsymbol{B}$ を使わずに表せ.

以下では誘電体が $z < 0$ の領域を,導体が $z > 0$ の領域を満たしている場合を考える. $z = -\infty$ から入射してきた,電場が x 方向に偏光した平面電磁波の電場を $\boldsymbol{E}_{i0} \exp(ikz - i\omega t)$, 境界面 $z = 0$ で反射された波の電場を $\boldsymbol{E}_{r0} \exp(-ikz - i\omega t)$, $z > 0$ における電場を $\boldsymbol{E}_{m0} \exp(ik_m z - i\omega t)$ と表す.

(3) (III)式および(IV)式より,境界面における接続条件を導け.

(4) 設問(2)で求めた方程式より k_m の値を具体的に求め, $z > 0$ における電場の解(エネルギー保存則を満たすもの)を書き下せ.ただし導体内では(IV)式の右辺第2項(変位電流)は,第1項(真電流)に比べて十分小さいとし,無視してよい.

(5) 反射電力の入射電力に対する割合(電力反射率)を,微小量 $\sqrt{\omega \varepsilon_d / \sigma_m}$ の1次までの近似で求めよ.

(6) 導体内における xy 面上単位面積当たりの抵抗損失電力 $\left\langle \int_0^\infty \boldsymbol{j} \cdot \boldsymbol{E} \, dz \right\rangle$

(ただし $\langle\ \rangle$ は時間平均を表す) を $\sqrt{\omega\varepsilon_d/\sigma_m}$ の 1 次までの近似で求め，その xy 面上単位面積当たりの入射電力に対する割合を表せ．

(東大，東工大 *)

【解答】 (1) 誘電体の場合，ベクトル公式を(III)に適用し，(IV)，(Ⅰ)を用いると，

$$\nabla\times\nabla\times\boldsymbol{E} = \nabla(\nabla\cdot\boldsymbol{E}) - \nabla^2\boldsymbol{E} = -\nabla^2\boldsymbol{E} = -\frac{\partial}{\partial t}\nabla\times\boldsymbol{B}$$

$$= -\frac{\partial}{\partial t}\left(\mu_0\sigma\boldsymbol{E} + \mu_0\varepsilon_d\frac{\partial\boldsymbol{E}}{\partial t}\right) = -\mu_0\varepsilon_d\frac{\partial^2\boldsymbol{E}}{\partial t^2} \quad (\because\ \sigma = 0)$$

$$\nabla^2\boldsymbol{E} - \mu_0\varepsilon_d\frac{\partial^2\boldsymbol{E}}{\partial t^2} = 0 \qquad ①$$

ここで，$\boldsymbol{E} = \boldsymbol{E}_0\exp(ikz - i\omega t)$ を①に代入すると，波が存在する条件は，

$$(ik)^2\boldsymbol{E} - \mu_0\varepsilon_d(-i\omega)^2\boldsymbol{E} = 0,\quad k^2 = \mu_0\varepsilon_d\omega^2 \qquad\therefore\ k = \sqrt{\varepsilon_d\mu_0}\,\omega$$

位相速度は，$v \equiv \dfrac{\omega}{k} = \dfrac{1}{\sqrt{\varepsilon_d\mu_0}}$

(2) 導体の場合，

$$\nabla\times\nabla\times\boldsymbol{E} = \nabla(\nabla\cdot\boldsymbol{E}) - \nabla^2\boldsymbol{E} = -\nabla^2\boldsymbol{E} = -\frac{\partial}{\partial t}\nabla\times\boldsymbol{B}$$

$$= -\frac{\partial}{\partial t}\left(\mu_0\sigma_m\boldsymbol{E} + \mu_0\varepsilon_m\frac{\partial\boldsymbol{E}}{\partial t}\right) = -\mu_0\sigma_m\frac{\partial\boldsymbol{E}}{\partial t} - \mu_0\varepsilon_m\frac{\partial^2\boldsymbol{E}}{\partial t^2} \qquad ②$$

$$\nabla^2\boldsymbol{E} = \mu_0\sigma_m\frac{\partial\boldsymbol{E}}{\partial t} + \mu_0\varepsilon_m\frac{\partial^2\boldsymbol{E}}{\partial t^2}$$

(3) 図のような境界面を考える．

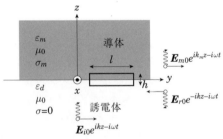

(III)に，ストークスの定理 $\oint_C \boldsymbol{E}\cdot d\boldsymbol{l} = \int_S \nabla\times\boldsymbol{E}\cdot d\boldsymbol{S}$ を図に適用し，$h\to 0$ とすると，境界面 $z=0$ で電場の接線成分は等しい（$\boldsymbol{E}_{dt} = \boldsymbol{E}_{mt}$）から，

$$(\boldsymbol{E}_{i0}e^{-i\omega t} + \boldsymbol{E}_{r0}e^{-i\omega t} - \boldsymbol{E}_{m0}e^{-i\omega t})\cdot\boldsymbol{e}_y = 0\qquad\therefore\ \boldsymbol{E}_{i0} + \boldsymbol{E}_{r0} = \boldsymbol{E}_{m0}\quad ③$$

同様にして，(IV)より，$\boldsymbol{H}_i + \boldsymbol{H}_r - \boldsymbol{H}_m = 0 \qquad ④$

ここで，μ_0 が共通だから，$\boldsymbol{B}_i + \boldsymbol{B}_r - \boldsymbol{B}_m = 0,\ \dfrac{\partial\boldsymbol{B}_i}{\partial t} + \dfrac{\partial\boldsymbol{B}_r}{\partial t} - \dfrac{\partial\boldsymbol{B}_m}{\partial t} = 0$

(III)に適用すると，

$$-\nabla\times(\boldsymbol{E}_i + \boldsymbol{E}_r - \boldsymbol{E}_m) = 0,\quad -(ik\boldsymbol{e}_z\times\boldsymbol{E}_{i0} - ik\boldsymbol{e}_z\times\boldsymbol{E}_{r0} - ik_m\boldsymbol{e}_z\times\boldsymbol{E}_{m0}) = 0$$

$$\therefore \quad k\bm{E}_{i0} - k\bm{E}_{r0} = k_m \bm{E}_{m0} \qquad \text{⑤}$$

[**注**] ③に電波インピーダンスの式を適用しても④が求められるが，入射波と反射波の方向が違うことに留意すべきである．

(4) ②の第2項（変位電流項）を無視すると，$\nabla^2 \bm{E} = \mu_0 \sigma_m \dfrac{\partial \bm{E}}{\partial t}$
$\bm{E} = \bm{E}_{m0} e^{ik_m z - i\omega t}$ を代入すると，

$$\left(\frac{\partial}{\partial x^2} + \frac{\partial}{\partial y^2} + \frac{\partial}{\partial z^2} \right) \bm{E}_{m0} e^{ik_m z - i\omega t} = \mu_0 \sigma_m \frac{\partial}{\partial t} \bm{E}_{m0} e^{ik_m z - i\omega t}$$

$$(ik_m)^2 \bm{E} = -k_m^2 \bm{E} = -i\omega \mu_0 \sigma_m \bm{E}$$

$$k_m = \pm \sqrt{i\omega \sigma_m \mu_0} = \pm \sqrt{i} \sqrt{\omega \sigma_m \mu_0} = \pm e^{i\frac{\pi}{4}} \sqrt{\omega \sigma_m \mu_0}$$
$$= \pm \left(\frac{1}{\sqrt{2}} + i \frac{1}{\sqrt{2}} \right) \sqrt{\omega \sigma_m \mu_0} = \pm (1+i) \sqrt{\frac{\omega \sigma_m \mu_0}{2}}$$

$-$ は $z \to \infty$ で $\bm{E} \to \infty$ となるため不適だから，

$$\bm{E} = \bm{E}_{m0} \exp\left(-\sqrt{\frac{\mu_0 \sigma_m \omega}{2}} z + i \sqrt{\frac{\mu_0 \sigma_m \omega}{2}} z - i\omega t \right)$$

(5) ③，⑤から $\bm{E}_{m0}$ を消去すると，

$$k_m \bm{E}_{i0} + k_m \bm{E}_{r0} = k\bm{E}_{i0} - k\bm{E}_{r0}, \quad \frac{\bm{E}_{r0}}{\bm{E}_{i0}} = \frac{k - k_m}{k_m + k}$$

$$\therefore \quad \text{電力反射率} \equiv \frac{|\bm{E}_r \times \bm{H}_r|}{|\bm{E}_i \times \bm{H}_i|} = \frac{|\bm{E}_r|^2}{|\bm{E}_i|^2} = \frac{|k - k_m|^2}{|k + k_m|^2} = \frac{\left| \frac{k}{k_m} - 1 \right|^2}{\left| \frac{k}{k_m} + 1 \right|^2}$$

$$= \frac{\left| 1 - \sqrt{\frac{2\varepsilon_d \omega}{\sigma_m}} \frac{1}{1+i} \right|^2}{\left| 1 + \sqrt{\frac{2\varepsilon_d \omega}{\sigma_m}} \frac{1}{1+i} \right|^2} = \frac{\left(1 - \sqrt{\frac{2\varepsilon_d \omega}{\sigma_m}} \frac{1}{1+i} \right) \left(1 - \sqrt{\frac{2\varepsilon_d \omega}{\sigma_m}} \frac{1}{1-i} \right)}{\left(1 + \sqrt{\frac{2\varepsilon_d \omega}{\sigma_m}} \frac{1}{1+i} \right) \left(1 + \sqrt{\frac{2\varepsilon_d \omega}{\sigma_m}} \frac{1}{1-i} \right)}$$

$$= \frac{\left(1 - \sqrt{\frac{2\varepsilon_d \omega}{\sigma_m}} \frac{1-i}{2} \right) \left(1 - \sqrt{\frac{2\varepsilon_d \omega}{\sigma_m}} \frac{1+i}{2} \right)}{\left(1 + \sqrt{\frac{2\varepsilon_d \omega}{\sigma_m}} \frac{1-i}{2} \right) \left(1 + \sqrt{\frac{2\varepsilon_d \omega}{\sigma_m}} \frac{1+i}{2} \right)}$$

$$\cong \frac{1 - \sqrt{\frac{2\varepsilon_d \omega}{\sigma_m}} \frac{1-i}{2} - \sqrt{\frac{2\varepsilon_d \omega}{\sigma_m}} \frac{1+i}{2}}{1 + \sqrt{\frac{2\varepsilon_d \omega}{\sigma_m}} \frac{1-i}{2} + \sqrt{\frac{2\varepsilon_d \omega}{\sigma_m}} \frac{1+i}{2}}$$

$$= \frac{1 - \sqrt{\frac{2\varepsilon_d \omega}{\sigma_m}}}{1 + \sqrt{\frac{2\varepsilon_d \omega}{\sigma_m}}} \cong \left(1 - \sqrt{\frac{2\varepsilon_d \omega}{\sigma_m}} \right)^2 \cong 1 - 2\sqrt{\frac{2\varepsilon_d \omega}{\sigma_m}} \qquad \text{⑥}$$

ただし，

$$k = \sqrt{\varepsilon_d \mu_0}\,\omega, \quad k_m = (1+i)\sqrt{\frac{\omega \sigma_m \mu_0}{2}},$$

$$\frac{k}{k_m} = \frac{\sqrt{\varepsilon_d \mu_0}\,\omega}{(1+i)\sqrt{\frac{\omega \sigma_m \mu_0}{2}}} = \frac{1}{1+i}\sqrt{\frac{2\varepsilon_d \omega}{\sigma_m}}, \quad \sqrt{\frac{2\varepsilon_d \omega}{\sigma_m}} \ll 1$$

を用いた．

[**注**] ⑥の第2項（微小量）の係数は近似の仕方によって多少異なることがある．いきなり $k \ll k_m$ としてはいけない．

(6) $\boldsymbol{E} = \boldsymbol{E}_{m0} e^{-(1+i)\frac{z}{\delta}} e^{-i\omega t}, \delta = \sqrt{\dfrac{2}{\omega \mu_0 \sigma_m}}$ （表皮深度）と置くと，抵抗損失電力の時間平均[注]は，

$$P_m \equiv \left\langle \int_0^\infty \boldsymbol{j} \cdot \boldsymbol{E}\, dz \right\rangle = \left\langle \int_0^\infty \sigma_m \boldsymbol{E}^* \cdot \boldsymbol{E}\, dz \right\rangle = \frac{1}{2}\sigma_m \int_0^\infty |\boldsymbol{E}|^2 dz$$

$$= \frac{\sigma_m}{2}\int_0^\infty \boldsymbol{E}_{m0}^2 e^{-2\frac{z}{\delta}} dz = \frac{\sigma_m}{2}\left|\frac{2k}{k+k_m}\right|^2 |\boldsymbol{E}_i|^2 \left[\frac{e^{-\frac{2z}{\delta}}}{-\frac{2}{\delta}}\right]_0^\infty$$

$$= \frac{\sigma_m}{2}\left|\frac{2k}{k+k_m}\right|^2 |\boldsymbol{E}_i|^2 \frac{\delta}{2} = \sigma_m \delta \left|\frac{k}{k+k_m}\right|^2 |\boldsymbol{E}_i|^2$$

$$= \sigma_m \delta |\boldsymbol{E}_{i0}|^2 \left|\frac{1}{1+\frac{1+i}{\sqrt{\frac{2\varepsilon_d \omega}{\sigma_m}}}}\right|^2 = \sigma_m \delta |\boldsymbol{E}_{i0}|^2 \left|\frac{\sqrt{\frac{2\varepsilon_d \omega}{\sigma_m}}}{\left(\sqrt{\frac{2\varepsilon_d \omega}{\sigma_m}}+1\right)+i}\right|^2$$

$$= \sigma_m \delta |\boldsymbol{E}_{i0}|^2 \frac{\frac{2\varepsilon_d \omega}{\sigma_m}}{\left(\sqrt{\frac{2\varepsilon_d \omega}{\sigma_m}}+1\right)^2+1} = \sigma_m \delta |\boldsymbol{E}_{i0}|^2 \frac{2\varepsilon_d \omega}{\sigma_m} \frac{1}{1+2\sqrt{\frac{2\varepsilon_d \omega}{\sigma_m}}+\frac{2\varepsilon_d \omega}{\sigma_m}+1}$$

$$\cong \sigma_m \delta |\boldsymbol{E}_{i0}|^2 \frac{2\varepsilon_d \omega}{\sigma_m} \frac{1}{2\left(1+\sqrt{\frac{2\varepsilon_d \omega}{\sigma_m}}\right)} \cong \sqrt{\frac{2}{\omega \mu_0 \sigma_m}}\,\varepsilon_d \omega |\boldsymbol{E}_{i0}|^2 = \sqrt{\frac{2\omega}{\mu_0 \sigma_m}}\,\varepsilon_d |\boldsymbol{E}_{i0}|^2$$

入射電力の時間平均は，$P_i \equiv \dfrac{1}{2}\varepsilon_d |\boldsymbol{E}_{i0}|^2 \dfrac{1}{\sqrt{\varepsilon_d \mu_0}}$ だから，

$$\text{損失率} = \frac{\sqrt{\frac{2\omega}{\mu_0 \sigma_m}}\,\varepsilon_d |\boldsymbol{E}_{i0}|^2}{\frac{1}{2}\varepsilon_d |\boldsymbol{E}_{i0}|^2 \frac{1}{\sqrt{\varepsilon_d \mu_0}}} = 2\sqrt{\frac{2\omega}{\mu_0 \sigma_m}}\sqrt{\varepsilon_d \mu_0} = 2\sqrt{\frac{2\varepsilon_d \omega}{\sigma_m}} \qquad ⑦$$

⑥ + ⑦ = 1 になることが分かる（エネルギー保存則を満足）．

[**参考文献**]　熊谷他：電磁理論演習（コロナ社）など．

例題 10.2

Maxwell の方程式は電磁場の基本方程式であり，すべての電磁的現象は以下に示す 4 つの方程式によって記述される．

$$\nabla \cdot \boldsymbol{D}(\boldsymbol{r},t) = \rho(\boldsymbol{r},t)$$
$$\nabla \cdot \boldsymbol{B}(\boldsymbol{r},t) = 0$$
$$\nabla \times \boldsymbol{H}(\boldsymbol{r},t) - \frac{\partial \boldsymbol{D}}{\partial t} = \boldsymbol{j}(\boldsymbol{r},t)$$
$$\nabla \times \boldsymbol{E}(\boldsymbol{r},t) + \frac{\partial \boldsymbol{B}}{\partial t} = 0$$

$\boldsymbol{E}$ と $\boldsymbol{D}$ ($\boldsymbol{H}$ と $\boldsymbol{B}$) は，それぞれ電場強度と電束密度（磁場強度と磁束密度）であり，誘電率 ε（透磁率 μ）により $\boldsymbol{D} = \varepsilon \boldsymbol{E}$ ($\boldsymbol{B} = \mu \boldsymbol{H}$) として関連付けられる．また，$\boldsymbol{j}$ と ρ は空間的に分布する電流密度と電荷密度である．

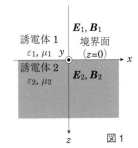
図1

図 1 に示すように誘電率と透磁率がそれぞれ (ε_1, μ_1)，(ε_2, μ_2) である誘電体 1 と誘電体 2 が境界面 ($z = 0$) において接触している場合を考える．ただし，$\varepsilon_1 < \varepsilon_2$ であり，誘電体はどちらも帯電していないものとする．図 1 は zx 平面を示した図であり，y 軸は紙面に対して上向きに定義されている．

(1) 誘電体 1 の内部における電磁場の強度
$$\boldsymbol{E}_1 = (E_{1x}, E_{1y}, E_{1z}), \quad \boldsymbol{B}_1 = (B_{1x}, B_{1y}, B_{1z})$$
と誘電体 2 の内部における電磁場の強度
$$\boldsymbol{E}_2 = (E_{2x}, E_{2y}, E_{2z}), \quad \boldsymbol{B}_2 = (B_{2x}, B_{2y}, B_{2z})$$
とが境界面上において満たすべき境界条件を，Maxwell 方程式に基づいて導け．

(2) $\rho(\boldsymbol{r},t) = 0$ であり，かつ，$\boldsymbol{j}(\boldsymbol{r},t) = 0$ である領域において，電場強度 $\boldsymbol{E}(\boldsymbol{r},t)$ が満たすべき波動方程式を Maxwell 方程式に基づいて導け．

この誘電体の境界面に対し，図 2 に示すように，誘電体 1 の側から電磁波 A が $y = 0$ の内面を角度 ϕ $(0 < \phi < \pi/2)$ で入射して，境界面上で反射波 A′ と屈折波 A″ が発生する状況を考える．入射波の電場が

$$\boldsymbol{E}(\boldsymbol{r},t) = \boldsymbol{I} e^{i(\boldsymbol{k}\cdot\boldsymbol{r} - \omega t)}$$

で与えられるとき，以下の問に答えよ．ただし，$\boldsymbol{I}$ は電場の振幅を与える定ベクトル．

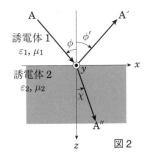
図2

(3) 入射波の位相速度 $\bm{v}$ の絶対値を ε_1 と μ_1 を用いて表せ．また，この位相速度 $\bm{v}$ と電場の振幅ベクトル $\bm{I}$ が成す角を求めよ．
(4) 入射波の磁場 $\bm{B}(\bm{r},t)$ を求めよ．
反射波 A$'$ と屈折波 A$''$ の電場をそれぞれ，
$$\bm{E}'(\bm{r},t) = \bm{R}e^{i(\bm{k}'\cdot\bm{r}-\omega't)}, \quad \bm{E}''(\bm{r},t) = \bm{F}e^{i(\bm{k}''\cdot\bm{r}-\omega''t)}$$
と置くことにする．
(5) 問(1)で得た境界条件は，境界面上の任意の点において常に満たされていなければならない．この事実に基づいて，反射角 ϕ' と屈折角 χ を $\phi, \varepsilon_1, \mu_1, \varepsilon_2, \mu_2$ のうち必要なものを用いて表せ． （京大，東大 *）

【解答】 (1) 題意より，$\rho = 0, \bm{j} = 0$ とする．以下で，t は接線成分，n は法線成分とする．図3を参照し，$\mathrm{div}\,\bm{B} = 0$ を積分すると，

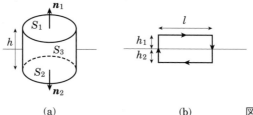

(a)　　　　　　　　　(b)　　図3　境界条件

$$\int_S \bm{B}\cdot\bm{n}\,dS = \int_{S_1}\bm{B}\cdot\bm{n}_1 dS + \int_{S_2}\bm{B}\cdot\bm{n}_2 dS + \int_{S_3}\bm{B}\cdot\bm{n}_3 dS = 0$$

$\bm{B}$ が有限ならば，$h \to 0$ とすると第3項 $\to 0$．$\bm{n}_1$ と $\bm{n}_2$ は反対方向だから，
$$B_{1n} = B_{2n}$$

$\mathrm{rot}\,\bm{E} = -\dfrac{\partial \bm{B}}{\partial t}$ を積分すると，$\displaystyle\int_S \mathrm{rot}\,\bm{E}\cdot\bm{n}\,dS = -\int_S \dfrac{\partial \bm{B}}{\partial t}\cdot\bm{n}\,dS$．左辺にストークスの定理を適用すると，

$$lE_{1t} - lE_{2t} + h_1 E_{1n} + h_2 E_{2n} - h_1 E_{1n} - h_2 E_{2n} = -\int_S \dfrac{\partial \bm{B}}{\partial t}\cdot\bm{n}\,dS$$

ここで，$h_1, h_2 \to 0$ とすると，第3, 4, 5, 6項 $\to 0$．また，$\dfrac{\partial \bm{B}}{\partial t}$ を有限とすると，右辺 $\to 0$ となるから，$E_{1t} = E_{2t}$ ①

$\mathrm{div}\,\bm{D} = 0$ を積分すると，$\displaystyle\int_V \mathrm{div}\,\bm{D}\,dV = 0$

これに発散定理を適用し，$h \to 0$ とすると，$(D_{1n} - D_{2n})S_1 = 0$, $D_{1n} = D_{2n}$

$\mathrm{rot}\,\bm{H} = \dfrac{\partial \bm{D}}{\partial t}$ に①の場合と同様な議論を行うと [注]，$H_{1t} = H_{2t}$

与えられた成分の場合,

$$\begin{cases} E_{1x} = E_{2x}, \quad E_{1y} = E_{2y}, \quad \varepsilon_1 E_{1z} = \varepsilon_2 E_{2z} \\ B_{1z} = B_{2z}, \quad \dfrac{B_{1x}}{\mu_1} = \dfrac{B_{2x}}{\mu_2}, \quad \dfrac{B_{1y}}{\mu_1} = \dfrac{B_{2y}}{\mu_2} \end{cases}$$

[**注**] 二村:電磁気学(丸善)p241, 竹山:電磁気学現象理論(丸善)p419 など.

(2) rot $\boldsymbol{E} = -\dfrac{\partial \boldsymbol{B}}{\partial t}$ の回転を取り, 左辺にベクトル公式を適用すると,

$$\text{rotrot}\,\boldsymbol{E} = \text{graddiv}\,\boldsymbol{E} - \nabla^2 \boldsymbol{E} = -\nabla^2 \boldsymbol{E} = -\dfrac{\partial}{\partial t}\,\text{rot}\,\boldsymbol{B}$$

$$= -\dfrac{\partial}{\partial t}(\mu\,\text{rot}\,\boldsymbol{H}) = -\varepsilon\mu\dfrac{\partial^2 \boldsymbol{E}}{\partial t^2}$$

$$\therefore \quad \left(\varepsilon\mu\dfrac{\partial^2}{\partial t^2} - \nabla^2\right)\boldsymbol{E} = 0 \qquad\qquad ②$$

(3) $\boldsymbol{E}(\boldsymbol{r},t) = \boldsymbol{I} e^{i(\boldsymbol{k}\cdot\boldsymbol{r}-\omega t)}$ ③

を②に代入すると,

$$\dfrac{\partial^2 \boldsymbol{E}}{\partial t^2} = (-i\omega)^2 \boldsymbol{E} = -\omega^2 \boldsymbol{E}$$

$$\nabla^2 \boldsymbol{E} = \{(-ik_x)^2 + (-ik_y)^2 + (-ik_z)^2\}\boldsymbol{E} = -k^2 \boldsymbol{E}$$

だから, $(-\varepsilon\mu\omega^2 + k^2)\boldsymbol{E} = 0,\ \omega = \dfrac{k}{\sqrt{\varepsilon\mu}}$

よって, 入射波の速度は, $\boldsymbol{v} = \dfrac{1}{\sqrt{\varepsilon_1 \mu_1}}\dfrac{\boldsymbol{k}}{k},\ v = \dfrac{1}{\sqrt{\varepsilon_1 \mu_1}}$

Maxwell の方程式に③を代入すると,

$$\nabla \cdot \boldsymbol{E} = \left(\boldsymbol{i}_x \dfrac{\partial}{\partial x} + \boldsymbol{i}_y \dfrac{\partial}{\partial y} + \boldsymbol{i}_z \dfrac{\partial}{\partial z}\right) \cdot \boldsymbol{I} e^{i(\boldsymbol{k}\cdot\boldsymbol{r}-\omega t)}$$

$$= \left\{(\boldsymbol{i}_x \cdot \boldsymbol{I})\dfrac{\partial}{\partial x} + (\boldsymbol{i}_y \cdot \boldsymbol{I})\dfrac{\partial}{\partial y} + (\boldsymbol{i}_z \cdot \boldsymbol{I})\dfrac{\partial}{\partial z}\right\} e^{i(k_x x + k_y y + k_z z - \omega t)}$$

$$= \{ik_x(\boldsymbol{i}_x \cdot \boldsymbol{I}) + ik_y(\boldsymbol{i}_y \cdot \boldsymbol{I}) + ik_z(\boldsymbol{i}_z \cdot \boldsymbol{I})\} e^{i(k_x x + k_y y + k_z z - \omega t)}$$

$$= i\{k_x \boldsymbol{i}_x + k_y \boldsymbol{i}_y + k_z \boldsymbol{i}_z\} \cdot \boldsymbol{I} e^{i(k_x x + k_y y + k_z z - \omega t)}$$

$$= i\boldsymbol{k} \cdot \boldsymbol{I} e^{i(k_x x + k_y y + k_z z - \omega t)} = 0$$

$\therefore \quad \boldsymbol{k}\cdot\boldsymbol{I} = 0 \to \boldsymbol{k}\perp\boldsymbol{I} \to \boldsymbol{v}\perp\boldsymbol{I}$

(4) Maxwell の方程式 $\nabla \times \boldsymbol{E} = -\mu\dfrac{\partial \boldsymbol{H}}{\partial t}$ において, $\boldsymbol{H} = \boldsymbol{J}e^{i(\boldsymbol{k}\cdot\boldsymbol{r}-\omega t)}$ ($\boldsymbol{J}$:定ベクトル) とおくと,

$$左辺 = \nabla \times \boldsymbol{E} = \nabla \times \{\boldsymbol{I}e^{i(\boldsymbol{k}\cdot\boldsymbol{r}-\omega t)}\}$$
$$= \left(\boldsymbol{i}_x\frac{\partial}{\partial x} + \boldsymbol{i}_y\frac{\partial}{\partial y} + \boldsymbol{i}_z\frac{\partial}{\partial z}\right) \times (\boldsymbol{I}e^{i(k_x x+k_y y+k_z z-\omega t)})$$
$$= \left\{(\boldsymbol{i}_x \times \boldsymbol{I})\frac{\partial}{\partial x} + (\boldsymbol{i}_y \times \boldsymbol{I})\frac{\partial}{\partial y} + (\boldsymbol{i}_z \times \boldsymbol{I})\frac{\partial}{\partial z}\right\}e^{i(k_x x+k_y y+k_z z-\omega t)}$$
$$= i\{(\boldsymbol{i}_x k_x \times \boldsymbol{I}) + (\boldsymbol{i}_y k_y \times \boldsymbol{I}) + (\boldsymbol{i}_z k_z \times \boldsymbol{I})\}e^{i(k_x x+k_y y+k_z z-\omega t)}$$
$$= i\{(\boldsymbol{i}_x k_x) + (\boldsymbol{i}_y k_y) + (\boldsymbol{i}_z k_z)\} \times \boldsymbol{I}e^{i(k_x x+k_y y+k_z z-\omega t)}$$
$$= i\boldsymbol{k} \times \boldsymbol{I}e^{i(k_x x+k_y y+k_z z-\omega t)} = i\boldsymbol{k} \times \boldsymbol{I}e^{i(\boldsymbol{k}\cdot\boldsymbol{r}-\omega t)}$$

$$右辺 = -\mu\frac{\partial \boldsymbol{H}}{\partial t} = i\omega\mu\boldsymbol{J}e^{i(\boldsymbol{k}\cdot\boldsymbol{r}-\omega t)}$$

$$\therefore \quad \boldsymbol{k} \times \boldsymbol{I}e^{i(\boldsymbol{k}\cdot\boldsymbol{r}-\omega t)} = \mu\omega\boldsymbol{J}e^{i(\boldsymbol{k}\cdot\boldsymbol{r}-\omega t)} = \omega\boldsymbol{B}$$

$$\therefore \quad \boldsymbol{B}(\boldsymbol{r},t) = \frac{\boldsymbol{k} \times \boldsymbol{I}e^{i(\boldsymbol{k}\cdot\boldsymbol{r}-\omega t)}}{\omega} = \frac{k\dfrac{\boldsymbol{v}}{v} \times \boldsymbol{I}e^{i(\boldsymbol{k}\cdot\boldsymbol{r}-\omega t)}}{kv} = \frac{\boldsymbol{v}}{v^2} \times \boldsymbol{I}e^{i(\boldsymbol{k}\cdot\boldsymbol{r}-\omega t)}$$

(5) $z=0$ での電場の接線成分の接続条件は,与式を用いると,

$$\boldsymbol{I}_x e^{i(k_x x+k_y y-\omega t)} + \boldsymbol{R}_x e^{i(k'_x x+k'_y y-\omega' t)} = \boldsymbol{F}_x e^{i(k''_x x+k''_y y-\omega'' t)}$$

これらが境界面で満たされるには,

$$\begin{cases} k_x = k'_x = k''_x \\ k_y = k'_y = k''_y = 0 \\ \omega = \omega' = \omega'' \end{cases}$$

でなければならない.

反射波について,$k_x = k'_x$, $k\sin\phi = k'\sin\phi'$, $\dfrac{k}{\omega}\sin\phi = \dfrac{k'}{\omega'}\sin\phi'$, $\sin\phi = \sin\phi'$

最後の式より,$\phi = \phi'$

透過波について,$k_x = k''_x$, $k\sin\phi = k''\sin\chi$, $\dfrac{k}{\omega}\sin\phi = \dfrac{k''}{\omega''}\sin\chi$, $\dfrac{\sin\phi}{v_1} = \dfrac{\sin\chi}{v_2}$

最後の式より,次のスネルの式が得られ,$\sin\chi = \sin\phi\dfrac{v_2}{v_1} = \sin\phi\sqrt{\dfrac{\varepsilon_1\mu_1}{\varepsilon_2\mu_2}}$

問題研究

10.1 図1のようにz軸上（$z<0$）を速度$\boldsymbol{v}_0=(0,0,v_0)$で直進してきた質量$m$，電荷$q$の荷電粒子が，原点を通過後，$0\leq z\leq l$の領域に一様に印加された電場$\boldsymbol{E}=(0,E,0)$および磁場$\boldsymbol{B}=(0,B,0)$によって軌道を曲げられ，$z=L$に置かれた無限に広いスクリーン上の点$(x_s,y_s,L)$に到達する．以下の問に答えよ．ただし荷電粒子の速度は光速より十分遅く，相対論的効果は無視できるものとする．

(1) $0\leq z\leq l$において荷電粒子が受ける力のベクトル$\boldsymbol{F}$をq，$\boldsymbol{E}$，$\boldsymbol{B}$および荷電粒子の速度ベクトル$\boldsymbol{v}$を用いて表せ．

(2) $B=0$のとき，荷電粒子は電場$\boldsymbol{E}$から力を受けて，図2のように軌道を曲げられる．このとき$z=l$における荷電粒子のy座標y_lと，スクリーン上（$z=L$）のy座標y_sを求めよ．

(3) $|B|$が閾値B_0より大きくなると，荷電粒子はスクリーンに到達しなくなる．B_0を求めよ．

(4) $0<B<B_0$，$E>0$のとき，様々な速度の荷電粒子（質量m，電荷q）からなる粒子ビームがz軸に沿って原点を通過すると，スクリーン上の荷電粒子のxy座標(x_s,y_s)は$y_s=ax_s^2$の軌跡を描く．このとき係数aを求めよ．ただしE，Bは十分小さく，$z=l$における荷電粒子の速度ベクトルとz軸のなす角は十分小さいとして，適宜近似せよ．

(東大，東大*，京大*，電験*)

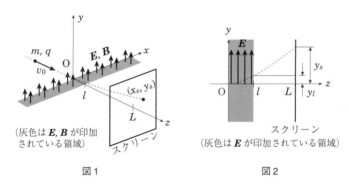

図1　（灰色は$\boldsymbol{E},\boldsymbol{B}$が印加されている領域）

図2　（灰色は$\boldsymbol{E}$が印加されている領域）

10.2 図1に示すように，同軸状に半径aの円柱状導体（以下導体1）と，半径bの円筒状導体（以下導体2）が配置されており，それぞれ大きさがIで向きが逆の軸方向（z軸方向）に電流が流れているものとする（ただし$b>a$）．導体1，2の軸方向の長さは半径に比べて十分長く，導体2の厚さおよび導体1，2の抵抗率は無視できるものとする．電流密度および磁束密度の分布は周方向（θ方向）に一様であり，導体内外の透磁率はμ_0で一様として以下の設問に答えよ．

(1) 導体1の電流が導体の外側表面のみを一様に流れるとした場合の磁束密度を，中心軸からの距離rの関数として表せ．また，軸方向単位長さ当たりの磁場のエネルギーを求

めよ．
(2) 導体 1 の電流が導体内部を一様に流れるとした場合の軸方向単位長さ当たりの磁場のエネルギーを求めよ．

次に図 2 に示すように，導体 1, 2 の間に内径 a, 外径 b, 厚さ d の円盤状導体（以下導体 3）を置き，導体 1, 2 の端部に定電流源を接続したところ導体 3 が軸方向に動き始め，速度 v で抗力と釣り合って等速運動した．このときの電流は I である．導体 3 は層状の構造を持ち，回路を流れる電流 I はすべて導体 3 を径方向（r 方向）に流れるものとする．導体 3 と導体 1, 2 の間の電気的接触抵抗は無視できるものとして，以下の設問に答えよ．

(3) 導体 3 内部を流れる径方向電流が軸方向に一様な分布を持つとした場合に，導体 3 に働く電磁力の大きさと方向を求めよ．
(4) 導体 3 が空間的に一様な導電率 σ を持つとした場合に，導体 3 内部を流れる径方向電流の抵抗を求めよ．
(東大 †)

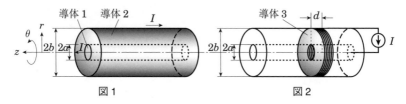

図 1　　　　　図 2

10.3 半径 $a, b\,(b>a)$ の同心導体球 A, B があり，球の中心からの距離を r として $c>r>a$ の領域，$b>r>c$ の領域は，誘電体がそれぞれ $\varepsilon_1, \varepsilon_2$ の誘電体で満たされている．図 1 にその断面を示す．導体球殻 B の外側は真空である．初期状態では，すべての導体球殻の電荷は零として，以下の問に答えよ．

(1) 誘電率 $\varepsilon_1, \varepsilon_2$ と真空の誘電率 ε_0 との比をそれぞれ $\varepsilon_1/\varepsilon_0 = 2, \varepsilon_2/\varepsilon_0 = 3$ として，導体球殻 A のみに正の電荷 Q を与えるとき，電気力線（$\varepsilon_0 \bm{E}$ の力線），電束線（$\bm{D}$ の力線），分極ベクトル（$\bm{P}$ の力線）の概略を描け．力線はその方向でベクトルの向きを，本数密度でベクトルの大きさを表すものとする．
(2) (1)のとき，誘電体の各場所に誘起される分極電荷を求めよ．図 1 のように絵を描き，場所を示して分極電荷の値を記入せよ．
(3) (1)で $\varepsilon_1/\varepsilon_0 = 2, \varepsilon_2/\varepsilon_0 = 3$ と与えた誘電率を今度は $\varepsilon_1, \varepsilon_2(\varepsilon_2 > \varepsilon_1 > \varepsilon_0)$ と表すとき，導体球殻 A から無限遠までの電界 $\bm{E}$ の大きさと電位 V の半径方向分布を求め，グラフにせよ．

次に図 2 のように導体球殻 A をアースし，導体球殻 B に正の電荷 Q を与える．
(4) 誘電体の誘電率を $\varepsilon_1, \varepsilon_2(\varepsilon_2 > \varepsilon_1 > \varepsilon_0)$ として，導体球殻 A から無限遠までの電位 V について半径方向分布を求め，グラフにせよ．

今度は図 3 のように，導体球殻 B をアースし，導体球殻 A に正の電荷 Q を与える．誘電体の誘電率を $\varepsilon_1 = \varepsilon_2 = \varepsilon$ とする．
(5) 図 3 のように，球殻の中心からのぞむ微小な立体角が $d\Omega$ となる斜線部分の力の釣合いを考える．球殻 A のうち立体角が $d\Omega$ となる部分に働く半径方向の力 dF_A と，同じく

球殻 B のうち立体角が $d\Omega$ となる部分に働く半径方向の力 dF_B を求めよ．
(6) (5)のとき，斜線部分の中の球殻 A, B の微小な部分に働く力 dF_A と dF_B が作用反作用の法則を満たさないように見える理由を定性的に説明せよ． (東大)

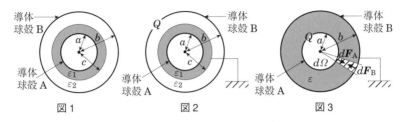

図1　　　　　図2　　　　　図3

10.4 $100\,\mathrm{MeV}\,(=10^8\,\mathrm{eV})$ 程度のエネルギーを生成することを目標として，サイクロトロンによる陽子の加速を考えよう．以下では，素電荷は $e=1.6\times10^{-19}\,\mathrm{C}$，エネルギーの単位は $1\,\mathrm{eV}=1.6\times10^{-19}\,\mathrm{J}$ とする．

(1) サイクロトロンは，陽子などのイオンが一様な静磁場の中で運動することを利用して，高周波の電場を用いて，繰り返し加速することにより，高いエネルギーのイオンビームを得る装置である．ただし，ここでは加速過程の詳細は扱わないこととする．また，電磁放射は無視する．

サイクロトロンの内部で，陽子（質量 M，電荷 $+e$）が図1のように一様な磁束密度 $\boldsymbol{B}$ に垂直な平面内で半径 r，速さ v で円運動している．加速によってエネルギーが増加するに伴い，半径 r は最大半径 a まで徐々に増加するが，1周の回転については近似的に円運動と見なせると考えて，以下の問に答えよ．

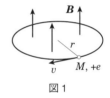

図1

(a) 円運動の周期 T が v と r によらないことを示せ．ただし，小問(a)から(c)までは運動を非相対論的に扱うこと．これにより，低エネルギーから高エネルギーまで，常に一定の周期で運動することが分かる．

(b) 最大半径 $r=a$ に達したときの運動エネルギー K を e, B, a, M を用いて表せ．

(c) $B=1.6\,\mathrm{T}$，$a=1.0\,\mathrm{m}$ とするとき，回転の周波数 f と，得られる陽子の運動エネルギー K を eV を単位として有効数字2桁で求めよ．陽子の質量は，光速を $c=3.0\times10^8\,\mathrm{m/s}$ として，$Mc^2=9.4\times10^2\,\mathrm{MeV}$ としてよい．また，$[\mathrm{T}]=[\mathrm{V\cdot s/m^2}]$ である．

(d) 次に（この小問だけにおいて）特殊相対論的に問題を扱おう．この小問で，見かけの質量とは全エネルギーを c^2 で割ったものであり，運動エネルギーとは全エネルギーから静止エネルギーを引いたもののこととする．(1)の(a)で求めた周期 T の表式は，M を見かけの質量で置き換えればそのまま成り立つ．低エネルギーから高エネルギーまで徐々に陽子を加速するとき，運動エネルギーが増加するにつれ陽子の見かけの質量も増加するため，磁場が一定ならば周期 T が変化してしまう．

運動エネルギーが 1.0×10^2 MeV に達した陽子を $r=0$ 付近と同じ周期 T で円運動させるためには，この半径での磁束密度 B を $r=0$ 付近の何倍にしなくてはならないか．有効数字 2 桁で答えよ．

(2) 半径 $a=1.0$ m の円内に，一様な磁束密度 $B=1.6$ T を発生させる装置を考える．図 2 のような，断面積が一定な鉄芯で出来た平行な磁極の電磁石を設計する．磁極の間隔を d，半径を a，電流は I とし，鉄芯の部分の長さを l とする．簡単のため，$d\ll a$ とみなせて，磁極の間と鉄芯以外の空間への磁力線の漏れ出しのない理想的な場合を考える．電流 I により，鉄芯の内部や磁極の間に磁場が発生するが，磁極の間の磁束密度 B を 1.6 T としたい．鉄の透磁率を μ とし，真空の透磁率を $\mu_0=4\pi\times 10^{-7}$ Tm·A とする．また，磁場は時間変化しないものとする．

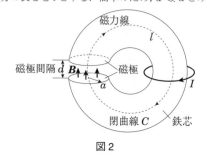

図 2

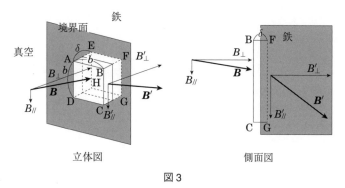

図 3

(a) 設計に先立ち，図 3 のように真空から鉄芯に磁力線が斜めに入る場合，境界面に垂直な磁束密度の成分 $B_\perp$（鉄芯内部で $B'_\perp$）と境界面に平行な磁場成分 $H_{//}$（鉄芯内部で $H'_{//}$）にどのような境界条件が成り立つかを考える．ただし，$\boldsymbol{B}=\mu_0\boldsymbol{H}$, $\boldsymbol{B}'=\mu\boldsymbol{H}'$ である．また，鉄芯に電流は流れていないものとする．

鉄芯の表面を含む微小な直方体 ABCDEFGH を考える．ここで，面 ABCD は境界面に平行，辺 BC は図 3 の $B_{//}$ に平行にとり，AB = AD = b, AE = δ ($b\gg\delta$) とする．この直方体を用いて，$B_\perp$ と $B'_\perp$ に成り立つ境界条件を（静磁場についての）ガウスの法則から導け．

(b) $H_{//}$ と $H'_{//}$ に成り立つ境界条件をアンペールの法則から導け．

(c) 図 2 の閉曲線 C（長さ $l+d$ とせよ）上で磁場 H の線積分 $\oint_C \boldsymbol{H}\cdot d\boldsymbol{l}$ の値は電流 I で決まる．(2) の (a) の境界条件を用い，$\mu/\mu_0\gg l/d$ の条件下で，$B=1.6$ T を発生させるために必要な I を有効数字 2 桁で答えよ．ただし，$d=0.10$ m とする．

(3) 有限な大きさを持つ現実の平行な円形磁極の電磁石においては,磁極外部への磁力線の漏れ出しのために,磁束密度は完全には一様にならない．この場合の磁力線の様子を考察してみよう．

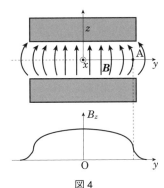

図4

(a) 図4のように x, y, z 軸をとる．（ただし,原点は磁極間領域の中心とする．）y 軸上で $y > 0$ の点 A について考える．磁束密度の z 成分 B_z は, y 軸上では図4下図のように $y > 0$ で単調に減少する．このとき,点 A での微分形のアンペールの法則から $\dfrac{\partial B_y}{\partial z}$ の符号を調べよ．

(b) 対称性から点 A 上 $(z = 0)$ で $B_y = 0$ となる．このことと(3)の(a)の結果を利用して, $z = 0$ 面の上下で B_y の符号がどう変化するかに着目して,磁力線が点 A 付近で図4上図のように外側に凸に曲がることを説明せよ． （阪大,東工大*）

10.5 図のように,半径 R の円形の導線に一定の電流 I が流れている．円の中心を原点とし, z 軸は円の中心を通って円を含む面に垂直な方向である．この円電流が, $\boldsymbol{r} = (x, y, z)$ の点に作る磁束密度 $\boldsymbol{B}(\boldsymbol{r})$ について,以下の設問に答えよ． $\nabla = \left(\dfrac{\partial}{\partial x}, \dfrac{\partial}{\partial y}, \dfrac{\partial}{\partial z}\right)$ とする．

(1) μ_0 を空間の透磁率として,電流密度 $\boldsymbol{j}(\boldsymbol{r})$, 磁束密度 $\boldsymbol{B}(\boldsymbol{r})$ の間に成立するマクスウェルの方程式を書け．

(2) $\boldsymbol{B}(\boldsymbol{r})$ はベクトルポテンシャル $\boldsymbol{A}(\boldsymbol{r})$ を用いて $\boldsymbol{B}(\boldsymbol{r}) = \nabla \times \boldsymbol{A}(\boldsymbol{r})$ と表現される． $\boldsymbol{A}(\boldsymbol{r})$ がクーロンゲージ $\nabla \cdot \boldsymbol{A}(\boldsymbol{r}) = 0$ を満たす場合,(1)の電流密度 $\boldsymbol{j}(\boldsymbol{r})$ と $\boldsymbol{A}(\boldsymbol{r})$ はポアソン方程式 $-\nabla^2 \boldsymbol{A}(\boldsymbol{r}) = \mu_0 \boldsymbol{j}(\boldsymbol{r})$ を満たすことを示せ．

(3) $\boldsymbol{A}(x, y, z) = \iiint \dfrac{\mu_0 \boldsymbol{j}(x', y', z')}{4\pi\sqrt{(x-x')^2 + (y-y')^2 + (z-z')^2}} dx'dy'dz'$ が,(2)のポアソン方程式を満たすことを示せ．ここで,積分範囲は全空間である．

(4) 図の円電流の場合, (3)で示した式で $(x', y', z') = (R\cos\theta, R\sin\theta, 0)$ と変換することにより, $\boldsymbol{A}(x, y, z)$ の x 成分を下式から計算できる．

$$A_x(x,y,z) = \int_0^{2\pi} \dfrac{-\mu_0 IR\sin\theta}{4\pi\sqrt{(x-R\cos\theta)^2 + (y-R\sin\theta)^2 + z^2}} d\theta$$

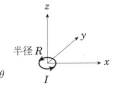

$|x| \gg R, |y| \gg R, |z| \gg R$ として, $\boldsymbol{A}(x, y, z)$ の各成分を計算せよ．

(5) (4)で求めたベクトルポテンシャル $\boldsymbol{A}(\boldsymbol{r})$ から磁束密度 $\boldsymbol{B}(\boldsymbol{r})$ を計算せよ．   （東大†）

10.6 交流回路に関する以下の設問に答えよ．数値は,有効数字1桁の概算で求めてよい．

(1) 図1のように,抵抗とコンデンサを直列につないだ回路に正弦波の交流電圧 V_1 を入力電圧として加え,コンデンサの両端の電圧 V_2 を出力電圧として測定する．図2の実線は, V_1 の振幅に対する V_2 の振幅の比 α を周波数 f の関数としてプロットしたものである．また,破線は漸近線を示している．先ず, α をコンデンサの容量 C, 抵抗値 R, 角周波数 $\omega = 2\pi f$ を用いて表せ．そののち, $R = 1\,\mathrm{k\Omega}$ の場合に対して C の値を求めよ．

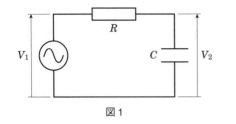
図1

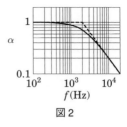
図2

(2) 図1の回路は，低周波成分を通過させ，高周波成分を減衰させるので，低周波透過フィルタと呼ばれる．図1の回路の代わりに，1個の抵抗と1個のコイルから成る回路を用いても図2と同じ特性を持つ回路を作ることができる．先ず，その回路を描け．そののち，$R = 100\,\Omega$ の場合に対して，コイルのインダクタンス L の値を求めよ．

(3) 次に，図3の回路に対して α の測定を行ったところ，図4の結果が得られた．先ず，α をコンデンサの電気容量 C，コイルのインダクタンス L，抵抗値 R，角周波数 $\omega = 2\pi f$ を用いて表せ．そののち，$C = 10\,\mathrm{nF}$ の場合に対して，L と R の値を求めよ．

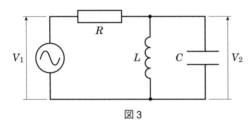
図3

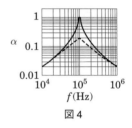
図4

(4) ダイオードは整流作用を持つ素子である．先ず，順方向には抵抗がなく，逆方向には電流を流さない仮想的なダイオードを考える．図5の回路上の点 A, B, C, D を4個のダイオードで接続することにより，C を基準とした A の電位 V_2 が常に入力電圧 V_1 の絶対値となるように，つまり $V_2 = |V_1|$ となるようにすることができる．4個のダイオードを A, B, C, D に正しく接続した図を描け．ただし，ダイオードの記号は図6のものを用いよ．左から右が順方向である．

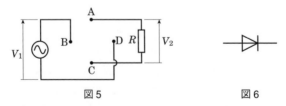
図5 　　　　　　　図6

(5) 設問(4)で4個のダイオードを正しく接続した回路に，さらにコンデンサを A–C 間に接続することにより，出力電圧 V_2 の時間変動を小さくすることができる．V_1 として振幅が 12 V，周波数が 50 Hz の正弦波交流電圧を用い，コンデンサの電気容量が 3 mF，抵抗値 R が 500 Ω の場合について，V_2 の最大値と最小値の差 ΔV を求めよ．

(東大，東工大 *，電験 *，無線 *)

10.7 真空中を運動する電荷からの電磁波の放射について，以下の問(1), (2)に答えよ．解答はMKSA単位系を用いるものとし，光速度を c，電気素量を e $(e > 0)$，真空の誘電率を ε_0，真空の透磁率を μ_0 とする．なお，電磁場の性質を調べる上で基本となるマクスウェルの方程式は，時刻 t，位置 r での電場を $\boldsymbol{E}(\boldsymbol{r}, t)$，磁場を $\boldsymbol{B}(\boldsymbol{r}, t)$，電荷密度を $\rho(\boldsymbol{r}, t)$，電流密度を $\boldsymbol{J}(\boldsymbol{r}, t)$ とするとき，以下のように記述される．

$$\mathrm{div}\,\boldsymbol{E}(\boldsymbol{r},t) = \frac{\rho(\boldsymbol{r},t)}{\varepsilon_0}, \quad \mathrm{div}\,\boldsymbol{B}(\boldsymbol{r},t) = 0$$

$$\mathrm{rot}\,\boldsymbol{E}(\boldsymbol{r},t) = -\frac{\partial \boldsymbol{B}(\boldsymbol{r},t)}{\partial t}, \quad \mathrm{rot}\,\boldsymbol{B}(\boldsymbol{r},t) = \mu_0 \varepsilon_0 \frac{\partial \boldsymbol{E}(\boldsymbol{r},t)}{\partial t} + \mu_0 \boldsymbol{J}(\boldsymbol{r},t)$$

(1) 座標原点に置かれた，振幅 p，角振動数 ω で z 軸方向に振動する電気双極子モーメント $\boldsymbol{p} = p\exp(i\omega t)\boldsymbol{e}_z$ （$\boldsymbol{e}_z$ は z 軸方向の単位ベクトル）が十分遠方で作る電場および磁場の，極座標系 $r\theta\varphi$ での各成分を求めよ．ただし，この電気双極子モーメントが作るベクトルポテンシャル $\boldsymbol{A}$ は，$k = \omega/c$ を用いて次式で与えられるものとする．

$$A_r = i\omega \frac{\mu_0 p}{4\pi} \frac{\exp\{i(\omega t - kr)\}}{r} \cos\theta, \quad A_\theta = -i\omega \frac{\mu_0 p}{4\pi} \frac{\exp\{i(\omega t - kr)\}}{r} \sin\theta$$
$$A_\varphi = 0$$

また，以下の極座標系における公式を用いてもよい．$\boldsymbol{e}_r, \boldsymbol{e}_\theta, \boldsymbol{e}_\varphi$ は各軸方向の単位ベクトルである．

$$\mathrm{grad}\,\phi = \frac{\partial \phi}{\partial r}\boldsymbol{e}_r + \frac{1}{r}\frac{\partial \phi}{\partial \theta}\boldsymbol{e}_\theta + \frac{1}{r\sin\theta}\frac{\partial \phi}{\partial \varphi}\boldsymbol{e}_\varphi$$

$$\mathrm{div}\,\boldsymbol{A} = \frac{1}{r^2}\frac{\partial}{\partial r}(r^2 A_r) + \frac{1}{r\sin\theta}\frac{\partial}{\partial \theta}(A_\theta \sin\theta) + \frac{1}{r\sin\theta}\frac{\partial A_\varphi}{\partial \varphi}$$

$$\mathrm{rot}\,\boldsymbol{A} = \frac{1}{r\sin\theta}\left\{\frac{\partial}{\partial \theta}(A_\varphi \sin\theta) - \frac{\partial A_\theta}{\partial \varphi}\right\}\boldsymbol{e}_r + \frac{1}{r}\left\{\frac{1}{\sin\theta}\frac{\partial A_r}{\partial \varphi} - \frac{\partial}{\partial r}(rA_\varphi)\right\}\boldsymbol{e}_\theta$$
$$+ \frac{1}{r}\left\{\frac{\partial}{\partial r}(rA_\theta) - \frac{\partial A_r}{\partial \theta}\right\}\boldsymbol{e}_\varphi$$

(2) xy 平面上で点電荷 q $(q > 0)$ が半径 a の円周上を一定の角速度 ω で円運動（ただし $a\omega \ll c$）している．

(a) この点電荷の運動は，直交しておかれた2つの振動する電気双極子モーメントの和で表すことができる．これらの電気双極子モーメントを記述する式を書け．

(b) この点電荷が単位時間当たりに放射する全エネルギー P は次式で与えられることを示せ．

$$P = \frac{\omega^4 q^2 a^2}{6\pi\varepsilon_0 c^3}$$

(3) 陽子の周りで円運動する電子（電荷 $-e$，質量 m）を考える．古典論によれば，この運動により電子は電磁波を放出して徐々にエネルギーを失い，らせん軌道を描きつつ，陽子に落ち込むと考えられる．以下では，電子の軌道を円運動とし，その軌道半径が時間とともに減少していくものとして扱ってよい．

(a) 軌道半径の変化に伴う電子の全エネルギー E の変化量 dE/dr を，r の関数として表せ．
(b) 軌道半径の時間変化率 dr/dt を r の関数として表せ．
(c) 半径 $r = r_0$ にあった電子が陽子に落ち込む ($r = 0$) までの時間を求めよ．得られた結果が時間の次元を持つことを示せ．

(東大，京大 *，阪大 *，東工大 *，北教大 *)

10.8 電気抵抗が 0 である超伝導体では，散乱されない電子が電気伝導を担っていると考えることができる．超伝導体の外部に磁場があるとき，超伝導体内部への磁場侵入を考察する．設問に出てくる定数 $n, -e, m$ は電子の数密度，電荷および質量である．超伝導体内部も誘電率，透磁率は真空中と同じで，それぞれ ε_0, μ_0 とする．すなわち超伝導体の反磁性効果は，超伝導体の電流によって生じる磁場への寄与として扱う．

(1) 電子が全く散乱を受けないとすると電流密度 J は，電場 E に対して次式が成り立つことを示せ．

$$\frac{\partial \bm{J}}{\partial t} = \frac{ne^2}{m} \bm{E} \tag{I}$$

また常伝導状態の電流密度 $\bm{J}_N$ と電場との関係式は，この式と大きく異なる．異なる理由を簡潔に述べよ．

(2) 前問の(I)式とマックスウェル方程式から，$\bm{J}$ と磁束密度 $\bm{B}$ に関する次の式が導かれることを示せ．

$$\frac{\partial}{\partial t}\left(\mathrm{rot}\,\bm{J} + \frac{ne^2}{m}\bm{B}\right) = 0 \tag{II}$$

(3) 前問の(II)式を積分し，マックスウェル方程式を使い，定常状態になるとして次の式を導き，λ^2 の表式を求めよ．

$$\lambda^2 \nabla^2 \bm{B} = \bm{B} + \bm{B}_0 \tag{III}$$

ただし，$\bm{B}_0$ は時間に依存しないベクトルである．

(4) 超電導体の表面から深く入った内部では，磁場も磁束密度も 0 である．これがマイスナー効果である．超伝導体のあらゆるところで $\bm{B}_0 = 0$ とすることにより，(III)式でマイスナー効果を説明できる．図のように，$-d \leq x \leq d$ に板状の超伝導体があり，y, z 方向に十分遠方まで広がっている．y, z に依存しない z 方向の外部の磁束密度 $\bm{B}_{\mathrm{out}}$ が超伝導体表面にあるとき，(III)式を解き，超伝導体内部の磁束密度分布を求めよ．また $d \gg \lambda$ であるとき，磁束密度は超伝導体表面から λ 程度しか侵入できないことを示せ．

(5) 前問で得られた磁束密度を用いて，超伝導体内部を流れる電流密度を $d \gg \lambda$ の場合について計算せよ．結果を電流の方向や x 依存性が分かるように図示せよ．(京大，阪大 *，東工大 *，国公 *)

10.9 Maxwell 方程式は，以下のように表される．

$$\nabla \cdot \bm{E} = \frac{\rho}{\varepsilon_0}, \quad \nabla \times \bm{E} = -\frac{\partial \bm{B}}{\partial t}, \quad \nabla \cdot \bm{B} = 0, \quad \frac{1}{\mu_0}\nabla \times \bm{B} = \varepsilon_0 \frac{\partial \bm{E}}{\partial t} + \bm{i}$$

ここで，$\boldsymbol{E}, \boldsymbol{B}$ はそれぞれ電場と磁束密度，$\rho, \boldsymbol{i}$ はそれぞれ電荷密度および電流密度である．また，光速 c，真空誘電率 ε_0，真空透磁率 μ_0 の間には，$\varepsilon_0\mu_0 = 1/c^2$ の関係が成り立つ．

先ず，3次元直交座標系 O において，z 軸上の $-\infty$ から $+\infty$ までの一定間隔で並べられた荷電粒子群が，z 軸に沿って速度 $\boldsymbol{v} = (0, 0, v_z)$ で等速運動している系を考える．ここで，各荷電粒子は電荷 q を持ち，その間隔は座標系 O において a であるとする．

(1) 座標系 O において，点 $(x, 0, 0)$ (ただし $|x| \gg a$) での電場 $\boldsymbol{E}$ と磁束密度 $\boldsymbol{B}$ を求めよ．
この系を，座標系 O に対して速度 $\boldsymbol{v} = (0, 0, v_z)$ で等速運動する座標系 O′ で記述することを考える．このとき，座標系 O(t, x, y, z) と O′(t', x', y', z') の間には Lorentz 変換の関係

$$(ct', x', y', z') = (\gamma(ct - \beta z), x, y, \gamma(z - \beta ct)) \tag{I}$$

が成り立つ．ただし，$\beta = v_z/c, \gamma = 1/\sqrt{1-\beta^2}$ である．

(2) 座標系 O′ において，荷電粒子の間隔 a' が $a' = \gamma a$ となることを，式(I)を用いて示せ．
(3) 座標系 O′ において，点 (x', y', z') (ただし $x'^2 + y'^2 \gg a'^2$) での電場 $\boldsymbol{E}'$ と磁束密度 $\boldsymbol{B}'$ を求めよ．

座標系 O と O′ における電場 $\boldsymbol{E}$ と $\boldsymbol{E}'$ および磁束密度 $\boldsymbol{B}$ と $\boldsymbol{B}'$ の各成分の間には，以下の関係式が成り立つ．

$$(E_x, E_y, E_z) = (\gamma(E'_x + c\beta B'_y), \gamma(E'_y - c\beta B'_x), E'_z) \tag{II}$$

$$(B_x, B_y, B_z) = \left(\gamma\left(B'_x - \frac{\beta}{c}E'_y\right), \gamma\left(B'_y + \frac{\beta}{c}E'_x\right), B'_z\right) \tag{III}$$

(4) 設問(3)の結果と式(2), (3)を用いて座標系 O における電場 $\boldsymbol{E}$ と磁束密度 $\boldsymbol{B}$ を求めよ．さらにこの結果を設問(1)の結果と比較せよ．

次に，座標系 O において，z 軸上を速度 $\boldsymbol{v} = (0, 0, v_z)$ で等速運動する1個の荷電粒子（電荷 q) のみがある場合を考える．このとき，この荷電粒子は座標系 O′ の原点に留まり続けると考えることができる．

(5) 座標系 O′ において，点 (x', y', z') での電場 $\boldsymbol{E}'$ と磁束密度 $\boldsymbol{B}'$ を求めよ．ただし，原点は除く．
(6) 座標系 O において，点 $(x, 0, 0)$ (ただし $x \neq 0$) での電場 $\boldsymbol{E}$ と磁束密度 $\boldsymbol{B}$ を求めよ．式(I), (II), (III)の関係がこの場合でも成り立つことを用いてよい． (東大)

第 11 編

光　　学

11.1　波動光学
11.1.1　干渉
単色光：
$$E_1(r,t) = E_1(r)\,e^{i\omega t} = a_1(r)\,e^{-i\phi_1}\,e^{i\omega t}$$
$$E_2(r,t) = E_2(r)\,e^{i\omega t} = a_2(r)\,e^{-i\phi_2}\,e^{i\omega t} \tag{11.1}$$

を同一方向の直線偏光で干渉させるとき，

$$光の強度：I = |E_1 + E_2|^2 = a_1^2 + a_2^2 + 2a_1 a_2 \cos(\phi_1 - \phi_2)$$
$$= I_1 + I_2 + 2\sqrt{I_1 I_2}\cos\phi \tag{11.2}$$

$$位相差：\phi = \phi_1 - \phi_2 = k\Delta L = \frac{2\pi}{\lambda}\Delta L \quad (k：波数,\ \lambda：波長,\ \Delta L：光路差)$$

11.1.2　回折
(1)　キルヒホッフの回折理論

P 点における振幅の空間部分（n：面 S の内向き法線）は，

$$\psi(P) = \frac{1}{4\pi}\left[\int_{S_1} + \int_{S_2} + \int_{S_3}\right]\left[\psi\frac{\partial}{\partial n}\left(\frac{e^{-ikr}}{r}\right) - \frac{e^{-ikr}}{r}\frac{\partial}{\partial n}\psi\right]dS \tag{11.3}$$

$r, r_0 \gg \lambda$ すなわち $k \gg 1/r_0, 1/r$ の場合にキルヒホッフの境界条件を適用すると，次のフレネル-キルヒホッフの回折公式が得られる（図 (a)）．

$$\psi(P) = i\frac{A}{2\lambda}\int_{S_1}\frac{e^{-ik(r_0+r)}}{r_0 r}\{\cos(n,r_0) - \cos(n,r)\}dS \tag{11.4}$$

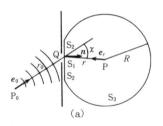

(a)

(2)　フラウンホーファ回折

回折物体から光源 P_0，観測点 P までの距離が無限大の場合をフラウンホーファ回折という（図 (b)）．

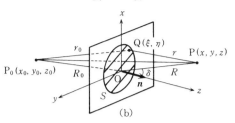
(b)

すなわち，フレネル-キルヒホッフの公式の近似値

$$\psi(P) \fallingdotseq i\frac{A}{\lambda}\frac{\cos\delta}{R_0 R}\int_S \exp\{-ik(r_0+r)\}dS$$
$$\fallingdotseq i\frac{\cos\delta}{\lambda}\frac{A}{R_0 R}\exp\{-ik(R_0+R)\}\times\int_S \exp\{-ikf(\xi,\eta)\}d\xi\,d\eta \quad (11.5)$$
$$f(\xi,\eta) = (l_0-l)\xi + (m_0-m)\eta + \frac{1}{2}\left\{\left(\frac{1}{R_0}+\frac{1}{R}\right)(\xi^2+\eta^2)\right.$$
$$\left.-\frac{(l_0\xi+m_0\eta)^2}{R_0}-\frac{(l\xi+m\eta)^2}{R}\right\}+\cdots$$

$l_0 \equiv -x_0/R_0, l \equiv x/R, m_0 \equiv -y_0/R_0, m \equiv y/R, \boldsymbol{n}$: 孔 S の法線
において，$f(\xi,\eta)$ の ξ,η の 1 次までとる近似で，

$$\psi(P) = C\int\exp\{ik(p\xi+q\eta)\}d\xi\,d\eta \tag{11.6}$$
$$p \equiv l-l_0, \quad q \equiv m-m_0,$$
$$C = i\frac{\cos\delta}{\lambda}\frac{A}{R_0 R}\exp\{-ik(R_0+R)\}, \quad |C| \equiv \frac{1}{\lambda}\sqrt{\frac{E}{S}}$$

ただし，E : 孔 S に入射する全エネルギー，S : 孔の面積.

(3) フレネル回折

回折物理から光源，観測点までの距離が有限の場合をフレネル回折という.
すなわち，(11.5) において，$f(\xi,\eta)$ の ξ,η の 2 次までとる近似で，

$$\psi(P) \fallingdotseq i\frac{\cos\delta}{\lambda}\frac{A}{R_0 R}\exp\{-ik(R_0+R)\}$$
$$\times \iint \exp\{-ikf_2(\xi,\eta)\}d\xi\,d\eta = C(A-iB) \tag{11.7}$$
$$f_2(\xi,\eta) = \frac{1}{2}\left(\frac{1}{R_0}+\frac{1}{R}\right)(\xi^2\cos^2\delta+\eta^2)$$
$$C \equiv i\frac{\cos\delta}{\lambda}\frac{A}{R_0 R}\exp\{-ik(R_0+R)\}$$
$$A \equiv \iint \cos\{kf_2(\xi,\eta)\}d\xi\,d\eta = b\iint\cos\left\{\frac{\pi}{2}(u^2+v^2)\right\}du\,dv$$
$$B \equiv \iint \sin\{kf_2(\xi,\eta)\}d\xi\,d\eta = b\iint\sin\left\{\frac{\pi}{2}(u^2+v^2)\right\}du\,dv$$

$$b \equiv \frac{\lambda}{2\left(\dfrac{1}{R_0} + \dfrac{1}{R}\right)\cos\delta}, \quad l = l_0 = \sin\delta, \quad m = m_0 = 0, \quad n = n_0 = \cos\delta$$

11.2 偏光
11.2.1 偏光の定義

平面波：
$$\begin{aligned}
\boldsymbol{E} &= \boldsymbol{E}_1 + \boldsymbol{E}_2 \\
&= \boldsymbol{e}_1 E_1 \, e^{i(\omega t - \boldsymbol{k}\cdot\boldsymbol{r})} + \boldsymbol{e}_2 E_2 \, e^{i(\omega t - \boldsymbol{k}\cdot\boldsymbol{r})} \\
&= \boldsymbol{e}_1 E_1^0 \, e^{i(\omega t - \boldsymbol{k}\cdot\boldsymbol{r} - \phi_1)} + \boldsymbol{e}_2 E_2^0 \, e^{i(\omega t - \boldsymbol{k}\cdot\boldsymbol{r} - \phi_1)}
\end{aligned} \tag{11.8}$$

(1) 直線偏光（平面偏光）
$$\phi_2 = \phi_1$$
$$\boldsymbol{E} = (\boldsymbol{e}_1 E_1^0 + \boldsymbol{e}_2 E_2^0) \, e^{i(\omega t - \boldsymbol{k}\cdot\boldsymbol{r} - \phi_1)} \tag{11.9}$$

(2) 円偏光
$$\phi_2 = \phi_1 \pm \pi/2, \quad E_1^0 = E_2^0 \equiv E_0^0$$
$$\boldsymbol{E} = E_0^0 (\boldsymbol{e}_1 \mp i \boldsymbol{e}_2) \, e^{i(\omega t - \boldsymbol{k}\cdot\boldsymbol{r} - \phi_1)} \tag{11.10}$$

(3) 楕円偏光
$$\phi_2 \neq \phi_1 \pm \pi/2, \quad E_1^0 \neq E_2^0, \quad \gamma \equiv \phi_2 - \pi/2$$
$$E_x = E_x^0 \cos(\omega t - kz - \phi_1) \tag{11.11}$$
$$E_y = E_y^0 \sin(\omega t - kz - \gamma)$$
$$\left(\frac{E_x}{E_x^0}\right)^2 + \left(\frac{E_y}{E_y^0}\right)^2 - 2\frac{E_x}{E_x^0}\frac{E_y}{E_y^0}\sin(\phi_1 - \gamma) = \cos^2(\phi_1 - \gamma) \tag{11.12}$$

11.2.2 光の強さ

$$\boldsymbol{E} = \boldsymbol{E}_0 \, e^{i\omega t}, \quad \boldsymbol{H} = \boldsymbol{H}_0 \, e^{i\omega t} \quad (\text{ただし, } |E_0|/|H_0| = \sqrt{\mu/\varepsilon}) \tag{11.13}$$

とすると，光の強さ I は
$$I = \bar{\boldsymbol{S}} \cdot \boldsymbol{e}_3 = \overline{(\operatorname{Re}\boldsymbol{E} \times \operatorname{Re}\boldsymbol{H})} \cdot \boldsymbol{e}_3$$
$$\frac{1}{2}|E_0|^2 \sqrt{\frac{\varepsilon}{\mu}} = \frac{1}{2} v \varepsilon |E_0|^2 \quad \left(\text{ただし, } v = \frac{1}{\sqrt{\varepsilon\mu}}\right) \tag{11.14}$$

11.2.3 ファラデー効果

$$\text{回転角}: \theta = Nl \frac{e^2}{2\pi\varepsilon_0 ncm} \sum_i \frac{\omega_c \omega^2 f_i}{(\omega_i^2 - \omega^2)^2} \tag{11.15}$$

ただし，N：単位体積中原子数，n：ゼロ磁場時の屈折率，ω_c：サイクロトロン角周波数，ω_i：共鳴角周波数，l：媒質長，f_i：振動子強度．

11.3 幾何光学
11.3.1 フェルマーの原理

$$\delta L = \begin{cases} \delta \int_{P_1}^{P_2} n \, ds = 0 & \text{(連続媒質)} \\ \delta \sum_i n_i s_i = 0 & \text{(不連続媒質)} \end{cases} \quad (11.16)$$

ただし，L：光学距離，n：屈折率，s：光線上の固定点から測った光線の長さ．

11.3.2 光線方程式

$$n \frac{d\boldsymbol{r}}{ds} = \operatorname{grad} L, \quad \frac{d}{ds}\left(n \frac{d\boldsymbol{r}}{ds}\right) = \operatorname{grad} n \quad (11.17)$$

ただし，$\boldsymbol{r}$：光線上の任意点の位置ベクトル，L：光線上の固定点から測った $\boldsymbol{r}$ までの光学距離．

11.3.3 アイコナール方程式

$$\left(\frac{\partial L}{\partial x}\right)^2 + \left(\frac{\partial L}{\partial y}\right)^2 + \left(\frac{\partial L}{\partial z}\right)^2 = n^2(x, y, z) \quad (11.18)$$

11.3.4 球面による結像（近軸光線）

$$n\left(\frac{1}{r} - \frac{1}{s}\right) = n'\left(\frac{1}{r} - \frac{1}{s'}\right) \quad \text{(アッベの不変量)} \quad (11.19)$$

ただし，O を原点として，s, s', r を測り，その向きが入射光と同じ向きのときを正とする．

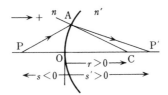

11.4 量子光学
11.4.1 光の吸収，放出

$$B_{n \to m} = B_{m \to n}, \quad A_{m \to n} = \frac{8\pi h \nu_{mn}^3}{c^3} B_{m \to n} \quad (11.20)$$

$$N_m B_{m \to n} u(\nu) + N_m A_{m \to n} = N_n B_{n \to m} u(\nu) \quad (11.21)$$

$$u(\nu) = \frac{8\pi h \nu^3}{c^3} \frac{1}{e^{h\nu/kT} - 1} \quad \text{(プランクの放射公式)} \quad (11.22)$$

ただし，$B_{n \to m}$：(アインシュタインの) 誘導吸収係数（遷移確率），$B_{m \to n}$：誘導放出係数，$A_{m \to n}$：自然放出係数，N_m, N_n：m, n 状態にある原子数（$N_n/N_m = e^{(E_m - E_n)/kT} = e^{h\nu/kT}$）．

例題 11.1

図 1 は，真空中に置かれた金属に光を照射して，金属表面から電子が放出される光電効果の実験装置の概略図である．設置された金属に振動数 ν の光を照射し，それに向き合う電極の電位 (V) を変えて，電流 (I) を測定することができる．以下にあげる［Ａ］〜［Ｃ］の実験結果は，放出された電子の運動エネルギーが $E_{\rm kin} = A\nu - B$ ($E_{\rm kin} > 0$，A および B は正の定数) であることを示し，光量子仮説を支持している．

［Ａ］ 電位 V が負で，$|V|$ が十分に大きいとき，電流は流れないが，$V > V_t$ になると電流が流れる．また，V_t は金属の種類によって異なる．

［Ｂ］ V_t は，照射する光の振動数には依存するが，振動数を固定すると光の強度には依存しない．

［Ｃ］ $V > V_t$ では，光を照射すると電流は瞬時に流れ，電位 V を高くしても電流の大きさは変わらない．

以下の設問に答えよ．

(1) 金属に振動数 ν_1 ($> B/A$) の光を照射したとき，上の［Ａ］〜［Ｃ］から期待される電流と電圧の関係を図示せよ．次に，$\nu_2 > \nu_1$ を満たす振動数 ν_2 の光を照射したときの電流と電圧の関係を図示せよ．ただし，単位時間当たりの光子数は等しいものとする．

(2) 金属中でエネルギー E ($E \leq E_{\rm F}$) を持つ電子を表面から取り出すために必要な最低振動数 ν_0 を求めよ．$E_{\rm F}$ はフェルミ準位である．

(3) 下の表は得られた実験結果である．配布のグラフ用シールを用い，閾値 (V_t) と光の振動数 (ν) の関係を図示し，A [J s] と B [J] の値を求めよ．（グラフ用シールは解答用紙に貼り付けること．）$1\,{\rm eV} = 1.60 \times 10^{-19}\,{\rm J}$ を用いてよい．

$\nu\,[10^{14}\,{\rm Hz}]$	5.49	6.83	7.41	8.22	9.58	11.9
$V_t\,[{\rm V}]$	−0.40	−0.98	−1.13	−1.55	−2.13	−3.17

(4) もし光を古典的電磁波と考えた場合，光電効果によって生じる電流は，光の振動数および光の強度に対してどのような依存性を示すか述べよ．

上で述べた光電効果により，真空中に放出された電子を検出してそのエネルギーと放出角度を解析すれば，金属の価電子帯構造やフェルミ面の形などを知ることができる．そのため，光電効果は金属の電子状態を研究するために利用されている．

(5) 金属表面から距離 λ 以内にある電子は，光の照射により真空中に放出される．ここで，λ は金属中を運動する電子の平均自由行程と呼ばれ，図 2 の

ように，金属中で光を吸収したあとの電子の運動エネルギーに依存する．この図に基づいて，X線を用いた光電効果が，金属内部の電子状態の解析に利用されている理由について述べよ． (東大，九大 *)

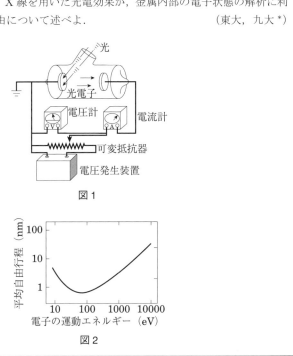

図1

図2

【解答】 (1) $eV_{t1} = -E_{\mathrm{kin}} = -(A\nu_1 - B)$, $V_{t1} = -\dfrac{A\nu_1 - B}{e}$, $V_{t2} = -\dfrac{A\nu_2 - B}{e}$, $\nu_2 > \nu_1$ だから，電流電圧関係は図のようになる．

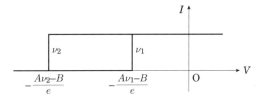

(2) フェルミ準位にある電子を取り出すのに必要なエネルギーが B（仕事関数）だから，

$$A\nu - E_{\mathrm{F}} \geq 0 \quad \therefore \quad \nu_0 = \frac{E_{\mathrm{F}}}{A}$$

(3) 本来は6点に最小2乗法を適用すべきだが，簡単のため，第1点，第6点の

みで A を求めると（$A = \tan\theta$），

$$A \cong \frac{(3.17 - 0.40) \times 1.6 \times 10^{-19}}{(11.9 - 5.49) \times 10^{14}} \cong 6.9 \times 10^{-34} \; [\text{J s}]$$

$$\begin{aligned}B &\cong 5.49 \times 10^{14} \times \tan\theta \\ &= 5.49 \times 10^{14} \times \frac{(3.17 - 0.40) \times 1.6 \times 10^{-19}}{(11.9 - 5.49) \times 10^{14}} \\ &\cong 3.8 \times 10^{-19} \; [\text{J}]\end{aligned}$$

下記グラフから求めると，

$$A \cong 0.69 \times 10^{-19} \times 10^{-14} = 6.9 \times 10^{-34} \; [\text{J s}],$$
$$B \cong 3.2 \times 10^{-19} \; [\text{J}]$$

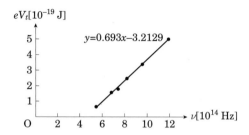

(4) 古典的電磁波のエネルギー密度は $\varepsilon_0 E^2$ だから V_t となる．したがって，電流は振動数には依存せず，強度に依存する．

(5) 図 2 より，100 eV 程度の X 線は得やすいため，非常に薄い表面の解析に適する．蛍光 X 線分析の場合：蛍光 X 線の波長は元素ごとに決まっている．蛍光 X 線のピークが出ている波長の場所でどの元素かということを定性し（定性分析），ピークの高さでその元素が物質中にどれくらい含まれているかが分かる（定量分析）．

例題 11.2

誘電体に入射する電磁波に関する以下の
問いに答えよ．答えの導出や証明では途中
の計算過程を省略せずに記述すること．

(1) 図1のように屈折率 n_1 の媒質1から
屈折率 n_2 の媒質2に入射する平面波
を考える．この平面波は直線偏光して
おり，その電場は図の紙面に対して垂
直であるとする．入射する電場の振幅

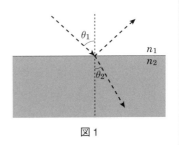

図1

を e_i，反射した電場の振幅を e_r，透過した電場の振幅を e_t とすると，電場
の反射係数 r_{12} および透過係数 t_{12} はそれぞれ，

$$r_{12} \equiv \frac{e_r}{e_i} = \frac{n_1 \cos\theta_1 - n_2 \cos\theta_2}{n_1 \cos\theta_1 + n_2 \cos\theta_2} \quad\text{(I)}$$
$$t_{12} \equiv \frac{e_t}{e_i} = \frac{2n_1 \cos\theta_1}{n_1 \cos\theta_1 + n_2 \cos\theta_2} \quad\text{(II)}$$

となる．ここで θ_1, θ_2 はそれぞれ入射波，透過波の伝搬方向の角度である
(図1参照)．このとき，

$$r_{12} = -r_{21} \quad\text{(III)}$$
$$t_{12}t_{21} + r_{12}^2 = 1 \quad\text{(IV)}$$

であることを示せ．ただし，r_{21}, t_{21} は媒質2から媒質1へ入射した場合の
係数である．

(2) 次に，真空中に置かれた一定の厚さ d，
屈折率 n，表面が平面である誘電体に問
(1)と同様に直線偏光した波長 λ の平面
波が入射することを考える．このとき，
波は内部で多重反射して反射波と透過
波をつくり，互いに干渉して波長依存性
を持った透過率・反射率を示す．今図2
のように，ある場所に入射した波 L に

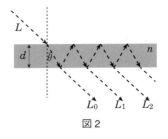

図2

注目し，それが内部で $2m$ 回反射して反対側に透過した波を L_m とする．こ
こで，L の電場の振幅を e_i，誘電体に入射したあとの角度を θ とする．

(a) このとき，L_m と L_{m+1} の位相差 ϕ を求めよ．
(b) L_m の電場の振幅 e_m を e_i, r を用いて表せ．ただし，r は薄膜に平
面波が入射する際の電場の反射係数である．
(c) 透過した平面波の電場は，あらゆる L_m の電場の重ね合わせである

と考えることができる．このとき，透過平面波の電場の振幅 e_t は，

$$e_t = e_i \left| \frac{1-r^2}{1-r^2 \exp(i\phi)} \right| \quad \text{(V)}$$

と書けることを示せ．ここで i は虚数単位である．

(d) 入射波に対する透過波の強度比 T を r, ϕ を用い，虚数単位 i を用いずに求めよ．

(e) T が最大となる条件とその最大値，および T が最小になる条件とその最小値を求めよ．

(f) このように，2つの反射面を平行に配置することで特定の波長の光を選択的に透過させる干渉計を作ることができ，ファブリペロー干渉計と呼ばれている．ファブリペロー干渉計を製造する際に，反射面に要求される性能で重要と考えられるものを1つ，理由とともに述べよ．

(東大，北大 *，東工大 *)

【解答】(1) 図3のように，振幅 e_i の光が媒質1と媒質2の境界面で反射屈折したとする．このときの（振幅）反射係数を r_{12}，（振幅）透過係数を t_{12} とする．反射光の振幅は $e_i r_{12}$，透過光の振幅は $e_i t_{12}$ である．図4のように，次に，透過した光の筋道を逆にたどれば，光は境界面で，初めに入射したときと同じ筋道を逆進するはずである（光逆進の原理）．媒質2から媒質1に逆進する光に対する（振幅）反射係数を r_{21}，（振幅）透過係数を t_{21} とする．媒質2から媒質1に逆進して透過した光の振幅は $e_i t_{12} t_{21}$，反射した光の振幅は $e_i t_{12} r_{21}$ である．また，媒質1で反射した光に対しても逆進する光を考え，境界面で反射した光の振幅は $e_i r_{12} r_{12}$，透過した光の振幅は $e_i r_{12} t_{12}$ である．結局，媒質1内で，元の入射方向に向かう光の振幅は $e_i t_{12} t_{21} + e_i r_{12} r_{12}$，媒質2内で反射する方向に向かう光の振幅は $e_i t_{12} r_{21} + e_i r_{12} t_{12}$ となる．元の入射方向に逆進する光の振幅は，入射光の振幅に等しいので，

$$e_i r_{12}^2 + e_i t_{12} t_{21} = e_i$$

$$\therefore \quad t_{12} t_{21} + r_{12}^2 = 1$$

媒質2内で反射する光は元々ないので，

$$e_i t_{12} r_{21} + e_i r_{12} t_{12} = 0$$

$$\therefore \quad r_{12} = -r_{21}$$

これらはストークスの関係式と呼ばれる．

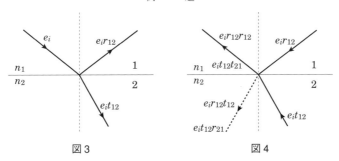

図 3　　　　　　　　図 4

(2)　(a)　図 5 において，L_m と L_{m+1} の位相差 $= L_0$ と L_1 の位相差であることは明らか．L_0, L_1 の幾何学的距離差 $= \overline{B_1A_1B_2} - \overline{B_1H}$．ここで，$\overline{A_0B_1} = \dfrac{d}{\cos\theta}$ だから，$\overline{B_1A_1B_2} = 2\overline{A_0B_1} = 2\dfrac{d}{\cos\theta}$．

光学的距離 $\overline{B_1A_1B_2} = 2\dfrac{d}{\cos\theta}n$

光学的距離 $\overline{B_1H} = 2d\tan\theta\sin\theta_1 \cdot 1 = 2d\tan\theta\sin\theta_1$

光路差 $\Delta = \dfrac{2dn}{\cos\theta} - 2d\tan\theta\sin\theta_1$

ここで，スネルの定理 $n\sin\theta = 1\sin\theta_1$ を用いると，

$$\Delta = \dfrac{2dn}{\cos\theta} - 2d\tan\theta \cdot n\sin\theta = \dfrac{2dn}{\cos\theta} - 2dn\dfrac{\sin\theta}{\cos\theta}\sin\theta = \dfrac{2dn(1-\sin^2\theta)}{\cos\theta}$$
$$= \dfrac{2dn\cos^2\theta}{\cos\theta} = 2dn\cos\theta$$

よって，位相差 ϕ は，$\phi = \dfrac{2\pi}{\lambda}\Delta = \dfrac{2\pi}{\lambda} \cdot 2dn\cos\theta = \dfrac{4\pi}{\lambda}dn\cos\theta$

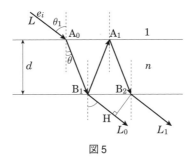

図 5

(b)　$L_0, L_1, \cdots, L_m$ の振幅 $e_0, e_1, \cdots, e_m$ は，

$$e_0 = e_i t_{12} t_{21}$$
$$e_1 = e_i t_{12} r_{21} r_{21} = e_i t_{12} t_{21} r_{21}^2 e^{i\phi}$$
$$e_2 = e_i t_{12} t_{21} r_{21}^4 e^{i2\phi}$$
$$\cdots$$
$$e_m = e_i t_{12} t_{21} r_{21}^{2m} e^{im\phi} = e_i (1-r^2) r^{2m} e^{im\phi} \quad (\because r_{21}^2 = r_{12}^2 = r^2, t_{12} t_{21} + r_{12}^2 = 1)$$

(c) 透過波の振幅 e_t は,

$$e_t = e_i (t_{12} t_{21} + t_{12} t_{21} r_{21}^2 e^{i\phi} + t_{12} t_{21} r_{21}^4 e^{i\phi} + \cdots)$$
$$= e_i t_{12} t_{21} (1 + r_{21}^2 e^{i\phi} + r_{21}^4 e^{i2\phi} + \cdots) = e_i (1-r^2) \frac{1}{1-r^2 e^{i\phi}}$$

$$\therefore \quad e_t = e_i \left| \frac{1-r^2}{1-r^2 \exp(i\phi)} \right|$$

(d) 強度比 T は,

$$T = \frac{|e_t|^2}{|e_i|^2} = \frac{1-r^2}{1-r^2 e^{i\phi}} \frac{1-r^2}{1-r^2 e^{-i\phi}} = \frac{(1-r^2)^2}{1-r^2 e^{-i\phi} - r^2 e^{i\phi} + r^4}$$
$$= \frac{(1-r^2)^2}{1+r^4 - 2r^2 \dfrac{e^{i\phi}+e^{-i\phi}}{2}} = \frac{(1-r^2)^2}{1+r^4 - 2r^2 \cos\phi}$$
$$= \frac{(1-r^2)^2}{1-2r^2+r^4+2r^2-2r^2\cos\phi} = \frac{(1-r^2)^2}{(1-r^2)^2 + 2r^2(1-\cos\phi)}$$
$$= \frac{(1-r^2)^2}{(1-r^2)^2 + 4r^2 \sin^2\dfrac{\phi}{2}} = \frac{1}{1 + \dfrac{4r^2}{(1-r^2)^2} \sin^2\dfrac{\phi}{2}} \quad ①$$

(e) ①を ϕ で微分すると,

$$\frac{dT}{d\phi} = \frac{-\dfrac{1}{2}\cdot\dfrac{1}{2}\dfrac{4r^2}{(1-r^2)^2}\sin\dfrac{\phi}{2}\cos\dfrac{\phi}{2}}{\left\{1+\dfrac{4r^2}{(1-r^2)^2}\sin^2\dfrac{\phi}{2}\right\}^2} = \frac{-\dfrac{r^2}{(1-r^2)^2}\sin\dfrac{\phi}{2}\cos\dfrac{\phi}{2}}{\left\{1+\dfrac{4r^2}{(1-r^2)^2}\sin^2\dfrac{\phi}{2}\right\}^2} = 0$$

これより,

$$\sin\phi/2 = 0 \to \phi_{\max} = 2m\pi \,(m:整数) \to T_{\max} = 1$$
$$\cos\phi/2 = 0 \to \phi_{\min} = (2m+1)\pi \to T_{\min} = \frac{1}{1+\dfrac{4r^2}{(1-r^2)^2}} = \frac{(1-r^2)^2}{(1+r^2)^2}$$

(f) (i) 反射鏡間の媒質による吸収. 強度反射係数は $r^2 \propto \exp(-2\alpha_s d)$ で与えられる. ただし, α_s は吸収係数. (ii) 反射鏡による不完全な反射から生じる損失など.

問題研究

11.1 束縛ポテンシャル $U(\boldsymbol{r}) = (1/2)k|\boldsymbol{r}|^2$ で束縛された電子に，一様な電場 $\boldsymbol{E}$ と一様な磁場 $\boldsymbol{B}$ を加えたときの電子の変位 $\boldsymbol{r}$ に関する運動方程式は，現象論的に

$$m\ddot{\boldsymbol{r}} + m\gamma\dot{\boldsymbol{r}} + k\boldsymbol{r} = -e(\boldsymbol{E} + \dot{\boldsymbol{r}} \times \boldsymbol{B}) \tag{I}$$

すなわち

$$\begin{aligned}
m\frac{d^2x}{dt^2} + m\gamma\frac{dx}{dt} + kx &= -e\left\{E_x + \left(\frac{dy}{dt}B_z - \frac{dz}{dt}B_y\right)\right\} \\
m\frac{d^2y}{dt^2} + m\gamma\frac{dy}{dt} + ky &= -e\left\{E_y + \left(\frac{dz}{dt}B_x - \frac{dx}{dt}B_z\right)\right\} \\
m\frac{d^2z}{dt^2} + m\gamma\frac{dz}{dt} + kz &= -e\left\{E_z + \left(\frac{dx}{dt}B_y - \frac{dy}{dt}B_x\right)\right\}
\end{aligned} \tag{II}$$

と表される．ここで，$-e$ $(e>0)$ は電子の電荷，m は電子の有効質量，γ は摩擦による抵抗を表し，その逆数 $\tau = 1/\gamma$ は緩和時間を与える．電場 $\boldsymbol{E}$ が $\exp(-i\omega t)$ (ω は角振動数) の時間依存性を持ち，また磁場 $\boldsymbol{B}$ は時間に依存せず $\boldsymbol{B} = [0, 0, B]$ として与えられているとして，以下の設問に答えよ．

(1) (I) 式の解の形を $A\exp(-i\omega t)$ (A は時間に依存しない定数) と仮定して $\boldsymbol{r}$ を求め，これを用いて $\boldsymbol{P} = -ne\boldsymbol{r}$ (n は電子密度) で定義される分極ベクトルと，電流密度 $\boldsymbol{J} = -ne\dot{\boldsymbol{r}}$ を求めよ．

(2) 上で得られた結果と，$\boldsymbol{P} = \varepsilon_0 \hat{\chi}\boldsymbol{E}$ (ε_0 は真空の誘電率，$\hat{\chi}$ は誘電感受率テンソル) および $\boldsymbol{J} = \hat{\sigma}\boldsymbol{E}$ ($\hat{\sigma}$ は電気伝導率テンソル) という関係から，比誘電率テンソル $\hat{\varepsilon} = \hat{1} + \hat{\chi}$ ($\hat{1}$ は 3×3 の単位行列) および $\hat{\sigma}$ を求めよ．

(3) $B = 0$ で，かつ $k = 0$, $\gamma = 0$ のときの $\hat{\varepsilon}$ の対角成分 ($\varepsilon_{xx} = \varepsilon_{yy} = \varepsilon_{zz} \equiv \varepsilon_1$ とする) を記し，ε_1 を縦軸，ω を横軸として図示せよ．さらに，$\varepsilon_1 = 0$ となる ω の名称を記せ．

(4) $B = 0$ のとき，$\hat{\sigma}$ の対角成分 ($\sigma_{xx} = \sigma_{yy} = \sigma_{zz} \equiv \sigma_0$ とする) が $\omega = 0$ の極限 (直流) でどうなるか．$k \neq 0$ と $k = 0$ の場合についてそれぞれ答えよ． (東北大，東大*)

11.2 物質中の超高速現象の観測にフェムト秒 (10^{-15} s) レーザーパルスが広く使われている．ここでは，「モード同期」と呼ばれる方法によってフェムト秒パルスを発生させる原理を簡単なモデルを用いて考察しよう．いま，図1のように間隔 d で平行に設置された2枚の鏡で構成された共振器中に屈折率 η のレーザー媒質があるとする．この共振器中に図2のように，レーザー媒質で決まる角周波数の範囲内に，等しい振幅 E_0, および，等しい角周波数間隔 $\Delta\omega$ の N 個のモード (角周波数と位相でラベルされた成分電場) が存在するとし，その全複素電場を $E(t) = E_0 \sum_{n=0}^{N-1} e^{i(\omega_n t + \phi_n)}$ と書く．ここで，ω_n は角周波数，ϕ_n はモードの位相である．すべてのモードを同期させ，同位相で振動させることができるとし，すべての n に対して $\phi_n = \phi_0$ と表す．このとき全複素電場は，$E(t) = E_0 e^{i\phi_0} \sum_{n=0}^{N-1} e^{i\omega_n t}$ で与えられる．以下の設問に答えよ．

(1) 共振器中には定在波が立つことに注意して，共振器中に存在する隣り合うモードの角周波数間隔 $\Delta\omega = \omega_{n+1} - \omega_n$ を d, η，および，真空中の光速 c を用いて表せ．
(2) n 番目のモードの角周波数 ω_n を角周波数間隔 $\Delta\omega$ を用いて $\omega_n = \omega_0 + n\Delta\omega$ と表せば，各モードからの $E(t)$ への寄与は公比 $e^{i\Delta\omega t}$ の等比数列となる．その和を計算した結果として得られる $E(t)$ の表式を求めよ．
(3) いま，光の強度 $I(t)$ を $I(t) = |E(t)|^2$ と表し，$E(t)$ に対する設問(2)の結果を代入すると $I(t) = E_0^2 \dfrac{\sin^2(ア)}{\sin^2(イ)}$ の形に整理できる．(ア) と (イ) に入れるべき表式を $N, \Delta\omega$，および，t を用いて答えよ．ただし，$I(t)$ の表式の分母がゼロとなる点での関数値は，その極限で定義されるものとする．

$I(t)$ は周期的に最大値をとり，それがモード同期によって発生する超短パルスに相当する．$I(t)$ が最大値をとる時刻の1つは $t = 0$ であることに注意して以下の設問に答えよ．

(4) 設問(3)で得られた光の強度 $I(t)$ の最大値を求めよ．また，得られた光強度の最大値は，各モードの位相が全くランダムなときの，おおよそ何倍となるか答えよ．
(5) 設問(3)の結果から，$I(t)$ が最大値をとる時刻は m を整数として $t = m\Delta t_{\text{sep}}$ と表される．Δt_{sep} を $\Delta\omega$ を用いて表せ．
(6) 実際には N は非常に大きな数であるが，簡単のため $N = 5$ とする．設問(3)から(5)の結果に基づいて，$\dfrac{I(t)}{E_0^2}$ のグラフの概形を描け．
(7) モード同期によって発生する超短パルスのパルス幅 Δt_p を $I(t)$ が最大値をとった時刻から最初に 0 となる時刻までの時間と定義する．Δt_p を $\Delta\omega$，および，N を用いて表せ．一方，レーザー媒質が増幅作用をもつ帯域幅 $\Delta\nu$ は $N\Delta\omega/(2\pi)$ で与えられる．Δt_p と $\Delta\nu$ の関係を求め，その物理的意味を簡潔に述べよ．
(8) モード同期によって発生した超短パルスを共振器外（真空中）に取り出したときの波長範囲が $560 \sim 640\,\text{nm}$ であった．このとき，レーザー媒質が増幅作用をもつ帯域幅 $\Delta\nu$ $[\text{s}^{-1}]$ を求め，さらに設問(7)の結果を用いてモード同期によって発生するフェムト秒パルスのパルス幅 Δt_p を求めよ．ただし，真空中の光速を $c = 3.0 \times 10^8\,\text{ms}^{-1}$ とする．

(東大)

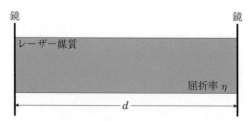

図1　間隔 d で平行に設置された2枚の鏡で構成された共振器中に屈折率 η のレーザー媒質がある．

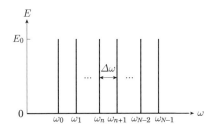

図2 レーザー媒質で決まる角周波数の範囲内に，等しい振幅 E_0，および，等しい角周波数間隔 $\Delta\omega$ の N 個のモード（角周波数と位相でラベルされた成分電場）が存在する．

11.3 (1) 誘電率 ε，透磁率 μ が一定の領域を考える．この領域では電流が流れておらず，電荷もないとすると，この領域での電場 E と磁束密度 B が満たすマクスウェルの方程式は以下のように記述される．ここで t は時間である．

$$\mathrm{rot}\,\boldsymbol{E} = -\frac{\partial \boldsymbol{B}}{\partial t}, \quad \mathrm{rot}\,\boldsymbol{B} = \varepsilon\mu\frac{\partial \boldsymbol{E}}{\partial t}$$
$$\mathrm{div}\,\boldsymbol{E} = 0, \quad \mathrm{div}\,\boldsymbol{B} = 0$$

（a） 上の方程式から B を消去し E が満たすべき偏微分方程式を求めよ．
（b） 上の方程式の解を波数ベクトル $\boldsymbol{k}$ と空間ベクトル $\boldsymbol{x}$，角周波数 ω を用いて

$$E = E_0 \exp(i\boldsymbol{k}\cdot\boldsymbol{x} - i\omega t)$$

と書く．このときベクトル $\boldsymbol{k}$ の大きさ $|\boldsymbol{k}|$ が $|\boldsymbol{k}| = n\omega/c$ となることを示せ．ここで c は光速，n は領域の屈折率であり $c/n = 1/\sqrt{\varepsilon\mu}$ である．

(2) 上の応用として，図のように屈折率 n_1 の領域 1 から屈折率 n_2 の領域 2 に平面波が入射する場合を考える（n_1, n_2 は実数）．入射波，透過波の波数ベクトルの x, y, z 成分を各々 $k_{ix}, k_{iy}, k_{iz}, k_{tx}, k_{ty}, k_{tz}$ と書く．ここで入射する電場は y 方向に偏光しているとすると $k_{iy} = k_{ty} = 0$ となる．このとき，入射波，反射波，透過波のつくる y 方向の電場 E_i, E_r, E_t は各々以下のように書ける．なお，R, T はそれぞれ反射率，透過率を示す．

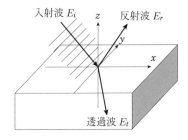
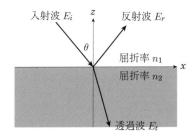

入射波：$E_i = E_0 \exp\{i(k_{ix}x - k_{iz}z) - i\omega t\}$

反射波：$E_r = RE_0 \exp\{i(k_{ix}x + k_{iz}z) - i\omega t\}$

透過波：$E_i = TE_0 \exp\{i(k_{tx}x - k_{tz}z) - i\omega t\}$

（a）　$z = 0$ 面での電場の連続条件から $k_{ix} = k_{tx}$ となることを示せ．また R を T, k_{ix}, k_{iz}, k_{tz} を用いて表せ．

（b）　$z = 0$ 面では磁束密度も連続している必要がある．これから R を T, k_{ix}, k_{iz}, k_{tz} を用いて表せ．

（c）　これらの関係から T を求めよ．

（d）　(1)の(b)で示した関係を用いるとある条件下では k_{tz} が純虚数になる場合がある．この条件を n_1, n_2 および入射波の入射角 θ を用いて示せ．

（e）　k_{tz} が純虚数の場合は，透過波は指数関数的に減衰する波（エバネッセント波）となる．この長さスケール（電場強度が $1/e$ となる長さ）δ を $c, \omega, n_1, n_2, \theta$ を用いて表せ．

（f）　エバネッセント波が発生する場合，反射波のエネルギーは入射波のエネルギーと比べてどうなるか．式を用いて答えよ．　　　　　　　　　　　　　　　　　（東大）

11.4　可視光領域で天体の観測にも使用されるガラス製のレンズには，波長によって屈折率が異なるという性質があり，いわゆる色収差の原因となる．このようなガラスの性質について古典的モデルから考察してみよう．ここでは簡単のため，可視光領域で透明で等方的なガラスを扱う．また，ガラス中では，電子はそれぞれの中立点のまわりの変位 x に比例した復元力を受け，角振動数 ω_0 の調和振動子として振る舞うという簡易化したモデルを考える．以下に真空中の Maxwell 方程式（SI 単位系）を示す．ここで $\boldsymbol{E}, \boldsymbol{B}, \rho, \boldsymbol{j}, \varepsilon_0, \mu_0$ は，それぞれ電場，磁束密度，電荷密度，電流密度，真空中の誘電率，真空中の透磁率である．

$$\nabla \cdot \boldsymbol{E} = \frac{\rho}{\varepsilon_0}, \quad \nabla \times \boldsymbol{E} = -\frac{\partial \boldsymbol{B}}{\partial t}$$

$$\nabla \cdot \boldsymbol{B} = 0, \quad \frac{1}{\mu_0}\nabla \times \boldsymbol{B} = \varepsilon_0 \frac{\partial \boldsymbol{E}}{\partial t} + \boldsymbol{j}$$

以下の問(1)〜(5)に答えよ．

(1)　上記の調和振動子モデルに対して，外部から電場 $\boldsymbol{E}$ が加えられたとき電子の運動を記述する運動方程式を求めよ．電子の質量を m_e，電子の電荷を $-e$（e：素電荷量）とする．

(2)　外部より与えられた電場 $\boldsymbol{E}$ が角振動数 ω で時間 t と共に変動するとき（$\boldsymbol{E}(x,t) = \boldsymbol{E}_0(x)e^{-i\omega t}$），電子の変位量 x を問(1)で得た運動方程式より導け．ローレンツ力の磁場による項は無視してよいとする．

(3)　(2)で得られた電子の運動による電流密度 $\boldsymbol{j}$ を求めよ．ただし，外部より加えられた電場に応答する電子の数密度を n_e とする．

(4)　誘電率 ε，透磁率 μ を持ったガラスの屈折率 n を，$\varepsilon_0, \varepsilon, \mu_0, \mu$ で記述せよ．なお，真空中の光の位相速度を c，ガラス中の光の位相速度を v としたとき，屈折率は $n = c/v$ で定義される．

(5) (3)で求めた電流密度 j を真空中の Maxwell 方程式に代入すると，ガラス中の電磁波の伝搬が記述できる．ガラスの屈折率を，角振動数 ω と，ω_0, ω_p の関数として示せ．ただし，ここで，ω_p はプラズマ角周波数 $\omega_p \equiv \sqrt{n_e e^2/m_e \varepsilon_0}$ である．

(東大，東工大 *)

11.5 図に示すような，光（平面波）の屈折を考える．真空中を伝搬している光は，入射角 θ_i で屈折率 n の一様な媒質に入射し，屈折角 θ_r で屈折して行く．ここで，真空中および媒質中での光の速度は，それぞれ c, v で与えられる．以下の問に答えよ．

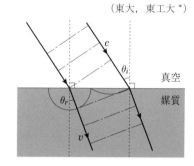

(1) ホイヘンスの原理を使って，θ_i, θ_r, n の間に成り立つ屈折の法則（スネルの法則）を導け．

(2) 量子力学的には，光エネルギーは光子によって運ばれる．光の角周波数を ω, 波数を k と書くと，光子のエネルギーと運動量は，それぞれ $\hbar\omega$, $\hbar k$ である（ここで $\hbar = h/2\pi$, h はプランク定数）．真空中での運動量 $\hbar k_0$ と媒質中での運動量 $\hbar k_1$ の関係は θ_i, θ_r, c, v, n のすべてもしくは一部を用いて表せ．

(東大†, 京大*)

11.6 (1) 式(Ⅰ)で表される光波が誘電体中を伝搬する．

$$u(z,t) = A\sin(\omega t - kz) \qquad (\text{Ⅰ})$$

ただし，角周波数 $\omega = 1.0 \times 10^{15}\,\mathrm{rad\,s^{-1}}$，波数 $k = 5.0 \times 10^6\,\mathrm{m^{-1}}$, A は定数である．以下の問に答えよ．

(a) この光波の波長，時間周波数と位相速度を求めよ．

(b) ある場所において，2.0 fs 間の位相の変化量を求めよ．なお，1 fs は 10^{-15} s である．

(c) ある時刻において，位相が $\pi/2$ 異なる 2 点間の最短距離を求めよ．

(2) 図1のように，屈折率 n, 厚さ d の平行平面板に波長 λ の単色光が入射角 θ_0 で入射する．周囲の屈折率 n_0 は 1 とする．

(a) 境界面で反射する光について，光路 A → B → C と A → D の光路差を求めよ．

(b) 反射光が干渉によって強め合う条件を求めよ．

(電通大)

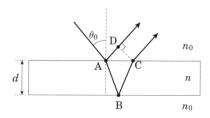

11.7 図に示す xy 平面中の点 $\mathrm{A}(-a, 0)$ $(a > 0)$ に点光源を設置した．また，薄い平凸レンズを，光軸が x 軸上に，かつレンズの平らな面が $x = 0$ に位置するように設置した．レンズ

の凸面は曲率半径 R の球面である．レンズの開口半径を r とし，また，xy 平面内の $y = y_0$ におけるレンズの厚さを $T(y_0)$，レンズの最大の厚さを T_0 とする．その結果，点光源から射出した光が点 B$(b, 0)$ $(b > 0)$ に結像された．この点光源およびレンズから成る結像系は空気中にあるものとする．また，空気の屈折率を 1，レンズの屈折率を n とする．なお，点 C$(0, y_0)$ $(|y_0| < r)$ でレンズの平面側に入射した光線は，レンズの凸面側の点 D から射出するものとする．

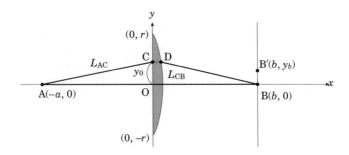

(1) 点 A から点 B に至る光線のうち，点 C, D を経由する光線を考える．また，AC および CB の幾何学的長さを L_{AC}, L_{CB} とする．以下の問に答えよ．

 (a) L_{AC}, L_{CB}, $T(y_0)$ を求めよ．

 (b) $|y_0| \ll a, b, R$ の条件のもとで，L_{AC}, L_{CB}, $T(y_0)$ を多項式で近似せよ．ただし，実数 m, s に対して $|s| \ll 1$ のときに成り立つ近似式

$$(1 + s)^m \approx 1 + ms \quad (\mathrm{I})$$

 を用いてよい．

 (c) さらに，光線と x 軸のなす角が小さいとすると，CD および DB の幾何学的な長さはそれぞれ $T(y_0)$ および $L_{\mathrm{CB}} - T(y_0)$ と近似できる．また，レンズ内の光路長は幾何学的長さの n 倍となる．これらを考慮し，点 A から点 C, D を経由して点 B に至る光路長 $L(y_0)$ を求めよ．

 (d) フェルマーの原理として，A と B が結像関係にあるとき，y_0 の変化に対して $L(y_0)$ が変化しないことが知られている．この原理を用いて，a と b の関係およびレンズの焦点距離を求めよ．

(2) 実際には，点 B における像は有限の大きさを持つ．このことは光の波動性により説明される．点光源からは全方向に光が放射されるが，レンズの平らな面上にスリットを置くことで xy 平面近傍を通る光のみをレンズを通過するようにした．このときの，集光面 $x = b$ における強度分布を求めたい．点 A から点 C, D を通り，点 B$'(b, y_b)$ に至る光路長を $L'(y_0, y_b)$ とする．点 B$'$ における光の電場の複素振幅 $E(y_b)$ は，複数の光路を通って到来する光波の重ね合わせである．ここで，光路長に応じて光の位相が $kL'(y_0, y_b)$ だけ変化することを考慮する．ただし，$k = 2\pi/\lambda$ は波数，λ は波長である．このとき，$E(y_b)$ は近似的に次式で表すことができる．

$$E(y_b) = A_0 \int_{-r}^{r} \exp[ikL'(y_0, y_b)]dy_0 \qquad \text{(II)}$$

ただし，A_0 は複素定数であり，また，i は虚数単位である．以下の問に答えよ．

(a) $L'(y_0, y_b)$ を求め，これが y_0 の一次式で表されることを示せ．なお，設問(1)と同じ近似を用いてよい．

(b) 式(II)を用いて $x = b$ における強度分布 $|E(y_b)|^2$ を計算せよ．

(c) $|E(y_b)|^2$ の概形を示せ．また，光強度が極小となる y_b を求めよ． (東大)

11.8 静止している電子（質量 m，電荷 e）に平面波の電磁波が入射すると，その電場により電子が振動する．その結果，電子が加速度を受けるので，球面波の電磁波を輻射する．これは，電子がある面に入射した平面波の電磁波エネルギーをすべて球面波の電磁波エネルギーに変換して輻射したものとみなせる．このときの面積を電子のトムソン散乱断面積という．また，ε_0 で真空の誘電率，c で真空中の光速を表す．以下の問題に答えよ．

(1) 平面波として空間を z 軸方向に伝播する電磁波を考える．つまり，その電場 $\boldsymbol{E}$ は x 軸成分 E_x 以外は 0 で，$E_x = E_0 \sin(k(z - ct))$ とする．このとき，磁場（磁束密度 $\boldsymbol{B}$）は，y 軸方向成分しかなく，$B_y = E_x/c$ になることをマクスウェル方程式を使って示せ．

(2) この電磁波のエネルギー流密度を表すポインティングベクトル $\boldsymbol{S}_{\text{in}}$ の大きさの時間平均を求めよ．

(3) 電子が加速度 $\boldsymbol{a}$ を受けたとき，電子から十分に遠い点 $\boldsymbol{r}$ での $\boldsymbol{E}, \boldsymbol{B}$ は次式のように与えられる．このときの $\boldsymbol{S}_{\text{out}}$ の向きと，その大きさの方向依存性を求めよ．

$$\boldsymbol{E} = \frac{e}{4\pi\varepsilon_0 c^2} \frac{\boldsymbol{r} \times (\boldsymbol{r} \times \boldsymbol{a})}{r^3}, \quad \boldsymbol{B} = -\frac{e}{4\pi\varepsilon_0 c^3} \frac{\boldsymbol{r} \times \boldsymbol{a}}{r^2}, \quad r = |\boldsymbol{r}|$$

(4) 前問の電子が単位時間当たりに輻射する全エネルギーを求めよ．

(5) 静止している電子に，(I)で与えた平面波の電磁波が入射する．この結果，電子は振動し，球面波の電磁波を輻射する．時間平均した単位時間当たりの全輻射エネルギーを求めよ．

(6) 以上のことを使って，電子のトムソン散乱断面積を求めよ．

(阪大，京大 *，東大 *，カリフォルニア大 *)

11.9 阪大の慣性核融合レーザ激光が $1\,\mu\text{m}$ の波長の光を 10^{-9} 秒に $10^{-3}\,\text{cm}^2$ の面積に $10\,\text{kJ}$ 伝送したとする．

(1) パワー密度，最大電場，電磁場のエネルギー密度，および光圧を MKS 単位で求めよ．

(2) すべてのエネルギーが吸収され，熱エネルギーに変換され，（完全電離した）5×10^{18} 個の水素原子を含む，焦点サイズの球に渡って一様に分布するとき，この物質の圧力を見積もり，レーザ光の光圧は大きいが，その物質の雲を保持するには低すぎるため，自由膨張することを示せ．

(3) 周波数 ν の光子の運動量は $q = \hbar k$ （$k = 2\pi\nu/c$）で与えられる．完全吸収面に入射している光線強度 I によって加えられる圧力が $P = \frac{I}{c} = \frac{U}{c}c$ であることを示せ．

(阪大 *，立命大 *，東工大 *)

第 12 編

量子力学・原子核

12.1 量子力学
12.1.1 粒子性と波動性
(1) コンプトン効果

静止した電子に波長 λ の X 線があたって，X 線が入射方向と θ の角度をなして散乱される場合の波長を λ' とすると，

$$\lambda' - \lambda = \frac{h}{m_0 c}(1 - \cos\theta) \quad (h : \text{プランク定数}) \tag{12.1}$$

$\lambda_\mathrm{C} = h/m_0 c$ を**コンプトン波長**という．

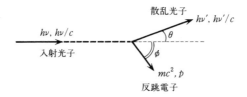

(2) 光電効果

金属表面に振動数 ν の光をあて，その表面から速度 v の電子が放出されるとき，

$$h\nu = \frac{1}{2}mv^2 + W \quad (W : \text{仕事関係}) \tag{12.2}$$

(3) ステファン-ボルツマンの法則

温度 T の黒体の単位面積から単位時間に放出されるエネルギー：

$$u = \sigma T^4 \quad (\sigma : \text{ステファン-ボルツマン定数}) \tag{12.3}$$

(4) プランクの公式

振動数が $\nu \sim \nu + d\nu$ にあるエネルギー密度を $u(\nu, T)$ とすると，

$$u(\nu, T)d\nu = \frac{8\pi}{c^3}\frac{h\nu^3}{e^{h\nu/kT}-1}d\nu = \frac{\hbar\omega^3}{\pi^2 c^3}\frac{1}{e^{\hbar\omega/kT}-1}d\omega \quad (\text{プランクの公式}) \tag{12.4}$$

$h\nu/kT \ll 1$ のとき，$u(\nu, T) \fallingdotseq \frac{8\pi}{c^3}\nu^2 kT$ (レイリー-ジーンズの公式) (12.5)

$u(\lambda, T)$ の最大値を与える波長を λ_m とすると，

$$\lambda_{\mathrm{m}} T = \text{一定} \quad (\text{ウィーンの変位則})$$

(5) ド・ブロイの関係

$$p = \frac{h}{\lambda} = \hbar k \quad (p : 運動量, \hbar = h/2\pi, k : 波数) \tag{12.6}$$

12.1.2 ボーアの前期量子論

(1) エネルギー準位

$$量子条件 : \oint p \, dq = \oint L \, d\varphi = nh \tag{12.7}$$

ただし, p : 運動量, q : 周期変数, L : 角運動量, n : 正整数.

$$クーロン力と遠心力の釣り合い : \frac{Ze^2}{4\pi\varepsilon_0 r^2} = mr\omega^2 \tag{12.8}$$

$$全エネルギー : E_n = \frac{-eZe}{4\pi\varepsilon_0 r} + \frac{1}{2}m(r\omega)^2 = -\frac{me^4 Z^2}{8\varepsilon_0^2 h^2 n^2} \tag{12.9}$$

$$軌道半径 : r_n = \frac{\varepsilon_0 n^2 h^2}{\pi m e^2 Z} \tag{12.10}$$

$$ボーア半径 : r_0 = \frac{\varepsilon_0 h^2}{\pi m e^2} \fallingdotseq 5.29 \times 10^{-11} (\mathrm{m}) \tag{12.11}$$

$$振動数条件 : h\nu = |E_n - E_n'| \tag{12.12}$$

(12.9), (12.12) より, 水素原子のスペクトル系列:

$$\frac{1}{\lambda} = \frac{me^4}{8\varepsilon_0^2 ch^3} \left(\frac{1}{n^2} - \frac{1}{n'^2} \right)$$

$$= R \left(\frac{1}{n^2} - \frac{1}{n'^2} \right) \quad (R : リュードベリ定数) \tag{12.13}$$

12.1.3 シュレディンガーの波動方程式

(1) シュレディンガーの波動方程式の表示

$$時間を含む方程式 : \left\{ -\frac{\hbar^2}{2m} \nabla^2 + V(\boldsymbol{r}) \right\} \psi(\boldsymbol{r}, t) = i\hbar \frac{\partial}{\partial t} \psi(\boldsymbol{r}, t) \tag{12.14}$$

$$波動関数 : \psi(\boldsymbol{r}, t) = u(\boldsymbol{r}) e^{-iEt/\hbar} \tag{12.15}$$

とおくと,

$$時間を含まない方程式 : \left\{ -\frac{\hbar^2}{2m} \nabla^2 + V(\boldsymbol{r}) \right\} u(\boldsymbol{r}) = E u(\boldsymbol{r}) \tag{12.16}$$

$$演算子 : \boldsymbol{p} = -i\hbar \nabla, \quad E = i\hbar \frac{\partial}{\partial t}, \quad H = \frac{\boldsymbol{p}^2}{2m} + V(\boldsymbol{r}) \tag{12.17}$$

とおくと,

固有値, 固有関数表示:

$$H = Eu \quad (u : 固有関数, E : 固有値, H : ハミルトニアン) \tag{12.18}$$

(2) 固有関数の条件と性質

（a） 固有関数 u は $|u|^2$ が積分可能でなければならない（離散スペクトルの場合），あるいは関数値が有限でなければならない（連続スペクトルの場合）．

（b） 固有関数はその関数値と微分値があらゆる空間点で連続でなければならない．ただし，ポテンシャル無限のところはその限りではない．

（c） 固有関数 $\{u_\lambda\}$ は完備系をつくり，規格直交条件を満たすように選べる．

$$\begin{cases} \int u_\lambda^* u_\nu \, dv = \delta_{\lambda\nu} & \text{（離散スペクトル）} \\ \int u_\lambda^* u_\nu \, dv = \delta(\lambda - \nu) & \text{（連続スペクトル）} \end{cases} \tag{12.19}$$

(3) 期待値

物理量 X の期待値： $\langle \psi^* |X| \psi \rangle \equiv \int \psi^*(\boldsymbol{r},t) X \psi(\boldsymbol{r},t) dv \tag{12.20}$

(4) ハイゼンベルクの不確定性関係

$$\Delta p_i \Delta x_i \gtrsim \hbar, \quad \Delta E \Delta t \gtrsim \hbar \tag{12.21}$$

(5) ハイゼンベルクの方程式

$$\frac{dX(t)}{dt} = \frac{i}{\hbar}[H, X(t)] \tag{12.22}$$

12.1.4　1次元調和振動子

$$\left(-\frac{\hbar^2}{2m}\nabla^2 + \frac{1}{2}kx^2 - E\right)u(x) = 0 \tag{12.23}$$

$$E_n = \hbar\omega\left(n + \frac{1}{2}\right) \quad (n = 0, 1, 2, \cdots), \quad \omega = \sqrt{\frac{k}{m}} \tag{12.24}$$

$$u_n(x) = \left(\frac{\alpha}{\sqrt{\pi}\, 2^n n!}\right)^{1/2} H_n(\alpha x) e^{-\alpha^2 x^2/2}, \quad \alpha = \left(\frac{mk}{\hbar^2}\right)^{1/4} \tag{12.25}$$

ただし，$H_n(\alpha x)$：エルミートの多項式．

12.1.5　水素型原子

$$\left(-\frac{\hbar^2}{2\mu}\nabla^2 - \frac{Ze^2}{r}\right)\psi = E\psi [CGS] \quad \left(\mu = \frac{mM}{m+M}, \ Z = 1\right) \tag{12.26}$$

$$E_n = -\frac{Z^2 e^2}{2a}\frac{1}{n^2} = -\frac{\mu Z^2 e^4}{2\hbar^2}\frac{1}{n^2}, \quad a = \frac{\hbar^2}{\mu e^2} \tag{12.27}$$

$$\psi_{nlm}(r,\theta,\varphi) = R_{nl}(r) Y_l^m(\theta,\varphi) \tag{12.28}$$

$$R_{nl}(r) = -\left[\left(\frac{2Z}{na}\right)^3 \frac{(n-l-1)!}{2n\{(n+l)!\}^3}\right]^{1/2} \rho^l e^{-\rho/2} L_{n+l}^{2l+1}(\rho), \quad \rho = \frac{2Z}{na}r$$

ただし，$L_{n+l}^{2l+1}(\rho)$：ラゲールの陪多項式，m：電子質量，M：陽子質量．

12.1.6　角運動量
(1)　一般の角運動量
$$[J_x, J_y] = iJ_z, \quad [J_y, J_z] = iJ_x, \quad [J_z, J_x] = iJ_y \tag{12.29}$$
ただし，$\boldsymbol{J}$：一般の角運動量，$[A, B] \equiv AB - BA$ は交換関係を示す．

(2)　軌道角運動量
$$\hbar \boldsymbol{l} = \boldsymbol{r} \times \boldsymbol{p} = -i\hbar \boldsymbol{r} \times \nabla \quad (\boldsymbol{l}：\text{軌道角運動量}) \tag{12.30}$$

12.1.7　摂動論
(1)　時間を含まず，縮退していない場合

$H = H_0 + H_1, H_0\psi_n^0 = E_n^0\psi_n^0, H\psi_k = E_k\psi_k$ とすると，

$$E_k = E_k^0 + \langle k|H_1|k\rangle + \sum_{n \neq k} \frac{|\langle n|H_1|k\rangle|^2}{E_k^0 - E_n^0} + \cdots \tag{12.31}$$

$$\psi_k = \psi_k^0 + \sum_{n \neq k} \frac{\langle n|H_1|k\rangle}{E_k^0 - E_n^0} \psi_n^0 + \cdots \tag{12.32}$$

12.1.8　変分法
(1)　レイリー-リッツの方法

一般に試行関数を ψ_t とし，エネルギーの期待値

$$E = \int \psi_t^* H \psi_t \, d\tau \Big/ \int \psi_t^* \psi_t \, d\tau \tag{12.33}$$

を ψ_t^* について変分をすれば，

$$\int \delta\psi_t^* (E - H)\psi_t \, d\tau = 0 \tag{12.34}$$

試行関数として適当な有限個の規格直交関数の 1 次結合

$$\psi_t = \sum_{n=1}^{p} a_n \phi_n \tag{12.35}$$

を選べば (12.33) から，

$$\frac{\partial E}{\partial a_n} = 0 \quad (n = 1, 2, \cdots, p) \tag{12.36}$$

$$\therefore \quad \sum_m (H_{nm} - E\delta_{nm})a_m = 0 \tag{12.37}$$

$$\det|H_{nm} - E\delta_{nm}| = 0 \quad (\text{永年方程式}) \tag{12.38}$$

これからエネルギーの近似値（p 個）と係数 a_n が求められる．

12.1.9 散乱

(1) 散乱断面積

$$\text{微分断面積}: \sigma(\theta,\varphi)d\Omega = \frac{J_s}{J_i}, \quad \text{全断面積}: \sigma = \int \sigma(\theta,\varphi)d\Omega \tag{12.39}$$

J_i：単位時間に進行方向に垂直な単位面積に入射する粒子数．J_s：単位時間に標的粒子 1 個当たりにつき (θ,φ) 方向の立体角 $d\Omega$ に散乱される粒子数．

(2) 実験室系と重心系との関係

散乱角 (θ_L,ϕ_L)（実験室系）と (θ_C,ϕ_C)（重心系）との関係は，

$$\tan\theta_L = \frac{\sin\theta_C}{\gamma + \cos\theta_C}, \quad \phi_L = \phi_C \tag{12.40}$$

$$\gamma = \left[\frac{m_A m_C}{m_B m_D}\frac{E_r}{E_r + Q}\right]^{1/2}, \quad E_r = \frac{1}{2}\frac{m_A m_B}{m_A + m_B}v^2$$

(A, B の相対運動の運動エネルギー)

Q：A, B の内部エネルギーから C, D の運動エネルギーに変化した分．

$$\sigma_L(\theta_L,\phi_L) = \frac{(1+\gamma^2+2\gamma\cos\theta_C)^{3/2}}{|1+\gamma\cos\theta_C|}\sigma_C(\theta_C,\phi_C) \tag{12.41}$$

弾性散乱ならば，$\gamma = m_A/m_B$

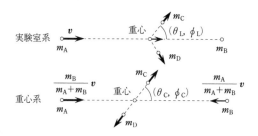

(3) 部分波展開

$$\left(-\frac{\hbar^2}{2m}\nabla^2 + V(\boldsymbol{r})\right)\psi(\boldsymbol{r}) = E\psi(\boldsymbol{r}) \tag{12.42}$$

の解を漸近形

$$\psi \simeq e^{ikz} + \frac{e^{ikr}}{r}f(\theta,\varphi) \quad (r \to \infty) \tag{12.43}$$

とおくと $(f(\theta,\varphi)$：散乱振幅)，微分断面積，全断面積はそれぞれ，

$$\sigma(\theta,\varphi)d\Omega = |f(\theta,\varphi)|^2 d\Omega \ (\equiv d\sigma), \quad \sigma = \int |f(\theta,\varphi)|^2 d\Omega \tag{12.44}$$

── 例題 12.1 ─────────────────────────────

外部磁場中での質量 m, 電荷 q の荷電粒子の量子力学的運動を考える. そのハミルトニアンは

$$H = \frac{1}{2m}(\boldsymbol{p} - q\boldsymbol{A})^2 + q\phi$$

で与えられる. ここでは, 粒子のスピン自由度は考えない. ϕ, $\boldsymbol{A}$ は, それぞれ電磁場のスカラーポテンシャルとベクトルポテンシャルを表し, ここでは時間によらないとする. 量子化条件は, 座標と運動量の正準交換関係, $[x, p_x] = xp_x - p_x x = i\hbar$, $[y, p_y] = [z, p_z] = i\hbar$, で与えられる. ここで, $\hbar = h/2\pi$ で, h はプランク定数を表す. 以下の問いに答えよ.

先ず, 原点に置かれた $-q$ の電荷の作る静電ポテンシャルの中の運動を考える. その座標表示のハミルトニアンは,

$$H = -\frac{\hbar^2}{2m}\nabla^2 - \frac{q^2}{4\pi\varepsilon_0 r}$$

で与えられる. ここで, $r = |\boldsymbol{r}|$ は原点からの距離, ε_0 は真空の誘電率を表す.

(1) この基底状態は球対称性を持つ s 波状態となり, その波動関数 $\psi(\boldsymbol{r})$ は動径座標 r のみの関数となる. 長さの次元を持つ定数 r_0 と, エネルギーの次元を持つ定数 E_0 を適当に選んで, $r = r_0\rho$, $E = -E_0\varepsilon$ とおくと, 基底状態のシュレディンガー方程式は, 無次元変数 ρ と無次元エネルギー ε を使って,

$$\left(\frac{d^2}{d\rho^2} + \frac{2}{\rho}\frac{d}{d\rho} + \frac{2}{\rho}\right)\psi = \varepsilon\psi \qquad (\mathrm{I})$$

と書くことができる. このとき, r_0 と E_0 を, m, q, ε_0, $\hbar$ を用いて表せ. 必要であれば, 任意の r のみの関数 $f(r)$ に対し,

$$\nabla^2 f(r) = \left(\frac{d^2}{dr^2} + \frac{2}{r}\frac{d}{dr}\right)f(r)$$

となることを用いよ.

(2) (I)式の節なし解 $\psi(\boldsymbol{r}) = ce^{-\rho} = ce^{-r/r_0}$ は基底状態の波動関数を与える. ここで, 定数 c は波動関数の規格化因子を表す. 基底状態のエネルギー E と粒子の動径座標の拡がりの大きさ $\sqrt{\langle r^2 \rangle}$ を, それぞれ, E_0 と r_0 を用いて表せ. ここで, $\langle r^2 \rangle$ は r^2 の期待値を表す.

次に, z 軸の負の方向を向いた強さ B の一様な磁場中での荷電粒子の運動を考える. このとき, ポテンシャルを $\boldsymbol{A}(\boldsymbol{r}) = (By/2, -Bx/2, 0)$, $\phi(\boldsymbol{r}) = 0$, ととると, ハミルトニアンは,

$$H = \frac{1}{2m}\left\{\left(p_x - \frac{qBy}{2}\right)^2 + \left(p_y + \frac{qBx}{2}\right)^2 + p_z^2\right\} \qquad (\mathrm{II})$$

で与えられる．

(3) $p_1 = p_x - \dfrac{qBy}{2}$, $p_2 = p_y + \dfrac{qBx}{2}$, p_z の間の交換関係を求めよ．

(4) 適当な定数 k を選んで，新しい正準座標 (X, P) を $X = kp_2$ と $P = p_1$ ととることにより，(x, y) 方向の運動が 1 次元の調和振動子と等価になることを示し，その固有振動数 ω を求めよ．また，古典的描像では ω が何を表すか述べよ．

(5) $P' = p_x + \dfrac{qBy}{2}$ は正準座標 (X, P) のそれぞれと可換になることを示せ．また，P' と正準共役な関係にあるエルミート演算子 X' を，正準座標 (X, P) と可換になるように，x と p_y の線形結合で構成せよ．

(6) ハミルトニアン(2)は正準座標 (X, P) と p_z で書かれており，もう一組の正準座標 (X', P') には依存しない．今，(X, P) 座標にのみ注目したとき，X を対角化する表示で基底状態の波動関数はどう表されるか．さらに変数 X' を考慮に入れる場合，それが特定の実数値 $X' = a$ を持つときには，この基底状態の波動関数を元の座標 x で書き表すことができる．そのとき，a はどういう意味を持つか述べよ．

(東大)

【解答】 (1) $H = -\dfrac{\hbar^2}{2m}\nabla^2 - \dfrac{q^2}{4\pi\varepsilon_0 r}$ を $H\psi = E\psi$ に代入すると，

$$\left(-\frac{\hbar^2}{2m}\nabla^2 - \frac{q^2}{4\pi\varepsilon_0 r}\right)\psi = E\psi$$

∇^2 を極座標表示すると，

$$\left\{-\frac{\hbar^2}{2m}\left(\frac{d^2}{dr^2} + \frac{2}{r}\frac{d}{dr}\right) - \frac{q^2}{4\pi\varepsilon_0 r}\right\}\psi = E\psi$$

$r = r_0\rho$, $E = -E_0\varepsilon$ を代入し，変形すると，

$$\left[-\frac{\hbar^2}{2m}\left\{\frac{d^2}{d(r_0\rho)^2} + \frac{2}{(r_0\rho)}\frac{d}{d(r_0\rho)}\right\} - \frac{q^2}{4\pi\varepsilon_0(r_0\rho)}\right]\psi = -(E_0\varepsilon)\psi$$

$$\left\{-\frac{\hbar^2}{2m}\left(\frac{d^2}{r_0^2 d\rho^2} + \frac{2}{r_0^2\rho}\frac{d}{d\rho}\right) - \frac{q^2}{4\pi\varepsilon_0 r_0}\frac{1}{\rho}\right\}\psi = -E_0\varepsilon\psi$$

$$\left(\frac{d^2}{d\rho^2} + \frac{2}{\rho}\frac{d}{d\rho} + \frac{2mr_0^2}{\hbar^2}\frac{q^2}{4\pi\varepsilon_0 r_0}\frac{1}{\rho}\right)\psi = \frac{2mr_0^2}{\hbar^2}E_0\varepsilon\psi$$

これを与式(I)と比較すると，$\dfrac{mr_0 q^2}{4\pi\varepsilon_0 \hbar^2} = 1$, $\dfrac{2mr_0^2 E_0}{\hbar^2} = 1$

$\therefore\ r_0 = \dfrac{4\pi\varepsilon_0 \hbar^2}{mq^2}$, $E_0 = \dfrac{\hbar^2}{2mr_0^2} = \dfrac{\hbar^2}{2m}\dfrac{m^2 q^4}{16\pi^2\varepsilon_0^2\hbar^4} = \dfrac{mq^4}{32\pi^2\varepsilon_0^2\hbar^2}$

(2) $\psi(\boldsymbol{r}) = ce^{-r/r_0} = ce^{-\rho}$ ①

を(I)に代入すると，

$$\left(\frac{d^2}{d\rho^2} + \frac{2}{\rho}\frac{d}{d\rho} + \frac{2}{\rho}\right)ce^{-\rho} = c\left(e^{-\rho} - \frac{2}{\rho}e^{-\rho} + \frac{2}{\rho}e^{-\rho}\right) = ce^{-\rho} = \varepsilon ce^{-\rho}$$

よって，$\varepsilon = 1$ となるから，これを与式に代入すると，$E = -E_0\varepsilon = -E_0$

次に，①を次のように規格化すると[注]，

$$\langle\psi|\psi\rangle = \int_0^\infty c^* e^{-r/r_0} ce^{-r/r_0} r^2 dr = |c|^2 r_0^3 \int_0^\infty \rho^2 e^{-2\rho} d\rho$$

$$= |c|^2 r_0^3 \left(\left[\frac{e^{-2\rho}}{-2}\rho^2\right]_0^\infty - \int_0^\infty \frac{e^{-2\rho}}{-2}\cdot 2\rho d\rho\right) = |c|^2 r_0^3 \left(\int_0^\infty e^{-2\rho}\rho d\rho\right)$$

$$= |c|^2 r_0^3 \left(\left[\frac{e^{-2\rho}}{-2}\rho\right]_0^\infty - \int \frac{e^{-2\rho}}{-2} d\rho\right) = |c|^2 r_0^3 \frac{1}{2}\left[\frac{e^{-2\rho}}{-2}\right]_0^\infty$$

$$= |c|^2 r_0^3 \frac{1}{4} = 1 \quad \therefore \quad |c|^2 = \frac{4}{r_0^3}$$

$$\langle r^2 \rangle = \langle\psi|r^2|\psi\rangle = \int_0^\infty c^* e^{-r/r_0} r^2 ce^{-r/r_0} r^2 dr = |c|^2 r_0^5 \int_0^\infty \rho^4 e^{-2\rho} d\rho$$

$$= |c|^2 r_0^5 \left(\left[\frac{e^{-2\rho}}{-2}\rho^4\right]_0^\infty - 4\int_0^\infty \frac{e^{-2\rho}}{-2}\rho^3 d\rho\right) = 2|c|^2 r_0^5 \int_0^\infty e^{-2\rho}\rho^3 d\rho$$

$$= 2|c|^2 r_0^5 \left(\left[\frac{e^{-2\rho}}{-2}\rho^3\right]_0^\infty - 3\int_0^\infty \frac{e^{-2\rho}}{-2}\rho^2 d\rho\right) = 2|c|^2 r_0^5 \frac{3}{2}\int_0^\infty e^{-2\rho}\rho^2 d\rho$$

$$= 3|c|^2 r_0^5 \left(\left[\frac{e^{-2\rho}}{-2}\rho^2\right]_0^\infty - 2\int_0^\infty \frac{e^{-2\rho}}{-2}\rho\, d\rho\right) = 3|c|^2 r_0^5 \int_0^\infty e^{-2\rho}\rho\, d\rho$$

$$= 3|c|^2 r_0^5 \left(\left[\frac{e^{-2\rho}}{-2}\rho\right]_0^\infty - \int_0^\infty \frac{e^{-2\rho}}{-2} d\rho\right) = 3|c|^2 r_0^5 \frac{1}{2}\left[\frac{e^{-2\rho}}{-2}\right]_0^\infty$$

$$= \frac{3}{4}|c|^2 r_0^5 = \frac{3}{4}\frac{4}{r_0^3}r_0^5 = 3r_0^2$$

$$\therefore \quad \sqrt{\langle r^2 \rangle} = \sqrt{3}\, r_0$$

[注] 積分要素を $4\pi r^2 dr$ などとする文献もある．桂他：量子力学演習（東京電機大学出版局）

(3) 交換関係は，

$$[p_1, p_2] = p_1 p_2 - p_2 p_1$$

$$= \left(p_x - \frac{qBy}{2}\right)\left(p_y + \frac{qBx}{2}\right) - \left(p_y + \frac{qBx}{2}\right)\left(p_x - \frac{qBy}{2}\right)$$

$$= \left(-i\hbar\frac{\partial}{\partial x} - \frac{qBy}{2}\right)\left(-i\hbar\frac{\partial}{\partial y} + \frac{qBx}{2}\right) - \left(-i\hbar\frac{\partial}{\partial y} + \frac{qBx}{2}\right)\left(-i\hbar\frac{\partial}{\partial x} - \frac{qBy}{2}\right)$$

$$
\begin{aligned}
&= -i\hbar\frac{\partial}{\partial x}\left(-i\hbar\frac{\partial}{\partial y}\right) - i\hbar\frac{\partial}{\partial x}\left(\frac{qBx}{2}\right) - \frac{qBy}{2}\left(-i\hbar\frac{\partial}{\partial y}\right) - \frac{qBy}{2}\frac{qBx}{2} \\
&\quad - \left\{-i\hbar\frac{\partial}{\partial y}\left(-i\hbar\frac{\partial}{\partial x}\right) + i\hbar\frac{\partial}{\partial y}\frac{qBy}{2} + \frac{qBx}{2}\left(-i\hbar\frac{\partial}{\partial x}\right) - \frac{qBx}{2}\frac{qBy}{2}\right\} \\
&= -i\hbar\frac{qB}{2} - \left(\frac{qB}{2}\right)^2 xy - i\hbar\frac{qB}{2} + \left(\frac{qB}{2}\right)^2 xy = -i\hbar qB
\end{aligned}
$$

$$
\begin{aligned}
[p_1, p_z] &= p_1 p_z - p_z p_1 = \left(p_x - \frac{qBy}{2}\right)\left(-i\hbar\frac{\partial}{\partial z}\right) - \left(-i\hbar\frac{\partial}{\partial z}\right)\left(p_x - \frac{qBy}{2}\right) \\
&= i\hbar\frac{\partial}{\partial z}\left(-\frac{qBy}{2}\right) = 0
\end{aligned}
$$

$$
\begin{aligned}
[p_2, p_z] &= p_2 p_z - p_z p_2 \\
&= \left(-i\hbar\frac{\partial}{\partial y} + \frac{qBx}{2}\right)\left(-i\hbar\frac{\partial}{\partial z}\right) - \left(-i\hbar\frac{\partial}{\partial z}\right)\left(-i\hbar\frac{\partial}{\partial y} + \frac{qBx}{2}\right) = 0
\end{aligned}
$$

(4) $X = kp_2, P = p_1$ とし，$k = 1/(qB)$ とおくと，

$$
\begin{aligned}
[X, P] &= XP - PX = kp_2 p_1 - p_1 kp_2 = k(p_2 p_1 - p_1 p_2) = k[p_2, p_1] \\
&= -k[p_1, p_2] = -k(-i\hbar qB) = i\hbar kqB = i\hbar
\end{aligned}
$$

このとき，ハミルトニアンは，与式(II)より，

$$
\begin{aligned}
H &= \frac{1}{2m}(p_1^2 + p_2^2 + p_z^2) = \frac{1}{2m}\left\{P^2 + \left(\frac{X}{k}\right)^2 + p_z^2\right\} \\
&= \frac{1}{2m}(P^2 + q^2 B^2 X^2 + p_z^2)
\end{aligned}
$$

ここで，$\omega = (qB)/m$ と置くと，

$$
H = \frac{P^2}{2m} + \frac{1}{2}m\omega^2 X^2 + \frac{p_z^2}{2m} \tag{②}
$$

となり，1次元調和振動子と等価であることが分かる．古典的描像では ω はサイクロトロン角周波数と呼ばれ，荷電粒子が磁場中で円運動するときの周波数である．

(5) $P' = p_x + \dfrac{qBy}{2}, X = \dfrac{1}{qB}\left(p_y + \dfrac{qBx}{2}\right)$ を用いると，

$$
\begin{aligned}
[P', X] &= P'X - XP' \\
&= \left(p_x + \frac{qBy}{2}\right)\left\{\frac{1}{qB}\left(p_y + \frac{qBx}{2}\right)\right\} - \left\{\frac{1}{qB}\left(p_y + \frac{qBx}{2}\right)\right\}\left(p_x + \frac{qBy}{2}\right) \\
&= \frac{1}{qB}\left\{\left(-i\hbar\frac{\partial}{\partial x} + \frac{qBy}{2}\right)\left(-i\hbar\frac{\partial}{\partial y} + \frac{qBx}{2}\right)\right. \\
&\qquad\quad \left. - \left(-i\hbar\frac{\partial}{\partial y} + \frac{qBx}{2}\right)\left(-i\hbar\frac{\partial}{\partial x} + \frac{qBy}{2}\right)\right\}
\end{aligned}
$$

$$= \frac{1}{qB}\left\{-i\hbar\frac{qB}{2} + \frac{qBy}{2}\frac{qBx}{2} - \left(-i\hbar\frac{qB}{2} + \frac{qBx}{2}\frac{qBy}{2}\right)\right\} = 0$$

$$[P', P] = P'P - PP'$$
$$= \left(p_x + \frac{qBy}{2}\right)\left(p_x - \frac{qBy}{2}\right) - \left(p_x - \frac{qBy}{2}\right)\left(p_x + \frac{qBy}{2}\right)$$
$$= \left(-i\hbar\frac{\partial}{\partial x} + \frac{qBy}{2}\right)\left(-i\hbar\frac{\partial}{\partial x} - \frac{qBy}{2}\right) - \left(-i\hbar\frac{\partial}{\partial x} - \frac{qBy}{2}\right)\left(-i\hbar\frac{\partial}{\partial x} + \frac{qBy}{2}\right)$$
$$= -\left(\frac{qBy}{2}\right)^2 + \left(\frac{qBy}{2}\right)^2$$
$$= 0$$

$X' = \dfrac{1}{qB}\left(p_y - \dfrac{qBx}{2}\right)$ と構成すれば,

$$[X', P'] = X'P' - P'X'$$
$$= \frac{1}{qB}\left(p_y - \frac{qBx}{2}\right)\left(p_x + \frac{qBy}{2}\right) - \left(p_x + \frac{qBy}{2}\right)\frac{1}{qB}\left(p_y - \frac{qBx}{2}\right)$$
$$= \frac{1}{qB}\left\{\left(-i\hbar\frac{\partial}{\partial y} - \frac{qBx}{2}\right)\left(-i\hbar\frac{\partial}{\partial x} + \frac{qBy}{2}\right)\right.$$
$$\left. - \left(-i\hbar\frac{\partial}{\partial x} + \frac{qBy}{2}\right)\left(-i\hbar\frac{\partial}{\partial y} - \frac{qBx}{2}\right)\right\}$$
$$= \frac{1}{qB}\left(-i\hbar\frac{qB}{2} - \frac{qBx}{2}\frac{qBy}{2} - i\hbar\frac{qB}{2} + \frac{qBy}{2}\frac{qBx}{2}\right)$$
$$= -i\hbar$$

∴ $[P', X'] = i\hbar$

［注］ 同様に, $X' = \dfrac{1}{qB}\left(-p_y + \dfrac{qBx}{2}\right)$ と構成すれば, $[X', P'] = i\hbar$

(6) ②より, シュレディンガー方程式は,

$$\left(\frac{m\omega^2}{2}X^2 - \frac{\hbar^2}{2m}\frac{\partial^2}{\partial X^2}\right)\psi = E\psi$$
$$\left\{\left(\frac{m\omega}{\hbar}\right)^2 X^2 - \frac{2mE}{\hbar^2}\right\}\psi = \frac{\partial^2\psi}{\partial X^2} \qquad ③$$

(2回微分すれば X^2 が出るから) 解を

$$\psi = Ae^{-CX^2}, \quad \psi' = -2CXAe^{-CX^2} = -2CAXe^{-CX^2},$$
$$\psi'' = -2CA(e^{-CX^2} - 2CX^2 e^{-CX^2}) = -2C(1 - 2CX^2)\psi \qquad ④$$

と仮定し, ③に代入すると,

$$\left\{\left(\frac{m\omega}{\hbar}\right)^2 X^2 - \frac{2mE}{\hbar^2}\right\}\psi = -2C\left(1 - 2CX^2\right)\psi$$

$$\left(\frac{m\omega}{\hbar}\right)^2 X^2 - \frac{2mE}{\hbar^2} = (2C)^2 X^2 - 2C$$

両辺を比較すると,

$$\left(\frac{m\omega}{\hbar}\right) = (2C), \quad \frac{2mE}{\hbar^2} = 2C, \quad \frac{m\omega}{2\hbar} = \frac{mE}{\hbar^2}, \quad E = \frac{\hbar\omega}{2}$$

④を規格化すると,

$$1 = \int_{-\infty}^{\infty} A^* e^{-CX^2} A e^{-CX^2} dX = |A|^2 \int_{-\infty}^{\infty} e^{-2CX^2} dX$$

$$= |A|^2 \sqrt{\frac{\pi}{2C}} = |A|^2 \sqrt{\frac{\pi}{2}\frac{2\hbar}{m\omega}}$$

$$\therefore \quad |A|^2 = \sqrt{\frac{m\omega}{\pi\hbar}}$$

よって,波動関数は,

$$\psi = \left(\frac{m\omega}{\pi\hbar}\right)^{\frac{1}{4}} e^{-\frac{m\omega}{2\hbar}X^2} = \left(\frac{m}{\pi\hbar}\frac{qB}{m}\right)^{\frac{1}{4}} e^{-\frac{m}{2\hbar}\frac{qB}{m}X^2}$$

$$= \left(\frac{qB}{\pi\hbar}\right)^{\frac{1}{4}} e^{-\frac{qB}{2\hbar}X^2} \quad \left(\because \ \omega = \frac{qB}{m}\right)$$

$X' = \dfrac{1}{qB}\left(p_y - \dfrac{qBx}{2}\right) = a$ のとき,

$$X - X' = X - a = x, \quad X = x + a, \quad \psi(X) \to \psi(x)$$

よって,a は (X, P) で考えた場合のサイクロトロン運動の中心(のずれ)を表すと考えられる.

例題 12.2

以下のハミルトニアンで記述される一次元量子系を考える.
$$H = -\frac{\hbar^2}{2m}\frac{d^2}{dx^2} + V(x)$$
ここで $2\pi\hbar \,(=h)$ はプランク定数, m は考えている粒子の質量, $V(x)$ は時間によらないポテンシャルエネルギーである. 系は長さ $2\pi L$ の一次元円周上で定義されているものとして, x と $x+2\pi L$ を同一点とみなす. 波動関数 $\psi(x)$ およびポテンシャル $V(x)$ は周期的境界条件 $\psi(x+2\pi L) = \psi(x), V(x+2\pi L) = V(x)$ を満たすものとする.

(1) $V(x) = 0$ の場合にシュレディンガー方程式 $H\psi(x) = E\psi(x)$ を解け. エネルギー E はどのような値に量子化されるか. またエネルギー固有値に縮退があるのかどうかを述べよ.

以下ではポテンシャルがデルタ関数, つまり円周を $x \in [-\pi L, \pi L]$ と表したとき
$$V(x) = \frac{\hbar^2 v}{2m}\delta(x)$$
と与えられる場合を考える. v は定数である.

(2) 波動関数 $\psi(x)$ の微分 $\psi'(x) = d\psi/dx$ は $x = 0$ で次のような不連続性を持つことを, シュレディンガー方程式を用いて説明せよ.
$$\lim_{\varepsilon \to 0+}(\psi'(\varepsilon) - \psi'(-\varepsilon)) = v\psi(0)$$

(3) $v < 0$ の場合, 負エネルギー状態が 1 つだけ存在することを示す. 先ず, $x = 0$ を除く円周 $x \in (0, 2\pi L)$ で波動関数を $\psi(x) = e^{\kappa x} + Ae^{-\kappa x}$ (A は定数, $\kappa > 0$) の形に仮定する. それがエネルギー固有値 $E = -\frac{\hbar^2 \kappa^2}{2m}$ に対応するシュレディンガー方程式の解であることを確認せよ. 次に $x = 0$ における接続条件を調べ, A の表式, および v と κ の関係を定めよ. 最後にグラフを利用して任意の $v < 0$ に対して κ が 1 つだけを定まることを示せ.

(4) $v > 0, E > 0$ の場合の解を調べる. E を正のパラメータ k を用いて $E = \frac{\hbar^2 k^2}{2m}$ と書く. 設問(3)と同様の解析を行って境界条件を満たすシュレディンガー方程式の解の形を定め, k と v の関係を求めよ. なお, ポテンシャルエネルギーの影響を受けない解もあることに留意せよ.

(5) 設問(4)で $k \gg v$ の場合, $v = 0$ の場合と比較したときのエネルギー固有値の補正を, v について一次まで求めよ.

(東大, 神戸大*, 東工大*, 京大*, 千葉大*)

【解答】 (1) $V(x) = 0$ の場合,

$$H\psi = -\frac{\hbar^2}{2m}\frac{d^2\psi}{dx^2} = E\psi, \quad \frac{d^2\psi}{dx^2} = -\frac{2mE}{\hbar^2}\psi$$

これを解くと，

$$\psi(x) = Ae^{ikx} + Be^{-ikx} \quad \left(k = \sqrt{\frac{2mE}{\hbar^2}}\right)$$

境界条件 $\psi(x) = \psi(x+2\pi L)$, $\psi(0) = \psi(2\pi L)$ より，$A + B = Ae^{i2\pi kL} + Be^{-i2\pi kL}$
$B = 0$ とすると，両辺は一致するから，

$$1 = e^{i2\pi kL}, \quad 2\pi kL = 2\pi n \quad \therefore \quad k = \frac{n}{L}$$

$$\psi(x) = Ae^{ikx} \qquad \qquad \qquad \qquad \qquad ①$$

①を規格化して，

$$1 = \int_0^{2\pi L} \psi\psi^* dx = \int_0^{2\pi L} Ae^{ikx} A^* e^{-ikx} dx = |A|^2 \cdot 2\pi L, \quad A = \frac{1}{\sqrt{2\pi L}}$$

$$\therefore \quad \psi(x) = \frac{1}{\sqrt{2\pi L}} e^{i\frac{n}{L}x}$$

$$E_n = \frac{\hbar^2 k^2}{2m} = \frac{\hbar^2}{2m}\frac{n^2}{L^2}$$

よって，$n \neq 0$ のとき，エネルギー固有値に $\pm n$ の縮退がある．

(2) シュレディンガー方程式は，

$$H\psi = \left(-\frac{\hbar^2}{2m}\frac{d^2}{dx^2} + V(x)\right)\psi(x) = E\psi$$

$$\frac{d^2\psi(x)}{dx^2} - \frac{2m}{\hbar^2}\frac{\hbar^2 v}{2m}\delta(x)\psi = -\frac{2mE}{\hbar^2}\psi(x)$$

$$\frac{d^2\psi(x)}{dx^2} - v\delta(x)\psi = -\frac{2mE}{\hbar^2}\psi(x)$$

両辺を $-\varepsilon$ から ε まで積分すると，

$$\psi'(\varepsilon) - \psi'(-\varepsilon) - v\psi(0) = -\frac{2mE}{\hbar^2}\int_{-\varepsilon}^{\varepsilon}\psi(x)dx$$

$\varepsilon \to +0$ の極限を取ると，右辺は 0 になるから，

$$\lim_{\varepsilon \to 0+}(\psi'(\varepsilon) - \psi'(-\varepsilon)) = v\psi(0)$$

(3) $\kappa^2 = -\dfrac{2mE}{\hbar^2}$ と置くと，シュレディンガー方程式は，

$$\frac{d^2\psi(x)}{dx^2} - \kappa^2\psi(x) - v\delta(x)\psi = 0 \qquad \qquad ②$$

例　題　　　　　　　　　　**235**

$$\psi(x) = e^{\kappa x} + Ae^{-\kappa x} \quad (\kappa > 0), \quad \psi'(x) = \kappa e^{\kappa x} - \kappa Ae^{-\kappa x},$$
$$\psi''(x) = \kappa^2 e^{\kappa x} + \kappa^2 Ae^{-\kappa x} \qquad \qquad ③$$

と仮定し，②の左辺に代入すると，

$$\kappa^2 e^{\kappa x} + \kappa^2 Ae^{-\kappa x} - \kappa^2(e^{\kappa x} + Ae^{-\kappa x}) - v\delta(x)(e^{\kappa x} + Ae^{-\kappa x})$$
$$= -v\delta(x)\psi(x) = 0 \quad (x \neq 0)$$

よって，③はシュレディンガー方程式の解である．

[注]　$x \neq 0$ のときのハミルトニアンを作用させると，

$$H\psi(x) = -\frac{\hbar^2}{2m}\frac{d^2}{dx^2}(e^{\kappa x} + Ae^{-\kappa x}) = -\frac{\hbar^2}{2m}(\kappa^2 e^{\kappa x} + \kappa^2 Ae^{-\kappa x})$$
$$= -\frac{\hbar^2 \kappa^2}{2m}\psi(x)$$

次に，境界条件より，

$$\psi(0) = \psi(2\pi L), \quad 1 + A = e^{2\pi L\kappa} + Ae^{-2\pi L\kappa}, \quad 1 - e^{2\pi L\kappa} = A(e^{-2\pi L\kappa} - 1)$$

$$\therefore \quad A = \frac{1 - e^{2\pi L\kappa}}{e^{-2\pi L\kappa} - 1} = e^{2\pi L\kappa}\frac{e^{-2\pi L\kappa} - 1}{e^{-2\pi L\kappa} - 1} = e^{2\pi L\kappa} \qquad ④$$

一方，(2)の結果より，$\psi'(0) - \psi'(2\pi L) = v\psi(0)$ と書けるから，これに④を代入すると，

$$\kappa - \kappa A - (\kappa e^{2\pi L\kappa} - A\kappa e^{-2\pi L\kappa}) = v(1 + A)$$
$$(1 - e^{2\pi L\kappa})\kappa = v + A(v + \kappa - \kappa e^{-2\pi L\kappa})$$
$$(1 - e^{2\pi L\kappa})\kappa = v + e^{2\pi L\kappa}(v + \kappa - \kappa e^{-2\pi L\kappa}) = v + e^{2\pi L\kappa}(v + \kappa) - \kappa$$
$$2\kappa - e^{2\pi L\kappa}\kappa = v + e^{2\pi L\kappa}v + e^{2\pi L\kappa}\kappa$$
$$2\kappa(1 - e^{2\pi L\kappa}) = v(1 + e^{2\pi L\kappa})$$

$$\therefore \quad v = \frac{2\kappa(1 - e^{2\pi L\kappa})}{1 + e^{2\pi L\kappa}} = -2\kappa\frac{e^{\pi L\kappa}(e^{\pi L\kappa} - e^{-\pi L\kappa})}{e^{\pi L\kappa}(e^{-\pi L\kappa} + e^{\pi L\kappa})} = -2\kappa\tanh(\pi L\kappa)$$

$y \equiv -2\kappa\tanh\pi L\kappa$ の概形を描くと図1のようになる．これより，$\kappa > 0$ において，$y \equiv v(v < 0)$ と一点だけで交わるから，κ が1つだけ定まることがわかる．

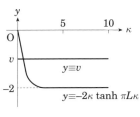

図1

(4)　$\kappa \to ik$ と置けば，$E > 0$ となるから，$\psi(x) = e^{ikx} + Be^{-ikx}$ とおくと，接続条件 $\psi(0) = \psi(2\pi L)$ より，

$$1 + B = e^{i2\pi Lk} + Be^{-i2\pi Lk}, \quad 1 - e^{i2\pi Lk} = -B(1 - e^{-i2\pi Lk}),$$

$$\therefore \quad B = -\frac{1-e^{i2\pi Lk}}{1-e^{-i2\pi Lk}} = -\frac{e^{i\pi Lk}(e^{-i\pi Lk}-e^{i\pi Lk})}{e^{-i\pi Lk}(e^{i\pi Lk}-e^{-i\pi Lk})} = e^{i2\pi Lk}$$

これと (2) の結果 $\psi'(0) - \psi'(2\pi L) = v\psi(0)$ より,

$$ik - ikB - (ike^{i2\pi Lk} - ikBe^{-i2\pi Lk}) = v(1+B),$$
$$ik - ike^{i2\pi Lk} - (ike^{i2\pi Lk} - ike^{i2\pi Lk}e^{-i2\pi Lk}) = v(1+e^{i2\pi Lk}),$$
$$ik - ike^{i2\pi Lk} - ike^{i2\pi Lk} + ik = 2ik(1-e^{i2\pi Lk}) = v(1+e^{i2\pi Lk}),$$

$$\therefore \quad v = \frac{2ik(1-e^{i2\pi Lk})}{1+e^{i2\pi Lk}}$$
$$= 2ik\frac{e^{i\pi Lk}(e^{-i\pi Lk}-e^{i\pi Lk})}{e^{i\pi Lk}(e^{-i\pi Lk}+e^{i\pi Lk})}$$
$$= 2k\frac{(-e^{-i\pi Lk}+e^{i\pi Lk})/2i}{(e^{-i\pi Lk}+e^{i\pi Lk})/2}$$
$$= 2k\tan \pi Lk \qquad \text{⑤}$$

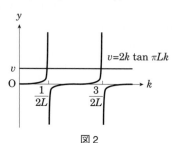

図 2

⑤の概形を描くと図 2 のようになる.

(5) 摂動論を用い,

$$H_0 = -\frac{\hbar^2}{2m}\frac{d^2}{dx^2}, \quad vH' = \frac{\hbar^2 v}{2m}\delta(x)$$

$v=0$ のときの波動関数を $|\psi_k\rangle = \dfrac{1}{\sqrt{2\pi L}}(ae^{ikx}+be^{-ikx})$ としたときの v の 1 次までの E の補正は,

$$\begin{aligned}
E_{(1)} &= v\langle \psi_k | H' | \psi_k \rangle \\
&= v\int_0^{2\pi L} \frac{1}{\sqrt{2\pi L}}(a^*e^{-ikx}+b^*e^{ikx})\frac{\hbar^2}{2m}\delta(x)\frac{1}{\sqrt{2\pi L}}(ae^{ikx}+be^{-ikx})dx \\
&= \frac{\hbar^2 v}{4\pi Lm}(a^*a + b^*b + a^*b + b^*a) \\
&= \frac{\hbar^2 v}{4\pi Lm}\{a^*(a+b)+b^*(a+b)\} \\
&= \frac{\hbar^2 v}{4\pi Lm}(a+b)^*(a+b) = \frac{\hbar^2 v}{4\pi Lm}|a+b|^2
\end{aligned}$$

問題研究

12.1 以下の(1)〜(6)の問に答えよ.

一次元調和振動子ポテンシャル $V(x) = \frac{1}{2}m\omega^2 x^2$ 中の粒子の量子力学を考える. ここで x は一次元空間座標, また m は粒子の質量, ω は正の定数である.

(1) 波動関数 $\phi(x)$ が満たす時間に依存しないシュレディンガー方程式を書け. ただし, エネルギー固有値を E とし, $\hbar = \frac{h}{2\pi}$, h はプランク定数とする.

(2) 関数 $\phi_0(x) = Ce^{-Ax^2}$ が上で求めたシュレディンガー方程式の解 $(\phi(x) = \phi_0(x))$ となる正の定数 A を求めよ. また, この量子状態のエネルギー固有値を求めよ. ただし, C は正の定数とする.

以下では, 必要ならば公式 $\int_{-\infty}^{\infty} e^{-ax^2}dx = \sqrt{\frac{\pi}{a}}$, $\int_{-\infty}^{\infty} x^2 e^{-ax^2}dx = \frac{\sqrt{\pi}}{2}\frac{1}{a\sqrt{a}}$ を用いよ. また, 解答には A を用いてよい.

(3) 上の問(2)で求めた波動関数 $\phi_0(x)$ を規格化して正の実数 C を求めよ.

(4) この量子状態で位置の測定を行った. 位置の期待値 $\langle x \rangle$ を求めよ. また, $\langle x^2 \rangle$ を求めよ.

(5) 運動量演算子 $\hat{p} = \frac{\hbar}{i}\frac{d}{dx}$ を用いて, この量子状態での運動量 p の期待値 $\langle p \rangle$ および $\langle p^2 \rangle$ を求めよ.

(6) $\Delta x = \sqrt{\langle x^2 \rangle - \langle x \rangle^2}$, $\Delta p = \sqrt{\langle p^2 \rangle - \langle p \rangle^2}$ とおく. $(\Delta x)(\Delta p)$ は m, ω に依存しない定数となる. その値を求めよ. (名工大)

12.2 x 軸上を調和振動子型ポテンシャル $V(x) = \frac{1}{2}m\omega^2 x^2$ の下で運動する, 質量 m の粒子の1次元量子力学について考える. ここで ω は正の定数である. プランク定数を 2π で割ったものを $\hbar$ として, 以下の問に答えよ. 解答には考え方や途中の計算も記すこと.

(1) 定常状態における粒子の波動関数を $\varphi(x)$, エネルギー固有値を E とし, 粒子が従うシュレディンガー方程式を書け.

(2) 位置 x と運動量 $p = -i\hbar\frac{d}{dx}$ には, 交換関係 $[x, p] = xp - px = i\hbar$ が成り立つことを示せ. ここで, x, p はいずれも演算子であることに注意せよ.

(3) $z = \frac{\sqrt{2m}}{\hbar}x$ で与えられる変数 z を用い, さらに $A = \frac{d}{dz} + \frac{\hbar\omega}{2}z$, $A^{\dagger} = -\frac{d}{dz} + \frac{\hbar\omega}{2}z$ で定義される演算子 $A, A^{\dagger}$ を用いると, 問(1)の粒子のハミルトニアン H は

$$H = A^{\dagger}A + \frac{\hbar\omega}{2}$$

と書き換えられることを示せ.

(4) 関数 $\varphi_0(z) = C_0 \exp\left(-\frac{\hbar\omega}{4}z^2\right)$ は $A\varphi_0(x) = 0$ を満たすことを示せ. ここで C_0 は任意の定数である.

(5) 問(4)の $\varphi_0(z)$ は H の固有関数であることを, 演算子 $A, A^{\dagger}$ を用いて示せ. また, $\varphi_0(z)$ を固有関数とするときのエネルギー固有値を求めよ.

(6) 問(4)の $\varphi_0(z)$ から作られる波動関数 $\varphi_1(z) = C_1 A^{\dagger}\varphi_0(z)$ も, $\varphi_0(z)$ と同様に H の固有関数であることを示せ. ここで C_1 は任意の定数である. また, $\varphi_1(z)$ を固有関数とす

るときのエネルギー固有値を求めよ．ただし，演算子 $A, A^\dagger$ の間には $AA^\dagger - A^\dagger A = \hbar\omega$ が成り立つことを証明せずに使ってもよい．

(学大†，東大*，北大*，広大*，筑大*，信大*，茶大*)

12.3 質量 m，角振動数 ω を持つ1次元調和振動子のハミルトニアンは $H = \dfrac{\hat{p}^2}{2m} + \dfrac{1}{2}m\omega^2\hat{x}^2$ で与えられる．ただし，$\hat{x}$ は位置の演算子，$\hat{p}$ は運動量の演算子を表し，$\hbar = \dfrac{h}{2\pi}$ とする．以下の各問に答えよ．

(1) 消滅演算子 $\hat{a}$ と生成演算子 $\hat{a}^\dagger$ を
$$\hat{a} = \sqrt{\frac{m\omega}{2\hbar}}\hat{x} + i\frac{1}{\sqrt{2m\hbar\omega}}\hat{p}, \quad \hat{a}^\dagger = \sqrt{\frac{m\omega}{2\hbar}}\hat{x} - i\frac{1}{\sqrt{2m\hbar\omega}}\hat{p}$$
と定義するとき，交換関係 $[\hat{a}, \hat{a}^\dagger]$ を求めよ．

(2) ハミルトニアン H を消滅演算子 $\hat{a}$ と生成演算子 $\hat{a}^\dagger$ を用いて表すと，
$$H = \left(\hat{a}^\dagger\hat{a} + \frac{1}{2}\right)\hbar\omega$$
で与えられる．このことを証明せよ．

(3) ハミルトニアン H と生成演算子 $\hat{a}^\dagger$ の交換関係 $\left[H, \hat{a}^\dagger\right]$ を求めよ．

(4) ハミルトニアン H の規格化された基底状態 $|\phi_0\rangle$ は，$\hat{a}|\phi_0\rangle = 0$ によって定義される．基底状態 $|\phi_0\rangle$ のエネルギー固有値 E_0 を求めよ．

(5) x 表示での規格化された基底状態の波動関数 $\phi_0(x)$ を求めよ．ただし，ガウス積分の公式は正の α に対して，$\displaystyle\int_{-\infty}^{\infty} dx\, e^{-\alpha x^2} = \sqrt{\dfrac{\pi}{\alpha}}$ で与えられる．

(6) 規格化された n 番目の励起状態を $|\phi_n\rangle$，そのエネルギー固有値を E_n とすると，$|\phi_{n+1}\rangle = c\hat{a}^\dagger|\phi_n\rangle$ を満たす．規格化条件を利用して，定数 c を E_n と ω を用いて表せ．ただし，c は正の実数とする．

(7) 問(3)，問(4)と問(6)で得られた結果を利用して，n 番目の励起状態 $|\phi_n\rangle$ のエネルギー固有値 E_n を求めよ．

(8) ハミルトニアン H による調和振動子の時間発展を考える．時刻 t における波動関数を $|\phi(t)\rangle$ と書くことにする．$t=0$ での波動関数として，n 番目の励起状態 $|\phi_n\rangle$ をとるとき（つまり，$|\phi(0)\rangle = |\phi_n\rangle$），$|\phi(t)\rangle$ を $|\phi_n\rangle, n, \omega$，そして t を用いて表せ．

(9) 期待値 $\langle\phi_n|\hat{x}^2|\phi_n\rangle$ を求めよ．

(琉大，筑大*，東大*，広大*，信大*，北大*，東北大*)

12.4 水素原子の基底状態でのエネルギー準位を求める．そのハミルトニアン H は

$$H = E_0 + C(\sigma_x^e\sigma_x^p + \sigma_y^e\sigma_y^p + \sigma_z^e\sigma_z^p) \tag{I}$$

と表される．E_0 と C は定数．σ^e と σ^p はそれぞれ電子と陽子のスピンに対するパウリ行列で，$k = e, p$，虚数単位を i として次のように与えられる．

$$\sigma_x^k = \begin{bmatrix} 0 & 1 \\ 1 & 0 \end{bmatrix}, \quad \sigma_y^k = \begin{bmatrix} 0 & -i \\ i & 0 \end{bmatrix}, \quad \sigma_z^k = \begin{bmatrix} 1 & 0 \\ 0 & -1 \end{bmatrix}$$

スピンが上向きの状態をベクトル $\begin{bmatrix} 1 \\ 0 \end{bmatrix}$ または記号↑で，スピンが下向きの状態をベクトル $\begin{bmatrix} 0 \\ 1 \end{bmatrix}$ または記号↓で表し，例えば電子のスピンが上向きで陽子のスピンが下向きになっている水素原子の状態を $|\uparrow\downarrow\rangle$ で表すことにする．以下の問に答えよ．

なお，数値の計算を求められるときは，計算結果を有効数字 2 桁で示すこと．電子の質量を $m_e = 9.1 \times 10^{-31}$ kg，陽子の質量を $m_p = 1.7 \times 10^{-27}$ kg，光速度を $c = 3.0 \times 10^8 \,\mathrm{m\,s^{-1}}$，プランク定数を $h = 6.6 \times 10^{-34}$ J s，素電荷を $e = 1.6 \times 10^{-19}$ C，真空の透磁率を $\mu_0 = 1.3 \times 10^{-6} \,\mathrm{m\,kg\,s^{-2}\,A^{-2}}$ とする．

この水素原子は 4 つの状態をとるので，波動関数は

$$|\psi(t)\rangle = |\uparrow\uparrow\rangle\langle\uparrow\uparrow|\psi(t)\rangle + |\uparrow\downarrow\rangle\langle\uparrow\downarrow|\psi(t)\rangle + |\downarrow\uparrow\rangle\langle\downarrow\uparrow|\psi(t)\rangle + |\downarrow\downarrow\rangle\langle\downarrow\downarrow|\psi(t)\rangle$$

と表される．これを $|\psi(t)\rangle = \sum_{j=1}^{4} |j\rangle A_j(t)$ と表せば，各状態の確率振幅の時間変化は $\hbar = h/2\pi$ として

$$i\hbar \frac{dA_k(t)}{dt} = \sum_{j=1}^{4} \langle k|H|j\rangle A_j(t) \tag{II}$$

と書けることを示せ．ただし，$|1\rangle = |\uparrow\uparrow\rangle, |2\rangle = |\uparrow\downarrow\rangle, |3\rangle = |\downarrow\uparrow\rangle, |4\rangle = |\downarrow\downarrow\rangle$． (東大)

12.5 xy 平面内を動く電子の運動を量子力学的に考える．z 方向には磁場があり，その磁束密度 $B_z(x,y)$ は，原点からの距離を $r = \sqrt{x^2 + y^2}$ として

$$B_z(x,y) = \begin{cases} b > 0 & (r < R) \\ 0 & (r \geq R) \end{cases} \tag{I}$$

と与えられるものとする．以下の手順にしたがって，エネルギーがゼロの束縛状態の個数を求める．

電子の波動関数はスピンの上向き，下向きに応じて $\psi_\uparrow(x,y)$ と $\psi_\downarrow(x,y)$ の二成分を持つので，まとめて縦ベクトルとして

$$\Psi(x,y) = \begin{bmatrix} \psi_\uparrow(x,y) \\ \psi_\downarrow(x,y) \end{bmatrix} \quad \text{略記すれば} \quad |\Psi\rangle = \begin{bmatrix} |\psi_\uparrow\rangle \\ |\psi_\downarrow\rangle \end{bmatrix} \tag{II}$$

と書け，ハミルトニアン H は

$$H = \frac{p_x^2 + p_y^2}{2m} \mathbf{1}_{2\times 2} + \frac{\hbar e B_z(x,y)}{2m} \sigma_z \tag{III}$$

と書けるものとする．ただし p_x と p_y は

$$p_x = -i\hbar \frac{\partial}{\partial x} + e A_x(x,y), \quad p_y = -i\hbar \frac{\partial}{\partial y} + e A_y(x,y) \tag{IV}$$

であり，$\hbar$ はプランク定数 h を 2π で割ったもの，m は電子の質量，$-e < 0$ は電子の電荷，$A_x(x,y), A_y(x,y)$ はベクトルポテンシャルで，磁束密度 $B_z(x,y)$ との関係は

$$B_z(x,y) = \frac{\partial A_y(x,y)}{\partial x} - \frac{\partial A_x(x,y)}{\partial y} \tag{V}$$

で与えられる．また，行列は

$$\mathbf{1}_{2\times 2} = \begin{bmatrix} 1 & 0 \\ 0 & 1 \end{bmatrix}, \quad \sigma_x = \begin{bmatrix} 0 & 1 \\ 1 & 0 \end{bmatrix}, \quad \sigma_y = \begin{bmatrix} 0 & -i \\ i & 0 \end{bmatrix}, \quad \sigma_z = \begin{bmatrix} 1 & 0 \\ 0 & -1 \end{bmatrix} \tag{VI}$$

(1) スピン角運動量演算子は

$$S_x = \frac{\hbar}{2}\sigma_x, \quad S_y = \frac{\hbar}{2}\sigma_y, \quad S_z = \frac{\hbar}{2}\sigma_z \tag{VII}$$

で与えられる．交換関係 $[S_x, S_y]$ および $[H, S_z]$ を計算せよ．

(2) 演算子 D を $D = p_x\sigma_x + p_y\sigma_y$ と定義する．この D はエルミート演算子であって $D = D^\dagger$ を満たす．この D について，次の関係式がそれぞれ成り立つことを示せ．

$$D\sigma_z = -\sigma_z D, \tag{VIII}$$

$$H = \frac{1}{2m}D^2 \tag{IX}$$

(3) 束縛状態 $|\Psi_n\rangle$ が H の固有値 E_n の固有状態であるとし，波動関数 $|\Phi_n\rangle$ を $|\Phi_n\rangle = D|\Psi_n\rangle$ で定める．このとき，式(IX)を用いて，次が成り立つことを示せ．

$$\langle \Phi_n | \Phi_n \rangle = 2mE_n \langle \Psi_n | \Psi_n \rangle \tag{X}$$

(4) エネルギー $E_n \neq 0$ の固有束縛状態 $|\Psi_n\rangle$ を考える．このとき，$E_n > 0$ であることを示せ．また，$|\Psi_n\rangle$ がエネルギー $E_n > 0$, σ_z の固有値 1 の同時固有状態ならば $|\Phi_n\rangle = D|\Psi_n\rangle$ が同じエネルギー E_n で，σ_z の固有値 -1 の同時固有状態であることを，式(VIII)と(IX)を用いて示せ．

(5) エネルギー $E = 0$ の固有束縛状態 $|\Psi\rangle$ を考える．まず，$D|\Psi\rangle = 0$ を示せ．次に，ある関数 $\rho(x,y)$ を用いて，ベクトルポテンシャルを

$$A_x(x,y) = -\frac{\partial \rho(x,y)}{\partial y}, \quad A_y(x,y) = +\frac{\partial \rho(x,y)}{\partial x} \tag{XI}$$

と表せるものとする．さらに $f_\uparrow(x,y)$ と $f_\downarrow(x,y)$ を

$$\psi_\uparrow(x,y) = f_\uparrow(x,y)\exp\left\{\frac{e}{\hbar}\rho(x,y)\right\}, \quad \psi_\downarrow(x,y) = f_\downarrow(x,y)\exp\left\{-\frac{e}{\hbar}\rho(x,y)\right\} \tag{XII}$$

によって定義する．$|\Psi\rangle$ がエネルギー $E = 0$ の固有状態であるとき，$f_\uparrow(x,y)$ と $f_\downarrow(x,y)$ に対する方程式を求めよ．さらに，それを用いて，$f_\uparrow(x,y)$ は $w = x + iy$ の正則関数，$f_\downarrow(x,y)$ は $\bar{w} = x - iy$ の正則関数であることを説明せよ．

(6) 引き続きエネルギー $E = 0$ の固有束縛状態 $|\Psi\rangle$ を考える．式(I)の磁束密度を再現する $\rho(x,y)$ は

$$\rho(x,y) = \begin{cases} \dfrac{br^2}{4} & (r < R) \\ \dfrac{bR^2}{2}\left(\dfrac{1}{2} + \log\dfrac{r}{R}\right) & (r \geq R) \end{cases} \tag{XIII}$$

で与えられる．$\rho(x,y)$ の $r \to \infty$ での振舞いと，束縛状態の波動関数は規格化可能であることに注意して，スピンが上向きでエネルギーがゼロの束縛状態は存在しないことを示せ．また，スピンが下向きでエネルギーがゼロの束縛状態の波動関数には，一次独立なものがいくつあるか答えよ．ただし，$f_\uparrow(x,y)$ および $f_\downarrow(x,y)$ はそれぞれ w および $\bar{w}$ の有限次多項式であると仮定してよい． (東大)

12.6 ガンマ線をはじめとする光子に関する以下の設問に答えよ．以下の表中の表式および数値を適宜用いてよい．

物理量	記号，数式	数値
光速度	c	3.0×10^8 m/s
プランク定数	$h = 2\pi\hbar$	6.6×10^{-34} J s
	$\hbar c$	200 MeV fm
素電荷	e	1.6×10^{-19} C
微細構造定数	$\alpha = e^2/(4\pi\varepsilon_0 \hbar c)$	1/137
電子の質量	m_e	0.5 MeV/c^2
水素原子の束縛エネルギー	$\frac{1}{2}m_e(\alpha c)^2$	1.36 eV

(1) エネルギーが 0.5 MeV の光子の波長を有効数字 2 桁で答えよ．

(2) 波長 λ の光子が，静止している電子と衝突し，角度 θ に散乱された．散乱後の光子の波長 λ'，反跳後の電子の運動量の大きさ p_e，反跳角度 ψ，プランク定数 h，および電子の質量 m_e を用いて，散乱前後での相対論的なエネルギー・運動量保存則を書き下せ．

(3) (2)で得られた等式から，p_e および ψ を消去することにより，衝突後の光子の波長 λ' を，λ, θ, および $\lambda_e = h/(m_e c)$ で表せ．

(4) ガンマ線と物質との主要な相互作用は 3 種類ある．図 1 の 3 種の曲線は，NaI シンチレータに対して，それぞれの相互作用による吸収係数を示したものである．(2)および(3)で扱った過程と最も深く関連する相互作用は図 1 の A, B, C のうちのどれかを答えよ．また，図中の矢印で示される吸収係数の急激な増大が起こるエネルギー値が何に対応しているかを述べよ．

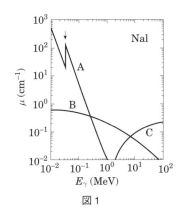

図1

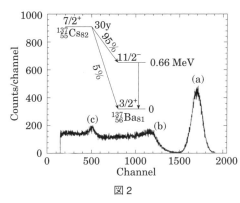

図2

(5) 鉛でできた遮蔽箱中で，NaIシンチレータを用いて放射線源 $^{137}_{55}\mathrm{Cs}_{82}$ からのガンマ線を測定した．図2は，シンチレータに結合した光電子増倍管からのパルス信号の大きさを波高分析装置でデジタル変換した後に得られたスペクトルである．横軸はエネルギーに比例しているが，較正は行っていない．スペクトル中，(a)〜(c)で示されるピーク等の構造が現れる理由およびそれらのエネルギーの値（有効数字2桁でよい）を，図中に示した崩壊様式を参考にし，ガンマ線と物質との相互作用の種類と関連させて述べよ．

(6) 数10 MeVからGeV領域にいたる高エネルギーの光子ビームを生成するために，レーザー光と相対論的エネルギーの電子との後方散乱が用いられる．波長 λ の光子が，相対論的エネルギー $\gamma m_e c^2$ の電子と正面衝突し，正反対方向（$\theta = \pi$）に散乱されたとする．$\lambda m_e c/h \gg 4\gamma$ のとき，光子のエネルギーが $\{(1+\beta)\gamma\}^2$ 倍，すなわち，波長 λ' が，$1/\{(1+\beta)\gamma\}^2$ となることを示せ．ただし，$\gamma = 1/\sqrt{1-\beta^2}$ とする．

(東大，東大 *，名工大 *，茶大 *)

12.7 X線に関する以下の設問に答えよ．数値計算に必要なら次の定数を用いてよい．また，数値には単位を忘れずに記すこと．

プランク定数 $h = 6.6 \times 10^{-34}$ J·s，光速度 $c = 3.0 \times 10^8$ m/s，電気素量 $e = 1.6 \times 10^{-19}$ C

数十keVに加速された電子線を金属に照射するとX線が発生する．

(1) 図1は，モリブデン（原子番号 $Z = 42$）から発生したX線スペクトル（波長と強度の関係）である．広い波長域にわたって分布している「連続X線」と，特定の波長で鋭いピークを持つ「特性X線」がある．このようなX線のスペクトルを測定する実験法を1つ挙げ，その原理も含めて簡潔に説明せよ．必要なら模式図を用いてよい．

(2) X線の波長 λ とエネルギー E との関係，および λ と周波数 ν との関係を示せ．また，図1の特性X線の1つである K_α 線（$\lambda = 0.72$ Å）のエネルギー E と周波数 ν の数値を計算せよ．E はeV単位で求めよ．ただし，$1\,\text{Å} = 1 \times 10^{-10}$ m である．

モーズリーは，いろいろな元素から放射される特性X線の波長を測定し，周波数 ν を求めた．その周波数の平方根 $\sqrt{\nu}$ と元素の原子番号 Z との関係をグラフにまとめると図2のようにほぼ直線の関係になった．この関係を利用すると特性X線の周波数（またはエネルギー）から元素を同定できる．$\sqrt{\nu}$ と Z が線形関係になることを次の設問に従って導け．

(3) 原子番号 Z の原子の内殻電子の1つを，$+Ze$ の電荷を持つ原子核の周りを半径 r で円運動している古典粒子と考えて，その電子の全エネルギーを書き表せ．ただし，真空の誘電率を ε_0 とする．

(4) この電子の円運動に，ボーア・ゾンマーフェルトの量子化条件やド・ブロイの関係式を適用して，全エネルギーが整数（主量子数）を使って表せる離散的な値になることを示せ．ただし，電子の質量を m とする．

(5) この原子から放射される特性X線は，設問(4)で求めたエネルギー準位のうちの2つの間の遷移で発生するとして，そのX線の周波数 ν を書き表し，$\sqrt{\nu}$ と Z の関係を示せ．

図2の実験データを解析してみる．

(6) 図2の K_α 線は，主量子数が1と2のエネルギー準位間の遷移によって発生する特性X線である．K_α 線の直線の傾きから，エネルギーの単位である1リュドベルグ（$1\,\text{Ry} = me^4/8\varepsilon_0^2 h^2$）の数値をeV単位で求めよ．ただし，設問(5)で求めた $\sqrt{\nu}$ と Z

の関係は近似であり，実験データの直線は，厳密には原点（$\sqrt{\nu}=0, Z=0$）を通らないことに注意せよ．

(7) 図2のL_α線は，主量子数が2と3のエネルギー準位間の遷移によって発生する特性X線である．L_α線のデータの直線で，$\sqrt{\nu}=0$のときのZの値，つまりy切片の値はK_α線の直線のy切片と比べて大きく，約5.4である．このようにy切片がゼロにならないことは何を意味するかを定性的に述べよ． （東大，九大*，放射線*）

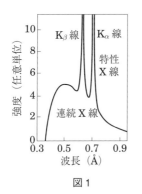

図1

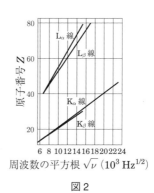

図2

12.8 昨年ヒッグス粒子がATLAS実験とCMS実験で発見された．ヒッグス粒子が2個の光子に崩壊するモードについて考えてみよう．このモードを発見するために，2個の大きなエネルギーを持った光子が観測された事象を選んで，2個の光子の4元運動量を用いて不変質量を計算する．以下では自然単位系（$c=1, \hbar=1$）を用いてもよい．ただし，cは真空中の光速で，$\hbar$はプランク定数を2πで割った数である．

(1) エネルギーEのヒッグス粒子がエネルギーE_1とE_2，運動量$\boldsymbol{p}_1$と$\boldsymbol{p}_2$の2個の光子に崩壊した（$E=E_1+E_2$）．このとき，ヒッグス粒子の質量の2乗m^2を$E_1, E_2, \boldsymbol{p}_1, \boldsymbol{p}_2$で表せ．この結果を用いて，2個の光子の運動量のなす角をψとすると，ヒッグス粒子の質量mが$mc^2 = 2\sqrt{E_1 E_2}\sin(\psi/2)$と表せることを示せ．

図において，大きなバックグラウンドの上に乗っている小さな山が，ATLAS実験が実際に得たヒッグス粒子のシグナルである．このバックグラウンド分布は，ヒッグス粒子の崩壊以外の事象において2個の大きなエネルギーの光子が発見されたときに，ヒッグス粒子の2光子崩壊の場合と同じように計算した不変量の分布である．

(2) ヒッグス粒子のシグナルの山の幅は設問(1)で計算した不変質量の測定誤差に相当する．何が質量測定の測定誤差の原因になるかを考えて，それらを挙げよ．

(3) 設問(2)の測定誤差を小さくできれば，ヒッグス粒子のシグナルがより有意（significant）になることを説明せよ．

(4) ヒッグス粒子の質量mを$125\,\mathrm{GeV}/c^2$，そのエネルギーEを$250\,\mathrm{GeV}$とするとき，設問(1)の結果を用いて，ヒッグス粒子の崩壊で生じた2個の光子の運動量のなす角ψの最大値と最小値を求めよ．

(5) ヒッグス粒子の静止系で3次元直交座標系を定義する．この系において原点にある質

量 m のヒッグス粒子が崩壊したときに生じた 2 個の光子のうち片方の光子の運動量の大きさは $mc/2$ である．この光子の運動量方向が zx 面内にあるとして，放射された極角（z 軸からの角度）を θ とする．この光子の 4 元運動量の 4 成分を求めよ．また，このヒッグス粒子が z 方向に速さ v で走る系において，この光子のエネルギーを求めよ．ただし，$\beta = v/c, \gamma = 1/\sqrt{1-\beta^2}$ とおく．

(6) ヒッグス粒子がその静止系で 2 個の光子に崩壊するとき，光子の角分布は等方的である．すなわち，設問(5)で定義した θ に関して，$\cos\theta$ は -1 と 1 の間で一様に分布する．これを用い，質量が $125\,\mathrm{GeV}/c^2$，エネルギーが $250\,\mathrm{GeV}$ のヒッグス粒子の崩壊で生ずる 2 個の光子のうち片方の光子のエネルギー分布を図示せよ．ただし縦軸のスケールは任意でよい．

(東大)

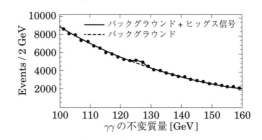

12.9 核子や原子核の荷電半径を測定する手段の 1 つに，高エネルギー電子の弾性散乱がある．これに関連した以下の設問に答えよ．必要に応じて，$c = 3 \times 10^8\,\mathrm{m/s}, \hbar c = 0.2\,\mathrm{GeV\,fm}$，陽子質量 $= 1\,\mathrm{GeV}/c^2$ を用いよ．以下，概算する場合は有効数字 1 桁でよい．

(1) 電子を数百 MeV のエネルギーに加速する手段として，以下の方式の加速器は適するか適さないか．それぞれについて，その適否と理由を述べよ．
 （a） 静電加速器（電極間に静電圧を加えて粒子を加速する方式の加速器）
 （b） サイクロトロン（一定磁場と一定周波数の高周波電圧を用いて粒子を加速する方式の加速器）
 （c） 線形加速器（直線状に並べた複数の電極間に高周波電圧を加えて粒子を加速する方式の加速器）

(2) 電子ビームで板状の標的を照射し，標的中の原子核によって弾性散乱された電子数を数える実験を行った．電子ビームの方向に対し，散乱角度 θ 方向に立体角 ω の測定器を置き，測定時間を t とした場合に，検出された電子数は n 個であった．その間，入射電子ビーム強度は一定で，その電流は I であった．θ, ω, t, n, I に加えて，標的の原子番号 Z，原子量 A，密度 ρ，厚さ l，電気素量 e，光速 c，アボガドロ定数 N_A から必要なものを用いて，原子核の弾性散乱の微分散乱断面積 $d\sigma/d\Omega$ を表せ．

(3) 散乱電子の運動量を得るために，一様磁場の電磁石によって電子の軌道を曲げ，磁石出口での位置を測定することにした．散乱電子の運動量が $300\,\mathrm{MeV}/c$ のときに，電子の軌道半径を 1 m にするために必要な磁束密度の大きさを SI 単位系で概算せよ．

(4) 弾性散乱した電子のエネルギー E_f は，原子核の反跳があるため，入射電子のエネ

ギー E_i とは異なる．標的が陽子，入射エネルギーが $E_i = 300\,\mathrm{MeV}$，散乱角度が実験室系で $90°$ の場合の，散乱電子のエネルギー E_f を概算せよ．ただし電子質量は無視してよい．

図1は，電子と原子核（重陽子）の弾性散乱断面積測定データの例である．このようなデータから，原子核の荷電半径を求める方法に関連し，以下の問いに答えよ．

(5) 原子核の電荷分布が球対称で，その半径方向の分布が $\rho(r)$ $\left(\int \rho(r) d^3 r = 1\right)$ で与えられる場合，電子と原子核の弾性散乱断面積 $(d\sigma/d\Omega)$ と点電荷の場合 $(d\sigma/d\Omega)_\text{点}$ の比は，運動量移行 $\boldsymbol{q}$（入射電子の運動量 $\boldsymbol{p}_i$ と散乱電子の運動量 $\boldsymbol{p}_f$ の差：$\boldsymbol{q} \equiv \boldsymbol{p}_i - \boldsymbol{p}_f$）を用いて

$$\frac{(d\sigma/d\Omega)}{(d\sigma/d\Omega)_\text{点}} = \left| \int \rho(r) \exp\left(i\frac{\boldsymbol{q}\cdot\boldsymbol{r}}{\hbar}\right) d^3 r \right|^2 \equiv |F(q^2)|^2 \qquad (\mathrm{I})$$

と書くことができ，$|F(q^2)|^2$ は q^2 が小さい領域では q^2 に対してほぼ直線的に減少する．直線部分の傾きから原子核の荷電半径（二乗平均平方根半径）$\sqrt{\langle r^2 \rangle} \equiv \sqrt{\int r^2 \rho(r) d^3 r}$ が求まることを，式(I)の指数関数を展開して近似計算することにより示せ．

(6) 図1のデータから，重陽子の荷電半径を概算せよ． (東大)

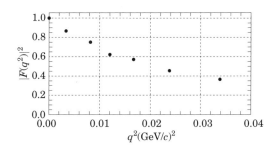

図　電子と重陽子の弾性散乱データ（R. Hofstadter, Annu. Rev. Nucl. Sci. **7**(1957) より改変）

第 13 編

天 文 宇 宙

13.1 天文宇宙物理学
13.1.1 一般相対論
(1) 質点の運動方程式

時空における質点の経路は測地線となる:

$$\frac{d^2 x^i}{ds^2} + \Gamma^i_{jk} \frac{dx^j}{ds} \frac{dx^k}{ds} = 0 \tag{13.1}$$

ただし,次式をクリストッフェルの記号といい,

$$\Gamma_{i,jk} = \frac{1}{2}\left(\frac{\partial g_{ij}}{\partial x^k} + \frac{\partial g_{ik}}{\partial x^j} - \frac{\partial g_{jk}}{\partial x^i}\right),$$

$$\Gamma^i_{jk} = \frac{1}{2} g^{il}\left(\frac{\partial g_{lj}}{\partial x^k} + \frac{\partial g_{lk}}{\partial x^j} - \frac{\partial g_{jk}}{\partial x^l}\right)$$

近接 2 点 $(x^i), (x^i + dx^i)$ の間の距離の 2 乗

$$(ds)^2 = g_{ij}\, dx^i\, dx^j \tag{13.2}$$

を計量, g_{ij} を計量基本テンソルといい,

$$g_{ij} = g_{ji}, \quad g_{ij} g^{jk} = g_i^k = \delta_i^k \tag{13.3}$$

(2) 重力場の方程式

エネルギー運動量テンソルを T_{ij}, スカラー曲率を R_{ij}, アインシュタインの重力定数を κ, 宇宙定数を Λ とするとき,次式をアインシュタイン方程式という:

$$R_{ij} - \frac{1}{2} R g_{ij} + \Lambda g_{ij} = \kappa T_{ij} \tag{13.4}$$

(3) ハッブルの法則

星雲までの距離を l,後退速度を v,比例(ハッブル)定数を H とすると,

$$v = Hl \tag{13.5}$$

13.1.2 天体力学(2 体問題)

2 体の質量を M_i,座標を (x_i, y_i, z_i) $(i = 1, 2)$,質点間距離を r とすると,

$$\frac{d^2(x_2 - x_1)}{dt^2} = -G(M_1 + M_2)\frac{(x_2 - x_1)}{r^3}, \tag{13.6}$$

$(y_2 - y_1), (z_2 - z_1)$ についても同様.

$M = M_1 + M_2$ とすると, 公転周期 T は,

$$\frac{a_1^3}{T^2} = \frac{G}{4\pi^2}\frac{M_2^3}{(M_1+M_2)^2}, \quad \frac{a_2^3}{T^2} = \frac{G}{4\pi^2}\frac{M_1^3}{(M_1+M_2)^2} \tag{13.7}$$

ただし, 半長径 $a_1 = M_2 a/(M_1+M_2), a_2 = M_1 a/(M_1+M_2)$ である.

13.1.3 星の内部構造

半径 r の球内の質量を M_r, 球内で発生するエネルギー総量を L_r, 圧力を p, 密度を ρ, 温度を T, a を輻射密度定数とすると,

$$\frac{dp}{dr} = -\frac{GM_r}{r^2}\rho \tag{13.8}$$

$$\frac{dM_r}{dr} = 4\pi r^2 \rho \tag{13.9}$$

$$\frac{d(aT^4)}{dr} = -\frac{3\kappa\rho}{c}\frac{L_r}{4\pi r^2} \quad (\kappa \text{ は質量吸収係数}) \tag{13.10}$$

$$\frac{dL_r}{dr} = 4\pi r^2 \varepsilon\rho \quad (\varepsilon \text{ は単位質量当たりのエネルギー発生量}) \tag{13.11}$$

13.1.4 宇宙プラズマによる電磁波放射

(1) 熱的制動放射

スペクトルは,

$$S_\nu \propto \begin{cases} \nu^2 & (h\nu \ll kT) \\ \text{一定} & (h\nu < kT) \\ e^{-h\nu/kT} & (h\nu \gtrsim kT) \end{cases} \tag{13.12}$$

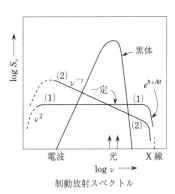

制動放射スペクトル

(2) 非熱的放射 (シンクロトロン放射)

スペクトルは, 電子の速度分布が $\nu^{-\alpha}$ $(\alpha > 0)$ に比例するとき,

$$S_\nu \propto \nu^{-\gamma}, \quad \gamma = \frac{\alpha-1}{2} \tag{13.13}$$

(3) 逆コンプトン放射

光子が電子の進行方向に対して角度 θ で入射し, 電子のエネルギー, 速度, ローレンツ因子をそれぞれ $E, \beta c, \gamma = E/mc^2 = 1/\sqrt{1-\beta^2}$ とし, 入射光子のエネルギーを $h\nu$ とすると, 電子の静止系からみた光子のエネルギー $h\nu^*$ は,

$$h\nu^* = \gamma h\nu(1+\beta\cos\theta) \tag{13.14}$$

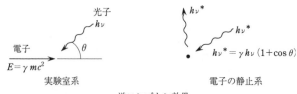

逆コンプトン効果

13.1.5 宇宙線の組成

地球で測定した宇宙線元素の存在度と太陽系の存在度の比較を次図に示す．

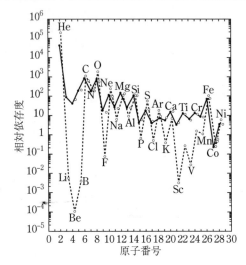

13.1.6 ニュートリノ

電子ニュートリノ ν_e とミューオンニュートリノ ν_μ の混合を考えると，弱い相互作用の固有状態は質量固有状態と次式で関係づけられる．

$$\begin{pmatrix} \nu_e \\ \nu_\mu \end{pmatrix} = \begin{pmatrix} \cos\theta & \sin\theta \\ -\sin\theta & \cos\theta \end{pmatrix} \begin{pmatrix} \nu_1 \\ \nu_2 \end{pmatrix} \quad (\theta : 混合角)$$

電子ニュートリノが電子ニュートリノに留まる確率は，

$$P_{\nu_e \to \nu_e} = 1 - \sin^2 2\theta \sin^2\left(\pi \frac{x}{L_\nu}\right) \tag{13.15}$$

ただし，x は発生源から検出器までの距離，L_ν は振動の長さ．

例題 13.1

黒体からの輻射スペクトルについて調べよう．周波数 ν での温度 T の黒体輻射 $B_\nu(T)$ は，以下の（I）式で与えられる．

$$B_\nu(T) = \frac{2h\nu^3}{c^2} \frac{1}{e^{h\nu/kT} - 1} \quad\quad\quad (\text{I})$$

ここで h はプランク定数，c は光速，k はボルツマン定数で，それぞれ $h = 6.6 \times 10^{-34}$ J s，$c = 3.0 \times 10^8$ m s^{-1}，$k = 1.4 \times 10^{-23}$ J K^{-1} とする．また $B_\nu(T)$ の単位は W m^{-2} Hz^{-1} sr^{-1} である．以下の(1)〜(3)に答えよ．

(1) 温度 T の黒体からの輻射は，周波数 ν の関数としてどのような形（スペクトル）になるだろうか．次の問（a）〜（d）に答え，その形を求めよ．

(a) $h\nu/kT \ll 1$ および $h\nu/kT \gg 1$ の 2 つの極限における（I）式の近似式を求めよ．

(b) （I）式で与えられる $B_\nu(T)$ は温度 T を一定とした場合に，ある周波数 $\nu_{\max}$ において最大値を持つ．$B_\nu(T)$ が最大となる周波数 $\nu_{\max}$ と T の関係式を求めよ．一般に $e^{h\nu_{\max}/kT}$ は 1 より十分大きい．この場合に $\nu_{\max}$ を T の関数として表せ．

(c) $T = 100$ K の場合に，$\nu = 2 \times 10^{10}, 2 \times 10^{13}$ Hz，および，（b）で求めた $\nu = \nu_{\max}$ での $B_\nu(T)$ の値を有効数字 1 桁で求めよ．なお必要があれば $e^3 = 20$, $e^{10} = 2.2 \times 10^4$ を用いよ．

(d) 上の結果を用いて，$T = 100$ K の場合の黒体輻射のスペクトルの形を図示せよ．

(2) 下の表は，ある天体からのそれぞれの周波数におけるフラックス密度 F_ν を示している．この天体からの輻射は黒体輻射であるとして，以下の問（a）〜（c）に答えよ．なお 1 Jy $= 1 \times 10^{-26}$ W m^{-2} Hz^{-1} である．

ν (Hz)	2×10^{10}	8×10^{10}	2×10^{11}	6×10^{11}	1×10^{12}	2×10^{12}	3×10^{12}
F_ν (Jy)	31	450	2100	4700	2900	230	6.3

(a) 問(1)での結果を参考にして，この天体の温度 T を推定せよ．

(b) この天体を半径 R の球とし，距離 d から観測した場合のフラックス密度 F_ν を，$B_\nu(T), R, d$ を用いて表せ．なお，天体と観測点の間でエネルギーの吸収や再放出はないものとする．天体表面の単位面積から輻射されるフラックス密度は $\pi B_\nu(T)$ で与えられる．

(c) (a)および(b)の結果を用い，$R = 0.3$ pc と仮定して，この天体までの距離を有効数字一桁で推定せよ．なお 1 pc は 3×10^{16} m とする．

(3) $T \sim 10\text{--}20$ K で黒体輻射する天体の観測をしたい．どの波長帯で観測するのが適当であろうか．その波長帯と理由を述べよ．　　　　　　（東大，学大*）

【解答】(1) (a) 与式(I)において,$h\nu/kT \ll 1$ のとき,$\exp(h\nu/kT) \cong 1 + \dfrac{h\nu}{kT} +$ $\cdots$ とテイラー展開できるから,1次までとると,

$$B_\nu(T) \cong \frac{2h\nu^3}{c^2}\frac{1}{1+\frac{h\nu}{kT}-1} = \frac{2h\nu^3}{c^2}\frac{kT}{h\nu} = \frac{2kT\nu^2}{c^2} \qquad ①$$

$h\nu/kT \gg 1$ のとき,$\exp(h\nu/kT) - 1 \cong \exp(h\nu/kT)$ と近似できるから,

$$B_\nu(T) \cong \frac{2h\nu^3}{c^2}\frac{1}{\exp(h\nu/kT)} = \frac{2h\nu^3}{c^2}\exp(-h\nu/kT)$$

(b) (I)を ν について微分すると,

$$\frac{d}{d\nu}B_\nu(T) = \frac{2h}{c^2}\frac{d}{d\nu}\frac{\nu^3}{e^{h\nu/kT}-1} = \frac{2h}{c^2}\frac{3\nu^2(e^{h\nu/kT}-1) - \nu^3\left(\frac{h}{kT}e^{h\nu/kT}\right)}{(e^{h\nu/kT}-1)^2}$$

$$= \frac{2h}{c^2}\frac{\nu^2}{(e^{h\nu/kT}-1)^2}\left\{3(e^{h\nu/kT}-1) - e^{h\nu/kT}\frac{h\nu}{kT}\right\}$$

$\nu = \nu_{\max}$ のとき,$\dfrac{d}{d\nu}B_\nu(T) = 0$ である.$\dfrac{h\nu_{\max}}{kT} \equiv x$ とおくと,

$$3(e^x - 1) - xe^x = 0, \quad e^x(3-x) = 3$$

$e^{h\nu_{\max}/kT} \gg 1 \ (x \gg 1)$ のとき,

$$3 - x = \frac{3}{e^x} \to 0, \quad 3 - x = 0, \quad x = \frac{h\nu_{\max}}{kT} = 3 \quad \therefore \ \nu_{\max} = \frac{3kT}{h} \qquad ②$$

(c) $T = 100\,\mathrm{K}$ の場合
(i) $\nu = 2 \times 10^{10}\,\mathrm{Hz}$ のとき,$\dfrac{h\nu}{kT} = \dfrac{6.6 \times 10^{-34} \times 2 \times 10^{10}}{1.4 \times 10^{-23} \times 10^2} = \dfrac{6.6}{0.7} \times 10^{-3} \ll 1$
よって,①の近似を用いると,

$$B_\nu(T) = \frac{2kT\nu^2}{c^2} = \frac{2 \times 1.4 \times 10^{-23} \times 10^2 \times (2 \times 10^{10})^2}{(3 \times 10^8)^2} \cong 1 \times 10^{-17}$$

(ii) $\nu = 2 \times 10^{13}\,\mathrm{Hz}$ のとき,$\dfrac{h\nu}{kT} = \dfrac{6.6 \times 10^{-34} \times 2 \times 10^{13}}{1.4 \times 10^{-23} \times 10^2} \cong 10 \gg 1$

$$B_\nu(T) = \frac{2h\nu^3}{c^2}e^{-h\nu/kT} = \frac{2 \times 6.6 \times 10^{-34} \times (2 \times 10^{13})^3}{(3 \times 10^8)^2}e^{-10} \cong 5 \times 10^{-15}$$

(iii) $\nu = \nu_{\max}$ のとき,$\dfrac{h\nu_{\max}}{kT} = 3$ だから,

$$B_\nu(T) = \frac{2h}{c^2}\left(\frac{3kT}{h}\right)^3\frac{1}{e^3-1} \cong \frac{2h \times 27k^3T^3}{c^2h^3}e^{-3}$$

$$= \frac{54 \times (1.4 \times 10^{-23})^3(10^2)^3}{(3 \times 10^8)^2(6.6 \times 10^{-34})^2}e^{-3} \cong 2 \times 10^{-13}$$

(d) ②より,

$$\nu_{\max} = \frac{3kT}{h}$$
$$= \frac{3 \times 1.4 \times 10^{-23} \times 10^2}{6.6 \times 10^{-34}} \cong 6 \times 10^{12}$$

以上により, $B_\nu(T)$ 対 ν の概形を描くと図のようになる (横軸 : $\nu \times 10^{10}$).

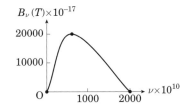

(2) (a) フラックス密度 F_ν が最大になると, $B_\nu(T)$ も最大になるから, ②, 与表より,

$$\nu_{\max} = \frac{3kT}{h} = 6 \times 10^{11}$$

$$\therefore \quad T = \frac{6 \times 10^{11} h}{3k} = \frac{6 \times 10^{11} \times 6.6 \times 10^{-34}}{3 \times 1.4 \times 10^{-23}} \cong 9.4 \,\mathrm{K}$$

(b) 天体の全放射量を I とすると, $I = 4\pi R^2 \cdot \pi B_\nu(T) = 4\pi^2 R^2 B_\nu(T)$ ③

天体から距離 d 離れた球殻に達した放射量は $I = 4\pi d^2 F_\nu$ ④

③ = ④ より, $F_\nu = \dfrac{4\pi^2 R^2 B_\nu(T)}{4\pi d^2} = \left(\dfrac{R}{d}\right)^2 \pi B_\nu(T)$ ⑤

(c) $R = 0.3\,\mathrm{pc} = 0.3 \times 3 \times 10^{16}\,\mathrm{m} = 9 \times 10^{15}\,\mathrm{m}$

(a)より, $T \cong 9\,\mathrm{K}$ とし, 表より, $\nu = 6 \times 10^{11}\,\mathrm{Hz}$ のとき, $F_\nu = 4700\,\mathrm{Jy}$ だから, ⑤より,

$$4700 \times 1 \times 10^{-26} = \left(\frac{R}{d}\right)^2 \pi B_\nu(T)$$
$$= \left(\frac{9 \times 10^{15}}{d}\right)^2 \frac{2h}{c^2} \left(\frac{3kT}{h}\right)^3 \frac{1}{e^3 - 1} \pi$$
$$\cong \frac{9^2 \times 10^{30} \times 2 \times 27 \times hk^3 T^3}{d^2 c^2 h^3} \frac{1}{19} \pi = \frac{9^2 \times 2 \times 27 \times 10^{30} k^3 T^3}{19 d^2 c^2 h^2} \pi$$

$$d^2 = \frac{9^2 \times 2 \times 27 \times 10^{30} \times (1.4 \times 10^{-23})^3 \times 9^3 \times 3.14}{4700 \times 10^{-26} \times 19 \times (3 \times 10^8)^2 \times (6.6 \times 10^{-34})^2}$$

$$d \cong 3 \times 10^{16}\,[\mathrm{km}]$$

(3) (2)の(a)より, $T \cong 10\,\mathrm{K}$ のとき, $\nu_{\max} = 6 \times 10^{11}\,\mathrm{Hz}$ だから, 波長に変換すると,

$$\lambda = \frac{c}{\nu} = \frac{3 \times 10^8}{6 \times 10^{11}} = 0.5\,[\mathrm{mm}] \quad \rightarrow \quad \text{ミリ波, サブミリ波}$$

例題 13.2

熱核融合反応によって輝いている進化途上の恒星に対し，進化終末期にあたる白色矮星，中性子星，ブラックホールをコンパクト天体と呼ぶ．白色矮星，中性子星は典型的に太陽質量（$M_\odot$）程度の質量をもつ．質量が $3M_\odot$ よりも大きなコンパクト天体はブラックホールと考えられている．これらのコンパクト天体に物質が落ち込み，重力エネルギーが解放されて X 線放射として観測される場合を考える．

ここでは中性子星および白色矮星の質量はどちらも $1M_\odot$ とし，それぞれの半径は $10\,\mathrm{km}$, $5000\,\mathrm{km}$ とする．質量 M の天体に対し，そのシュワルツシルド半径は $2GM/c^2$ で定義される．G は万有引力定数，c は光速である．太陽のシュワルツシルド半径を $2GM_\odot/c^2 \approx 3\,\mathrm{km}$，光速 $c \approx 3 \times 10^8\,\mathrm{m\,s^{-1}}$，ステファンボルツマン定数 $\sigma \approx 6 \times 10^{-8}\,\mathrm{J\,s^{-1}\,m^{-2}\,K^{-4}}$ とし，以下の問 (1)〜(2) に有効数字一桁で答えよ．

(1) コンパクト天体に落ち込む物質が球対称に分布している場合を考える．

（a） コンパクト天体の質量を M，半径を r，質量降着率を $\dot{M}$ とすると，重力エネルギー解放による光度 L を

$$L \approx \frac{GM\dot{M}}{r}$$

と見積もることができる．中性子星および白色矮星に質量降着率 $\dot{M} = 10^{15}\,\mathrm{kg\,s^{-1}}$ で物質が落ち込み，重力エネルギーを解放して光っているとき，上式を用いてそれぞれの光度を見積もれ．

（b） 水素原子の質量を m_H として，半径 r にある 1 つの水素原子が天体から受ける重力を r, G, M, m_H を用いて表せ．

（c） 水素原子は原子中の電子のトムソン散乱（断面積 σ_T）によって，光を遮り，圧力を受ける．天体が光度 L，球対称で光っているとき，半径 r における 1 つの電子が光から受ける力（= 1 つの水素原子が光から受ける力）を，$L, \sigma_\mathrm{T}, c, r$ を用いて表せ．

（d） 球対称の場合，物質がコンパクト天体から受ける重力と光による圧力が釣り合う限界光度があり（エディントン限界，L_Edd），天体はそれ以上明るくなることはできない．ここでは簡単のために，天体に落ち込む物質として水素だけを考える．上の (b) と (c) で求めた量を結びつけることにより，エディントン限界 L_Edd を導け．

（e） $\kappa_\mathrm{T} \equiv \sigma_\mathrm{T}/m_\mathrm{H}$ の値は $4 \times 10^{-2}\,\mathrm{m^2\,kg^{-1}}$ である．これを用いて，中性子星および白色矮星それぞれについて，エディントン限界 L_Edd の値を見積もり，両者の値を比較せよ．

（f） 中性子星と白色矮星がそれぞれ質量降着率 $\dot{M} = 10^{15}\,\mathrm{kg\,s^{-1}}$ で重力

エネルギーを解放して光っている場合，それらの光度とエディントン限界とを比較せよ．
(g) エディントン限界で光っている天体が黒体輻射をしている場合，その表面温度の値を質量と半径の関数として記述する式を導け．それを用いてエディントン限界で光っている中性子星と白色矮星の表面温度の値を，それぞれ見積もれ．

(2) 中性子星やブラックホールが連星系を成しているとき，伴星から落ちていく物質が中性子星やブラックホールの周りに円盤（降着円盤）を形成し，解放された重力エネルギーが熱エネルギーに変換され，X線で観測される場合がある．ここでは単純に，幾何学的に薄い降着円盤が黒体輻射をしている場合を考える．円盤のモデルを単純化して，降着円盤の内縁を r_in，そこにおける温度を T_in，円盤の温度分布は半径 r の関数として $T(r) \propto r^{-3/4}$ と仮定する．また，円盤の外縁半径は充分に大きいものとする．
(a) 降着円盤の輻射を半径方向に積分することによって，円盤の光度 L_disk を，$r_\mathrm{in}, T_\mathrm{in}$，ステファンボルツマン定数 σ を用いて表せ（円盤の表と裏を考慮すべきことに注意）．
(b) 一般相対性理論によると，回転していない中性子星やブラックホールの周りを公転する物体の最小円軌道半径は，シュワルツシルド半径の3倍である．円盤の内縁を最小円軌道半径と仮定することによって，中心天体の質量 M を，降着円盤の光度 L_disk と内縁温度 T_in で表す式を導け．この式から，ブラックホールの周りの降着円盤と中性子星の周りの降着円盤の光度 L_disk が等しい場合，どちらの降着円盤の内縁温度の方が高いか，述べよ．
(c) 降着円盤を持つ2つのX線天体があり，どちらの降着円盤も光度は $L_\mathrm{disk} = 10^{31}\,\mathrm{J\,s^{-1}}$ であった．それぞれについて，$T_\mathrm{in} = 6 \times 10^6\,\mathrm{K}$，$T_\mathrm{in} = 2 \times 10^7\,\mathrm{K}$ を測定した．これから，それぞれの中心天体の質量を見積もれ．この場合，どちらがブラックホールでどちらが中性子星と考えられるか．

【解答】 (1) (a) 与式のシュワルツシルド半径の式より，$\dfrac{2GM}{c^2} \approx 3000$

∴ $GM = \dfrac{3000c^2}{2} = \dfrac{3 \times 10^3 \times (3 \times 10^8)^2}{2} = \dfrac{27}{2} \times 10^{19}$

(i) 中性子星の場合，与式の光度の式より，

$$L \approx \frac{GM\dot{M}}{r} = \frac{27 \times 10^{19}}{2} \times \frac{10^{15}}{10 \times 10^3} \cong 1 \times 10^{31}\,[\mathrm{J\,s^{-1}}] \quad ①$$

(ii) 白色矮星の場合，$L \approx \dfrac{27 \times 10^{19} \times 10^{15}}{2 \times 5 \times 10^3 \times 10^3} \cong 3 \times 10^{28} \, [\mathrm{J\,s^{-1}}]$ ②

(b) 水素原子が受ける重力は，$F_\mathrm{H} = \dfrac{GMm_\mathrm{H}}{r^2}$ ③

(c) 電子が受ける力は，$f_\mathrm{e} = \dfrac{L}{4\pi r^2 c}\sigma_\mathrm{T}$ ④

(d) ③ ＝ ④ より，$\dfrac{GMm_\mathrm{H}}{r^2} = \dfrac{L}{4\pi r^2 c}\sigma_\mathrm{T}$

$\therefore \quad L \equiv L_\mathrm{Edd} = \dfrac{GMm_\mathrm{H}}{r^2}\dfrac{4\pi r^2 c}{\sigma_\mathrm{T}} = \dfrac{4\pi cGMm_\mathrm{H}}{\sigma_\mathrm{T}}$ ⑤

[**参考文献**] 佐藤他：宇宙物理学（朝倉）

(e) 与式 $\kappa_\mathrm{T} \equiv \dfrac{\sigma_\mathrm{T}}{m_\mathrm{H}}$ を⑤に代入すると，

$L_\mathrm{Edd} = \dfrac{4\pi cGM}{\sigma_\mathrm{T}}\dfrac{\sigma_\mathrm{T}}{\kappa_\mathrm{T}} = \dfrac{4\pi cGM}{\kappa_\mathrm{T}}$ ⑥

(i) 中性子星の場合，

$L_\mathrm{Edd} = \dfrac{4 \times 3.14 \times 3 \times 10^8 \times 27 \times 10^{19}}{2 \times 4 \times 10^{-2}} = 127 \times 10^{29} \cong 1 \times 10^{31} \, [\mathrm{J\,s^{-1}}]$ ⑦

(ii) 白色矮星の場合，

$L_\mathrm{Edd} = \dfrac{4 \times 3.14 \times 3 \times 10^8 \times 27 \times 10^{19}}{2 \times 4 \times 10^{-2}} = 127 \times 10^{29} \cong 1 \times 10^{31} \, [\mathrm{J\,s^{-1}}]$ ⑧

ゆえに，中性子星と白色矮星のエディントン限界は同じ．

(f) (i) 中性子星の場合，

光度 $L = 1 \times 10^{31} \, [\mathrm{J\,s^{-1}}]$ （∵ ①）

エディントン限界 $L_\mathrm{Edd} = 1 \times 10^{31} \, [\mathrm{J\,s^{-1}}]$ （∵ ⑦）

(ii) 白色矮星の場合，

$L = 3 \times 10^{28} \, [\mathrm{J\,s^{-1}}]$ （∵ ②）

$L_\mathrm{Edd} = 1 \times 10^{31} \, [\mathrm{J\,s^{-1}}]$ （∵ ⑧）

(g) ⑥より，$L_\mathrm{Edd} = 4\pi r^2 \cdot \sigma T^4 = \dfrac{4\pi cGM}{\kappa_\mathrm{T}} \quad \therefore \quad T = \left(\dfrac{cGM}{\sigma \kappa_\mathrm{T} r^2}\right)^{1/4}$

(i) 中性子星の場合，

$T = \left\{\dfrac{3 \times 10^8 \times 27 \times 10^{19}}{2 \times 6 \times 10^{-8} \times 4 \times 10^{-2} \times (10 \times 10^3)^2}\right\}^{1/4} \cong 2 \times 10^7 \, \mathrm{K}$

(ii) 白色矮星の場合，

$$T = \left\{ \frac{3 \times 10^8 \times 27 \times 10^{19}}{2 \times 6 \times 10^{-8} \times 4 \times 10^{-2} \times (5 \times 10^3 \times 10^3)^2} \right\}^{1/4} \cong 1 \times 10^6 \text{ K}$$

(2) (a) 表と裏を考慮すると, $L_{\text{disk}} = 2 \times \int_{r_{\text{in}}}^{\infty} 2\pi r \cdot \sigma T(r)^4 dr$ ⑨

ここで, 与式より, 円盤の温度分布は, $T(r) \propto r^{-3/4}$ だから, $T(r) = Ar^{-3/4}$ (A : 定数) と仮定し, ⑨に代入すると,

$$L_{\text{disk}} = 4\pi\sigma \int_{r_{\text{in}}}^{\infty} rA^4 r^{-3} dr = 4\pi\sigma A^4 \int_{r_{\text{in}}}^{\infty} r^{-2} dr$$
$$= 4\pi\sigma A^4 \left[\frac{r^{-1}}{-2+1} \right]_{r_{\text{in}}}^{\infty} = \frac{4\pi\sigma A^4}{r_{\text{in}}} \quad ⑩$$

ただし, $T_{\text{in}} = Ar_{\text{in}}^{-3/4}$, $T_{\text{in}}^4 = A^4 r_{\text{in}}^{-3}$, $A^4 = T_{\text{in}}^4 r_{\text{in}}^3$

これを⑩に代入すると, $L_{\text{disk}} = \frac{4\pi\sigma}{r_{\text{in}}} T_{\text{in}}^4 r_{\text{in}}^3 = 4\pi\sigma r_{\text{in}}^2 T_{\text{in}}^4$ ⑪

(b) 題意より, $r_{\text{in}} = 3 \times \frac{2GM}{c^2}$ ⑫

⑫を⑪に代入すると,

$$L_{\text{disk}} = 4\pi\sigma \left(\frac{6GM}{c^2} \right)^2 T_{\text{in}}^4 = \frac{(12)^2 \pi\sigma G^2 M^2 T_{\text{in}}^4}{c^4}$$

$$\therefore \quad M = \left(\frac{L_{\text{disk}} c^4}{(12)^2 \pi\sigma G^2 T_{\text{in}}^4} \right)^{1/2} \propto \frac{1}{T_{\text{in}}^2} \quad ⑬$$

すなわち, $M \propto \frac{1}{T_{\text{in}}^2}$ となるから, ブラックホールの周りの降着円盤と中性子星の周りの降着円盤の光度 L_{disk} が等しい場合, 質量が小さい中性子星の方が降着円盤の内縁の温度が高くなる.

(c) $L_{\text{disk}} = 10^{31} \text{ J s}^{-1}$ のとき,
(i) $T_{\text{in}} = 6 \times 10^6$ K の場合, ⑬より, $G \cong 6.7 \times 10^{-11} \text{ N m}^2 \text{ kg}^{-2}$ を用いると,

$$M = \left(\frac{L_{\text{disk}} c^4}{(12)^2 \pi\sigma G^2 T_{\text{in}}^4} \right)^{1/2} = \frac{c^2}{12GT_{\text{in}}^2} \left(\frac{L_{\text{disk}}}{\pi\sigma} \right)^{1/2}$$
$$= \frac{(3 \times 10^8)^2}{12 \times 6.7 \times 10^{-11} \times (6 \times 10^6)^2} \left(\frac{10^{31}}{3.14 \times 6 \times 10^{-8}} \right)^{1/2}$$
$$\cong 2 \times 10^{31} \text{ kg} \quad \rightarrow \quad \text{ブラックホール}$$

(ii) $T_{\text{in}} = 2 \times 10^7$ K の場合,

$$M = \frac{c^2}{12GT_{\text{in}}^2} \left(\frac{L_{\text{disk}}}{\pi\sigma} \right)^{1/2} = \frac{(3 \times 10^8)^2}{12 \times 6.7 \times 10^{-11} \times (2 \times 10^7)^2} \left(\frac{10^{31}}{3.14 \times 6 \times 10^{-8}} \right)^{1/2}$$
$$\cong 2 \times 10^{30} \text{ kg} \ (\cong M_\odot) \quad \rightarrow \quad \text{中性子星}$$

問 題 研 究

13.1 温度 T, 波長 λ での黒体からの放射は，単位面積・単位立体角・単位時間・単位波長当たりで，

$$B(\lambda) = \frac{2hc^2}{\lambda^5} \frac{1}{\exp\left(\frac{hc}{kT\lambda}\right) - 1} \quad (\mathrm{I})$$

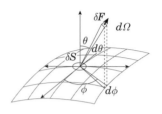

である．ここで h はプランク定数，c は光速，k はボルツマン定数である．一般の物体からの熱放射はこの黒体からの放射に放射率 ε を掛けたものである．そして $\varepsilon = 1$ が全波長で成り立つとき，黒体と呼ぶ．黒体放射は，温度 T に対して，ある波長 $\lambda_{\max}$ で最大になる．

(1) 黒体からの全放射エネルギーを求めるために，図のように物体表面の面要素 δS を考え，そこを中心に極座標を取り，そこから (θ, ϕ) 方向の立体角 $d\Omega$ に放射される単位波長当たりのエネルギー $\delta F(\lambda)$ を考えよう．

  (a) 立体角 $d\Omega$ を極座標系の θ, ϕ，および $d\theta, d\phi$ を用いて書け．
  (b) (θ, ϕ) 方向は面要素に対して垂直な方向ではないことを考慮して $\delta F(\lambda)$ を $B(\lambda)$ を用いて書け．
  (c) $\delta F(\lambda)$ の全放射方向の積分を行って，単位面積当たり，単位波長当たりの放射エネルギーを $B(\lambda)$ を用いて書け．
  (d) 全波長で積分することにより，単位面積当たりの全放射エネルギー I は $I = \sigma T^\alpha$ と書けることを示し，α を導け．また σ を h, c, k を用いて書け．このとき，必要に応じて次の積分値を用いよ．

$$\int_0^\infty \frac{x^3}{e^x - 1} dx = \frac{\pi^4}{15}, \quad \int_0^\infty \frac{x^4}{e^x - 1} dx \cong 24.888, \quad \int_0^\infty \frac{x^5}{e^x - 1} dx = \frac{8\pi^6}{63}$$

さて，星の周辺に，その星からの放射を受けて熱エネルギーを得て，それを黒体放射として再放射することによって一定の温度を保っている物体があったとしよう．この物体の温度がどうなるかを考察する．

(2) 物体は星からの距離 D のところにある半径 R_d の球とする．また，これは黒体ですべての波長で吸収率も放射率も 1 であるとする．星からの放射量は単位時間当たり L であり，星自身の大きさによる効果は無視できるとする．物体の温度が T_d になっているとし，エネルギーの釣り合いを考え，L, D, R_d, σ の間の関係式を示し，T_d が星からの距離 D と星の明るさ L に対してどのように変化するのかを示せ．

星の放射量として我々の太陽の値を用い，距離 D に地球，太陽間距離を用いて計算すると，$T_d = 280\,\mathrm{K}$ が得られ，ほぼ地球の温度と一致する．また，この温度の物体は波長が $\lambda_d = 10\,\mu\mathrm{m}$ で放射のピークを持つ．遠方からこの物体と星を観測することを考えよう．星の放射は温度 $T_* = 5780\,\mathrm{K}$ の黒体で近似できるとし，星の半径を R_* とする．

(3) 波長 λ_{obs} において，$\Delta \lambda$ の波長バンド幅で測光観測を行うとする．

(a) 観測波長 $\lambda_{\rm obs}$ での星の明るさ F_* に対するこの物体の明るさ F_d の比 F_d/F_* を示せ.
(b) ある温度 T に対して，放射が最大になる波長よりも十分に長い波長での黒体放射 $B(\lambda)$ を波長 λ のべき乗の式で表せ.
(c) 観測波長が物体の放射のピーク波長よりも十分に長いときの明るさの比を求めよ.
(d) 物体の半径は星半径の 1/100（太陽に対する地球より少し小さめ）のものを考えよう．物体の放射のピーク波長よりも十分に長い波長で星と物体を合わせて測光観測するとき，物体からの光の明るさは，中心の星からの光に対してどれだけになるか．有効数字 1 桁で答えよ.
(e) 次に，小石程度の小さい物体が多数ある場合を考えよう．物体の半径は星半径の 10^{-10} 倍の約 7 mm とする．この物体が何個あれば測光観測において中心星の 10%の明るさを持つようになるか．以下の仮定を用いてその物体全質量はどれだけ求めて地球質量との比を有効数字 1 桁で求めよ．ここで，物体 1 個の質量を 3 g（密度は岩石より少し軽い）とし，地球質量 6×10^{27} g とする.

(4) 以上の考察においては，物体の放射率が波長に依存することなく全波長で 1 であるとしてきた．しかし，放射の波長が物体の大きさよりも長くなると，放射率は一定でなくなる．そのようなものとして，放射率が $\lambda \geq \lambda_0$ では

$$\varepsilon(\lambda) = \frac{\lambda_0}{\lambda}$$

である場合を考えよう．このとき，λ_0 が熱放射のピーク波長よりも十分に小さいような場合では，$\lambda < \lambda_0$ の波長域からの寄与は充分に小さくて無視できるため，全放射を波長で積分するときに上記の放射率を全波長範囲で仮定することができる．この場合に，物体からの全放射エネルギーがどのように表せるか，(1) と同様に $I = \sigma' T^\beta$ と書けることを示し，β を導け，σ' を h, c, k を用いて書け．なお，必要に応じて(1)に挙げた積分値を用いよ.

(5) (4)の場合の物体の温度の星からの距離依存性を示せ.

13.2 球対称な恒星の内部構造は以下の式で記述される：

静水圧平衡： $\dfrac{dp}{dm} = -\dfrac{Gm}{4\pi r^4}$ (I)

連続の式： $\dfrac{dr}{dm} = \dfrac{1}{4\pi r^2 \rho}$ (II)

エネルギー輸送： $\dfrac{dT}{dm} = -\dfrac{3}{64\pi^2 ac}\dfrac{\kappa L_r}{r^4 T^3}$ (III)

状態方程式：$p = nkT$ (IV)

ここで，m は恒星中心からの距離 r を半径とする球の中に含まれる質量である．$p, \rho, T, \kappa, L_r, n$ はそれぞれ r での圧力，密度，温度，単位質量当たりの吸収係数，光度，単位体積当たりの全粒子数である．G は万有引力定数，a は輻射定数，$c = 3 \times 10^8 \,{\rm m\,s^{-1}}$ は光速度，k はボルツマン定数を表す．エネルギーは輻射で運ばれると仮定している．恒星内部では水

素とヘリウムは完全電離しているとし，水素とヘリウムの質量比をそれぞれ X, Y とする ($X + Y = 1$). 以下の(1)〜(7)に答えよ.

(1) 恒星の中心の圧力 p_c と密度 ρ_c を恒星の質量 M と半径 R を用いて近似的に求めてみよう. 恒星の表面では温度, 圧力, 密度をゼロとし, 例えば(I)式の左辺の微分を表面と中心での差分で近似し, $-\dfrac{p_c}{M}$ とする. 右辺に現れる変数は平均をとり, $r \sim R/2$, $p \sim p_c/2$ のように表すことにする. 静水圧平衡と連続の式にこのような近似を用いて, p_c と ρ_c を R と M を用いて表せ.

(2) $n = \dfrac{\rho}{\mu m_\mathrm{H}}$ で定義される μ を, X と Y で表せ. ここで m_H は水素原子の質量である.

(3) (1)で求めた結果を(IV)式に代入して, 恒星の中心温度 T_c を, R, M, μ_c を用いて表せ. ここで μ_c は中心での μ の値である.

(4) (1)と同じ近似を(III)式に適用して, 恒星の光度 L は M と

$$L \propto \frac{acG^4}{\bar{\kappa}} \left(\frac{\mu_c m_\mathrm{H}}{k}\right)^4 M^3$$

の関係にあることを示せ. ここで $\bar{\kappa}$ は κ の星全体での平均値である.

(5) 太陽のような恒星では $\bar{\kappa} \propto \rho_c T_c^{-3.5}$ で表されるとすると, 光度 L は μ_c, M, R と

$$L \propto \mu_c^{7.5} M^{5.5} R^{-0.5}$$

の関係にあることを示せ.

(6) 太陽の輻射エネルギーの源は, 水素がヘリウムに変わる中心での核融合反応である. 太陽が主系列に到達してから現在までの 45 億年間に失われた質量は, 太陽の質量のおよそ何%であるか, 太陽光度が 45 億年間一定であるとして見積もれ. 太陽の現在の質量 M, 光度 L は, それぞれ $M = 2 \times 10^{30}$ kg, $L = 4 \times 10^{26}$ W である.

(7) 太陽が主系列に達してから現在まで光度は実は増大している. (5)と(6)の結果をもとに, 太陽の半径を一定として, この理由を説明せよ. (東大[†], 京大[*])

13.3 励起状態にある水素原子からのスペクトル線について, 以下の問いに答えよ. プランク定数を h, ボルツマン定数を k, 光速度を c, 電子の質量を m_e, 素電荷を e, リュードベリ定数を R_∞, 真空の誘電率を ε_0 で表すものとする. また, 数値解を求める際には必要に応じて以下の数値を用いてよい. $k = 1.4 \times 10^{-23}$ J K^{-1}, $c = 3.0 \times 10^8$ m s^{-1}, 水素原子の質量 $m_\mathrm{H} = 1.7 \times 10^{-27}$ kg, $\ln 2 = 0.69$.

(1) 励起状態にある水素原子からのスペクトル線の遷移周波数を以下の手順で導出しよう.

(a) 主量子数が n のエネルギー準位に存在する電子軌道の半径 r_n を n, m_e, e, h を用いて表せ.

(b) 主量子数 $n + \Delta n$ から n へ電子が遷移するとき, そのエネルギー差 ΔE に応じて放射される電磁波の周波数 ν を $m_e, e, h, n, \Delta n$ を用いて表せ.

(c) 電波領域では, $\Delta n \ll n$ なるスペクトル線が強く観測される. このスペクトル線の周波数を, $R_\infty, c, n, \Delta n$ を用いて表せ.

(d) 下記の図は天の川銀河内に存在する HII 領域の分光観測で得られたミリ波帯スペクトルである. 天体の静止系での周波数 231.9 GHz 付近に観測された輝線は

水素原子からの α 遷移 ($n+1$ から n への遷移) である.このときの遷移後の主量子数を有効数字 1 桁で推定せよ.ここでリュードベリ定数を $R_\infty = 1 \times 10^7 \, \text{m}^{-1}$ とせよ.

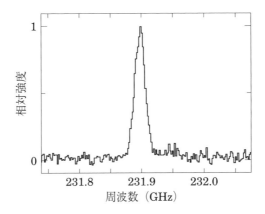

(2) 次に,このスペクトル線の線幅について考察する.
(a) 励起状態にある水素原子を双極子モーメント er_n を持つ電気双極子と考えて,この電気双極子が単位時間当たりに放射する電磁波のエネルギー(パワー)の時間平均 $\langle P \rangle$ を $e, c, \nu, r_n, \varepsilon_0$ を用いて表せ.ただし,加速度 a で運動する荷電粒子(電荷 q)が放射するパワー P についての下記の式を用いてよい.
$$P = \frac{1}{6\pi\varepsilon_0} \frac{q^2 a^2}{c^3} \quad (\text{I})$$

(b) 主量子数 $n+1$ から n へ電子が遷移する際のスペクトル線における遷移確率 A 係数 ($A_{n+1,n}$) を $r_n, R_\infty, e, h, n, \varepsilon_0$ を用いて表せ.

(c) この遷移確率により決まる輝線の周波数幅(自然幅)のオーダーを見積もれ.ただし,ここでは $A_{n+1,n} \sim 5 \times 10^9 n^{-5} \, \text{s}^{-1}$ を用いてよい.

(d) 温度 T で質量 M の粒子の速度分布がマクスウェル分布で記述される場合に,熱的な運動で決まる輝線の半値幅(半値全幅)を T, M, c, k および輝線の中心周波数 ν_0 を用いて表せ.なお,視線速度 v_r のマクスウェル分布は以下のように記述される.
$$f(v_r)dv_r = \left(\frac{M}{2\pi kT}\right)^{1/2} \exp\left(-\frac{Mv_r^2}{2kT}\right) dv_r \quad (\text{II})$$

(e) 励起状態にある水素原子の 231.9 GHz にあるスペクトル線について,熱的な運動から期待される線幅を有効数字 1 桁で見積もれ.ただし,温度は $T = 6400 \, \text{K}$ とせよ.

(東大)

13.4 宇宙はビッグバンで始まり，その後電離したガスは膨張で冷えて再結合し，電磁波に対して透明になった．宇宙マイクロ波放射は，透明になる以前の宇宙の化石を見ていると言える．

(1) ニュートン力学を用いて宇宙膨張の力学を考えてみよう．宇宙膨張は一様で等方とする．今，半径 R のところに質量 m の銀河が位置しているとしよう（図参照）．この銀河は，速度 $v = HR$ で動径方向に遠ざかるように運動している（ハッブルの法則）．宇宙は非相対論的な物質で満たされており，その平均密度は ρ とし，他の銀河も同様に動径方向に運動しているとする．また，この銀河より内側の質量を M とする．物質の生成・消滅はないとして，質量 M は変化しないとする．

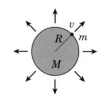

(a) この銀河の位置エネルギーと運動エネルギーの総和を E_T としたとき，$E_T = 0$ となる平均密度を求めよ．

(b) $E_T = $ 一定 として，R を宇宙の大きさの指標と考え，R が満たす R の一階時間微分を含む微分方程式を求めよ．また，$E_T = 0$ の場合の微分方程式を解いて $R = R(t)$ を求めよ．ここで，t は時間である．

(c) 宇宙膨張に乗った共動座標系では，単位振動数あたりの放射エネルギー密度 u を $h\nu$ で割った $n\ (= u/h\nu)$ を用いると光子数保存の関係（式(I)）が成り立つ．いま，光子エネルギー密度は，$E_{\rm ph} = n_{\rm ph}h\nu$ で与えられるとしよう．$n_{\rm ph}$ は個数密度である．宇宙膨張に伴って $n_{\rm ph}$ や振動数 ν はどのように変化するかを考え，$E_{\rm ph}$ が R にどのように依存するかを求めよ．ここでは，式(I)の $nd\nu$ が $n_{\rm ph}$ に対応する．また，電磁波は宇宙膨張に伴い波長が増加する．

$$n(\nu, T)d\nu R(t)^3 = n(\nu_0, T_0)d\nu_0 R(t_0)^3 \tag{I}$$

(d) 赤方偏移 z は，以下で定義される．

$$z = \frac{\lambda_{\rm obs} - \lambda_{\rm emi}}{\lambda_{\rm emi}} \tag{II}$$

ここで $\lambda_{\rm obs}$, $\lambda_{\rm emi}$ は観測波長と静止座標系での波長である．R と z の関係を求めよ．現在の宇宙では $R = R_0$ とする．

(e) 黒体放射のエネルギー密度と温度のべき乗の関係を用いて，温度が R の何乗に比例するか求めよ．現在の宇宙の背景放射の温度は，およそ 3 K であることが分かっている．再結合の時期が $T = 3000$ K で起こったと仮定しよう．温度が t の何乗に比例するかを求め，現在の宇宙年齢を $t_0 = 1.4 \times 10^{10}$ 年とし，有効数字一桁で再結合の時期の宇宙年齢を求めよ（$\sqrt{10} = 3.2$ で計算せよ）．

(2) 透明になる以前の宇宙では，宇宙は黒体であったと考えられる．電磁波に対して透明になった現在の宇宙では，光子（宇宙背景放射）のエネルギー密度が黒体放射を記述するプランクの式（単位振動数あたりのエネルギー密度の形で書くと，式(III)）で表すことができるかは自明ではない．式(I)を用いて，透明になった現在の宇宙（T_0, t_0, ν_0）でも，現在の光子のエネルギー密度 $u(\nu_0, T_0) = n(\nu_0, T_0)h\nu_0$ がプランクの式で表せるこ

とを示せ．光速度 c，プランク定数 h，ボルツマン定数 k はいずれも宇宙の膨張で変化しないとする．

$$u(\nu, T) = \frac{8\pi h \nu^3}{c^3} \frac{1}{\exp(h\nu/kT) - 1} \tag{III}$$

(3) $z \ll 1$ の場合には，距離と z の関係式はハッブルの法則から得られる（視線速度 cz は距離に比例する．比例定数は H_0）．$z > 1$ の宇宙に対しても距離と z との関係式を求めたい．

(a) (1) で扱った宇宙モデルの場合に（$E_T = 0$），現在の宇宙で距離を測ることを考える．$z = 0$ の観測者から赤方偏移 z の銀河までの距離 x は，銀河から放射された光がある時間の間に光速で進んだ距離（cdt）を，その後の宇宙膨張の効果で距離が引き伸ばされたことを膨張の指標となる R を用いて補正をして積分して求めることができる．距離 x を z の関数として $x = Const. \times f(z)$ の形で求めよ．ここでは，$R = R(t)$ として (1) の R と同様の時間 t に対する依存性を用いよ．

(b) 上記 (a) で求めた式の $z \ll 1$ での近似式を求め，これとハッブルの法則との比較から $Const.$ を H_0 を用いて表し，$x = x(z)$ の式を完成させよ． (東大)

13.5 X 線天文学の初期の時代より，明るい X 線天体以外に，全天から一様にやってくる宇宙 X 線背景放射の存在が知られていた．その起源は長い謎であったが，その主な理由は，初期の X 線観測装置の角度分解能と感度が不十分で，空間的に広がったガスからの X 線放射と，たくさんの暗い X 線点源の重ね合わせを区別できなかったからである．現在では観測装置の性能が向上し，宇宙 X 線背景放射の大部分は多数の暗い点源（活動銀河中心核）に分解されている．ここでは宇宙 X 線背景放射がすべて活動銀河中心核の重ね合わせで構成されていると仮定し，以下の (1)～(3) に答えよ．観測エネルギー範囲は $2\,\mathrm{keV}$ から $10\,\mathrm{keV}$ とする．なお，簡単のために宇宙論的赤方偏移の影響は無視し，宇宙を静的な三次元空間と仮定する．また，宇宙には同じ光度（単位は [$\mathrm{J\,s^{-1}}$]）の活動銀河中心核が等密度で存在すると仮定する．解答の数値の近似が必要な場合は，有効数字一桁で求めよ．

(1) (a) 仮に宇宙が無限の広がりを持つとすると，観測される宇宙 X 線背景放射の表面輝度は無限大になることを示せ．

(b) 実際には宇宙 X 線背景放射の表面輝度は無限大ではない．その理由を述べよ．

(2) ある X 線フラックス S（単位は [$\mathrm{J\,s^{-1}\,m^{-2}}$]）より明るい活動銀河中心核の表面密度（単位立体角当たりの数）を $N\,(> S)$ と表すことにする（単位は [個 sr^{-1}]）．横軸に S の対数，縦軸に $N\,(> S)$ の対数をとったグラフを考える（これを $\log N$-$\log S$ プロットと呼ぶ）．$\log N$ と $\log S$ の関係を求めよ．

(3) 観測によると，宇宙 X 線背景放射の平均表面輝度は約 $5 \times 10^{-11}\,\mathrm{J\,s^{-1}\,m^{-2}\,sr^{-1}}$ である．

X 線背景放射の表面輝度を全天で積分し，それを明るい銀河系内 X 線天体さそり座 X-1 からのフラックス（約 $3 \times 10^{-10}\,\mathrm{J\,s^{-1}\,m^{-2}}$）と比較せよ． (東大)

13.6 我々が観測する恒星の光は，中心部の核融合で発生した光子が内部の物質との相互作用を繰り返して表面に出てきたものである．この過程を簡単なモデルで考察してみよう．こ

こでは主系列星を取り上げる．完全電離した水素から成る一様球（温度と密度が場所によらず一定）で主系列星を近似し，核融合は球の中心で起こるとする．また，物質との相互作用としては散乱のみを考える．以下の(1)〜(4)に答えよ．式を求める問では導出過程も記せ．

(1) 微小な粒子で一様に満たされた空間での光子の運動を考えよう．光子は粒子により等方的に散乱（入射方向によらず，あらゆる方向に等しい確率で散乱）されるとし，散乱の平均自由行程を l とする．ある光子の出発地点と N 回目に散乱される地点を結ぶベクトルを r_N と表すとき，r_N の大きさの期待値 $\sqrt{\langle r_N^2 \rangle}$ を，N と l で表せ．ここで $\langle \ \rangle$ は平均を取る操作を意味する．どの連続した2つの散乱の間も光子は等しく l だけ進むと近似してよい．また，散乱による粒子の移動は無視してよい．

(2) 主系列星の内部における光子の散乱を電子による等方的なトムソン散乱で近似しよう．
  (a) 内部には電子と同数の陽子も存在するが，陽子による散乱は無視できる．これは電子と陽子のどのような違いによるためか，説明せよ．
  (b) 中心で発生した光子が星の表面に達するまでの時間を $t_{\rm esc}$ とする．$t_{\rm esc}$ は，(1)の $\sqrt{\langle r_N^2 \rangle}$ が星の半径 R に等しくなる時間として求めることができる．$R = 4.0 \times 10^9$ m の星の $t_{\rm esc}$ を有効数字1桁で求めよ．ここで，この星の内部の平均自由行程は $l = 0.10$ m である．光速度 $c = 3.0 \times 10^8$ m s^{-1} を用いてよい．

(3) 核融合で発生した光子は散乱を繰り返して恒星の内部を満たす．ここでは，内部を満たした光子を一様な温度の黒体輻射で近似することにしよう．半径 R の主系列星が温度 T の黒体輻射で満たされているとき，黒体輻射の全エネルギー $E_{\rm rad}$ を R と T を用いて表せ．必要に応じて定数を導入してよい．

(4) 主系列星の光度 L のおおよその値は $t_{\rm esc}$ と $E_{\rm rad}$ を用いて表すことができる．その式を書き，どのような考えで式を導いたかを述べよ． (東大)

13.7 球対称な形状を持つ静的な星では，圧力勾配による力と自己重力が各半径において釣り合っている．r を動径座標とすれば，釣り合いの式は，

$$\frac{dP(r)}{dr} = -\frac{GM(r)\rho(r)}{r^2} \qquad (\text{I})$$

と表される．ここで $\rho(r)$, $P(r)$, $M(r)$ は密度，圧力，および r 以内に含まれる質量で，すべて r の関数である．また G は万有引力定数を表す．以下では星の中心は $r = 0$，表面は $r = R$ であるとする．表面よりも外では，密度と圧力はゼロである．以下の問に答えよ．

(1) 式(I)が示すように，球対称の空間では，半径 r での重力は r 以内に含まれる質量のみに依存し，それよりも外に存在する物質の質量には依らない．理由を説明せよ．

(2) W と Π を以下のように定義する．

$$W = \int_0^R \frac{GM(r)\rho(r)}{r} dV, \quad \Pi = \int_0^R P(r) dV$$

ただし dV は体積要素を表す．また，W は重力ポテンシャルエネルギーである．式(I)を用いて $W = 3\Pi$ が成立つことを示せ．

(3) 仮に $\rho(r)$ が

$$\rho(r) = \begin{cases} \rho_0(1 - r^2/R^2) & (r \leq R) \\ 0 & (r \geq R) \end{cases}$$

で与えられるとき，$M(r)$ を r の関数で表せ．さらに，式（I）を解いて $P(r)$ を r の関数として表せ．なお ρ_0 は中心密度を表す．

(4) 内部エネルギー密度を ε とした場合，全内部エネルギーは

$$U = \int_0^R \varepsilon \, dV$$

で与えられる．また星の全エネルギー E は，$E = U - W$ で定義される．星が単原子理想気体から成る場合の U と Π の関係を示せ．またその場合に E を U で表せ．

(5) P と ε が輻射圧，輻射エネルギーによって決まる場合の U と Π の関係，および E と U の関係を求めよ． (東大)

13.8 銀河の質量は回転速度から近似的に求めることができる．
(1) 渦巻銀河の回転速度の測定法を列挙し，それぞれについて方法と特徴を述べよ．
(2) 銀河の回転速度が $V(R)$ の場合，質量分布を球対称と仮定して，
　（a）その密度分布を表す式を導け．
　（b）$V(R) = C (const)$ の場合の密度分布を図示せよ．
　（c）$V(R) = AR (A = const)$ の場合の密度分布を図示せよ．
　（d）図 1 の回転速度を持つ場合の密度分布を図示せよ． (東大†)

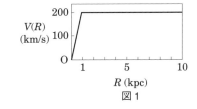

図 1

13.9 地上実験，および天体観測で，一見，光速を超える速さが観測される例を考える．
　まず，地上でミューオンの速度を測る実験をする．図 1 に示すように，高速（速度 v）のミューオンのビームを用意し，その経路上に厚さ $d = 0.5\,\mathrm{cm}$ のプラスチックシンチレータ（密度 $\rho = 1.1\,\mathrm{g/cm^3}$）を 30 m の距離をあけて 2 台並べる．ミューオンはシンチレータでエネルギーを失って蛍光を生み，これが光電子増倍管（PMT）で電気信号に変わる．この信号の時間差を測定する実験を構築した．以下では，ミューオンの質量は $m_\mu c^2 = 100\,\mathrm{MeV}$，光速は $c = 3.00 \times 10^8\,\mathrm{m/s}$, $\beta = v/c$, $\gamma = 1/\sqrt{1-\beta^2}$ とする．プラスチックシンチレータ内でのエネルギー損失 ε は，図 2 に示した．
(1) $\beta = 0.9$ のとき，特殊相対論を考慮して，ミューオンの全エネルギーを有効数字 1 桁で求めよ．また，シンチレータでミューオンが失うエネルギーを，図 2 のグラフを用いて有効数字 1 桁で概算せよ．
(2) 事前の確認実験によると，各々のシンチレータにおいて，1 つのミューオンが通過する時刻の測定ばらつきは正規分布で近似され，標準偏差はそれぞれ $\sigma = 0.7\,\mathrm{ns}$ であった．$\beta = 0.990$ のミューオンが 1 つ入射したとき，時刻記録装置から得られる 2 つの PMT の信号の時間差を有効数字 3 桁で求め，誤差も示せ．これを用いて，測定されるミューオンの速度 v を有効数字 3 桁で求め，誤差を示せ．また，この装置で測定されたミューオンの速度が，"光速を超える" 確率を有効数字 1 桁で概算せよ．

図1 実験のセットアップ

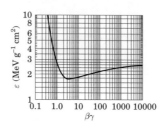

図2 プラスチックシンチレータ内でのミューオンのエネルギー損失

次に,遠方の宇宙における光速に近い物体の動きを観測する.地上時間 Δt の間の,天体の天球面内の見かけの移動距離 Δx を観測することで,"天球面内の見かけの速さ"$u = \Delta x/\Delta t$ を知ることができる.図3に示すように,地球から見て静止している天体Aから,地球に向かって角度 θ を持つ方向に,速度 v で物体Bが発射された.

(3) 物体Bの見かけの速さを u_b とする.これを $\theta, \beta = v/c$ を用いて表せ.このとき,天体Aから地球までの距離よりも,単位時間後にBが移動した位置から地球までの距離の方が短いことに注意せよ.

(4) v が一定のとき,u_b の最大値を与える θ の満たす式を求めよ.また,$\beta = 0.99$ のとき,u_b の最大値が光速の何倍になるかを有効数字1桁で示せ.

(5) 天体Aから,物体Bと同時に逆方向に物体Cが同じ速さ v で発射されていた.これを観測したときの $-x$ 方向に動く"見かけの速さ"u_c を,$\theta, \beta = v/c$ を用いて表せ.さらに,$u_b = 2c, u_c = 0.25c$ のとき,$\beta, \sin\theta$ を有効数字1桁で求めよ. (東大,神戸大 *)

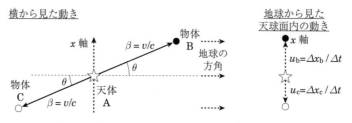

図3 天体Aとそこから発射される物体B, Cの様子

第 1 部 問題解答

■第 1 編の解答

1.1 (1) 確率行列の問題である．

$$r_{ij} = \sum_{t=1}^{n} p_{it} q_{tj} \geq 0,$$

$$\sum_{j=1}^{n} r_{ij} = \sum_{j=1}^{n} \left(\sum_{t=1}^{n} p_{it} q_{tj} \right) = \sum_{t=1}^{n} p_{it} \left(\sum_{j=1}^{n} q_{tj} \right) = \sum_{t=1}^{n} p_{it} = 1$$

よって，PQ も確率行列．

(2) $P = [\boldsymbol{a}_1, \cdots, \boldsymbol{a}_n]$ とすれば，$\boldsymbol{a}_1 + \cdots + \boldsymbol{a}_n = \boldsymbol{e}_1 + \cdots + \boldsymbol{e}_n$ だから，

$$|P - E| = |\boldsymbol{a}_1 - \boldsymbol{e}_1, \cdots, \boldsymbol{a}_n - \boldsymbol{e}_n| = 0$$

よって，1 は P の固有値．

(3) λ を P の固有値，$\boldsymbol{x}$ を λ に対する固有ベクトルとする．$\boldsymbol{x} = {}^t[x_1, \cdots, x_n]$ の成分のうち絶対値が最大のものの 1 つを x_p とすると，$\boldsymbol{x} \neq \boldsymbol{0}$ だから，$x_p \neq 0$ である．$P\boldsymbol{x} = \lambda\boldsymbol{x}$ の第 p 成分を比べると $\sum_{t=1}^{n} p_{pt} x_t = \lambda x_p$ となるが，両辺の絶対値をとって，

$$|\lambda| |x_p| \leq \sum_{t=1}^{n} p_{pt} |x_t| \leq \left(\sum_{t=1}^{n} p_{pt} \right) |x_p| = |x_p| \qquad \therefore \quad |\lambda| \leq 1$$

[別解] (2) 成分がすべて 1 である n 項列ベクトルを $\boldsymbol{1}$ と書く．確率行列 $\leftrightarrow P\boldsymbol{1} = \boldsymbol{1}$ だから，

$$(PQ)\boldsymbol{1} = P(Q\boldsymbol{1}) = P\boldsymbol{1} = \boldsymbol{1}$$

(3) $P\boldsymbol{1} = \boldsymbol{1}$ だから，1 は固有値．以下，上と同じ．

1.2 (1) $A^T A$ は n 次の正方行列でなければならないから，$(A^T A)^T = A^T (A^T)^T = A^T A$．したがって，$A^T A$ は対称行列である．

(2) A を非特異とすると，任意の $\boldsymbol{0}$ でない $\boldsymbol{x} \in \boldsymbol{R}^n$ に対して $A\boldsymbol{x} \neq \boldsymbol{0}$．したがって，$A\boldsymbol{x}$ とそれ自身の内積 $A\boldsymbol{x} \cdot A\boldsymbol{x} = (A\boldsymbol{x})^T (A\boldsymbol{x})$ は正である．このとき，

$$\boldsymbol{x}^T C \boldsymbol{x} \equiv \boldsymbol{x}^T (A^T A) \boldsymbol{x} = (\boldsymbol{x}^T A^T)(A\boldsymbol{x}) = (A\boldsymbol{x})^T (A\boldsymbol{x}) > 0$$

(3) A の固有値を $\lambda_1, \lambda_2, \cdots, \lambda_n$ とおき，対応する単位固有ベクトルを $\boldsymbol{u}_1, \boldsymbol{u}_2, \cdots, \boldsymbol{u}_n$ とおく．$\boldsymbol{x}$ に $\boldsymbol{u}_i$ を代入すると，

$$0 < \boldsymbol{x}^T A \boldsymbol{x} = (\boldsymbol{x}, A\boldsymbol{x}) = (\boldsymbol{u}_i, A\boldsymbol{u}_i) = (\boldsymbol{u}_i, \lambda_i \boldsymbol{u}_i) = \lambda_i (\boldsymbol{u}_i, \boldsymbol{u}_i) = \lambda_i |\boldsymbol{u}_i|^2 = \lambda_i$$

よって，$\lambda_i > 0 \ (i = 1, 2, \cdots, n)$．また，

$$\det(A^T A) = \begin{vmatrix} \lambda_1 & & & & O \\ & \lambda_2 & & & \\ & & \ddots & & \\ & & & \lambda_{n-1} & \\ O & & & & \lambda_n \end{vmatrix} = \lambda_1 \lambda_2 \cdots \lambda_n > 0 \ (\neq 0)$$

よって，$A^T A$ は逆行列を持つ．

1.3 (1) 与式より $e^X = I + X + \dfrac{1}{2!} X^2 + \cdots$

左から Y を掛けると，$Y e^X = Y + YX + \dfrac{1}{2!} Y X^2 + \cdots$

右から Y^{-1} を掛けると，$Y e^X Y^{-1} = I + YXY^{-1} + \dfrac{1}{2!} YX^2 Y^{-1} + \cdots$

また，$e^{YXY^{-1}} = I + YXY^{-1} + \dfrac{1}{2!}\left(YXY^{-1}\right)^2 + \cdots$

一方，$(P^{-1}AP)^n = P^{-1}APP^{-1}AP \cdots P^{-1}AP = P^{-1}A^n P$

同様にして，$(PAP^{-1})^n = PAP^{-1}PAP^{-1} \cdots PAP^{-1} = PA^n P^{-1}$

$A \to X, P \to Y$ と選ぶと，$YX^2Y^{-1} = (YXY^{-1})^2, (YX^3Y^{-1}) = (YXY^{-1})^3, \cdots$

$\therefore\ e^{YXY^{-1}} = Y e^X Y^{-1}$

(2) 与式より，

$$\dfrac{d\boldsymbol{x}}{\boldsymbol{x}} = A\,dt, \quad \log \boldsymbol{x} = At + C_1 \quad \therefore \quad \boldsymbol{x} = e^{At + C_1} = C_2 e^{At} = \boldsymbol{x}(0) e^{At} \quad \text{①}$$

逆に，①を式(Ⅰ)に代入すると

$$\text{左辺} = \boldsymbol{x}(0) A e^{At}, \quad \text{右辺} = A\boldsymbol{x}(0) e^{At} = A\boldsymbol{x}(0) e^{At}$$

よって，①は式(Ⅰ)の解といえる．

[**別解**] ラプラス変換を $X(s) = L\{\boldsymbol{x}(t)\}$ とおくと，

$$sX(s) - \boldsymbol{x}(0) = AX(s), \quad (sI - A)X(s) = \boldsymbol{x}(0) \quad \therefore \quad X(s) = (sI - A)^{-1} \boldsymbol{x}(0)$$

ラプラス逆変換は $L^{-1}\{(sI - A)^{-1}\} = e^{At}$ だから，$\boldsymbol{x}(t) = e^{At}\boldsymbol{x}(0)$．ここで，次式を用いた．

$$(sI - A)^{-1} = \dfrac{1}{s}\left(I - \dfrac{A}{s}\right)^{-1} = \dfrac{1}{s} I + \dfrac{1}{s^2} A + \cdots + \dfrac{1}{s^{k+1}} A^k + \cdots$$

$$e^{At} = I + At + \cdots + \dfrac{1}{k!}(At)^k + \cdots$$

(3) 与式より，$\dfrac{d\boldsymbol{x}}{dt} = A\boldsymbol{x}$ (Ⅰ)

ここで，

$$\boldsymbol{x} = P\boldsymbol{y} \quad \text{②}$$

とおき，②に左から A を掛け，式(Ⅰ)を用いると，

$$AP\boldsymbol{y} = A\boldsymbol{x} = \dfrac{d\boldsymbol{x}}{dt} = \dfrac{d}{dt} P\boldsymbol{y} = P\dfrac{d\boldsymbol{y}}{dt} \quad \text{③}$$

③に左から P^{-1} を掛けると，$\dfrac{d\boldsymbol{y}}{dt} = P^{-1}AP\boldsymbol{y} = D\boldsymbol{y}$ ④

正方行列 A の固有値 λ_i，固有ベクトル $\boldsymbol{p}_i$，正則行列 $P = [\boldsymbol{p}_i]$ とすると，

$$P^{-1}AP \equiv diag\{\lambda_i\} \equiv D$$

$\boldsymbol{y} = \begin{bmatrix} y_1 \\ \vdots \\ y_n \end{bmatrix}$ とすると，④より，

$$\dfrac{d}{dt}\begin{bmatrix} y_1 \\ \vdots \\ y_n \end{bmatrix} = \begin{bmatrix} \lambda_1 & & O \\ & \ddots & \\ O & & \lambda_n \end{bmatrix}\begin{bmatrix} y_1 \\ \vdots \\ y_n \end{bmatrix}, \quad \begin{cases} \dfrac{dy_1}{dt} = \lambda_1 y_1 \\ \vdots \\ \dfrac{dy_n}{dt} = \lambda_1 y_n \end{cases}, \quad \begin{cases} y_1 = y_1(0)e^{\lambda_1 t} \\ \vdots \\ y_n = y_n(0)e^{\lambda_n t} \end{cases}$$

$$\boldsymbol{y} = \begin{bmatrix} e^{\lambda_1 t} & & O \\ & \ddots & \\ O & & e^{\lambda_n t} \end{bmatrix}\boldsymbol{y}(0) = P^{-1}\boldsymbol{x}$$

$$\boldsymbol{x} = P\begin{bmatrix} e^{\lambda_1 t} & & O \\ & \ddots & \\ O & & e^{\lambda_n t} \end{bmatrix}\boldsymbol{y}(0) = P\begin{bmatrix} e^{\lambda_1 t} & & O \\ & \ddots & \\ O & & e^{\lambda_n t} \end{bmatrix}P^{-1}P\boldsymbol{y}(0)$$

$$= P\begin{bmatrix} e^{\lambda_1 t} & & O \\ & \ddots & \\ O & & e^{\lambda_n t} \end{bmatrix}P^{-1}\boldsymbol{x}(0)$$

1.4 （1） 固有値を λ とすると，固有方程式は，

$$\begin{vmatrix} \lambda+9 & -2 & -6 \\ -5 & \lambda & 3 \\ 16 & -4 & \lambda-11 \end{vmatrix} = \begin{vmatrix} \lambda+9 & -2 & 0 \\ -5 & \lambda & -3\lambda+3 \\ 16 & -4 & \lambda+1 \end{vmatrix}$$

$$= \lambda(\lambda+9)(\lambda+1) - 2 \cdot 16(-3\lambda+3) + 4(-3\lambda+3)(\lambda+9) - 10(\lambda+1)$$

$$= \lambda^3 - 2\lambda^2 - \lambda + 2 = (\lambda+1)(\lambda-1)(\lambda-2) = 0 \qquad ①$$

$$\therefore \quad \lambda = -1, 1, 2 \qquad ②$$

（2） ②より最小の固有値は $\lambda = -1$ で，このときの固有ベクトルを $\boldsymbol{x} \equiv \begin{bmatrix} x_1 \\ x_2 \\ x_3 \end{bmatrix}$ とすると，

$$\begin{bmatrix} -9 & 2 & 6 \\ 5 & 0 & -3 \\ -16 & 4 & 11 \end{bmatrix}\begin{bmatrix} x_1 \\ x_2 \\ x_3 \end{bmatrix} = \begin{bmatrix} -9x_1 + 2x_2 + 6x_3 \\ 5x_1 - 3x_3 \\ -16x_1 + 4x_2 + 11x_3 \end{bmatrix} = -\begin{bmatrix} x_1 \\ x_2 \\ x_3 \end{bmatrix} = \begin{bmatrix} -x_1 \\ -x_2 \\ -x_3 \end{bmatrix}$$

$$\begin{cases} -8x_1 + 2x_2 + 6x_3 = 0 \\ 5x_1 + x_2 - 3x_3 = 0 \\ -16x_1 + 4x_2 + 12x_3 = 0 \end{cases}, \quad \begin{cases} 3x_1 = 2x_3 \\ x_1 = -2x_2 \end{cases}$$

$$\therefore \quad \boldsymbol{x} = \begin{bmatrix} x_1 \\ -\frac{x_1}{2} \\ \frac{3x_1}{2} \end{bmatrix} \to \begin{bmatrix} 2 \\ -1 \\ 3 \end{bmatrix}$$

(3) ①，ケーリー・ハミルトンの定理より，

$$F(A) = A^3 - 2A^2 - A + 2E = O \qquad \text{③}$$

B の多項式を③で割ると，

$$\begin{array}{r} A^5 + A^2 \\ A^3 - 2A^2 - A + 2 \overline{\smash{)}\, A^8 - 2A^7 - A^6 + 3A^5 - 2A^4 - A^3 + 2A^2 + A - 2} \\ \underline{A^8 - 2A^7 - A^6 + 2A^5} \\ A^5 - 2A^4 - A^3 + 2A^2 \\ \underline{A^5 - 2A^4 - A^3 + 2A^2} \\ A - 2 \end{array}$$

$$\therefore B = (A^5 + A^2)(A^3 - 2A^2 - A + 2) + A - 2 = A - 2E$$

$$= \begin{bmatrix} -9 & 2 & 6 \\ 5 & 0 & -3 \\ -16 & 4 & 11 \end{bmatrix} - \begin{bmatrix} 2 & 0 & 0 \\ 0 & 2 & 0 \\ 0 & 0 & 2 \end{bmatrix} = \begin{bmatrix} -11 & 2 & 6 \\ 5 & -2 & -3 \\ -16 & 4 & 9 \end{bmatrix}$$

1.5 (1) $|\boldsymbol{a}_1|^2 = \boldsymbol{a}_1 \cdot \boldsymbol{a}_1 = 1^2 + (-1)^2 + 0^2 + 1^2 = 3$

$|\boldsymbol{a}_2|^2 = \boldsymbol{a}_2 \cdot \boldsymbol{a}_2 = 1^2 + 1^2 + (-1)^2 + 0^2 = 3$

$|\boldsymbol{a}_3|^2 = \boldsymbol{a}_3 \cdot \boldsymbol{a}_3 = 1^2 + (-3)^2 + 1^2 + 2^2 = 1 + 9 + 1 + 4 = 15$

$\boldsymbol{a}_1 \cdot \boldsymbol{a}_2 = 1 \times 1 + (-1) \times 1 + 0 \times (-1) + 1 \times 0 = 1 - 1 = 0$

$\boldsymbol{a}_1 \cdot \boldsymbol{a}_3 = 1 \times 1 + (-1) \times (-3) + 0 \times 1 + 1 \times 2 = 1 + 3 + 2 = 6$

$\boldsymbol{a}_2 \cdot \boldsymbol{a}_3 = 1 \times 1 + 1 \times (-3) + (-1) \times 1 + 0 \times 2 = 1 - 3 - 1 = -3$

$$\therefore A = \begin{bmatrix} 3 & 0 & 6 \\ 0 & 3 & -3 \\ 6 & -3 & 15 \end{bmatrix}$$

固有方程式は，固有値を λ とすると

$$\begin{vmatrix} \lambda - 3 & 0 & -6 \\ 0 & \lambda - 3 & 3 \\ -6 & 3 & \lambda - 15 \end{vmatrix}$$

$$= (\lambda - 3)^2 (\lambda - 15) - 36(\lambda - 3) - 9(\lambda - 3)$$

$$= \lambda(\lambda - 3)(\lambda - 18) = 0$$

$$\therefore \quad \lambda = 0, 3, 18 \ (\geq 0) \qquad \text{①}$$

(2) $\det A = \begin{vmatrix} 3 & 0 & 6 \\ 0 & 3 & -3 \\ 6 & -3 & 15 \end{vmatrix} = \begin{vmatrix} 3 & 0 & 0 \\ 0 & 3 & -3 \\ 6 & -3 & 3 \end{vmatrix} = 3 \begin{vmatrix} 3 & -3 \\ -3 & 3 \end{vmatrix}$

$= 3\{3 \times 3 - (-3) \times (-3)\} = 0$

(3) $[x_1, \ x_2, \ x_3] = {}^t\begin{bmatrix} x_1 \\ x_2 \\ x_3 \end{bmatrix}$ とすると，与式は

$[x_1, \ x_2, \ x_3] A \begin{bmatrix} x_1 \\ x_2 \\ x_3 \end{bmatrix} = [x_1, \ x_2, \ x_3] \begin{bmatrix} 3 & 0 & 6 \\ 0 & 3 & -3 \\ 6 & -3 & 15 \end{bmatrix} \begin{bmatrix} x_1 \\ x_2 \\ x_3 \end{bmatrix}$

$= [x_1, \ x_2, \ x_3] \begin{bmatrix} 3x_1 + 6x_3 \\ 3x_2 - 3x_3 \\ 6x_1 - 3x_2 + 15x_3 \end{bmatrix}$

$= x_1(3x_1 + 6x_3) + x_2(3x_2 - 3x_3) + x_3(6x_1 - 3x_2 + 15x_3)$

$= 3x_1^2 + 3x_2^2 + 15x_3^2 + 12x_1 x_3 - 6x_2 x_3 = 3(x_1 + 2x_3)^2 + 3(x_2 - x_3)^2 \geq 0$

等号が成立するのは，$x_1 + 2x_3 = 0, x_2 - x_3 = 0$ のとき．

［別解］ $A = \begin{bmatrix} {}^t\boldsymbol{a}_1 \\ {}^t\boldsymbol{a}_2 \\ {}^t\boldsymbol{a}_3 \end{bmatrix} [\boldsymbol{a}_1, \ \boldsymbol{a}_2, \ \boldsymbol{a}_3] = {}^t[\boldsymbol{a}_1, \ \boldsymbol{a}_2, \ \boldsymbol{a}_3] [\boldsymbol{a}_1, \ \boldsymbol{a}_2, \ \boldsymbol{a}_3]$. よって，$B = [\boldsymbol{a}_1, \ \boldsymbol{a}_2, \ \boldsymbol{a}_3]$ とおくと，$A = {}^tBB$. $\boldsymbol{x} = \begin{bmatrix} x_1 \\ x_2 \\ x_3 \end{bmatrix}$ とおくと，与式は，

$$\ {}^t\boldsymbol{x} A \boldsymbol{x} = {}^t\boldsymbol{x}({}^tBB)\boldsymbol{x} = {}^t(B\boldsymbol{x})(B\boldsymbol{x}) = (B\boldsymbol{x})(B\boldsymbol{x}) = |B\boldsymbol{x}|^2 \geq 0 \qquad ②$$

等号が成立するのは $B\boldsymbol{x} = \boldsymbol{0}$ のときだから，

$$[\boldsymbol{a}_1, \ \boldsymbol{a}_2, \ \boldsymbol{a}_3] \begin{bmatrix} x_1 \\ x_2 \\ x_3 \end{bmatrix} = \boldsymbol{0}, \quad \boldsymbol{a}_1 x_1 + \boldsymbol{a}_2 x_2 + \boldsymbol{a}_3 x_3 = \boldsymbol{0} \qquad ③$$

与式より，$\boldsymbol{a}_3 = 2\boldsymbol{a}_1 - \boldsymbol{a}_2$ だから，これを③に代入して，

$$\boldsymbol{a}_1 x_1 + \boldsymbol{a}_2 x_2 + (2\boldsymbol{a}_1 - \boldsymbol{a}_2) x_3 = (x_1 + 2x_3)\boldsymbol{a}_1 + (x_2 - x_3)\boldsymbol{a}_2 = \boldsymbol{0}$$

よって，等号が成立するのは，次のとき：$x_1 + 2x_3 = 0, \ x_2 - x_3 = 0$

(4) $\boldsymbol{a}_1, \boldsymbol{a}_2, \boldsymbol{a}_3$ が線形従属（線形独立でない）ならば，$[x_1, \ x_2, \ x_3] \neq \boldsymbol{0}$ を満たす，x_1, x_2, x_3 が存在し，

$$x_1 \boldsymbol{a}_1 + x_2 \boldsymbol{a}_2 + x_3 \boldsymbol{a}_3 = \boldsymbol{0}, \quad [\boldsymbol{a}_1, \ \boldsymbol{a}_2, \ \boldsymbol{a}_3] \begin{bmatrix} x_1 \\ x_2 \\ x_3 \end{bmatrix} = \boldsymbol{0}$$

$B = [\boldsymbol{a}_1,\ \boldsymbol{a}_2,\ \boldsymbol{a}_3], \boldsymbol{x} = \begin{bmatrix} x_1 \\ x_2 \\ x_3 \end{bmatrix}$ とおくと, $B\boldsymbol{x} = \boldsymbol{0}\ (\boldsymbol{x} \neq \boldsymbol{0})$. よって,

$$A\boldsymbol{x} = ({}^tBB)\boldsymbol{x} = {}^tB(B\boldsymbol{x}) = {}^tB\boldsymbol{0} = \boldsymbol{0} \qquad \text{④}$$

$A = [\boldsymbol{b}_1,\ \boldsymbol{b}_2,\ \boldsymbol{b}_3]$ とおくと, $[\boldsymbol{b}_1,\ \boldsymbol{b}_2,\ \boldsymbol{b}_3]\begin{bmatrix} x_1 \\ x_2 \\ x_3 \end{bmatrix} = \boldsymbol{0} \leftrightarrow x_1\boldsymbol{b}_1 + x_2\boldsymbol{b}_2 + x_3\boldsymbol{b}_3 = \boldsymbol{0}$

$\therefore\ \det A = 0 \quad$ (④より, $A\boldsymbol{x} = 0\boldsymbol{x} \to \det A = 0$)

(5) 問(4)の逆. $\det A = 0$ のとき, $A = [\boldsymbol{b}_1,\ \boldsymbol{b}_2,\ \boldsymbol{b}_3]$ は線形独立でない(線形従属). すなわち, $[x_1,\ x_2,\ x_3] \neq \boldsymbol{0}$ を満たす x_1, x_2, x_3 が存在し,

$$x_1\boldsymbol{b}_1 + x_2\boldsymbol{b}_2 + x_3\boldsymbol{b}_3 = \boldsymbol{0},\quad [\boldsymbol{b}_1,\ \boldsymbol{b}_2,\ \boldsymbol{b}_3]\begin{bmatrix} x_1 \\ x_2 \\ x_3 \end{bmatrix} = \boldsymbol{0}$$

$\boldsymbol{x} = \begin{bmatrix} x_1 \\ x_2 \\ x_3 \end{bmatrix}$ とおくと, $A\boldsymbol{x} = \boldsymbol{0}\ (\boldsymbol{x} \neq \boldsymbol{0})$ ⑤

⑤に左から ${}^t\boldsymbol{x}$ を掛けると, ${}^t\boldsymbol{x}A\boldsymbol{x} = 0$. ②より, ${}^t\boldsymbol{x}A\boldsymbol{x} = |B\boldsymbol{x}|^2$ だから,

$$|B\boldsymbol{x}|^2 = 0 \ \leftrightarrow\ |B\boldsymbol{x}| = 0 \ \leftrightarrow\ B\boldsymbol{x} = \boldsymbol{0}$$
$$\leftrightarrow\ [\boldsymbol{a}_1,\ \boldsymbol{a}_2,\ \boldsymbol{a}_3]\begin{bmatrix} x_1 \\ x_2 \\ x_3 \end{bmatrix} = \boldsymbol{0}$$
$$\leftrightarrow\ x_1\boldsymbol{a}_1 + x_2\boldsymbol{a}_2 + x_3\boldsymbol{a}_3 = \boldsymbol{0}$$

これは $\boldsymbol{a}_1, \boldsymbol{a}_2, \boldsymbol{a}_3$ が線形独立でない(線形従属)ことを示す.

1.6 (1) λ を固有値とすると, 固有方程式は,

$$|\lambda E - A| = \begin{vmatrix} \lambda - a & -i & 0 \\ i & \lambda - 2a & i \\ 0 & -i & \lambda - a \end{vmatrix}$$
$$= (\lambda - a)(\lambda - 2a)(\lambda - a) - (\lambda - a) - (\lambda - a)$$
$$= (\lambda - a)\{\lambda^2 - 3a\lambda + 2(a^2 - 1)\} = 0$$

$$\therefore\ \lambda = \begin{cases} a \\ \dfrac{3a \pm \sqrt{(3a)^2 - 8(a^2 - 1)}}{2} = \dfrac{3a \pm \sqrt{a^2 + 8}}{2} \end{cases}$$

(2) $a > 0$ かつ $3a > \sqrt{a^2 + 8}$, $a^2 - 1 = (a-1)(a+1) > 0 \qquad \therefore\ 1 < a$

(3) $a = 1$ の場合, $\lambda = 3, 1, 0$

$$A = \begin{bmatrix} 1 & i & 0 \\ -i & 2 & -i \\ 0 & i & 1 \end{bmatrix} \quad (\text{エルミート行列})$$

$\lambda = 3$ のとき,

$$\begin{bmatrix} 1 & i & 0 \\ -i & 2 & -i \\ 0 & i & 1 \end{bmatrix} \begin{bmatrix} x_1 \\ x_2 \\ x_3 \end{bmatrix} = \begin{bmatrix} x_1 + ix_2 \\ -ix_1 + 2x_2 - ix_3 \\ ix_2 + x_3 \end{bmatrix} = 3 \begin{bmatrix} x_1 \\ x_2 \\ x_3 \end{bmatrix},$$

$$\begin{cases} -2x_1 + ix_2 = 0 \\ -ix_1 - x_2 - ix_3 = 0 \\ ix_2 - 2x_3 = 0 \end{cases}, \quad \begin{cases} x_2 = -i2x_1 \\ x_3 = x_1 \end{cases}$$

固有ベクトル $\boldsymbol{x}_1 = \begin{bmatrix} x_1 \\ -i2x_1 \\ x_1 \end{bmatrix} \to \begin{bmatrix} 1 \\ -i2 \\ 1 \end{bmatrix}$ ①

$\lambda = 1$ のとき,

$$\begin{bmatrix} x_1 + ix_2 \\ -ix_1 + 2x_2 - ix_3 \\ ix_2 + x_3 \end{bmatrix} = 1 \begin{bmatrix} x_1 \\ x_2 \\ x_3 \end{bmatrix} = \begin{bmatrix} x_1 \\ x_2 \\ x_3 \end{bmatrix},$$

$$\begin{cases} ix_2 = 0 \\ -ix_1 + x_2 - ix_3 = 0 \\ ix_2 = 0 \end{cases}, \quad \begin{cases} x_3 = -x_1 \\ x_2 = 0 \end{cases}$$

$\boldsymbol{x}_2 = \begin{bmatrix} x_1 \\ 0 \\ -x_1 \end{bmatrix} \to \begin{bmatrix} -1 \\ 0 \\ 1 \end{bmatrix}$ ②

$\lambda = 0$ のとき,

$$\begin{bmatrix} x_1 + ix_2 \\ -ix_1 + 2x_2 - ix_3 \\ ix_2 + x_3 \end{bmatrix} = 0, \quad \begin{cases} x_1 + ix_2 = 0 \\ -ix_1 + 2x_2 - ix_3 = 0 \\ ix_2 + x_3 = 0 \end{cases}, \quad \begin{cases} x_1 = -ix_2 \\ x_3 = -ix_2 \end{cases}$$

$\boldsymbol{x}_3 = \begin{bmatrix} -ix_2 \\ x_2 \\ -ix_2 \end{bmatrix} \to \begin{bmatrix} 1 \\ i \\ 1 \end{bmatrix}$ ③

①〜③を規格化して $U = \begin{bmatrix} \frac{1}{\sqrt{6}} & \frac{-1}{\sqrt{2}} & \frac{1}{\sqrt{3}} \\ \frac{-i2}{\sqrt{6}} & 0 & \frac{i}{\sqrt{3}} \\ \frac{1}{\sqrt{6}} & \frac{1}{\sqrt{2}} & \frac{1}{\sqrt{3}} \end{bmatrix}$. このとき, $U^{-1}AU = \begin{bmatrix} 3 & 0 & 0 \\ 0 & 1 & 0 \\ 0 & 0 & 0 \end{bmatrix}$

1.7 (1) (a) $y_n = x_{n-1}, \quad y_{n-1} = x_{n-2}, \quad y_{n-2} = x_{n-3},$

$z_n = y_{n-1} = x_{n-2}, \quad z_{n-1} = y_{n-2} = x_{n-3}$

とおくと, 漸化式は,

$$\begin{bmatrix} x_n \\ y_n \\ z_n \end{bmatrix} = \begin{bmatrix} x_n \\ x_{n-1} \\ x_{n-2} \end{bmatrix} = \begin{bmatrix} \frac{26}{24}x_{n-1} - \frac{9}{24}x_{n-2} + \frac{1}{24}x_{n-3} \\ x_{n-1} \\ x_{n-2} \end{bmatrix}$$

$$= A \begin{bmatrix} x_{n-1} \\ y_{n-1} \\ z_{n-1} \end{bmatrix} = A \begin{bmatrix} x_{n-1} \\ x_{n-2} \\ x_{n-3} \end{bmatrix}$$

$$\equiv \begin{bmatrix} a & b & c \\ d & e & f \\ g & h & i \end{bmatrix} \begin{bmatrix} x_{n-1} \\ x_{n-2} \\ x_{n-3} \end{bmatrix} = \begin{bmatrix} ax_{n-1} + bx_{n-2} + cx_{n-3} \\ dx_{n-1} + ex_{n-2} + fx_{n-3} \\ gx_{n-1} + hx_{n-2} + ix_{n-3} \end{bmatrix}$$

両辺を比較して, $a = \frac{13}{12}, b = -\frac{3}{8}, c = \frac{1}{24}, d = 1, e = 0, f = 0, g = 0, h = 1, i = 0$

$$\therefore A = \begin{bmatrix} \frac{26}{24} & \frac{-9}{24} & \frac{1}{24} \\ 1 & 0 & 0 \\ 0 & 1 & 0 \end{bmatrix} \qquad ①$$

(b) ①を 24 倍した行列を A_0 とすると, $A_0 = 24A = \begin{bmatrix} 26 & -9 & 1 \\ 24 & 0 & 0 \\ 0 & 24 & 0 \end{bmatrix}$

A_0 の固有値を λ とすると, 固有方程式は,

$$\begin{vmatrix} \lambda - 26 & 9 & -1 \\ -24 & \lambda & 0 \\ 0 & -24 & \lambda \end{vmatrix} = \begin{vmatrix} \lambda - 24 & 0 & -1 \\ -24 & \lambda & 0 \\ 0 & 9\lambda - 24 & \lambda \end{vmatrix} = \lambda^3 - 26\lambda^2 + 216\lambda - 576$$

$$= (\lambda - 6)(\lambda - 8)(\lambda - 12) = 0 \qquad \therefore \lambda = 12, 8, 6$$

$\lambda = 12$ のとき,

$$\begin{bmatrix} 26 & -9 & 1 \\ 24 & 0 & 0 \\ 0 & 24 & 0 \end{bmatrix} \begin{bmatrix} x_1 \\ x_2 \\ x_3 \end{bmatrix} = \begin{bmatrix} 26x_1 - 9x_2 + x_3 \\ 24x_1 \\ 24x_2 \end{bmatrix} = 12 \begin{bmatrix} x_1 \\ x_2 \\ x_3 \end{bmatrix}, \quad \begin{cases} x_2 = 2x_1 \\ x_3 = 2x_2 = 4x_1 \end{cases}$$

固有ベクトルは, $\boldsymbol{x}_1 = \begin{bmatrix} x_1 \\ 2x_1 \\ 4x_1 \end{bmatrix} \rightarrow \begin{bmatrix} 1 \\ 2 \\ 4 \end{bmatrix}$ ②

同様にして, $\lambda = 8$ のとき, $\boldsymbol{x}_2 = \begin{bmatrix} x_1 \\ 3x_1 \\ 9x_1 \end{bmatrix} \rightarrow \begin{bmatrix} 1 \\ 3 \\ 9 \end{bmatrix}$ ③

$\lambda = 6$ のとき, $\boldsymbol{x}_3 = \begin{bmatrix} x_1 \\ 4x_1 \\ 16x_1 \end{bmatrix} \rightarrow \begin{bmatrix} 1 \\ 4 \\ 16 \end{bmatrix}$ ④

(c) ②〜④より, 次のような正則行列を選ぶ[注]: $P = \begin{bmatrix} 1 & 1 & 1 \\ 2 & 3 & 4 \\ 4 & 9 & 16 \end{bmatrix}$

$$P^{-1} = \frac{\begin{bmatrix} \begin{vmatrix} 3 & 4 \\ 9 & 16 \end{vmatrix} & -\begin{vmatrix} 1 & 1 \\ 9 & 16 \end{vmatrix} & \begin{vmatrix} 1 & 1 \\ 3 & 4 \end{vmatrix} \\ -\begin{vmatrix} 2 & 4 \\ 4 & 16 \end{vmatrix} & \begin{vmatrix} 1 & 1 \\ 4 & 16 \end{vmatrix} & -\begin{vmatrix} 1 & 1 \\ 2 & 4 \end{vmatrix} \\ \begin{vmatrix} 2 & 3 \\ 4 & 9 \end{vmatrix} & -\begin{vmatrix} 1 & 1 \\ 4 & 9 \end{vmatrix} & \begin{vmatrix} 1 & 1 \\ 2 & 3 \end{vmatrix} \end{bmatrix}}{\begin{vmatrix} 1 & 1 & 1 \\ 2 & 3 & 4 \\ 4 & 9 & 16 \end{vmatrix}} = \frac{\begin{bmatrix} 12 & -7 & 1 \\ -16 & 12 & -2 \\ 6 & -5 & 1 \end{bmatrix}}{2}$$

$$P^{-1}A_0 P = \begin{bmatrix} 12 & 0 & 0 \\ 0 & 8 & 0 \\ 0 & 0 & 6 \end{bmatrix}$$

$$(P^{-1}A_0 P)^n = P^{-1}A_0 P \cdots P^{-1}A_0 P = P^{-1}A_0^n P = \begin{bmatrix} 12^n & & O \\ & 8^n & \\ O & & 6^n \end{bmatrix}$$

$$\equiv diag\{12^n, 8^n, 6^n\}$$

$$\therefore\ A_0^n = PA_0^n P^{-1} = \begin{bmatrix} 1 & 1 & 1 \\ 2 & 3 & 4 \\ 4 & 9 & 16 \end{bmatrix} \begin{bmatrix} 12^n & 0 & 0 \\ 0 & 8^n & 0 \\ 0 & 0 & 6^n \end{bmatrix} \frac{1}{2} \begin{bmatrix} 12 & -7 & 1 \\ -16 & 12 & -2 \\ 6 & -5 & 1 \end{bmatrix}$$

$$= \frac{1}{2}\begin{bmatrix} 12 \times 12^n - 16 \times 8^n + 6 \times 6^n & -7 \times 12^n + 12 \times 8^n - 5 \times 6^n & 12^n - 2 \times 8^n + 6^n \\ 24 \times 12^n - 48 \times 8^n + 24 \times 6^n & -14 \times 12^n + 36 \times 8^n - 20 \times 6^n & 2 \times 12^n - 6 \times 8^n + 4 \times 6^n \\ 48 \times 12^n - 144 \times 8^n + 96 \times 6^n & -28 \times 12^n + 108 \times 8^n - 80 \times 6^n & 4 \times 12^n - 18 \times 8^n + 16 \times 6^n \end{bmatrix} \quad ⑤$$

$$A^n = \frac{1}{(24)^n} A_0^n$$

(d) ⑤より，$x_n = C_1 6^n + C_2 8^n + C_3 12^n$ と書けることが分かる．$x_0 = 0$, $x_1 = 0$, $x_2 = 1$ より，
$$\begin{cases} x_0 = 0 = C_1 + C_2 + C_3 \\ x_1 = 0 = 6C_1 + 8C_2 + 12C_3 \\ x_2 = 1 = 6^2 C_1 + 8^2 C_2 + 12^2 C_3 = 36C_1 + 64C_2 + 144C_3 \end{cases}$$

これを解くと，$C_1 = \dfrac{1}{12}$, $C_2 = \dfrac{-1}{8}$, $C_3 = \dfrac{1}{24}$ $\therefore\ x_n = \dfrac{1}{12} 6^n - \dfrac{1}{8} 8^n + \dfrac{1}{24} 12^n$

(2) (1)と同様（省略）．

1.8 (1) 固有値を λ とすると，固有方程式は，

$$\begin{vmatrix} \lambda - 5 & -1 & -1 \\ -1 & \lambda - 5 & 1 \\ -1 & 1 & \lambda - 5 \end{vmatrix} = (\lambda - 5)^3 + 1 + 1 - (\lambda - 5) - (\lambda - 5) - (\lambda - 5)$$

$$= \lambda^3 - 15\lambda^2 + 72\lambda - 108 = (\lambda - 3)(\lambda - 6)^2 = 0 \quad \text{（108 は 3 の倍数）}$$

$\therefore\ \lambda = 3, 6$ （2 重根）

$\lambda = 6$ のとき，固有ベクトルを ${}^t[x_1,\ x_2,\ x_3]$ とすると，

$$\begin{bmatrix} 5 & 1 & 1 \\ 1 & 5 & -1 \\ 1 & -1 & 5 \end{bmatrix} \begin{bmatrix} x_1 \\ x_2 \\ x_3 \end{bmatrix} = \begin{bmatrix} 5x_1 + x_2 + x_3 \\ x_1 + 5x_2 - x_3 \\ x_1 - x_2 + 5x_3 \end{bmatrix} = 6 \begin{bmatrix} x_1 \\ x_2 \\ x_3 \end{bmatrix} = \begin{bmatrix} 6x_1 \\ 6x_2 \\ 6x_3 \end{bmatrix}$$

$$\begin{cases} 5x_1 + x_2 + x_3 = 6x_1 \\ x_1 + 5x_2 - x_3 = 6x_2 \\ x_1 - x_2 + 5x_3 = 6x_3 \end{cases}, \quad x_1 - x_2 - x_3 = 0$$

$x_1 = \begin{bmatrix} 1 \\ 0 \\ 1 \end{bmatrix}, x_2 = \begin{bmatrix} 1 \\ 1 \\ 0 \end{bmatrix}$. よって単位固有ベクトルは, $\dfrac{1}{\sqrt{2}} \begin{bmatrix} 1 \\ 0 \\ 1 \end{bmatrix}, \dfrac{1}{\sqrt{2}} \begin{bmatrix} 1 \\ 1 \\ 0 \end{bmatrix}$

$\lambda = 3$ のとき, $\begin{cases} 5x_1 + x_2 + x_3 = 3x_1 \\ x_1 + 5x_2 - x_3 = 3x_2 \\ x_1 - x_2 + 5x_3 = 3x_3 \end{cases}, \quad \begin{cases} x_2 = -x_1 \\ x_3 = -x_1 \end{cases}$

$x_3 = \begin{bmatrix} x_1 \\ -x_1 \\ -x_1 \end{bmatrix} \to \begin{bmatrix} -1 \\ 1 \\ 1 \end{bmatrix}$. よって単位固有ベクトルは, $\dfrac{1}{\sqrt{3}} \begin{bmatrix} -1 \\ 1 \\ 1 \end{bmatrix}$

(2) n 次元複素ベクトルを $\boldsymbol{a} = [a_i]$, $\boldsymbol{b} = [b_i]$ とすると, 複素内積は, バーを複素共役を示すとして, $(\boldsymbol{a}, \boldsymbol{b}) = \displaystyle\sum_{i=1}^{n} a_i \bar{b}_i$. 固有値 λ に対応する単位固有ベクトルを $\boldsymbol{v}$ とすると, $A\boldsymbol{v} = \lambda \boldsymbol{v}, (\boldsymbol{x}, A\boldsymbol{y}) = ({}^t A \boldsymbol{x}, \boldsymbol{y}), (\boldsymbol{x}, \lambda \boldsymbol{y}) = \bar{\lambda}(\boldsymbol{x}, \boldsymbol{y})$ を用いて,

$$\lambda = \lambda(\boldsymbol{v}, \boldsymbol{v}) = (\lambda \boldsymbol{v}, \boldsymbol{v}) = (A\boldsymbol{v}, \boldsymbol{v}) = (\boldsymbol{v}, {}^t A \boldsymbol{v}) = (\boldsymbol{v}, A\boldsymbol{v}) = (\boldsymbol{v}, \lambda \boldsymbol{v}) = \bar{\lambda}(\boldsymbol{v}, \boldsymbol{v}) = \bar{\lambda}$$

よって, λ は実数.

(3) 実内積は $(\boldsymbol{a}, \boldsymbol{b}) = \displaystyle\sum_{i=1}^{n} a_i b_i$. 固有値 λ, μ ($\lambda \neq \mu$) に対応する固有ベクトルを $\boldsymbol{u}, \boldsymbol{v}$ とおくと, $A\boldsymbol{u} = \lambda \boldsymbol{u}, (\boldsymbol{x}, A\boldsymbol{y}) = ({}^t A \boldsymbol{x}, \boldsymbol{y})$ を用いて,

$$\lambda(\boldsymbol{u}, \boldsymbol{v}) = (\lambda \boldsymbol{u}, \boldsymbol{v}) = (A\boldsymbol{u}, \boldsymbol{v}) = (\boldsymbol{u}, {}^t A \boldsymbol{v}) = (\boldsymbol{u}, A\boldsymbol{v}) = (\boldsymbol{u}, \mu \boldsymbol{v}) = \mu(\boldsymbol{u}, \boldsymbol{v})$$
$$(\lambda - \mu)(\boldsymbol{u}, \boldsymbol{v}) = 0$$

$\lambda \neq \mu$ だから, $(\boldsymbol{u}, \boldsymbol{v}) = 0$ ∴ $\boldsymbol{u} \perp \boldsymbol{v}$

［別解］ A の相異なる固有値を λ_1, λ_2, 対応する固有ベクトルを $\boldsymbol{v}_1, \boldsymbol{v}_2$ とすると,

$$A\boldsymbol{v}_1 = \lambda_1 \boldsymbol{v}_1, \quad A\boldsymbol{v}_2 = \lambda_2 \boldsymbol{v}_2 \qquad ①$$

①の第 1 式に左から ${}^t\boldsymbol{v}_2$ を掛けると, ${}^t\boldsymbol{v}_2 A\boldsymbol{v}_1 = {}^t\boldsymbol{v}_2 \lambda_1 \boldsymbol{v}_1 = \lambda_1 {}^t\boldsymbol{v}_2 \boldsymbol{v}_1$ ②

①の第 2 式に左から ${}^t\boldsymbol{v}_1$ を掛けると, ${}^t\boldsymbol{v}_1 A\boldsymbol{v}_2 = {}^t\boldsymbol{v}_1 \lambda_2 \boldsymbol{v}_2 = \lambda_2 {}^t\boldsymbol{v}_1 \boldsymbol{v}_2$ ③

②の両辺の転置を取ると,

$${}^t({}^t\boldsymbol{v}_2 A\boldsymbol{v}_1) = {}^t(A\boldsymbol{v}_1)\boldsymbol{v}_2 = {}^t\boldsymbol{v}_1 A\boldsymbol{v}_2 = {}^t(\lambda_1 {}^t\boldsymbol{v}_2 \boldsymbol{v}_1) = \lambda_1 {}^t\boldsymbol{v}_1 \boldsymbol{v}_2 \qquad ④$$

③, ④ より, $\lambda_1 {}^t\boldsymbol{v}_1 \boldsymbol{v}_2 = \lambda_2 {}^t\boldsymbol{v}_1 \boldsymbol{v}_2$

$\lambda_1 \neq \lambda_2$ だから, ${}^t\boldsymbol{v}_1 \boldsymbol{v}_2 = 0$ ∴ $\boldsymbol{v}_1 \perp \boldsymbol{v}_2$

(4) A の固有値を $\lambda_1, \lambda_2, \cdots, \lambda_n$, 対応する単位固有ベクトルを $\boldsymbol{v}_1, \boldsymbol{v}_2, \cdots, \boldsymbol{v}_n$ とおく. 与式において, $\boldsymbol{x} \to \boldsymbol{v}_i$ と置換すると, $A\boldsymbol{v}_i = \lambda_i \boldsymbol{v}_i$ を用いて,

$$0 < {}^t\boldsymbol{x}A\boldsymbol{x} = (\boldsymbol{x}, A\boldsymbol{x}) = (\boldsymbol{v}_i, A\boldsymbol{v}_i) = (\boldsymbol{v}_i, \lambda_i\boldsymbol{v}_i) = \lambda_i(\boldsymbol{v}_i, \boldsymbol{v}_i) = \lambda_i|\boldsymbol{v}_i|^2 = \lambda_i$$

よって, $\lambda_i > 0 \ (i = 1, 2, \cdots, n)$.

[**参考文献**] エアーズ：行列（オーム社）

1.9 (1) 固有値を λ, 固有ベクトルを ${}^t[x_1, x_2, x_3]$ とする. 固有方程式は

$$\begin{vmatrix} \lambda+1 & 3 & -3 \\ 0 & \lambda-1 & 0 \\ 0 & 1 & \lambda-2 \end{vmatrix} = (\lambda+1)(\lambda-1)(\lambda-2) = 0$$

$\lambda = 2$ のとき,

$$\begin{bmatrix} -1 & -3 & 3 \\ 0 & 1 & 0 \\ 0 & -1 & 2 \end{bmatrix} \begin{bmatrix} x_1 \\ x_2 \\ x_3 \end{bmatrix} = 2\begin{bmatrix} x_1 \\ x_2 \\ x_3 \end{bmatrix},$$

$$\begin{cases} -x_1 - 3x_2 + 3x_3 = 2x_1 \\ x_2 = 2x_2 \\ -x_2 + 2x_3 = 2x_3 \end{cases}, \quad \begin{cases} x_3 = x_1 \\ x_2 = 0 \end{cases}$$

$$\boldsymbol{x}_1 = \begin{bmatrix} x_1 \\ 0 \\ x_1 \end{bmatrix} \to k\begin{bmatrix} 1 \\ 0 \\ 1 \end{bmatrix} = \frac{1}{\sqrt{2}}\begin{bmatrix} 1 \\ 0 \\ 1 \end{bmatrix} \quad \left(\because \quad k\sqrt{1+0+1} = k\sqrt{2} = 1, k = \frac{1}{\sqrt{2}}\right) \qquad ①$$

$\lambda = 1$ のとき,

$$\begin{cases} -x_1 - 3x_2 + 3x_3 = x_1 \\ x_2 = x_2 \\ -x_2 + 2x_3 = x_3 \end{cases}, \quad \begin{cases} x_1 = 0 \\ x_3 = x_2 \end{cases}$$

$$\boldsymbol{x}_2 = \begin{bmatrix} 0 \\ x_2 \\ x_2 \end{bmatrix} \to l\begin{bmatrix} 0 \\ 1 \\ 1 \end{bmatrix} = \frac{1}{\sqrt{2}}\begin{bmatrix} 0 \\ 1 \\ 1 \end{bmatrix} \quad \left(\because \quad l\sqrt{0+1+1} = l\sqrt{2} = 1, l = \frac{1}{\sqrt{2}}\right) \qquad ②$$

$\lambda = -1$ のとき,

$$\begin{cases} -x_1 - 3x_2 + 3x_3 = -x_1 \\ x_2 = -x_2 \\ -x_2 + 2x_3 = -x_3 \end{cases}, \quad \begin{cases} x_1 = x_1 \\ x_2 = 0 \\ x_3 = 0 \end{cases}$$

$$\boldsymbol{x}_3 = \begin{bmatrix} x_1 \\ 0 \\ 0 \end{bmatrix} \to m\begin{bmatrix} 1 \\ 0 \\ 0 \end{bmatrix} = \begin{bmatrix} 1 \\ 0 \\ 0 \end{bmatrix} \quad (\because \quad m\sqrt{1+0+0} = m = 1) \qquad ③$$

(2) ①〜③から, 正則行列 $P = \begin{bmatrix} 1 & 0 & 1 \\ 0 & 1 & 0 \\ 1 & 1 & 0 \end{bmatrix}$ を作ると,

$$P^{-1} = \frac{\begin{bmatrix} \begin{vmatrix} 1 & 0 \\ 1 & 0 \end{vmatrix} & -\begin{vmatrix} 0 & 1 \\ 1 & 0 \end{vmatrix} & \begin{vmatrix} 0 & 1 \\ 1 & 0 \end{vmatrix} \\ -\begin{vmatrix} 0 & 0 \\ 1 & 0 \end{vmatrix} & \begin{vmatrix} 1 & 1 \\ 1 & 0 \end{vmatrix} & -\begin{vmatrix} 1 & 1 \\ 0 & 0 \end{vmatrix} \\ \begin{vmatrix} 0 & 1 \\ 1 & 1 \end{vmatrix} & -\begin{vmatrix} 1 & 0 \\ 1 & 1 \end{vmatrix} & \begin{vmatrix} 1 & 0 \\ 0 & 1 \end{vmatrix} \end{bmatrix}}{\begin{vmatrix} 1 & 0 & 1 \\ 0 & 1 & 0 \\ 1 & 1 & 0 \end{vmatrix}} = \frac{\begin{bmatrix} 0 & 1 & -1 \\ 0 & -1 & 0 \\ -1 & -1 & 1 \end{bmatrix}}{-1} = \begin{bmatrix} 0 & -1 & 1 \\ 0 & 1 & 0 \\ 1 & 1 & -1 \end{bmatrix}$$

$$\therefore \ P^{-1}AP = \begin{bmatrix} 0 & -1 & 1 \\ 0 & 1 & 0 \\ 1 & 1 & -1 \end{bmatrix} \begin{bmatrix} -1 & -3 & 3 \\ 0 & 1 & 0 \\ 0 & -1 & 2 \end{bmatrix} \begin{bmatrix} 1 & 0 & 1 \\ 0 & 1 & 0 \\ 1 & 1 & 0 \end{bmatrix}$$

$$= \begin{bmatrix} 0 & -1 & 1 \\ 0 & 1 & 0 \\ 1 & 1 & -1 \end{bmatrix} \begin{bmatrix} 2 & 0 & -1 \\ 0 & 1 & 0 \\ 2 & 1 & 0 \end{bmatrix} = \begin{bmatrix} 2 & 0 & 0 \\ 0 & 1 & 0 \\ 0 & 0 & -1 \end{bmatrix}$$

(3) $A^n = P\,diag\{2^n, 1^n, (-1)^n\}P^{-1}$

$$= \begin{bmatrix} 1 & 0 & 1 \\ 0 & 1 & 0 \\ 1 & 1 & 0 \end{bmatrix} \begin{bmatrix} 2^n & 0 & 0 \\ 0 & 1 & 0 \\ 0 & 0 & (-1)^n \end{bmatrix} \begin{bmatrix} 0 & -1 & 1 \\ 0 & 1 & 0 \\ 1 & 1 & -1 \end{bmatrix}$$

$$= \begin{bmatrix} 1 & 0 & 1 \\ 0 & 1 & 0 \\ 1 & 1 & 0 \end{bmatrix} \begin{bmatrix} 0 & -2^n & 2^n \\ 0 & 1 & 0 \\ (-1)^n & (-1)^n & -(-1)^n \end{bmatrix} = \begin{bmatrix} (-1)^n & -2^n + (-1)^n & 2^n - (-1)^n \\ 0 & 1 & 0 \\ 0 & -2^n + 1 & 2^n \end{bmatrix}$$

1.10 (1) 固有多項式は,

$$|\lambda I - A| = \begin{vmatrix} \lambda & -1 & 0 \\ 2 & \lambda+3 & -1 \\ 0 & 0 & \lambda+0.5 \end{vmatrix} = \lambda(\lambda+3)(\lambda+0.5) + 2(\lambda+0.5)$$

$$= (\lambda+0.5)(\lambda^2+3\lambda+2) = (\lambda+0.5)(\lambda+1)(\lambda+2) = 0 \quad \therefore \quad \lambda = -0.5, -1, -2$$

$\lambda = -2$ のとき,

$$\begin{bmatrix} 0 & 1 & 0 \\ -2 & -3 & 1 \\ 0 & 0 & -0.5 \end{bmatrix} \begin{bmatrix} x_1 \\ x_2 \\ x_3 \end{bmatrix} = \begin{bmatrix} x_2 \\ -2x_1 - 3x_2 + x_3 \\ -0.5x_3 \end{bmatrix} = -2 \begin{bmatrix} x_1 \\ x_2 \\ x_3 \end{bmatrix} = \begin{bmatrix} -2x_1 \\ -2x_2 \\ -2x_3 \end{bmatrix}$$

$$\begin{cases} x_2 = -2x_1 \\ -2x_1 - x_2 + x_3 = 0 \\ -x_3 = -4x_3, x_3 = 0 \end{cases}, \quad \boldsymbol{x}_1 = \begin{bmatrix} x_1 \\ -2x_1 \\ 0 \end{bmatrix} \rightarrow \boldsymbol{t}_1 = \begin{bmatrix} 1 \\ -2 \\ 0 \end{bmatrix}$$

$\lambda = -1$ のとき,

$$\begin{bmatrix} x_2 \\ -2x_1 - 3x_2 + x_3 \\ -0.5x_3 \end{bmatrix} = -1 \begin{bmatrix} x_1 \\ x_2 \\ x_3 \end{bmatrix} = \begin{bmatrix} -x_1 \\ -x_2 \\ -x_3 \end{bmatrix}, \quad \begin{cases} x_2 = -x_1 \\ -2x_1 - 2x_2 + x_3 = 0 \\ -x_3 = -2x_3, x_3 = 0 \end{cases}$$

$$\boldsymbol{x}_2 = \begin{bmatrix} x_1 \\ -x_1 \\ 0 \end{bmatrix} \to \boldsymbol{t}_2 = \begin{bmatrix} 1 \\ -1 \\ 0 \end{bmatrix}$$

$\lambda = -0.5$ のとき,同様にして, $\boldsymbol{x}_3 = \begin{bmatrix} -2x_2 \\ x_2 \\ -\frac{3}{2}x_2 \end{bmatrix} \to \boldsymbol{t}_3 = \begin{bmatrix} 4 \\ -2 \\ 3 \end{bmatrix}$

(2) 固有値 $-2 < -1 < -0.5$ の順に固有ベクトルを並べると,

$$T = \begin{bmatrix} 1 & 1 & 4 \\ -2 & -1 & -2 \\ 0 & 0 & 3 \end{bmatrix}$$

よって,これを用いると,次のように対角行列となる.

$$T^{-1}AT = \begin{bmatrix} 1 & 1 & 4 \\ -2 & -1 & -2 \\ 0 & 0 & 3 \end{bmatrix}^{-1} \begin{bmatrix} 0 & 1 & 0 \\ -2 & -3 & 1 \\ 0 & 0 & -0.5 \end{bmatrix} \begin{bmatrix} 1 & 1 & 4 \\ -2 & -1 & -2 \\ 0 & 0 & 3 \end{bmatrix}$$

$$= \begin{bmatrix} 1 & 1 & 4 \\ -2 & -1 & -2 \\ 0 & 0 & 3 \end{bmatrix}^{-1} \begin{bmatrix} -2 & -1 & -2 \\ 4 & 1 & 1 \\ 0 & 0 & -1.5 \end{bmatrix}$$

$$= \frac{\begin{bmatrix} \begin{vmatrix} -1 & -2 \\ 0 & 3 \end{vmatrix} & -\begin{vmatrix} 1 & 4 \\ 0 & 3 \end{vmatrix} & \begin{vmatrix} 1 & 4 \\ -1 & -2 \end{vmatrix} \\ -\begin{vmatrix} -2 & -2 \\ 0 & 3 \end{vmatrix} & \begin{vmatrix} 1 & 4 \\ 0 & 3 \end{vmatrix} & -\begin{vmatrix} 1 & 4 \\ -2 & -2 \end{vmatrix} \\ \begin{vmatrix} -2 & -1 \\ 0 & 0 \end{vmatrix} & -\begin{vmatrix} 1 & 1 \\ 0 & 0 \end{vmatrix} & \begin{vmatrix} 1 & 1 \\ -2 & -1 \end{vmatrix} \end{bmatrix}}{\begin{vmatrix} 1 & 1 & 4 \\ -2 & -1 & -2 \\ 0 & 0 & 3 \end{vmatrix}} \begin{bmatrix} -2 & -1 & -2 \\ 4 & 1 & 1 \\ 0 & 0 & -1.5 \end{bmatrix}$$

$$= \frac{1}{3} \begin{bmatrix} -3 & -3 & 2 \\ 6 & 3 & -6 \\ 0 & 0 & 1 \end{bmatrix} \begin{bmatrix} -2 & -1 & -2 \\ 4 & 1 & 1 \\ 0 & 0 & -1.5 \end{bmatrix}$$

$$= \begin{bmatrix} -2 & 0 & 0 \\ 0 & -1 & 0 \\ 0 & 0 & -0.5 \end{bmatrix}$$

(3) 便宜的に,B の最下行の要素を逆転した行列 $\widetilde{B}$ を考え,固有方程式を求める[注].

$$f_n(\lambda) \equiv |\lambda I - \widetilde{B}| = \begin{vmatrix} \lambda & -1 & 0 & \cdots & & 0 \\ 0 & \lambda & -1 & & & 0 \\ \vdots & & \ddots & \ddots & \ddots & \vdots \\ 0 & 0 & 0 & \cdots & & -1 \\ a_n & a_{n-1} & a_{n-2} & \cdots & & \lambda + a_1 \end{vmatrix}$$

1行目で展開すると，

$$f_n(\lambda) = \lambda \begin{vmatrix} \lambda & -1 & \cdots & 0 \\ 0 & \lambda & \ddots & \vdots \\ 0 & 0 & \cdots & -1 \\ a_{n-1} & a_{n-2} & \cdots & \lambda + a_1 \end{vmatrix} - (-1) \begin{vmatrix} 0 & -1 & \cdots & 0 \\ \vdots & \vdots & \ddots & \vdots \\ 0 & 0 & \cdots & -1 \\ a_n & a_{n-2} & \cdots & \lambda + a_1 \end{vmatrix}$$

第2項を，最下行1列で展開すると，

$$f_n(\lambda) = \lambda f_{n-1}(\lambda) + (-1)^{(n-1)+1} a_n \begin{vmatrix} -1 & \cdots & 0 \\ \vdots & \ddots & \vdots \\ 0 & \cdots & -1 \end{vmatrix}$$

$$= \lambda f_{n-1}(\lambda) + (-1)^n a_n (-1)^{n-2} = \lambda f_{n-1}(\lambda) + a_n$$

$$f_{n-1}(\lambda) = \lambda f_{n-2}(\lambda) + a_{n-1}, \quad f_{n-2}(\lambda) = \lambda f_{n-3}(\lambda) + a_{n-2},$$
$$\cdots, \quad f_2(\lambda) = \lambda f_1(\lambda) + a_2$$

$\therefore \quad f_n(\lambda) = \lambda \{\lambda f_{n-2}(\lambda) + a_{n-1}\} + a_n = \cdots$

$$= \lambda^n + a_1 \lambda^{n-1} + \cdots + a_{n-2} \lambda^2 + a_{n-1} \lambda + a_n \qquad ①$$

①で，$a_1 \leftrightarrow a_n$ などと，要素を交換すると，

$$|\lambda I - B| = \lambda^n + a_n \lambda^{n-1} + \cdots + a_3 \lambda^2 + a_2 \lambda + a_1 \qquad ②$$

[注] 直接展開してもよい．

(4) 題意より，

$$|\lambda I - B| = (\lambda - \lambda_1)(\lambda - \lambda_2)(\lambda - \lambda_3) \cdots (\lambda - \lambda_n)$$
$$= \{\lambda^2 - (\lambda_1 + \lambda_2)\lambda + \lambda_1 \lambda_2\}(\lambda - \lambda_3) \cdots (\lambda - \lambda_n) \qquad ③$$

②, ③の定数項を比較すると，$(-1)^n a_1 = \prod_{i=1}^{n} \lambda_i = |B|$

λ^{n-1} の係数を比較すると，

$$a_n = -(\lambda_1 + \lambda_2 + \cdots + \lambda_n) = -\sum_{i=1}^{n} \lambda_i = -\operatorname{Tr} B$$

(5) B の固有ベクトルを ${}^t[x_1, \ x_2, \ \cdots, \ x_n]$，固有値を $\lambda_1, \cdots, \lambda_n$ とすると，

$$\begin{bmatrix} 0 & 1 & 0 & \cdots & \cdots & 0 \\ 0 & 0 & 1 & 0 & & \vdots \\ \vdots & & \ddots & \ddots & \ddots & \vdots \\ \vdots & & & & 1 & 0 \\ 0 & 0 & \cdots & \cdots & 0 & 1 \\ -a_1 & -a_2 & \cdots & \cdots & -a_{n-1} & -a_n \end{bmatrix} \begin{bmatrix} x_1 \\ x_2 \\ x_3 \\ \vdots \\ x_{n-1} \\ x_n \end{bmatrix} = \lambda_i \begin{bmatrix} x_1 \\ x_2 \\ x_3 \\ \vdots \\ x_{n-1} \\ x_n \end{bmatrix}$$

$\lambda = \lambda_i$ のとき,

$$\begin{cases} x_2 = \lambda_i x_1 \\ x_3 = \lambda_i x_2 = \lambda_i^2 x_1 \\ \cdots \\ x_{n-1} = \lambda_i x_{n-2} = \lambda_i^{n-2} x_1 \\ x_n = \lambda_i x_{n-1} = \lambda_i x_{n-2} = \cdots = \lambda_i^{n-1} x_1 \\ -a_1 x_1 - a_2 x_2 - \cdots - a_{n-1} x_{n-1} - a_n x_n = \lambda_i x_n \end{cases}$$

$$\boldsymbol{x}_i = \begin{bmatrix} x_1 \\ \lambda_i x_1 \\ \lambda_i^2 x_1 \\ \vdots \\ \lambda_i^{n-1} x_1 \end{bmatrix} \to \begin{bmatrix} 1 \\ \lambda_i \\ \lambda_i^2 \\ \vdots \\ \lambda_i^{n-1} \end{bmatrix}$$

よって, $V = \begin{bmatrix} 1 & 1 & \cdots & 1 \\ \lambda_1 & \lambda_2 & \cdots & \lambda_n \\ \lambda_1^2 & \lambda_2^2 & \cdots & \lambda_n^2 \\ & & \cdots & \\ \lambda_1^{n-1} & \lambda_2^{n-1} & \cdots & \lambda_n^{n-1} \end{bmatrix}$ ととると, $V^{-1}BV = \begin{bmatrix} \lambda_1 & & & O \\ & \lambda_2 & & \\ & & \ddots & \\ O & & & \lambda_n \end{bmatrix}$ の

ように対角化される.

(6) A, B を同型にするには, $B = \begin{bmatrix} 0 & 1 & 0 \\ 0 & 0 & 1 \\ b_1 & b_2 & b_3 \end{bmatrix}$ とおいて, 特性方程式を求めると,

$$|\lambda I - B| = \begin{vmatrix} \lambda & -1 & 0 \\ 0 & \lambda & -1 \\ -b_1 & -b_2 & \lambda - b_3 \end{vmatrix}$$
$$= \lambda^2(\lambda - b_3) - b_1 - b_2\lambda = \lambda^3 - b_3\lambda^2 - b_2\lambda - b_1 \qquad ④$$

一方, $|\lambda I - A| = (\lambda + 2)(\lambda + 1)(\lambda + 0.5) = \lambda^3 + 3.5\lambda^2 + 3.5\lambda + 1$ ⑤

④, ⑤を比較すると, $b_3 = -3.5, b_2 = -3.5, b_1 = -1$ ∴ $B = \begin{bmatrix} 0 & 1 & 0 \\ 0 & 0 & 1 \\ -1 & -3.5 & -3.5 \end{bmatrix}$

1.11 (1) 与式の固有方程式は,

$$\begin{vmatrix} \lambda & 1 & 1 \\ 1 & \lambda & 1 \\ 1 & 1 & \lambda-\alpha \end{vmatrix} = \lambda^2(\lambda-\alpha) + 1 + 1 - \lambda - \lambda - (\lambda-\alpha)$$
$$= \lambda^3 - \alpha\lambda^2 - 3\lambda + (\alpha+2) = 0 \qquad ①$$

$\alpha = \frac{5}{2}$ のとき, ①は,

$$\lambda^3 - \frac{5}{2}\lambda^2 - 3\lambda + \frac{9}{2} = \frac{1}{2}(2\lambda^3 - 5\lambda^2 - 6\lambda + 9) = \frac{1}{2}(\lambda-3)(\lambda-1)(2\lambda+3) = 0$$

$\lambda = 1$ のとき,

$$\begin{bmatrix} 0 & -1 & -1 \\ -1 & 0 & -1 \\ -1 & -1 & \frac{5}{2} \end{bmatrix} \begin{bmatrix} x_1 \\ x_2 \\ x_3 \end{bmatrix} = 1 \begin{bmatrix} x_1 \\ x_2 \\ x_3 \end{bmatrix}, \quad \begin{cases} -x_2 - x_3 = x_1 \\ -x_1 - x_3 = x_2 \\ -x_1 - x_2 + \frac{5}{2}x_3 = x_3 \end{cases}, \quad \begin{cases} x_2 = -x_1 \\ x_3 = 0 \end{cases}$$

$$\boldsymbol{x}_3 = m \begin{bmatrix} -1 \\ 1 \\ 0 \end{bmatrix} \to \frac{1}{\sqrt{2}} \begin{bmatrix} -1 \\ 1 \\ 0 \end{bmatrix} \quad \left(\because \ m\sqrt{1+1+0} = m\sqrt{2} = 1, m = \frac{1}{\sqrt{2}} \right)$$

$\lambda = 3$ のとき, 同様にして,

$$\begin{cases} -x_2 - x_3 = 3x_1 \\ -x_1 - x_3 = 3x_2 \\ -x_1 - x_2 + \frac{5}{2}x_3 = 3x_3 \end{cases}, \quad \begin{cases} x_2 = x_1 \\ x_3 = -4x_1 \end{cases}$$

$$\boldsymbol{x}_1 = k \begin{bmatrix} -1 \\ -1 \\ 4 \end{bmatrix} \to \frac{1}{3\sqrt{2}} \begin{bmatrix} -1 \\ -1 \\ 4 \end{bmatrix} \quad \left(\because \ k\sqrt{1+1+4^2} = k\sqrt{18} = 1, k = \frac{1}{3\sqrt{2}} \right)$$

$\lambda = -\frac{3}{2}$ のとき,

$$\begin{cases} -x_2 - x_3 = -\frac{3}{2}x_1 \\ -x_1 - x_3 = -\frac{3}{2}x_2 \\ -x_1 - x_2 + \frac{5}{2}x_3 = -\frac{3}{2}x_3 \end{cases}, \quad \begin{cases} x_1 = 2x_3 \\ x_2 = 2x_3 \end{cases}$$

$$\boldsymbol{x}_2 = l \begin{bmatrix} 2 \\ 2 \\ 1 \end{bmatrix} \to \frac{1}{3} \begin{bmatrix} 2 \\ 2 \\ 1 \end{bmatrix} \quad \left(\because \ l\sqrt{2^2+2^2+1} = 3l = 1, l = \frac{1}{3} \right)$$

[別解] シュミットの直交化: $\boldsymbol{x}_1 = \begin{bmatrix} -1 \\ -1 \\ 4 \end{bmatrix}$, $\boldsymbol{x}_2 = \begin{bmatrix} 2 \\ 2 \\ 1 \end{bmatrix}$, $\boldsymbol{x}_3 = \begin{bmatrix} -1 \\ 1 \\ 0 \end{bmatrix}$ とする.

$$\boldsymbol{y}_1 = \boldsymbol{x}_1 = \begin{bmatrix} -1 \\ -1 \\ 4 \end{bmatrix}$$

$$y_2 = x_2 - \frac{(y_1, x_2)}{(y_1, y_1)}y_1 = \begin{bmatrix} 2 \\ 2 \\ 1 \end{bmatrix} - \frac{[-1,-1,4]\begin{bmatrix} 2 \\ 2 \\ 1 \end{bmatrix}}{[-1,-1,4]\begin{bmatrix} -1 \\ -1 \\ 4 \end{bmatrix}} \begin{bmatrix} -1 \\ -1 \\ 4 \end{bmatrix}$$

$$= \begin{bmatrix} 2 \\ 2 \\ 1 \end{bmatrix} - \frac{-2-2+4}{1+1+16}\begin{bmatrix} -1 \\ -1 \\ 4 \end{bmatrix} = \begin{bmatrix} 2 \\ 2 \\ 1 \end{bmatrix}$$

$$y_3 = x_3 - \frac{(y_2, x_3)}{(y_2, y_2)}y_2 - \frac{(y_1, x_3)}{(y_1, y_1)}y_1$$

$$= \begin{bmatrix} -1 \\ 1 \\ 0 \end{bmatrix} - \frac{[2,2,1]\begin{bmatrix} -1 \\ 1 \\ 0 \end{bmatrix}}{[2,2,1]\begin{bmatrix} 2 \\ 2 \\ 1 \end{bmatrix}}\begin{bmatrix} 2 \\ 2 \\ 1 \end{bmatrix} - \frac{[-1,-1,4]\begin{bmatrix} -1 \\ 1 \\ 0 \end{bmatrix}}{[-1,-1,4]\begin{bmatrix} -1 \\ -1 \\ 4 \end{bmatrix}}\begin{bmatrix} -1 \\ -1 \\ 4 \end{bmatrix}$$

$$= \begin{bmatrix} -1 \\ 1 \\ 0 \end{bmatrix} - \frac{-2+2+0}{4+4+1}\begin{bmatrix} 2 \\ 2 \\ 1 \end{bmatrix} - \frac{1-1+0}{1+1+16}\begin{bmatrix} -1 \\ -1 \\ 4 \end{bmatrix} = \begin{bmatrix} -1 \\ 1 \\ 0 \end{bmatrix}$$

$$\therefore \quad e_1 = \frac{y_1}{\|y_1\|} = \frac{1}{\sqrt{1+1+4^2}}\begin{bmatrix} -1 \\ -1 \\ 4 \end{bmatrix} = \frac{1}{3\sqrt{2}}\begin{bmatrix} -1 \\ -1 \\ 4 \end{bmatrix}$$

他は省略.

(2)（a）$\alpha > 0$ のとき，①より，

$$\lambda^3 - \alpha\lambda^2 - 3\lambda + (\alpha+2) = (\lambda-1)\{\lambda^2 - (\alpha-1)\lambda - (\alpha+2)\} = 0 \quad \therefore \quad \lambda = 1$$

$$\frac{\alpha - 1 \pm \sqrt{(\alpha-1)^2 + 4(\alpha+2)}}{2} = \frac{1}{2}(\alpha - 1 \pm \sqrt{\alpha^2 + 2\alpha + 9})$$

判別式 $D \equiv \alpha^2 + 2\alpha + 9 = (\alpha-1)^2 + 4\alpha + 8 > 0$ だから，固有値はすべて実数.

（b）明らかに，$\alpha > 0$ のとき，$\max(\lambda_1, \lambda_2, \lambda_3) = \frac{1}{2}\left\{\alpha - 1 + \sqrt{\alpha^2 + 2\alpha + 9}\right\} > 1$ で単調増加だから，$\displaystyle\lim_{\alpha \to \infty}\frac{\max(\lambda_1, \lambda_2, \lambda_3)}{\alpha} = \lim_{\alpha \to \infty}\frac{\alpha - 1 + \sqrt{\alpha^2 + 2\alpha + 9}}{2\alpha} = \frac{2\alpha}{2\alpha} = 1$

（c）$\min(\lambda_1, \lambda_2, \lambda_3) = \frac{1}{2}\{\alpha - 1 - \sqrt{\alpha^2 + 2\alpha + 9}\}$

$$= \frac{1}{2}\{\alpha - 1 - \sqrt{(\alpha-1)^2 + 4\alpha + 8}\} < 0$$

だから，$\displaystyle\lim_{\alpha \to \infty}\frac{\min(\lambda_1, \lambda_2, \lambda_3)}{\alpha} = \lim_{\alpha \to \infty}\frac{\alpha - 1 - \sqrt{\alpha^2 + 2\alpha + 9}}{2\alpha} = \frac{\alpha - \alpha}{2\alpha} = 0$

(3) $\alpha = 0$ のとき，$\lambda = -2, 1, 1$（重根）.

$\lambda = -2$ のとき，

$$\begin{bmatrix} 0 & -1 & -1 \\ -1 & 0 & -1 \\ -1 & -1 & 0 \end{bmatrix} \begin{bmatrix} x_1 \\ x_2 \\ x_3 \end{bmatrix} = -2 \begin{bmatrix} x_1 \\ x_2 \\ x_3 \end{bmatrix}, \quad \begin{cases} 2x_1 - x_2 - x_3 = 0 \\ x_1 - 2x_2 + x_3 = 0 \\ x_1 + x_2 - 2x_3 = 0 \end{cases}, \quad \boldsymbol{x}_1 = \begin{bmatrix} 1 \\ 1 \\ 1 \end{bmatrix}$$

$\lambda = 1$（重根）のとき，

$$\begin{bmatrix} 0 & -1 & -1 \\ -1 & 0 & -1 \\ -1 & -1 & 0 \end{bmatrix} \begin{bmatrix} x_1 \\ x_2 \\ x_3 \end{bmatrix} = 1 \begin{bmatrix} x_1 \\ x_2 \\ x_3 \end{bmatrix}, \quad \begin{cases} -x_2 - x_3 = x_1 \\ -x_1 - x_3 = x_2 \\ -x_1 - x_2 = x_3 \end{cases}, \quad x_1 + x_2 + x_3 = 0$$

$$\boldsymbol{x}_2 = \begin{bmatrix} -1 \\ 0 \\ 1 \end{bmatrix}, \quad \boldsymbol{x}_3 = \begin{bmatrix} -1 \\ 1 \\ 0 \end{bmatrix}$$

直交行列を $P = \begin{bmatrix} 1 & -1 & -1 \\ 1 & 0 & 1 \\ 1 & 1 & 0 \end{bmatrix}$ のように選ぶと，$A^n = P\, diag\{(-2)^n, 1, 1\} P^{-1}$. ここで，

$$P^{-1} = \frac{\begin{bmatrix} \begin{vmatrix} 0 & 1 \\ 1 & 0 \end{vmatrix} & -\begin{vmatrix} -1 & -1 \\ 1 & 0 \end{vmatrix} & \begin{vmatrix} -1 & -1 \\ 0 & 1 \end{vmatrix} \\ -\begin{vmatrix} 1 & 1 \\ 1 & 0 \end{vmatrix} & \begin{vmatrix} 1 & -1 \\ 1 & 0 \end{vmatrix} & -\begin{vmatrix} 1 & -1 \\ 1 & 1 \end{vmatrix} \\ \begin{vmatrix} 1 & 0 \\ 1 & 1 \end{vmatrix} & -\begin{vmatrix} 1 & -1 \\ 1 & 1 \end{vmatrix} & \begin{vmatrix} 1 & -1 \\ 1 & 0 \end{vmatrix} \end{bmatrix}}{\begin{vmatrix} 1 & -1 & -1 \\ 1 & 0 & 1 \\ 1 & 1 & 0 \end{vmatrix}} = \frac{\begin{bmatrix} -1 & -1 & -1 \\ 1 & 1 & -2 \\ 1 & -2 & 1 \end{bmatrix}}{-1-1-1}$$

$$= \frac{1}{3} \begin{bmatrix} 1 & 1 & 1 \\ -1 & -1 & 2 \\ -1 & 2 & -1 \end{bmatrix}$$

$\therefore\ A^n = \dfrac{1}{3} \begin{bmatrix} 1 & -1 & -1 \\ 1 & 0 & 1 \\ 1 & 1 & 0 \end{bmatrix} \begin{bmatrix} (-2)^n & 0 & 0 \\ 0 & 1 & 0 \\ 0 & 0 & 1 \end{bmatrix} \begin{bmatrix} 1 & 1 & 1 \\ -1 & -1 & 2 \\ -1 & 2 & -1 \end{bmatrix}$

$= \dfrac{1}{3} \begin{bmatrix} 1 & -1 & -1 \\ 1 & 0 & 1 \\ 1 & 1 & 0 \end{bmatrix} \begin{bmatrix} (-2)^n & (-2)^n & (-2)^n \\ -1 & -1 & 2 \\ -1 & 2 & -1 \end{bmatrix}$

$= \dfrac{1}{3} \begin{bmatrix} (-2)^n + 2 & (-2)^n - 1 & (-2)^n - 1 \\ (-2)^n - 1 & (-2)^n + 2 & (-2)^n - 1 \\ (-2)^n - 1 & (-2)^n - 1 & (-2)^n + 2 \end{bmatrix}$

1.12 (1) 固有値を λ とすると，固有方程式は

$$\begin{vmatrix} \lambda-2 & 1 & 0 \\ 1 & \lambda-3 & 1 \\ 0 & 1 & \lambda-2 \end{vmatrix} = (\lambda-2)^2(\lambda-3) - 2(\lambda-2) = (\lambda-1)(\lambda-2)(\lambda-4)$$

$\therefore\ \lambda = 1, 2, 4$

ベクトルを $\boldsymbol{x} = \begin{bmatrix} x_1 \\ x_2 \\ x_3 \end{bmatrix}$ とすると,

$\lambda = 1$ のとき,

$$\begin{bmatrix} 2 & -1 & 0 \\ -1 & 3 & -1 \\ 0 & -1 & 2 \end{bmatrix} \begin{bmatrix} x_1 \\ x_2 \\ x_3 \end{bmatrix} = 1 \begin{bmatrix} x_1 \\ x_2 \\ x_3 \end{bmatrix}, \quad \begin{cases} 2x_1 - x_2 = x_1 \\ -x_1 + 3x_2 - x_3 = x_2 \\ -x_2 + 2x_3 = x_3 \end{cases}, \quad \begin{cases} x_2 = x_1 \\ x_3 = x_2 = x_1 \end{cases}$$

固有ベクトル $\boldsymbol{p} = \begin{bmatrix} 1 \\ 1 \\ 1 \end{bmatrix}$

$\lambda = 2$ のとき, 同様にして, $\boldsymbol{q} = \begin{bmatrix} 1 \\ 0 \\ -1 \end{bmatrix}$. $\lambda = 4$ のとき, $\boldsymbol{r} = \begin{bmatrix} 1 \\ -2 \\ 1 \end{bmatrix}$

(2) 正則行列 $P = \begin{bmatrix} 1 & 1 & 1 \\ 1 & 0 & -2 \\ 1 & -1 & 1 \end{bmatrix}$ をとる.

$P^{-1}AP = diag\{1, 2, 4\}, \quad AP = P\,diag\{1, 2, 4\}, \quad A = P\,diag\{1, 2, 4\}P^{-1}$

$$\therefore\ A^n = P\,diag\{1, 2^n, 4^n\}P^{-1} = \begin{bmatrix} 1 & 1 & 1 \\ 1 & 0 & -2 \\ 1 & -1 & 1 \end{bmatrix} \begin{bmatrix} 1 & 0 & 0 \\ 0 & 2^n & 0 \\ 0 & 0 & 4^n \end{bmatrix} \begin{bmatrix} 1 & 1 & 1 \\ 1 & 0 & -2 \\ 1 & -1 & 1 \end{bmatrix}^{-1}$$

$$= \begin{bmatrix} 1 & 2^n & 4^n \\ 1 & 0 & -2 \times 4^n \\ 1 & -2^n & 4^n \end{bmatrix} \dfrac{\begin{bmatrix} \begin{vmatrix} 0 & -2 \\ -1 & 1 \end{vmatrix} & -\begin{vmatrix} 1 & 1 \\ -1 & 1 \end{vmatrix} & \begin{vmatrix} 1 & 1 \\ 0 & -2 \end{vmatrix} \\ -\begin{vmatrix} 1 & -2 \\ 1 & 1 \end{vmatrix} & \begin{vmatrix} 1 & 1 \\ 1 & 1 \end{vmatrix} & -\begin{vmatrix} 1 & 1 \\ 1 & -2 \end{vmatrix} \\ \begin{vmatrix} 1 & 0 \\ 1 & -1 \end{vmatrix} & -\begin{vmatrix} 1 & 1 \\ 1 & -1 \end{vmatrix} & \begin{vmatrix} 1 & 1 \\ 1 & 0 \end{vmatrix} \end{bmatrix}}{\begin{vmatrix} 1 & 1 & 1 \\ 1 & 0 & -2 \\ 1 & -1 & 1 \end{vmatrix}}$$

$$= \dfrac{-1}{6} \begin{bmatrix} 1 & 2^n & 4^n \\ 1 & 0 & -2 \times 4^n \\ 1 & -2^n & 4^n \end{bmatrix} \begin{bmatrix} -2 & -2 & -2 \\ -3 & 0 & 3 \\ -1 & 2 & -1 \end{bmatrix}$$

$$= \frac{-1}{6} \begin{bmatrix} -2 - 3 \times 2^n - 4^n & -2 + 2 \times 4^n & -2 + 3 \times 2^n - 4^n \\ -2 + 2 \times 4^n & -2 - 2^2 \times 4^n & -2 + 2 \times 4^n \\ -2 + 3 \times 2^n - 4^n & -2 + 2 \times 4^n & -2 - 3 \times 2^n - 4^n \end{bmatrix}$$

(3) ベクトルを $\boldsymbol{x} = \begin{bmatrix} x_1 \\ x_2 \\ x_3 \end{bmatrix}$ とし，式(II)に(I)，(III)を代入すると，

$$\begin{bmatrix} \lambda - 2 & 1 & 0 \\ 1 & \lambda - 3 & 1 \\ 0 & 1 & \lambda - 2 \end{bmatrix} \begin{bmatrix} x_1 \\ x_2 \\ x_3 \end{bmatrix} = \begin{bmatrix} 3 \\ -1 \\ 1 \end{bmatrix}, \quad \begin{cases} (\lambda - 2)x_1 + 1x_2 + 0x_3 = 3 \\ 1x_1 + (\lambda - 3)x_2 + 1x_3 = -1 \\ 0x_1 + 1x_2 + (\lambda - 2)x_3 = 1 \end{cases}$$

$$x_1 = \frac{\begin{vmatrix} 3 & 1 & 0 \\ -1 & \lambda - 3 & 1 \\ 1 & 1 & \lambda - 2 \end{vmatrix}}{\begin{vmatrix} \lambda - 2 & 1 & 0 \\ 1 & \lambda - 3 & 1 \\ 0 & 1 & \lambda - 2 \end{vmatrix}} = \frac{3(\lambda - 2)(\lambda - 3) + 1 + (\lambda - 2) - 3}{(\lambda - 2)^2(\lambda - 3) - 2(\lambda - 2)}$$

$$= \frac{3\lambda^2 - 14\lambda + 14}{(\lambda - 1)(\lambda - 2)(\lambda - 4)} \quad \text{①}$$

同様にして，

$$x_2 = \frac{\begin{vmatrix} \lambda - 2 & 3 & 0 \\ 1 & -1 & 1 \\ 0 & 1 & \lambda - 2 \end{vmatrix}}{(\lambda - 1)(\lambda - 2)(\lambda - 4)} = \frac{-\lambda^2 + 4}{(\lambda - 1)(\lambda - 2)(\lambda - 4)} \quad \text{②}$$

$$x_3 = \frac{\begin{vmatrix} \lambda - 2 & 1 & 3 \\ 1 & \lambda - 3 & -1 \\ 0 & 1 & 1 \end{vmatrix}}{(\lambda - 1)(\lambda - 2)(\lambda - 4)} = \frac{\lambda^2 - 4\lambda + 6}{(\lambda - 1)(\lambda - 2)(\lambda - 4)} \quad \text{③}$$

①〜③を用いると，

$$\boldsymbol{x}^T \boldsymbol{x} = [x_1, x_2, x_3] \begin{bmatrix} x_1 \\ x_2 \\ x_3 \end{bmatrix} = x_1^2 + x_2^2 + x_3^2$$

$$= \frac{(3\lambda^2 - 14\lambda + 14)^2 + (\lambda^2 - 4)^2 + (\lambda^2 - 4\lambda + 6)^2}{(\lambda - 1)^2(\lambda - 2)^2(\lambda - 4)^2}$$

$$= \frac{11\lambda^4 - 92\lambda^3 + 300\lambda^2 - 440\lambda + 248}{(\lambda - 1)^2(\lambda - 2)^2(\lambda - 4)^2}$$

一方，式(IV)を通分すると，

(I) $= \dfrac{1}{\{(\lambda-1)(\lambda-2)(\lambda-4)\}^2}\left\{3(\lambda-2)^2(\lambda-4)^2+2(\lambda-1)^2(\lambda-4)^2+6(\lambda-1)^2(\lambda-2)^2\right\}$

$= \dfrac{11\lambda^4-92\lambda^3+300\lambda^2-440\lambda+248}{(\lambda-1)^2(\lambda-2)^2(\lambda-4)^2}$

1.13 (1) 固有値を λ とすると,固有多項式

$$|\lambda E - A| = \begin{vmatrix} \lambda-1 & 0 & 0 \\ 0 & \lambda-1 & -a \\ 0 & -a & \lambda-a^2 \end{vmatrix} = (\lambda-1)\begin{vmatrix} \lambda-1 & -a \\ -a & \lambda-a^2 \end{vmatrix}$$

$= (\lambda-1)\{(\lambda-1)(\lambda-a^2)-a^2\} = (\lambda-1)(\lambda^2-\lambda-a^2\lambda+a^2-a^2)$

$= \lambda(\lambda-1)\{\lambda-(a^2+1)\} = 0$

より,$\lambda = 0, 1, a^2+1$

(2) $\lambda = 0$ のとき,固有ベクトルを ${}^t[x_1, x_2, x_3]$ とすると,

$$\begin{bmatrix} 1 & 0 & 0 \\ 0 & 1 & a \\ 0 & a & a^2 \end{bmatrix}\begin{bmatrix} x_1 \\ x_2 \\ x_3 \end{bmatrix} = \begin{bmatrix} x_1 \\ x_2+ax_3 \\ ax_2+a^2x_3 \end{bmatrix} = 0, \quad \begin{cases} x_1 = 0 \\ x_2 = -ax_3 \\ x_3 \end{cases}$$

よって,固有ベクトルは ${}^t[0, a, -1]$ の m 倍だから,規格化固有ベクトル $\boldsymbol{r}$ は,$m\sqrt{a^2+1}=$

$\dfrac{1}{\sqrt{a^2+1}}$ より,$m\begin{bmatrix} 0 \\ a \\ -1 \end{bmatrix} \to \boldsymbol{r} = \dfrac{1}{a^2+1}\begin{bmatrix} 0 \\ a \\ -1 \end{bmatrix}$

$\lambda = 1$ のとき,同様にして

$$\begin{bmatrix} 1 & 0 & 0 \\ 0 & 1 & a \\ 0 & a & a^2 \end{bmatrix}\begin{bmatrix} x_1 \\ x_2 \\ x_3 \end{bmatrix} = \begin{bmatrix} x_1 \\ x_2+ax_3 \\ ax_2+a^2x_3 \end{bmatrix} = 1\begin{bmatrix} x_1 \\ x_2 \\ x_3 \end{bmatrix}, \quad \begin{cases} x_1 \\ x_3 = 0 \\ x_2 = 0 \end{cases}, \quad \boldsymbol{q} = \begin{bmatrix} 1 \\ 0 \\ 0 \end{bmatrix}$$

$\lambda = a^2+1$ のとき,

$$\begin{bmatrix} 1 & 0 & 0 \\ 0 & 1 & a \\ 0 & a & a^2 \end{bmatrix}\begin{bmatrix} x_1 \\ x_2 \\ x_3 \end{bmatrix} = \begin{bmatrix} x_1 \\ x_2+ax_3 \\ ax_2+a^2x_3 \end{bmatrix} = (a^2+1)\begin{bmatrix} x_1 \\ x_2 \\ x_3 \end{bmatrix}, \quad \begin{cases} x_1 = 0 \\ -a^2x_2+ax_3 = 0 \\ ax_2-x_3 = 0 \end{cases}$$

$\boldsymbol{p} = \dfrac{1}{a^2+1}\begin{bmatrix} 0 \\ 1 \\ a \end{bmatrix}$

(3) $\boldsymbol{u} = \begin{bmatrix} b \\ c \\ 0 \end{bmatrix} = \alpha\boldsymbol{p}+\beta\boldsymbol{q}+\gamma\boldsymbol{r} = \alpha\dfrac{1}{a^2+1}\begin{bmatrix} 0 \\ 1 \\ a \end{bmatrix}+\beta\begin{bmatrix} 1 \\ 0 \\ 0 \end{bmatrix}+\gamma\dfrac{1}{a^2+1}\begin{bmatrix} 0 \\ a \\ -1 \end{bmatrix}$

$= \begin{bmatrix} \beta \\ \frac{\alpha}{a^2+1}+\frac{\gamma a}{a^2+1} \\ \frac{\alpha a}{a^2+1}+\frac{-\gamma}{a^2+1} \end{bmatrix}$

$$\begin{cases} b = \beta \\ c = \frac{\alpha}{a^2+1} + \frac{\gamma a}{a^2+1} \\ 0 = \frac{\alpha a}{a^2+1} + \frac{-\gamma}{a^2+1} \end{cases}, \quad \begin{cases} c(a^2+1) = \alpha + \gamma a = \alpha + \alpha a^2 = \alpha(1+a^2) \\ \alpha = c \\ 0 = \alpha a - \gamma, \gamma = \alpha a \end{cases}$$

$$\therefore \ \boldsymbol{u} = c\boldsymbol{p} + b\boldsymbol{q} + ac\boldsymbol{r} \qquad ①$$

次に，

$$\boldsymbol{x}_0 = \begin{bmatrix} 0 \\ 0 \\ d \end{bmatrix} = \xi\boldsymbol{p} + \eta\boldsymbol{q} + \zeta\boldsymbol{r} = \frac{\xi}{a^2+1}\begin{bmatrix} 0 \\ 1 \\ a \end{bmatrix} + \eta\begin{bmatrix} 1 \\ 0 \\ 0 \end{bmatrix} + \frac{\zeta}{a^2+1}\begin{bmatrix} 0 \\ a \\ -1 \end{bmatrix}$$

$$= \begin{bmatrix} \eta \\ \frac{\xi}{a^2+1} + \frac{\zeta a}{a^2+1} \\ \frac{\xi a}{a^2+1} + \frac{-\zeta}{a^2+1} \end{bmatrix}$$

$$\begin{cases} 0 = \eta \\ 0 = \xi + \zeta a \\ d(a^2+1) = \xi a - \zeta \end{cases}, \quad \begin{cases} \xi = -\zeta a = ad \\ d(a^2+1) = -a^2\zeta - \zeta = -\zeta(a^2+1) \\ \zeta = -d \end{cases}$$

$$\therefore \ \boldsymbol{x}_0 = ad\boldsymbol{p} - d\boldsymbol{r} \qquad ②$$

(4) 与式 $\boldsymbol{x}_n = \alpha_n \boldsymbol{p} + \beta_n \boldsymbol{q} + \gamma_n \boldsymbol{r}$，①を漸化式（Ⅰ）に代入すると，

$$\alpha_n \boldsymbol{p} + \beta_n \boldsymbol{q} + \gamma_n \boldsymbol{r} = A(\alpha_{n-1}\boldsymbol{p} + \beta_{n-1}\boldsymbol{q} + \gamma_{n-1}\boldsymbol{r}) + c\boldsymbol{p} + b\boldsymbol{q} + ac\boldsymbol{r}$$

ここで，

$$A\boldsymbol{p} = \begin{bmatrix} 1 & 0 & 0 \\ 0 & 1 & a \\ 0 & a & a^2 \end{bmatrix} \frac{1}{a^2+1}\begin{bmatrix} 0 \\ 1 \\ a \end{bmatrix} = \frac{1}{a^2+1}\begin{bmatrix} 0 \\ 1+a^2 \\ a+a^3 \end{bmatrix} = \begin{bmatrix} 0 \\ 1 \\ a \end{bmatrix}$$

$$= \frac{a^2+1}{a^2+1}\begin{bmatrix} 0 \\ 1 \\ a \end{bmatrix} = (a^2+1)\boldsymbol{p}$$

$$A\boldsymbol{q} = \begin{bmatrix} 1 & 0 & 0 \\ 0 & 1 & a \\ 0 & a & a^2 \end{bmatrix}\begin{bmatrix} 1 \\ 0 \\ 0 \end{bmatrix} = \begin{bmatrix} 1 \\ 0 \\ 0 \end{bmatrix} = \boldsymbol{q}$$

$$A\boldsymbol{r} = \begin{bmatrix} 1 & 0 & 0 \\ 0 & 1 & a \\ 0 & a & a^2 \end{bmatrix}\frac{1}{a^2+1}\begin{bmatrix} 0 \\ a \\ -1 \end{bmatrix} = \frac{1}{a^2+1}\begin{bmatrix} 0 \\ a-a \\ a^2-a^2 \end{bmatrix} = \boldsymbol{0}$$

$$\therefore \ \alpha_n \boldsymbol{p} + \beta_n \boldsymbol{q} + \gamma_n \boldsymbol{r} = \alpha_{n-1}(a^2+1)\boldsymbol{p} + \beta_{n-1}\boldsymbol{q} + c\boldsymbol{p} + b\boldsymbol{q} + ac\boldsymbol{r}$$

$$= \{\alpha_{n-1}(a^2+1) + c\}\boldsymbol{p} + (\beta_{n-1} + b)\boldsymbol{q} + ac\boldsymbol{r}$$

両辺を比較すると，$\alpha_n = (a^2+1)\alpha_{n-1} + c, \beta_n = \beta_{n-1} + b, \gamma_n = ac$

(5) ②の $\boldsymbol{x}_0 = ad\boldsymbol{p} - d\boldsymbol{r}$ と $\boldsymbol{x}_n = \alpha_n\boldsymbol{p} + \beta_n\boldsymbol{q} + \gamma_n\boldsymbol{r}$ を比較すると，$\alpha_0 = ad, \beta_0 = 0, \gamma_0 = -d$ となるから，この条件のもとに漸化式を解く．

$$\alpha_1 = (a^2+1)\alpha_0 + c$$
$$\alpha_2 = (a^2+1)\alpha_1 + c = (a^2+1)\{(a^2+1)\alpha_0 + c\} + c$$
$$= (a^2+1)^2\alpha_0 + (a^2+1)c + c$$
$$\alpha_3 = (a^2+1)\alpha_2 + c = (a^2+1)\{(a^2+1)^2\alpha_0 + (a^2+1)c + c\} + c$$
$$= (a^2+1)^3\alpha_0 + (a^2+1)^2c + (a^2+1)c + c$$
$$\cdots$$
$$\alpha_n = (a^2+1)^n\alpha_0 + c\{(a^2+1)^{n-1} + \cdots + (a^2+1) + 1\}$$
$$= (a^2+1)^n\alpha_0 + c\frac{1-(a^2+1)^n}{1-(a^2+1)} = (a^2+1)^n\alpha_0 - \frac{c}{a^2}\{1-(a^2+1)^n\}$$
$$= (a^2+1)^n ad + \frac{c}{a^2}(a^2+1)^n - \frac{c}{a^2}$$

$$\beta_1 = \beta_0 + b$$
$$\beta_2 = \beta_1 + b = \beta_0 + b + b = \beta_0 + 2b$$
$$\beta_3 = \beta_2 + b = \beta_0 + 2b + b = \beta_0 + 3b$$
$$\cdots$$
$$\beta_n = \beta_0 + nb = nb$$
$$\gamma_n = ac$$
$$\gamma_{n-1} = ac$$
$$\cdots$$
$$\gamma_0 = ac = -d$$

これらを式(III)に代入すると, $x_n = \left\{(a^2+1)^n ad + \dfrac{c}{a^2}(a^2+1)^n - \dfrac{c}{a^2}\right\}\boldsymbol{p} + bn\boldsymbol{q} - d\boldsymbol{r}$

1.14 (1) (a) 数学的帰納法を用いる.

(ⅰ) $n=0$ のとき, $\det M_0 = \det B = \begin{vmatrix} \frac{\sqrt{3}}{2} & -\frac{1}{2} \\ \frac{1}{2} & \frac{\sqrt{3}}{2} \end{vmatrix} = \frac{3}{4} + \frac{1}{4} = 1$

$n=1$ のとき, $\det M_1 = \det A = \begin{vmatrix} \frac{1}{\sqrt{2}} & -\frac{1}{\sqrt{2}} \\ \frac{1}{\sqrt{2}} & \frac{1}{\sqrt{2}} \end{vmatrix} = \frac{1}{2} + \frac{1}{2} = 1$

$n=k, k+1$ のとき成立すると仮定すると, $n=k+2$ のとき, (ⅰ)が成立することを示せばよい. (ⅰ)の仮定より, $\det M_k = 1, \det M_{k+1} = 1$ だから, 式(II)を用いると,

$$\det M_{k+2} = \det(M_{k+1}M_k) = \det M_{k+1} \det M_k = 1 \times 1 = 1$$

よって, 一般に $\det M_n = 1$ → (ⅰ) ①

(ⅱ), (ⅲ) $\det M_n \neq 0$ より, M_n^{-1} も明らかに存在するから, $\det M_n^{-1} = 1$, $(\det M_n)^{-1} = 1$
ケーリー・ハミルトンの定理より, (ただし, $(M_n)^{-1} = M_n^{-1}$)

$$M_n^2 - (\mathrm{Tr}\, M_n)M_n + (\det M_n)E = 0 \qquad ②$$
$$(M_n^{-1})^2 - (\mathrm{Tr}\,(M_n)^{-1})(M_n)^{-1} + (\det(M_n)^{-1})E = 0 \qquad ③$$

②より，
$$M_n^2 M_n^{-1} - (\mathrm{Tr}\, M_n) M_n M_n^{-1} + (\det M_n) E M_n^{-1} = 0$$
$$M_n - (\mathrm{Tr}\, M_n) E + (\det M_n) M_n^{-1}$$
$$= M_n - (\mathrm{Tr}\, M_n) E + M_n^{-1} = 0 \quad (\because ①) \quad \to (\mathrm{iii}) \qquad ④$$
$$\therefore \quad (\mathrm{Tr}\, M_n) E = M_n + (M_n)^{-1}$$

③より，
$$(M_n^{-1})^2 M_n - \mathrm{Tr}\,(M_n^{-1}) E + (\det(M_n^{-1})) E M_n$$
$$= M_n^{-1} - \mathrm{Tr}(M_n^{-1}) E + M_n = 0 \qquad ⑤$$
$$\therefore \quad \mathrm{Tr}\,(M_n^{-1}) E = M_n + (M_n)^{-1}$$

④，⑤より，$\mathrm{Tr}\, M_n = \mathrm{Tr}\,(M_n)^{-1} \quad \to (\mathrm{ii})$

(b) 漸化式(II)を用いると，
$$M_{n+1} + (M_{n-2})^{-1} = M_n M_{n-1} + (M_{n-1}^{-1} M_n)^{-1}$$
$$= M_n M_{n-1} + M_n^{-1} M_{n-1} = (M_n + M_n^{-1}) M_{n-1} = (\mathrm{Tr}\, M_n) M_{n-1} \quad (\because (\mathrm{iii}))$$

両辺の跡をとると，$\mathrm{Tr}\, M_{n+1} + \mathrm{Tr}\,(M_{n-2})^{-1} = (\mathrm{Tr}\, M_n)(\mathrm{Tr}\, M_{n-1})$
ここで，$x_n = \mathrm{Tr}\, M_n$ だから，$x_{n+1} + x_{n-2} = x_n x_{n-1}, x_{n+1} = x_n x_{n-1} - x_{n-2}$ ⑥

(c) ⑥，(III)を用いると，
$$I_{n+1} = x_{n+3}^2 + x_{n+2}^2 + x_{n+1}^2 - x_{n+3} x_{n+2} x_{n+1}$$
$$= (x_{n+2} x_{n+1} - x_n)^2 + x_{n+2}^2 + x_{n+1}^2 - (x_{n+2} x_{n+1} - x_n) x_{n+2} x_{n+1}$$
$$= x_{n+2}^2 x_{n+1}^2 - 2 x_{n+2} x_{n+1} x_n + x_n^2 + x_{n+2}^2 + x_{n+1}^2 - x_{n+2}^2 x_{n+1}^2 + x_{n+2} x_{n+1} x_n$$
$$= x_{n+2}^2 + x_{n+1}^2 + x_n^2 - x_{n+2} x_{n+1} x_n = I_n$$

よって，I_n は n に依存しないから，
$$I_n = I_0 = x_2^2 + x_1^2 + x_0^2 - x_2 x_1 x_0 \quad (\text{ただし，} x_n = \mathrm{Tr}\, M_n)$$
$$= (\mathrm{Tr}\, M_2)^2 + (\mathrm{Tr}\, M_1)^2 + (\mathrm{Tr}\, M_0)^2 - (\mathrm{Tr}\, M_2)(\mathrm{Tr}\, M_1)(\mathrm{Tr}\, M_0)$$
$$= (\mathrm{Tr}\, AB)^2 + (\mathrm{Tr}\, A)^2 + (\mathrm{Tr}\, B)^2 - (\mathrm{Tr}\, AB)(\mathrm{Tr}\, A)(\mathrm{Tr}\, B)$$

ここで，$M_2 = M_1 M_0 = AB$
$$\mathrm{Tr}\, AB = \mathrm{Tr}\, \left\{ \frac{1}{\sqrt{2}} \begin{bmatrix} 1 & -1 \\ 1 & 1 \end{bmatrix} \frac{1}{2} \begin{bmatrix} \sqrt{3} & -1 \\ 1 & \sqrt{3} \end{bmatrix} \right\}$$
$$= \frac{1}{2\sqrt{2}} \mathrm{Tr} \begin{bmatrix} \sqrt{3}-1 & -1-\sqrt{3} \\ \sqrt{3}+1 & -1+\sqrt{3} \end{bmatrix} = \frac{1}{\sqrt{2}}(\sqrt{3}-1)$$

$$(\mathrm{Tr}\, AB)^2 = \frac{1}{2}(\sqrt{3}-1)^2 = 2 - \sqrt{3}$$

$$\mathrm{Tr}\, A = \frac{1}{\sqrt{2}}\begin{bmatrix} 1 & -1 \\ 1 & 1 \end{bmatrix} = \sqrt{2}, \quad (\mathrm{Tr}\, A)^2 = 2$$

$$(\mathrm{Tr}\, B) = \mathrm{Tr}\, \frac{1}{2}\begin{bmatrix} \sqrt{3} & -1 \\ 1 & \sqrt{3} \end{bmatrix} = \sqrt{3}, \quad (\mathrm{Tr}\, B)^2 = 3$$

$$(\mathrm{Tr}\, AB)(\mathrm{Tr}\, A)(\mathrm{Tr}\, B) = \frac{1}{\sqrt{2}}(\sqrt{3}-1)\sqrt{2}\sqrt{3} = 3 - \sqrt{3}$$

$$\therefore\ I_n = 2 - \sqrt{3} + 2 + 3 - 3 + \sqrt{3} = 4$$

(2) (a) $N=3$ の場合,$C = \begin{bmatrix} 0 & b_1 & 0 \\ b_1 & 0 & b_2 \\ 0 & b_2 & 0 \end{bmatrix}$

特性方程式は,特性根(固有値)を λ とすると,

$$\det(\lambda E - C) = \begin{vmatrix} \lambda & -b_1 & 0 \\ -b_1 & \lambda & -b_2 \\ 0 & -b_2 & \lambda \end{vmatrix} = \lambda^3 - b_2^2 \lambda - b_1^2 \lambda = \lambda^3 - (b_1^2 + b_2^2)\lambda$$

$$= \lambda(\lambda - \sqrt{b_1^2 + b_2^2})(\lambda + \sqrt{b_1^2 + b_2^2}) = 0$$

よって,固有値は,$\lambda = 0, \pm\sqrt{b_1^2 + b_2^2}$

(b) $\boldsymbol{v} = [v_1, \cdots, v_N]^T$ が C の固有ベクトルのとき,固有値を λ とすると,$C\boldsymbol{v} = \lambda \boldsymbol{v}$ だから,

$$\begin{bmatrix} 0 & b_1 & & & & O \\ b_1 & 0 & b_2 & & & \\ & b_2 & 0 & & & \\ & & & \ddots & & \\ & & & & \ddots & b_{N-1} \\ O & & & & b_{N-1} & 0 \end{bmatrix} \begin{bmatrix} v_1 \\ v_2 \\ v_3 \\ \vdots \\ v_{N-1} \\ v_N \end{bmatrix} = \lambda \begin{bmatrix} v_1 \\ v_2 \\ v_3 \\ \vdots \\ v_{N-1} \\ v_N \end{bmatrix}$$

$$\begin{cases} b_1 v_2 = \lambda v_1 \\ b_1 v_1 + b_2 v_3 = \lambda v_2 \\ b_{k-1} v_{k-1} + b_k v_{k+1} = \lambda v_k \\ b_{N-1} v_{N-1} = \lambda v_N \end{cases}$$

$v_1 = 0 \to v_2 = 0 \to \cdots \to v_N = 0 \to \boldsymbol{v} = 0$ となるから,$v_1 \neq 0$

1.15 (1) (a) $n=2$ の場合,$E = \begin{bmatrix} 1 & 0 \\ 0 & 1 \end{bmatrix}, A = \begin{bmatrix} a & b \\ c & d \end{bmatrix}$ とすると,

$$\det(xE - A) = \left| x\begin{bmatrix} 1 & 0 \\ 0 & 1 \end{bmatrix} - \begin{bmatrix} a & b \\ c & d \end{bmatrix} \right| = \left| \begin{bmatrix} x & 0 \\ 0 & x \end{bmatrix} - \begin{bmatrix} a & b \\ c & d \end{bmatrix} \right| = \begin{vmatrix} x-a & -b \\ -c & x-d \end{vmatrix}$$

$$= (x-a)(x-d) - bc = x^2 - (a+d)x + (ad-bc) = x^2 - x\,\mathrm{Tr}\, A + \det A = 0 \qquad ①$$

(b) ハミルトン・ケーリーの定理の問題である.数学的帰納法を用いて証明する.①の

x に A を代入すると，$A^2 - (\operatorname{Tr} A)A + (\det A)E = 0$
$\det A = 1$ の場合，$A^2 = (\operatorname{Tr} A)A - E$ ②
A を掛けると，
$$A^3 = (\operatorname{Tr} A)A^2 - A = (\operatorname{Tr} A)\{(\operatorname{Tr} A)A - E\} - A = \{(\operatorname{Tr} A)^2 - 1\}A - (\operatorname{Tr} A)E$$
$N = 2$ のとき，式(III)，②より，
$$A^2 = 2\xi A - E = U_1 A - U_0 E, \quad 0 = (U_1 - 2\xi)A - (U_0 - 1)E$$
よって，$U_0 = 1, U_1 = 2\xi$ のとき，漸化式(II)は満たされる．
同様にして，$N = 3$ のとき，$U_2 = 4\xi^2 - 1$ となり，式(II)は満たされる．
$N = k$ のとき，漸化式(II)，(III) が成立すると仮定すると，
$$U_k - 2\xi U_{k-1} + U_{k-2} = 0 \quad ③$$
$$A^k = U_{k-1}A - U_{k-2}E \quad ④$$
よって，④に A を掛け，③，④を用いると，
$$A^{k+1} = U_{k-1}A^2 - U_{k-2}A = U_{k-1}(U_1 - U_0 E) - U_{k-2}A$$
$$= U_{k-1}(2\xi A - E) - U_{k-2}A = (2\xi U_{k-1} - U_{k-2})A - U_{k-1}E$$
$$= U_k A - U_{k-1}E$$
$k \to k-1, k \to N$ と置き換えると，$A^N = U_{N-1}(\xi)A - U_{N-2}(\xi)E$

(2) 式(IV)を(V)に代入し，部分積分を 2 回実行し，$p(a) = p(b) = 0$ を使い，$p(x)$ が実関数であることを考慮すると，
$$\text{左辺} = \int_a^b v^*(x) \frac{d}{dx}\left[p(x)\frac{du(x)}{dx}\right]dx$$
$$= \left[v^*(x)\left(p(x)\frac{du(x)}{dx}\right)\right]_a^b - \int_a^b \frac{dv^*(x)}{dx}\left(p(x)\frac{du(x)}{dx}\right)dx$$
$$= -\int_a^b p(x)\frac{dv^*(x)}{dx}\frac{du(x)}{dx}dx$$
$$= -\left[\left(p(x)\frac{dv^*(x)}{dx}\right)u(x)\right]_a^b + \int_a^b \frac{d}{dx}\left(p(x)\frac{dv^*(x)}{dx}\right)u(x)dx$$
$$= \int_a^b u(x)\left(Lv(x)\right)^* dx$$

(3) 式(V)に(IV)を代入し，$v(x) = u(x)$ とおくと，
$$\int_a^b u^*(x)Lu(x)dx = \int_a^b u(x)(Lu(x))^* dx$$
これに式(VI)を代入すると，$\displaystyle\int_a^b u^*(x)\lambda w(x)u(x)dx = \int_a^b u(x)(\lambda w(x)u(x))^* dx$

$$\lambda \int_a^b w(x)|u(x)|^2\,dx = \lambda^* \int_a^b w(x)|u(x)|^2\,dx \quad (\because w(x): 実関数)$$

$\therefore\ \lambda = \lambda^* \quad \therefore\ \lambda:$ 実数

また，式(V)で，$u(x)=u_1(x), v(x)=u_2(x)$ とおいて，(VI)を代入すると，

$$\int_a^b u_2^*(x)\lambda_1 w(x)u_1(x)dx = \int_a^b u_1(x)(\lambda_2 w(x)u_2(x))^* dx$$

$$\lambda_1 \int_a^b u_1(x)u_2^*(x)w(x)dx = \lambda_2 \int_a^b u_1(x)u_2^*(x)w(x)dx \quad (\because \lambda_2, w(x): 実)$$

$$(\lambda_1 - \lambda_2)\int_a^b u_1(x)u_1^*(x)w(x)dx = 0$$

$\therefore\ \displaystyle\int_a^b u_1(x)u_2^*(x)w(x)dx = 0 \quad (\because \lambda_1 \neq \lambda_2)$ ⑤

(4) 式(IV)で，$u(x)=U_N(x), p(x)=(1-x^2)^{3/2}$ とおくと，

$$(\text{VI})の左辺 = LU_N(x) = \frac{d}{dx}\left\{(1-x^2)^{3/2}\frac{dU_N(x)}{dx}\right\}$$

$$= (1-x^2)^{3/2}\frac{d^2}{dx^2}U_N(x) - 3x(1-x^2)^{1/2}\frac{d}{dx}U_N(x)$$

式(VI)の右辺で $\lambda = -N(N+2), w(x) = (1-x^2)^{1/2}$ とおけば，

$$(1-x^2)^{3/2}\frac{d^2}{dx^2}U_N(x) - 3x(1-x^2)^{1/2}\frac{d}{dx}U_N(x) = -N(N+2)(1-x^2)^{1/2}U_N(x)$$

$$(1-x^2)\frac{d^2}{dx^2}U_N(x) - 3x\frac{d}{dx}U_N(x) + N(N+2)U_N(x) = 0 \tag{VIII}$$

よって，(VIII)は(VI)の形となる．ここで，$\lambda_1 = -N(N+1)$ に対する解を $u_1(x)=U_N(x)$，$\lambda_2 = -M(M+1)$ に対する解を $U_M(x)$ とし，(VIII)の複素共役をとると，$u_2(x)=U_M^*(x)$ も λ_2 に対する解であることが分かる．$\lambda_1 \neq \lambda_2, w(x) > 0$ だから，⑤より，

$$\int_{-1}^1 u_1(x)u_2^*(x)w(x)dx = \int_{-1}^1 U_N(x)U_M(x)(1-x^2)^{1/2}dx = 0$$

1.16 (1) P を掛けることにより，${}^t[x_1,\cdots,x_n]$ の各要素が1つずつ縦にずれるから，P は単位行列から横にずれたものになり，次のように書ける．

$$P = \begin{bmatrix} 0 & 1 & & & & & 0 \\ 0 & 0 & 1 & & & & \\ & & 0 & \ddots & & & \\ & & & \ddots & \ddots & & \\ & & & & 0 & 1 & \\ & & & & & 0 & 1 \\ 1 & & & & & & 0 \end{bmatrix}$$

(2)

$$PA - AP = \begin{bmatrix} 0 & 1 & 0 & & & & 0 \\ 0 & 0 & 1 & & & & 0 \\ & & 0 & \ddots & & & \\ & & & \ddots & \ddots & & \\ & & & & 0 & 1 & \\ & & & & & 0 & 1 \\ 1 & 0 & 0 & & & & 0 \end{bmatrix} \begin{bmatrix} \varepsilon & t & & & & & t \\ t & \varepsilon & t & & & & \\ & t & \varepsilon & \ddots & & & \\ & & \ddots & \ddots & & & \\ & & & & & & t \\ & & & & t & \varepsilon & t \\ t & & & & & t & \varepsilon \end{bmatrix}$$

$$- \begin{bmatrix} \varepsilon & t & & & & & t \\ t & \varepsilon & t & & & & \\ & t & \varepsilon & \ddots & & & \\ & & \ddots & \ddots & & & \\ & & & & t & & \\ & & & & t & \varepsilon & t \\ t & & & & & t & \varepsilon \end{bmatrix} \begin{bmatrix} 0 & 1 & 0 & & & & 0 \\ 0 & 0 & 1 & & & & 0 \\ & & 0 & \ddots & & & \\ & & & \ddots & \ddots & & \\ & & & & 0 & 1 & \\ & & & & & 0 & 1 \\ 1 & 0 & 0 & & & & 0 \end{bmatrix}$$

$$= \begin{bmatrix} t & \varepsilon & t & 0 & \cdots & 0 \\ 0 & t & \varepsilon & t & 0 & \cdots & 0 \\ 0 & 0 & t & \varepsilon & t & \cdots & 0 \\ \vdots & & & \ddots & & & \vdots \\ 0 & \cdots & & 0 & t & \varepsilon & t \\ t & \cdots & & & 0 & t & \varepsilon \\ \varepsilon & t & 0 & \cdots & & 0 & t \end{bmatrix} - \begin{bmatrix} t & \varepsilon & t & 0 & \cdots & 0 \\ 0 & t & \varepsilon & t & 0 & \cdots & 0 \\ 0 & 0 & t & \varepsilon & t & \cdots & 0 \\ \vdots & & & \ddots & & & \vdots \\ 0 & \cdots & & 0 & t & \varepsilon & t \\ t & \cdots & & & 0 & t & \varepsilon \\ \varepsilon & t & 0 & \cdots & & 0 & t \end{bmatrix} = O$$

(3) 固有ベクトルを $\boldsymbol{u} = \begin{bmatrix} u_1 \\ u_2 \\ \vdots \\ u_n \end{bmatrix}$, 固有値を λ とすると, $P\boldsymbol{u} = \lambda \boldsymbol{u}$ より,

$$\begin{bmatrix} 0 & 1 & 0 & & 0 \\ & 0 & 1 & & \\ & & 0 & \ddots & \\ & & & \ddots & 1 \\ 1 & & & & 0 \end{bmatrix} \begin{bmatrix} u_1 \\ u_2 \\ \vdots \\ u_{n-1} \\ u_n \end{bmatrix} = \lambda \begin{bmatrix} u_1 \\ u_2 \\ \vdots \\ u_{n-1} \\ u_n \end{bmatrix}, \quad \begin{cases} u_2 = \lambda u_1 \\ u_3 = \lambda u_2 \\ \vdots \\ u_n = \lambda u_{n-1} \end{cases}$$

したがって

$$u_1 = \lambda u_n = \lambda^2 u_{n-1} = \cdots = \lambda^n u_1$$

$$\lambda^n = 1 = e^{i2\pi\mu} \quad \therefore \quad \lambda = e^{i\frac{2\pi\mu}{n}} \quad (\mu\ (<n) : 自然数)$$

$$\boldsymbol{u} = \begin{bmatrix} 1 \\ \lambda \\ \lambda^2 \\ \vdots \\ \lambda^{n-1} \end{bmatrix}$$

(4) $\quad {}^T P = \begin{bmatrix} 0 & 0 & & & & & 1 \\ 1 & 0 & 0 & & & & \\ & 1 & 0 & \ddots & & & \\ & & 1 & \ddots & \ddots & & \\ & & & \ddots & 0 & 0 & \\ & & & & 1 & 0 & 0 \\ 0 & & & & & 1 & 0 \end{bmatrix}$

$\therefore \quad A = tP + t\,{}^T P + \varepsilon E \qquad\qquad\qquad\qquad ①$

$\boldsymbol{x} = \boldsymbol{u}_j = {}^T[u_{j,1}, \cdots, u_{j,n}]$, $\boldsymbol{y} = \boldsymbol{u}_k = {}^T[u_{k,1}, \cdots, u_{k,n}]$, $A = [A_{ij}]$ とし,①を用いると,

$$\boldsymbol{x}^\dagger A \boldsymbol{y} = \sum_{l,m} u_{j,l}^* A_{lm} u_{k,m}$$

$$= \sum_{l,m} \exp\left(-\frac{2\pi j}{n} li\right) A_{lm} \exp\left(\frac{2\pi k}{n} mi\right) \quad (i:\text{虚数単位})$$

$$= \sum_{m} \left[t \exp\left\{-\frac{2\pi j}{n}(m-1)i\right\} + \varepsilon \exp\left(-\frac{2\pi j}{n} mi\right) \right.$$
$$\left. + t \exp\left\{-\frac{2\pi j}{n}(m+1)i\right\} \right] \exp\left(\frac{2\pi k}{n} mi\right)$$

$$= \sum_{m} \left\{ \varepsilon + 2t\cos\left(\frac{2\pi j}{n}\right) \right\} \exp\left\{ \frac{2\pi(k-j)}{n} mi \right\} = 0 \qquad ②$$

なぜなら,$k \neq j$ だから,指数項をベクトルと考えれば,和をとればキャンセルされるから.
中村:三角法(培風館)などを参照.

(5) $\boldsymbol{u}$ を規格化して,$U \equiv {}^T\left[\dfrac{\boldsymbol{u}_1}{\sqrt{n}}, \dfrac{\boldsymbol{u}_2}{\sqrt{n}}, \cdots, \dfrac{\boldsymbol{u}_n}{\sqrt{n}}\right]$

②と同様にすると,$\boldsymbol{u}_j^\dagger A \boldsymbol{u}_j = n\left(\varepsilon + 2t\cos\left(\dfrac{2\pi j}{n}\right)\right)$ となるから,

$$D = diag\left(2t\cos\frac{2\pi}{n} + \varepsilon, \cdots, 2t\cos\frac{2\pi n}{n} + \varepsilon\right)$$
$$= diag\left(t(\lambda_1 + \lambda_1^{-1}) + \varepsilon, \cdots, t(\lambda_n + \lambda_n^{-1}) + \varepsilon\right)$$

■第 2 編の解答

2.1 (1)(a) 曲線を $y = f(x)$ とすると,$\mathrm{P}(\xi, \eta)$ における接線は $y - \eta = f'(\xi)(x - \xi)$

ここで，傾きは $f'(\xi) = d\eta/d\xi$

x 切片を Q$(x_Q, 0)$ とすると，$0 - \eta = \dfrac{d\eta}{d\xi}(x_Q - \xi)$ $\therefore$ $x_Q = \xi - \eta\dfrac{1}{d\eta/d\xi}$

(b) 距離は

$$\overline{\mathrm{PQ}} = \sqrt{(\xi - x_Q)^2 + \eta^2} = \sqrt{\left(\xi - \xi + \dfrac{\eta}{d\eta/d\xi}\right)^2 + \eta^2} = \sqrt{\left(\dfrac{\eta}{d\eta/d\xi}\right)^2 + \eta^2}$$

(2) (a) 距離が 1 だから $\sqrt{\left(\dfrac{\eta}{d\eta/d\xi}\right)^2 + \eta^2} = 1,\ \eta^2 + \eta^2\left(\dfrac{d\xi}{d\eta}\right)^2 = \left(\dfrac{d\xi}{d\eta}\right)^2$ ①

(b) (i) $y = \dfrac{1}{\cosh t}$ → (I) より，$\dfrac{dy}{dt} = \dfrac{-\sinh t}{(\cosh t)^2}$

(ii) (I)を与式に代入すると，

$$\dfrac{\sqrt{1 - y^2}}{y} = \dfrac{\sqrt{1 - (1/\cosh t)^2}}{1/\cosh t} = \sinh t \quad (\because\ \cosh^2 t - \sinh^2 t = 1)$$

(iii) $\dfrac{d}{dt}\tanh t = \dfrac{d}{dt}\dfrac{\sinh t}{\cosh t} = \dfrac{\cosh t \cosh t - \sinh t \sinh t}{\cosh^2 t} = \dfrac{1}{\cosh^2 t}$

(c) ①より，$\dfrac{d\eta}{d\xi} = \pm\dfrac{\eta}{\sqrt{1-\eta^2}},\ d\xi = \pm\sinh t\dfrac{-\sinh t}{\cosh^2 t}dt = \mp\dfrac{\sinh^2 t}{\cosh^2 t}dt = \mp\tanh^2 t\,dt$

$$\xi = \mp\int \tanh^2 t\,dt + C_1 = \mp(t - \tanh t) + C_1 \quad {}^{[\text{注}]}$$

ここで，$\xi \to x$ と置き換える．曲線は $(0, 1)$ を通るから，$C_1 = 0$．＋を採用すると，

$$\left.\begin{array}{l} x = t - \tanh t \\ y = \dfrac{1}{\cosh t} \end{array}\right\} \to \text{(II)} \qquad\qquad ②$$

[注] $\int \tanh^2 t\,dt = \int \dfrac{\sinh^2 t}{\cosh^2 t}dt = \int \dfrac{\cosh^2 t - 1}{\cosh^2 t}dt = \int \left(1 - \dfrac{1}{\cosh^2 t}\right)dt = t - \tanh t$

(3) (a) 法線の勾配を m とすると，接線との垂直条件は $-1 = m\dfrac{d\eta}{d\xi},\ m = \dfrac{-1}{d\eta/d\xi}$ よって，$(\xi(t), \eta(t))$ における法線は

$$y = \dfrac{-1}{d\eta/d\xi}(x - \xi) + \eta = \dfrac{-1}{d\eta(t)/d\xi}x + \dfrac{\xi(t)}{d\eta(t)/d\xi} + \eta(t) = \alpha(t)x + \beta(t)$$

$\therefore\ \alpha(t) = \dfrac{-1}{d\eta/d\xi},\quad \beta(t) = \dfrac{\xi}{d\eta/d\xi} + \eta$

(b) 法線の勾配を m とすると，垂直条件より，$m\dfrac{dy}{dx} = -1$

②より，$\dfrac{dx}{dt} = 1 - (\tanh t)' = 1 - \dfrac{1}{\cosh^2 t} = \dfrac{\sinh^2 t}{\cosh^2 t}$

$m\dfrac{dy/dt}{dx/dt} = m\dfrac{-(\sinh t/\cosh^2 t)}{\sinh^2 t/\cosh^2 t} = -1,\quad m = \sinh t$

よって，法線は，$y = \sinh t(x - \xi) + \eta = \sinh t \cdot x - \sinh t \cdot \xi + \eta$

$\alpha(t) = \sinh t,$

$\beta(t) = \sinh t \cdot \xi(t) + \eta(t) = -\sinh t(t - \tanh t) + \dfrac{1}{\cosh t}$

$\quad = -t\sinh t + \sinh t\dfrac{\sinh t}{\cosh t} + \dfrac{1}{\cosh t} = -t\sinh t + \dfrac{\sinh^2 t + 1}{\cosh t} = -t\sinh t + \cosh t$ ③

（ c ） $y = \alpha(t)x + \beta(t) \rightarrow$ (III)

の両辺を t で偏微分すると，$0 = \alpha'(t)x + \beta'(t)$

$\alpha(t) \neq 0$ のとき，$x = -\dfrac{\beta'(t)}{\alpha'(t)}$ ④

これを式(III)に代入すると，$y = -\dfrac{\alpha(t)\beta'(t)}{\alpha'(t)} + \beta(t)$ ⑤

（ d ） $\alpha(t), \beta(t)$ は，③より，$\begin{cases} \alpha(t) = \sinh t \\ \beta(t) = -t\sinh t + \cosh t \end{cases}, \begin{cases} \alpha'(t) = \cosh t \\ \beta'(t) = -t\cosh t \end{cases}$ ⑥

よって，$\dfrac{\beta'(t)}{\alpha'(t)} = -t$ ⑦

⑥，⑦を④，⑤に代入すると，

$\begin{cases} x = -\dfrac{-t\cosh t}{\cosh t} = t \\ y = -\dfrac{\sinh t(-t\cosh t)}{\cosh t} - t\sinh t + \cosh t = \cosh t = \cosh x \end{cases}$

[**参考**]（II）は牽引線（人が物を引きずりながら移動するときの物の軌跡），犬線（犬を散歩に連れて行ったとき犬が人を追跡する軌跡）などと呼ばれる．トラクトリクス（tractrix）とも言う．

2.2（1）（ a ） 微分の定義より，$\dfrac{de^x}{dx} = \lim\limits_{\Delta x \to 0} \dfrac{e^{x+\Delta x} - e^x}{\Delta x} = e^x \lim\limits_{\Delta x \to 0} \dfrac{e^{\Delta x} - 1}{\Delta x}$ ①

与式の e の定義式で，$u = 1/n$ とおき，その自然対数を取ると，

$e = \lim\limits_{u \to 0}(1+u)^{1/u}, \quad \ln e = 1 = \lim\limits_{u \to 0}\ln(1+u)^{1/u} = \lim\limits_{u \to 0}\dfrac{1}{u}\ln(1+u)$ ②

$\ln(1+u) = \Delta x, e^{\Delta x} = 1 + u$ とおくと，$u \to 0$ のとき，$\Delta x \to 0$ だから，②は，

$1 = \lim\limits_{\Delta x \to 0}\dfrac{\Delta x}{e^{\Delta x} - 1}$ ③

③を②に代入すると，$\dfrac{de^x}{dx} = e^x$ が得られる．

（ b ） $f(x) = e^x, f'(x) = e^x, f''(x) = e^x, \cdots$ だから，

$\quad f(0) = 1, \quad f'(0) = 1, \quad f''(0) = 1, \quad \cdots$

$\therefore \quad f(x) = f(0) + \dfrac{f'(0)}{1!}x + \dfrac{f''(0)}{2!}x^2 + \cdots = 1 + \dfrac{1}{1!}x + \dfrac{1}{2!}x^2 + \cdots = e^x$

（2）（ a ） $e^{ix} = \cos x + i\sin x$

(b) 2倍角公式，3倍角公式

$$\begin{cases} \sin 2\theta = 2\sin\theta\cos\theta \\ \cos 2\theta = 2\cos^2\theta - 1 = 1 - 2\sin^2\theta \end{cases}, \quad \begin{cases} \sin 3\theta = 3\sin\theta - 4\sin^3\theta \\ \cos 3\theta = -(3\cos\theta - 4\cos^3\theta) \end{cases}$$

を用いると，

$$\begin{aligned}
\sin 5\theta &= \sin(2\theta + 3\theta) = \sin 2\theta \cos 3\theta + \cos 2\theta \sin 3\theta \\
&= 2\sin\theta\cos\theta(4\cos^3\theta - 3\cos\theta) + (1 - 2\sin^2\theta)(3\sin\theta - 4\sin^3\theta) \\
&= 8\sin\theta\cos^4\theta - 6\sin\theta\cos^2\theta + 3\sin\theta - 4\sin^3\theta - 6\sin^3\theta + 8\sin^5\theta \\
&= 8\sin\theta(1-\sin^2\theta)^2 - 6\sin\theta\cos^2\theta + 3\sin\theta - 4\sin^3\theta - 6\sin^3\theta + 8\sin^5\theta \\
&= 8\sin\theta(1 - 2\sin^2\theta + \sin^4\theta) - 6\sin\theta(1-\sin^2\theta) + 3\sin\theta - 4\sin^3\theta - 6\sin^3\theta + 8\sin^5\theta \\
&= 8\sin\theta - 16\sin^3\theta + 8\sin^5\theta - 6\sin\theta + 6\sin^2\theta + 3\sin\theta - 4\sin^3\theta - 6\sin^3\theta + 8\sin^5\theta \\
&= 16\sin^5\theta - 20\sin^3\theta + 5\sin\theta
\end{aligned}$$

同様にして，$\cos 5\theta = 5\cos\theta - 20\cos^3\theta + 16\cos^5\theta$

[別解] オイラーの公式，二項定理を使って，次のように計算してもよい．

$$e^{i5\theta} = \cos 5\theta + i\sin 5\theta = (\cos\theta + i\sin\theta)^5 = \cos^5\theta + \cdots + (i\sin\theta)^5$$

(c) $i^i = \{e^{i((\pi/2) + 2n\pi)}\}^i = e^{-((\pi/2) + 2n\pi)} \quad \therefore \operatorname{Re}(i^i) = e^{-((\pi/2) + 2n\pi)}, \operatorname{Im}(i^i) = 0$

2.3 (1) $f(x, y, z) = x^2 + 2y^2 + 2z^2 + 2xy + 2xz$ ①

の単位法線ベクトルは，x, y, z 方向の単位ベクトルを $\boldsymbol{i}, \boldsymbol{j}, \boldsymbol{k}$ とすると[注]，

$$\boldsymbol{n} = \frac{\nabla f}{|\nabla f|} = \frac{\boldsymbol{i}\frac{\partial f}{\partial x} + \boldsymbol{j}\frac{\partial f}{\partial y} + \boldsymbol{k}\frac{\partial f}{\partial z}}{|\nabla f|} = \frac{\boldsymbol{i}(2x + 2y + 2z) + \boldsymbol{j}(4y + 2x) + \boldsymbol{k}(4z + 2x)}{\sqrt{(2x+2y+2z)^2 + (4y+2x)^2 + (4z+2x)^2}}$$
$$\rightarrow \boldsymbol{i}(2x + 2y + 2z) + \boldsymbol{j}(4y + 2x) + \boldsymbol{k}(4z + 2x)$$

[別解] $\boldsymbol{n} = \dfrac{f_x\boldsymbol{i} + f_y\boldsymbol{j} + f_z\boldsymbol{k}}{\sqrt{f_x^2 + f_y^2 + f_z^2}} = \dfrac{(2x+2y+2z)\boldsymbol{i} + (4y+2x)\boldsymbol{j} + (4z+2x)\boldsymbol{k}}{\sqrt{(2x+2y+2z)^2 + (4y+2x)^2 + (4z+2x)^2}}$

[注] ベクトル解析，微分幾何のテキスト参照．

(2) (3)の結果より，M において，$\left[\pm\dfrac{1}{\sqrt{3}}, \pm\dfrac{1}{\sqrt{3}}, \pm\dfrac{1}{\sqrt{3}}\right]$ となるから，これを代入すると，①の勾配は

$$\boldsymbol{n}_f = \boldsymbol{i}(2x + 2y + 2z) + \boldsymbol{j}(4y + 2x) + \boldsymbol{k}(4z + 2x)$$
$$\rightarrow \left[\frac{2\times 3}{\sqrt{3}}, \frac{4}{\sqrt{3}} + \frac{2}{\sqrt{3}}, \frac{4}{\sqrt{3}} + \frac{2}{\sqrt{3}}\right] = [2\sqrt{3}, 2\sqrt{3}, 2\sqrt{3}] \quad ②$$

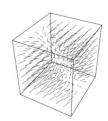

$g(x, y, z) = x^2 + y^2 + z^2 = 1$ の勾配は

$$\boldsymbol{n}_g = \boldsymbol{i}(2x) + \boldsymbol{j}(2y) + \boldsymbol{k}(2z) \rightarrow \left[\frac{2}{\sqrt{3}}, \frac{2}{\sqrt{3}}, \frac{2}{\sqrt{3}}\right] \quad ③$$

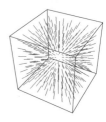

②は③の3倍だが，方向は同じであることが分かる．すなわち，f と g は極値点で勾配(法線)が平行になる(右図参照．上：f，下：g)．

[**注**] ①の $(1/\sqrt{3}, 1/\sqrt{3}, 1/\sqrt{3})$ における法線ベクトルは $\boldsymbol{n}_f = (f_x(1/\sqrt{3}, 1/\sqrt{3}, 1/\sqrt{3}),$ $f_y(1/\sqrt{3}, 1/\sqrt{3}, 1/\sqrt{3}), f_z(1/\sqrt{3}, 1/\sqrt{3}, 1/\sqrt{3})) = (2/\sqrt{3}, 2/\sqrt{3}, 2/\sqrt{3})$. 同様にして $\boldsymbol{n}_g = (2/\sqrt{3}, 2/\sqrt{3}, 2/\sqrt{3})$.

(3) $F(x,y,z) = x^2 + 2y^2 + 2z^2 + 2xy + 2xz - \lambda(x^2 + y^2 + z^2 - 1)$ とおく. 極値をとるから,

$F_x = 2x + 2y + 2z - \lambda(2x) = 0, \quad (1-\lambda)x + y + z = 0$ ④

$F_y = 4y + 2x - \lambda(2y) = 0, \quad x + (2-\lambda)y = 0$ ⑤

$F_z = 4z + 2x - \lambda(2z) = 0, \quad x + (2-\lambda)z = 0$ ⑥

ここで, $x^2 + y^2 + y^2 = 1$ ⑦

だから, x, y, z のうち少なくとも 1 つは 0 でない. よって,

$$\begin{vmatrix} 1-\lambda & 1 & 1 \\ 1 & 2-\lambda & 0 \\ 1 & 0 & 2-\lambda \end{vmatrix} = \begin{vmatrix} 1-\lambda & 1 & 0 \\ 1 & 2-\lambda & -(2-\lambda) \\ 1 & 0 & 2-\lambda \end{vmatrix} = (2-\lambda)(\lambda - 3)\lambda = 0$$

$\therefore \quad \lambda = 0, 2, 3$

$\lambda = 0$ のとき, ④〜⑥より, $\begin{cases} x+y+z = 0 \\ x+2y = 0 \\ x+2z = 0 \end{cases}$, $\begin{cases} y = z \\ x = -2z \end{cases}$

これを⑦に代入すると, $(-2z)^2 + z^2 + z^2 = 6z^2 = 1$, $z = \pm\frac{1}{\sqrt{6}}$, $y = \pm\frac{1}{\sqrt{6}}$, $x = \mp\frac{2}{\sqrt{6}}$,

$\left(\mp\frac{2}{\sqrt{6}}, \pm\frac{1}{\sqrt{6}}, \pm\frac{1}{\sqrt{6}}\right)$

このとき, $f\left(\mp\frac{2}{\sqrt{6}}, \pm\frac{1}{\sqrt{6}}, \pm\frac{1}{\sqrt{6}}\right) = 0 \to$ 極小

$\lambda = 3$ のとき, 同様にして, $\left(\pm\frac{1}{\sqrt{3}}, \pm\frac{1}{\sqrt{3}}, \pm\frac{1}{\sqrt{3}}\right)$

$\therefore \quad f\left(\pm\frac{1}{\sqrt{3}}, \pm\frac{1}{\sqrt{3}}, \pm\frac{1}{\sqrt{3}}\right) = 3 \to$ 極大

2.4 (1) ガウス積分の公式を用いると,

$$\int_{-\infty}^{\infty}\int_{-\infty}^{\infty} e^{-3x^2 - 2xy - 3y^2} dx dy = \int_{-\infty}^{\infty} e^{-3y^2} dy \int_{-\infty}^{\infty} e^{-(3x^2 + 2xy)} dx$$

$$= \int_{-\infty}^{\infty} e^{-3y^2} dy \int_{-\infty}^{\infty} e^{-3\{x^2 + (2/3)xy\}} dx = \int_{-\infty}^{\infty} e^{-3y^2} dy \int_{-\infty}^{\infty} e^{-3\{(x+y/3)^2 - (y/3)^2\}} dx$$

$$= \int_{-\infty}^{\infty} e^{-3y^2} e^{y^2/3} dy \int_{-\infty}^{\infty} e^{-3(x+y/3)^2} dx = \int_{-\infty}^{\infty} e^{-3y^2} e^{y^2/3} dy \sqrt{\frac{\pi}{3}}$$

$$= \sqrt{\frac{\pi}{3}} \int_{-\infty}^{\infty} e^{-8y^2/3} dy = \sqrt{\frac{\pi}{3}}\sqrt{\frac{3\pi}{8}} = \frac{\pi}{2\sqrt{2}}$$

(2) $\log x = X$, $dX = (1/x)dx$ とおき, 部分積分すると,

$$I \equiv \int \sin(\log x)dx = \int \sin X \cdot x\, dX = \int \sin X \cdot e^X dX$$
$$= e^X \sin X - \int e^X \cos X\, dX = e^X \sin X - \left(e^X \cos X + \int e^X \sin X\, dX \right)$$
$$= e^X \sin X - e^X \cos X - I$$

$\therefore\ 2I = e^X(\sin X - \cos X), \quad I = \tfrac{1}{2} x\{\sin(\log x) - \cos(\log x)\}$

$\therefore\ \displaystyle\int_1^{e^{\pi/2}} \sin(\log x)dx = \frac{1}{2}[x\{\sin(\log x) - \cos(\log x)\}]_1^{e^{\pi/2}}$

$$= \frac{1}{2}[e^{\pi/2}\{\sin(\log e^{\pi/2}) - \cos(\log e^{\pi/2})\} - 1(\sin 0 - \cos 0)]$$
$$= \frac{1}{2}\left\{ e^{\pi/2}\left(\sin\frac{\pi}{2} - \cos\frac{\pi}{2}\right) + 1 \right\} = \frac{1}{2}\{e^{\pi/2}(1-0)+1\} = \frac{1}{2}(e^{\pi/2}+1)$$

2.5 (1) $n=1$ の場合, C は

$$\begin{cases} x = a\cos\theta\cos\theta = a\cos^2\theta = a\dfrac{1+\cos 2\theta}{2} \\ y = a\cos\theta\sin\theta = a\dfrac{\sin 2\theta}{2} \end{cases} \qquad ①$$

θ を消去すると, $\left(x - \dfrac{a}{2}\right)^2 + y^2 = \left(\dfrac{a}{2}\right)^2$ ②

なる円を表す.

(a) $\theta = \pi/6, \pi/3, 2\pi/3$ のときの点を P, Q, R とする.

$\theta = \frac{\pi}{6}$ のとき,

$x = a\cos\theta\cos\theta = a\left(\cos\dfrac{\pi}{6}\right)^2 = a\left(\dfrac{\sqrt{3}}{2}\right)^2 = \dfrac{3a}{4}, \quad y = a\cos\dfrac{\pi}{6}\sin\dfrac{\pi}{6} = a\dfrac{\sqrt{3}}{2}\dfrac{1}{2} = \dfrac{\sqrt{3}a}{4}$

$\mathrm{P}\left(\dfrac{3a}{4}, \dfrac{\sqrt{3}a}{4}\right)$

$\theta = \frac{\pi}{3}$ のとき, 同様にして Q$\left(\dfrac{a}{4}, \dfrac{\sqrt{3}a}{4}\right)$. $\theta = \dfrac{2\pi}{3}$ のとき, 同様にして R$\left(\dfrac{a}{4}, -\dfrac{\sqrt{3}a}{4}\right)$

(b) $\theta = \theta_1$ のときの交点を S とすると, S$\left(a\cos^2\theta_1, a\cos\theta_1\sin\theta_1\right)$
①において, $\boldsymbol{r} = a\cos^2\theta \boldsymbol{i} + a\cos\theta\sin\theta \boldsymbol{j}$ とおくと,

$$\frac{d\boldsymbol{r}}{d\theta} = a[2\cos\theta(-\sin\theta)\boldsymbol{i} + \{(-\sin\theta)\sin\theta + \cos\theta\cos\theta\}\boldsymbol{j}]$$
$$= a\{-2\cos\theta\sin\theta \boldsymbol{i} + (\cos^2\theta - \sin^2\theta)\boldsymbol{j}\}$$

s を弧長, $\boldsymbol{t}$ を単位接線ベクトルとすると,

$$\frac{ds}{d\theta} = \left|\frac{d\boldsymbol{r}}{d\theta}\right| = a\sqrt{(-2\cos\theta\sin\theta)^2 + (\cos^2\theta - \sin^2\theta)^2} = a$$

$$t = \frac{d\boldsymbol{r}}{ds} = \frac{d\boldsymbol{r}/d\theta}{ds/d\theta} = \frac{a\{-2\cos\theta\sin\theta\boldsymbol{i} + (\cos^2\theta - \sin^2\theta)\boldsymbol{j}\}}{a}$$
$$= -2\cos\theta\sin\theta\boldsymbol{i} + (\cos^2\theta - \sin^2\theta)\boldsymbol{j}$$
$$\boldsymbol{t}(\theta_1) = -2\cos\theta_1\sin\theta_1\boldsymbol{i} + (\cos^2\theta_1 - \sin^2\theta_1)\boldsymbol{j}^{[注1]}$$

[注1] S を通る接線は，②より，

$$\left(a\cos^2\theta_1 - \frac{a}{2}\right)\left(x - \frac{a}{2}\right) + (a\sin\theta_1\cos\theta_1 - 0)(y - 0) = \left(\frac{a}{2}\right)^2$$
$$\left(a\cos^2\theta_1 - \frac{a}{2}\right)dx + (a\sin\theta_1\cos\theta_1)\,dy = 0^{[注2]}$$
$$\frac{dy}{dx} = -\frac{a\cos^2\theta_1 - a/2}{a\sin\theta_1\cos\theta_1} = -\frac{2\cos^2\theta_1 - 1}{2\sin\theta_1\cos\theta_1} = -\frac{\cos^2\theta_1 - \sin^2\theta_1}{2\sin\theta_1\cos\theta_1}$$

[注2] 接線公式 $\left(\frac{\partial f}{\partial x}\right)_0 (x - x_0) + \left(\frac{\partial f}{\partial y}\right)_0 (y - y_0) = 0$ を用いてもよい.

(2) (a) $r = a\cos n\theta = 0 \ (0 \leq \theta \leq \pi)$ より，

$$n\theta = m\pi - \frac{\pi}{2}, \quad \theta = \frac{m}{n}\pi - \frac{\pi}{2n} \quad (n = 1, 2, \cdots, m = 1, 2, \cdots, n)$$

(b) n : 奇数 → x 軸対称, n : 偶数 → y 軸対称を考慮すると，

$n = 1, \ \theta = \frac{\pi}{2} \to 1$ 本
$n = 2, \ \theta = \frac{3\pi}{4}, \frac{\pi}{4} \to 2$ 本
$n = 3, \ \theta = \frac{5\pi}{6}, \frac{\pi}{2}, \frac{\pi}{6} \to 3$ 本
$\cdots$

(c) $r = 0, n = 1$ のとき，勾配は

$$\frac{dy}{dx} = \frac{\frac{dy}{d\theta}}{\frac{dx}{d\theta}} = \frac{\frac{d}{d\theta}(a\cos\theta\sin\theta)}{\frac{d}{d\theta}(a\cos^2\theta)} = \frac{-\sin\theta\sin\theta + \cos\theta\cos\theta}{-2\cos\theta\sin\theta} = \frac{\sin^2\theta - \cos^2\theta}{2\cos\theta\sin\theta}$$
$$\left.\frac{dy}{dx}\right|_{\theta=\pi/2} = \frac{\sin^2\frac{\pi}{2} - \cos^2\frac{\pi}{2}}{2\cos\frac{\pi}{2}\sin\frac{\pi}{2}} = \infty \to 角度\varphi = \frac{\pi}{2}$$

$n = 2$ のとき，$\begin{cases} x = a\cos 2\theta\cos\theta \\ y = a\cos 2\theta\sin\theta \end{cases}$

$$\frac{dy}{dx} = \frac{\frac{dy}{d\theta}}{\frac{dx}{d\theta}} = \frac{\frac{d}{d\theta}(a\cos 2\theta\sin\theta)}{\frac{d}{d\theta}(a\cos 2\theta\cos\theta)} = \frac{-2\sin 2\theta\sin\theta + \cos 2\theta\cos\theta}{-2\sin 2\theta\cos\theta - \cos 2\theta\sin\theta}$$
$$\left.\frac{dy}{dx}\right|_{\theta=3\pi/4} = \frac{-2\sin\frac{3\pi}{2}\sin\frac{3\pi}{4} + \cos\frac{3\pi}{2}\cos\frac{3\pi}{4}}{-2\sin\frac{3\pi}{2}\cos\frac{3\pi}{4} - \cos\frac{3\pi}{2}\sin\frac{3\pi}{4}} = -1 \to \varphi = -\frac{\pi}{4}$$
$$\left.\frac{dy}{dx}\right|_{\theta=\pi/4} = \frac{-2\sin\frac{\pi}{2}\sin\frac{\pi}{4} + \cos\frac{\pi}{2}\cos\frac{\pi}{4}}{-2\sin\frac{\pi}{2}\cos\frac{\pi}{4} - \cos\frac{\pi}{2}\sin\frac{\pi}{4}} = 1 \to \varphi = \frac{\pi}{4}$$

$n = 3$ のとき，$\begin{cases} x = a\cos 3\theta\cos\theta \\ y = a\cos 3\theta\sin\theta \end{cases}$

$$\frac{dy}{dx} = \frac{\frac{dy}{d\theta}}{\frac{dx}{d\theta}} = \frac{\frac{d}{d\theta}(a\cos 3\theta \sin\theta)}{\frac{d}{d\theta}(a\cos 3\theta \cos\theta)} = \frac{-3\sin 3\theta \sin\theta + \cos 3\theta \cos\theta}{-3\sin 3\theta \cos\theta - \cos 3\theta \sin\theta}$$

$$\left.\frac{dy}{dx}\right|_{\theta=\pi/6} = \frac{-3\sin\frac{\pi}{2}\sin\frac{\pi}{6} + \cos\frac{\pi}{2}\cos\frac{\pi}{6}}{-3\sin\frac{\pi}{2}\cos\frac{\pi}{6} - \cos\frac{\pi}{2}\sin\frac{\pi}{6}} = \frac{1}{\sqrt{3}} \to \varphi = \frac{\pi}{6}$$

同様にして，$\varphi = \pi/2, -\pi/6$

(3) (a) $n=3$ の場合の概形を右図に示す．

(b) $\begin{cases} x = a\cos 3\theta \cos\theta \\ y = a\cos 3\theta \sin\theta \end{cases}$

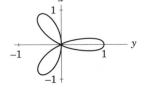

$$S = 3\int_0^{\pi/6} \frac{1}{2}r^2 d\theta = \frac{3}{2}\int_0^{\pi/6} a^2\cos^2 3\theta\, d\theta$$

$$= \frac{3a^2}{2}\int_0^{\pi/6} \frac{1+\cos 6\theta}{2}d\theta = \frac{3a^2}{4}\left[\theta + \frac{\sin 6\theta}{6}\right]_0^{\pi/6} = \frac{3a^2}{4}\frac{\pi}{6} = \frac{\pi a^2}{8}$$

[参考] 本曲線は正葉曲線と呼ばれる．

2.6 (1) 式(I), (II)の交差を右図に示す．平面 $y=t$ で切ったときの切り口の範囲は，式(I), (II)より，$x^2+y^2 \leq r^2, y^2+z^2 \leq r^2$ だから，

$$-\sqrt{r^2-t^2} \leq x \leq \sqrt{r^2-t^2},\ -\sqrt{r^2-t^2} \leq z \leq \sqrt{r^2-t^2}\ \text{①}$$

①および図より，切り口の1辺の長さが $2\sqrt{r^2-t^2}$ の正方形になるから，切り口の面積 $S(t)$ は $S(t) = 2\sqrt{r^2-t^2} \cdot 2\sqrt{r^2-t^2} = 4(r^2-t^2)$

(2) 領域 D の体積 V_D は

$$V_D = 2\int_0^r S(y)dy = 2\int_0^r 4(r^2-y^2)dy = 8\left[r^2 y - \frac{y^3}{3}\right]_0^r = 8\frac{2r^3}{3} = \frac{16r^3}{3}$$

[別解] 次のように計算することも可能．

$$V_D = 8\int_0^r dx \int_0^{\sqrt{r^2-x^2}} \sqrt{r^2-x^2}\, dy = 8\int_0^r dx[\sqrt{r^2-x^2}\, y]_0^{\sqrt{r^2-x^2}}$$

$$= 8\int_0^r dx(r^2-x^2) = 8\left[r^2 x - \frac{x^3}{3}\right]_0^r = \frac{16r^3}{3}$$

立方体の表面で，$z \geq 0$ 部分の式は $y^2+z^2 = r^2$ で表される．これを z について解くと $z = \pm\sqrt{r^2-y^2}$，微分すると $\frac{dz}{dy} = \pm\frac{-y}{\sqrt{r^2-y^2}}$．$x=0$ 面上で $y^2+z^2=r^2$ の円弧の微小長さは，

$$\sqrt{(dy)^2+(dz)^2} = \sqrt{1+\left(\frac{dz}{dy}\right)^2}\, dy = \sqrt{1+\frac{y^2}{r^2-y^2}}\, dy = \frac{r}{\sqrt{r^2-y^2}}dy$$

正方形切り口の1辺の長さは $2\sqrt{r^2-y^2}$ だから，その微小面積は，

$$2\sqrt{r^2 - y^2} \cdot \frac{r}{\sqrt{r^2 - y^2}} dy = 2r\,dy$$

4 辺の場合，これを 4 倍し，$-r$ から r まで積分すると領域 D の表面積 S_D が求められ，

$$S_D = \int_{-r}^{r} 8r\,dy = 16r^2$$

2.7 (1) 題意より，C は次式で表される．

$$\sqrt{(x+1)^2 + y^2}\sqrt{(x-1)^2 + y^2} = \sqrt{x^2 + y^2 + 1 + 2x}\sqrt{x^2 + y^2 + 1 - 2x}$$
$$= \sqrt{(x^2 + y^2 + 1)^2 - (2x)^2} = s \quad (>0) \qquad ①$$

よって，

$$(x^2 + y^2 + 1)^2 - 4x^2 = s^2, \quad (x^2 + y^2 + 1)^2 = s^2 + 4x^2,$$
$$x^2 + y^2 + 1 = \sqrt{s^2 + 4x^2} \quad (>0) \qquad ②$$

$$y^2 = \sqrt{4x^2 + s^2} - x^2 - 1, \quad y = \pm\sqrt{\sqrt{4x^2 + s^2} - x^2 - 1} \qquad ③$$

①より，$x \to -x, y \to -y$ に変換しても式が不変だから，x 軸，y 軸対称である．したがって，第一象限のグラフで考えればよい．しかも，外側の $\sqrt{}$ と中側の $\sqrt{}$ の式の増減は一致する．中側の曲線を X, Y で表すと，

$$Y = (4X^2 + s^2)^{1/2} - X^2 - 1$$
$$Y' = \frac{1}{2}(4X^2 + s^2)^{-1/2}(8X) - 2X = \frac{2X\left(2 - \sqrt{4X^2 + s^2}\right)}{\sqrt{4X^2 + s^2}} = 0$$

のとき $X = \frac{\sqrt{4 - s^2}}{2}$, $Y\left(\frac{\sqrt{4-s^2}}{2}\right) = \left(4\frac{4-s^2}{4} + s^2\right)^{1/2} - \frac{4-s^2}{4} - 1 = \frac{s^2}{4} \qquad ④$

$Y = 0$ のとき，$(4X^2 + s^2)^{1/2} = X^2 + 1, X = \sqrt{1+s}$

式③を描くと図 1 のようになる．

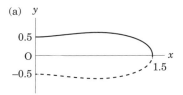 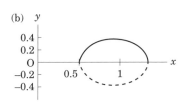

図 1 ③の概形 (a) $s = 5/4$, (b) $s = 3/4$

(2) ④より，y の最大値は $s/2$．

(3) (a) ③が複雑なので，極座標に変換する．$s = 1$ の場合，$x = r\cos\theta, y = r\sin\theta$ を②に代入すると，

$$\{(r\cos\theta)^2 + (r\sin\theta)^2 + 1\}^2 = (r^2+1)^2 = 1 + 4(r\cos\theta)^2,$$
$$r^4 = 4r^2\cos^2\theta - 2r^2, \quad r^2 = 4\cos^2\theta - 2 = 4\frac{1+\cos 2\theta}{2} - 2 = 2\cos 2\theta \quad (>0) \qquad \text{⑤}$$

$\cos 2\theta \geq 0$ より，$-\pi/4 \leq \theta \leq \pi/4$．直線 $y = x/\sqrt{3}$ より，角度は $\theta = \pi/6$ である．曲線 C と直線を描くと図 2 のようになる．したがって，$y = x/\sqrt{3}$ より上の面積を S_2，下の面積を S_1 $(y \geq 0)$ とすると，公式 $S = \int_\alpha^\beta \frac{1}{2} r \cdot r \, d\theta$ より，

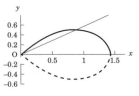

図 2　レムニスケート ($s=1$) と直線

$$S_1 = \int_0^{\pi/6} \frac{1}{2}(2\cos 2\theta)d\theta = \left[\frac{\sin 2\theta}{2}\right]_0^{\pi/6} = \frac{\sin(\pi/3)}{2} = \frac{\sqrt{3}}{4}$$

$$S_1 + S_2 = \int_0^{\pi/4} \frac{1}{2}(2\cos 2\theta)d\theta = \left[\frac{\sin 2\theta}{2}\right]_0^{\pi/4} = \frac{1}{2}$$

よって，

直線の上側の面積 $S_2 = \dfrac{1}{2} - \dfrac{\sqrt{3}}{4}$

下側の面積 $2(S_1 + S_2) - S_2 = 1 - \left(\dfrac{1}{2} - \dfrac{\sqrt{3}}{4}\right) = \dfrac{1}{2} + \dfrac{\sqrt{3}}{4} \quad (x \geq 0)$

(b)　回転体の表面積 A は，極座標表示を用いると，

$$A = \int 2\pi y\, dl = \int_0^{\sqrt{2}} 2\pi y\sqrt{(dx)^2 + (dy)^2} = \int_0^{\pi/4} 2\pi r\sin\theta\sqrt{(r\,d\theta)^2 + (dr)^2}$$
$$= 2\pi \int_0^{\pi/4} r\sin\theta\sqrt{r^2 + \left(\frac{dr}{d\theta}\right)^2}\, d\theta = \pi \int_0^{\pi/4} \sin\theta\sqrt{4r^4 + \left(2r\frac{dr}{d\theta}\right)^2}\, d\theta \qquad \text{⑥}$$

ここで，⑤を微分すると，$2r\dfrac{dr}{d\theta} = -2 \times 2\sin 2\theta$．これを⑥に代入し，積分すると，

$$A = \pi \int \sin\theta\sqrt{4 \times 4\cos^2 2\theta + 16\sin^2 2\theta}\, d\theta = \pi \int_0^{\pi/4} 4\sin\theta\, d\theta$$
$$= 4\pi[-\cos\theta]_0^{\pi/4} = 4\pi\left(1 - \frac{1}{\sqrt{2}}\right)$$

[参考]　この曲線は一般にはカッシーニ曲線と，$s=1$ の場合はレムニスケート（∞ 型）と呼ばれる．

2.8 (1)　部分積分を用いると，

$$I_n = \int \frac{1}{(x^2+a^2)^n}dx$$
$$= \int 1(x^2+a^2)^{-n}dx = x\frac{1}{(x^2+a^2)^n} - \int x(-n)(x^2+a^2)^{-n-1}(2x)dx$$
$$= x\frac{1}{(x^2+a^2)^n} + 2n\int \frac{x^2}{(x^2+a^2)^{n+1}}dx = \frac{x}{(x^2+a^2)^n} + 2n\int \frac{x^2+a^2-a^2}{(x^2+a^2)^{n+1}}dx$$

$$= \frac{x}{(x^2+a^2)^n} + 2n\left\{\int \frac{1}{(x^2+a^2)^n}dx - a^2\int \frac{1}{(x^2+a^2)^{n+1}}dx\right\}$$

$$= \frac{x}{(x^2+a^2)^n} + 2n(I_n - a^2 I_{n+1})$$

これを I_{n+1} について解くと，$I_{n+1} = \dfrac{1}{2na^2}\left\{\dfrac{x}{(x^2+a^2)^n} + (2n-1)I_n\right\}$ ①

(2) $x = a\tan\theta = a\dfrac{\sin\theta}{\cos\theta}, \dfrac{dx}{d\theta} = a\dfrac{\cos\theta\cos\theta - (-\sin\theta)\sin\theta}{\cos^2\theta} = \dfrac{a}{\cos^2\theta}$ を用いると

$$I_1 = \int \frac{1}{x^2+a^2}dx = \int \frac{1}{a^2\tan^2\theta + a^2}\frac{ad\theta}{\cos^2\theta} = \frac{1}{a}\int d\theta = \frac{1}{a}\theta = \frac{1}{a}\tan^{-1}\frac{x}{a}$$

これを①に代入すると，

$$I_2 = \int \frac{1}{(x^2+a^2)^2}dx = \frac{1}{2a^2}\left(\frac{x}{x^2+a^2} + I_1\right) = \frac{1}{2a^2}\left(\frac{x}{x^2+a^2} + \frac{1}{a}\tan^{-1}\frac{x}{a}\right)$$

(3) 式(II)の被積分関数を次のように部分分数に分解し，通分すると，

$$\frac{A}{x+1} + \frac{Bx+C}{x^2+2} + \frac{Dx+E}{(x^2+2)^2}$$

$$= \frac{A(x^2+2)^2 + (Bx+C)(x+1)(x^2+2) + (Dx+E)(x+1)}{(x+1)(x^2+2)^2}$$

$$= \frac{(A+B)x^4 + (B+C)x^3 + (4A+2B+C+D)x^2 + (2B+2C+D+E)x + 4A+2C+E}{(x+1)(x^2+2)^2} \quad ②$$

式(II)の被積分関数の分子と②の分子を比較すると，

$$\begin{cases} A+B = 4 \\ B+C = 2 \\ 4A+2B+C+D = 10 \\ 2B+2C+D+E = 3 \\ 4A+2C+E = 9 \end{cases} \quad \therefore \quad A=2, B=2, C=0, D=-2, E=1$$

よって，

$$\text{(II)} = 2\int \frac{dx}{x+1} + \int \frac{2x}{x^2+2}dx - \int \frac{2x}{(x^2+2)^2}dx + \int \frac{dx}{(x^2+2)^2}$$

$$= 2\int \frac{dx}{x+1} + \int \frac{(x^2+2)'}{x^2+2}dx - \int \frac{2x}{(x^2+2)^2}dx + \int \frac{dx}{(x^2+2)^2}$$

$$= 2\log(x+1) + \log(x^2+2) + \frac{1}{x^2+2} + \frac{1}{4}\left(\frac{x}{x^2+2} + \frac{1}{\sqrt{2}}\tan^{-1}\frac{x}{\sqrt{2}}\right)$$

$$= \log(x+1)^2(x^2+2) + \frac{x+4}{4(x^2+2)} + \frac{1}{4\sqrt{2}}\tan^{-1}\frac{x}{\sqrt{2}}$$

ただし，右辺第3項の積分は，次のように行う．部分積分を用いると，

$$I_3 = \int \frac{2x}{(x^2+2)^2}dx = \int \frac{(x^2+2)'}{(x^2+2)^2}dx$$

$$= \frac{x^2+2}{(x^2+2)^2} - \int (x^2+2)(-2)(x^2+2)^{-2-1}(2x)dx$$

$$= \frac{1}{x^2+2} + 2\int \frac{2x}{(x^2+2)^2}dx = \frac{1}{x^2+2} + 2I_3 \qquad \therefore \quad I_3 = -\frac{1}{x^2+2}$$

または，次のように行ってもよい．$x^2 = t, dt/dx = 2x, dt = 2x\,dx$ とおけば，

$$I_3 = \int \frac{2x}{(x^2+2)^2}dx = \int \frac{dt}{(t+2)^2} = \int (t+2)^{-2}\,dt$$

$$= \frac{(t+2)^{-2+1}}{-2+1} = -\frac{1}{t+2} = -\frac{1}{x^2+2}$$

2.9 (1)（a） 図2より，球面上の点は次のようにパラメータ表示される．

$$x = a\sin\theta\cos\varphi, \quad y = a\sin\theta\sin\varphi, \quad z = a\cos\theta \qquad ①$$

（b） 曲線 w 上では①が $x^2 + y^2 = ax$ を満足するから，
$a^2\sin^2\theta\cos^2\varphi + a^2\sin^2\theta\sin^2\varphi = a^2\sin^2\theta(\cos^2\varphi + \sin^2\varphi) = a^2\sin^2\theta = a^2\sin\theta\cos\varphi$
$\sin\theta = \cos\varphi$

よって，この曲線のパラメータ表示は，

$$x = a\cos^2\varphi, \quad y = a\cos\varphi\sin\varphi, \quad z = a|\sin\varphi| \quad (-\pi/2 \le \varphi \le \pi/2)$$

（c） $\dfrac{dx}{d\varphi} = 2a\cos\varphi(-\sin\varphi) = -2a\cos\varphi\sin\varphi$

$$\frac{dy}{d\varphi} = a(-\sin\varphi\sin\varphi + \cos\varphi\cos\varphi) = a(\cos^2\varphi - \sin^2\varphi), \quad \frac{dz}{d\varphi} = a|\cos\varphi| \qquad ②$$

②を用いると，線要素は，

$$ds = \sqrt{dx^2 + dy^2 + dz^2}$$

$$= \sqrt{4a^2\cos^2\varphi\sin^2\varphi + a^2(\cos^2\varphi - \sin^2\varphi)^2 + a^2\cos^2\varphi}\,d\varphi$$

$$= a\sqrt{1 + \cos^2\varphi}\,d\varphi$$

$\therefore \quad f(\varphi) = a\sqrt{1 + \cos^2\varphi}$

（d） 長さ L は，

$$L = \int_{-\pi/2}^{\pi/2} a\sqrt{1 + \cos^2\varphi}\,d\varphi = 2a\int_0^{\pi/2}\sqrt{1 + \cos^2\varphi}\,d\varphi$$

$$= 2a\int_0^{\pi/2}\sqrt{1 + 1 - \sin^2\varphi}\,d\varphi = 2\sqrt{2}\,a\int_0^{\pi/2}\sqrt{1 - \frac{1}{2}\sin^2\varphi}\,d\varphi = 2\sqrt{2}\,aE\left(\frac{1}{\sqrt{2}}\right)$$

(2)（a） ①のようにパラメータ表示すると，

$$(x_\theta, y_\theta, z_\theta) = (a\cos\theta\cos\varphi, a\cos\theta\sin\varphi, -a\sin\theta)$$

$(x_\varphi, y_\varphi, z_\varphi) = (-a\sin\theta\sin\varphi, a\sin\theta\cos\varphi, 0)$

よって，面要素は，

$dS =$

$\sqrt{\left|\begin{matrix} a\cos\theta\sin\varphi & -a\sin\theta \\ a\sin\theta\cos\varphi & 0 \end{matrix}\right|^2 + \left|\begin{matrix} a\cos\theta\cos\varphi & -a\sin\theta \\ -a\sin\theta\sin\varphi & 0 \end{matrix}\right|^2 + \left|\begin{matrix} a\cos\theta\cos\varphi & a\cos\theta\sin\varphi \\ -a\sin\theta\sin\varphi & a\sin\theta\cos\varphi \end{matrix}\right|^2}\, d\theta d\varphi$

$= \sqrt{(a^2\sin^2\cos\varphi)^2 + (a^2\sin^2\sin\varphi)^2 + (a^2\sin\theta\cos\theta)^2}\, d\theta d\varphi = a^2\sin\theta\, d\theta d\varphi$ ③

∴ $g(\theta) = a^2\sin\theta$

（b） ③を積分すると，

$S = 2a^2 \iint_{0\le\theta\le\pi/2, 0\le\varphi\le\pi/2-\theta} \sin\theta\, d\theta d\varphi = 2a^2 \int_0^{\pi/2} d\varphi \int_0^\varphi \sin\theta\, d\theta$

$= -2a^2 \int_0^{\pi/2} d\varphi [\cos\theta]_0^\varphi = -2a^2 \int_0^{\pi/2} (\cos\varphi - 1)d\varphi = 2a^2[\varphi - \sin\varphi]_0^{\pi/2} = 2a^2\left(\frac{\pi}{2} - 1\right)$

[別解] $\dfrac{\partial z}{\partial x} = -\dfrac{x}{\sqrt{a^2-x^2-y^2}}, \quad \dfrac{\partial z}{\partial y} = -\dfrac{y}{\sqrt{a^2-x^2-y^2}}$

$S = \iint \sqrt{1 + \left(\dfrac{\partial z}{\partial x}\right)^2 + \left(\dfrac{\partial z}{\partial y}\right)^2}\, dxdy = \iint \dfrac{a}{\sqrt{a^2-x^2-y^2}}\, dxdy$

$= \int_{-\pi/2}^{\pi/2} \int_0^{a\cos\theta} \dfrac{a}{\sqrt{a^2-r^2}} r\, d\theta dr = a^2(\pi - 2)$

2.10 （1） ダランベールの収束判定法により，収束半径 R は，

$R = \lim_{n\to\infty}\left|\dfrac{a_n}{a_{n+1}}\right| = \lim_{n\to\infty}\left|\dfrac{a\cdots(a+n-1)b\cdots(b+n-1)}{c\cdots(c+n-1)n!} \dfrac{c\cdots(c+n)(n+1)!}{a\cdots(a+n)b\cdots(b+n)}\right|$

$= \lim_{n\to\infty}\left|\dfrac{(c+n)(n+1)}{(a+n)(b+n)}\right| = \lim_{n\to\infty}\left|\dfrac{\left(\frac{c}{n}+1\right)\left(1+\frac{1}{n}\right)}{\left(\frac{a}{n}+1\right)\left(\frac{b}{n}+1\right)}\right| = 1$

（2） 与式を微分すると，

$y = F(a,b,c;x)$

$= 1 + \dfrac{ab}{1!\,c}x + \dfrac{a(a+1)b(b+1)}{2!\,c(c+1)}x^2$

$+ \dfrac{a(a+1)(a+2)b(b+1)(b+2)}{3!\,c(c+1)(c+2)}x^3 + \cdots + \dfrac{(a)_n(b)_n}{n!\,(c)_n}x^n + \cdots$

$y' = \dfrac{ab}{1!\,c} + \dfrac{a(a+1)b(b+1)}{2!\,c(c+1)}(2x) + \dfrac{a(a+1)(a+2)b(b+1)(b+2)}{3!\,c(c+1)(c+2)}(3x^2) + \cdots$

$y'' = \dfrac{a(a+1)b(b+1)}{2!\,c(c+1)}(2) + \dfrac{a(a+1)(a+2)b(b+1)(b+2)}{3!\,c(c+1)(c+2)}(6x) + \cdots$

これらを与方程式に代入すると，

$$(x-x^2)\left\{\frac{a(a+1)b(b+1)}{2!\,c(c+1)}(2)+\frac{a(a+1)(a+2)b(b+1)(b+2)}{3!\,c(c+1)(c+2)}(6x)+\cdots\right\}$$
$$+\{c-(a+b+1)x\}$$
$$\times\left\{\frac{ab}{1!\,c}+\frac{a(a+1)b(b+1)}{2!\,c(c+1)}(2x)+\frac{a(a+1)(a+2)b(b+1)(b+2)}{3!\,c(c+1)(c+2)}(3x^2)+\cdots\right\}$$
$$=a_0+a_1x+\cdots$$

定数項を比較すると，$c\frac{ab}{1!\,c}=a_0$ ①

x^1 の項を比較すると，

$$\frac{a(a+1)b(b+1)}{2!\,c(c+1)}(2)+c\frac{a(a+1)b(b+1)}{2!\,c(c+1)}(2)-(a+b+1)\frac{ab}{1!\,c}$$
$$=\frac{a^2b^2}{c}=ab\frac{ab}{1!\,c}=a_1 \qquad ②$$

帰納的に，$ab\frac{(a)_n(b)_n}{n!\,(c)_n}=a_n$ ③

①，②，③を与微分方程式の右辺に代入すると，

$$x(1-x)y''+\{c-(a+b+1)x\}y'=ab+\frac{a^2b^2}{c}x+\cdots=ab\left(1+\frac{ab}{c}x+\cdots\right)=aby$$

よって，y は $x(1-x)y''+\{c-(a+b+1)x\}y'-aby=0$ を満たす．

[**参考文献**] 杉浦：解析入門（東京大学出版会）

2.11 (1) $v=x^r$ ①

を微分すると，$v'=rx^{r-1}$, $v''=r(r-1)x^{r-2}$ ②

①，②を(II)に代入すると，

$$xr(r-1)x^{r-2}+(x+4)rx^{r-1}+3x^r=x^{r-1}\{r(r-1)+(x+4)r+3x\}$$
$$=x^{r-1}\{(r+3)x+r^2+3r\}=x^{r-1}(r+3)(x+r)=0$$

これが任意の x に対して成立するためには，$r=-3$

(2) 題意より，$y=vu\ (=x^{-3}u)$ とおくと，

$$\frac{dy}{dx}=u\frac{dv}{dx}+v\frac{du}{dx}$$
$$\frac{d^2y}{dx^2}=\frac{du}{dx}\frac{dv}{dx}+u\frac{d^2v}{dx^2}+\frac{dv}{dx}\frac{du}{dx}+v\frac{d^2u}{dx^2}=u\frac{d^2v}{dx^2}+v\frac{d^2u}{dx^2}+2\frac{du}{dx}\frac{dv}{dx}$$

これを(I)に代入すると，

$$x\left(u\frac{d^2v}{dx^2}+v\frac{d^2u}{dx^2}+2\frac{du}{dx}\frac{dv}{dx}\right)+(x+4)\left(\frac{dv}{dx}+v\frac{du}{dx}\right)+3vu=4x+4 \qquad ③$$

ここで，$r=-3$ のとき①より，$v=x^{-3}$, $\frac{dv}{dx}=-3x^{-4}$, $\frac{d^2v}{dx^2}=12x^{-5}$

これを③に代入すると，

$$x\left(12ux^{-5}+x^{-3}\frac{d^2u}{dx^2}-6x^{-4}\frac{du}{dx}\right)+(x+4)\left(-3ux^{-4}+x^{-3}\frac{du}{dx}\right)+3x^{-3}u=4x+4$$

$$x\frac{d^2u}{dx^2} + (x-2)\frac{du}{dx} = 4x^4 + 4x^3 \qquad ④$$

この左辺に, $u = x^4, \frac{du}{dx} = 4x^3, \frac{d^2u}{dx^2} = 12x^2$ を代入すると,

$$左辺 = x \cdot 12x^2 + (x-2) \cdot 4x^3 = 12x^3 + 4x^4 - 8x^3 = 4x^4 + 4x^3 = 右辺$$

よって, $u = x^4$ は④の解である.

(3) $\frac{du}{dx} = w, \frac{d^2u}{dx^2} = \frac{dw}{dx}$ とおくと, 次のような1次微分方程式に変換されるのは明らかである.

$$x\frac{dw}{dx} + (x-2)w = 4x^4 + 4x^3, \quad \frac{dw}{dx} + \frac{x-2}{x}w = 4x^3 + 4x^2$$

1階線形だから, 公式より,

$$w = e^{-\int \frac{x-2}{x}dx}\left\{\int e^{\int \frac{x-2}{x}dx}(4x^3 + 4x^2)dx + K_1\right\}$$

$$= e^{-\int(1-\frac{2}{x})dx}\left\{\int e^{\int(1-\frac{2}{x})dx}(4x^3 + 4x^2)dx + K_1\right\}$$

$$= e^{-x+2\log x}\left\{\int e^{x-2\log x}(4x^3 + 4x^2)dx + K_1\right\}$$

$$= e^{-x}x^2\left\{\int e^x x^{-2}(4x^3 + 4x^2)dx + K_1\right\}$$

$$= e^{-x}x^2\left\{\int e^x(4x+4)dx + K_1\right\} = e^{-x}x^2\left(4\int e^x x\, dx + 4e^x + K_1\right)$$

ここで, $\int e^x x\, dx = e^x x - \int e^x dx = e^x x - e^x$ だから,

$$w = e^{-x}x^2\left(4e^x x - 4e^x + 4e^x + K_1\right) = 4x^3 + K_1 e^{-x}x^2 \qquad ⑤$$

(4) ⑤より,

$$u = \int w\, dx = \int (4x^3 + K_1 e^{-x} x^2)dx + K_2$$

$$= x^4 + K_1\left(-e^{-x}x^2 + \int e^{-x} \cdot 2x\, dx\right) + K_2$$

$$= x^4 + K_1\left\{-e^{-x}x^2 + 2\left(-e^{-x}x + \int e^{-x}dx\right)\right\} + K_2$$

$$= x^4 + K_1\{-e^{-x}x^2 + 2(-e^{-x}x - e^{-x})\} + K_2$$

$$= x^4 + K_3 e^{-x}(x^2 + 2x + 2) + K_2$$

$\therefore\ y = x^{-3}u = x + K_3 e^{-x}(x^{-1} + 2x^{-2} + 2x^{-3}) + K_2 x^{-3} \quad (K_1 \sim K_3: 定数)$

2.12 (1) $f(x) = 0$ の場合, $a\frac{d^2y}{dx^2} + b\frac{dy}{dx} + cy = 0 \quad (a, c > 0)$

特性方程式は $a\lambda^2 + b\lambda + c = 0 \quad \therefore\ \lambda = \dfrac{-b \pm \sqrt{b^2 - 4ac}}{2a}$

（ⅰ） $b^2 - 4ac > 0$ のとき，C_i を定数として，

$$\lambda = \lambda_1, \quad \lambda_2 = -\frac{b}{2a} \pm \frac{\sqrt{b^2 - 4ac}}{2a} = -\alpha \pm \beta \quad \left(\beta = \frac{\sqrt{b^2 - 4ac}}{2a}\right)$$

$$y = C_1 e^{(-\alpha + \beta)x} + C_2 e^{(-\alpha - \beta)x}$$

（ⅱ） $b^2 - 4ac < 0$ のとき，

$$\lambda = \lambda_1, \quad \lambda_2 = -\frac{b}{2a} \pm j\frac{\sqrt{-b^2 + 4ac}}{2a} = -\alpha \pm j\gamma \quad \left(\gamma = \frac{\sqrt{-b^2 + 4ac}}{2a}\right)$$

$$y = C_3 e^{(-\alpha + j\gamma)x} + C_4 e^{(-\alpha - j\gamma)x}$$

（ⅲ） $b^2 - 4ac = 0$ のとき，

$$\lambda = \lambda_1 = \lambda_2 = -\frac{b}{2a} = -\alpha$$

$$y = C_5 e^{-\alpha x} + C_6 x e^{-\alpha x} = e^{-\alpha x}(C_5 + C_6 x)^{[注]}$$

［注］ $y = e^{-\alpha x}\left(C_1 e^{\beta x} + C_2 e^{-\beta x}\right) \cong e^{-\alpha x}\{C_1(1 + \beta x) + C_2(1 - \beta x)\}$

$\qquad = e^{-\alpha x}\{(C_1 + C_2) + \beta(C_1 - C_2)x\} = e^{-\alpha x}(C_5 + C_6 x) = C_5 e^{-\alpha x} + C_6 x e^{-\alpha x}$

(2) $x \to \infty \left(\alpha = \dfrac{b}{2a}, a > 0\right)$ のとき，

（ⅰ） $y = e^{-\alpha x}\left(C_1 e^{\beta x} + C_2 e^{-\beta x}\right) \to \begin{cases} 0 & (\alpha > 0) \quad \text{双曲線関数的に減少} \\ \infty & (\alpha < 0) \quad \text{双曲線関数的に増大} \end{cases}$

（ⅱ） $y = e^{-\alpha x}\left(C_1 e^{j\gamma x} + C_2 e^{-j\gamma x}\right) \to \begin{cases} 0 & (\alpha > 0) \quad \text{正弦波関数的に減少} \\ \infty & (\alpha < 0) \quad \text{正弦波関数的に増大} \end{cases}$

（ⅲ） $y = e^{-\alpha x}(C_5 + C_6 x) \to \begin{cases} 0 & (\alpha > 0) \quad \text{振動しないで減少} \\ \infty & (\alpha < 0) \quad \text{振動しないで増大} \end{cases}$

(3) $f(x) = P_0 \sin \omega x$ の場合，$a\dfrac{d^2 y}{dx^2} + b\dfrac{dy}{dx} + cy = P_0 \sin \omega x \quad (a, c > 0)$ ①

特解を $y = A\sin(\omega x - \theta)$, $y' = \omega A \cos(\omega x - \theta)$, $y'' = -\omega^2 A \sin(\omega x - \theta)$ のように仮定し，①に代入すると，

$$P_0 \sin \omega x = -a\omega^2 A \sin(\omega x - \theta) + b\omega A \cos(\omega x - \theta) + cA \sin(\omega x - \theta)$$

$$= A\left\{(c - a\omega^2)\sin(\omega x - \theta) + b\omega \cos(\omega x - \theta)\right\}$$

$$= A\sqrt{(c - a\omega^2)^2 + (b\omega)^2} \sin(\omega x - \theta + \varphi)$$

ここで，$\tan \varphi = \dfrac{\sin \varphi}{\cos \varphi} = \dfrac{b\omega}{c - a\omega^2}$. 両辺を比較すると，

$$\varphi = \theta, \quad \tan \theta = \frac{b\omega}{c - a\omega^2}, \quad A = \frac{P_0}{\sqrt{(c - a\omega^2)^2 + (b\omega)^2}}$$

特解は，$y = \dfrac{P_0}{\sqrt{(c-a\omega^2)^2 + (b\omega)^2}} \sin(\omega x - \theta)$

(4) $b > 0$ のとき，

$$F(\omega) \equiv \frac{A}{P_0} = \frac{1}{\sqrt{(c-a\omega^2)^2 + (b\omega)^2}} = \left\{(a\omega^2 - c)^2 + (b\omega)^2\right\}^{-1/2}$$

$$\frac{\partial F}{\partial \omega} = -\frac{1}{2}\left\{(a\omega^2-c)^2 + (b\omega)^2\right\}^{-3/2}\left\{2(a\omega^2-c)(2a\omega) + 2(b\omega)b\right\}$$

$$= -\frac{\omega\left\{2a^2\omega^2 - (2ac-b^2)\right\}}{\left\{(a\omega^2-c)^2 + (b\omega)^2\right\}^{3/2}} = 0$$

最大のとき，周波数 $\omega = \sqrt{\dfrac{2ac-b^2}{2a^2}}$，条件 $2ac - b^2 > 0$

最大値 $A_{\max} = \dfrac{P_0}{\sqrt{\left(c - a\dfrac{2ac-b^2}{2a^2}\right)^2 + b^2\dfrac{2ac-b^2}{2a^2}}} = \dfrac{2a}{b}\dfrac{P_0}{\sqrt{4ac-b^2}}$

2.13 (1) (a) 与式はリッカチの微分方程式である．$y = a$ は与式の特解だから，これを与式に代入して，

$$0 - \frac{1+4x}{2x^2-x}a + \frac{1}{2x^2-x}a^2 + \frac{4x}{2x^2-x} = \frac{4x + a^2 - 4x - 1}{2x^2-x} = 0 \qquad \therefore \quad a = \pm 1$$

(b) 特解を $y = 1$ とし，$y = 1 + u$ とおくと，

$$\frac{du}{dx} + \frac{4x}{2x^2-x} - \frac{1+4x}{2x^2-x}(1+u) + \frac{1}{2x^2-x}(1+u)^2 = 0$$

$$\frac{du}{dx} + \frac{1-4x}{2x^2-x}u + \frac{1}{2x^2-x}u^2 = 0$$

次に $u = \dfrac{1}{v} = y - 1$，$\dfrac{du}{dx} = -\dfrac{1}{v^2}\dfrac{dv}{dx}$ とおくと，$-\dfrac{1}{v^2}\dfrac{dv}{dx} + \dfrac{1-4x}{2x^2-x}\dfrac{1}{v} + \dfrac{1}{2x^2-x}\left(\dfrac{1}{v}\right)^2 = 0$

$$\therefore \quad \frac{dv}{dx} + \frac{4x-1}{2x^2-x}v = \frac{1}{2x^2-x} \qquad\qquad\qquad ①$$

$(2x^2 - x)' = 4x - 1$ だから，両辺に $2x^2 - x$ を掛けると[注]，

$$(2x^2-x)\frac{dv}{dx} + (4x-1)v = 1, \qquad \frac{d}{dx}\left\{(2x^2-x)v\right\} = 1$$

積分して $(2x^2-x)v = (2x^2-x)\dfrac{1}{y-1} = x + C$

$2x^2 + C = y(x + C)$ （または $y = 1$）

[注] ①は1階線形だから，公式通りに解を求めてもよい．

(2) 与式はクレーローの微分方程式である．$dy/dx = p$ とおくと，

$$y = x\frac{4\left(\dfrac{dy}{dx}\right)^2 - 1}{8\left(\dfrac{dy}{dx}\right)} = x\frac{4p^2-1}{8p} = x\left(\frac{1}{2}p - \frac{1}{8p}\right) \qquad\qquad ②$$

②を x で微分すると，$p = \dfrac{1}{2}p - \dfrac{1}{8p} + x\left(\dfrac{1}{2}\dfrac{dp}{dx} + \dfrac{1}{8p^2}\dfrac{dp}{dx}\right)$

整理すると，$\dfrac{4p^2+1}{8p^2}\left(x\dfrac{dp}{dx} - p\right) = 0$

(i) $4p^2 + 1 = 0$ のとき，形式的には虚数の解が得られるため除いた．

(ii) $x\dfrac{dp}{dx} - p = 0$ のとき，

$$\dfrac{dp}{p} = \dfrac{dx}{x}, \quad \log p = \log x + C_1, \quad \log\dfrac{p}{x} = \log C_2, \quad \dfrac{p}{x} = C_2, \quad p = C_2 x$$

これを②に代入すると，$y = x\dfrac{4(C_2 x)^2 - 1}{8C_2 x} = \dfrac{1}{8C_2}(4C_2^2 x^2 - 1)$ ③

2.14 (1) これはベルヌーイの微分方程式．$w = 1/y$, $y = 1/w$ とおくと，

$$\dfrac{dy}{dt} = \dfrac{d}{dt}\dfrac{1}{w} = \dfrac{d}{dw}\dfrac{1}{w}\dfrac{dw}{dt} = -\dfrac{1}{w^2}\dfrac{dw}{dt} \qquad ①$$

①→(I)より，$-\dfrac{1}{w^2}\dfrac{dw}{dt} + f(t)\dfrac{1}{w} = g(t)\dfrac{1}{w^2}$ $\quad\therefore\quad \dfrac{dw}{dt} - f(t)w = -g(t)$

$f(t) = 0$, $y(t) = \sin t$ のとき，$\dfrac{dw}{dt} = -\sin t$

これを積分して，$w = -\displaystyle\int \sin t\, dt + C_1 = \cos t + C_1$ $\quad\therefore\quad y = \dfrac{1}{w} = \dfrac{1}{\cos t + C_1}$ ②

(2) $f(t) = t$, $g(t) = e^{(1/2)t^2}\sin t$ のとき，$w = 1/y$, $y = 1/w$ とおくと，

$$-\dfrac{1}{w^2}\dfrac{dw}{dt} + \dfrac{t}{w} = e^{t^2/2}\sin t \dfrac{1}{w^2}, \quad \dfrac{dw}{dt} - tw = -e^{t^2/2}\sin t$$

これは1階線形だから，公式により，

$$w = e^{\int t\,dt}\left(-\int e^{-\int t\,dt}e^{t^2/2}\sin t\,dt + C_2\right) = e^{t^2/2}\left(-\int e^{-t^2/2}e^{t^2/2}\sin t\,dt + C_2\right)$$

$$= e^{t^2/2}(\cos t + C_2) = \dfrac{1}{y} \qquad \therefore\quad y = \dfrac{1}{w} = \dfrac{e^{-t^2/2}}{\cos t + C_2}$$

(3) ②において，$y(0) = \dfrac{1}{1 + C_1} = \dfrac{1}{\alpha}$, $1 + C_1 = \alpha$, $C_1 = \alpha - 1$

$\therefore\quad y(t) = y(t) = \dfrac{1}{\cos t + (\alpha - 1)}$

$$I \equiv \int_0^{2\pi} y(t)dt = \int_0^{2\pi} \dfrac{1}{\cos t + (\alpha-1)}dt = \int_0^{2\pi}\dfrac{1}{\dfrac{e^{it}+e^{-it}}{2} + (\alpha-1)}dt$$

$$= \int_{|z|=1} \dfrac{2}{z + \dfrac{1}{z} + 2(\alpha-1)}\dfrac{dz}{iz} = \dfrac{2}{i}\int_{|z|=1}\dfrac{1}{z^2 + 2(\alpha-1)z + 1}dz$$

$$= \dfrac{2}{i}\int_{|z|=1}\dfrac{1}{(z-z_1)(z-z_2)}dz \qquad ③$$

ただし，$z = e^{it}, \dfrac{dz}{dt} = ie^{it} = iz, dt = \dfrac{dz}{iz}$ とおいた．分母の根は，
$$z_1, z_2 = -(\alpha - 1) \pm \sqrt{(\alpha - 1)^2 - 1}$$

+ 符号の根のみが $|z| = 1$ 内だから，③の留数は，

$$\text{Res}(z_1) = 2\pi i \dfrac{1}{z_1 - z_2} = \dfrac{2\pi i}{2\sqrt{(\alpha - 1)^2 - 1}} = \dfrac{\pi i}{\sqrt{(\alpha - 1)^2 - 1}}$$

$$\therefore \quad I = \dfrac{2}{i} \dfrac{\pi i}{\sqrt{(\alpha - 1)^2 - 1}} = \dfrac{2\pi}{\sqrt{(\alpha - 1)^2 - 1}}$$

[別解] $T = \tan \dfrac{t}{2}, \cos t = \dfrac{1 - T^2}{1 + T^2}, \dfrac{dT}{dt} = \dfrac{1 + T^2}{2}$ と置換し，通常の積分を行うと，

$$\int_0^{2\pi} \dfrac{1}{\cos t + (\alpha - 1)} dt = \dfrac{2\pi}{\sqrt{(\alpha - 1)^2 - 1}}$$

[参考文献] 姫野：理系大学院入試問題演習④（工学社）

2.15 (1) 与式を変数分離すると，$y\,dy = e^{-x} dx$．積分して，

$$\int y\,dy = \dfrac{y^2}{2} = \int e^{-x} dx + C = -e^{-x} + C \qquad \therefore \quad y = \pm\sqrt{2(C - e^{-x})}$$

(2) 与式を書き直すと，$dy/dx - y = x$．これは1階線形だから，公式より，

$$y = e^{-\int -1\,dx} \left(\int e^{\int -1\,dx} x\,dx + K \right) = e^x \left(\int e^{-x} x\,dx + K \right)$$
$$= e^x \left\{ -e^{-x} x - \int (-e^{-x}) dx + K \right\} = e^x \left(-e^{-x} x - e^{-x} + K \right) = -x - 1 + Ke^x$$

[別解] 与式をラプラス変換すると，$sY(s) - y(0) = \dfrac{1}{s^2} + Y(s), (s-1)Y(s) = \dfrac{1}{s^2} + K_1$

$$Y(s) = \dfrac{1}{s^2(s-1)} + \dfrac{K_1}{s-1} = -\dfrac{1}{s^2} - \dfrac{1}{s} + \dfrac{1}{s-1} + \dfrac{K_1}{s-1}$$
$$\left(\because \quad \dfrac{1}{s^2(s-1)} = \dfrac{A}{s^2} + \dfrac{B}{s} + \dfrac{C}{s-1} = \dfrac{A(s-1) + Bs(s-1) + Cs^2}{s^2(s-1)} \right.$$
$$\left. = \dfrac{(B+C)s^2 + (A-B)s - A}{s^2(s-1)}, \quad A = -1, B = -1, C = 1 \right)$$

$\therefore \quad y = -x - 1 + e^x + K_1 e^x = -x - 1 + Ke^x$

（ラプラス変換法は，変換表を覚えていれば，腕力で解けるが，初期条件が与えられていない場合は有利ではない．）

(3) $\dfrac{dy}{dx} = p$ とおくと，$y'' = \dfrac{d^2y}{dx^2} = \dfrac{dp}{dx} = \dfrac{dp}{dy}\dfrac{dy}{dx} = \dfrac{dp}{dy}p$

これを与式に代入すると，$\dfrac{dp}{dy}p - p^2 = \left(\dfrac{dp}{dy} - p\right)p = 0$

$p \neq 0$ の場合, $\frac{dp}{dy} = p$, $\frac{dp}{p} = dy$, $\log p = y + C_1$, $p = e^{y+C_1} = \frac{dy}{dx}$, $dx = e^{-y-C_1}dy = C_2 e^{-y} dy$

積分して, $x + C_3 = -C_2 e^{-y}$, $\dfrac{x+C_3}{-C_2} = -\dfrac{1}{C_2}x - \dfrac{C_3}{C_2} = C_4 x + C_5 = e^{-y}$

$$-y = \log(C_4 x + C_5) \quad \therefore \quad y = -\log(C_4 x + C_5)$$

$p = 0$ の場合, $p = \dfrac{dy}{dx} = 0$ $\therefore$ $y = C_6$

(4) 特性（補助）方程式は，$\lambda^2 + 2\lambda + 2 = 0$, $\lambda = -1 \pm i$

よって，一般解は，$y = Ae^{(-1+i)x} + Be^{(-1-i)x} = e^{-x}(a\cos x + b\sin x)$ ①

(5) ①より，余関数は，$y_1 = e^{-x}(a\cos x + b\sin x)$ ②

特殊解 y_2 を求めるには，微分演算子 $D = d/dx$ を用いる．

$$y_2 = \frac{1}{D^2 + 2D + 2} x e^{-2x} = x \frac{1}{D^2 + 2D + 2} e^{-2x} - \frac{2D+2}{(D^2+2D+2)^2} e^{-2x}$$

$$\left(\because \quad \frac{1}{f(D)} x F(x) = x \frac{1}{f(D)} F(x) - \frac{f'(D)}{f(D)^2} F(x) \right)$$

$$= x \frac{1}{(-2)^2 + 2(-2) + 2} e^{-2x} - \frac{2(-2)+2}{\{(-2)^2+2(-2)+2\}^2} e^{-2x}$$

$$\left(\because \quad \frac{1}{f(D)} e^{ax} = \frac{1}{f(a)} e^{ax} \right)$$

$$= \frac{x}{2} e^{-2x} + \frac{1}{2} e^{-2x}$$

よって，一般解は $y = y_1 + y_2 = e^{-x}(a\cos x + b\sin x) + \frac{x}{2} e^{-2x} + \frac{1}{2} e^{-2x}$

[別解 1] 余関数を $y = (C_1 x + C_2)e^{-2x}$ とおいて，与式に代入し，係数 C_1, C_2 を決める．

[別解 2] ラプラス変換を用いる．$xe^{-ax} \Leftrightarrow \dfrac{1}{(s+a)^2}$

(6) 特殊解は，

$$y_3 = \frac{1}{D^2 + 2D + 2} 2e^x \cos x = 2e^x \frac{1}{(D+1)^2 + 2(D+1) + 2} \cos x$$

$$\left(\because \quad \frac{1}{f(D)} e^{cx} \cos kx = e^{cx} \frac{1}{f(D+c)} \cos kx \right)$$

$$= 2e^x \frac{1}{D^2 + 4D + 5} \cos x = 2e^x (D^2 + 5 - 4D) \frac{1}{(D^2 + 5)^2 - (4D)^2} \cos x$$

$$= 2e^x (D^2 + 5 - 4D) \frac{1}{(-1+5)^2 - 4^2(-1)} \cos x = \frac{e^x}{16}(D^2 - 4D + 5) \cos x$$

$$= \frac{e^x}{16}(-\cos x + 4\sin x + 5\cos x) = \frac{e^x}{4}(\cos x + \sin x)$$

余関数は②と同じ．一般解は，$y = y_1 + y_3 = e^{-x}(a\sin x + b\cos x) + \dfrac{1}{4} e^x (\cos x + \sin x)$

[別解] ラプラス変換を用いる．$e^{bx} \cos ax \Leftrightarrow \dfrac{s-b}{(s-b)^2 + a^2}$

2.16 (1) 与式 $x - y - 1 = (x + 3y - 1)\dfrac{dy}{dx}$ を変形すると，

$$(x - y - 1)dx + (-x - 3y + 1)dy = 0$$

ここで，$P(x,y) = x - y - 1$, $Q(x,y) = -x - 3y + 1$ とおくと，

$$\frac{\partial P}{\partial y} = \frac{\partial}{\partial y}(x - y - 1) = -1, \quad \frac{\partial Q}{\partial x} = \frac{\partial}{\partial x}(-x - 3y + 1) = -1$$

よって，与式は完全微分方程式である．公式より

$$\begin{aligned}
f(x,y) &= \int (x - y - 1)dx + \int \left\{(-x - 3y + 1) - \frac{\partial}{\partial y}\int(x - y - 1)dx\right\}dy \\
&= \frac{x^2}{2} - yx - x + \int \left\{-x - 3y + 1 - \frac{\partial}{\partial y}\left(\frac{x^2}{2} - yx - x\right)\right\}dy \\
&= \frac{x^2}{2} - yx - x + \int (-x - 3y + 1 + x)dy \\
&= \frac{x^2}{2} - yx - x + \int (-3y + 1)dy \\
&= \frac{x^2}{2} - yx - x - \frac{3}{2}y^2 + y = \frac{x^2}{2} - \frac{3}{2}y^2 - xy - x + y = c
\end{aligned}$$

(2) 与式 $y' + 2xy = 2x$ は 1 階線形微分方程式 $y' + P(x)y = Q(x)$ と同形だから公式より

$$y = e^{-\int P\,dx}\left(\int e^{\int P\,dx}Q\,dx + C\right) = e^{-\int 2x\,dx}\left(\int e^{\int 2x\,dx}2x\,dx + C\right)$$

ここで，

$$I \equiv \int e^{x^2}x\,dx = \int \frac{1}{2}\frac{de^{x^2}}{dx}dx = \frac{1}{2}e^{x^2}$$

$$\left(\because (e^{x^2})' = 2xe^{x^2}, \quad xe^{x^2} = \frac{(e^{x^2})'}{2} = \frac{1}{2}\frac{de^{x^2}}{dx}\right)$$

$$\therefore \quad y = e^{-x^2}\left\{2\left(\frac{1}{2}e^{x^2}\right) + C\right\} = e^{-x^2}(e^{x^2} + C)$$

(3) 定数係数で初期条件が与えられているからラプラス変換で解く．与式を書き直すと，

$$\frac{dy_1}{dx} = -2y_1 - y_2 + u(x) \qquad ①$$

$$\frac{dy_2}{dx} = -2y_1 - 3y_2 + u(x) \qquad ②$$

①, ②をラプラス変換し（$\mathcal{L}\{y(x)\} = Y(s)$），初期条件を代入すると，

$$sY_1(s) - y_1(0) = sY_1(s) = -2Y_1(s) - Y_2(s) + \frac{1}{s}$$

$$sY_2(s) - y_2(0) = sY_2(s) = -2Y_1(s) - 3Y_2(s) + \frac{1}{s}$$

まとめると，$(s+2)Y_1(s) + Y_2(s) = \frac{1}{s}, 2Y_1(s) + (s+3)Y_2(s) = \frac{1}{s}$

これを解き，部分分数に分けると，

$$Y_1(s) = \frac{\begin{vmatrix} \frac{1}{s} & 1 \\ \frac{1}{s} & s+3 \end{vmatrix}}{\begin{vmatrix} s+2 & 1 \\ 2 & s+3 \end{vmatrix}} = \frac{\frac{1}{s}(s+3) - \frac{1}{s}}{(s+2)(s+3) - 2} = \frac{s+2}{s(s+4)(s+1)}$$

$$= \frac{1}{(s+4)(s+1)} + 2\frac{1}{s(s+4)(s+1)} = \frac{A}{s+4} + \frac{B}{s+1} + 2\left(\frac{C}{s} + \frac{D}{s+4} + \frac{E}{s+1}\right) \quad ③$$

ここで, $A = -\frac{1}{3}, B = \frac{1}{3}, C = \frac{1}{4}, D = \frac{1}{12}, E = -\frac{1}{3}$ を③に代入し, 逆変換すると,

$$y_1(x) = -\frac{1}{3}e^{-4x} + \frac{1}{3}e^{-x} + 2\left(\frac{1}{4}u(x) + \frac{1}{12}e^{-4x} - \frac{1}{3}e^{-x}\right) = -\frac{1}{6}e^{-4x} - \frac{1}{3}e^{-x} + \frac{1}{2}u(x)$$

同様にして,

$$Y_2(s) = \frac{\begin{vmatrix} s+2 & \frac{1}{s} \\ 2 & \frac{1}{s} \end{vmatrix}}{(s+4)(s+1)} = \frac{1}{(s+4)(s+1)} = -\frac{1}{3}\frac{1}{s+4} + \frac{1}{3}\frac{1}{s+1}$$

$$y_2(x) = -\frac{1}{3}e^{-4x} + \frac{1}{3}e^{-x}$$

[暗記事項] 完全微分方程式公式:

$$P(x,y)dx + Q(x,y)dy = 0 \Rightarrow \int P(x,y)dx + \int \left(Q - \frac{\partial}{\partial y}\int P\,dx\right)dy = c$$

(第2項では, 第1項の x 積分を y 微分したものを引く. 部分積分公式に類似!)

2.17 (1) 変数分離すると $\frac{dy}{y} = -\alpha\,dx$. 両辺を積分すると $\log y = -\alpha x + C_1, y = C_2 e^{-\alpha x}$
与条件より, $y(b) = C_2 e^{-\alpha b} = A, C_2 = A e^{\alpha b}$ ∴ $y = A e^{\alpha b} e^{-\alpha x}$

(2) ラプラス変換 $y_1(x) \leftrightarrow Y_1(s), y_2(x) \leftrightarrow Y_2(s)$ を用いると,

$$sY_1(s) - y_1(0) = sY_1(s) - A = -\alpha Y_1(s), \quad (s+\alpha)Y_1(s) = A \quad ①$$
$$sY_2(s) - y_2(0) = sY_2(s) - 0 = \beta Y_1(s) - \gamma Y_2(s), \quad \beta Y_1(s) - (s+\gamma)Y_2(s) = 0 \quad ②$$

①より, $Y_1(s) = \dfrac{A}{s+\alpha}$ ∴ $y_1(x) = Ae^{-\alpha x} > 0$ ③

②, ③より, $\beta\frac{A}{s+\alpha} = (s+\gamma)Y_2(s)$,

$$Y_2(s) = \frac{\beta A}{(s+\alpha)(s+\gamma)} = \beta A\left(\frac{\frac{1}{\gamma-\alpha}}{s+\alpha} + \frac{\frac{1}{\alpha-\gamma}}{s+\gamma}\right) = \frac{\beta A}{\gamma-\alpha}\left(\frac{1}{s+\alpha} - \frac{1}{s+\gamma}\right)$$

∴ $y_2(x) = \dfrac{\beta A}{\gamma-\alpha}\left(e^{-\alpha x} - e^{-\gamma x}\right)$

(3) 与式をラプラス変換すると,

$$sY_1(s) - y_1(0) = sY_1(s) - \frac{\sqrt{3}-1}{2} = -cY_1(s) + \sqrt{3}\,cY_2(s)$$
$$sY_2(s) - y_2(0) = sY_2(s) - \frac{\sqrt{3}+1}{2} = \sqrt{3}\,cY_1(s) - 3cY_2(s)$$

$$(s+c)Y_1(s) - \sqrt{3}\,cY_2(s) = \frac{\sqrt{3}-1}{2} \qquad ④$$

$$\sqrt{3}\,cY_1(s) - (s+3c)Y_2(s) = -\frac{\sqrt{3}+1}{2} \qquad ⑤$$

④, ⑤ より,

$$Y_1(s) = \frac{\begin{vmatrix} \frac{\sqrt{3}-1}{2} & -\sqrt{3}\,c \\ -\frac{\sqrt{3}+1}{2} & -(s+3c) \end{vmatrix}}{\begin{vmatrix} s+c & -\sqrt{3}\,c \\ \sqrt{3}\,c & -(s+3c) \end{vmatrix}} = \frac{-\frac{\sqrt{3}-1}{2}(s+3c) - \sqrt{3}\,c\,\frac{\sqrt{3}+1}{2}}{-(s+c)(s+3c) + 3c^2}$$

$$= \frac{(\sqrt{3}-1)s + 4c\sqrt{3}}{2(s^2+4sc)} = \frac{1}{2}\left\{\frac{\sqrt{3}-1}{s+4c} + 4c\sqrt{3}\left(\frac{\frac{1}{4c}}{s} + \frac{-\frac{1}{4c}}{s+4c}\right)\right\}$$

$$\therefore \quad y_1(x) = \frac{1}{2}\{(\sqrt{3}-1)e^{-4cx} + \sqrt{3}(1-e^{-4cx})\} = \frac{\sqrt{3}}{2} - \frac{1}{2}e^{-4cx}$$

同様にして, $y_2(x) = \frac{1}{2} + \frac{\sqrt{3}}{2}e^{-4cx}$

(4) 変数分離すると,

$$\frac{dy}{(\beta y - 1)y} = \frac{dy}{\beta\left(y - \frac{1}{\beta}\right)y} = \alpha\,dx, \quad \frac{dy}{\beta\left(y - \frac{1}{\beta}\right)y} = \frac{dy}{\beta}\left(\frac{\beta}{y - \frac{1}{\beta}} + \frac{-\beta}{y}\right) = \alpha\,dx,$$

$$\left(\frac{1}{y - \frac{1}{\beta}} - \frac{1}{y}\right)dy = \alpha\,dx, \quad \log\left|y - \frac{1}{\beta}\right| - \log|y| = \log\left|\frac{y}{y - \frac{1}{\beta}}\right| = -\alpha x + C_1,$$

$$\left|\frac{y}{y - \frac{1}{\beta}}\right| = C_2 e^{-\alpha x}, \quad y = \left(y - \frac{1}{\beta}\right)C_2 e^{-\alpha x}, \quad y\left(1 - C_2 e^{-\alpha x}\right) = -\frac{1}{\beta}C_2 e^{-\alpha x},$$

$$y = \frac{-\frac{1}{\beta}C_2 e^{-\alpha x}}{1 - C_2 e^{-\alpha x}} = \frac{1}{\beta - \frac{\beta}{C_2}e^{\alpha x}} = \frac{1}{\beta - \left(\beta - \frac{1}{A}\right)e^{\alpha x}}$$

$$\left(\because \quad y(0) = A = \frac{1}{\beta - \frac{\beta}{C_2}}, \quad \frac{1}{A} = \beta - \frac{\beta}{C_2}, \quad \frac{\beta}{C_2} = \beta - \frac{1}{A}\right)$$

[参考] (4)の方程式はロジスティック方程式と呼ばれる.

■第 3 編の解答

3.1 (1) 部分積分を用いると,

$$I \equiv \int_0^\infty e^{-ax}\sin\omega x\,dx = \left[\frac{e^{-ax}}{-a}\sin\omega x\right]_0^\infty - \int_0^\infty \frac{e^{-ax}}{-a}\omega\cos\omega x\,dx$$

$$= \frac{\omega}{a}\int_0^\infty e^{-ax}\cos\omega x\,dx = \frac{\omega}{a}\left\{\left[\frac{e^{-ax}}{-a}\cos\omega x\right]_0^\infty - \int_0^\infty \frac{e^{-ax}}{-a}(-\omega\sin\omega x)dx\right\}$$

$$= \frac{\omega}{a}\left(\frac{1}{a} - \frac{\omega}{a}\int_0^\infty e^{-ax}\sin\omega x\,dx\right) = \frac{\omega}{a}\left(\frac{1}{a} - \frac{\omega}{a}I\right) \qquad \therefore \quad I = \frac{\omega}{\omega^2 + a^2}$$

(2) 同様にして[注]，

$$I = \int_0^\infty e^{-ax}\cos\omega x\,dx = \left[\frac{e^{-ax}}{-a}\cos\omega x\right]_0^\infty - \int_0^\infty \frac{e^{-ax}}{-a}\omega\sin\omega x\,dx$$

$$= \frac{1}{a} + \frac{\omega}{a}\int_0^\infty e^{-ax}\sin\omega x\,dx = \frac{\omega}{a}\left\{\frac{1}{\omega} + \int_0^\infty e^{-ax}\sin\omega x\,dx\right\}$$

$$= \frac{\omega}{a}\left\{\frac{1}{\omega} + \left[\frac{e^{-ax}}{-a}\sin\omega x\right]_0^\infty - \int_0^\infty \frac{e^{-ax}}{-a}(-\omega\cos\omega x)dx\right\}$$

$$= \frac{\omega}{a}\left(\frac{1}{\omega} - \frac{\omega}{a}\int_0^\infty e^{-ax}\cos\omega x\,dx\right) = \frac{\omega}{a}\left(\frac{1}{\omega} - \frac{\omega}{a}I\right)$$

$$a^2 I = a - a^2 I \quad \therefore\quad I = \frac{a}{\omega^2 + a^2}$$

[注] 本問はラプラス変換の問題で，通常は $a \to s$．

3.2 $\partial f/\partial y = q$ とおくと，$\partial q/\partial x + q = x$

y を定数だと思ってこの1階線形微分方程式を解くと，特解は

$$q_1 = \frac{1}{D_x + 1}x = (1 - D_x)x = x - 1$$

よって，一般解は $q = x - 1 + a'(y)e^{-x}$ （中間積分，$a'(y)$ は任意関数で，$a(y)$ の導関数）
これを y で積分すると，$f(x,y) = (x-1)y + a(y)e^{-x} + b(x)$

[別解] D_x を使わない方法：$\partial f/\partial y = q$ について1階線形だから，

$$q = \frac{\partial f}{\partial y} = e^{-\int dx}\left(\int e^{\int dx}x\,dx + f(y)\right) = e^{-x}\left(\int e^x x\,dx + f(y)\right)$$

$$= e^{-x}\left(e^x x - \int e^x dx + f(y)\right) = e^{-x}\left(e^x x - e^x + f(y)\right) = x - 1 + e^{-x}f(y)$$

y について積分すると，

$$f(x,y) = (x-1)y + e^{-x}\int f(y)dy + b(x) = (x-1)y + e^{-x}a(y) + b(x)$$

ただし，$a(y) = \int f(y)dy$．

3.3 (1) 与式より，

$$X_a(\omega) = \int_{-\infty}^\infty x_a(t)e^{-i\omega t}dt = \int_{-a}^a \frac{1}{a}e^{-i\omega t}dt = \frac{1}{a}\left[\frac{e^{-i\omega t}}{-i\omega}\right]_{-a}^a$$

$$= \frac{1}{-i\omega a}(e^{-i\omega a} - e^{i\omega a}) = \frac{2}{\omega a}\cdot\frac{e^{i\omega a} - e^{-i\omega a}}{2i} = \frac{2}{\omega a}\sin\omega a \qquad ①$$

$$Y_b(\omega) = \int_{-\infty}^\infty y_b(t)e^{-i\omega t}dt = \int_{-b}^0\left(\frac{1}{b^2}t + \frac{1}{b}\right)e^{-i\omega t}dt + \int_0^b\left(-\frac{1}{b^2}t + \frac{1}{b}\right)e^{-i\omega t}dt$$

$$= \left[\frac{e^{-i\omega t}}{-i\omega}\left(\frac{1}{b^2}t + \frac{1}{b}\right)\right]_{-b}^{0} - \int_{-b}^{0}\frac{e^{-i\omega t}}{-i\omega}\left(\frac{1}{b^2}\right)dt$$

$$+ \left[\frac{e^{-i\omega t}}{-i\omega}\left(-\frac{1}{b^2}t + \frac{1}{b}\right)\right]_{0}^{b} - \int_{0}^{b}\frac{e^{-i\omega t}}{-i\omega}\left(-\frac{1}{b^2}\right)dt$$

$$= \left[\frac{e^{-i\omega t}}{-i\omega}\left(\frac{1}{b^2}t + \frac{1}{b}\right)\right]_{-b}^{0} + \frac{1}{\omega^2 b^2}\left[e^{-i\omega t}\right]_{-b}^{0} + \left[\frac{e^{-i\omega t}}{-i\omega}\left(-\frac{1}{b^2}t + \frac{1}{b}\right)\right]_{0}^{b} - \frac{1}{\omega^2 b^2}\left[e^{-i\omega t}\right]_{0}^{b}$$

$$= \left(-\frac{1}{i\omega b} + \frac{1}{\omega^2 b^2}\right) - \frac{1}{\omega^2 b^2}e^{i\omega t} - \frac{1}{\omega^2 b^2}e^{-i\omega t} - \left(-\frac{1}{i\omega b} - \frac{1}{\omega^2 b^2}\right)$$

$$= \frac{2 - 2\cos\omega b}{\omega^2 b^2} = \frac{\sin^2(\omega b/2)}{(\omega b/2)^2} \qquad ②$$

ロピタルの定理を用いると, ① より,

$$X_0(\omega) = \lim_{a \to 0} X_a(\omega) = \lim_{a \to 0}\frac{2}{\omega a}\sin\omega a = \lim_{a \to 0}\frac{2\omega\cos\omega a}{\omega} = 2$$

② より, $Y_0(\omega) = \lim_{b \to 0}\frac{2\omega\sin\omega b}{2\omega^2 b} = \lim_{b \to 0}\frac{\sin\omega b}{\omega b} = 1$

$X_a(\omega), Y_b(\omega)$ の概形を右図に示す.

(2) 次式で $t - \tau = T, dt = dT$ とおくと,

$$Y_{b\tau}(\omega) = \int_{-\infty}^{\infty} y_b(t-\tau)e^{-i\omega t}dt$$

$$= \int_{-\infty}^{\infty} y_b(T)e^{-i\omega(T+\tau)}dT$$

$$= e^{-i\omega\tau}\int_{-\infty}^{\infty} y_b(T)e^{-i\omega T}dT$$

$$= e^{-i\omega\tau}Y_b(\omega)$$

$$= e^{-i\omega\tau}\frac{\sin^2(\omega b/2)}{(\omega b/2)^2} \quad (\because ②)$$

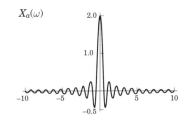

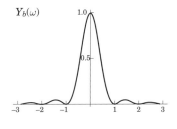

(3) $z_{ab}(t) = \int_{-\infty}^{\infty} x_a(\tau)y_b(t-\tau)d\tau$ ③

$t \to -t$ とおくと,

$$z_{ab}(-t) = \int_{-\infty}^{\infty} x_a(\tau)y_b(-t-\tau)d\tau$$

$\tau \to -u$ とおくと, $z_{ab}(-t) = \int_{\infty}^{-\infty} x_a(-u)y_b(-t+u)d(-u) = \int_{-\infty}^{\infty} x_a(-u)y_b(-t+u)du$

図より, x_a, y_b は偶関数だから, $x_a(-u) = x_a(u), y_b(-t+u) = y_b\{-(-t+u)\} = y_b(t-u)$

となり, $z_{ab}(t) = \int_{-\infty}^{\infty} x_a(u)y_b(t-u)du$ ④

③, ④ より, $z_{ab}(t) = z_{ab}(-t)$. すなわち, $z_{ab}(t)$ は偶関数. 以下省略.

3.4 (1)（a） $y(x,t) = f(t)g(x)$ ①

を(I)に代入し，$f(t)g(x)$ で割ると，

$$f''(t)g(x) - f(t)g''(x) + \lambda^2 f(t)g(x) = 0, \quad \frac{f''(t)}{f(t)} - \frac{g''(x)}{g(x)} = -\lambda^2$$

第 1 項は，t のみ，第 2 項は x にのみ依存するから，

$$\frac{f''(t)}{f(t)} = -\kappa^2, \quad \frac{g''(x)}{g(x)} = \lambda^2 - \kappa^2 = -(\kappa^2 - \lambda^2) \qquad ②$$

②の解は，$f(t) = Ae^{i\kappa t} + Be^{-i\kappa t}$, $g(x) = Ce^{i\sqrt{\kappa^2-\lambda^2}\,x} + De^{-i\sqrt{\kappa^2-\lambda^2}\,x}$

①に代入して，$y(x,t) = (Ae^{i\kappa t} + Be^{-i\kappa t})(Ce^{i\sqrt{\kappa^2-\lambda^2}\,x} + De^{-i\sqrt{\kappa^2-\lambda^2}\,x})$. 初期条件より，

$$y(x,0) = (A+B)(Ce^{i\sqrt{\kappa^2-\lambda^2}\,x} + De^{-i\sqrt{\kappa^2-\lambda^2}\,x}) = \cos kx$$

$$\left.\frac{\partial y(x,t)}{\partial t}\right|_{t=0} = i\kappa(A-B)(Ce^{i\sqrt{\kappa^2-\lambda^2}\,x} + De^{-i\sqrt{\kappa^2-\lambda^2}\,x}) = 0$$

$A = B, \quad C = D$

$$2 \times 2AC \frac{e^{i\sqrt{\kappa^2-\lambda^2}\,x} + e^{-i\sqrt{\kappa^2-\lambda^2}\,x}}{2} = 4AC\cos\sqrt{\kappa^2-\lambda^2}\,x = \cos kx,$$

$4AC = 1, \quad \kappa^2 - \lambda^2 = k^2 \qquad \therefore \quad y(x,t) = 4AC\cos\kappa t\cos kx = \cos\sqrt{k^2+\lambda^2}\,t\cos kx$

(b) $\sqrt{k^2+\lambda^2} \equiv \omega$ とおくと，$y(x,t) = \cos\omega t\cos kx$ となるから，

$$y(x,t) = \frac{1}{2}\cos(kx + \omega t) + \frac{1}{2}\cos(kx - \omega t)$$

第 1 項は負方向，第 2 項は正方向に進行する波を表す．

(2) (a) (III)の両辺に $\dfrac{du}{dx}$ をかけると，$\dfrac{1}{2}\dfrac{d}{dx}\left(\dfrac{du}{dx}\right)^2 = 2\lambda^2(u^3 - u)\dfrac{du}{dx}$. 積分すると，

$$\frac{1}{2}\left(\frac{du}{dx}\right)^2 = 2\lambda^2\int(u^3 - u)\frac{du}{dx}dx + A_0 = 2\lambda^2\left(\frac{u^4}{4} - \frac{u^2}{2}\right) + A_0 = \lambda^2\left(\frac{u^4}{2} - u^2\right) + A_0$$

$$\frac{du}{dx} = \pm\sqrt{\lambda^2(u^4 - 2u^2) + 2A_0} = \pm\sqrt{\lambda^2(u^4 - 2u^2) + \lambda^2 A} = \pm\lambda\sqrt{u^4 - 2u^2 + A} \qquad ③$$

(b) $\lim_{x\to\pm\infty} u(x) = \pm 1$ だから，$\lim_{x\to\pm\infty} du/dx = 0 \qquad ④$

よって，③，④より，$0 = \pm\lambda\sqrt{1 - 2 + A} \quad \therefore \quad A = 1 \qquad ⑤$

(c) ⑤の条件下で，④は，$|u(x)| \le 1$ だから，

$$\frac{du}{dx} = \pm\lambda\sqrt{u^4 - 2u^2 + 1} = \pm\lambda\sqrt{(1-u^2)^2} = \pm\lambda\left|1 - u^2\right| = \lambda(1 - u^2)$$

$$-\lambda\,dx = \frac{du}{u^2 - 1} = \frac{du}{(u+1)(u-1)} = \frac{1}{2}\left(\frac{1}{u-1} - \frac{1}{1+u}\right)du$$

$$-\lambda x + C_1 = \frac{1}{2}(\log|u-1| - \log|u+1|) = \frac{1}{2}\log\left|\frac{u-1}{u+1}\right| = \frac{1}{2}\log\left|\frac{1-u}{1+u}\right|$$

$$e^{-2\lambda x + C_2} = \frac{1-u}{1+u}, \quad (1+u)e^{-2\lambda x + C_2} = (1+u)C_2 e^{-2\lambda x} = 1 - u$$

$$u(x) = -\frac{C_2 e^{-2\lambda x} - 1}{C_2 e^{-2\lambda x} + 1} = -\frac{e^{-2\lambda x} - 1}{e^{-2\lambda x} + 1} = \frac{e^{\lambda x} - e^{-\lambda x}}{e^{\lambda x} + e^{-\lambda x}} = \tanh \lambda x$$

ここで,与条件 $u(0) = -\dfrac{C_2 - 1}{C_2 + 1} = 0, C_2 = 1$ を用いた.

[注] $\lim_{x \to \pm\infty} u(x) = \pm 1$ から,log が tanh になることが連想される.

(d) $y(x,t) = u(x) + z(x,t)$ を(II)に代入すると,

$$\frac{\partial^2 z}{\partial t^2} - \frac{d^2 u}{dx^2} - \frac{\partial^2 z}{\partial x^2} + 2\lambda^2 \left\{(u+z)^3 - (u+z)\right\}$$
$$= \frac{\partial^2 z}{\partial t^2} - \frac{d^2 u}{dx^2} - \frac{\partial^2 z}{\partial x^2} + 2\lambda^2 \left(u^3 + z^3 + 3u^2 z + 3uz^2 - u - z\right)$$
$$\cong \frac{\partial^2 z}{\partial t^2} - \frac{\partial^2 z}{\partial x^2} + 2\lambda^2 (3u^2 - 1)z = 0 \qquad \text{⑥}$$

ただし,(III)の,$-\dfrac{d^2 u}{dx^2} + 2\lambda^2(u^3 - u) = 0$ を用いた.

(e) ⑥に(VI)を代入すると,

$$\text{左辺} = -\omega^2 e^{i\omega t}\frac{du}{dx} - e^{i\omega t}\frac{d^3 u}{dx^3} + 2\lambda^2(3u^2 - 1)e^{i\omega t}\frac{du}{dx}$$
$$= e^{i\omega t}\frac{d}{dx}\left(-\omega^2 u - \frac{d^2 u}{dx^2} + 2\lambda^2(u^3 - u)\right) = -\omega^2 z_0 \quad (\because \text{(III)より 第 2 項 + 第 3 項} = 0)$$

よって,⑥の解になるのは $\omega = 0$ のときである.

3.5 (1) $S(t,x) = 0$ のとき,与式(I)は,$\dfrac{\partial f(t,x)}{\partial t} = \lambda \dfrac{\partial^2 f(t,x)}{\partial x^2}$ ①

$f(t,x)$ の x に関するフーリエ変換 $F(t,k)$ を

$$F(t,k) = \frac{1}{\sqrt{2\pi}} \int_{-\infty}^{\infty} f(t,x) e^{-ikx} dx \qquad \text{②}$$

と定義する.②を t で微分し,①を代入すると,

$$\frac{\partial F(t,k)}{\partial t} = \frac{1}{\sqrt{2\pi}} \int_{-\infty}^{\infty} \frac{\partial f(t,x)}{\partial t} e^{-ikx} dx = \frac{1}{\sqrt{2\pi}} \lambda \int_{-\infty}^{\infty} \frac{\partial^2 f(t,x)}{\partial x^2} e^{-ikx} dx \qquad \text{③}$$

ここで,積分項の部分積分を行うと,

$$I \equiv \int_{-\infty}^{\infty} \frac{\partial^2 f}{\partial x^2} e^{-ikx} dx = \left[\frac{\partial f}{\partial x} e^{-ikx}\right]_{-\infty}^{\infty} + ik \int_{-\infty}^{\infty} \frac{\partial f}{\partial x} e^{-ikx} dx \qquad \text{④}$$
$$= -ik\left[fe^{-ikx}\right]_{-\infty}^{\infty} - k^2 \int_{-\infty}^{\infty} f e^{-ikx} dx = -k^2 \int_{-\infty}^{\infty} f e^{-ikx} dx = -k^2 \sqrt{2\pi} F(t,k)$$

④を③に代入すると,$\dfrac{\partial F(t,k)}{\partial t} = -\lambda k^2 F(t,k)$ ⑤

②より,$F(0,k) = \dfrac{1}{\sqrt{2\pi}} \displaystyle\int_{-\infty}^{\infty} f(0,x) e^{-ikx} dx$

⑤より,$\dfrac{dF}{F} = -\lambda k^2 dt$, $\log F = -\lambda k^2 t + C_1$, $F(t,k) = C_2 e^{-\lambda k^2 t}$ ⑥

$$F(0,k) = C_2 \quad \therefore \quad F(t,k) = F(0,k)e^{-\lambda k^2 t}$$

②を k に関して逆フーリエ変換し，⑥を代入すると，

$$f(t,x) = \frac{1}{\sqrt{2\pi}} \int_{-\infty}^{\infty} F(t,k)e^{ixk}dk = \frac{1}{\sqrt{2\pi}} \int_{-\infty}^{\infty} F(0,k)e^{-\lambda k^2 t}e^{ixk}dk$$

$$= \int_{-\infty}^{\infty} \frac{\sqrt{2a}}{2\pi} F(0,k)e^{-\lambda k^2 t - ikx}dk = \int_{-\infty}^{\infty} \frac{dk}{2\pi} \tilde{f}(k)\exp(-\lambda k^2 t - ikx)$$

よって，$\tilde{f}(k) = \sqrt{2\pi}F(0,k)$ として与式を得る．

［簡易解］ $f(t,x) = \int_{-\infty}^{\infty} \frac{dk}{2\pi} g(t,x)e^{-ikx}$ の形にフーリエ変換できるとして，（I）に代入すると，

$$\int_{-\infty}^{\infty} \frac{dk}{2\pi} \frac{\partial g}{\partial t} e^{-ikx} = -\lambda k^2 \int_{-\infty}^{\infty} \frac{dk}{2\pi} g e^{-ikx}, \quad \frac{\partial g}{\partial t} = -\lambda k^2 g, \quad \frac{dg}{g} = -\lambda k^2 dt,$$

$$\log g = -\lambda k^2 t + C_1, \quad g = C_2 e^{-\lambda k^2 t},$$

$$g(0,x) = \tilde{f}(k) = C_2 \quad \therefore \quad g(t,x) = \tilde{f}(k)e^{-\lambda k^2 t}$$

(2) （IV）を（I）の左辺に代入すると，

$$\text{左辺} = \int_{-\infty}^{\infty} dt' \int_{-\infty}^{\infty} dx' \frac{\partial G(t,x,t',x')}{\partial t} S(t',x')$$

$$= \int_{-\infty}^{\infty} dt' \int_{-\infty}^{\infty} dx' \left\{ \lambda \frac{\partial^2 G(t,x,t',x')}{\partial x^2} + \delta(t-t')\delta(x-x') \right\} S(t',x') \quad (\because (3))$$

$$= \lambda \frac{\partial^2}{\partial x^2} \int_{-\infty}^{\infty} dt' \int_{-\infty}^{\infty} dx' G(t,x,t',x')S(t',x') + S(t,x) = \text{右辺}$$

(3) （V）を（III）に代入し，デルタ関数の公式 $\delta(x-x_0) = \frac{1}{2\pi} \int_{-\infty}^{\infty} e^{ik(x-x_0)}dk$ を用いると，

$$i\omega C \int_{-\infty}^{\infty} \frac{d\omega}{2\pi} \int_{-\infty}^{\infty} \frac{dk}{2\pi} \frac{e^{i\omega(t-t')-ik(x-x')}}{\omega - i\alpha\lambda k^2}$$

$$= -\lambda k^2 C \int_{-\infty}^{\infty} \frac{d\omega}{2\pi} \int_{-\infty}^{\infty} \frac{dk}{2\pi} \frac{e^{i\omega(t-t')-ik(x-x')}}{\omega - i\alpha\lambda k^2} + \int_{-\infty}^{\infty} \frac{d\omega}{2\pi} e^{i\omega(t-t')} \int_{-\infty}^{\infty} \frac{dk}{2\pi} e^{-ik(x-x')}$$

$$\int_{-\infty}^{\infty} \frac{d\omega}{2\pi} \int_{-\infty}^{\infty} \frac{dk}{2\pi} \frac{i\omega C + \lambda k^2 C}{\omega - i\alpha\lambda k^2} e^{i\omega(t-t')-ik(x-x')}$$

$$= \int_{-\infty}^{\infty} \frac{d\omega}{2\pi} \int_{-\infty}^{\infty} \frac{dk}{2\pi} e^{i\omega(t-t')-ik(x-x')}$$

両辺を比較すると，$\dfrac{i\omega C + \lambda k^2 C}{\omega - i\alpha\lambda k^2} = 1 \quad \therefore \quad C = -i, \quad \alpha = 1$ ⑦

ゆえに，⑦のように選べば（V）は（III）の解になる．

(4) $t < t'$ の場合,
$$G(t,x,t',x') = -i\int_{-\infty}^{\infty}\frac{dk}{2\pi}\int_{-\infty}^{\infty}\frac{d\omega}{2\pi}\frac{e^{i\omega(t-t')-ik(x-x')}}{\omega - i\lambda k^2}$$

$t - t' < 0$ だから, 図 1 のような積分路を取り, 留数定理を用いれば,

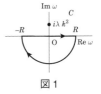

図 1

$$G(t,x,t',x')$$
$$= -i\int_{-\infty}^{\infty}\frac{dk}{2\pi}\lim_{R\to\infty}\oint_{C}\frac{d\omega}{2\pi}\frac{e^{i\omega(t-t')-ik(x-x')}}{\omega - i\lambda k^2} = 0 \quad \text{⑧}$$

$t > t'$ の場合, $t - t' > 0$ だから, 図 2 のような積分路を取り, 留数定理を用いれば,

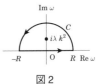

図 2

$$G(t,x,t',x') = -i\int_{-\infty}^{\infty}\frac{dk}{2\pi}\lim_{R\to\infty}\oint_{C}\frac{d\omega}{2\pi}\frac{e^{i\omega(t-t')-ik(x-x')}}{\omega - i\lambda k^2}$$
$$= -i\int_{-\infty}^{\infty}\frac{dk}{2\pi}\cdot 2\pi i\,\text{Res}\left(\frac{1}{2\pi}\frac{e^{i\omega(t-t')-ik(x-x')}}{\omega - i\lambda k^2}; i\lambda k^2\right)$$
$$= \int_{-\infty}^{\infty}\frac{dk}{2\pi}e^{-\lambda k^2(t-t')-ik(x-x')} \quad \text{⑨}$$

(5) $t < t'$ の場合, ⑧より, $G(t,x,t',x') = 0$
$t > t'$ の場合, ⑨を変形し, (VI) を用いると,

$$G(t,x,t',x') = \int_{-\infty}^{\infty}\frac{dk}{2\pi}e^{-\lambda k^2(t-t')-ik(x-x')}$$
$$= \int_{-\infty}^{\infty}\frac{dk}{2\pi}\exp\left[-\lambda(t-t')\left\{k^2 + \frac{ik(x-x')}{\lambda(t-t')}\right\}\right]$$
$$= \int_{-\infty}^{\infty}\frac{dk}{2\pi}\exp\left[-\lambda(t-t')\left\{\left(k + \frac{i(x-x')}{2\lambda(t-t')}\right)^2 + \left(\frac{(x-x')^2}{4\lambda^2(t-t')^2}\right)\right\}\right]$$
$$= \int_{-\infty}^{\infty}\frac{dk}{2\pi}\exp\left[-\lambda(t-t')\left(k + \frac{i(x-x')}{2\lambda(t-t')}\right)^2 - \frac{(x-x')^2}{4\lambda(t-t')}\right]$$
$$= \exp\left\{-\frac{(x-x')^2}{4\lambda(t-t')}\right\}\frac{1}{2\pi}\sqrt{\frac{\pi}{\lambda(t-t')}} = \frac{1}{2\sqrt{\pi\lambda(t-t')}}\exp\left\{-\frac{(x-x')^2}{4\lambda(t-t')}\right\} \quad \text{⑩}$$

(6) ⑩, (VII) を (IV) に代入すると,
$$f(t,x) = \int_{-\infty}^{\infty}dt'\int_{-\infty}^{\infty}dx'\frac{1}{2\sqrt{\pi\lambda(t-t')}}\exp\left\{-\frac{(x-x')^2}{4\lambda(t-t')}\right\}\delta(t')\cos(px')$$

$t < 0$ では $f(t,x) = 0$. $t > 0$ では,
$$f(t,x) = \int_{-\infty}^{\infty}dx'\frac{1}{2\sqrt{\pi\lambda t}}e^{-\frac{(x-x')^2}{4\lambda t}}\cos(px')$$

$$= \frac{1}{2\sqrt{\pi\lambda t}}\int_{-\infty}^{\infty}dx'e^{-\frac{(x-x')^2}{4\lambda t}}\frac{e^{ipx'}+e^{-ipx'}}{2}$$

$$= \frac{1}{4\sqrt{\pi\lambda t}}\int_{-\infty}^{\infty}dx'\left[\exp\left\{-\frac{(x-x')^2}{4\lambda t}+ipx'\right\}+\exp\left\{-\frac{(x-x')^2}{4\lambda t}-ipx'\right\}\right]$$

$$= \frac{1}{4\sqrt{\pi\lambda t}}\int_{-\infty}^{\infty}dx'\left[\exp\left\{-\frac{1}{4\lambda t}x'^2+\left(\frac{x}{2\lambda t}+ip\right)x'-\frac{1}{4\lambda t}x^2\right\}\right.$$

$$\left.+\exp\left\{-\frac{1}{4\lambda t}x'^2+\left(\frac{x}{2\lambda t}-ip\right)x'-\frac{1}{4\lambda t}x^2\right\}\right]$$

$$= \frac{1}{4\sqrt{\pi\lambda t}}\int_{-\infty}^{\infty}dx'\left[\exp\left\{-\frac{1}{4\lambda t}(x'-(x+2i\lambda pt))^2+ipx-\lambda p^2 t\right\}\right.$$

$$\left.+\exp\left\{-\frac{1}{4\lambda t}(x'-(x-2i\lambda pt))^2-ipx-\lambda p^2 t\right\}\right]$$

$$= \frac{1}{4\sqrt{\pi\lambda t}}\left[\sqrt{4\pi\lambda t}\,e^{ipx}+\sqrt{4\pi\lambda t}\,e^{-ipx}\right]e^{-\lambda p^2 t}=e^{-\lambda p^2 t}\cos(px)$$

よって，$x=2\pi n/p$（n：整数）のとき，最大値 $e^{-\lambda p^2 t}$．

3.6 $y=X(x)T(t)$ ①

とおき，与式に代入すると，$XT'=X''T$, $\dfrac{T'}{T}=\dfrac{X''}{X}$. 両辺を $-k^2$ とおくと，

$X''+k^2 X=0$ ②

$T'+k^2 T=0$ ③

境界条件より，$y(-a,t)=X(-a)T(t)=0, y(a,t)=X(a)T(t)=0$ ④

②より，$X=A\cos kx+B\sin kx$

④より，

$$X(-a)=A\cos ka-B\sin ka=0, \quad A=B\frac{\sin ka}{\cos ka}$$

$$X(a)=A\cos ka+B\sin ka=B\frac{\sin ka}{\cos ka}\cos ka+B\sin ka=2B\sin ka=0$$

$$ka=(m+1)\pi, \quad k=\frac{(m+1)\pi}{a} \quad (m=0,1,2,\cdots)$$

$\therefore\ X=B\dfrac{\sin ka}{\cos ka}\cos kx+B\sin kx=B\sin kx$ ⑤

一方，③より，$\dfrac{dT}{T}=-k^2 dt, \log T=-k^2 t+K_1$

$T=K_2 e^{-k^2 t}=T(0)e^{-k^2 t}$ ⑥

⑤, ⑥を①に代入して，$y(x,t)=X(x)T(t)\propto \sin\left\{\dfrac{(m+1)\pi}{a}x\right\}\exp\left\{-\dfrac{(m+1)^2\pi^2}{a^2}t\right\}$

3.7 (1) $u(x,t)=A(x)B(t)$ ①

とおいて（I）に代入し，変数分離すると，

$$\frac{\dot{B}(t)}{DB(t)} = \frac{A''(x)}{A(x)} \qquad \text{②}$$

ここで，$\dfrac{\dot{B}(t)}{DB(t)}$ は t のみの関数，$\dfrac{A''(x)}{A(x)}$ は x のみの関数だから，定数 α でなければならない．よって，

$$\frac{\dot{B}(t)}{DB(t)} = \frac{A''(x)}{A(x)} = \alpha \qquad \therefore \quad \begin{cases} A''(x) = \alpha A(x) \\ \dot{B}(t) = \alpha D B(t) \end{cases}$$

(2) （ⅰ） $A''(x) = \alpha A(x)$ の解を求める．
（a） $\alpha = 0$ のとき，（b） $\alpha = \beta^2 > 0$ のとき $A(x) = 0$ となるから不適．
（c） $\alpha < 0$ のとき，$\alpha = -\omega^2 \ (>0)$ とおくと，特性方程式は，

$$\lambda^2 + \omega^2 = 0, \quad \lambda = \pm i\omega \qquad \therefore \quad A(x) = K_1 \cos \omega x + K_2 \sin \omega x$$

境界条件より，$\begin{cases} A(0) = K_1 = 0 \\ A(1) = K_2 \sin \omega = 0 \end{cases}$, $\quad \omega = k\pi \quad (k = 1, 2, \cdots)$

$$\therefore \quad A(x) = K_2 \sin k\pi x \qquad \text{③}$$

（ⅱ） $\dot{B}(t) = \alpha D B(t)$ の解を求める．②より，

$$\frac{\dot{B}(t)}{B(t)} = -D\omega^2, \quad \log B(t) = -D\omega^2 t + K_3$$

$$B(t) = K_4 e^{-D\omega^2 t} = K_4 e^{-Dk^2\pi^2 t} \qquad \text{④}$$

③，④を①に代入し，定数係数を除いて書くと，$u(x,t) = \sin(\pi k x) e^{-D\pi^2 k^2 t} \quad (k = 1, 2, \cdots)$
ここで，重ね合わせの原理を用いると，（Ⅰ）の解は，

$$u(x,t) = \sum_{k=1}^{\infty} b_k \sin(\pi k x) e^{-\pi^2 k^2 D t} \qquad \text{⑤}$$

(3) ⑤，初期条件より，$\begin{cases} u(x,0) = \displaystyle\sum_{k=1}^{\infty} b_k \sin(\pi k x) = \sum_{k=0}^{\infty} \{E_k \sin(\pi k x) + F_k \cos(\pi k x)\} \\ F_k = 0 \end{cases}$

$$b_k = \frac{1}{1/2} \int_0^1 u(x,0) \sin(\pi k x) dx = 2 \int_0^1 \left\{ \sum_{k=0}^{\infty} E_{k'} \sin(\pi k' x) \right\} \sin(\pi k x) dx$$

$$= 2 \sum_{k'=0}^{\infty} \frac{1}{2} E_{k'} \delta_{k,k'} = E_k$$

$$\therefore \quad u(x,t) = \sum_{k=0}^{\infty} E_k \sin(\pi k x) e^{-\pi^2 k^2 D t}$$

(4) $u_0(x) = \begin{cases} 1-x & (x \geq 1/2) \\ x & (x < 1/2) \end{cases}$ のとき，$u(x,t) = \displaystyle\sum_{k=1}^{\infty} b_k \sin(\pi k x) e^{-k^2 \pi^2 D t}$

$$b_k = 2\int_0^1 u_0(x)\sin(\pi kx)dx = 2\left\{\int_0^{1/2} x\sin(\pi kx)dx + \int_{1/2}^1 (1-x)\sin(\pi kx)dx\right\}$$

$$= 2\left\{-\left[\frac{\cos(\pi kx)}{\pi k}x\right]_0^{1/2} + \int_0^{1/2}\frac{\cos(\pi kx)}{\pi k}dx + \int_{1/2}^1 \sin(\pi kx)dx - \int_{1/2}^1 x\sin(\pi kx)dx\right\}$$

$$= 2\left\{-\frac{1}{\pi k}[x\cos(\pi kx)]_0^{1/2} + \frac{1}{\pi k}\left[\frac{\sin(\pi kx)}{\pi k}\right]_0^{1/2} - \left[\frac{\cos(\pi kx)}{\pi k}\right]_{1/2}^1\right.$$

$$\left.-\left(-\left[\frac{\cos(\pi kx)}{\pi k}x\right]_{1/2}^1 + \int_{1/2}^1\frac{\cos(\pi kx)}{\pi k}dx\right)\right\}$$

$$= 2\left\{-\frac{1}{\pi k}\frac{\cos(\pi k/2)}{2} + \frac{1}{\pi k}\left[\frac{\sin(\pi kx)}{\pi k}\right]_0^{1/2} - \frac{1}{\pi k}\left(\cos(\pi k)-\cos\frac{\pi k}{2}\right)\right.$$

$$\left.+\frac{1}{\pi k}\left(\cos(\pi k)-\frac{\cos(\pi k/2)}{2}\right) - \frac{1}{\pi k}\left[\frac{\sin(\pi kx)}{\pi k}\right]_{1/2}^1\right\}$$

$$= 2\left\{\frac{1}{(\pi k)^2}\sin\frac{\pi k}{2} - \frac{\cos(\pi k)}{\pi k} + \frac{\cos(\pi k)}{\pi k} - \frac{1}{(\pi k)^2}\left(\sin(\pi k)-\sin\frac{\pi k}{2}\right)\right\} = 4\frac{\sin(\pi k/2)}{(\pi k)^2}$$

$$\therefore\ u(x,t) = 4\sum_{k=1}^{\infty}\frac{1}{(\pi k)^2}\sin\frac{\pi k}{2}\sin(\pi kx)e^{-\pi^2 k^2 Dt}$$

3.8 (1) $g(\omega) = \displaystyle\int_{-\infty}^{\infty} f(t)e^{i2\pi\omega t}dt = \int_{-a/2}^{a/2} e^{i2\pi\omega t}dt = \left[\frac{e^{i2\pi\omega t}}{i2\pi\omega}\right]_{-a/2}^{a/2}$

$$= \frac{e^{i2\pi\omega a/2}-e^{i2\pi\omega a/2}}{i2\pi\omega} = \frac{1}{\pi\omega}\frac{e^{i\pi\omega a}-e^{-i\pi\omega a}}{2i} = \frac{1}{\pi\omega}\sin\pi\omega a = a\frac{\sin\pi\omega a}{\pi\omega a}$$

(2) $g(\omega) = \displaystyle\int_{-\infty}^{\infty} f(t)e^{i2\pi\omega t}dt = \int_{-a}^0 (a+t)e^{i2\pi\omega t}dt + \int_0^a (a-t)e^{i2\pi\omega t}dt$

$$= a\int_{-a}^0 e^{i2\pi\omega t}dt + \int_{-a}^0 te^{i2\pi\omega t}dt + a\int_0^a e^{i2\pi\omega t}dt - \int_0^a te^{i2\pi\omega t}dt$$

$$= a\left[\frac{e^{i2\pi\omega t}}{i2\pi\omega}\right]_{-a}^0 + I_1 + a\left[\frac{e^{i2\pi\omega t}}{i2\pi\omega}\right]_0^a - I_2 = a\frac{1-e^{-i2\pi\omega a}}{i2\pi\omega} + I_1 + a\frac{e^{i2\pi\omega a}-1}{i2\pi\omega} - I_2$$

ここで,

$$I_1 = \int_{-a}^0 te^{i2\pi\omega t}dt = \left[\frac{e^{i2\pi\omega t}}{i2\pi\omega}t\right]_{-a}^0 - \int_{-a}^0 \frac{e^{i2\pi\omega t}}{i2\pi\omega}dt = \frac{ae^{-i2\pi\omega a}}{i2\pi\omega} - \frac{1}{i2\pi\omega}\left[\frac{e^{i2\pi\omega t}}{i2\pi\omega}\right]_{-a}^0$$

$$= \frac{ae^{-i2\pi\omega a}}{i2\pi\omega} - \frac{1-e^{-i2\pi\omega a}}{(i2\pi\omega)^2}$$

$$I_2 = \int_0^a te^{i2\pi\omega t}dt = \left[\frac{e^{i2\pi\omega t}}{i2\pi\omega}t\right]_0^a - \int_0^a \frac{e^{i2\pi\omega t}}{i2\pi\omega}dt = \frac{ae^{i2\pi\omega a}}{i2\pi\omega} - \frac{1}{i2\pi\omega}\left[\frac{e^{i2\pi\omega t}}{i2\pi\omega}\right]_0^a$$

$$= \frac{ae^{i2\pi\omega a}}{i2\pi\omega} - \frac{e^{i2\pi\omega a}-1}{(i2\pi\omega)^2}$$

$$\therefore \quad g(\omega) = \frac{a(1-e^{-i2\pi\omega a})}{i2\pi\omega} + \frac{a(e^{i2\pi\omega a}-1)}{i2\pi\omega} + \frac{ae^{-i2\pi\omega a}}{i2\pi\omega}$$
$$-\frac{1-e^{-i2\pi\omega a}}{(i2\pi\omega)^2} - \frac{ae^{i2\pi\omega a}}{i2\pi\omega} + \frac{e^{i2\pi\omega a}-1}{(i2\pi\omega)^2}$$
$$= a^2 \frac{\sin^2 \pi\omega a}{(\pi\omega a)^2}$$

(3) $\displaystyle g(\omega) = \int_{-\infty}^{\infty} f(t)e^{i2\pi\omega t}dt = \frac{1}{a\sqrt{\pi}}\int_{-\infty}^{\infty} e^{-\frac{t^2}{a^2}} e^{i2\pi\omega t}dt.$ ここで,

$$I = \int_{-\infty}^{\infty} \exp\left(-\frac{t^2}{a^2} + i2\pi\omega t\right) dt = \int_{-\infty}^{\infty} \exp\left\{-\frac{1}{a^2}\left(t^2 - i2\pi\omega a^2 t\right)\right\} dt$$
$$= \int_{-\infty}^{\infty} \exp\left[-\frac{1}{a^2}\left\{(t - i\pi\omega a^2)^2 - (i\pi\omega a^2)^2\right\}\right] dt$$
$$= \int_{-\infty}^{\infty} \exp\left\{\frac{(i\pi\omega a^2)^2}{a^2}\right\} \exp\left\{-\frac{1}{a^2}(t - i\pi\omega a^2)^2\right\} dt$$
$$= \exp\left\{-\frac{(\pi\omega a^2)^2}{a^2}\right\} \int_{-\infty}^{\infty} \exp\left(-\frac{T}{a^2}\right) dT = \exp\left\{-(\pi\omega a)^2\right\} \sqrt{a^2\pi}$$

ただし, $t - i\pi\omega a = T, dt = dT$ と置換した. $\therefore \quad g(\omega) = \frac{1}{a\sqrt{\pi}} a\sqrt{\pi} e^{-\pi^2 a^2 \omega^2} = e^{-\pi^2 a^2 \omega^2}$

(4) $\displaystyle g(\omega) = \frac{a}{\pi} \int_{-\infty}^{\infty} \frac{1}{t^2+a^2} e^{i2\pi\omega t} dt$
$$= \frac{a}{\pi} \int_{-\infty}^{\infty} \frac{1}{t^2+a^2} \cos 2\pi\omega t\, dt + i \int_{-\infty}^{\infty} \frac{1}{t^2+a^2} \sin 2\pi\omega t\, dt$$
$$= \frac{a}{\pi} \int_{-\infty}^{\infty} \frac{1}{t^2+a^2} \cos 2\pi\omega t\, dt = \frac{2a}{\pi} \int_{0}^{\infty} \frac{1}{t^2+a^2} \cos 2\pi\omega t\, dt$$
$$= \frac{2a}{\pi} \frac{\pi}{2a} e^{-2\pi\omega a} = e^{-2\pi\omega a} \quad \text{[注]}$$

[注] 最後の積分には複素積分を用いる. 上半円 C 内の極は $z = ia$ だけだから, 留数は

$$\text{Res}(ia) = \lim_{t \to ia} (t-ia) \frac{1}{(t+ia)(t-ia)} e^{i\pi\omega t} = \frac{1}{2ia} e^{i2\pi\omega(ia)} = \frac{1}{2ia} e^{-2\pi\omega a}$$

$$I = \int_{-\infty}^{\infty} \frac{1}{t^2+a^2} \cos 2\pi\omega t\, dt = 2\int_{0}^{\infty} \frac{1}{t^2+a^2} \cos 2\pi\omega t\, dt = 2\pi i\, \text{Res}(ia)$$
$$= 2\pi i \frac{1}{2ia} e^{-2\pi\omega a} = \frac{\pi}{a} e^{-2\pi\omega a} \quad \therefore \int_{0}^{\infty} \frac{\cos 2\pi\omega t}{t^2+a^2} dt = \frac{\pi}{2a} e^{-2\pi\omega a}$$

[参考] フーリエ変換 $g(\omega) = \displaystyle\int_{-\infty}^{\infty} f(t)\exp(2\pi i\omega t)dt$ は通常は $g(\omega) = \displaystyle\int_{-\infty}^{\infty} f(t)\exp(-i\omega t)dt$ で定義するため, 他の著書とは結果が異なるところがある.

3.9 (1) $\displaystyle \frac{\partial^2 y}{\partial t^2} = \left(\frac{5}{2}\right)^2 \frac{\partial^2 y}{\partial x^2} \equiv c^2 \frac{\partial^2 y}{\partial x^2} \quad \left(c \equiv \frac{5}{2}\right)$ ①

$y(x,t) = F(2x+5t) + G(2x-5t) \equiv F(bx+at) + G(bx-at) \ (b \equiv 2, a \equiv 5)$ とおくと,

$$\frac{\partial y}{\partial t} = aF'(bx+at) - aG'(bx-at), \quad \frac{\partial^2 y}{\partial t^2} = a^2 F''(bx+at) + a^2 G''(bx-at)$$

$$\frac{\partial y}{\partial x} = bF'(bx+at) + bG'(bx-at), \quad \frac{\partial^2 y}{\partial x^2} = b^2 F''(bx+at) + b^2 G''(bx-at)$$

これらを(Ⅰ)に代入すると,

$$①の左辺 = a^2(F''+G'') = (5)^2(F''+G'')$$

$$①の右辺 = c^2 b^2(F''+G'') = \left(\frac{5}{2}\right)^2 (2)^2 (F''+G'') = (5)^2(F''+G'')$$

よって，(Ⅱ)が方程式(Ⅰ)の解である．

(2) $y(x,t) = X(x)T(t)$ とおき，(Ⅰ)に代入すると，

$$XT'' = c^2 X''T, \quad \frac{1}{c^2}\frac{T''}{T} = \frac{X''}{X} = -\lambda^2$$

とおくと ($0, +\lambda$ は不適),

$$X'' = -\lambda^2 X, \quad \alpha^2 = -\lambda^2, \quad \alpha = \pm i\lambda$$

$$X(x) = A_1 e^{i\lambda x} + A_2 e^{-i\lambda x} = A\cos\lambda x + B\sin\lambda x$$

境界条件より,

$$X(0) = 0 = A, \quad X(\pi) = B\sin\lambda\pi = 0, \quad \lambda\pi = n\pi, \quad \lambda = n \quad (n=1,2,\cdots)$$

∴ $X(x) = B\sin nx$

一方, $\dfrac{1}{c^2}\dfrac{T''}{T} = -n^2, \quad T'' = -(cn)^2 T, \quad \beta^2 = -(cn)^2, \quad \beta = \pm cni$

$$T(t) = C_1 e^{inct} + e^{-inct} = C\cos cnt + D\sin cnt$$

$$T'(t) = -cnC\sin cnt + cnD\cos cnt$$

初期条件より, $T'(0) = 0 = cnD, \quad D = 0, \quad T(t) = C\cos cnt$

∴ $X(x)T(t) = A_n \sin nx \cos cnt \equiv u_n$

重ね合わせの原理より,

$$y(x,t) = \sum_{n=1}^{\infty} u_n = \sum_{n=1}^{\infty} A_n \sin nx \cos cnt$$

$$y(x,0) = \sum_{n=1}^{\infty} A_n \sin nx = A_1 \sin x + A_2 \sin 2x + \cdots = \sin 2x$$

両辺の係数を比較すると, $A_1 = 0, A_2 = 1, A_n = 0 \ (n \geq 3)$

∴ $y(x,t) = \sin 2x \cos 2ct = \sin 2x \cos 2\dfrac{5}{2}t = \sin 2x \cos 5t$

［別解］ 境界条件を満足するように F, G を定めればよい．(Ⅱ)より,

$$y(x,0) = F(2x) + G(2x) = \sin 2x \qquad ②$$

$$y_t(x,t) = \frac{\partial y}{\partial t} = 5F'(2x+5t) - 5G'(2x-5t) = 0, \quad F'(2x) = G'(2x) \quad ③$$

③より，$y_t(x,0) = \dfrac{\partial y}{\partial t} = 5F'(2x) - 5G'(2x) = 0$

②を微分して，$2F'(2x) + 2G'(2x) = 2\cos 2x,\ F'(2x) + G'(2x) = \cos 2x$ ④

③，④より，$F'(2x) = G'(2x) = \dfrac{1}{2}\cos 2x$

$\therefore\ F(2x) = \dfrac{1}{2}\sin 2x + K_1,\quad G(2x) = \dfrac{1}{2}\sin 2x + K_2$

$\therefore\ y(x,t) = \dfrac{1}{2}\sin(2x+5t) + \dfrac{1}{2}\sin(2x-5t) + K_1 + K_2$

$y(0,t) = 0$ より，$K_1 + K_2 = 0$

$\therefore\ y(x,t) = \dfrac{1}{2}\sin(2x+5t) + \dfrac{1}{2}\sin(2x-5t) = \sin 2x\cos 5t$

3.10 (1) 部分積分を用いると，

$$\Gamma(p+1) = \int_0^\infty x^p e^{-x}dx = \left[\frac{e^{-x}}{-1}x^p\right]_0^\infty - \int_0^\infty \frac{e^{-x}}{-1}px^{p-1}dx$$
$$= p\int_0^\infty x^{p-1}e^{-x}dx = p\Gamma(p) \quad ①$$

(2) $x = r\cos\theta,\ y = r\sin\theta,\ dx/d\theta = -r\sin\theta,\ dy/d\theta = r\cos\theta,\ dxdy = r\,d\theta dr$ と置換すると，与積分は

$$I \equiv \int_{-\infty}^\infty\int_{-\infty}^\infty e^{-(x^2+y^2)}dxdy = \int_{r=0}^\infty\int_{\theta=0}^{2\pi} e^{-r^2}r\,d\theta dr = \int_0^\infty e^{-r^2}r\,dr\int_0^{2\pi}d\theta$$
$$= 2\pi\int_0^\infty e^{-R}\frac{dR}{2} = \pi\left[\frac{e^{-R}}{-1}\right]_0^\infty = \pi \quad ②$$

ただし，$r^2 = R,\ dR = 2r\,dr$ とおいた．②より，

$$I = \int_{-\infty}^\infty e^{-x^2}dx\int_{-\infty}^\infty e^{-y^2}dy = \pi,\quad \int_{-\infty}^\infty e^{-x^2}dx = \sqrt{\pi} \quad \therefore\ \int_0^\infty e^{-x^2}dx = \frac{\sqrt{\pi}}{2}$$

(3) 定義式より $\Gamma\left(\dfrac{1}{2}\right) = \displaystyle\int_0^\infty x^{-1/2}e^{-x}dx$

ここで，$x^{1/2} = X,\ x = X^2,\ \dfrac{dx}{dX} = 2X$ とおき，②を用いると，

$$\Gamma\left(\frac{1}{2}\right) = \int_0^\infty X^{-1}e^{-X^2}\cdot 2X\,dX = 2\int_0^\infty e^{-X^2}dX = 2\frac{\sqrt{\pi}}{2} = \sqrt{\pi}$$

(4) 定義式より $\Gamma(1) = \displaystyle\int_0^\infty e^{-x}dx = \left[\dfrac{e^{-x}}{-1}\right]_0^\infty = 1$．①より，

$\Gamma(2) = 1\Gamma(1),\ \cdots,\ \Gamma(n-1) = (n-2)\Gamma(n-2)$
$\Gamma(n) = (n-1)\Gamma(n-1) = (n-1)(n-2)\cdots 1\Gamma(1) = (n-1)!$

(5) 与式より, $\Gamma(p) = \lim_{n\to\infty} \int_0^n x^{p-1}\left(1-\dfrac{x}{n}\right)^n dx$ となる. $\dfrac{x}{n} = t, dx = n\,dt$ とおくと,

$$\Gamma(p) = \lim_{n\to\infty} \int_0^1 (nt)^{p-1}(1-t)^n n\,dt = \lim_{n\to\infty} n^p \int_0^1 t^{p-1}(1-t)^n dt$$

ここで, $B(p, n+1) = \int_0^1 t^{p-1}(1-t)^n dt$ とおくと,

$$B(p, n+1) = \left[(1-t)^n \dfrac{t^p}{p}\right]_0^1 + \int_0^1 n(1-t)^{n-1}\dfrac{t^p}{p}dt = \dfrac{n}{p}B(p+1, n)$$
$$= \cdots = \dfrac{n}{p}\dfrac{n-1}{p+1}\cdots \dfrac{1}{p+n-1}B(p+n, 1)$$

$$B(p+n, 1) = \int_0^1 t^{p+n-1}dt = \left[\dfrac{1}{p+n}t^{p+n}\right]_0^1 = \dfrac{1}{p+n}$$

∴ $\Gamma(p) = \lim_{n\to\infty} n^p B(p, n+1) = \lim_{n\to\infty} \dfrac{1\cdot 2 \cdots n}{p(p+1)(p+2)\cdots(p+n)}n^p$ ③

[参考] ③はガウスの公式と呼ばれる.

3.11 (1) (a)

$$\Gamma(x+1) = \int_0^\infty e^{-t}t^{x+1-1}dt = \int_0^\infty e^{-t}t^x dt = -\left[e^{-t}t^x\right]_0^\infty + \int_0^\infty e^{-t}xt^{x-1}dt$$
$$= 0 + x\int_0^\infty e^{-t}t^{x-1}dt = x\Gamma(x) \quad ①$$

(b) ①で $x \to n$ と置き換えると,

$$\Gamma(n+1) = n\Gamma(n) = n(n-1)\Gamma(n-1) = n(n-1)(n-2)\Gamma(n-2)$$
$$= \cdots = n(n-1)(n-2)\cdots 2\cdot 1\Gamma(1) = n(n-1)(n-2)\cdots 2\cdot 1 = n!$$

ただし, $\Gamma(1) = \int_0^\infty e^{-t}dt = -\left[e^{-t}\right]_0^\infty = 1$.

(2) (a) まず,

$$\int_a^b (u-a)^m(b-u)^n du \quad ②$$

を計算する. $u-a = (b-a)t, u = a+(b-a)t$ と変換すると,

$$\begin{cases} b-u = b-a-(b-a)t = (b-a)(1-t) \\ du = (b-a)dt \end{cases}$$

これらを②に代入すると,

$$\int_a^b (u-a)^m(b-u)^n du = \int_0^1 \{(b-a)t\}^m \{(b-a)(1-t)\}^n (b-a)dt$$

$$= (b-a)^{m+n+1} \int_0^1 t^m (1-t)^n dt = (b-a)^{m+n+1} B(m+1, n+1)$$
$$= (b-a)^{m+n+1} \frac{\Gamma(m+1)\Gamma(n+1)}{\Gamma(m+n+2)}$$

ここで, $a=-1, b=1$ とおくと,

$$\int_{-1}^1 (u+1)^m (1-u)^n du = (1+1)^{m+n+1} \frac{\Gamma(m+1)\Gamma(n+1)}{\Gamma(m+n+2)}$$
$$= 2^{m+n+1} \frac{m!n!}{(m+n+1)!} = I_1$$

（b） $\sin\theta = t$ とおくと, $dt/d\theta = \cos\theta = (1-t^2)^{1/2}, d\theta = dt/(1-t^2)^{1/2}$

一般に, $I \equiv \int_0^{\pi/2} \sin^n\theta \cos^m\theta\, d\theta = \int_0^1 t^n (1-t^2)^{\frac{m-1}{2}} dt$

ここで, $t^2 = s, t = \sqrt{s}$ とおくと, $ds/dt = 2t = 2\sqrt{s}, dt = ds/2\sqrt{s}$ だから,

$$I = \int_0^1 s^{\frac{n}{2}} (1-s)^{\frac{m-1}{2}} \frac{1}{2\sqrt{s}} ds = \frac{1}{2}\int_0^1 s^{\frac{n-1}{2}} (1-s)^{\frac{m-1}{2}} ds$$
$$= \frac{1}{2}\int_0^1 s^{\frac{n+1}{2}-1} (1-s)^{\frac{m+1}{2}-1} ds = \frac{1}{2} B\left(\frac{n+1}{2}, \frac{m+1}{2}\right)$$

ここで, $m=0$ とおくと, $\int_0^{\pi/2} \sin^n\theta\, d\theta = \frac{1}{2} B\left(\frac{n+1}{2}, \frac{1}{2}\right)$ ③

（c） 与式(III)より, $B\left(\frac{1}{2}, \frac{1}{2}\right) = \frac{\Gamma\left(\frac{1}{2}\right)\Gamma\left(\frac{1}{2}\right)}{\Gamma\left(\frac{1}{2}+\frac{1}{2}\right)} = \frac{\left\{\Gamma\left(\frac{1}{2}\right)\right\}^2}{\Gamma(1)} = \left\{\Gamma\left(\frac{1}{2}\right)\right\}^2$ ④

③で, $n=0$ とおくと, $\int_0^{\pi/2} d\theta = \frac{\pi}{2} = \frac{1}{2} B\left(\frac{1}{2}, \frac{1}{2}\right)$ ⑤

よって, ④ = ⑤より, $\pi = B\left(\frac{1}{2}, \frac{1}{2}\right) = \left\{\Gamma\left(\frac{1}{2}\right)\right\}^2 \quad \therefore \quad \Gamma\left(\frac{1}{2}\right) = \sqrt{\pi}$

（d） $\Gamma\left(n+\frac{1}{2}\right) = \Gamma\left(\frac{2n-1}{2}+1\right) = \frac{2n-1}{2}\Gamma\left(\frac{2n-1}{2}\right) = \frac{2n-1}{2}\Gamma\left(\frac{2n-3}{2}+1\right)$

$$= \frac{2n-1}{2}\frac{2n-3}{2}\Gamma\left(\frac{2n-5}{2}+1\right)\cdots\Gamma\left(\frac{1}{2}\right) = \frac{2n-1}{2}\frac{2n-3}{2}\cdots\frac{1}{2}\sqrt{\pi}$$

$$= \frac{2n}{2n}\frac{2n-1}{2}\frac{2n-2}{2n-2}\frac{2n-3}{2}\cdots\frac{2}{2}\frac{1}{2}\sqrt{\pi} = \frac{(2n)(2n-1)(2n-2)\cdots 2\cdot 1}{2^n n! \, 2^n}\sqrt{\pi} = \frac{(2n)!}{2^{2n}n!}\sqrt{\pi}$$

3.12 （1） （I）で $x=1$ とすると,

$$(1-2t+t^2)^{-1/2} = (1-t)^{-1} = \frac{1}{1-t} = \sum_{n=0}^\infty t^n = \sum_{n=0}^\infty P_n(1)t^n \quad \therefore \quad P_n(1) = 1$$

（2） $\{1-2(-x)t+t^2\}^{-1/2} = \sum_{n=0}^\infty P_n(-x)t^n = \{1-2x(-t)+t^2\}$

$$= \sum_{n=0}^\infty P_n(x)(-t)^n = \sum_{n=0}^\infty P_n(x)(-1)^n t^n$$

$\therefore\ P_n(-x) = (-1)^n P_n(x)$

(3) $\displaystyle\sum_{n=0}^{\infty} P_n(x)t^n = (1-2xt+t^2)^{-1/2}$ を t で微分し，$(1-2xt+t^2)$ を掛けると，

$$\text{右辺} = (1-2xt+t^2)\sum_{n=0}^{\infty} nt^{n-1}P_n(x)$$

$$= \sum_{n=0}^{\infty} nt^{n-1}P_n(x) - 2x\sum_{n=0}^{\infty} nt^n P_n(x) + \sum_{n=0}^{\infty} nt^{n+1}P_n(x)$$

$$= P_1(x) + \sum_{n=2}^{\infty} nt^{n-1}P_n(x) - \sum_{n=1}^{\infty} 2xnt^n P_n(x) + \sum_{n=1}^{\infty}(n-1)t^n P_{n-1}(x)$$

$$= P_1(x) + \sum_{n=1}^{\infty} t^n\{(n+1)P_{n+1}(x) - 2xnP_n(x) + (n-1)P_{n-1}(x)\} \quad \text{①}$$

$$\left(\because\ \sum_{n=2}^{\infty} nt^{n-1}P_n(x) = \sum_{n=1}^{\infty}(n+1)t^n P_{n+1}(x)\right)$$

$\text{左辺} = -\dfrac{1}{2}(1-2xt+t^2)^{-3/2}(-2x+2t)(1-2xt+t^2) = (x-t)(1-2xt+t^2)^{-1/2}$

$$= (x-t)\sum_{n=0}^{\infty} t^n P_n(x) = xP_0(x) + \sum_{n=1}^{\infty} xt^n P_n(x) - \sum_{n=0}^{\infty} t^{n+1}P_n(x)$$

$$= xP_0(x) + \sum_{n=1}^{\infty} xt^n P_n(x) - \sum_{n=1}^{\infty} t^n P_{n-1}(x) = xP_0(x) + \sum_{n=1}^{\infty} t^n(xP_n(x) - P_{n-1}(x)) \quad \text{②}$$

① $=$ ②，$P_0(x) = 1,\ P_1(x) = x$ を用いると[注]，

$$\sum_{n=0}^{\infty} t^n\{(n+1)P_{n+1}(x) - (2n+1)xP_n(x) + nP_{n-1}(x)\} = 0$$

これは任意の t について成立するから，

$$(n+1)P_{n+1}(x) - (2n+1)xP_n(x) + nP_{n-1}(x) = 0 \quad \to \text{(II)}$$

[注] (V) より，$\dfrac{dP_1}{dx} = P_0 = 1,\ P_1 = x$. または，(II) より，$P_1(x) - xP_0(x) = P_1(x) - x = 0$，$P_1(x) = x$

(4) (Ⅰ) を x で微分し，$(1-2xt+t^2)$ を掛けると，

$\text{左辺} = (1-2xt+t^2)\left(-\dfrac{1}{2}\right)(1-2xt+t^2)^{-3/2}(-2t) = t(1-2xt+t^2)^{-1/2}$

$$= t\sum_{n=0}^{\infty} P_n(x)t^n = \sum_{n=0}^{\infty} t^{n+1}P_n(x) = tP_0(x) + \sum_{n=1}^{\infty} t^{n+1}P_n(x) = t + \sum_{n=1}^{\infty} t^{n+1}P_n(x) \quad \text{③}$$

$$\text{右辺} = (1-2xt+t^2)\sum_{n=0}^{\infty} P_n'(x)t^n = \sum_{n=0}^{\infty} P_n'(x)t^n - 2xt\sum_{n=0}^{\infty} P_n'(x)t^n + t^2\sum_{n=0}^{\infty} P_n'(x)t^n$$

$$= P_0'(x) + \sum_{n=1}^{\infty} P_n'(x)t^n - \sum_{n=0}^{\infty} 2xP_n'(x)t^{n+1} + \sum_{n=0}^{\infty} P_n'(x)t^{n+2}$$

$$= P_1'(x)t + \sum_{n=2}^{\infty} P_n'(x)t^n - 2xP_0'(x)t - \sum_{n=1}^{\infty} 2xP_n'(x)t^{n+1} + P_0'(x)t^2 + \sum_{n=1}^{\infty} P_{n-1}'(x)t^{n+1}$$

$$= t + \sum_{n=1}^{\infty} t^{n+1} \left\{ P_{n+1}'(x) - 2xP_n'(x) + P_{n-1}'(x) \right\} \qquad ④$$

③ = ④ より, $P_n(x) = P_{n+1}'(x) - 2xP_n'(x) + P_{n-1}'(x)$

$$\frac{d}{dx}P_{n+1}(x) + \frac{d}{dx}P_{n-1}(x) = 2x\frac{d}{dx}P_n(x) + P_n(x) \quad \to \text{(III)} \qquad ⑤$$

ただし, $P_0'(x) = 0$, $P_1'(x) = 1$ を用いた.

(5) (a) (II)を x で微分すると,

$$(n+1)P_{n+1}'(x) - (2n+1)P_n(x) - (2n+1)xP_n'(x) + nP_{n-1}'(x) = 0 \qquad ⑥$$

(III) $\times n$ より,

$$nP_{n+1}'(x) + nP_{n-1}'(x) = 2nxP_n'(x) + nP_n(x) \qquad ⑦$$

⑥ $-$ ⑦ より, $P_{n+1}'(x) - (n+1)P_n(x) - xP_n'(x) = 0$,

$$\frac{d}{dx}P_{n+1}(x) = x\frac{d}{dx}P_n(x) + (n+1)P_n(x) \quad \to \text{(V)}$$

⑤ $\times (n+1)$ より,

$$(n+1)P_{n+1}'(x) + (n+1)P_{n-1}'(x) = 2(n+1)xP_n'(x) + (n+1)P_n(x) \qquad ⑧$$

⑧ $-$ ⑥ より,

$$(n+1)P_{n-1}'(x) + (2n+1)P_n(x) + (2n+1)xP_n(x) - nP_{n-1}(x)$$
$$= 2(n+1)xP_n'(x) + (n+1)P_n(x), \quad P_n'(x)(-x) + nP_n(x) + P_{n-1}'(x) = 0$$

$$\frac{d}{dx}P_{n-1}(x) = -nP_n(x) + x\frac{d}{dx}P_n(x) \quad \to \text{(IV)}$$

(b) (V) $-$ (IV) より,

$$\frac{d}{dx}P_{n+1} - \frac{d}{dx}P_{n-1} = x\frac{d}{dx}P_n + (n+1)P_n + nP_n - x\frac{d}{dx}P_n = (2n+1)P_n$$
$$\frac{d}{dx}P_{n+1} = \frac{d}{dx}P_{n-1} + (2n+1)P_n \qquad ⑨$$

(IV)を(III)に代入し, P_{n-1} を消去すると,

$$\frac{d}{dx}P_{n+1} - nP_n + x\frac{d}{dx}P_n = 2x\frac{d}{dx}P_n + P_n, \quad \frac{d}{dx}P_{n+1} = (n+1)P_n + x\frac{d}{dx}P_n \qquad ⑩$$

⑨を代入し, P_{n+1} を消去すると,

$$\frac{d}{dx}P_{n-1} + (2n+1)P_n = (n+1)P_n + x\frac{d}{dx}P_n, \quad \frac{d}{dx}P_{n-1} = -nP_n + x\frac{d}{dx}P_n \qquad ⑪$$

⑩で $n \to n-1$ とすると, $\dfrac{d}{dx}P_n = nP_{n-1} + x\dfrac{d}{dx}P_{n-1}$ ⑫

⑪, ⑫から P_{n-1} を消去する. ⑪を⑫に代入すると, $\dfrac{d}{dx}P_n = nP_{n-1} + x\left(-nP_n + x\dfrac{d}{dx}P_n\right)$

これを微分し, 再度⑪を代入し, P_{n-1} を消去すると,

$$\frac{d^2}{dx^2}P_n = n\frac{d}{dx}P_{n-1} + \left(-nP_n + x\frac{d}{dx}P_n\right) + x\left(-n\frac{d}{dx}P_n + \frac{d}{dx}P_n + \frac{d^2}{dx^2}P_n\right)$$

$$= -n(n+1)P_n + 2x\frac{d}{dx}P_n + x^2\frac{d^2}{dx^2}P_n$$

$$(1-x^2)\frac{d^2}{dx^2}P_n - 2x\frac{d}{dx}P_n + n(n+1)P_n = 0$$

ここで, $\dfrac{d}{dx}\left\{(1-x^2)\dfrac{dP_n}{dx}\right\} = -2x\dfrac{dP_n}{dx} + (1-x^2)\dfrac{d^2P_n}{dx^2}$ だから,

$$\frac{d}{dx}\left\{(1-x^2)\frac{d}{dx}P_n(x)\right\} + n(n+1)P_n(x) = 0 \quad \to (\text{VI})$$

[別解] ルジャンドル多項式がルジャンドル方程式を満たす証明には, ロドリグの公式を用いることが多い. (I)を用いる方法もある.（以下省略）

（c）(VI)を用いると, $\dfrac{d}{dx}[(x^2-1)P_n'] = n(n+1)P_n$

両辺に P_m を掛け, -1 から 1 まで部分積分すると,

$$n(n+1)\int_{-1}^{1}P_mP_n dx = \int_{-1}^{1}P_m\frac{d}{dx}\left\{(x^2-1)P_n'\right\}dx$$

$$= [P_m(x^2-1)P_n']_{-1}^{1} - \int_{-1}^{1}P_m'(x^2-1)P_n' dx = -\int_{-1}^{1}P_m'(x^2-1)P_n' dx$$

n と m は取り替えてもその値は変わらないから,

$$m(m+1)\int_{-1}^{1}P_nP_m dx = -\int_{-1}^{1}P_n'(x^2-1)P_m' dx$$

$$n(n+1)\int_{-1}^{1}P_mP_n dx = m(m+1)\int_{-1}^{1}P_mP_n dx \quad \therefore \int_{-1}^{1}P_n(x)P_m(x)dx = 0$$

3.13 (1) $a > 0$ のとき, $ax = X, dX = a\,dx$ とおくと,

$$\int_{-\infty}^{\infty}f(x)\delta(ax)dx = \int_{-\infty}^{\infty}f\left(\frac{X}{a}\right)\delta(X)\frac{dX}{a} = \frac{1}{a}\int_{-\infty}^{\infty}f\left(\frac{X}{a}\right)\delta(X)dX$$

$$= \frac{1}{a}f(0) = \frac{1}{a}\int_{-\infty}^{\infty}f(x)\delta(x)dx$$

$a = -a' < 0$ のとき, $-a'x = Y, dY = -a'dx$ とおくと,

$$\int_{-\infty}^{\infty} f(x)\delta(-a'x)dx = \int_{\infty}^{-\infty} f\left(-\frac{Y}{a'}\right)\delta(Y)\frac{dY}{-a'} = \frac{1}{a'}f(0) = -\frac{1}{a}f(0)$$
$$= -\frac{1}{a}\int_{-\infty}^{\infty} f(x)\delta(x)dx \qquad \therefore \quad \delta(ax) = \frac{1}{|a|}\delta(x)$$

［別解］ $\delta(ax) = \delta(|a|x)$ は明らかだから, $\delta(|a|x) = |a|^{-1}\delta(x)$ を証明すればよい. $|a|x = t$, $dt = |a|\,dx$ とおき, $\varphi(x)$ を掛け, 積分すると,

$$\text{左辺} = \int_{-\infty}^{\infty} \delta(|a|x)\varphi(x)dx = \int_{-\infty}^{\infty} \delta(t)\varphi(|a|^{-1}t)\frac{dt}{|a|} = |a|^{-1}\varphi(|a|^{-1}0) = |a|^{-1}\varphi(0)$$

$$\text{右辺} = \int_{-\infty}^{\infty} |a|^{-1}\delta(x)\varphi(x)dx = |a|^{-1}\varphi(0) \qquad \therefore \quad \delta(ax) = \frac{1}{|a|}\delta(x)$$

(2) $g(x)$ を $g(x) = 0$ の根 x_i の周りでテイラー展開すると,

$$g(x) \cong g(x_i) + \left.\frac{dg}{dx}\right|_{x=x_i}(x - x_i)$$

ゆえに,

$$\int_{-\infty}^{\infty} f(x)\delta\left(z - g(x)\right)dx = \sum_i \int_{-\infty}^{\infty} f(x)\delta\left(z - g(x_i) - \left.\frac{dg}{dx}\right|_{x=x_i}(x - x_i)\right)dx$$

$$\cong \sum_i \int_{-\infty}^{\infty} f(x)\delta\left(-\left.\frac{dg}{dx}\right|_{x=x_i}(x - x_i)\right)dx = \sum_i \int_{-\infty}^{\infty} f(x)\delta\left(\left.\frac{dg}{dx}\right|_{x=x_i}(x - x_i)\right)$$

$$= \sum_i \int_{-\infty}^{\infty} \frac{1}{\left|\left.\frac{dg}{dx}\right|_{x=x_i}\right|} f(x)\delta(x - x_i)dx \qquad \therefore \quad \delta(z - g(x)) = \sum_i \delta(x - x_i)\frac{1}{|g'(x_i)|}$$

(3) 左辺は, $(x-a)(x-b) = t$ とおくと, $x^2 - (a+b)x + (ab - t) = 0$,

$$x = \frac{a+b \pm \sqrt{(a+b)^2 - 4(ab-t)}}{2} = \frac{a+b}{2} \pm \sqrt{t + \frac{(a-b)^2}{4}}, \quad \frac{dx}{dt} = \pm\frac{1}{\sqrt{4t + (a-b)^2}}$$

だから,

$$\int_{-\infty}^{\infty} \delta((x-a)(x-b))\varphi(x)dx = \left(\int_{-\infty}^{\frac{a+b}{2}} + \int_{\frac{a+b}{2}}^{\infty}\right)\delta((x-a)(x-b))\varphi(x)dx$$

$$= \int_{-\frac{(a-b)^2}{2}}^{\infty} \delta(t)\left\{\varphi\left(\frac{a+b}{2} - \sqrt{t + \frac{(a-b)^2}{4}}\right)\right.$$

$$\left.+ \varphi\left(\frac{a+b}{2} + \sqrt{t + \frac{(a-b)^2}{4}}\right)\right\} \frac{dt}{\sqrt{4t + (a-b)^2}}$$

$$= \frac{1}{|a-b|}(\varphi(a) + \varphi(b))$$

右辺は $\dfrac{1}{|a-b|}\displaystyle\int_{-\infty}^{\infty} (\delta(x-a) + \delta(x-b))\varphi(x)dx = \dfrac{1}{|a-b|}(\varphi(a) + \varphi(b))$

$$\therefore \quad \delta((x-a)(x-b)) = |a-b|^{-1}(\delta(x-a) + \delta(x-b))$$

3.14 (1) 与式より，

$$f_1(x) = \frac{d}{dx}(x^2-1) = 2x$$

$$f_2(x) = \frac{d^2}{dx^2}(x^2-1)^2 = \frac{d}{dx}\{2(x^2-1)(2x)\} = 4\{2xx + (x^2-1)\} = 4(3x^2-1)$$

$$f_3(x) = \frac{d^3}{dx^3}(x^2-1)^3 = \frac{d^2}{dx^2}\{3(x^2-1)^2(2x)\} = 6\frac{d^2}{dx^2}\{(x^2-1)^2 x\}$$

$$= 6\frac{d}{dx}\{2(x^2-1)(2x)x + (x^2-1)^2\} = 6\frac{d}{dx}\{4(x^2-1)x^2 + (x^2-1)^2\}$$

$$= 6\{4(2x)x^2 + 4(x^2-1)(2x) + 2(x^2-1)(2x)\} = 24x(5x^2-3)$$

(2)（i） $m = n$ のとき，

$$f_n(x) = \frac{d^n}{dx^n}(x^2-1)^n \equiv 2^n n! P_n(x), \quad F(x) = (x^2-1)^n, \quad f_n \equiv F^{(n)} \ [注]$$

とおくと，

$$C = \int_{-1}^{1} \{f_n(x)\}^2 dx = (2^n n!)^2 \int_{-1}^{1} \{P_n\}^2 dx = 2^n n! \int_{-1}^{1} P_n F^{(n)} dx$$

$$2^n n! \int_{-1}^{1} \{P_n(x)\}^2 dx = \int_{-1}^{1} P_n(x) F^{(n)}(x) dx$$

これに部分積分を繰り返して，

$$2^n n! \int_{-1}^{1} \{P_n(x)\}^2 dx$$

$$= [P_n F^{(n-1)} - P_n' F^{(n-2)} + \cdots + (-1) P_n^{(n-1)} F]_{-1}^{1} + (-1)^n \int_{-1}^{1} P_n^{(n)} F \, dx$$

$$= (-1)^n \frac{(2n)!}{2^n n!} \int_{-1}^{1} (x^2-1)^n dx \quad (\because 注)$$

$$= (-1)^n \frac{(2n)!}{2^n n!} \int_{-1}^{1} (-1)^n (1-x^2)^n dx = \frac{(2n)!}{2^n n!} \int_{-1}^{1} (1-x^2)^n dx$$

$$= \frac{(2n)!}{2^n n!} 2^{2n+1} \frac{n! n!}{(2n+1)!} \quad (\because 与式)$$

$$\therefore \quad C = 2^n n! \frac{(2n)!}{2^n n!} 2^{2n+1} \frac{n! n!}{(2n+1)!} = 2 \frac{(2n)!}{(2n+1)!} (2^n n!)^2$$

[注] $P_n^{(n)} = \frac{1}{2^n n!} \frac{d^{2n}}{dx^{2n}}(x^2-1)^n = \frac{1}{2^n n!} \frac{d^{2n}}{dx^{2n}}(x^{2n} + \cdots) \cong \frac{1}{2^n n!} \frac{d^{2n-1}}{dx^{2n-1}}(2nx^{2n-1})$

$$= \frac{2n}{2^n n!} \frac{d^{2n-1}}{dx^{2n-1}}(x^{2n-1}) = \frac{2n}{2^n n!} \frac{d^{2n-2}}{dx^{2n-2}}(2n-1)x^{2n-2} = \frac{2n(2n-1)}{2^n n!} \frac{d^{2n-2}}{dx^{2n-2}} x^{2n-2}$$

$$= \cdots = \frac{(2n)(2n-1)\cdots \frac{d}{dx} x}{2^n n!} = \frac{(2n)(2n-1)\cdots 1}{2^n n!} = \frac{(2n)!}{2^n n!}$$

（ii） $m \neq n$ のとき，$f_m(x) = \dfrac{d^m}{dx^m}(x^2-1)^m = \dfrac{d^m}{dx^m}(x^{2m}+\cdots) \simeq x^m$

よって，$\displaystyle\int_{-1}^{1} x^m f_n(x)dx = 0$ を証明すればよい．与式より，

$$\int_{-1}^{1} x^m f_n(x)dx = \int_{-1}^{1} x^m \frac{d^n}{dx^n}(x^2-1)^n dx$$

$m < n$ の場合を考えて，これに部分積分を行うと，

$$\int_{-1}^{1} x^m f_n(x)dx = \left[x^m \frac{d^{n-1}}{dx^{n-1}}(x^2-1)^n \right]_{-1}^{1} - \int_{-1}^{1} mx^{m-1}\frac{d^{n-1}}{dx^{n-1}}(x^2-1)^n dx$$

設問(1)から分かるように，$\left.\dfrac{d^k}{dx^k}(x^2-1)^n\right|_{x=\pm 1} = 0 \ (0 \leq k < n-1)$ だから，部分積分を繰り返すと，常に第 1 項 = 0．また，$(x^{m-1})^{(m)} = 0$ だから，第 2 項 = 0．結局，$\displaystyle\int_{-1}^{1} x^m f_n(x)dx = 0$，したがって，$\displaystyle\int_{-1}^{1} f_m(x)f_n(x)dx = 0 \ (n \neq m)$．

［注］ $P_n(x) = \dfrac{1}{2^n n!}\dfrac{d^n}{dx^n}(x^2-1)^n$ はロドリグの公式と呼ばれる．

［別解］ $m > n$ とすると，

$$\int_{-1}^{1} \frac{d^m(x^2-1)^m}{dx^m}\frac{d^n(x^2-1)^n}{dx^n}dx$$
$$= \left[\frac{d^{m-1}(x^2-1)^m}{dx^{m-1}}\frac{d^n(x^2-1)^n}{dx^n} \right]_{-1}^{1} - \int_{-1}^{1}\frac{d^{m-1}(x^2-1)^m}{dx^{m-1}}\frac{d^{n+1}(x^2-1)^n}{dx^{n+1}}dx$$
$$= (-1)^1 \int_{-1}^{1}\frac{d^{m-1}(x^2-1)^m}{dx^{m-1}}\frac{d^{n+1}(x^2-1)^n}{dx^{n+1}}dx$$
$$= (-1)^2 \int_{-1}^{1}\frac{d^{m-2}(x^2-1)^m}{dx^{m-2}}\frac{d^{n+2}(x^2-1)^n}{dx^{n+2}}dx = \cdots$$
$$= (-1)^m \int_{-1}^{1}(x^2-1)^m \frac{d^{n+m}(x^2-1)^n}{dx^{n+m}}dx = 0$$

$m < n$ のときも同様．

3.15 (1) テイラー展開公式より，

$$F(x, y+k\eta, y'+k\eta') = F(x,y,y') + \frac{\partial F(x, y+k\eta, y'+k\eta')}{\partial y}\left.\frac{\partial (y+k\eta)}{\partial k}\right|_{k=0} k$$
$$+ \frac{\partial F(x, y+k\eta, y'+k\eta')}{\partial y'}\left.\frac{\partial (y'+k\eta')}{\partial k}\right|_{k=0} k + O(k^2)$$
$$= F(x,y,y') + k\left\{ \frac{\partial F(x, y+k\eta, y'+k\eta')}{\partial y}\eta(x) + \frac{\partial F(x, y+k\eta, y'+k\eta')}{\partial y'}\eta'(x) \right\}$$
$$+ O(k^2)$$

$|k| \ll 1$ のとき，

$$\delta I = I(Y) - I(y) \cong k \int_{x_1}^{x_2} \left\{ \frac{\partial F(x,y,y')}{\partial y} \eta(x) + \frac{\partial F(x,y,y')}{\partial y'} \eta'(x) \right\} \quad (\text{第 1 変分}) \quad ①$$

ただし，$\eta'(x)$ は $\eta(x)$ の微分．

(2) $I(y)$ が極値をとる必要条件は $\partial I/\partial k|_{k=0} = 0$ だから，

$$\int_{x_1}^{x_2} \left\{ \frac{\partial F(x,y,y')}{\partial y} \eta(x) + \frac{\partial F(x,y,y')}{\partial y'} \eta'(x) \right\} dx = 0 \quad ②$$

両端条件 $\eta(x_1) = \eta(x_2) = 0$ を考慮し，②の第 2 項を部分積分すると，

$$\int_{x_1}^{x_2} \frac{\partial F(x,y,y')}{\partial y'} \eta'(x) dx = \left[\frac{\partial F(x,y,y')}{\partial y'} \eta(x) \right]_{x_1}^{x_2} - \int_{x_1}^{x_2} \frac{d}{dx} \left(\frac{\partial F(x,y,y')}{\partial y'} \right) \eta(x) dx$$

$$= -\int_{x_1}^{x_2} \frac{d}{dx} \frac{\partial F(x,y,y')}{\partial y'} \eta(x) dx \quad ③$$

③を①に代入し，整理すると，

$$\int_{x_1}^{x_2} \left\{ \frac{\partial F}{\partial y} \eta(x) \right\} dx - \int_{x_1}^{x_2} \left\{ \frac{d}{dx} \frac{\partial F}{\partial y'} \eta(x) \right\} dx$$

$$= \int_{x_1}^{x_2} \left\{ \frac{\partial F(x,y,y')}{\partial y} - \frac{d}{dx} \frac{\partial F(x,y,y')}{\partial y'} \right\} \eta(x) dx = 0$$

この式は任意の $\eta(x)$ について成立しなければならないから，

$$\frac{\partial F(x,y,y')}{\partial y} - \frac{d}{dx} \frac{\partial F(x,y,y')}{\partial y'} = 0 \quad (\text{オイラー・ラグランジュ方程式}) \quad ④$$

(3) $y(x_1) = y_1$ のみしか与えられていないので，②の第 2 項は

$$\int_{x_1}^{x_2} \frac{\partial F(x,y,y')}{\partial y'} \eta(x) dx = \left[\frac{\partial F(x,y,y')}{\partial y'} \eta(x) \right]_{x_1}^{x_2} - \int_{x_1}^{x_2} \frac{d}{dx} \frac{\partial F(x,y,y')}{\partial y'} \eta(x) dx$$

$$= \left. \frac{\partial F(x,y,y')}{\partial y'} \eta(x) \right|_{x=x_2} - \left. \frac{\partial F(x,y,y')}{\partial y'} \eta(x) \right|_{x=x_1} - \int_{x_1}^{x_2} \frac{d}{dx} \frac{\partial F(x,y,y')}{\partial y'} \eta(x) dx$$

$$= \left. \frac{\partial F(x,y,y')}{\partial y'} \eta(x) \right|_{x=x_2} - \int_{x_1}^{x_2} \frac{d}{dx} \frac{\partial F(x,y,y')}{\partial y'} \eta(x) dx \quad ⑤$$

⑤を④に代入すると，極小条件は

$$\int_{x_1}^{x_2} \left\{ \frac{\partial F(x,y,y')}{\partial y} - \frac{d}{dx} \frac{\partial F(x,y,y')}{\partial y'} \right\} \eta(x) dx + \left. \frac{\partial F(x,y,y')}{\partial y'} \eta(x) \right|_{x=x_2} = 0 \quad ⑥$$

⑥が成立するためには，各項が 0 でなければならないから，

$$\begin{cases} \dfrac{\partial F(x,y,y')}{\partial y'} - \dfrac{d}{dx} \dfrac{\partial F(x,y,y')}{\partial y'} = 0 \\ \text{かつ} \left. \dfrac{\partial F(x,y,y')}{\partial y'} \right|_{x=x_2} = 0 \end{cases} \quad ⑦$$

(4) $F(x, y, y') = y'^2 + y^2$, $x_1 = 0$, $x_2 = 1$, $y(x_1) = y(0) = 1$ のとき,

$$\frac{\partial F}{\partial y} = 2y, \quad \frac{\partial F}{\partial y'} = 2y' \qquad \text{⑧}$$

⑧を⑦に代入すると,

$$2y - \frac{d}{dx}(2y') = 0, \quad y'' = y \qquad \text{⑨}$$
$$2y' = 0, \quad y'(x_2) = y'(1) = 0$$

⑨を解くと, $y = Ae^x + Be^{-x}$, $y' = Ae^x - Be^{-x}$. 両端条件より,

$$y(0) = A + B = 1, \quad B = 1 - A, \quad y'(1) = Ae - Be^{-1} = Ae - (1-A)e^{-1} = 0$$
$$A = \frac{1}{e^2 + 1}, \quad B = \frac{e^2}{e^2 + 1} \qquad \therefore \quad y = \frac{1}{e^2 + 1}(e^x + e^2 e^{-x})$$

■第 4 編の解答

4.1 $w = \dfrac{z+1}{z-1}$ を z について解くと, $w(z-1) = z+1$, $z = \dfrac{w+1}{w-1}$

$|z| < 1$ (単位円の内部) のとき,

$$\left|\frac{w+1}{w-1}\right| < 1, \quad |w+1| < |w-1| \qquad \text{①}$$

ここで, $w = u + iv$ とおき, ①に代入すると,

$$|u+iv+1| < |u+iv-1|, \quad \sqrt{(u+1)^2 + v^2} < \sqrt{(u-1)^2 + v^2}$$
$$4u < 0 \qquad \therefore \quad \text{Re}\, w < 0 \text{ (左半面) に写像される.}$$

次に, $\text{Re}\, z > 0$ のとき,

$$\text{Re}\left(\frac{w+1}{w-1}\right) = \text{Re}\left(\frac{u+iv+1}{u+iv-1}\right) = \text{Re}\left\{\frac{(u+1)+iv}{(u-1)+iv}\right\}$$
$$= \text{Re}\left[\frac{\{(u+1)+iv\}\{(u-1)-iv\}}{(u-1)^2 + v^2}\right] = \text{Re}\left\{\frac{(u^2-1)+v^2 + iv(u-1-u-1)}{(u-1)^2 + v^2}\right\}$$
$$= \frac{(u^2-1)+v^2}{(u-1)^2 + v^2} < 0$$
$$u^2 - 1 + v^2 < 0 \qquad \therefore \quad u^2 + v^2 < 1 \text{ なる円の内部に写像される.}$$

4.2 (1) z が C の内部にあるとき, 一般に

$$f(z) = \frac{1}{2\pi i} \oint_C \frac{f(\zeta)}{\zeta - z} d\zeta \to f^{(n)}(z) = \frac{n!}{2\pi i} \oint_C \frac{f(\zeta)}{(\zeta - z)^{n+1}} d\zeta \qquad \text{①}$$

$f(z) = 1$ は C_1 上と C_1 内で正則で, $z = z_0$ を C_1 内に含むから, ①の $n = 0$ の場合より,

$$I_1 = \oint_{C_1} \frac{1}{z - z_0} dz = 2\pi i f(z_0) = 2\pi i \qquad \text{②}$$

(2) $\dfrac{z}{z^2+1} = \dfrac{z}{(z+i)(z-i)} = \dfrac{1}{2}\left(\dfrac{1}{z+i} + \dfrac{1}{z-i}\right)$ を用いると，

$$I_2 = \dfrac{1}{2}\left(\oint_{C_2} \dfrac{dz}{z+i} + \oint_{C_2} \dfrac{dz}{z-i}\right)$$

$z = \pm i$ は C_2 内の点であり，$f(z) = 1$ とすると，$\oint_{C_2} \dfrac{dz}{z-i} = 2\pi i f(i) = 2\pi i$

同様にして，$\oint_{C_2} \dfrac{dz}{z+i} = 2\pi i f(-i) = 2\pi i$ $\therefore\ I_2 = \dfrac{1}{2}(2\pi i + 2\pi i) = 2\pi i$

4.3 (1) 以下，$\log_e = \log$ とする．$f(z) = \dfrac{\log(z+i)}{z^2+1} = \dfrac{\log(z+i)}{(z+i)(z-i)}$，極：$z = \pm i$

($\mathrm{Im}(z) > 0$ の) 留数は，

$$\mathrm{Res}(i) = \lim_{z \to i}(z-i)\dfrac{\log(z+i)}{(z+i)(z-i)} = \dfrac{\log(2i)}{2i} = \dfrac{\log(2e^{i\frac{\pi}{2}})}{2i} = \dfrac{\log_e 2 + i\frac{\pi}{2}}{2i}$$

(2) 留数定理より，

$$\oint_C f(z)dz = \int_{-R}^{R} \dfrac{\log(x+i)}{x^2+1}dx + \int_{C_1} \dfrac{\log(z+i)}{z^2+1}dz = 2\pi i \dfrac{\log 2 + i\frac{\pi}{2}}{2i} = \pi \log 2 + \dfrac{1}{2}\pi^2 i$$

すなわち，$\displaystyle\int_{-R}^{0} \dfrac{\log(x+i)}{x^2+1}dx + \int_{0}^{R} \dfrac{\log(x+i)}{x^2+1}dx + \int_{C_1} \dfrac{\log(z+i)}{z^2+1}dz = \pi \log 2 + \dfrac{1}{2}\pi^2 i$

第1項で，$x \to -X$, $dx = -dX$ と置換すると，

$$\int_{R}^{0} \dfrac{\log(-X+i)}{X^2+1}(-dX) + \int_{0}^{R} \dfrac{\log(x+i)}{x^2+1}dx + \int_{C_1} \dfrac{\log(z+i)}{z^2+1}dz = \pi \log 2 + \dfrac{1}{2}\pi^2 i$$

$$\int_{0}^{R} \dfrac{\log(i-X)}{X^2+1}dX + \int_{0}^{R} \dfrac{\log(x+i)}{x^2+1}dx + \int_{C_1} \dfrac{\log(z+i)}{z^2+1}dz = \pi \log 2 + \dfrac{1}{2}\pi^2 i$$

$$\int_{0}^{R} \dfrac{\log(i-x)}{x^2+1}dx + \int_{0}^{R} \dfrac{\log(x+i)}{x^2+1}dx + \int_{C_1} \dfrac{\log(z+i)}{z^2+1}dz = \pi \log 2 + \dfrac{1}{2}\pi^2 i$$

$$\int_{0}^{R} \dfrac{\log(i^2-x^2)}{x^2+1}dx + \int_{C_1} \dfrac{\log(z+i)}{z^2+1}dz = \pi \log 2 + \dfrac{1}{2}\pi^2 i$$

$$\int_{0}^{R} \dfrac{\log\{-(x^2+1)\}}{x^2+1}dx + \int_{C_1} \dfrac{\log(z+i)}{z^2+1}dz = \pi \log 2 + \dfrac{1}{2}\pi^2 i$$

$$\int_{0}^{R} \dfrac{\log(x^2+1)}{x^2+1}dx + i\pi \int_{0}^{R} \dfrac{1}{x^2+1}dx + \int_{C_1} \dfrac{\log(z+i)}{z^2+1}dz = \pi \log 2 + \dfrac{1}{2}\pi^2 i$$

(3) C_1 上では，$z = Re^{i\theta}$, $dz = iRe^{i\theta}d\theta$ だから，

$$\left|\int_{C_1} \dfrac{\log(z+i)}{z^2+1}dz\right| = \left|\int_{0}^{\pi} \dfrac{\log(Re^{i\theta}+i)}{R^2e^{i2\theta}+1}iRe^{i\theta}d\theta\right|$$

$$\leq \int_0^\pi \frac{\left|\log(Re^{i\theta}+i)\right|}{\left|R^2 e^{i2\theta}+1\right|} \left|iRe^{i\theta}d\theta\right| < \pi R \frac{\log(R+1)+\frac{3\pi}{2}}{R^2-1} \qquad ①$$

(4) ($\mathrm{Im}(z) < 0$ の) 留数は,

$$\mathrm{Res}(-i) = \lim_{z\to -i}(z+i)\frac{\log(z-i)}{(z+i)(z-i)} = \frac{\log(-i-i)}{-2i} = \frac{\log(-2i)}{-2i} = \frac{\log(2e^{-i\frac{\pi}{2}})}{-2i}$$

$$= \frac{\log 2 - i\frac{\pi}{2}}{-2i} = -\frac{\log 2}{2i} + \frac{1}{2}\frac{\pi}{2}$$

$$\oint_\Gamma g(z)dz = \oint_\Gamma \frac{\log(z-i)}{z^2+1}dz = \int_R^0 \frac{\log(x-i)}{x^2+1}dx + \int_0^{-R}\frac{\log(x-i)}{x^2+1}dx + \int_{\Gamma_1}\frac{\log(z-i)}{z^2+1}$$

$$= 2\pi i \frac{\log 2 - i\frac{\pi}{2}}{-2i} = -\pi\log 2 + i\frac{\pi^2}{2}$$

右辺第 2 項で, $x = -X$, $dx = -dX$ とおくと,

$$\int_R^0 \frac{\log(x-i)}{x^2+1}dx + \int_0^R \frac{\log(-X-i)}{X^2+1}(-dX) + \int_{\Gamma_1}\frac{\log(z-i)}{z^2+1}$$

$$= -\int_0^R \frac{\log(x-i)}{x^2+1}dx - \int_0^R \frac{\log(-x-i)}{x^2+1}dx + \int_{\Gamma_1}\frac{\log(z-i)}{z^2+1}$$

$$= -\left[\int_0^R \frac{\log(x-i)}{x^2+1}dx + \int_0^R \frac{\log\{-(x+i)\}}{x^2+1}dx\right] + \int_{\Gamma_1}\frac{\log(z-i)}{z^2+1}$$

$$= -\left[\int_0^R \frac{\log\{-(x+i)(x-i)\}}{x^2+1}dx\right] + \int_{\Gamma_1}\frac{\log(z-i)}{z^2+1}$$

$$= -\int_0^R \frac{\log\{-(x^2+1)\}}{x^2+1}dx + \int_{\Gamma_1}\frac{\log(z-i)}{z^2+1}$$

$$= -\left\{\int_0^R \frac{\log(x^2+1)}{x^2+1}dx + i\pi\int_0^R \frac{dx}{x^2+1}\right\} + \int_{\Gamma_1}\frac{\log(z-i)}{z^2+1} = -\pi\log 2 + i\frac{\pi^2}{2}$$

(5) ①より, ロピタルの定理を用いると,

$$\left|\int_{C_1}\frac{\log(z+i)}{z^2+1}dz\right| \to \lim_{R\to\infty}\pi\frac{R\log(R+1)+\frac{3\pi}{2}R}{R^2-1}$$

$$= \lim_{R\to\infty}\pi\frac{\log(R+1)+R\frac{1}{R+1}+\frac{3\pi}{2}}{2R} = \lim_{R\to\infty}\pi\frac{(R+1)\log(R+1)+R+\frac{3\pi}{2}(R+1)}{2R(R+1)}$$

$$= \lim_{R\to\infty}\pi\frac{\log(R+1)+(R+1)\frac{1}{R+1}+1+\frac{3\pi}{2}}{2(2R+1)} = \lim_{R\to\infty}\pi\frac{\frac{1}{R+1}}{4} \to 0$$

同様にして, $\left|\int_{\Gamma_1}\frac{\log(z+i)}{z^2+1}dz\right| \to 0$

よって, いずれの場合も, 両辺の実部をとると,

$$\lim_{R\to\infty}\int_0^R \frac{\log(x^2+1)}{x^2+1}dx = \int_0^\infty \frac{\log(x^2+1)}{x^2+1}dx = \pi\log_e 2 \qquad ②$$

(6) ②に, $x=\tan\theta$, $\dfrac{dx}{d\theta} = \dfrac{d}{d\theta}\dfrac{\sin\theta}{\cos\theta} = \dfrac{\cos\theta\cos\theta+\sin\theta\sin\theta}{\cos^2\theta} = \sec^2\theta$ を代入すると,

$$\int_0^\infty \frac{\log(x^2+1)}{x^2+1}dx = \int_0^{\pi/2} \frac{\log(\tan^2\theta+1)}{\tan^2\theta+1}\sec^2\theta\,d\theta = \int_0^{\pi/2} \frac{\log(\sec^2\theta)}{\sec^2\theta}\sec^2\theta\,d\theta$$

$$= -2\int_0^{\pi/2}\log(\cos\theta)d\theta = \pi\log_e 2 \quad \therefore \quad \int_0^{\pi/2}\log_e(\cos\theta)d\theta = -\frac{\pi}{2}\log_e 2 \qquad ③$$

[参考] ③で, $\theta = \frac{\pi}{2}-\varphi$ と置けば, $-\int_{\pi/2}^0 \log_e(\sin\varphi)d\varphi = \int_0^{\pi/2}\log_e(\sin\varphi)d\varphi = -\frac{\pi}{2}\log_e 2$

4.4 (1) 与式を部分分数に分解すると

$$f(z) = \frac{1}{(z-1)z(z+2)} = \frac{1}{3}\frac{1}{z-1} - \frac{1}{2}\frac{1}{z} + \frac{1}{6}\frac{1}{z+2}$$

$|\alpha|<1$ のとき, $\dfrac{1}{1-\alpha} = 1+\alpha+\alpha^2+\cdots = \sum_{n=0}^\infty \alpha^n$ (等比級数) だから, $1<|z-1|<3$ のとき

$$\frac{1}{z} = \frac{1}{z-1+1} = \frac{1}{(z-1)+1} = \frac{1}{(z-1)\left(1-\frac{-1}{z-1}\right)} = \frac{1}{z-1}\sum_{n=0}^\infty \left(\frac{-1}{z-1}\right)^n$$

$$\frac{1}{z+2} = \frac{1}{z-1+1+2} = \frac{1}{(z-1)+3} = \frac{1}{3\left(1-\frac{-(z-1)}{3}\right)} = \frac{1}{3}\sum_{n=0}^\infty \left\{\frac{-(z-1)}{3}\right\}^n$$

$$\therefore\quad f(z) = -\frac{1}{2}\frac{1}{z-1}\sum_{n=0}^\infty \left(\frac{-1}{z-1}\right)^n + \frac{1}{3}\frac{1}{z-1} + \frac{1}{18}\sum_{n=0}^\infty \left\{\frac{-(z-1)}{3}\right\}^n$$

(2) $|z-1|=2$ の中心 $z=1$, 半径 2 の円内にある極は $z=0,1$ のみだから, 留数は

$$\mathrm{Res}(0) = \lim_{z\to 0} z\frac{1}{(z-1)z(z+2)} = -\frac{1}{2}, \quad \mathrm{Res}(1) = \lim_{z\to 1}(z-1)\frac{1}{(z-1)z(z+2)} = \frac{1}{3}$$

$$\therefore\quad \int_C f(z)dz = 2\pi i\left(\frac{1}{3}-\frac{1}{2}\right) = \frac{-\pi i}{3}$$

4.5 (1) 与式の分母を因数分解すると,

$$z^4+1 = (z^2+i)(z^2-i) = (z^2+e^{i\frac{\pi}{2}})(z^2-e^{i\frac{\pi}{2}}) = \left\{z^2-(-e^{i\frac{\pi}{2}})\right\}(z+e^{i\frac{\pi}{4}})(z-e^{i\frac{\pi}{4}})$$

$$= (z^2-e^{i\pi}e^{i\frac{\pi}{2}})(z+e^{i\frac{\pi}{4}})(z-e^{i\frac{\pi}{4}}) = (z^2-e^{i\frac{3\pi}{2}})(z+e^{i\frac{\pi}{4}})(z-e^{i\frac{\pi}{4}})$$

$$= (z+e^{i\frac{3\pi}{4}})(z-e^{i\frac{3\pi}{4}})(z+e^{i\frac{\pi}{4}})(z-e^{i\frac{\pi}{4}})$$

よって, 上半平面 $\mathrm{Im}\,z>0$ にある極は, $\alpha_1 = e^{i\frac{\pi}{4}}$, $\alpha_2 = e^{i\frac{3\pi}{4}}$

(2) 留数は,

$$\text{Res}(g;\alpha_1) = \lim_{z\to\alpha_1}\frac{\{(z-\alpha_1)z^2\}'}{(z^4+1)'} = \lim_{z\to\alpha_1}\frac{z^2+2z(z-\alpha_1)}{4z^3}$$

$$= \lim_{z\to\alpha_1}\frac{1}{4z} = \frac{1}{4\alpha_1} = \frac{1}{4e^{i\frac{\pi}{4}}} = \frac{e^{-i\frac{\pi}{4}}}{4}$$

同様にして, $\text{Res}(g;\alpha_2) = \dfrac{1}{4\alpha_2} = \dfrac{e^{-i\frac{3\pi}{4}}}{4}$

留数定理より,

$$I = 2\pi i\left(\frac{e^{-i\frac{\pi}{4}}}{4} + \frac{e^{-i\frac{3\pi}{4}}}{4}\right) = \frac{\pi i}{2}\left(\cos\frac{\pi}{4} - i\sin\frac{\pi}{4} + \cos\frac{3\pi}{4} - i\sin\frac{3\pi}{4}\right)$$

$$= \frac{\pi i}{2}\left(\frac{1}{\sqrt{2}} - i\frac{1}{\sqrt{2}} - \frac{1}{\sqrt{2}} - i\frac{1}{\sqrt{2}}\right) = \frac{\pi i}{2}\frac{-i2}{\sqrt{2}} = \frac{\pi}{\sqrt{2}}$$

$$= \int_{-\infty}^{\infty}\frac{x^2}{x^4+1}dx + \lim_{R\to\infty}\int_C \frac{z^2}{z^4+1}dz \qquad ①$$

ところが, 大半径の半円 C を取り, $z = Re^{i\theta}$, $dz = iRe^{i\theta}d\theta$ とすると,

$$\left|\int_C \frac{z^2}{z^4+1}dz\right| \le \int_C \frac{|R^2 e^{i2\theta}|}{|R^4 e^{i4\theta}+1|}\left|iRe^{i\theta}d\theta\right| \le \frac{\pi R^3}{R^4-1} \to 0 \quad (R\to\infty)$$

よって, ①の第 2 項はゼロ. ∴ $\displaystyle\int_{-\infty}^{\infty}\frac{x^2}{x^4+1}dx = \frac{\pi}{\sqrt{2}}$

[暗記事項] 1 位の極のとき, $\text{Res}\left(\dfrac{g}{f};\alpha\right) = \lim_{z\to\alpha}\dfrac{\{(z-\alpha)g\}'}{f'} = \lim_{z\to\alpha}\dfrac{g}{f'}$

4.6 (1) 与式を変形すると,

$$I = \int_0^\pi \frac{\cos(4\theta)}{1+\cos^2\theta}d\theta = \frac{1}{2}\int_0^{2\pi}\frac{2\cos^2(2\theta)-1}{1+\frac{1+\cos 2\theta}{2}}d(2\theta)$$

$$= \frac{1}{2}\int_0^{2\pi}\frac{4\cos^2(2\theta)-2}{2+1+\cos 2\theta}d(2\theta) = \frac{1}{2}\int_0^{2\pi}\frac{4\cos^2\varphi-2}{3+\cos\varphi}d\varphi$$

ここで, $z = e^{i\varphi}$, $dz = ie^{i\varphi}d\varphi = iz\,d\varphi$, $d\varphi = \dfrac{dz}{iz}$, $\cos\varphi = \dfrac{e^{i\varphi}+e^{-i\varphi}}{2} = \dfrac{z+z^{-1}}{2}$ とおくと,

$$I = \frac{1}{2}\int_{|z|=1}\frac{4\left(\frac{z+z^{-1}}{2}\right)^2 - 2}{3+\frac{z+z^{-1}}{2}}\frac{dz}{iz} = \frac{1}{i}\int_{|z|=1}\frac{z^4+1}{z^2(z^2+6z+1)}dz$$

$$= \frac{1}{i}\int_{|z|=1}\frac{z^4+1}{z^2(z-\alpha_1)(z-\alpha_2)}dz$$

全極は $z = 0, \alpha_1 \ (= -3 + \sqrt{8}), \alpha_2 \ (= -3 - \sqrt{8})$ だが，単位円内の極は $z = 0, z \equiv \alpha_1 = -3 + \sqrt{8}$ のみ．よって，留数は，

$$\text{Res}(0) = \lim_{z \to 0} \frac{d}{dz} z^2 \frac{z^4 + 1}{z^2(z^2 + 6z + 1)} = \lim_{z \to 0} \frac{d}{dz} \frac{z^4 + 1}{z^2 + 6z + 1}$$

$$= \lim_{z \to 0} \frac{4z^3(z^2 + 6z + 1) - (2z + 6)(z^4 + 1)}{(z^2 + 6z + 1)^2} = -6$$

$$\text{Res}(\alpha_1) = \lim_{z \to \alpha_1} (z - \alpha_1) \frac{z^4 + 1}{z^2(z - \alpha_1)(z - \alpha_2)} = \frac{\alpha_1^4 + 1}{\alpha_1^2(\alpha_1 - \alpha_2)}$$

$$= \frac{(\sqrt{8} - 3)^4 + 1}{(\sqrt{8} - 3)^2(2\sqrt{8})} = \frac{(17 - 6\sqrt{8})^2 + 1}{2\sqrt{8}(17 - 6\sqrt{8})}$$

$$\text{Res}(\alpha_1) + \text{Res}(0) = \frac{(17 - 6\sqrt{8})^2 + 1 - 12\sqrt{8}(17 - 6\sqrt{8})}{2\sqrt{8}(17 - 6\sqrt{8})} = -6 + \frac{17}{4}\sqrt{2}$$

$\therefore \quad I = \frac{1}{i} 2\pi i \left(-6 + \frac{17}{4}\sqrt{2}\right) = \pi \left(-12 + \frac{17}{\sqrt{2}}\right)$

4.7 (1) $\begin{cases} z = x + iy \\ w = u + iv \end{cases}$ とおくと，

$$u + iv = \frac{1}{z} = \frac{1}{x + iy} = \frac{x - iy}{x^2 + y^2} = \frac{x}{x^2 + y^2} + i\frac{-y}{x^2 + y^2}$$

両辺を比較すると，$\begin{cases} u = \dfrac{x}{x^2 + y^2} \\ v = \dfrac{-y}{x^2 + y^2} \end{cases}$ ①

$$u^2 + v^2 = \frac{x^2 + y^2}{(x^2 + y^2)^2} = \frac{1}{x^2 + y^2} \quad ②$$

①，②より，$\begin{cases} x = \dfrac{u}{u^2 + v^2} \\ y = \dfrac{-v}{u^2 + v^2} \end{cases}$ ③

③を円の式 $(x - 1)^2 + y^2 = 1$ に代入すると，

$$\left(\frac{u}{u^2 + v^2} - 1\right)^2 + \left(\frac{-v}{u^2 + v^2}\right)^2 = 1, \quad u^2 - 2u^3 - 2uv^2 + v^2 = 0$$

これを因数分解すると，$2\left(u - \dfrac{1}{2}\right)(u^2 + v^2) = 0, u = \dfrac{1}{2}$

よって，z 平面上の円は w 平面上では直線（円の特殊な場合）を描く．

4.8 (1) $f(z) = \exp(-z^2), \displaystyle\int_{C_2} f(z)dz$ において，$z = Re^{i\theta} \ (0 \leq \theta \leq \pi/4)$ とおけば，

$$\left| \int_0^{\pi/4} \exp\left(-R^2 e^{i2\theta}\right) iRe^{i\theta} d\theta \right| \leq R \int_0^{\pi/4} e^{-R^2 \cos(2\theta)} d\theta$$

$$
\begin{aligned}
&= R\int_{\pi/2}^{0} e^{-R^2\cos(\frac{\pi}{2}-\varphi)}\left(-\frac{d\varphi}{2}\right) \quad \left(\because\ 2\theta = \frac{\pi}{2}-\varphi\right) \\
&= -\frac{R}{2}\int_{\pi/2}^{0} e^{-R^2\sin\varphi}d\varphi = \frac{R}{2}\int_{0}^{\pi/2} e^{-R^2\sin\varphi}d\varphi \\
&\leq \frac{R}{2}\int_{0}^{\pi/2} e^{-\frac{2R^2}{\pi}\varphi}d\varphi \quad \left(\because\ \text{ジョルダンの定理}:\sin\varphi \geq \frac{1}{\pi/2}\varphi\right) \\
&= \frac{\pi}{4R}(1-e^{-R^2}) \to 0 \quad (R\to\infty) \qquad \text{①}
\end{aligned}
$$

(2) コーシーの定理から,$\displaystyle\oint_C e^{-z^2}dz = \int_{C_1} e^{-z^2}dz + \int_{C_2} e^{-z^2}dz + \int_{C_3} e^{-z^2}dz = 0$

次に,C_3 上にあるとき,$z(t) = te^{i(\pi/4)} = \dfrac{1+i}{\sqrt{2}}t\ (0\leq t \leq R)$ となるから,第 3 積分は,

$$
\int_{C_3} e^{-z^2}dz = \frac{1+i}{\sqrt{2}}\int_{R}^{0} e^{-it^2}dt = -\frac{1+i}{\sqrt{2}}\int_{0}^{R}\{\cos(t^2)-i\sin(t^2)\}dt
$$

第 2 項は①より 0. 第 1 積分はガウス積分だから,$\displaystyle\int_{0}^{\infty} e^{-x^2}dx = \sqrt{\pi}/2$ を用いると,

$$
\int_{0}^{\infty}\cos(t^2)dt - i\int_{0}^{\infty}\sin(t^2)dt = \frac{\sqrt{2}}{1+i}\frac{\sqrt{\pi}}{2} = \frac{\sqrt{2}(1-i)}{2}\frac{\sqrt{\pi}}{2} = \frac{1-i}{2\sqrt{2}}\sqrt{\pi}
$$

実部と虚部を比較し,$t\to x$ と置き換えると,$\displaystyle\int_{0}^{\infty}\cos(x^2)dt = \int_{0}^{\infty}\sin(x^2)dt = \frac{\pi}{2\sqrt{2}}$

4.9 (1) $\displaystyle\oint_C(z-a)^n dz = \begin{cases}2\pi i & (n=-1) \\ 0 & (n\neq -1)\end{cases}$ を使う.

$z-a = re^{i\theta},\ dz = rie^{i\theta}d\theta$ とおくと,

$$
\oint_C(z-a)^n dz = \int_{0}^{2\pi}(re^{i\theta})^n rie^{i\theta}d\theta = ir^{n+1}\int_{0}^{2\pi}e^{i(n+1)\theta}d\theta = I_n
$$

$$
\therefore\ \begin{cases} n=-1\ \text{のとき,}\quad I_n = i\displaystyle\int_{0}^{2\pi}d\theta = i2\pi \\[2mm] n\neq -1\ \text{のとき,}\quad I_n = ir^{n+1}\left[\dfrac{e^{i(n+1)\theta}}{i(n+1)}\right]_{0}^{2\pi} = ir^{n+1}\dfrac{e^{i(n+1)2\pi}-1}{i(n+1)} = 0\end{cases}
$$

次に,$(z+z^{-1})^{2n}$ を 2 項定理により展開すると,

$$
\begin{aligned}
\frac{1}{z}\left(z+\frac{1}{z}\right)^{2n} &= \frac{1}{z}\left\{z^{2n}+2nz^{2n-1}\frac{1}{z}+\cdots+\frac{(2n)!}{(n!)^2}z^n\frac{1}{z^n}+\cdots+\frac{1}{z^{2n}}\right\} \\
&= z^{2n-1}+2nz^{2n-3}+\cdots+\frac{(2n)!}{(n!)^2 z}+\cdots+\frac{1}{z^{2n+1}} \qquad \text{①}
\end{aligned}
$$

①より,$\dfrac{1}{z}$ の項のみ残り,$\displaystyle\int_{|z|=1}\frac{1}{z}dz = 2\pi i(n=-1),\ \int_{|z|=1}z^n dz = 0(n\neq -1)$ だから [注],

$$\int_{|z|=1} \left(z+\frac{1}{z}\right)^{2n} \frac{dz}{z} = 2\pi i \frac{(2n)!}{(n!)^2} \quad \text{②}$$

[注] $\oint_C \frac{1}{z}dz = 2\pi i z \frac{1}{z} = 2\pi i$

(2) 単位円 $|z|=1$ の方程式は $z = e^{i\theta}, 0 \leq \theta \leq 2\pi$ だから,

$$dz = iz\,d\theta, \quad z + \frac{1}{z} = e^{i\theta} + \frac{1}{e^{i\theta}} = e^{i\theta} + e^{-i\theta} = 2\cos\theta$$

$$\therefore \quad \frac{1}{2\pi i}\int_{|z|=1} \frac{1}{z}\left(z+\frac{1}{z}\right)^{2n} dz = \frac{1}{2\pi i}\int \frac{1}{z}(2\cos\theta)^{2n} iz\,d\theta$$

$$= \frac{1}{2\pi}\int_0^{2\pi} (2\cos\theta)^{2n} d\theta = \frac{2^{2n}}{2\pi}\int_0^{2\pi} \cos^{2n}\theta\,d\theta \quad \text{③}$$

②より, $\dfrac{1}{2\pi i}\displaystyle\int_{|z|=1} \left(z+\dfrac{1}{z}\right)^{2n} \dfrac{dz}{z} = \dfrac{(2n)!}{(n!)^2}$ ④

③, ④より,

$$\int_0^{2\pi} \cos^{2n}\theta\,d\theta = \frac{2\pi}{2^{2n}}\frac{(2n)!}{(n!)^2} = 2\pi\frac{(2n)(2n-1)(2n-2)\cdots 2\cdot 1}{\{2^n n(n-1)(n-2)\cdots 2\cdot 1\}^2}$$

$$= 2\pi\frac{(2n)(2n-1)(2n-2)\cdots 2\cdot 1}{\{2n(2n-2)(2n-4)\cdots 4\cdot 2\}^2} = 2\pi\frac{(2n-1)(2n-3)\cdots 5\cdot 3\cdot 1}{2n(2n-2)\cdots 4\cdot 2}$$

[暗記事項] 2項定理

$$(a+b)^n = \sum_{r=0}^n {}_n\mathrm{C}_r a^{n-r}b^r$$
$$= a^n + {}_n\mathrm{C}_1 a^{n-1}b + {}_n\mathrm{C}_2 a^{n-2}b^2 + \cdots + {}_n\mathrm{C}_r a^{n-r}b^r + \cdots + {}_n\mathrm{C}_{n-1} ab^{n-1} + b^n$$

ただし ${}_n\mathrm{C}_r = \begin{pmatrix} n \\ r \end{pmatrix}$

■第5編の解答

5.1 畳み込みの問題として解答する. $u = \varphi_1(x_1, x_2) \equiv x_1 + x_2, v = \varphi_2(x_1, x_2) \equiv x_2$ とおくと, この変換は $x_1 x_2$ 平面から uv 平面への 1 対 1 変換である. これを x_1, x_2 について解くと,

$$\begin{cases} x_1 = \psi_1(u,v) \equiv u - v \\ x_2 = \psi_2(u,v) \equiv v \end{cases} \text{だから}, \quad \frac{\partial(x_1, x_2)}{\partial(u, v)} = \begin{vmatrix} \frac{\partial x_1}{\partial u} & \frac{\partial x_1}{\partial v} \\ \frac{\partial x_2}{\partial u} & \frac{\partial x_2}{\partial v} \end{vmatrix} = \begin{vmatrix} 1 & -1 \\ 0 & 1 \end{vmatrix} = 1$$

X_1, X_2 が独立とすると, その結合確率密度関数は, $h(x_1, x_2) = f(x_1)g(x_2)$
したがって, $U = \varphi_1(X_1, X_2), V = \varphi_2(X_1, X_2)$ の結合確率密度関数は,

$$h_1(u, v) = h(x_1, x_2)\left|\frac{\partial(x_1, x_2)}{\partial(u, v)}\right| = h(x_1, x_2) = f(u-v)g(v)$$

これから，U の（周辺）確率密度関数（本問の分布関数）を求めると，

$$p(u) = \int_{-\infty}^{\infty} f(u-v)g(v)dv$$

記号を改めると，$p(x) = \int_{-\infty}^{\infty} f(x_1 - x_2)g(x_2)dx_2$ （畳み込み）

[参考文献] 国沢：確率統計演習 1（培風館）

5.2 (1) 先ず 1 変数の場合の特性関数を求める．与式の特性関数は，定義より，

$$\varphi(x) = \int_{-\infty}^{\infty} e^{ixt} \frac{1}{\pi} \frac{a}{t^2+a^2} dt \qquad ①$$

実変数 t を複素変数 z で書き換え，複素関数 $h(z) = \dfrac{ae^{ixz}}{\pi(z^2+a^2)} = \dfrac{ae^{ixz}}{\pi(z-ia)(z+ia)}$ を導入する．半径 R の上半円内の特異点は，一位の極 $z = ia$ のみだから（下図参照），

$$\text{Res}(h; ia) = \lim_{z \to ia} \frac{1}{\pi}(z-ia)\frac{ae^{ixz}}{(z+ia)(z-ia)} = \frac{1}{\pi}\frac{ae^{ixia}}{2ia} = \frac{e^{-ax}}{2\pi i}$$

∴ ①の積分 $= 2\pi i \dfrac{e^{-ax}}{2\pi i} = e^{-ax}$

よって，（1 変数の場合の）ローレンツ分布の特性関数 $= e^{-ax}$
次に，$S = X_1 + X_2$ のとき，X_1, X_2 の特性関数は 2 個の
1 重積分の積で表され，

$$\varphi(x) = E(e^{ixS}) = \iint \prod_{j=1}^{2} \frac{e^{ixt_j}}{\pi(t_j^2+a^2)} dt_1 dt_2$$

$$= \prod_{j=1}^{2} \int_{-\infty}^{\infty} \frac{e^{ixt_j}}{\pi(t_j^2+a^2)} dt_1 dt_2 = (e^{-ax})^2 = e^{-2ax}$$

(2) 畳み込み公式により，ローレンツ分布のとき，$Y = X_1 + X_2$ の確率密度関数は，

$$\tilde{g}(x) = \int_{-\infty}^{\infty} f_1(t)f_2(x-t)dt = \int_{-\infty}^{\infty} \frac{1}{\pi}\frac{a}{t^2+a^2}\frac{1}{\pi}\frac{a}{(x-t)^2+a^2}dt$$

$$= \frac{a^2}{\pi^2}\int_{-\infty}^{\infty} \frac{dt}{(t^2+a^2)\{(t-x)^2+a^2\}} = \frac{a^2}{\pi^2}\frac{2\pi}{4a^3+ax^2} = \frac{a}{\pi}\frac{2}{x^2+4a^2} \qquad ②$$

（ローレンツ分布）

[②の積分の証明] 留数定理を用いる．証明に当たり，上記 x と座標の x と紛らわしいので，$x \to X$ と便宜上置換し，$f(z) = \dfrac{1}{(z^2+a^2)\{(z-X)^2+a^2\}}$ と置くと，半円内の極は $z = ia, X+ia$．

$$I \equiv \int_C \frac{dz}{(z^2+a^2)\{(z-X)^2+a^2\}}$$

$$= \int_{-R}^{R} \frac{dx}{(x^2+a^2)\{(x-X)^2+a^2\}} + \int_{\cap} \frac{dz}{(z^2+a^2)\{(z-X)^2+a^2\}} \quad \text{③}$$

$z = ia, X + ia$ における留数は，それぞれ，

$$\mathrm{Res}(f; ia) = \lim_{z \to ia} (z-ia) \frac{1}{(z-ia)(z+ia)\{(z-X)^2+a^2\}}$$
$$= \lim_{z \to ia} \frac{1}{(z+ia)\{(z-X)^2+a^2\}} = \frac{1}{(i2a)\{(ia-X)^2+a^2\}}$$

$$\mathrm{Res}(f; X+ia) = \lim_{z \to X+ia} \{z-(X+ia)\} \frac{1}{(z^2+a^2)\{(z-X)+ia\}\{(z-X)-ia\}}$$
$$= \frac{1}{\{(X+ia)^2+a^2\}\{(X+ia-X)+ia\}} = \frac{1}{\{(X+ia)^2+a^2\}(i2a)}$$

③の第2項は $R \to \infty$ で明らかに 0．

$$\therefore \quad I = 2\pi i \frac{1}{i2a} \left\{ \frac{1}{(ia-X)^2+a^2} + \frac{1}{(ia+X)^2+a^2} \right\} = \frac{2\pi}{a} \frac{1}{X^2+4a^2}$$

$X \to x$ に戻すと，$I = \dfrac{2\pi}{4a^3+ax^2}$

[**参考**] ローレンツ分布はコーシー分布とも呼ばれる．

5.3 （i） 一般に，X, Y の確率密度関数を

$$p_1(x) = \frac{1}{\sqrt{2\pi}\,\sigma_1} \exp\left(-\frac{(x-\mu_1)^2}{2\sigma_1^2}\right), \quad p_2(x) = \frac{1}{\sqrt{2\pi}\,\sigma_2} \exp\left(-\frac{(x-\mu_2)^2}{2\sigma_2^2}\right)$$

とする ($\mu_1 = \mu_2 = 0$)．$U \equiv X+Y$ の確率密度関数は，畳み込み定理より

$$p(x) = \int_{-\infty}^{\infty} p_1(x-y)p_2(y)dy = \frac{1}{2\pi\sigma_1\sigma_2}\int_{-\infty}^{\infty} e^{-\frac{1}{2}Q}dy$$

ただし，

$$Q = \frac{1}{\sigma_1^2}(x-y-\mu_1)^2 + \frac{1}{\sigma_2^2}(y-\mu_2)^2$$
$$= \frac{1}{\sigma_1^2}\{(y-\mu_2)-(x-\mu_1-\mu_2)\}^2 + \frac{1}{\sigma_2^2}(y-\mu_2)^2$$
$$= \left(\frac{1}{\sigma_1^2}+\frac{1}{\sigma_2^2}\right)(y-\mu_2)^2 - \frac{2}{\sigma_1^2}(x-\mu_1-\mu_2)(y-\mu_2) + \frac{1}{\sigma_1^2}(x-\mu_1-\mu_2)^2$$
$$= \frac{\sigma_1^2+\sigma_2^2}{\sigma_1^2\sigma_2^2}\left\{(y-\mu_2)-\frac{\sigma_2^2}{\sigma_1^2+\sigma_2^2}(x-\mu_1-\mu_2)\right\}^2 + \frac{1}{\sigma_1^2+\sigma_2^2}(x-\mu_1-\mu_2)^2$$

よって，

$$p(x) = \frac{1}{2\pi\sigma_1\sigma_2}\exp\left\{-\frac{(x-\mu_1-\mu_2)^2}{2(\sigma_1^2+\sigma_2^2)}\right\}$$
$$\times \int_{-\infty}^{\infty} \exp\left[-\frac{\sigma_1^2+\sigma_2^2}{2\sigma_1^2\sigma_2^2}\left\{(y-\mu_2)-\frac{\sigma_2^2}{\sigma_1^2+\sigma_2^2}(x-\mu_1-\mu_2)\right\}^2\right]dy$$

$$= \frac{1}{\sqrt{2\pi}\sqrt{\sigma_1^2+\sigma_2^2}} \exp\left\{-\frac{(x-\mu_1-\mu_2)^2}{2(\sigma_1^2+\sigma_2^2)}\right\}$$
$$\times \int_{-\infty}^{\infty} \frac{\sqrt{\sigma_1^2+\sigma_2^2}}{\sqrt{2\pi}\,\sigma_1\sigma_2} \exp\left[-\frac{\sigma_1^2+\sigma_2^2}{2\sigma_1^2\sigma_2^2}\left\{(y-\mu_2)-\frac{\sigma_2^2}{\sigma_1^2+\sigma_2^2}(x-\mu_1-\mu_2)\right\}^2\right] dy \quad ①$$

①の被積分関数（y の関数）は正規分布の密度関数だから，この積分の値は 1 に等しい．

$$\therefore \quad p(x) = \frac{1}{\sqrt{2\pi}\sqrt{\sigma_1^2+\sigma_2^2}} \exp\left\{-\frac{(x-\mu_1-\mu_2)^2}{2(\sigma_1^2+\sigma_2^2)}\right\}$$

ゆえに，x, y が独立に，同一正規分布 $N(0,\sigma^2)$ に従う場合，$x+y$ は正規分布 $N(\mu_1+\mu_2, \sigma_1^2+\sigma_2^2) = N(0, 2\sigma^2)$ に従う．

（ii）$u = \varphi_1(x,y) \equiv x/y,\ v = \varphi_2(x,y) \equiv y$ とおくと，この変換は xy 平面を uv 平面に移す 1 対 1 の変換である．これを x, y について解くと，

$$\begin{cases} x = \psi_1(u,v) \equiv uv \\ y = \psi_2(u,v) \equiv v \end{cases}$$

となるから，ヤコビアンは $J = \dfrac{\partial(x,y)}{\partial(u,v)} = \begin{vmatrix} \frac{\partial x}{\partial u} & \frac{\partial x}{\partial v} \\ \frac{\partial y}{\partial u} & \frac{\partial y}{\partial v} \end{vmatrix} = \begin{vmatrix} v & u \\ 0 & 1 \end{vmatrix} = v$

また，x, y が独立に，共に正規分布 $N(0,\sigma^2)$ に従う場合，x, y の結合確率密度関数は

$$h(x,y) = \frac{1}{\sqrt{2\pi}\,\sigma} e^{-\frac{x^2}{2\sigma^2}} \frac{1}{\sqrt{2\pi}\,\sigma} e^{-\frac{y^2}{2\sigma^2}} = \frac{1}{2\pi\sigma^2} e^{-\frac{x^2+y^2}{2\sigma^2}}$$

ゆえに，$U = \varphi_1(X,Y) \equiv X/Y,\ V = \varphi_2(X,Y) \equiv Y$（$Y = V, X = UV$）の結合密度関数は

$$h_1(u,v) = h(x,y)\left|\frac{\partial(x,y)}{\partial(u,v)}\right| = \frac{1}{2\pi\sigma^2}|v|e^{-\frac{1}{2\sigma^2}v^2(1+u^2)}$$

これから U の（周辺）確率密度関数を求めれば，

$$f_1(u) = \int_{-\infty}^{\infty} h_1(u,v)dv = \frac{1}{2\pi\sigma^2}\int_{-\infty}^{\infty} |v|e^{-\frac{1}{2\sigma^2}v^2(1+u^2)} dv$$

ここで，$z = \dfrac{1}{2}(1+u^2)v^2,\ \dfrac{dz}{dv} = (1+u^2)v$ とおくと，積分項は

$$I \equiv 2\int_0^{\infty} |v|e^{-\frac{z}{\sigma^2}}\frac{dz}{(1+u^2)v} = \frac{2}{1+u^2}\int_0^{\infty} e^{-z}dz = \frac{2}{1+u^2}\left[\frac{e^{-\frac{z}{\sigma^2}}}{-1/\sigma^2}\right]_0^{\infty} = \frac{2}{1+u^2}\sigma^2$$

$$\therefore\quad f_1(u) = \frac{1}{2\pi\sigma^2}\frac{2\sigma^2}{1+u^2} = \frac{1}{\pi}\frac{1}{1+u^2}$$

よって，x, y が独立に，同一正規分布 $N(0,\sigma^2)$ に従う場合，x/y はコーシー分布に従う．

5.4（i）$S = XY, S_1 = X$ とおき，S, S_1 の結合確率密度関数を $g(s,s_1)$ とする．$x = s_1,\ y = s/s_1$ に対して，ヤコビアンは

$$J = \frac{\partial(x,y)}{\partial(s,s_1)} = \begin{vmatrix} \frac{\partial x}{\partial s} & \frac{\partial x}{\partial s_1} \\ \frac{\partial y}{\partial s} & \frac{\partial y}{\partial s_1} \end{vmatrix} = \begin{vmatrix} 0 & 1 \\ \frac{1}{s_1} & \frac{-s}{s_1^2} \end{vmatrix} = -\frac{1}{s_1}$$

$$\therefore \quad g(s,s_1) = f(x,y) = f\left(s_1, \frac{s}{s_1}\right)\left|-\frac{1}{s_1}\right| = \left|\frac{1}{s_1}\right| f\left(s_1, \frac{s}{s_1}\right)$$

S の密度関数は $h(s) = \int_{-\infty}^{\infty} g(s,s_1) ds_1 = \int_{-\infty}^{\infty} \frac{1}{|s_1|} f\left(s_1, \frac{s}{s_1}\right) ds_1 = \int_{-\infty}^{\infty} \frac{1}{|x|} f\left(x, \frac{s}{x}\right) dx$

x, y が独立のとき, $f \to P, h \to Q$ と変更して

$$Q(s) = \int_{-\infty}^{\infty} \frac{1}{|x|} f(x) f\left(\frac{s}{x}\right) dx = \int \frac{1}{|x|} P(x) P\left(\frac{s}{x}\right) dx$$

(ii) $T = X/Y$ の密度関数 $h(t)$ を求める. $T_1 = Y$ とおいて T, T_1 の結合密度関数を $g(t, t_1)$ とする. $x = ty = tt_1, y = t_1$ に対し, ヤコビアンは

$$J = \frac{\partial(x,y)}{\partial(t,t_1)} = \begin{vmatrix} \frac{\partial x}{\partial t} & \frac{\partial x}{\partial t_1} \\ \frac{\partial y}{\partial t} & \frac{\partial y}{\partial t_1} \end{vmatrix} = \begin{vmatrix} t_1 & t \\ 0 & 1 \end{vmatrix} = t_1 \quad \therefore \quad g(t,t_1) = f(x,y) = f(tt_1, t_1)|t_1|$$

S の密度関数は $h(t) = \int_{-\infty}^{\infty} g(t,t_1) dt_1 = \int_{-\infty}^{\infty} f(tt_1, t_1)|t_1| dt_1 = \int_{-\infty}^{\infty} |y| f(ty, y) dy$

x, y の独立を考慮し, $y \to x, h \to R$ と変更すると,

$$R(t) = \int_{-\infty}^{\infty} |y| f(ty) f(y) dy = \int |x| P(x) P(tx) dx$$

5.5 (1) full width at half maximum だから,

$$\exp\left(-\frac{x^2}{2\sigma^2}\right) = \frac{1}{2}, \quad \exp\left(\frac{x^2}{2\sigma^2}\right) = 2, \quad \frac{x^2}{2\sigma^2} = \ln 2, \quad x^2 = 2\sigma^2 \ln 2, \quad x = \sigma\sqrt{2\ln 2}$$

$\therefore \quad FWHM = 2x = 2\sigma\sqrt{2\ln 2}$

(2) $U \equiv R^2 = X_1^2 + X_2^2 + X_3^2$ の分布関数を $F(r)$ とすると, $R^2 \geq 0$ だから, $r < 0$ のとき, $F(r) = P\{U \leq r\} = 0$

$r > 0$ のとき, $\{(x_1, x_2, x_3) \mid x_1^2 + x_2^2 + x_3^2 \leq r\}$ なる3次元集合(原点を中心とする半径 $\sqrt{r}$ の球)を A とすると, $F(r) = P\{U \leq r\} = P\{X_1^2 + X_2^2 + X_3^2 \leq r\} = P\{(X_1, X_2, X_3) \in A\}$

X_1, X_2, X_3 の結合確率密度関数は(独立性を用いて),

$$h(x_1, x_2, x_3) = \frac{1}{\sqrt{2\pi\sigma^2}} e^{-\frac{x_1^2}{2\sigma^2}} \frac{1}{\sqrt{2\pi\sigma^2}} e^{-\frac{x_2^2}{2\sigma^2}} \frac{1}{\sqrt{2\pi\sigma^2}} e^{-\frac{x_3^2}{2\sigma^2}}$$

$$= \left(\frac{1}{\sqrt{2\pi\sigma^2}}\right)^3 e^{-\frac{1}{2\sigma^2}(x_1^2 + x_2^2 + x_3^2)}$$

$$\therefore \quad F(u) = \iiint_A \left(\frac{1}{\sqrt{2\pi\sigma^2}}\right)^3 e^{-\frac{1}{2\sigma^2}(x_1^2 + x_2^2 + x_3^2)} dx dy dz$$

ここで, $x_1 = r\sin\theta\cos\varphi, x_2 = r\sin\theta\sin\varphi, x_3 = r\cos\theta$ と変換すると,

$$F(u) = \left(\frac{1}{\sqrt{2\pi\sigma^2}}\right)^3 \int_0^{2\pi} d\varphi \int_0^{\pi} d\theta \int_0^{\sqrt{u}} e^{-\frac{1}{2\sigma^2}r^2} r^2 \sin\theta \, dr$$
$$= C \int_0^{\sqrt{u}} e^{-\frac{1}{2\sigma^2}r^2} r \, dr \quad (C : 定数)$$

したがって，$u > 0$ のとき，U の確率密度関数は

$$f(u) = F'(u) = Ce^{-\frac{1}{2\sigma^2}u} \cdot u \cdot \frac{1}{2\sqrt{u}} = \frac{C}{2} u^{\frac{3}{2}-1} e^{-\frac{1}{2\sigma^2}u}$$

$u < 0$ のとき，$f(u) = 0$
$C/2$ は規格化すると，ガンマ関数を用いて

$$\int_{-\infty}^{\infty} f(u)du = \frac{C}{2}\int_0^{\infty} u^{\frac{3}{2}-1} e^{-\frac{u}{2\sigma^2}} du = \frac{C}{2}\int_0^{\infty} (2\sigma^2 U)^{\frac{3}{2}-1} e^{-U} \cdot 2\sigma^2 dU$$
$$= \frac{C}{2}(2\sigma^2)^{\frac{1}{2}} \cdot 2\sigma^2 \int_0^{\infty} U^{\frac{3}{2}-1} e^{-U} dU = \frac{C}{2}(2\sigma^2)^{\frac{3}{2}} \int_0^{\infty} U^{\frac{3}{2}-1} e^{-U} dU$$
$$= \frac{C}{2}(2\sigma^2)^{\frac{3}{2}} \Gamma\left(\frac{3}{2}\right) = 1$$

ただし，$u/2\sigma^2 = U, u = 2\sigma^2 U, du = 2\sigma^2 dU$

$$\frac{C}{2} = \frac{1}{(2\sigma^2)^{\frac{3}{2}} \Gamma(3/2)} \quad \therefore \quad f(u) = \begin{cases} \dfrac{1}{(2\sigma^2)^{\frac{3}{2}} \Gamma(3/2)} u^{\frac{3}{2}-1} e^{-\frac{1}{2\sigma^2}u} & (u > 0) \\ 0 & (u < 0) \end{cases}$$

$R = \sqrt{x_1^2 + x_2^2 + x_3^2}$ の分布関数を $g(r)$ と置くと，$u = r^2$ だから，変数変換により，

$$g(r) = \left|\frac{\partial u}{\partial r}\right| f(f(u(r))) = 2r \frac{1}{2^{\frac{3}{2}} \Gamma(3/2)} (r^2)^{\frac{1}{2}} e^{-\frac{r^2}{2\sigma^2}} = \sqrt{\frac{2}{\pi}} r^2 e^{-\frac{r^2}{2\sigma^2}}$$

$$\therefore \quad g(r) = \begin{cases} \sqrt{\dfrac{2}{\pi}} r^2 e^{-\frac{r^2}{2\sigma^2}} & (r > 0) \\ 0 & (r < 0) \end{cases}$$

$$g'(r) = K\left(2re^{-\frac{r^2}{2\sigma^2}} - \frac{r^3}{\sigma^2} e^{-\frac{r^2}{2\sigma^2}}\right) = Kre^{-\frac{r^2}{2\sigma^2}} \left(2 - \frac{r^2}{\sigma^2}\right) = 0, \quad r = \sqrt{2}\,\sigma$$

よって，$r = \sqrt{2}\,\sigma \to R = \sqrt{2}\,\sigma$ のとき，$g(r)$（本問の分布関数）は最大．
[参考文献] 国沢：確率統計演習 1（培風館）など．
5.6 (1) 式（I）はポアソン分布である．

$$C_0 = \sum_{n=0}^{\infty} n^0 p(n:\lambda) = \sum_{n=0}^{\infty} p(n:\lambda) = \sum_{n=0}^{\infty} \frac{\lambda^n}{n!} e^{-\lambda}$$
$$= e^{-\lambda} \sum_{n=0}^{\infty} \frac{\lambda^n}{n!} = e^{-\lambda}\left(1 + \lambda + \frac{\lambda^2}{2!} + \cdots\right) = e^{-\lambda} e^{\lambda} = 1$$

$$C_1 = \sum_{n=0}^{\infty} n^1 p(n:\lambda) = \sum_{n=0}^{\infty} n \frac{\lambda^n}{n!} e^{-\lambda} = e^{-\lambda} \sum_{n=1}^{\infty} \frac{\lambda^n}{(n-1)!} = e^{-\lambda} \lambda \sum_{n=1}^{\infty} \frac{\lambda^{n-1}}{(n-1)!}$$
$$= e^{-\lambda} \lambda e^{\lambda} = \lambda \quad (\text{平均})$$

(2) 式(II)より,

$$C_{k-1} = \sum_{n=0}^{\infty} n^{k-1} p(n:\lambda) = \sum_{n=0}^{\infty} n^{k-1} \frac{\lambda^n}{n!} e^{-\lambda}, \quad \lambda C_{k-1} = \sum_{n=0}^{\infty} \frac{n^{k-1} \lambda^{n+1}}{n!} e^{-\lambda}$$

$$\frac{\partial C_{k-1}}{\partial \lambda} = \sum_{n=0}^{\infty} \frac{n^{k-1}}{n!} \left(n \lambda^{n-1} e^{-\lambda} - e^{-\lambda} \lambda^n \right)$$

$$\lambda \frac{\partial C_{k-1}}{\partial \lambda} = \sum_{n=0}^{\infty} \frac{n^{k-1}}{n!} \left(n \lambda^n e^{-\lambda} - e^{-\lambda} \lambda^{n+1} \right)$$

よって, 与式の

$$\text{右辺} = \sum_{n=0}^{\infty} \frac{n^{k-1}}{n!} e^{-\lambda} \lambda^n (\lambda + n - \lambda) = \sum_{n=0}^{\infty} \frac{n^{k-1}}{n!} e^{-\lambda} \lambda^n n = \sum_{n=0}^{\infty} \frac{n^k}{n!} e^{-\lambda} \lambda^n = \text{左辺}$$

$$\therefore \quad C_k = \lambda C_{k-1} + \lambda \frac{\partial}{\partial \lambda} C_{k-1}$$

(3) $$V = \sum_{n=0}^{\infty} (n-\lambda)^2 p(n:\lambda) = \sum_{n=0}^{\infty} (n-\lambda)^2 \frac{\lambda^n}{n!} e^{-\lambda} = e^{-\lambda} \sum_{n=0}^{\infty} (n-\lambda)^2 \frac{\lambda^n}{n!}$$
$$= e^{-\lambda} \left(\sum_{n=0}^{\infty} n^2 \frac{\lambda^n}{n!} - 2\lambda \sum_{n=0}^{\infty} \frac{n\lambda^n}{n!} + \lambda^2 \sum_{n=0}^{\infty} \frac{\lambda^n}{n!} \right)$$

ここで,

$$S_1 = \sum_{n=0}^{\infty} n^2 \frac{\lambda^n}{n!} = \sum_{n=0}^{\infty} n \frac{\lambda^n}{(n-1)!} = \sum_{n=0}^{\infty} \frac{(n-1+1)\lambda^n}{(n-1)!} = \sum_{n=0}^{\infty} \frac{\lambda^n}{(n-2)!} + \sum_{n=0}^{\infty} \frac{\lambda^n}{(n-1)!}$$
$$= \sum_{n=0}^{\infty} \frac{\lambda^2 \lambda^{n-2}}{(n-2)!} + \sum_{n=0}^{\infty} \frac{\lambda \lambda^{n-1}}{(n-1)!} = \lambda^2 \sum_{n=0}^{\infty} \frac{\lambda^{n-2}}{(n-2)!} + \lambda \sum_{n=0}^{\infty} \frac{\lambda^{n-1}}{(n-1)!} = \lambda^2 e^{\lambda} + \lambda e^{\lambda}$$

$$S_2 = \sum_{n=0}^{\infty} n \frac{\lambda^n}{n!} = \sum_{n=0}^{\infty} \frac{\lambda^n}{(n-1)!} = \sum_{n=0}^{\infty} \frac{\lambda \lambda^{n-1}}{(n-1)!} = \lambda \sum_{n=0}^{\infty} \frac{\lambda^{n-1}}{(n-1)!} = \lambda e^{\lambda}$$

$$S_3 = \sum_{n=0}^{\infty} \frac{\lambda^n}{n!} = e^{\lambda}$$

$$\therefore \quad V = e^{-\lambda} \left(\lambda^2 e^{\lambda} + \lambda e^{\lambda} - 2\lambda \cdot \lambda e^{\lambda} + \lambda^2 e^{\lambda} \right) = \lambda$$

5.7 (1) (a) n 回試行のうちで, A が出現する回数を表す確率変数を X とすると, $X = x$ とする確率は, 次のように表される. すなわち, n 回中の A の生ずる x 回の配置の仕方が全部で ${}_n C_x$ 通りであり, そのいずれも確率が $p^x q^{n-x} (q = 1-p)$ で起こるから,

$$B_x \equiv b(x;n,p) = {}_nC_x p^x (1-p)^{n-x} = \binom{n}{x} p^x q^{n-x} \quad (x=0,1,\cdots,n)$$

(b) (ⅰ)

$$X\text{ の平均} \equiv E(X) = \sum_{x=0}^{n} x b(x;n,p) = \sum_{x=0}^{n} x {}_nC_x p^x q^{n-x} = \sum_{x=0}^{n} x \frac{n!}{x!(n-x)!} p^x q^{n-x}$$

$$= \sum_{x=1}^{n} x \frac{n(n-1)\cdots(n-x+1)}{x!} p^x q^{n-x}$$

$$= np \sum_{x=1}^{n} \frac{(n-1)(n-2)\cdots(n-x+1)}{(x-1)!} p^{x-1} q^{n-x}$$

$$= np \sum_{x=1}^{n} \frac{(n-1)(n-2)\cdots(n-x+1)(n-x)\cdots 1}{(x-1)!(n-x)\cdots 1} p^{x-1} q^{n-x}$$

$$= np \sum_{x=1}^{n} \frac{(n-1)!}{(x-1)!(n-x)!} p^{x-1} q^{n-x}$$

$x-1 \to l$, $x \to l+1$ とおくと,

$$X\text{ の平均} = np \sum_{l=0}^{n-1} \binom{n-1}{l} p^l q^{n-1-l} = np(p+q)^{n-1} = np$$

(ⅱ) $x^2 = x(x-1) + x$ を用いると, X^2 の平均は,

$$E(X^2) \equiv \sum_{x=0}^{n} x^2 b(x;n,p) = \sum_{x=0}^{n} x(x-1) b(x;n,p) + \sum_{x=0}^{n} x b(x;n,p)$$

$$= \sum_{x=0}^{n} x(x-1) \frac{n(n-1)\cdots(n-x+1)}{x!} p^x q^{n-x} + np$$

$$= n(n-1)p^2 \sum_{x=2}^{n} \frac{(n-2)\cdots(n-x+1)}{(x-2)!} p^{x-2} q^{n-x} + np$$

$$= n(n-1)p^2 \sum_{x=2}^{n} \frac{(n-2)\cdots(n-x+1)(n-x)\cdots 1}{(x-2)!(n-x)\cdots 1} p^{x-2} q^{n-x} + np$$

$x-2 \to m$, $x \to m+2$ とおくと,

$$E(X^2) = n(n-1)p^2 \sum_{m=0}^{n-2} \frac{(n-2)!}{m!(n-m-2)!} p^{x-2} q^{n-x} + np$$

$$= n(n-1)p^2 \sum_{m=0}^{n-2} \binom{n-2}{m} p^m q^{n-2-m} + np$$

$$= n(n-1)p^2 (p+q)^{n-2} + np = n(n-1)p^2 + np$$

X の分散は,

$$\sigma^2 \equiv V(X) = E(X^2) - \{E(X)\}^2 = n(n-1)p^2 + np - n^2p^2 = np(1-p) = npq$$

(2)（a）$p = \mu/n$ とすると,

$$b(x;n,p) = \binom{n}{x} p^x q^{n-x} = \frac{n(n-1)\cdots(n-x+1)}{x!} \left(\frac{\mu}{n}\right)^x \left(1 - \frac{\mu}{n}\right)^{n-x}$$

$$= \frac{\mu^x}{x!} \left(1 - \frac{1}{n}\right) \cdots \left(1 - \frac{x-1}{n}\right) \left(1 - \frac{\mu}{n}\right)^n \left(1 - \frac{\mu}{n}\right)^{-x}$$

ここで, $n \to \infty$ のとき, $\left(1 - \frac{1}{n}\right) \cdots \left(1 - \frac{x-1}{n}\right) \to 1$, $\left(1 - \frac{\mu}{n}\right)^{-x} \to 1$

また, $-\mu/n = y$ とおくと, $y \to 0$ となるから, $\left(1 - \frac{\mu}{n}\right)^n = \left\{(1+y)^{1/y}\right\}^{-\mu} \to e^{-\mu}$

∴ $b(x;n,p) = \frac{\mu^x}{x!} e^{-\mu} = P_x \equiv p(x;\mu)$ （ポアソン分布）

（b）X の平均は,

$$E(X) = \sum_{x=0}^{\infty} x p(x;\mu) = \sum_{x=0}^{\infty} x e^{-\mu} \frac{\mu^x}{x!} = \sum_{x=1}^{\infty} x e^{-\mu} \frac{\mu^x}{x!} = \mu e^{-\mu} \sum_{x=1}^{\infty} \frac{\mu^{x-1}}{(x-1)!}$$

$$= \mu e^{-\mu} \sum_{l=0}^{\infty} \frac{\mu^l}{l!} = \mu e^{-\mu} e^{\mu} = \mu$$

X^2 の平均は,

$$E(X^2) = \sum_{x=0}^{\infty} x^2 p(x;\mu) = \sum_{x=0}^{\infty} x(x-1) p(x;\mu) + \sum_{x=0}^{\infty} x p(x;\mu)$$

$$= \sum_{x=2}^{\infty} x(x-1) e^{-\mu} \frac{\mu^x}{x!} + \mu = \mu^2 e^{-\mu} \sum_{x=2}^{\infty} \frac{\mu^{x-2}}{(x-2)!} + \mu = \mu^2 e^{-\mu} \sum_{m=0}^{\infty} \frac{\mu^m}{m!} + \mu = \mu^2 e^{-\mu} e^{\mu} + \mu = \mu^2 + \mu$$

よって, X の分散は, $V(X) = E(X^2) - \{E(X)\}^2 = \mu^2 + \mu - \mu^2 = \mu \ (= E(X))$

(3)（a）$\int_{-\infty}^{\infty} G(x) dx = \int_{-\infty}^{\infty} C e^{-(x-\mu)^2/2\sigma^2} dx = C \int_{-\infty}^{\infty} e^{-X^2/2\sigma^2} dX$

$$(X = x - \mu, dX = dx)$$

ここで, $\int_{-\infty}^{\infty} e^{-a\xi^2} d\xi = \sqrt{\frac{\pi}{a}}$ を用いると,

$$\int_{-\infty}^{\infty} G(x) dx = C \sqrt{\frac{\pi}{1/2\sigma^2}} = C\sqrt{2\sigma^2 \pi} = 1 \qquad ∴ \quad C = \frac{1}{\sqrt{2\pi}\sigma}$$

（b）X が $b(n,p)$ に従うとき, $(X-np)/\sqrt{npq}$ の分布は $n \to \infty$ のとき, $N(0,1)$ に収束する. これは, $(X-np)/\sqrt{npq} \equiv Z$ の特性関数 $\varphi(Z;t)$ が $N(0,1)$ の特性関数 $e^{-t^2/2}$ に収束すること, または, $\log \varphi(X;t)$ が $-t^2/2$ に収束することを示せばよい.

$Z = \dfrac{X - np}{\sqrt{npq}}$ だから, 二項分布の特性関数公式 $\varphi(t) = \sum_{k=0}^{n} e^{ikt} \binom{n}{k} p^k q^{n-k} = $

$$\sum_{k=0}^{n} \binom{n}{k} (pe^{it})^k q^{n-k} = (q + pe^{it})^n \quad \text{より},$$

$$\varphi(Z;t) = e^{-i\sqrt{\frac{np}{q}}\,t} \left(q + pe^{i\frac{t}{\sqrt{npq}}}\right)^n \quad (p+q=1)$$

よって，任意の実数 t に対して，$n \to \infty$ のとき，

$$\log \varphi(Z;t) = -i\sqrt{\frac{np}{q}}\,t + n \log\left\{1 + p\left(e^{i\frac{t}{\sqrt{npq}}} - 1\right)\right\}$$

$$= -i\sqrt{\frac{np}{q}}\,t + n \log\left\{1 + p\left(1 + i\frac{t}{\sqrt{npq}} + \frac{1}{2}\left(i\frac{t}{\sqrt{npq}}\right)^2 + \cdots - 1\right)\right\}$$

$$= -i\sqrt{\frac{np}{q}}\,t + n \log\left\{1 + i\sqrt{\frac{p}{nq}}\,t - \frac{1}{2nq}t^2 + O\left(n^{-3/2}\right)\right\}$$

$$= -i\sqrt{\frac{np}{q}}\,t + n\left\{i\sqrt{\frac{p}{nq}}\,t - \frac{1}{2nq}t^2 + \frac{p}{2nq}t^2 + O\left(n^{-3/2}\right)\right\}$$

$$= \frac{p-1}{2q}t^2 + O\left(n^{-3/2}\right) = -\frac{t^2}{2} + O\left(n^{-3/2}\right) \quad \left(\because \log(1+x) \cong x - \frac{x^2}{2}\right)$$

［参考文献］ 河田他：数理統計（裳華房）など．

5.8 (1) 与式 $E((N-1)(N-2)) = E(N(N-1)) - 2E(N) + 2$ の第 2 項，第 1 項は，

$$E(N) = \sum_{n=0}^{\infty} n \frac{\lambda^n}{n!} e^{-\lambda} = \sum_{n=1}^{\infty} \frac{\lambda \lambda^{n-1}}{(n-1)!} e^{-\lambda} = \lambda \sum_{n=0}^{\infty} \frac{\lambda^n}{n!} e^{-\lambda} = \lambda e^\lambda e^{-\lambda} = \lambda \quad \text{①}$$

$$E(N(N-1)) = \sum_{n=0}^{\infty} n(n-1) \frac{\lambda^n}{n!} e^{-\lambda} = \sum_{n=2}^{\infty} \frac{\lambda^2 \lambda^{n-2}}{(n-2)!} e^{-\lambda} = \lambda^2 \sum_{n=0}^{\infty} \frac{\lambda^n}{n!} e^{-\lambda}$$
$$= \lambda^2 e^\lambda e^{-\lambda} = \lambda^2 \quad \text{②}$$

①, ②を与式に代入して，

$$E((N-1)(N-2)) = E(N(N-1)) - 2E(N) + 2 = \lambda^2 - 2\lambda + 2 \quad \text{③}$$

(2) 条件付確率の定義より，$P(A \cap B) = P(A \mid B)P(B)$

(3) 与式より

$$P\{X=k, N=n\} = P\{X=k \mid N=n\}P\{N=n\} = {}_nC_k p^k q^{n-k} \frac{\lambda^n}{n!} e^{-\lambda}$$

$$= \frac{n!}{k!(n-k)!} p^k q^{n-k} \frac{\lambda^n}{n!} e^{-\lambda} = \frac{1}{k!(n-k)!} p^k q^{n-k} \lambda^n e^{-\lambda}$$

$$= \frac{1}{k!(n-k)!} p^k q^{n-k} \lambda^{k+n-k} e^{-\lambda} = \frac{(\lambda p)^k (\lambda q)^{n-k}}{k!(n-k)!} e^{-\lambda}$$

よって，$P\{X=k, N=n\} = \begin{cases} \dfrac{(\lambda p)^k (\lambda q)^{n-k}}{k!(n-k)!} e^{-\lambda} & (k=0,1,\cdots; n=0,1,\cdots) \\ 0 & (\text{その他}) \end{cases}$

(4) $P\{X=k\} = \sum_{n=k}^{\infty} P\{X=k \mid N=n\} = \sum_{n=k}^{\infty} \frac{(\lambda p)^k (\lambda q)^{n-k}}{k!(n-k)!} e^{-\lambda}$

$= e^{-\lambda} \frac{(\lambda p)^k}{k!} \sum_{n=k}^{\infty} \frac{(\lambda q)^{n-k}}{(n-k)!} = e^{-\lambda} \frac{(\lambda p)^k}{k!} \sum_{n=0}^{\infty} \frac{(\lambda q)^n}{n!} = e^{-\lambda} \frac{(\lambda p)^k}{k!} e^{\lambda q}$

$= \frac{(\lambda p)^k}{k!} e^{-(1-q)\lambda} = \frac{(\lambda p)^k}{k!} e^{-\lambda p} \quad (\because \ p+q=1)$

$E(X) = \sum_{k=0}^{\infty} k \frac{(\lambda p)^k}{k!} e^{-\lambda p} = \sum_{k=1}^{\infty} \frac{\lambda p (\lambda p)^{k-1}}{(k-1)!} e^{-\lambda p} = \lambda p \sum_{k=1}^{\infty} \frac{(\lambda p)^{k-1}}{(k-1)!} e^{-\lambda p}$

$= \lambda p e^{\lambda p} e^{-\lambda p} = \lambda p \hfill ④$

(5) 便宜上，式（I）を $P\{N=n\} = P_n$ とおくと，

$E(X \cdot (N-1)(N-2)) = \sum_{n=0}^{\infty} \sum_{k=0}^{n} k(n-1)(n-2) P_n \cdot {}_nC_k p^k q^{n-k}$

$= \sum_{n=0}^{\infty} (n-1)(n-2) P_n \sum_{k=0}^{n} k \, {}_nC_k p^k q^{n-k} = \sum_{n=0}^{\infty} (n-1)(n-2) P_n \cdot np \quad (\because \ 二項分布平均)$

$= p \sum_{n=0}^{\infty} n(n-1)(n-2) P_n = p \sum_{n=0}^{\infty} n(n-1)(n-2) \frac{\lambda^n}{n!} e^{-\lambda}$

$= p \sum_{n=3}^{\infty} \frac{\lambda^n}{(n-3)!} e^{-\lambda} = p \sum_{n=3}^{\infty} \frac{\lambda^3 \lambda^{n-3}}{(n-3)!} e^{-\lambda} = p\lambda^3 \hfill ⑤^{[注]}$

共分散の公式に③，④，⑤を代入すると，

$Cov(X, (N-1)(N-2)) = E(\{X - E(X)\}\{(N-1)(N-2) - E((N-1)(N-2))\})$
$= E(X \cdot (N-1)(N-2)) - E(X) \cdot E((N-1)(N-2))$
$= p\lambda^3 - p\lambda(\lambda^2 - 2\lambda + 2) = 2p\lambda(\lambda - 1)$

[注] $E(X) = \sum_{k=0}^{n} k \cdot {}_nC_k p^k q^{n-k} = \sum_{k=0}^{n} k \frac{n!}{k!(n-k)!} p^k q^{n-k}$

$= \sum_{k=1}^{n} k \frac{1 \cdots (n-k)(n-(k-1)) \cdots (n-2)(n-1)n}{k!(n-k)!} p^k q^{n-k}$

$= p \sum_{k=1}^{n} \frac{(n-(k-1)) \cdots (n-2)(n-1)n}{(k-1)!} p^{k-1} q^{n-k}$

$= pn \sum_{k=1}^{n} \frac{(n-(k-1)) \cdots (n-2)(n-1)}{(k-1)!} p^{k-1} q^{n-k}$

$= pn \sum_{k=1}^{n} \frac{1 \cdots (n-k)(n-(k-1)) \cdots (n-2)(n-1)}{(k-1)! 1 \cdots (n-k)} p^{k-1} q^{n-k}$

$$= pn \sum_{k=1}^{n} \frac{1 \cdots (n-1)}{(k-1)!(n-k)!} p^{k-1} q^{n-k} = pn \sum_{l=0}^{n-1} \frac{(n-1)!}{l!(n-1-l)!} p^l q^{n-1-l} \quad (k-1 \to l)$$

$$= pn \sum_{l=0}^{n-1} {}_{n-1}\mathrm{C}_l \, p^l q^{n-1-l} = pn(p+q)^{n-1} = pn \quad (\because \text{二項定理})$$

[暗記事項]　$Cov(X_1, X_2) = E((X_1 - E(X_1))(X_2 - E(X_2))) = E(X_1 X_2) - E(X_1)E(X_2)$
二項分布平均 $= np$, ポアソン分布平均 $= \lambda$

第 2 部 問題解答

■第 6 編の解答

6.1 (1) 質点 $m, 2m\ (\equiv M)$ の座標は，それぞれ，

$$(l\sin\theta_1, l(1-\cos\theta_1)), \quad (L+l\sin\theta_2, l(1-\cos\theta_2))$$

速度は，それぞれ，$(l\dot\theta_1\cos\theta_1, l\dot\theta_1\sin\theta_1), (l\dot\theta_2\cos\theta_2, l\dot\theta_2\sin\theta_2)$
ラグランジアンは，

$$\begin{aligned}
L &= T - V \\
&\cong \frac{1}{2}ml^2\dot\theta_1^2 + \frac{1}{2}Ml^2\dot\theta_2^2 - \frac{1}{2}kl^2(\sin\theta_2-\sin\theta_1)^2 - mgl(1-\cos\theta_1) - Mgl(1-\cos\theta_2) \\
&\cong \frac{1}{2}ml^2\dot\theta_1^2 + \frac{1}{2}Ml^2\dot\theta_2^2 - \frac{1}{2}kl^2(\theta_2-\theta_1)^2 \\
&\quad - mgl\left\{1-\left(1-\frac{\theta_1^2}{2}\right)\right\} - Mgl\left\{1-\left(1-\frac{\theta_2^2}{2}\right)\right\} \\
&= \frac{1}{2}ml^2\dot\theta_1^2 + \frac{1}{2}Ml^2\dot\theta_2^2 - \frac{1}{2}kl^2(\theta_2-\theta_1)^2 - \frac{1}{2}gl(m\theta_1^2+M\theta_2^2) \quad (\because \theta_1, \theta_2 \ll 1)
\end{aligned}$$

ラグランジュの方程式 $\dfrac{d}{dt}\dfrac{\partial L}{\partial \dot\theta_i} - \dfrac{\partial L}{\partial \theta_i} = 0 \ (i=1,2)$ において，

$$\frac{\partial L}{\partial \dot\theta_1} = ml^2\dot\theta_1, \quad \frac{\partial L}{\partial \theta_1} = -kl^2(\theta_1-\theta_2) - glm\theta_1$$

$$ml^2\ddot\theta_1 + kl^2(\theta_1-\theta_2) + glm\theta_1 = 0 \quad \therefore \quad ml\ddot\theta_1 + (mg+kl)\theta_1 - kl\theta_2 = 0$$

同様にして，$Ml\ddot\theta_2 + (Mg+kl)\theta_2 - kl\theta_1 = 0, 2ml\ddot\theta_2 + (2mg+kl)\theta_2 - kl\theta_1 = 0$

(2) 解を $\theta_1 = Ae^{i\omega t}, \theta_2 = Be^{i\omega t}$ とすると，上式は次のように書ける．

$$\begin{bmatrix} mg+kl-ml\omega^2 & -kl \\ -kl & Mg+kl-Ml\omega^2 \end{bmatrix} \begin{bmatrix} A \\ B \end{bmatrix} = 0 \qquad ①$$

固有方程式は，

$$\begin{aligned}
&\begin{vmatrix} mg+kl-ml\omega^2 & -kl \\ -kl & Mg+kl-Ml\omega^2 \end{vmatrix} \\
&= \left\{(mg+kl)-ml\omega^2\right\}\left\{(Mg+kl)-Ml\omega^2\right\} - (kl)^2 \\
&= (mg+kl)(Mg+kl) - (Mg+kl)ml\omega^2 - (mg+kl)Ml\omega^2 + mMl^2\omega^4 - (kl)^2 \\
&= mMl^2\omega^4 - \{kl(m+M)+2mMg\}l\omega^2 + \{mMg+kl(m+M)\}g = 0
\end{aligned}$$

$$\omega^2 = \frac{\{kl(m+M)+2mMg\}l \pm \sqrt{\{kl(m+M)+2mMg\}^2l^2 - 4mMl^2\{mMg+kl(m+M)\}g}}{2mMl^2}$$

$$\omega_1=\sqrt{\frac{g}{l}},\quad \omega_2=\sqrt{\frac{mMg+kl(m+M)}{mMl}}=\sqrt{\frac{2m^2g+3mkl}{2m^2l}}=\sqrt{\frac{2mg+3kl}{2ml}} \qquad ②$$

($k=0$ のとき $\omega_1^2=g/l$)

(3) ②を①に代入すると，$-klA+(Mg+kl-Ml\omega^2)B=0$, $\dfrac{A}{B}=\dfrac{Mg+kl-Ml\omega^2}{kl}$
が得られるから，

$\omega=\omega_1$ のとき，$\dfrac{A}{B}=\dfrac{Mg+kl-Ml\omega^2}{kl}=\dfrac{Mg+kl-Mg}{kl}=1$

$\omega=\omega_2$ のとき，

$$\begin{aligned}\frac{A'}{B'}&=\frac{Mg+kl-Ml\omega^2}{kl}=\frac{Mg+kl-Ml\dfrac{mMg+kl(m+M)}{mMl}}{kl}\\ &=\frac{m(Mg+kl)-\{mMg+kl(m+M)\}}{mkl}=-\frac{M}{m}=-\frac{2m}{m}=-2\end{aligned}$$

$\omega=\omega_1$ のとき，$\theta_1=A\cos(\omega_1 t+\varphi_1), \theta_2=A\cos(\omega_1 t+\varphi_1)$
$\omega=\omega_2$ のとき，$\theta_1=A'\cos(\omega_2 t+\varphi_2), \theta_2=-\dfrac{m}{M}A'\cos(\omega_2 t+\varphi_2)$

一般解は，

$$\begin{aligned}\theta_1&=A\cos(\omega_1 t+\varphi_1)+A'\cos(\omega_2 t+\varphi_2)\\ \theta_2&=A\cos(\omega_1 t+\varphi_1)-\frac{m}{M}A'\cos(\omega_2 t+\varphi_2)\\ \dot\theta_1&=-\omega_1 A\sin(\omega_1 t+\varphi_1)-\omega_2 A'\sin(\omega_2 t+\varphi_2)\\ \dot\theta_2&=-\omega_1 A\sin(\omega_1 t+\varphi_1)+\omega_2\frac{m}{M}A'\sin(\omega_2 t+\varphi_2)\end{aligned}$$

$t=0$ で，$\dot\theta_1=\dot\theta_2=0$ とすると，

$-\omega_1 A\sin\varphi_1-\omega_2 A'\sin\varphi_2=0,\quad -\omega_1 A\sin\varphi_1+\omega_2\dfrac{m}{M}A'\sin\varphi_2=0$

$\omega_2 A'\sin\varphi_2+\omega_2\dfrac{m}{M}A'\sin\varphi_2=\left(1+\dfrac{m}{M}\right)\omega_2 A'\sin\varphi_2=0\to\varphi_2=0\to\varphi_1=0$

$t=0$ で $\theta_1=0, \theta_2=\theta_0$ とすると，

$A\cos\varphi_1+A'\cos\varphi_2=0,\quad A'=-A$

$A\cos\varphi_1-\dfrac{m}{M}A'\cos\varphi_2=\theta_0,\quad \left(1+\dfrac{m}{M}\right)A=\theta_0,\quad A=\dfrac{M}{m+M}\theta_0$

6.2 (1) 系のラグランジアンは，

$$L=T-U=\frac{1}{2}m_1(\dot x_1^2+\dot y_1^2)+\frac{1}{2}m_2(\dot x_2^2+\dot y_2^2)-m_1 gy_1-m_2 gy_2$$

(2) 質点 1, 2 の座標は，

$(x_1,y_1)=(l_1\sin\theta_1,-l_1\cos\theta_1)$
$(x_2,y_2)=(l_1\sin\theta_1+l_2\sin\theta_2,-l_1\cos\theta_1-l_2\cos\theta_2)$ ①

この時間微分は，

$$(\dot{x}_1, \dot{y}_1) = (l_1\dot{\theta}_1\cos\theta_1, l_1\dot{\theta}_1\sin\theta_1)$$
$$(\dot{x}_2, \dot{y}_2) = (l_1\dot{\theta}_1\cos\theta_1 + l_2\dot{\theta}_2\cos\theta_2, l_1\dot{\theta}_1\sin\theta_1 + l_2\dot{\theta}_2\sin\theta_2)$$ ②

(3) ラグランジアンは，①，②を用いると，

$$L = \frac{1}{2}m_1(l_1^2\dot{\theta}_1^2\cos^2\theta_1 + l_1^2\dot{\theta}_1^2\sin^2\theta_1)$$
$$+ \frac{1}{2}m_2\left\{(l_1\dot{\theta}_1\cos\theta_1 + l_2\dot{\theta}_2\cos\theta_2)^2 + (l_1\dot{\theta}_1\sin\theta_1 + l_2\dot{\theta}_2\sin\theta_2)^2\right\}$$
$$- m_1 g(-l_1\cos\theta_1) - m_2 g(-l_1\cos\theta_1 - l_2\cos\theta_2)$$
$$= \frac{1}{2}\left\{(m_1+m_2)l_1^2\dot{\theta}_1^2 + 2m_2 l_1 l_2 \dot{\theta}_1\dot{\theta}_2\cos(\theta_1-\theta_2) + m_2 l_2^2\dot{\theta}_2^2\right\}$$
$$+ (m_1+m_2)l_1 g\cos\theta_1 + m_2 l_2 g\cos\theta_2$$
$$\cong \frac{1}{2}(m_1+m_2)l_1^2\dot{\theta}_1^2 + \frac{1}{2}m_2 l_2^2\dot{\theta}_2^2 + m_2 l_1 l_2 \dot{\theta}_1\dot{\theta}_2$$
$$+ (m_1+m_2)gl_1\left(1 - \frac{1}{2}\theta_1^2\right) + m_2 gl_2\left(1 - \frac{1}{2}\theta_2^2\right)$$
$$\cong \frac{1}{2}(m_1+m_2)l_1^2\dot{\theta}_1^2 + \frac{1}{2}m_2 l_2^2\dot{\theta}_2^2 + m_2 l_1 l_2 \dot{\theta}_1\dot{\theta}_2$$
$$- \frac{1}{2}(m_1+m_2)gl_1\theta_1^2 - \frac{1}{2}m_2 gl_2\theta_2^2 \quad (定数削除)$$

(4) θ_1, θ_2 に関する運動方程式は，$\dfrac{d}{dt}\dfrac{\partial L}{\partial \dot{\theta}_1} - \dfrac{\partial L}{\partial \theta_1} = 0, \dfrac{d}{dt}\dfrac{\partial L}{\partial \dot{\theta}_2} - \dfrac{\partial L}{\partial \theta_2} = 0$

ここで，$\dfrac{\partial L}{\partial \dot{\theta}_1} = (m_1+m_2)l_1^2\dot{\theta}_1 + m_2 l_1 l_2 \dot{\theta}_2, \dfrac{\partial L}{\partial \theta_1} = -(m_1+m_2)gl_1\theta_1$

$\therefore \quad (m_1+m_2)l_1^2\ddot{\theta}_1 + m_2 l_1 l_2 \ddot{\theta}_2 + (m_1+m_2)gl_1\theta_1 = 0$ ③

$\dfrac{\partial L}{\partial \dot{\theta}_2} = m_2 l_2^2 \dot{\theta}_2 + m_2 l_1 l_2 \dot{\theta}_1, \quad \dfrac{\partial L}{\partial \theta_2} = -m_2 gl_2\theta_2$

$\therefore \quad m_2 l_2^2 \ddot{\theta}_2 + m_2 l_1 l_2 \ddot{\theta}_1 + m_2 gl_2\theta_2 = 0$ ④

(5) $\theta_1(t) = a_1\cos\omega t, \theta_2(t) = a_2\cos\omega t$ を③，④に代入し，整理すると，

$$\begin{cases} (m_1+m_2)(-\omega^2 l_1 + g)a_1 - m_2 l_2 \omega^2 a_2 = 0 \\ -m_2 l_1 \omega^2 a_1 + m_2(-\omega^2 l_2 + g)a_2 = 0 \end{cases}$$ ⑤

a_1, a_2 が存在するためには，

$$\begin{vmatrix} (m_1+m_2)(-\omega^2 l_1 + g) & -m_2 l_2 \omega^2 \\ -m_2 l_1 \omega^2 & m_2(-\omega^2 l_2 + g) \end{vmatrix} = 0$$

$$m_1 l_1 l_2 \omega^4 - g(m_1+m_2)(l_1+l_2)\omega^2 + (m_1+m_2)g^2 = 0$$

$$\omega = \left\{\frac{g(m_1+m_2)(l_1+l_2) \pm \sqrt{g^2(m_1+m_2)^2(l_1+l_2)^2 - 4m_1(m_1+m_2)l_1 l_2 g^2}}{2m_1 l_1 l_2}\right\}^{1/2}$$

(6) $m_1 \gg m_2, |l_1 - l_2| \gg \sqrt{\dfrac{m_2}{m_1}}(l_1+l_2)$ とすると，

$$\omega^2 = \frac{g(m_1+m_2)(l_1+l_2) \pm g\sqrt{(m_1+m_2)^2(l_1+l_2)^2 - 4m_1(m_1+m_2)l_1l_2}}{2m_1l_1l_2}$$

$$= g\frac{(m_1+m_2)(l_1+l_2) \pm (m_1+m_2)\sqrt{(l_1+l_2)^2 - \frac{4m_1}{m_1+m_2}l_1l_2}}{2m_1l_1l_2}$$

$$\to g\frac{m_1+m_2}{2m_1l_1l_2}\left\{l_1+l_2 \pm \sqrt{(l_1-l_2)^2}\right\} = g\frac{m_1+m_2}{2m_1l_1l_2}(l_1+l_2 \pm |l_1-l_2|)$$

$$\to \frac{g}{2l_1l_2} \times \begin{cases} l_1+l_2+l_1-l_2 = \dfrac{g}{l_2} \\ l_1+l_2-l_1+l_2 = \dfrac{g}{l_1} \end{cases}$$

（i） $\omega = \sqrt{g/l_2}$ のとき，⑤より，

$$\frac{a_2}{a_1} \to \frac{(m_1+m_2)(-\omega^2 l_1 + g)}{m_2 l_2 \omega^2} = \frac{(m_1+m_2)\left(-\frac{g}{l_2}l_1 + g\right)}{m_2 l_2 \frac{g}{l_2}} = \frac{(m_1+m_2)g\left(1-\frac{l_1}{l_2}\right)}{m_2 g}$$

（ii） $\omega = \sqrt{g/l_1}$ のとき，$a_2/a_1 \to 0$

6.3 (1) Δt の間に Δm だけ質量が変化したとすると，運動量保存則から，

$$(m + \Delta m)(v + \alpha\Delta t) + (v - v_{\text{gas}})(-\Delta m) = mv$$
$$mv + m\alpha\Delta t + v\Delta m + \alpha\Delta m\Delta t - v\Delta m + v_{\text{gas}}\Delta m = mv$$
$$\frac{\Delta m}{m} = -\frac{\alpha\Delta t}{v_{\text{gas}}} \quad \therefore \quad \frac{dm}{dt} = -\frac{\alpha}{v_{\text{gas}}}m \qquad ①$$

(2) ①を変数分離し，積分すると，

$$\frac{dm}{m} = -\frac{\alpha\,dt}{v_{\text{gas}}}, \quad \log m = -\frac{\alpha}{v_{\text{gas}}}t + C_1, \quad m = e^{-\frac{\alpha}{v_{\text{gas}}}t + C_1} = C_2 e^{-\frac{\alpha}{v_{\text{gas}}}t}$$

$t=0$ において，$m=m_0$ とすると，$m_0 = C_2$ $\therefore$ $m = m_0 e^{-\frac{\alpha}{v_{\text{gas}}}t}$

(3) 与式（I），（II）より，

$$d\tau = \frac{\sqrt{c^2dt^2 - dx^2}}{c} = \sqrt{dt^2 - \frac{dx^2}{c^2}} = dt\sqrt{1 - \frac{1}{c^2}\left(\frac{dx}{dt}\right)^2} = dt\sqrt{1 - \frac{v^2}{c^2}}$$

$$\therefore \quad \frac{d\tau}{dt} = \sqrt{1 - \frac{v^2}{c^2}} \quad \to (\text{イ}) \qquad ②$$

与式（IV），②より，

$$u^\mu \odot u^\mu = -u^0 u^0 + u^1 u^1 + u^2 u^2 + u^3 u^3 = -u^0 u^0 + u^1 u^1 = -\left(\frac{dx^0}{d\tau}\right)^2 + \left(\frac{dx^1}{d\tau}\right)^2$$

$$= -\left(\frac{c\,dt}{d\tau}\right)^2 + \left(\frac{dx}{\sqrt{1-\frac{v^2}{c^2}}\,dt}\right)^2 = -c^2\frac{1}{1-\frac{v^2}{c^2}} + \frac{v^2}{1-\frac{v^2}{c^2}} = -c^2 \quad \to (\text{ロ}) \qquad ③$$

与式（IV），③より，

$$u^\mu \odot a^\mu = u^\mu \odot \frac{du^\mu}{d\tau} = \frac{1}{2}\frac{d}{d\tau}(u^\mu \odot u^\mu) = 0 \qquad \to (\text{ハ}) \qquad ④$$

与式(IV), ④ より,

$$u^\mu \odot a^\mu = -u^0 a^0 + u^1 a^1 + u^2 a^2 + u^3 a^3 = -u^0 a^0 + u^1 a^1 = 0 \qquad ⑤$$

与式(IV), 仮定より,

$$a^\mu \odot a^\mu = -a^0 a^0 + a^1 a^1 + a^2 a^2 + a^3 a^3 = -(a^0)^2 + (a^1)^2 = \alpha^2 \qquad ⑥$$

⑤, ⑥ より, $a^1 = \dfrac{u^0 a^0}{u^1}$, $-(a^0)^2 + \dfrac{(u^0)^2(a^0)^2}{(u^1)^2} = \dfrac{(a^0)^2\{(u^0)^2 - (u^1)^2\}}{(u^1)^2} = \alpha^2$

$$\therefore\ a^0 = \frac{u^1}{\sqrt{(u^0)^2 - (u^1)^2}}\alpha \quad \to (\text{ニ})$$

$$a^1 = \frac{u^0}{u^1}\frac{u^1}{\sqrt{(u^0)^2 - (u^1)^2}}\alpha = \frac{u^0}{\sqrt{(u^0)^2 - (u^1)^2}}\alpha \qquad \to (\text{ホ}) \qquad ⑦$$

(4) 与式(III) より, $\dfrac{u^1}{u^0} = \dfrac{dx^1/d\tau}{dx^0/d\tau} = \dfrac{dx/d\tau}{c\,dt/d\tau} = \dfrac{dx/dt}{c} = \dfrac{v}{c}$

これを⑦に代入すると, $a^1 = \dfrac{\alpha}{\sqrt{1 - \left(\frac{u^1}{u^0}\right)^2}} = \dfrac{\alpha}{\sqrt{1 - \frac{v^2}{c^2}}}$ ⑧

与式(III) より,

$$a^1 = \frac{d}{d\tau}\frac{dx^1}{d\tau} = \frac{d}{d\tau}\frac{dx}{d\tau} = \frac{d}{d\tau}\frac{dx/dt}{d\tau/dt} = \frac{d}{d\tau}\frac{v}{\sqrt{1 - \frac{v^2}{c^2}}} = \frac{dv}{d\tau}\frac{d}{dv}\frac{v}{\sqrt{1 - \frac{v^2}{c^2}}}$$

$$= \frac{dv}{d\tau}\frac{\sqrt{1 - \frac{v^2}{c^2}} - \frac{1}{2}\left(1 - \frac{v^2}{c^2}\right)^{-1/2}\left(\frac{-2v}{c^2}\right)v}{1 - \frac{v^2}{c^2}} = \frac{dv}{d\tau}\left(1 - \frac{v^2}{c^2}\right)^{-3/2} \qquad ⑨$$

⑧ = ⑨ より, $\dfrac{dv}{d\tau}\left(1 - \dfrac{v^2}{c^2}\right)^{-3/2} = \dfrac{\alpha}{\sqrt{1 - \frac{v^2}{c^2}}}$, $\dfrac{dv}{d\tau} = \alpha\left(1 - \dfrac{v^2}{c^2}\right) = \alpha\dfrac{c^2 - v^2}{c^2}$ ⑩

⑩を変数分離して, 積分すると,

$$\frac{dv}{v^2 - c^2} = \frac{1}{2c}\left(\frac{1}{v - c} - \frac{1}{v + c}\right)dv = -\frac{\alpha}{c^2}d\tau, \quad \left(\frac{1}{v - c} - \frac{1}{v + c}\right)dv = -\frac{2\alpha}{c}d\tau$$

$$\log|v - c| - \log|v + c| = \log\left|\frac{v - c}{v + c}\right| = -\frac{2\alpha}{c}\tau + K_1, \quad \frac{c - v}{v + c} = K_2 e^{-\frac{2\alpha}{c}\tau}$$

$$v = c\frac{1 - K_2 e^{-\frac{2\alpha\tau}{c}}}{1 + K_2 e^{-\frac{2\alpha\tau}{c}}}$$

$\tau = 0$ で $v = 0$ だから, $0 = c\dfrac{1 - K_2}{1 + K_2}$, $K_2 = 1$ $\therefore\ v = c\dfrac{1 - e^{-\frac{2\alpha\tau}{c}}}{1 + e^{-\frac{2\alpha\tau}{c}}} = c\tanh\dfrac{\alpha\tau}{c}$ ⑪

(5) 4元運動量は $mu^\mu = m\dfrac{dx^\mu}{d\tau} = m\dfrac{dx^1}{d\tau} = m\dfrac{v}{\sqrt{1 - \left(\frac{v}{c}\right)^2}}$ だから, 運動量保存則の第1成分は,

第 6 編の解答

$$(m+dm)\frac{v+dv}{\sqrt{1-\left(\frac{v+dv}{c}\right)^2}}+dm'\frac{v'}{\sqrt{1-\left(\frac{v'}{c}\right)^2}}=m\frac{v}{\sqrt{1-\left(\frac{v}{c}\right)^2}}$$

$$(m+dm)\frac{v+dv}{\sqrt{1-\frac{v^2}{c^2}\left(1+\frac{dv}{v}\right)^2}}+dm'\frac{v'}{\sqrt{1-\left(\frac{v'}{c}\right)^2}}=m\frac{v}{\sqrt{1-\left(\frac{v}{c}\right)^2}}$$

$$(m+dm)\frac{v+dv}{\sqrt{1-\frac{v^2}{c^2}\left\{1+\frac{2\,dv}{v}+\left(\frac{dv}{v}\right)^2\right\}}}+dm'\frac{v'}{\sqrt{1-\left(\frac{v'}{c}\right)^2}}=m\frac{v}{\sqrt{1-\left(\frac{v}{c}\right)^2}}$$

$$(m+dm)\frac{v+dv}{\sqrt{\left(1-\frac{v^2}{c^2}\right)-\frac{v^2}{c^2}\left\{\frac{2\,dv}{v}+\left(\frac{dv}{v}\right)^2\right\}}}+dm'\frac{v'}{\sqrt{1-\left(\frac{v'}{c}\right)^2}}=m\frac{v}{\sqrt{1-\left(\frac{v}{c}\right)^2}}$$

$$(m+dm)\frac{v+dv}{\sqrt{1-\frac{v^2}{c^2}}\sqrt{1-\frac{v^2}{c^2}\frac{\frac{2\,dv}{v}+\left(\frac{dv}{v}\right)^2}{1-\frac{v^2}{c^2}}}}+dm'\frac{v'}{\sqrt{1-\left(\frac{v'}{c}\right)^2}}=m\frac{v}{\sqrt{1-\left(\frac{v}{c}\right)^2}}$$

$$(m+dm)\frac{v+dv}{\sqrt{1-\frac{v^2}{c^2}}\sqrt{1-\frac{2v\,dv}{c^2-v^2}}}+dm'\frac{v'}{\sqrt{1-\left(\frac{v'}{c}\right)^2}}\cong m\frac{v}{\sqrt{1-\left(\frac{v}{c}\right)^2}} \quad (\text{2 次の項無視})$$

$$(m+dm)\frac{v+dv}{\sqrt{1-\frac{v^2}{c^2}}}\left(1+\frac{v\,dv}{c^2-v^2}\right)+dm'\frac{v'}{\sqrt{1-\left(\frac{v'}{c}\right)^2}}\cong m\frac{v}{\sqrt{1-\left(\frac{v}{c}\right)^2}} \quad (\text{テイラー展開})$$

$$\frac{mv+m\,dv}{\sqrt{1-\frac{v^2}{c^2}}}\left(1+\frac{v\,dv}{c^2-v^2}\right)+\frac{v\,dm+dmdv}{\sqrt{1-\left(\frac{v'}{c}\right)^2}}\left(1+\frac{v\,dv}{c^2-v^2}\right)$$

$$+dm'\frac{v'}{\sqrt{1-\left(\frac{v'}{c}\right)^2}}\cong m\frac{v}{\sqrt{1-\left(\frac{v'}{c}\right)^2}}$$

$$\frac{mv}{\sqrt{1-\frac{v^2}{c^2}}}+\frac{mv^2 dv}{\sqrt{1-\left(\frac{v'}{c}\right)^2}}\frac{1}{c^2-v^2}+\frac{m\,dv}{\sqrt{1-\left(\frac{v'}{c}\right)^2}}+\frac{mv(dv)^2}{\sqrt{1-\left(\frac{v'}{c}\right)^2}(c^2-v^2)}$$

$$+\frac{v\,dm}{\sqrt{1-\left(\frac{v'}{c}\right)^2}}+\frac{v^2 dmdv}{\sqrt{1-\left(\frac{v'}{c}\right)^2}(c^2-v^2)}+\frac{dmdv}{\sqrt{1-\left(\frac{v'}{c}\right)^2}}$$

$$+\frac{v(dv)^2 dm}{\sqrt{1-\left(\frac{v'}{c}\right)^2}(c^2-v^2)}+dm'\frac{v'}{\sqrt{1-\left(\frac{v'}{c}\right)^2}}=\frac{mv}{\sqrt{1-\left(\frac{v'}{c}\right)^2}}$$

第 6 編

$$\frac{mv^2 dv}{\sqrt{1-\frac{v^2}{c^2}}}\frac{1}{c^2-v^2} + \frac{m\,dv}{\sqrt{1-\left(\frac{v'}{c}\right)^2}} + \frac{v\,dm}{\sqrt{1-\left(\frac{v'}{c}\right)^2}} + dm'\frac{v'}{\sqrt{1-\left(\frac{v'}{c}\right)^2}} = 0$$

整理すると, $\dfrac{v}{\sqrt{1-\frac{v^2}{c^2}}}dm + \dfrac{m}{\left(1-\frac{v^2}{c^2}\right)^{3/2}}dv + \dfrac{v'}{\sqrt{1-\frac{v'^2}{c^2}}}dm' \cong 0$ ⑫

第 0 成分は, $m\dfrac{dx^0}{d\tau} = m\dfrac{c\,dt}{d\tau} = mc\dfrac{1}{\sqrt{1-\frac{v^2}{c^2}}}$ より,

$$\frac{(m+dm)c}{\sqrt{1-\left(\frac{v+dv}{c}\right)^2}} + dm'\frac{c}{\sqrt{1-\frac{v'^2}{c^2}}} = m\frac{c}{\sqrt{1-\frac{v^2}{c^2}}}$$

$$\frac{m+dm}{\sqrt{1-\frac{v^2}{c^2}\left(1+\frac{dv}{v}\right)^2}} + \frac{dm'}{\sqrt{1-\frac{v'^2}{c^2}}} = \frac{m}{\sqrt{1-\frac{v^2}{c^2}}}$$

$$\frac{m+dm}{\sqrt{1-\frac{v^2}{c^2}\left(1+\frac{2\,dv}{v}\right)}} + \frac{dm'}{\sqrt{1-\frac{v'^2}{c^2}}} \cong \frac{m}{\sqrt{1-\frac{v^2}{c^2}}}$$

$$\frac{m+dm}{\sqrt{\left(1-\frac{v^2}{c^2}\right)-\frac{2v\,dv}{c^2}}} + \frac{dm'}{\sqrt{1-\frac{v'^2}{c^2}}} = \frac{m}{\sqrt{1-\frac{v^2}{c^2}}}$$

$$\frac{m+dm}{\sqrt{1-\frac{v^2}{c^2}}\sqrt{1-\frac{2v\,dv}{c^2\left(1-\frac{v^2}{c^2}\right)}}} + \frac{dm'}{\sqrt{1-\frac{v'^2}{c^2}}} = \frac{m}{\sqrt{1-\frac{v^2}{c^2}}}$$

$$\frac{m+dm}{\sqrt{1-\frac{v^2}{c^2}}\sqrt{1-\frac{2v\,dv}{c^2-v^2}}} + \frac{dm'}{\sqrt{1-\frac{v'^2}{c^2}}} = \frac{m}{\sqrt{1-\frac{v^2}{c^2}}}$$

$$\frac{m+dm}{\sqrt{1-\frac{v^2}{c^2}}}\left(1+\frac{v\,dv}{c^2-v^2}\right) + \frac{dm'}{\sqrt{1-\frac{v'^2}{c^2}}} \cong \frac{m}{\sqrt{1-\frac{v^2}{c^2}}}$$

$$\frac{m}{\sqrt{1-\frac{v^2}{c^2}}} + \frac{m}{\sqrt{1-\frac{v^2}{c^2}}}\frac{v\,dv}{c^2-v^2} + \frac{dm}{\sqrt{1-\frac{v^2}{c^2}}} + \frac{dm}{\sqrt{1-\frac{v^2}{c^2}}}\frac{v\,dv}{c^2-v^2} + \frac{dm'}{\sqrt{1-\frac{v'^2}{c^2}}}$$
$$= \frac{m}{\sqrt{1-\frac{v^2}{c^2}}}$$

$$\frac{m}{\sqrt{1-\frac{v^2}{c^2}}}\frac{v\,dv}{c^2-v^2} + \frac{dm}{\sqrt{1-\frac{v^2}{c^2}}} + \frac{dm'}{\sqrt{1-\frac{v'^2}{c^2}}} = 0$$

∴ $\dfrac{mv/c^2}{\left(1-\frac{v^2}{c^2}\right)^{3/2}}dv + \dfrac{dm}{\sqrt{1-\frac{v^2}{c^2}}} + \dfrac{dm'}{\sqrt{1-\frac{v'^2}{c^2}}} = 0$ ⑬

(6) ⑫, ⑬から dm' を消去すると,

$$\frac{(v-v')dm}{\sqrt{1-\frac{v^2}{c^2}}} + \frac{1-\frac{vv'}{c^2}}{\left(1-\frac{v^2}{c^2}\right)^{3/2}} m\, dv = 0, \quad (v'-v)dm = \frac{1-\frac{vv'}{c^2}}{1-\frac{v^2}{c^2}} m\, dv$$

$$\frac{v'-v}{1-\frac{vv'}{c^2}} dm = -v_{\text{gas}} dm = \frac{m\, dv}{1-\frac{v^2}{c^2}}, \quad \frac{dm}{m} = -\frac{1}{v_{\text{gas}}}\frac{dv}{1-\frac{v^2}{c^2}} = \frac{c^2}{v_{\text{gas}}}\frac{dv}{v^2-c^2}$$

両辺を積分すると,

$$\log m - \log m_0 = \int_{v(0)}^{v(\tau)} \frac{c^2}{v_{\text{gas}}} \frac{dv}{(v+c)(v-c)} = \int \frac{c}{2v_{\text{gas}}}\left(\frac{1}{v-c} - \frac{1}{v+c}\right) dv$$

$$= \frac{c}{2v_{\text{gas}}} \log\left|\frac{v(\tau)-c}{v(\tau)+c}\right| = \frac{c}{2v_{\text{gas}}} \log\frac{c-v(\tau)}{v(\tau)+c}$$

$$\log m(\tau) = \log m_0 + \log\left(\frac{c-v}{c+v}\right)^{\frac{c}{2v_{\text{gas}}}} = \log m_0 \left(\frac{c-v}{c+v}\right)^{\frac{c}{2v_{\text{gas}}}}$$

$$\therefore\quad m(\tau) = m_0 \left(\frac{c-v}{c+v}\right)^{\frac{c}{2v_{\text{gas}}}}$$

⑪より, $\dfrac{v(\tau)}{c} = \tanh\dfrac{\alpha\tau}{c}$ のとき,

$$m(\tau) = m_0 \left(\frac{1-\tanh\frac{\alpha\tau}{c}}{1+\tanh\frac{\alpha\tau}{c}}\right)^{\frac{c}{2v_{\text{gas}}}} = m_0 \left(e^{-\frac{2\alpha\tau}{c}}\right)^{\frac{c}{2v_{\text{gas}}}} = m_0 e^{-\frac{\alpha\tau}{v_{\text{gas}}}}$$

これは(2)で, $t \to \tau$ としたものと一致する. すなわち, ロケットからこの系を見ると, 加速度 α で加速されているように見える.

6.4 (1) 図を参照し, 恒星について,

$$M\frac{d^2\boldsymbol{r}_1}{dt^2} = -G\frac{Mm}{r^2}\frac{\boldsymbol{r}_1-\boldsymbol{r}_2}{r} \qquad \text{①}$$

惑星について, $m\dfrac{d^2\boldsymbol{r}_2}{dt^2} = -G\dfrac{Mm}{r^2}\dfrac{\boldsymbol{r}_2-\boldsymbol{r}_1}{r}$ ②

重心ベクトルは, $\boldsymbol{r}_c = \dfrac{M\boldsymbol{r}_1+m\boldsymbol{r}_2}{M+m}$ ③

相対ベクトルを, $\boldsymbol{r} = \boldsymbol{r}_2 - \boldsymbol{r}_1$ ④

とし, ③, ④から $\boldsymbol{r}_2$ を消去すると,

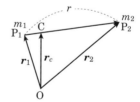

図 2体問題の運動方程式のための図

$$\boldsymbol{r}_c = \frac{M\boldsymbol{r}_1+m(\boldsymbol{r}+\boldsymbol{r}_1)}{M+m}, \quad \boldsymbol{r}_1 = \boldsymbol{r}_c - \frac{m}{M+m}\boldsymbol{r} \qquad \text{⑤}$$

同様にして $\boldsymbol{r}_1$ を消去すると, $\boldsymbol{r}_2 = \boldsymbol{r}_c + \dfrac{M}{M+m}\boldsymbol{r}$

④, ⑤を①に代入すると,

$$M\frac{d^2\boldsymbol{r}_1}{dt^2} = M\frac{d^2}{dt^2}\left(\boldsymbol{r}_c - \frac{m}{M+m}\boldsymbol{r}\right) = M\frac{d^2\boldsymbol{r}_c}{dt^2} - \frac{Mm}{M+m}\frac{d^2\boldsymbol{r}}{dt^2} = M\frac{d^2\boldsymbol{r}_c}{dt^2} - \mu\frac{d^2\boldsymbol{r}}{dt^2}$$

$$= -G\frac{Mm}{r^2}\frac{\boldsymbol{r}_1-\boldsymbol{r}_2}{r} = G\frac{Mm}{r^2}\frac{\boldsymbol{r}}{r} \quad \left(\mu \equiv \frac{mM}{m+M}\right) \qquad \text{⑥}$$

ここで，①+② より，

$$M\frac{d^2 \boldsymbol{r}_1}{dt^2} + m\frac{d^2 \boldsymbol{r}_2}{dt^2} = M\frac{d^2}{dt^2}\left(\boldsymbol{r}_c - \frac{m}{M+m}\boldsymbol{r}\right) + m\frac{d^2}{dt^2}\left(\boldsymbol{r}_c + \frac{M}{M+m}\boldsymbol{r}\right)$$

$$= (M+m)\frac{d^2 \boldsymbol{r}_c}{dt^2} = -G\frac{Mm}{r^2}\frac{\boldsymbol{r}_1 - \boldsymbol{r}_2}{r} - G\frac{Mm}{r^2}\frac{\boldsymbol{r}_2 - \boldsymbol{r}_1}{r} = 0 \qquad \therefore \ \frac{d^2 \boldsymbol{r}_c}{dt^2} = 0 \qquad ⑦$$

⑥, ⑦より, $\mu\dfrac{d^2 \boldsymbol{r}}{dt^2} = -G\dfrac{Mm}{r^2}\dfrac{\boldsymbol{r}}{r}$, $\dfrac{d^2 \boldsymbol{r}}{dt^2} = -G\dfrac{Mm}{\mu r^2}\dfrac{\boldsymbol{r}}{r} = -G\dfrac{M+m}{r^2}\dfrac{\boldsymbol{r}}{r}$ ⑧

よって，重心の等速運動と換算質量 μ の相対運動に分けられる．

(2) $m \ll M$ のとき，③より，

$$\boldsymbol{r}_c = \frac{M\boldsymbol{r}_1 + m\boldsymbol{r}_2}{M+m} \cong \boldsymbol{r}_1, \quad \mu \equiv \frac{mM}{m+M} \cong m$$

(3) 角運動量は（⑫参照），$h = r \times r\dot{\theta} = r^2 \dot{\theta}$
面積速度は[注1]，$\dfrac{1}{2}h = \dfrac{1}{2}r^2 \dot{\theta}$

⑧に $\mu = m$ を代入すると，$m\dfrac{d^2 \boldsymbol{r}}{dt^2} = -G\dfrac{Mm}{r^2}\dfrac{\boldsymbol{r}}{r}$ ⑨

⑨を極座標 (r, θ) で表示すると，加速度は[注2] $\dfrac{d^2 \boldsymbol{r}}{dt^2} = (\ddot{r} - r\dot{\theta}^2)\boldsymbol{e}_r - (r\ddot{\theta} + 2\dot{r}\dot{\theta})\boldsymbol{e}_\theta$ だから，

$$m(\ddot{r} - r\dot{\theta}^2) = -\frac{GmM}{r^2} \qquad ⑩$$

$$m(r\ddot{\theta} + 2\dot{r}\dot{\theta}) = m\frac{1}{r}\frac{d}{dt}(r^2 \dot{\theta}) = 0 \qquad ⑪$$

(4) ⑪を積分すると，$r^2 \dot{\theta} = const = h$ ⑫

(5) ⑩に $\dot{r}$ を掛け，⑫を用いて⑩を積分すると，

$$m\dot{r}\ddot{r} - m\dot{r}r\dot{\theta}^2 = -\frac{GmM}{r^2}\dot{r}$$

$$\frac{m}{2}\left(\frac{dr}{dt}\right)^2 - m\int \frac{dr}{dt}r\dot{\theta}^2 dt = \frac{m}{2}\left(\frac{dr}{dt}\right)^2 - m\int r\frac{h^2}{r^4}dr = \frac{m}{2}\left(\frac{dr}{dt}\right)^2 + \frac{mh^2}{2r^2}$$

$$= -\int \frac{GmM}{r^2}\frac{dr}{dt}dt + const = \frac{GmM}{r} + const$$

$$\therefore \ \frac{m}{2}\left(\frac{dr}{dt}\right)^2 + \frac{mh^2}{2r^2} - \frac{GMm}{r} = E \qquad ⑬$$

(6) $\dfrac{dr}{dt} = \dfrac{d\theta}{dt}\dfrac{dr}{d\theta} = \dfrac{h}{r^2}\dfrac{dr}{d\theta}$ を⑬に代入すると，

$$\frac{m}{2}\left(\frac{h}{r^2}\right)^2\left(\frac{dr}{d\theta}\right)^2 + \frac{mh^2}{2r^2} - \frac{GMm}{r} = E$$

$r = \dfrac{1}{u}$, $\dfrac{dr}{dt} = \dfrac{d\theta}{dt}\dfrac{dr}{d\theta} = \dfrac{h}{r^2}\dfrac{dr}{d\theta} = hu^2\dfrac{dr}{du}\dfrac{du}{d\theta} = hu^2\left(\dfrac{-1}{u^2}\right)\dfrac{du}{d\theta} = -h\dfrac{du}{d\theta}$ を⑬に代入すると，

$$\frac{m}{2}h^2\left(\frac{du}{d\theta}\right)^2 + \frac{mh^2}{2}u^2 - GmMu = E, \quad \left(\frac{du}{d\theta}\right)^2 + u^2 - \frac{2GM}{h^2}u = \frac{2E}{mh^2}$$

これを $\dfrac{du}{d\theta}$ について解くと，

$$\frac{du}{d\theta} = \pm\sqrt{\frac{2E}{mh^2} - \left(u^2 - \frac{2GM}{h^2}u\right)} = \pm\sqrt{\frac{2E}{mh^2} - \left\{\left(u - \frac{GM}{h^2}\right)^2 - \left(\frac{GM}{h^2}\right)^2\right\}}$$

$$\therefore \quad \pm\frac{du}{\sqrt{\left\{\dfrac{2E}{mh^2} + \left(\dfrac{GM}{h^2}\right)^2\right\} - \left(u - \dfrac{GM}{h^2}\right)^2}} = d\theta \tag{V}$$

これを積分し，積分定数を 0 とすると，$\theta = \pm\cos^{-1}\left(\dfrac{u - \dfrac{GM}{h^2}}{\sqrt{\dfrac{2E}{mh^2} + \left(\dfrac{GM}{h^2}\right)^2}}\right)$ (VI)

これを変形すると，

$$\cos\theta = \frac{u - \dfrac{GM}{h^2}}{\sqrt{\dfrac{2E}{mh^2} + \left(\dfrac{GM}{h^2}\right)^2}}, \quad \frac{GM}{h^2} + \sqrt{\frac{2E}{mh^2} + \left(\frac{GM}{h^2}\right)^2}\cos\theta = u = \frac{1}{r}$$

$$r = \frac{1}{\dfrac{GM}{h^2} + \sqrt{\dfrac{2E}{mh^2} + \left(\dfrac{GM}{h^2}\right)^2}\cos\theta} = \frac{\dfrac{h^2}{GM}}{1 + \dfrac{h^2}{GM}\sqrt{\dfrac{2E}{mh^2} + \left(\dfrac{GM}{h^2}\right)^2}\cos\theta} \quad ⑭$$

(VIII) と ⑭ を比較すると，

$$l = \frac{h^2}{GM}, \quad e = \frac{h^2}{GM}\sqrt{\frac{2E}{mh^2} + \left(\frac{GM}{h^2}\right)^2} = \sqrt{1 + \frac{2Eh^2}{G^2M^2m}}$$

(7) (VIII) より，$r = \dfrac{l}{1 + e\cos\theta}$

焦点の定義 $\mathrm{OF} = ae$ を知っていればこれを使ってもよいが [注3]，

$$r(0) = \frac{l}{1+e} = a - \mathrm{OF}, \quad r(\pi) = \frac{l}{1-e} = a + \mathrm{OF},$$

$$\frac{1-e}{1+e} = \frac{a - \mathrm{OF}}{a + \mathrm{OF}}, \quad \therefore \quad \mathrm{OF} = ea$$

$$\frac{l}{1+e} = a - ea = (1-e)a \quad \therefore \quad a = \frac{l}{1-e^2} \quad ⑮$$

図より，$2\sqrt{b^2 + (ea)^2} = 2a$ ⑯

⑮から $e^2 = 1 - \dfrac{l}{a}$ だから，これを⑯に代入すると，$b^2 + \left(1 - \dfrac{l}{a}\right)a^2 = a^2 \quad \therefore \quad b = \sqrt{al}$

面積速度は，$\dfrac{\pi ab}{T} = \dfrac{\pi a\sqrt{al}}{T} = \dfrac{h}{2} \quad \therefore \quad T = \dfrac{2\pi a\sqrt{al}}{h} = \dfrac{2\pi\sqrt{l}}{h}a^{3/2} = \dfrac{2\pi a^{3/2}}{\sqrt{GM}}$

まとめ：[3–1] $r^2\dot\theta$, [3–2] $\dfrac{1}{2}h$, [3–3] $(\ddot r - r\dot\theta^2)$, [3–4] $(r\ddot\theta + 2\dot r\dot\theta)$,

[3–5] $-\dfrac{GmM}{r^2}$, [3–6] 0, [5–1] $\dfrac{mh^2}{2r^2}$, [6–1] $\dfrac{m}{2}\left(\dfrac{h}{r^2}\right)^2\left(\dfrac{dr}{d\theta}\right)^2$,

[6–2] $\dfrac{2E}{mh^2} + \left(\dfrac{GM}{h^2}\right)^2$, [6–3] $\dfrac{GM}{h^2}$, [6–4] $\dfrac{h^2}{GM}$, [6–5] $\sqrt{1+\dfrac{2Eh^2}{G^2M^2m}}$,

[7–1] $\dfrac{l}{1-e^2}$, [7–2] ea, [7–3] $\sqrt{al}$, [7–4] $\dfrac{2\pi\sqrt{l}}{h}a^{3/2}$

[注1] 角運動量保存則 $r \times mr\dfrac{d\theta}{dt} = mr^2\dfrac{d\theta}{dt} = 2mh = const$ と同じ.

[注2] $\dfrac{d\boldsymbol{r}}{dt} = \dot{r}\boldsymbol{e}_r + r\dot{\boldsymbol{e}}_r = \dot{r}\boldsymbol{e}_r + r\dot{\theta}\boldsymbol{e}_\theta$,

$\dfrac{d^2\boldsymbol{r}}{dt^2} = \dfrac{d}{dt}(\dot{r}\boldsymbol{e}_r + r\dot{\theta}\boldsymbol{e}_\theta) = \ddot{r}\boldsymbol{e}_r + \dot{r}\dot{\boldsymbol{e}}_r + \dot{r}\dot{\theta}\boldsymbol{e}_\theta + r\ddot{\theta}\boldsymbol{e}_\theta + r\dot{\theta}\dot{\boldsymbol{e}}_\theta$

$= \ddot{r}\boldsymbol{e}_r + \dot{r}\dot{\theta}\boldsymbol{e}_\theta + \dot{r}\dot{\theta}\boldsymbol{e}_\theta + r\ddot{\theta}\boldsymbol{e}_\theta + r\dot{\theta}\dot{\boldsymbol{e}}_\theta = (2\dot{r}\dot{\theta} + r\ddot{\theta})\boldsymbol{e}_\theta + (\ddot{r} - r\dot{\theta}^2)\boldsymbol{e}_r$

[注3] OF $= ae$ の別証明は, 矢野: 代数学と幾何学 (裳華房) 参照.

6.5 (1) 地球の公転角速度を ω とすると, 太陽–地球の引力と遠心力の釣り合いより,

$$G\dfrac{Mm}{R^2} = m\dfrac{M}{M+m}R\omega^2 \quad \therefore \quad \omega = \sqrt{\dfrac{G(M+m)}{R^3}} \qquad \textcircled{1}$$

(2) 図1のように, 太陽, 地球の x 座標をそれぞれ x_M, x_m とすると,

$$x_M = -\dfrac{m}{M+m}R < 0, \quad x_m = \dfrac{M}{M+m}R > 0 \qquad \textcircled{2}$$

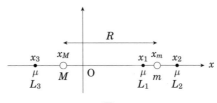

図1

(i) L_1: 質量 μ, 座標 x_1 とする. 太陽, 地球, 惑星の引力と遠心力の釣り合いより,

$$\dfrac{GM\mu}{(x_1-x_M)^2} = \mu x_1\omega^2 + \dfrac{Gm\mu}{(x_m-x_1)^2}$$

①を代入すると, $\dfrac{GM}{(x_1-x_M)^2} = x_1\dfrac{G(M+m)}{R^3} + \dfrac{Gm}{(x_m-x_1)^2}$

②を代入すると, 条件式は, $\dfrac{M}{\left(\frac{m}{M+m}R+x_1\right)^2} = \dfrac{(M+m)x_1}{R^3} + \dfrac{m}{\left(\frac{M}{M+m}R-x_1\right)^2}$

(ii) L_2: 質量 μ, 座標 x_2 とする.

$$\dfrac{GM\mu}{(x_2-x_M)^2} + \dfrac{Gm\mu}{(x_2-x_m)^2} = \mu x_2\omega^2 = \mu x_2\dfrac{G(M+m)}{R^3}$$

$$\dfrac{M\mu}{(x_2-x_M)^2} + \dfrac{m\mu}{(x_2-x_m)^2} = \mu x_2\dfrac{M+m}{R^3}$$

②を代入すると，$\dfrac{M}{\left(x_2+\frac{m}{M+m}R\right)^2}+\dfrac{m}{\left(x_2-\frac{M}{M+m}R\right)^2}=\dfrac{(M+m)x_2}{R^3}$

(iii) L_3：質量 μ，座標 x_3 とする．

$$\mu x_3\omega^2 = \frac{GM\mu}{(x_3-x_M)^2}+\frac{Gm\mu}{(x_3-x_m)^2}$$

$$x_3\frac{(M+m)}{R^3}=\frac{M}{\left(x_3+\frac{m}{M+m}R\right)^2}+\frac{m}{\left(x_3-\frac{M}{M+m}R\right)^2}$$

(3) (ⅰ) L_4：座標 (x_4, y_4)．

図2のように，角度を $\theta_1, \theta_2, \theta_3$，太陽，重心 O，地球から L_4 までの距離をそれぞれ，R_M, R_0, R_m とおくと，x, y 方向の引力，遠心力の釣り合いより，

$$G\frac{M\mu}{R_M^2}\cos\theta_2 = \mu R_0\omega^2\cos\theta_1 + G\frac{m\mu}{R_m^2}\cos\theta_3$$

$$\mu R_0\omega^2\sin\theta_1 - G\frac{\mu M}{R_M^2}\sin\theta_2 - G\frac{\mu m}{R_m^2}\sin\theta_3 = 0$$

③

また，図2の変数の定義より，

$\cos\theta_1=\dfrac{x_4}{R_0}$，$\cos\theta_2=\dfrac{x_4-x_M}{R_M}$，$\cos\theta_3=\dfrac{x_m-x_4}{R_m}$

$\sin\theta_1=\dfrac{y_4}{R_0}$，$\sin\theta_2=\dfrac{y_4}{R_M}$，$\sin\theta_3=\dfrac{y_4}{R_m}$

これらを③の第2式に代入して整理すると，

$$\mu R_0\omega^2\frac{y_4}{R_0} - G\frac{\mu M}{R_M^2}\frac{y_4}{R_M} - G\frac{\mu m}{R_m^2}\frac{y_4}{R_m} = 0,$$

$$\omega^2 = G\left(\frac{M}{R_M^3}+\frac{m}{R_m^3}\right) \qquad ④$$

④を $\cos\theta_1, \cos\theta_2, \cos\theta_3$ と共に③の第1式に代入し，④を使って整理すると，

$$G\frac{M\mu}{R_M^2}\frac{x_4-x_M}{R_M} = \mu R_0\omega^2\frac{x_4}{R_0}+G\frac{m\mu}{R_m^2}\frac{x_m-x_4}{R_m}$$

$$G\left(M\frac{x_M}{R_M^3}+m\frac{x_m}{R_m^3}\right) = -\omega^2 x_4 + G\left(M\frac{x_4}{R_M^3}+m\frac{x_4}{R_m^3}\right)$$

$$= -G\left(\frac{M}{R_M^3}+\frac{m}{R_m^3}\right)x_4 + G\left(M\frac{x_4}{R_M^3}+m\frac{x_4}{R_m^3}\right) = 0$$

ここで，②より $x_M = -\dfrac{m}{M}x_m$ だから，$R_M=R_m$

また，①より，$\omega=\sqrt{\dfrac{G(M+m)}{R^3}}$ だから，④と比較すると，$R=R_M=R_m$．よって，今注目しているラグランジュ点，地球，太陽の三者は正三角形の各頂点にあることが分かる．したがって，求める座標は，

$$(x_4, y_4) = \left(R\cos\left(\frac{\pi}{3}\right) + x_M, R\sin\left(\frac{\pi}{3}\right)\right) = \left(\frac{1}{2}R - \frac{m}{M+m}R, \frac{\sqrt{3}}{2}R\right)$$

$$(x_5, y_5) = \left(R\cos\left(-\frac{\pi}{3}\right) + x_M, R\sin\left(-\frac{\pi}{3}\right)\right) = \left(\frac{1}{2}R - \frac{m}{M+m}R, -\frac{\sqrt{3}}{2}R\right)$$

6.6 (1) 与式で

$$\frac{dA_{\xi'}}{dt}\boldsymbol{i}' + \frac{dA_{\eta'}}{dt}\boldsymbol{j}' + \frac{dA_{\zeta'}}{dt}\boldsymbol{k}' = \frac{d'\boldsymbol{A}}{dt} \qquad ①$$

とおき，$\boldsymbol{A}$ を質量 m の質点の位置ベクトル $\boldsymbol{r}$ で置換すると，

$$\frac{d\boldsymbol{r}}{dt} = \frac{d'\boldsymbol{r}}{dt} + \boldsymbol{\omega} \times \boldsymbol{r}$$

ただし，$d\boldsymbol{r}/dt$ は静止座標系から見た質点速度，$d'\boldsymbol{r}/dt$ は回転座標系から見た質点速度である．

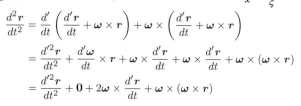

図 1

①より，$\boldsymbol{\omega} = $ 一定 として，

$$\frac{d^2\boldsymbol{r}}{dt^2} = \frac{d'}{dt}\left(\frac{d'\boldsymbol{r}}{dt} + \boldsymbol{\omega} \times \boldsymbol{r}\right) + \boldsymbol{\omega} \times \left(\frac{d'\boldsymbol{r}}{dt} + \boldsymbol{\omega} \times \boldsymbol{r}\right)$$

$$= \frac{d'^2\boldsymbol{r}}{dt^2} + \frac{d'\boldsymbol{\omega}}{dt} \times \boldsymbol{r} + \boldsymbol{\omega} \times \frac{d'\boldsymbol{r}}{dt} + \boldsymbol{\omega} \times \frac{d'\boldsymbol{r}}{dt} + \boldsymbol{\omega} \times (\boldsymbol{\omega} \times \boldsymbol{r})$$

$$= \frac{d'^2\boldsymbol{r}}{dt^2} + \boldsymbol{0} + 2\boldsymbol{\omega} \times \frac{d'\boldsymbol{r}}{dt} + \boldsymbol{\omega} \times (\boldsymbol{\omega} \times \boldsymbol{r})$$

運動方程式は，回転座標系では，

$$m\frac{d'^2\boldsymbol{r}}{dt^2} = m\frac{d^2\boldsymbol{r}}{dt^2} - 2\boldsymbol{\omega} \times \frac{d'\boldsymbol{r}}{dt} - \boldsymbol{\omega} \times (\boldsymbol{\omega} \times \boldsymbol{r}) \qquad ②$$

$$\therefore \text{ 遠心力} = -\boldsymbol{\omega} \times (\boldsymbol{\omega} \times \boldsymbol{r}), \quad \text{コリオリ力} = -2\boldsymbol{\omega} \times \frac{d'\boldsymbol{r}}{dt}$$

(2) 水面の方程式を $z = h(r)$，水の密度を ρ，水中の圧力を $p(r, z)$ とすると，(r, θ, z) 点にある水の微小立体の釣り合いから，

$$\rho r \omega^2 = \frac{\partial}{\partial r} p(r, z) \qquad ③$$

ただし，$p(r, z) \equiv \rho g\{h(r) - z\}$
③より，

$$\rho r \omega^2 = \rho g \frac{\partial h(r)}{\partial r}$$

$$h(r) = \frac{\omega^2 r^2}{2g} + h_0$$

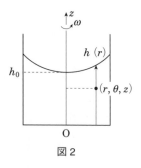

図 2

よって，水面は遠心力によって放物面となる．ただし，h_0 は中心軸 $(r=0)$ における水面の高さである．

(3) 公転は無視する. 図3のように, 地球の中心を O, 北緯 φ の点を O′ とし, 南, 東, 上向きに ξ, η, ζ をとる. $\overrightarrow{OO'} = \boldsymbol{R}$ とし, ξ, η, ζ の直交底ベクトルを $\boldsymbol{i}', \boldsymbol{j}', \boldsymbol{k}'$ とすると, O から見た質点 m の位置ベクトルは

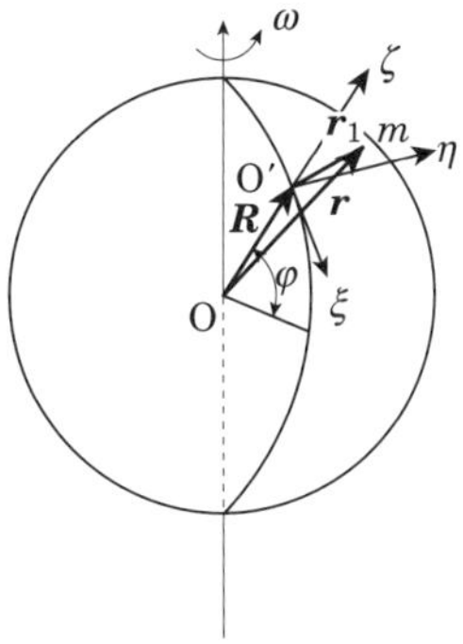

$$\boldsymbol{r} = \boldsymbol{R} + \boldsymbol{r}_1$$

ただし, $\boldsymbol{r}_1 = \xi \boldsymbol{i}' + \eta \boldsymbol{j}' + \zeta \boldsymbol{k}'$ と表される. ②より,

$$\frac{d'^2 \boldsymbol{r}}{dt^2} = -g \frac{\boldsymbol{r}}{|\boldsymbol{r}|} + \boldsymbol{\omega} \times \frac{d'\boldsymbol{r}}{dt} - \boldsymbol{\omega} \times (\boldsymbol{\omega} \times \boldsymbol{r})$$

$$= -g \frac{\boldsymbol{r}}{|\boldsymbol{r}|} + \boldsymbol{\omega} \times \frac{d'\boldsymbol{r}}{dt} - \{(\boldsymbol{\omega} \cdot \boldsymbol{r})\boldsymbol{\omega} - \omega^2 \boldsymbol{r}\}$$

$$= -g \frac{\boldsymbol{r}}{|\boldsymbol{r}|} + \boldsymbol{\omega} \times \frac{d'}{dt}(\boldsymbol{R} + \boldsymbol{r}_1) - \boldsymbol{\omega} \cdot (\boldsymbol{R} + \boldsymbol{r}_1) \boldsymbol{\omega} + \omega^2 (\boldsymbol{R} + \boldsymbol{r}_1)$$

$$= -g \frac{\boldsymbol{r}}{|\boldsymbol{r}|} + \boldsymbol{\omega} \times \frac{d'\boldsymbol{r}_1}{dt} - \boldsymbol{\omega} \cdot (\boldsymbol{R} + \boldsymbol{r}_1) \boldsymbol{\omega} + \omega^2 (\boldsymbol{R} + \boldsymbol{r}_1)$$

図3

$\boldsymbol{\omega} = [-\omega \cos \varphi, 0, \omega \sin \varphi]$, $\boldsymbol{R} = [0, 0, R]$, $\boldsymbol{r}_1 = [\xi, \eta, \zeta]$ を考慮し, 成分に分けると

$$\ddot{\xi} = -2 \left\{ \omega_\eta \left(\frac{d'\boldsymbol{r}}{dt} \right)_\zeta - \omega_\zeta \left(\frac{d'\boldsymbol{r}}{dt} \right)_\eta \right\}$$

$$\quad - (\omega_\xi R_\xi + \omega_\eta R_\eta + \omega_\zeta R_\zeta)\omega_\xi - (\omega_\xi \xi + \omega_\eta \eta + \omega_\zeta \zeta)\omega_\xi + \omega^2 R_\xi + \omega^2 \xi$$

$$= -2(-\omega \sin \varphi)\frac{d\eta}{dt} - (\omega \sin \varphi) R (-\omega \cos \varphi)$$

$$\quad - \{(-\omega \cos \varphi)\xi + (\omega \sin \varphi)\zeta\}(-\omega \cos \varphi) + \omega^2 \xi$$

$$= 2\omega \sin \varphi \frac{d\eta}{dt} + \omega^2 R \sin \varphi \cos \varphi - \omega^2 \xi \cos^2 \varphi + \omega^2 \zeta \sin \varphi \cos \varphi + \omega^2 \xi$$

$$= 2\omega \dot{\eta} \sin \varphi + \omega^2 (R \cos \varphi + \xi \sin \varphi + \zeta \cos \varphi) \sin \varphi \qquad ④$$

同様にして,

$$\ddot{\eta} = -2\omega(\dot{\xi} \sin \varphi + \dot{\zeta} \cos \varphi) + \omega^2 \eta \qquad ⑤$$

$$\ddot{\zeta} = -g + 2\omega \dot{\eta} \cos \varphi + \omega^2 (R \cos \varphi + \xi \sin \varphi + \zeta \cos \varphi) \cos \varphi \qquad ⑥$$

ここで, $\omega = 0$ のときは $\ddot{\xi} = 0$, $\ddot{\eta} = 0$, $\ddot{\zeta} = -g$ となる. 初期条件 ($t = 0$ のとき, $\xi = 0$, $\dot{\xi} = 0$, $\eta = 0$, $\dot{\eta} = 0$, $\zeta = H$, $\dot{\zeta} = 0$) を考慮すると, 解は

$$\xi = 0, \quad \eta = 0, \quad \zeta = h - \frac{1}{2}gt^2$$

これを④〜⑥の ω の1乗までの近似式に代入すると,

$$\begin{cases} \ddot{\xi} = 0 \\ \ddot{\eta} = -2\omega(-gt)\cos \varphi = 2\omega gt \cos \varphi \\ \ddot{\zeta} = -g \end{cases}$$

再び初期条件を考慮すると，解は $\begin{cases} \xi = 0 \\ \eta = \dfrac{1}{3}\omega g t^3 \cos\varphi \\ \zeta = h - \dfrac{1}{2}gt^2 \end{cases}$

地面 $\zeta = 0$ に着く時刻は，$t = \sqrt{\dfrac{2H}{g}}$

着地点は $\xi = \zeta = 0$，$\eta = \dfrac{\omega g}{3}\left(\sqrt{\dfrac{2H}{g}}\right)^3 \cos\varphi = \sqrt{\dfrac{8H^3}{9g}}\omega \cos\varphi$

赤道上 $(\varphi = 0)$，$h = 490\,[\mathrm{m}]$ では

$$\eta = \sqrt{\dfrac{8 \times (490\,[\mathrm{m}])^3}{9 \times 980\,[\mathrm{m/s^2}]}} \times \dfrac{2 \times 3.14}{24 \times 60 \times 60\,[\mathrm{s}]} \fallingdotseq 0.0237\,[\mathrm{m}] = 2.37\,[\mathrm{cm}]$$

だけ東側にずれる．

(4) 省略．

6.7 (1) A を通る上方向に y 軸，地面左方向に x 軸を取り，y 軸と斜面の交点を C，斜面と地面の交点を D，原点 O とする．C における衝突前の $-y$ 方向速度の大きさ v は，エネルギー保存則より，

$$mg(h_0 - h_1) = \dfrac{1}{2}mv^2, \quad v = \sqrt{2g(h_0 - h_1)}$$

衝突前の斜面に垂直上方向 (Y) 成分を v_Y とすると，

$$v_Y = -v\cos\dfrac{\pi}{4} = -v\dfrac{1}{\sqrt{2}} = -\dfrac{1}{\sqrt{2}}\sqrt{2g(h_0 - h_1)} = -\sqrt{g(h_0 - h_1)}$$

衝突後の垂直方向成分を v'_Y とすると，衝突の法則より，反発係数を $e\,(=1)$ とすると，

$$\dfrac{v'_Y - 0}{v_Y - 0} = -e, \quad v'_Y = -ev_Y = e\sqrt{g(h_0 - h_1)} = \sqrt{g(h_0 - h_1)} \quad \text{(斜面に垂直上方向)}$$

(2) 投射角は 45 度となるから，v'_Y の x 成分 v_x は，$v_x = v'_Y \cos\dfrac{\pi}{4} = e\sqrt{g(h_0 - h_1)}\dfrac{1}{\sqrt{2}}$

よって，初速 $\left(\dfrac{e}{\sqrt{2}}\sqrt{g(h_0 - h_1)}, 0\right)$，初期位置 $(0, h_1)$ の条件で，次の運動方程式を解く．

$$\begin{cases} m\dfrac{d^2 x}{dt^2} = 0 \\ m\dfrac{d^2 y}{dt^2} = -mg \end{cases}$$

第 1 式より $\dfrac{dx}{dt} = C_1$，$x = C_1 t + C_2$
初期条件を代入すると，

$$C_1 = \dfrac{e}{\sqrt{2}}\sqrt{g(h_0 - h_1)}, \quad 0 = C_2 \quad \therefore \quad x = \dfrac{e}{\sqrt{2}}\sqrt{g(h_0 - h_1)}\,t \qquad \text{①}$$

第2式より，$\dfrac{dy}{dt} = -gt + K_1$, $y = -\dfrac{gt^2}{2} + K_1 t + K_2$
初期条件を代入すると，

$$0 = K_1, \quad \dfrac{dy}{dt} = -gt \quad \therefore \quad h_1 = K_2, \quad y = -\dfrac{gt^2}{2} + h_1 \qquad ②$$

①, ②より，$y = -\dfrac{g}{2} \dfrac{x^2}{\left\{\dfrac{e}{\sqrt{2}}\sqrt{g(h_0 - h_1)}\right\}^2} + h_1$

着地点の x 座標は $y = 0$ より，

$$\dfrac{g}{2} \dfrac{x^2}{\dfrac{e^2}{2}g(h_0 - h_1)} = \dfrac{x^2}{e^2(h_0 - h_1)} = h_1, \quad x = \sqrt{e^2(h_0 - h_1)h_1} = \sqrt{(h_0 - h_1)h_1} \qquad ③$$

D 点に衝突したとき，$\sqrt{(h_0 - h_1)h_1} = h_1$, $(h_0 - h_1) = h_1$, $h_0 = 2h_1$
よって，$h_0 > 2h_1$ なら，再び斜面 B に衝突しない．

(3) 初期位置 C から最も離れる点の座標 x_m は[注]，③より，$x_m = \sqrt{(h_0 - h_1)h_1}$
着地点の速度が地面となす角を α とすると，

$$\left.\dfrac{dy}{dx}\right|_{y=0} = -\dfrac{g}{2} \left.\dfrac{2x}{\dfrac{e^2}{2}g(h_0 - h_1)}\right|_{y=0} = \left.-\dfrac{2x}{e^2(h_0 - h_1)}\right|_{x=x_{\max}} = -\dfrac{2}{h_0 - h_1}\sqrt{(h_0 - h_1)h_1}$$

$$= -2\sqrt{\dfrac{h_1}{h_0 - h_1}} = -\tan\alpha \quad \therefore \quad \alpha = \tan^{-1}\left(2\sqrt{\dfrac{h_1}{h_0 - h_1}}\right)$$

[注] C 点で斜面に垂直，すなわち x 軸と 45 度で投射されるから，質点は最大距離飛ぶ．

6.8 (1) 抗力を N, 角速度を ω_0 とし，質点2の引力を考慮すると，円運動の水平，鉛直方向の釣り合いの条件は，

$$mg\cos\dfrac{\pi}{4} + N\cos\dfrac{\pi}{4} = \dfrac{mg}{\sqrt{2}} + \dfrac{N}{\sqrt{2}} = mR_0\omega_0^2 \qquad ①$$

$$N\sin\dfrac{\pi}{4} = \dfrac{N}{\sqrt{2}} = mg + mg\cos\dfrac{\pi}{4} = mg\left(1 + \dfrac{1}{\sqrt{2}}\right), \quad N = \sqrt{2}mg\left(1 + \dfrac{1}{\sqrt{2}}\right) \qquad ②$$

②を①に代入すると，$\dfrac{mg}{\sqrt{2}} + \dfrac{1}{\sqrt{2}}\sqrt{2}mg\left(1 + \dfrac{1}{\sqrt{2}}\right) = mR_0\omega_0^2, \quad \omega_0 = \sqrt{\dfrac{g(\sqrt{2}+1)}{R_0}}$

$$\therefore \quad v_0 = R_0\omega_0 = \sqrt{(\sqrt{2}+1)gR_0}. \quad \text{方向は周方向．}$$

(2) (a) 円錐の頂点を原点にとり，円柱座標 (r, θ, z), $z = h$ で表したとき，

$$x = r\cos\theta, \quad y = r\sin\theta, \quad z = h$$

速度成分は，$\boldsymbol{v} = \dot{r}\begin{bmatrix}\cos\theta\\ \sin\theta\\ 0\end{bmatrix} + r\dot{\theta}\begin{bmatrix}-\sin\theta\\ \cos\theta\\ 0\end{bmatrix} + \dot{z}\begin{bmatrix}0\\ 0\\ 1\end{bmatrix}$

速度の2乗は，$v^2 = \dot{r}^2 + r^2\dot{\theta}^2 + \dot{z}^2$

ラグランジアンは，$L = \dfrac{m}{2}(\dot{r}^2 + r^2\dot{\theta}^2 + \dot{z}^2) - mgz$

半頂角を $\alpha = \pi/4$ とすると，$z\tan\alpha = r, \ z = \dfrac{r}{\tan\alpha} \equiv Ar \ \left(A = \dfrac{1}{\tan\alpha} = 1\right)$
また，$\dot{z} = A\dot{r}$ だから，

$$L = \dfrac{m}{2}(\dot{r}^2 + r^2\dot{\theta}^2 + A^2\dot{r}^2) - mgAr = \dfrac{m}{2}\left\{(1+A^2)\dot{r}^2 + r^2\dot{\theta}^2\right\} - mgAr \quad \text{③}$$

③より，$\dfrac{\partial L}{\partial \dot{\theta}} = mr^2\dot{\theta}, \ \dfrac{\partial L}{\partial \theta} = 0$

よって，ラグランジュの運動方程式は，

$$\dfrac{d}{dt}\dfrac{\partial L}{\partial \dot{\theta}} - \dfrac{\partial L}{\partial \theta} = \dfrac{d}{dt}\dfrac{\partial L}{\partial \dot{\theta}} = \dfrac{d}{dt}(mr^2\dot{\theta}) = 0$$

$$mr^2\dot{\theta} \equiv l = const \ (= mR_0^2\omega_0) \ \text{（角運動量保存）} \quad \text{④}$$

③より，$\dfrac{\partial L}{\partial \dot{r}} = m(1+A)\dot{r}, \ \dfrac{\partial L}{\partial r} = mr\dot{\theta}^2 - mgA$

よって，ラグランジュの運動方程式は，

$$\dfrac{d}{dt}\dfrac{\partial L}{\partial \dot{r}} - \dfrac{\partial L}{\partial r} = \dfrac{d}{dt}\{m(1+A^2)\dot{r}\} - mr\dot{\theta}^2 + mgA = m(1+A^2)\ddot{r} - mr\dot{\theta}^2 + mgA = 0$$

$$\dfrac{d^2r}{dt^2} - \dfrac{1}{1+A^2}r\left(\dfrac{d\theta}{dt}\right)^2 + \dfrac{A}{1+A^2}g = 0$$

式（Ⅰ）と比較すると，

$$\begin{cases} a = \dfrac{-1}{1+A^2} = \dfrac{-1}{1+\frac{1}{\tan^2\alpha}} = -\dfrac{1}{2} \\ b = \dfrac{A}{1+A^2} = \dfrac{\frac{1}{\tan\alpha}}{1+\frac{1}{\tan^2\alpha}} = \dfrac{1}{2} \end{cases}$$

（b）　式（Ⅰ）に④を代入すると，

$$\ddot{r} + ar\left(\dfrac{l}{mr^2}\right)^2 + bg = \ddot{r} + a\left(\dfrac{l}{m}\right)^2\dfrac{1}{r^3} + bg = 0 \quad \text{⑤}$$

ここで，

$$r = R_0 + \varepsilon \quad (\varepsilon \ll 1), \quad \ddot{r} = \ddot{\varepsilon} \quad \text{⑥}$$

と置くと，$\dfrac{1}{r^3} = \dfrac{1}{(R_0+\varepsilon)^3} = \dfrac{1}{R_0^3(1+\varepsilon/R_0)^3} \cong \dfrac{1}{R_0^3}\left(1 - \dfrac{3\varepsilon}{R_0}\right) \quad \text{⑦}$

⑥，⑦を⑤に代入すると，ε に関する微分方程式は，

$$\ddot{\varepsilon} + a\left(\dfrac{l}{m}\right)^2\dfrac{1}{R_0^3}\left(1 - \dfrac{3\varepsilon}{R_0}\right) + bg = 0,$$

$$\ddot{\varepsilon} - \dfrac{3a}{R_0^4}\left(\dfrac{l}{m}\right)^2\varepsilon + \left\{bg + \dfrac{a}{R_0^3}\left(\dfrac{l}{m}\right)^2\right\} = 0$$

よって，角速度 Ω，周期 T は，$a = -1/2$ とおいて，

$$\Omega \equiv \sqrt{\frac{3}{2}} \frac{l}{mR_0^2}$$

$$T \equiv \frac{2\pi}{\Omega} = 2\pi\sqrt{2}\,\frac{mR_0^2}{\sqrt{3}\,l} = \frac{2\pi}{\sqrt{\frac{3}{2}}}\frac{mR_0^2}{mR_0^2\omega_0} = \frac{2\pi}{\sqrt{\frac{3}{2}}}\frac{1}{\omega_0} = \frac{2\pi}{\sqrt{\frac{3}{2}}}\frac{1}{\sqrt{\frac{g(\sqrt{2}+1)}{R_0}}}$$

$$= 2\pi\sqrt{\frac{2}{3}}\sqrt{\frac{R_0}{g(\sqrt{2}+1)}}$$

6.9 (1)　質量密度を $\rho = \dfrac{M}{4\pi a^3/3}$ とする．x, y, z 軸に関する慣性モーメントは，

$$I_x = \rho\int(y^2+z^2)dV, \quad I_y = \rho\int(z^2+x^2)dV, \quad I_z = \rho\int(x^2+y^2)dV \qquad \text{①}$$

対称性より，$I_x = I_y = I_z \equiv I$

①を加えると，$I_x + I_y + I_z = 3I = 2\rho\int(x^2+y^2+z^2)dV = 2\rho\int r^2 dV \qquad \text{②}$

体積要素は，$dV = 4\pi r^2 dr$．これを②に代入し，積分すると，

$$I = \frac{2\rho}{3}\int_0^a r^2\cdot 4\pi r^2 dr = \frac{4\pi\rho}{3}\int_0^a r^4 dr = \frac{4\pi\rho}{3}\frac{a^5}{5} = \frac{2}{5}a^2 M$$

[**別解**]　極座標

$$x = r\sin\theta\cos\varphi, \quad y = r\sin\theta\sin\varphi, \quad z = r\cos\theta, \quad x^2+y^2 = r^2\sin^2\theta$$

を取ると，体積要素は，

$$dxdydz = r\sin\theta\,d\varphi\cdot r\,d\theta\cdot dr = r^2\sin\theta\,drd\theta d\varphi$$

$$\therefore\quad I_z = \rho\iiint r^2\sin^2\theta\cdot r^2\sin\theta\,drd\theta d\varphi = \rho\int_0^a r^4 dr\int_0^\pi \sin^3\theta\,d\theta\int_0^{2\pi}d\varphi$$

$$= 2\pi\rho\frac{a^5}{5}\int_0^\pi \sin^3\theta\,d\theta = 2\pi\rho\frac{a^5}{5}\int_0^\pi \frac{3\sin\theta-\sin 3\theta}{4}d\theta = \frac{8}{15}\pi a^5\rho = \frac{2}{5}a^2 M = I$$

(2)　力積 P で，球の中心 G から H の高さの所を突くとし，球の中心が得る速度を v_0，中心周りの角速度を ω_0 とすると，$Mv_0 = P, \ I\omega_0 = PH$

これから P を消去すると，$\omega_0 = \dfrac{Mv_0 H}{I} = \dfrac{Mv_0 H}{\dfrac{2a^2 M}{5}} = \dfrac{5Hv_0}{2a^2}$

球が最初から転がりだすとき，球が床と接触する点の速度 $u_0 \equiv a\omega_0$ は v_0 に等しく，摩擦力は働かないから，球はこの v_0, ω_0 のまま転がり出す．よって，

$$\omega_0 = \frac{v_0}{a} = \frac{5Hv_0}{2a^2}, \quad H = \frac{2a}{5}$$

したがって，床からの高さは，$h_0 = a + \dfrac{2a}{5} = \dfrac{7}{5}a$

(3)　[**著者注**]　図 2 の P の位置が G より下，すなわち $h < a$ のときは，左回転し，滑りがないと，後方に転がることがある．

運動量変化は力積に等しい，すなわち力積は $\Delta p = P$ で定義され，また，角運動量保存則は $r \times p = I\omega = const$ で定義される．

（ⅰ） A 点の周りの角運動量は，$I_A = Ma^2 + I = Ma^2 + \frac{2}{5}Ma^2 = \frac{7}{5}Ma^2$
衝突後の角速度を ω（右回り）とすると，角運動量保存則より（− は左回り），

$$-P\left(H - \frac{a}{2}\right) = \frac{7}{5}Ma^2\omega$$

$$\omega = \frac{P\left(\frac{a}{2} - H\right)}{\frac{7}{5}Ma^2} \geq 0, \quad \frac{a}{2} \geq H \qquad \text{③}$$

なら上ることができる．よって $H_m = \frac{a}{2}$

（ⅱ） 衝突直後の運動エネルギーは，$\frac{1}{2}I_A\omega^2 = \frac{1}{2}\frac{7}{5}Ma^2\omega^2 = \frac{7}{10}Ma^2\omega^2$
衝突直後の位置エネルギー 0 とし，段差を上った後の運動エネルギーを T とすると，段差を上った後の位置エネルギーは，MgH
エネルギー保存則より，$\frac{7}{10}Ma^2\omega^2 = T + MgH$ が限界で，$T = \frac{7}{10}Ma^2\omega^2 - MgH \geq 0$ なら，上ることができる．③を代入すると，力積の最小値は，

$$\frac{7}{10}Ma^2\left\{\frac{P\left(\frac{a}{2} - H\right)}{\frac{7}{5}Ma^2}\right\}^2 = MgH, \quad P = P_m = \frac{Ma}{\left|\frac{a}{2} - H\right|}\sqrt{\frac{14gH}{5}}$$

6.10 (1) 重心の位置から考え，θ_0 傾けたときの位置エネルギーを初期状態を基準して求めると，

$$U = 2mg\left\{-\frac{3}{2}l\cos\theta_0 - \left(-\frac{3}{2}l\right)\right\}$$
$$= 3mgl(1 - \cos\theta_0)$$

U を θ_0 に対して描くと図のようになる．
ゆえに，やじろべえは微小角では安定で，倒れることはない．

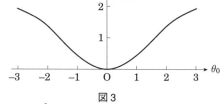

図 3

(2) 慣性モーメントの定義は，$I = \sum_i m_i r_i^2 = \int \rho r^2 dv$

x 軸，y 軸を回転軸とした回転モーメントをそれぞれ I_x, I_y とすると，原点からおもりまでの距離がそれぞれ，$\frac{5l}{2}, \frac{3l}{2}$ だから，

$$I_x = m\left(\frac{5l}{2}\right)^2 \times 2 = \frac{25}{2}ml^2, \quad I_y = m\left(\frac{3l}{2}\right)^2 \times 2 = \frac{9}{2}ml^2$$

(3) 力 $F = m\ddot{r} \leftrightarrow$ 力のモーメント $N = r \times F = I\ddot{\theta}$ より，x 軸周りの運動方程式は，

$$N_x = I_x\ddot{\theta} = -\frac{3l}{2} \times 2mg \times \sin\theta \cong -3mgl\theta \quad \therefore \quad \ddot{\theta} \cong -\frac{3mgl}{I_x}\theta = -\frac{6g}{25l}\theta \quad \text{①}$$

(4) x 軸周りの周期は，①の解 $\theta \propto e^{i\omega t}, \omega = \sqrt{\frac{6g}{25l}}$ より，$T = \frac{2\pi}{\omega} = 10\pi\sqrt{\frac{l}{6g}}$

(5) 同様に，y 軸周りの運動方程式は，$I_y\ddot{\theta} = -2mg \times \dfrac{3l}{2} \times \sin\theta$　∴ $\ddot{\theta} \cong -\dfrac{2g}{3l}\theta$

$\omega = \sqrt{\dfrac{2g}{3l}}$ とすると，周期は，$T = \dfrac{2\pi}{\omega} = 2\pi\sqrt{\dfrac{3l}{2g}}$

(6) 空気抵抗がある場合，

(ⅰ) x 軸を回転軸とした場合の運動方程式は，

$$I_x\ddot{\theta} = \dfrac{25ml^2}{2}\ddot{\theta} = -2mg\sin\theta \times \dfrac{3l}{2} - \dfrac{3l}{2}\mu\dot{\theta} \times \dfrac{3l}{2} = -3mgl\theta - \dfrac{9}{4}l^2\mu\dot{\theta}$$

解が振動しない（解の指数に虚数 i がでない）ためには，特性方程式の判別式 $D \geq 0$ ならばよいから，

$$D \equiv \left(\dfrac{9}{4}\right)^2 l^4\mu^2 - 4 \times \dfrac{25ml^2}{2} \times 3mgl \geq 0 \quad ∴\quad \mu \geq \dfrac{20}{9}m\sqrt{\dfrac{6g}{l}}$$

(ⅱ) y 軸を回転軸とした場合の運動方程式は，

$$I_y\ddot{\theta} = -3mgl\theta - \dfrac{9}{4}l^2\mu\dot{\theta}$$

$$D \equiv \left(\dfrac{9l^2}{4}\right)^2 \mu^2 - 4 \times \dfrac{9}{2}ml^2 \times 3mgl \geq 0 \quad ∴\quad \mu \geq \dfrac{4}{3}m\sqrt{\dfrac{6g}{l}}$$

(7) M を付けた場合の重心の z 座標は，

$$z = \dfrac{Ml - 2 \times m\dfrac{3l}{2}}{M + 2m} = \dfrac{M - 3m}{M + 2m}l = -\dfrac{3m - M}{M + 2m}l \quad (< 0) \qquad ②$$

②を用いると，位置エネルギー U，運動エネルギー K はそれぞれ，

$$U = (M + 2m)gz(\cos\theta) = -(3m - M)gl(\cos\theta)$$

$$K = \dfrac{1}{2}(M + 2m)(z\dot{\theta})^2 + \dfrac{1}{2}(I_x + I)\omega^2$$

$$= \dfrac{1}{2}\dfrac{(M - 2m)^2}{M + 2m}l^2\dot{\theta}^2 + \dfrac{1}{2}\left(\dfrac{25ml^2}{2} + I\right)\dot{\theta}^2 \quad (I : x \text{ 軸慣性モーメント})$$

ラグランジアン L は，

$$L = K - U = \dfrac{1}{2}\dfrac{(M - 2m)^2}{M + 2m}l^2\dot{\theta}^2 + \dfrac{1}{2}\left(\dfrac{25ml^2}{2} + I\right)\dot{\theta}^2 + (3m - M)gl(\cos\theta)$$

(8) オイラーラグランジュ方程式 $\dfrac{d}{dt}\left(\dfrac{\partial L}{\partial \dot{\theta}}\right) - \dfrac{\partial L}{\partial \theta} = 0$ において，

$$\dfrac{\partial L}{\partial \dot{\theta}} = \dfrac{(M - 2m)^2}{M + 2m}l^2\dot{\theta} + \left(\dfrac{25ml^2}{2} + I\right)\dot{\theta}$$

$$\dfrac{d}{dt}\dfrac{\partial L}{\partial \dot{\theta}} = \dfrac{(M - 2m)^2}{M + 2m}l^2\ddot{\theta} + \left(\dfrac{25ml^2}{2} + I\right)\ddot{\theta}$$

$$\dfrac{\partial L}{\partial \theta} = -(3m - M)gl(\sin\theta)$$

$$\frac{(M-2m)^2}{M+2m}l^2\ddot{\theta} + \left(\frac{25ml^2}{2}+I\right)\ddot{\theta} + (3m-M)gl(\sin\theta) = 0$$

$$\left\{\frac{(M-2m)^2}{M+2m}l^2 + \left(\frac{25ml^2}{2}+I\right)\right\}\ddot{\theta} \cong -(3m-M)gl\theta$$

よって，$M < 3m$ のとき，周期は，$T = 2\pi\sqrt{\dfrac{\dfrac{(M-3m)^2}{M+2m}l^2 + \dfrac{25m}{2}l^2 + I}{(3m-M)gl}}$

6.11 (1) (a) 図 1, 2 より，$\Phi = b^2 B_0 \cos\theta$

(b) 起電力は，$V \equiv -\dfrac{d\Phi}{dt}$

電流は，$J_P = \dfrac{V}{4b\rho} = \dfrac{1}{4b\rho}\left(-\dfrac{d\Phi}{dt}\right) = -\dfrac{1}{4b\rho}(-b^2 B_0 \sin\theta \cdot \dot\theta) = \dfrac{bB_0}{4\rho}\dot\theta\sin\theta$

(c) 力 $F = J_P \times B_0 b$ だから，モーメントの z 成分は，

$$N_B = (J_P \times B_0)b \times b = -\frac{bB_0}{4\rho}\dot\theta\sin\theta \cdot B_0 \cdot b \cdot b\sin\theta = -\frac{b^3 B_0^2}{4\rho}\dot\theta\sin^2\theta$$

(2) (a) 運動方程式は，$I\dfrac{d^2\theta}{dt^2} = N_l - \dfrac{b^3 B_0^2}{4\rho}\dot\theta,\ I\dfrac{d\dot\theta}{dt} = N_l - \dfrac{b^3 B_0^2}{4\rho}\dot\theta$

(b) $\dot\theta = \Theta$ とおくと，

$$I\frac{d\Theta}{dt} = N_l - \frac{b^3 B_0^2}{4\rho}\Theta,\quad \frac{d\Theta}{\Theta - N_l\frac{4\rho}{b^3 B_0^2}} = -\frac{b^3 B_0^2}{4\rho}\frac{dt}{I}$$

$$\log\left(\Theta - N_l\frac{4\rho}{b^3 B_0^2}\right) = -\frac{b^3 B_0^2}{4\rho}\frac{t}{I} + C_1,\quad \Theta - N_l\frac{4\rho}{b^3 B_0^2} = C_2 e^{-\frac{b^3 B_0^2}{4\rho}\frac{t}{I}}$$

$t = 0$ で $\dot\theta = 0$ を代入すると，

$$C_2 = -N_l\frac{4\rho}{b^3 B_0^2}\quad \therefore\ \dot\theta = N_l\frac{4\rho}{b^3 B_0^2}\left(1 - e^{-\frac{b^3 B_0^2}{4\rho I}t}\right)$$

(c) $I = 1,\ \dfrac{4\rho}{b^3 B_0^2} = 1,\ N_l = -1 < 0,\ \theta(0) = 0$ と置くと，$\theta(t) = 1 - t - e^{-t}$ は図 4 のようになる．$N_l < 0$ だから，回転角は負方向になる．

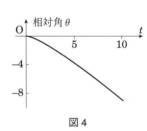

図 4

6.12 (1) ラグランジアン L は，$L = \dfrac{m}{2}(\dot r^2 + r^2\dot\theta^2) + \displaystyle\int F(r)$

r 方向のラグランジュの運動方程式は，$\dfrac{d}{dt}\dfrac{\partial L}{\partial \dot r} - \dfrac{\partial L}{\partial r} = 0$

ここで，

$$\frac{\partial L}{\partial \dot r} = m\dot r,\quad \frac{\partial L}{\partial r} = mr\dot\theta^2 + F(r)\quad \therefore\ m\ddot r - \left(mr\dot\theta^2 + F(r)\right) = m\ddot r - mr\dot\theta^2 - F(r) = 0$$

(2) θ 方向の運動方程式は，$\dfrac{d}{dt}\dfrac{\partial L}{\partial \dot\theta} - \dfrac{\partial L}{\partial \theta} = 0$

ここで，$\dfrac{\partial L}{\partial \dot{\theta}} = mr^2\dot{\theta}, \ \dfrac{\partial L}{\partial \theta} = 0 \quad \therefore \ \dfrac{d}{dt}(mr^2\dot{\theta}) = \dfrac{dh}{dt} = 0$ ①

よって，角運動量 h が保存される．

(3) ①の $\dot{\theta} = \dfrac{hu^2}{m}$ を用いると，

$$\dfrac{dr}{dt} = \dfrac{dr}{d\theta}\dfrac{d\theta}{dt} = \dfrac{d}{d\theta}\left(\dfrac{1}{u}\right)\dot{\theta} = \dfrac{d}{du}\left(\dfrac{1}{u}\right)\dfrac{du}{d\theta}\dot{\theta} = -\dfrac{1}{u^2}\dfrac{du}{d\theta}\dfrac{hu^2}{m} = -\dfrac{h}{m}\dfrac{du}{d\theta}$$

ゆえに，r 方向の運動方程式は，

$$m\dfrac{d}{dt}\left(\dfrac{dr}{dt}\right) = -m\dfrac{h}{m}\dfrac{d}{dt}\left(\dfrac{du}{d\theta}\right) = m\dfrac{1}{u}\dfrac{h^2u^4}{m^2} + F(r)$$

$$-h\dfrac{d}{d\theta}\left(\dfrac{du}{d\theta}\right)\dfrac{d\theta}{dt} = -h\dfrac{d^2u}{d\theta^2}\dfrac{hu^2}{m} = \dfrac{h^2u^4}{mu} + F(r)$$

$$-h\dfrac{d^2u}{d\theta^2}\dfrac{hu^2}{m} = \dfrac{h^2u^3}{m} + F(r) \quad \therefore \ \dfrac{d^2u}{d\theta^2} + u = -\dfrac{mF(r)}{h^2u^2}$$ ②

(4) (II)の $F(r) = -kmu^2$ を②に代入すると，$\dfrac{d^2u}{d\theta^2} + u = \dfrac{km^2}{h^2} \equiv \dfrac{1}{l}$ ③

これを解くと，$u = Ae^{i\theta} + Be^{-i\theta} + \dfrac{1}{l},\ u' = i(Ae^{i\theta} - Be^{-i\theta})$

初期条件を $u'(0) = i(A - B) = 0,\ A = B$ とすると，

$$u = 2A\cos\theta + \dfrac{1}{l} = \dfrac{1}{l}(1 + 2Al\cos\theta) = \dfrac{1}{l}(1 + e\cos\theta) \quad (e = 2Al)$$

(5) エネルギー E は一定のはずだから，$\theta = 0$ のときについて考える．

$$E = \dfrac{m}{2}\dot{r}^2 + \dfrac{h^2}{2mr^2} - \dfrac{km}{r} = \dfrac{m}{2}\dfrac{h^2}{m^2}\left(\dfrac{\partial u}{\partial \theta}\right)^2 + \dfrac{h^2}{2m}u^2 - kmu$$

$$= \dfrac{h^2}{2m}u(0)^2 - kmu(0) = u(0)\left(\dfrac{h^2}{2m}u(0) - km\right)$$

$$= \dfrac{1}{l}(1+e)\left(\dfrac{h^2}{2m}\dfrac{1}{l}(1+e) - \dfrac{h^2}{m^2l}m\right) = \dfrac{1}{l}(1+e)\dfrac{h^2}{2ml}(1 + e - 2)$$

$$= \dfrac{h^2}{2ml^2}(e^2 - 1) = \dfrac{km^2l}{2ml^2}(e^2 - 1) = \dfrac{km}{2l}(e^2 - 1)$$

$$\therefore \ \dfrac{2lE}{km} = e^2 - 1, \quad e = \sqrt{1 + \dfrac{2lE}{km}}$$

$0 < e < 1 \leftrightarrow$ 楕円 だから，$0 < \sqrt{1 + \dfrac{2lE}{km}} < 1$ のとき楕円．$e = 0$（円軌道）のとき，エネルギー最小．

(6) 有効ポテンシャル $V \equiv \dfrac{h^2}{2m}u^2 - kmu$

$$V' = \dfrac{h^2}{m}u - km = 0, \quad u = \dfrac{km^2}{h^2} = \dfrac{1}{l}$$

で極小で，半径は，$r = l = \dfrac{h^2}{km^2}$

(7) 有効ポテンシャル $V \equiv \dfrac{h^2}{2m}u^2 - kmu - \dfrac{\varepsilon m}{3}u^3$

$$V' = -\varepsilon mu^2 + \dfrac{h^2}{m}u - km = 0, \quad \varepsilon mu^2 - \dfrac{h^2}{m}u + km = 0 \qquad ④$$

安定なとき，判別式

$$D \equiv \left(\dfrac{h^2}{m}\right)^2 - 4\varepsilon km^2 > 0, \quad h > h_0$$

限界は，$h_0 = m(4k\varepsilon)^{1/4}$
このとき（$D = 0$），④より，軌道半径は，

$$u = \dfrac{h_0^2}{2\varepsilon m^2} = \dfrac{1}{2\varepsilon m^2}m^2\sqrt{4k\varepsilon} = \sqrt{\dfrac{k}{\varepsilon}}$$

$$r = \dfrac{1}{u} = \sqrt{\dfrac{\varepsilon}{k}}$$

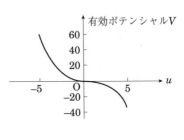

有効ポテンシャルV

(8) 運動方程式は，（③で，$k \to \dfrac{\varepsilon}{r^2} = \varepsilon u^2$ と置き換えた項を追加して）

$$\dfrac{d^2u}{d\theta^2} + u = \dfrac{km^2}{h^2} + \dfrac{\varepsilon m^2}{h^2}u^2 = \dfrac{1}{l} + \dfrac{1}{l}\dfrac{l\varepsilon m^2}{h^2}u^2 = \dfrac{1}{l}\left(1 + \dfrac{\varepsilon}{k}u^2\right) \qquad ⑤$$

題意より，軌道が楕円軌道からずれることを考慮して，$u = \dfrac{1}{l}(1 + e\cos\omega\theta)$ とする．これを⑤に代入すると，

$$\dfrac{e}{l}(-\omega^2)\cos\omega\theta + \dfrac{1}{l}(1 + e\cos\omega\theta) = \dfrac{1}{l}\left\{1 + \dfrac{\varepsilon}{k}\dfrac{1}{l^2}(1 + e\cos\omega\theta)^2\right\}$$

$$\dfrac{e}{l}(1-\omega^2)\cos\omega\theta = \dfrac{1}{l^3}\dfrac{\varepsilon}{k}(1 + 2e\cos\omega\theta + e^2\cos^2\omega\theta)$$

ここで，ずれのみを考えているから，定数項，e^2 の項を無視し，$\cos\omega\theta$ の項を比較すると，

$$1 - \omega^2 = \dfrac{2}{l^2}\dfrac{\varepsilon}{k}, \quad \omega = \sqrt{1 - \dfrac{2\varepsilon}{l^2 k}} \cong 1 - \dfrac{\varepsilon}{l^2 k}$$

よって，位相のずれは，$\dfrac{\Delta\theta}{2\pi} \cong -\dfrac{\varepsilon}{l^2 k}$

6.13 (1) $\eta_1 = x_1 - b$, $\eta_2 = x_2 - b$, $\eta_3 = x_3 - b$ とすると，ラグランジアンは，

$$L = T - V = \left(\dfrac{1}{2}m\dot{x}_1^2 + \dfrac{1}{2}M\dot{x}_2^2 + \dfrac{1}{2}m\dot{x}_3^2\right) - \left\{\dfrac{1}{2}k(x_2 - x_1)^2 + \dfrac{1}{2}k(x_3 - x_2)^2\right\}$$

$$= \left(\dfrac{1}{2}m\dot{\eta}_1^2 + \dfrac{1}{2}M\dot{\eta}_2^2 + \dfrac{1}{2}m\dot{\eta}_3^2\right) - \left\{\dfrac{1}{2}k(\eta_2 - \eta_1)^2 + \dfrac{1}{2}k(\eta_3 - \eta_2)^2\right\}$$

第1項が運動エネルギー，第2項がポテンシャル・エネルギー．

(2) ラグランジュ方程式は，

$$\dfrac{\partial L}{\partial \eta_1} - \dfrac{d}{dt}\left(\dfrac{\partial L}{\partial \dot{\eta}_1}\right) = -k(\eta_1 - \eta_2) - m\ddot{\eta}_1 = 0 \qquad ①$$

$$\frac{\partial L}{\partial \eta_2} - \frac{d}{dt}\left(\frac{\partial L}{\partial \dot{\eta}_2}\right) = -k(\eta_2 - \eta_1) - M\ddot{\eta}_2 - k(\eta_2 - \eta_3) = 0 \qquad ②$$

$$\frac{\partial L}{\partial \eta_3} - \frac{d}{dt}\left(\frac{\partial L}{\partial \dot{\eta}_3}\right) = -k(\eta_3 - \eta_2) - m\ddot{\eta}_3 = 0 \qquad ③$$

(3) $\eta_j = A_j e^{-i\omega t}$ と置くと (または①, ②をラプラス変換し, 初期条件を 0 と置くと),

$$\begin{cases} -k(A_1 - A_2) + m\omega^2 A_1 = 0 \\ -k(A_2 - A_1) - k(A_2 - A_3) + M\omega^2 A_2 = 0 \\ -k(A_3 - A_2) + m\omega^2 A_3 = 0 \end{cases}$$

$$\begin{cases} (m\omega^2 - k)A_1 + kA_2 = 0 \\ kA_1 + (M\omega^2 - 2k)A_2 + kA_3 = 0 \\ kA_2 + (m\omega^2 - k)A_3 = 0 \end{cases} \qquad ④$$

(4) 行列表示すると,
$$\begin{bmatrix} m\omega^2 - k & k & 0 \\ k & M\omega^2 - 2k & k \\ 0 & k & m\omega^2 - k \end{bmatrix} \begin{bmatrix} A_1 \\ A_2 \\ A_3 \end{bmatrix} = 0$$

自明な解を持たない条件は,

$$\begin{vmatrix} m\omega^2 - k & k & 0 \\ k & M\omega^2 - 2k & k \\ 0 & k & m\omega^2 - k \end{vmatrix} = (m\omega^2 - k)^2 (M\omega^2 - 2k) - 2k^2(m\omega^2 - k)$$

$$= (m\omega^2 - k)\{(m\omega^2 - k)(M\omega^2 - 2k) - 2k^2\} = (m\omega^2 - k)(mM\omega^4 - kM\omega^2 - 2km\omega^2)$$

$$= (m\omega^2 - k)\{mM\omega^2 - (kM + 2km)\}\omega^2 = 0$$

よって, 非負解は, $\omega = 0, \sqrt{\dfrac{k}{m}}, \sqrt{\dfrac{k(2m+M)}{mM}}$

(5) (i) $\omega \equiv \omega_1 = 0$ のとき, $A_1 = A_2 = A_3$, $\eta_1 = \eta_2 = \eta_3$
運動方程式の解は, ①より, $\ddot{\eta}_1 = 0, \dot{\eta}_1 = a, \eta_1 = \eta_2 = \eta_3 = at + b$
図は省略.

(ii) $\omega \equiv \omega_2 = \sqrt{\dfrac{k}{m}}$ のとき, ④より, $A_2 = 0, A_1 = -A_3, \eta_2 = 0, \eta_1 = -\eta_3$
運動方程式は, ①, ③より, $\ddot{\eta}_1 + \omega_2^2 \eta_1 = 0, \ddot{\eta}_3 + \omega_2^2 \eta_3 = 0$

解は, $\begin{cases} \eta_1 = A\sin\omega_2 t + B\cos\omega_2 t \\ \eta_2 = 0 \\ \eta_3 = -\eta_1 \end{cases}$

図は省略.

(iii) $\omega \equiv \omega_3 = \sqrt{\dfrac{k(2m+M)}{mM}}$ のとき, ④より,

$$(m\omega^2 - k)A_1 + kA_2 = \left(m\frac{k(2m+M)}{mM} - k\right)A_1 + kA_2 = 0, \quad A_2 = -\frac{2m}{M}A_1$$

$$kA_2+(m\omega^2-k)A_3=0, \quad -k\frac{2m}{M}A_1+\left(m\frac{k(2m+M)}{mM}-k\right)A_3=0, \quad A_1=A_3$$

解は，上記と同様にして，
$$\begin{cases} \eta_1 = C\sin\omega_3 t + D\cos\omega_3 t \\ \eta_2 = -\dfrac{2m}{M}x_1 \\ \eta_3 = \eta_1 \end{cases}$$

図は省略．

系の一般解はこれらの線形結合で，次のようになる（$a, b, A \sim D$: 定数）．

$$\begin{cases} \eta_1 = at + b + A\sin\omega_2 t + B\cos\omega_2 t + C\sin\omega_3 t + D\cos\omega_3 t \\ \eta_2 = at + b - \dfrac{2m}{M}(C\sin\omega_3 t + D\cos\omega_3 t) \\ \eta_3 = at + b - A\sin\omega_2 t - B\cos\omega_2 t + C\sin\omega_3 t + D\cos\omega_3 t \end{cases}$$

6.14 (1) 両星間のポテンシャルエネルギーは，$\psi = -G\dfrac{m_1 m_2}{|\boldsymbol{r}_1 - \boldsymbol{r}_2|}$

(2) 2星系のラグランジアンは，$L = T - \psi = \dfrac{1}{2}m_1\dot{\boldsymbol{r}}_1^2 + \dfrac{1}{2}m_2\dot{\boldsymbol{r}}_2^2 + G\dfrac{m_1 m_2}{|\boldsymbol{r}_1 - \boldsymbol{r}_2|}$

(3) 慣性中心（重心）座標を
$$\boldsymbol{R} = \frac{m_1\boldsymbol{r}_1 + m_2\boldsymbol{r}_2}{m_1 + m_2} \qquad ①$$

とすると，慣性中心座標と相対座標で表したラグランジアンは，

$$L = \frac{1}{2}(m_1+m_2)\left(\frac{m_1\dot{\boldsymbol{r}}_1 + m_2\dot{\boldsymbol{r}}_2}{m_1+m_2}\right)^2 + \frac{1}{2}\frac{m_1 m_2}{m_1+m_2}(\dot{\boldsymbol{r}}_1 - \dot{\boldsymbol{r}}_2)^2 + G\frac{m_1 m_2}{|\boldsymbol{r}|}$$
$$= \frac{1}{2}(m_1+m_2)\dot{\boldsymbol{R}}^2 + \frac{1}{2}\frac{m_1 m_2}{m_1+m_2}\dot{\boldsymbol{r}}^2 + G\frac{m_1 m_2}{|\boldsymbol{r}|}$$

ただし，$\dfrac{m_1 m_2}{m_1 + m_2}$ は換算質量．

(4) $\boldsymbol{R}$ は循環座標（cyclic coordinate）だから，慣性中心の運動方程式は，

$$\frac{\partial L}{\partial \dot{\boldsymbol{R}}} = (m_1 + m_2)\dot{\boldsymbol{R}} = const$$

これを解くと，$\boldsymbol{R} = \dot{\boldsymbol{R}}(0)t + \boldsymbol{R}(0)$

(5) ラグランジ方程式より，相対座標の運動方程式は，

$$\frac{\partial L}{\partial \boldsymbol{r}} - \frac{d}{dt}\left(\frac{\partial L}{\partial \dot{\boldsymbol{r}}}\right) = -G\frac{m_1 m_2}{|\boldsymbol{r}|^3}\boldsymbol{r} - \frac{m_1 m_2}{m_1 + m_2}\ddot{\boldsymbol{r}} = \boldsymbol{0}$$

(6) 相対運動のラグランジアンは，$\tilde{L} = \dfrac{1}{2}\dfrac{m_1 m_2}{m_1 + m_2}\dot{\boldsymbol{r}}^2 + G\dfrac{m_1 m_2}{|\boldsymbol{r}|}$

これを極座標 $\boldsymbol{r}(r\cos\theta, r\sin\theta)$ に表示すると，$\dot{\boldsymbol{r}}^2 = \dot{r}^2 + (r\dot{\theta})^2 = \dot{r}^2 + r^2\dot{\theta}^2$ だから，

$$\tilde{L} = \frac{1}{2}\frac{m_1 m_2}{m_1 + m_2}(\dot{r}^2 + r^2\dot{\theta}^2) + G\frac{m_1 m_2}{|\boldsymbol{r}|}$$

r に関するラグランジュ方程式は,

$$\frac{\partial \tilde{L}}{\partial r} - \frac{d}{dt}\left(\frac{\partial \tilde{L}}{\partial \dot{r}}\right) = \frac{m_1 m_2}{m_1 + m_2} r \dot{\theta}^2 - G\frac{m_1 m_2}{r^2} - \frac{m_1 m_2}{m_1 + m_2} \ddot{r} = 0$$

$r = a$ のとき,$\dfrac{m_1 m_2}{m_1 + m_2} a \dot{\theta}^2 - G\dfrac{m_1 m_2}{a^2} = 0, \dot{\theta} \equiv \Omega = \sqrt{G\dfrac{m_1 + m_2}{a^3}}$

相対運動のエネルギーは,

$$E = \frac{1}{2}\frac{m_1 m_2}{m_1 + m_2} a^2 \Omega^2 - G\frac{m_1 m_2}{a} = \frac{1}{2}\frac{m_1 m_2}{m_1 + m_2} a^2 G\frac{m_1 + m_2}{a^3} - G\frac{m_1 m_2}{a} = -G\frac{m_1 m_2}{2a}$$

(7)(a)爆発の瞬間を $t = 0$ にとると,慣性中心速度は,①で $m_1 \to m_1', \boldsymbol{R} \to \boldsymbol{R}'$ と置いて,

$$\dot{\boldsymbol{R}}'(0) \equiv \frac{m_1' \dot{\boldsymbol{r}}_1(0) + m_2 \dot{\boldsymbol{r}}_2(0)}{m_1' + m_2}$$

(b)星 1, 2 の相対速度は,

$$\dot{\boldsymbol{r}}_1(0) - \dot{\boldsymbol{R}}'(0) = \dot{\boldsymbol{r}}_1(0) - \frac{m_1' \dot{\boldsymbol{r}}_1(0) + m_2 \dot{\boldsymbol{r}}_2(0)}{m_1' + m_2}$$

$$= \frac{m_1' \dot{\boldsymbol{r}}_1(0) + m_2 \dot{\boldsymbol{r}}_1(0) - m_1' \dot{\boldsymbol{r}}_1(0) - m_2 \dot{\boldsymbol{r}}_2(0)}{m_1' + m_2}$$

$$= \frac{m_2(\dot{\boldsymbol{r}}_1(0) - \dot{\boldsymbol{r}}_2(0))}{m_1' + m_2}$$

$$\dot{\boldsymbol{r}}_2(0) - \dot{\boldsymbol{R}}'(0) = \frac{m_1}{m_1' + m_2}(\dot{\boldsymbol{r}}_2(0) - \dot{\boldsymbol{r}}_1(0))$$

(c)相対運動のエネルギー $E \equiv \dfrac{1}{2}\dfrac{m_1' m_2}{m_1' + m_2}(\dot{r}^2 + r^2 \dot{\theta}^2) - G\dfrac{m_1' m_2}{r}$ ②

および角運動量 $l \equiv m_1' a^2 \Omega = m_1' r^2 \dot{\theta}$ ③

は保存する.②,③から $\dot{\theta}$ を消去すると,

$$E \equiv \frac{1}{2}\frac{m_1' m_2}{m_1' + m_2}\dot{r}^2 + \left(\frac{1}{2}\frac{m_1' m_2}{m_1' + m_2}\frac{a^4 \Omega^2}{r^2} - G\frac{m_1' m_2}{r}\right) \equiv \frac{1}{2}\frac{m_1' m_2}{m_1' + m_2}\dot{r}^2 + V_{\text{eff}}$$

ただし,V_{eff} は有効ポテンシャル.ここで,$V_{\text{eff}} = 0$ より,

$$r \equiv r_0 = \frac{a^4 \Omega^2}{2G(m_1' + m_2)}$$

最初に円軌道,最後に遠方に飛び去るので,$a < r_0$ なら条件が満たされる.よって,

$$a < \frac{a^4 \Omega^2}{2G(m_1' + m_2)}, \quad 2G(m_1' + m_2) < a^3 \Omega^2 = a^3 G\frac{m_1 + m_2}{a^3}$$

$$\therefore \quad m_1' < \frac{1}{2}(m_1 - m_2)$$

6.15 (1) 極座標 (r, θ, ϕ),
$$\begin{cases} x = r\sin\theta\cos\phi \\ y = r\sin\theta\sin\phi \\ z = r\cos\theta \end{cases}$$
を用いる．$r = l = \text{const}$ であるから，ラグランジュ関数は，
$$L = \frac{1}{2}mv^2 - mgl\cos\theta \quad (v：速度)$$
で与えられる．ここで，線素 ds は図1を参照して

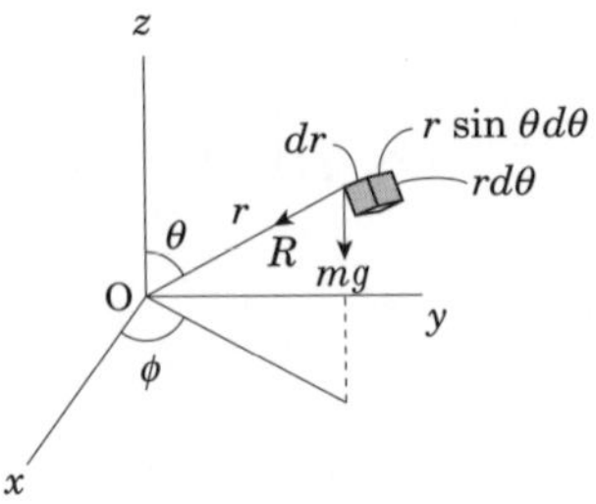

図 1

$$(ds)^2 = (dr)^2 + (rd\theta)^2 + (r\sin\theta d\phi)^2 = l^2 d\theta^2 + l^2 \sin^2\theta d\phi^2$$
$$v^2 = \left(\frac{ds}{dt}\right)^2 = l^2\dot{\theta}^2 + l^2\sin^2\theta\dot{\phi}^2$$
$$\therefore \quad L = \frac{1}{2}ml^2(\dot{\theta}^2 + \dot{\phi}^2\sin^2\theta) - mgl\cos\theta$$

(2) ラグランジュの方程式
$$\begin{cases} \dfrac{\partial}{\partial t}\left(\dfrac{\partial L}{\partial \dot{\theta}}\right) - \dfrac{\partial L}{\partial \theta} = 0 \\ \dfrac{\partial}{\partial t}\left(\dfrac{\partial L}{\partial \dot{\phi}}\right) - \dfrac{\partial L}{\partial \phi} = 0 \end{cases}$$

より，運動方程式はそれぞれ

$$\frac{d}{dt}(ml^2\dot{\theta}) = ml^2\sin\theta\cos\theta \cdot \dot{\phi}^2 + mgl\sin\theta \qquad \text{①}$$
$$\frac{d}{dt}(ml^2\dot{\phi}\sin^2\theta) = 0 \qquad \text{②}$$

となる．②から（ϕ：循環座標），
$$ml^2\dot{\phi}\sin^2\theta = \text{const} \equiv h \qquad \text{③}$$
すなわち，角運動量の z 成分 h は保存する．これは xy 面の面積速度が一定に対応する．（拘束力 R の xy 面への射影は原点 O を向いており，xy 面内の運動は中心力による運動である．）

(3) ③を①に代入すると，
$$ml^2\ddot{\theta} = mgl\sin\theta + ml^2\sin\theta\cos\theta\left(\frac{h}{ml^2\sin^2\theta}\right)^2$$
$$= mgl\sin\theta + \frac{h^2\cos\theta}{ml^2\sin^3\theta} \qquad \text{④}$$

④に $\dot{\theta}$ をかけて積分すると，
$$ml^2\int \dot{\theta}\ddot{\theta}\,dt = mgl\int \dot{\theta}\sin\theta\,dt + \frac{h^2}{ml^2}\int \frac{\dot{\theta}\cos\theta}{\sin^3\theta}\,dt + \text{const},$$

$$\frac{ml^2}{2}\dot{\theta}^2 = mgl(-\cos\theta) + \frac{h^2}{ml^2}\int\frac{\cos\theta d\theta}{\sin^3\theta} + \text{const}$$

ここで，右辺第2項の積分は

$$\int \sin^{-3}\theta \cos\theta d\theta = -\frac{1}{2\sin^2\theta} + \frac{1}{2}$$

となるから[注]，

$$ml^2\dot{\theta}^2 + mgl\cos\theta + \frac{h^2}{2ml^2}\frac{1}{\sin^2\theta} = \text{const} \equiv E \qquad ⑤$$

(4) 次に，θ の時間変化を調べる．変数を次のように変換すると，

$$\cos\theta \equiv u$$
$$\frac{du}{dt} = \dot{u} = -\sin\theta\frac{d\theta}{dt} = -\sqrt{1-\cos^2\theta}\frac{d\theta}{dt} = -(1-u^2)^{\frac{1}{2}}\dot{\theta},$$
$$\dot{\theta} = -\dot{u}(1-u^2)^{-\frac{1}{2}}$$

となるから，⑤は

$$\frac{ml^2}{2}\dot{u}^2(1-u^2)^{-1} + mglu + \frac{h^2}{2ml^2}\frac{1}{1-u^2} = E,$$
$$\frac{ml^2}{2}\frac{\dot{u}^2}{1-u^2} = E(1-u^2) - mglu(1-u^2) - \frac{h^2}{2ml^2},$$
$$\therefore\ \dot{u} = \frac{du}{dt} = \pm\sqrt{\frac{2}{ml^2}(E-mglu)(1-u^2) - \frac{h^2}{m^2l^4}} \equiv \pm\sqrt{f(u)} \qquad ⑥$$

または，

$$t = \pm\int\frac{du}{\sqrt{f(u)}} \qquad ⑦$$

となる．また，ϕ は，③，⑦より，

$$\frac{d\phi}{du} = \frac{d\phi/dt}{du/dt} = \frac{\dot{\phi}}{\dot{u}} = \frac{h/ml^2\sin^2\theta}{\pm\sqrt{f(u)}} = \pm\frac{h}{ml^2}\frac{1}{(1-u^2)\sqrt{f(u)}}$$

であるから，積分して

$$\phi = \pm\frac{h}{ml^2}\int\frac{du}{(1-u^2)\sqrt{f(u)}} \qquad ⑧$$

から求まる．もちろん，運動は $f(u) \geq 0$ の間で行われる．関数 $f(u)$ のグラフをかくと，図2のようになる．すなわち，⑥から，$f(u)$ は u に関する3次式で，

$u \to \pm\infty$ で $f(u) \to \pm\infty$
$u = \pm 1$ で $f(u) < 0$

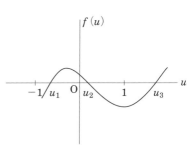

図2

であるから，$-1 \leq u \leq 1$ の間に 2 根 u_1, u_2（$u_1 < u_2$）をもち，この 2 根の間で運動が可能になる．⑦を積分するには，

$$f(u) = \frac{2g}{l}(u - u_1)(u_2 - u)(u_3 - u)$$

で変数を $u = u_1 + (u_2 - u_1)\sin^2\theta$ で定義される θ に移すと，

$$t = \sqrt{\frac{2l}{g(u_3 - u_1)}} \int_0^\theta \frac{d\theta}{\sqrt{1 - k^2\sin^2\theta}} \quad \left(k^2 = \frac{u_2 - u_1}{u_3 - u_1} < 1\right)$$

が得られる．これは楕円関数で，u は

$$u = u_1 + (u_2 - u_1)\operatorname{sn}^2\left(\sqrt{\frac{g(u_3 - u_1)}{2l}}\, t\right)$$

とかかれる．なお，⑧の積分は第 3 種楕円積分と言われるが，ここでは省略する．

[注] $\left(\dfrac{\sin^{m+1}\theta}{m+1}\right)' = \sin^m\theta \cdot \cos\theta, \quad \displaystyle\int \sin^m\theta \cos\theta d\theta = \dfrac{\sin^{m+1}\theta}{m+1}$

であるから，

$$\begin{aligned}
I(m, n) &= \int \sin^m\theta \cos^n\theta\, d\theta = \int \sin^m\theta \cdot \cos\theta \cos^{n-1}\theta\, d\theta \\
&= \frac{\sin^{m+1}\theta}{m+1} \cdot \cos^{n-1}\theta - \int \frac{\sin^{m+1}\theta}{m+1} \cdot (n-1)\cos^{n-2}\theta(-\sin\theta)d\theta \\
&= \frac{\sin^{m+1}\theta \cos^{n-1}\theta}{m+1} + \frac{n-1}{m+1}\int \sin^{m+2}\theta \cos^{n-2}\theta\, d\theta \\
&= \frac{\sin^{m+1}\theta \cos^{n-1}\theta}{m+1} + \frac{n-1}{m+1}\int \sin^m\theta \cdot (1 - \cos^2\theta)\cos^{n-2}\theta\, d\theta \\
&= \frac{\sin^{m+1}\theta \cos^{n-1}\theta}{m+1} + \frac{n-1}{m+1}\int \sin^m\theta \cos^{n-2}\theta\, d\theta \\
&\quad - \frac{n-1}{m+1}\int \sin^m\theta \cos^n\theta\, d\theta
\end{aligned}$$

$$\therefore\quad I(m, n) = \frac{\sin^{m+1}\theta \cos^{n-1}\theta}{m+n} + \frac{n-1}{m+n}I(m, n-2)$$

6.16（1）与図において，運動方程式は，O を軸として，$\overline{OG} = h$ とするとき，

$$I\frac{d^2\theta}{dt^2} = -Mgh\sin\theta$$

$\theta \ll 1$ のとき，$\dfrac{d^2\theta}{dt^2} \fallingdotseq -\dfrac{Mgh}{I}\theta$ となる．角周波数を $\omega = \sqrt{\dfrac{Mgh}{I}}$ とすると，周期 T は

$$T = \frac{2\pi}{\omega} = 2\pi\sqrt{\frac{I}{Mgh}} \qquad \qquad \text{①}$$

（2）O'' を軸として，$\overline{O''G} = h''$，O'' の周りの慣性モーメントを I'' とすると，周期 T'' は

$$T'' = 2\pi\sqrt{\frac{I''}{Mgh''}} \qquad ②$$

重心 G の周りの慣性モーメントを I_G とすると，

$$I = I_G + Mh^2 \qquad ③$$
$$I'' = I_G + Mh''^{\,2} \qquad ④$$

③を①に，④を②に代入すると，

$$MghT^2 = 4\pi^2(I_G + Mh^2) \qquad ⑤$$
$$Mgh''T''^{\,2} = 4\pi^2(I_G + Mh''^{\,2}) \qquad ⑥$$

⑤, ⑥より，$Mg(hT^2 - h''T''^{\,2}) = 4\pi^2 M(h^2 - h''^{\,2})$
$T = T''$ とすると，

$$gT^2(h - h'') = 4\pi^2(h^2 - h''^{\,2}) \qquad \therefore \quad h + h'' = \frac{gT^2}{4\pi^2}$$

(3) 利点：(a) 式(i)を使う場合，T, I, h を測定または計算で求めて，g を知ることができる．

(b) Borda の振子の場合 ($T = 2\pi\sqrt{g/h}$)，周期 T，慣性モーメント，振子の長さ h を測定または計算で求めて，g を得る．

(c) これに対して Kater 振子の場合，(2)を使うと，慣性モーメント I を知ることなしに g を得ることができる利点がある．

■第 7 編の解答

7.1 (1) 与式 $u = A\sin(k_x x)\sin(k_y y)\sin(\omega t)$ より，

$$\frac{\partial^2 u}{\partial t^2} = -\omega^2 A\sin(k_x x)\sin(k_y y)\cos(\omega t)$$
$$\frac{\partial^2 u}{\partial x^2} = -k_x^2 A\sin(k_x x)\sin(k_y y)\cos(\omega t)$$
$$\frac{\partial^2 u}{\partial y^2} = -k_y^2 A\sin(k_x x)\sin(k_y y)\cos(\omega t)$$

これらを，与式 $\dfrac{1}{c^2}\dfrac{\partial^2 u}{\partial t^2} = \left(\dfrac{\partial^2}{\partial x^2} + \dfrac{\partial^2}{\partial y^2}\right)u$ に代入すると，

$$-\frac{1}{c^2}\omega^2 A\sin(k_x x)\sin(k_y y)\cos(\omega t)$$
$$= -k_x^2 A\sin(k_x x)\sin(k_y y)\cos(\omega t) - k_y^2 A\sin(k_x x)\sin(k_y y)\cos(\omega t)$$
$$\frac{\omega^2}{c^2} = k_x^2 + k_y^2 \qquad \therefore \quad \omega = c\sqrt{k_x^2 + k_y^2} \qquad ①$$

(2) 境界条件 $u(0, y, t) = u(a, y, t) = u(x, 0, t) = u(x, b, t) = 0$ より，

$$u(a,y,t) = A\sin(k_x a)\sin(k_y y)\cos(\omega t) = 0, \quad k_x a = m\pi, \quad k_x = \frac{m\pi}{a}$$
$$u(x,b,t) = A\sin(k_x x)\sin(k_y b)\cos(\omega t) = 0 \qquad ②$$
$$k_y b = n\pi, \quad k_y = \frac{n\pi}{b} \qquad ③$$

②, ③を①に代入すると,
$$\omega = \omega_{mn} = c\sqrt{\left(\frac{m\pi}{a}\right)^2 + \left(\frac{n\pi}{b}\right)^2} = c\pi\sqrt{\left(\frac{m}{a}\right)^2 + \left(\frac{n}{b}\right)^2} \quad (m,n = 1,2,\cdots)$$

(3) $a = 2b$ のとき, $\omega_{mn} = c\pi\sqrt{\left(\frac{m}{2b}\right)^2 + \left(\frac{n}{b}\right)^2} = \frac{c\pi}{b}\sqrt{\left(\frac{m}{2}\right)^2 + n^2}$

$m = n = 1$ の場合, $\omega_{11} = \frac{c\pi}{b}\sqrt{\left(\frac{1}{2}\right)^2 + 1} = \frac{c\pi}{b}\frac{\sqrt{5}}{2}$

$m = 1, n = 2$ の場合, $\omega_{12} = \frac{c\pi}{b}\sqrt{\left(\frac{1}{2}\right)^2 + 2^2} = \frac{c\pi}{b}\frac{\sqrt{1+16}}{2} = \frac{c\pi}{b}\frac{\sqrt{17}}{2}$

$m = 2, n = 1$ の場合, $\omega_{21} = \frac{c\pi}{b}\sqrt{1+1} = \frac{c\pi}{b}\sqrt{2} = \frac{c\pi}{b}\frac{\sqrt{8}}{2}$

$m = n = 2$ の場合, $\omega_{22} = \frac{c\pi}{b}\sqrt{1+4} = \frac{c\pi}{b}\sqrt{5} = \frac{c\pi}{b}\frac{\sqrt{20}}{2}$

$m = 1, n = 3$ の場合, $\omega_{13} = \frac{c\pi}{b}\sqrt{\left(\frac{1}{2}\right)^2 + 3^2} = \frac{c\pi}{b}\frac{\sqrt{1+36}}{2} = \frac{c\pi}{b}\frac{\sqrt{37}}{2}$

$m = 3, n = 1$ の場合, $\omega_{31} = \frac{c\pi}{b}\sqrt{\left(\frac{3}{2}\right)^2 + 1} = \frac{c\pi}{b}\frac{\sqrt{9+4}}{2} = \frac{c\pi}{b}\frac{\sqrt{13}}{2}$

角振動数が小さい順は, $\omega_{11} < \omega_{21} < \omega_{31} < \omega_{12} < \omega_{22} < \omega_{13}$.

(4) 振幅ゼロを実線で示す. 正負については見方により異なる.

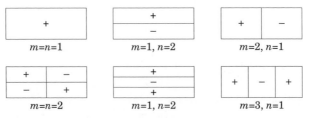

図 実線は節線, +, −は互いに逆方向を示す. m, nについては, 和達：物理のための数学（岩波）に合わせた（教科書によってm, nが逆）.

(5) $f(x,y) = \sum_{m=1}^{\infty}\sum_{n=1}^{\infty} c_{mn}\sin(k_{x,m}x)\sin(k_{y,n}y)$

$$f(x,y) = Dx(x-a)y(y-b) \qquad ④$$

とする．ここで，

$$f(x,y) = \sum_{m=1}^{\infty} c_m(y) \sin\left(\frac{m\pi}{a}x\right) \quad (フーリエ級数)$$

$$c_m(y) = \sum_{n=1}^{\infty} c_{mn} \sin\left(\frac{n\pi y}{b}\right) \quad (フーリエ係数)$$

と書き換える．フーリエ級数定理より，

$$c_m(y) = \frac{2}{a}\int_0^a f(x,y) \sin\frac{m\pi x}{a} dx$$

$$c_{mn} = \frac{2}{b}\int_0^b c_m(y) \sin\frac{n\pi y}{b} dy = \frac{2}{b}\int_0^b \frac{2}{a}\int_0^a f(x,y) \sin\frac{m\pi x}{a} \sin\frac{n\pi y}{b} dx dy$$

$$= \frac{4}{ab}\int_0^b dy \int_0^a dx f(x,y) \sin\frac{m\pi x}{a} \sin\frac{n\pi y}{b}$$

積分項に④を代入すると，

$$I \equiv \int_0^b dy \int_0^a dx\, Dx(x-a)y(y-b) \sin\frac{\pi m x}{a} \sin\frac{n\pi y}{b}$$

$$= D\int_0^b dy\, y(y-b) \sin\frac{n\pi y}{b} \int_0^a dx\, x(x-a) \sin\frac{m\pi x}{a}$$

$$= D\int_0^b (y^2 - by) \sin\frac{n\pi y}{b} dy \int_0^a (x^2 - ax) \sin\frac{m\pi x}{a} dx \qquad ⑤$$

ここで，$I_1 \equiv \int_0^a (x^2 - ax) \sin\frac{m\pi x}{a} dx = \int_0^a x^2 \sin\frac{m\pi x}{a} dx - a\int_0^a x \sin\frac{m\pi x}{a} dx$

第1, 2項の積分は与積分公式を用いてもよいが，実際に部分積分すると，

$$I_2 \equiv \int_0^a x \sin\frac{m\pi x}{a} dx = -\left[\frac{a}{m\pi} x \cos\frac{m\pi x}{a}\right]_0^a + \int_0^a \frac{a}{m\pi} \cos\frac{m\pi x}{a} dx$$

$$= -\frac{a^2}{m\pi} \cos m\pi + \frac{a}{m\pi}\frac{a}{m\pi}\left[\sin\frac{m\pi x}{a}\right]_0^a = -\frac{a^2}{m\pi} \cos m\pi$$

$$I_3 \equiv \int_0^a x^2 \sin\frac{m\pi x}{a} dx = -\left[x^2 \frac{a}{m\pi} \cos\frac{m\pi x}{a}\right]_0^a + \int_0^a 2x \frac{a}{m\pi} \cos\frac{m\pi x}{a} dx$$

$$= -\frac{a^3}{m\pi} \cos m\pi + \frac{2a}{m\pi}\int_0^a x \cos\frac{m\pi x}{a} dx$$

第2項の積分は，

$$I_4 \equiv \int_0^a x \cos\frac{m\pi x}{a} dx = \frac{a}{m\pi}\left[x \sin\frac{m\pi x}{a}\right]_0^a - \int_0^a \frac{a}{m\pi} \sin\frac{m\pi x}{a} dx$$

$$= \frac{a}{m\pi}\frac{a}{m\pi}\left[\cos\frac{m\pi x}{a}\right]_0^a = \left(\frac{a}{m\pi}\right)^2 (\cos m\pi - 1)$$

⑤の第1積分も同様だから，

$$c_{mn} = \frac{4D}{ab}\left\{\left(\frac{2b}{n\pi}\right)^3 \cdot 2(\cos n\pi - 1)\right\}\left\{\left(\frac{a}{m\pi}\right)^3 \cdot 2(\cos m\pi - 1)\right\}$$

$$= \frac{4a^2b^2D(2\cos m\pi - 2)(2\cos n\pi - 2)}{m^3n^3\pi^6}$$

7.2 中心 O を通り膜に垂直に z 軸，膜面内に x,y 軸をとる．膜の z 方向の変位を $u(x,y,t)$ で表すと，波動方程式は

$$\frac{\partial^2 u}{\partial t^2} = c^2\left(\frac{\partial^2 u}{\partial x^2} + \frac{\partial^2 u}{\partial y^2}\right) \quad (\text{本問では } c = 1) \qquad ①$$

を満たす．c は波の伝搬速度で，面の張力 S，面密度 ρ より，$c^2 = S/\rho$．平面極座標 $x = r\cos\theta, y = r\sin\theta$ を用いると，①は与式と一致し，

$$\frac{\partial^2 u}{\partial t^2} = \frac{\partial^2 u}{\partial r^2} + \frac{1}{r}\frac{\partial u}{\partial r} + \frac{1}{r^2}\frac{\partial^2 u}{\partial \theta^2} \qquad ②$$

ここで，$u = E(t)R(r)\Theta(\theta)$ と変数分離し，②に代入すると，

$$R(r)\Theta(\theta)\frac{\partial^2 E(t)}{\partial t^2} = E(t)\Theta(\theta)\left\{\frac{d^2R(r)}{dr^2} + \frac{1}{r}\frac{dR(r)}{dr}\right\} + \frac{1}{r^2}E(t)R(r)\frac{d^2\Theta(\theta)}{d\theta^2}$$

両辺を $ER\Theta$ でわると，$\dfrac{1}{E}\dfrac{d^2E}{dt^2} = \dfrac{1}{R}\left\{\dfrac{d^2R}{dr^2} + \dfrac{1}{r}\dfrac{dR}{dr}\right\} + \dfrac{1}{r^2}\dfrac{1}{\Theta}\dfrac{d^2\Theta}{d\theta}$ ③

③の右辺を $-\omega^2$ とおくと，

$$\frac{d^2E}{dt^2} = -\omega^2 E \quad \therefore \quad E = e^{i\omega t}$$

$$\frac{1}{R}\left(\frac{d^2R}{dr^2} + \frac{1}{r}\frac{dR}{dr}\right) + \frac{1}{r^2}\frac{1}{\Theta}\frac{d^2\Theta}{d\theta^2} = -\omega^2$$

両辺に r^2 にかけ，移項すると，$\dfrac{1}{R}\left(r^2\dfrac{d^2R}{dr^2} + r\dfrac{dR}{dr}\right) + \omega^2 r^2 = -\dfrac{1}{\Theta}\dfrac{d^2\Theta}{d\theta^2}$ ④

ここで，④の左辺を m^2 とおくと，$\dfrac{1}{\Theta}\dfrac{d^2\Theta}{d\theta^2} = -m^2$ より，

$$\frac{d^2\Theta}{d\theta^2} = -m^2\Theta \quad \therefore \quad \Theta = e^{im\theta}$$

④の左辺より，$\dfrac{d^2R}{dr^2} + \dfrac{1}{r}\dfrac{dR}{dr} + \left(\omega^2 - \dfrac{m^2}{r^2}\right)R = 0$ ⑤

⑤は変数 ωr に対するベッセルの方程式で，$r = 0$ で R 有限より，$R(r) = J_m(\omega r)$
円板の境界条件 $u(a, \theta, t) = 0$ より，$R(a) = J_m(\omega a) = 0 \quad \therefore \quad \omega a = \alpha_{m,l} \quad (l = 1, 2, \cdots)$
$\alpha_{m,l}$ は J_m の正の零点で大きさの順に並べたものとする．したがって，ω は次の特別の値だけが許される．

$$\omega_{m,l} = \alpha_{m,l}/a$$

(m, l) のそれぞれの値に対して，次の固有振動が存在する．

$$\begin{Bmatrix} \cos\omega_{m,l}t \\ \sin\omega_{m,l}t \end{Bmatrix} J_m(\omega_{m,l}r) \begin{Bmatrix} \sin m\theta \\ \cos m\theta \end{Bmatrix}$$

一般の振動は，固有振動の重畳で，

$$u(r,\theta,t) = \sum_{m=0}^{\infty}\sum_{l=1}^{\infty}(A_{m,l}\cos\omega_{m,l}t + B_{m,l}\sin\omega_{m,l}t)$$
$$\times J_m(\omega_{m,l}r)(C_{m,l}\cos m\theta + D_{m,l}\sin m\theta)$$

初期条件 $u(r,\theta,0) = F(r,\theta)$, $\left[\dfrac{\partial u(r,\theta,t)}{\partial t}\right]_{t=0} = 0$ のとき，係数 $A_{m,l}, B_{m,l}, C_{m,l}, D_{m,l}$ は F のフーリエ・ベッセル展開

$$F(r,\theta) = \sum_{m=0}^{\infty}\sum_{l=1}^{\infty} A_{m,l}(C_{m,l}\cos m\theta + D_{m,l}\sin m\theta) J_m\left(\frac{\alpha_{m,l}r}{a}\right)$$
$$0 = \sum_{m=0}^{\infty}\sum_{l=1}^{\infty} \omega_{m,l} B_{m,l}(C_{m,l}\cos m\theta + D_{m,l}\sin m\theta) J_m\left(\frac{\alpha_{m,l}r}{a}\right)$$

により定まる．

7.3 (1) $\dfrac{q\phi}{k_{\mathrm{B}}T} \ll 1$ のとき，与式にテイラー展開を適用し，

$$f_{\pm}(\boldsymbol{p},\boldsymbol{r}) = f_0(\boldsymbol{r})e^{\mp q\phi(\boldsymbol{r})/k_{\mathrm{B}}T} \cong f_0(\boldsymbol{r})\left\{1 \mp \frac{q\phi}{k_{\mathrm{B}}T} + \frac{1}{2}\left(\frac{q\phi}{k_{\mathrm{B}}T}\right)^2 + \cdots\right\}$$

$$\delta\rho(\boldsymbol{r}) = q\int d^3p\,(f_+(\boldsymbol{p},\boldsymbol{r}) - f_-(\boldsymbol{p},\boldsymbol{r}))$$
$$= q\int d^3p\left[f_0(\boldsymbol{p})\left\{1 - \frac{q\phi}{k_{\mathrm{B}}T} + \frac{1}{2}\left(\frac{q\phi}{k_{\mathrm{B}}T}\right)^2 + \cdots\right\}\right.$$
$$\left. - f_0(\boldsymbol{p})\left\{1 + \frac{q\phi}{k_{\mathrm{B}}T} + \frac{1}{2}\left(\frac{q\phi}{k_{\mathrm{B}}T}\right)^2 + \cdots\right\}\right]$$
$$= -2q\int d^3p f_0(\boldsymbol{p})\frac{q\phi(\boldsymbol{r})}{k_{\mathrm{B}}T} = -\frac{2q^2\phi(\boldsymbol{r})}{k_{\mathrm{B}}T}\int d^3p\frac{n_0}{(2\pi mk_{\mathrm{B}}T)^{3/2}}e^{-p^2/2mk_{\mathrm{B}}T}$$
$$= -\frac{2q^2\phi(\boldsymbol{r})}{k_{\mathrm{B}}T}\frac{n_0}{(2\pi mk_{\mathrm{B}}T)^{3/2}}\int d^3p\, e^{-ap^2} \quad \left(a = \frac{1}{2mk_{\mathrm{B}}T}\right)$$

ここで,

$$I \equiv \int_{-\infty}^{\infty}\int_{-\infty}^{\infty}\int_{-\infty}^{\infty} dp_x dp_y dp_z e^{-a(p_x^2+p_y^2+p_z^2)}$$
$$= \left(\int_{-\infty}^{\infty} e^{-ap_x^2}dp_x\right)^3 = \left(\sqrt{\frac{\pi}{a}}\right)^3 = (2\pi mk_{\mathrm{B}}T)^{3/2}$$

$$\therefore \quad \delta\rho(\boldsymbol{r}) = -\frac{2q^2\phi(\boldsymbol{r})}{k_\mathrm{B}T}\frac{n_0}{(2\pi m k_\mathrm{B}T)^{3/2}}(2\pi m k_\mathrm{B}T)^{3/2} = -\frac{2q^2 n_0 \phi(\boldsymbol{r})}{k_\mathrm{B}T}$$

$$\equiv \frac{1}{C}\phi(\boldsymbol{r}) \quad \left(\frac{1}{C} \equiv -\frac{2q^2 n_0}{k_\mathrm{B}T}\right) \qquad ①$$

(2) $\rho \to \rho + \delta\rho$ と変化したとすると，$\nabla^2\phi = -\dfrac{\rho+\delta\rho}{\varepsilon_0}, \nabla^2\phi + \dfrac{\delta\rho}{\varepsilon_0} = -\dfrac{\rho}{\varepsilon_0}$ ②

①を②に代入すると，

$$\nabla^2\phi + \frac{1}{\varepsilon_0}\left(-\frac{2q^2 n_0}{k_\mathrm{B}T}\right)\phi = \nabla^2\phi - \frac{2q^2 n_0}{\varepsilon_0 k_\mathrm{B}T}\phi \equiv \nabla^2\phi - \kappa^2\phi = -\frac{\rho}{\varepsilon_0}$$

$$\therefore \quad \kappa = \sqrt{\frac{2q^2 n_0}{\varepsilon_0 k_\mathrm{B}T}}$$

$\phi(\boldsymbol{r}) = \dfrac{q_0 e^{-\kappa r}}{4\pi\varepsilon_0 r}$（プラズマ）のとき，

$$E = -\frac{\partial\phi}{\partial r} = -\frac{q_0}{4\pi\varepsilon_0}\frac{-\kappa e^{-\kappa r}r - e^{-\kappa r}}{r^2}$$

$$= \frac{q_0}{4\pi\varepsilon_0}\frac{(\kappa r + 1)e^{-\kappa r}}{r^2} \qquad ③$$

$\phi(\boldsymbol{r}) = \dfrac{q_0}{4\pi\varepsilon_0 r}$（真空）のとき，$E = \dfrac{q_0}{4\pi\varepsilon_0}\dfrac{1}{r^2}$ ④

図 ③, ④の比較

③，④は，r が大きいところでは，プラズマ中の電場は，点電荷が真空中に置かれた電場より，因子 $e^{-\kappa r}$ だけ急速に減衰することを示している．つまり，点電荷による電場は電子により遮蔽され，$1/\kappa$ 以遠にはほとんど及ばなくなる．

7.4 (1) 膜面内に x,y 軸をとり，面に垂直な方向の変位を z とする．膜の小部分を考えてその面積を ΔS，その周囲の曲線 C に沿った長さを s とすると，周囲 C に沿って働く力の z 成分は $\displaystyle\int T\frac{\partial z}{\partial n}ds$ である．ここで n は曲線 C から膜面に沿って外向きに立てた法線である．小部分の質量は $\rho\Delta S$ であるから，その部分の運動方程式は

$$(\rho\Delta S)\frac{\partial^2 z}{\partial t^2} = T\int_C \frac{\partial z}{\partial n}dS \qquad ①$$

右辺の線積分をグリーンの定理によって面積分に変換すると，$\displaystyle\int_C \frac{\partial z}{\partial n}ds = \int_{\Delta S}\nabla^2 z dS$

ΔS を十分小さくすると，右辺は $\nabla^2 z \Delta S$ となるから，①は次のようになる．

$$\rho\Delta S \frac{\partial^2 z}{\partial t^2} = T\nabla^2 z \cdot \Delta S$$

$$\therefore \quad \rho\frac{\partial^2 z(x,y,t)}{\partial t^2} = T\left(\frac{\partial^2}{\partial x^2} + \frac{\partial^2}{\partial y^2}\right)z = T\triangle_2 z(x,y,t) \qquad ②$$

(2) $\rho/T = c^2$，$\boldsymbol{k} = [k_x, k_y]$ とおき，②の解を $z = Ae^{i(k_x x + k_y y - \omega t)}$ とおいて②に代入すると，

$$-\rho\omega^2 z = -T(k_x^2 + k_y^2)z, \quad \omega^2 = c^2(k_x^2 + k_y^2)$$
$$z = A\sin(k_x x + \alpha)\sin(k_y y + \beta)\sin(\omega t + \phi) \quad (A:振幅, \ \alpha, \beta, \phi:積分定数)$$

(3) 単位時間あたりのエネルギーは

$$P(t) = Tc\left(\frac{\partial z}{\partial x}\right)^2 = Tc\{k_x A\cos(k_x x + \alpha)\sin(k_y y + \beta)\sin(\omega t + \phi)\}^2$$
$$= Tc(k_x A)^2\{\cos(k_x x + \alpha)\sin(k_y y + \beta)\sin(\omega t + \phi)\}^2$$

(4)〜(7) 省略.

7.5 (1) 図1の点線のようになる. (2) 図2の点線のようになる.

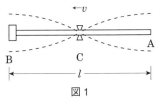

図1

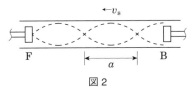

図2

(3) 与式から, $v = \sqrt{\dfrac{E}{\rho}}$ ①

棒中の音波の波長を λ, 振動数を f とすると, 図1を参照して,

$$v = f\lambda = f \cdot 2l \qquad ②$$

①, ②より, $f = \dfrac{v}{2l} = \dfrac{1}{2l}\sqrt{\dfrac{E}{\rho}}$ ③

(4) 管中の音波の波長を λ_s, 振動数を f_s とすると, 図2を参照して, $v_s = f_s \cdot 2a$
共鳴条件 $f = f_s$ と, ③/②より, $v_s = \dfrac{a}{l}v = \dfrac{a}{l}\sqrt{\dfrac{E}{\rho}}$ ④

(5) ④より, 鉄のヤング率は

$$E = \rho\left(\frac{lv_s}{a}\right)^2 = 8 \times 10^{-3}\left[\frac{\text{kg}}{(10^{-2}\,[\text{m}])^3}\right]\left(\frac{1\,[\text{m}] \times 350\,[\text{m/s}]}{7 \times 10^{-2}\,[\text{m}]}\right)^2$$
$$= 2 \times 10^{11}\,[\text{N/m}^2]$$

(この値は物理定数表の値とほぼ一致する.)

(6) ④より, $E = \rho(lv_s)^2 a^{-2}, \ dE = -2\rho(lv_s)^2 a^{-3}da$

$$\therefore \ \left|\frac{dE}{E}\right| = \left|\frac{-2\rho(lv_s)^2 a^{-3}}{\rho(lv_s)^2 a^{-2}}\right| = 2\left|\frac{da}{a}\right| \quad \therefore \ \left|\frac{da}{a}\right| \leq \frac{1}{2}\,[\%] = 0.5\,[\%]$$

7.6 (1) (a) 一様磁場中の荷電粒子の非相対論的運動方程式は, $m\dfrac{d\boldsymbol{v}}{dt} = q\boldsymbol{v} \times \boldsymbol{B}$

(b) $\boldsymbol{v}_{//} \times \boldsymbol{B} = 0$ は明らかだから, 磁場に垂直, 平行成分はそれぞれ,

$$m\frac{d\boldsymbol{v}_\perp}{dt} = q\boldsymbol{v}_\perp \times \boldsymbol{B}, \quad m\frac{d\boldsymbol{v}_{//}}{dt} = 0$$

(c) $\boldsymbol{B} = (B_x, B_y, B_z) = (0, 0, B)$, $\boldsymbol{v} = (v_x, v_y, v_z)$ とすると，運動方程式は，

$$m\dot{v}_x = q(v_y B_z - v_z B_y) = qBv_y \qquad ①$$
$$m\dot{v}_y = q(v_z B_x - v_x B_z) = -qBv_x, \quad m\dot{v}_z = 0$$
$$\ddot{v}_x = \frac{qB}{m}\dot{v}_y = -\left(\frac{qB}{m}\right)^2 v_x \qquad ②$$
$$\ddot{v}_y = -\frac{qB}{m}\dot{v}_x = -\left(\frac{qB}{m}\right)^2 v_y \qquad ③$$

②，③は単振動の式だから，$\omega \equiv \dfrac{|q|B}{m}$ の角速度を持つ．②，③の解は，$v_{x,y} = v_\perp \exp(\pm i\omega t + \delta)$ の形となる．+，$\delta = 0$ と選ぶと，$v_x = v_\perp e^{i\omega t} = \dot{x}$ ④

①に④を代入すると，$v_y = \dfrac{m}{qB}\dot{v}_x = \pm\dfrac{1}{\omega}\dot{v}_x = \pm\dfrac{1}{\omega}i\omega v_\perp e^{i\omega t} = \pm iv_\perp e^{i\omega t} = \dot{y}$

さらに積分すると（+ はイオン，− は電子を示す），

$$y - y_0 = \pm\frac{v_\perp}{\omega}e^{i\omega t}, \quad x - x_0 = -i\frac{v_\perp}{\omega}e^{i\omega t} \qquad ⑤$$

⑤の実部を取ると，$y - y_0 = \pm r\cos\omega t, x - x_0 = r\sin\omega t$. ただし，$r = \dfrac{v_\perp}{\omega} = \dfrac{v_\perp}{\frac{|q|B}{m}} = \dfrac{mv_\perp}{|q|B}$

[注] 遠心力とクーロン力の釣り合いより，$\dfrac{mv_\perp^2}{r} = |q|v_\perp B \quad \therefore r = \dfrac{mv_\perp}{|q|B}$

(d)

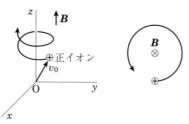

図 原点から初速度 v_0 で出た正イオンは $q\boldsymbol{v}\times\boldsymbol{B}$ で $\boldsymbol{B}$ に巻き付いて $\boldsymbol{B}$ 方向に向いて左回転する．

[注] 光学，電磁波分野では，逆に，$\boldsymbol{k}$（波数ベクトル）方向（おいでおいで方向）から見て右回りを右偏光と呼ぶのが一般的．

(2) (a) 静磁場中の非相対論的運動方程式は，$m\dfrac{d\boldsymbol{v}}{dt} = q(\boldsymbol{E} + \boldsymbol{v}\times\boldsymbol{B})$

(b) $\boldsymbol{B} = (B_x, B_y, B_z) = (0, 0, B)$，$\boldsymbol{E} = (E_x, E_y, E_z) = (E, 0, 0)$，電子電荷 $q = -e$ とする．運動方程式の各成分は，

$$m\frac{dv_x}{dt} = q(E_x + v_y B_z - v_z B_y) = -e(E + Bv_y)$$
$$m\frac{dv_y}{dt} = q(E_y + v_z B_x - v_x B_z) = eBv_x \qquad ⑥$$
$$m\frac{dv_z}{dt} = q(E_z + v_x B_y - v_y B_x) = 0 \qquad ⑦$$

⑦より，電子は B 方向に等速運動することがわかる．

(c) ⑥, ⑦より，

$$\frac{dv_x}{dt} = -\frac{e}{m}E - \omega v_y \quad \left(\omega = \frac{eB}{m}\right) \quad ⑧$$

$$\frac{dv_y}{dt} = \omega v_x$$

$$\ddot{v}_x = -\omega \dot{v}_y = -\omega^2 v_x \quad ⑨$$

$$\ddot{v}_y = \omega \dot{v}_x = \omega\left(-\frac{e}{m}E - \omega v_y\right) = -\omega^2\left(\frac{e}{m}\frac{m}{eB}E + \omega\frac{m}{eB}v_y\right) = -\omega^2\left(\frac{E}{B} + v_y\right)$$

⑨の解は，$v_x = Ae^{i\omega t} + Be^{-i\omega t}$ 初期条件 $t = 0$ で，$v_x = 0$ を代入すると，

$$0 = A + B, \quad B = -A, \quad v_x = 2Ai\left(\frac{e^{i\omega t} - e^{-i\omega t}}{2i}\right) = 2Ai\sin\omega t \quad ⑩$$

⑩を⑧に代入すると，$2A\omega i \cos\omega t = -\dfrac{e}{m}E - \omega v_y$ ⑪

初期条件 $t = 0$ で，$v_y = v_0$ を代入すると，

$$2A\omega i = -\frac{e}{m}E - \omega v_0, \quad Ai = -\frac{eE}{m}\frac{1}{2\omega} - \frac{\omega v_0}{2\omega} = -\frac{eE}{2\omega m} - \frac{v_0}{2} \quad ⑫$$

⑫を⑩に代入すると，

$$v_x = 2\left(-\frac{eE}{2\omega m} - \frac{v_0}{2}\right)\sin\omega t = -\left(v_0 + \frac{eE}{\frac{eB}{m}m}\right)\sin\omega t = -\left(v_0 + \frac{E}{B}\right)\sin\omega t \quad ⑬$$

⑫を⑪に代入すると，

$$v_y = -\frac{eE}{m}\frac{1}{\omega} + 2\left(\frac{eE}{2\omega m} + \frac{v_0}{2}\right)\cos\omega t = -\frac{eE}{m}\frac{m}{eB} + \left(\frac{eE}{\frac{eB}{m}m} + v_0\right)\cos\omega t$$

$$= -\frac{E}{B} + \left(v_0 + \frac{E}{B}\right)\cos\omega t \quad ⑭$$

(d) ⑬, ⑭の両辺を積分すると，C, F を定数として，

$$x = \int v_x dt = \frac{v_0 + \frac{E}{B}}{\omega}\cos\omega t + C \equiv F\cos\omega t + C \quad ⑮$$

$$y = \int v_y dt = -\frac{E}{B}t + \frac{v_0 + \frac{E}{B}}{\omega}\sin\omega t + D \equiv -\frac{E}{B}t + F\sin\omega t + D \quad ⑯$$

ここで，初期条件 $t = 0$ で $x = 0, y = 0$ を⑮, ⑯に代入すると，$\begin{cases} 0 = F + C, \quad F = -C \\ 0 = D \end{cases}$

これを⑮, ⑯に代入すると，

$$x = -C\cos\omega t + C, \quad C\cos\omega t = C - x \quad ⑰$$

$$y = -\frac{E}{B}t - C\sin\omega t, \quad C\sin\omega t = -\frac{E}{B}t - y \quad ⑱$$

⑰, ⑱より，$C^2 = (x-C)^2 + \left(y + \dfrac{E}{B}t\right)^2$

よって，右図のように，電子は xy 面で回転しながら，y 方向にドリフトし，同時に z 方向に等速運動する．

(3) 静磁場 B 中の相対論的運動方程式は，

$$\dfrac{d}{dt}\left(\dfrac{m_0 \boldsymbol{v}}{\sqrt{1-\beta^2}}\right) = q\boldsymbol{v} \times \boldsymbol{B} \quad \left(\beta = \dfrac{v}{c}\right)$$

$$\dfrac{d}{dt}\left(\dfrac{m_0 c^2}{\sqrt{1-\beta^2}}\right) = (q\boldsymbol{v} \times \boldsymbol{B}) \cdot \boldsymbol{v} \qquad ⑲$$

ベクトル公式より，$(\boldsymbol{v} \times \boldsymbol{B}) \cdot \boldsymbol{v} = 0$ は明らかだから，⑲より，

$$\dfrac{d}{dt}\left(\dfrac{m_0 c^2}{\sqrt{1-\beta^2}}\right) = 0, \quad \dfrac{m_0 c^2}{\sqrt{1-\beta^2}} = K \quad (K：一定)$$

m_0, c は一定だから，$\beta = \dfrac{v}{c}$ も一定である．したがって，$m = \dfrac{m_0}{\sqrt{1-\beta^2}}$ も一定となり，(1) の場合と同様になり，粒子は磁場を軸とする螺旋運動（B に垂直な面内では等速円運動）を行う．(1) と異なるのは，m が v によって変化することである．$\boldsymbol{v}$ を $\boldsymbol{v}_\perp$ と $\boldsymbol{v}_{//}$ に分けると，

$$\text{角速度}\,\omega = \dfrac{|q|B}{m} = \dfrac{|q|B\sqrt{1-\beta^2}}{m_0}, \quad \text{半径}\,r = \dfrac{mv_\perp}{|q|B} = \dfrac{m_0 v_\perp}{|q|B\sqrt{1-\beta^2}}$$

7.7 (1) (i) $n_e < n_c$ の場合：$\alpha = \sqrt{1 - n_e/n_c} > 0$ となるから，電場は，

$$E(\boldsymbol{x},t) = E_0 \exp\left(i\dfrac{\omega \alpha}{c}z - i\omega t\right) = E_0 e^{i\omega(\frac{\alpha}{c}z - t)}$$

よって，波数 $k \equiv \dfrac{\omega\alpha}{c}$，波長 $\lambda \equiv \dfrac{2\pi}{k} = 2\pi\dfrac{c}{\alpha\omega}$，速度 $\dfrac{dz}{dt} = \dfrac{c}{\alpha}$ となる．

(ii) $n_e > n_c$ の場合：$\alpha = \sqrt{1 - n_e/n_c} = i\sqrt{n_e/n_c - 1} \equiv i\beta$ とおくと，電場は，

$$E(\boldsymbol{x},t) = E_0 \exp\left(i\dfrac{\omega}{c}i\beta z - i\omega t\right) = E_0 e^{-\frac{\beta\omega}{c}z} e^{-i\omega t}$$

よって，$\dfrac{\beta\omega}{c}\delta \equiv 1, \delta \equiv \dfrac{c}{\beta\omega}$ で $\dfrac{1}{e}$ に減衰する（表皮効果）．

(2) $n_e(r) \ll n_c$ を用いると，真空中では $\alpha = 1$ だから，位相差は，

$$\Delta\phi = \int_{-a}^{a}\dfrac{\omega}{c}dz - \int_{-a}^{a}\dfrac{\alpha\omega}{c}dz = \dfrac{\omega}{c}\int_{-a}^{a}\left(1 - \sqrt{1 - \dfrac{n_e(z)}{n_c}}\right)dz$$

$$\cong \dfrac{\omega}{c}\int_{-a}^{a}\left\{1 - \left(1 - \dfrac{n_e(z)}{2n_c}\right)\right\}dz = \dfrac{\omega}{c}\int_{-a}^{a}\dfrac{n_e(z)}{2n_c}dz \qquad ①$$

(3) (i) 与式で $r \to z$ として，①に代入すると，

$$\Delta\phi = \dfrac{\omega n_{e0}}{2cn_c}\int_{-a}^{a}\left\{1 - \left(\dfrac{z}{a}\right)^2\right\}dz = \dfrac{2a}{3}\dfrac{n_{e0}e^2}{c\varepsilon_0 m_e \omega}$$

$a = 0.1$ [m], $n_{e0} = 1 \times 10^{19}$ [m^{-3}], $\omega = 2\pi\nu$ を代入すると,

$$\Delta\phi = \frac{2 \times 10^{-1} \times 1 \times 10^{19} \times (1.6 \times 10^{-19})^2}{3 \times 3 \times 10^8 \times 8.9 \times 10^{-12} \times 9.1 \times 10^{-31} \times 6.28\nu} \cong 1.1 \times 10^{12} \frac{1}{\nu} \text{ [rad]} \qquad ②$$

位相差は 0 から出発し, 2π を越えても同じ出力が得られるため, $0 < \Delta\phi < 2\pi$ に抑えると密度の増減の解釈が容易である. $\Delta\phi \cong 2\pi$ のとき, $1.1 \times 10^{12} \frac{1}{\nu} \leq 2\pi$ ∴ $\nu \geq 1.75 \times 10^{11}$ [Hz]

$\nu = 1.8 \times 10^{11}$ [Hz] とすると, ②より, $\Delta\phi = \frac{1.1 \times 10^{12}}{1.8 \times 10^{11}} \cong 6$ [rad]

［注］ プラズマ周波数より低い周波数の電磁波はプラズマ中を透過できないので,

$$\omega > \omega_p = \sqrt{\frac{e^2 n_e}{\varepsilon_0 m_e}} = \sqrt{\frac{(1.6 \times 10^{-19})^2 \times 1 \times 10^{19}}{8.9 \times 10^{-12} \times 9.1 \times 10^{-31}}} \cong 0.18 \times 10^{12} = 2\pi\nu,$$

$\nu > \nu_p \cong 2.7 \times 10^{10}$ [Hz]

からも制限される. また, $\Delta\phi$ をどこまで読めるかによっても, 用いる周波数が制限される.

(4) 検出器出力は次式に比例する.

$$\begin{aligned}
|E_t|^2 &= |E_1 e^{-i\omega t} + E_2 e^{-i(\omega t - \Delta\phi)}|^2 \\
&= (E_1 e^{-i\omega t} + E_2 e^{-i(\omega t - \Delta\phi)})(E_1 e^{-i\omega t} + E_2 e^{-i(\omega t - \Delta\phi)})^* \\
&= (E_1 e^{-i\omega t} + E_2 e^{-i(\omega t - \Delta\phi)})(E_1 e^{i\omega t} + E_2 e^{i(\omega t - \Delta\phi)}) \\
&= E_1^2 + E_2^2 + E_1 E_2 e^{i\Delta\phi} + E_1 E_2 e^{-i\Delta\phi} = E_1^2 + E_2^2 + 2E_1 E_2 \cos(\Delta\phi)
\end{aligned}$$

(5) 参照波を $E_1 e^{-i\omega t}$, プローブ波を $E_2 e^{-i(\omega t - \Delta\phi)}$ とすると, 検出器の出力は,

$$\begin{aligned}
|E_t|^2 &= |E_1 e^{-i\omega_1 t} + E_2 e^{-i(\omega_2 t - \Delta\phi)}|^2 \\
&= (E_1 e^{-i\omega_1 t} + E_2 e^{-i(\omega_2 t - \Delta\phi)})(E_1 e^{i\omega_1 t} + E_2 e^{i(\omega_2 t - \Delta\phi)}) \\
&= E_1^2 + E_2^2 + E_1 E_2 e^{i\{(\omega_2 - \omega_1)t - \Delta\phi\}} + E_1 E_2 e^{-i\{(\omega_2 - \omega_1)t - \Delta\phi\}} \\
&= E_1^2 + E_2^2 + E_1 E_2 e^{i(\Delta\omega t - \Delta\phi)} + E_1 E_2 e^{-i(\Delta\omega t - \Delta\phi)} \quad (\Delta\omega = \omega_2 - \omega_1) \\
&= E_1^2 + E_2^2 + 2E_1 E_2 \cos(\Delta\omega t - \Delta\phi) \\
&= E_1^2 + E_2^2 + 2E_1 E_2 (\cos\Delta\omega t \cos\Delta\phi + \sin\Delta\omega t \sin\Delta\phi)
\end{aligned}$$

上式の $\cos\Delta\omega t$, $\sin\Delta\omega t$ と重ね合わせて時間平均を取ればそれぞれ,

$$\frac{1}{T}\int_0^T \cos^2\Delta\omega t \cos\Delta\phi\, dt = \frac{1}{T}\cos\Delta\phi \int_0^T \frac{1 + \cos 2\Delta\omega t}{2} dt = \frac{\cos\Delta\phi}{2} \qquad ③$$

$$\frac{1}{T}\int_0^T \cos\Delta\omega t \sin\Delta\omega t \sin\Delta\phi\, dt = \frac{1}{T}\sin\Delta\phi \int_0^T \frac{\sin 2\Delta\omega t}{2} dt = 0$$

$$\frac{1}{T}\int_0^T \sin^2\Delta\omega t \sin\Delta\phi\, dt = \frac{1}{T}\sin\Delta\phi \int_0^T \frac{1 - \cos 2\Delta\omega t}{2} dt = \frac{\sin\Delta\phi}{2} \qquad ④$$

よって, ③, ④より, $\Delta\phi$ の正負の判定が可能. → (b)

また, $\Delta\omega$ が揺がないとすると, 出力の時間変化は,

$$\frac{d}{dt}|E_t|^2 = 2E_1\frac{dE_1}{dt} + 2E_2\frac{dE_2}{dt} + 2\left(\frac{dE_1}{dt}E_2 + E_1\frac{dE_2}{dt}\right)\cos(\Delta\omega t - \Delta\phi)$$
$$-\left(\Delta\omega - \frac{d\Delta\phi}{dt}\right)\cdot 2E_1 E_2 \sin(\Delta\omega t - \Delta\phi) \qquad \text{⑤}$$

⑤より, $\sin(\Delta\omega t - \Delta\phi)$ と重ね合わせれば $\frac{d\Delta\phi}{dt}$ の情報が得られる. → (a)

ただし, 位相情報が得られるためには, $\Delta\omega < \left|\frac{d\Delta\phi}{dt}\right|$ が必要である(被測定物は物差しの目盛より大きくなければならない).

7.8 (1) (a) $m\dfrac{d\boldsymbol{v}}{dt} = -e(\boldsymbol{E} + \boldsymbol{v}\times\boldsymbol{B})$ ①

(b) ①で, $\boldsymbol{E} = \boldsymbol{E}_0 e^{-i\omega t}$ とおくと, $m\dfrac{d\boldsymbol{v}}{dt} = -e\boldsymbol{E}_0 e^{-i\omega t}$. これを積分すると,

$$\boldsymbol{v} = \frac{-e\boldsymbol{E}_0}{m}\frac{e^{-i\omega t}}{-i\omega} = -i\frac{e}{m\omega}\boldsymbol{E} \qquad \text{②}$$

ただし, 電子の平均速度を 0 とした.

(c) Maxwell の方程式より,

$$\nabla\times\boldsymbol{B} = \mu_0\boldsymbol{j} + \mu_0\varepsilon_0\frac{\partial\boldsymbol{E}}{\partial t} = \mu_0(-en_e\boldsymbol{v}) + \mu_0\varepsilon_0(-i\omega\boldsymbol{E})$$
$$= -en_e\mu_0\left(-i\frac{e}{m\omega}\boldsymbol{E}\right) - i\omega\mu_0\varepsilon_0\boldsymbol{E} \quad (\because \text{②})$$
$$= -i\mu_0\left(\varepsilon_0\omega - \frac{e^2 n_e}{m\omega}\right)\boldsymbol{E} = -i\omega\mu_0\varepsilon_0\left(1 - \frac{e^2 n_e}{\varepsilon_0 m\omega^2}\right)\boldsymbol{E} \qquad \text{③}$$

(2) (a)

(I) $\nabla\cdot\boldsymbol{D} = \rho \to \varepsilon_0 E_n = \varepsilon E'_n$, (II) $\nabla\times\boldsymbol{E} = -\dfrac{\partial\boldsymbol{B}}{\partial t} \to E_t = E'_t$ ④

(III) $\nabla\cdot\boldsymbol{B} = 0 \to B_n = B'_n$, (IV) $\nabla\times\boldsymbol{H} = \boldsymbol{j} + \dfrac{\partial\boldsymbol{B}}{\partial t} \to B_t = B'_t$ ⑤

(b) ④より, $E_1 + E_3 = E_2$ ⑥

電波インピーダンス $\dfrac{E}{H} = \sqrt{\dfrac{\mu}{\varepsilon}}$ を用いると, ⑤は,

$$\mu_0 H_t = \mu_0 H'_t, \quad \mu_0\sqrt{\frac{\varepsilon_0}{\mu_0}}(E_1 - E_3) = \mu_0\sqrt{\frac{\varepsilon}{\mu_0}}E_2, \quad \sqrt{\mu_0\varepsilon_0}(E_1 - E_3) = \sqrt{\mu_0\varepsilon}E_2$$
⑦

⑥より, $\sqrt{\mu_0\varepsilon_0}(E_1 + E_3) = \sqrt{\mu_0\varepsilon_0}E_2$ ⑧

⑧, ⑦から E_3 を消去すると,

$$2\sqrt{\varepsilon_0\mu_0}E_1 = \sqrt{\mu_0\varepsilon}E_2 + \sqrt{\mu_0\varepsilon_0}E_2 = (\sqrt{\mu_0\varepsilon} + \sqrt{\mu_0\varepsilon_0})E_2,$$
$$\frac{E_2}{E_1} = \frac{2\sqrt{\varepsilon_0\mu_0}}{\sqrt{\mu_0\varepsilon} + \sqrt{\mu_0\varepsilon_0}} = \frac{2}{1 + \sqrt{\dfrac{\varepsilon}{\varepsilon_0}}} \qquad \text{⑨}$$

同様にして，$\dfrac{E_3}{E_1} = \dfrac{1 - \sqrt{\dfrac{\varepsilon}{\varepsilon_0}}}{1 + \sqrt{\dfrac{\varepsilon}{\varepsilon_0}}}$

（c）Poynting ベクトル $\boldsymbol{S} = \boldsymbol{E} \times \boldsymbol{H} = \boldsymbol{E} \times \dfrac{\boldsymbol{B}}{\mu_0}$ の z 成分は，

$$S_z = \dfrac{1}{\mu_0}(E_x B_y - E_y B_x) = \dfrac{1}{\mu_0} E_x B_y$$

入射波（in），透過波（trans），反射波（ref）の Poynting ベクトルの z 成分は，

$$S_z^{in} = \dfrac{1}{\mu_0} E_1 e^{i(kz-\omega t)} \sqrt{\varepsilon_0 \mu_0}\, E_1 e^{i(kz-\omega t)} = \sqrt{\dfrac{\varepsilon_0}{\mu_0}} E_1^2 e^{i2(kz-\omega t)}$$

$$S_z^{trans} = \dfrac{1}{\mu_0} E_2 e^{i(k'z-\omega t)} \sqrt{\varepsilon \mu_0}\, E_2 e^{i(k'z-\omega t)} = \sqrt{\dfrac{\varepsilon}{\mu_0}} E_2^2 e^{i2(k'z-\omega t)} \quad \text{⑩}$$

$$S_z^{ref} = -\sqrt{\dfrac{\varepsilon_0}{\mu_0}} E_3^2 e^{i2(-kz-\omega t)}$$

全反射のときプラズマ内の z 方向のエネルギー流がないから，⑩より，$\sqrt{\varepsilon} = 0$ ⑪

（d）$|\boldsymbol{B}| = \mu_0 |\boldsymbol{H}| = \mu_0 \sqrt{\dfrac{\varepsilon_0}{\mu_0}} |\boldsymbol{E}| = \sqrt{\varepsilon_0 \mu_0}\, |\boldsymbol{E}| = \dfrac{1}{c}|\boldsymbol{E}|$

$\therefore\ |\boldsymbol{v} \times \boldsymbol{B}| = \dfrac{|\boldsymbol{v}|}{c}|\boldsymbol{E}| \cong 0 \quad \left(\because\ \dfrac{|\boldsymbol{v}|}{c} \ll 1\right)$

（3）（a）往復距離の半分が高さだから，$h = \dfrac{cT}{2}$ ⑫

③，⑪より，$\sqrt{\dfrac{\varepsilon}{\varepsilon_0}} = \sqrt{1 - \dfrac{e^2 n_e}{\varepsilon_0 m \omega^2}} = 0$, $n_e = \dfrac{\varepsilon_0 m (2\pi f)^2}{e^2}$ ⑬

（b）⑫，⑬より，

$$h = \dfrac{3 \times 10^8 \times 0.8 \times 10^{-3}}{2} = 1.2 \times 10^5\ [\mathrm{m}]$$

$$n_e = \dfrac{9 \times 10^{-12} \times 9 \times 10^{-31} \times (6.28)^2 \times (2 \times 10^6)^2}{(1.6 \times 10^{-19})^2} \cong 5 \times 10^{10}\ [\mathrm{m}^{-3}]$$

7.9（1）質量保存則（連続の式）より，$\rho_1 v_1 = \rho_2 v_2$ ①

運動量保存則より，$\rho_1 v_1^2 + p_1 = \rho_2 v_2^2 + p_2$ ②

エネルギー保存則より，

$$\dfrac{v_1^2}{2} + \dfrac{\gamma}{\gamma-1}\dfrac{p_1}{\rho_1} = \dfrac{v_2^2}{2} + \dfrac{\gamma}{\gamma-1}\dfrac{p_2}{\rho_2},\quad \dfrac{v_1^2}{2} + \dfrac{c_1^2}{\gamma-1} = \dfrac{v_2^2}{2} + \dfrac{c_2^2}{\gamma-1} \quad \text{③}$$

ただし，$c_1^2 = \dfrac{\gamma p_1}{\rho_1}, c_2^2 = \dfrac{\gamma p_2}{\rho_2}$ ④

①より，密度比を $x = \dfrac{\rho_2}{\rho_1} = \dfrac{v_1}{v_2}$ ⑤

とおく．②を ρ_1 で割り，④，⑤を使って変形すると，

$$v_1^2 + \frac{p_1}{\rho_1} = \frac{\rho_2 v_2^2}{\rho_1} + \frac{p_2}{\rho_1}, \quad v_1^2 + \frac{c_1^2}{\gamma} = xv_2^2 + \frac{c_2^2 \rho_2/\gamma}{\rho_1} = xv_2^2 + \frac{c_2^2}{\gamma}x = x\left(v_2^2 + \frac{c_2^2}{\gamma}\right)$$

$$c_2^2 = \frac{\gamma v_1^2}{x} + \frac{c_1^2}{x} - \gamma v_2^2$$

これを③に代入して c_2 を消去すると，

$$\frac{v_1^2}{2} + \frac{c_1^2}{\gamma - 1} = \frac{v_2^2}{2} + \frac{1}{\gamma - 1}\left(\frac{\gamma v_1^2}{x} + \frac{c_1^2}{x} - \gamma v_2^2\right)$$

$$2(\gamma v_1^2 + c_1^2) = x\left\{2c_1^2 + (\gamma - 1)v_1^2 + (\gamma + 1)v_2^2\right\} \tag{⑥}$$

⑥をマッハ数 $M_1 = v_1/c_1$ を使って，$v_1 = c_1 M_1$, $v_2 = v_1/x = c_1 M_1/x$ で置換すると，

$$2\{r(c_1 M_1)^2 + c_1^2\} = x\left\{2c_1^2 + (\gamma - 1)(c_1 M_1)^2 + (\gamma + 1)\left(\frac{c_1 M_1}{x}\right)^2\right\}$$

$$\left\{2 + (\gamma - 1)M_1^2\right\}x^2 - 2(\gamma M_1^2 + 1)x + (\gamma + 1)M_1^2 = 0$$

が得られる．$x = 1$ という自明な解を除いた解は，

$$x = \frac{\rho_2}{\rho_1} = \frac{\gamma M_1^2 + 1 + \sqrt{(\gamma M_1^2 + 1)^2 - \left\{2 + (\gamma - 1)M_1^2\right\}(\gamma + 1)M_1^2}}{2 + (\gamma - 1)M_1^2}$$

$$= \frac{(\gamma + 1)M_1^2}{(\gamma - 1)M_1^2 + 2} \tag{⑦}$$

また，②を p_1 で割ると，$\dfrac{p_2}{p_1} = 1 + \dfrac{\rho_1 v_1^2}{p_1} - \dfrac{\rho_2 v_2^2}{p_1}$

右辺に，$\rho_2 = x\rho_1$, $v_1 = c_1 M_1$, $v_2 = v_1/x$, $p_1 = \rho_1 c_1^2/\gamma$ を使うと，

$$\frac{p_2}{p_1} = 1 + \frac{\rho_1}{\rho_1 c_1^2/\gamma}(c_1 M_1)^2 - \frac{x\rho_1(c_1 M_1/x)^2}{\rho_1 c_1^2/\gamma} = 1 + \gamma M_1^2 - \frac{\gamma}{x}M_1^2$$

$$= 1 + \gamma M_1^2 - \gamma M_1^2 \frac{(\gamma - 1)M_1^2 + 2}{(\gamma + 1)M_1^2} = \frac{2\gamma M_1^2}{\gamma + 1} - \frac{\gamma - 1}{\gamma + 1} \tag{⑧}$$

強い衝撃波 $(M_1 \gg 1)$ では，⑦, ⑧は，$\dfrac{\rho_2}{\rho_1} = \dfrac{v_1}{v_2} = \dfrac{\gamma + 1}{\gamma - 1}$, $\dfrac{p_2}{p_1} = \dfrac{2\gamma M_1^2}{\gamma + 1}$

7.10 (1) 運動方程式は，$\boldsymbol{E} = (0, 0, E)$, $\boldsymbol{B} = (0, B, 0)$ を考慮すると，

$$m\frac{dv_x}{dt} = q(E_x + v_y B_z - v_z B_y), \quad \frac{dv_x}{dt} = -\omega v_z \quad (\omega = qB/m) \tag{①}$$

$$m\frac{dv_y}{dt} = q(E_y + v_z B_x - v_x B_z) = 0, \quad \frac{dv_y}{dt} = 0 \tag{②}$$

$$m\frac{dv_z}{dt} = q(E_z + v_x B_y - v_y B_x) = q(E + Bv_x), \quad \frac{dv_z}{dt} = \frac{qE}{m} + \omega v_x \tag{③}$$

(2) ③を微分し，①を用いると，$\dfrac{d^2 v_z}{dt^2} = \omega \dfrac{dv_x}{dt} = -\omega(\omega v_z) = -\omega^2 v_z$

この解は，$v_z = A_1 e^{i\omega t} + A_2 e^{-i\omega t}$ である．$t = 0$ で $v_z = 0$ とすると，

$$0 = A_1 + A_2, \quad A_2 = -A_1$$

$$\therefore \quad v_z = A_1 e^{i\omega t} - A_1 e^{-i\omega t} = 2iA_1 \frac{e^{i\omega t} - e^{-i\omega t}}{2i} = 2iA_1 \sin \omega t \equiv A \sin \omega t \quad ④$$

④を③に代入すると，$\omega A \cos \omega t = \dfrac{qE}{m} + \omega v_x \quad \therefore \quad v_x = \dfrac{1}{\omega}\left(\omega A \cos \omega t - \dfrac{qE}{m}\right)$ ⑤

$t = 0$ で $v_x = v_0$ とすると，

$$v_0 = \frac{1}{\omega}\left(\omega A - \frac{qE}{m}\right), \quad A = \left(v_0 + \frac{qE}{\omega m}\right) = \left(v_0 + \frac{m}{qB}\frac{qE}{m}\right) = \left(v_0 + \frac{E}{B}\right) \quad ⑥$$

⑥を④，⑤に代入すると，

$$v_z = \left(v_0 + \frac{E}{B}\right)\sin\omega t \quad ⑦$$

$$v_x = \left(v_0 + \frac{E}{B}\right)\cos\omega t - \frac{m}{qB}\frac{qE}{m} = v_0 \cos\omega t + \frac{E}{B}(\cos\omega t - 1) \quad ⑧$$

②を積分すると，$v_y = C_1$
$t = 0$ で $v_y = 0$ とすると，$v_y = 0$ ⑨

(3) ⑨を積分すると，$y = C_2$
$t = 0$ で $y = 0$ とすると，(a)，(b)共通に，$y = 0$ ⑩

⑦を積分すると，$z = -\left(v_0 + \dfrac{E}{B}\right)\dfrac{1}{\omega}\cos\omega t + K_1$ ⑪

⑧を積分すると，$x = \dfrac{v_0}{\omega}\sin\omega t + \dfrac{E}{B}\left(\dfrac{\sin\omega t}{\omega} - t\right) + K_2$ ⑫

$t = 0$ で $x = z = 0$ とすると，

$$0 = -\left(v_0 + \frac{E}{B}\right)\frac{1}{\omega} + K_1, \quad K_1 = \left(v_0 + \frac{E}{B}\right)\frac{1}{\omega} \quad 0 = K_2 \quad ⑬$$

これらを⑪，⑫に代入すると，

$$z = -\left(v_0 + \frac{E}{B}\right)\frac{1}{\omega}\cos\omega t + \left(v_0 + \frac{E}{B}\right)\frac{1}{\omega} \quad ⑭$$

$$x = \frac{v_0}{\omega}\sin\omega t - \frac{E}{B}\left(t - \frac{\sin\omega t}{\omega}\right)$$

(a) $v_0 = -E/B$ のとき，⑭，⑬，⑩より，$x = -\dfrac{E}{B}\dfrac{1}{\omega}\sin\omega t - \dfrac{E}{B}\left(t - \dfrac{\sin\omega t}{\omega}\right)$, $y = 0$, $z = 0$

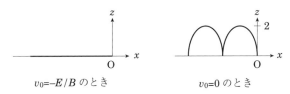

$v_0 = -E/B$ のとき　　　$v_0 = 0$ のとき

(b) $v_0 = 0$ のとき，

$$x = -\frac{E}{B}\left(t - \frac{\sin\omega t}{\omega}\right), \quad y = 0$$
$$z = -\frac{E}{B}\frac{1}{\omega}\cos\omega t + \frac{E}{B}\frac{1}{\omega} = -\frac{E}{B}\frac{1}{\omega}(\cos\omega t - 1) \qquad ⑮$$

(4) $\boldsymbol{g} = [0, 0, -g]$ のとき，運動方程式は，
$$m\frac{dv_x}{dt} = q(v_y B_z - v_z B_y) + mg_x = -qBv_z, \quad \frac{dv_x}{dt} = -\frac{qB}{m}v_z = -\omega v_z \qquad ⑯$$
$$m\frac{dv_y}{dt} = q(v_z B_x - v_x B_z) + mg_y = 0, \quad \frac{dv_y}{dt} = 0 \qquad ⑰$$
$$m\frac{dv_z}{dt} = q(v_x B_y - v_y B_x) + m(-g), \quad \frac{dv_z}{dt} = \frac{qB}{m}v_x - g = \omega v_x - g$$

⑮〜⑰と①〜③は $\dfrac{qE}{m} \leftrightarrow -g$ と変換すれば同形である．以下省略．

7.11 (1) $\rho v\dfrac{dv}{dx} + \dfrac{dp}{dx} = 0$ （II）を x で積分すると，
$$\int \rho v\frac{dv}{dx}dx + \int \frac{dp}{dx}dx = \frac{1}{2}\rho v^2 + p = C_1$$

のようなベルヌーイの定理が得られ，エネルギー保存則を表す．

(2) (IV)に対数微分法を用いると，
$$\frac{d}{dx}\log \rho vA = \frac{d}{dx}\left(\log\rho + \log v + \log A\right) = \frac{\rho'}{\rho} + \frac{v'}{v} + \frac{A'}{A} = 0 \qquad ①$$

ここで，ダッシュは x に関する微分を表す．

ベルヌーイの式(II)と音速 c の定義 $c = \sqrt{\dfrac{dp}{d\rho}} = \sqrt{\dfrac{\gamma p}{\rho}}$ から，

$$dp = c^2 d\rho = -\rho v\,dv, \quad -v\,dv = c^2\frac{d\rho}{\rho}, \quad -v\frac{dv}{dx} = -vv' = c^2\frac{d\rho/dx}{\rho} = c^2\frac{\rho'}{\rho}$$
$$\frac{\rho'}{\rho} = -\frac{vv'}{c^2} \qquad ②$$

①と②から $\dfrac{\rho'}{\rho}$ を消去すると，
$$-\frac{vv'}{c^2} + \frac{v'}{v} + \frac{A'}{A} = 0, \quad \frac{v'}{v}\left(\frac{v^2}{c^2} - 1\right) = \frac{v'}{v}(M^2 - 1) = \frac{A'}{A}$$
$$\frac{dv/dx}{v}(M^2 - 1) = \frac{dA/dx}{A} \qquad ③$$

ここで，$v/c \equiv M$ はマッハ数である．

③より，$v = v_0 < c$ で，$\dfrac{dA}{dx} < 0$ ならば，$\dfrac{dv^2}{dx} = 2v\dfrac{dv}{dx} > 0$

(3) ③より，$v = c$ ならば，$\dfrac{dA}{dx} = 0$ のみ．

(4) ③より，

(a) $v > c$ $(M > 1)$, $\dfrac{dA}{dx} < 0$, $\dfrac{dv^2}{dx} < 0$

(b) $v < c$ $(M < 1)$, $\dfrac{dA}{dx} < 0$, $\dfrac{dv^2}{dx} > 0$

(c) $v > c$ $(M > 1)$, $\dfrac{dA}{dx} > 0$, $\dfrac{dv^2}{dx} > 0$

(d) $v < c$ $(M < 1)$, $\dfrac{dA}{dx} > 0$, $\dfrac{dv^2}{dx} < 0$

解曲線の概略は図1のようになる．

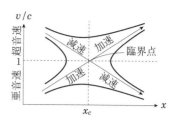

図1　ラバール管中での流束の変化

(5) $p = K\rho^\gamma$, $dp = \gamma K \rho^{\gamma-1} d\rho$ をベルヌーイの式に代入すると，

$$\int \frac{dp}{\rho} + \frac{v^2}{2} = \int \frac{\gamma K \rho^{\gamma-1} d\rho}{\rho} + \frac{v^2}{2} = \int \gamma K \rho^{\gamma-2} d\rho + \frac{v^2}{2}$$

$$= \gamma K \frac{\rho^{\gamma-1}}{\gamma - 1} + \frac{v^2}{2} = \frac{\gamma}{\gamma-1}\frac{p}{\rho} + \frac{v^2}{2} = const \quad \text{④}$$

$$\frac{\gamma}{\gamma-1}\frac{p_0}{\rho_0} = \frac{\gamma}{\gamma-1}\frac{p_1}{\rho_1} + \frac{1}{2}v_1^2$$

$$v_1 = \sqrt{\frac{2\gamma}{\gamma-1}\left(\frac{p_0}{\rho_0} - \frac{p_1}{\rho_1}\right)} = \sqrt{\frac{2}{\gamma-1}\left(c_0^2 - c_1^2\right)}$$

$$= c_0 \sqrt{\frac{2}{\gamma-1}\left\{1 - \left(\frac{p_1}{p_0}\right)^{(\gamma-1)/\gamma}\right\}}$$

最後の式では，管から出口までの変化が断熱なので，$p_0 \rho_0^{-\gamma} = p_1 \rho_1^{-\gamma}$, $c_0^2 = \dfrac{\gamma p_0}{\rho_0}$ を使った．④において，

$$p_1 \cong 0, \quad \left(\frac{p_1}{p_0}\right)^{\frac{\gamma-1}{\gamma}} \cong \frac{M_0^2}{M_1^2} \ll 1$$

とおけば，$v_1 \cong c_0 \sqrt{\dfrac{2}{\gamma-1}}$

[参考] 恒星風のシミュレーション例を右図に示す．坂下・池内：宇宙流体力学（培風館）等参照．

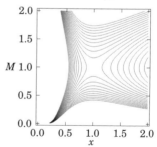

7.12 (1) $\zeta = be^{i\theta}$ とおき，写像関数（ジューコフスキ変換）に代入すると，

$$z = x + iy = be^{i\theta} + \frac{a^2}{be^{i\theta}} = be^{i\theta} + \frac{a^2}{b}e^{-i\theta}$$

$$= b(\cos\theta + i\sin\theta) + \frac{a^2}{b}(\cos\theta - i\sin\theta)$$

$$= \left(b + \frac{a^2}{b}\right)\cos\theta + i\left(b - \frac{a^2}{b}\right)\sin\theta$$

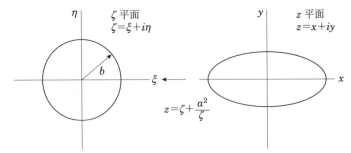

図 1

実数部と虚数部に分けると, $x = \left(b + \dfrac{a^2}{b}\right)\cos\theta,\; y = \left(b - \dfrac{a^2}{b}\right)\sin\theta$ ①

①から θ を消去すると,

$$\cos^2\theta + \sin^2\theta = \dfrac{x^2}{\left(b+\dfrac{a^2}{b}\right)^2} + \dfrac{y^2}{\left(b-\dfrac{a^2}{b}\right)^2} \equiv \dfrac{x^2}{A^2} + \dfrac{y^2}{B^2} = 1$$

なる楕円の式が得られる. ただし,

$$A \equiv b + \dfrac{a^2}{b}, \quad B = b - \dfrac{a^2}{b} \qquad ②$$

は楕円の長半径, 短半径を表す. この焦点は明らかに

$$\begin{cases} x = \pm\sqrt{A^2 - B^2} = \pm 2a \\ y = 0 \end{cases}$$

で与えられる.

(2) ζ 平面の原点中心, 半径 $b\,(>a)$ の円を K_1 とする. ジューコフスキ変換によって, z 平面に移ると, K_1 に対応して楕円 P_1 が得られる. その長半径 A, 短半径 B は②で与えられる. 簡単のために, $k = a/b\,(<1)$ とおくと,

$$A = \dfrac{1+k^2}{k}a, \quad B = \dfrac{1-k^2}{k}a$$

ζ 平面で円 K_1 を過ぎる一様流は

$$f = U\left(e^{-i\alpha}\zeta + \dfrac{a^2 e^{i\alpha}}{\zeta}\right) + i\kappa\log\zeta \qquad ③$$

($U\,(=U_\infty)$:一様流の流速, α:一様流 U が x 軸となす角)

なる複素ポテンシャルで表されるが, この f はまた, z 平面では楕円 P_1 を過ぎる一様流を表している (図 2). いま, 一様流が x 軸に平行 ($\alpha = 0$) で, 循環が 0 の場合を考える. ③で $\alpha = 0, \kappa = 0$ とすると, 流れの複素ポテンシャルは $f = U_\infty\left(\zeta + \dfrac{b^2}{\zeta}\right)$ となる.

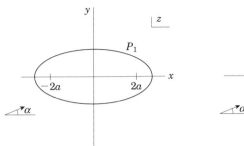
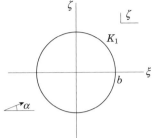

図 2

(3) ③より, $\dfrac{df}{dz} = \dfrac{df/d\zeta}{dz/d\zeta} = \dfrac{U_\infty(1-b^2/\zeta^2)}{1-a^2/\zeta^2}$

特に, P_1 の表面は (円 K_1 の表面に対応するから), $\zeta = be^{i\theta}$ で表される. したがって, 楕円表面の流速分布は θ をパラメータとして,

$$\begin{aligned}q &= \left|\dfrac{df}{dz}\right| = U_\infty\left|\dfrac{1-e^{-i2\theta}}{1-k^2 e^{-i2\theta}}\right| = U_\infty\left|\dfrac{e^{-i\theta}(e^{i\theta}-e^{-i\theta})}{1-k^2(\cos 2\theta - i\sin 2\theta)}\right| \\ &= U_\infty \dfrac{2\sin\theta}{\sqrt{(1-k^2\cos 2\theta)^2 + (k^2 \sin 2\theta)^2}} = \dfrac{2U_\infty \sin\theta}{\sqrt{1+k^4 - 2k^2\cos 2\theta}}\end{aligned}$$

$\theta = \pi/2$ とおくと, A 点の速度分布は $q_A = \dfrac{2U_\infty}{1+k^2}$ $(k=a/b)$ ④

A 点の圧力は, ベルヌーイの定理, ④より,

$$p_A = p_\infty + \dfrac{\rho}{2}U_\infty^2 - \dfrac{\rho}{2}q^2 = p_\infty + \dfrac{\rho}{2}U_\infty^2 - \dfrac{\rho}{2}\left(\dfrac{2U_\infty}{1+k^2}\right)^2$$

7.13 (1) 電荷を $q = \begin{cases} Ze: \text{イオン} \\ -e: \text{電子} \end{cases}$, 質量を $m = \begin{cases} m_i: \text{イオン} \\ m_e: \text{電子} \end{cases}$ とし,

$\boldsymbol{B} = [0,\ 0,\ B_z]$ とする.

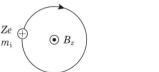

イオン (磁場に対し左ねじ方向)   電子 (磁場に対し右ねじ方向)

遠心力とローレンツ力の釣り合いより, イオン半径 r_i, 電子半径 r_e はそれぞれ

$$\dfrac{m_i v_y^2}{r_i} = Zev_y \times B_z, \quad r_i = \dfrac{m_i v_y}{ZeB_z}$$

$$r_e = \dfrac{m_e v_y}{eB_z} < r_i \quad (m_i > m_e) \quad \left(m_i \dfrac{d\boldsymbol{v}_i}{dt} = q\boldsymbol{v}_i \times \boldsymbol{B} \text{ を解いてもよい.}\right)$$

(2) 右図.

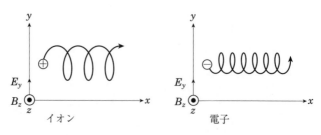

y 方向の半周期にイオンは電場により加速されて（エネルギーを得て）v_y が増加（r_i が増加）し，$-y$ 方向の半周期には減速されて（エネルギーを失って）v_y が減速される（r_i が減少する）．電子も同様．

(3) $\boldsymbol{E} = [0,\ E_y,\ 0]$ とすると，イオン，電子の運動方程式はそれぞれ

$$m_i \frac{d\boldsymbol{v}_i}{dt} = Ze(\boldsymbol{E} + \boldsymbol{v}_i \times \boldsymbol{B}), \quad m_e \frac{d\boldsymbol{v}_e}{dt} = -e(\boldsymbol{E} + \boldsymbol{v}_e \times \boldsymbol{B})$$

(4) イオン，電子を統一してかくと，

$$m\frac{d\boldsymbol{v}}{dt} = q(\boldsymbol{E} + \boldsymbol{v} \times \boldsymbol{B})$$

$$\begin{cases} m\dfrac{dv_x}{dt} = qE_x + q(v_y B_z - v_z B_x) = qB_z v_y \\ m\dfrac{dv_y}{dt} = qE_y + q(v_z B_x - v_x B_z) = -qB_z v_x + qE_y \end{cases}$$

$$\begin{cases} \ddot{v}_x = \pm\omega_c \dot{v}_y = \pm\omega_c \left(\mp\omega_c v_x + \dfrac{qE_y}{m}\right) \\ \qquad = -\omega_c^2 \left(v_x - \dfrac{E_y}{B_z}\right) \quad \left(\omega_c = \dfrac{|q|B}{m}\right) \\ \ddot{v}_y = \mp\omega_c \dot{v}_x = \mp\omega_c(\pm\omega_c v_y) = -\omega_c^2 v_y \end{cases}$$

$$\begin{cases} v_x = \dfrac{E_y}{B_z} + v_\perp e^{i\omega_c t} \\ v_y = \dfrac{1}{\pm\omega_c}\dot{v}_x = \pm\dfrac{1}{\omega_c}(i\omega_c v_\perp e^{i\omega_c t}) = \pm i v_\perp e^{i\omega_c t} \end{cases}$$

$v_y(0) = v_{y0}$ であるから，$v_{y0} = \pm i v_\perp$

∴ $\begin{cases} v_x = \dfrac{E_y}{B_z} + \dfrac{v_{y0}}{\pm i} e^{i\omega_c t} = \dfrac{E_y}{B_z} \mp i v_{y0} e^{i\omega_c t} \\ v_y = v_{y0} e^{i\omega_c t} \end{cases}$

∴ $\boldsymbol{v}_{id} = \left[\dfrac{E_y}{B_z},\ 0,\ 0\right], \quad \boldsymbol{v}_{ic} = [\mp i v_{y0} e^{i\omega_c t},\ v_{y0} e^{i\omega_c t},\ 0]$

$\boldsymbol{v}_{ed}$ も同様．

(5) 省略．

■第 8 編の解答

8.1 (1) ヘルムホルツの自由エネルギーを F とすると,

$$F = U - TS, \quad dF = dU - T\,dS - S\,dT \qquad ①$$

第一，第二法則より，$dU = d'Q - p\,dV = T\,dS - p\,dV$ ②
①に②を代入すると，$dF = T\,dS - p\,dV - T\,dS - S\,dT = -S\,dT - p\,dV$ ③
一方，F を V, T の関数とみると，$dF = \left(\dfrac{\partial F}{\partial T}\right)_V dT + \left(\dfrac{\partial F}{\partial V}\right)_T dV$ ④
③, ④を比較すると，

$$S = -\left(\frac{\partial F}{\partial T}\right)_V, \quad p = -\left(\frac{\partial F}{\partial V}\right)_T$$

$$\therefore \quad -\frac{\partial^2 F}{\partial V \partial T} = \left(\frac{\partial S}{\partial V}\right)_T = \left(\frac{\partial p}{\partial T}\right)_V \qquad ⑤$$

(2) 第一，第二法則より，$dU = d'Q + d'W = T\,dS - p\,dV$. したがって，

$$\left(\frac{\partial U}{\partial V}\right)_T = T\left(\frac{\partial S}{\partial V}\right)_T - p$$

マクスウェルの関係式⑤を右辺に代入すると，$\left(\dfrac{\partial U}{\partial V}\right)_T = T\left(\dfrac{\partial p}{\partial T}\right)_V - p$

(3) (Ⅰ)のファン・デル・ワールス気体の場合：(Ⅰ)より，$p = \dfrac{RT}{V-b} - \dfrac{a}{V^2}$, $U = -\dfrac{a}{V} + C_V T + const$ だから[注]，

$$Q_{AB} = a\left(\frac{1}{V_A} - \frac{1}{V_B}\right) + \int_A^B p\,dV = a\left(\frac{1}{V_A} - \frac{1}{V_B}\right) + \int_{V_A}^{V_B}\left(\frac{RT_2}{V-b} - \frac{a}{V^2}\right)dV$$

$$= a\left(\frac{1}{V_A} - \frac{1}{V_B}\right) + RT_2 \log\frac{V_B - b}{V_A - b} + a\left(\frac{1}{V_B} - \frac{1}{V_A}\right) = RT_2 \log\frac{V_B - b}{V_A - b} \qquad ⑥$$

$$Q_{CD} = a\left(\frac{1}{V_C} - \frac{1}{V_D}\right) + \int_C^D p\,dV = a\left(\frac{1}{V_C} - \frac{1}{V_D}\right) + \int_{V_C}^{V_D}\left(\frac{RT_1}{V-b} - \frac{a}{V^2}\right)dV$$

$$= a\left(\frac{1}{V_C} - \frac{1}{V_D}\right) + RT_1 \log\frac{V_D - b}{V_C - b} + a\left(\frac{1}{V_D} - \frac{1}{V_C}\right) = RT_1 \log\frac{V_D - b}{V_C - b} \qquad ⑦$$

(4) ファン・デル・ワールス気体の場合：

$$\frac{T_1}{T_2} = \left(\frac{V_B - b}{V_C - b}\right)^{\gamma - 1} \qquad ⑧$$

$$\frac{T_1}{T_2} = \left(\frac{V_A - b}{V_D - b}\right)^{\gamma - 1} \qquad ⑨$$

ただし，$\gamma - 1 = \dfrac{R}{C_V}$, または $\gamma - 1 = \dfrac{R/C_V}{1 - \dfrac{2a}{V^3}\dfrac{(V-b)^2}{RT}}$ （原島：熱力学・統計力学（培風館））．

[参考] 理想気体の場合：B → C は断熱 $(d'Q = 0)$ だから，$TV^{\gamma-1} = const$ より，

$$T_2 V_{\mathrm{B}}^{\gamma-1} = T_1 V_{\mathrm{C}}^{\gamma-1} \quad \therefore \quad \frac{T_1}{T_2} = \left(\frac{V_{\mathrm{B}}}{V_{\mathrm{C}}}\right)^{\gamma-1} \qquad \text{⑩}$$

同様にして，$T_1 V_{\mathrm{D}}^{\gamma-1} = T_2 V_{\mathrm{A}}^{\gamma-1} \quad \therefore \quad \dfrac{T_1}{T_2} = \left(\dfrac{V_{\mathrm{A}}}{V_{\mathrm{D}}}\right)^{\gamma-1}$ ⑪

(5) ファン・デル・ワールス気体の場合：⑧，⑨より，

$$\frac{V_{\mathrm{B}} - b}{V_{\mathrm{A}} - b} = \frac{V_{\mathrm{C}} - b}{V_{\mathrm{D}} - b}$$

$$\eta' = \frac{Q_{\mathrm{AB}} - |Q_{\mathrm{CD}}|}{Q_{\mathrm{AB}}} = 1 - \frac{|Q_{\mathrm{CD}}|}{Q_{\mathrm{AB}}} = 1 - \frac{\left|RT_1 \log \frac{V_{\mathrm{D}} - b}{V_{\mathrm{C}} - b}\right|}{RT_2 \log \frac{V_{\mathrm{B}} - b}{V_{\mathrm{A}} - b}}$$

$$= 1 - \frac{RT_1 \log \frac{V_{\mathrm{C}} - b}{V_{\mathrm{D}} - b}}{RT_2 \log \frac{V_{\mathrm{B}} - b}{V_{\mathrm{A}} - b}} = 1 - \frac{RT_1 \log \frac{V_{\mathrm{B}} - b}{V_{\mathrm{A}} - b}}{RT_2 \log \frac{V_{\mathrm{B}} - b}{V_{\mathrm{A}} - b}} = 1 - \frac{T_1}{T_2} = \eta$$

[参考] 理想気体の場合：⑧〜⑪より，

$$\frac{V_{\mathrm{B}}}{V_{\mathrm{C}}} = \frac{V_{\mathrm{A}}}{V_{\mathrm{D}}}, \quad \frac{V_{\mathrm{A}}}{V_{\mathrm{B}}} = \frac{V_{\mathrm{D}}}{V_{\mathrm{C}}}$$

$$\eta = \frac{Q_{\mathrm{AB}} - |Q_{\mathrm{CD}}|}{Q_{\mathrm{AB}}} = 1 - \frac{|Q_{\mathrm{CD}}|}{Q_{\mathrm{AB}}}$$

$$= 1 - \frac{\left|RT_1 \log \frac{V_{\mathrm{D}}}{V_{\mathrm{C}}}\right|}{RT_2 \log \frac{V_{\mathrm{B}}}{V_{\mathrm{A}}}} = 1 - \frac{RT_1 \log \frac{V_{\mathrm{C}}}{V_{\mathrm{D}}}}{RT_2 \log \frac{V_{\mathrm{B}}}{V_{\mathrm{A}}}} = 1 - \frac{T_1}{T_2} \frac{\log \frac{V_{\mathrm{B}}}{V_{\mathrm{A}}}}{\log \frac{V_{\mathrm{B}}}{V_{\mathrm{A}}}} = 1 - \frac{T_1}{T_2} < 1$$

[注] 第一＋第二法則より，$dU = d'Q - p\,dV = T\,dS - p\,dV$

これに $dU = \left(\dfrac{\partial U}{\partial T}\right)_V dT + \left(\dfrac{\partial U}{\partial V}\right)_T dV$ を代入すると，

$$dS = \frac{1}{T}\left(\frac{\partial U}{\partial T}\right)_V dT + \frac{1}{T}\left\{\left(\frac{\partial U}{\partial V}\right)_T + p\right\}dV$$

ここで，全微分を用いると，

$$\frac{\partial}{\partial V}\left\{\frac{1}{T}\left(\frac{\partial U}{\partial T}\right)_V\right\}_T = \frac{\partial}{\partial T}\left[\frac{1}{T}\left\{\left(\frac{\partial U}{\partial V}\right)_T + p\right\}\right]_V$$

$$\frac{1}{T}\frac{\partial^2 U}{\partial V \partial T} = -\frac{1}{T^2}\left(\frac{\partial U}{\partial V}\right)_T + \frac{1}{T}\frac{\partial^2 U}{\partial T \partial V} - \frac{p}{T^2} + \frac{1}{T}\left(\frac{\partial p}{\partial T}\right)_V$$

両辺に T^2 を掛けると，$\left(\dfrac{\partial U}{\partial V}\right)_T = T\left(\dfrac{\partial p}{\partial T}\right)_V - p$

これに $p = \dfrac{RT}{V-b} - \dfrac{a}{V^2}, \; \left(\dfrac{\partial p}{\partial T}\right)_V = \dfrac{R}{V-b}$ を用いると，$\left(\dfrac{\partial U}{\partial V}\right)_T = \dfrac{a}{V^2}$ ⑫

したがって，ファン・デル・ワールス気体（実在気体）では $\left(\dfrac{\partial U}{\partial V}\right)_T = 0$（ジュールの法則）は成り立たず，内部エネルギーは体積に依存する．⑫を積分すると，

$$U = -\frac{a}{V} + g(T), \quad C_V = \left(\frac{\partial U}{\partial T}\right)_V = g'(T) \quad \therefore \quad g(T) = C_V T + const$$

よって，$U = -\dfrac{a}{V} + C_V T + const$

8.2 (1) 第一法則より，$dU = d'Q - p\,dV$ ①

理想気体の内部エネルギー U は体積によらないから，$dU = C_V dT$ ②

②を①に代入すると，$C_V dT = d'Q - p\,dV$ ③

③を $d'Q = C_V dT + p\,dV = C_V dT + d(pV) - V\,dp$ と書き直し，状態方程式

$$pV = RT \qquad ④$$

を代入すると，$d'Q = (C_V + R)dT - V\,dp$ ⑤

⑤を定圧比熱の定義に代入すると，

$$C_p = \left(\dfrac{d'Q}{dT}\right)_{dp=0} = C_V + R \qquad \therefore\quad C_p - C_V = R \qquad ⑥$$

(2) 等温変化では $pV = $ 一定 となるが，断熱変化では以下のように $pV^\gamma = $ 一定 で，$\gamma > 1$ だから，断熱変化の方が，V を変えたときの p の変化が等温変化と比べ，急激になる．

図1 断熱線と等温線 　　図2

カルノーサイクルの p–V 図を図2に示す（逆カルノーサイクルが示すようにこのサイクルは可逆，準静的サイクル）．③に状態方程式④を代入し，断熱条件 $d'Q = 0$ を用いると，

$$C_V dT = -\dfrac{RT}{V}dV, \quad C_V \dfrac{dT}{T} + R\dfrac{dV}{V} = 0 \qquad ⑦$$

⑥を⑦に代入し，積分すると，$C_V \log T + (C_p - C_V)\log V = const$
C_V で割り，$C_p/C_V = \gamma$ と置くと，$\log T + (\gamma - 1)\log V = \log TV^{\gamma-1} = const$

④を用い，T を消去すると，$\dfrac{pV}{R}V^{\gamma-1} = \dfrac{pV^\gamma}{R} = const \quad \therefore\quad pV^{C_p/C_V} = $ 一定

(3) V_1 から V_2 $(>V_1)$ に膨張したとする．真空中に断熱膨張するのだから，仕事 W および熱 Q の出入りはない．すなわち，$d'W = 0, d'Q = 0$ だから，第一法則より，内部エネルギー U の変化も $dU = 0$．理想気体では，$dU = C_V dT$ だから，$dT = 0$．すなわち，この過程では膨張前後で温度が同一である．一方，この理想気体のエントロピー S は[注]，

$$S = C_V \log T + R \log V + S_0$$

と与えられるから，状態 (T, V_1) から状態 (T, V_2) への変化では，

$$\Delta S = S(T, V_2) - S(T, V_1) = R \log \dfrac{V_2}{V_1}$$

$V_2 > V_1$ だから，$\Delta S > 0$．ゆえに，この過程は不可逆過程である．

[注] エントロピー変化は，

$$dS = \frac{d'Q}{T} = \frac{dU + p\,dV}{T} = \frac{C_V dT}{T} + \frac{R\,dV}{V} \quad \therefore \quad S = C_V \log T + R \log V + S_0$$

(4) 与状態方程式より,

$$p = \frac{RT}{V-b} - \frac{a}{V^2} \qquad \text{⑧}$$

$$\left(\frac{\partial p}{\partial T}\right)_V = \frac{R}{V-b} \qquad \text{⑨}$$

一方, $dU = \left(\frac{\partial U}{\partial T}\right)_V dT + \left(\frac{\partial U}{\partial V}\right)_T dV$ ⑩

定積比熱 $C_V = \left(\frac{\partial Q}{\partial T}\right)_V = \left(\frac{\partial U}{\partial T}\right)_V$, 与式(III)を⑩に代入すると,

$$dU = C_V dT + \left\{T\left(\frac{\partial p}{\partial T}\right)_V - p\right\}dV$$

これに状態方程式⑧, ⑨を代入すると,

$$dU = C_V dT + \left(\frac{RT}{V-b} - \frac{RT}{V-b} + \frac{a}{V^2}\right)dV = C_V dT + \frac{a}{V^2}dV$$

これを積分すると, $U = C_V T - \frac{a}{V} + U_0$

真空中に断熱膨張させるとき, $U = const$ だから,

$$C_V T_4 - \frac{a}{V_4} = C_V T_5 - \frac{a}{V_5}, \quad T_5 - T_4 \equiv \Delta T = \frac{a}{C_V}\left(\frac{1}{V_5} - \frac{1}{V_4}\right)$$

となり, 体積変化により温度変化が生じる.

8.3 (1) 2つの相の境界層の両側では圧力も温度も等しいから, $dP = dT = 0$.
ギブスの自由エネルギー g の変化は, $dg = v\,dP - s\,dT = 0$
飽和液, 飽和蒸気の状態量を A, B で表すと, $g_A = g_B$, $dg_A = dg_B$ である. したがって,

$$v_A dP - s_A dT = v_B dP - s_B dT$$

これを変形すると, $v_B - v_A = (s_B - s_A)\dfrac{dP}{dT}$ ①

液体が蒸発するときのエントロピー変化は, $s_B - s_A = \dfrac{q_{AB}}{T}$ ②

①, ②より, $v_B - v_A = \dfrac{q_{AB}}{T}\dfrac{dT}{dP}$ $\quad \therefore \quad \dfrac{dP}{dT} = \dfrac{q_{AB}}{T(v_B - v_A)}$ ③

[別解] マクスウェルの関係式より, $\left(\dfrac{\partial S}{\partial V}\right)_T = \left(\dfrac{\partial P}{\partial T}\right)_V$. 温度を一定にし, 体積を v_A から, v_B まで積分すると, $\Delta s = s_B - s_A = \displaystyle\int_{v_A}^{v_B} \dfrac{dP}{dT}dv = (v_B - v_A)\dfrac{dP}{dT}$

$\Delta s = \dfrac{q_{AB}}{T}$ を用いると, $\dfrac{dP}{dT} = \dfrac{q_{AB}}{T(v_B - v_A)}$ ④

(2) ③または④において, 液体, 固体の体積を v_l, v_s とすると, 通常, $v_s \gg v_l$ だから,

$$\frac{dP}{dT} = \frac{q_{AB}}{T(v_l - v_s)} \cong -\frac{q_{AB}}{Tv_s} < 0$$

氷と水の平衡状態では，氷から水への変化に必要な潜熱（融解熱）$q_{AB} > 0$，融点 $T > 0$ であり，更に水の体積 v_l は氷の体積 v_s よりも小さく，$v_l - v_s < 0$ となるから，$\dfrac{dP}{dT} < 0$.

(3) 相図を右に示す．

(4) ③より，気体の体積を v_l とすると，通常，$v_g \ll v_l$，$v_g - v_l \approx v_g$ だから，

$$\frac{dP}{dT} = \frac{q}{T(v_g - v_l)} \approx \frac{q}{Tv_g} \qquad ⑤$$

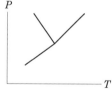

状態方程式から，

$$v_g = \frac{RT}{P} = \frac{8.3\,[\mathrm{J \cdot K^{-1} \cdot mol^{-1}}] \times 373\,[\mathrm{K}]}{1 \times 10^5\,[\mathrm{Pa}]} \qquad ⑥$$

⑤, ⑥より，

$$\frac{dP}{dT} = \frac{q}{Tv_g} = \frac{41 \times 10^3\,[\mathrm{J\ mol^{-1}}]}{373\,[\mathrm{K}] \times \dfrac{8.3\,[\mathrm{J \cdot K^{-1} \cdot mol^{-1}}] \times 373\,[\mathrm{K}]}{1 \times 10^5\,[\mathrm{Pa}]}}$$

$$= \frac{41 \times 10^3\,[\mathrm{J \cdot mol^{-1}}] \times 10^5\,[\mathrm{Pa}]}{8.3\,[\mathrm{J \cdot K^{-1} \cdot mol^{-1}}] \times (373)^2\,[\mathrm{K^2}]} \cong 3.6 \times 10^3 \cong 4 \times 10^3\,[\mathrm{Pa \cdot K^{-1}}]$$

8.4 (1) 理想気体，断熱自由膨張の場合，内部エネルギー変化はないので，

$$dU \propto dT = 0 \quad \therefore \quad \text{自由膨張後の温度}\ T = 300\,\mathrm{K}$$

(2) 等温的に V_1 から $V_1 + V_2$ に準静的に変化すると考えると，

$$dU = C_V dT = 0 = d'W + d'Q = -PdV + d'Q, \quad d'Q = PdV = \frac{nRT}{V}dV$$

だから，エントロピー増加は，

$$\Delta S = \int_1^2 \frac{nR}{V}dV = nR\log\frac{V_1+V_2}{V_1} = 1.0\,[\mathrm{mol}] \times 8.3\left[\frac{\mathrm{J}}{\mathrm{mol \cdot K}}\right]\log\frac{0.1+1}{0.1}$$

$$= 8.3\log_e 11 \cong 20\,[\mathrm{J/K}]$$

(3) $\left(P + \dfrac{an^2}{V^2}\right)(V - nb) = nRT$ より，

$$P = \frac{nRT}{V-nb} - \frac{an^2}{V^2} \qquad ①$$

$$\left(\frac{\partial P}{\partial T}\right)_V = \frac{nR}{V-nb} \qquad ②$$

第一法則より，

$$dU = d'Q - PdV = TdS - PdV = T\left(\frac{\partial S}{\partial T}\right)_V dT + T\left(\frac{\partial S}{\partial V}\right)_T dV - PdV$$

$$= T\left(\frac{\partial S}{\partial T}\right)_V dT + \left\{T\left(\frac{\partial S}{\partial V}\right)_T - P\right\}dV \quad \therefore \quad \left(\frac{\partial U}{\partial V}\right)_T = T\left(\frac{\partial S}{\partial V}\right)_T - P \qquad ③$$

ここで、マクスウェルの関係式 $\left(\dfrac{\partial S}{\partial V}\right)_T = \left(\dfrac{\partial P}{\partial T}\right)_V$ を用いると、③は、

$$\left(\dfrac{\partial U}{\partial V}\right)_T = T\left(\dfrac{\partial P}{\partial T}\right)_V - P = T\dfrac{nR}{V-nb} - \left(\dfrac{nRT}{V-nb} - \dfrac{an^2}{V^2}\right) = \dfrac{an^2}{V^2} \quad (\because \text{①, ②})$$

$$\therefore \quad \left(\dfrac{\partial T}{\partial V}\right)_U = -\left(\dfrac{\partial T}{\partial U}\right)_V \left(\dfrac{\partial U}{\partial V}\right)_T = -\dfrac{1}{\left(\dfrac{\partial U}{\partial T}\right)_V}\dfrac{n^2 a}{V^2} = -\dfrac{1}{C_V}\dfrac{n^2 a}{V^2}$$

(4) 第一法則より、ファン・デル・ワールス気体、断熱自由膨張の場合、

$$dU = \left(\dfrac{\partial U}{\partial T}\right)_V dT + \left(\dfrac{\partial U}{\partial T}\right)_T dV = nC_V dT + \dfrac{an^2}{V^2}dV$$
$$= nC_V dT + \dfrac{an^2}{V^2}dV = nC_V dT - an^2 d\left(\dfrac{1}{V}\right) = nC_V dT - an^2\left(\dfrac{1}{V_2} - \dfrac{1}{V_1}\right) = 0$$

$$\therefore \quad dT = \dfrac{an}{C_V}\left(\dfrac{1}{V_2} - \dfrac{1}{V_1}\right) = \dfrac{0.14\left[\dfrac{\text{Pa}\,\text{m}^6}{\text{mol}^2}\right] \times 1.0\,[\text{mol}]}{\dfrac{5}{2} \times 1.0\,[\text{mol}] \times 8.3\left[\dfrac{\text{J}}{\text{mol}\cdot\text{K}}\right]}\left(\dfrac{1}{1.0\,[\text{m}^3]} - \dfrac{1}{0.10\,[\text{m}^3]}\right)$$

$$= -0.06\,[\text{K/mol}]$$

8.5 (1) P–V ダイアグラムを図に示す。

(2) $A(P_2, V_1, T_2)$, $B(P_1, V_2, T_2)$, $C(P_1, V_1, T_1)$ とする。
CA : $V = V_1 = const,\ \dfrac{P_1 V_1}{T_1} = \dfrac{P_2 V_1}{T_2},\ \dfrac{T_2}{T_1} = \dfrac{P_2}{P_1}$,
$dU = C_V dT = \delta Q - P\,dV = \delta Q$ だから、
エントロピー変化は、

$$\Delta S_{\text{CA}} = \int_{\text{C}}^{\text{A}}\dfrac{\delta Q}{T} = \int_{\text{C}}^{\text{A}}\dfrac{C_V dT}{T} = C_V \log \dfrac{T_2}{T_1} = C_V \log\dfrac{P_2}{P_1}$$

AB : $T = T_2 = const,\ \dfrac{P_2 V_1}{T_2} = \dfrac{P_1 V_2}{T_2},\ \dfrac{V_2}{V_1} = \dfrac{P_2}{P_1}$, $dU = C_V dT = \delta Q - P\,dV,\ \delta Q = P\,dV = \dfrac{RT_2}{V}dV$ だから、

$$\Delta S_{\text{AB}} = \int_{\text{A}}^{\text{B}}\dfrac{RT_2}{T_2}\dfrac{dV}{V} = R\log\dfrac{V_2}{V_1} = R\log\dfrac{P_2}{P_1}$$

BC : $P = P_1 = const,\ \dfrac{P_1 V_2}{T_2} = \dfrac{P_1 V_1}{T_1},\ \dfrac{V_1}{V_2} = \dfrac{T_1}{T_2}$, $C_V dT = \delta Q - P_1 dV,\ \delta Q = C_V dT + P_1 dV$ だから、

$$\Delta S_{\text{BC}} = \int_{\text{B}}^{\text{C}}\dfrac{C_V dT + P_1 dV}{T} = C_V \log\dfrac{T_1}{T_2} + P_1 \int_{\text{B}}^{\text{C}}\dfrac{R}{P_1}\dfrac{dV}{V} = C_V \log\dfrac{T_1}{T_2} + R\log\dfrac{V_1}{V_2}$$
$$= C_V \log\dfrac{V_1}{V_2} + R\log\dfrac{V_1}{V_2} = (C_V + C_P - C_V)\log\dfrac{V_1}{V_2} = C_P \log\dfrac{V_1}{V_2} = C_P \log\dfrac{P_1}{P_2}$$

(3) 一巡エントロピー変化は、

$$\Delta S = C_V \log \frac{P_2}{P_1} + R \log \frac{P_2}{P_1} + C_P \log \frac{P_1}{P_2} = C_V \log \frac{P_2}{P_1} + R \log \frac{P_2}{P_1} - C_P \log \frac{P_2}{P_1}$$
$$= (C_V + C_P - C_V - C_P) \log \frac{P_2}{P_1} = 0$$

よって，エントロピーに変化がない．

(4) 一般に 2 つの独立変数 y, z の関数 x があるとき，次の全微分の式が成り立つ．

$$dx = K\, dy + L\, dz \qquad ①$$

ただし，$K = \left(\dfrac{\partial x}{\partial y}\right)_z, L = \left(\dfrac{\partial x}{\partial z}\right)_y$

また，一般に $\left[\dfrac{\partial}{\partial z}\left(\dfrac{\partial x}{\partial y}\right)_z\right]_y = \left[\dfrac{\partial}{\partial y}\left(\dfrac{\partial x}{\partial z}\right)_y\right]_z \qquad ②$

すなわち，$\left(\dfrac{\partial K}{\partial z}\right)_y = \left(\dfrac{\partial L}{\partial y}\right)_z$

一方，ヘルムホルツの自由エネルギー F は，

$$F = U - TS$$
$$dF = dU - T\, dS - S\, dT = T\, dS - P\, dV - T\, dS - S\, dT = -P\, dV - S\, dT \qquad ③$$

ただし，第一法則 $dU = \delta Q - P\, dV = T\, dS - P\, dV$ を用いた．③は①と同形だから，③に②を適用すれば，

$$\left(\frac{\partial P}{\partial T}\right)_V = \left(\frac{\partial S}{\partial V}\right)_T \qquad ④$$

(5) $\quad dS = \left(\dfrac{\partial S}{\partial T}\right)_V dT + \left(\dfrac{\partial S}{\partial V}\right)_T dV \qquad ⑤$

ここで，$C_V' = \left(\dfrac{\partial Q}{\partial T}\right)_V = T\left(\dfrac{\partial S}{\partial T}\right)_V \qquad ⑥$

⑥と④を⑤に代入すると，$dS = \dfrac{C_V'}{T} dT + \left(\dfrac{\partial P}{\partial T}\right)_V dV \qquad ⑦$

(6) 与式より，

$$P = \frac{RT}{V - B}, \quad \left(\frac{\partial P}{\partial T}\right)_V = \frac{R}{V - B} \qquad ⑧$$
$$C_V' = a + bT + cT^2 \qquad ⑨$$

⑦に⑧，⑨を代入し，$T_1, V_1 \to T_2, V_2$ に変化させると，

$$dS = \frac{a + bT + cT^2}{T} dT + \frac{R}{V - B} dV$$

エントロピー変化量 ΔS は，

$$\Delta S = \int_{T_1}^{T_2} \frac{a + bT + cT^2}{T} dT + R \int_{V_1}^{V_2} \frac{1}{V - B} dV$$

$$= \int_{T_1}^{T_2} \left(\frac{a}{T} + b + cT \right) dT + R \left[\log(V - B) \right]_{V_1}^{V_2}$$

$$= a \log \frac{T_2}{T_1} + b(T_2 - T_1) + \frac{c}{2}(T_2^2 - T_1^2) + R \log \frac{V_2 - B}{V_1 - B}$$

8.6 (1) 本問はスターリング・サイクルの問題である.この p–V 線図, T–S 線図を図1に示す.

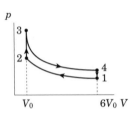
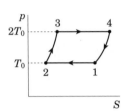

図1 スターリングサイクル(左図:2→3 等積加熱, 3→4 等熱膨張, 4→1 等積冷却, 1→2 等温圧縮;右図:2→3 等積加熱, 3→4 等温膨張, 4→1 等積冷却, 1→2 等温圧縮)

(2) $1 \to 2$ は等温だから,状態方程式を用いて,

$$Q_{12} = \int_{6V_0}^{V_0} p\, dV = \int_{6V_0}^{V_0} \frac{mRT_0}{V} dV = mRT_0 \left[\log V \right]_{6V_0}^{V_0} = -mRT_0 \log 6 \quad \text{①}$$

$2 \to 3$ は等積だから,$mc_V = \left(\dfrac{d'Q}{dT} \right)_V$ を用いて,

$$Q_{23} = mc_V \int_{T_0}^{2T_0} dT = mc_V(2T_0 - T_0) = mc_V T_0 \quad \text{②}$$

$3 \to 4$ は等温だから,

$$Q_{34} = \int_{V_0}^{6V_0} p\, dV = \int_{V_0}^{6V_0} \frac{mR(2T_0)}{V} dV = 2mRT_0 \left[\log V \right]_{V_0}^{6V_0} = 2mRT_0 \log 6 \quad \text{③}$$

$4 \to 1$ は等積だから,

$$Q_{41} = mc_V \int_{2T_0}^{T_0} dT = mc_V(T_0 - 2T_0) = -mc_V T_0 \quad \text{④}$$

エントロピーの定義より,状態方程式を用いて,

$$\Delta S_{12} = \int_1^2 \frac{dQ_{12}}{T} = \int_1^2 \frac{p\, dV}{T} = \int_{6V_0}^{V_0} \frac{mRT}{TV} dV = mR \int_{6V_0}^{V_0} \frac{1}{V} dV = -mR \log 6$$

$$\Delta S_{23} = \int_2^3 \frac{dQ_{23}}{T} = \int_2^3 \frac{mc_V dT}{T} = mc_V \int_{T_0}^{2T_0} \frac{1}{T} dT = mc_V \left[\log T \right]_{T_0}^{2T_0} = mc_V \log 2$$

$$\Delta S_{34} = \int_3^4 \frac{dQ_{34}}{T} = \int_3^4 \frac{p\, dV}{T} = \int_{V_0}^{6V_0} \frac{mRT}{TV} dV = mR \int_{V_0}^{6V_0} \frac{1}{V} dV = mR \log 6$$

$$\Delta S_{41} = \int_4^1 \frac{dQ_{41}}{T} = \int_4^1 \frac{mc_V dT}{T} = mc_V \int_{2T_0}^{T_0} \frac{1}{T} dT = mc_V \left[\log T\right]_{2T_0}^{T_0} = -mc_V \log 2$$

(3) 仕事は，①〜④より，$W = Q_{12} + Q_{23} + Q_{34} + Q_{41} = mRT_0 = mRT_0 \log 6$

熱効率は，$\eta = \dfrac{Q_{34} - |Q_{12}|}{Q_{34}} = 1 - \dfrac{|Q_{12}|}{Q_{34}} = 1 - \dfrac{mRT_0 \log 6}{2mRT_0 \log 6} = 1 - \dfrac{1}{2} = \dfrac{1}{2}$

［別解］ $\eta = \dfrac{W}{Q_{34}} = \dfrac{mRT_0 \log 6}{2mRT_0 \log 6} = \dfrac{1}{2}$

(4) $2 \to 3'$ は等圧だから，

$$Q_{23'} = mc_P \int_{T_0}^{2T_0} dT = mc_P(2T_0 - T_0)$$
$$= mc_P T_0 = m(c_V + R)T_0$$

ただし，マイヤーの関係 $c_P - c_V = R$ を用いた．不足熱量は，

$$Q' = Q_{23'} + Q_{41} = mT_0(c_V + R) - mc_V T_0 = mT_0 R$$

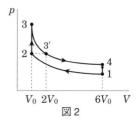

図 2

(5) 状態方程式より，

$$\frac{T_0}{V_0} = \frac{2T_0}{V_{3'}}, \quad V_{3'} = 2V_0$$

$$Q_{3'4} = \int_{2V_0}^{6V_0} p\, dV = \int_{2V_0}^{6V_0} \frac{mR(2T_0)}{V} dV = 2mRT_0 \log 3 = mRT_0 \log 9$$

$W' = Q_{12} + Q_{23'} + Q_{3'4} + Q_{41}$
$\quad = -mRT_0 \log 6 + mT_0(c_V + R) + mRT_0 \log 9 - mc_V T_0 = mRT_0 + mRT_0 \log \dfrac{3}{2}$

$$\eta' = \frac{W'}{Q' + Q_{3'4}} = \frac{mRT_0 + mRT_0 \log \dfrac{3}{2}}{mRT_0 + mRT_0 \log 9} = \frac{1 + \log \dfrac{3}{2}}{1 + \log 9}$$

8.7 (1) 本問はディーゼルサイクルの問題で，その p–V 線図は右図のようになる．

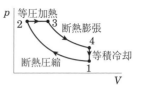

$$\left.\begin{array}{l} \text{圧縮比 } \varepsilon = V_1/V_2, \\ \text{温度比 } \tau = T_3/T_1, \\ \text{比熱比 } C_p/C_V = \kappa \end{array}\right\} \qquad ①$$

とする．状態 1〜2 は断熱圧縮 ($pV^\kappa = const, TV^{\kappa-1} = const$) だから，

$$T_2 V_2^{\kappa-1} = T_1 V_1^{\kappa-1} \qquad \therefore \quad T_2 = \left(\frac{V_1}{V_2}\right)^{\kappa-1} T_1 = \varepsilon^{\kappa-1} T_1 \qquad ②$$

(2) 状態 2〜3 は等圧過程（$dp = 0$）だから，状態方程式 $pV = RT$ を用いて，

$$\frac{T_3}{V_3} = \frac{T_2}{V_2}, \quad V_3 = \frac{T_3}{T_2} V_2 \qquad ③$$

ここで，①，②より，$\dfrac{T_3}{T_2} = \dfrac{\tau T_1}{\varepsilon^{\kappa-1} T_1} = \dfrac{\tau}{\varepsilon^{\kappa-1}}, \quad V_2 = \dfrac{V_1}{\varepsilon}$ ④

④を③に代入すると，$V_3 = \dfrac{\tau}{\varepsilon^{\kappa-1}} \dfrac{V_1}{\varepsilon} = \dfrac{\tau}{\varepsilon^{\kappa}} V_1$ ⑤

(3) 状態 3〜4 は断熱過程だから，(2)と同様に，

$$T_4 = \left(\dfrac{V_3}{V_4}\right)^{\kappa-1} T_3 = \left(\dfrac{V_3}{V_1}\right)^{\kappa-1} T_3 = \left(\dfrac{\tau}{\varepsilon^{\kappa}}\right)^{\kappa-1} \tau T_1 = \dfrac{\tau^{\kappa}}{\varepsilon^{\kappa(\kappa-1)}} T_1 \quad ⑥$$

ただし，4〜1 が等積過程（$dV = 0$）であること，⑤を用いた．

(4) 比熱比 $C_p/C_V = \kappa$ とマイヤーの関係（$C_p - C_V = R$）より，

$$C_V \kappa - C_V = R, \quad C_V = \dfrac{R}{\kappa - 1} \quad ⑦$$

$$C_p = \kappa C_V = \kappa \dfrac{R}{\kappa - 1} \quad ⑧$$

2〜3 が等圧であること，⑧，②，①を用いると，

$$Q_{23} = C_p(T_3 - T_2) = \dfrac{\kappa R}{\kappa - 1}(\tau T_1 - \varepsilon^{\kappa-1} T_1) = \dfrac{\kappa R}{\kappa - 1}(\tau - \varepsilon^{\kappa-1}) T_1$$

4〜1 が等積であること，⑦，⑥を用いると，

$$Q_{41} = C_V(T_1 - T_4) = \dfrac{R}{\kappa - 1}\left(T_1 - \dfrac{\tau^{\kappa}}{\varepsilon^{\kappa(\kappa-1)}} T_1\right) = \dfrac{R}{\kappa - 1}\left(1 - \dfrac{\tau^{\kappa}}{\varepsilon^{\kappa(\kappa-1)}}\right) T_1$$

(5) 2〜3 のエントロピー（$dS = \delta Q/T$）変化は，④を用いると，

$$\Delta S_{23} = \int_{T_2}^{T_3} \dfrac{C_p}{T} dT = \dfrac{\kappa R}{\kappa - 1} \log \dfrac{T_3}{T_2} = \dfrac{\kappa R}{\kappa - 1} \log \dfrac{\tau}{\varepsilon^{\kappa-1}}$$

(6) $pV^n = const$，⑤，①を用いると，

$$T_{4'} V_4^{n-1} = T_3 V_3^{n-1}, \quad T_{4'} = \left(\dfrac{V_3}{V_4}\right)^{n-1} T_3 = \left(\dfrac{\tau}{\varepsilon^{\kappa}}\right)^{n-1} \tau T_1 = \dfrac{\tau^n}{\varepsilon^{\kappa(n-1)}} T_1 \quad ⑨$$

(7) $TV^{n-1} = const$ の両辺を微分すると，

$$V^{n-1} dT + T(n-1)V^{n-2} dV = V^{n-2}\{V\, dT + T(n-1) dV\} = 0$$

状態方程式 $pV = RT, T = pV/R$ を代入すると，

$$V\, dT + \dfrac{pV}{R}(n-1) dV = 0, \quad V\{R\, dT + p(n-1) dV\} = 0, \quad p\, dV = -\dfrac{R}{n-1} dT \quad ⑩$$

①，⑨を用いると，3〜4′の仕事は，

$$W_{34'} = \int_{V_3}^{V_{4'}} p\, dV = \int_{T_3}^{T_{4'}} \left(-\dfrac{R}{n-1} dT\right) = \dfrac{R}{n-1}(T_3 - T_{4'})$$

$$= \dfrac{R}{n-1}\left(\tau T_1 - \dfrac{\tau^n}{\varepsilon^{\kappa(n-1)}} T_1\right) = \dfrac{R\tau}{n-1}\left\{1 - \left(\dfrac{\tau}{\varepsilon^{\kappa}}\right)^{n-1}\right\} T_1$$

(8) 第一法則（$dU = \delta Q + \delta W$），⑩，⑦より，

$$dQ_{34'} = C_V dT + p\,dV = C_V dT - \frac{R}{n-1}dT = \left(C_V - \frac{R}{n-1}\right)dT$$
$$= \left(\frac{R}{\kappa-1} - \frac{R}{n-1}\right)dT = \frac{R(n-\kappa)}{(\kappa-1)(n-1)}dT$$

3～4′ のエントロピー変化は，

$$\Delta S_{34'} = \int_{T_3}^{T_{4'}} \frac{dQ_{34'}}{T}dT = \int_{T_3}^{T_{4'}} \frac{1}{T}\frac{R(n-\kappa)}{(\kappa-1)(n-1)}dT = \frac{R(n-\kappa)}{(\kappa-1)(n-1)}\log\frac{T_{4'}}{T_3}$$
$$= \frac{R(n-\kappa)}{(\kappa-1)(n-1)}\log\left(\frac{\tau}{\varepsilon^\kappa}\right)^{n-1} = \frac{R(n-\kappa)}{\kappa-1}\log\frac{\tau}{\varepsilon^\kappa}$$

ただし，⑨の $\dfrac{T_{4'}}{T_3} = \left(\dfrac{\tau}{\varepsilon^\kappa}\right)^{n-1}$ を用いた．

8.8 (1) 臨界点 (p_c, V_c, T_c) を定める条件式は，与えられた状態方程式

$$p + \frac{a}{V_m^2} = \frac{RT}{V_m - b}, \quad p = \frac{RT}{V_m - b} - \frac{a}{V_m^2} \qquad ①$$

極値条件式

$$\left(\frac{\partial p}{\partial V_m}\right)_T = 0 \qquad ②$$

$$\left(\frac{\partial^2 p}{\partial V_m^2}\right)_T = 0 \qquad ③$$

の 3 式である．

(2) ①より，

$$\left(\frac{\partial p}{\partial V_m}\right)_T = RT(-1)(V_m - b)^{-2} - a(-2)V_m^{-3} = \frac{-RT}{(V_m - b)^2} + \frac{2a}{V_m^3} \qquad ④$$

$$\left(\frac{\partial^2 p}{\partial V_m^2}\right)_T = -RT(-2)(V_m - b)^{-3} + 2a(-3)V_m^{-4}$$
$$= \frac{2RT}{(V_m - b)^3} - \frac{6a}{V_m^4} \qquad ⑤$$

②，④より，$\dfrac{RT}{(V_m - b)^2} = \dfrac{2a}{V_m^3}$ ⑥

③，⑤より，$\dfrac{2RT}{(V_m - b)^3} = \dfrac{6a}{V_m^4}$, $\dfrac{RT}{(V_m - b)^3} = \dfrac{3a}{V_m^4}$ ⑦

⑥/⑦より，$V_m - b = \dfrac{2a}{V_m^3} \cdot \dfrac{V_m^4}{3a} = \dfrac{2V_m}{3}$ ∴ $V_m = 3b$ ⑧

これを⑥に代入すると，$\dfrac{RT}{(3b - b)^2} = \dfrac{2a}{(3b)^3}$ ∴ $RT = \dfrac{8a}{27b}$ ⑨

⑧，⑨を①に代入すると，$p = \dfrac{8a/27b}{3b - b} - \dfrac{a}{(3b)^2} = \dfrac{a}{27b^2}$ ⑩

⑧〜⑩が臨界点を決める p, V_m, T の値であるから，

$$p_\mathrm{c} = \frac{a}{27b^2}, \quad V_\mathrm{c} = 3b, \quad T_\mathrm{c} = \frac{8a}{27Rb} \qquad ⑪$$

(3) 与式(ⅰ)より,

$$pV_\mathrm{m}\left(1 + \frac{a}{pV_\mathrm{m}^2}\right)\left(1 - \frac{b}{V_\mathrm{m}}\right) = RT$$

$$\therefore\ pV_\mathrm{m} = RT\left(1 + \frac{a}{pV_\mathrm{m}^2}\right)^{-1}\left(1 - \frac{b}{V_\mathrm{m}}\right)^{-1}$$

$$\fallingdotseq RT\left(1 - \frac{a}{pV_\mathrm{m}^2} + \cdots\right)\left(1 + \frac{b}{V_\mathrm{m}} + \cdots\right)$$

$$\fallingdotseq RT\left(1 + \frac{b}{V_\mathrm{m}} - \frac{a}{pV_\mathrm{m}^2} - \frac{ab}{pV_\mathrm{m}^3} + \cdots\right)$$

$$\therefore\ Z = \frac{pV_\mathrm{m}}{RT} = 1 + \frac{b}{V_\mathrm{m}} - \frac{a}{pV_\mathrm{m}^2} - \frac{ab}{pV_\mathrm{m}^3} + \cdots \qquad ⑫$$

(4) 臨界点における圧縮因子は, ⑪を⑫に代入して

$$Z = \frac{p_\mathrm{c}V_\mathrm{c}}{RT_\mathrm{c}} = \frac{(a/27b^2)\cdot 3b}{R\cdot(8a/27Rb)} = \frac{3}{8}$$

(5) 与式(ⅲ)より, $p = p_\mathrm{c}p_\mathrm{r}$, $V_\mathrm{m} = V_\mathrm{c}V_\mathrm{r}$, $T = T_\mathrm{c}T_\mathrm{r}$

これを①に代入すると, $p_\mathrm{c}p_\mathrm{r} = \dfrac{RT_\mathrm{c}T_\mathrm{r}}{V_\mathrm{c}V_\mathrm{r} - b} - \dfrac{a}{(V_\mathrm{c}V_\mathrm{r})^2}$

p_c で割ると, $p_\mathrm{r} = \dfrac{RT_\mathrm{c}T_\mathrm{r}}{p_\mathrm{c}(V_\mathrm{c}V_\mathrm{r} - b)} - \dfrac{a}{p_\mathrm{c}(V_\mathrm{c}V_\mathrm{r})^2}$ ⑬

⑬に⑪の値を代入すると, 対臨界値を用いた状態方程式は

$$p_\mathrm{r} = \frac{R\cdot\dfrac{8a}{27Rb}\cdot T_\mathrm{r}}{\dfrac{a}{27b^2}(3bV_\mathrm{r} - b)} - \frac{a}{\dfrac{a}{27b^2}(3bT_\mathrm{r})^2} = \frac{8T_\mathrm{r}}{3V_\mathrm{r} - 1} - \frac{3}{V_\mathrm{r}^2}$$

$$\therefore\ \left(p_\mathrm{r} + \frac{3}{V_\mathrm{r}^2}\right)(3V_\mathrm{r} - 1) = 8T_\mathrm{r}$$

8.9 (1) $1 \to 2$：準静的断熱変化（$d'Q = 0$）

$2 \to 3$：準静的定積変化（$dV = 0$）

$3 \to 4$：準静的断熱変化（$d'Q = 0$）

$4 \to 1$：準静的定積変化（$dV = 0$）

(2) $3 \to 4$ は断熱変化だから, 公式より, $T_3 V_3^{\gamma-1} = T_4 V_4^{\gamma-1}$

$$\therefore\ T_3 = \left(\frac{V_4}{V_3}\right)^{\gamma-1} T_4 = \left(\frac{V_1}{V_2}\right)^{\gamma-1} T_4 = \varepsilon^{\gamma-1} T_4 \qquad ①$$

$V_2 = V_3$ だから, 理想気体の状態方程式 $PV = MRT$ より, $\dfrac{MRT_2}{P_2} = \dfrac{MRT_3}{P_3}$

$$\therefore\ T_2 = \frac{P_2}{P_3}T_3 = \xi^{-1}T_3 = \xi^{-1}\varepsilon^{\gamma-1}T_4 \quad (\because\ ①) \qquad ②$$

同様に，$1 \to 2$ は断熱変化だから，$T_1 V_1^{\gamma-1} = T_2 V_2^{\gamma-1}$

$\therefore\ T_1 = \left(\dfrac{V_2}{V_1}\right)^{\gamma-1} T_2 = \varepsilon^{-\gamma+1} T_2 = \varepsilon^{-\gamma+1} \xi^{-1} \varepsilon^{\gamma-1} T_4 = \xi^{-1} T_4$ ③

(3) $2 \to 3$ で系が吸収する熱量を Q_{23}，$4 \to 1$ で系が放出する熱量を Q_{41} とすると，理論熱効率は，C_V を定積比熱とすると，

$$\eta = 1 - \dfrac{Q_{41}}{Q_{23}} = 1 - \dfrac{MC_V(T_4 - T_1)}{MC_V(T_3 - T_1)} = 1 - \dfrac{T_4 - T_1}{T_3 - T_2}$$

$$= 1 - \dfrac{T_4 - \xi^{-1} T_4}{\varepsilon^{\gamma-1} T_4 - \xi^{-1} \varepsilon^{\gamma-1} T_4} = 1 - \dfrac{1 - \xi^{-1}}{\varepsilon^{\gamma-1}(1 - \xi^{-1})} \quad (\because\ ①\sim③)$$

$$= 1 - \dfrac{1}{\varepsilon^{\gamma-1}}$$

(4) 平均有効圧力 P_m は $P_m = \dfrac{\text{系がなした仕事率}}{\text{行程容積}}$ で定義されるから（谷下著「大学演習工業熱力学」（裳華房）参照），

$$P_m = \dfrac{MC_V(T_3 - T_2) - MC_V(T_4 - T_1)}{V_1 - V_2}$$

$$= \dfrac{MC_V\{(\varepsilon^{\gamma-1} T_4 - \xi^{-1} \varepsilon^{\gamma-1} T_4) - (T_4 - \xi^{-1} T_4)\}}{V_4 - V_3} \quad (\because\ ①\sim③)$$

$$= \dfrac{MC_V T_4 \{\varepsilon^{\gamma-1}(1 - \xi^{-1}) - (1 - \xi^{-1})\}}{V_4 - \varepsilon^{-1} V_4} \quad \left(\because\ \varepsilon = \dfrac{V_1}{V_2} = \dfrac{V_4}{V_3}\right)$$

$$= \dfrac{MC_V T_4 (1 - \xi^{-1})(\varepsilon^{\gamma-1} - 1)}{V_4(1 - \varepsilon^{-1})}$$

$$= \dfrac{C_V P_4 (1 - \xi^{-1})(\varepsilon^{\gamma-1} - 1)}{R(1 - \varepsilon^{-1})} \quad (\because\ P_4 V_4 = MRT_4)$$

$$= \dfrac{C_V P_4 (1 - \xi^{-1})(\varepsilon^{\gamma-1} - 1)}{(C_p - C_V)(1 - \varepsilon^{-1})} \quad \left(\begin{array}{l} \because\ \text{マイヤーの式}\ C_p - C_V = R, \\ \qquad\qquad\qquad C_p\ \text{は定圧比熱} \end{array}\right)$$

$$= \dfrac{P_4 (1 - \xi^{-1})(\varepsilon^{\gamma-1} - 1)}{(\gamma - 1)(1 - \varepsilon^{-1})} \quad (\because\ \gamma = C_p/C_V)$$

(5) T–S 線図は，右の図のようになる．

(6) 熱力学第 1 法則

$$dU = -PdV + d'Q$$

より，

$$dU = -PdV + TdS \qquad ④$$

④に状態方程式と，$dU = C_V dT$ を用いると，

$$dS = \dfrac{dU}{T} + \dfrac{PdV}{T}$$

$$= \dfrac{MC_V dT}{T} + \dfrac{MRdV}{V} \qquad ⑤$$

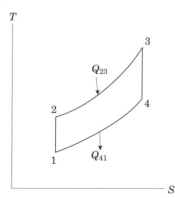

$2 \to 3$ では定積変化 ($dV = 0$) だから, ⑤は

$$dS = \frac{MC_V}{T}dT$$

$2 \to 3$ で積分すると,

$$\int_2^3 dS = S_3 - S_2 = MC_V \int_2^3 \frac{dT}{T} = MC_V \log \frac{T_3}{T_2}$$

空気では $C_V = 5R/2$ だから [注],

$$S_2 = S_3 - \frac{5}{2}RM \log \frac{\varepsilon^{\gamma-1}T_4}{\xi^{-1}\varepsilon^{\gamma-1}T_4} = S_2 - \frac{5}{2}RM \log \xi \qquad ⑥$$

他方, $1 \to 2, 3 \to 4$ は断熱変化 ($d'Q = 0$) だから, $S_1 = S_2, S_3 = S_4$ となり,

$$\begin{cases} S_1 = S_2 = S_4 - \dfrac{5}{2}RM \log \xi \quad (\because \ ⑥) \\ S_3 = S_4 \end{cases}$$

[注] x, y, z, θ, ϕ 方向の 5 個の自由度を考えると,

$$U = N \cdot 5 \cdot \frac{1}{2}kT = \frac{5}{2}NkT = \frac{5}{2}RT \quad (N:分子数), \quad C_V = \left(\frac{\partial U}{\partial T}\right)_V = \frac{5}{2}R$$

8.10 (1) エンタルピー, エントロピーの定義より, それぞれ

$$H = U + PV \qquad ①$$

$$dS = \frac{d'Q}{T} \qquad ②$$

熱力学第 1 法則より,

$$dU = d'W + d'Q = -PdV + TdS \qquad ③$$

①の微分より, $dH = dU + PdV + VdP \qquad ④$

④に③を代入すると,

$$dH = -PdV + TdS + PdV + VdP = TdS + VdP$$

$$\therefore \quad dS = \frac{1}{T}(dH - VdP) \qquad ⑤$$

(2) ⑤より,

$$\left(\frac{\partial S}{\partial T}\right)_P = \frac{1}{T}\left(\frac{\partial H}{\partial T}\right)_P \qquad ⑥$$

$$\left(\frac{\partial S}{\partial P}\right)_T = \frac{1}{T}\left(\frac{\partial H}{\partial P}\right)_T - \frac{V}{T} \qquad ⑦$$

⑥, ⑦より, それぞれ

$$\frac{\partial^2 S}{\partial T \partial P} = \frac{1}{T}\frac{\partial^2 H}{\partial T \partial P} \qquad ⑥'$$

$$\frac{\partial^2 S}{\partial P \partial T} = -\frac{1}{T^2}\left(\frac{\partial H}{\partial P}\right)_T + \frac{1}{T}\frac{\partial^2 H}{\partial P \partial T} + \frac{1}{T^2}V - \frac{1}{T}\left(\frac{\partial V}{\partial T}\right)_P \qquad \text{⑦}'$$

与式より，⑥$'$ = ⑦$'$ であるから，$\left(\dfrac{\partial H}{\partial P}\right)_T = V - T\left(\dfrac{\partial V}{\partial T}\right)_P$ ⑧

[別解] ⑤より，$TdS = dH - VdP$ $\therefore$ $T\left(\dfrac{\partial S}{\partial P}\right)_T = \left(\dfrac{\partial H}{\partial P}\right)_T - V$

(3) $H \neq H(P)$ のとき，⑧より，$0 = V - T\left(\dfrac{\partial V}{\partial T}\right)_P$ ⑨

ここで，$V = V_1 V_2(P)$ とおき，⑨に代入すると，

$$\frac{V_1 V_2(P)}{T} = V_2(P)\frac{\partial V_1}{\partial T}, \quad \frac{dT}{T} = \frac{dV_1}{V_1}$$

$$\log T + K_1 = \log V_1, \quad \log \frac{V_1}{T} = K_1, \quad \frac{V_1}{T} = e^{K_1} \equiv K_2$$

$\therefore$ $V = K_2 T V_2(P) \equiv f(P)T$ （K_1, K_2：定数） ⑩

(4) ②，⑤より，

$$d'Q = dH - VdP \qquad \text{⑪}$$

T と P を独立変数とすると，

$$\begin{aligned}
d'Q &= \left(\frac{\partial H}{\partial T}\right)_P dT + \left(\frac{\partial H}{\partial P}\right)_T dP - VdP \\
&= \left(\frac{\partial H}{\partial T}\right)_P dT + \left\{\left(\frac{\partial H}{\partial P}\right)_T - V\right\} dP \\
&= C_p dT + \left\{\left(\frac{dH}{\partial P}\right)_T - V\right\} dP
\end{aligned} \qquad \text{⑫}$$

ただし，⑪より，$C_p = \left(\dfrac{\partial'Q}{\partial T}\right)_P = \left(\dfrac{\partial H}{\partial T}\right)_P$ を用いた．

改めて，T と V を独立変数とすると，$dP = \left(\dfrac{\partial P}{\partial T}\right)_V dT + \left(\dfrac{\partial P}{\partial V}\right)_T dV$ ⑬

⑬を⑫に代入すると，

$$\begin{aligned}
d'Q &= C_p dT + \left\{\left(\frac{\partial H}{\partial P}\right)_T - V\right\}\left\{\left(\frac{\partial P}{\partial T}\right)_V dT + \left(\frac{\partial P}{\partial V}\right)_T dV\right\} \\
&= \left[C_p + \left\{\left(\frac{\partial H}{\partial P}\right)_T - V\right\}\left(\frac{\partial P}{\partial T}\right)_V\right] dT + \left\{\left(\frac{\partial H}{\partial P}\right)_T - V\right\}\left(\frac{\partial P}{\partial V}\right)_T dV
\end{aligned} \qquad \text{⑭}$$

ここで，$dV = 0$ としたとき，$(d'Q/dT)_V = C_V$ であるから，

$$C_V = C_p - \left\{V - \left(\frac{\partial H}{\partial P}\right)_T\right\}\left(\frac{\partial P}{\partial T}\right)_V$$

$\therefore$ $C_p - C_V = \left(\dfrac{\partial P}{\partial T}\right)_V \left\{V - \left(\dfrac{\partial H}{\partial P}\right)_T\right\}$ ⑮

(5) $H \neq H(P)$ のとき，⑮より，$C_p - C_V = V\left(\dfrac{dP}{\partial T}\right)_V$ ⑯

与式 $P = g\left(\dfrac{V}{T}\right)$ を⑯に代入すると，

$$C_p - C_V = V\left\{\dfrac{\partial}{\partial T}g\left(\dfrac{V}{T}\right)\right\}_V = V^2\left\{\dfrac{\partial}{\partial(V/T)}g\left(\dfrac{V}{T}\right)\right\}_V$$

$$\equiv V^2\left\{\dfrac{\partial}{\partial v}g(v)\right\}_v \quad \left(v \equiv \dfrac{V}{T}\right)$$

$$\dfrac{C_p - C_V}{V^2} = \dfrac{\partial g(v)}{\partial v} \tag{⑰}$$

積分すると $g(v) + K = \dfrac{C_p - C_V}{V^2}v$ （K：定数）

$$\therefore\ C_p - C_V = V^2\dfrac{g(v) + K}{v} = V^2\dfrac{g(V/T) + K}{V/T}$$

■第 9 編の解答

9.1 (1) 波数を $\boldsymbol{k} = [k_x, k_y]$ とすると，波動関数は $\psi = Ce^{i\boldsymbol{k}\cdot\boldsymbol{r}}$ と表されるから，シュレディンガー方程式は，

$$H\psi = -\dfrac{\hbar^2}{2m}\nabla^2 Ce^{i\boldsymbol{k}\cdot\boldsymbol{r}} = -\dfrac{\hbar^2}{2m}C\left(\dfrac{\partial^2}{\partial x^2} + \dfrac{\partial^2}{\partial y^2}\right)e^{i(k_x x + k_y y)}$$

$$= -\dfrac{\hbar^2}{2m}C\left\{(ik_x)^2 + (ik_y)^2\right\}e^{i\boldsymbol{k}\cdot\boldsymbol{r}} = \dfrac{\hbar^2 k^2}{2m}Ce^{i\boldsymbol{k}\cdot\boldsymbol{r}} = \varepsilon_k\psi \quad \therefore\ \varepsilon_k = \dfrac{\hbar^2 k^2}{2m} \tag{①}$$

①より，フェルミ粒子は $\boldsymbol{k}$ 空間において，原点から円状に ε_F まで順番に詰まってゆく．$\psi = XY$ と仮定すると，

$$\dfrac{d^2 X}{dx^2} = -\dfrac{2m\varepsilon_k}{\hbar^2}X = -k_x^2 X, \quad X = Ae^{ik_x x} + Be^{-ik_x x}, \quad k_x = \sqrt{\dfrac{2m\varepsilon_k}{\hbar^2}}$$

周期的境界条件より，

$$X(0) = A + B = 0, \quad B = -A$$
$$X(L) = Ae^{ik_x L} + Be^{-ik_x L} = A(e^{ik_x L} - e^{-ik_x L})$$
$$= 2iA\dfrac{e^{ik_x L} - e^{-ik_x L}}{2i} = 2iA\sin k_x L = 0, \quad k_x L = n_x \pi$$

Y についても同様だから，$\boldsymbol{k} = \left[\dfrac{2\pi n_x}{L}, \dfrac{2\pi n_y}{L}\right]$

よって，面積 $\dfrac{2\pi}{L}\dfrac{2\pi}{L} = \dfrac{4\pi^2}{L^2}$ 当たり 1 つの状態が存在する．
$N_0 \gg 1$ だから，最大値エネルギー（フェルミエネルギー）を ε_F とすると[注]，

$$\int_{\varepsilon_k \leq \varepsilon_\mathrm{F}}\dfrac{d^2 k}{\frac{4\pi^2}{L^2}} = \dfrac{L^2}{4\pi^2}\dfrac{2m\varepsilon_\mathrm{F}}{\hbar^2} \cong N_0 \quad \therefore\ \varepsilon_\mathrm{F} \cong \dfrac{4\pi^2\hbar^2 N_0}{2mL^2}$$

［注］円の面積を正方形の 4 倍とする文献もある．桂他：統計力学演習など．

(2) （I）に，与式 $E_N = \sum_k n_k \varepsilon_k$, $N = \sum_k n_k$ を代入すると，

$$\Xi(T,\mu) = \sum_{N=0}^{\infty} \sum_{\{n_k\}} e^{-\beta(E_N - \mu N)} = \sum_{N=0}^{\infty} \sum_{\{n_k\}} e^{-\beta\{\varepsilon_1 n_1 + \varepsilon_2 n_2 + \cdots - \mu(n_1 + n_2 + \cdots)\}}$$

$$= \left(\sum_{n_1} e^{-\beta(n_1\varepsilon_1 - \mu n_1)}\right)\left(\sum_{n_2} e^{-\beta(n_1\varepsilon_1 - \mu n_1)}\right)\cdots = \prod_k \left(\sum_{n_k} e^{-\beta(n_k\varepsilon_k - \mu n_k)}\right)$$

$$= \prod_k \left(\sum_{n_k=0}^{1} e^{-\beta(n_k\varepsilon_k - \mu n_k)}\right) = \prod_k \left(1 + e^{-\beta(\varepsilon_k - \mu)}\right) \qquad ②$$

(∵ フェルミ粒子系では $n_k = 0, 1$)

(3) (Ⅰ)に②を代入すると,

$$\bar{N} = \frac{\sum_{N=0}^{\infty}\sum_{\{n_k\}} N e^{-\beta(\sum_k n_k\varepsilon_k - \mu\sum_k n_k)}}{\Xi(T,\mu)} = \frac{\sum_{N=0}^{\infty}\sum_{\{n_k\}} N e^{-\beta(\sum_k n_k\varepsilon_k - \mu\sum_k n_k)}}{\sum_{N=0}^{\infty}\sum_{\{n_k\}} e^{-\beta(\sum_k n_k\varepsilon_k - \mu\sum_k n_k)}}$$

$$= \frac{1}{\beta}\frac{\partial}{\partial\mu}\log\Xi(T,\mu) = \frac{1}{\beta}\frac{\partial}{\partial\mu}\sum_k \log\left\{1 + e^{-\beta(\varepsilon_k - \mu)}\right\} = \sum_k \frac{1}{1 + e^{\beta(\varepsilon_k - \mu)}} = \sum_k f(\varepsilon_k)$$

さらに, $L \gg 1$ のとき,

$$\sum_k f(\varepsilon_k) = \frac{L}{2\pi}\frac{L}{2\pi}\sum_{k_x = \frac{2\pi}{L}n_x}\sum_{k_y = \frac{2\pi}{L}n_y}\frac{2\pi}{L}\frac{2\pi}{L}f(\varepsilon_k) \cong \frac{L^2}{4\pi^2}\int dk_x dk_y f(\varepsilon_k)$$

$$= \frac{L^2}{4\pi^2}\int d\boldsymbol{k}\, f(\varepsilon_k)$$

$$\therefore \bar{N} = \frac{L^2}{4\pi^2}\int d\boldsymbol{k}\, \frac{1}{e^{\beta(\varepsilon_k - \mu)} + 1}$$

$$= \frac{L^2}{4\pi^2}\int_0^{\infty} dk \int_0^{2\pi} k\, d\theta \frac{1}{e^{\beta(\varepsilon_k - \mu)} + 1} \quad (\because 極座標\; d\boldsymbol{k} = k\, d\theta dk)$$

$$= \frac{2\pi L^2}{4\pi^2}\int_0^{\infty} k\, dk\, \frac{1}{e^{\beta(\varepsilon_k - \mu)} + 1} = \frac{L^2}{2\pi}\int_0^{\infty} d\varepsilon \frac{m}{\hbar^2}\frac{1}{e^{\beta(\varepsilon - \mu)} + 1}$$

$$\left(\because \varepsilon_k = \frac{\hbar^2 k^2}{2m}, d\varepsilon_k = \frac{\hbar^2 k\, dk}{m}\right)$$

$$= \frac{mL^2}{2\pi\hbar^2}\int_0^{\infty} d\varepsilon \frac{1}{e^{\beta(\varepsilon - \mu)} + 1} = \frac{mL^2}{2\pi\hbar^2}\left(-\frac{1}{\beta}\right)\left[\log\{1 + e^{-\beta(\varepsilon - \mu)}\}\right]_0^{\infty}$$

$$= \frac{mL^2}{2\pi\hbar^2\beta}\log\left(1 + e^{\beta\mu}\right) \qquad ③$$

[注] ③の積分: $X = e^{\beta(\varepsilon - \mu)} + 1, dX = \beta e^{\beta(\varepsilon - \mu)}d\varepsilon = \beta(X - 1)d\varepsilon$ とおくと,

$$I \equiv \int_0^{\infty} \frac{1}{e^{\beta(\varepsilon - \mu)} + 1}d\varepsilon = \frac{1}{\beta}\int_{e^{-\beta\mu} + 1}^{\infty} \frac{1}{X(X-1)}dX = \frac{1}{\beta}\int_{e^{-\beta\mu} + 1}^{\infty} \left(\frac{1}{X-1} - \frac{1}{X}\right)dX$$

$$= \frac{1}{\beta}\left[\log|X-1| - \log|X|\right]_{e^{-\beta\mu}+1}^{\infty} = \frac{1}{\beta}\left[\log\left|\frac{X-1}{X}\right|\right]_{e^{-\beta\mu}+1}^{\infty}$$

$$= \frac{1}{\beta}\left[\log|1| - \log\left|\frac{e^{-\beta\mu}}{e^{-\beta\mu}+1}\right|\right] = -\frac{1}{\beta}\log\left|\frac{1}{1+e^{\beta\mu}}\right| = \frac{1}{\beta}\log(1+e^{\beta\mu})$$

(4) フェルミ分布関数 $f(\varepsilon)$ は，

$$f(\varepsilon) = \frac{1}{1+e^{\beta(\varepsilon-\mu)}} \quad \left(\beta = \frac{1}{k_\mathrm{B}T}\right)$$

概形は図のようになる．

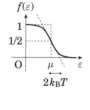

$$f'(\varepsilon)\big|_{\varepsilon=\mu} = \frac{d}{d\varepsilon}(1+e^{\beta(\varepsilon-\mu)})^{-1}\big|_{\varepsilon=\mu}$$

$$= -\beta(1+e^{\beta(\varepsilon-\mu)})^{-2}\big|_{\varepsilon=\mu} = -\frac{\beta}{4} \propto -\frac{1}{T}$$

図において，勾配が $-\dfrac{1}{T}$ で，$\left(\mu, \dfrac{1}{2}\right)$ を通る直線は，$f(\varepsilon) = -\dfrac{\beta}{4}(\varepsilon-\mu) + \dfrac{1}{2}$

直線と横軸の交点を $(\varepsilon, 0)$ とすると，$0 = -\dfrac{\beta}{4}(\varepsilon-\mu) + \dfrac{1}{2}, \varepsilon = \dfrac{2}{\beta} + \mu = 2k_\mathrm{B}T + \mu$

よって，熱運動に関与する粒子数は $\dfrac{Nk_\mathrm{B}T}{\varepsilon_\mathrm{F}}$ 程度である．これらの粒子は $k_\mathrm{B}T$ の熱エネルギーを持つ．その結果，絶対零度に比べて $\dfrac{N(k_\mathrm{B}T)^2}{\varepsilon_\mathrm{F}} \propto T^2$ だけエネルギーが増加する．これを微分すると，$C \propto T$

(5) $0 < k_\mathrm{B}T \ll \Delta$ では，$\varepsilon = -\Delta$ 近傍の粒子がわずかに $\varepsilon > \Delta$ に励起され，$\varepsilon = -\Delta$ 近傍には正孔が発生する．

(6) 全粒子の期待値は保存するので，状態密度を $D(\varepsilon)$ とすると，$\bar{N}_1(0) = \bar{N}_1(T) + \int_\Delta^K D(\varepsilon)f(\varepsilon)d\varepsilon$．よって，

$$\bar{N}_1(T) = \bar{N}_1(0) - \int_\Delta^K d\varepsilon D(\varepsilon)f(\varepsilon) \cong \bar{N}_1(0) - \int_\Delta^\infty d\varepsilon \frac{mL^2}{2\pi\hbar^2}\frac{1}{e^{\beta(\varepsilon-\mu)}+1} \quad (\because K \gg 1)$$

$$= \bar{N}_1(0) - \frac{mL^2}{2\pi\hbar^2}\frac{1}{\beta}\log(1+e^{-\beta(\Delta-\mu)}) \cong \bar{N}_1(0) - \frac{mL^2}{2\pi\hbar^2}\frac{1}{\beta}e^{-\beta(\Delta-\mu)}$$

$$\left(\because 0 < \frac{1}{\beta} \ll \Delta, e^{-\beta(\Delta-\mu)} \equiv X \ll 1, \log(1+X) \cong X\right)$$

$$\bar{N}_1(0) - \bar{N}_1(T) = \frac{mL^2}{2\pi\hbar^2}\frac{1}{\beta}e^{-\beta(\Delta-\mu)}, \quad \frac{2\pi\hbar^2\beta}{mL^2}\{\bar{N}_1(0) - \bar{N}_1(T)\} = e^{-\beta(\Delta-\mu)}$$

$$\log\left[\frac{2\pi\hbar^2\beta}{mL^2}\{\bar{N}_1(0) - \bar{N}_1(T)\}\right] = \beta\mu - \beta\Delta$$

$$\beta\mu = \beta\Delta + \log\left[\frac{2\pi\hbar^2\beta}{mL^2}\{\bar{N}_1(0) - \bar{N}_1(T)\}\right]$$

$$\therefore \quad \mu = \Delta + k_\mathrm{B}T\log\left[\frac{2\pi\hbar^2}{mL^2k_\mathrm{B}T}\{\bar{N}_1(0) - \bar{N}_1(T)\}\right]$$

9.2 (1) モノマーの長さは $\sqrt{2}$，y 軸に対して $\pm 45°$ に進むから，y 軸は常に 1 だけ増え，

x 座標は増減する．よって，$L+x$ は偶数でなければならない．このとき，L 回のうち $\frac{L-x}{2}$ だけ負方向に進み，$\frac{L+x}{2}$ だけ正方向に進むから，

$$C(x,L) = \begin{cases} \dfrac{L!}{\left(\dfrac{L-x}{2}\right)!\left(\dfrac{L+x}{2}\right)!} & ((L+x) \text{ が偶数, } |x| \leq L) \\ 0 & (\text{それ以外}) \end{cases}$$

[**注**] 数学的帰納法：$L=0$ のとき，$C(0,0) = \dfrac{0!}{0!0!} = 1$, $C(x,0) = 0 (x \neq 0)$．$L=l$ のとき，与式(II)が成立するとすると，漸化式(1)を用いて，$L=l+1$ でも成立することを証明．

(2) (III) より，$C(x,L)$ のフーリエ変換は，$\tilde{C}(k,L) = \sum_{x=-\infty}^{\infty} e^{-ikx} C(x,L)$

(I) より，漸化式は，$C(x,L+1) = C(x-1,L) + C(x+1,L)$ ①

①に e^{-ikx} を掛け，和を取ると，

$$\sum_{x=-\infty}^{\infty} e^{-ikx} C(x,L+1) = \sum_{x=-\infty}^{\infty} e^{-ikx} C(x-1,L) + \sum_{x=-\infty}^{\infty} e^{-ikx} C(x+1,L)$$
$$= \sum_{x=-\infty}^{\infty} e^{-ik(x-1)} C(x-1,L) e^{-ikx} + \sum_{x=-\infty}^{\infty} e^{-ik(x+1)} C(x+1,L) e^{ikx}$$

(III) と比較すると，

$$\tilde{C}(k,L+1) = \tilde{C}(k,L) e^{-ikx} + \tilde{C}(k,L) e^{ikx} = 2\tilde{C}(k,L) \frac{e^{ik}+e^{-ik}}{2} = 2\tilde{C}(k,L)\cos k \quad ②$$

(3) (III) より，$L=0$ のとき，

$$\tilde{C}(k,0) = \sum_{x=-\infty}^{\infty} e^{-ikx} C(x,0)$$
$$= e^{-ik0} C(0,0) + \sum_{x=-\infty}^{-1} e^{-ikx} C(x,0) + \sum_{x=1}^{\infty} e^{-ikx} C(x,0) = 1 \quad ③$$

②, ③を用いると，

$$\tilde{C}(k,1) = 2\tilde{C}(k,0)\cos k = 2\cos k$$
$$\tilde{C}(k,2) = 2\tilde{C}(k,1)\cos k = 2^2 \cos^2 k$$
$$\cdots$$
$$\tilde{C}(k,L-1) = 2\tilde{C}(k,L-2) = 2^{L-1}\cos^{L-1} k$$
$$\tilde{C}(k,L) = 2\tilde{C}(k,L-1) = 2^L \cos^L k$$

∴ $\tilde{C}(k,L) = (2\cos k)^L$ ④

(4) ④の対数をとると，$\log \tilde{C}(k,L) = \log(2\cos k)^L = L\{\log 2 + \log(\cos k)\}$ ⑤

$k^2 L = $ 一定 に保ったまま L を大きくするとき，k は小さくなければならない．テイラー展開を用いると，

⑤の右辺 $\cong L\left\{\log 2 + \log\left(1 - \dfrac{1}{2!}k^2\right)\right\} \cong L\left\{\log 2 + \left(-\dfrac{1}{2}k^2\right)\right\}$

$= L\left(\log 2 - \dfrac{1}{2}k^2 \log e\right) = L\log(2e^{-k^2/2}) = \log(2^L e^{-k^2 L/2})$

$\therefore \quad \tilde{C}(k,L) = 2^L e^{-k^2 L/2}$ ⑥

⑥を逆フーリエ変換すると，

$$C(k,L) = \dfrac{1}{2\pi}\int_{-\pi}^{\pi} e^{ikx}\left(2^L e^{-\frac{k^2 L}{2}}\right)dk = \dfrac{2^L}{2\pi}\int_{-\pi}^{\pi} e^{-\frac{L}{2}k^2 + ixk}dk$$

ここで，

$$I \equiv \int_{-\pi}^{\pi}\exp\left\{-\dfrac{L}{2}\left(k^2 - \dfrac{i2xk}{L}\right)\right\}dk = \int_{-\infty}^{\infty}\exp\left\{-\dfrac{L}{2}\left(k - \dfrac{ix}{L}\right)^2 - \dfrac{L}{2}\left(\dfrac{x}{L}\right)^2\right\}dk$$

$$= \exp\left(-\dfrac{x^2}{2L}\right)\int_{-\infty}^{\infty}\exp\left\{-\dfrac{L}{2}\left(k - \dfrac{ix}{L}\right)^2\right\}dk = \exp\left(-\dfrac{x^2}{2L}\right)\sqrt{\dfrac{2\pi}{L}}$$

$\therefore \quad C(x,L) = \dfrac{2^L}{2\pi}\sqrt{\dfrac{2\pi}{L}}\exp\left(-\dfrac{x^2}{2L}\right) = 2^L \dfrac{1}{\sqrt{2\pi L}}\exp\left(-\dfrac{x^2}{2L}\right)$

(5) 1個のモノマーの分配関数は，$Z_1 = e^{-qE\beta} + e^{qE\beta} = 2\cosh(qE\beta)$

ゆえに，この系の分配関数は，$Z = Z_1^L = \{2\cosh(qE\beta)\}^L = \left\{2\cosh\left(\dfrac{qE}{k_B T}\right)\right\}^L$

(6) 期待値は，

$$\langle x \rangle = \dfrac{L}{Z_1}\sum_{x_i = \pm 1} x_i \exp(qE\beta x_i) = \dfrac{L}{Z_1}(-e^{-qE\beta} + e^{qE\beta}) = \dfrac{2L}{Z_1}\sinh(qE\beta)$$

$$= \dfrac{2L}{2\cosh(qE\beta)}\sinh(qE\beta) = L\tanh(qE\beta)$$

[(5), (6)の別解]

$$Z = \sum_{x_1 = \pm 1}\cdots\sum_{x_L = \pm 1}\exp\left(\beta qE\sum_{i=1}^{L}x_i\right) = \left(\sum_{x_i = \pm 1}e^{\beta qE x_i}\right)^L = \left\{2\cosh\left(\dfrac{qE}{k_B T}\right)\right\}^L$$

$$\langle x \rangle = \sum_{x_1 = \pm 1}\cdots\sum_{x_L = \pm 1}\sum_{i=1}^{L}x_i\dfrac{\exp\left(\beta qE\sum_{i=1}^{L}x_i\right)}{Z} = \dfrac{\partial \log Z}{\partial Z}\dfrac{\partial Z}{\partial A} = \dfrac{\partial}{\partial A}\log Z$$

$(A \equiv \beta qE, Z = (2\cosh A)^L)$

$$= L\tanh A = L\tanh\left(\dfrac{qE}{k_B T}\right)$$

9.3 (1) (a) 与式 $V = L\dfrac{d^2q}{dt^2} + R\dfrac{dq}{dt} + \dfrac{q}{C}$ に $V = \hat{V}e^{i\omega t}, q = \hat{q}e^{i\omega t}$ を代入し，$\omega_0 = 1/\sqrt{LC}$ を用いると，

$$\hat{V}e^{i\omega t} = L\hat{q}(i\omega)^2 e^{i\omega t} + R\hat{q}(i\omega)e^{i\omega t} + \frac{1}{C}\hat{q}e^{i\omega t}, \quad \hat{V} = \left(-\omega^2 L + i\omega R + \frac{1}{C}\right)\hat{q}$$

$$\therefore \quad \hat{q} = \frac{\hat{V}}{\left(-\omega^2 L + \frac{1}{C}\right) + i\omega R} = \frac{\hat{V}}{(-\omega^2 L + \omega_0^2 L) + i\omega R} = \frac{\hat{V}}{(\omega_0^2 - \omega^2)L + i\omega R} \quad \text{①}$$

(b) ①の共役を取り，与条件を用いると，

$$\hat{q}^* = \frac{\hat{V}}{(\omega_0^2 - \omega^2)L - i\omega R}$$

$$\hat{q}\hat{q}^* = \frac{\hat{V}}{(\omega_0^2 - \omega^2)L + i\omega R} \frac{\hat{V}^*}{(\omega_0^2 - \omega^2)L - i\omega R} = \frac{|\hat{V}|^2}{(\omega_0^2 - \omega^2)^2 L^2 + (\omega R)^2}$$

$$= \frac{L^2 C^2}{(\omega_0^2 - \omega^2)^2 L^2 + (\omega \times 0.1 L)^2} = \frac{C^2}{(\omega_0^2 - \omega^2)^2 + (0.1\omega)^2}$$

$$\therefore \quad |V_C(\omega)|^2 = \frac{\hat{q}\hat{q}^*}{C^2} = \frac{1}{C^2} \frac{C^2}{(\omega_0^2 - \omega^2)^2 + (0.1\omega)^2} = \frac{1}{(\omega_0^2 - \omega^2)^2 + (0.1\omega)^2} \quad \text{②}$$

②の概形を描くと下図のようになる．

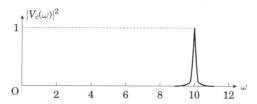

(2) (a) 与式(II)，(III) より，

$$E = \frac{L}{2}\left(\frac{dq}{dt}\right)^2 + \frac{(1/C)}{2}q^2, \quad H = \frac{m}{2}\left(\frac{dx}{dt}\right)^2 + \frac{K}{2}x^2$$

これを対比させると，$L \leftrightarrow m, 1/C \leftrightarrow K$ のようになる．よって，固有エネルギー準位 E_n は，与式(IV) より，

$$E_n = \left(n + \frac{1}{2}\right)\hbar\sqrt{\frac{1/C}{L}} = \left(n + \frac{1}{2}\right)\hbar\frac{1}{\sqrt{LC}}$$

(b) 分配関数 $Z(T)$ は，与式(V) より，

$$Z(T) = \sum_{n=0}^{\infty} e^{-E_n/k_B T} = \sum_{n=0}^{\infty} \exp\left[-\frac{\left(n + \frac{1}{2}\right)\frac{\hbar}{\sqrt{LC}}}{k_B T}\right]$$

$\frac{\hbar}{k_B T \sqrt{LC}} = \alpha$ と置くと，

$$Z(T) = \sum_{n=0}^{\infty} \exp\left[-\left(n + \frac{1}{2}\right)\alpha\right] = e^{-\frac{\alpha}{2}} \sum_{n=0}^{\infty} e^{-\alpha n} = e^{-\frac{\alpha}{2}}\left(1 + e^{-\alpha} + e^{-2\alpha} + \cdots\right)$$

$$= e^{-\frac{\alpha}{2}} \frac{1}{1-e^{-\alpha}} = e^{-\frac{\hbar}{2\sqrt{LC}\,k_{\rm B}T}} \frac{1}{1-e^{-\frac{\hbar}{\sqrt{LC}\,k_{\rm B}T}}}$$

$$= \frac{1}{2\frac{e^{\frac{1}{2\sqrt{LC}\,k_{\rm B}T}} - e^{-\frac{1}{2\sqrt{LC}\,k_{\rm B}T}}}{2}} = \frac{1}{2}\frac{1}{\sinh\frac{\hbar}{2\sqrt{LC}\,k_{\rm B}T}} = \frac{1}{2}\frac{1}{\sinh\frac{\alpha}{2}}$$

(c) 平均エネルギー $\langle E \rangle$ は, $\beta = \dfrac{1}{k_{\rm B}T}$ と置くと,

$$\langle E \rangle = -\frac{\partial}{\partial \beta}\log Z = -\frac{\partial}{\partial\left(\frac{1}{k_{\rm B}T}\right)}\log Z = -\frac{\hbar}{\sqrt{LC}}\frac{\partial}{\partial\left(\frac{\hbar}{\sqrt{LC}\,k_{\rm B}T}\right)} = -\frac{\hbar}{\sqrt{LC}}\frac{\partial}{\partial\alpha}\log Z$$

$$= -\frac{\hbar}{\sqrt{LC}}\frac{\partial}{\partial\alpha}\log\left(\frac{1/2}{\sinh\frac{\alpha}{2}}\right) = -\frac{\hbar}{\sqrt{LC}}\frac{\partial\log Z}{\partial Z}\frac{\partial Z}{\partial\alpha} \quad\left(Z = \frac{1/2}{\sinh\frac{\alpha}{2}}\right)$$

$$= -\frac{\hbar}{\sqrt{LC}}\frac{1}{Z}\frac{-\frac{1}{2}\cosh\frac{\alpha}{2}}{\sinh^2\frac{\alpha}{2}} = \frac{\hbar}{4\sqrt{LC}}\frac{\sinh\frac{\alpha}{2}}{1/2}\frac{\cosh\frac{\alpha}{2}}{\sinh^2\frac{\alpha}{2}} = \frac{\hbar}{2\sqrt{LC}}\coth\frac{\alpha}{2}$$

$$= \frac{\hbar}{2\sqrt{LC}}\coth\frac{\hbar}{2\sqrt{LC}\,k_{\rm B}T}$$

(d) 与式 (VI) より, $\left\langle \dfrac{LI^2}{2} \right\rangle = \lim_{T\to 0}\dfrac{\hbar\omega_0}{4}\coth\left(\dfrac{\hbar\omega_0}{2k_{\rm B}T}\right) = \dfrac{\hbar\omega_0}{4}\coth\infty = \dfrac{\hbar\omega_0}{4}$

$$\therefore \sqrt{\langle I^2 \rangle} = \sqrt{\frac{\hbar\omega_0}{2L}} = \sqrt{\frac{(6.63\times 10^{-34}/2\pi)\times 2\pi\times 1.5\times 10^2\times 10^9}{2\times 5.0\times 10^{-13}}}$$
$$\cong 9.97\times 10^{-6}\,[\text{A}] \cong 1.0\times 10^{-5}\,[\text{A}]$$

9.4 (1) 古典力学的に考えた場合, (1 次元, N 個の場合の) 分配関数は,

$$Z = \int_{-\infty}^{\infty}\frac{d^N x\,d^N p}{h^N}e^{-\beta H} \quad (\beta \equiv 1/k_{\rm B}T)$$

$$= \left[\iint_{-\infty}^{\infty}\frac{dx\,dp}{h}\exp\left\{-\frac{\beta}{2m}p^2 - \frac{\beta m\omega^2}{2}(x-a)^2\right\}\right]^N$$

$$= \left[\frac{1}{h}\int_{-\infty}^{\infty}dp\,e^{-\frac{\beta}{2m}p^2}\int_{-\infty}^{\infty}d(x-a)\,e^{-\frac{\beta m\omega^2}{2}(x-a)^2}\right]^N$$

$$= \left[\frac{1}{h}\sqrt{\frac{2m\pi}{\beta}}\sqrt{\frac{2\pi}{\beta m\omega^2}}\right]^N = \left(\frac{1}{h}\frac{2\pi}{\beta}\frac{1}{\omega}\right)^N = \left(\frac{1}{\hbar}\frac{k_{\rm B}T}{\omega}\right)^N \equiv Z_1^N$$

よって, 質点 1 個当たりの内部エネルギー U, 比熱 C はそれぞれ,

$$U = \frac{1}{N}\left(-\frac{\partial}{\partial\beta}\log Z\right) = -\frac{1}{N}\frac{\partial}{\partial\beta}\log\left(\frac{k_{\rm B}T}{\hbar\omega}\right)^N = -\frac{\partial}{\partial\beta}\log\left(\frac{k_{\rm B}T}{\hbar\omega}\right)$$

$$= -\frac{\partial}{\partial\beta}\log\left(\frac{1}{\hbar\omega\beta}\right) = \frac{\partial}{\partial\beta}\log(\hbar\omega\beta) = \frac{1}{\hbar\omega\beta}\hbar\omega = \frac{1}{\beta} = k_{\rm B}T$$

$$C = \frac{\partial U}{\partial T} = k_{\rm B}$$

平均は,

$$\langle x_1 \rangle = \frac{\displaystyle\int \frac{dxdp}{h} x \exp\left\{-\frac{\beta}{2m}p^2 - \frac{\beta m\omega^2}{2}(x-a)^2\right\}}{Z_1}$$

$$\text{分子} = \frac{1}{h}\int_{-\infty}^{\infty} e^{-\frac{\beta}{2m}p^2} dp \int_{-\infty}^{\infty} x\, dx\, e^{-\frac{\beta m\omega^2}{2}(x-a)^2}$$

$$= \frac{1}{h}\sqrt{\frac{2m\pi}{\beta}}\int_{-\infty}^{\infty} x\, dx\, e^{-A(x-a)^2} \quad \left(A = \frac{\beta m\omega^2}{2}\right)$$

$$I_1 \equiv \int_{-\infty}^{\infty} e^{-AX^2}(X+a)dX$$

$$= \int_{-\infty}^{\infty} X e^{-AX^2} dX + a\int_{-\infty}^{\infty} e^{-AX^2} dX \quad (X \equiv x-a,\, dX = dx)$$

$$= a\sqrt{\frac{\pi}{A}} = a\sqrt{\frac{2\pi}{\beta m\omega^2}}$$

$$\text{分子} = \frac{1}{h}\sqrt{\frac{2m\pi}{\beta}} a\sqrt{\frac{2\pi}{\beta m\omega^2}} = \frac{1}{h}\frac{2\pi}{\beta\omega} a$$

$$\therefore\quad \langle x_1 \rangle = \frac{h\beta\omega}{2\pi}\cdot\frac{1}{h}\frac{2\pi}{\beta\omega}a = a$$

一方,

$$\langle x_1^2 \rangle = \frac{\displaystyle\int_{-\infty}^{\infty}\frac{dxdp}{h}x^2 \exp\left\{-\frac{\beta}{2m}p^2 - \frac{\beta m\omega^2}{2}(x-a)^2\right\}}{Z_1}$$

$$\text{分子} = \frac{1}{h}\int_{-\infty}^{\infty} e^{-\frac{\beta}{2m}p^2}\int_{-\infty}^{\infty} x^2 dx\, e^{-A(x-a)^2} = \frac{1}{h}\sqrt{\frac{2m\pi}{\beta}}\int_{-\infty}^{\infty}(X+a)^2 dX\, e^{-AX^2}$$

$$= \frac{1}{h}\sqrt{\frac{2m\pi}{\beta}}\left[\int_{-\infty}^{\infty} X^2 dX\, e^{-AX^2} + 2a\int_{-\infty}^{\infty} X e^{-AX^2} dX + a^2\int_{-\infty}^{\infty} e^{-AX^2} dX\right]$$

ここで, 第2項 $= 0$, $\displaystyle\int_{-\infty}^{\infty} e^{-AX^2} dX = \sqrt{\frac{\pi}{A}} = \sqrt{\pi}A^{-1/2}$, $\displaystyle\int_{-\infty}^{\infty} X^2 e^{-AX^2} dX = \frac{\sqrt{\pi}}{2}A^{-3/2}$

だから,

$$I_2 \equiv \int_{-\infty}^{\infty} X^2 e^{-AX^2} dX = \frac{\sqrt{\pi}}{2}\left(\frac{\beta m\omega^2}{2}\right)^{-3/2}$$

よって, 分散は,

$$\langle x_1^2 \rangle - \langle x_1 \rangle^2 = \frac{1}{h}\sqrt{\frac{2m\pi}{\beta}}\frac{h\omega\beta}{2\pi}\left\{\frac{\sqrt{\pi}}{2}\left(\frac{2}{\beta m\omega^2}\right)^{3/2} + a^2\sqrt{\frac{2\pi}{\beta m\omega^2}}\right\} - a^2$$

$$= \frac{\beta^{-1}}{m\omega^2} = \frac{k_B T}{m\omega^2}$$

(2) 量子力学的に考えた場合，1 個当たりの分配関数は，(III) を参照すると，

$$Z_{1Q} \equiv \sum_{n=0}^{\infty} e^{-\beta\hbar\omega\left(n+\frac{1}{2}\right)} = e^{-\frac{\beta\hbar\omega}{2}}(1 + e^{-\beta\hbar\omega} + \cdots) = e^{-\frac{\beta\hbar\omega}{2}} \frac{1}{1 - e^{-\beta\hbar\omega}}$$

$$= \frac{1}{e^{\frac{\beta\hbar\omega}{2}} - e^{-\frac{\beta\hbar\omega}{2}}} = \frac{1}{2\sinh\frac{\hbar\omega}{2k_B T}}$$

$$U = -\frac{\partial}{\partial\beta}\log Z_{1Q} = \frac{\partial}{\partial\beta}\log\left(2\sinh\frac{\hbar\omega\beta}{2}\right) = \frac{1}{2\sinh\frac{\hbar\omega\beta}{2}} \cdot 2\cosh\frac{\hbar\omega\beta}{2} \cdot \frac{\hbar\omega}{2}$$

$$= \frac{\hbar\omega}{2}\coth\left(\frac{\hbar\omega}{2k_B T}\right) \qquad \qquad \text{①}$$

$$C_Q = \frac{\partial U_Q}{\partial T} = \frac{\hbar\omega}{2}\frac{\partial}{\partial T}\frac{\cosh\frac{\hbar\omega}{2k_B T}}{\sinh\frac{\hbar\omega}{2k_B T}}$$

$$= \frac{\hbar\omega}{2}\frac{\frac{-\hbar\omega}{2k_B T^2}\sinh\frac{\hbar\omega}{2k_B T}\sinh\frac{\hbar\omega}{2k_B T} + \frac{\hbar\omega}{2k_B T^2}\cosh\frac{\hbar\omega}{2k_B T}\cosh\frac{\hbar\omega}{2k_B T}}{\sinh^2\frac{\hbar\omega}{2k_B T}}$$

$$= \left(\frac{\hbar\omega}{2}\right)^2 \frac{1}{k_B T^2}\frac{1}{\left(\sinh\frac{\hbar\omega}{2k_B T}\right)^2} = k_B \left(\frac{\hbar\omega}{2k_B T}\right)^2 \left(\sinh\frac{\hbar\omega}{2k_B T}\right)^{-2} \qquad \text{②}$$

高温極限 $\left(\frac{\hbar\omega}{k_B T} \ll 1\right)$ では，

①より，$U_Q = \frac{\hbar\omega}{2}\frac{e^{\frac{\hbar\omega}{2k_B T}} + e^{-\frac{\hbar\omega}{2k_B T}}}{e^{\frac{\hbar\omega}{2k_B T}} - e^{-\frac{\hbar\omega}{2k_B T}}} \cong \frac{\hbar\omega}{2}\frac{1 + \frac{\hbar\omega}{2k_B T} + 1 - \frac{\hbar\omega}{2k_B T}}{1 + \frac{\hbar\omega}{2k_B T} - \left(1 - \frac{\hbar\omega}{2k_B T}\right)} = k_B T = U$

②より，

$$C_Q = k_B \left(\frac{\hbar\omega}{2k_B T}\right)^2 \left(\frac{e^{\frac{\hbar\omega}{2k_B T}} - e^{-\frac{\hbar\omega}{2k_B T}}}{2}\right)^{-2}$$

$$\cong k_B \left(\frac{\hbar\omega}{2k_B T}\right)^2 \left\{\frac{1 + \frac{\hbar\omega}{2k_B T} - \left(1 - \frac{\hbar\omega}{2k_B T}\right)}{2}\right\}^{-2}$$

$$= k_B \left(\frac{\hbar\omega}{2k_B T}\right)^2 \left(\frac{\hbar\omega}{2k_B T}\right)^{-2} = k_B = C$$

となり，古典論の値と一致する．

低温極限 $\left(\frac{\hbar\omega}{k_B T} \gg 1\right)$ では，①より，$U_Q = \frac{\hbar\omega}{2}\frac{e^{\frac{\hbar\omega}{2k_B T}} + e^{-\frac{\hbar\omega}{2k_B T}}}{e^{\frac{\hbar\omega}{2k_B T}} - e^{-\frac{\hbar\omega}{2k_B T}}} \cong \frac{\hbar\omega}{2}\frac{e^{\frac{\hbar\omega}{2k_B T}}}{e^{\frac{\hbar\omega}{2k_B T}}} = \frac{\hbar\omega}{2}$

②より，$C_Q = k_B \left(\frac{\hbar\omega}{2k_B T}\right)^2 \left(\frac{e^{\frac{\hbar\omega}{2k_B T}} - e^{-\frac{\hbar\omega}{2k_B T}}}{2}\right)^{-2} \cong 4k_B \left(\frac{\hbar\omega}{2k_B T}\right)^2 e^{-\frac{\hbar\omega}{k_B T}} \cong 0$

次に，$x - a = X$ とおき，(IV) を参照すると，平均は，

$$\langle X \rangle = \frac{\sum_{n=0}^{\infty} \langle n|X|n \rangle e^{-\beta\hbar\omega\left(n+\frac{1}{2}\right)}}{Z_{1Q}} = 0 \quad (\langle x \rangle = a)$$

分散は，

$$\langle X^2 \rangle - \langle X \rangle^2 = \frac{\sum_{n=0}^{\infty} \langle n|X^2|n \rangle e^{-\beta\hbar\omega\left(n+\frac{1}{2}\right)}}{Z_{1Q}}$$

$$= \frac{1}{m\omega^2} \frac{1}{Z_{1Q}} \sum_{n=0}^{\infty} \hbar\omega \left(n + \frac{1}{2}\right) e^{-\beta\hbar\omega\left(n+\frac{1}{2}\right)} = \frac{1}{m\omega^2} U_Q = \frac{\hbar}{2m\omega} \coth\left(\frac{\hbar\omega}{2k_{\mathrm{B}}T}\right)$$

(3) 図より，$y_k = x_k - ka$，$x_0 = 0$，$x_{N+1} = (N+1)a$，$y_{N+1} = 0$ だから，ハミルトニアンは，

$$H = \sum_{n=0}^{N} \left\{ \frac{m\omega^2}{2}(y_{n+1} - y_n)^2 + \frac{1}{2m}p_n^2 \right\}$$

$$= \frac{m\omega^2}{2}\{(y_1 - y_0)^2 + (y_2 - y_1)^2 + (y_3 - y_2)^2 + \cdots + (y_{N+1} - y_N)^2\}$$

$$+ \frac{1}{2m}\left(p_0^2 + p_1^2 + p_2^2 + \cdots + p_N^2\right)$$

ハミルトンの正準方程式は，例えば，

$$\frac{dy_1}{dt} = \frac{\partial H}{\partial p_1} = \frac{1}{m}p_1, \quad p_1 = m\frac{dy_1}{dt}$$

$$\frac{dp_1}{dt} = -\frac{\partial H}{\partial y_1} = -\frac{m\omega^2}{2}\{2(y_1 - y_0) + 2(y_1 - y_2)\} = m\omega^2(y_2 - 2y_1 + y_0) = m\frac{d^2 y_1}{dt^2}$$

$$\frac{d^2 y_1}{dt^2} = \omega^2(-2y_1 + y_2)$$

よって，一般に，$\displaystyle\frac{d^2}{dt^2}\begin{bmatrix} y_1 \\ y_2 \\ \vdots \\ y_N \end{bmatrix} = \omega^2 \begin{bmatrix} -2 & 1 & & \\ 1 & -2 & 1 & \\ & & \ddots & 1 \\ & & 1 & -2 \end{bmatrix} \begin{bmatrix} y_1 \\ y_2 \\ \vdots \\ y_N \end{bmatrix}$

または，行列 $M = m\begin{bmatrix} 1 & 0 & \cdots & 0 \\ \vdots & 1 & & \\ & & \ddots & \\ 0 & & & 1 \end{bmatrix}$，$K = \kappa \begin{bmatrix} 2 & -1 & 0 & \cdots \\ -1 & 2 & -1 & \\ & & \ddots & -1 \\ & & -1 & 2 \end{bmatrix}$ を用いると，運動方程式は，$M|\ddot{y}\rangle + K|y\rangle = 0$ のように表されるから，固有値方程式は $\det|K - \omega^2 M| = 0$．

$$\omega_0^2 = \kappa/m, \quad 2\omega_0^2 - \omega^2 = 2\omega_0^2 z$$

③

と置き，共通因子で約すと，この固有値方程式は，

$$\left| \kappa \begin{bmatrix} 2 & -1 & & 0 \\ -1 & 2 & \ddots & \\ & \ddots & \ddots & -1 \\ 0 & & -1 & 2 \end{bmatrix} - \omega^2 m \begin{bmatrix} 1 & & & 0 \\ & 1 & & \\ & & \ddots & \\ 0 & & & 1 \end{bmatrix} \right| = 0$$

$$= \left| \omega_0^2 \begin{bmatrix} 2 & -1 & & 0 \\ -1 & 2 & \ddots & \\ & \ddots & \ddots & -1 \\ 0 & & -1 & 2 \end{bmatrix} - \omega^2 \begin{bmatrix} 1 & & & 0 \\ & 1 & & \\ & & \ddots & \\ 0 & & & 1 \end{bmatrix} \right|$$

$$= \begin{vmatrix} 2\omega_0^2 - \omega^2 & -\omega_0^2 & & 0 \\ -\omega_0^2 & 2\omega_0^2 - \omega^2 & \ddots & \\ & \ddots & \ddots & -\omega_0^2 \\ 0 & & & 2\omega_0^2 - \omega^2 \end{vmatrix} = \begin{vmatrix} 2\omega_0^2 z & -\omega_0^2 & & 0 \\ & \ddots & \ddots & \\ & & \ddots & -\omega_0^2 \\ 0 & & & 2\omega_0^2 z \end{vmatrix} = 0$$

$$D_N \equiv \begin{vmatrix} 2z & -1 & & 0 \\ -1 & 2z & & \\ & & \ddots & -1 \\ & & -1 & 2z \end{vmatrix} = 0 \qquad ④$$

漸化式は，

$$D_N = 2z \begin{vmatrix} 2z & -1 & & 0 \\ -1 & 2z & & \\ & & \ddots & -1 \\ 0 & & -1 & 2z \end{vmatrix} + \begin{vmatrix} -1 & 0 & & 0 \\ -1 & 2z & & \\ & & \ddots & -1 \\ 0 & & -1 & 2z \end{vmatrix}$$

$$= 2z \begin{vmatrix} 2z & -1 & & 0 \\ -1 & 2z & & \\ & & \ddots & \\ 0 & & & 2z \end{vmatrix} - \begin{vmatrix} 2z & -1 & & 0 \\ -1 & 2z & & \\ & & \ddots & \\ 0 & & & 2z \end{vmatrix}$$

$$= 2z D_{N-1} - D_{N-2} \qquad ⑤$$

ここで，数列⑤に対する特性方程式 $\zeta^2 - 2z\zeta + 1 = 0$ の2根 $\alpha = z + \sqrt{z^2-1}$, $\beta = z - \sqrt{z^2-1}$ ($\alpha\beta = 1$, $\alpha + \beta = 2z$) を用いれば，⑤は，

$$D_N - \alpha D_{N-1} = \alpha D_{N-1} - D_{N-2} = \alpha D_{N-1} - \alpha\beta D_{N-2} = \alpha(D_{N-1} - \beta D_{N-2})$$
$$D_N = (\alpha + \beta) D_{N-1} - D_{N-2}$$
$$D_N - \alpha D_{N-1} = \beta D_{N-1} - \alpha\beta D_{N-2} = \beta(D_{N-1} - \alpha D_{N-2})$$

これを繰り返して，$D_N - \alpha D_{N-1} = \beta^{N-2}(D_2 - \alpha D_1) = \beta^{N-2}\beta^2 = \beta^N$ ⑥
ただし，

$$D_2 - \alpha D_1 = \begin{vmatrix} 2z & -1 \\ -1 & 2z \end{vmatrix} - \alpha(2z) = 4z^2 - 1 - 2\alpha z = 4\left(\frac{\alpha+\beta}{2}\right)^2 - 1 - \alpha(\alpha+\beta)$$
$$= \beta^2 + \alpha\beta - 1 = \beta^2$$

を用いた. ⑥より,

$$\begin{cases} D_N - \alpha D_{N-1} = \beta^N \\ D_{N-1} - \alpha D_{N-2} = \beta^{N-1} \\ \cdots \\ D_3 - \alpha D_2 = \beta^3 \\ D_2 - \alpha D_1 = \beta^2 \end{cases}$$

$$D_N = \beta^N + \beta^{N-1}\alpha + \beta^{N-2}\alpha^2 + \cdots + \beta^3 \alpha^{N-3} + D_2 \alpha^{N-2}$$
$$= \alpha^0 \beta^N + \alpha\beta^{N-1} + \alpha^2 \beta^{N-2} + \cdots + \alpha^{N-3}\beta^3 + (\beta^2 + \alpha\beta + \alpha^2)\alpha^{N-2}$$
$$= \alpha^0 \beta^N + \alpha\beta^{N-1} + \alpha^2 \beta^{N-2} + \cdots + \alpha^{N-3}\beta^3 + \alpha^{N-2}\beta^2 + \alpha^{N-1}\beta + \alpha^N \beta^0$$

$$\begin{cases} \beta D_N = \alpha^0 \beta^{N+1} + \alpha\beta^N + \alpha^2 \beta^{N-1} + \cdots + \alpha^{N-1}\beta^2 + \alpha^N \beta^1 \\ \alpha D_N = \alpha^1 \beta^N + \alpha^2 \beta^{N-1} + \alpha^3 \beta^{N-2} + \cdots + \alpha^N \beta + \alpha^{N+1}\beta^0 \end{cases}$$

$$(\beta - \alpha) D_N = \beta^{N+1} - \alpha^{N+1} \qquad \therefore \quad D_N = \frac{\beta^{N+1} - \alpha^{N+1}}{\beta - \alpha}$$

したがって, 固有値方程式④は, $\beta^{N+1} = \alpha^{N+1}$ (ただし, $\alpha\beta = 1$), $\beta^{N+1} = \left(\frac{1}{\beta}\right)^{N+1}$, すなわち $\beta^{2(N+1)} = 1$ となり, これから,

$$\begin{cases} \beta = \exp\left(i\frac{\pi l}{N+1}\right) \\ \alpha = \exp\left(-i\frac{\pi l}{N+1}\right) \qquad (l = 1, 2, \cdots, N) \\ z = \frac{1}{2}(\alpha + \beta) = \cos\left(\frac{\pi l}{N+1}\right) \end{cases}$$

が求まり, 固有値は③より $(\omega \to \omega_l, \omega_0 \to \omega$ とし$)$, $\omega_l^2 = 2\omega^2 - 2\omega^2 z$ となるから,

$$\omega_l = \omega\sqrt{2 - 2\cos\left(\frac{l}{N+1}\pi\right)} \quad (l = 1, 2, \cdots, N) \qquad ⑦$$

[**参考文献**] 宮下:熱・統計力学など.

(4) 設問(3)の結果より, この系は固有振動数がそれぞれ, $\omega_1, \omega_2, \cdots, \omega_N$ の独立した調和振動子の集合と見ることができる. したがって, 設問(1)の結果より, $C_1 = k_B$

(5) 設問(2)の結果より,

$$C_{1Q} = \frac{1}{N}\sum_{l=0}^{N} k_B \left(\frac{\hbar\omega_l}{2k_B T}\right)^2 \left\{\sinh\left(\frac{\hbar\omega_l}{2k_B T}\right)\right\}^{-2}$$

$$= k_\mathrm{B} \sum_{l=0}^{N} \frac{1}{N} \left(\frac{\beta\hbar\omega_l}{2}\right)^2 \left(\frac{2}{e^{\beta\hbar\omega_l/2} - e^{-\beta\hbar\omega_l/2}}\right)^2 = k_\mathrm{B} \sum_{l=0}^{N} \frac{1}{N} (\beta\hbar\omega_l)^2 \frac{e^{\beta\hbar\omega_l}}{(e^{\beta\hbar\omega_l} - 1)^2}$$

$N \to \infty$ のとき, 区分求積法を用いると $\left(s \equiv \dfrac{l}{N+1} \cong \dfrac{l}{N}, x \equiv \beta\hbar\omega_l \text{と置く}\right)$,

$$C_{1Q} \cong k_\mathrm{B} \int_0^1 ds \frac{(\beta\hbar\omega_l)^2 e^{\beta\hbar\omega_l}}{(e^{\beta\hbar\omega_l} - 1)^2} = k_\mathrm{B} \int_0^{\beta\hbar\omega} dx \frac{ds}{dx} \frac{x^2 e^x}{(e^x - 1)^2}$$

ここで, ⑦を用いると,

$$\frac{ds}{dx} = \left(\frac{dx}{ds}\right)^{-1} = \left(\frac{d}{ds}\frac{\hbar\omega}{k_\mathrm{B}T}\sqrt{2 - 2\cos(\pi s)}\right)^{-1} = \left[\frac{1}{\beta\hbar\omega \frac{d}{ds}\{2 - 2\cos(\pi s)\}^{1/2}}\right]$$

$$= \frac{k_\mathrm{B}T}{\hbar\omega} \left[\frac{1}{\frac{1}{2}\{2 - 2\cos(\pi s)\}^{-1/2}(2\pi\sin(\pi s))}\right] = \frac{k_\mathrm{B}T}{\hbar\omega} \frac{\sqrt{2 - 2\cos(\pi s)}}{\pi\sin(\pi s)}$$

$$\cong \frac{k_\mathrm{B}T}{\hbar\omega} \frac{\sqrt{2 - 2\left\{1 - \frac{(\pi s)^2}{2!}\right\}}}{\pi\{\pi s\}} \quad (s \ll 1)$$

$$= \frac{k_\mathrm{B}T}{\hbar\omega} \frac{\pi s}{\pi^2 s} = \frac{k_\mathrm{B}T}{\pi\hbar\omega}$$

低温極限 $(k_\mathrm{B}T \ll \hbar\omega)$ の場合, $\dfrac{x^2 e^x}{(e^x - 1)^2} \cong \dfrac{x^2}{e^x}$ は $\dfrac{ds}{dx} \cong \dfrac{1}{x}$ に比べて急速に減少するから, $\dfrac{ds}{dx}$ は $s \ll 1$ の場合のみを考えればよい. したがって,

$$C_{1Q} \cong \frac{k_\mathrm{B}^2 T}{\pi\hbar\omega} \int_0^\infty dx \frac{x^2 e^x}{(e^x - 1)^2} = \frac{k_\mathrm{B}^2 T}{\pi\hbar\omega} \frac{\pi^2}{3} = \frac{\pi k_\mathrm{B}^2 T}{3\hbar\omega} \quad \therefore \quad b = 1, \quad A \cong \frac{\pi k_\mathrm{B}^2}{3\hbar\omega}$$

9.5 (1) 電子の質量 m, 個数 N, 体積 V とすると, フェルミ面内に含まれる全電子数は,

$$N = \frac{2V}{(2\pi\hbar)^3} \frac{4\pi}{3} p_\mathrm{F}^3 \qquad \qquad \text{①}$$

$$\therefore \quad p_\mathrm{F} = \hbar \left(\frac{3\pi^2 N}{V}\right)^{1/3} \qquad \qquad \text{②}$$

フェルミエネルギーは, ②を用いると,

$$\varepsilon_\mathrm{F} = \frac{p_\mathrm{F}^2}{2m} = \frac{1}{2m} \hbar^2 \left(\frac{3\pi^2 N}{V}\right)^{2/3} \qquad \qquad \text{③}$$

$$V = 3\pi^2 N \left(\frac{\hbar^2}{2m\varepsilon_\mathrm{F}}\right)^{3/2} \qquad \qquad \text{④}$$

状態密度は, 定義より,

$$D(\varepsilon_\mathrm{F}) = \frac{dN}{d\varepsilon_\mathrm{F}} = \frac{d}{d\varepsilon_\mathrm{F}} \frac{2V}{(2\pi\hbar)^3} \frac{4\pi}{3} p_\mathrm{F}^3 = \frac{d}{d\varepsilon_\mathrm{F}} \frac{2V}{(2\pi\hbar)^3} \frac{4\pi}{3} (2m\varepsilon_\mathrm{F})^{3/2}$$

$$= \frac{2V}{(2\pi\hbar)^3} \frac{4\pi}{3} \frac{3}{2} (2m\varepsilon_\mathrm{F})^{1/2} \cdot 2m = \frac{3}{2} \frac{N}{\varepsilon_\mathrm{F}} \qquad \qquad \text{⑤}$$

ここで，④を用いた．
(2) 全エネルギーは，$\varepsilon_F \to \varepsilon$ と置くと，

$$U_0 = \int_0^{\varepsilon_F} \varepsilon D(\varepsilon) d\varepsilon = \int_0^{\varepsilon_F} \varepsilon \frac{2V}{(2\pi\hbar)^3} \frac{4\pi}{3} \frac{d}{d\varepsilon}(2m\varepsilon)^{3/2} d\varepsilon$$

$$= \frac{2V}{(2\pi\hbar)^3} \frac{4\pi}{3} \int_0^{\varepsilon_F} \varepsilon \frac{3}{2}(2m\varepsilon)^{1/2} \cdot 2m \, d\varepsilon = \frac{2V}{(2\pi\hbar)^3} \frac{4\pi}{3} 3m(2m)^{1/2} \frac{2}{5} \varepsilon_F^{5/2}$$

$$= \frac{3}{5} N\varepsilon_F = a_0 N \varepsilon_F \qquad ⑥$$

ここで，④を用いた．よって $a_0 = \dfrac{3}{5}$

(3) 圧力の式に③を代入すると，

$$P = -\frac{dU_0}{dV} = -\frac{d}{dV}\left(\frac{3}{5}N\varepsilon_F\right) = -\frac{3}{5}N \frac{d\varepsilon_F}{dV}$$

$$= -\frac{3}{5}N \frac{d}{dV}\left\{\frac{\hbar^2}{2m}\left(\frac{3\pi^2 N}{V}\right)^{2/3}\right\} = -\frac{3}{5}N \frac{\hbar^2}{2m} \frac{2}{3}\left(\frac{3\pi^2 N}{V}\right)^{-1/3}\left(\frac{-3\pi^2 N}{V^2}\right)$$

$$= \frac{2N}{5V}\varepsilon_F = \frac{2N}{5V} \frac{5U_0}{3N} = \frac{2}{3}\frac{U_0}{V} \qquad \therefore \quad PV = \frac{2}{3}U_0$$

これは理想気体の内部エネルギーに対応する．

(4) スピン上向き $s_z = 1/2$ の電子系の電子数は，①より，$N^+ = \dfrac{V}{(2\pi\hbar)^3}\dfrac{4\pi}{3}(2m\varepsilon_F^+)^{3/2}$

これより，フェルミエネルギーは，

$$\varepsilon_F^+ = \frac{\hbar^2}{2m}\left(\frac{3 \times 8\pi^3 N^+}{4\pi V}\right)^{2/3} = \frac{\hbar^2}{2m}\left\{6\pi^2 \frac{N(1-\alpha)}{2V}\right\}^{2/3}$$

$$= \frac{\hbar^2}{2m}\left(\frac{3\pi^2 N}{V}\right)^{2/3}(1-\alpha)^{2/3} = \varepsilon_F(1-\alpha)^{2/3} \quad (\because ③) \qquad ⑦$$

同様に，スピン上向き，$s_z = -1/2$ の電子系のそれは，$\varepsilon_F^- = \varepsilon_F(1+\alpha)^{2/3}$
内部エネルギーは，与式，⑥, ⑦より，

$$E^+ = \frac{3}{5}N^+ \varepsilon_F^+ = \frac{3}{5}\frac{N(1-\alpha)}{2}\varepsilon_F(1-\alpha)^{2/3} = \frac{3}{10}N\varepsilon_F(1-\alpha)^{5/3}$$

$$E^- = \frac{3}{5}N^- \varepsilon_F^- = \frac{3}{5}\frac{N(1+\alpha)}{2}\varepsilon_F(1+\alpha)^{2/3} = \frac{3}{10}N\varepsilon_F(1+\alpha)^{5/3}$$

(5) 電子系のゼーマンエネルギーは，

$$E_Z = \mu_B B(N_+ - N_-) = \mu_B B\left\{\frac{N(1-\alpha)}{2} - \frac{N(1+\alpha)}{2}\right\} = -\alpha\mu_B BN \qquad ⑧$$

(6) 電子系の全エネルギーは，上式より，

$$E_{\text{tot}} = E^+ + E^- + E_Z = \frac{3}{10}N\varepsilon_F\left\{(1+\alpha)^{5/3} + (1-\alpha)^{5/3}\right\} - \alpha\mu_B BN \qquad ⑨$$

$$\frac{\partial E_{\text{tot}}}{\partial \alpha} = \frac{3}{10}\frac{5}{3}N\varepsilon_F\left\{(1+\alpha)^{2/3} - (1-\alpha)^{2/3}\right\} - \mu_B BN$$

$$\cong \frac{1}{2}N\varepsilon_{\mathrm{F}}\left\{1+\frac{2}{3}\alpha-1+\frac{2}{3}\alpha\right\}-\mu_{\mathrm{B}}BN=\frac{2}{3}N\varepsilon_{\mathrm{F}}\alpha-\mu_{\mathrm{B}}BN=0 \quad (\alpha \ll 1)$$

よって，$\alpha = \frac{3}{2}\frac{\mu_{\mathrm{B}}B}{\varepsilon_{\mathrm{F}}}$ のときに最小値になり，このときの磁化率は，⑧より，

$$M = -\frac{dE_Z}{dB} = -\frac{d}{dB}(-\alpha\mu_{\mathrm{B}}BN) = \alpha\mu_{\mathrm{B}}N = \frac{3}{2}\frac{\mu_{\mathrm{B}}B}{\varepsilon_{\mathrm{F}}}\mu_{\mathrm{B}}N = \mu_{\mathrm{B}}^2 B D(\varepsilon_{\mathrm{F}}) \quad (\because ⑤)$$
⑩[注]

[注] ⑩はパウリの常磁性と呼ばれている．キッテル：固体物理学入門（下）p146など．

(7) 上向きスピンの電子系に働く相互作用エネルギーは，組み合わせ定理より，

$$E_I^+ \equiv -J\frac{N^+!}{2!(N^+-2)!} = -\frac{J}{2}N^+(N^+-1) \cong -\frac{J}{2}(N^+)^2 = -\frac{J}{8}N^2(1-\alpha)^2 \quad ⑪$$

同様にして，$E_I^- \equiv -\frac{J}{8}N^2(1+\alpha)^2$ ⑫

(8) 相互作用を考慮した全エネルギーは，⑨, ⑪, ⑫より，

$$\tilde{E}_{\mathrm{tot}} = \frac{3}{10}N\varepsilon_{\mathrm{F}}\left\{(1+\alpha)^{5/3}+(1-\alpha)^{5/3}\right\}-\alpha\mu_{\mathrm{B}}BN-\frac{J}{8}N^2(1-\alpha)^2-\frac{J}{8}N^2(1+\alpha)^2$$

$$= \frac{3}{10}N\varepsilon_{\mathrm{F}}\left\{(1+\alpha)^{5/3}+(1-\alpha)^{5/3}\right\}-\frac{J}{4}N^2(1+\alpha^2)-\alpha\mu_{\mathrm{B}}BN$$

$$\frac{\partial \tilde{E}_{\mathrm{tot}}}{\partial \alpha} = \frac{1}{2}N\varepsilon_{\mathrm{F}}\left\{(1+\alpha)^{2/3}-(1-\alpha)^{2/3}\right\}-\frac{J}{2}N^2\alpha-\mu_{\mathrm{B}}BN$$

$$\cong \frac{1}{2}N\varepsilon_{\mathrm{F}}\left(2\frac{2}{3}\alpha\right)-\frac{J}{2}N^2\alpha-\mu_{\mathrm{B}}BN = \left(\frac{2}{3}N\varepsilon_{\mathrm{F}}-\frac{J}{2}N^2\right)\alpha-\mu_{\mathrm{B}}BN=0$$

ただし，$\alpha \ll 1$．よって，$\alpha = \frac{\mu_{\mathrm{B}}B}{\frac{2}{3}\varepsilon_{\mathrm{F}}-\frac{JN}{2}} > 0$ のとき最小値を取る．対応する磁化は，⑩と同様にして

$$M = \alpha\mu_{\mathrm{B}}N = \frac{\mu_{\mathrm{B}}B}{\frac{2}{3}\varepsilon_{\mathrm{F}}-\frac{JN}{2}}\mu_{\mathrm{B}}N = \frac{\mu_{\mathrm{B}}^2 BN}{\frac{2}{3}\varepsilon_{\mathrm{F}}-\frac{JN}{2}}$$

$J=0$ のときと比べると磁化は大きくなる．

9.6 (1) 分配関数を Z，自由エネルギーを F とすると，

$$Z = \sum_l e^{-\beta H_l} = e^{\beta H}+e^{-\beta H} = 2\cosh\beta H \quad \left(\beta = \frac{1}{kT}\right) \quad ①$$

$$F = -\frac{1}{\beta}\log Z = -\frac{1}{\beta}\log(2\cosh\beta H)$$

$$M = -\frac{\partial F}{\partial H} = \frac{1}{\beta}\frac{1}{2\cosh\beta H}\cdot 2\beta\sinh\beta H = \tanh\beta H \quad ②$$

$$S = -\frac{\partial F}{\partial T} = -\frac{\partial}{\partial(1/k\beta)}F = -k\frac{\partial}{\partial\beta^{-1}}F = -k\frac{\partial}{-\beta^{-2}\partial\beta}F$$

$$= k\beta^2\frac{\partial F}{\partial\beta} = -k\beta^2\frac{\frac{1}{2\cosh\beta H}2H\sinh\beta H\cdot\beta-\log(2\cosh\beta H)}{\beta^2}$$

$$= k[\log(2\cosh\beta H)-\beta H\tanh\beta H] = k[\log 2+\log\cosh\beta H-\beta H\tanh\beta H]$$
③

[参考文献] 久保他：大学演習熱学・統計力学

(2) $|H|$ が小さいとき, 公式 $\tanh x \cong x - \dfrac{x^3}{3}$, $\sinh x \cong x + \dfrac{x^3}{3!}$, $\cosh x \cong 1 + \dfrac{x^2}{2!}$, $\log(1+x) \cong x - \dfrac{x^2}{2}$ を用いると,

$$M \cong \beta H - \frac{1}{3}(\beta H)^3$$

$$S \cong k\left[\log 2 + \log\left\{1 + \frac{(\beta x)^2}{2!}\right\} - \beta H(\beta H)\right]$$

$$\cong \left[\log 2 - \frac{1}{2}(\beta H)^2\right]$$

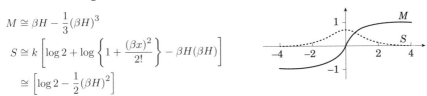

(3) ②, ③を描くと図のようになる.

(4) $H = 0$, $s = \pm 1$ とすると, $Z = 2e^{\beta J} + 2e^{-\beta J} = 4\cosh \beta J$

これは①で $H \to J$ と置き換えたものの 2 倍と同様である. 図から, $J = 0$ のときが最大で, $J = \pm J_0$ のときはこれよりも小さい. すなわち, $S > S_0$.

(5) 同じ温度, 同じ磁場 $H > 0$ のとき, $J = 0$ の場合, ランダムであるため M は大きくならない. $J > 0$ の場合, スピンが揃うと大きな $M > 0$. $J < 0$ の場合, スピンが揃わず, $M \to 0$.

(6) 外部磁場 H に平均磁場 H_eff を考慮すると, ハミルトニアン H_i は,

$$H_i = -(H_\text{eff} + H)s_i$$

これは相互作用なしの N 粒子系の分配関数 $Z = 2^N \cosh^N \beta H$ で, $H \to H + H_\text{eff}$ と置換したものになっているから, 自己無撞着方程式は, $Nm = -\dfrac{\partial F}{\partial H} = N\tanh\beta(Jm + H)$

[注] 宮下：熱・統計力学, 桂他：統計力学演習, には最近接格子点の数 z が導入されているが, 問題に触れられていないので, 省略した.

(7) $H = 0$ の場合, $m = \tanh \beta J m$, $\dfrac{\partial}{\partial m}\tanh \beta J m = 1$ ∴ $\beta_c = \dfrac{1}{kT_c} = \dfrac{1}{J}$

9.7 (1) (a) 分配関数は, $Z = \left(e^0 + e^{-\frac{\varepsilon}{k_\text{B}T}}\right)^N = \left(1 + e^{-\frac{\varepsilon}{k_\text{B}T}}\right)^N$

(b) 内部エネルギーは,

$$U = -\frac{\partial}{\partial \beta}\log Z = -\frac{\partial}{\partial \beta}\log(1 + e^{-\beta\varepsilon})^N = -N\frac{\partial}{\partial \beta}\log(1 + e^{-\beta\varepsilon})$$

$$= -N\frac{-\varepsilon e^{-\beta\varepsilon}}{1 + e^{-\beta\varepsilon}} = \frac{N\varepsilon}{1 + e^{\varepsilon/k_\text{B}T}} \quad \left(\beta = \frac{1}{k_\text{B}T}\right)$$

(c) 熱容量は,

$$C = \frac{\partial U}{\partial T} = \frac{\partial}{\partial T}\frac{N\varepsilon}{1 + e^{\varepsilon/k_\text{B}T}} = N\varepsilon\frac{\partial}{\partial T}\frac{1}{1 + e^{\varepsilon/k_\text{B}T}} = N\varepsilon\frac{-e^{\varepsilon/k_\text{B}T}\left(\frac{-\varepsilon}{k_\text{B}T^2}\right)}{(1 + e^{\varepsilon/k_\text{B}T})^2}$$

$$= \frac{N\varepsilon^2 e^{\varepsilon/k_\text{B}T}}{(1 + e^{\varepsilon/k_\text{B}T})^2 k_\text{B}T^2}$$

$T \gg \varepsilon/k_\text{B}$, $k_\text{B}T \gg \varepsilon$ の場合,

$$C \cong \frac{N\varepsilon^2 \left(1 + \frac{\varepsilon}{k_B T}\right)}{\left(1 + 1 + \frac{\varepsilon}{k_B T}\right)^2 k_B T^2} \cong \frac{N\varepsilon^2}{4k_B T^2} \qquad ①$$

$T \ll \varepsilon/k_B,\ k_B T \ll \varepsilon$ の場合,

$$C = \frac{N\varepsilon^2 e^{\varepsilon/k_B T}}{(1 + e^{\varepsilon/k_B T})^2 k_B T^2} \cong \frac{N\varepsilon^2 e^{-\varepsilon/k_B T}}{k_B T^2} \qquad ②$$

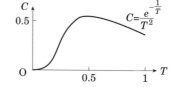

②の C 対 T のグラフを図に示す.（①のグラフは省略）

(d) 自由エネルギーは,

$$F = -k_B T \log Z = -k_B T \log \left(1 + e^{-\frac{\varepsilon}{k_B T}}\right)^N = -N k_B T \log \left(1 + e^{-\frac{\varepsilon}{k_B T}}\right)$$

よって, エントロピーと自由エネルギーの関係 $F = U - TS$ より, エントロピーは,

$$S = \frac{U - F}{T} = \frac{1}{T}\left\{\frac{N\varepsilon e^{-\varepsilon/k_B T}}{1 + e^{-\varepsilon/k_B T}} + N k_B T \log\left(1 + e^{-\frac{\varepsilon}{k_B T}}\right)\right\}$$

(2) (a) ボーズ粒子の場合, $W_j = \dfrac{(n_j + c_j - 1)!}{n_j!(c_j - 1)!},\ W = \displaystyle\prod_j \dfrac{(n_j + c_j - 1)!}{n_j!(c_j - 1)!}$ ③

フェルミ粒子の場合, $W_j = \dfrac{c_j!}{n_j!(c_j - n_j)!},\ W = \displaystyle\prod_j \dfrac{c_j!}{n_j!(c_j - n_j)!}$

詳細は, 阿部：熱統計力学, 久保他：演習熱学・統計力学など参照.

(b) ボーズ粒子の場合, ③, スターリングの公式より,

$$S = k_B \log W = k_B \sum_j \log \frac{(n_j + c_j - 1)!}{n_j!(c_j - 1)!} \cong k_B \sum_j \log \frac{(n_j + c_j)!}{n_j! c_j!}$$

$$\cong k_B \sum_j \{(n_j + c_j)\log(n_j + c_j) - (n_j + c_j) - n_j \log n_j + n_j - c_j \log c_j + c_j\}$$

$$= k_B \sum_j \{n_j \log(n_j + c_j) + c_j \log(n_j + c_j) - n_j \log n_j - c_j \log c_j\} \qquad ④$$

フェルミ粒子の場合,

$$S = k_B \sum_j \log \frac{c_j!}{n_j!(c_j - n_j)!}$$

$$\cong k_B \sum_j \{c_j \log c_j - c_j - n_j \log n_j + n_j - (c_j - n_j)\log(c_j - n_j) + (c_j - n_j)\}$$

$$= k_B \sum_j \{c_j \log c_j - n_j \log n_j - (c_j - n_j)\log(c_j - n_j)\} \qquad ⑤$$

(c) ボーズ粒子の場合, ④より, $\langle n_j \rangle = n_j/c_j$ を用いると,

$$S = k_B \sum_j \left\{n_j \log\left(1 + \frac{c_j}{n_j}\right) + c_j \log\left(1 + \frac{n_j}{c_j}\right)\right\}$$

$$= k_{\rm B} \sum_j \left\{ n_j \log\left(1 + \frac{1}{\langle n_j \rangle}\right) + c_j \log(1 + \langle n_j \rangle) \right\}$$

$$= k_{\rm B} \sum_j \left\{ n_j \log \frac{\langle n_j \rangle + 1}{\langle n_j \rangle} + c_j \log(1 + \langle n_j \rangle) \right\}$$

$$= k_{\rm B} \sum_j \{ n_j \log(\langle n_j \rangle + 1) - n_j \log\langle n_j \rangle + c_j \log(1 + \langle n_j \rangle) \}$$

$$= k_{\rm B} \sum_j \{ c_j \langle n_j \rangle \log(\langle n_j \rangle + 1) - c_j \langle n_j \rangle \log\langle n_j \rangle + c_j \log(1 + \langle n_j \rangle) \}$$

$$= k_{\rm B} \sum_j c_j \{ \langle n_j \rangle \log\langle n_j \rangle + (\langle n_j \rangle + 1) \log(\langle n_j \rangle + 1) \} \quad \text{⑥}$$

$$dS = k_{\rm B} \sum_j c_j \left\{ -d\langle n_j \rangle \log\langle n_j \rangle - \langle n_j \rangle \frac{1}{\langle n_j \rangle} d\langle n_j \rangle \right.$$

$$\left. + d\langle n_j \rangle \log(\langle n_j \rangle + 1) + (\langle n_j \rangle + 1) \frac{1}{\langle n_j \rangle + 1} d\langle n_j \rangle \right\}$$

$$= k_{\rm B} \sum_j c_j \left\{ d\langle n_j \rangle \log\left(1 + \frac{1}{\langle n_j \rangle}\right) \right\} = k_{\rm B} \sum_j c_j \log\left(\frac{\langle n_j \rangle + 1}{\langle n_j \rangle}\right) d\langle n_j \rangle \quad \text{⑦}$$

さらに，次の式が成立する．

$$dE = \sum_j \varepsilon_j c_j d\langle n_j \rangle, \quad dN = \sum_j c_j d\langle n_j \rangle \quad \text{⑧}$$

与式 $T\, dS = dE - \mu\, dN$ に⑧を代入すると，

$$dS = \frac{dE}{T} - \frac{\mu\, dN}{T} = \sum_j \frac{\varepsilon_j c_j d\langle n_j \rangle}{T} - \sum_j \frac{\mu c_j d\langle n_j \rangle}{T} \quad \text{⑨}$$

⑦ = ⑨ より，$k_{\rm B} T \log\left(\dfrac{\langle n_j \rangle + 1}{\langle n_j \rangle}\right) = \varepsilon_j - \mu$, $\dfrac{\langle n_j \rangle + 1}{\langle n_j \rangle} = e^{(\varepsilon_j - \mu)/k_{\rm B} T}$,

$$\langle n_j \rangle = \frac{1}{e^{(\varepsilon_j - \mu)/k_{\rm B} T} - 1}$$

フェルミ粒子の場合，⑤より，⑥と同様にして，

$$S = k_{\rm B} \sum_j c_j \{ -\langle n_j \rangle \log\langle n_j \rangle + (\langle n_j \rangle - 1) \log(1 - \langle n_j \rangle) \}$$

$$\langle n_j \rangle = \frac{1}{e^{(\varepsilon_j - \mu)/k_{\rm B} T} + 1}$$

9.8 (1) $N! \to$ 同種粒子を除くため，$N!$ で割る．
$h^{3N} \to$ 不確定性関係 $\Delta x \Delta p \sim h$, 個数 N, を考慮し，h^{3N} で割る．
詳細は，阿部：熱統計力学，久保他：演習熱学・統計力学など参照．
与式より，

$$Z(N, T, V) = \frac{V^N}{N! h^{3N}} \left(\int dp\, e^{-\beta H} \right)^{3N} = \frac{V^N}{N! h^{3N}} \left(\int_{-\infty}^{\infty} dp\, e^{-\frac{\beta p^2}{2m}} \right)^{3N}$$

$$= \frac{V^N}{N!h^{3N}}\left(\sqrt{\frac{2\pi m}{\beta}}\right)^{3N} = \frac{V^N}{N!h^{3N}}\left(\sqrt{2\pi mk_\mathrm{B}T}\right)^{3N} = \frac{V^N(2\pi mk_\mathrm{B}T)^{\frac{3N}{2}}}{N!(2\pi\hbar)^{3N}}$$

自由エネルギーは,

$$F = -k_\mathrm{B}T \log Z = -k_\mathrm{B}T \log \frac{V^N(2\pi mk_\mathrm{B}T)^{\frac{3N}{2}}}{N!(2\pi\hbar)^{3N}}$$

$$F = U - TS$$

$$dF = dU - T\,dS - S\,dT = d'Q - p\,dV - T\,dS - S\,dT$$

$$\quad = T\,dS - p\,dV - T\,dS - S\,dT = -p\,dV - S\,dT$$

よって, 圧力は,

$$p = -\left(\frac{\partial F}{\partial V}\right)_T = \frac{\partial}{\partial V}\left\{k_\mathrm{B}T \log \frac{V^N(2\pi mk_\mathrm{B}T)^{\frac{3N}{2}}}{N!(2\pi\hbar)^{3N}}\right\}$$

$$= k_\mathrm{B}T \frac{N!(2\pi\hbar)^{3N}}{V^N(2\pi mk_\mathrm{B}T)^{\frac{3N}{2}}} \frac{NV^{N-1}(2\pi mk_\mathrm{B}T)^{\frac{3N}{2}}}{N!(2\pi\hbar)^{3N}} = \frac{Nk_\mathrm{B}T}{V}$$

内部エネルギーは,

$$U = -\frac{\partial}{\partial\beta}\log Z = -\frac{\partial}{\partial\beta}\log\frac{V^N(2\pi mk_\mathrm{B}T)^{\frac{3N}{2}}}{N!(2\pi\hbar)^{3N}} = -\frac{\partial T}{\partial\beta}\frac{\partial}{\partial T}\log\frac{V^N(2\pi mk_\mathrm{B}T)^{\frac{3N}{2}}}{N!(2\pi\hbar)^{3N}}$$

$$= k_\mathrm{B}T^2 \frac{\partial}{\partial T}\log\frac{V^N(2\pi mk_\mathrm{B}T)^{\frac{3N}{2}}}{N!(2\pi\hbar)^{3N}}$$

$$= k_\mathrm{B}T^2 \frac{N!(2\pi\hbar)^{3N}}{V^N(2\pi mk_\mathrm{B}T)^{\frac{3N}{2}}} \frac{V^N(2\pi mk_\mathrm{B})^{\frac{3N}{2}}}{N!(2\pi\hbar)^{3N}} \frac{3N}{2} T^{\frac{3N}{2}-1} = \frac{3}{2}Nk_\mathrm{B}T$$

(2) N 個の粒子が存在することによる排除効果を考慮すると, 実効体積は $V_\mathrm{eff} = V - Nv_0$. 1粒子によるポテンシャルは, $-A\varepsilon[\mathrm{J}]v_0[\mathrm{m}^3]\frac{N}{V}[\mathrm{m}^{-3}]$. これが N 個あるから, 全ポテンシャルは, $U_\mathrm{ap} = -A\varepsilon v_0 \frac{N^2}{V}$

$V_\mathrm{eff} = V - Nnv_0 = V(1 - nv_0)$ だから,

$$F = -Nk_\mathrm{B}T\log V - Nk_\mathrm{B}T\log(1 - v_0 n) - \varepsilon v_0 \frac{N^2}{V}$$

$$= F_\mathrm{ideal} - Nk_\mathrm{B}T\log(1 - v_0 n) - \varepsilon v_0 \frac{N^2}{V} \qquad \qquad ①$$

(3) ①より,

$$p = -\left(\frac{\partial F}{\partial V}\right)_T = -\frac{\partial}{\partial V}\left\{-Nk_\mathrm{B}T\log V - Nk_\mathrm{B}T\log\left(1 - v_0\frac{N}{V}\right) - \varepsilon v_0 \frac{N^2}{V}\right\}$$

$$= \frac{Nk_\mathrm{B}T}{V} + Nk_\mathrm{B}T\frac{1}{1 - v_0\frac{N}{V}}\frac{v_0 N}{V^2} - \varepsilon v_0 \frac{N^2}{V^2} = \frac{Nk_\mathrm{B}T}{V} + Nk_\mathrm{B}T\frac{v_0 N}{V^2 - v_0 NV} - \varepsilon v_0 \frac{N^2}{V^2}$$

$$= Nk_\mathrm{B}T \frac{V-v_0N+v_0N}{V^2-v_0NV} - \varepsilon v_0 \frac{N^2}{V^2} = \frac{Nk_\mathrm{B}T}{V-v_0N} - \varepsilon v_0 \frac{N^2}{V^2}$$

9.9 (1) 与式を参照すると，$P(N,E_S) = Ce^{\sigma(N_0-N,U_0-E_S)}$ ①

(2) σ を N_0, U_0 の周りに展開すると，

$$\sigma(N_0-N, U_0-E_S) = \sigma(N_0,U_0) - N\frac{\partial \sigma}{\partial N} - E_S\frac{\partial \sigma}{\partial E} = \sigma(N_0,U_0) + \beta\mu N - \beta E_S \quad ②$$

なぜなら，熱力学第一＋第二法則より，

$$dE = d'Q + d'W + \mu dN = T\,dS - p\,dV + \mu\,dN, \quad dS = \frac{1}{T}(dE + p\,dV - \mu\,dN)$$

$$\frac{\partial S}{\partial N} = -\frac{\mu}{T} = \frac{\partial(k_\mathrm{B}\sigma)}{\partial N}, \quad \frac{\partial \sigma}{\partial N} = -\frac{\mu}{k_\mathrm{B}T} = -\beta\mu, \quad \frac{\partial \sigma}{\partial E} = \frac{1}{k_\mathrm{B}}\frac{\partial S}{\partial E} = \frac{1}{k_\mathrm{B}T}$$

②を①に代入すると，

$$P(N,E_S) = Ce^{\sigma(N_0,U_0)+\beta\mu N-\beta E_S} = Ce^{\sigma(N_0,U_0)}e^{\beta(\mu N-E_S)} \quad \left(=\frac{1}{Z}e^{\beta(\mu N-E_S)}\right) \quad ③$$

(3) フェルミ粒子系の分配関数は，与式を参照すると，

$$Z = \sum_{N,S}\exp\left(\beta\mu\sum_i n_i - \beta\sum_i n_i\varepsilon_i\right) = \sum_{N,S}\prod_i \{\exp\beta(\mu-\varepsilon_i)\}^{n_i}$$

$$= \prod_i \sum_{n_i}\{\exp\beta(\mu-\varepsilon_i)\}^{n_i} = \prod_i(1+e^{\beta(\mu-\varepsilon_i)}) \quad ④$$

ただし，$n_i = 0, 1$ とした．

(4) $f(\varepsilon)$ は，$[\varepsilon, \varepsilon+d\varepsilon]$ の区間のエネルギーをとる粒子数．
フェルミ粒子系の場合，③，④より，分布関数は，

$$f(\varepsilon) = \sum_{N,S} n_i P(N,E_S) = \sum_{N,S} \frac{n_i}{Z}\exp\left\{\sum_i \beta n_i(\mu-\varepsilon_i)\right\} = \frac{\partial}{\partial\beta(\mu-\varepsilon_i)}\log Z$$

$$= \frac{e^{\beta(\mu-\varepsilon_i)}}{1+e^{\beta(\mu-\varepsilon_i)}} = \frac{1}{1+e^{\beta(\varepsilon_i-\mu)}}$$

ボーズ粒子系の場合，④と同様にして，

$$Z = \prod_i \sum_{n_i}\{\exp\beta(\mu-\varepsilon_i)\}^{n_i} = \prod_i(1+e^{\beta(\mu-\varepsilon_i)}+e^{2\beta(\mu-\varepsilon_i)}+\cdots)$$

$$= \prod_i(1-e^{\beta(\mu-\varepsilon_i)})^{-1}$$

ただし，$n_i = 0, 1, 2, \cdots$ であり，無限級数の和の公式を用いた．

$$f(\varepsilon) = \frac{\partial}{\partial\beta(\mu-\varepsilon_i)}\log Z = \frac{\partial}{\partial\beta(\mu-\varepsilon_i)}\log(1-e^{\beta(\mu-\varepsilon_i)})^{-1}$$

$$= -\frac{-e^{\beta(\mu-\varepsilon_i)}}{1-e^{\beta(\mu-\varepsilon_i)}} = \frac{1}{e^{\beta(\varepsilon_i-\mu)}-1}$$

■第10編の解答

10.1 (1) ローレンツの式より，$\bm{F} = q(\bm{E} + \bm{v} \times \bm{B})$

(2) $\bm{B} = \bm{0}$ のとき，荷電粒子の位置を $\bm{r} = (x, y, z)$ とすると，運動方程式，および各成分は，

$$m\frac{d\bm{v}}{dt} = m\frac{d^2\bm{r}}{dt^2} = q\bm{E}$$

$$\begin{cases} \dfrac{d^2 x}{dt^2} = \dfrac{q}{m}E_x = 0 \\ \dfrac{d^2 y}{dt^2} = \dfrac{q}{m}E_y = \dfrac{q}{m}E \\ \dfrac{d^2 z}{dt^2} = \dfrac{q}{m}E_z = 0 \end{cases} \quad ①$$

①の第2式の積分より，$\dfrac{dy}{dt} = \dfrac{qE}{m}t + C_1$．速度の初期条件を代入すると

$$0 = C_1, \quad \frac{dy}{dt} = \frac{qE}{m}t \quad ②$$

この積分より，$y = \dfrac{qE}{m}\dfrac{t^2}{2} + C_2$．位置の初期条件より，

$$0 = C_2, \quad y = \frac{qE}{m}\frac{t^2}{2} \quad ③$$

③の第3式を積分し，初期条件を代入すると，$\dfrac{dz}{dt} = C_3 = v_0,\ z = v_0 t + C_4,\ z = v_0 t$

$z = l$ のときの時刻を t_l とすると，$t_l = \dfrac{l}{v_0}$．このとき，③より，$y = y_l = \dfrac{qE}{2m}\left(\dfrac{l}{v_0}\right)^2$

②より，$\left.\dfrac{dy}{dt}\right|_{t_l} = \dfrac{qE}{m}\dfrac{l}{v_0}$ ④

電場領域出射時の粒子速度と z 軸のなす角を θ とすると（右図参照），

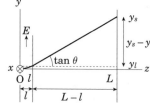

$$\tan\theta = \frac{\left.\frac{dy}{dt}\right|_{t_l}}{\left.\frac{dz}{dt}\right|_{t_l}} = \frac{\frac{qE}{m}\frac{l}{v_0}}{v_0} = \frac{qEl}{mv_0^2}$$

$$\therefore\ y_s = y_l + (L-l)\frac{qEl}{mv_0^2} = \frac{qE}{2m}\left(\frac{l}{v_0}\right)^2 + (L-l)\frac{qEl}{mv_0^2} \quad ⑤$$

(3) xz 面への投影は円となるから，ローレンツ力と遠心力の釣り合いより，

$$qvB = \frac{mv^2}{r}, \quad qB = \frac{mv}{r}$$

旋回半径は，$r = \dfrac{mv}{qB} = \dfrac{mv_0}{qB}$

$r = l$ のときの B を B_0 とすると，$l = \dfrac{mv_0}{qB_0},\ B_0 = \dfrac{mv_0}{ql}$ ⑥

より大きくなると粒子はスクリーンに到達しなくなる.

(4) ⑤から, $y_s \cong (L-l)\dfrac{qEl}{mv_0^2}$ ⑦

一方, $z=l$ での勾配は $l\omega_c/v_0$ ($\omega_c = qB/m$) 程度だから,

$$x_s \cong (L-l)\dfrac{l\omega_c}{v_0} = (L-l)\dfrac{lqB}{mv_0} \qquad ⑧$$

⑦, ⑧から v_0 を消去すると, $y_s = \left\{\dfrac{E}{l(L-l)B^2}\right\}\left(\dfrac{m}{q}\right)x_s^2$

よって, $a = \left\{\dfrac{E}{l(L-l)B^2}\right\}\left(\dfrac{m}{q}\right)$.

[別解] $z=l$ における速度の x, y 成分は, それぞれ⑥, ④より, $v_x = \left(\dfrac{qB}{m}\right)l$, $v_y = \left(\dfrac{qE}{m}\right)\left(\dfrac{l}{v_0}\right)$ と近似的に与えられる. これを運動方程式に代入し, スクリーン上の座標 x_s, y_s を求めると,

$$x_s^2 = \left\{\dfrac{l(L-l)B^2}{E}\right\}\left(\dfrac{q}{m}\right)y_s, \quad y_s = \left\{\dfrac{E}{l(L-l)B^2}\right\}\left(\dfrac{m}{q}\right)x_s^2$$

$\therefore \quad a = \left\{\dfrac{E}{l(L-l)B^2}\right\}\left(\dfrac{m}{q}\right)$

10.2 (1) 電流は導体1の表面に流れるから, アンペアの定理より, 中心軸から r の距離の磁場は, $a \leq r \leq b$ では, $\oint \boldsymbol{H}\cdot d\boldsymbol{l} = H\cdot 2\pi r = I$, $H = \dfrac{I}{2\pi r}$

磁束密度は, $B = \mu_0 H = \dfrac{\mu_0 I}{2\pi r}$

$r < a$ では, $H = 0, B = 0$. $b < r$ では, $\pm I$ がキャンセルするから, $H = 0, B = 0$

単位体積当たりの磁場のエネルギーは, $u_1 \equiv \dfrac{B^2}{2\mu_0} = \dfrac{1}{2\mu_0}\left(\dfrac{\mu_0 I}{2\pi r}\right)^2$

単位長さ当たりの磁場エネルギーは,

$$U_1 \equiv \int \dfrac{1}{2\mu_0}\left(\dfrac{\mu_0 I}{2\pi r}\right)^2 \cdot 2\pi r\, dr \cdot 1 = \dfrac{(\mu_0 I)^2}{2\mu_0}\int_a^b \dfrac{dr}{2\pi r} = \dfrac{\mu_0 I^2}{4\pi}\log\dfrac{b}{a}$$

(2) 電流が一様に流れる場合, 電流密度は, $i = \dfrac{I}{\pi a^2}$. アンペアの定理より, $r < a$ では,

$$H\cdot 2\pi r = \pi r^2 i = \pi r^2 \dfrac{I}{\pi a^2}, \quad H = \dfrac{1}{2\pi}\dfrac{r^2 I}{a^2} = \dfrac{Ir}{2\pi a^2}, \quad B = \dfrac{\mu_0 Ir}{2\pi a^2}$$

$$u_2 \equiv \dfrac{B^2}{2\mu_0} = \dfrac{1}{2\mu_0}\left(\dfrac{\mu_0 Ir}{2\pi a^2}\right)^2, \quad U_2 \equiv \int \dfrac{1}{2\mu_2}\left(\dfrac{\mu_0 Ir}{2\pi a^2}\right)^2 \cdot 2\pi r\, dr \cdot 1 = \dfrac{\mu_0 I^2}{16\pi} \qquad ①$$

$a \leq r \leq b$ では,

$$H\cdot 2\pi r = I, \quad H = \dfrac{I}{2\pi r}, \quad B = \dfrac{\mu_0 I}{2\pi r}$$

$$u_3 \equiv \frac{1}{2\mu_0}\left(\frac{\mu_0 I}{2\pi r}\right)^2, \quad U_3 \equiv \int_a^b \frac{1}{2\mu_0}\left(\frac{\mu_0 I}{2\pi r}\right)^2 \cdot 2\pi r\, dr \cdot 1 = \frac{\mu_0 I^2}{4\pi}\log\frac{b}{a} \quad ②$$

$b < r$ では，$H = 0, B = 0, U_4 = 0$

単位長さ当たりの（全）エネルギーは，① + ② より，$U = \dfrac{\mu_0 I^2}{16\pi} + \dfrac{\mu_0 I^2}{4\pi}\log\dfrac{b}{a}$

(3) 電磁力の大きさは，

$$F = \int dF = \int dI dr \times B = \int_a^b \int_0^{2\pi} \frac{I d\theta}{2\pi}\frac{\mu_0 I}{2\pi r}dr = \frac{\mu_0 I^2}{2\pi}\log\frac{b}{a}$$

方向は z 方向．

(4) 抵抗は，$dR = \dfrac{1}{\sigma}\dfrac{dr}{2\pi rd} \quad \therefore \quad R = \dfrac{1}{2\pi\sigma d}\int_a^b \log r\, dr = \dfrac{1}{2\pi\sigma d}\log\dfrac{b}{a}$

10.3 (1) （問(1), (2)は題意が不明確なので下記のような解答例を与える．外部電場はなしとする．）

$\varepsilon_1, \varepsilon_2$ 内の電界を E_1, E_2 とすると，$a \leq r < c$ のとき，

$$E_1 = \frac{Q}{4\pi\varepsilon_1 r^2} = \frac{Q/2}{4\pi\varepsilon_0 r^2}, \quad D_1 = \frac{Q}{4\pi r^2}, \quad P_1 = (\varepsilon_1 - \varepsilon_0)E_1 = \varepsilon_0 E_1 = \frac{Q/2}{4\pi r^2} \quad ①$$

$c \leq r < b$ のとき，

$$E_2 = \frac{Q}{4\pi\varepsilon_2 r^2} = \frac{Q/3}{4\pi\varepsilon_0 r^2}, \quad D_2 = \frac{Q}{4\pi r^2}, \quad P_2 = (\varepsilon_2 - \varepsilon_0)E_2 = 2\varepsilon_0 E_2 = \frac{2Q/3}{4\pi r^2} \quad ②$$

電気力線，電束線，分極ベクトルの図は省略．

(2) ①，② より，

$$P_1(a) = \frac{Q/2}{4\pi a^2}, \quad P_1(c) = \frac{Q/2}{4\pi c^2}, \quad P_2(c) = \frac{2Q/3}{4\pi c^2}, \quad P_2(b) = \frac{2Q/3}{4\pi b^2}$$

一般に，分極電荷 $\sigma = -\boldsymbol{n}\cdot\boldsymbol{P}$ だから，$r = a, c, b$ における分極電荷はそれぞれ，

$$\sigma(a) \equiv -\frac{Q/2}{4\pi a^2}, \quad \sigma(c) \equiv P_1(c) - P_2(c) = -\frac{Q/6}{4\pi c^2}, \quad \sigma(b) \equiv \frac{2Q/3}{4\pi b^2}$$

分極電荷分布の図は省略．

(3) ガウスの定理より，A の電荷を Q とすると，

$$E_1 = \frac{Q}{4\pi\varepsilon_1 r^2} = \frac{Q}{4\pi(2\varepsilon_0)r^2} = \frac{Q}{8\pi\varepsilon_0 r^2} \quad (a \leq r < c)$$

$$E_2 = \frac{Q}{4\pi\varepsilon_2 r^2} = \frac{Q}{4\pi(3\varepsilon_0)r^2} = \frac{Q}{12\pi\varepsilon_0 r^2} \quad (c \leq r < b)$$

$$E_3 = \frac{Q}{4\pi\varepsilon_0 r^2} \quad (c \leq r)$$

$a \leq r < c$ では，

$$V(r) = \int_r^c E_1 dr + \int_c^b E_2 dr + \int_b^\infty E_3 dr$$

$$= \int_r^c \frac{Q}{8\pi\varepsilon_0 r^2}dr + \int_c^b \frac{Q}{12\pi\varepsilon_0 r^2}dr + \int_b^\infty \frac{Q}{4\pi\varepsilon_0 r^2}dr$$

$$= \left[\frac{-Q}{8\pi\varepsilon_0 r}\right]_r^c + \left[\frac{-Q}{12\pi\varepsilon_0 r}\right]_c^b + \left[\frac{-Q}{4\pi\varepsilon_0 r}\right]_b^\infty$$

$$= \frac{Q}{8\pi\varepsilon_0}\left(\frac{1}{r} - \frac{1}{c}\right) - \frac{Q}{12\pi\varepsilon_0}\left(\frac{1}{b} - \frac{1}{c}\right) + \frac{Q}{4\pi\varepsilon_0 b} \quad \text{③}$$

$c \leq r < b$ では,

$$V(r) = \int_r^b E_2 dr + \int_b^\infty E_3 dr = \int_r^b \frac{Q}{12\pi\varepsilon_0 r^2}dr + \int_b^\infty \frac{Q}{4\pi\varepsilon_0 r^2}dr$$

$$= -\frac{Q}{12\pi\varepsilon_0}\left[\frac{1}{r}\right]_r^b - \frac{Q}{4\pi\varepsilon_0}\left[\frac{1}{r}\right]_b^\infty = \frac{Q}{12\pi\varepsilon_0}\left(\frac{1}{r} - \frac{1}{b}\right) + \frac{Q}{4\pi\varepsilon_0 b} \quad \text{④}$$

$b \leq r$ では,

$$V(r) = \int_r^\infty E_3 dr = \int_r^\infty \frac{Q}{4\pi\varepsilon_0 r^2}dr = \frac{-Q}{4\pi\varepsilon_0}\left[\frac{1}{r}\right]_r^\infty = \frac{Q}{4\pi\varepsilon_0 r} \quad \text{⑤}$$

③より, $V(a) = \dfrac{Q}{8\pi\varepsilon_0}\left(\dfrac{1}{a} - \dfrac{1}{c}\right) - \dfrac{Q}{12\pi\varepsilon_0}\left(\dfrac{1}{b} - \dfrac{1}{c}\right) + \dfrac{Q}{4\pi\varepsilon_0 b}$

④または⑤より, $V(b) = \dfrac{q}{12\pi\varepsilon_0}\left(\dfrac{1}{b} - \dfrac{1}{b}\right) + \dfrac{Q}{4\pi\varepsilon_0 b} = \dfrac{Q}{4\pi\varepsilon_0 b}$

③または④より, $V(c) = \dfrac{-Q}{12\pi\varepsilon_0}\left(\dfrac{1}{b} - \dfrac{1}{c}\right) + \dfrac{Q}{4\pi\varepsilon_0 b}$

④より, $V(c) = \dfrac{Q}{12\pi\varepsilon_0}\left(\dfrac{1}{c} - \dfrac{1}{b}\right) + \dfrac{Q}{4\pi\varepsilon_0 b}$

⑤より, $V(b) = \dfrac{Q}{4\pi\varepsilon_0 b}$

以上より, $E(r)$, $V(r)$ のグラフを図 1, 2 に示す.

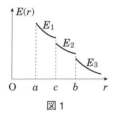
図 1

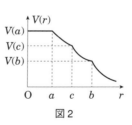
図 2

(4) 外球 B に Q を与えたとき, 内球 A に $-Q'$ の電荷が生じたとすると, 外球 B の内面に $+Q'$ の電荷が生じ, 外面に $Q - Q'$ の電荷が生じる. 外球 B の外部に半径 r の球面を考えると, それに含まれる電荷は $-Q' + Q' - Q' + Q' + Q - Q' = Q - Q'$ だから, ガウスの定理より, 球 B 外では,

$$\varepsilon_0 E_3(r) \cdot 4\pi r^2 P = Q - Q', \quad E_3(r) = \frac{Q - Q'}{4\pi\varepsilon_0 r^2} \quad (b \leq r)$$

$$E_3(b) = \frac{Q-Q'}{4\pi\varepsilon_0 b^2}, \quad V_3(r) = \frac{Q-Q'}{4\pi\varepsilon_0 r} \quad (b \leq r)$$

球 B 上では,$V_3(b) = \dfrac{Q-Q'}{4\pi\varepsilon_0 b}$

ε_2 中に半径 r の同心球を考えると,含まれる電荷は $-Q'$ だから,電界は,

$$\varepsilon_2 E_2 \cdot 4\pi r^2 = -Q', \quad E_2(r) = \frac{-Q'}{4\pi\varepsilon_2 r^2} \quad (c \leq r < b)$$

$$E_2(b) = \frac{-Q'}{4\pi\varepsilon_2 b^2}, \quad E_2(c) = \frac{-Q'}{4\pi\varepsilon_2 c^2}$$

電位は,

$$V(r) - V(\infty) = V(r) = -\int_\infty^r E\,dr = \int_r^\infty E\,dr = \int_r^b E_2 dr + \int_b^\infty E_3 dr$$

$$= \int_r^b \frac{-Q'}{4\pi\varepsilon_2 r^2} dr + \int_b^\infty \frac{Q-Q'}{4\pi\varepsilon_0 r^2} E_3 dr = \frac{Q'}{4\pi\varepsilon_2}\left[\frac{1}{r}\right]_r^b - \frac{Q'-Q}{4\pi\varepsilon_0}\left[\frac{1}{r}\right]_b^\infty$$

$$= \frac{Q'}{4\pi\varepsilon_2}\left(\frac{1}{b} - \frac{1}{r}\right) - \frac{Q'-Q}{4\pi\varepsilon_0}\frac{1}{b} \equiv V_2 \quad (c \leq r < b)$$

$$V_2(b) = -\frac{Q'-Q}{4\pi\varepsilon_0}\frac{1}{b}, \quad V_2(c) = \frac{Q'}{4\pi\varepsilon_2}\left[\frac{1}{b} - \frac{1}{c}\right] - \frac{Q'-Q}{4\pi\varepsilon_0}\frac{1}{b}$$

ε_1 中に半径 r の同心球を考えると,含まれる電荷は $-Q'$ だから,

$$\varepsilon_1 E_1 \cdot 4\pi r^2 = -Q', \quad E_1(r) = \frac{-Q'}{4\pi\varepsilon_1 r^2} \quad (a \leq r < c)$$

$$E_1(c) = \frac{-Q'}{4\pi\varepsilon_1 c^2}, \quad E_1(a) = \frac{-Q'}{4\pi\varepsilon_1 a^2}$$

$$V(r) = -\int_\infty^r E\,dr = \int_r^\infty E\,dr = \int_r^c E_1 dr + \int_c^b E_2 dr + \int_b^\infty E_3 dr$$

$$= \int_r^c \frac{-Q'}{4\pi\varepsilon_1 r^2} dr + \int_c^b \frac{-Q'}{4\pi\varepsilon_2 r^2} dr + \int_b^\infty \frac{Q-Q'}{4\pi\varepsilon_0 r^2} dr$$

$$= \frac{Q'}{4\pi\varepsilon_1}\left[\frac{1}{r}\right]_r^c + \frac{Q'}{4\pi\varepsilon_2}\left[\frac{1}{r}\right]_c^b + \frac{Q'-Q}{4\pi\varepsilon_0}\left[\frac{1}{r}\right]_b^\infty$$

$$= \frac{Q'}{4\pi\varepsilon_1}\left(\frac{1}{c} - \frac{1}{r}\right) + \frac{Q'}{4\pi\varepsilon_2}\left(\frac{1}{b} - \frac{1}{c}\right) + \frac{Q-Q'}{4\pi\varepsilon_0 b} \equiv V_1 \quad (a \leq r < c)$$

ただし,球 A はアースしてあるから,

$$V_1(a) = \frac{Q'}{4\pi\varepsilon_1}\left(\frac{1}{c} - \frac{1}{a}\right) + \frac{Q'}{4\pi\varepsilon_2}\left(\frac{1}{b} - \frac{1}{c}\right) + \frac{Q-Q'}{4\pi\varepsilon_0 b} = 0$$

$$\frac{Q}{4\pi\varepsilon_0 b} = Q'\left\{\frac{1}{4\pi\varepsilon_0 b} + \frac{1}{4\pi\varepsilon_2}\left(\frac{1}{c} - \frac{1}{b}\right) + \frac{1}{4\pi\varepsilon_1}\left(\frac{1}{a} - \frac{1}{c}\right)\right\}$$

$$Q' = \frac{Q}{4\pi\varepsilon_0 b\left\{\dfrac{1}{4\pi\varepsilon_0 b} + \dfrac{1}{4\pi\varepsilon_2}\left(\dfrac{1}{c} - \dfrac{1}{b}\right) + \dfrac{1}{4\pi\varepsilon_1}\left(\dfrac{1}{a} - \dfrac{1}{c}\right)\right\}}$$

電位 V の半径方向分布の図は省略.

(5) $a \leq r \leq b$ における電場は, $E = \dfrac{Q}{4\pi\varepsilon r^2}$. $r < a, b < r$ では, $E = 0$
$r = a$ における分極, 電荷密度は,

$$P = (\varepsilon - \varepsilon_0)E(a) = (\varepsilon - \varepsilon_0)\frac{Q}{4\pi\varepsilon a^2} = \left(1 - \frac{\varepsilon_0}{\varepsilon}\right)\frac{Q}{4\pi a^2} = -\sigma(a)$$

$$\sigma(a) = \left(\frac{\varepsilon_0}{\varepsilon} - 1\right)\frac{Q}{4\pi a^2}$$

A の外面の全電荷密度は, $\sigma_A = \dfrac{\left(\dfrac{\varepsilon_0}{\varepsilon} - 1\right)Q + Q}{4\pi a^2} = \dfrac{\varepsilon_0 Q}{4\pi\varepsilon a^2}$

同様にして, B の内面の全電荷密度は, $\sigma_B = -\dfrac{\varepsilon_0 q}{4\pi\varepsilon b^2}$

立体角 $d\Omega$ 内にある電荷を Q_A, Q_B とすると,

$$Q_A = \sigma_A a^2 d\Omega = \frac{\varepsilon_0 Q}{4\pi\varepsilon}d\Omega, \quad Q_B = \sigma_B b^2 d\Omega = \frac{\varepsilon_0 Q}{4\pi\varepsilon}d\Omega$$

したがって, 半径方向の力は

$$dF_A = \frac{E(a)}{2}Q_A = \frac{1}{2}\frac{Q}{4\pi\varepsilon a^2}\frac{\varepsilon_0 Q}{4\pi\varepsilon}d\Omega = \frac{\varepsilon_0 Q^2 d\Omega}{32\pi^2\varepsilon^2 a^2}, \quad dF_B = \frac{\varepsilon_0 Q^2 d\Omega}{32\pi^2\varepsilon^2 b^2}$$

(6) 方向は逆だが, 大きさが等しくない.

10.4 (1) (a) 遠心力とローレンツ力の釣り合いより,

$$\frac{Mv^2}{r} = evB, \quad v = \frac{eBr}{M} \qquad ①$$

周期 T は, ①を用いると, $T = \dfrac{2\pi r}{v} = \dfrac{2\pi r}{\frac{eBr}{M}} = \dfrac{2\pi M}{eB}$ ②

(b) 運動エネルギー K は, ①を用いると, $r = a$ のとき,

$$K = \frac{Mv^2}{2} = \frac{M}{2}\left(\frac{eBr}{M}\right)^2 = \frac{e^2 a^2 B^2}{2M} \qquad ③$$

(c) 与式より, $Mc^2 = 9.4 \times 10^2\,[\text{MeV}] = 9.4 \times 10^2 \times 10^6 \times 1.6 \times 10^{-19}\,[\text{J}]$
だから, 陽子質量 M は, $M = \dfrac{9.4 \times 10^2 \times 10^6 \times 1.6 \times 10^{-19}}{(3.0 \times 10^8)^2}\,[\text{kg}]$

②より, 周波数 f は,

$$f = \frac{1}{T} = \frac{eB}{2\pi M} = \frac{1.6 \times 10^{-19} \times 1.6}{6.28}\frac{9.0 \times 10^{16}}{9.4 \times 10^8 \times 1.6 \times 10^{-19}} \cong 2.4 \times 10^7\,[\text{s}^{-1}]$$

また, 運動エネルギー K は, ③より,

$$K = \frac{(1.6 \times 10^{-19})^2 \times (1.0)^2 \times (1.6)^2}{2}\frac{9.0 \times 10^{16}}{9.4 \times 10^8 \times 1.6 \times 10^{-19}} \cong 1.2 \times 10^8\,[\text{eV}]$$

($\because$ $1\,\text{eV} = 1.6 \times 10^{-19}\,\text{J}$)

(d) 見かけの質量を M', このときの磁場を B', 相対論を考慮した周期を T' とすると,

$$T' = \frac{2\pi}{e} \frac{M'}{B'}$$

$r = 0$ 付近の周期 T_0 は，このときの磁場を B_0 とすると，②より，

$$T_0 = \frac{2\pi}{e} \frac{M}{B_0}$$

これらを同じにするには，$\dfrac{2\pi}{e} \dfrac{M'}{B'} = \dfrac{2\pi}{e} \dfrac{M}{B_0}, \dfrac{B'}{B_0} = \dfrac{M'}{M}$ ④

題意より，$M'c^2 =$ 全エネルギー $=$ 静止エネルギー $+$ 運動エネルギー $= Mc^2 + K$ ⑤

④, ⑤より，

$$\frac{B'}{B} = \frac{M'}{M} = \frac{M'c^2}{Mc^2} = \frac{Mc^2 + K}{Mc^2} = 1 + \frac{K}{Mc^2} = 1 + \frac{1.0\times 10^2 \times 10^6\,[\mathrm{eV}]}{9.4\times 10^2 \times 10^6\,[\mathrm{eV}]} \cong 1.1 \text{ 倍}$$

(2) (a) ガウスの法則 $\displaystyle\int \boldsymbol{B}\cdot\boldsymbol{n}\,dS = 0$ ($\boldsymbol{n}$ は法線ベクトルを示す) を図3左に適用すると，$\boldsymbol{n}\cdot(\boldsymbol{B}_0 - \boldsymbol{B}) = \boldsymbol{n}\cdot(\mu_0\boldsymbol{H} - \mu\boldsymbol{H}') = 0, B_n = B'_n \quad\therefore\ B_\perp = B'_\perp$ ⑥

(b) アンペールの法則 $\displaystyle\oint \boldsymbol{H}\cdot d\boldsymbol{l} = 0$ を図3右に適用すると，

$$\boldsymbol{n}\times(\boldsymbol{H} - \boldsymbol{H}') = \boldsymbol{0}, \quad H_t = H'_t \quad (t: 接線を示す) \qquad \therefore\ H_{/\!/} = H'_{/\!/}$$

(c) アンペールの法則より，

$$\oint_C \boldsymbol{H}\cdot d\boldsymbol{l} = \boldsymbol{H}\cdot\boldsymbol{d} + \boldsymbol{H}'\cdot\boldsymbol{l} = I, \quad H_\perp d + H'_\perp l = I \qquad ⑦$$

⑥より，$\mu_0 H_\perp = \mu H'_\perp, H'_\perp = \dfrac{\mu_0}{\mu} H_\perp$ ⑧

⑦, ⑧から $H'_\perp$ を消去すると，$H_\perp d + \dfrac{\mu_0}{\mu} H_\perp l = I, H_\perp + \dfrac{\mu_0}{\mu} \dfrac{l}{d} H_\perp = \dfrac{I}{d}$ ⑨

題意より，$\dfrac{\mu_0}{\mu} \dfrac{l}{d} \ll 1$ だから，⑨の第2項を無視すると，

$$H_\perp = \frac{I}{d} \quad \therefore\ B = \mu_0 H_\perp = \mu_0 \frac{I}{d} \quad \therefore\ I = \frac{dB}{\mu_0} = \frac{0.10\times 1.6}{4\pi\times 10^{-7}} \cong 1.3\times 10^5\,[\mathrm{A}]$$

(d) 微分形アンペールの定理より，$(\mathrm{rot}\,\boldsymbol{H})_x = \dfrac{\partial H_z}{\partial y} - \dfrac{\partial H_y}{\partial z} = 0$

両辺 $\times\mu_0$ より，$\dfrac{\partial B_z}{\partial y} - \dfrac{\partial B_y}{\partial z} = 0, \dfrac{\partial B_z}{\partial y} = \dfrac{\partial B_y}{\partial z}$

図4より，B_z が y 方向に弱くなるから，$\dfrac{\partial B_z}{\partial y} < 0 \quad \therefore\ \dfrac{\partial B_y}{\partial z} < 0$

(e) y 軸対称性から $z = 0$ で $B_y = 0$. $\dfrac{\partial B_y}{\partial z} < 0$ より，B_y は z について減少関数．また，

$z > 0$ で $B_y < 0$ → 磁力線は内側向き.

$z < 0$ で $B_y > 0$ → 磁力線は内側向き.

$|z|$ が大きくなれば $|B_y|$ は大きくなる.以上より,磁場は外側に凸に曲がる.

[参考] $\nabla \times \boldsymbol{H} = 0, \nabla \cdot \boldsymbol{H} = 0$ より,$\nabla^2 \Phi = 0$ のラプラスの方程式が得られる.これを円筒座標で書けば,解はベッセル関数と三角関数の積で表される.これから,中央部で膨らみを持つ磁場が得られる.姫野:理系大学院入試問題演習③(工学社)

10.5 (1) マクスウェルの方程式より,

$$\mathrm{rot}\frac{\boldsymbol{B}}{\mu_0} = \frac{1}{\mu_0}\mathrm{rot}\,\boldsymbol{B} = \boldsymbol{j} \qquad \therefore \quad \mathrm{rot}\,\boldsymbol{B} = \mu_0 \boldsymbol{j}$$

(2) $\boldsymbol{B}(\boldsymbol{r}) = \nabla \times \boldsymbol{A}(\boldsymbol{r})$ の回転を取り,$\nabla \cdot \boldsymbol{A}(\boldsymbol{r}) = 0$ を用いると,

$$\nabla \times \boldsymbol{B} = \nabla \times \nabla \times \boldsymbol{A} = \mathrm{graddiv}\,\boldsymbol{A} - \nabla^2 \boldsymbol{A} = -\nabla^2 \boldsymbol{A} = \mu_0 \boldsymbol{j} \qquad \therefore \quad \nabla^2 \boldsymbol{A} = -\mu_0 \boldsymbol{j}$$

(3) [解1] 静電界のポアソンの式と解の関係は,$\nabla^2 \phi = -\dfrac{\rho}{\varepsilon_0} \leftrightarrow \phi = \dfrac{1}{4\pi\varepsilon_0}\displaystyle\int \dfrac{\rho}{r}dv$

$\varepsilon_0 \to \dfrac{1}{\mu_0}$ と置くと,アナロジーにより,$\nabla^2 A_i = -\mu_0 j_i \leftrightarrow A_i = \dfrac{\mu_0}{4\pi}\displaystyle\int \dfrac{j_i}{r}dv \quad (i = x, y, z)$

よって,$-\nabla^2 \boldsymbol{A}(\boldsymbol{r}) = \mu_0 \boldsymbol{j}(\boldsymbol{r})$ を満たす.

[解2] $\boldsymbol{B}(\boldsymbol{r}) = \nabla \times \boldsymbol{A}(\boldsymbol{r}) \to \nabla \times \boldsymbol{B} = \nabla \times \nabla \times \boldsymbol{A}, -\nabla^2 \boldsymbol{A}(\boldsymbol{r}) = \mu_0 \boldsymbol{j}(\boldsymbol{r})$ だから,ビオ-サバールの式 $\boldsymbol{B} = \dfrac{\mu_0}{4\pi}\displaystyle\int \dfrac{\boldsymbol{j} \times (\boldsymbol{r}-\boldsymbol{r}')}{|\boldsymbol{r}-\boldsymbol{r}'|^3}dv'$ を用いると,

$$\nabla \times \boldsymbol{B} = \frac{\mu_0}{4\pi}\int \nabla \times \frac{\boldsymbol{j} \times (\boldsymbol{r}-\boldsymbol{r}')}{|\boldsymbol{r}-\boldsymbol{r}'|^3}dv' = -\frac{\mu_0}{4\pi}\int \nabla \times \left\{\boldsymbol{j} \times \nabla\left(\frac{1}{|\boldsymbol{r}-\boldsymbol{r}'|}\right)\right\}dv'$$

$$\left(\because \quad \nabla\frac{1}{|\boldsymbol{r}|} = -\frac{1}{|\boldsymbol{r}|^2}\frac{\boldsymbol{r}}{|\boldsymbol{r}|} = -\frac{\boldsymbol{r}}{|\boldsymbol{r}|^3}\right)$$

$$= -\frac{\mu_0}{4\pi}\int \left[\left\{\nabla\left(\frac{1}{|\boldsymbol{r}-\boldsymbol{r}'|}\right)\cdot\nabla\right\}\boldsymbol{j} - (\boldsymbol{j}\cdot\nabla)\nabla\left(\frac{1}{|\boldsymbol{r}-\boldsymbol{r}'|}\right)\right.$$
$$\left.+ \boldsymbol{j}\nabla\cdot\nabla\left(\frac{1}{|\boldsymbol{r}-\boldsymbol{r}'|}\right) - \nabla\left(\frac{1}{|\boldsymbol{r}-\boldsymbol{r}'|}\right)(\nabla\cdot\boldsymbol{j})\right]dv'$$

$$(\because \quad \mathrm{rot}(\boldsymbol{A}\times\boldsymbol{B}) = (\boldsymbol{B}\cdot\nabla)\boldsymbol{A} - (\boldsymbol{A}\cdot\nabla)\boldsymbol{B} + \boldsymbol{A}\nabla\cdot\boldsymbol{B} - \boldsymbol{B}\nabla\cdot\boldsymbol{A})$$

$$= -\frac{\mu_0}{4\pi}\int \left\{0 - (\boldsymbol{j}\cdot\nabla)\nabla\left(\frac{1}{|\boldsymbol{r}-\boldsymbol{r}'|}\right) + \boldsymbol{j}\nabla\cdot\nabla\left(\frac{1}{|\boldsymbol{r}-\boldsymbol{r}'|}\right) - 0\right\}dv'$$

$$= -\frac{\mu_0}{4\pi}\int \left\{-(\boldsymbol{j}\cdot\nabla)\nabla\left(\frac{1}{|\boldsymbol{r}-\boldsymbol{r}'|}\right) + \boldsymbol{j}\nabla\cdot\nabla\left(\frac{1}{|\boldsymbol{r}-\boldsymbol{r}'|}\right)\right\}dv'$$

$$= -\frac{\mu_0}{4\pi}\int \left\{\boldsymbol{j}\nabla^2\left(\frac{1}{|\boldsymbol{r}-\boldsymbol{r}'|}\right)\right\}dv' = \frac{\mu_0}{4\pi}\int \boldsymbol{j}\cdot 4\pi\delta(\boldsymbol{r}-\boldsymbol{r}')dv'$$

$$\left(\because \quad \nabla^2\frac{1}{|\boldsymbol{r}-\boldsymbol{r}'|} = -4\pi\delta(\boldsymbol{r}-\boldsymbol{r}')\right)$$

$$= \mu_0 \boldsymbol{j}(\boldsymbol{r}) = -\nabla^2 \boldsymbol{A}$$

[解3] 与式の x 成分にラプラシアン演算を行う.分母を r と置くと,

$$\int \nabla^2\left(j_x\frac{1}{r}\right)dv' = \int \nabla\cdot\nabla\left(j_x\frac{1}{r}\right)dv' = \int \nabla\cdot\left(j_x\nabla\frac{1}{r} + \frac{1}{r}\nabla j_x\right)dv'$$

$$= \int \nabla \cdot \left(-j_x \frac{\bm{r}}{r^3} + \frac{1}{r}\nabla j_x\right) dv' = -\int \nabla \cdot \left(j_x \frac{\bm{r}}{r^3}\right) dv' = -\int j_x \nabla \cdot \frac{\bm{r}}{r^3} dv'$$

$$= -\int j_x \frac{1}{r^3}\bm{r}\cdot\bm{n}\, dS = -j_x \cdot 4\pi \quad (\because \text{ガウスの定理})$$

$$\therefore \quad \nabla^2 A_x = \frac{\mu_0}{4\pi}(-4\pi j_x) = -\mu_0 j_x$$

y, z 成分も同様.

(4) 与式より, $|x| \gg R, |y| \gg R, |z| \gg R$ のとき, 明らかに $A_z = 0$

$$A_x = \int_0^{2\pi} \frac{-\mu_0 IR\sin\theta}{4\pi\sqrt{(x-R\cos\theta)^2 + (y-R\sin\theta)^2 + z^2}} d\theta$$

$$\cong \frac{-\mu_0 IR}{4\pi} \int_0^{2\pi} \frac{\sin\theta}{\sqrt{x^2+y^2+z^2-2Rx\cos\theta-2Ry\sin\theta}} d\theta$$

$$= \frac{-\mu_0 IR}{4\pi} \int_0^{2\pi} \frac{\sin\theta}{\sqrt{x^2+y^2+z^2}\sqrt{1-\frac{2R\cos\theta x + 2R\sin\theta y}{x^2+y^2+z^2}}} d\theta$$

$$\cong \frac{-\mu_0 IR}{4\pi r} \int_0^{2\pi} \left(1 + \frac{R\cos\theta x + R\sin\theta y}{x^2+y^2+z^2}\right)\sin\theta\, d\theta$$

$$= \frac{-\mu_0 IR}{4\pi r} \int_0^{2\pi} \left(\sin\theta + \frac{R\cos\theta\sin\theta x + R\sin^2\theta y}{x^2+y^2+z^2}\right) d\theta$$

$$= \frac{-\mu_0 IR}{4\pi r} \int_0^{2\pi} \left(\sin\theta + \frac{\frac{R}{2}x\sin 2\theta + Ry\frac{1-\cos 2\theta}{2}}{r^2}\right) d\theta$$

$$= \frac{-\mu_0 IR}{4\pi r} \left[-\cos\theta + \frac{-\frac{Rx}{2}\frac{\cos 2\theta}{2} + \frac{Ry}{2}\left(\theta - \frac{\sin 2\theta}{2}\right)}{r^2}\right]_0^{2\pi}$$

$$= \frac{-\mu_0 IR}{4\pi r}\frac{\pi Ry}{r^2} = -\frac{\mu_0 IR^2 y}{4r^3}$$

$$A_y = \int_0^{2\pi} \frac{\mu_0 IR\cos\theta}{\sqrt{(x-R\cos\theta)^2 + (y-R\sin\theta)^2 + z^2}} d\theta^{[\text{注}]}$$

$$\cong \frac{\mu_0 IR}{4\pi} \int_0^{2\pi} \frac{\cos\theta}{\sqrt{x^2+y^2+z^2}\sqrt{1-\frac{2R\cos\theta+2R\sin\theta}{x^2+y^2+z^2}}} d\theta$$

$$\cong \frac{\mu_0 IR}{4\pi r} \int_0^{2\pi} \left(1 + \frac{Rx\cos\theta + Ry\sin\theta}{r^2}\right)\cos\theta\, d\theta$$

$$= \frac{\mu_0 IR}{4\pi r} \int_0^{2\pi} \left(\cos\theta + \frac{Rx\cos^2\theta + Ry\sin\theta\cos\theta}{r^2}\right) d\theta$$

$$= \frac{\mu_0 IR}{4\pi r} \int_0^{2\pi} \left(\cos\theta + \frac{Rx\frac{1+\cos 2\theta}{2} + Ry\frac{\sin 2\theta}{2}}{r^2}\right) d\theta$$

$$= \frac{\mu_0 IR}{4\pi r} \left[\sin\theta + \frac{\frac{Rx}{2}\left(\theta + \frac{\sin 2\theta}{2}\right) - \frac{Ry}{2}\frac{\cos 2\theta}{2}}{r^2}\right]_0^{2\pi} = \frac{\mu_0 IR^2 x}{4r^3}$$

[注] 与式の導出は，姫野：大学院入試合格演習—物理学編—（オーム社）参照．

(5) $\boldsymbol{B} = [B_x, B_y, B_z] = \operatorname{rot} \boldsymbol{A}$ より，

$$B_x = \frac{\partial A_z}{\partial y} - \frac{\partial A_y}{\partial z} = -\frac{\partial}{\partial z}\frac{\mu_0 I R_2 x}{4(x^2+y^2+z^2)^{3/2}} = -\frac{\mu_0 I R_2 x}{4}\frac{\partial}{\partial z}\frac{1}{(x^2+y^2+z^2)^{3/2}}$$

$$= -\frac{\mu_0 I R_2 x}{4}\left\{-\frac{3}{2}(x^2+y^2+z^2)^{-5/2}(2z)\right\} = \frac{3\mu_0 I R_2 x}{4}\frac{z}{(x^2+y^2+z^2)^{5/2}}$$

$$B_y = \frac{\partial A_x}{\partial z} - \frac{\partial A_z}{\partial x} = \frac{\partial}{\partial z}\frac{\mu_0 I R^2 y}{4(x^2+y^2+z^2)^{3/2}} = \frac{\mu_0 I R^2 y}{4}\frac{\partial}{\partial z}\frac{1}{(x^2+y^2+z^2)^{3/2}}$$

$$= \frac{\mu_0 I R^2 y}{4}\left\{-\frac{3}{2}(x^2+y^2+z^2)^{-5/2}(2z)\right\} = -\frac{3\mu_0 I R^2 y}{4}\frac{z}{(x^2+y^2+z^2)^{5/2}}$$

$$B_z = \frac{\partial A_y}{\partial x} - \frac{\partial A_x}{\partial y} = \frac{\mu_0 I R^2}{4}\frac{y^2+z^2-2x^2-z^2-x^2+2y^2}{(x^2+y^2+z^2)^{5/2}} = \frac{\mu_0 I R^2}{4}\frac{3(y^2-x^2)}{(x^2+y^2+z^2)^{5/2}}$$

ここで，

$$\frac{\partial A_y}{\partial x} = \frac{\partial}{\partial x}\frac{\mu_0 I R^2 x}{4(x^2+y^2+z^2)^{3/2}} = \frac{\mu_0 I R^2}{4}\frac{(x^2+y^2+z^2)^{3/2} - x\frac{3}{2}(x^2+y^2+z^2)^{1/2}(2x)}{(x^2+y^2+z^2)^3}$$

$$= \frac{\mu_0 I R^2}{4}\frac{y^2+z^2-2x^2}{(x^2+y^2+z^2)^{5/2}}$$

$$\frac{\partial A_x}{\partial y} = \frac{\partial}{\partial y}\frac{\mu_0 I R^2 y}{4(x^2+y^2+z^2)^{3/2}} = \frac{\mu_0 I R^2}{4}\frac{(x^2+y^2+z^2)^{3/2} - y\frac{3}{2}(x^2+y^2+z^2)^{1/2}(2y)}{(x^2+y^2+z^2)^3}$$

$$= \frac{\mu_0 I R^2}{4}\frac{z^2+x^2-2y^2}{(x^2+y^2+z^2)^{5/2}}$$

を用いた．

10.6 (1) 電流記号 i と区別するため，虚数単位を j とする．

$$\alpha = \frac{|V_2|}{|V_1|} = \frac{\left|\frac{1}{j\omega C}\right|}{\left|R + \frac{1}{j\omega C}\right|} = \frac{\frac{1}{\omega C}}{\sqrt{R^2 + (\frac{1}{\omega C})^2}}$$

$$= \frac{1}{\sqrt{1+(\omega CR)^2}} \quad (V_1, V_2 \text{ はフェーザ表示})$$

$\omega CR \gg 1$ の場合，$\alpha \cong \dfrac{1}{\omega CR} = \dfrac{1}{2\pi f CR}$

図2より，$1 = \dfrac{1}{2\pi \times 2 \times 10^3 \times C \times 10^3}$ $\therefore C = \dfrac{1}{2\pi \times 2 \times 10^3 \times 10^3} \cong 8 \times 10^{-8}$ [F]

(2) 図1は積分回路だから，等価なものは図7のようになる．

$$\alpha = \frac{|V_2|}{|V_1|} = \frac{|R|}{|R+j\omega L|} = \frac{R}{\sqrt{R^2+(\omega L)^2}}$$

$$= \frac{1}{\sqrt{1+(\frac{\omega L}{R})^2}}$$

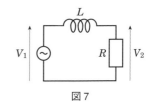

図7

$\frac{\omega L}{R} \gg 1$ の場合,$\alpha \cong \frac{1}{\omega L/R}$ ∴ $1 = \frac{R}{\omega L} = \frac{100}{2\pi \times 2 \times 10^3 \times L}$ ∴ $L = \frac{10^{-1}}{4\pi} \cong 8 \times 10^{-3}$ [H]

(3) $\alpha = \frac{|V_2|}{|V_1|} = \frac{\left|\frac{\frac{1}{j\omega C}j\omega L}{\frac{1}{j\omega C}+j\omega L}\right|}{\left|R+\frac{\frac{1}{j\omega C}j\omega L}{\frac{1}{j\omega C}+j\omega L}\right|} = \frac{\omega L}{\sqrt{(\omega L)^2 + (\omega^2 LC - 1)^2 R^2}}$

$\omega = \frac{1}{\sqrt{LC}}$ で $\alpha = 1$. $\omega \gg \frac{1}{\sqrt{LC}}$ の場合,$\alpha \cong \frac{\omega L}{\omega^2 LCR} = \frac{1}{\omega CR}$ となるから,図4より,

$$L = \frac{1}{\omega^2 C} = \frac{1}{(2\pi \times 10^5)^2 \times 10 \times 10^{-9}} \cong 3 \times 10^{-4} \text{ [H]}$$

$$R = \frac{1}{\alpha \omega C} = \frac{1}{1 \times 2\pi \times 10^5 \times 0.2 \times 10 \times 10^{-9}} \cong 8 \times 10^2 \text{ [}\Omega\text{]}$$

(4) 4個のダイオードを接続する場合,図8のようになる.

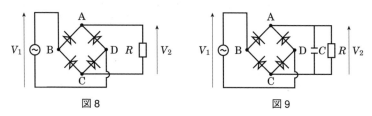

図8　　　　　図9

(5) 図9のように,コンデンサ1個を R に並列に接続する場合(単相全波整流)が考えられる.説明の都合により,2段階に分ける.

(i) AB間のダイオードのみが働く(単相半波整流)場合:図10のような等価回路を用いて示す.

V_1, V_2 の瞬時値を v_1, v_2 とし,ダイオード D,C,R を流れる電流を i_b, i_c, i_l,C の電荷を q_C とすると,

$$\begin{cases} i_b = i_c + i_l \\ i_l = \dfrac{v_2}{R} \\ i_c = \dfrac{dq_C}{dt} = C\dfrac{dv_2}{dt} \end{cases} \quad ①$$

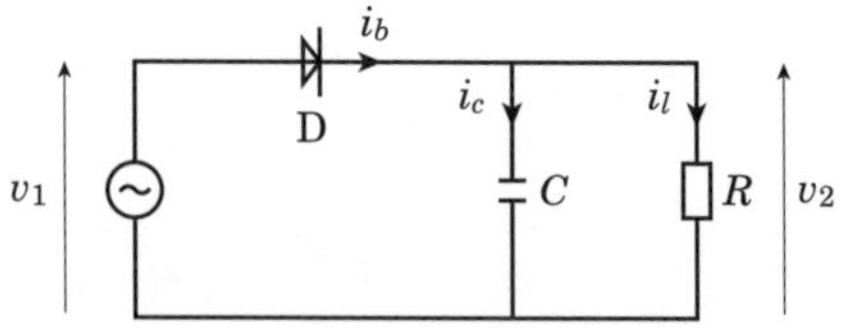

①より,$i_b = C\dfrac{dv_2}{dt} + \dfrac{v_2}{R}$　②

図10

いま,ダイオード D の順方向抵抗を 0,逆方向抵抗を ∞ とすると,コンデンサ C に充電電流が流れている期間中(t_1 から t_2)は,②における出力電圧 v_2 が入力電圧 v_1 に対して

$$v_2 = v_1 \equiv e_m \sin \omega t \quad (t_1 \leq t \leq t_2) \qquad ③$$

の関係を有することになる.③を②に代入し,三角関数の合成を行うと,

$$i_b = \frac{e_m \sin \omega t}{R} + C\omega e_m \cos \omega t$$

$$= e_m\sqrt{\left(\frac{1}{R}\right)^2 + (\omega C)^2}\sin(\omega t + \varphi) \quad (t_1 \leq t \leq t_2) \qquad ④$$

ここで，$\tan\varphi = \omega CR$，$\varphi = \tan^{-1}\omega CR$ ⑤

次に，$v_2 > v_1$ の期間 $(t_2 \sim t_1')$ は整流電流は流れないから，

$$i_b = 0 \quad (t_2 \leq t \leq t_1') \qquad ⑥$$

⑥，②より，$i_b = 0$ の間の出力電圧 v_2 は，次の式を満たす．

$$C\frac{dv_2}{dt} + \frac{v_2}{R} = 0 \qquad ⑦$$

⑦を解くと，

$$\frac{dv_2}{dt} = -\frac{v_2}{CR}, \quad \frac{dv_2}{v_2} = -\frac{dt}{CR}, \quad \log v_2 = -\frac{t}{CR} + K_1, \quad v_2 = K_2 e^{-\frac{t}{CR}} \qquad ⑧$$

⑧は $t = t_2$ で③の v_2 と等しくなければならないから，

$$K_2 e^{-\frac{t_2}{CR}} = e_m\sin\omega t_2, \quad K_2 = e_m\sin\omega t_2 \cdot e^{\frac{t_2}{CR}}$$

それゆえ，⑧は，$v_2 = e_m\sin\omega t_2 \cdot e^{-(t-t_2)/CR}$ $(t_2 \leq t \leq t_1')$ ⑨

一方，電流 i_b は，$t = t_2$ において，⑥から，$i_b = 0$ だから，④で与えられる i_b も $t = t_2$ で 0 となり，

$$e_m\sqrt{\left(\frac{1}{R}\right)^2 + (\omega C)^2}\sin(\omega t_2 + \varphi) = 0, \quad \omega t_2 + \varphi = \pi,$$

$$\omega t_2 = \pi - \varphi = \pi - \tan^{-1}\omega CR \geq \frac{2}{\pi} \qquad ⑩$$

で t_2 が定められる．⑩の t_2 を⑨に代入すると，

$$v_2 = e_m\sin(\pi - \varphi)e^{-(\omega t - \omega t_2)/\omega CR} = e_m\sin\varphi \cdot e^{-(\omega t - \pi + \varphi)/\omega CR}$$
$$= e_m\sin\varphi \cdot e^{-t/CR}e^{\frac{\pi - \varphi}{\tan\varphi}} \qquad ⑪$$

いま，$\omega CR \gg 1$ を考えれば，$\omega t_2 \cong \frac{\pi}{2}$ だから，⑩より，$\tan^{-1}\omega CR \cong \frac{\pi}{2}$

よって，⑤より，$\varphi \cong \frac{\pi}{2}$

そこで，⑪において，$\sin\varphi \cong 1$，$\frac{\pi - \varphi}{\tan\varphi} \cong \frac{\pi/2}{\tan\varphi} = \frac{\pi/2}{\omega CR}$

よって，⑪は，

$$v_2 = e_m e^{-\frac{t}{CR}}e^{\frac{\pi/2}{\omega CR}} = e_m e^{-\frac{\omega t - \pi/2}{\omega CR}} = e_m\left\{1 - \frac{\omega t - \pi/2}{\omega CR} + \frac{1}{2!}\left(\frac{\omega t - \pi/2}{\omega CR}\right)^2 - \cdots\right\}$$

ここで，$\omega t \ll \omega CR$ として第 2 項以下を省略すれば，

$$v_2 \cong \left(1 - \frac{t}{CR} + \frac{\pi/2}{\omega CR}\right) \quad (\pi/2 \leq \omega t \leq \omega t_1') \qquad ⑫$$

そこで，出力電圧波形を図 11 のように近似する．

図 11 における Δv_2 は，⑫における t を $\omega t = \pi/2 + 2\pi$ と置けば，

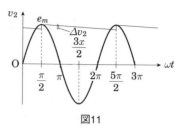

図11

$$\Delta v_2 = \left(\frac{t}{CR} - \frac{\pi/2}{\omega CR}\right)e_m = \left(\frac{\omega t}{\omega CR} - \frac{\pi/2}{\omega CR}\right)e_m$$
$$= \left(\frac{\pi/2 + 2\pi}{\omega CR} - \frac{\pi/2}{\omega CR}\right)e_m = \frac{2\pi}{\omega CR}e_m$$

$$\therefore \quad \Delta V = \frac{2\pi}{\omega CR}V_1$$

(ii) 4個のダイオードが働く場合（全波整流）：図 11 において，$\omega t = \pi/2 + \pi$ と置くと，

$$\Delta v_2 = \frac{\pi}{\omega CR}e_m$$

$$\therefore \quad \Delta V = \frac{\pi}{\omega CR}V_1 = \frac{V_1}{2fCR} = \frac{12}{2 \times 50 \times 3 \times 10^{-3} \times 5 \times 10^2} = 0.08\,[\text{V}]$$

［簡易解］（i） $\Delta Q = \Delta V \cdot C = IT = \frac{V_1}{R}\frac{2\pi}{\omega}$, $\quad \Delta V = \frac{1}{C}\frac{V_1}{R}\frac{2\pi}{\omega} = \frac{2\pi}{\omega CR}V_1$

（ii） $\Delta V = \frac{\pi}{\omega CR}V_1 \quad (Q：電荷，I：電流，T：周期，V_1：入力電圧)$

10.7（1）$\boldsymbol{p} = p\exp(i\omega t)\boldsymbol{e}_z$ の虚数部 $p(t) = p\sin\omega t$ について考える．原点で z 向きに流れる振動電流は，

$$I(t)dl = \frac{dQ(t)}{dt}dl = \frac{d}{dt}\frac{p(t)}{dl}dl = \dot{p}(t) = \omega p\cos\omega t$$

これはベクトルポテンシャルの方程式 $\Delta \boldsymbol{A} - \varepsilon_0\mu_0\frac{\partial^2 \boldsymbol{A}}{\partial t^2} = -\mu_0\boldsymbol{i}$ の解 $d\boldsymbol{A}(t) = \frac{\mu_0}{4\pi}\frac{\boldsymbol{i}(t-r/c)}{r}dv$ の $\boldsymbol{i}\,dv$ に相当するので，これが $r = \sqrt{x^2+y^2+z^2}$ の点 (x,y,z) に作るベクトルポテンシャルは $k = \omega/c$ とすれば，

$$A_x = A_y = 0, \quad A_z = \frac{\mu_0}{4\pi}\frac{\omega p\cos(\omega t - kr)}{r}$$

極座標 (r,θ,φ) を用いると，$A_r = A_z\cos\theta$, $A_\theta = -A_z\sin\theta$, $A_\varphi = 0$
ローレンツゲージ

$$\varepsilon_0\mu_0\frac{\partial \phi}{\partial t} = -\text{div}\,\boldsymbol{A} \qquad \qquad ①$$

を用いてスカラーポテンシャルを求めるため，与式 (div) を用いて，

$$\text{div}\,\boldsymbol{A} = \frac{1}{r^2}\frac{\partial}{\partial r}(r^2 A_z\cos\theta) - \frac{1}{r\sin\theta}\frac{\partial}{\partial \theta}(A_z\sin^2\theta)$$

第 1 項は，$\frac{\mu_0\omega p}{4\pi}\left\{\frac{\cos(\omega t - kr)}{r^2} + \frac{k\sin(\omega t - kr)}{r}\right\}\cos\theta$

第 2 項は，$-\frac{\mu_0\omega p}{4\pi}\frac{2\cos(\omega t - kr)}{r^2}\cos\theta$

$$-\text{div}\,\boldsymbol{A} = \frac{\mu_0 \omega p}{4\pi}\left\{\frac{\cos(\omega t - kr)}{r^2} - \frac{k\sin(\omega t - kr)}{r}\right\}\cos\theta$$

①を t で積分し,定数を 0 とすると,$\phi = \dfrac{p}{4\pi\varepsilon_0}\left\{\dfrac{\sin(\omega t - kr)}{r^2} + \dfrac{k\cos(\omega t - kr)}{r}\right\}\cos\theta$

次に,

$$\boldsymbol{E} = -\text{grad}\,\phi - \frac{\partial \boldsymbol{A}}{\partial t},\quad E_r = -\frac{\partial \phi}{\partial r} - \frac{\partial A_r}{\partial t},\quad E_\theta = -\frac{\partial \phi}{r\partial \theta} - \frac{\partial A_\theta}{\partial t},\quad E_\phi = -\frac{1}{r\sin\theta}\frac{\partial \phi}{\partial \varphi}$$

から電場を求める.

$$\frac{\partial \phi}{\partial r} = \frac{p\cos\theta}{4\pi\varepsilon_0}\left\{-\frac{2\sin(\omega t - kr)}{r^3} - \frac{2k\cos(\omega t - kr)}{r^2} + \frac{k^2\sin(\omega t - kr)}{r}\right\}$$

$$\frac{\partial A_r}{\partial t} = -\frac{\mu_0 \omega^2 p}{4\pi}\cos\theta\frac{\sin(\omega t - kr)}{r}$$

$k^2 = \omega^2 \varepsilon_0 \mu_0$ を用いると,$E_r = \dfrac{p\cos\theta}{2\pi\varepsilon_0}\left\{\dfrac{\sin(\omega t - kr)}{r^3} + \dfrac{k\cos(\omega t - kr)}{r^2}\right\}$

次に,

$$\frac{1}{r}\frac{\partial \phi}{\partial \theta} = -\frac{p\sin\theta}{4\pi\varepsilon_0}\left\{\frac{\sin(\omega t - kr)}{r^3} + \frac{k\cos(\omega t - kr)}{r^2}\right\}$$

$$\frac{\partial A_\theta}{\partial t} = \frac{\varepsilon_0 \mu_0 \omega^2 p}{4\pi\varepsilon_0}\sin\theta\frac{\sin(\omega t - kr)}{r}$$

$$E_\theta = \frac{p}{4\pi\varepsilon_0}\sin\theta\left\{\frac{k\cos(\omega t - kr)}{r^2} + \left(\frac{1}{r^3} - \frac{k^2}{r}\right)\sin(\omega t - kr)\right\}$$

$$E_\varphi = 0$$

磁場は,$\boldsymbol{B} = \text{rot}\,\boldsymbol{A}$ から求める.与式 (rot) を用いると,

$$\mu_0 H_r = \frac{1}{r\sin\theta}\left\{\frac{\partial}{\partial \theta}(A_\varphi \sin\theta) - \frac{\partial A_\theta}{\partial \varphi}\right\} = 0,\quad H_r = 0$$

$$\mu_0 H_\theta = \frac{1}{r}\left\{\frac{1}{\sin\theta}\frac{\partial A_r}{\partial \varphi} - \frac{\partial}{\partial r}(rA_\varphi)\right\} = 0,\quad H_\theta = 0$$

$$\mu_0 H_\varphi = \frac{1}{r}\left\{\frac{\partial}{\partial r}(rA_\theta) - \frac{\partial A_r}{\partial \theta}\right\} = \frac{\mu_0 \omega p_0}{4\pi}\sin\theta\left\{\frac{\cos(\omega t - kr)}{r^2} - \frac{k\sin(\omega t - kr)}{r}\right\}$$

$$H_\varphi = \frac{1}{r}\left\{\frac{\partial}{\partial r}(rA_\theta) - \frac{\partial A_r}{\partial \theta}\right\} = \frac{\omega p_0}{4\pi}\sin\theta\left\{\frac{\cos(\omega t - kr)}{r^2} - \frac{k\sin(\omega t - kr)}{r}\right\}$$

(2) (a) 円の平面内に x, y 軸を取り,x, y 方向の単位ベクトルを $\boldsymbol{e}_x, \boldsymbol{e}_y$ とすると,電荷の位置ベクトルは,$a(\boldsymbol{e}_x \cos\omega t + \boldsymbol{e}_y \sin\omega t)$. したがって,遠方の電磁場は x 軸と y 軸に沿って,$\boldsymbol{p}_x = a\cos\omega t \boldsymbol{e}_x, \boldsymbol{p}_y = a\sin\omega t \boldsymbol{e}_y$ の 2 つの振動双極子がある場合と同じである.

(b) z 軸に沿って $p(t) = p\cos\omega t$ の双極子があるときの放射エネルギー流は,$I\,dl = -\omega p\sin\omega t, \omega/c = 2\pi/\lambda$ として,ポインティングベクトル $\boldsymbol{S} = \boldsymbol{E} \times \boldsymbol{H}$ を問(1)の結果を用いて計算する.r の高次項を無視すると,

$$S_r = |E_\theta H_\varphi - E_\varphi H_\theta| \cong \frac{p\sin\theta}{4\pi\varepsilon_0} \frac{k^2 \sin(\omega t - kr)}{r} \frac{\omega p k}{4\pi} \sin\theta \frac{k\sin(\omega t - kr)}{r}$$

$$= \frac{p^2 k^3 \omega}{(4\pi)^2 \varepsilon_0} \sin^2\theta \frac{\sin^2(\omega t - kr)}{r^2} = \frac{p^2 (\omega/c)^3 \omega}{(4\pi)^2 \varepsilon_0} \sin^2\theta \frac{\sin^2(\omega t - kr)}{r^2}$$

$$= \frac{p^2 \omega^4}{(4\pi)^2 \varepsilon_0 c^3} \sin^2\theta \frac{\sin^2(\omega t - kr)}{r^2}$$

今の場合，x 軸，y 軸からの角度を θ_x, θ_y とすると，

$$S_r = \frac{q^2 a^2 \omega^4}{(4\pi)^2 \varepsilon_0 c^3} \frac{1}{r^2} \{\sin^2\theta_x \sin^2(\omega t - kr) + \sin^2\theta_y \sin^2(\omega t - kr)\}$$

時間平均すると，

$$\bar{S}_r = \frac{q^2 a^2 \omega^4}{(4\pi)^2 \varepsilon_0 c^3} \frac{1}{r^2} \frac{1}{2}(\sin^2\theta_x + \sin^2\theta_y) = \frac{q^2 a^2 \omega^4}{(4\pi)^2 \varepsilon_0 c^3} \frac{1}{r^2} \frac{1}{2}(1 + \cos^2\theta)$$

$$(\because \cos^2\theta_x + \cos^2\theta_y + \cos^2\theta = 1)$$

放射エネルギーは，$\displaystyle P = \frac{q^2 a^2 \omega^4}{2(4\pi)^2 \varepsilon_0 c^3} \frac{1}{2} \int_0^\pi \frac{1}{r^2}(1 + \cos^2\theta) \cdot 2\pi r^2 \sin\theta \, d\theta = \frac{\omega^4 q^2 a^2}{6\pi\varepsilon_0 c^3}$

ここで，次の積分を用いた．

$$\int_0^\pi \frac{1}{r^2}(1 + \cos^2\theta) \cdot 2\pi r^2 \sin\theta \, d\theta = 2\pi \int_0^\pi (\sin\theta + \cos^2\theta \sin\theta) d\theta$$

$$= 2\pi \int_0^\pi \{\sin\theta + (1 - \sin^2\theta)\sin\theta\} d\theta = 2\pi \int_0^\pi (2\sin\theta - \sin^3\theta) d\theta$$

$$= 2\pi \int_0^\pi \left(2\sin\theta - \frac{3\sin\theta - \sin 3\theta}{4}\right) d\theta = \frac{16}{3}\pi$$

(3) (a) 軌道半径を r とすると，クーロン力と遠心力の釣り合いより，

$$\frac{e^2}{4\pi\varepsilon_0 r^2} = mr\omega^2 = \frac{mv^2}{r}, \quad mv^2 = \frac{e^2}{4\pi\varepsilon_0 r} \qquad ②$$

電子のエネルギー E は，$\displaystyle E = \frac{1}{2}mv^2 - \frac{e^2}{4\pi\varepsilon_0 r}$ \hfill ③

②を③に代入すると，

$$E = \frac{1}{2}\frac{e^2}{4\pi\varepsilon_0 r} - \frac{e^2}{4\pi\varepsilon_0 r} = -\frac{e^2}{8\pi\varepsilon_0 r} \qquad ④$$

$$\therefore \quad \frac{dE}{dr} = \frac{e^2}{8\pi\varepsilon_0 r^2}$$

(b) 一方，問(2)の(b)の結果より，

$$P = \frac{e^2}{6\pi\varepsilon_0 c^3}(r\omega^2)^2 = \frac{e^2}{6\pi\varepsilon_0 c^3}(\alpha)^2 \quad (\alpha : 加速度) \qquad ⑤$$

また，加速度は，②より，$\displaystyle \alpha = r\omega^2 = \frac{e^2}{4\pi\varepsilon_0 mr^2}$ \hfill ⑥

⑤, ⑥より, $\dfrac{dE}{dt} = -\dfrac{e^2}{6\pi\varepsilon_0 c^3}\left(\dfrac{e^2}{4\pi\varepsilon_0 mr^2}\right)^2$

この左辺に④を代入すると,

$$\dfrac{d}{dt}\left(\dfrac{-e^2}{8\pi\varepsilon_0 r}\right) = \dfrac{e^2}{8\pi\varepsilon_0 r^2}\dfrac{dr}{dt} = -\dfrac{e^2}{6\pi\varepsilon_0 c^3}\left(\dfrac{e^2}{4\pi\varepsilon_0 m}\right)^2\dfrac{1}{r^4}$$

$$\therefore \quad \dfrac{dr}{dt} = -\dfrac{8\pi\varepsilon_0 r^2}{e^2}\dfrac{e^2}{6\pi\varepsilon_0 c^3}\dfrac{e^4}{16\pi^2\varepsilon_0^2 m^2}\dfrac{1}{r^4} = -\dfrac{e^4}{12\pi^2\varepsilon_0^2 m^2 c^3}\dfrac{1}{r^4} \qquad ⑦$$

(c) $t=0$ のとき $r=r_0$, $t=t$ のとき $r=0$ とし, ⑦を積分すると,

$$t = \int_0^t dt = -\dfrac{12(\pi\varepsilon_0 m)^2 c^3}{e^4}\int_{r_0}^0 r^2 dr = -\dfrac{12(\pi\varepsilon_0 m)^2 c^3}{e^4}\left[\dfrac{r^3}{3}\right]_{r_0}^0 = \dfrac{4(\pi\varepsilon_0 m)^2 c^3 r_0^3}{e^4}$$

$\varepsilon_0\,[\mathrm{F/m}]$, $F\,[\mathrm{kg\cdot m\cdot s^{-2}}] = \dfrac{e^2}{4\pi\varepsilon_0 r^2}$ $\therefore\ e^2\left[\mathrm{kg\cdot m\cdot s^{-2}}\left(\dfrac{\mathrm{F}}{\mathrm{m}}\right)\mathrm{m}^2\right]$

$$\therefore\ \text{右辺} \sim \left[\dfrac{\left(\dfrac{\mathrm{F}}{\mathrm{m}}\right)^2[\mathrm{kg}]^2\left(\dfrac{\mathrm{m}}{\mathrm{s}}\right)^3\cdot \mathrm{m}^3}{[\mathrm{kg\cdot m^2\cdot s^{-2}\cdot F}]^2}\right] = [\mathrm{s}]$$

[参考文献] 霜田他：大学演習電磁気学（裳華房）

10.8 (1) 電子の運動方程式は, 衝突により速度 $\boldsymbol{v}$ に比例した抵抗（係数 η）を受けるが, 超電導では散乱を受けないから, $m\dfrac{d^2\boldsymbol{x}}{dt^2} = m\dfrac{d\boldsymbol{v}}{dt} = -e\boldsymbol{E}$ ①

一方, 電流密度は, $\boldsymbol{J} = -en\boldsymbol{v}$ ②

①, ②より, $\dfrac{\partial \boldsymbol{J}}{\partial t} = -en\dfrac{\partial \boldsymbol{v}}{\partial t} = -en\dfrac{-e\boldsymbol{E}}{m} = \dfrac{ne^2}{m}\boldsymbol{E}$ ③

常伝導では, $\boldsymbol{J}_N = -en\mu\boldsymbol{E}$ となり (μ：易動度), ③とは異なる.

(2) ③の回転を取ると,

$$\mathrm{rot}\,\dfrac{\partial \boldsymbol{J}}{\partial t} = \dfrac{ne^2}{m}\mathrm{rot}\,\boldsymbol{E} = -\dfrac{ne^2}{m}\dfrac{\partial \boldsymbol{B}}{\partial t} \quad \therefore\ \dfrac{\partial}{\partial t}\left(\mathrm{rot}\,\boldsymbol{J} + \dfrac{ne^2}{m}\boldsymbol{B}\right) = 0 \qquad ④$$

(3) ④を積分すると, $\mathrm{rot}\,\boldsymbol{J} + \dfrac{ne^2}{m}\boldsymbol{B} = -\dfrac{ne^2}{m}\boldsymbol{B}_0$ ⑤

ただし, $\boldsymbol{B}_0$ は時間に依存しないベクトル. マクスウェルの第一方程式において, 定常状態を仮定すると,

$$\mathrm{rot}\,\boldsymbol{H} = \boldsymbol{J}, \quad \dfrac{1}{\mu_0}\mathrm{rot}\,\boldsymbol{B} = \boldsymbol{J}$$

$$\mathrm{rot}\,\boldsymbol{J} = \dfrac{1}{\mu_0}\mathrm{rot}\,\mathrm{rot}\,\boldsymbol{B} = \dfrac{1}{\mu_0}\left(\mathrm{grad}\,\mathrm{div}\,\boldsymbol{B} - \nabla^2 \boldsymbol{B}\right) = -\dfrac{1}{\mu_0}\nabla^2 \boldsymbol{B} \qquad ⑥$$

⑤, ⑥より, $\dfrac{m}{ne^2\mu_0}\nabla^2 \boldsymbol{B} = \boldsymbol{B} + \boldsymbol{B}_0$ ⑦

⑦と(III)を比較すると, $\lambda^2 = \dfrac{m}{ne^2\mu_0}$

(4) $\boldsymbol{B}_0 = \boldsymbol{0}$ とすると, ⑤より, $\mathrm{rot}\,\boldsymbol{J} = -\dfrac{ne^2}{m}\boldsymbol{B}$ ⑧

すなわち，磁場が侵入すると打ち消すように電流が生じると考えられる．図を考慮すると，(III)は，$\dfrac{\partial^2 B_z}{\partial x^2} = \dfrac{1}{\lambda^2} B_z$

この解は，$B_z(x) = C_1 e^{x/\lambda} + C_2 e^{-x/\lambda}$．境界条件より，

$$\begin{cases} B_z(d) = B_{\text{out}} = C_1 e^{d/\lambda} + C_2 e^{-d/\lambda} \\ B_z(-d) = B_{\text{out}} = C_1 e^{-d/\lambda} + C_2 e^{d/\lambda} \end{cases}, \quad C_1 = C_2 = \dfrac{B_{\text{out}}}{2\cosh \dfrac{d}{\lambda}}$$

$$\therefore \quad B_z(x) = C_1(e^{x/\lambda} + e^{-x/\lambda}) = B_{\text{out}} \dfrac{\cosh \dfrac{x}{\lambda}}{\cosh \dfrac{d}{\lambda}}$$

$d \gg \lambda$ のとき，

$$B_z(x) = B_{\text{out}} \dfrac{e^{x/\lambda} + e^{-x/\lambda}}{e^{d/\lambda} + e^{-d/\lambda}} \cong B_{\text{out}} \dfrac{e^{x/\lambda} + e^{-x/\lambda}}{e^{d/\lambda}}$$
$$= B_{\text{out}} e^{-d/\lambda}(e^{x/\lambda} + e^{-x/\lambda}) = 2 B_{\text{out}} e^{-d/\lambda} \cosh \dfrac{x}{\lambda}$$

すなわち，磁場は $|x| = d$ から λ へ侵入すると，$1/e$ 減衰する（下図参照）．

(6) ⑧，与図より，

$$\dfrac{\partial J_y}{\partial x} - \dfrac{\partial J_x}{\partial y} = \dfrac{\partial J_y}{\partial x} = -\dfrac{1}{\mu_0 \lambda^2} B_z = -\dfrac{1}{\mu_0 \lambda^2} B_{\text{out}} \dfrac{\cosh \dfrac{x}{\lambda}}{\cosh \dfrac{d}{\lambda}}$$

積分して，

$$J_y(x) = -\dfrac{B_{\text{out}} \sinh \dfrac{x}{\lambda}}{\mu_0 \lambda \cosh \dfrac{d}{\lambda}} + K, \quad J_y(0) = 0 = K$$

$$\therefore \quad J_y(x) = -\dfrac{B_{\text{out}} \sinh \dfrac{x}{\lambda}}{\mu_0 \lambda \cosh \dfrac{d}{\lambda}} \qquad ⑨$$

⑨を図示すると図のようになり，電流の大きさも磁場と同様に減衰する．

10.9 (1) 図のように，点 $(x, 0, 0)$ から見ると，線電荷密度が z 軸上のあるように見える．よって，半径 $|x|$，長さ 1 の円筒にガウスの定理を適用すると，

$$\int \varepsilon_0 E \, dS = \varepsilon_0 E \cdot 2\pi |x| \cdot 1 = \dfrac{q}{a} \cdot 1, \quad E = \dfrac{q}{2\pi \varepsilon_0 |x| a}$$

$$\therefore \quad \boldsymbol{E} = \left[\dfrac{q}{2\pi \varepsilon_0 ax}, 0, 0 \right]$$

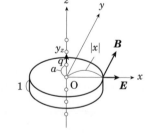

また，点 $(x, 0, 0)$ から見ると，線電流 $\dfrac{q}{a} v_z$ が z 軸上にあるように見えるから，アンペアの定理より，

$$\mu_0 \oint H \, dl = \mu_0 H \cdot 2\pi |x| = \mu_0 \dfrac{q}{a} v_z, \quad B = \dfrac{\mu_0 q v_z}{2\pi |x| a} \quad \therefore \quad \boldsymbol{B} = \left[0, \dfrac{\mu_0 q v_z}{2\pi ax}, 0 \right]$$

(2) 任意の隣り合う荷電粒子間の間隔について考える．2つの粒子の O 系での座標を

$$\begin{cases} z_1 = v_z t \\ z_2 = v_z t + a \end{cases}$$ とすると，与式（I）より，O′ 系では，

$$\begin{cases} z_1' = \gamma(z_1 - \beta ct) = \gamma\left(v_z t - \dfrac{v_z}{c}ct\right) = \gamma(v_z t - v_z t) = 0 \\ z_2' = \gamma(z_2 - \beta ct) = \gamma\left(v_z t + a - \dfrac{v_z}{c}ct\right) = \gamma a \end{cases}$$

よって，荷電粒子の間隔は，$a' = z_2' - z_1' = \gamma a - 0 = \gamma a$ ①

(3) ①より，点 (x', y', z') から見ると，線電荷密度 $q/(\gamma a)$ があるように見えるから，ガウスの定理より，

$$\varepsilon_0 |\boldsymbol{E}'| \cdot 2\pi\sqrt{x'^2 + y'^2} = \dfrac{q}{\gamma a}, \quad |\boldsymbol{E}'| = \dfrac{q}{2\pi\varepsilon_0 \gamma a \sqrt{x'^2 + y'^2}}$$

$$\therefore \boldsymbol{E}' = \left[\dfrac{q}{2\pi\varepsilon_0 \gamma a \sqrt{x'^2 + y'^2}} \dfrac{x'}{\sqrt{x'^2 + y'^2}}, \dfrac{q}{2\pi\varepsilon_0 \gamma a \sqrt{x'^2 + y'^2}} \dfrac{y'}{\sqrt{x'^2 + y'^2}}, 0\right]$$

$$= \dfrac{q}{2\pi\varepsilon_0 \gamma a (x'^2 + y'^2)}[x', y', 0] \qquad ②$$

O′ 系では電流が存在しないから（O に対して v_z で運動している），$\boldsymbol{B}' = \boldsymbol{0}$ ③

(4) ②，③を与式(II), (III)に代入し，（I）を考慮すると，

$$\begin{cases} \boldsymbol{E} = \dfrac{q}{2\pi\varepsilon_0 \gamma a (x'^2 + y'^2)}[\gamma x', \gamma y', 0] = \dfrac{q}{2\pi\varepsilon_0 a(x^2 + y^2)}[x, y, 0] \\ \boldsymbol{B} = \dfrac{q}{2\pi\varepsilon_0 \gamma a (x'^2 + y'^2)}\left[-\gamma\dfrac{v_z}{c^2}y', \gamma\dfrac{v_z}{c^2}x', 0\right] = \dfrac{\mu_0 q v_z}{2\pi a(x^2 + y^2)}[-y, x, 0] \end{cases}$$

ここで，$y = 0$ とおくと，設問(1)の結果と一致することがわかる．

(5) O′ 系の原点を中心にした半径 r の球にガウスの定理を適用すると，

$$\boldsymbol{E}' \cdot 4\pi r'^2 = \dfrac{q}{\varepsilon_0}, \quad E' = \dfrac{q}{4\pi\varepsilon_0 r'^2}$$

$$\therefore \boldsymbol{E}' = \dfrac{q}{4\pi\varepsilon_0 r'^2}\left[\dfrac{x'}{r'}, \dfrac{y'}{r'}, \dfrac{z'}{r'}\right] = \dfrac{q}{4\pi\varepsilon_0 r'^3}[x', y', z'] \quad (\sqrt{x'^2 + y'^2 + z'^2} = r') \qquad ④$$

O′ 系では電流が存在しないから，$\boldsymbol{B}' = \boldsymbol{0}$ ⑤

(6) ④，⑤を与式(II), (III)に代入し，（I）を考慮すると，

$$\boldsymbol{E} = \dfrac{q}{4\pi\varepsilon_0 (x'^2 + y'^2 + z'^2)^{3/2}}[\gamma x', \gamma y', z']$$

$$= \dfrac{q}{4\pi\varepsilon_0 (x^2 + y^2 + \gamma^2(z - v_z t)^2)^{3/2}}[\gamma x, \gamma y, \gamma(z - v_z t)] \qquad ⑥$$

$$\boldsymbol{B} = \dfrac{q}{4\pi\varepsilon_0 (x'^2 + y'^2 + z'^2)^{3/2}}\left[-\dfrac{v_z}{c^2}y', \gamma\dfrac{v_z}{c^2}x', 0\right]$$

$$= \dfrac{q}{4\pi\varepsilon_0 \{x^2 + y^2 + \gamma^2(z - v_z t)^2\}^{3/2}}\left[-\dfrac{v_z}{c^2}y, \gamma\dfrac{v_z}{c^2}x, 0\right] \qquad ⑦$$

⑥，⑦に $(x, y, z) = (x, 0, 0)$ を代入すると，

$$\boldsymbol{E} = \dfrac{q}{4\pi\varepsilon_0 (x^2 + \gamma^2 v_z^2 t^2)^{3/2}}[\gamma x, 0, -\gamma v_z t] = \dfrac{\gamma q}{4\pi\varepsilon_0 (x^2 + \gamma^2 v_z^2 t^2)^{3/2}}[x, 0, -v_z t]$$

$$\boldsymbol{B} = \dfrac{q}{4\pi\varepsilon_0 (x^2 + \gamma^2 v_z^2 t^2)^{3/2}}\left[0, \gamma\dfrac{v_z}{c^2}x, 0\right] = \dfrac{\gamma \mu_0 q v_z}{4\pi(x^2 + \gamma^2 v_z^2 t^2)^{3/2}}[0, x, 0]$$

ここで，$t = 0$ で荷電粒子は原点にあったとした．

■第 11 編の解答

11.1 (1) 便宜上，

$$\boldsymbol{B} = \begin{bmatrix} 0 \\ 0 \\ B \end{bmatrix}, \quad \boldsymbol{E} = \begin{bmatrix} E_{0x} \\ E_{0y} \\ E_{0z} \end{bmatrix} e^{-i\omega t}, \quad \boldsymbol{r} = \begin{bmatrix} x_0 \\ y_0 \\ z_0 \end{bmatrix} e^{-i\omega t} \qquad ①$$

とおく．与式(II)より，

$$m\frac{d^2x}{dt^2} + m\gamma\frac{dx}{dt} + kx = -e\left\{E_x + \left(\frac{dy}{dt}B\right)\right\} = -eE_x - eB\frac{dy}{dt} \quad (e>0)$$

$$m\frac{d^2y}{dt^2} + m\gamma\frac{dy}{dt} + ky = -e\left\{E_y + \left(-\frac{dx}{dt}B_z\right)\right\} = -eE_y + eB\frac{dx}{dt}$$

$$m\frac{d^2z}{dt^2} + m\gamma\frac{dz}{dt} + kz = -e(E_z) = -eE_z \qquad ②$$

①を②に代入し，以下 $\omega_0^2 = k/m$ とおくと，

$$(-i\omega)^2 mx - i\omega m\gamma x + kx = -eE_x - (-i\omega)eBy,$$
$$m(\omega^2 + i\gamma\omega - \omega_0^2)x + i\omega eBy = eE_x \qquad ③$$
$$(-i\omega)^2 my - i\omega m\gamma y + ky = -eE_y - i\omega eBx,$$
$$-i\omega eBx + m(\omega^2 + i\gamma\omega - \omega_0^2)y = eE_y \qquad ④$$

同様に，

$$m(\omega^2 + i\gamma\omega - \omega_0^2)z = eE_z, \quad z = \frac{e}{m}\frac{1}{\omega^2 + i\gamma\omega - \omega_0^2}E_z$$

②，③より，

$$x = \frac{\begin{vmatrix} eE_x & i\omega eB \\ eE_y & m(\omega^2 + i\gamma\omega - \omega_0^2) \end{vmatrix}}{\begin{vmatrix} m(\omega^2 + i\gamma\omega - \omega_0^2) & i\omega eB \\ -i\omega eB & m(\omega^2 + i\gamma\omega - \omega_0^2) \end{vmatrix}}$$

$$= \frac{m(\omega^2 + i\gamma\omega - \omega_0^2)eE_x - i\omega eBeE_y}{m^2(\omega^2 + i\gamma\omega - \omega_0^2)^2 - (\omega eB)^2}$$

$$= \frac{e}{m}\frac{\omega^2 + i\gamma\omega - \omega_0^2}{(\omega^2 + i\gamma\omega - \omega_0^2)^2 - (\omega_c\omega)^2}E_x - \frac{e}{m}\frac{i\omega_c\omega}{(\omega^2 + i\gamma\omega - \omega_0^2)^2 - (\omega_c\omega)^2}E_y$$

$$y = \frac{\begin{vmatrix} m(\omega^2 + i\gamma\omega - \omega_0^2) & eE_x \\ -i\omega eB & eE_y \end{vmatrix}}{\begin{vmatrix} m(\omega^2 + i\gamma\omega - \omega_0^2) & i\omega eB \\ -i\omega eB & m(\omega^2 + i\gamma\omega - \omega_0^2) \end{vmatrix}}$$

$$= \frac{e}{m}\frac{i\omega_c\omega}{(\omega^2 + i\gamma\omega - \omega_0^2)^2 - (\omega_c\omega)^2}E_x + \frac{e}{m}\frac{\omega^2 + i\gamma\omega - \omega_0^2}{(\omega^2 + i\gamma\omega - \omega_0^2)^2 - (\omega_c\omega)^2}E_y$$

ただし，$\omega_c = eB/m$．分極ベクトルは，$\boldsymbol{P} = -ne\boldsymbol{r}$ より，

$P_x = -nex$

$= -ne\left\{\dfrac{e}{m}\dfrac{\omega^2 + i\gamma\omega - \omega_0^2}{(\omega^2 + i\gamma\omega - \omega_0^2)^2 - (\omega_c\omega)^2}E_x - \dfrac{e}{m}\dfrac{i\omega_c\omega}{(\omega^2 + i\gamma\omega - \omega_0^2)^2 - (\omega_c\omega)^2}E_y\right\}$

$P_y = -ney$

$= -ne\left\{\dfrac{e}{m}\dfrac{i\omega_c\omega}{(\omega^2 + i\gamma\omega - \omega_0^2)^2 - (\omega_c\omega)^2}E_x + \dfrac{e}{m}\dfrac{\omega^2 + i\gamma\omega - \omega_0^2}{(\omega^2 + i\gamma\omega - \omega_0^2)^2 - (\omega_c\omega)^2}E_y\right\}$

$P_z = -nez = -ne\left(\dfrac{e}{m}\dfrac{1}{\omega^2 + i\gamma\omega - \omega_0^2}E_z\right)$

電流密度は，$\boldsymbol{J} = -ne\dot{\boldsymbol{r}}$ より，$\omega_p^2 = \dfrac{ne^2}{m\varepsilon_0}$ として，

$J_x = -ne\dfrac{dx}{dt}$

$= -ne\dfrac{d}{dt}\left\{\dfrac{e}{m}\dfrac{\omega^2 + i\gamma\omega - \omega_0^2}{(\omega^2 + i\gamma\omega - \omega_0^2)^2 - (\omega_c\omega)^2}E_x - \dfrac{e}{m}\dfrac{i\omega_c\omega}{(\omega^2 + i\gamma\omega - \omega_0^2)^2 - (\omega_c\omega)^2}E_y\right\}$

$= -ne\left\{\dfrac{e}{m}\dfrac{\omega^2 + i\gamma\omega - \omega_0^2}{(\omega^2 + i\gamma\omega - \omega_0^2)^2 - (\omega_c\omega)^2}\dot{E}_x - \dfrac{e}{m}\dfrac{i\omega_c\omega}{(\omega^2 + i\gamma\omega - \omega_0^2)^2 - (\omega_c\omega)^2}\dot{E}_y\right\}$

$= i\omega\omega_p^2\varepsilon_0\left\{\dfrac{\omega^2 + i\gamma\omega - \omega_0^2}{(\omega^2 + i\gamma\omega - \omega_0^2)^2 - (\omega_c\omega)^2}E_x - \dfrac{i\omega_c\omega}{(\omega^2 + i\gamma\omega - \omega_0^2)^2 - (\omega_c\omega)^2}E_y\right\}$

$J_y = -ne\dfrac{dy}{dt}$

$= -ne\dfrac{d}{dt}\left\{\dfrac{e}{m}\dfrac{i\omega_c\omega}{(\omega^2 + i\gamma\omega - \omega_0^2)^2 - (\omega_c\omega)^2}E_x + \dfrac{e}{m}\dfrac{\omega^2 + i\gamma\omega - \omega_0^2}{(\omega^2 + i\gamma\omega - \omega_0^2)^2 - (\omega_c\omega)^2}E_y\right\}$

$= -ne\left\{\dfrac{e}{m}\dfrac{i\omega_c\omega}{(\omega^2 + i\gamma\omega - \omega_0^2)^2 - (\omega_c\omega)^2}\dot{E}_x + \dfrac{e}{m}\dfrac{\omega^2 + i\gamma\omega - \omega_0^2}{(\omega^2 + i\gamma\omega - \omega_0^2)^2 - (\omega_c\omega)^2}\dot{E}_y\right\}$

$= i\omega\omega_p^2\varepsilon_0\left\{\dfrac{i\omega_c\omega}{(\omega^2 + i\gamma\omega - \omega_0^2)^2 - (\omega_c\omega)^2}E_x + \dfrac{\omega^2 + i\gamma\omega - \omega_0^2}{(\omega^2 + i\gamma\omega - \omega_0^2)^2 - (\omega_c\omega)^2}E_y\right\}$

$J_z = -ne\dfrac{dz}{dt} = -ne\dfrac{d}{dt}\left(\dfrac{e}{m}\dfrac{1}{\omega^2 + i\gamma\omega - \omega_0^2}E_z\right) = i\omega\omega_p^2\varepsilon_0\dfrac{1}{\omega^2 + i\gamma\omega - \omega_0^2}E_z$

(2) 与式より，$\boldsymbol{P} = \varepsilon_0(\hat{\varepsilon} - \hat{1})\boldsymbol{E}$. ただし，

$\hat{\varepsilon} = \begin{bmatrix} \varepsilon_{xx} & \varepsilon_{xy} & \varepsilon_{xz} \\ \varepsilon_{yx} & \varepsilon_{yy} & \varepsilon_{yz} \\ \varepsilon_{zx} & \varepsilon_{zy} & \varepsilon_{zz} \end{bmatrix}, \quad \hat{1} = \begin{bmatrix} 1 & 0 & 0 \\ 0 & 1 & 0 \\ 0 & 0 & 1 \end{bmatrix}$

$P_x = \varepsilon_0\left[(\hat{\varepsilon} - \hat{1})\boldsymbol{E}\right]_x = -nex$

$= -ne\left\{\dfrac{e}{m}\dfrac{\omega^2 + i\gamma\omega - \omega_0^2}{(\omega^2 + i\gamma\omega - \omega_0^2)^2 - (\omega_c\omega)^2}E_x - \dfrac{e}{m}\dfrac{i\omega_c\omega}{(\omega^2 + i\gamma\omega - \omega_0^2)^2 - (\omega_c\omega)^2}E_y\right\}$

$\varepsilon_{xx} = 1 - \omega_p^2\dfrac{\omega^2 + i\gamma\omega - \omega_0^2}{(\omega^2 + i\gamma\omega - \omega_0^2)^2 - (\omega_c\omega)^2}$

$$\varepsilon_{xy} = \omega_p^2 \frac{i\omega_c\omega}{(\omega^2 + i\gamma\omega - \omega_0^2)^2 - (\omega_c\omega)^2}$$

$$\varepsilon_{zz} = 1 - \omega_p^2 \frac{1}{\omega^2 + i\gamma\omega - \omega_0^2} \quad \text{⑤}$$

他は省略. 次に, $\boldsymbol{J} = \hat{\sigma}\boldsymbol{E}$, $\hat{\sigma} = \begin{bmatrix} \sigma_{xx} & \sigma_{xy} & \sigma_{xz} \\ \sigma_{yx} & \sigma_{yy} & \sigma_{yz} \\ \sigma_{zx} & \sigma_{zy} & \sigma_{zz} \end{bmatrix}$ より,

$$J_x = [\hat{\sigma}\boldsymbol{E}]_x = -ne\dot{x}$$
$$= i\omega\omega_p^2\varepsilon_0 \left\{ \frac{\omega^2 + i\gamma\omega - \omega_0^2}{(\omega^2 + i\gamma\omega - \omega_0^2)^2 - (\omega_c\omega)^2} E_x - \frac{i\omega_c\omega}{(\omega^2 + i\gamma\omega - \omega_0^2)^2 - (\omega_c\omega)^2} E_y \right\}$$

$$\sigma_{xx} = i\omega\omega_p^2\varepsilon_0 \frac{\omega^2 + i\gamma\omega - \omega_0^2}{(\omega^2 + i\gamma\omega - \omega_0^2)^2 - (\omega_c\omega)^2}$$

$$\sigma_{xy} = i\omega\omega_p^2\varepsilon_0 \frac{i\omega_c\omega}{(\omega^2 + i\gamma\omega - \omega_0^2)^2 - (\omega_c\omega)^2}$$

$$\sigma_{zz} = i\omega\omega_p^2\varepsilon_0 \frac{1}{\omega^2 + i\gamma\omega - \omega_0^2} \quad \text{⑥}$$

他は省略.

(3) $B = 0(\omega_c = 0)$, $k = 0(\omega_0 = 0)$, $\gamma = 0$ のとき, ⑤より, $\varepsilon_1 = 1 - \frac{\omega_p^2}{\omega^2}$. ε_1 対 ω を図に示す. $\varepsilon_1 = 0$ となる ω の名称はプラズマ角周波数と呼ばれる.

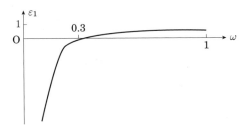

(4) $B = 0(\omega_c = 0)$, $\gamma \neq 0$ のとき, ⑥より,

(i) $k \neq 0$ ($\omega_0 = \sqrt{k/m} \neq 0$) の場合,

$$\sigma_0 = i\frac{\varepsilon_0\omega_p^2\omega}{1} \frac{\omega^2 + i\gamma\omega - \omega_0^2}{(\omega^2 + i\gamma\omega - \omega_0^2)^2} \cong i\frac{\varepsilon_0\omega_p^2\omega}{1} \frac{1}{\omega^2 + i\gamma\omega - \omega_0^2} \to i\frac{\varepsilon_0\omega_p^2\omega}{1} \frac{1}{-\omega_0^2}$$
$$\to -i0 \quad (\omega \to 0)$$

(ii) $k = 0$ ($\omega_0 = 0$) の場合,

$$\sigma_0 = i\frac{\varepsilon_0\omega_p^2\omega}{1} \frac{\omega^2 + i\gamma\omega - \omega_0^2}{(\omega^2 + i\gamma\omega - \omega_0^2)^2} \cong i\frac{\varepsilon_0\omega_p^2\omega}{1} \frac{\omega^2 + i\gamma\omega}{(\omega^2 + i\gamma\omega)^2} \to i\frac{\varepsilon_0\omega_p^2\omega}{1} \frac{1}{\omega^2 + i\gamma\omega}$$
$$\to i\frac{\varepsilon_0\omega_p^2\omega}{1} \frac{1}{i\gamma\omega} = \varepsilon_0\omega_p^2 \frac{1}{\gamma} \quad (\omega \to 0)$$

11.2 (1) 角周波数間隔は, $\Delta\omega = \omega_{n+1} - \omega_n = \dfrac{\pi c}{\eta l}$ (η：屈折率)

(2) 電場は, $E(t) = E_0 e^{i\phi_0} \displaystyle\sum_{n=0}^{N-1} e^{i\omega_n t} = E_0 e^{i\phi_0} \displaystyle\sum_{n=0}^{N-1} e^{i(\omega_0 + n\Delta\omega)t} = E_0 e^{i\phi_0} e^{i\omega_0 t} \displaystyle\sum_{n=0}^{N-1} e^{in\Delta\omega t}.$
ここで,
$$S \equiv \sum_{n=0}^{N-1} e^{i\Delta\omega t n} = 1 + e^{i\Delta\omega t} + e^{i2\Delta\omega t} + \cdots + e^{i(N-1)\Delta\omega t} \qquad ①$$
$$e^{i\Delta\omega t} S = e^{i\Delta\omega t} + \cdots + e^{iN\Delta\omega t} \qquad ②$$
② − ① より,
$$(e^{i\Delta\omega t} - 1)S = e^{iN\Delta\omega t} - 1$$
$$S = \frac{e^{iN\Delta\omega t} - 1}{(e^{i\Delta\omega t} - 1)} = \frac{e^{i\frac{N\Delta\omega t}{2}}(e^{i\frac{N\Delta\omega t}{2}} - e^{-i\frac{N\Delta\omega t}{2}})}{e^{i\frac{\Delta\omega t}{2}}(e^{i\frac{\Delta\omega t}{2}} - e^{-i\frac{\Delta\omega t}{2}})} = e^{i\frac{(N-1)\Delta\omega t}{2}} \frac{\sin \frac{N\Delta\omega t}{2}}{\sin \frac{\Delta\omega t}{2}}$$
$$\therefore\ E(t) = E_0 e^{i(\phi_0 + \omega_0 t)} e^{i\frac{(N-1)\Delta\omega t}{2}} \frac{\sin \frac{N\Delta\omega t}{2}}{\sin \frac{\Delta\omega t}{2}}$$

(3) 強度は, $I(t) = E(t)E(t)^* = E_0^2 \dfrac{\sin^2 \frac{N\Delta\omega t}{2}}{\sin^2 \frac{\Delta\omega t}{2}}$ ③

よって, (ア) $= \dfrac{N\Delta\omega t}{2}$, (イ) $= \dfrac{\Delta\omega t}{2}$.

(4) モード同期のとき,
$$\lim_{\Delta\omega \to 0} \frac{\sin \frac{N\Delta\omega t}{2}}{\sin \frac{\Delta\omega t}{2}} = \lim_{\Delta\omega \to 0} \frac{\frac{Nt}{2} \cos \frac{N\Delta\omega t}{2}}{\frac{t}{2} \cos \frac{\Delta\omega t}{2}} = N \qquad \therefore\ I(t)_{\max} = E_0^2 N^2$$

位相がランダムなとき, $I(t)_{\mathrm{ran}} \cong N E_0^2$ となるから, モード同期すると, ランダムなときの約 N 倍となる.

(5) ③の分子 $\sin^2 \dfrac{N\Delta\omega t}{2} = \dfrac{1 - \cos N\Delta\omega t}{2} = 1$ より, $N\Delta\omega t = \pi$ $\therefore\ \Delta t_{\mathrm{sep}} = \dfrac{\pi}{\Delta\omega}$

(6) ③において, $N = 5$ とすると, $\dfrac{I(t)}{E_0^2} = \dfrac{\sin^2 \frac{5\Delta\omega t}{2}}{\sin^2 \frac{\Delta\omega t}{2}}$

このグラフの概形を図に示す.

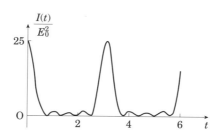

(7) パルス幅は，$\Delta t_p = \dfrac{2\pi}{N\Delta\omega}$. 帯域幅（スペクトル幅）は，$\Delta\nu = \dfrac{N\Delta\omega}{2\pi}$ だから，$\Delta\nu = \dfrac{1}{\Delta t_p}$. これは不確定性を示す．

(8) 与式において，設問(6)の $N=5$ を用いると，$c=\nu\lambda$ だから，

$$\Delta\nu = \dfrac{N\Delta\omega}{2\pi} = \dfrac{N\Delta(2\pi\nu)}{2\pi} = N\Delta\nu = N\left(\dfrac{c}{\lambda_1} - \dfrac{c}{\lambda_2}\right) = Nc\dfrac{\lambda_2-\lambda_1}{\lambda_1\lambda_2}$$

$$= 5\times 3.0\times 10^8 \dfrac{640\times 10^{-9} - 560\times 10^{-9}}{560\times 10^{-9}\times 640\times 10^{-9}}$$

$$= 5\times 3.0\times 10^8 \dfrac{80\times 10^{-9}}{560\times 640\times 10^{-18}} = 3.3\times 10^{-3}\times 10^8\times 10^9$$

$$\cong 0.33\times 10^{15}\,[\mathrm{s}^{-1}] \qquad \text{④}$$

④より，$\Delta t_p \cong 3.0\times 10^{-15}\,[\mathrm{s}]$

11.3 (1) (a) マクスウェルの第 1, 2, 3 式より，

$$\mathrm{rotrot}\,\boldsymbol{E} = -\dfrac{\partial}{\partial t}\mathrm{rot}\,\boldsymbol{B} = -\dfrac{\partial}{\partial t}\left(\varepsilon\mu\dfrac{\partial\boldsymbol{E}}{\partial t}\right) = -\varepsilon\mu\dfrac{\partial^2\boldsymbol{E}}{\partial t^2}$$
$$= \mathrm{graddiv}\,\boldsymbol{E} - \nabla^2\boldsymbol{E} = -\nabla^2\boldsymbol{E} \qquad \text{①}$$

$$\therefore\quad \nabla^2\boldsymbol{E} = \varepsilon\mu\dfrac{\partial^2\boldsymbol{E}}{\partial t^2} \qquad \text{②}$$

(b) $E = E_0\exp(i\boldsymbol{k}\cdot\boldsymbol{x} - i\omega t)$ ③

において，$v = f\lambda$，$\dfrac{1}{\lambda} = \dfrac{f}{v}$ を用い，比誘電率，非透磁率を ε_s, μ_s とすると，

$$|\boldsymbol{k}| = k = \dfrac{2\pi}{\lambda} = 2\pi\dfrac{f}{v} = \dfrac{\omega}{v}$$
$$= \dfrac{\omega}{1/\sqrt{\varepsilon\mu}} = \omega\sqrt{\varepsilon\mu} = \omega\sqrt{\varepsilon_0\mu_0}\sqrt{\varepsilon_s\mu_s} = \omega\dfrac{1}{c}n \qquad \text{④}$$

(2) (a) 図 1 のように，$k_{iy} = k_{ty} = 0$ だから，

$$E_i = E_0\exp\{i(k_{ix}x - k_{iz}z) - i\omega t\} \qquad \text{⑤}$$
$$E_r = RE_0\exp\{i(k_{ix}x + k_{iz}z) - i\omega t\} \qquad \text{⑥}$$
$$E_i = TE_0\exp\{i(k_{tx}x - k_{tz}z) - i\omega t\} \qquad \text{⑦}$$

において，⑤〜⑦の y 成分をとり，境界条件 $E_{1t} = E_{2t}$（接線成分）を用い，$z = 0$ とすると，

$$E_0 e^{ik_{ix}x - i\omega t} + RE_0 e^{ik_{ix}x - i\omega t} = TE_0 e^{ik_{tx}x - i\omega t}$$
$$(1+R)e^{ik_{ix}x} = Te^{ik_{tx}x} \qquad \therefore\quad k_{ix} = k_{tx}$$
$$1 + R = T, \quad R = T - 1 \qquad \text{⑧}$$

(b) 上記と同様，$B = B_0\exp(i\boldsymbol{k}\cdot\boldsymbol{x} - i\omega t) = B_0\exp\{i(k_xx + k_yy + k_zz) - i\omega t\}$，$k_{iy} = k_{ty} = 0$ と置くと，

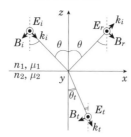

$$B_i = B_0 e^{i(k_{ix}x - k_{iz}z) - i\omega t} \quad \text{⑨}$$

$$B_r = RB_0 e^{i(k_{ix}x + k_{iz}z) - i\omega t} \quad \text{⑩}$$

$$B_t = TB_0 e^{i(k_{tx}x - k_{tz}z) - i\omega t} \quad \text{⑪}$$

⑨〜⑪の x 成分をとり，境界条件 $\left(\dfrac{B_1}{\mu_1}\right)_t = \left(\dfrac{B_2}{\mu_2}\right)_t$ （接線成分）を用い，$z = 0$ とすると，

$$-\frac{B_0}{\mu_1} e^{ik_{ix}x - i\omega t} \cos\theta + R\frac{B_0}{\mu_1} e^{ik_{ix}x - i\omega t} \cos\theta = -T\frac{B_0}{\mu_2} e^{ik_{tx}x - i\omega t} \cos\theta_t$$

$$\left(-\frac{B_0}{\mu_1} + R\frac{B_0}{\mu_1}\right) e^{ik_{ix}x} \cos\theta = -T\frac{B_0}{\mu_2} e^{ik_{tx}x} \cos\theta_t$$

ただし，$\mu_1 = \mu_2 = \mu$ は 1, 2 の透磁率．上記と同様，$k_{ix} = k_{tx}$ だから，

$$\left(-\frac{B_0}{\mu} + R\frac{B_0}{\mu}\right)\cos\theta = -T\frac{B_0}{\mu}\cos\theta_t \quad \therefore\ R = 1 - T\frac{\cos\theta_t}{\cos\theta} \quad \text{⑫}$$

ここで，図より，

$$\tan\theta = \frac{k_{ix}}{k_{iz}}, \quad \tan\theta_t = \frac{k_{tx}}{k_{tz}}, \quad \cos\theta = \frac{k_{iz}}{\sqrt{k_{ix}{}^2 + k_{iz}{}^2}}, \quad \cos\theta_t = \frac{k_{tz}}{\sqrt{k_{tx}{}^2 + k_{tz}{}^2}} \quad \text{⑬}$$

⑬を⑫に代入すると，

$$R = 1 - T\frac{\dfrac{k_{tz}}{\sqrt{k_{tx}{}^2 + k_{tz}{}^2}}}{\dfrac{k_{iz}}{\sqrt{k_{ix}{}^2 + k_{iz}{}^2}}} = 1 - T\frac{k_{tz}}{\sqrt{k_{tx}{}^2 + k_{tz}{}^2}}\frac{\sqrt{k_{ix}{}^2 + k_{iz}{}^2}}{k_{iz}} \quad \text{⑭}$$

（c） ⑧，⑭より，

$$1 - T\frac{k_{tz}}{\sqrt{k_{tx}{}^2 + k_{tz}{}^2}}\frac{\sqrt{k_{ix}{}^2 + k_{iz}{}^2}}{k_{iz}} = T - 1, \quad 2 = T\left(1 + \frac{k_{tz}}{\sqrt{k_{tx}{}^2 + k_{tz}{}^2}}\frac{\sqrt{k_{ix}{}^2 + k_{iz}{}^2}}{k_{iz}}\right)$$

$$\therefore\ T = \frac{2}{1 + \dfrac{k_{tz}}{\sqrt{k_{tx}{}^2 + k_{tz}{}^2}}\dfrac{\sqrt{k_{ix}{}^2 + k_{iz}{}^2}}{k_{iz}}}$$

（d） $E_t = TE_0 \exp\{i(k_{tx}x - k_{tz}z) - i\omega t\}$ ⑮

において，$k_{tx} = k_t \sin\theta_t$, $k_{tz} = k_t \cos\theta_t$．ここで，スネルの法則より，

$$n_2 \sin\theta_t = n_1 \sin\theta, \quad \cos\theta_t = \pm\sqrt{1 - \sin^2\theta_t} = \pm\sqrt{1 - \frac{n_1^2 \sin^2\theta}{n_2^2}}$$

よって，$1 < \frac{n_1^2}{n_2^2}\sin^2\theta$ のとき，

$$k_{tz} = \pm ik_t\sqrt{\frac{n_1^2 \sin^2\theta}{n_2^2} - 1} \equiv \pm i\beta \qquad \text{⑯}$$

となる．

（e）⑯を⑮に代入すると，

$$E_t \approx E_0 e^{-\beta x}, \quad \beta x = 1, \quad x = \delta = \frac{1}{\beta} = \frac{1}{\sqrt{\dfrac{n_1^2 \sin^2\theta}{n_2^2} - 1}}$$

（f）入射エネルギー $\geq$ 反射エネルギー．詳細省略．

11.4（1）電子の速度を $\boldsymbol{v}$ とすると，運動方程式は，

$$m_e \frac{d\boldsymbol{v}}{dt} = -e\boldsymbol{E} \qquad \text{①}$$

（2）$\boldsymbol{E} = \boldsymbol{E}_0 e^{-i\omega t}$ を①に代入すると，

$$m_e \frac{d\boldsymbol{v}}{dt} = -e\boldsymbol{E}_0 e^{-i\omega t}, \quad \boldsymbol{v} = \frac{d\boldsymbol{x}}{dt} = \frac{e\boldsymbol{E}_0}{i\omega m_e} e^{-i\omega t}, \quad \boldsymbol{x} = \frac{e\boldsymbol{E}_0}{\omega^2 m_e} e^{-i\omega t}$$

（3）電子の運動による電流密度は，

$$\boldsymbol{j}_e = -en_e\boldsymbol{v} = -en_e \frac{e\boldsymbol{E}_0}{i\omega m_e} e^{-i\omega t} = \frac{-e^2 n_e \boldsymbol{E}}{i\omega m_e} \qquad \text{②}$$

一方，電束電流密度 $\boldsymbol{j}_d$ は，

$$\boldsymbol{j}_d = \frac{\partial \boldsymbol{D}}{\partial t} = \varepsilon_0 \frac{\partial \boldsymbol{E}}{\partial t} = -i\omega\varepsilon_0 \boldsymbol{E}_0 e^{-i\omega t} = -i\omega\varepsilon_0 \boldsymbol{E} \qquad \text{③}$$

全電流密度 $\boldsymbol{j}$ は，②＋③より，

$$\boldsymbol{j} = -i\omega\left(\varepsilon_0 - \frac{e^2 n_e}{\omega^2 m_e}\right)\boldsymbol{E} = -i\omega\varepsilon_0\left(1 - \frac{e^2 n_e}{\varepsilon_0 \omega^2 m_e}\right)\boldsymbol{E}$$

（4）ここで，$\frac{\varepsilon}{\varepsilon_0} = \varepsilon_s$, $\frac{\mu}{\mu_0} = \mu_s$ とする．③と $\frac{\partial \boldsymbol{D}}{\partial t} = \varepsilon_0\varepsilon_s \frac{\partial \boldsymbol{E}}{\partial t} = -i\omega\varepsilon_0\varepsilon_s \boldsymbol{E}$ を比較すると，比誘電率

$$\varepsilon_s = 1 - \frac{e^2 n_e}{\varepsilon_0 \omega^2 m_e} \qquad \text{④}$$

の媒質中を電流なしで進行する電磁波と同じである．屈折率は，

$$n = \frac{c}{v} = \frac{1/\sqrt{\varepsilon_0\mu_0}}{1/\sqrt{\varepsilon\mu}} = \frac{\sqrt{\varepsilon\mu}}{\sqrt{\varepsilon_0\mu_0}} \qquad \text{⑤}$$

(5) ④, ⑤より, ガラスの屈折率は, $\mu = \mu_0$ として, $n = \sqrt{1 - \dfrac{\omega_p^2}{\omega^2}}$

11.5 (1) 図 1 のように, 屈折率 $n_1 = 1$ の真空と屈折率 $n_2 = n$ の媒質が接しているとする. 平面波 AB が入射角 θ_i で入射し, 平面波 AB が境界面に到達して CD の位置にあるとする. 光線 AC は境界面に到達しているが, 他の光線は到達していない. 少し時間がたち (Δt 後), 光線 BE が境界面 E 点に到達したとする. 媒質中では, C 点で 2 次波が発生し, 平面波が E 点に到達するまでに半径 $c\Delta t/n$ の球面波になっている. CE 間の各点でも C 点よりも少しずつ遅れて入射光が到達するので, それによって, 2 次波が発生する. それらの波面の包絡面が波面 EF を作る. ここで, ∠ACD, ∠CFE は直角だから, ∠ECD $= \theta_i$, ∠CEF $= \theta_r$ である. したがって,

$$\frac{\overline{\text{DE}}}{\overline{\text{CF}}} = \frac{c\Delta t/n_1}{c\Delta t/n_2} = \frac{\overline{\text{CE}}\sin\theta_i}{\overline{\text{CE}}\sin\theta_r} \qquad \therefore \quad n_1 \sin\theta_i = n_2 \sin\theta_r, \quad \sin\theta_i = n\sin\theta_r$$

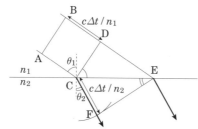

図 1　ホイヘンスの原理による屈折の法則の説明

(2) 真空と媒質の間にスネルの定理を適用すると, $\dfrac{\sin\theta_i}{\sin\theta_r} = \dfrac{n}{1} = \dfrac{c}{v}$

真空, 媒質中の波長を λ_0, λ_1 とすると, 周波数 f は媒質に依らず等しいから,

$$c = f\lambda_0 = \frac{\omega}{2\pi}\lambda_0, \quad v = \frac{\omega}{2\pi}\lambda_1$$

よって,

$$k_0 = \frac{2\pi}{\lambda_0} = 2\pi\frac{\omega}{2\pi c} = \frac{\omega}{c}, \quad k_1 = \frac{\omega}{v}, \quad \frac{\hbar k_0}{\hbar k_1} = \frac{k_0}{k_1} = \frac{\omega/c}{\omega/v} = \frac{v}{c} = \frac{\sin\theta_r}{\sin\theta_i} = \frac{1}{n}$$

11.6 (1) (a) $\omega = 2\pi f$, $c = f\lambda$, $k = \dfrac{2\pi}{\lambda}$ より,

波長 $\lambda = \dfrac{2\pi}{k} = \dfrac{2\pi}{5.0 \times 10^6} = 0.4\pi \times 10^{-6}\,[\text{m}]$

周波数 $f = \dfrac{\omega}{2\pi} = \dfrac{1.0 \times 10^{15}}{2\pi} = \dfrac{5}{\pi} \times 10^{14}\,[\text{Hz}]$

$\omega t - kz = const$, $v = \dfrac{dz}{dt} = \dfrac{\omega}{k}$ より,

位相速度 v は，$v = \dfrac{\omega}{k} = \dfrac{1.0 \times 10^{15}}{5.0 \times 10^6} = 2 \times 10^8 \,[\text{m/s}]$

(b) 位相変化 φ は，$\varphi = \omega t = 1.0 \times 10^{15} \times 10^{-15} = 1.0 \,[\text{rad}]$

(c) 最短距離 z は，$z = \dfrac{\pi/2}{k} = \dfrac{\pi}{2 \times 5.0 \times 10^6} = 0.1\pi \times 10^{-6} \,[\text{m}]$

(2) 本問は，等傾角の干渉またはハイディンガーの干渉と呼ばれる．

(a) 図の点線と AB のなす角を θ（屈折角），光路差を Δ とすると，$\text{AB}\cos\theta = d$，$\text{AC} = 2\text{AB}\sin\theta$ だから，

$$\Delta_{\text{ABC}} = 2\dfrac{d}{\cos\theta}n$$

$$\Delta_{\text{AD}} = \text{AC}\sin\theta_0 \cdot n_0 = 2\text{AB}\sin\theta\sin\theta_0 \cdot n_0 = 2\dfrac{d}{\cos\theta}\sin\theta\sin\theta_0 \cdot n_0$$
$$= 2d\tan\theta\sin\theta_0$$

光路差 Δ は，スネルの法則 $n_0\sin\theta_0 = n\sin\theta$ を使うと，

$$\Delta = 2\dfrac{nd}{\cos\theta} - 2n_0 d\tan\theta\sin\theta_0 = 2\dfrac{nd}{\cos\theta} - 2d\tan\theta \cdot n\sin\theta = 2\dfrac{nd}{\cos\theta} - \dfrac{2nd\sin^2\theta}{\cos\theta}$$
$$= \dfrac{2nd(1-\sin^2\theta)}{\cos\theta} = 2nd\cos\theta$$

(b) 位相差 δ は，入射波長を λ_0 とすると，$\delta = \dfrac{2\pi}{\lambda_0}\Delta \pm \pi = \dfrac{4\pi}{\lambda_0}nd\cos\theta \pm \pi$

ここで，位相差 $\pm\pi$ が入っているのは，上面（または下面）での反射で位相 π の跳びが入るためである．$n_0 < n$ なら，点 A で π の跳びが出る．したがって，強め合う（明縞）条件は，

$$\dfrac{4\pi}{\lambda_0}nd\cos\theta - \pi = 2m\pi, \quad 2nd\cos\theta = \dfrac{1}{2}(2m+1)\lambda_0 \quad (m = 0, \pm 1, \pm 2, \cdots)$$

11.7 (1) (a) ピタゴラスの定理より，

$$L_{\text{AC}} = \sqrt{(0+a)^2 + (y_0-0)^2} = \sqrt{a^2 + y_0^2} \qquad\qquad ①$$

$$L_{\text{CB}} = \sqrt{(0-b)^2 + (y_0-0)^2} = \sqrt{b^2 + y_0^2} \qquad\qquad ②$$

曲率半径が R だから，凸面の方程式は，$(x+R)^2 + y^2 = R^2$ ③

$y = y_0$ におけるレンズの厚さは，これを③に代入して，

$$(x+R)^2 + y_0^2 = R^2, \quad x^2 + 2Rx + y_0^2 = 0, \quad x = -R \pm \sqrt{R^2 - y_0^2}$$

$$\therefore \quad T(y_0) = |x| = R - \sqrt{R^2 - y_0^2} \qquad\qquad ④$$

(b) $|y_0| \ll a, b, R$ の条件のとき，①，②，④に(1)を適用すると，それぞれ，

$$L_{\text{AC}} = \sqrt{a^2\left(1 + \dfrac{y_0^2}{a^2}\right)} = a\left(1 + \dfrac{y_0^2}{a^2}\right)^{1/2} \cong a\left(1 + \dfrac{y_0^2}{2a^2}\right)$$

$$L_{\mathrm{CB}} = \sqrt{b^2\left(1+\frac{y_0^2}{b^2}\right)} = b\left(1+\frac{y_0^2}{b^2}\right)^{1/2} \cong b\left(1+\frac{y_0^2}{2b^2}\right)$$

$$T(y_0) = R - \sqrt{R^2\left(1-\frac{y_0^2}{R^2}\right)} \cong R - R\left(1-\frac{y_0^2}{2R^2}\right) = \frac{y_0^2}{2R}$$

（c）∠CBO, ∠DBO ≪ 1 のとき，CD $\cong T(y_0)$, DB $\cong L_{\mathrm{CB}} - T(y_0)$ だから，

$$L(y_0) = \overline{\mathrm{AC}} + n\overline{\mathrm{CD}} + \overline{\mathrm{DB}}$$
$$= L_{\mathrm{AC}} + nT(y_0) + L_{\mathrm{CB}} - T(y_0) = L_{\mathrm{AC}} + L_{\mathrm{CB}} + (n-1)T(y_0)$$
$$= a\left(1+\frac{y_0^2}{2a^2}\right) + b\left(1+\frac{y_0^2}{2b^2}\right) + (n-1)\frac{y_0^2}{2R}$$

（d）フェルマーの原理より，

$$\frac{dL(y_0)}{dy_0} = \frac{y_0}{a} + \frac{y_0}{b} + \frac{n-1}{R}y_0 = y_0\left(\frac{1}{a}+\frac{1}{b}+\frac{n-1}{R}\right) = 0$$

$$\therefore \quad \frac{1}{a} + \frac{1}{b} = -\frac{n-1}{R}$$

(2)（a）上と同様にして，

$$L_{\mathrm{CB}'} = \sqrt{(0-b)^2 + (y_0-y_b)^2} = \sqrt{b^2 + (y_0-y_b)^2}$$
$$= \sqrt{b^2\left(1+\frac{(y_0-y_b)^2}{b^2}\right)} \cong b\left\{1+\frac{(y_0-y_b)^2}{2b^2}\right\}$$

DB$' \cong L_{\mathrm{CB}'} - T(y_0)$

$$L'(y_0, y_b) = L_{\mathrm{AC}} + L_{\mathrm{CB}'} + (n-1)T(y_0)$$
$$= a\left(1+\frac{y_0^2}{2a^2}\right) + b\left\{1+\frac{(y_0-y_b)^2}{2b^2}\right\} + (n-1)\frac{y_0^2}{2R}$$
$$= a\left(1+\frac{y_0^2}{2a^2}\right) + b\left\{1+\frac{y_0^2+y_b^2-2y_0y_b}{2b^2}\right\} + (n-1)\frac{y_0^2}{2R}$$
$$\cong a + b + \frac{y_b^2 - 2y_by_0}{2b} = const - \frac{y_b}{b}y_0 \quad (\because |y_0| \ll a, b, R) \qquad ⑤$$

（b）(2), ⑤より，

$$E(y_b) = A_0 \int_{-r}^{r} e^{ikL'} dy_0 = A_0 \int_{-r}^{r} e^{ik(a+b-\frac{y_b}{b}y_0)} dy_0$$
$$= A_0 e^{ik(a+b)} \int_{-r}^{r} e^{-i\frac{ky_b}{b}y_0} dy_0 = A_0 e^{ik(a+b)} \int_{-r}^{r} e^{-iKy_0} dy_0$$
$$= A_0 e^{ik(a+b)} \left[\frac{e^{-iKy_0}}{-iK}\right]_{-r}^{r} = A_0 e^{ik(a+b)} \frac{e^{-iKr} - e^{iKr}}{-iK}$$

$$= A_0 e^{ik(a+b)} \frac{e^{iKr} - e^{-iKr}}{iK} = \frac{2A_0 e^{ik(a+b)}}{K} \sin Kr = \frac{2A_0 e^{ik(a+b)}}{\frac{ky_b}{b}} \sin \frac{ky_b}{b} r$$

$$= \frac{2bA_0 e^{ik(a+b)}}{ky_b} \sin \frac{kr}{b} y_b$$

$$\therefore \quad |E(y_b)|^2 = \left(\frac{2by_0}{ky_b}\right)^2 \sin^2 \frac{kr}{b} y_b \qquad \text{⑥}$$

（c） ⑥より, $|E(y_b)|^2 \sim \dfrac{\sin^2 \dfrac{kry_b}{b}}{\left(\dfrac{kry_b}{b}\right)^2}$

⑥の係数を 1 と置いて概形を描くと, 図のようになる.

$$\sin^2 \left(\frac{kry_b}{b}\right) = \frac{1 - \cos\left(\dfrac{2kry_b}{b}\right)}{2} = 0, \quad 1 = \cos\left(\frac{2kry_b}{b}\right), \quad \frac{2kry_b}{b} = 2m\pi$$

$$y_b = \frac{b}{kr} m\pi \quad (m：整数)$$

のときに極小になる（図では 3.14, 6.28, ... のとき）.

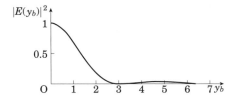

11.8 （1） マクスウェルの方程式より, $\nabla \times \boldsymbol{E} = -\mu_0 \dfrac{\partial \boldsymbol{H}}{\partial t}$
この左辺に, $\boldsymbol{E} = \boldsymbol{E}_0 \sin(\boldsymbol{k} \cdot \boldsymbol{r} - \omega t)$ を代入すると,

$$\nabla \times \boldsymbol{E} = \nabla \times \{\boldsymbol{E}_0 \sin(\boldsymbol{k} \cdot \boldsymbol{r} - \omega t)\} = \left(\boldsymbol{i}_x \frac{\partial}{\partial x} + \boldsymbol{i}_y \frac{\partial}{\partial y} + \boldsymbol{i}_z \frac{\partial}{\partial z}\right) \times \{\boldsymbol{E}_0 \sin(\boldsymbol{k} \cdot \boldsymbol{r} - \omega t)\}$$

$$= \left\{(\boldsymbol{i}_x \times \boldsymbol{E}_0)\frac{\partial}{\partial x} + (\boldsymbol{i}_y \times \boldsymbol{E}_0)\frac{\partial}{\partial y} + (\boldsymbol{i}_z \times \boldsymbol{E}_0)\frac{\partial}{\partial z}\right\} \sin(k_x x + k_y y + k_z z - \omega t)$$

$$= \{(\boldsymbol{i}_x k_x \times \boldsymbol{E}_0) + (\boldsymbol{i}_y k_y \times \boldsymbol{E}_0) + (\boldsymbol{i}_z k_z \times \boldsymbol{E}_0)\} \cos(\boldsymbol{k} \cdot \boldsymbol{r} - \omega t)$$

$$= \{(\boldsymbol{i}_x k_x + \boldsymbol{i}_y k_y + \boldsymbol{i}_z k_z) \times \boldsymbol{E}_0\} \cos(\boldsymbol{k} \cdot \boldsymbol{r} - \omega t) = (\boldsymbol{k} \times \boldsymbol{E}_0) \cos(\boldsymbol{k} \cdot \boldsymbol{r} - \omega t) \quad \text{①}$$

一方, 右辺に, $\boldsymbol{H} = \boldsymbol{H}_0 \sin(\boldsymbol{k} \cdot \boldsymbol{r} - \omega t)$ を代入すると,

$$-\mu_0 \frac{\partial \boldsymbol{H}}{\partial t} = \mu_0 \omega \boldsymbol{H}_0 \cos(\boldsymbol{k} \cdot \boldsymbol{r} - \omega t) \qquad \text{②}$$

①, ②より, $\boldsymbol{k} \times \boldsymbol{E} = \omega \mu_0 \boldsymbol{H} = \omega \boldsymbol{B}$
この y 成分を取ると, 波が $k = k_z$ 方向に進むから,

$$\omega B_y = k_z E_x - k_x E_z = k E_x \qquad \therefore \quad B_y = \frac{k}{\omega} E_x = \frac{2\pi}{\lambda} \frac{1}{2\pi\nu} E_x = \frac{1}{c} E_x \qquad ③$$

(2) ③より，

$$B_y = \frac{1}{c} E_x = \mu_0 H_y, \quad H_y = \sqrt{\varepsilon_0 \mu_0} \frac{1}{\mu_0} E_x = \sqrt{\frac{\varepsilon_0}{\mu_0}} E_x \equiv \frac{1}{\eta} E_x \quad \left(\eta = \sqrt{\frac{\mu_0}{\varepsilon_0}} \right)$$

だから，$\begin{cases} E_x = E_0 \sin(kz - \omega t) \\ H_y = \dfrac{1}{\eta} E_0 \sin(kz - \omega t) \end{cases}$

(入力) ポインティングベクトルの時間平均は，

$$\langle |\boldsymbol{S}| \rangle = \langle |\boldsymbol{E} \times \boldsymbol{H}| \rangle = \left\langle E_0 \sin(kz - \omega t) \times \frac{E_0}{\eta} \sin(kz - \omega t) \right\rangle$$

$$= \frac{E_0^2}{\eta} \frac{1}{2\pi} \int_0^{2\pi} \sin^2(kz - \omega t) d(\omega t) = \frac{E_0^2}{\eta} \frac{1}{2\pi} \int_0^{2\pi} \frac{1 - \cos(2kz - 2\omega t)}{2} d(\omega t)$$

$$= \frac{E_0^2}{\eta} \frac{1}{2\pi} \frac{1}{2} \cdot 2\pi = \frac{E_0^2}{2\eta} = \frac{1}{2} \sqrt{\frac{\varepsilon_0}{\mu_0}} E_0^2 \equiv S_{\text{in}} \qquad ④$$

[別解] フェーザ表示 $\begin{cases} E_x = E_0 e^{ikz} \\ H_y = \dfrac{E_0}{\eta} e^{ikz} \end{cases}$ とおくと，

$$\langle \boldsymbol{S} \rangle = \frac{1}{2} \text{Re}(\boldsymbol{E} \times \boldsymbol{H}^*) = \frac{1}{2} \text{Re}\left(\boldsymbol{i}_x E_0 e^{ikz} \times \boldsymbol{i}_y \frac{E_0}{\eta} e^{-ikz} \right) = \boldsymbol{i}_z \frac{E_0^2}{2\eta} \equiv \boldsymbol{i}_z S_{\text{in}}$$

(3) 与式より，

$$\begin{cases} \boldsymbol{B} = -\dfrac{e}{4\pi\varepsilon_0 c^3} \dfrac{\boldsymbol{r} \times \boldsymbol{a}}{r^2} \\ \boldsymbol{E} = \dfrac{e}{4\pi\varepsilon_0 c^2} \dfrac{\boldsymbol{r}}{r} \times \dfrac{4\pi\varepsilon_0 c^3}{-e} \boldsymbol{B} = -c \dfrac{\boldsymbol{r} \times \boldsymbol{B}}{r} \end{cases}$$

よって，(出力) ポインティングベクトルは，

$$\boldsymbol{S}_{\text{out}} = \boldsymbol{E} \times \boldsymbol{H} = -c \frac{\boldsymbol{r} \times \boldsymbol{B}}{r} \times \frac{\boldsymbol{B}}{\mu_0} = -\frac{c}{\mu_0} \frac{(\boldsymbol{r} \times \boldsymbol{B}) \times \boldsymbol{B}}{r} = \frac{c}{\mu_0} \frac{\boldsymbol{B} \times (\boldsymbol{r} \times \boldsymbol{B})}{r}$$

ここで，ベクトル3重積公式 $\boldsymbol{B} \times (\boldsymbol{r} \times \boldsymbol{B}) = \boldsymbol{r}(\boldsymbol{B} \cdot \boldsymbol{B}) - \boldsymbol{B}(\boldsymbol{B} \cdot \boldsymbol{r}) = \boldsymbol{r} B^2$ ($\because \boldsymbol{r} \perp \boldsymbol{B}$) を使うと，

$$\boldsymbol{S}_{\text{out}} = \frac{c \boldsymbol{r}}{\mu_0 r} \left(\frac{-e}{4\pi\varepsilon_0 c^3} \right)^2 \left(\frac{\boldsymbol{r} \times \boldsymbol{a}}{r^2} \right)^2 = \frac{e^2 \boldsymbol{r}}{16\pi^2 \mu_0 \varepsilon_0^2 c^5} \frac{(\boldsymbol{r} \times \boldsymbol{a})^2}{r^5}$$

この向きは $\boldsymbol{r}$ 方向で，大きさは，$|\boldsymbol{S}_{\text{out}}| = \dfrac{e^2 (\boldsymbol{r} \times \boldsymbol{a})^2}{16\pi^2 \mu_0 \varepsilon_0^2 c^5 r^4}$

(4) 半径 r の球面上の帯状の面積要素を dA，立体角を $d\Omega$ とすると，

$$d\Omega = \frac{dA}{r^2} = \frac{2\pi r \sin\theta \, d\theta}{r^2} = 2\pi \sin\theta \, d\theta, \quad dA = 2\pi r^2 \sin\theta \, d\theta$$

を用いると，単位時間当たりの輻射全エネルギーは，

$$\frac{dW}{dt} \equiv \int S_{\text{out}} dA = \int \frac{e^2 r^2 a^2 \sin^2\theta}{16\pi^2 \mu_0 \varepsilon_0^2 c^5 r^4} dA = \frac{e^2 a^2}{16\pi^2 \mu_0 \varepsilon_0^2 c^5} \int \frac{\sin^2\theta}{r^2} 2\pi r^2 \sin\theta\, d\theta$$

$$= \frac{2\pi e^2 a^2}{16\pi^2 \mu_0 \varepsilon_0^2 c^5} \int_0^\pi \sin^3\theta\, d\theta$$

ここで，積分項は，

$$I \equiv \int_0^\pi \sin^3\theta\, d\theta = \int_0^\pi \frac{3\sin\theta - \sin 3\theta}{4} d\theta = \frac{1}{4}\left[-3\cos\theta + \frac{\cos 3\theta}{3}\right]_0^\pi = \frac{4}{3}$$

$$\therefore\quad \frac{dW}{dt} = \frac{e^2 a^2}{6\pi\mu_0\varepsilon_0^2 c^5} = \frac{e^2 a^2}{6\pi\varepsilon_0 c^3} \qquad\qquad ⑤$$

(5) 電子の運動方程式は，$ma = eE$, $a = \dfrac{eE}{m}$

E について平均をとるとき $1/2$ が出るから[注]，⑤，④の比を取ると，

$$\frac{\frac{dW}{dt}}{S_{\text{in}}} = \frac{e^2}{6\pi\varepsilon_0 c^3}\frac{1}{2}\left(\frac{eE_0}{m}\right)^2 \frac{2\sqrt{\frac{\mu_0}{\varepsilon_0}}}{E_0^2} = \frac{e^4\sqrt{\mu_0}}{6\pi\varepsilon_0 c^3 m^2 \sqrt{\varepsilon_0}} = \frac{e^4}{6\pi\varepsilon_0 c^3 m^2 \sqrt{\varepsilon_0}}\frac{1}{c\sqrt{\varepsilon_0}}$$

$$= \frac{e^4}{6\pi\varepsilon_0^2 c^4 m^2} = \frac{8}{3}\pi a_0^2 \equiv \sigma_T \quad \left(a_0 = \frac{e^2}{4\pi\varepsilon_0 mc^2} : \text{古典電子半径}\right) \qquad ⑥$$

[注] r.m.s. と同様な考え方を使う．

$$\overline{E_0^2 \sin^2\theta} = E_0^2 \frac{1}{\pi}\int_0^\pi \sin^2\theta\, d\theta = E_0^2 \frac{1}{\pi}\int_0^\pi \frac{1-\cos 2\theta}{2} d\theta$$

$$= \frac{E_0^2}{2\pi}\left[\theta - \frac{\sin 2\theta}{2}\right]_0^\pi = \frac{E_0^2}{2}$$

(6) ⑥より，トムソン散乱断面積は，$\sigma_T \equiv \dfrac{8}{3}\pi\left(\dfrac{e^2}{4\pi\varepsilon_0 mc^2}\right)^2$ ⑦

[参考] 電子数が N 個の場合は⑦の N 倍．トムソン散乱はプラズマの温度・密度計測，宇宙観測などで利用されている．

11.9 (1) パワー密度 $\langle S \rangle$（ポインティングベクトルの大きさ）は，

$$\langle S \rangle = \frac{\text{エネルギー}}{\text{面積・時間}} = \frac{10 \times 10^3}{10^{-3} \times 10^{-4} \times 10^{-9}} = 10^{20}\,[\text{J}/(\text{s}\cdot\text{m}^2)] \qquad ①$$

一方，電磁波は，平均エネルギー密度 $\dfrac{1}{2}\varepsilon_0\langle E^2\rangle + \dfrac{1}{2}\varepsilon_0\langle H^2\rangle = \varepsilon_0\langle E^2\rangle$ を持つので，

$$\langle S \rangle = c\varepsilon_0\langle E^2\rangle = c\frac{\mu_0}{\mu_0}\varepsilon_0\langle E^2\rangle = c\frac{1}{\mu_0 c^2}\langle E^2\rangle = \frac{\langle E^2\rangle}{\mu_0 c} \qquad ②$$

①，②より，

$$\sqrt{\langle E^2\rangle} = \sqrt{\langle S\rangle \mu_0 c} = \sqrt{10^{20} \times 4\pi \times 10^{-7} \times 3 \times 10^8} = 1.94 \times 10^{11}\,[\text{V/m}]$$

また，電場の最大値 E_0 は[注]，
$$E_0 = \sqrt{2\langle E^2 \rangle} = \sqrt{2} \times 1.94 \times 10^{11} = 2.74 \times 10^{11} \text{ [V/m]}$$

電磁場の平均エネルギー密度 $\langle U \rangle$ は，
$$\langle U \rangle = \varepsilon_0 \langle E^2 \rangle = \frac{\langle S \rangle}{c} = \frac{10^{20}}{3 \times 10^8} = 3.33 \times 10^{11} \text{ [J/m}^3\text{]}$$

光圧 P は，(3) より，
$$P = \frac{\langle U \rangle}{c} \cdot c = \langle U \rangle = 3.33 \times 10^{11} \text{ [Pa]}$$

[注] $E = E_0 \cos \omega t = E_0 \cos \theta$ とすると，$\langle E^2 \rangle = \frac{1}{\pi} \int_0^\pi E_0^2 \cos^2 \theta \, d\theta = \frac{E_0^2}{2}$ であるが，エネルギーが大きいため，係数は重要ではない．

(2) すべての吸収エネルギーが水素原子の熱運動の運動エネルギー W に変換されるので，$W = \frac{3}{2} NkT$ である．ここで，N は関連する水素原子の数，k はボルツマン定数である．水素原子を理想気体と考えると，状態方程式より，$pv = NkT$．したがって，物質の圧力は，

$$p = \frac{NkT}{v} = \frac{2W}{3v} = \frac{2W}{3} \left(\frac{4}{3} \pi R^3 \right)^{-1} \quad \text{③}$$

球の半径 R は焦点の面積 A に $\pi R^2 = A$ で関係付けられるから，③は

$$p = \frac{W}{2\pi} \left(\frac{\pi}{A} \right)^{3/2} = \frac{10^4}{2 \times 3.14} \left(\frac{3.14}{10^{-7}} \right)^{3/2} \cong 2.80 \times 10^{14} \text{ [Pa]}$$

この圧力はレーザ光によって生成される光圧よりはるかに大きいので，原子雲を保持することはできず，自由膨張する．

(3) 光子束（単位時間，単位面積当たりの光子数）を F とすると，時間間隔 Δt に面 ΔS に輸送される全運動量は，$\Delta Q = Fq\Delta S \Delta t$ で与えられる．入射光子によって ΔS に加えられる力 f は，力積の定理 $f\Delta t = \Delta Q$ を用いて計算できる．したがって，光圧は次のようになる

$$P = \frac{f}{\Delta S} = \frac{\Delta Q}{\Delta S \Delta t} = \frac{Fq\Delta S \Delta t}{\Delta S \Delta t} = Fq = F\frac{h\nu}{c}$$

一方，強度は $I = Fh\nu$ で与えられるから，$P = \frac{I}{c} = \frac{U \cdot c}{c}$

■第 12 編の解答

12.1 (1) シュレディンガー方程式は，
$$\left(\frac{p^2}{2m} + V \right) \phi = \left\{ -\frac{\hbar^2}{2m} \frac{d^2}{dx^2} + \frac{1}{2} m(\omega x)^2 \right\} \phi$$
$$= \left(-\frac{\hbar^2}{2m} \frac{d^2}{dx^2} + \frac{1}{2} m\omega^2 x^2 \right) \phi = E\phi \quad \text{①}$$

(2) $\phi(x) = Ce^{-Ax^2}$ を①に代入すると，

$$-\frac{\hbar^2}{2m}\frac{d}{dx}(-2AxCe^{-Ax^2}) + \frac{m\omega^2 x^2}{2}Ce^{-Ax^2}$$

$$= 2AC\frac{\hbar^2}{2m}\frac{d}{dx}(xe^{-Ax^2}) + \frac{Cm\omega^2 x^2}{2}e^{-Ax^2}$$

$$= \frac{AC\hbar^2}{m}(e^{-Ax^2} - 2Ax^2 e^{-Ax^2}) + \frac{Cm\omega^2 x^2}{2}e^{-Ax^2}$$

$$= \left\{\frac{AC\hbar^2}{m} + \left(-\frac{2A^2 C\hbar^2}{m} + \frac{Cm\omega^2}{2}\right)x^2\right\}e^{-Ax^2} = ECe^{-Ax^2}$$

両辺を比較すると,$\frac{AC\hbar^2}{m} = EC$, $-\frac{2A^2 C\hbar^2}{m} + \frac{Cm\omega^2}{2} = 0$, $A = \frac{m\omega}{2\hbar}$, $E = \frac{\hbar\omega}{2}$

(3) $\phi_0(x) = \phi(x) = Ce^{-Ax^2}$ を規格化すると,

$$\int_{-\infty}^{\infty}\phi^*\phi\,dx = \int_{-\infty}^{\infty}Ce^{-Ax^2}Ce^{-Ax^2}dx = C^2\int_{-\infty}^{\infty}e^{-2Ax^2}dx = C^2\sqrt{\frac{\pi}{2A}} = 1$$

$$C = \left(\frac{2A}{\pi}\right)^{1/4}$$

(4) $\langle x \rangle = \int_{-\infty}^{\infty}\phi^* x\phi(x)dx = \int_{-\infty}^{\infty}xC^2 e^{-Ax^2}dx = C^2\int_{-\infty}^{\infty}xe^{-2Ax^2}dx$ ②

これは奇関数の積分だから明らかに値は 0.

$$\langle x^2 \rangle = \int_{-\infty}^{\infty}\phi^* x^2\phi\,dx = \int_{-\infty}^{\infty}Ce^{-Ax^2}x^2 Ce^{-Ax^2}dx = C^2\int_{-\infty}^{\infty}x^2 e^{-2Ax^2}dx$$

$$= C^2\frac{\sqrt{\pi}}{2}\frac{1}{(2A)^{3/2}} = \left(\frac{2A}{\pi}\right)^{1/2}\frac{\sqrt{\pi}}{2}\frac{1}{(2A)^{3/2}} = \frac{1}{4A} \qquad ③$$

[注] 確率統計学のように単純に,$\langle x \rangle = \int_{-\infty}^{\infty}xCe^{-Ax^2}dx$ としてはいけない.⇒ 「共,非共で挟むと平均(期待値)」

(5) $\langle p \rangle = \int_{-\infty}^{\infty}\phi^* p\phi\,dx = \int_{-\infty}^{\infty}Ce^{-Ax^2}\left(-i\hbar\frac{d}{dx}\right)Ce^{-Ax^2}dx$

$$= -i\hbar C^2\int_{-\infty}^{\infty}e^{-Ax^2}(-2Ax)e^{-Ax^2}dx = i2A\hbar C^2\int_{-\infty}^{\infty}xe^{-2Ax^2}dx = 0 \qquad ④$$

$$\langle p^2 \rangle = \int_{-\infty}^{\infty}Ce^{-Ax^2}\left(-\hbar^2\frac{d^2}{dx^2}\right)Ce^{-Ax^2}dx$$

$$= -C^2\hbar^2\int_{-\infty}^{\infty}e^{-Ax^2}\frac{d}{dx}\left(-2Axe^{-Ax^2}\right)dx$$

$$= -C^2\hbar^2\int_{-\infty}^{\infty}e^{-Ax^2}\left\{(-2A)e^{-Ax^2} + (2Ax)^2 e^{-Ax^2}\right\}dx$$

$$= -2AC^2\hbar^2\int_{-\infty}^{\infty}e^{-2Ax^2}(2Ax^2 - 1)dx$$

$$= -2AC^2\hbar^2\left(2A\int_{-\infty}^{\infty}x^2 e^{-2Ax^2}dx - \int_{-\infty}^{\infty}e^{-2Ax^2}dx\right)$$

$$= -2AC^2\hbar^2 \left\{ 2A\frac{\sqrt{\pi}}{2}\frac{1}{(2A)^{3/2}} - \sqrt{\frac{\pi}{2A}} \right\}$$

$$= -2AC^2\hbar^2 \left(-\frac{1}{2}\sqrt{\frac{\pi}{2A}} \right) = \frac{C^2\hbar^2}{2}\sqrt{2A\pi} = \sqrt{\frac{2A}{\pi}}\frac{\hbar^2}{2}\sqrt{2A\pi} = \hbar^2 A \qquad \text{⑤}$$

(6) ②, ③を用いると, $\Delta x = \sqrt{\langle x^2 \rangle - \langle x \rangle^2} = \sqrt{\dfrac{1}{4A} - 0} = \sqrt{\dfrac{1}{4\frac{m\omega}{2\hbar}}} = \sqrt{\dfrac{\hbar}{2m\omega}}$ ⑥

④, ⑤を用いると, $\Delta p = \sqrt{\langle p^2 \rangle - \langle p \rangle^2} = \sqrt{\hbar^2 A} = \hbar\sqrt{\dfrac{m\omega}{2\hbar}}$ ⑦

⑥, ⑦より, $(\Delta x)(\Delta p) = \sqrt{\dfrac{\hbar}{2m\omega}}\hbar\sqrt{\dfrac{m\omega}{2\hbar}} = \dfrac{\hbar}{2}$

12.2 (1) ハミルトニアンを H とすると, $H\varphi = E\varphi$, $H = \dfrac{p^2}{2m} + V$, $p = -i\hbar\nabla$, $V = \dfrac{m(\omega x)^2}{2}$ だから, シュレディンガー方程式は,

$$\left(-\frac{\hbar^2}{2m}\frac{d^2}{dx^2} + \frac{m\omega^2}{2}x^2 \right)\varphi(x) = E\varphi(x) \qquad \text{①}$$

(2) x, p はいずれも演算子だから, 与式は $[x,p]f(x) = x(pf(x)) - p(xf(x))$ のように, 適当な波動関数 $f(x)$ に作用するものとして考えるとよい. $p = -i\hbar(d/dx)$ だから,

$$[x,p]f(x) = xpf(x) - pxf(x) = x(pf(x)) - p(xf(x))$$
$$= x\left(-i\hbar\frac{df(x)}{dx} \right) - \left\{ -i\hbar\frac{d\,(xf(x))}{dx} \right\} = -i\hbar x\frac{df(x)}{dx} + i\hbar\left(f(x) + x\frac{df(x)}{dx} \right)$$
$$= i\hbar f(x) \qquad \therefore \quad [x,p] = i\hbar$$

(3) $z = \dfrac{\sqrt{2m}}{\hbar}x$ を用いて①を書き換えると,

$$H\varphi(z) = \left(-\frac{d^2}{dz^2} + \frac{\hbar^2\omega^2}{4}z^2 \right)\varphi(z) = E\varphi(z) \qquad \text{②}$$

一方, (3)の与式を用いると,

$$A^\dagger A\varphi(z) = \left(-\frac{d}{dz} + \frac{\hbar\omega}{2}z \right)\left(\frac{d}{dz} + \frac{\hbar\omega}{2}z \right)\varphi(z)$$
$$= \left(-\frac{d}{dz} + \frac{\hbar\omega}{2}z \right)\left(\frac{d\varphi(z)}{dz} + \frac{\hbar\omega}{2}z\varphi(z) \right)$$
$$= -\frac{d^2\varphi(z)}{dz^2} - \frac{\hbar\omega}{2}\frac{d}{dz}(z\varphi(z)) + \frac{\hbar\omega}{2}z\frac{d\varphi(z)}{dz} + \frac{\hbar\omega}{2}z\frac{\hbar\omega}{2}z\varphi(z)$$
$$= -\frac{d^2\varphi(z)}{dz^2} - \frac{\hbar\omega}{2}\left(\varphi(z) + z\frac{d\varphi(z)}{dz} \right) + \frac{\hbar\omega}{2}z\frac{d\varphi(z)}{dz} + \frac{(\hbar\omega)^2}{4}z^2\varphi(z)$$
$$= -\frac{d^2\varphi(z)}{dz^2} - \frac{\hbar\omega}{2}\varphi(z) + \frac{\hbar^2\omega^2}{4}z^2\varphi(z) = \left(-\frac{d^2}{dz^2} + \frac{\hbar^2\omega^2}{4}z^2 - \frac{\hbar\omega}{2} \right)\varphi(z)$$

$$\left(A^\dagger A + \frac{\hbar\omega}{2}\right)\varphi(z) = \left(-\frac{d^2}{dz^2} + \frac{\hbar^2\omega^2}{4}z^2\right)\varphi(z) \qquad ③$$

②, ③を比較すると，$H = A^\dagger A + \frac{\hbar\omega}{2}$

(4)　$\varphi_0(z) = C_0 \exp\left(-\frac{\hbar\omega}{4}z^2\right)$ を用いると，

$$A\varphi_0(z) = \left(\frac{d}{dz} + \frac{\hbar\omega}{2}z\right)C_0 \exp\left(-\frac{\hbar\omega}{4}z^2\right)$$

$$= \frac{d}{dz}\left\{C_0 \exp\left(-\frac{\hbar\omega}{4}z^2\right)\right\} + \frac{\hbar\omega}{2}zC_0 \exp\left(-\frac{\hbar\omega}{4}z^2\right)$$

$$= -\frac{\hbar\omega}{2}zC_0 \exp\left(-\frac{\hbar\omega}{4}z^2\right) + \frac{\hbar\omega}{2}zC_0 \exp\left(-\frac{\hbar\omega}{4}z^2\right) = 0$$

(5)　シュレディンガー方程式は，(3)より，$H\varphi(z) = \left(A^\dagger A + \frac{\hbar\omega}{2}\right)\varphi(z) = E\varphi(z)$
$\varphi_0(z)$ については，(4)から，$A\varphi_0(z) = 0$ だから，

$$H\varphi_0(z) = \left(A^\dagger A + \frac{\hbar\omega}{2}\right)\varphi_0(z) = A^\dagger A\varphi_0(z) + \frac{\hbar\omega}{2}\varphi_0(z) = \frac{\hbar\omega}{2}\varphi_0(z)$$

ゆえに，$\varphi_0(z)$ はハミルトニアンの固有関数で，そのときのハミルトニアンの固有値は $\hbar\omega/2$ である．

(6)　H を $\varphi_1(z) = C_1 A^\dagger \varphi_0(z)$ に作用させると，

$$H\varphi_1(z) = H(C_1 A^\dagger \varphi_0(z)) = C_1\left(A^\dagger A + \frac{\hbar\omega}{2}\right)(A^\dagger \varphi_0(z))$$

$$= C_1 A^\dagger A A^\dagger \varphi_0(z) + C_1 \frac{\hbar\omega}{2} A^\dagger \varphi_0(z) \qquad ④$$

ここで，与式 $AA^\dagger - A^\dagger A = \hbar\omega$，$AA^\dagger = A^\dagger A + \hbar\omega$ を用いると，④の第1項は，

$$C_1 A^\dagger (AA^\dagger)\varphi_0(z) = C_1 A^\dagger (A^\dagger A + \hbar\omega)\varphi_0(z)$$
$$= C_1 A^\dagger A^\dagger A\varphi_0(z) + C_1 A^\dagger \hbar\omega\varphi_0(z) = C_1 A^\dagger (A\varphi_0(z)) + \hbar\omega(C_1 A^\dagger \varphi_0(z))$$
$$= C_1 A^\dagger (A\varphi_0(z)) + \hbar\omega\varphi_1(z) \quad (\because 与式)$$
$$= \hbar\omega\varphi_1(z) \quad (\because A\varphi_0(z) = 0)$$

これから，④は，

$$H\varphi_1(z) = C_1 A^\dagger A A^\dagger \varphi_0(z) + C_1 \frac{\hbar\omega}{2} A^\dagger \varphi_0(z) = \hbar\omega\varphi_1(z) + \frac{\hbar\omega}{2}\varphi_1(z) = \frac{3\hbar\omega}{2}\varphi_1(z)$$

よって，$\varphi_1(z)$ はハミルトニアンの固有関数で，そのときのハミルトニアンの固有値は $3\hbar\omega/2$ であることが分かる．

12.3　(1)　消滅生成演算子の定義を，

$$\hat{a} = \sqrt{\frac{m\omega}{2\hbar}}\hat{x} + i\frac{1}{\sqrt{2m\hbar\omega}}\hat{p} \equiv A\hat{x} + iB\hat{p}, \quad \hat{a}^\dagger = \sqrt{\frac{m\omega}{2\hbar}}\hat{x} - i\frac{1}{\sqrt{2m\hbar\omega}}\hat{p} \equiv A\hat{x} - iB\hat{p} \qquad ①$$

とすると，

$$[\hat{a}, \hat{a}^\dagger] = \hat{a}\hat{a}^\dagger - \hat{a}^\dagger\hat{a} = (A\hat{x} + iB\hat{p})(A\hat{x} - iB\hat{p}) - (A\hat{x} - iB\hat{p})(A\hat{x} + iB\hat{p})$$
$$= A^2\hat{x}^2 - iAB\hat{x}\hat{p} + iBA\hat{p}\hat{x} + B^2\hat{p}^2 - (A^2\hat{x}^2 + iAB\hat{x}\hat{p} - iBA\hat{p}\hat{x} + B^2\hat{p}^2)$$
$$= -i2AB\hat{x}\hat{p} + i2BA\hat{p}\hat{x} = i2AB(\hat{p}\hat{x} - \hat{x}\hat{p})$$
$$= i2AB[\hat{p}, \hat{x}] = i2\sqrt{\frac{m\omega}{2\hbar}}\frac{1}{\sqrt{2m\hbar\omega}}[\hat{p}, \hat{x}] = \frac{i}{\hbar}[\hat{p}, \hat{x}]$$

ここで, $[\hat{p}, \hat{x}] = \left[-i\hbar\frac{\partial}{\partial x}, x\right] = -i\hbar\frac{\partial}{\partial x}x - x\left(-i\hbar\frac{\partial}{\partial x}\right) = -i\hbar = \frac{\hbar}{i}$

∴ $[\hat{a}, \hat{a}^\dagger] = \frac{i}{\hbar}\frac{\hbar}{i} = 1$ ②

(2) ①より,
$$\hat{a}^\dagger\hat{a} = (A\hat{x} - iB\hat{p})(A\hat{x} + iB\hat{p}) = A^2\hat{x}^2 + iAB\hat{x}\hat{p} - iBA\hat{p}\hat{x} + B^2\hat{p}^2$$
$$= A^2\hat{x}^2 + B^2\hat{p}^2 + iAB(\hat{x}\hat{p} - \hat{p}\hat{x}) = \frac{m\omega}{2\hbar}\hat{x}^2 + \frac{1}{2m\hbar\omega}\hat{p}^2 + i\sqrt{\frac{m\omega}{2\hbar}}\frac{1}{\sqrt{2m\hbar\omega}}[\hat{x}, \hat{p}]$$
$$= \frac{1}{\hbar\omega}\frac{m\omega^2\hat{x}^2}{2} + \frac{1}{\hbar\omega}\frac{\hat{p}^2}{2m} + i\frac{1}{2\hbar}[\hat{x}, \hat{p}] = \frac{1}{\hbar\omega}H + i\frac{1}{2\hbar}i\hbar = \frac{1}{\hbar\omega}H - \frac{1}{2}$$

∴ $H = \left(\hat{a}^\dagger\hat{a} + \frac{1}{2}\right)\hbar\omega$ ③

(3) ③を用いると,
$$[H, \hat{a}^\dagger] = H\hat{a}^\dagger - \hat{a}^\dagger H = \hbar\omega\left\{\left(\hat{a}^\dagger\hat{a} + \frac{1}{2}\right)\hat{a}^\dagger - \hat{a}^\dagger\left(\hat{a}^\dagger\hat{a} + \frac{1}{2}\right)\right\}$$
$$= \hbar\omega\left(\hat{a}^\dagger\hat{a}\hat{a}^\dagger + \frac{1}{2}\hat{a}^\dagger - \hat{a}^\dagger\hat{a}^\dagger\hat{a} - \frac{1}{2}\hat{a}^\dagger\right) = \hbar\omega\hat{a}^\dagger(\hat{a}\hat{a}^\dagger - \hat{a}^\dagger\hat{a}) = \hbar\omega\hat{a}^\dagger[\hat{a}, \hat{a}^\dagger]$$
$$= \hbar\omega\hat{a}^\dagger \quad (\because ②)$$

(4) $\hat{a}|\phi_0\rangle = 0$ だから, $H|\phi_0\rangle = \left(\hat{a}^\dagger\hat{a} + \frac{1}{2}\right)\hbar\omega|\phi_0\rangle = \hbar\omega\hat{a}^\dagger\hat{a}|\phi_0\rangle + \frac{1}{2}\hbar\omega|\phi_0\rangle = \frac{1}{2}\hbar\omega|\phi_0\rangle$

(5) $\hat{a}|\phi_0\rangle = 0$ に $\langle x|$ を掛けると, $\langle x|\hat{a}|\phi_0\rangle = 0$. (1)の与式 $\hat{a}$ を代入すると,
$$\left\langle x \left| \sqrt{\frac{m\omega}{2\hbar}}\hat{x} + i\frac{1}{\sqrt{2m\hbar\omega}}\hat{p} \right| \phi_0 \right\rangle = 0$$
$$\left(\sqrt{\frac{m\omega}{2\hbar}}x + i\frac{1}{\sqrt{2m\hbar\omega}}\left(\frac{\hbar}{i}\frac{\partial}{\partial x}\right)\right)\langle x|\phi_0\rangle = 0$$
$$\left(\sqrt{\frac{m\omega}{2\hbar}}x + \frac{\hbar}{\sqrt{2m\hbar\omega}}\frac{d}{dx}\right)\phi_0(x) = 0$$
$$\frac{\hbar}{\sqrt{2m\hbar\omega}}\frac{d\phi_0(x)}{dx} = -\sqrt{\frac{m\omega}{2\hbar}}x\phi_0(x), \quad \frac{d\phi_0}{\phi_0} = -\sqrt{\frac{m\omega}{2\hbar}}\frac{\sqrt{2m\hbar\omega}}{\hbar}x\,dx = -\frac{m\omega}{\hbar}x\,dx$$
$$\log\phi_0(x) = -\frac{m\omega}{2\hbar}x^2 + C_1, \quad \phi_0(x) = C_2 e^{-\frac{m\omega}{2\hbar}x^2}$$

規格化すると,
$$\int_{-\infty}^{\infty} C_2 e^{-\frac{m\omega}{2\hbar}x^2} C_2 e^{-\frac{m\omega}{2\hbar}x^2} = C_2^2 \int_{-\infty}^{\infty} e^{-\frac{m\omega}{\hbar}x^2}\,dx = C_2^2\sqrt{\frac{\pi\hbar}{m\omega}} = 1$$

$$C_2 = \left(\frac{m\omega}{\pi\hbar}\right)^{\frac{1}{4}} \qquad \therefore \quad \phi_0(x) = \left(\frac{m\omega}{\pi\hbar}\right)^{\frac{1}{4}} e^{-\frac{m\omega}{2\hbar}x^2}$$

(6) 与式より，$|\phi_{n+1}\rangle = c\hat{a}^\dagger|\phi_n\rangle$ ④

規格化条件より，

$$\langle\phi_{n+1}|\phi_{n+1}\rangle = c^2\langle\phi_n|\hat{a}\hat{a}^\dagger|\phi_n\rangle = c^2\left\langle\phi_n\left|\frac{H}{\hbar\omega} - \frac{1}{2}\right|\phi_n\right\rangle = c^2\left(\frac{H}{\hbar\omega} - \frac{1}{2}\right)\langle\phi_n|\phi_n\rangle$$

$$= c^2\left(\frac{H}{\hbar\omega} - \frac{1}{2}\right) = 1 \qquad \therefore \quad c = \frac{1}{\sqrt{\frac{E_n}{\hbar\omega} - \frac{1}{2}}} = \sqrt{\frac{2\hbar\omega}{2E_n - \hbar\omega}}$$

(7) ④より，

$$|\phi_1\rangle = c\hat{a}^\dagger|\phi_0\rangle, \quad |\phi_2\rangle = c\hat{a}^\dagger|\phi_1\rangle = c\hat{a}^\dagger c\hat{a}^\dagger|\phi_0\rangle = c^2(\hat{a}^\dagger)^2|\phi_0\rangle, \quad \cdots,$$

$$|\phi_n\rangle = c^n(\hat{a}^\dagger)^n|\phi_0\rangle \equiv C\hat{a}^{\dagger n}|\phi_0\rangle$$

ゆえに，

$$H|\phi_n\rangle = HC\hat{a}^{\dagger n}|\phi_0\rangle = C\hat{a}^\dagger(\hbar\omega + H)\hat{a}^{\dagger n-1}|\phi_0\rangle \quad (\because (3))$$

$$= C\hat{a}^{\dagger 2}(2\hbar\omega + H)\hat{a}^{\dagger n-2}|\phi_0\rangle = C\hat{a}^{\dagger n}(n\hbar\omega + H)|\phi_0\rangle$$

$$= n\hbar\omega C\hat{a}^{\dagger n}|\phi_0\rangle + C\hat{a}^{\dagger n}\frac{1}{2}\hbar\omega|\phi_0\rangle \quad (\because (4))$$

$$= n\hbar\omega|\phi_n\rangle + \frac{1}{2}\hbar\omega C\hat{a}^{\dagger n}|\phi_0\rangle = n\hbar\omega|\phi_n\rangle + \frac{1}{2}\hbar\omega|\phi_n\rangle$$

$$= \left(n + \frac{1}{2}\right)\hbar\omega|\phi_n\rangle$$

(8) 時間 t における波動関数 $|\phi(t)\rangle$ は，$i\hbar\frac{\partial\phi}{\partial t} = H\phi$, $|\phi(0)\rangle = |\phi_n\rangle$ を用いると，

$$|\phi(t)\rangle = e^{-i\frac{H}{\hbar}t}|\phi(0)\rangle = e^{-i\frac{H}{\hbar}t}|\phi_n\rangle = e^{-i\frac{H}{\hbar\omega}\omega t}|\phi_n\rangle$$

$$= e^{-i\left(\hat{a}^\dagger\hat{a}+\frac{1}{2}\right)\omega t}|\phi_n\rangle \quad (\because (2))$$

$$= e^{-i\left(n+\frac{1}{2}\right)\omega t}|\phi_n\rangle \quad (\because n = \hat{a}^\dagger\hat{a})$$

(9) (1)の与式より，$\hat{a} + \hat{a}^\dagger = 2\sqrt{\frac{m\omega}{2\hbar}}\hat{x}$. これから，$\hat{x}^2 = \frac{(\hat{a}+\hat{a}^\dagger)^2}{4\frac{m\omega}{2\hbar}} = \frac{\hbar}{2m\omega}(\hat{a}+\hat{a}^\dagger)^2$

よって，期待値は，

$$\langle\phi_n|\hat{x}^2|\phi_n\rangle = \frac{\hbar}{2m\omega}\langle\phi_n|(\hat{a}+\hat{a}^\dagger)^2|\phi_n\rangle = \frac{\hbar}{2m\omega}\langle\phi_n|(\hat{a}^2 + \hat{a}\hat{a}^\dagger + \hat{a}^\dagger\hat{a} + \hat{a}^{\dagger 2})|\phi_n\rangle$$

$$= \frac{\hbar}{2m\omega}\langle\phi_n|(\hat{a}\hat{a}^\dagger + \hat{a}^\dagger\hat{a})|\phi_n\rangle \quad (\because \text{直交性}: \phi_n|\hat{a}^2|\phi_n\rangle = \langle\phi_n|\hat{a}^{\dagger 2}|\phi_n\rangle = 0)$$

$$\langle\phi_n|\hat{x}^2|\phi_n\rangle = \frac{\hbar}{2m\omega}\langle\phi_n|2\hat{a}^\dagger\hat{a} + 1|\phi_n\rangle \quad (\because \text{交換関係}: \hat{a}\hat{a}^\dagger = \hat{a}^\dagger\hat{a} + 1)$$

$$\langle\phi_n|\hat{x}^2|\phi_n\rangle = \frac{\hbar}{2m\omega}\left\langle\phi_n\left|\frac{2H}{\hbar\omega} - 1 + 1\right|\phi_n\right\rangle \quad (\because (2))$$

$$= \frac{\hbar}{2m\omega}\frac{2E_n}{\hbar\omega} = \frac{\hbar}{2m\omega}\frac{2(n+1/2)\hbar\omega}{\hbar\omega} = \frac{\hbar}{2m\omega}(2n+1)$$

12.4 時間に依存するシュレディンガー方程式は，

$$i\hbar\frac{\partial}{\partial t}|\psi(t)\rangle = H|\psi(t)\rangle \qquad ①$$

ただし，$H = E_0 + C(\sigma_x^e\sigma_x^p + \sigma_y^e\sigma_y^p + \sigma_z^e\sigma_z^p)$

与式 $|\psi(t)\rangle = \sum_{j=1}^{4}|j\rangle A_j(t)$ を①に代入すると，$i\hbar\dfrac{d}{dt}\sum_{j=1}^{4}|j\rangle A_j(t) = \sum_{j=1}^{4}H|j\rangle A_j(t)$ ②

②の両辺と $\langle k|$ の内積を取ると，$i\hbar\dfrac{d}{dt}\sum_{j=1}^{4}\langle k|j\rangle A_j(t) = \sum_{j=1}^{4}\langle k|H|j\rangle A_j(t)$

ここで，左辺 $\sum_{j=1}^{4}\langle k|j\rangle A_j(t)$ について考察する：$k = 1$ のとき，ただし書きより，

$$\begin{cases} \langle\uparrow\uparrow|\uparrow\uparrow\rangle = \begin{bmatrix}1&1\\0&0\end{bmatrix}\begin{bmatrix}1&1\\0&0\end{bmatrix} = \begin{bmatrix}1&1\\0&0\end{bmatrix} = \langle\uparrow\uparrow| \\ \langle\uparrow\uparrow|\uparrow\downarrow\rangle = \begin{bmatrix}1&1\\0&0\end{bmatrix}\begin{bmatrix}1&0\\0&1\end{bmatrix} = \begin{bmatrix}1&1\\0&0\end{bmatrix} = \langle\uparrow\uparrow| \\ \langle\uparrow\uparrow|\downarrow\uparrow\rangle = \begin{bmatrix}1&1\\0&0\end{bmatrix}\begin{bmatrix}0&1\\1&0\end{bmatrix} = \begin{bmatrix}1&1\\0&0\end{bmatrix} = \langle\uparrow\uparrow| \\ \langle\uparrow\uparrow|\downarrow\downarrow\rangle = \begin{bmatrix}1&1\\0&0\end{bmatrix}\begin{bmatrix}0&0\\1&1\end{bmatrix} = \begin{bmatrix}1&1\\0&0\end{bmatrix} = \langle\uparrow\uparrow| \end{cases}$$

$\therefore \quad \langle\uparrow\uparrow|j\rangle = \langle\uparrow\uparrow|$

$k = 2, 3, 4$ のときも同様だから，

$$\langle k|j\rangle = \langle k|, \quad \sum_{j=1}^{4}\langle k|j\rangle A_j(t) = A_k(t) \quad \therefore \quad i\hbar\frac{dA_k(t)}{dt} = \sum_{j=1}^{4}\langle k|H|j\rangle A_j(t)^{[注]}$$

[注] $\langle k|j\rangle = \delta_{kj}, \quad i\hbar\dfrac{d}{dt}\sum_{j=1}^{4}\langle k|j\rangle A_j(t) = \sum_{j=1}^{4}\langle k|H|j\rangle A_j(t),$

$i\hbar\dfrac{d}{dt}\sum_{j=1}^{4}\delta_{kj}A_j(t) = \sum_{j=1}^{4}\langle k|H|j\rangle A_j(t),$

$i\hbar\dfrac{d}{dt}\sum_{j=1}^{4}A_k(t) = \sum_{j=1}^{4}\langle k|j\rangle A_j(t), \quad i\hbar\dfrac{dA_k(t)}{dt} = \sum_{j=1}^{4}\langle k|H|j\rangle A_j(t)$

12.5 (1) （VII）を用いると，

$$[S_x, S_y] = S_x S_y - S_y S_x = \frac{\hbar}{2}\sigma_x\frac{\hbar}{2}\sigma_y - \frac{\hbar}{2}\sigma_y\frac{\hbar}{2}\sigma_x = \frac{\hbar^2}{4}(\sigma_x\sigma_y - \sigma_y\sigma_x)$$
$$= \frac{\hbar^2}{4}[\sigma_x, \sigma_y] = \frac{\hbar^2}{4}\cdot 2i\sigma_z = \frac{i\hbar^2}{2}\sigma_z = \frac{i\hbar^2}{2}\frac{2S_z}{\hbar} = i\hbar S_z$$

ただし，（VI）より，

$$[\sigma_x, \sigma_y] = \sigma_x\sigma_y - \sigma_y\sigma_x = \begin{bmatrix} 0 & 1 \\ 1 & 0 \end{bmatrix}\begin{bmatrix} 0 & -i \\ i & 0 \end{bmatrix} - \begin{bmatrix} 0 & -i \\ i & 0 \end{bmatrix}\begin{bmatrix} 0 & 1 \\ 1 & 0 \end{bmatrix}$$

$$= \begin{bmatrix} i & 0 \\ 0 & -i \end{bmatrix} - \begin{bmatrix} -i & 0 \\ 0 & i \end{bmatrix} = i\begin{bmatrix} 1 & 0 \\ 0 & -1 \end{bmatrix} + i\begin{bmatrix} 1 & 0 \\ 0 & -1 \end{bmatrix} = 2i\sigma_z$$

を用いた．

$$[H, S_z]$$
$$= \left(\frac{p_x^2 + p_y^2}{2m}\mathbf{1}_{2\times 2} + \frac{\hbar e B_z(x,y)}{2m}\sigma_z\right)\frac{\hbar}{2}\sigma_z - \frac{\hbar}{2}\sigma_z\left(\frac{p_x^2 + p_y^2}{2m}\mathbf{1}_{2\times 2} + \frac{\hbar e B_z(x,y)}{2m}\sigma_z\right)$$
$$= \frac{p_x^2 + p_y^2}{2m}\frac{\hbar}{2}[\mathbf{1}_{2\times 2}, \sigma_z] + \frac{\hbar e B_z}{2m}\frac{\hbar}{2}[\sigma_z, \sigma_z] = 0$$

ただし，（VI）より，

$$[\mathbf{1}_{2\times 2}, \sigma_z] = \mathbf{1}_{2\times 2}\sigma_z - \sigma_z\mathbf{1}_{2\times 2}$$
$$= \begin{bmatrix} 1 & 0 \\ 0 & 1 \end{bmatrix}\begin{bmatrix} 1 & 0 \\ 0 & -1 \end{bmatrix} - \begin{bmatrix} 1 & 0 \\ 0 & -1 \end{bmatrix}\begin{bmatrix} 1 & 0 \\ 0 & 1 \end{bmatrix} = \begin{bmatrix} 1 & 0 \\ 0 & -1 \end{bmatrix} - \begin{bmatrix} 1 & 0 \\ 0 & -1 \end{bmatrix} = 0$$
$$[\sigma_z, \sigma_z] = \sigma_z\sigma_z - \sigma_z\sigma_z = 0$$

を用いた．

(2) （VI）より，

$$\sigma_x\sigma_z = \begin{bmatrix} 0 & 1 \\ 1 & 0 \end{bmatrix}\begin{bmatrix} 1 & 0 \\ 0 & -1 \end{bmatrix} = \begin{bmatrix} 0 & -1 \\ 1 & 0 \end{bmatrix}$$

$$\sigma_z\sigma_x = \begin{bmatrix} 1 & 0 \\ 0 & -1 \end{bmatrix}\begin{bmatrix} 0 & 1 \\ 1 & 0 \end{bmatrix} = \begin{bmatrix} 0 & 1 \\ -1 & 0 \end{bmatrix} = -\begin{bmatrix} 0 & -1 \\ 1 & 0 \end{bmatrix} = -\sigma_x\sigma_z$$

$$\sigma_y\sigma_z = \begin{bmatrix} 0 & -i \\ i & 0 \end{bmatrix}\begin{bmatrix} 1 & 0 \\ 0 & -1 \end{bmatrix} = \begin{bmatrix} 0 & i \\ i & 0 \end{bmatrix} = i\begin{bmatrix} 0 & 1 \\ 1 & 0 \end{bmatrix} = i\sigma_x$$

$$\sigma_z\sigma_y = \begin{bmatrix} 1 & 0 \\ 0 & -1 \end{bmatrix}\begin{bmatrix} 0 & -i \\ i & 0 \end{bmatrix} = \begin{bmatrix} 0 & -i \\ -i & 0 \end{bmatrix} = -i\begin{bmatrix} 0 & 1 \\ 1 & 0 \end{bmatrix} = -i\sigma_x$$

を用いると，

$$D\sigma_z = (p_x\sigma_x + p_y\sigma_y)\sigma_z = p_x\sigma_x\sigma_z + p_y\sigma_y\sigma_z$$
$$= -p_x\sigma_z\sigma_x - p_y\sigma_z\sigma_y = -\sigma_z(p_x\sigma_x + p_y\sigma_y) = -\sigma_z D$$

(IX)の右辺は，

$$\frac{1}{2m}D^2 = \frac{1}{2m}(p_x\sigma_x + p_y\sigma_y)(p_x\sigma_x + p_y\sigma_y)$$
$$= \frac{1}{2m}(p_x\sigma_x p_x\sigma_x + p_x\sigma_x p_y\sigma_y + p_y\sigma_y p_x\sigma_x + p_y\sigma_y p_y\sigma_y)$$
$$= \frac{1}{2m}(p_x^2\sigma_x^2 + p_y^2\sigma_y^2) + \frac{1}{2m}(p_x\sigma_x p_y\sigma_y + p_y\sigma_y p_x\sigma_x) \qquad ①$$

ここで，

$$\sigma_x^2 = \begin{bmatrix} 0 & 1 \\ 1 & 0 \end{bmatrix} \begin{bmatrix} 0 & 1 \\ 1 & 0 \end{bmatrix} = \begin{bmatrix} 1 & 0 \\ 0 & 1 \end{bmatrix} = \mathbf{1}_{2\times 2}$$

$$\sigma_x \sigma_y = \begin{bmatrix} 0 & 1 \\ 1 & 0 \end{bmatrix} \begin{bmatrix} i & 0 \\ 0 & -i \end{bmatrix} = \begin{bmatrix} i & 0 \\ 0 & -i \end{bmatrix} = i\sigma_z$$

$$\sigma_y^2 = \begin{bmatrix} 0 & -i \\ i & 0 \end{bmatrix} \begin{bmatrix} 0 & -i \\ i & 0 \end{bmatrix} = \begin{bmatrix} 1 & 0 \\ 0 & 1 \end{bmatrix} = \mathbf{1}_{2\times 2}$$

$$\sigma_y \sigma_x = \begin{bmatrix} 0 & -i \\ i & 0 \end{bmatrix} \begin{bmatrix} 0 & 1 \\ 1 & 0 \end{bmatrix} = \begin{bmatrix} -i & 0 \\ 0 & i \end{bmatrix} = -i\sigma_z$$

だから，

$$①の第2項の(\ ) = p_x\sigma_x p_y\sigma_y + p_y\sigma_y p_x\sigma_x = \sigma_x\sigma_y p_x p_y + \sigma_y\sigma_x p_y p_x$$
$$= i[p_x, p_y]\sigma_z \qquad ②$$

ここで，②の [ ] は，

$$[p_x, p_y] = p_x p_y - p_y p_x$$
$$= \left(-i\hbar\frac{\partial}{\partial x} + eA_x\right)\left(-i\hbar\frac{\partial}{\partial y} + eA_y\right) - \left(-i\hbar\frac{\partial}{\partial y} + eA_y\right)\left(-i\hbar\frac{\partial}{\partial x} + eA_x\right)$$
$$= -\hbar^2\frac{\partial^2}{\partial x \partial y} - i\hbar e\left(\frac{\partial A_y}{\partial x} + A_y\frac{\partial}{\partial x}\right) - i\hbar e A_x\frac{\partial}{\partial y} + e^2 A_x A_y$$
$$\quad + \hbar^2\frac{\partial^2}{\partial y \partial x} + i\hbar e\left(\frac{\partial A_x}{\partial y} + A_x\frac{\partial}{\partial y}\right) + i\hbar e A_y\frac{\partial}{\partial x} - e^2 A_y A_x$$
$$= i\hbar e\left(\frac{\partial A_x}{\partial y} - \frac{\partial A_y}{\partial x}\right)$$

よって，①の第2項は，

$$\frac{i}{2m}i\hbar e\left(\frac{\partial A_x}{\partial y} - \frac{\partial A_y}{\partial x}\right)\sigma_z = \frac{\hbar e}{2m}\left(\frac{\partial A_y}{\partial x} - \frac{\partial A_x}{\partial y}\right)\sigma_z$$

$$\therefore \quad \frac{D^2}{2m} = \frac{p_x^2 + p_y^2}{2m}\mathbf{1}_{2\times 2} + \frac{\hbar e}{2m}B_z\sigma_z = H \quad (\because \text{(V)}) \qquad ③$$

(3) 与式より，$|\Phi_n\rangle = D|\Psi_n\rangle$ だから，$\langle\Phi_n|\Phi_n\rangle = \langle\Psi_n|D^2|\Psi_n\rangle$
ここで，(IX)の $2mH = D^2$ を用いると，

$$\langle\Phi_n|\Phi_n\rangle = 2m\langle\Psi_n|H|\Psi_n\rangle = 2mE_n\langle\Psi_n|\Psi_n\rangle \quad (\because \ H\Psi_n = E\Psi_n)) \qquad ④$$

(4) ノルム ≥ 0 だが，$\Psi_n, \Phi_n \neq 0$ のとき $\langle\Psi_n|\Psi_n\rangle > 0$，$\langle\Phi_n|\Phi_n\rangle > 0$ だから，④より，

$$E_n = \frac{\langle\Phi_n|\Phi_n\rangle}{2m\langle\Psi_n|\Psi_n\rangle} > 0$$

$H|\Psi_n\rangle = E_n|\Psi_n\rangle$，$\sigma_z|\Psi_n\rangle = 1|\Psi_n\rangle = |\Psi_n\rangle$ のとき，③から，

$$[H, D] = \left[\frac{D^2}{2m}, D\right] = \frac{D^2}{2m}D - D\frac{D^2}{2m} = \frac{1}{2m}(D^2 D - D D^2) = HD - DH = 0$$

および，$|\Phi_n\rangle = D|\Psi_n\rangle$ を用いると，$H|\Phi_n\rangle = HD|\Psi_n\rangle = DH|\Psi_n\rangle = DE_n|\Psi_n\rangle = E_n D|\Psi_n\rangle = E_n|\Phi_n\rangle$．同様にして，$\sigma_z|\Phi_n\rangle = \sigma_z D|\Psi_n\rangle = -D\sigma_z|\Psi_n\rangle = -D|\Psi_n\rangle = -|\Phi_n\rangle$

(5) 設問(3)のように，$|\Phi\rangle = D|\Psi\rangle$ とおくと，$E = 0$ で $\langle\Phi|\Phi\rangle = 0$ だから，

$$|\Phi\rangle = D|\Psi\rangle = 0 \qquad \text{⑤}$$

次に，(II) の $|\Psi\rangle = \begin{bmatrix} |\psi_\uparrow\rangle \\ |\psi_\downarrow\rangle \end{bmatrix}$，および $D = p_x\sigma_x + p_y\sigma_y = p_x\begin{bmatrix} 0 & 1 \\ 1 & 0 \end{bmatrix} + p_y\begin{bmatrix} 0 & -i \\ i & 0 \end{bmatrix}$ を用いると，⑤は，

$$D|\Psi\rangle = \begin{bmatrix} 0 & p_x - ip_y \\ p_x + ip_y & 0 \end{bmatrix}\begin{bmatrix} |\psi_\uparrow\rangle \\ |\psi_\downarrow\rangle \end{bmatrix} = \begin{bmatrix} 0 & (p_x - ip_y)|\psi_\downarrow\rangle \\ (p_x + ip_y)|\psi_\uparrow\rangle & 0 \end{bmatrix} = 0$$

$$2\text{行}1\text{列} = \left\{-i\hbar\frac{\partial}{\partial x} - e\frac{\partial\rho}{\partial y} + i\left(-i\hbar\frac{\partial}{\partial y} + e\frac{\partial\rho}{\partial x}\right)\right\}\psi_\uparrow$$

$$= \left(-i\hbar\frac{\partial}{\partial x} - e\frac{\partial\rho}{\partial y} + \hbar\frac{\partial}{\partial y} + ie\frac{\partial\rho}{\partial x}\right)f_\uparrow e^{\frac{e}{\hbar}\rho} = 0$$

$$-i\hbar\frac{\partial f_\uparrow}{\partial x} + \hbar\frac{\partial f_\uparrow}{\partial y} = 0 \qquad \therefore\quad \frac{\partial f_\uparrow}{\partial x} + i\frac{\partial f_\uparrow}{\partial y} = 0 \qquad \text{⑥}$$

同様にして，$1\text{行}2\text{列} = (p_x - ip_y)|\psi_\downarrow\rangle = 0$，$\dfrac{\partial f_\downarrow}{\partial x} - i\dfrac{\partial f_\downarrow}{\partial y} = 0$ ⑦

⑥，⑦より，$f_1(w)$, $f_2(w)$ を複素正則関数として，

$$f_\uparrow(x,y) = f_1(x+iy) = f_1(w), \quad f_\downarrow(x,y) = f_2(x+iy) = f_2(\bar{w}) \qquad \text{⑧}$$

が解になっていることが（代入してみれば）分かる．

(6) ⑧より，スピンが上向きの解は，$\psi_\uparrow(x,y) = f_1(x+iy)e^{\frac{e}{\hbar}\rho}$
(XIII) より，この $\psi_\uparrow$ は $r \to \infty$ のとき

$$\psi_\uparrow(x,y) = f_1(x+iy)e^{\frac{e}{\hbar}\frac{bR^2}{2}(\frac{1}{2}+\log\frac{r}{R})} = f_1(w)e^{\frac{ebR^2}{4\hbar}}e^{\frac{ebR^2}{2\hbar}\log\frac{r}{R}}$$

ここで，$X = e^{\frac{ebR^2}{2\hbar}\log\frac{r}{R}}$ とおくと，$\log X = \dfrac{ebR^2}{2\hbar}\log\dfrac{r}{R} = \log\left(\dfrac{r}{R}\right)^{\frac{ebR^2}{2\hbar}} = \log\left(\dfrac{|w|}{R}\right)^{\frac{ebR^2}{2\hbar}}$
だから，

$$\psi_\uparrow(x,y) = e^{\frac{ebR^2}{4\hbar}}f_1(w)\left(\frac{|w|}{R}\right)^{\frac{ebR^2}{2\hbar}} \xrightarrow[|w|\to\infty]{r\to\infty} \infty$$

これでは束縛状態は成立しない．スピン下向きの解は，

$$\psi_\downarrow(x,y) = f_2(x-iy)e^{\frac{e}{\hbar}\rho} = f_2(\bar{w})e^{-\frac{ebR^2}{4\hbar}}\left(\frac{|w|}{R}\right)^{-\frac{ebR^2}{2\hbar}}$$

これが収束するためには，$f_2(\bar{w})$ の次数が $\dfrac{ebR^2}{2\hbar}$ 未満になることが必要だから，一次独立なものは，$\left|\dfrac{ebR^2}{2\hbar}\right| - 1$ 個．

12.6 (1) 波長を λ, 振動数を ν とすると,

$$h\nu = h\frac{c}{\lambda} = \frac{6.6 \times 10^{-34} \times 3.0 \times 10^8}{\lambda} = 0.5\,\mathrm{MeV} = 0.5 \times 10^6 \times 1.6 \times 10^{-19}\,\mathrm{J}$$

$$\lambda = \frac{6.6 \times 10^{-34} \times 3.0 \times 10^8}{0.5 \times 10^6 \times 1.6 \times 10^{-19}} \cong 2.5 \times 10^{-12}\,[\mathrm{m}]$$

(2) 図のように,光子(衝突前:波長 λ, 振動数 ν) が x 軸の負方向からきて静止した電子(質量 m_e)に衝突し, xy 平面内でそれぞれ(衝突後:波長 λ', 振動数 ν') θ, ψ 方向に散乱されるとすると,エネルギー保存則は,

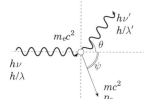

$$\frac{hc}{\lambda} + m_e c^2 = \frac{hc}{\lambda'} + mc^2, \quad \left(m = \frac{m_e}{\sqrt{1-\beta^2}} = \frac{m_e}{\sqrt{1-\left(\frac{p_e}{mc}\right)^2}}\right) \quad ①$$

運動量保存則の x, y 成分は,

$$\frac{h}{\lambda} = \frac{h}{\lambda'}\cos\theta + p_e \cos\psi \quad ②$$

$$0 = \frac{h}{\lambda'}\sin\theta - p_e \sin\psi \quad ③$$

(3) ②,③から ψ を消去すると, $\left(\dfrac{h}{\lambda} - \dfrac{h}{\lambda'}\cos\theta\right)^2 + \left(\dfrac{h}{\lambda'}\sin\theta\right)^2 = p_e^2$ ④

①より, $mc = \dfrac{h}{\lambda} - \dfrac{h}{\lambda'} + m_e c$ ⑤

相対論的質量の式(①の( )式)より,

$$m^2\left\{1 - \frac{p_e^2}{(mc)^2}\right\} = m_e^2, \quad (mc)^2 - p_e^2 = (m_e c)^2 \quad ⑥$$

④,⑤を⑥に代入すると,

$$\left\{\left(\frac{h}{\lambda} - \frac{h}{\lambda'}\right) + m_e c\right\}^2 - \left(\frac{h}{\lambda} - \frac{h}{\lambda'}\cos\theta\right)^2 - \left(\frac{h}{\lambda'}\sin\theta\right)^2 = (m_e c)^2$$

$$\therefore \quad \lambda' = \lambda + 2\frac{h}{m_e c}\sin^2\frac{\theta}{2} \equiv \lambda + (1-\cos\theta)\lambda_e \quad (\lambda_e = h/(m_e c))$$

(4) 設問(2),(3)と最も深く関連する相互作用は B のコンプトン散乱.
矢印:エネルギーが K 電子の電離エネルギーと等しくなると突然減弱が強く起こり,減弱係数が不連続になる.これを K 吸収端という.なお,A は光電効果,C は対生成と関連すると考えられる.

(5) (a) 光電ピーク:ガンマ線のエネルギーがすべて電子に渡される場合に対応しているから,図 2 より,この場合のエネルギーは 0.66 MeV.

(b) コンプトンエッジ:コンプトン散乱で $\theta = \pi$ の場合に対応しているから,この場合のエネルギーは,

$$h\nu - h\nu' = h\nu\left\{1 - \frac{1}{1+\frac{h\nu}{m_e c^2}(1-\cos\theta)}\right\} = hc\left(\frac{1}{\lambda} - \frac{1}{\lambda + 2\lambda_e}\right)$$

$$= 6.6 \times 10^{-34} \times 3.0 \times 10^8 \left(\frac{1}{1.9 \times 10^{-12}} - \frac{1}{1.9 \times 10^{-12} + 2 \times \frac{6.6 \times 10^{-34}}{9.1 \times 10^{-31} \times 3.0 \times 10^8}} \right)$$

$$= 6.6 \times 3.0 \times 10^{-26} \left(0.4 \times 10^{12} - \frac{1}{1.9 \times 10^{-12} + \frac{44}{9.1} \times 10^{-12}} \right) \cong 0.50 \,\mathrm{MeV}$$

ただし，$\lambda = \dfrac{hc}{0.66\,\mathrm{MeV}} = \dfrac{6.6 \times 10^{-34} \times 3.0 \times 10^8}{0.66 \times 10^6 \times 1.6 \times 10^{-19}} \cong 1.9 \times 10^{-12}\,\mathrm{m}$ を用いた．

（c） 後方散乱ピーク：ガンマ線が鉛などの遮蔽材と $\theta = \pi$ のコンプトン効果を起こし，その結果，エネルギーを一部失った散乱ガンマ線が再び検出器に入り，光電効果を起こす．この場合のエネルギーは，$0.66 - 0.50 = 0.16\,\mathrm{MeV}$

（6） ドップラー効果の式[注]において，正面衝突の場合，観測者から見た周波数 ν' は，

$$\nu' = \nu \frac{\sqrt{1-\beta^2}}{1-\beta} \quad \left(\beta = \frac{v}{c}\right)$$

$$= \nu \frac{\sqrt{(1-\beta)(1+\beta)}}{1-\beta} = \nu \sqrt{\frac{1+\beta}{1-\beta}} = \nu \sqrt{\frac{(1+\beta)^2}{(1-\beta)(1+\beta)}} = \nu \frac{1+\beta}{\sqrt{1-\beta^2}}$$

$$= \nu \gamma (1+\beta) \quad \left(\gamma = \frac{1}{\sqrt{1-\beta^2}}\right)$$

N を光子数とすると，観測者（電子）座標系では，$N' = N\{\gamma(1+\beta)\}$
観測者座標系では，光子のエネルギーは，$U_\mathrm{rad} \equiv Nh\nu$
電子座標系では，$U'_\mathrm{rad} \equiv N'h\nu' = N\{\gamma(1+\beta)\} \cdot h \cdot \nu\gamma(1+\beta) = U_\mathrm{rad}\{\gamma(1+\beta)\}^2$

$\therefore \quad \dfrac{U'_\mathrm{rad}}{U_\mathrm{rad}} = \{\gamma(1+\beta)\}^2$

[注] $\nu' = \nu \dfrac{\sqrt{1-\beta^2}}{1-\beta\cos\theta}$．木舟：宇宙高エネルギー粒子の物理学（培風館）などを参照．

12.7 (1) 加速器などにより制動輻射を発生させ，資料に照射すると，X 線が発生する．これを回折格子に入射すると，回折が起こる．回折した X 線を，検出器の角度を変えてスペクトルを測定する．

(2) $E = h\nu = h\dfrac{c}{\lambda},\ c = \nu\lambda.\ \lambda = 0.72\,\text{Å} = 0.72 \times 10^{-10}\,[\mathrm{m}]$ のとき，エネルギーは，

$$E = \frac{6.6 \times 10^{-34}\,[\mathrm{J\cdot s}] \times 3.0 \times 10^8\,[\mathrm{m/s}]}{0.72 \times 10^{-10}\,[\mathrm{m}] \times 1.6 \times 10^{-19}\,[\mathrm{J}]} \cong 1.7 \times 10^4\,[\mathrm{eV}]$$

（$\because\ 1\,\mathrm{eV} = 1.6 \times 10^{-19}\,\mathrm{J}$）

周波数は，$\nu = \dfrac{c}{\lambda} = \dfrac{3.0 \times 10^8\,[\mathrm{m/s}]}{0.72 \times 10^{-10}\,[\mathrm{m}]} \cong 4.2 \times 10^{18}\,[\mathrm{Hz}]$

(3) 遠心力とクーロン力の釣り合いより，

$$mr\omega^2 = \frac{Ze^2}{4\pi\varepsilon_0 r^2}, \quad \omega^2 = \frac{Ze^2}{4\pi\varepsilon_0 mr^3} \qquad ①$$

よって，全エネルギーは，

$$E \equiv \text{運動エネルギー} = \text{位置エネルギー} = \frac{1}{2}m(r\omega)^2 - e\frac{Ze}{4\pi\varepsilon_0 r}$$

$$= \frac{mr^2}{2}\frac{Ze^2}{4\pi\varepsilon_0 mr^3} - \frac{Ze^2}{4\pi\varepsilon_0 r} = -\frac{Ze^2}{8\pi\varepsilon_0 r} \quad ②$$

(4) ボーア・ゾンマーフェルトの量子化条件より，運動量を p とすると，

$$\oint p\,ds = m\nu \cdot 2\pi r = 2\pi r \cdot m \cdot r\omega = nh \quad (n:\text{主量子数}) \quad ③$$

③から ω を求めると，$\omega = \dfrac{nh}{2\pi r^2 m}$

①に代入すると，$\left(\dfrac{nh}{2\pi r^2 m}\right)^2 = \left(\dfrac{nh}{2\pi m}\right)^2 \dfrac{1}{r^4} = \dfrac{Ze^2}{4\pi\varepsilon_0 mr^3}$ ∴ $r = \dfrac{\varepsilon_0 n^2 h^2}{\pi mZe^2}$

②に代入して，$E = -\dfrac{Ze^2}{8\pi\varepsilon_0}\dfrac{\pi mZe^2}{\varepsilon_0 n^2 h^2} = -\dfrac{Z^2 me^4}{8\varepsilon_0^2 h^2}\dfrac{1}{n^2}$

(5) エネルギー E_{n_2} から E_{n_1} に遷移するとき，

$$h\nu = E_{n_2} - E_{n_1} = -\frac{Z^2 me^4}{8\varepsilon_0^2 h^2}\left(\frac{1}{n_2^2} - \frac{1}{n_1^2}\right) = \frac{Z^2 me^4}{8\varepsilon_0^2 h^2}\left(\frac{1}{n_1^2} - \frac{1}{n_2^2}\right)$$

∴ $\sqrt{\nu} \propto Z$ ④

(6) K_α 線の場合，$n_1 = 1, n_2 = 2$ だから，

$$\sqrt{\nu} = \sqrt{\frac{me^4}{8\varepsilon_0^2 h^3}\left(1 - \frac{1}{4}\right)}Z = \sqrt{\frac{me^4}{8\varepsilon_0^2 h^3}\frac{3}{4}}Z, \quad \text{勾配} = \frac{Z}{\sqrt{\nu}} = \sqrt{\frac{4}{3}\frac{8\varepsilon_0^2 h^3}{me^4}}$$

図2より，

$\sqrt{\nu}$	8×10^8	20×10^8
Z	17	42

$$\frac{\Delta Z}{\Delta \sqrt{\nu}} = \frac{42 - 17}{(20-8) \times 10^8} \cong 2.1 \times 10^{-8}$$

$$\frac{4}{3}\frac{8\varepsilon_0^2 h^3}{me^4} \cong (2.1 \times 10^{-8})^2 \quad \therefore \frac{me^4}{8\varepsilon_0^2 h^2} = \frac{4}{3} \times \frac{6.6 \times 10^{-34} \times 10^{16}}{(2.1)^2 \times 1.6 \times 10^{-19}} \cong 12\,[\text{eV}]$$

(7) モーズリーは④を $\sqrt{\nu} \propto Z - S$ (S:遮蔽定数) と書き換えている．原子番号が大きくなると，ボーアの原子モデルが修正を受けることを意味する．原子内電子は原子核のみの力を受けるのではなく，原子内の他の電子からも力を受けるため，S が導入される．

12.8 (1) 不変質量はローレンツ不変だから[注]，

$$E^2 = (pc)^2 + (mc^2)^2, \quad m^2 = \frac{(E_1 + E_2)^2}{c^4} - \frac{(\boldsymbol{p}_1 + \boldsymbol{p}_2)^2}{c^2}$$

光子は $m = 0$ だから，$p = \dfrac{E}{c}$ となり，

$$(mc^2)^2 = (E_1 + E_2)^2 - (\boldsymbol{p}_1 + \boldsymbol{p}_2)^2 c^2$$
$$= (E_1^2 + E_2^2 + 2E_1E_2) - (\boldsymbol{p}_1 + \boldsymbol{p}_2) \cdot (\boldsymbol{p}_1 + \boldsymbol{p}_2)c^2$$
$$= (E_1^2 + E_2^2 + 2E_1E_2) - (\boldsymbol{p}_1^2 + \boldsymbol{p}_2^2 + 2\boldsymbol{p}_1 \cdot \boldsymbol{p}_2)c^2$$
$$= (E_1^2 + E_2^2 + 2E_1E_2) - (p_1^2 + p_2^2 + 2p_1 p_2 \cos \psi)c^2$$
$$= (E_1^2 + E_2^2 + 2E_1E_2) - (E_1^2 + E_2^2 + 2E_1E_2 \cos \psi)$$
$$= 2E_1E_2(1 - \cos \psi) = 4E_1E_2 \sin^2 \frac{\psi}{2}$$

$$\therefore \quad mc^2 = 2\sqrt{E_1 E_2} \sin \frac{\psi}{2} \quad (m \geq 0) \qquad \text{①}$$

[注] 広瀬他：パソコンで学ぶ相対性理論（コロナ社）など

(2) 2個の光子のみの4元運動量だから，（ⅰ）検出器が有限の大きさを持つことによる角度 ψ の測定誤差，（ⅱ）検出器内で光子エネルギーの一部が他粒子（ニュートリノ等）によって持ち去られることによるエネルギー E の測定誤差，などが考えられる．

(3) 測定誤差が小さくなれば，シグナルの分散が小さくなり，シャープになり，ノイズとの差が大きくなるので，有意性が高まる．

[参考] 線源の分散 $\sigma_s = \dfrac{x_n}{\varepsilon} \sqrt{\left(\dfrac{\sigma_n}{x_n}\right)^2 + \left(\dfrac{\sigma_\varepsilon}{\varepsilon}\right)^2}$, x_n：正味の計数率，σ_n：検出器誤差，ε：検出効率，σ_ε：検出器誤差

(4) ①において，$E_2 = E - E_1$ とおくと，

$$\frac{mc^2}{2\sqrt{E_1(E - E_1)}} = \sin \frac{\psi}{2}, \quad \frac{\psi}{2} = \sin^{-1} \frac{mc^2}{2\sqrt{E_1(E - E_1)}}$$

最大値は，$1 = \sin \frac{\psi}{2}, \psi = \pi$

$0 < E_1 < E$, 平方根の中身 $= -E_1^2 + EE_1 = -\left(E_1 - \dfrac{E}{2}\right)^2 + \left(\dfrac{E}{2}\right)^2 = E_1(E - E_1)$ だから，最小値は，$E_1 = E/2$ のときで，このとき，

$$2\sin^{-1} \frac{mc^2}{2\sqrt{\frac{E}{2}\frac{E}{2}}} = 2\sin^{-1} \frac{1}{2} = \frac{\pi}{3} \quad \left(\because \frac{mc^2}{E} = \frac{125}{250} = \frac{1}{2}\right) \quad \therefore \quad \frac{\pi}{3} \leq \psi \leq \pi$$

(5) 与条件より，4元運動量は，図を参照すると，

$$\boldsymbol{P} \equiv \left[\frac{1}{2}mc, \frac{1}{2}mc \sin \theta, 0, \frac{1}{2}mc \cos \theta\right] \qquad \text{②}$$

②をローレンツ（逆）変換すると[注]，

$$\begin{bmatrix} E'/c \\ p'_x \\ p'_y \\ p'_z \end{bmatrix} = \begin{bmatrix} \gamma & 0 & 0 & \beta\gamma \\ 0 & 1 & 0 & 0 \\ 0 & 0 & 1 & 0 \\ \beta\gamma & 0 & 0 & \gamma \end{bmatrix} \begin{bmatrix} \frac{1}{2}mc \\ \frac{1}{2}mc\sin\theta \\ 0 \\ \frac{1}{2}mc\cos\theta \end{bmatrix} = \frac{1}{2}mc\gamma \begin{bmatrix} 1 & 0 & 0 & \beta \\ 0 & \frac{1}{\gamma} & 0 & 0 \\ 0 & 0 & \frac{1}{\gamma} & 0 \\ \beta & 0 & 0 & 1 \end{bmatrix} \begin{bmatrix} 1 \\ \sin\theta \\ 0 \\ \cos\theta \end{bmatrix}$$

$$= \frac{1}{2}mc\gamma \begin{bmatrix} 1+\beta\cos\theta \\ \frac{1}{\gamma}\sin\theta \\ 0 \\ \beta+\cos\theta \end{bmatrix}$$

$$\therefore \quad E' = \frac{1}{2}\gamma(1+\beta\cos\theta)mc^2 \qquad \textcircled{3}$$

[注] アーヤ：基礎現代物理学（森北）など．

(6) 質量 $125\,\mathrm{GeV}/c^2$，エネルギー $250\,\mathrm{GeV}$ のヒッグス粒子の β, γ は，

$$250 = 125\gamma \qquad \therefore \quad \gamma = \frac{250}{125} = 2$$

$$\gamma^2 = \frac{1}{1-\beta^2} = 4, \quad \beta \cong 0.866$$

③より，片方のエネルギー分布は，

$$E' \cong 125 + 125 \times 0.866\cos\theta = 125 + 108\cos\theta$$

$$(-1 \le \cos\theta \le 1,\ 0 \le \theta \le \pi)$$

$E' \sim \cos\theta$ を図示すると右図のようになる．

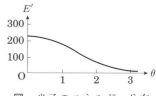

図　光子のエネルギー分布

12.9 (1) 電子，数百 MeV の場合，

（a） 静電加速器：不適．$10^8\,\mathrm{V}$ オーダだと，絶縁破壊，放電の可能性が高い．

（b） サイクロトロン：不適．$10^8\,\mathrm{V}$ オーダだと，電子は相対論的速度となり，軌道半径がエネルギーの増大と共に大きくなり，電磁石の重量も問題となる．最高数十 MeV である．

（c） 線形加速器：適当．制動放射がなく，効率的に加速可能．最高数十 GeV である．

(2) 電流 I，密度 ρ，原子量 A，アボガドロ数 N_A，厚さ l，立体角 ω，微分散乱断面積 $\frac{d\sigma}{d\Omega}$ とすると，散乱確率は，標的の数密度が $\frac{\rho N_\mathrm{A}}{A}\left[\frac{個}{\mathrm{m}^3}\right]$ だから，

$$\frac{\rho N_\mathrm{A}}{A}\left[\frac{個}{\mathrm{m}^3}\right] l\,[\mathrm{m}] \frac{d\sigma}{d\Omega}\left[\frac{\mathrm{m}^2}{\mathrm{Sr}}\right] \omega\,[\mathrm{Sr}]$$

よって，検出電子数は，

$$n\,[個] = \frac{It\,[\mathrm{C}]}{e\,[\mathrm{C}]} \frac{\rho N_\mathrm{A}}{A} l \frac{d\sigma}{d\Omega} \omega\,[個] \qquad \therefore \quad \frac{d\sigma}{d\Omega} = \frac{neA}{It\rho N_\mathrm{A} l\omega}$$

(3) 非相対論的に扱う．半径を r，磁束密度を B とすると，遠心力 = ローレンツ力より，

$$\frac{mv^2}{r} = evB$$

与式の運動量 $p = \frac{300\,\mathrm{MeV}}{c}$ を用いると，磁束密度は，

$$B = \frac{mv}{er} = \frac{p}{er} = \frac{300 \times 10^6 \times 1.6 \times 10^{-19}\,[\mathrm{J}]}{1.6 \times 10^{-19}\,[\mathrm{C}] \times 1\,[\mathrm{m}] \times 3 \times 10^8\,[\mathrm{m/s}]} = 1\,[\mathrm{T}]$$

(4) 図を参照すると，エネルギー保存則より，

$$E_i + m_p c^2 = E_f + E_p \quad \text{①}$$

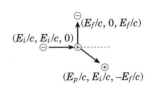

ローレンツ不変量[注]より，

$$E_p^2 - E_i^2 - E_f^2 = (m_p c^2)^2 \quad \text{②}$$

①の E_p を②に代入し，消去すると，

$$(E_i + m_p c^2 - E_f)^2 - E_i^2 - E_f^2 = (m_p c^2)^2$$

$$\therefore \ E_f = \frac{E_i m_p c^2}{E_i + m_p c^2} = \frac{300\,[\mathrm{MeV}] \times 1 \times 10^3\,[\mathrm{MeV}]}{300\,[\mathrm{MeV}] + 1 \times 10^3\,[\mathrm{MeV}]} \cong 2.3 \times 10^2\,[\mathrm{MeV}]$$

[注] 広瀬他：パソコンで学ぶ相対性理論（コロナ社）など参照

(5) 与式(Ⅰ)の指数部をテイラー展開すると，

$$|F(q^2)|^2 \equiv \left| \int d^3 r\, \rho(r) \left\{ 1 + i\frac{\bm{q}\cdot\bm{r}}{\hbar} - \frac{1}{2}\left(\frac{\bm{q}\cdot\bm{r}}{\hbar}\right)^2 + O(q^3) \right\} \right|^2$$

ここで，中括弧内の第2項は，$\rho(r)$ が球対称だから，積分すると0．よって，

$$|F(q^2)|^2 = \left| \int d^3 r\, \rho(r) - \frac{1}{2} \int d^3 r\, \rho(r) \left(\frac{\bm{q}\cdot\bm{r}}{\hbar}\right)^2 + O(q^3) \int d^3 r\, \rho(r) \right|^2$$

$$\cong 1 - \int d^3 r\, \rho(r) \left(\frac{\bm{q}\cdot\bm{r}}{\hbar}\right)^2 + O(q^3) \cong 1 - \frac{1}{3\hbar^2} \int d^3 r \cdot r^2 q^2 + O(q^3)$$

$$= 1 - \frac{1}{3\hbar^2} \langle r^2 \rangle q^2 + O(q^3)$$

ただし，$(\bm{q}\cdot\bm{r})^2 = (q_x x + q_y y + q_z z)^2 = \frac{q^2 r^2}{3}$ とした．

(6) 図1の傾斜より，$\dfrac{0.8}{0.03} \cong 30 = \dfrac{1}{3\hbar^2}\langle r^2 \rangle$

$$\therefore \ \text{電荷半径}:\sqrt{\langle r^2 \rangle} = \sqrt{30 \times 3\hbar^2} \cong 10\hbar = 10 \times 0.2 \cong 2\,\mathrm{fm}$$

$$\left(\hbar c = 0.2\,\mathrm{GeV\,fm},\ \hbar = \frac{0.2}{c}\left[\frac{\mathrm{GeV\,fm}}{c}\right],\ \mathrm{fm} = 10^{-15},\ \hbar = 1.0545 \times 10^{-34}\,[\mathrm{J\,s}]\right)$$

■第13編の解答

13.1 (1) （a）物体表面から r の点の微小面積を dS とすると，立体角の定義は，図を参照して，$d\Omega = \dfrac{dS}{r^2}$ \quad ①

ここで，$dS = r\,d\theta \cdot r \sin\theta\,d\phi$ \quad ②

②を①に代入すると，$d\Omega = \dfrac{r\,d\theta \cdot r\sin\theta\,d\phi}{r^2} = \sin\theta\,d\theta d\phi$

（b）図より，δF は δS の法線の $\cos\theta$ 成分だから，

$$\delta F(\lambda) = B(\lambda) \cos\theta \sin\theta\,d\theta d\phi \quad \text{③}$$

（c）③を積分すると，

$$\int_0^{2\pi}\int_0^{\pi/2}\delta F(\lambda)=\int_0^{2\pi}\int_0^{\pi/2}B(\lambda)\cos\theta\sin\theta\,d\theta d\phi=2\pi B(\lambda)\int_0^{\pi/2}\frac{\sin 2\theta}{2}d\theta$$
$$=\pi B(\lambda)\left[\frac{-\cos 2\theta}{2}\right]_0^{\pi/2}=\pi B(\lambda)$$

（d）与式（I）を用いると，

$$I=\int_0^\infty \pi B(\lambda)d\lambda=\int_0^\infty \pi \frac{2hc^2}{\lambda^5}\frac{1}{\exp\left(\frac{hc}{kT\lambda}\right)-1}d\lambda$$
$$=2\pi hc^2\int_0^\infty \frac{1}{\lambda^5}\frac{1}{\exp\left(\frac{hc}{kT\lambda}\right)-1}d\lambda$$

ここで，$\frac{hc}{kT\lambda}=x$ とおくと，$\lambda=\frac{hc}{kTx}$, $\frac{d\lambda}{dx}=-\frac{hc}{kTx^2}$ だから，

$$I=2\pi hc^2\int_\infty^0\left(\frac{kTx}{hc}\right)^5\frac{1}{e^x-1}\left(\frac{-hc}{kTx^2}\right)dx=\frac{2\pi h^2 c^3}{kT}\frac{(kT)^5}{h^5 c^5}\int_0^\infty\frac{x^3}{e^x-1}dx$$
$$=\frac{2\pi(kT)^4}{h^3 c^2}\frac{\pi^4}{15}=\frac{2\pi^5 k^4}{15h^3 c^2}T^4$$

$\therefore\ \sigma=\frac{2\pi^5 k^4}{15h^3 c^2}\,[\mathrm{J\,K^{-4}/m^2\,s}],\quad \alpha=4$

(2) 星の放射と物体の放射のエネルギーの釣り合いより，

$$\frac{L}{4\pi D^2}=4\pi R_d^2\cdot\sigma T_d^4\quad\therefore\quad T_d=\left(\frac{1}{16\pi^2 R_d^2\sigma}\right)^{1/4}\left(\frac{L}{D^2}\right)^{1/4}\propto D^{-1/2}L^{1/4}$$

(3)（a）観測波長を λ_{obs}，波長バンド幅を $\Delta\lambda$ として，$\frac{F_d}{F_*}=\frac{物体の明るさ}{星の明るさ}$ を求める。(1)の(c)より，

$$F_*=\int \pi B(\lambda_{\mathrm{obs}},T=5780)dS=\pi B(\lambda_{\mathrm{obs}},T=5780)\cdot 4\pi R_*^2$$
$$=4\pi^2 R_*^2 B(\lambda_{\mathrm{obs}},T=5780)$$
$$F_d=\int \pi B(\lambda_{\mathrm{obs}},T=280)dS=\pi B(\lambda_{\mathrm{obs}},T=280)\cdot 4\pi R_d^2$$
$$=4\pi^2 R_d^2 B(\lambda_{\mathrm{obs}},T=280)$$

$\therefore\ \dfrac{F_d}{F_*}=\dfrac{4\pi^2 R_d^2 B(\lambda_{\mathrm{obs}},T=280)}{4\pi^2 R_*^2 B(\lambda_{\mathrm{obs}},T=5780)}=\left(\dfrac{R_d}{R_*}\right)\dfrac{B(\lambda_{\mathrm{obs}},T_d)}{B(\lambda_{\mathrm{obs}},T_*)}$

（b）与式（I）において，$x\equiv\frac{hc}{kT\lambda}, \lambda=\frac{hc}{kTx}$ とおくと，

$$B(x)=\frac{2hc^2}{\lambda^5}\frac{1}{\exp\left(\frac{hc}{kT\lambda}\right)-1}=hc^2\left(\frac{kTx}{hc}\right)^5\frac{1}{e^x-1}$$

$\lambda \gg \frac{hc}{kT}$ $\left(x = \frac{hc}{kT\lambda} \ll 1\right)$ のとき,

$$B(x) \cong 2hc^2 \left(\frac{kTx}{hc}\right)^5 \frac{1}{1+x-1} = 2hc^2 \left(\frac{kT}{hc}\right)^5 x^4 = 2hc^2 \left(\frac{kT}{hc}\right)^5 \left(\frac{hc}{kT\lambda}\right)^4$$
$$= \frac{2ckT}{\lambda^4} \propto \lambda^{-4} \qquad ④$$

(c) ④より,

$$F_d = 4\pi^2 R_d^2 \frac{2ckT_d}{\lambda_{\text{obs}}^4} \qquad ⑤$$

$$F_* = 4\pi^2 R_*^2 \frac{2ckT_*}{\lambda_{\text{obs}}^4} \qquad ⑥$$

$$\therefore \quad \frac{F_d}{F_*} = \left(\frac{R_d}{R_*}\right)^2 \frac{T_d}{T_*} \qquad ⑦$$

(d) $R_d = \frac{R_*}{100}$, $T_d = 280$, $T_* = 5780$ を⑦に代入すると,

$$\frac{F_d}{F_*} = \left(\frac{1}{100}\right)^2 \frac{280}{5780} = 10^{-4} \times 0.048 \cong 5 \times 10^{-6}$$

(e) $R_d = 10^{-10} R_*$ とすると, ⑦より, $F_d = 4\pi^2 (10^{-10} R_*)^2 \frac{2ckT_d}{\lambda_{\text{obs}}^4}$

n 個小物体があるとすると,

$$0.1 = \frac{nF_d}{F_*} = n(10^{-10})^2 \frac{280}{5780}, \quad n = 0.1 \times \frac{5780}{280} \times 10^{20} \cong 20 \times 10^{19} = 2 \times 10^{20} \,[個]$$

この物体の質量を M_b とすると, $M_b = 3\,[\text{g}] \times 2 \times 10^{20} = 6 \times 10^{20}\,[\text{g}]$
地球の質量 M_E は, $M_E = 6 \times 10^{27}\,[\text{g}]$ $\quad \therefore \quad \frac{M_b}{M_E} = \frac{6 \times 10^{20}}{6 \times 10^{27}} = 1 \times 10^{-7}$

(4) $\lambda \geq \lambda_0$ で, $\varepsilon(\lambda) = \lambda_0/\lambda$ の場合, (1)の(d)と同様, 物体からの全放射エネルギーは,

$$I = \int_0^\infty \pi \varepsilon(\lambda) B(\lambda) d\lambda = \pi \lambda_0 \int_0^\infty \frac{1}{\lambda} \frac{2hc^2}{\lambda^5} \frac{1}{\exp\left(\frac{hc}{kT\lambda}\right) - 1} d\lambda$$
$$= 2\pi \lambda_0 hc^2 \int_0^\infty \frac{1}{\lambda^6} \frac{1}{\exp\left(\frac{hc}{kT\lambda}\right) - 1} d\lambda$$

ここで, $x = \frac{hc}{kT\lambda}$, $\lambda = \frac{hc}{kTx}$, $\frac{d\lambda}{dx} = -\frac{hc}{kTx^2}$ とおくと,

$$I = 2\pi \lambda_0 hc^2 \int_\infty^0 \left(\frac{kTx}{hc}\right)^6 \frac{1}{e^x - 1} \left(\frac{-hc}{kTx^2}\right) dx = 2\pi \lambda_0 hc^2 \left(\frac{kT}{hc}\right)^6 \frac{hc}{kT} \int_0^\infty \frac{x^4}{e^x - 1} dx$$
$$= 2\pi \lambda_0 hc^2 \left(\frac{kT}{hc}\right)^6 \frac{hc}{kT} \times 24.888 = 2\pi \lambda_0 hc^2 \left(\frac{kT}{hc}\right)^5 \times 24.888$$

$$\therefore \quad \sigma' = \frac{49.776\pi \lambda_0 k^5}{h^4 c^3}, \quad \beta = 5$$

(5) (2)と同様,

第 13 編の解答   489

$$\frac{L}{4\pi D^2} = 4\pi R_d^2 \cdot \sigma' T^5 \quad \therefore \quad T \propto \left(\frac{1}{4\pi R_d^2}\right)^{1/5} D^{-2/5} L^{1/5} \propto D^{-2/5}$$

13.2 (1) $\dfrac{dp}{dm} = -\dfrac{Gm}{4\pi r^4}$, 題意 $r \sim \dfrac{R}{2}$ より

$$-\frac{p_c}{M} \cong -\frac{GM}{4\pi(R/2)^4} = -\frac{4GM}{\pi R^4}, \quad p_c \cong \frac{4GM^2}{\pi R^4}$$

$\dfrac{dr}{dm} = \dfrac{1}{4\pi r^2 \rho}$ より, $\dfrac{R/2}{M} \cong \dfrac{R}{2M} \cong \dfrac{1}{4\pi(R/2)^2 \rho_c} = \dfrac{1}{\pi R^2 \rho_c}$, $\rho_c \cong \dfrac{2M}{\pi R^3}$ ①

(2) $n = \dfrac{\rho}{\mu m_H}, n_i = \dfrac{\rho}{\mu_i m_H}, n_e = \dfrac{\rho}{\mu_e m_H}, n = n_i + n_e$ だから, $\dfrac{1}{\mu} = \dfrac{1}{\mu_i} + \dfrac{1}{\mu_e}$

一方, 重量比が X, Y の場合, ${}_1^1\mathrm{H}, {}_2^4\mathrm{He}$ に対して,

$$\frac{1}{\mu_i} = X + \frac{Y}{4}, \quad \frac{1}{\mu_e} = X + \frac{Y}{2} \quad \therefore \quad \frac{1}{\mu} = 2X + \frac{3Y}{4}, \quad \mu = \frac{1}{2X + \frac{3Y}{4}}$$

(3) $p_c \cong \dfrac{4GM^2}{\pi R^4}, \rho_c \cong \dfrac{2M}{\pi R^3}, n = \dfrac{\rho}{\mu m_H}, p = nkT, N_A k = R_g$ (N_A : アボガドロ数, R_g : 気体定数) より,

$$\frac{4GM^2}{\pi R^4} = \frac{\rho_c}{\mu_c m_H} kT_c = \frac{kT_c}{\mu_c m_H} \frac{2M}{\pi R^3}$$
$$T_c \cong \frac{2\mu_c m_H GM}{kR} = \frac{1}{\frac{1}{2m_H} \frac{R_g}{N_A} \frac{1}{\mu_c}} \frac{GM}{R} \propto \frac{1}{R_g/\mu_c} \frac{MG}{R} \quad ②$$

(4) $\dfrac{dT}{dm} = -\dfrac{3}{64\pi^2 ac} \dfrac{\kappa L_r}{r^4 T^3}$ より, $-\dfrac{T_c}{M} \cong -\dfrac{3\kappa L_r}{64\pi^2 ac} \dfrac{1}{\left(\frac{R}{2}\right)^4 T_c^3}$,

$$L_r = \frac{4\pi^2 ac R^4 T_c^4}{3\kappa M} = \frac{4\pi^2 ac R^4}{3\kappa M} \left(\frac{2\mu_c m_H GM}{kR}\right)^4$$
$$= \frac{64\pi^2 ac G^4}{3\kappa} \left(\frac{\mu_c m_H}{k}\right)^4 M^3 \propto \frac{acG^4}{\bar{\kappa}} \left(\frac{\mu_c m_H}{k}\right)^4 M^3 \quad ③$$

(5) ①, ②, 与式より, $\bar{\kappa} \propto \rho_c T_c^{-3.5} = \left(\dfrac{M}{R^3}\right)\left(\dfrac{\mu_c M}{R}\right)^{-3.5} \propto \mu_c^{-3.5} M^{-2.5} R^{0.5}$ ④

③, ④より, $L_r \propto \dfrac{\mu_c^4 M^3}{\bar{\kappa}} \propto \dfrac{\mu_c^4 M^3}{\mu_c^{-3.5} M^{-2.5} R^{0.5}} = \mu_c^{7.5} M^{5.5} R^{-0.5}$

13.3 (1) (a) クーロン力と遠心力の釣り合いより, 電子の速度を v_n とすると,

$$\frac{e^2}{4\pi\varepsilon_0 r_n^2} = \frac{m_e v_n^2}{r_n} \quad ①$$

ボーアの量子条件より, $\oint p\,ds = m_e v_n \cdot 2\pi r_n = nh \quad (n = 1, 2, 3, \cdots)$ ②

②より, $v_n = \dfrac{nh}{2\pi m_e r_n}$ ③

③を①に代入すると, $\dfrac{e^2}{4\pi\varepsilon_0 r_n^2} = \dfrac{m_e}{r_n} \dfrac{n^2 h^2}{4\pi^2 m_e^2 r_n^2} \quad \therefore \quad r_n = \dfrac{\varepsilon_0 h^2}{\pi m_e e^2} n^2$ ④

(b) ③より, $r_n = \dfrac{nh}{2\pi m_e v_n}$ ⑤

⑤を①に代入し，r_n を消去すると，

$$\frac{e^2}{4\pi\varepsilon_0} = \frac{nh}{2\pi m_e v_n} m_e v_n^2 = \frac{nhv_n}{2\pi} \quad \therefore \quad v_n = \frac{e^2}{4\pi\varepsilon_0} \frac{2\pi}{nh} = \frac{e^2}{2\varepsilon_0 nh}$$

主量子数 n のときのエネルギー準位 E_n は，運動エネルギー K_n と位置エネルギー U_n の和だから，$E_n = K_n + U_n = \frac{1}{2}m_e v_n^2 - \frac{e^2}{4\pi\varepsilon_0 r_n}$ ⑥

⑥に③, ④を代入すると，

$$E_n = \frac{1}{2}m_e \frac{n^2 h^2}{4\pi^2 m_e^2 r_n^2} - \frac{e^2}{4\pi\varepsilon_0 r_n} = \frac{n^2 h^2}{8\pi^2 m_e r_n} \frac{1}{r_n} - \frac{e^2}{4\pi\varepsilon_0 r_n}$$

$$= \frac{n^2 h^2}{8\pi^2 m_e} \frac{\pi m_e e^2}{\varepsilon_0 h^2 n^2} \frac{1}{r_n} - \frac{e^2}{4\pi\varepsilon_0 r_n} = \frac{e^2}{8\pi\varepsilon_0 r_n} - \frac{2e^2}{8\pi\varepsilon_0 r_n}$$

$$= -\frac{e^2}{8\pi\varepsilon_0 r_n} = -\frac{e^2}{8\pi\varepsilon_0} \frac{\pi m_e e^2}{\varepsilon_0 h^2 n^2} = -\frac{m_e e^4}{8\varepsilon_0^2 h^2 n^2}$$

$$\therefore \quad E(n+\Delta n) - E(n) = -\frac{m_e e^4}{8\varepsilon_0^2 h^2}\left\{\frac{1}{(n+\Delta n)^2} - \frac{1}{n^2}\right\}$$

これを電磁波のエネルギー $h\nu$ と等しいと置くと，

$$h\nu = -\frac{m_e e^4}{8\varepsilon_0^2 h^2}\left\{\frac{1}{(n+\Delta n)^2} - \frac{1}{n^2}\right\} \quad \therefore \quad \nu = \frac{m_e e^4}{8\varepsilon_0^2 h^3}\left\{\frac{1}{n^2} - \frac{1}{(n+\Delta n)^2}\right\} \quad ⑦$$

（c） ⑦より，

$$\frac{\nu}{c}\left(=\frac{1}{\lambda}\right) = \frac{m_e e^4}{8c\varepsilon_0^2 h^3}\left\{\frac{1}{n^2} - \frac{1}{(n+\Delta n)^2}\right\} = R_\infty\left\{\frac{1}{n^2} - \frac{1}{(n+\Delta n)^2}\right\}$$

$$\nu = cR_\infty\left\{\frac{1}{n^2} - \frac{1}{(n+\Delta n)^2}\right\} = cR_\infty \frac{1}{n^2}\left\{1 - \frac{1}{\left(1+\frac{\Delta n}{n}\right)^2}\right\}$$

$$\cong \frac{cR_\infty}{n^2}\left\{1 - \frac{1}{1+\frac{2\Delta n}{n}}\right\} = \frac{cR_\infty}{n^2}\left\{1 - \left(1 - \frac{2\Delta n}{n}\right)\right\} = \frac{2cR_\infty \Delta n}{n^3} \quad ⑧$$

（d） 題意より，α 遷移は $n+1 \to n$ だから，$\Delta n = 1$．⑧に，$\Delta n = 1$, $R_\infty = 1 \times 10^7 \, [\text{m}^{-1}]$, $\nu = 231.9 \times 10^9 \, [\text{Hz}]$, $c = 3 \times 10^8 \, [\text{m s}^{-1}]$ を代入すると，

$$n^3 = \frac{2cR_\infty \Delta n}{\nu} = \frac{2 \times 3 \times 10^8 \times 1 \times 10^7}{231.9 \times 10^9} = \frac{6 \times 10^6}{231.9} \cong 2.59 \times 10^4 = 25900$$

$$\therefore \quad n = (25900)^{1/3} = 25900^{0.33} \cong 30$$

(2) （a） 電子の円運動による加速度 a は，半径方向力が $mr_n\omega^2$ を連想すると，

$$a = r_n \omega^2 = r_n(2\pi\nu)^2 = 4\pi^2 r_n \nu$$

これを与式に代入すると，$\langle P \rangle = \frac{1}{6\pi\varepsilon_0}\frac{q^2 a^2}{c^3} = \frac{e^2}{6\pi\varepsilon_0 c^3}(4\pi^2 r_n \nu)^2 = \frac{8\pi^3 r_n^2 \nu^2 e^2}{3\varepsilon_0 c^3}$ ⑨

（b） ⑨より，$A_{n+1,n} = \frac{8\pi^2 \nu^3}{3\varepsilon_0 (h/2\pi)c^3}|er_n|^2 = \frac{128\pi^3 R_\infty^3}{3\varepsilon_0 h n^9}|er_n|^2$

（c）不確定性関係より，$\Delta E \Delta t \cong h/2\pi$

励起準位の寿命は $\Delta t = 1/A$ 程度だから[注]，周波数幅は，$n \cong 30$ とすると，

$$\Delta \nu = \frac{\Delta E}{h} = \frac{1}{2\pi \Delta t} = \frac{A}{2\pi} = \frac{5 \times 10^9 (30)^{-5}}{6.28} \cong 33\,[\mathrm{s}^{-1}]$$

[注] 中原：分光測定入門（学会出版センター）など

（d）ドップラーシフト周波数は，$\nu = \nu_0 \left(1 + \dfrac{v_r}{c}\right)$

したがって，$v_r = c\left(\dfrac{\nu - \nu_0}{\nu_0}\right), \dfrac{dv_r}{d\nu} = \dfrac{c}{\nu_0}$

これを与式(II)に代入すると，

$$f(v_r)dv_r = \left(\frac{M}{2\pi kT}\right)^{1/2} \exp\left(-\frac{Mv_r^2}{2kT}\right) dv_r$$
$$= \frac{1}{\nu_0}\left(\frac{Mc^2}{2\pi kT}\right)^{1/2} \exp\left\{-\frac{Mc^2}{2kT}\left(\frac{\nu - \nu_0}{\nu_0}\right)^2\right\} d\nu$$

指数部が 1/2 になる幅がドップラー幅だから，

$$\exp\left\{-\frac{Mc^2}{2kT}\left(\frac{\nu - \nu_0}{\nu_0}\right)^2\right\} = \frac{1}{2},\quad \frac{Mc^2}{2kT}\left(\frac{\Delta \nu}{\nu_0}\right)^2 = \ln 2,\quad \Delta \nu = \pm \nu_0 \sqrt{\frac{2kT}{Mc^2} \ln 2}$$

よって，ドップラー効果による半値全幅は，$\Delta \nu_D = 2 \dfrac{\nu_0}{c} \sqrt{\dfrac{2kT}{M} \ln 2}$　　　　⑩

（e）⑩に $M = m_\mathrm{H} = 1.7 \times 10^{-27}\,\mathrm{kg}$, $k = 1.4 \times 10^{-23}\,\mathrm{J\,K^{-1}}$, $c = 3.0 \times 10^8\,\mathrm{m\,s^{-1}}$, $\nu_0 = 231.9 \times 10^9\,\mathrm{s^{-1}}$, $T = 6400\,\mathrm{K}$, $\ln 2 = 0.69$ を代入すると，

$$\Delta \nu_D = 2\frac{\nu_0}{c}\sqrt{\frac{2kT}{m_\mathrm{H}} \ln 2} = \frac{2 \times 231.9 \times 10^9}{3.0 \times 10^8}\sqrt{\frac{2 \times 1.4 \times 10^{-23} \times 6400 \times 0.69}{1.7 \times 10^{-27}}}$$
$$\cong 1.0 \times 10^7\,\mathrm{Hz}$$

13.4（1）（a）ハッブルの法則 $v = HR$ を用いると，

運動エネルギー $K \equiv \dfrac{1}{2}mv^2 = \dfrac{1}{2}m(HR)^2$

位置エネルギー $U \equiv -G\dfrac{Mm}{R} = -G\dfrac{\frac{4}{3}\pi R^3 \rho m}{R} = -G\dfrac{4\pi R^2 \rho m}{3}$

$\therefore\ E_T = K + U = \dfrac{1}{2}m(HR)^2 - G\dfrac{4\pi R^2 \rho m}{3}$

$E_T = 0$ のとき，$\dfrac{1}{2}m(HR)^2 = G\dfrac{4\pi R^2 \rho m}{3}$　$\therefore\ \rho = \dfrac{3H^2}{8\pi G}$

（b）$R' = \dfrac{dR}{dt} = v = HR$ と置くと，(a) より，

$$E_T = \frac{1}{2}m(HR)^2 - G\frac{Mm}{R} = \frac{m}{2}(R')^2 - G\frac{Mm}{R} = C_1 \quad (C_1 : const)$$

$E_T = 0$ のとき,

$$\frac{1}{2}(R')^2 = \frac{GM}{R}, \quad R(R')^2 = 2GM, \quad R^{1/2}\frac{dR}{dt} = \sqrt{2GM}$$

$$\int R^{1/2}\frac{dR}{dt}dt = \frac{R^{3/2}}{3/2} = \sqrt{2GM}\,t + C_2 \quad (C_2 : const)$$

$t = 0$ で $R = 0$ だから, $\frac{2}{3}R^{3/2} = \sqrt{2GM}t \quad \therefore \quad R = R(t) = \left(\frac{9GM}{2}\right)^{1/3} t^{2/3}$ ①

(c) 与式(I)より, $n(\nu,T)d\nu R(t)^3 = n(\nu_0,T_0)d\nu_0 R(t_0)^3$ ②

また, 与式より, $E_{\rm ph} = n_{\rm ph}h\nu$ ③

題意より, $n\,d\nu = n_{\rm ph}$ ④

②, ④より, $n_{\rm ph} = n(\nu,T)d\nu = n(\nu_0,T_0)d\nu_0 R(t_0)^3 R(t)^{-3} \quad \therefore \quad n_{\rm ph} \propto R^{-3}$ ⑤

宇宙膨張に伴い波長が増加するから, $\lambda \propto R, \nu \propto R^{-1}$ ⑥

③, ⑤, ⑥より, $E_{\rm ph} = n_{\rm ph}h\nu = R^{-3}hR^{-1} \propto R^{-4}$ ⑦

(d) 赤方偏移の式(II)より, $z = \frac{\lambda_{\rm obs} - \lambda_{\rm emi}}{\lambda_{\rm emi}} = \frac{\lambda_{\rm obs}}{\lambda_{\rm emi}} - 1, z + 1 = \frac{\lambda_{\rm obs}}{\lambda_{\rm emi}}$ ⑧

⑥, ⑧, $\lambda \propto R$ より, $\frac{\lambda_{\rm obs}}{\lambda_{\rm emi}} = \frac{R_0}{R} = z + 1$ ⑨

$$\therefore \quad R = \frac{R_0}{z+1}$$

(e) 黒体放射のエネルギー密度と温度のべき乗の関係 (シュテファン・ボルツマンの法則) $I = \sigma T^4$ を用いると, ⑦は, $E_{\rm ph} = I = \sigma T^4 \propto R^{-4}, T \propto R^{-1}$ ⑩

①より, $R \propto t^{2/3}$ だから, ⑩に代入して, $T \propto R^{-1} = t^{-2/3}$ ⑪

再結合の時期の宇宙年齢を t とし, このときの大きさを R, 温度を T とし, 現在の宇宙年齢を t_0, 温度を T_0 とすると, ⑪, ⑩より, $\frac{t}{t_0} = \left(\frac{R}{R_0}\right)^{3/2} = \left(\frac{T_0}{T}\right)^{3/2}$ ⑫

$$\therefore \quad t = t_0\left(\frac{T_0}{T}\right)^{3/2} = 1.4 \times 10^{10}\left(\frac{3}{3000}\right)^{3/2} = 1.4 \times 10^{10}\left(\frac{1}{10^2 \times 10}\right)^{3/2}$$

$$= \frac{1.4 \times 10^{10}}{10^3 \times 10\sqrt{10}} = \frac{1.4 \times 10^6 \sqrt{10}}{10} = 1.4 \times 10^5 \times 3.2 \cong 4 \times 10^5 \text{ [年]}$$

(2) 与式(I)に, $n = \frac{u}{h\nu}$ を用いると, $\frac{u(\nu,T)}{h\nu}d\nu R(t)^3 = \frac{u(\nu_0,T_0)}{h\nu_0}d\nu_0 R(t_0)^3$

与式(III)を代入すると,

$$\frac{1}{h\nu}\frac{8\pi h\nu^3}{c^3}\frac{R(t)^3 d\nu}{\exp(h\nu/kT)-1} = \frac{u(\nu_0,T_0)}{h\nu_0}R(t_0)^3 d\nu_0$$

$$u(\nu_0,T_0) = \frac{1}{h\nu}\frac{8\pi h\nu^3}{c^3}\frac{R(t)^3 d\nu}{\exp(h\nu/kT)-1}\frac{h\nu_0}{R(t_0)^3 d\nu_0}$$

$$= \frac{8\pi h\nu_0 \nu^2}{c^3}\frac{d\nu}{d\nu_0}\frac{R(t)^3}{R(t_0)^3}\frac{1}{\exp(h\nu/kT)-1}$$ ⑬

ここで, ⑫より, $\frac{t}{t_0} = \left(\frac{R}{R_0}\right)^{3/2} = \left(\frac{T_0}{T}\right)^{3/2} = \left(\frac{\nu_0}{\nu}\right)^{3/2} \quad \left(\because \nu \propto \frac{1}{R}\right)$ ⑭

$\nu \propto \dfrac{1}{R},\ \nu_0 = \dfrac{1}{R_0},\ R \propto \dfrac{1}{\nu},\ R_0 = \dfrac{1}{\nu_0},\ \dfrac{R}{R_0} = \dfrac{\nu_0}{\nu}$ だから,

$$\dfrac{R}{R_0} = \left(\dfrac{t}{t_0}\right)^{2/3},\quad \left(\dfrac{t}{t_0}\right)^{2/3} = \dfrac{\nu_0}{\nu},\quad \dfrac{\nu}{\nu_0} = \left(\dfrac{t_0}{t}\right)^{2/3},\quad \dfrac{d\nu}{d\nu_0} = \left(\dfrac{t_0}{t}\right)^{2/3} \qquad ⑮$$

これを⑬に代入すると,

$$\begin{aligned}
u(\nu_0, T_0) &= \dfrac{8\pi h \nu_0 \nu^2}{c^3} \left(\dfrac{t}{t_0}\right)^{-2/3} \dfrac{R(t)^3}{R(t_0)^3} \dfrac{1}{\exp(h\nu/kT)-1} \\
&= \dfrac{8\pi h \nu_0 \nu^2}{c^3} \left(\dfrac{t}{t_0}\right)^{-2/3} \left(\dfrac{t}{t_0}\right)^2 \dfrac{1}{\exp(h\nu/kT)-1} \\
&= \dfrac{8\pi h \nu_0^3}{c^3} \left(\dfrac{\nu}{\nu_0}\right)^2 \left(\dfrac{t}{t_0}\right)^{-2/3} \left(\dfrac{t}{t_0}\right)^2 \dfrac{1}{\exp(h\nu/kT)-1} \\
&= \dfrac{8\pi h \nu_0^3}{c^3} \dfrac{1}{\exp(h\nu/kT)-1}
\end{aligned}$$

⑭より, $\dfrac{\nu}{T} = \dfrac{\nu_0}{T_0}$ だから, $u_0(\nu_0, T_0) = \dfrac{8\pi h \nu_0^3}{c^3} \dfrac{1}{\exp(h\nu_0/kT_0)-1}$

(3)(a) 題意より, $dx = c\,dt \cdot \dfrac{R_0}{R}$ ⑯

⑮, ⑨より, $\dfrac{R}{R_0} = \left(\dfrac{t}{t_0}\right)^{2/3} = \dfrac{1}{z+1},\ \dfrac{t}{t_0} = \left(\dfrac{1}{z+1}\right)^{3/2}$ ⑰

⑰の第1式を微分し, 第2式を用いると,

$$\dfrac{2}{3}\left(\dfrac{t}{t_0}\right)^{-1/3}\dfrac{1}{t_0}dt = -\dfrac{1}{(z+1)^2}dz,\quad \dfrac{2}{3}\left(\dfrac{1}{z+1}\right)^{-1/2}\dfrac{dt}{t_0} = -\dfrac{dz}{(z+1)^2}$$

$$dt = -\dfrac{3}{2}t_0 \dfrac{1}{(z+1)^{1/2}}\dfrac{dz}{(z+1)^2} = -\dfrac{3}{2}t_0(z+1)^{-5/2}dz \qquad ⑱$$

⑱を⑯に代入し, ⑰の第1式を用いると,

$$dx = c(z+1)\left\{-\dfrac{3}{2}t_0(z+1)^{-5/2}\right\}dz = -\dfrac{3}{2}t_0 c(z+1)^{-3/2}dz$$

$$x(z) = \int_0^{x(z)} dx = \dfrac{3}{2}t_0 c \left[\dfrac{(z+1)^{-1/2}}{-(3/2)+1}\right]_0^z = -\dfrac{3}{2}t_0 c \times 2\left\{(z+1)^{-1/2} - 1\right\}$$

$$= 3ct_0\left(1 - \dfrac{1}{\sqrt{z+1}}\right) = \text{Const.} \times \left(1 - \dfrac{1}{\sqrt{z+1}}\right) \qquad ⑲$$

(b) $z \ll 1$ のとき, ⑲より,

$$x(z) = \text{Const.}\left\{1 - (1+z)^{-\frac{1}{2}}\right\} \cong \text{Const.}\left\{1 - \left(1 - \dfrac{z}{2}\right)\right\} = \dfrac{\text{Const.}}{2}z \equiv \dfrac{A}{2}z \qquad ⑳$$

題意より, $cz = H_0 x,\ x = \dfrac{c}{H_0}z$ ㉑

⑳, ㉑を比較すると, $\dfrac{c}{H_0} = \dfrac{A}{2},\ A = \dfrac{2c}{H_0}\quad \therefore\ x(z) = \dfrac{2c}{H_0}\left(1 - \dfrac{1}{\sqrt{z+1}}\right)$

13.5 (1)（a）宇宙が無限の広がりを持つと仮定すると，宇宙には同じ光度の活動銀河中心核が存在することになる．発生された X 線は遮られることは少なく，遠方まで到達する．それゆえ，この場合は観測される宇宙 X 線背景放射の表面輝度は無限大になる．

（b）宇宙は無限の広がりを持たないといわれている（宇宙の定義には問題があるが）．それゆえ，活動銀河中心核の数も有限となる．よって，実際には宇宙背景放射の表面輝度は無限ではない．

(2) 天体が一様に分布している場合，ある宇宙空間に存在する天体の数はその空間体積に比例するので，距離 D 内に N 個の天体が存在するとすると，$N \propto D^3$ ①
また，フラックス S は距離の二乗に反比例し（照明学における照度を連想するとよい），

$$S \propto D^{-2} \qquad ②$$

①，②式から，天体が一様に分布しているときのフラックスと天体の数には次のような関係が存在する．

$$N \propto S^{-1.5} \qquad \therefore \quad \log N \propto -1.5 \log S$$

つまり，天体が一様分布しているとき，傾きが -1.5 の直線になる．

(3) 立体角 $d\Omega = \dfrac{dS}{r^2} = \dfrac{r\sin\theta\, d\phi\, r\, d\theta}{r^2} = \sin\theta\, d\theta\, d\phi$ を用いて，$I = 5 \times 10^{-11}$ として全天で積分すると，

$$\int I\, d\Omega = \iint I \sin\theta\, d\theta d\phi = 2\pi I \int_0^\pi \sin\theta\, d\theta = 2\pi I [-\cos\theta]_0^\pi = 4\pi I$$
$$= 4 \times 3.14 \times 5 \times 10^{-11} = 6.28 \times 10^{-10}$$

一方，さそり座 X-1 からのフラックスは，

$$I_{\text{X-1}} = 3 \times 10^{-10} \qquad \therefore \quad \frac{4\pi I}{I_{\text{X-1}}} = \frac{6.28 \times 10^{-10}}{3 \times 10^{-10}} \cong 2$$

13.6 (1) 図 1 のように，$r_1 (\cong l)$ と次の散乱ベクトルのなす角を θ とすると，余弦定理より，

$$r_2^2 = r_1^2 + l^2 - 2r_1 l \cos\theta \cong l^2 + l^2 - 2l^2 \cos\theta = 2l^2 - 2l^2 \cos\theta = 2l^2(1 - \cos\theta)$$

この平均をとると，

$$\langle r_2^2 \rangle = \frac{1}{2\pi} \int_0^{2\pi} 2l^2(1 - \cos\theta) d\theta = \frac{l^2}{\pi} \int_0^{2\pi} (1 - \cos\theta) d\theta = \frac{l^2}{\pi} [\theta - \sin\theta]_0^{2\pi} = 2l^2$$

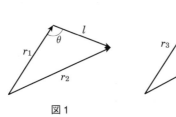

図 1　　図 2

上と同様に（図2），r_2 と次の散乱ベクトルとなす角を θ とすると，

$$r_3^2 = l^2 + r_2^2 - 2r_2 l \cos\theta \cong l^2 + (\sqrt{2}\,l)^2 - 2(\sqrt{2}\,l)l\cos\theta = 3l^2 - 2\sqrt{2}\,l^2 \cos\theta$$

$$\langle r_3^2 \rangle = \frac{1}{2\pi}\int_0^{2\pi} l^2(3 - 2\sqrt{2}\cos\theta)d\theta = \frac{l^2}{2\pi}[3\theta - 2\sqrt{2}\sin\theta]_0^{2\pi} = 3l^2$$

以下同様にして，N 回目の散乱では，

$$r_N^2 = Nl^2 - 2\sqrt{N-1}\,l^2 \cos\theta, \quad \langle r_N^2 \rangle = Nl^2 \quad \therefore \quad \sqrt{\langle r_N^2 \rangle} = \sqrt{N}\,l \qquad ①$$

(2)（a）陽子は電子よりも非常に重い（約 1800 倍）ため，陽子による散乱は無視できる．

（b）①より，$R = \sqrt{N}\,l,\ N = \dfrac{R^2}{l^2} = \dfrac{(4.0 \times 10^9)^2}{(0.1)^2} = 16 \times 10^{20}$

一方，$Nl = ct_{\rm esc}$ と置くことができるから，

$$t_{\rm esc} = \frac{Nl}{c} = \frac{16 \times 10^{20} \times 0.1}{3 \times 10^8} = 5 \times 10^{11}\,{\rm s} \cong 2\,\text{万年}$$

(3) ステファン・ボルツマンの法則より，$B(T) = AT^4$ と仮定すると，

$$E_{\rm rad} = \frac{4\pi R^3}{3}\frac{1}{c}\int B(T)d\Omega = \frac{4\pi R^3}{3}\frac{1}{c}\iint AT^4 \sin\theta\, d\theta d\phi$$

$$= \frac{4\pi R^3}{3}\frac{2\pi AT^4}{c}[-\cos\theta]_0^{\pi} = \frac{16\pi^2 AR^3}{3c}T^4$$

ただし，$dS = R\sin\theta R\,d\theta d\phi,\ d\Omega = \dfrac{R^2 \sin\theta\, d\theta d\phi}{R^2} = \sin\theta\, d\theta d\phi$ を用いた．

(4) $L = \dfrac{E_{\rm rad}}{t_{\rm esc}}$

[参考] 天文学での光度は，単位時間に放射されるエネルギーを指し，単位は [J/s] で表される．（照明学における光度 [cd, カンデラ] とは別．）

13.7 (1) $r > R$ の場合（R：球半径），厚さ dr'，半径 r' の球殻による r 点のポテンシャルは（単位質量とする），$d\phi = -\dfrac{G4\pi r'^2 dr' \rho(r')}{r}$

0 から R まで積分して，$\phi(r) = -\dfrac{G}{r}\displaystyle\int_0^R 4\pi r'^2 \rho(r')dr' = -\dfrac{G}{r}M \qquad ①$

ただし，$\displaystyle\int_0^R 4\pi r'^2 \rho(r')dr' \equiv M$ は R 内の全質量である．力は，①を微分して，

$$F(r) = -\frac{d\phi}{dr} = -\frac{GM}{r^2}$$

$r < R$ の場合，

$$\phi(r) = -\frac{G}{r}\int_0^r 4\pi r'^2 \rho(r')dr' - G\int_r^R 4\pi \rho(r')dr'$$

$$F(r) = -\frac{G}{r^2}\int_0^r 4\pi r'^2 \rho(r')dr' + \frac{G}{r}\frac{d}{dr}\int_0^r 4\pi r'^2 \rho(r')dr' + G\frac{d}{dr}\int_r^R 4\pi r'\rho(r')dr'$$

$$= -\frac{G}{r^2}\int_0^r 4\pi r'^2 \rho(r')dr' + \frac{G}{r}\cdot 4\pi r^2 \rho(r) - G\cdot 4\pi\rho(r) = -\frac{G}{r^2}\int_0^r 4\pi r'^2 \rho(r')dr'$$

以上より,半径 r での重力は r 以内に含まれる質量 M のみに依存し,それよりも外に存在する物質の質量には依らない.

[**別解**] 空間を球殻で分割して考える(記号は上記と一部異なる).半径 r',厚さ dr' の球殻を考え,球殻の中心を原点 O とし,そこから r だけ離れた点 P(位置ベクトル $\bm{r}$)にある質量 m の質点に作用する重力を考える.点 P に作られる重力はこの球殻について積分したものである.OP を z 軸として座標系をとる.いま,質量分布は z 軸に対称なので,z 軸に垂直方向の成分は打ち消し合うため,z 方向成分 dF_z だけを求めればよい.球殻上の点 P$'$ の位置ベクトルを $\bm{r}'$ とし,極座標を用いると,

$$dF_z = -\int_0^{2\pi}\int_0^\pi \frac{Gm\rho(r')}{|\bm{r}-\bm{r}'|^2}\frac{r-r'\cos\theta}{|\bm{r}-\bm{r}'|}r'^2\sin\theta\, d\theta d\phi dr' \quad (\angle\mathrm{POP}'=\theta)$$

$$= -2\pi Gm\rho(r')r'^2 dr'\int_0^\pi \frac{(r-r'\cos\theta)}{(r^2+r'^2-2rr'\cos\theta)^{3/2}}\sin\theta\, d\theta$$

ここで,$X = r - r'\cos\theta,\, dX = r'\sin\theta\, d\theta$ と置くと,

$$dF_z = -2\pi Gm\rho(r')r'^2 dr'\int_{r-r'}^{r+r'}\frac{X}{(r'^2-r^2+2rX)^{3/2}}\frac{1}{r'}dX$$

$$= -2\pi Gm\rho(r')dr'\left\{\left[\frac{-(1/r)X}{(r'^2-r^2+2rX)^{1/2}}\right]_{r-r'}^{r+r'} + \frac{1}{r}\int_{r-r'}^{r+r'}\frac{dX}{\sqrt{r'^2-r^2+2rX}}\right\}$$

$$= -2\pi Gm\rho(r')\frac{r'}{r}dr'\left\{-\left(\frac{r+r'}{|r+r'|} - \frac{r-r'}{|r-r'|}\right) + \frac{1}{r}\left[\sqrt{r'^2-r^2+2rX}\right]_{r-r'}^{r+r'}\right\}$$

$$= -2\pi Gm\rho(r')dr'\left\{-\left(\frac{r+r'}{|r+r'|} - \frac{r-r'}{|r-r'|}\right) + \frac{1}{r}(|r+r'| - |r-r'|)\right\}$$

(i) $r > r'$ のとき,

$$dF_z = -2\pi Gm\rho(r')\frac{r'}{r}dr'\left\{-(1-1) + \frac{1}{r}(r+r'-r+r')\right\}$$

$$= -4\pi Gm\rho(r')\frac{r'^2}{r^2}dr' \qquad\qquad ②$$

(ii) $r < r'$ のとき,$dF_z = -2\pi Gm\rho(r')\frac{r'}{r}dr'\left\{-(1+1) + \frac{1}{r}(r+r'+r-r')\right\} = 0$

② を r' について積分すると,$F_z = -\frac{Gm}{r^2}\int_0^r \rho(r')\cdot 4\pi r'^2 dr' = -\frac{GmM(r)}{r^2}$

以上より,半径 r での重力は r 以内に含まれる質量 M のみに依存し,それよりも外に存在する物質の質量には依らない.

[**参考文献**] 姫野：演習大学院入試問題［物理学］I〈第3版〉（サイエンス社），福島：天体の位置と運動 p108（日本評論社）

(2) （I）の両辺に $4\pi r^3$ を掛けて部分積分すると，

$$\int_0^R 4\pi r^3 \frac{dP}{dr}dr = -\int_0^R \frac{GM(r)4\pi r^3 \rho}{r^2}dr = -\int_0^R \frac{GM(r)4\pi r^2 \rho}{r}dr$$

$$= -\int_0^R \frac{GM(r)\rho(r)}{r}dV = -W = [4\pi r^3 P]_{r=0}^{r=R} - \int_0^R 3\times 4\pi r^2 P\, dr$$

$$= -3\int_0^R P\, dV = -3\Pi$$

ここで，境界条件 $r=R$ で $P=0$ を用いた．よって，$W=3\Pi$ ③

(3) 質量は，$r \leq R$ のとき，

$$M(r) = \int_0^r 4\pi r^2 \rho(r)dr = \int_0^r 4\pi r^2 \rho_0 \left(1 - \frac{r^2}{R^2}\right)dr$$

$$= 4\pi\rho_0 \int_0^r \left(r^2 - \frac{r^4}{R^2}\right)dr = 4\pi\rho_0 \left[\frac{r^3}{3} - \frac{r^5}{5R^2}\right]_0^r$$

$$= 4\pi\rho_0 \left(\frac{r^3}{3} - \frac{r^5}{5R^2}\right) = 4\pi\rho_0 \frac{5R^2 r^3 - 3r^5}{3\times 5R^2} = 4\pi\rho_0 \frac{(5R^2 - 3r^2)r^3}{15R^2}$$

$R < r$ のとき，

$$M(r) = \int_0^R 4\pi r^2 \rho(r)dr = \int_0^R 4\pi r^2 \rho_0 \left(1 - \frac{r^2}{R^2}\right)dr$$

$$= 4\pi\rho_0 \int_0^R \left(r^2 - \frac{r^4}{R^2}\right)dr = 4\pi\rho_0 \left[\frac{r^3}{3} - \frac{r^5}{5R^2}\right]_0^R = 4\pi\rho_0 \left(\frac{R^3}{3} - \frac{R^5}{5R^2}\right)$$

$$= 4\pi\rho_0 \frac{5R^5 - 3R^5}{3\times 5R^2} = 4\pi\rho_0 \frac{2R^5}{15R^2} = \frac{8\pi\rho_0 R^3}{15}$$

圧力は，$r \leq R$ のとき，

$$P(r) - P(0) = -\int_0^r \frac{GM(r)\rho(r)}{r^2}dr = -G\int_0^r \frac{1}{r^2}4\pi\rho_0 \frac{(5R^2 - 3r^2)r^3}{15R^2}\rho_0\left(1 - \frac{r^2}{R^2}\right)dr$$

$$= -\frac{4\pi\rho_0^2 G}{15R^2}\int_0^r (5R^2 - 3r^2)\left(r - \frac{r^3}{R^2}\right)dr = -\frac{4\pi\rho_0^2 G}{15R^2}\left(-2r^4 + \frac{r^6}{2R^2} + \frac{5R^2 r^2}{2}\right)$$

星の表面で $P(R)=0$ になるから，$P(0) = \frac{4\pi\rho_0^2 G}{15R^2}R^4 = \frac{4\pi\rho_0^2 G}{15}R^2$

$\therefore\quad P(r) = \frac{4\pi\rho_0^2 G}{15}R^2 - \frac{4\pi\rho_0^2 G}{15R^2}\left(-2r^4 + \frac{r^6}{2R^2} + \frac{5R^2 r^2}{2}\right)$

$R \leq r$ のとき，明らかに $P(r) = 0$

(4) 比熱比を γ とすると，単原子気体の場合 $\gamma = 5/3$ で，$P = (\gamma - 1)\varepsilon$ だから[注]，

$$\int P\,dV = (\gamma-1)\int \varepsilon\,dV = (\gamma-1)U$$

一方，③より，$W = 3\Pi$ だから，

$$W = 3\Pi = 3\int_0^R P(r)dV = 3(\gamma-1)U, \quad \Pi = (\gamma-1)U = \frac{2}{3}U$$

全エネルギーは $E = U - W$ だから，$E = U - W = U - 3(\gamma-1)U = -(3\gamma-4)U = -U$

(5) 光子気体と考えると $\gamma = 4/3$ だから，

$$\Pi = (\gamma-1)U = \frac{1}{3}U, \quad E = -(3\gamma-4)U = 0$$

［注］ 佐藤他：宇宙物理学（朝倉書店）

13.8 (1) (ⅰ) ドップラー効果，(ⅱ) 21 cm 線観測．詳細省略

(2) (a) 銀河中心から半径 R 内に含まれる全質量を $M(R)$ とし，R にある恒星の質量を m すると，銀河の恒星に働く重力と恒星の遠心力の釣り合いより，

$$\frac{GmM(R)}{R^2} = \frac{mV(R)^2}{R}, \quad M(R) = \frac{RV(R)^2}{G} \qquad ①$$

半径 R 内の全質量 $M(R)$ と密度分布 $\rho(R)$ の関係は，球対称の場合，

$$M(R) = \int_0^R 4\pi R^2 \rho(R)dR \qquad ②$$

① ＝ ②より，$\dfrac{RV(R)^2}{G} = \displaystyle\int_0^R 4\pi R^2 \rho(R)dR$

$$\therefore \quad \left\{\frac{RV(R)^2}{G}\right\}' = 4\pi R^2 \rho(R) \qquad ③$$

(b) $V(R) = C(const)$ の場合，これを③に代入して，

$$\left\{\frac{RV(R)^2}{G}\right\}' = \left\{\frac{RC^2}{G}\right\}' = \frac{C^2}{G}$$

$$= 4\pi R^2 \rho(R) \quad \therefore \quad \rho(R) = \frac{C^2}{4\pi G R^2} \qquad ④$$

④の密度分布の密度分布を図示すると図 2 のようになる．

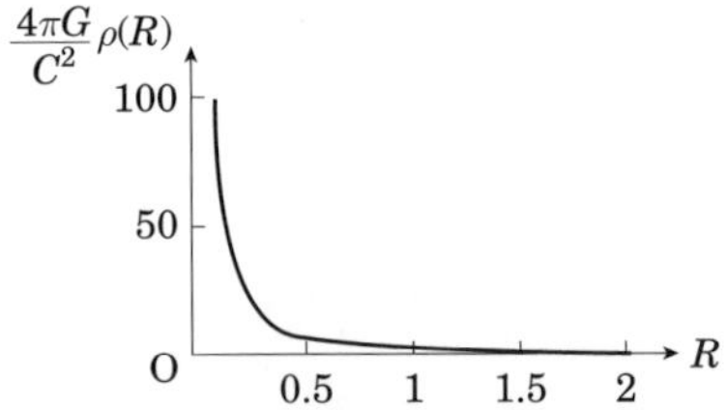

図 2 密度分布

(c) $V(R) = AR(A = const)$ の場合，

$$\left\{\frac{RV(R)^2}{G}\right\}' = \left\{\frac{R(AR)^2}{G}\right\}' = \frac{A^2}{G}(R^3)' = \frac{A^2}{G}\cdot 3R^2 = 4\pi R^2 \rho(R)$$

$$\therefore \quad \rho(R) = \frac{3A^2}{4\pi G} \qquad ⑤$$

⑤の密度分布を図示すると図3のようになる.

(d) 図1より,
$$V(R) = \begin{cases} 200R & (0 \leq R \leq 1) \\ 200 & (1 < R) \end{cases}$$

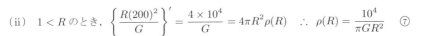

図3 密度分布

だから,

(i) $0 \leq R \leq 1$ のとき,
$$\left\{\frac{R(200R)^2}{G}\right\}' = \frac{4 \times 10^4}{G} \cdot 3R^2 = 4\pi R^2 \rho(R)$$
$$\therefore \rho(R) = \frac{3 \times 10^4}{\pi G} \qquad ⑥$$

(ii) $1 < R$ のとき, $\left\{\dfrac{R(200)^2}{G}\right\}' = \dfrac{4 \times 10^4}{G} = 4\pi R^2 \rho(R)$ $\therefore \rho(R) = \dfrac{10^4}{\pi G R^2}$ ⑦

⑥, ⑦の密度分布を図示すると, 図4のようになる. $R = 1$ で飛びが出るが, これは接続点で曲線が滑らかでないためだと考えられる[注]. なお, ⑥, ⑦の導出には, ④, ⑤を用いてもよい.

[注] $V(R) = 1 - e^{-R}$ で近似すると, $\rho(R) = \dfrac{(1 - e^{-R})(1 - e^{-R} + 2Re^{-R})}{4\pi G R^2}$ となり, 滑らかに繋がる. $\rho(R) = \dfrac{1}{R^2 + 1}$ で近似すると,
$V(R) = \sqrt{4\pi G \dfrac{R - \tan^{-1} R}{R}}$ となり, 滑らかに繋がる.

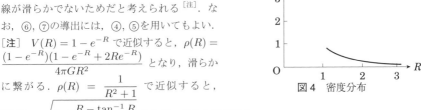

図4 密度分布

13.9 (1) $\beta = 0.9$ のとき, ミューオンの全エネルギー E は, $m_\mu c^2 = 100\,\text{MeV}$ だから,
$$E \equiv \gamma m_\mu c^2 = \frac{m_\mu c^2}{\sqrt{1 - \beta^2}} = \frac{1}{\sqrt{1 - (0.9)^2}} \times 100\,[\text{MeV}] = \frac{100}{\sqrt{1 - 0.81}} = \frac{100}{\sqrt{0.19}}$$
$$= \frac{100}{\sqrt{19 \times 10^{-2}}} = \frac{1000}{\sqrt{19}} \cong \frac{1000}{\sqrt{20}} \cong \frac{1000}{2\sqrt{5}} \cong \frac{500}{2.236} \cong 223 \cong 2 \times 10^2\,\text{MeV}$$

また, $\beta\gamma = 0.9 \times \dfrac{1}{\sqrt{0.19}} = 0.9 \times \dfrac{10}{\sqrt{19}} \cong \dfrac{9}{\sqrt{20}} = \dfrac{9}{2\sqrt{5}} \cong \dfrac{4.5}{2.236} \cong 2.1$

2.1 を横軸目盛りとして縦軸目盛りを読むと, 約 1.8 だから, 密度 1.1 と厚さ 0.5 を掛けると, ミューオンが失うエネルギー ΔE は,
$$\Delta E \equiv \varepsilon \rho d = 1.8\,[\text{MeV}\,\text{g}^{-1}\,\text{cm}^2] \times 1.1\,[\text{gcm}^{-3}] \times 0.5\,[\text{cm}] \cong 1\,[\text{MeV}]$$

(2) (i) $\beta = 0.990$ のミューオンが $l \equiv 30\,\text{m}$ 飛行するのにかかる時間は,
$$\frac{l}{\beta c} = \frac{30}{0.990 \times 3.00 \times 10^8} \cong 1.01 \times 10^{-7}\,[\text{s}]$$

よって, 2個の光電子増倍管が信号を受けた時刻を t_1, t_2 とすると, $\overline{t_2 - t_1} = 1.01 \times 10^2\,[\text{ns}]$

(ii) 誤差は誤差伝搬の公式より[注],

$$\sigma_{t_2-t_1} = \sqrt{\sigma_1^2 + \sigma_1^2} = \sqrt{(0.7)^2 + (0.7)^2} = \sqrt{(0.7)^2 \times 2} \cong 0.7 \times 1.414 = 0.9898$$
$$\cong 1\,[\text{ns}]$$

よって，時間差は $101 \pm 1\,[\text{ns}]$ 程度．

(iii) 測定されるミューオンの速度の平均は，
$$\bar{v} = \frac{l}{t_2-t_1} = \frac{30}{1.01 \times 10^{-7}} \cong 2.97 \times 10^8\,[\text{m/s}]$$

(iv) 誤差は，$\sigma_v = 2.97 \times 10^8 \times \dfrac{1\,[\text{ns}]}{101\,[\text{ns}]} \cong 0.03 \times 10^8\,[\text{m/s}]$

よって，速度は $(2.97 \pm 0.03) \times 10^8\,[\text{m/s}]$ 程度．

(v) 正規分布の性質より，平均 $\pm \sigma \to 68.3\% \to v < c$．よって，速度が光速を超える確率は，$\frac{1-0.683}{2} \cong 0.2 = 20\%$

(3) B を発射した $\Delta t'$ 後に B は距離 $\beta c \cos\theta \Delta t'$ だけ地球に近づいているので，発射直後の光と $\Delta t'$ 後の光の到着時間差 Δt は，$\Delta t = \Delta t' - \dfrac{\beta c \cos\theta \Delta t'}{c} = (1 - \beta\cos\theta)\Delta t'$

$\therefore\ u_b = \dfrac{\Delta x}{\Delta t} = \dfrac{\beta c \sin\theta \Delta t'}{(1-\beta\cos\theta)\Delta t'} = \dfrac{\beta c \sin\theta}{1-\beta\cos\theta}$ ①

(4) ① を θ で微分すると，
$$\frac{du_b}{d\theta} = \beta c \frac{\cos\theta(1-\beta\cos\theta) - \beta\sin\theta\sin\theta}{(1-\beta\cos\theta)^2} = \beta c \frac{\cos\theta - \beta}{(1-\beta\cos\theta)^2} = 0,\quad \cos\theta = \beta$$

このとき，① より，$u_b = \beta c \dfrac{\sqrt{1-\beta^2}}{1-\beta^2} = \beta c \dfrac{1}{\sqrt{1-\beta^2}} = \beta\gamma c = 0.99 \dfrac{3.00\times 10^8}{\sqrt{1-(0.99)^2}} \cong 21.05\times 10^8$ $\therefore$ 光速の $\dfrac{21.05}{3.00}$ 倍 $\cong 7$ 倍

(5) C は速度の方向が逆だから，① で $\beta \to -\beta$ とすると，
$$u_c = \left| \frac{-\beta c \sin\theta}{1-(-\beta)\cos\theta} \right| = \frac{\beta c \sin\theta}{1+\beta\cos\theta}$$

$u_b = 2c$, $u_c = 0.25c$ のとき，それぞれ，

$$\begin{cases} \dfrac{\beta c \sin\theta}{1-\beta\cos\theta} = 2c,\quad \dfrac{\beta\sin\theta}{1-\beta\cos\theta} = 2 & ② \\ \dfrac{\beta c \sin\theta}{1+\beta\cos\theta} = 0.25c,\quad \dfrac{\beta\sin\theta}{1+\beta\cos\theta} = 0.25 & ③ \end{cases}$$

②, ③ から $\sin\theta$ を消去すると，

$\dfrac{1+\beta\cos\theta}{1-\beta\cos\theta} = 8,\quad 1+\beta\cos\theta = 8 - 8\beta\cos\theta,\quad 9\beta\cos\theta = 7$ ④

②, ③ から $\cos\theta$ を消去すると，$9\beta\sin\theta = 4$ ⑤

④, ⑤ より，$\tan\theta = \dfrac{4}{7},\ \sin\theta = \dfrac{4}{\sqrt{65}} \cong 0.5,\ \beta = \dfrac{\sqrt{65}}{9} \cong 0.9$

[注] 石川他：放射線概論（通商産業研究社）

索　引

あ 行

アイコナール方程式　207
アインシュタイン方程式　246
アインシュタイン模型　156
アッベの不変量　207
アドミタンス　181
アンペアの定理　180

イジングモデル　156
一様分布　81
一般相対論　246
陰関数　30
インダクタンス　181
インピーダンス　181

ウィーンの変位則　223
運動量　94

エルミート行列　5, 6
エルミート形式　7
エルミートの多項式　54
エルミートの微分方程式　54
エンタルピー　139
エントロピー　137, 138

オイラーの運動方程式　96
オイラーの方程式　55, 117
オイラー・ラグランジュの方程式　55
応力　116
オームの法則　179
オットー・サイクル　139
音速　119

か 行

階数　49
解析的　50
回折　204
回転体の表面積と体積の計算　28
ガウスの超幾何微分方程式　51
ガウスの発散定理　175, 177
可逆過程　137
角運動量　94
拡大係数行列　5
確定特異点　50
確率　80

確率分布　81
確率変数　81
確率密度関数　81, 83
カノニカル分布　154
カルノー・サイクル　138
ガレルキン法　57
干渉　204
関数の展開　36
慣性モーメント　96
完全楕円積分　55
完全流体　117
ガンマ関数　55

規準振動　98
軌道角運動量　225
ギブスの自由エネルギー　139
逆行列　4
級数　34
強制振動　97
共分散　85
行ベクトル　3
共役転置行列　4
行列　3
行列式　2
行列の解析的取扱い　7
極　71
極限　22
曲線の長さの計算　27
キルヒホッフの回折理論　204
キルヒホッフの法則　179

空事象　80
クーロンの法則　175, 177
クッタ・ジューコフスキーの公式　119
クラウジウスの原理　137
クラウジウスの不等式（等式）　138
クラペイロン・クラウジウスの式　140
グランドカノニカル分布　154
クリストッフェルの記号　246
クンメルの合流型超幾何微分方程式　51

系　136
係数行列　5
計量基本テンソル　246

減衰振動　97

高階導関数　24
高階偏導関数　30
合成関数　30
光線方程式　207
交代行列　5
剛体の運動方程式　95
光電効果　222
効率　138
合流型超幾何関数（級数）　51
コーシー積分公式　70
コーシーの収束条件定理　34, 35
コーシーの積分定理　69
コーシーの判定法　35
コーシーの平均値定理　24
コーシー・リーマンの関係　69
固有値　5
固有ベクトル　5
孤立系のエントロピー　154
コンデンサー　176
コンプトン効果　222
コンプトン波長　222

さ 行

斉次　49

磁化曲線　178
磁化の強さ　178
磁気回路　178
磁気双極子（磁石）　178
示強変数　136
試行関数　57
指数関数　73
指数分布　82
磁性体　178
実対称行列　6
質点系の運動　95
質点の運動方程式　94
実2次形式　7
写像　73
ジューコフスキー変換　119
重積分　30
周辺分布　83
ジュールの法則　179
シュレディンガーの波動方程式の表示　223
準線形偏微分方程式　49

衝撃運動　96
衝撃波　119
条件付き確率　80
常磁性　158
状態数　153
状態方程式　137
状態密度　153
状態量　136
常微分方程式　32
示量変数　136
シンクロトロン放射　247
真性半導体　157

数列　34
スターリング・サイクル　139
ステファン-ボルツマンの法則　222
ストークス近似　120
ストークスの定理　175
スネルの法則　184

正規分布　82
正則関数　69
正則点　50
正則特異点　50
静電エネルギー　176
静電容量　176
ゼーマン効果　157
全事象　80
全微分　29

相関係数　85
相対運動　95
相平衡　140

た 行

対角化　6
体系　136
対称行列　5
第1変分　55
楕円積分　55
多変数の関数の微分・積分学　28
ダランベールの判定法　35
弾性体の振動　117
弾性定数　116
単振子　97

遅延ポテンシャル　185
置換法　26, 27
中心力による散乱　94
超音速流　119
超幾何関数（級数）　51
直接法　57

通常点　50

定係数2階線形微分方程式　33
抵抗の接続　179
定常電流　179
定積分　26
テイラー展開　70
停留値　55
デバイ模型　157
電気映像（鏡像）　175
電気双極子放射　185
天体力学　246
転置行列　4

等圧熱容量　136
等角写像　73
導関数　23
同次形　32
等周問題　57
等周問題（条件付き変分問題）　56
等積熱容量　136
導体と静電容量　176
導体に働く力　176
特異点　50, 71
特殊な2階微分方程式　33
閉じた系　136
トムソンの原理　137
ド・ブロイの関係　223

な 行

内部エネルギー　136
ナビエ・ストークス方程式　117

ニュートリノ　248
ニュートンの式　94

熱容量　136
熱力学関数　139
熱力学第1法則　136
熱力学第2法則　137
熱力学第3法則　140
熱力学変数　136
ネルンスト・プランクの定理　140
粘性流体　119

ノイマン関数　53
ノイマンの公式　181

は 行

パーシバルの等式　48

ハイゼンベルクの不確定性関係　224
ハッブルの法則　246
汎関数　55
ハンケル関数　54

ビオ-サバールの法則　180
比較判定法　35
非斉次　49
ひずみ　116
ひずみのエネルギー　116
比熱　136
微分係数　23
標準偏差　84

ファラデー効果　206
フーリエ解析　46
フーリエ逆変換　48
フーリエ級数　46
フーリエ変換　48
フェルマーの原理　207
フェルミ分布　155
不可逆過程　137
複素速度ポテンシャル　118
不純物半導体　158
不定積分　25
部分積分法　26, 27
フラウンホーファ回折　204
ブラジウスの公式　118
ブラッグ回折　157
プランクの公式　222
プランクの放射公式　207
ブリユアン帯　156
フレネル回折　205
フレネルの公式　185
フレネル-キルヒホッフの回折公式　204
ブロッホ関数　157
分極率　159
分散　84
分布関数　81, 82
分布定数回路　182

平均値　83
ベータ関数　55
べき関数　73
べき級数　36
ベクトル　3
ベッセル関数　53, 54
ベッセルの微分方程式　53
ベッセル（円柱）関数　53
ベルヌーイの定理　118
ベルヌーイの微分方程式　32
ヘルムホルツの自由エネルギー　139
偏光　206
変数分離形　32

索 引

偏導関数　29
偏微分　29
偏微分方程式　49
変分法　55

ポアズィユの流れ　120
ポアソンの式　137
ポアソン比　116
ポアソン分布 $P(\lambda)$　81
ポアッソンの方程式　175
ボイル・シャルルの方程式　137
ボーアの前期量子論　223
ボース分布　155
ホール効果　158
ボルツマン分布　155
ボルツマン方程式　156

ま 行

マイスナー効果　159
マイヤーの関係　137
マクスウェルの応力　177
マクスウェルの関係式　139
マクスウェルの方程式　183

ミクロカノニカル分布　153

面積計算　27

や 行

ヤコビの楕円関数　55
ヤング率　116, 117

誘電体に働く力　177

誘電体表面での境界条件　177
誘電分極　177
誘電率　159

余因子　2
余事象　80

ら 行

ラグランジアン　97
ラグランジュの平均値定理　24
ラグランジュの偏微分方程式　49
ラグランジュの方程式　96
ラゲールの多項式　54
ラゲールの微分方程式　54
ラプラス逆変換　45
ラプラス変換　45
ランク　4

リエナール-ウィーヒェルトのポテンシャル　186
離散確率変数　81, 82
理想気体　137
リッツの方法　57
臨界磁界　159

留数　71
留数定理　71, 72
ルジャンドルの微分方程式　51
ルジャンドル（球）関数　51

レイノルズの相似法則　119
レイリー-ジーンズの公式　222

レイリー-リッツの方法　225
列ベクトル　3
連続　22, 23
連続確率変数　81, 82
連続の方程式　117

ローラン展開　70
ローレンツ力　182
ローレンツ・ゲージ　185
ロピタルの定理　24
ロルの定理　24

わ 行

歪エルミート行列　5
惑星運動　94

英数字

RLC 直列回路　182

1 階線形微分方程式　32
1 階偏微分方程式　49
1 次結合　3
1 次元調和振動子　224
1 次従属　3
1 次変換　73
2 階線形微分方程式　33
2 階偏微分方程式　49
2 項分布　81
2 項分布 $B(n,p)$　81
2 次元確率変数　82
2 重積分　30
2 相の平衡　140
3 重積分　30

著者略歴

陳　　啓　浩
　ちん　　けい　こう
現　在　前北京郵電大学教授

姫　野　俊　一
　ひめ　の　しゅん　いち
現　在　前花園大学教授（工学博士）
　　　　前大東文化大学非常勤講師

解法と演習
工学・理学系大学院入試問題
〈数学・物理学〉［第2版］

2003 年　7 月 10 日 ⓒ	初 版 発 行
2013 年　3 月 25 日	初版第 6 刷発行
2018 年 10 月 25 日 ⓒ	第 2 版第 1 刷発行

著　者　陳　　啓　浩　　　発行者　矢沢和俊
　　　　姫　野　俊　一　　　印刷者　小宮山恒敏

【発行】　　　　株式会社　数理工学社
〒151–0051　東京都渋谷区千駄ヶ谷1丁目3番25号
☎ (03) 5474-8661（代）　　サイエンスビル

【発売】　　　　株式会社　サイエンス社
〒151–0051　東京都渋谷区千駄ヶ谷1丁目3番25号
☎ (03) 5474-8500（代）　　振替 00170-7-2387

印刷・製本　小宮山印刷工業 (株)

≪検印省略≫

本書の内容を無断で複写複製することは，著作者および
出版者の権利を侵害することがありますので，その場合
にはあらかじめ小社あて許諾をお求め下さい．

ISBN978-4-86481-055-5
PRINTED IN JAPAN

サイエンス社・数理工学社の
ホームページのご案内
http://www.saiensu.co.jp
ご意見・ご要望は
suuri@saiensu.co.jp